动物生物制品分册

现代兽医兽药大全

——甘孟侯

名誉主编　金宁一　万遂如
主　　编　单　虎　李明义　沈志强

中国农业大学出版社

编写人员名单

（按姓氏笔画为序）

于学辉	万小平	万遂如	马凤龙	王书恩
王先炜	王红宁	王　炜	王建琳	王爱国
方树河	文翼平	石　乔	朱连德	任一鸣
刘婷婷	杨　肖	杨　鑫	李　昌	李明义
沈志强	张安云	张　灿	陈瑞爱	邵定勇
武　华	林绮萍	罗满林	单　虎	秦晓冰
徐大为	徐守振	高　轩	高　荣	郭　鑫
黄　念	黄　娟	常维山	隋　慧	董会民
温建新	裴伣福	谭　涛	潘　丽	

前　言

随着现代兽医科技的创新，新的兽医学理论、技术和诊疗方法不断应用于临床实践，取得了良好的经济效益和社会效益。《现代兽医兽药大全》（丛书）是为汇集、推广这些科技知识和宝贵经验，从而为动物疾病防控、诊疗工作提供有益的帮助。

动物生物制品是防制动物疫病的主要手段之一，也是保障人与动物健康的必要条件。目前，中国现注册生产的动物生物制品品种已有230余种，作为动物疫病预防控制的有力武器，动物生物制品在畜牧养殖业的发展中发挥着越来越重要的作用。本书通过十一个章节的描述，对动物生物制品的免疫学基础，动物生物制品技术与现代生物技术研究进展，已注册的国内外常用动物病毒病、细菌病及寄生虫病的常用疫苗，诊断用动物生物制品和治疗用生物制品的现况、制品种类、生产工艺，有关制品的研究进展、发展方向及存在的问题等进行了科学系统的介绍和论述，同时在动物生物制品常用灭活剂、保护剂和免疫佐剂、动物生物制品的质量管理与控制等方面也进行了叙述，以便为我国广大的兽医科技工作者和一线的养殖生产技术人员全面系统地掌握兽用生物制品方面的基础知识和基本技能，提供一本方便、科学、实用的工具书，也可以为相关的科研工作人员和卫生防疫人员参考，以便更好地服务于畜牧养殖业，促进行业发展，保障人类和动物的健康。

本书是在中国畜牧兽医学会家畜传染病学分会的指导和支持下，组织有关专家、教授和临床实践经验丰富的兽医工作人员根据临床兽医使用动物生物制品的具体情况而编写的。在编写过程中得到了中国畜牧兽医学会、各省市农业大学和有关科研院所、养殖单位以及生物制品生产企业的大力支持，在此一并表示真诚的感谢，并对本书中所有引用和使用的相关资料的作者表示衷心的感谢。

鉴于本书编写时间仓促，水平有限，还有诸多不完善之处，欢迎广大读者批评指正。

《现代兽医兽药大全》（丛书）

《动物生物制品》分册编写委员会

2011年1月

目　　录

第一章　动物生物制品概述

兽医生物制品学是以预防兽医学和生物工程学理论为基础，研究动物传染病和寄生虫病的免疫预防、诊断和治疗用生物制品的理论制造和技术、生产工艺、制品质量检验与控制及保藏和使用方法，以增强动物机体特异性和非特异性免疫力，及时、准确地诊断动物疫病，并给予特异性治疗，防制疫病传播的综合性应用学科。它是生物制品学科的重要组成部分，其内容包括两个方面：①生物制品的生物学，即主要讨论如何根据动物疫病病原理化特性、培养特点、致病机理及免疫机理，获得合乎生物制品质量要求，适于防制动物疫病的疫苗、诊断液和生物治疗制剂。②生物制品的工艺学，主要研究生物制品的生产制造工艺、保藏条件和使用方法等，并保证生产优良制品，不断提高制品的质量，防止可能存在的有害因素经生物制品对动物健康造成的危害和动物疫病的传播，促进养殖业的发展。

一、生物制品的概念

生物制品是利用微生物、寄生虫及其组织成分或代谢产物以及动物或人的血液与组织液等生物材料为原料，通过生物学、生物化学以及生物工程学的方法制成的，用于传染病或其他疾病的预防、诊断和治疗的生物制剂。而专门用于动物免疫预防、诊断和治疗的生物制剂则称为兽医生物制品。由于兽医生物制品种类繁多，细菌和病毒培养周期长、环节多，并有细菌培养、细胞转瓶培养、冻干和乳化等多种生产形式，还涉及生物制品保藏和销售过程，从而使兽医生物制品学与微生物学、病毒学、免疫学、实验动物学、生物化学、细胞学、遗传学、分子生物学、制冷学、生物工程学和管理科学等有一定联系，成为一门涉及多种学科领域的应用科学。

二、生物制品的命名原则

根据中华人民共和国《兽用新生物制品管理办法》规定，生物制品命名原则有 10 条（姜平，2003）：

(1)生物制品的命名原则以明确、简练、科学为基础原则。

(2)生物制品名称不采用商品名或代号。

(3)生物制品名称一般采用“动物种名＋病名＋制品名称”的形式。诊断制剂则在制品种类前加诊断方法名称。如牛巴氏杆菌病灭活疫苗、马传染性贫血活疫苗、猪支原体肺炎微量间接血凝抗原。特殊的制品命名可参照此方法。病名应为国际公认的、普遍的称呼，译音汉字采用国内公认的习惯定法。

(4)人兽共患病一般可不列动物种名。如：气肿疽灭活疫苗、狂犬病灭活疫苗。

(5)由特定细菌、病毒、立克次氏体、螺旋体、支原体等微生物以及寄生虫制成的主动免疫制品，一律称为疫苗。如仔猪副伤寒活疫苗、牛瘟活疫苗、牛环形泰勒氏黎浆虫疫苗。

(6)凡将特定细菌、病毒等微生物及寄生虫毒力致弱或采用异源毒制成的疫苗，称“活疫苗”；用物理或化学方法将其灭活后制成的疫苗，称“灭活疫苗”。

(7)同一种类而不同毒(菌、虫)株(系)制成的疫苗，可在全称后加括号注明毒(菌、虫)株(系)。如猪丹毒活疫苗(GC_{42}株)、猪丹毒活疫苗(G_4T_{10}株)。

(8)由两种以上的病原体制成的一种疫苗，命名采用“动物种名＋若干病名＋x联疫苗”的形式。如羊黑疫、快疫二联灭活疫苗，猪瘟、猪丹毒、猪肺疫三联活疫苗。

(9)由两种以上血清型制备的一种疫苗，命名采用“动物种名＋病名＋若干型名＋x价疫苗”的形式。如口蹄疫O型、A型双价活疫苗。

(10)制品的制造方法、剂型、灭活剂、佐剂一般不标明。但为区别已有的制品，可以标明。

三、动物生物制品学的应用

(一)免疫预防

兽医生物制品是防制动物疫病的主要手段之一，也是保障人兽健康的必要条件。许多国家借助生物制品控制或消灭了很多危害严重的动物传染性疾病。如牛瘟，18—19世纪曾在法国和南美引起大量牛死亡。中国也曾流行该病，仅1938—1941年，青海、甘肃和四川等省死亡牛100万头以上。1941年，中国从日本引进牛瘟兔化毒(355代)，经兔体连续传代，研制成功牛瘟兔化弱毒疫苗，用以预防该病。1952年全国各省依靠普遍注射牛瘟兔化弱毒疫苗，1956年宣告扑灭了牛瘟。牛肺疫曾在亚洲地区和中国27个省区广泛流行，并严重危害养牛业。20世纪60年代，中国育成牛肺疫兔化弱毒株，后来逐渐推广应用牛肺疫兔化弱毒疫苗、牛肺疫兔化绵羊适应弱毒疫苗和牛肺疫兔化藏系绵羊化弱毒疫苗，1966年宣布在全国消灭牛肺疫，而牛肺疫兔化弱毒疫苗为世界公认。猪瘟曾在世界各国普遍发生，自20世纪50年代中国培育成功猪瘟兔化弱毒株以来，不仅在中国控制了猪瘟的流行，而且朝鲜和阿尔巴尼亚等国借此消灭了猪瘟。随着畜禽规模化养殖，免疫预防更成为畜禽生产必不可少的手段，如鸡的马立克氏病、鸡新城疫、传染性支气管炎和传染性法氏囊病等传染病的疫苗已被用于几乎所有鸡场。由于有些病原体在不同流行时期，其致病力和抗原性会发生变化，所以，有必要不断研究和开发新的有效疫苗。

疫苗一方面可用于有效防制动物疫病，但另一方面也可成为传播病原体的媒介。有些疫苗本身就是许多感染性病原体的培养基，如鸡胚尿囊液和细胞培养液等，所以，它们就有可能因污染而达到对免疫动物构成危险水平。

(二)诊断

动物疫病诊断水平是衡量一个国家兽医水平的主要标志之一。随着免疫学和生物技术的迅速发展，很多国家已研制成功相应疫病的血清学和分子生物学诊断试剂盒，如猪瘟、猪伪狂犬病、鸡新城疫及传染性法氏囊病等ELISA抗体检测试剂盒已在发达国家普遍使用，通过监测免疫动物抗体水平，为制定免疫程序提供依据。猪伪狂犬病gD重组蛋白ELISA抗体检测盒则可用于临床诊断。中国研制的鸡副伤寒玻片凝集抗原、布鲁氏菌病诊断抗原、牛结核菌素、鸡马立克氏病琼脂扩散试验抗原及鸡新城疫血凝抗原也得到广泛使用。

(三)治疗

有些动物传染病的高免血清、痊愈血清和卵黄抗体等生物制品具有帮助动物机体杀死、抑制或消除病原体致病作用,因而成为减少经济损失的重要手段。该类制品具有特异性高和疗效快等特点。一般在正确诊断的基础上,只要尽早使用该类制品,疗效较好,如小鹅瘟和鸡传染性法氏囊病等。

第一节 动物生物制品的分类

生物制品由于微生物种类、制备方法、菌(毒)株性状及应用对象等不同而品种繁多,因此,只能按生物制品性质、用途和制法等进行粗略的归类(姜平,2003)。

一、按生物制品的性质分类

(一)疫苗(Vaccine)

利用病原微生物、寄生虫及其组分或代谢产物制成的,用于人工主动免疫的生物制品称为疫苗。通过接种疫苗,刺激动物体产生免疫应答,从而抵抗特定病原微生物或寄生虫的感染,以达到预防疫病的目的。包括细菌性疫苗、病毒性疫苗和寄生虫性疫苗。但现代疫苗的用途有了新发展,除可用于预防传染性疾病外,已扩展到非传染性疾病(如自身免疫性疾病和肿瘤等),出现了治疗性疫苗(肿瘤、过敏和一些传染性疾病)及生理调控疫苗(如促进生长和控制生殖等)。

根据疫苗抗原的性质和制备工艺,疫苗又分为活疫苗(Live vaccine)、死疫苗(Killed vaccine)和基因疫苗(Genetic vaccine)3 类。其具体特点如下。

1. 活疫苗

活疫苗可以在免疫动物体内繁殖;能刺激机体产生全面的系统免疫反应和局部免疫反应;免疫力持久,有利于清除局部野毒;产量高、生产成本低。但是,该类疫苗残毒在自然界动物群体内持续传递后有毒力增强和返祖危险;不同抗原有相互干扰的现象;要求在低温、冷暗条件下运输和储存。它包括传统的弱毒疫苗及现代的基因缺失疫苗、基因工程活载体疫苗及病毒抗体复合疫苗等。

2. 死疫苗

死疫苗不能在免疫动物体内繁殖,比较安全,不发生全身性副作用,无毒力返祖现象;有利于制备多价或多联等混合疫苗;制品稳定,受外界环境影响小,有利于保存运输。但该类疫苗免疫剂量大,生产成本高,需多次免疫才能产生较好的免疫反应。而且该类疫苗一般只能诱导机体产生体液免疫和免疫记忆,故常需要用佐剂或携带系统(Deliver system)来增强其免疫效果。包括完整病原体灭活疫苗、化学合成亚单位疫苗及抗独特型抗体(Id)疫苗等。

3. 基因疫苗

基因疫苗不能在体内增殖,但它可被细胞吸纳,并在细胞内指导合成疫苗抗原。它不仅可以诱导机体产生保护性抗体，而且可以同时激发机体产生细胞免疫反应，尤其是细胞毒T淋巴细胞(CTL)反应。

一种疾病究竟以哪类疫苗最为有效可行，取决于该病特点，包括流行病学、病原理化特性、致病机理和免疫特点以及各种技术手段是否可行。

此外，根据疫苗抗原种类和数量，疫苗又可分为单(价)疫苗、多价疫苗和多联(混合)疫苗。按疫苗病原菌(毒)株的来源，疫苗又可分为同源疫苗和异源疫苗之分。

弱毒疫苗(Attenuated vaccine)：是目前使用最广泛的疫苗。它是由微生物自然强毒株通过物理(温度、射线等)、化学(醋酸铊、吖啶黄等)或生物(非敏感动物、细胞、鸡胚等)处理，并经连续传代和筛选，培养而成的丧失或减弱对原宿主动物致病力，但仍保存良好免疫原性和遗传特性的毒株，或从自然界筛选的具有良好免疫原性的自然弱毒株，经培养增殖后制备的疫苗。目前市场上大部分活疫苗是弱毒疫苗。如鸡新城疫Ⅱ系、Ⅳ系弱毒苗。猪瘟兔化弱毒疫苗、牛肺疫兔化弱毒疫苗及鸡痘鹌鹑化弱毒疫苗等。

重组活疫苗(Recombinant live vaccine)：通过基因工程技术，将病原微生物致病性基因进行修饰、突变或缺失，从而获得弱毒株。由于这种基因变化，一般不是点突变(经典技术培育的弱毒株基因常为点突变)，故其毒力更为稳定，返突变几率更小，如猪伪狂犬病基因缺失疫苗。

基因工程活载体疫苗(Genetic engineering live vector vaccine)：是指用基因工程技术将致病性微生物的免疫保护抗原基因插入到载体病毒或细菌[通常为疫苗毒(菌)株]的非必需区，构建成重组病毒(或细菌)，经培养后制备的疫苗。该类疫苗不仅具有活疫苗和死疫苗的优点，而且对载体病毒或细菌以及插入基因相关病原体的侵染均有保护力。同时，一个载体可表达多个免疫基因，可获得多价或多联疫苗。目前，常用的载体病毒或细菌有痘病毒、腺病毒、疱疹病毒、大肠杆菌和沙门氏菌等。

病毒抗体复合物疫苗(Virus-antibody complex vaccine)：该类疫苗由特异性高免血清或抗体与适当的相应病毒组成。其特点是可以延缓病毒释放，提高疫苗安全性和免疫效果，其关键是病毒与抗体的比例要适当。目前，已研制成功并被批准投放市场的有传染性法氏囊病毒-抗体复合疫苗(美国)。

灭活疫苗(Inactivated vaccine)：简称死苗。是选用免疫原性强的病原微生物经人工培养后用理化方法将其灭活制成的疫苗称为灭活疫苗。其关键是病原体灭活，既要使病原体充分死亡，丧失感染性或毒性，又要保持其免疫原性。目前，常用的灭活剂有甲醛、乙酰乙烯亚胺(AEI)、乙烯亚胺(BEI)和β-丙酸内酯等。该类疫苗历史较久，制备工艺比较简单。目前中国已经有很多商品化灭活疫苗，如鸡传染性法氏囊油乳剂灭活苗、猪口蹄疫、鸡减蛋综合征和兔出血症等灭活疫苗。

亚单位疫苗(Subunit vaccine)：是指病原体经物理或化学方法处理，除去其无效的毒性物质，提取其有效的抗原部分制备的一类疫苗。病原体的免疫原性结构成分包含多数细菌的荚膜和鞭毛、多数病毒的囊膜和衣壳蛋白，以及有些寄生虫虫体的分泌和代谢产物，经提取纯化，或根据这些有效免疫成分分子组成，通过化学合成，制成不同的亚单位疫苗。该类疫苗是具有明确的生物化学特性、免疫活性和无遗传性的物质。人工合成物纯度高，使用安全，无不良反应，效果较好。猪口蹄疫、伪狂犬病、狂犬病等亚单位疫苗已有成功的试验报道，肺炎球菌囊膜多价多糖疫苗、流感血凝素疫苗及牛和犬的巴贝斯虫疫苗等。亚单位疫苗的不足之处是制备困难，价格昂贵。降低成本是推广的关键。

基因工程亚单位疫苗(Genetic engineering subunit vaccine):基因工程亚单位疫苗是用DNA重组技术,将编码病原微生物保护性抗原的基因导入受体菌(如大肠杆菌)或细胞,使其在受体细胞中高效表达,分泌保护性抗原肽链。提取保护性抗原肽链,加入佐剂即制成基因工程亚单位疫苗。其关键是重组表达蛋白应颗粒化。目前,该类疫苗尚不多,预防仔猪和犊牛下痢的大肠杆菌菌毛基因工程疫苗是一个成功的例子,人乙肝重组蛋白疫苗也是成功的典范。此外,该类疫苗在非传染病领域有了较大应用,如胰β细胞自身抗原重组蛋白可用于治疗人Ⅰ型糖尿病,人精子表面特异重组蛋白可用于妇女回复性生殖节育免疫等。

抗独特型疫苗(Antidiotypic vaccine):抗独特型疫苗是免疫调节网络学说发展到新阶段的产物。根据免疫网络学说原理,利用第一抗体分子中的独特抗原决定簇(抗原表位)所制备的具有抗原"内影像"(Internal image)结构的第二抗体。抗独特型抗体可以模拟抗原物质,可刺激机体产生与抗原特异性抗体具有同等免疫效应的抗体,由此制成的疫苗称抗独特型疫苗或内影像疫苗。抗独特型疫苗不仅能诱导体液免疫,亦能诱导细胞免疫,并不受MHC的限制,而且具有广谱性,即对发生抗原性变异的病原能提供良好的保护力。主要适用于目前尚不能培养或很难培养的病毒,以及直接用病原体制备疫苗有潜在危险的疫病。但制备不易,成本较高。

核酸疫苗(Nucleic acid vaccine):又称DNA疫苗或基因疫苗。这是一种最新的分子水平的生物技术疫苗,将编码保护性抗原的基因与能在真核细胞中表达的载体DNA重组,重组的DNA可直接注射(接种)到动物(如小鼠)体内,刺激机体产生体液免疫和细胞免疫。该类疫苗具有所有类型疫苗的优点,有很大的应用前景。

单(价)疫苗(Univalent vaccine):利用同一种微生物菌(毒)株或同一种微生物中的单一血清型菌(毒)株的增殖培养物制备的疫苗称单(价)疫苗。单价疫苗对单一血清型微生物所致的疫病有免疫保护效力,但仅能对多血清型微生物所致疾病中的相应血清型有保护作用,而不能使免疫动物获得完全的免疫保护。前者如鸡新城疫疫苗(Ⅰ系苗、Ⅱ系苗、La Sota系疫苗),都能使接种鸡获得完全的免疫保护;后者如猪肺疫氢氧化铝灭活疫苗,系由6:B血清型猪源多杀性巴氏杆菌强毒株灭活后制造而成,对由A型多杀性巴氏杆菌引起的猪肺疫则无免疫保护作用。

多价疫苗(Polyvalent vaccine):指用同一种微生物中若干血清型菌(毒)株的增殖培养物制备的疫苗。多价苗能使免疫动物获得完全的保护力,且可在不同的地区使用。如钩端螺旋体二价及五价活疫苗、巴氏杆菌多价苗、大肠杆菌多价苗、口蹄疫A、O型鼠化弱毒疫苗等。

混合疫苗(Mixed vaccine):又称多联疫苗。是指由两种或两种以上的细菌或病毒联合制成的疫苗,一次免疫可达到预防多种疾病的目的。混合疫苗又可根据疾病的实际流行情况和组合的微生物多少,有三联疫苗和四联疫苗等之分,如猪瘟-猪丹毒-猪肺疫三联苗,新城疫-减蛋综合征-传染性法氏囊病三联苗,犬的六联苗等。

多联苗或多价苗的应用可减少接种次数,减少接种动物的应激反应,因而利于畜牧生产管理。

同源疫苗(Homologous vaccine):指利用同种、同型或同源微生物株制备,又应用于同种类动物免疫预防的疫苗。如猪瘟兔化弱毒疫苗,用于各种品种的猪以预防猪瘟;牛肺疫兔化弱毒疫苗,能使各种品种的牛获得抵抗牛肺疫的免疫力。

异源疫苗(Heterologous vaccine):包含 2 种,一种是用不同种微生物的菌(毒)株制备的疫苗,接种动物后能使其获得对疫苗中并未含有的病原体产生抵抗力。如犬在接种麻疹疫苗后,能产生对犬瘟热的抵抗力;兔接种兔纤维瘤病毒疫苗后能使其抵抗兔黏液瘤病毒病。用火鸡疱疹病毒(HVT)预防鸡马立克氏病,用鸽痘病毒疫苗预防鸡痘等。另一种是用同一种中一种(型)(生物型或动物源型)微生物的菌(毒)株制备的疫苗,接种动物后,能使其获得对异型病原体的抵抗力。如接种猪型布鲁氏菌弱毒菌苗后,能使牛获得对牛型和使羊获得对羊型以及使绵羊获得对绵羊型布鲁氏菌病的免疫力。

(二)类毒素(Toxoid)

类毒素又称脱毒毒素,是指细菌生长繁殖过程中产生的外毒素,经化学药品(甲醛)处理后,成为无毒性而保留免疫原性的生物制剂。接种动物后能产生自动免疫,也可用于注射动物制备抗毒素血清。于类毒素中加入适量磷酸铝或氢氧化铝等吸附剂吸附的类毒素即为吸附精制类毒素。精制类毒素注入动物体后,能延缓吸收,长久地刺激机体产生抗体,增强免疫效果。如破伤风类毒素和明矾沉降破伤风类毒素等。

(三)诊断制品(Diagnostic preparation)

利用微生物、寄生虫及其代谢产物,或动物血液、组织,根据免疫学和分子生物学原理制备,可用于诊断疾病、群体检疫、监测免疫状态和鉴定病原微生物等的一类生物制剂,包含诊断菌液、毒液或抗原、诊断血清和定型血清、标记抗体、诊断用毒素和菌素以及核酸探针和 PCR 诊断液等。多数诊断制品属于体外试验诊断用品,如布鲁氏菌补体结合反应抗原及其阴、阳性血清,猪瘟荧光抗体和炭疽沉淀素血清等;少数属于体内试验用品,如鼻疽菌素和布鲁氏菌水解素等。随着免疫化学和分子技术的发展,多数诊断制剂更加纯化并制成标记抗原、抗体和基因探针,从而大大地提高了特异性和敏感性,且可组合成诊断试剂盒,使用十分方便。

诊断液大体分为下列几类:①凝集试验用抗原与阴阳性血清;②补体结合试验用抗原与阴阳性血清;③沉淀试验用抗原与阴阳性血清;④琼脂扩散试验用抗原与阴阳性血清;⑤标记抗原与标记抗体,如荧光素标记、酶标记、同位素标记等及相应试剂盒;⑥定型血清及因子血清;⑦溶血素及补体、致敏血细胞;⑧分子诊断试剂盒。

(四)抗病血清(Antiserum)

抗病血清又称高免血清,为含有高效价特异性抗体的动物血清制剂,能用于治疗或紧急预防相应病原体所致的疾病,所以又称为被动免疫制品。通常通过给适当动物以反复多次注射特定的病原微生物或其代谢产物,促使动物不断产生免疫应答,在血清中含有大量对应的特异性抗体而制成。如抗猪瘟血清、破伤风抗毒素血清和 IBD 卵黄抗体等。在生产上,有同源动物抗病血清和异源动物抗病血清之别,但为了增加产量、降低成本,多选择马属动物生产各种抗病血清。近年来,国外用奶牛研制成功了猪大肠杆菌牛乳抗体。

(五)微生态制剂(Probiotics)

微生态制剂又称益生素、活菌制剂或生菌剂。是用非病原性微生物,如乳酸杆菌、蜡样芽孢杆菌、地衣芽孢杆菌或双歧杆菌等活菌制剂,口服治疗畜禽正常菌群失调引起的下痢。目前，该类制剂已在临床上应用并用作饲料添加剂。

(六)副免疫制品(Paraimmunity preperiations)

该类制剂是通过刺激动物机体，提高特异性和非特异性免疫力的免疫制品，从而使动物机体对其他抗原物质的特异性免疫力更强更持久。如脂多糖、多糖、免疫刺激复合物、缓释微球、细胞因子、重组细菌毒素(如霍乱菌毒素和大肠杆菌 LT 毒素等)及 CpG 寡核苷酸等。

二、按生物制品制造方法和物理性状分类

(1)普通制品：指一般生产方法制备的、未经浓缩或纯化处理，或者仅按毒(效)价标准稀释的制品。如无毒炭疽芽孢疫苗、猪瘟兔化弱毒疫苗、普通结核菌素等。

(2)精制生物制品：将普通制品(原制品)经物理或化学方法除去无效成分，进行浓缩和提纯处理制成的制品，其毒(效)价均高于普通制品，从而其效力更好。如精制破伤风类毒素和精制结核菌素。

(3)液状制品：与干燥制品相对而言的湿性生物制品。一些灭活疫苗(如猪肺疫氢氧化铝疫苗、猪瘟兔化弱毒组织湿苗等)、诊断制品(抗原、血清、溶血素、豚鼠血清补体等)为液状制品。液状制品多数既不耐高温和阳光，又不宜低温冻结或反复冻融，否则其效价会受到影响，故只能在低温冷暗处保存。

(4)干燥制品：生物制品经冷冻真空干燥后能长时间保护活性和抗原效价，无论活疫苗、抗原、血清、补体、酶制剂和激素制剂均如此。将液状制品根据其性质加入适当冻干保护剂或稳定剂，经冷冻真空干燥处理，将 96%以上的水分除去后剩留疏松、多孔呈海绵状的物质，即为干燥制品。冻干制品应在 8℃下运输，在 0～5℃保存，如猪瘟兔化弱毒冻干疫苗、鸡马立克氏病火鸡疱疹病毒冻干疫苗等。有些菌体生物制品经干燥处理后可制成粉状物，成为干粉制剂，十分有利于运输保存，且可根据具体情况配制成混合制剂，例如羊梭菌病五联干粉活疫苗。

(5)佐剂制品：为了增强疫苗制剂诱导动物机体的免疫应答反应，以提高免疫效果，往往在疫苗制备过程中加入适量的佐剂(免疫增强剂或免疫佐剂)，制成的生物制剂即为佐剂制品。若加入的佐剂是氢氧化铝胶，即制成氢氧化铝胶疫苗，如猪丹毒氢氧化铝胶灭活疫苗；若于疫苗中加入的是油佐剂，则称油乳佐剂疫苗，如鸡新城疫油乳剂灭活疫苗。

第二节　动物生物制品的免疫学基础

一、抗原

(一)概念

1. 抗原与抗原性

凡是能刺激机体产生抗体和致敏淋巴细胞并能与之结合引起特异性反应的物质称

为抗原(Antigen)。抗原具有抗原性,抗原性(Antigenicity)包括免疫原性与反应原性两个方面的含义。免疫原性(Immunogenicity)是指能刺激机体产生抗体和致敏淋巴细胞的特性。反应原性(Reactinogenicity)是指抗原与相应的抗体或致敏淋巴细胞发生反应的特性。

2. 完全抗原与半抗原

根据抗原性质不同可将其分为完全抗原与不完全抗原。既具有免疫原性又有反应原性的物质称为完全抗原(Complete antigen),又称免疫原(Immunogen)。只具有反应原性而缺乏免疫原性的物质称为不完全抗原(Incomplete antigen),又称半抗原(Hapten)。半抗原又分为简单半抗原和复合半抗原,前者的分子质量较小,只有一个抗原决定簇,既不能单独刺激机体产生抗体,在与相应抗体结合后也不能出现可见反应,但却能阻止该抗体再与相应抗原结合,如肺炎球菌荚膜多糖的水解产物与家兔的抗肺炎球菌血清作用后,不能形成沉淀反应,但可以与抗体特异性结合,阻止该抗体与肺炎球菌荚膜多糖发生沉淀反应。此外,抗生素、酒石酸、苯甲酸等简单的化学物质也是简单半抗原;后者的分子质量较大,有多个抗原决定簇,不能单独刺激机体产生免疫应答,但可与相应的抗体结合,在一定的条件下出现肉眼可见的反应,如细菌的荚膜多糖、类脂、脂多糖等都为复合半抗原(杜念兴,1997)。

(二)构成抗原的基本条件

1. 异源性

异源性又称异物性。在正常情况下,动物机体能识别自身物质与非自身物质,只有非自身物质进入机体内才具有免疫原性。异源性包括以下几个方面:

(1)异种物质:异种动物之间的组织、细胞及蛋白质均是良好的抗原。通常动物之间的亲缘关系相距越远,生物种系差异越大,免疫原性越好,此类抗原称为异种抗原。

(2)同种异体物质:同种动物不同个体之间由于遗传基因的不同,其某些组织成分的化学结构也有差异,因此也具有一定的抗原性,如血型抗原、组织移植抗原,此类抗原称为同种异体抗原。

(3)自身抗原:动物自身组织细胞通常情况下不具有免疫原性,但在下列情况下可显示抗原性成为自身抗原:组织蛋白的结构发生改变,如机体组织遭受烧伤、感染及电离辐射等作用,使原有的结构发生改变而具有抗原性;机体的免疫识别功能紊乱,将自身组织视为异物,可导致自身免疫病;某些组织成分,如眼球晶状体蛋白、精子蛋白、甲状腺球蛋白等因外伤或感染而进入血液循环系统,机体视之为异物引起免疫反应。

2. 大分子物质

抗原物质的免疫原性与其分子大小有直接关系。在一定条件下,分子质量越大,免疫原性越强。免疫原性良好的物质相对分子质量一般都在 10 000 以上,相对分子质量小于 5 000 的物质其免疫原性较弱。相对分子质量在 1 000 以下的物质为半抗原,没有免疫原性,但与大分子蛋白质载体结合后可获得免疫原性。因此,蛋白质分子、复杂的多糖是常见的良好抗原,如细菌、病毒、外毒素、异种动物的血清都是抗原性很强的物质。

3. 分子结构与立体构象的复杂性

抗原物质除了要求具有一定的分子质量外,相同大小的分子如果化学组成、分子结构和空间构象不同,其免疫原性也有一定的差异。一般而言,分子结构和空间构象愈复杂的物质免疫原性愈强，譬如含芳香族氨基酸的蛋白质比含非芳香族氨基酸的蛋白质免疫原性强，将苯丙氨酸、酪氨酸等芳香族氨基酸连接到相对分子质量大(10 万以上)而免疫原性较弱的明胶(由直链氨基酸组成)肽链上，可使其免疫原性大大增强。

如果用物理化学的方法改变抗原的空间构象，其原有的免疫原性也随之改变或消失。同一分子不同的光学异构体之间免疫原性也有差异。

4. 物理状态

免疫原性的强弱也与抗原物质的物理性状有关。如球形蛋白质分子的免疫原性较纤维形蛋白质分子强；聚合状态的蛋白质较单体状态的蛋白质免疫原性强；颗粒性抗原比可溶性抗原的免疫原性强。因此，可溶性抗原分子聚合后或吸附于大的颗粒表面就可以增强其免疫原性，如免疫原性弱的蛋白质吸附于氢氧化铝胶、脂质体等大分子颗粒上，可增强其抗原性。

可降解性对抗原性也有影响。若降解过快，则会没有足够的分子去刺激免疫细胞，抗原性较差，如含 *L*-氨基酸的蛋白质；若缺乏降解性，则不易被抗原递呈细胞降解、加工，不具有抗原性，如含 *D*-氨基酸的聚合体。

(三)抗原决定簇

1. 抗原决定簇

抗原的分子结构十分复杂，但抗原分子的活性和特异性并不是决定于整个抗原分子，决定其免疫活性的只是其中的一小部分抗原区域。抗原决定簇的确定，对于抗原免疫功能的研究及人工合成疫苗的成功具有重要的意义。

(1)抗原决定簇的概念：抗原决定簇(Antigenic determinant)是指位于抗原分子表面具有特殊立体构型和免疫活性的化学基团，又称抗原决定基。因其位于抗原分子表面，又称为抗原表位(Epitope)。抗原决定簇决定抗原的特异性，即决定抗原与抗体发生特异性结合的能力。

(2)抗原决定簇的大小与数量：抗原决定簇的大小是相当恒定的，但也有差异，蛋白质抗原的每个决定簇由 5～7 个氨基酸残基组成，多糖抗原由 5～6 个单糖残基组成，核酸抗原的决定簇由 5～8 个核苷酸残基组成。

每个抗原分子上抗原决定簇的数目称为抗原结合价或抗原价，抗原价与抗原分子质量大小有关，大约每相对分子质量 5 000 有一个决定簇，简单半抗原一般只有一个决定基，称为单价抗原，大部分天然抗原分子结构复杂，含有多个决定簇，称为多价抗原。

根据抗原决定簇特异性不同，可将抗原分为单特异性决定簇和多特异性决定簇二类。简单半抗原和非胸腺依赖性抗原只有一个决定簇称为单特异性决定簇，而绝大部分天然抗原(如各类微生物)含有多种决定簇称为多特异性决定簇。

暴露于分子表面的决定簇，能与免疫活性细胞相接近，对激发机体的免疫应答有决定意义，故将这些暴露于抗原大分子表面的决定簇称为功能决定簇，又称抗原的功能价，而隐藏在分子内部的决定簇称为非功能决定簇，又称非功能价。

单特异性决定簇抗原免疫后，血清中只出现一种特异性抗体，反之，用多特异性决定簇抗原免疫，则血清中可出现多种特异性的免疫球蛋白。天然抗原，如各类微生物，一般都是大分子，其表面有多个多种决定簇，每一个决定簇都可以使机体产生一种抗体。因此，一种抗血清，往往是针对多种抗原决定簇的不同抗体组成的混合物——多克隆抗体。

2. 抗原的交叉性

不同抗原物质之间、不同种属的微生物间、微生物与其他抗原物质间，难免有相同或相似的抗原组成或结构，也可能存在共同的抗原决定簇，这种现象称为抗原的交叉性或类属性。

这些共有的抗原组成或决定簇称为共同抗原或交叉抗原。种属相关的生物之间的共同抗原又称为“类属抗原”。如果两种微生物有共同抗原，它们与相应抗体相互之间可以发生交叉反应。如 A 群沙门氏菌有抗原决定簇 2，B 群沙门氏菌有抗原决定簇 4，D 群沙门氏菌有抗原决定簇 9，而抗原决定簇 12 为 A、B、D 三群所共有。

(四)抗原的分类

抗原物质很多，从不同的角度可以将抗原分成许多类型(杨汉春，2003)。

1. 根据抗原的性质分类

根据抗原的性质可分为完全抗原和半抗原，依据半抗原与相应的抗体结合后是否出现可见反应，可分为简单半抗原和复合半抗原。

2. 根据与抗原加入和递呈的关系分类

(1)外源性抗原：被单核巨噬细胞等自细胞外吞噬、捕获或与 B 细胞特异性结合，而后进入细胞内的抗原均称为外源性抗原，包括所有自体外进入的微生物、疫苗、异种蛋白等，以及自身合成而释放于细胞外的非自身物质，如肿瘤相关抗原、口蹄疫病毒的 VIA 抗原等。

(2)内源性抗原：自身细胞内合成的抗原，如胞内菌和病毒感染细胞所合成的细菌抗原、病毒抗原，肿瘤细胞合成的肿瘤抗原，称为内源性抗原。

3. 根据对胸腺(T 细胞)的依赖性分类

在免疫应答过程中，依据是否有 T 细胞参加，将抗原分为胸腺依赖性抗原和非胸腺依赖性抗原。

(1)胸腺依赖性抗原：简称 TD 抗原，这类抗原在刺激 B 细胞分化和产生抗体的过程中需要辅助性 T 细胞的协助。多数抗原均属此类，如异种组织与细胞、异种蛋白、微生物及人工复合抗原等。TD 抗原刺激机体产生的抗体主要是 IgG，易引起细胞免疫和免疫记忆。

(2)非胸腺依赖性抗原：简称 TI 抗原，这类抗原直接刺激 B 细胞产生抗体，不需要 T 细胞的协助。如大肠杆菌脂多糖(LPS)、肺炎链球菌荚膜多糖(SSS)、聚合鞭毛素(POL)和聚乙烯吡咯烷酮(PVP)等。此类抗原的特点是由同一构成单位重复排列而成。TI 抗原仅刺激机体产生 IgM 抗体，不易产生细胞免疫，无免疫记忆。

4. 根据抗原来源分类

(1)异种抗原：来自与免疫动物不同种属的抗原性物质称为异种抗原(Heteroantigen)。如各种微生物及其代谢产物对畜禽来说都是异种抗原；猪的血清对兔来说是异种抗原。

(2)同种异型抗原：与免疫动物同种而基因型不同的个体的抗原性物质称为同种异型抗原(Alloantigen)，如血型抗原、同种移植物抗原。

(3)自身抗原：能引起自身免疫应答的自身组织成分称为自身抗原(Autoantigen)。如动物的自身组织细胞、蛋白质在特定条件下形成的抗原，对自身免疫系统具有抗原性。

(4)异嗜性抗原:与种属特异性无关,存在于人、动物、植物及微生物之间的共同抗原称为异嗜性抗原(Heterophile antigen),它们之间有广泛的交叉反应性。异嗜性抗原的存在十分普遍,在疾病的发生和传染病诊断上具有一定的意义。如溶血性链球菌的细胞壁脂多糖成分与肾小球基底膜及心肌组织有共同的抗原,因此反复感染链球菌后,可刺激机体产生抗肾抗体和抗心肌抗体,这是肾小球肾炎和心肌炎等自身免疫病的病因之一。牛心肌与梅毒螺旋体有共同抗原,故可利用牛心肌酒精抽提液检查梅毒患者血清抗体。

5. 根据化学性质分类

天然抗原种类繁多,有数百万种,但依据化学性质主要有蛋白质、脂蛋白、糖蛋白、脂质、多糖、脂多糖、核酸等几种。

(五)主要的微生物抗原

1. 细菌抗原(Bacterial antigen)

细菌的抗原结构比较复杂,每种细菌的每种结构都由若干抗原组成,因此细菌是多种抗原成分的复合体。根据细菌的结构,抗原组成可分为菌体抗原、鞭毛抗原、荚膜抗原和菌毛抗原等。

(1)菌体抗原 (Somatic antigen):又称 O 抗原,是革兰氏阴性菌细胞壁抗原。其化学本质为脂多糖(LPS)的多糖侧链,与外膜连接。LPS 由类脂 A、多糖核心和多糖侧链组成。

(2)鞭毛抗原(Flagllar antigen):又称 H 抗原。鞭毛抗原不耐热,56～80℃即被破坏。鞭毛、鞭毛蛋白多聚体的免疫效果好于鞭毛蛋白单体,并可产生 IgG 和 IgM。鞭毛抗原的特异性较强,用其制备抗鞭毛因子血清,可用于沙门氏菌和大肠杆菌的免疫诊断。

(3)荚膜抗原(Capsular antigen):又称 K 抗原。细菌荚膜构成有荚膜细菌的外表面,是细菌主要的表面抗原。荚膜抗原的成分为酸性多糖,可以是多糖均一的聚合体和异质的多聚体。只有炭疽杆菌是 *γ-D-*谷氨酸多肽的均一聚合体。各种细菌荚膜多糖互有差异,同种不同型间多糖侧链也有差异。

(4)菌毛抗原(Pili antigen):又称 F 抗原,是某些革兰氏阴性菌表面的菌毛抗原。如大肠杆菌的 F4(K88)、F5(K99)抗原。

2. 病毒抗原(Viral antigen)

各种病毒结构不一,因而其抗原成分也很复杂。一般有 V 抗原(Viral antigen)、VC 抗原(Viral capsid antigen)、S 抗原(Soluble antigen,可溶性抗原)和 NP 抗原(核蛋白抗原)。

V 抗原又称为囊膜抗原(Envelope antigen)。有囊膜的病毒均具有 V 抗原,其抗原特异性主要是囊膜上的纤突所决定的。如流感病毒囊膜上的血凝素(Hemagglutinin,HA)和神经氨酸酶(Neuraminidase,NA)都是 V 抗原。V 抗原具有型和亚型的特异性。

VC 抗原又称衣壳抗原。无囊膜的病毒,其抗原特异性决定于病毒颗粒表面的衣壳结构蛋白,如口蹄疫病毒的结构蛋白 VP1、VP2、VP3 和 VP4 即为此类抗原。

3. 毒素抗原(Toxid antigen)

很多细菌(如破伤风杆菌、白喉杆菌、肉毒梭菌)能产生外毒素,其成分为糖蛋白或蛋白质,具有很强的抗原性,能刺激机体产生抗体(即抗毒素)。外毒素经甲醛或其他方法处理后,毒力减弱或完全丧失,但仍保持其免疫原性,称类毒素。

4. 保护性抗原（Protective antigen）

微生物具有多种抗原成分，但其中只有1～2种抗原成分刺激机体产生的抗体具有免疫保护作用，因此将这些抗原称为保护性抗原，或功能抗原，如口蹄疫病毒的VP1、鸡传染性法氏囊病病毒的VP2，肠致病性大肠杆菌的菌毛抗原K88、K99等和肠毒素抗原ST、LT等。

5. 寄生虫抗原

寄生虫抗原化学组成包括多肽、糖蛋白、脂蛋白及多糖，在同一虫体的不同发育时期之间可存在共同抗原和其特异性抗原，在不同虫体之间甚至在同种不同株之间，以及在寄生虫与宿主之间也可存在共同抗原和特异性抗原。

6. 超级抗原(Superantigen，sAg)

超级抗原是存在于细菌和病毒中的一组抗原，如一些细菌的毒素葡萄球菌肠毒素和病毒蛋白(小鼠乳腺瘤病毒3′端LTR编码的抗原成分)，具有强大的刺激能力，只需极低浓度(1～10 ng/mL)即可诱发最大的免疫效应。此类抗原在被T细胞识别之前需要抗原递呈细胞的处理，而直接与抗原递呈细胞的MHC Ⅱ类分子的肽结合区以外的部位结合，并以完整蛋白分子形式被递呈给T细胞，而且sAg- MHC Ⅱ类分子复合物仅与T细胞的TCR的β链结合，因此可激活多个T细胞克隆。

二、抗体

(一)免疫球蛋白与抗体的概念

1. 免疫球蛋白概念

免疫球蛋白(Immunoglobulin，Ig)是指存在于人和动物血液(血清)、组织液及其他外分泌液中具有相似结构及抗体活性的球蛋白。过去曾称为γ球蛋白，在1968年和1972年两次国际会议上决定以Ig表示。

2. 抗体概念

抗体(Antibody，Ab)是指机体免疫系统受抗原刺激后，B细胞分化成熟为浆细胞后，合成分泌的一类能与相应抗原特异性结合的具有免疫功能的球蛋白。抗体是机体对抗原物质产生免疫应答的重要产物，具有各种免疫功能，主要存在于动物的血液(血清)、淋巴液、组织液及其他外分泌液中。但有的抗体可与细胞结合，如IgG可与T、B淋巴细胞，K细胞，巨噬细胞等结合，IgE可与肥大细胞和嗜碱性粒细胞结合，这类抗体称为亲细胞性抗体。此外，在成熟的B细胞表面具有抗原受体，其本质也是免疫球蛋白，称为膜表面免疫球蛋白(Membrane surface immunoglobulin，SmIg)。

3. 抗体与免疫球蛋白区别

就其本质而言，抗体与免疫球蛋白是一致的，但二者在概念上还是有区别的。抗体的化学本质是免疫球蛋白，是抗原的对立面，抗体是有针对性的；而免疫球蛋白并不都具有免疫活性，免疫球蛋白是结构和化学本质上的概念。从分子的多样性方面来看，抗体分子的多样性极大，动物机体可产生针对各种各样抗原的抗体，其特异性均不相同；而免疫球蛋白分子的多样性则小，按其化学结构和抗原性的差异可分为IgG、IgM、IgA、IgD和IgE。

(二)免疫球蛋白的分子结构

免疫球蛋白是一类其分子结构和功能研究得最为清楚的免疫分子。免疫球蛋白分子的结构和功能是现代免疫学的一大突破。尽管抗体的发现很早,但由于在血清中存在的抗体分子不均一,即有异质性,故对其结构的研究十分困难。自发现多发性骨髓瘤病人血清中含有分子均一的免疫球蛋白(单克隆 Ig)后,在 1959—1963 年 Porter 和 Edelman 以骨髓瘤蛋白(占血清免疫球蛋白的 95%)为材料,采用酶及还原剂消化和分离技术,弄清了免疫球蛋白的基本结构,从而提出免疫球蛋白的结构模型(杨汉春,2003)。

1. 免疫球蛋白的单体分子结构

所有的抗体分子都有相似的基本结构,称为单体。免疫球蛋白分子是由两条相同的重链和两条相同的轻链通过链间二硫键连接而成的对称四肽链结构。每条重链和轻链都分为氨基端(N 端)和羧基端(C 端),排列形似“Y”分子,称为 Ig 分子的单体,是构成 Ig 分子的基本单位(图 1.1)。

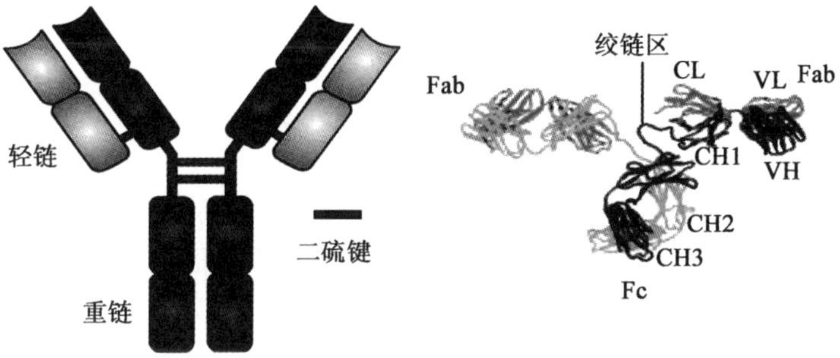

图 1.1 免疫球蛋白分子的基本结构(王珅,2007)

IgG、IgD 和 IgE 抗体分子仅含有一个单体;分泌型 IgA 抗体含有两个单体,称为二聚体;IgM 抗体含有 5 个单体,称为五聚体。

(1)重链(H 链)和轻链(L 链):组成免疫球蛋白四条对称肽链中的两条相同长链,称为重链(Heavy chain,H 链),由 420～440 个氨基酸组成。根据重链恒定区氨基酸排列顺序的不同,构成五种不同类别的重链:γ、μ、α、δ 和 ε。将具有相应类别重链的免疫球蛋白分为五类,分别称为 IgG(γ 链)、IgM(μ 链)、IgA(α 链)、IgD(δ 链)和 IgE(ε 链)。

组成免疫球蛋白四条对称肽链中的两条相同短链,称为轻链(Light chain,L 链),由 213～214 个氨基酸组成,以二硫键连接于 H 链的上端外侧。根据轻链恒定区氨基酸组成的差异可分为两种型:κ 型和 λ 型。每种 Ig 只含一种型别的轻链。

(2)可变区(V 区)和稳定区(C 区):在 Ig 四条肽链的 N 端(上端),L 链的 1/2 和 H 链的 1/4 区,氨基酸种类、排列顺序和构型随抗体特异性的不同而变化较大,称为可变区(Variable region,V 区),V 区包括 VL 区(轻链可变区)和 VH 区(重链可变区)。V 区是抗体结合抗原的部位。

在 Ig 四条肽链的 C 端(下端),L 链的 1/2 和 H 链的 3/4 区,氨基酸种类、排列顺序和构型相对稳定,称为稳定区(Constant region,C 区)。C 区包括 CL 区(轻链稳定区)和 CH 区(重链稳定区)。

(3)绞链区:Ig 二条重链之间二硫键连接处附近的重链恒定区,有一个可转动的区域,称为绞链区(Hinge region)。当 Ig 与抗原结合时,绞链区可发生转动,一方面利于抗原和抗体之间构型的更好匹配，另一方面使 Ig 变构、暴露出补体结合位点。

2. 免疫球蛋白的功能区

Ig 分子的多肽链因链内二硫键连接而将肽链折叠成几个球形结构，并与相应功能有关，故称为免疫球蛋白的功能区（Domain）。每条 L 链有两个功能区：可变区（VL 区）和稳定区（CL 区）。IgG、IgA 和 IgD 的每条 H 链有四个功能区：一个可变区（VH 区）和三个稳定区（CH1、CH2、CH3 区）。IgM 和 IgE 多一个恒定区 CH4。功能区的作用：①VL 和 VH 是抗原结合的部位。②CL 和 CH1 上具有同种异型的遗传标记。③CH2 具有补体结合点。④CH3 具有结合单核细胞、巨噬细胞、粒细胞、B 细胞、NK 细胞、Fc 段受体的功能。

3. 免疫球蛋白酶水解片段

（1）木瓜蛋白酶水解片段：用木瓜蛋白酶水解免疫球蛋白，其裂解部位位于 H 链铰链区链间二硫键近 N 端（上端），形成 3 个大小相似的片段：两个 Fab 段（Fragment antigen binding，抗原结合段），一个 Fc 段（Fragment crystallizable，可结晶段）（图 1.2）。

Fab 段由一条完整的轻链和 N 端 1/2 重链所组成。由两个轻链同源区—VL，CL 和两个重链同源区—VH，CH1 在可变区和稳定区各组成一个功能区。抗体结合抗原的活性就是由 Fab 段所呈现的，由 VH 和 VL 所组成的抗原结合部位，除了结合抗原外，还是决定抗体分子特异性的部位。

Fc 段由重链 C 端的 1/2 组成，包含 CH2 和 CH3 两个功能区，该片段无结合抗原活性，但具有各类免疫球蛋白的抗原决定簇，与抗体分子的其他生物学活性有密切关系并有结合动物细胞的功能。

（2）胃蛋白酶水解片段：用胃蛋白酶消化免疫球蛋白后，其裂解部位位于 H 链绞链区链间二硫键近 C 端（下端），可得到 2 个大小不同的片段：一个具有双价抗体活性的 F(ab′)2 段，其特性与 Fab 段完全相同；另一个为无活性的 pFc′段片段，无生物学活性（图 1.2）。

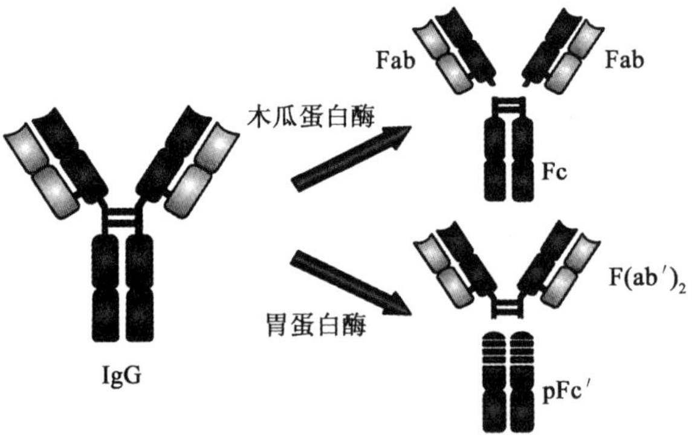

图 1.2　Ig 水解片段（王珅，2007）

4. 免疫球蛋白的特殊分子结构

免疫球蛋白还具有一些特殊分子结构，为个别免疫球蛋白所具有（陆承平，2003）。

（1）连接链（Joining chain，J 链）：在免疫球蛋白中，IgM 是由 5 个单体分子聚合而成的五聚体（Pentamer），分泌型 IgA 是由 2 个单体分子聚合而成的二聚体（Dimer），这些单体之间的链连接就是依靠 J 链连接起来的。J 链是一条分子质量约为 20 000 ku 的多肽链，内含10%糖成分，富含半胱氨酸残基，它是由产生IgM、IgA的同一浆细胞所合成的，可能在IgM、IgA释放之前即与之结合，因此J链起稳定多聚体的作用，它以二硫键的形式与Ig的Fc片段共价结合。

(2)分泌成分(Secretary component,SC)：分泌成分是分泌型IgA所特有的一种特殊结构，相对分子质量为60 000～70 000的多肽链，含6%糖成分。它是由局部黏膜的上皮细胞所合成，在IgA通过黏膜上皮细胞的过程中SC与之结合形成分泌型的二聚体。SC具有促进上皮细胞积极从组织中吸收分泌型IgA，并将其释放于胃肠道和呼吸道内的作用；同时SC可防止IgA在消化道内为蛋白酶所降解，从而使IgA能发挥免疫作用。

(3)糖类(Carbohydrate)：免疫球蛋白是含糖量相当高的蛋白，特别是IgM和IgA。糖的结合部位因免疫球蛋白种类而异，如IgG在CH2、IgM、IgA、IgE和IgD在C区和绞链区。糖类可能在Ig的分泌过程中起着重要作用，并可使免疫球蛋白分子易溶并具有防止其分解的作用。

(三)免疫球蛋白的主要特性与功能

五类免疫球蛋白(IgG、IgM、IgA、IgD、IgE)的结构(图1.3)、主要特性和功能均不相同。

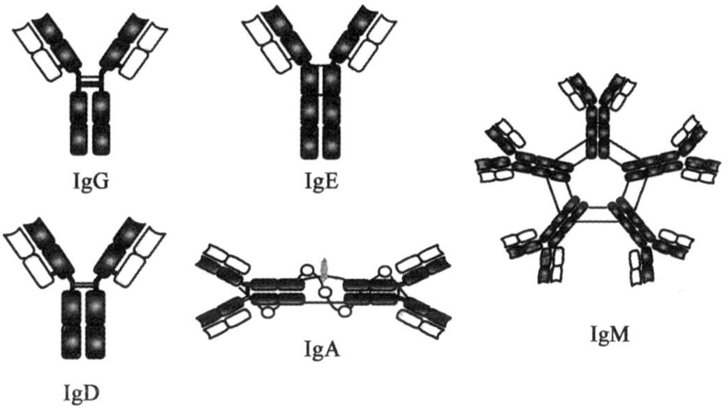

图1.3　五类免疫球蛋白结构示意图(刑钊,2006)

1. IgG

IgG是人和动物血清中含量最高的球蛋白，占血清免疫球蛋白总量的75%～80%。由脾脏和淋巴结中的B淋巴细胞分化的浆细胞产生。IgG是介导体液免疫的主要抗体，以单体形式存在。IgG是动物自然感染和人工主动免疫后，机体所产生的主要抗体，能通过人和兔的胎盘。在血液中产生稍迟，但含量高，维持时间长，对构成机体的免疫力有重要的作用，可发挥抗菌、抗病毒和抗毒素以及抗肿瘤等免疫学活性，能调理、凝集和沉淀抗原，同时也是血清学诊断和疫苗免疫后检测的主要抗体。是引起Ⅱ型、Ⅲ型变态反应及自身免疫病的抗体。

2. IgA

IgA以单体和二聚体两种形式存在。单体存在于血清中，称为血清型IgA，占血清免疫球蛋白的10%～20%，具有抗菌、抗病毒、抗毒素作用。二聚体主要存在于呼吸道、消化道、生殖道外分泌液中，以及初乳、唾液、泪液等分泌液中，称为分泌型IgA。分泌型IgA对机体呼吸道、消化道等局部黏膜起着重要的保护作用。

对一些经黏膜感染的病原微生物，动物机体的分泌型 IgA 尤其重要。若动物呼吸道、消化道分泌液中存在这些病原体的相应的分泌型 IgA，则可抵抗其感染。在传染病的预防接种中，经滴鼻、点眼、饮水等途径，均可刺激机体产生相应的黏膜免疫力。

3. IgM

IgM 以五聚体的形式存在，其分子质量是免疫球蛋白中最大的，又称为巨球蛋白，其含量仅占血清免疫球蛋白的 10%左右，是机体初次体液免疫反应最早出现的抗体。但持续时间短，因此，不是抗感染免疫的主要力量。机体被感染后，体内最早出现的是 IgM，后出现的是 IgG，因此可通过检查 IgM 进行早期诊断。

IgM 是高效能抗体，具有抗菌、抗病毒、中和毒素等免疫活性，由于其抗原结合位点多，因此杀菌、溶菌、促进吞噬等作用比 IgG 要强。IgM 有免疫损伤作用，它参与Ⅱ、Ⅲ型变态反应。同时也具有抗肿瘤作用。

4. IgE

IgE 又称为皮肤致敏性抗体或亲细胞抗体，在血清中含量极微，参与Ⅰ型变态反应，在抗寄生虫感染中起重要作用。IgE 是由呼吸道、消化道黏膜固有层中的浆细胞产生。当发生过敏疾病或寄生虫特别是蠕虫感染时，IgE 抗体活性最强，而且能介导 ADCC 作用，杀死蠕虫。

5. IgD

IgD 是以单体分子形式存在，分子质量小，在血清中含量极低，不稳定，易被降解。有报道认为，IgD 与某些过敏反应有关。

三、免疫系统

免疫系统是动物机体的一个重要防御系统，是指动物机体内参与对抗原的免疫应答，执行免疫功能的一系列器官、细胞和分子的总称。该系统是由免疫器官（图 1.4）、免疫细胞和免疫分子组成，是产生免疫应答的物质基础。

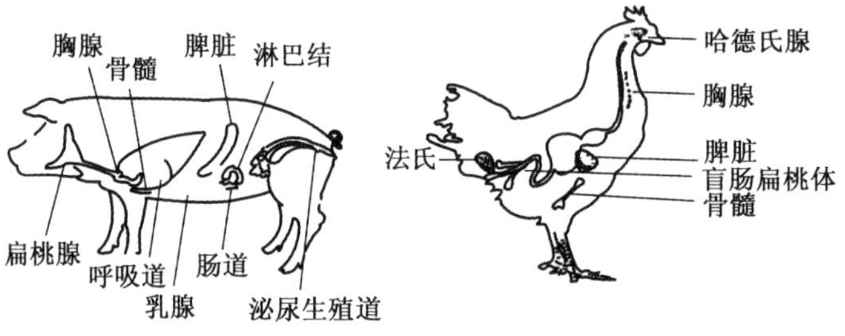

图 1.4　猪、鸡免疫器官示意图（黄青云，2003）

（一）免疫器官

免疫器官是淋巴细胞和其他免疫细胞发生、分化、成熟、定居和增殖以及产生免疫应答的场所。根据发生和作用不同，将免疫器官分为中枢免疫器官和外周免疫器官两大类（王珅，2007）。

1. 中枢免疫器官

中枢免疫器官（Central immune organ）又称初级免疫器官或一级免疫器官，是淋巴细胞等免疫细胞发生、分化和成熟的场所。包括骨髓、胸腺和法氏囊。

(1)骨髓：骨髓是机体重要的造血器官和免疫器官，主要包括四肢长骨骨髓。骨髓中的多能干细胞首先分化成髓样干细胞和淋巴样干细胞。髓样干细胞进一步分化成红细胞系、单核细胞系、粒细胞系和巨核细胞系等。后者则发育成各种淋巴细胞的前体细胞，如一部分淋巴干细胞分化为T细胞的前体细胞，随血流进入胸腺后，被诱导并分化为成熟的淋巴细胞称为胸腺依赖性淋巴细胞(简称T细胞)，参与细胞免疫。一部分淋巴样干细胞分化为B细胞的前体细胞。在鸟类，这些前体细胞随血流进入法氏囊发育为成熟的B细胞，又称囊依赖性淋巴细胞，参与体液免疫。在哺乳动物，这些前体细胞则在骨髓内进一步分化发育为成熟的B细胞。哺乳类动物的骨髓还能直接诱导淋巴干细胞成熟为B细胞，并且骨髓中的B细胞也可直接与抗原进行免疫应答，产生特异性抗体，骨髓中产生的抗体的量可占40%。若骨髓受到破坏，不仅严重损害造血功能，也将导致免疫缺陷症的发生，如大剂量放射线可破坏骨髓功能，使机体的造血功能和免疫功能同时丧失。

(2)胸腺：哺乳动物的胸腺是由第三咽囊的内胚层分化而来，由二叶组成，位于胸腔前纵隔内。鸟类的胸腺位于两侧颈沟中，呈多叶排列。

胸腺是胚胎期发生最早的淋巴组织，出生后逐渐长大，青春期后开始逐渐缩小，以后缓慢退化，逐渐被脂肪组织代替，但仍残留一定的功能。

胸腺是T细胞分化、成熟的场所。骨髓中的前体T细胞随血流进入胸腺，先后在胸腺皮质和髓质增殖、分化为成熟的T细胞。成熟的T细胞随血流迁移至外周免疫器官定居，参与细胞免疫。另外，胸腺能产生胸腺激素。胸腺上皮细胞可产生多种小分子的肽类胸腺激素，它们可诱导T细胞分化、增殖、成熟为T细胞。

(3)法氏囊：法氏囊(图1.5)是禽类特有的淋巴器官，是位于禽类泄殖腔上方的一个盲囊状结构，故又称腔上囊。法氏囊呈圆形或梨形，有数条囊黏膜形成的纵褶穿入囊腔内，在黏膜固有层有大量淋巴小结密集排列。雏鸡1日龄时，囊重50～80 mg，3～4月龄时体积最大，达3～4 g，性成熟后逐渐退化萎缩。鸭、鹅的法氏囊退化较慢，7月龄开始逐渐退化，大约12个月后完全消失。

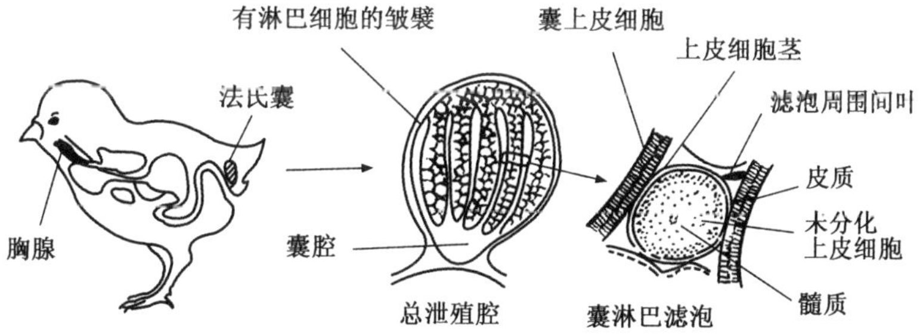

图1.5 禽法氏囊的部位和结构(崔治中，2005)

法氏囊是诱导B细胞分化成熟的场所。骨髓中的淋巴干细胞进入法氏囊后被诱导分化成为成熟的囊依赖性淋巴细胞(简称B细胞)。B细胞经淋巴和血液循环分布于脾脏、淋巴结的特定部位定居，并继续增殖。B细胞受到抗原刺激后可转化为浆细胞产生抗体，发挥特异性体液免疫作用。雏鸡法氏囊被切除或破坏，B细胞成熟受到影响，接种抗原不能产生抗体。性成熟前的幼鸡感染传染性法氏囊病病毒后法氏囊遭到破坏和萎缩，将严重影响体液免疫应答，使接种疫苗免疫无效。

法氏囊除担负中枢免疫器官任务外，还兼有外周免疫器官的功能(禽的擦肛免疫基于此原理），并且随着法氏囊中淋巴细胞群的成熟及转移，该功能越发重要和明显。

哺乳动物没有法氏囊，相当于法氏囊的功能由骨髓兼管，B 细胞在骨髓发育成熟。

2. 外周免疫器官

外周免疫器官（Peripheral immune organ）又称次级免疫器官或二级免疫器官，是免疫活性细胞（如 T、B 细胞等）分布、增殖及进行免疫应答的场所。包括淋巴结、脾脏、禽哈德氏腺、黏膜免疫系统等。

（1）淋巴结：淋巴结为网状组织结构，呈圆形或豆状，分布于全身各部位淋巴管的径路上，定居着大量巨噬细胞，T 细胞和 B 细胞，其中 T 细胞占 75%，B 细胞占 25%。淋巴结起过滤捕捉淋巴液中的抗原，并在其中进行免疫应答的作用。

鸡无淋巴结，但淋巴组织广泛分布于体内，有的为弥散性，消化道管壁中的淋巴组织为淋巴集结，如盲肠扁桃体；有的呈小结状，它们在抗原刺激后都能形成生发中心。鹅、鸭等水禽类主要有两对淋巴结，即颈胸淋巴结和腰淋巴结。

（2）脾脏：脾脏是动物体内造血、贮血、滤血和淋巴细胞分布及进行免疫应答的器官，脾脏中 T 细胞占 35%～50%，B 细胞占 50%～65%。血流中的部分抗原在脾脏中被巨噬细胞吞噬，加工并传递给 B 细胞，刺激 B 细胞分化增殖成浆细胞，产生抗体。

脾脏是储存血液的器官，具有血液滤过、滞留淋巴细胞的作用、能产生吞噬细胞增强素，是产生免疫应答的重要场所。另外，胚胎期的脾脏也具有造血的功能。

（3）哈德尔氏腺：哈德尔氏腺是禽类眼窝内腺体之一，又称瞬膜腺，位于眼窝中腹部，眼球后中央。它能分泌泪液润滑瞬膜，对眼睛具有机械保护作用。分布有 T 细胞、B 细胞，能接受抗原刺激，分泌特异性抗体，通过泪液带入上呼吸道黏膜，是口腔、上呼吸道的抗体来源之一，在上呼吸道免疫上起着非常重要的作用。故鸡新城疫弱毒疫苗等可通过滴眼接种免疫。哈德尔氏腺不仅可在局部形成坚实的屏障，而且能激发全身免疫系统，协调体液免疫。在雏鸡免疫时，它对疫苗发生应答反应，不受母源抗体的干扰，对免疫效果的提高，起着非常重要的作用。

（4）黏膜免疫系统：黏膜免疫系统包括肠黏膜、气管黏膜、Peyers 淋巴集结、肠系膜淋巴结、阑尾、腮腺、泪腺和乳腺管黏膜等的淋巴组织，共同组成一个黏膜免疫应答网络，故称为黏膜免疫系统。据研究，这一系统中分布的淋巴细胞总量比脾脏和淋巴结中分布的还要多，疫苗抗原到达黏膜淋巴组织，引起免疫应答，大量产生分泌性 IgA 抗体，分泌在黏膜表面，形成第一道特异性免疫保护防线，尤其对经呼吸道、消化道感染的病原微生物，黏膜免疫作用至关重要。

（二）免疫细胞

凡参与免疫应答的细胞或与免疫应答有关的细胞通称为免疫细胞（Immunocyte），其种类很多。根据其功能差异可划分为免疫活性细胞、免疫辅佐细胞和其他免疫细胞。免疫活性细胞（Immunocompetent cell，ICC）是免疫细胞中接受抗原刺激后能分化增殖，产生特异性免疫应答的细胞，也称抗原特异性淋巴细胞，主要是 T 细胞和 B 细胞，还有自然杀伤细胞、杀伤细胞等，在免疫应答中起核心作用，在体内分布广、数量多，除中枢神经系统外，所有组织均含有淋巴细胞。免疫辅佐细胞是在免疫应答过程中起重要辅佐作用的细胞，如单核吞噬细胞系统、树突状细胞，能捕获和处理抗原并能将抗原递呈给免疫活性细胞。其他免疫细胞是以其他方式参与免疫应答以及与免疫应答有关的细胞，如各种粒细胞和肥大细胞等(图 1.6)。

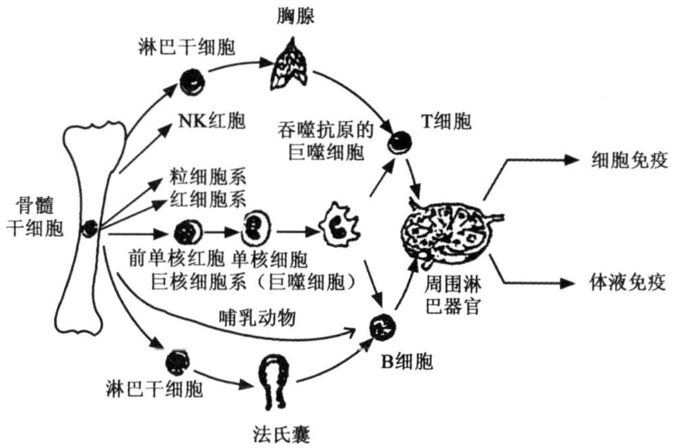

图 1.6　免疫细胞诱生示意图(葛兆宏,2001)

1. T 细胞与 B 细胞

T 细胞和 B 细胞均来源于骨髓多能干细胞。多能干细胞中的淋巴细胞分化为前 T 细胞和前 B 细胞。T 细胞和 B 细胞在光学显微镜下均为小淋巴细胞,从形态上难以区别。但它们表面存在着大量不同种类的蛋白质分子,这些表面分子又称为表面标志。T 细胞和 B 细胞的表面标志包括表面受体和表面抗原,可用于 T 细胞和 B 细胞及其亚群的鉴定。表面受体是指淋巴细胞表面上能与相应特异性抗原、绵羊红细胞、补体等发生特异性结合的分子结构。表面抗原又称分化(Cluster of differentiation,CD)抗原,是指在淋巴细胞或其亚群细胞表面上能被特异性抗体(如单克隆抗体)所识别的表面分子。

(1)T 细胞:

①来源与分布:前 T 细胞进入胸腺后,在胸腺素的诱导下,发育为胸腺依赖性淋巴细胞(Thymus dependent lymphocyte),简称 T 细胞。成熟的 T 细胞经血流分布到外周免疫器官的胸腺依赖区定居和增殖,并经血液→组织→淋巴→血液再循环分布于全身。T 细胞接受抗原刺激后活化、增殖和分化为效应 T 细胞,介导细胞免疫。效应 T 细胞大多数寿命较短,一般只存活 4～6 d,少部分转变为长寿的免疫记忆细胞,它们可存活几个月到几年(杨汉春,2003)。

②T 细胞的表面标志:T 细胞的重要表面标志包括表面受体(Surface receptor)和表面抗原(Surface antigen)。T 细胞表面受体包括 T 细胞抗原受体、红细胞受体、致有丝分裂原受体、白细胞介素受体等。

a. T 细胞表面受体:T 细胞抗原受体(T cell receptor,TCR)是指所有 T 细胞表面具有识别和结合特异性抗原的分子结构。95%T 细胞的 TCR 是由 α、β 两条多肽链组成的二聚体。5%T 细胞的 TCR 由 γ、δ 两条肽链组成的二聚体。其主要作用是 T 细胞识别结合抗原,引起 T 细胞的免疫应答。

致有丝分裂原受体:有些物质能刺激细胞发生有丝分裂,称为有丝分裂原,如植物血凝素(Phytohemagglutinin,PHA)、刀豆素 A(Concanavalin A,ConA)、葡萄球菌 A 蛋白(SPA)、美洲商陆有丝分裂原(PWA)。T 细胞具有 PHA 和 ConA 的受体,B 细胞没有。PHA 或 ConA 能与 T 细胞的相应受体结合,可刺激 T 细胞有丝分裂,转化为淋巴母细胞,这些细胞表现为 DNA 合成增加,体积增大,胞浆增多等变化。在临床上,常用 PHA

作为促分裂因子来检测淋巴细胞转化功能，称淋巴细胞转化试验，其转化率的高低常作为衡量机体细胞免疫水平的指标。细胞免疫缺陷及患恶性肿瘤或某些其他疾病时，转化率显著降低，甚至无转化现象。因此，利用淋巴细胞转化试验检测 T 细胞转化功能，也可区分 T、B 细胞。

白细胞介素受体：白细胞介素是介导细胞间相互作用的细胞因子。如 IL-1R、IL-2R、IL-4R 、IL-6R、IL-12R、IL-18R、IL-23R 等。

此外，T 细胞表面尚有麻疹病毒受体，少量 IgM、IgG 的 Fc 受体。

b. T 细胞的表面抗原：T 细胞表面抗原因 T 细胞分化的时期不同而异，故又称 T 细胞分化抗原(CD)。T 细胞膜上重要的表面抗原有 CD2、CD3、CD4、CD8 等。

CD2：即红细胞(Erythrocyte，E)受体，为单链多肽，主要分布于猪、牛、羊、马、骡等家畜成熟的 T 细胞表面，这些动物的 T 细胞在体外通过 E 受体能与绵羊红细胞结合形成玫瑰花样花环(E 花环)。B 细胞没有 E 受体，因此可用 E 花环试验区分 T 细胞和 B 细胞，并检测动物外周血 T 细胞比例及数量，但它并不能反映细胞免疫功能状态。不同种的动物，T 细胞 CD2 性质可能有所差异，所以在做花环试验时所要求的指示细胞不完全相同。

CD3：仅存在于 T 细胞表面，是至少由 5 种肽链组成的大分子，表达于成熟 T 细胞膜上，与 TCR 连成复合体，在识别抗原后的信号转导中起重要作用。利用 CD3 分子的单抗做流式细胞术可检测外周血 T 细胞总数。由于 CD3 单抗能封闭 T 细胞抗原受体，因此在抗排斥治疗及自身免疫病治疗中都有一定的意义。

CD4 和 CD8：分别称 MHCⅡ类分子和 MHCⅠ类分子受体。CD4 是单链糖蛋白分子，存在于辅助性 T 细胞(T_H)和诱导性 T 细胞(T_I)胞膜上，是 T_H 细胞的重要表面标志。当 T_H 的 TCR 识别 MHC Ⅱ类分子限制的抗原时，CD4 则与 MHC Ⅱ类分子结合，并起抗原信号转导作用。CD4 也是人免疫缺陷病毒(HIV)的受体。CD8 是两条肽链组成的二聚体糖蛋白，存在于细胞毒性 T 细胞(T_C)和抑制性 T 细胞(T_S)膜上，是 Tc 的重要表面标志。当 T_C 的 TCR 识别 MHCⅠ类分子限制的抗原时，CD8 与 MHCⅠ类分子结合，并起抗原信号转导作用。CD4 和 CD8 的比值是评估机体免疫状态的一个重要依据。在正常情况下，此比值为 2∶1。如偏离此值，甚至比值倒置则说明机体免疫机能失调。

③T 细胞的亚群及其功能：T 细胞亚群划分的原则和命名尚无统一标准。目前对 T 细胞亚群的划分就是根据其 CD 抗原的不同，而分为 CD4 和 CD8 两大亚群，然后再根据其在免疫应答中的功能不同进一步划分为不同的亚群。

$CD4^+$ T 细胞：具有 $CD2^+$、$CD3^+$、$CD4^+$、$CD8^-$ 的 T 细胞简称为 $CD4^+$ T 细胞。其 TCR 识别的抗原是由免疫辅佐细胞的 MHCⅡ类分子所结合和递呈的，按功能分至少包括 3 个亚群：

辅助性 T 细胞(Helper T cell，T_H)：辅助性 T 细胞是体内免疫应答所不可缺少的亚群，其主要功能为协助其他细胞发挥免疫功能。通过分泌细胞因子和与 B 细胞接触可促进 B 细胞的活化、分化和抗体产生；通过分泌细胞因子可促进 T_C 和 T_D 的活化；在混合淋巴细胞培养中能提高 T_C和 T_H 细胞的增殖作用，使 T_C 细胞杀伤靶细胞的功能明显增强；能协助巨噬细胞增强迟发型变态反应的强度。

诱导性 T 细胞(Inducer T cell，T_I)：T_I 能诱导 T_H 和 Ts 细胞的成熟。

迟发型超敏反应性 T 细胞(Delayed type hypersensitivity T cell,T_D),在免疫应答的效应阶段和Ⅳ型超敏反应中能释放多种淋巴因子导致炎症反应,发挥清除抗原的功能。

$CD8^+$ T 细胞:具有 $CD2^+$、$CD3^+$、$CD4^-$、$CD8^+$ 的 T 细胞简称 $CD8^+$ T 细胞,其 TCR 识别抗原是由免疫辅佐细胞或靶细胞的 MHCI 类分子所结合和递呈的。根据功能可分为 2 个亚群:

抑制性 T 细胞(Suppressor T cell,Ts) 能抑制 B 细胞产生抗体和其他 T 细胞分化增殖,从而调节体液免疫和细胞免疫。Ts 细胞占外周血液 T 细胞的 10%～20%。

细胞毒性或杀伤性 T 细胞 (Cytotoxic T cell,CTL;Killer T cell,T_k) 在免疫效应阶段识别并结合带抗原的靶细胞(如被病毒感染的细胞和癌细胞等),释放穿孔素和通过其他机理使靶细胞溶解。它占外周血液 T 细胞的 5%～10%。

(2)B 细胞:

①来源与分布:前 B 细胞在禽类的法氏囊或在哺乳动物的骨髓中分化发育为囊依赖性淋巴细胞(Bursa dependent lymphocyte)或骨髓依赖性淋巴细胞(Bone marrow dependent lymphocyte),简称 B 细胞。B 细胞分布于外周淋巴器官的非胸腺依赖区,在此栖居和增殖。B 细胞接受抗原刺激后,少数变为长寿的记忆细胞,参与淋巴细胞再循环,记忆细胞可存活 100 d 以上。多数进一步增殖分化为浆细胞,由浆细胞产生特异性抗体,发挥体液免疫功能。浆细胞寿命较短,一般只存活 2 d。

②B 细胞表面标志

B 细胞抗原受体(B-cell receptor,BCR):B 细胞抗原受体即细胞表面的免疫球蛋白(Membrane surface immunoglobulin,SmIg)。每个 B 细胞表面有 10^4～10^5 个免疫球蛋白分子。SmIg 是鉴别 B 细胞的主要特征,常通过荧光素或铁蛋白标记的抗免疫球蛋白抗体进行鉴别。SmIg 主要是单体的 IgM 和 IgD,均由 2 条重链和 2 条轻链连接而成。未成熟 B 细胞 BCR 为 SmIgM;成熟 B 细胞 BCR 为 SmIgM 与 SmIgD。BCR 的作用是识别结合抗原,引起 B 细胞的免疫应答。

Fc 受体(Fc receptor,FcR):Fc 受体是 B 细胞膜上的糖蛋白。能与 IgG、IgE 的 Fc 段结合,利于 B 细胞对抗原的捕获和结合,进而促进了 B 细胞活化、增殖与分化。Fc 受体常用 EA 玫瑰花环试验检测:在试管内,将绵羊红细胞、绵羊红细胞的免疫血清(含大量 IgG)及家畜的 B 细胞混合作用后,IgG 与红细胞结合,IgG 的 Fc 段与 B 细胞膜上的 Fc 受体结合,可在 1 个 B 细胞表面粘上几个红细胞,形成玫瑰花环。这种试验称为 EA 玫瑰花环试验,该试验可用于检测 B 细胞。

补体受体(Complement receptor,CR):补体受体是 B 细胞膜上的另一种糖蛋白。能与补体 C3b 和 C3d 结合。B 细胞的 CR 常用 EAC 花环试验检测:将红细胞(E)、抗红细胞(A)和补体(CR)的复合物与淋巴细胞混合后,可见 B 细胞周围有红细胞形成的花环。该试验也可检测 B 细胞。

致有丝分裂原受体(PWM):B 细胞表面的有丝分裂原受体与 T 细胞不同,因此刺激 B 细胞转化的有丝分裂原也不同。SPA 可刺激 B 细胞转化,LPS 只刺激小鼠 B 细胞转化。PWM 既能刺激 T 细胞,又能刺激 B 细胞,但 B 细胞的激活有赖于 T 细胞的存在。

此外,B 细胞膜上还有白细胞介素受体(如 IL-1、IL-2、IL-4、IL-5、IL-6 受体等)及多种细胞因子受体以及 CD9、CD10、CD19、CD20 等分子。

③B 细胞的亚群及功能:B 细胞的亚群尚不确定,目前按其成熟程度和细胞表面是否

有 CD5 表面标志，分为 B1、B2 两个亚群。B1 亚群是未成熟的 B 细胞，它们不需 T_H 辅助，可接受非依赖 T 细胞抗原（T_I Ag）的刺激，产生抗体，且受抗原作用后而形成免疫耐受。B2 亚群实际是成熟的 B 细胞。它们接受依赖 T 细胞抗原（T_D Ag）的刺激，必须有 T_H 的辅助才产生抗体，它们受抗原作用不易发生免疫耐受。

2. K 细胞与 NK 细胞

淋巴细胞可根据其表面是否具有 Ig 分子，是否能与绵羊红细胞形成玫瑰花环而分为 T 细胞和 B 细胞。但另一类淋巴细胞既无 T 细胞的表面标志，如 E 受体（CD2），又无 B 细胞的表面标志如 SmIg，这类细胞称为裸细胞（Null cell），主要包括具有非特异性杀伤功能的 NK 细胞和 K 细胞。它们直接来源于骨髓，其分化过程不依赖于胸腺或囊类器官。

（1）杀伤细胞（Killer cell，K cell）：简称 K 细胞。其主要特点是细胞表面具有 IgG 的 Fc 受体。当靶细胞与相应的 IgG 结合，K 细胞可与结合在靶细胞上的 IgG 的 Fc 结合，从而使自身活化，释放细胞毒，裂解靶细胞（病毒感染的宿主细胞、恶性肿瘤细胞、移植物中的异体细胞以及某些较大的病原体如寄生虫等），这种作用称为抗体依赖性细胞介导的细胞毒作用（Antibody dependent cell mediated cytotoxicity，ADCC）。

在 ADCC 反应中，IgG 抗体与靶细胞的结合是特异性的，而 K 细胞的杀伤作用是非特异性的，不需要识别抗原和 MHC 分子，任何被 IgG 结合的靶细胞均可被 K 细胞非特异性地杀伤。如果用酶破坏 Fc 段，或先用 IgG 封闭 K 细胞上的 Fc 受体，则靶细胞不被杀伤。

K 细胞主要存在腹腔渗出液、血液和脾脏中，淋巴结中很少，在骨髓、胸腺和胸导管中含量极微。K 细胞在抗肿瘤免疫、抗感染免疫和移植物排斥反应，清除自身的凋亡细胞等方面有一定的意义。

（2）自然杀伤细胞（Natural killer cell，NK cell）：简称 NK 细胞，是一群既不依赖抗体参与，也不需要抗原刺激和致敏就能杀伤靶细胞的淋巴细胞。NK 细胞表面存在着识别靶细胞表面分子的受体结构，通过此受体与靶细胞结合而发挥杀伤作用。

NK 细胞表面有干扰素和 IL-2 受体。干扰素作用于 NK 细胞后，可使 NK 细胞增多识别（靶细胞的）结构和增强溶解杀伤活性。IL-2 可刺激 NK 细胞不断增殖和产生干扰素，发挥更大的杀伤作用。NK 细胞表面也有 IgG 的 Fc 受体，凡被 IgG 结合的靶细胞均可被 NK 细胞通过其 Fc 受体的结合而导致靶细胞溶解，即 NK 细胞也具有 ADCC 作用。

NK 细胞主要存在于外周血和脾脏中，占外周血淋巴细胞的 5%～10%；淋巴结和骨髓中很少，胸腺中不存在。NK 细胞的主要生物学功能为非特异性地杀伤肿瘤细胞、抵抗多种微生物感染及排斥骨髓细胞的移植。NK 细胞对生长旺盛的细胞如骨髓细胞和 B 细胞有一定的杀伤作用，表面 NK 细胞也有免疫调节作用。NK 细胞对肿瘤细胞的杀伤作用是广谱的，因此可能是机体免疫监视机构的一个重要组成部分，是消灭癌变细胞的第一道防线。

3. 辅佐细胞

机体的免疫应答主要由 T 细胞和 B 细胞介导完成，但免疫应答的完成，还需单核吞噬细胞、树突状细胞和朗罕氏细胞的协助参与，对抗原进行捕捉、加工和处理，这些细胞称为辅佐细胞（Accesory cell），简称 A 细胞。辅佐细胞是免疫应答中将抗原递呈给抗原特异性淋巴细胞的一类免疫细胞，故又称为抗原递呈细胞（Antigen presenting cell，

APC)(崔治中,2005)。

(1)单核吞噬细胞(Mononuclear phagotyte):单核吞噬细胞包括血液中的单核细胞(Monocyte)和组织中的巨噬细胞(Macrophage)。单核细胞在骨髓分化成熟进入血液,在血液中停留数小时至数月后,经血流随机分布到全身多种组织器官中,分化成熟为巨噬细胞。巨噬细胞寿命较长(数月以上),具有较强的吞噬功能。

单核细胞表面有多种受体,如 Fc 受体、补体受体等,均有助于吞噬功能的进一步发挥。单核吞噬细胞有较强的黏附玻璃或塑料表面的特性,而 T 细胞、B 细胞和 NK 细胞等淋巴细胞一般无此能力,故可利用该特点分离和获得单核吞噬细胞。巨噬细胞表面有较多的 MHCⅠ类分子和 MHCⅡ类分子,与抗原递呈有关。单核吞噬细胞具有以下免疫功能:①吞噬和杀伤作用:组织中的巨噬细胞可以吞噬和杀灭多种病原微生物和处理衰老损伤的组织,是机体非特异性免疫的重要因素。特别是结合有抗体 IgG 和补体 C3b 的抗原性物质,更易被巨噬细胞吞噬。巨噬细胞可在抗体存在下发挥 ADCC 作用。巨噬细胞也是细胞免疫的效应细胞,经淋巴因子如 γ-干扰素激活的巨噬细胞可更为有效地杀伤细胞内寄生菌和杀伤肿瘤细胞。②递呈抗原作用:在免疫应答中,巨噬细胞首先吞噬、摄取外来抗原性异物,经过胞内酶的降解处理,形成许多具有抗原决定簇的小片段,随后这些片段与 MHCⅡ类分子结合形成抗原肽片段-MHC Ⅱ类分子复合物,并移向细胞表面,以便向具有相应抗原受体的 T 细胞和 B 细胞递呈。因此,巨噬细胞是免疫应答中不可缺少的免疫细胞。③合成和分泌各种活性因子:巨噬细胞能合成和分泌 50 余种生物活性物质,如许多酶类(中性蛋白酶、酸性水解酶、溶菌酶)、白细胞介素 1、干扰素和前列腺素、血浆蛋白和各种补体成分等。

(2)树突状细胞(Dendritic cell,D cell):简称 DC,来源于骨髓和脾脏的红髓,成熟后主要分布在脾脏和淋巴结中,结缔组织中也广泛存在。树突状细胞表面伸出许多树突状突起,胞内线粒体丰富,高尔基体发达,但无溶酶体及吞噬体,故无吞噬能力。大多数 D 细胞有较多的 MHCⅠ类和 MHCⅡ类分子,少数 DC 表面有 Fc 受体和 C3b 受体,可通过结合抗原-抗体复合物将抗原递呈给淋巴细胞。

(3)朗罕氏细胞(Langerhans cell,L cell):简称 L 细胞,其细胞的形态特点与 D 细胞相似,胞膜上有突起,但无吞噬功能。主要存在于表皮的颗粒层或扁平上皮基层中。细胞表面也有 Fc 受体、C3b 受体以及丰富的 MHCⅡ类分子。L 细胞具有较强的抗原递呈能力,特别是针对从皮肤进入的抗原所形成的免疫应答中起重要作用。

此外,免疫细胞还包括粒细胞和红细胞等。

(三)细胞因子

1. 概念

细胞因子(Cytokine,CK)是指一类由免疫细胞(淋巴细胞、单核-巨噬细胞等)和相关细胞(成纤维细胞、血管内皮细胞、上皮细胞、某些肿瘤细胞等)产生的具有诱导、调节细胞发育及功能的高活性多功能多肽或蛋白质分子。CK 不包括免疫球蛋白、补体和一般生理性细胞产物。

2. 分类与命名

细胞因子种类繁多,具体包括白细胞介素、淋巴因子、干扰素等十几种。这些细胞因子具有不同的生物学活性,它们在机体多种免疫反应如肿瘤免疫、感染免疫、移植免疫、自身免疫过程中发挥着重要的作用。在细胞因子这一概念提出之前，人们将由活化淋巴细胞产生的除抗体之外的免疫效应物质称为淋巴因子。其命名根据生物活性而定，许多学者命名了多种淋巴因子，其名称相当混乱。1979 年，在瑞士举行的第二届国际淋巴因子专题讨论会上，将在白细胞间发挥作用的一些淋巴因子统一命名为白细胞介素（Interleukin，IL），并按发现顺序用阿拉伯数字排列，如 IL-1，IL-2……现已命名了 23 种白细胞介素。但其他细胞因子目前仍无统一的命名法。目前许多学者仍主要按照细胞的生物学功能进行分类，常见有下列几类（邢钊，2006）。

（1）白细胞介素（Interleukin，IL）：由单核吞噬细胞和淋巴细胞分泌的，能诱导造血肝细胞生长分化，淋巴细胞分化增殖及分泌的细胞因子，称为白细胞介素，按其发现的次序编号为 IL-1，IL-2……，到目前已报道的白细胞介素有 25 种。

（2）淋巴因子（Lymphokine，LK）：淋巴因子具有对吞噬细胞的趋化作用、促吞噬作用、增强炎症反应的作用，杀伤靶细胞的作用，保护正常细胞免遭病毒感染的作用及增强或抑制淋巴细胞的作用等。

淋巴因子种类很多，主要有肿瘤坏死因子（TNF）、集落刺激因子（CSF）、转化生长因子-β、趋化因子等。

（3）干扰素（Interferon，IFN）：IFN 是由干扰素诱生剂诱导动物细胞后产生的一类具有多种生物活性、多功能的可溶性糖蛋白。根据 IFN 的来源和结构不同，可分为Ⅰ型和Ⅱ型，其中Ⅰ型 IFN 包括 IFN-α 和 IFN-β。IFN-α 主要由单核细胞产生的，IFN-β 主要由成纤维细胞产生，血管内皮细胞也可产生。Ⅱ型 IFN 包括 IFN-γ，主要由抗原和有丝分裂原刺激的 $CD4^+$ 和 $CD8^+$ T 细胞产生，NK 细胞也可产生。IFN 具有抗病毒、抗肿瘤和免疫调节作用。

（4）其他类型的细胞因子：包括表皮生长因子（EGF）、成纤维细胞生长因子（FGF）、神经细胞生长因子（NGF）、血小板衍生生长因子（PDGF）、肝细胞生长因子（HGF）等。

3. 细胞因子的特性及功能

（1）产生细胞与作用细胞多样性：一种细胞因子可由多种细胞产生；同种细胞可产生多种细胞因子，同一种细胞因子可对多种细胞发挥作用。

（2）合成分泌快，近距离发挥作用，降解快：细胞受到抗原、有丝分裂原、病毒等刺激后几小时便可分泌细胞因子，24～48 h 产量达到高峰；细胞受到的刺激一旦停止，即停止产生细胞因子。细胞因子在体内降解快，多数仅能对产生细胞自身和邻近细胞起作用。

（3）分子最小，生物学作用强：细胞因子是小分子的糖蛋白，体内各种细胞因子产量极微，但发挥的作用很显著，主要是靶细胞上通常具有细胞因子受体，且与细胞因子的亲和力很高。

（4）需与靶细胞上特异性高亲和力受体结合后才能介导生物学效应。

（5）单种细胞因子可具有多种生物学效应，但多种细胞因子也常常具有某些相同的生物学活性。

四、免疫应答

（一）免疫应答的概念

免疫应答是指动物机体的免疫系统受到抗原刺激后，免疫细胞对抗原分子识别并产生一系列的反应以清除异物的过程。

免疫应答的主要场所是外周免疫器官及淋巴组织，其中淋巴结和脾脏是免疫应答主要场所。参与机体免疫应答的核心细胞是T淋巴细胞和B淋巴细胞，表现形式为细胞免疫和体液免疫。巨噬细胞、树突状细胞、朗罕氏细胞等是免疫应答的辅佐细胞。

免疫应答具有三大特点，一是特异性，即免疫应答是针对某种特异性抗原物质而发生的；二是具有免疫记忆性，当机体再次接触同样抗原时，能迅速大量增殖、分化成致敏淋巴细胞或浆细胞；三是具有一定的免疫期，免疫期的长短与抗原物质的性质、免疫次数、机体的反应性有关，短则数月，长则数年，甚至终身。

（二）免疫应答的基本过程

免疫应答是一个十分复杂连续不可分割的生物学过程，大致包括三个阶段，即抗原递呈细胞（APC）对抗原的处理、加工和递呈；T、B淋巴细胞对抗原的识别、活化、增殖、分化；最后产生免疫效应分子——抗体、细胞因子，以及免疫效应细胞——细胞毒性T细胞（CTL）和迟发型变态反应T细胞，并最终将进入机体内的抗原物质清除。

1. 致敏阶段（Sensitization stage）

致敏阶段即处理和识别抗原阶段。又称感应阶段、识别阶段，是抗原物质进入体内，抗原递呈细胞（APC）对其捕获、加工处理和递呈，以及抗原特异性淋巴细胞（T细胞和B细胞）对抗原的识别阶段。

抗原递呈细胞（APC）能够摄取和处理抗原，并把抗原信息递呈给淋巴细胞而使淋巴细胞活化。按照细胞表面的主要组织相容性复合体MHCⅠ类和MHCⅡ类分子，可把抗原递呈细胞分为两类，一类是MHCⅠ类分子的抗原递呈细胞，包括所有的有核细胞，可作为内源性抗原的递呈细胞，如胞内菌感染的细胞、病毒感染的细胞、肿瘤细胞等均属此类；另一类是MHCⅡ类分子的抗原递呈细胞，包括单核-巨噬细胞、树突状细胞、朗罕氏细胞、B细胞等，主要作为外源性抗原的递呈细胞。

外源性抗原物质进入机体后，首先被巨噬细胞吞噬，并通过巨噬细胞内溶酶体的作用，将大分子抗原颗粒消化、降解，而保留其具有免疫原性的抗原部分。这部分抗原多浓集于巨噬细胞表面，通过细胞直接接触的方式将抗原信息传递给T细胞；或者再经T细胞将抗原信息传递给B细胞，T淋巴细胞、B淋巴细胞对抗原进行识别后引起细胞免疫或体液免疫。

2. 反应阶段（Reaction stage）

反应阶段即增殖与分化阶段。反应阶段是T细胞或B细胞受抗原刺激后活化、增殖、分化，并产生效应性淋巴细胞和效应分子的过程。

诱导产生细胞免疫时，T淋巴细胞增殖分化为淋巴母细胞，最终成为效应性淋巴细胞，并产生多种细胞因子。

诱导产生体液免疫时，抗原则刺激B细胞增殖分化为能够合成与分泌抗体的浆细胞。

少数T、B淋巴细胞在分化的过程中，中途停止分化，而转变为长寿的记忆细胞（Tm和Bm）。记忆细胞贮存着抗原的信息，可在体内存活数月、数年或更长的时间，以后再次接触同样抗原时，便能迅速大量增殖、分化成致敏淋巴细胞或浆细胞。

3. 效应阶段(Effect stage)

效应阶段是免疫效应细胞和效应分子发挥细胞免疫效应和体液免疫效应,最终清除抗原物质的过程。

当致敏淋巴细胞或浆细胞,再次遇到相同抗原刺激时,致敏淋巴细胞释放出多种具有免疫活性的淋巴因子,或通过效应性 T 细胞与靶细胞特异性结合,最后使靶细胞溶解破坏(细胞毒效应)而发挥细胞免疫作用;浆细胞则合成各种类型的免疫球蛋白(抗体),参与体液免疫反应。

(三)体液免疫

1. 体液免疫的概念

由 B 细胞介导的免疫应答称为体液免疫(Humoral immunity)。体液免疫效应是由 B 细胞通过对抗原的识别、活化、增殖,最后分化成浆细胞,浆细胞针对抗原的特性,合成及分泌特异的免疫球蛋白,不断排出细胞外,分布于体液中,发挥特异性的体液免疫作用。

2. 抗体产生的动力学

动物机体初次和再次接触抗原后,引起机体抗体产生的种类以及抗体的水平等都有差异(图 1.7)。

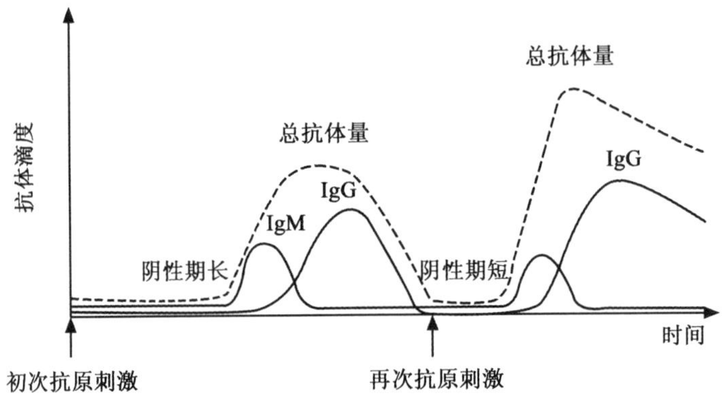

图 1.7 抗体产生的一般规律示意图(王珅,2007)

(1)初次应答:某种抗原首次进入机体内引起的抗体产生过程,称为初次应答(Primary response)。初次应答的主要特点为:①抗体产生的潜伏期比较长。抗原初次进入机体,需要抗原递呈细胞对抗原进行捕捉、加工处理,然后激活 B 细胞,B 细胞进一步增殖分化为浆细胞产生抗体,该过程复杂且较长。潜伏期的长短与抗原的种类有关,细菌抗原一般经过 5～7 d 血液中出现抗体,病毒抗原为 3～4 d,而毒素则需经 2～3 周才出现抗体。潜伏期之后为抗体的对数上升期,抗体含量直线上升。此后为高峰持续期,抗体产生和排出相对平衡。最后为下降期。②初次应答最早出现的抗体是 IgM,几天内达到高峰,然后下降;接着产生 IgG,IgA 产生最迟,常在 IgG 产生后 2 周至 1～2 个月才能在血液中检出;产生的抗体中以 IgM 为主。③初次应答产生的抗体总量较低,维持时间也较短,与抗原的亲和力较弱。其中 IgM 的维持时间最短,IgG 可在较长时间内维持较高水平,其含量也比 IgM 高。

(2)再次应答:动物机体第二次接触相同的抗原时,体内产生的抗体过程,称为再次应答(Secondary response)。再次应答的特点为:①抗体产生的潜伏期显著缩短。②再次应答可产生高水平的抗体。机体再次接触与第一次相同的抗原时,起初原有抗体水平略有降低,接着抗体水平很快上升,比初次应答多几倍到几十倍,且维持时间较长,对抗原的亲和力更强。③再次应答中产生抗体的顺序与初次应答相同,但以 IgG 为主,再次应答间隔时间越长,机体越倾向于只产生 IgG,经消化道等黏膜途径进入机体的抗原可诱导产生分泌型 IgA。

再次应答在抗体产生的速度、数量、质量以及维持时间等方面均优于初次应答,因此在预防接种时,间隔一定时间进行疫苗的再次接种,可起到强化免疫的作用。

(3)回忆应答(Anamnestic response):抗原刺激机体产生的抗体经一定时间后,在体内逐渐消失,此时若机体再次接触相同的抗原物质,可使已消失的抗体快速回升,这称为抗体的回忆应答。

再次应答和回忆应答取决于体内记忆性 T 细胞和 B 细胞的存在,记忆性 T 细胞可很快增殖分化成 T_H 细胞,对 B 细胞的增殖和产生抗体起辅助作用;记忆性 B 细胞与抗原再次接触时,可被活化,增殖分化成浆细胞产生抗体。

3. 抗体的免疫学功能

特异性免疫包括体液免疫和细胞免疫两个方面。一般情况下,机体内的体液免疫和细胞免疫是同时存在的,它们在抗微生物感染中相互配合和调节,以清除入侵的病原微生物,保持机体内环境的平衡。

(1)中和作用:抗毒素与外毒素结合后,可阻碍外毒素与动物细胞的结合,使之不能发挥毒性作用。抗体与病毒结合后,可阻止病毒侵入易感细胞,保护细胞免受感染(图 1.8)。

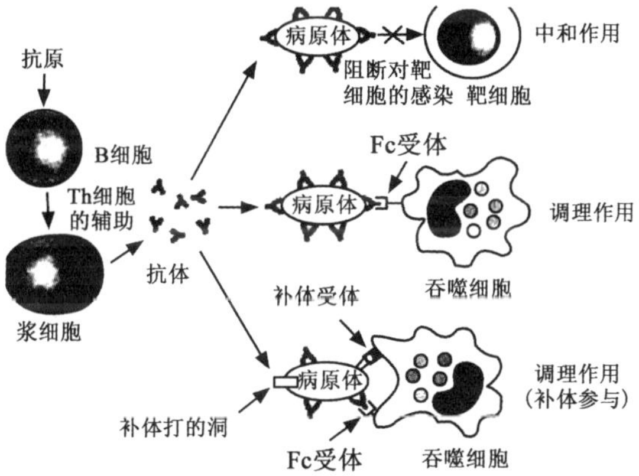

图 1.8 抗体的生物学活性及功能(邢钊,2006)

(2)免疫溶解作用:一些革兰氏阴性菌(如霍乱弧菌)和某些原虫(如锥虫)与体内的抗体结合后,可激活补体,从而导致菌体或虫体溶解或死亡。

(3)调理作用:调理作用是指抗体促进吞噬细胞吞噬细菌等颗粒性抗原的作用。抗体 IgG 结合抗原后,通过其 Fc 段与吞噬细胞(嗜中性粒细胞、巨噬细胞)表面的 IgG Fc 受体结合,增强吞噬细胞的吞噬作用。单核-巨噬细胞表面和嗜中性粒细胞也有抗体 IgA 的 Fc 受体,因此血清 IgA 也具有调理作用。吞噬细胞表面没有 IgM 的 Fc 受体,但 IgM 可通过结合抗原后激活补体,通过补体裂解产物黏附到吞噬细胞表面,促进吞噬细胞的吞噬而发挥调理作用(图 1.8)。

(4)局部黏膜免疫作用：由黏膜固有层中浆细胞产生的分泌型 IgA，是机体抵抗呼吸道、消化道及泌尿生殖道感染病原体的主要力量。分泌型 IgA 可阻止病原体吸附黏膜上皮细胞。

(5)抗体依赖性细胞介导的细胞毒作用(Antibody dependent cell-mediated cytotoxicity，ADCC)：IgG 与带有相应抗原的靶细胞结合后，可通过 Fc 段与效应细胞(NK 细胞、巨噬细胞、中性粒细胞)表面 Fc 受体结合，增强效应细胞对靶细胞的杀伤作用。IgE 的 Fc 段可与嗜酸性粒细胞表面的 Fc 受体结合，参与抗寄生虫感染(图 1.9)。

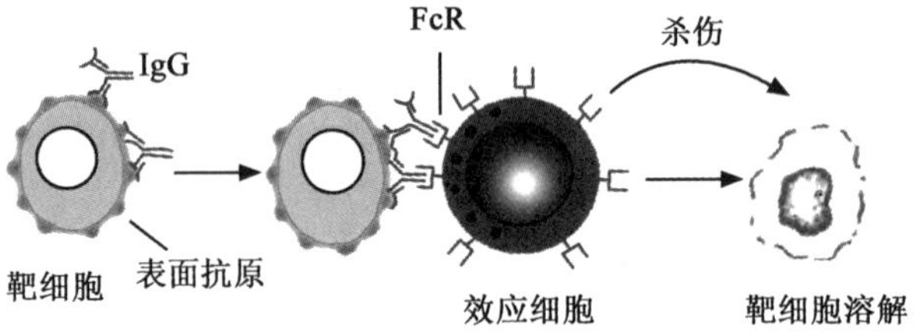

图 1.9　抗体依赖性细胞介导的 ADCC 作用(邢钊，2006)

(6)对病原微生物生长的抑制作用：一般来说，细菌的抗体与之结合后，不会影响细菌的生长和代谢，仅表现为凝集和制动现象。而支原体和钩端螺旋体的抗体与之结合后，表现出生长抑制作用，但其机理尚不清楚。

抗体作为机体体液免疫的重要分子，在体内可发挥多种免疫功能。由抗体介导的免疫效应在大多数情况下对机体是有利的，但有时也会造成机体的免疫损伤。抗体在体内引起的免疫损伤主要是介导Ⅰ型(IgG)、Ⅱ型和Ⅲ型(IgG 和 IgM)变态反应，以及一些自身免疫疾病。

(四)细胞免疫

1. 细胞免疫的概念

细胞免疫又称细胞介导免疫。T 淋巴细胞接受抗原的刺激后，活化、增殖形成致敏淋巴细胞，当机体再次受到相同的抗原物质刺激时，合成并释放多种具有免疫效应的物质，直接杀伤或激活其他细胞杀伤、破坏抗原或靶细胞，以清除抗原的过程，称为细胞免疫。

T 淋巴细胞受抗原刺激之后，成为致敏的 T 淋巴细胞，一方面，其中杀伤性 T 细胞(或称细胞毒性 T 细胞)直接杀伤靶细胞；另一方面致敏淋巴细胞能释放多种具有免疫活性的物质——淋巴因子，使机体内多种细胞活化，以抑制、排斥和消灭抗原物质和靶细胞。

广义的细胞免疫还包括吞噬细胞的吞噬作用，K 细胞、NK 细胞等介导的细胞毒作用。

2. 细胞免疫的功能

(1)抗感染作用：①抗胞内菌感染：胞内菌有结核杆菌、布氏杆菌、鼻疽杆菌等。抗胞内菌感染主要依靠的是细胞免疫。致敏淋巴细胞释放出一系列淋巴因子，与细胞一起参加细胞免疫，以清除抗原和携带抗原的靶细胞，使机体得到抗感染的能力。②抗真菌感染：深部感染的真菌，如白色念珠菌、球孢子菌等，可刺激机体产生特异性抗体和细胞免疫，其中以细胞免疫更为重要。③抗病毒感染：某些病毒病的免疫主要以细胞免疫为主。

致敏淋巴细胞可直接破坏被病毒感染的靶细胞，另外，淋巴因子可激活吞噬细胞，增强其吞噬功能，以及合成干扰素抑制病毒的增殖。

(2)抗肿瘤作用：肿瘤细胞抗原被机体的T淋巴细胞识别后，产生可直接破坏肿瘤细胞的细胞毒性T细胞，同时释放淋巴因子，以杀伤或破坏肿瘤细胞，并动员机体的免疫器官，监视突变细胞的出现。

(3)同种异体组织移植排斥反应：由于供体与受体的组织相容性抗原不同，受体T淋巴细胞在供体抗原刺激下，产生细胞毒性T细胞，并释放淋巴因子，引起移植组织细胞损伤和排斥。

(4)发生迟发型变态反应：机体受抗原刺激后，在某些淋巴因子作用下，引起以局部单核细胞浸润为主的炎症反应，反应部位血管通透性增高，巨噬细胞聚集于感染部位，机体在消灭病原体的同时，引起局部组织损伤、坏死及溃疡等反应。

五、免疫血清学技术

用于检测抗原或抗体的体外免疫反应技术又称为免疫检测技术，这类技术因一般都需用血清进行试验，通常称为免疫血清学反应或免疫血清学技术。

(一)凝集试验

细菌、红细胞等颗粒性抗原，或吸附在红细胞、乳胶等颗粒性载体表面的可溶性抗原，与相应抗体结合后，在有适量电解质存在下，经过一定时间，复合物互相凝聚形成肉眼可见的凝集团块，称为凝集试验(Agglutination test)。参与凝集试验的抗原称凝集原，抗体称凝集素。参与凝集试验的抗体主要为IgG和IgM。凝集试验可用于检测抗体或抗原，最突出的优点是操作简便，便于基层的诊断工作。

凝集试验根据抗原的性质、反应方式的不同，可分为直接凝集试验和间接凝集试验。

1. 直接凝集试验

颗粒性抗原与相应抗体直接结合并出现凝集现象的试验称直接凝集试验(Direct agglutination test)。按操作方法可分为玻片法和试管法两种。

(1)玻片法：是一种定性试验，可在玻璃板或载玻片上进行。将含有已知抗体的诊断血清与待检悬液各一滴在玻片上混合均匀，数分钟后，如出现颗粒状或絮状凝集，即为阳性反应。反之，也可用已知的诊断抗原悬液检测待检血清中有无相应的抗体。此法简便快速，适用于新分离细菌的鉴定或分型，抗体的定性检测。如大肠杆菌和沙门氏菌等的鉴定，布氏杆菌病、鸡白痢、禽伤寒和败血霉形体病的检疫，亦可用于血型的鉴定等。

(2)试管法：试管凝集试验是一种既可定性也可定量的试验，可在小试管中进行。操作时将待检血清用生理盐水或其他稀释液做倍比稀释，然后每管加入一定浓度等量抗原，混匀，37℃水浴或放入恒温箱中数小时，观察液体澄清度及沉淀物，视不同凝集程度记录为++++(100%凝集)、+++(75%凝集)、++(50%)、+(25%凝集)和－(不凝集)。根据每管内细菌的凝集程度判定血清中抗体的含量。以出现50%以上凝集的血清最高稀释倍数为该血清的凝集价，也称效价或滴度。本试验主要用于检测待检血清中是否存在相应的抗体及其效价，如布氏杆菌病的诊断与检疫。

2. 间接凝集试验

将可溶性抗原(或抗体)先吸附于一种与免疫无关、一定大小的不溶性颗粒的表面，然后与相应的抗体(或抗原)作用,在有电解质存在的适宜条件下,所发生的特异性凝集反应,称为间接凝集试验。用于吸附抗原(或抗体)的颗粒称为载体颗粒,常用的载体有红细胞、聚苯乙烯乳胶,其次是活性炭、白陶土、离子交换树脂等。将可溶性抗原吸附到载体颗粒表面的过程称为致敏。其原理见图 1.10。

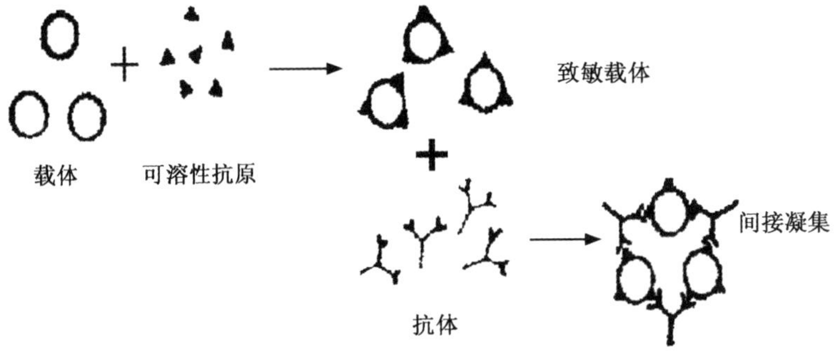

图 1.10　间接凝集反应(黄青云,2003)

将抗原吸附于载体颗粒,然后与相应的抗体反应产生的凝集现象,称为正向间接凝集反应,又称正向被动间接凝集反应。将特异性抗体吸附于载体颗粒表面,再与相应的可溶性抗原结合产生的凝集现象,称为反向间接凝集反应。

(1)间接血凝试验:间接血凝试验是以红细胞为载体的间接凝集试验(Passive heam-agglutination assay,PHA)。将可溶性抗原致敏于红细胞表面,用以检测未知抗体,在与相应抗体反应时出现肉眼可见现象,称此为正向间接血凝试验。如将已知抗体吸附于红细胞表面,用以检测样本中相应抗原,致敏红细胞在与相应抗原反应时发生凝集,称为反向间接血凝试验(Reverse passive heamagglutination assay,RPHA)。由于红细胞几乎能吸附任何抗原,而红细胞是否凝集又容易观察。因此,利用红细胞作载体进行的间接血凝试验广泛应用于多种疫病的诊断和检疫,如病毒性传染病、支原体病、寄生虫病的诊断与检疫。

(2)乳胶凝集试验:乳胶又称胶乳,是聚苯乙烯聚合的高分子乳状液,乳胶微球直径约 0.8μm,对蛋白质、核酸等大分子物质具有良好的吸附性能,用它作载体吸附抗原(或抗体),可用以检测相应的抗体(或抗原)。本法具有快速简便,保存方便、比较准确等优点。

(3)协同凝集试验:该试验中的载体是一种金黄色葡萄球菌,此菌的细胞壁上含有葡萄球菌 A 蛋白(Staphylococal protein A,SPA),SPA 能与人和大多数哺乳动物血清中 IgG 分子的 Fc 片段发生结合,并将 IgG 分子的 Fab 段暴露于葡萄球菌的表面,并保持其活性。当结合于葡萄球菌表面的抗体与相应抗原结合时,形成肉眼可见的小凝集块,该方法称为协同凝集试验。此法已广泛应用于多种细菌病和某些病毒病的快速诊断。

(二)沉淀试验

可溶性抗原与其相应的抗体相遇后,在电解质参与下,抗原抗体结合形成白色絮状沉淀,出现白色沉淀线,称为沉淀试验(Precipitation reaction test)。沉淀试验的抗原称为沉淀原,如细菌浸出液、含菌病料浸出液、血清以及其他来源的蛋白质、多糖、类脂体等;抗体称为沉淀素。

沉淀试验可分为液相沉淀试验和固相沉淀试验，液相沉淀试验有环状沉淀试验和絮状沉淀试验，以前者应用较多；固相沉淀试验有琼脂凝胶扩散试验和免疫电泳技术。

1. 环状沉淀试验

环状沉淀试验（Ringe precipitation test）是一种在两种液体界面上进行的试验，是最简单、最古老的一种沉淀试验，目前仍广泛应用。方法为在小口径试管中加入已知沉淀素血清，然后小心沿管壁加入等量待检抗原于血清表面，使之成为分界清晰的两层。数分钟后，两层液面交界处出现白色环状沉淀，即为阳性反应。试验中要设阴性、阳性对照。本法主要用于抗原的定性试验，如诊断炭疽的 Ascoli 试验、链球菌的血清型鉴定、血迹鉴定和沉淀素的效价滴定等。

2. 絮状沉淀试验

抗原与抗体在试管内混合，在电解质存在下，抗原抗体复合物可形成絮状物。在最适比例时，出现反应最快和絮状物最多。相反，抗原或抗体过剩均会抑制沉淀的出现。例如用 4～5 列试管，先将抗原从 1∶10 开始对倍稀释，每管 0.5 mL；抗血清用（1∶5）～40 四个稀释度，每管 0.5 mL。振荡混匀后放置室温，在黑暗背景下观察记录较早出现反应的试管，数小时后比较各管浑浊度。以反应出现最早且浑浊度最大的试管定为抗原抗体的最适比。本法常用于毒素、类毒素和抗毒素的定量测定（葛兆宏，2001）。

3. 琼脂扩散试验

是指抗原抗体在琼脂凝胶内扩散。特异性的抗原抗体相遇后，在凝胶内的电解质参与下发生沉淀，形成可见的沉淀线，这种反应简称琼扩。本试验中使用的 1%～2%的琼脂凝胶，琼脂形成网状构架，空隙中是 98%～99%的水，扩散就在此水中进行。1%～2%琼脂所形成的构架网孔较大，允许相对分子质量在 20 万以下甚至更大些的大分子物质通过，绝大多数可溶性抗原和抗体的相对分子质量在 20 万以下，因此可以在琼脂凝胶中自由扩散，所受阻力甚小。二者在琼脂凝胶中相遇，在最适比例处发生沉淀，此沉淀物因颗粒较大而不扩散，故形成沉淀带（何昭阳，2002）。

一种抗原抗体系统只出现一条沉淀带，复合物抗原中的多种抗原抗体系统均可根据自己的浓度、扩散系数、最适比等因素形成自己的沉淀带。本法的主要优点是能将复合的抗原成分加以区分，根据沉淀带出现的数目、位置以及相邻两条沉淀带之间的融合、交叉、分枝等情况，就可了解该复合抗原的组成。

琼脂扩散试验有多种类型，如单向单扩散，单向双扩散，双向单扩散，双向双扩散，其中的双向单扩散，双向双扩散最为常用。

（1）双向单扩散：又称辐射扩散，试验在玻璃板或平皿上进行，用 1.6%～2.0%琼脂加一定浓度的等量抗血清浇成琼脂凝胶板，厚度为 2～3 mm，在其上打直径为 2 mm 的小孔，孔内滴加相应抗原液，放入密闭湿盒中扩散 24～48 h。抗原在孔内向四周辐射扩散，在比例适当处与凝胶中的抗体结合形成白色沉淀环。此白色沉淀环的大小随扩散时间的延长而增大，直至平衡为止。沉淀环面积与抗原浓度成正比，因此可用已知浓度抗原制成标准曲线，即可用以测定抗原的量。

此法在兽医临床已广泛用于传染病的诊断，如鸡马立克氏病的诊断。即将马立克氏病高免血清浇成血清琼脂平板，拔取病鸡新换的羽毛数根，自毛根尖端 1 cm 处剪下插入琼脂凝胶板上，阳性者毛囊中病毒抗原向周围扩散，形成白色沉淀环。

（2）双向双扩散：此法以 1%琼脂浇成厚 2～3 mm 的凝胶板，在其上按设计图形打圆孔或长方形槽，封底后在相邻孔（槽）内滴加抗原和抗体，饱和湿度下扩散 24～96 h，观察沉淀带。抗原抗体在琼脂凝胶中相向扩散，在两孔间比例最适的位置上形成沉淀带，如抗原抗体的浓度基本平衡时，沉淀带的位置主要决定于两者的扩散系数。但若抗原过多，则沉淀带向抗体孔增厚或偏移；若抗体过多，则沉淀带向抗原孔偏移。

双扩散主要用于抗原的比较和鉴定，两个相邻的抗原孔（槽）与其相对的抗体孔之间，各自形成自己的沉淀带。此沉淀带一经形成，就像一道特异性屏障一样，继续扩散而来的相同抗原抗体，只能使沉淀带加浓加厚，而不能再向外扩散，但对其他抗原抗体系统则无屏障作用，它们可以继续扩散。沉淀带的基本形式有以下三种。两相邻孔为同一抗原时，两条沉淀带完全融合，如二者在分子结构上有部分相同抗原决定簇，则两条沉淀带不完全融合并出现一个叉角（图 1.11）。两种完全不同的抗原，则形成两条交叉的沉淀带。不同分子的抗原抗体系统可各自形成两条或更多的沉淀带。

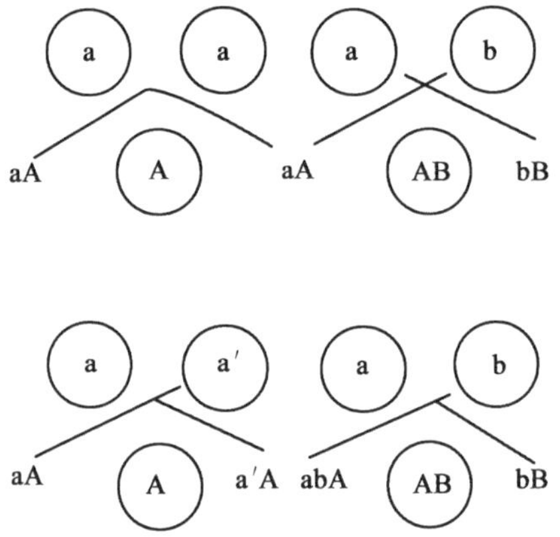

图 1.11　琼脂扩散的基本类型（陆承平，2001）

注：a、b 为单一抗原，ab 为同一分子的 2 个抗原决定族，A、B 为抗 a、抗 b 抗体，a′为与 a 部分相同的抗原。

双扩散也可用于抗体的检测，测抗体时，加待检血清的相邻孔应加入标准阳性血清作为对照，以资比较。测定抗体效价时可倍比稀释血清，以出现沉淀带的血清最大稀释度为抗体效价。

4. 免疫电泳

免疫电泳技术（Immunoelectrophoresis）是把凝胶扩散试验与电泳技术相结合的免疫检测技术。即将琼脂扩散置于直流电场中进行，让电流来加速抗原与抗体的扩散并规定其扩散方向，在比例合适处形成可见的沉淀带。此技术在琼脂扩散的基础上，提高了反应速度、反应灵敏度和分辨率。在临床上应用比较广泛的有对流免疫电泳和火箭免疫电泳等。

（1）对流免疫电泳：对流免疫电泳是将双向双扩散与电泳技术相结合的免疫检测技术。大部分抗原在碱性溶液（pH＞8.2）中带负电荷，在电场中向正极移动；而抗体球蛋白带电荷弱，在琼脂电泳时，由于电渗作用，向相反的负极移动。如果将抗体置于正极端，抗原置负极端，则电泳时抗原抗体相向泳动，在两孔之间形成沉淀带。

试验时在凝胶板上打孔，两孔为一组，并排打孔两组，然后加样。抗原滴入负极端孔内，抗体滴入正极端孔内，进行电泳。泳动 30～90 min，观察结果。在两孔之间出现沉淀带，为阳性反应。

对流免疫电泳比双向双扩散敏感 10～16 倍，并大大缩短了沉淀带出现的时间，简易快速，现已用于多种传染病的快速诊断。如口蹄疫、猪传染性水疱病等病毒病的诊断。

(2)火箭免疫电泳：火箭免疫电泳是将辐射扩散与电泳技术相结合的一项检测技术，简称火箭电泳。将 pH 8.2～8.6 的巴比妥缓冲液琼脂融化后，冷至 56℃左右，加入一定量的已知抗血清，浇成含有抗体的琼脂凝胶板。在板的负极端打一列孔，孔径 3 mm，孔距 8 mm，滴加待检抗原和已知抗原，电泳 2～10 h。电泳时，抗原在含抗血清的凝胶板中向正极迁移，其前锋与抗体接触，形成火箭状沉淀弧，随抗原继续向前移动，此火箭状峰亦不断向前推移，原来的沉淀弧由于抗原过量而重新溶解。最后抗原抗体达到平衡时，即形成稳定的火箭状沉淀弧。在试验中由于抗体浓度保持不变，因而火箭沉淀弧的高度与抗原浓度呈正比，本法多用于检测抗原的量(用已知浓度抗原作对比)。

(三)补体结合试验

1. 补体结合试验的概念和原理

可溶性抗原，如蛋白质、多糖、类脂质和病毒等，与相应抗体结合后，抗原抗体复合物可以结合补体，但这一反应肉眼不能察觉，如再加入红细胞和溶血素，即可根据是否出现溶血反应来判定反应系统中是否存在相应的抗原或抗体，这个反应就是补体结合反应。补体结合抗体主要为 IgG 和 IgM，IgE 和 IgA 通常不能结合补体。通常是利用已知抗原检测未知抗体。

将红细胞多次注射于动物(如将绵羊红细胞多次免疫家兔)可使之产生相应的抗体(溶血素)，这种抗体与红细胞结合，若有补体存在时，则红细胞被溶解，这种现象称为溶血反应。红细胞和溶血素被称为溶血系统，常在补体结合反应中用作测定有无补体游离存在的指示剂。可溶性抗原与相应抗体结合后，能结合补体，但往往不出现可见反应，这一过程称为溶菌反应(或称反应系统)，如加入一定量的补体，则在反应系统作用过程中补体全部被结合，无游离补体存在，此时再加入红细胞和溶血素(即溶血系统或指示系统)则不发生溶血反应。若溶菌系统中的抗原与抗体是不相对应的，则补体不参与作用，而游离于溶液中，加入溶血系统后则发生溶血。即如果反应系统中存在待测抗体(或抗原)，则抗原抗体发生反应后可结合补体；再加入指示系统时，由于反应液中已没有游离的补体而不出现溶血，是为补体结合试验阳性。如果反应系统中不存在待测的抗体(或抗原)，则在液体中仍有游离的补体存在，当加入指示系统时会出现溶血，是为补体结合试验阴性。

2. 补体结合试验的基本过程

试验分两步进行。第一步为反应系统作用阶段，由倍比稀释的待检血清加最适浓度的抗原和补体。混合后 37℃水浴作用 30～90 min 或 4℃冰箱过夜。第二步是溶血系统作用阶段，在上述管中加入致敏红细胞，置 37℃水浴作用 30～60 min，观察是否有溶血现象。若最终表现是不溶血，说明待检的抗体与相应的抗原结合了，反应结果是阳性；若最终表现是溶血，则说明待检的抗体不存在或与抗原不相对应，反应结果是阴性。

补体结合反应操作繁杂，且需十分细致，参与反应的各个因子的量必须有恰当的比例。特别是补体和溶血素的用量。补体的用量必须恰如其分，例如，抗原抗体呈特异性结合，吸附补体，不应溶血，但因补体过多，多余部分转向溶血系统，发生溶血现象。又如抗原抗体为非特异性，抗原抗体不结合，不吸附补体，补体转向溶血系统，应完全溶血，但由于补体过少，不能全溶，影响结果判定。此外，溶血素的量也有一定影响，例如阴性血清应完全溶血，但溶血素量少，溶血不全，会被误以为是弱阳性。而且这些因子的量又与其活性有关：活性强，用量少；活性弱，用量多。故在正式试验前，必须准确测定溶血素效价、溶血系统补体价、溶菌系统补体价等，测定活性以确定其用量。

(四)中和试验

根据抗体能否中和病毒的感染性而建立的免疫学试验，称中和试验。中和试验极为特异和敏感，既能定性又能定量，主要用于病毒感染的血清学诊断、病毒分离株的鉴定、病毒抗原性的分析、疫苗免疫原性的评价、血清抗体效价的检测等。中和试验可在体内进行也可在体外进行(王珅，2007)。

体内中和试验也称保护试验，试验时先对实验动物接种疫苗或抗血清，间隔一定时间后，再用一定量病毒攻击，最后根据动物是否得到保护来判定结果。常用于疫苗免疫原性的评价和抗血清的质量评价。

体外中和试验是将抗血清与病毒混合，在适当条件下作用一定时间后，接种于敏感细胞、鸡胚或动物，以检测混合液中病毒的感染力。根据保护效果的差异，判断该病毒是否已被中和，并可计算中和指数，即中和抗体的效价。根据测定方法不同，中和试验有终点法中和试验和空斑减数法中和试验等方法。

毒素和抗毒素也可进行中和试验。其方法与病毒的中和试验基本相同。

1. 终点法中和试验(Endpoint neutralization test)

终点法中和试验是滴定使病毒感染力减少至50%时，血清的中和效价或中和指数。有固定病毒稀释血清和固定血清稀释病毒两种方法。

(1)固定病毒稀释血清法：将已知的病毒量固定，血清作倍比稀释，常用于测定抗血清的中和效价。

①病毒毒价单位：病毒毒价(毒力)的单位过去多用最小致死量(MLD)，但由于剂量的递增与死亡率递增的关系不是一条直线，而是呈S形曲线，在越接近100%死亡时，对剂量的递增越不敏感。而死亡率愈接近50%时，剂量与死亡率呈直线关系，所以现基本上采用半数致死量(LD_{50})作为毒价单位，而且LD_{50}的计算应用了统计学方法，减少了个体差异的影响，因此比较准确。以感染发病作为指标的，可用半数感染量(ID_{50})。用鸡胚测定时，可用鸡胚半数致死量(ELD_{50})或鸡胚半数感染量(EID_{50})；用细胞培养测定时，可用组织细胞半数感染量($TCID_{50}$)。在测定疫苗的免疫性能时，则用半数免疫量(IMD_{50})或半数保护量(PD_{50})。

②病毒毒价测定：将病毒原液作10倍递进稀释即10^{-1}、10^{-2}、10^{-3}…，选择4～6个稀释倍数接种一定体重的试验动物(或鸡胚、细胞)，每组3～6只(个、孔)。接种后，观察一定时间内的死亡(或出现细胞病变)数和生存数。根据累计死亡数和生存数计算致死百分率。然后按Reed-Muench法、内插法或Karber法计算半数剂量。

以$TCID_{50}$测定为例说明如下：

按Karber法计算，其公式为$\lg TCID_{50}=L+d(S-0.5)$，L为病毒最低稀释度的对数；d为组距，即稀释系数，10倍递进稀释时d为-1；S为感染(死亡)百分比之和(计算固定病毒稀释血清法中和试验效价时，S应为保护比值之和)，即各组死亡(感染)数/试验数相加。

若以测定某种病毒的$TCID_{50}$为例，病毒作10^{-4}～10^{-7}稀释，记录其出现细胞病变

(CPE)的情况(表 1.1)。则 $L=-4, d=-1, S=6/6+5/6+2/6+0/6=2.16$。

表 1.1 病毒毒价滴定(接种剂量 0.1 mL)

病毒稀释	CPE		
	阳性数	阴性数	%
10^{-4}	6	0	100
10^{-5}	5	1	83
10^{-6}	2	4	33
10^{-7}	0	6	0

$lgTCID_{50}=(-4)+(-1)\times(2.16-0.5)=-5.66$。$TCID_{50}=10^{-5.66}$,0.1 mL。

$TCID_{50}$为毒价的单位,表示该病毒经稀释至 $10^{-5.66}$($1/10^{5.66}$)时,每孔细胞接种 0.1 mL,可使 50%的细胞孔出现 CPE。而病毒的毒价通常以每 mL 或每毫克含多少 $TCID_{50}$或(LD_{50}等)表示。如上述病毒的毒价为 $10^{5.66}$ $TCID_{50}$/0.1 mL,即 $10^{6.66}$ $TCID_{50}$/mL。

③正式试验:将病毒原液稀释成每一单位剂量含 200 LD_{50}(或 EID_{50}、$TCID_{50}$),与等量递进稀释的待检血清混合,置 37℃感作 1 h。每一稀释度接种 3~6 只(个、管)试验动物(或鸡胚、细胞),记录每组动物的存活数和死亡数,同样按 Reed-Muench 法或 Karber 法计算其半数保护量(PD_{50}),即该血清的中和价。

(2)固定血清稀释病毒法:将病毒原液作 10 倍递进稀释,分装两列无菌试管,第一列加等量正常血清(对照组),第二列加等量待检血清(中和组);混合后置 37℃感作 1 h,每一稀释度接种 3~6 只试验动物(或鸡胚、组织细胞),记录每组动物死亡数、累积死亡数和累积存活数(表 1.2),按 Karber 法计算 LD_{50},然后计算中和指数。中和指数=中和组 LD_{50}/对照组 LD_{50}。按表 1.2 的结果:中和指数$=10^{-2.2}/10^{-5.5}=10^{3.3}$,查 3.3 的反对数为 1995,即 $10^{3.3}=1\,995$,也就是说该待检血清中和病毒的能力比正常血清大 1994 倍。通常待检血清的中和指数大于 50 者即可判为阳性,10~40 为可疑,小于 10 为阴性。

表 1.2 固定血清稀释病毒法中和指数测定举例

病毒稀释	10^{-1}	10^{-2}	10^{-3}	10^{-4}	10^{-5}	10^{-6}	10^{-7}	LD_{50}	中和指数
正常血清组	4/4	3/4	1/4	0/4				$10^{-5.5}$	$10^{3.3}=1\,995$
待检血清组	4/4	2/4	1/4	0/4	0/4	0/4	0/4	$10^{-2.2}$	

2. 空斑减少试验(Plague reduction test)

空斑或蚀斑是指把病毒接种于单层细胞,经过一段时间培养,进行染色,原先感染病毒的细胞及病毒扩散的周围细胞会形成一个近似圆形的斑点,类似固体培养基上的菌落形态。空斑减数试验是应用空斑技术,使空斑数减少 50%的血清稀释度为该血清的中和效价。试验时,将已知空斑形成单位(PFU)的病毒稀释成每一接种剂量含 100 PFU,加等量递进稀释的血清,37℃感作 1 h。每一稀释度至少接种 3 个已形成单层细胞的培养瓶,每瓶 0.2~0.5 mL,37℃感作 1 h,使病毒与血清充分作用,然后加入在 44℃水浴预温的营养琼脂(在 0.5%水解乳蛋白或 Eagles 液中,加 2%犊牛血清、1.5%琼脂及 0.1%中性红 3.3 mL)10 mL,平放凝固后,将细胞面朝上放入无灯光照射的 37℃ CO_2 培养箱中。同时用稀释的病毒加等量 Hanks 液同样处理作为病毒对照。数天后分别计算空斑数,用

Reed-muench 法或 Karber 法计算血清的中和滴度。

(五)免疫标记技术

免疫标记技术是利用抗原抗体反应的特异性和标记分子极易检测的高度敏感性相结合形成的试验技术。免疫标记技术主要有荧光抗体标记技术、酶标抗体技术和同位素标记抗体技术。它们的敏感性和特异性大大超过常规血清学方法,现已广泛用于传染病的诊断、病原微生物的鉴定、分子生物学中基因表达产物分析等领域。其中酶标抗体技术最为简便,应用较广。这里主要介绍荧光抗体标记技术和酶标抗体技术(陆承平,2003)。

1. 荧光抗体标记技术

荧光抗体标记技术(Fluorescent-lablled antibody technique)是用荧光色素标记在抗体或抗原上,与相应的抗原或抗体特异性结合,然后用荧光显微镜观察所标记的荧光,以分析示踪相应的抗原或抗体的方法。

(1)原理:荧光素在 10^{-6} 的超低浓度时,仍可被专门的短波光源激发,在荧光显微镜下可观察到荧光。荧光抗体标记技术就是将抗原抗体反应的特异性、荧光检测的高敏性以及显微镜技术的精确性三者结合的一种免疫检测技术。

(2)荧光色素:荧光色素是能产生明显荧光,又能作为染料使用的有机化合物。主要是以苯环为基础的芳香族化合物和一些杂环化合物。它们受到激发光(如紫外光)照射后,可发射荧光。

可用于标记的荧光色素有异硫氰酸荧光黄(FITC)、四乙基罗丹明(RB 200)和四甲基异硫氰酸罗丹明(TMRITC)。其中 FITC 应用最广,为黄色结晶,最大吸收光波长为 490～495 nm,最大发射光波长 520～530 nm,可呈现明亮的黄绿色荧光。FITC 分子中含有异硫氰基,在碱性(pH 9.0～9.5)条件下能与 IgG 分子的自由氨基结合,形成 FITC-IgG 结合物,从而制成荧光抗体。

抗体经荧光色素标记后,不影响与抗原的结合能力和特异性。当荧光抗体与相应的抗原结合时,就形成了带有荧光性的抗原抗体复合物,从而可在荧光显微镜下检出抗原的存在。

(3)荧光抗体染色及荧光显微镜检查:

①标本片的制备:标本制作的要求首先是保持抗原的完整性,并尽可能减少形态变化,抗原位置保持不变。同时还必须使抗原标记抗体复合物易于接受激发光源,以便很好地观察和记录。这就要求标本要相当薄,并要有适宜的固定处理方法。

根据被检样品的不同,采用不同的制备方法。细菌培养物、血液、脓汁、粪便、尿沉渣及感染的动物组织等,可制成涂片或压印片。感染组织最好制成冰冻切片或低温石蜡切片。也可用生长在盖玻片上的单层细胞培养作标本。

标本的固定有两个目的,一是防止被检材料从载玻片上脱落,二是消除抑制抗原抗体反应的因素。最常用的固定剂是丙酮和 95%乙醇。固定后用 PBS 反复冲洗,干后即可用于染色。

②染色方法:荧光抗体染色法有多种类型:a. 直接法:取待检抗原的标本片,滴加荧光抗体染色液于其上,置湿盒中,于 37℃作用 30 min,用 pH 7.2 的 PBS 液漂洗 15 min,冲去游离的染色液,干燥后滴加缓冲甘油(分析纯甘油 9 份加 PBS 1 份)封片,在荧光显

微镜下观察。标本片中若有相应抗原存在，即可与荧光抗体结合，在镜下见有荧光抗体围绕在受检的抗原周围，发出黄绿色荧光。直接法应设以下对照，标本自发荧光对照，阳性标本和阴性标本对照。该方法优点是简便、特异性高，非特异性荧光染色少。缺点是敏感性偏低，而且每检一种抗原就需要制备一种荧光抗体。b. 间接法：取待检抗原的标本，首先滴加特异性抗体，置湿盒中，于 37℃作用 30 min，用 pH 7.2 的 PBS 液漂洗后，再滴加荧光色素标记的第 2 抗体(抗抗体)染色，再置湿盒中，于 37℃作用 30 min，用 PBS 液漂洗，干燥后封片镜检。阳性者形成抗原-抗体-荧光抗抗体复合物，发黄绿色荧光。间接法对照除自发荧光、阳性和阴性对照外，首次试验时应设无中间层对照(标本加标记抗抗体)和阴性血清对照(中间层用阴性血清代替特异性抗血清)。间接法的优点是，比直接法敏感，对一种动物而言，只需制备一种荧光抗抗体，即可用于多种抗原或抗体的检测，镜检所见荧光也比直接法明亮。c. 抗补体法：将抗血清与补体等量混合，滴加于待检抗原的标本片上，使其形成抗原-抗体-补体复合物，漂洗后再滴加荧光标记的抗补体抗体染色液，感作一定时间，漂洗、干燥后镜检。此法特异性和敏感性均高，但易产生非特异性荧光。

③荧光显微镜检查：标本滴加缓冲甘油后用盖玻片封载，即可在荧光显微镜下观察。荧光显微镜不同于光学显微镜之处，在于它的光源是高压汞灯或溴钨灯，并有一套位于集光器与光源之间的激发滤光片，它只让一定波长的紫外光及少量可见光(蓝紫光)通过。此外，还有一套位于目镜内的屏障滤光片，只让激发的荧光通过，而不让紫外光通过，以保护眼睛并能增加反差。为了直接观察微量滴定板中的抗原抗体反应，如感染细胞培养物上的荧光，可使用现已有商品的倒置荧光显微镜观察。

2. 酶标抗体技术

酶标抗体技术是继免疫荧光技术之后发展起来的一大新型的血清学技术，目前该技术已成为免疫诊断、检测和分子生物学研究中应用最广泛的免疫学方法之一。

(1)原理：酶标抗体技术是根据抗原抗体反应的特异性和酶催化反应的高度敏感性而建立起来的免疫检测技术。酶是一种有机催化剂，催化反应过程中不被消耗，能反复作用，微量的酶即可导致大量的催化过程，如果产物为有色可见产物，则极为敏感。

酶标抗体技术的基本程序是：①将酶分子与抗原或抗体分子共价结合，这种结合既不改变抗体的免疫反应活性，也不影响酶的催化活性。②将此种酶标记的抗体(抗抗体)与存在于组织细胞或吸附在固相载体上的抗原(抗体)发生特异性结合，并洗下未结合的物质。③滴加底物溶液后，底物在酶作用下水解呈色；或者底物不呈色，但在底物水解过程中由另外的供氢体提供氢离子，使供氢体由无色的还原型变为有色的氧化型，呈现颜色反应。因而可通过底物的颜色反应来判定有无相应的免疫反应发生。颜色反应的深浅与标本中相应抗原(抗体)的量呈正比。此种有色产物可用肉眼或在光学显微镜或电子显微镜下看到，或用分光光度计加以测定。这样，就将酶化学反应的敏感性和抗原抗体反应的特异性结合起来，用以在细胞或亚细胞水平上示踪抗原或抗体的所在部位，或在微克、纳克水平上测定它们的量。所以，本法既特异又敏感，是目前应用最为广泛的免疫检测方法之一。

(2)用于标记的酶：用于标记的酶有辣根过氧化物酶(HRP)、碱性磷酸酶、葡萄糖氧化酶等，其中以 HRP 应用最广泛，其次是碱性磷酸酶。HRP 广泛分布于植物界，辣根中含量最高。HRP 是由无色的酶蛋白和深棕色的铁卟啉构成的一种糖蛋白，分子质量为

40 000 ku。HRP 的作用底物是过氧化氢，常用的供氢体有邻苯二胺(OPD)和 3,3′-二氨基联苯胺(DAB)，二者作为显色剂。因为它们能在 HRP 催化 H_2O_2 生成 H_2O 过程中提供氢，而自己生成有色产物。

OPD 氧化后形成可溶性产物，呈橙色，最大吸收波长为 492 nm，可用肉眼判定。OPD 不稳定，须现用现配，常作为酶联免疫吸附试验中的显色剂。OPD 有致癌性，操作时应予注意。DAB 反应后形成不溶性的棕色物质，可用光学显微镜和肉眼观察，适用于各种免疫酶组织化学染色法。

HRP 可用戊二醛交联法或过碘酸盐氧化法将其标记于抗体分子上制成酶标抗体。生产中常用的酶标抗体技术有免疫酶组织化学染色法和酶联免疫吸附试验两种。

(3)免疫酶组织化学染色技术：又称免疫酶染色法。是将酶标记的抗体应用于组织化学染色，以检测组织和细胞中或固相载体上抗原或抗体的存在及其分布位置的技术。

①标本制备和处理：用于免疫酶染色的标本有组织切片(冷冻切片或低温石蜡切片)、组织压印片、涂片以及细胞培养的单层细胞盖片等。这些标本的制备和固定与荧光抗体技术相同，但尚要进行一些特殊处理。

用酶结合物作细胞内抗原定位时，由于组织和细胞内含有内源性过氧化酶，可与标记在抗体上的过氧化物酶在显色反应上发生混淆。因此，在滴加酶结合物之前通常将制片浸于 0.3%H_2O_2 中室温处理 15～30 min，以消除内原酶。应用 1%～3%H_2O_2 甲醇溶液处理单纯细胞培养标本或组织涂片，低温条件下作用 10～15 min，可同时起到固定和消除内原酶的作用，效果比较好。

组织成分对球蛋白的非特异性吸附所致的非特异性背景染色，可用 10%卵蛋白作用 30 min 进行处理，用 0.05%吐温-20 和含 1%牛血清白蛋白(BSA)的 PBS 对细胞培养标本进行处理，同时可起到消除背景染色的效果。

②染色方法：可采用直接法、间接法、抗抗体搭桥法、杂交抗体法、酶抗酶复合物法、增效抗体法等各种染色方法，其中直接法和间接法最常用。反应中每加一种反应试剂，均需于 37℃作用 30 min，然后以 PBS 反复洗涤 3 次，以除去未结合物。a. 直接法：以酶标抗体处理标本，然后浸入含有相应底物和显色剂的反应液中，通过显色反应检测抗原抗体复合物的存在。b. 间接法：标本首先用相应的特异性抗体处理后，再加酶标记的抗抗体，然后经显色揭示抗原-抗体-抗抗体复合物的存在。

③显色反应：免疫酶组化染色中的最后一环是用相应的底物使反应显色。不同的酶所用底物和供氢体不同。同一种酶和底物如用不同的供氢体，则其反应物的颜色也不同。如辣根过氧化物酶，在组化染色中最常用 DAB，用前应以 0.05%mol/L，pH 7.4～7.6 的 Tris-HCl 缓冲液配成 50～75 mg/100 mL 溶液，并加少量(0.01%～0.03%)H_2O_2 混匀后加于反应物中置室温 10～30 min，反应产物呈深棕色；如用甲萘酚，则反应产物呈红色，用 4-氯-1-萘酚，则呈浅蓝色或蓝色。

④标本观察：显色后的标本可在普通显微镜下观察，抗原所在部位 DAB 显色呈棕黄色。亦可用常规染料作反衬染色，使细胞结构更为清晰，有利于抗原的定位。本法优于免疫荧光抗体技术之处，在于无需应用荧光显微镜，且标本可以长期保存。

(4)酶联免疫吸附试验(ELISA)：ELISA 是应用最广、发展最快的一项新技术。其基本过程是将抗原(或抗体)吸附于固相载体，在载体上进行免疫酶反应，底物显色后用肉眼或分光光度计判定结果。

①固相载体：有聚苯乙烯微量滴定板、聚苯乙烯球珠等。聚苯乙烯微量滴定板（40 孔或 96 孔板）是目前最常用的载体，小孔呈凹形，操作简便，有利于大批样品的检测。新板在应用前一般无需特殊处理，直接使用或用蒸馏水冲洗干净，自然干燥后备用。一般均一次性使用，如用已用过的微量滴定板，需进行特殊处理。

用于 ELISA 的另一种载体是聚苯乙烯珠，由此建立的 ELISA 又称微球 ELISA。珠的直径 0.5～0.6 cm，表面经过处理以增强其吸附性能，并可做成不同颜色。此小珠可事先吸附或交联上抗原或抗体，制成商品。检测时将小球放入特制的凹孔板或小管中，加入待检标本将小珠浸没进行反应，最后在底物显色后比色测定。本法现已有半自动化装置，用以检验抗原或抗体，效果良好。

②包被：将抗原或抗体吸附于固相表面的过程，称载体的致敏或包被。用于包被的抗原或抗体，必须能牢固地吸附在固相载体的表面，并保持其免疫活性。大多数蛋白质可以吸附于载体表面，但吸附能力不同。可溶性物质或蛋白质抗原，例如病毒蛋白、细菌脂多糖、脂蛋白、变性的 DNA 等均较易包被上去。较大的病毒、细菌或寄生虫等难以吸附，需要将它们用超声波打碎或用化学方法提取抗原成分，才能供试验用。

用于包被的抗原或抗体需纯化，纯化抗原和抗体是提高 ELISA 敏感性与特异性的关键。抗体最好用亲和层析和 DEAE 纤维素离子交换层析方法提纯。有些抗原含有多种杂蛋白，须用密度梯度离心等方法除去，否则易出现非特异性反应。

蛋白质（抗原或抗体）很易吸附于未使用过的载体表面，适宜的条件更有利于该包被过程。包被的蛋白质数量通常为 1～10 μg/mL。高 pH 和低离子强度缓冲液一般有利于蛋白质包被，通常用 0.1 mol/L pH 9.6 碳酸盐缓冲液作包被液。一般包被均在 4℃ 过夜，也有经 37℃ 2～3 h 达到最大反应强度。包被后的滴定板可置于 4℃ 冰箱，可贮存 3 周。如真空塑料封口，于－20℃ 冰箱可贮存更长时间。用时充分洗涤。

③洗涤：在 ELISA 的整个过程中，需进行多次洗涤，目的是防止重叠反应，避免引起非特异吸附现象。因此，洗涤必须充分。通常采用含助溶剂吐温-20（最终质量分数为 0.05%）的 PBS 作洗涤液。洗涤时，先将前次加入的溶液倒空，吸干，然后加入洗涤液洗涤 3 次，每次 3 min，倒空，并用滤纸吸干。

④试验方法：ELISA 的核心是利用抗原抗体的特异性吸附，在固相载体上一层层地叠加，可以是 2 层、3 层甚至多层。整个反应都必须在抗原抗体结合的最适条件下进行。每层试剂均稀释于最适合抗原抗体反应的稀释液（0.01～0.05 mol/L pH 7.4 PBS 中加吐温-20 至 0.05%，10%犊牛血清或 1%BSA）中，加入后置 4℃ 过夜或 37℃ 1～2 h。每加一层反应后均需充分洗涤。阳性、阴性应有明显区别。阳性血清颜色深，阴性血清颜色浅，二者吸收值的比值最大时的浓度为最适浓度，试验方法主要有以下几种。a. 间接法：用于测定抗体。用抗原包被固相载体，然后加入待检血清样品，经孵育一定时间后，若待检血清中含有特异性的抗体，即与固相载体表面的抗原结合形成抗原-抗体复合物。洗涤除去其他成分，再加上酶标记的抗抗体，反应后洗涤，加入底物，在酶的催化作用下底物发生反应，产生有色物质。样品中含抗体越多，出现颜色越快越深。b. 夹心法：又称双抗体法，用于测定大分子抗原。将纯化的特异性抗体包被于固相载体，加入待检抗原样品，孵育后，洗涤，再加入酶标记的特异性抗体，洗涤除去未结合的酶标抗体结合物，最后加入酶的底物，显色，颜色的深浅与样品中的抗原含量成正比。c. 双夹心法：用于测定大分子抗原。此法是采用酶标抗抗体检测多种大分子抗原，它不仅不必标记每种抗体，

还可提高试验的敏感性。将抗体(如豚鼠免疫血清 Ab1)吸附在固相载体上,洗涤除去未吸附的抗体,加入待测抗原(Ag)样品,使之与固相载体上的抗体结合,洗涤除去未结合的抗原,加入不同种动物制备的特异性相同的抗体(如兔免疫血清 Ab2),使之与固相载体上的抗原结合,洗涤后加入酶标记的抗 Ab2 抗体(如羊抗兔球蛋白 Ab3),使之结合在 Ab2 上。结果形成 Ab1-Ag-Ab2-Ab3-HRP 复合物。洗涤后加底物显色,呈色反应的深浅与样品中的抗原量呈正比。d. 酶标抗原竞争法:用于测定小分子抗原及半抗原。用特异性抗体包被固相载体,加入含待测抗原的溶液和一定量的酶标记抗原共同孵育,对照仅加酶标抗原,洗涤后加入酶底物。被结合的酶标记抗原的量由酶催化底物反应产生有色产物的量来确定。如待检溶液中抗原越多,被结合的酶标记抗原的量越少,显色就越浅。可用不同浓度的标准抗原进行反应绘制出标准曲线,根据样品的 OD 值求出检测样品中抗原的含量。e. PPA-ELISA:以 HRP 标记 SPA 代替间接法中的酶标抗抗体进行的 ELISA。因 SPA(葡萄球菌蛋白 A)能与多种动物的 $IgGF_C$ 片段结合,可用 HRP 标记制成酶标记 SPA,而代替多种动物的酶标抗抗体,该制剂有商品供应。此外,还有酶-抗酶抗体法、酶标抗体直接竞争法、酶标抗体间接竞争法等。

⑤底物显色:与免疫酶组织化学染色法不同,本法必须选用反应后的产物为水溶性色素的供氢体,最常用的为邻苯二胺(OPD),产物呈棕色,可溶,敏感性高,但对光敏感,因此要避光进行显色反应。底物溶液应现用现配。底物显色以室温 10～20 min 为宜。反应结束,每孔加浓硫酸 50 μL 终止反应。也常用四甲基联苯胺(TMB)为供氢体,其产物为蓝色,用氢氟酸终止(如用 H_2SO_4 终止,则为黄色)。

⑥结果判定:ELISA 试验结果可用肉眼观察,也可用 ELISA 测定仪测样本的光密度(OD)值。每次试验都需设阳性和阴性对照,肉眼观察时,如样本颜色反应超过阴性对照,即判为阳性。用 ELISA 测定仪来测定 OD 值,所用波长随底物供氢体不同而异,如以 OPD 为供氢体,测定波长为 492 nm,TMB 为 650 nm(氨氟酸终止)或 450 nm(硫酸终止)。

定性结果通常有两种表示方法:以 P/N 表示,求出该样本的 OD 吸收值与一组阴性样本吸收值的比值,即为 P/N 比值,若≥2 或 3 倍,即判为阳性。若样本的吸收值≥规定吸收值(阴性样本的平均吸收值+2 标准差)为阳性。定量结果以终点滴度表示,可将样本稀释,出现阳性(如 P/N>2 或 3,或吸收值仍大于规定吸收值)的最高稀释度为该样本的 ELISA 滴度。

(5)斑点-酶联免疫吸附试验(Dot-ELISA):该试验是近几年创建的一项新技术,不仅保留了常规 ELISA 的优点,而且还弥补了抗原或抗体对载体包被不牢的缺点。此法的原理及其步骤与 ELISA 基本相同,不同之处在于:一是将固相载体以硝酸纤维素滤膜、硝酸醋酸混合纤维素滤膜、重氮苄氧甲基化纸等固相化基质膜代替,用以吸附抗原或抗体;二是显色底物的供氢体为不溶性的。结果以在基质膜上出现有色斑点来判定。可采用直接法、间接法、双抗体法、双夹心法等。

(六)其他检测技术

1. 胶体金标记技术

胶体金免疫标记技术是 20 世纪 80 年代发展起来的免疫检测技术。近年来该技术发展很快,广泛应用于抗体或抗原的监测及定位分析(邢钊,2006)。

(1)原理:免疫胶体金技术是以胶体金作为标记物应用于抗原抗体的一种新型的免

疫标记技术。胶体金是由氯金酸($HAuCl_4$)在还原剂如白磷、抗坏血酸、枸橼酸钠、鞣酸等作用下,聚合成为特定大小的金颗粒,并由于静电作用成为一种稳定的胶体状态,称为胶体金。胶体金在弱碱环境下带负电荷,可与蛋白质分子的正电荷基团形成牢固的结合,由于这种结合是静电结合,所以不影响蛋白质的生物特性。

胶体金除了与蛋白质结合以外,还可以与许多其他生物大分子结合,如 SPA、PHA、ConA 等。根据胶体金的一些物理性状,如高电子密度、颗粒大小、形状及颜色反应,加上结合物的免疫和生物学特性,因而使胶体金广泛地应用于免疫学、组织学、病理学和细胞生物学等领域。

(2)检测试验类型:

①胶体金免疫凝集试验:该试验具有试剂稳定、用量少、反应快、结果易判定的特点。优于红细胞凝集试验和乳胶凝集试验。

②胶体金免疫光镜染色:用标记有胶体金颗粒的抗体与组织切片反应,在光学显微镜下观察胶体金颗粒结合部位,可进行抗原定位分析。

③胶体金免疫电镜染色:将病毒等抗原置于铜网上,加抗体反应,再与 SPA 包被胶体金颗粒反应,在电镜下观察胶体金结合部位,可用于抗原或抗体检测。用胶体金颗粒抗体处理超薄样品切片,在电镜下还可进行抗原亚细胞水平定位分析。

2. 免疫电镜技术

将免疫学技术与电镜技术结合起来,发展成一种血清学反应超微技术,应用于抗原或抗体的定位,达到亚细胞水平。

用电子密度较大、易于渗入细胞的物质(常有的有铁蛋白、过氧化物酶、重金属的铀、胶体金等),标记在抗体上,制成标记抗体。将被检组织固定后(用蛋白标记须将细胞膜冻融破裂),切成厚度为 20 μm 以下的薄片,用标记抗体处理,使其渗入细胞,结合于抗原表位,充分洗涤后用锇酸固定,包埋,制成超薄切片,在电镜下观察,呈电子密度较大的深色颗粒。而酶标记抗体,虽易于渗入细胞中,但观察时电子反差不如铁蛋白清晰。

3. 核酸探针技术

微生物的遗传物质就是 DNA。核苷酸是由磷酸、核糖和碱基组成的,而多核苷酸则是由若干个核苷酸连接成的一个大的聚合物。碱基有腺嘌呤(A),鸟嘌呤(G)、胞嘧啶(C)和胸腺嘧啶(T)。DNA 是由双链多核苷酸组成,两条链之间的碱基通过氢键连接,两条链上的碱基按照 A-T,G-C,即碱基配对原则连接。

DNA 加热可使两条链拆开,称为变性。若缓慢冷却,两条链又重新自动地结合成完整的双链结构,这叫复性或退火。在复性的过程中,同一来源的 DNA 分子两股单链很容易结合,并按碱基配对规律结合,能否结合决定于它们的碱基顺序同源性。这种 DNA-DNA 之间的相互结合,称为核酸分子杂交。

在实验时,预先用一个已知 DNA 序列片段,标记上同位素或生物素-酶,来检验未知样品的 DNA。若两者能按碱基配对完全吻合,说明与已知 DNA 相同,这叫做核酸探针。

核酸探针具有检测的灵敏度高、特异性强,是按碱基配对和核酸碱基序列进行的,使用方便。

核酸探针可用全基因组制备,也可用某一段核酸片段制备。

核酸分子杂交的方法有斑点杂交法(或称打点杂交法)、原位杂交法、压印杂交法和夹心杂交法等。

核酸探针可用于鉴定病毒、细菌以及某些真核细胞，对那些不易分离培养的病毒可以直接鉴定。

4. **化学发光免疫测定（Chemiluminescent immunoassay）**

化学发光免疫测定是将抗原与抗体特异性反应与敏感性的化学发光反应相结合而建立的一种新的免疫检测技术。以化学发光剂、催化发光酶或产物间接参与发光反应的物质等标记抗体或抗原，当标记抗体或标记抗原与相应抗原或抗体结合后，发光底物受发光剂、催化酶或参与产物作用，发生氧化还原反应，反应中释放可见光或者反应激发荧光物质发光，最后用分光光度计进行检测（姜平，2003）。

5. **免疫转印技术（Immunoblotting）**

免疫转印技术又称蛋白质转印技术（Western blotting），是将蛋白质凝胶电泳、膜转移电泳与抗原抗体反应相结合的一项新的免疫分析技术。抗原蛋白经 SDS-聚丙烯酰胺凝胶电泳（SDS-PAGE），根据分子质量大小分成区带，然后通过转移电泳将凝胶上的蛋白质转印到硝酸纤维素膜上，在转印膜上加上相应的抗体和标记抗体（如酶标抗体），通过对结合抗体上的标记物的检测，以分析特异性的抗原蛋白区带。

6. **免疫沉淀（Immunoprecipitation）**

免疫沉淀是将放射性同位素标记、免疫沉淀、SDS-聚丙烯酰胺凝胶电泳和放射性同位素自显影技术相结合的一种新型的免疫检测技术。在病毒培养基中加入放射性同位素标记的前体（如^{35}S-蛋氨酸）而标记病毒蛋白质，经细胞培养后，收获细胞经裂解，加入病毒特异性抗血清，然后加入金黄色葡萄球菌，收集病毒-抗体-葡萄球菌复合物，经加热处理后收集病毒，然后经 SDS-PAGE，病毒蛋白在聚丙烯酰胺凝胶上按各自分子质量大小分成区带，最后将凝胶晾干在 X 光胶片上进行自显影，即可见到清晰的蛋白带。

六、免疫学理论在生物制品学中的应用

免疫学已广泛应用到生物科学的许多领域，免疫血清学技术在兽医学的应用主要在动物疾病诊断和防制、生物活性物质测定、生物制品的制备和检验中发挥着重要的作用。

（一）免疫诊断与检测

1. **免疫血清学技术的应用**

（1）疾病诊断：疾病的诊断主要是寻找致病因素，或者确定发病后特异性产物。微生物及寄生虫分别是传染病和寄生虫病的病原，它们能刺激动物机体产生特异性抗体。取患病动物的组织或血清作为检测材料，利用适当的血清学试验，能够定性或定量地检测微生物或寄生虫抗原，确定其血清型及亚型，或者检测相应的抗体，从而对疾病进行确诊。目前，诊断用抗原已从微生物和寄生虫抗原扩展到肿瘤抗原等多种。

通过免疫学诊断，不仅能考查动物个体某一时间点所处的病理发展阶段和免疫应答能力，而且能通过对群体材料的定期检测，揭示全群动物抗体水平的动态变化规律，从而判断群体对某一特定疾病的易感性，对该病在群体中流行的可能性做出评估，即所谓流行病学分析。凝集试验、沉淀试验、中和试验、标记抗体技术等，正在越来越广泛地应用于此类诊断。

随着免疫学诊断技术的发展和完善，血清学诊断还可以用来检测植物体内的病毒等微生物抗原，诊断植物疾病。

(2)妊娠诊断:动物妊娠期间能产生新的激素,并从尿液排出。以该激素作为抗原,将激素抗原或抗激素抗体吸附到乳胶颗粒上,利用间接凝集试验或间接凝集抑制试验,检测孕妇或妊娠动物尿液标本中是否有相应激素存在,进行早期妊娠诊断。根据反应类型和条件不同,这些反应在室温下经过 3～20 min 就能观察到结果。另外,间接血凝抑制试验、琼脂扩散试验等也可用于妊娠诊断。

(3)生物活性物质的超微定量:利用血清学技术,尤其是酶免疫标记技术和放射免疫标记技术,可以检测出 ng(10^{-9}g)及 pg(10^{-12}g)水平的物质,实现对动物、植物和昆虫体内其他方法难以测出的微量激素、白细胞介素(IL)等生物活性物质的超微量测定。

(4)物种鉴定:免疫学技术还可用于揭示不同物种之间抗原性差异的程度,作为分析物种鉴定和生物分类的依据。另外,血清学试验能用于人和动物血型的分类与鉴定。

(5)免疫增强药物和疫苗研究:血清学试验还可用于研究疫苗免疫效力和评价免疫增强药物的功效,如抗肿瘤药物筛选中,需要测定药物对细胞免疫功能的作用。

(6)免疫诊断与高新技术结合:免疫学诊断方法与其他先进技术相结合,还产生了许多新的免疫鉴定技术。例如,与荧光抗体染色法和免疫酶组织化学相结合,可以在细胞水平、亚细胞水平对抗原分子进行精确定位;与分子生物学技术相结合,产生了用于定量分析基因表达产物的免疫转印迹技术等。

2. 细胞免疫测定技术

细胞免疫检测技术是血清学试验无法代替的免疫测定技术。不仅可以揭示动物体内细胞免疫的水平和状态,分析特定抗原刺激 T 细胞后的细胞免疫机制,而且可以通过测定抗原进入机体后细胞免疫应答的变化,衡量抗原的免疫原性和免疫效力,还可以用正常 T 淋巴细胞检测干扰素、白细胞介素等免疫因子的生物活性及效价。常用的细胞免疫测定试验有 E 玫瑰花环试验、T 淋巴细胞转化试验和细胞毒性 T 细胞试验(姜平,2003)。

(1)E 玫瑰花环试验:T 细胞表面具有 CD2 红细胞受体,可以将动物红细胞结合在 T 细胞周围,在光学显微镜下呈现为玫瑰花环。通常用动物外周血淋巴细胞与绵羊红细胞在一定条件下孵育,经涂片、染色、镜检计数,可以确定血液中 T 淋巴细胞的比例和总数。

(2)T 淋巴细胞转化试验(Lymphocyte transformation test):能在体外检测 T 淋巴细胞功能。T 淋巴细胞与特异性抗原在体外共同培养时,细胞内代谢旺盛,蛋白质和核酸合成加强,细胞体积增大,转化为能分裂的淋巴母细胞。转化率的高低反映了机体针对这一抗原的特异性细胞免疫功能。如果用有丝分裂原(如 PHA 和 ConA)与 T 淋巴细胞培养,则转化率体现了机体细胞免疫功能的强弱。

(3)细胞毒性 T 细胞试验(Cytotoxic T lymphcyte test,CTL test):T_C 细胞是抗原刺激产生的 T 细胞亚群,无需补体参与就能特异性溶解、破坏靶细胞,在肿瘤免疫和病毒免疫中起重要作用。如果将肿瘤细胞、病毒感染的细胞等靶细胞与被同种抗原致敏的患者淋巴细胞共培养,然后检查靶细胞的死亡情况,就可以反映肿瘤病患者或病毒感染者特异性细胞免疫功能的强弱,判断疾病预后。也可以借以分析抗肿瘤药物和抗病毒药物的疗效。

(4)细胞因子检测技术:从细胞因子检测的水平来说,可以分为基因组 DNA、mRNA 和蛋白 3 个不同的水平,后者又包括胞浆内、膜表面以及分泌到体液或培养基上清等 3 种不同形式的细胞因子。目前应用最多的是检测体液或培养上清中的细胞因子。a. IL-2

测定：检测 IL-2 活性常用 IL-2 依赖细胞株增殖检测法，是利用该细胞株在 IL-2 作用下可发生增殖，能大量摄入^{3}H-TdR，通过测定细胞内^{3}H-TdR 的数量可间接判定 IL-2 的活性。b. IFN 测定：测定 IFN 最常用的方法是病变抑制法，该法简单可靠，重复性强。其原理是当细胞受病毒损害时，可产生可见的细胞病变(CPE)，如果用足够的 IFN 处理细胞，就会抑制这些细胞病变的出现。采用 96 孔培养板，接种 Vero 细胞并长成单层。而后加入稀释的 IFN。再去除 IFN 溶液，用 50～100 $TCID_{50}$的水疱性口炎病毒(VSV)感染，37℃继续培养 1～2 d 后，待对照孔的细胞全部或 75%以上发生明显病变时，观察结果。一般用能抑制 50%细胞病变的最高稀释度作为一个 IFN 单位。

(二)免疫防制

应用免疫制剂或免疫调节药物调整机体的免疫功能，对疾病进行预防和治疗，称为免疫学预防和治疗。机体获得特异性免疫力有多种途径，主要分为两大类型，即天然获得性免疫和人工获得性免疫。

1. 天然自动免疫

动物自然感染了某种传染病痊愈后或经过隐性感染后，常能获得对该病的免疫力，称为天然自动免疫。自然环境中存在着许多致病微生物，可侵入动物机体，并刺激动物机体的免疫系统产生免疫应答。如果机体的免疫系统不能将其识别和清除，病原体繁殖得越来越多，达到一定数量后就会给机体造成严重的损害。如果机体免疫系统能将其彻底清除，动物即可耐过发病过程而康复，耐过的动物对该病原体的再次入侵具有坚强的特异性抵抗力。如猪感染猪瘟耐过后它可以获得较长时间的免疫。

2. 天然被动免疫

动物在胚胎发育时期通过胎盘、卵黄或出生后通过初乳从免疫母体被动地获得抗体而形成的免疫，称为天然被动免疫。由于动物在生长发育的早期，免疫系统还不够健全，对病原体感染的抵抗力较弱，然而可通过获得母源抗体增强免疫力，以保证早期的生长发育，这对生产实践具有指导意义。例如用小鸭肝炎疫苗免疫母鸭以防雏鸭患小鸭肝炎，母猪产前免疫以保护仔猪等。抗体能否由母体的血液循环传递给胎儿，除取决于免疫球蛋白的理化性质以外，也与胎盘的构造和通透性有关。

3. 人工自动免疫

动物由于接受了某种疫苗或类毒素等生物制品刺激以后所产生的免疫，称为人工自动免疫。免疫持续时间因生物制品的性质、机体的反应性等因素的不同而不同。因此，为了预防和控制传染病，除了按规定定期地给动物注射疫苗或类毒素等生物制品外，还要注意提高机体的非特异性免疫力。

4. 人工被动免疫

是指给机体注射了高免血清、免疫球蛋白、康复动物的血清或高免卵黄抗体后所获得的免疫。这种免疫产生迅速，注射免疫血清数小时后，机体即可建立免疫力。但其持续时间很短，一般仅为 2～3 周。这种免疫多用于紧急预防或治疗。

为了预防初生动物的某些传染病，可先给妊娠母畜注射疫苗，使其获得或加强抗该病的免疫力，待分娩后，经初乳仔畜被动获得特异性抗体，从而建立相应的免疫力。这种方法是人工自动免疫和天然被动免疫的综合应用。

第三节 现代生物技术与动物生物制品研究进展

生物技术一般又称为生物工程，或称为生物工程技术，是指利用生物的特定功能，通过现代工程技术的设计方法和手段来生产人类所需的各种物质，或直接应用于工业、农业、医药卫生等领域改造生物，赋予生物以新的功能和培育出生物新品种等的工艺性综合技术。它主要包括基因工程、细胞工程、酶工程和微生物发酵工程4个分支领域，其中：基因工程技术又称分子生物学技术，是生物技术的核心，包括基因克隆、基因测序、基因扩增(PCR技术)、核酸杂交、反义核酸、基因缺失、基因重组、基因转移等技术；细胞工程技术包括杂交瘤技术、胚胎技术和移植技术。随着分子生物学技术的发展，动物疫苗的研究及应用已经进入了一个崭新的时代。选育疫苗用弱毒菌(毒)株，不再仅仅依靠在组织细胞培养或在一种非天然宿主体内连续传代，用单克隆抗体或DNA重组技术有可能获得非常有效的疫苗毒株。

一、基因工程疫苗

(一)基因工程活载体疫苗

以禽痘病毒为载体表达的新城疫病毒HN和F蛋白，禽流感HA和核蛋白，法氏囊病毒的VP2蛋白的重组体免疫动物后都表现出对两种病毒的特异性免疫应答；可以研制出重组痘病毒疫苗。疱疹病毒是应用较多的另一种载体，以HVT为载体表达的N融合蛋白表现出对两种抗原的特异保护。另外，腺病毒、反转录病毒也可以作为重组载体。另外还有细菌载体，常用的有沙门氏菌和卡介苗。

(二)基因缺失苗

此方面的研究进展较快。其中伪狂犬病毒TK基因缺失苗已投放市场。其中的TK、gE等三种基因缺失苗有个显著特点就是可将其疫苗接种抗体和野毒感染抗体区别开来。这是一个很新颖而且很有发展前途的研究方向。

(三)基因工程亚单位疫苗

在所有基因工程疫苗研究中，此类研究进展最快，取得的实用性成果也最多。它将是在21世纪初期基因工程疫苗中投入市场品种最多的产品。此类制品的最大优势为绝对安全(纯蛋白多肽制剂无任何副作用)和易于大规模工业化生产。基因工程亚单位疫苗中预防仔猪腹泻的大肠杆菌K88、K99疫苗已投入使用，口蹄疫亚单位疫苗、鸡传染性法氏囊VP2亚单位疫苗也有研究报道(王明俊，1997)。

(四)核酸疫苗(DNA疫苗)

核酸疫苗有许多优点：能同时刺激B细胞和T细胞的应答，改善疫苗的稳定性；无感染因子，容易规模化生产。目前，对多种感染因子，如流感病毒、乙型肝炎病毒、疟疾、支原体等通过 DNA 接种证实,对动物有免疫应答作用,虽然目前尚处于研究阶段但前景广阔。

(五)基因工程定向(或称导向、制导)疫苗

即利用基因工程技术改造某些疫苗(尤其是病毒疫苗)的宿主细胞受体结合(吸附)部位的基因。使之适合于同我们预期的动物组织细胞(目的靶组织细胞)相结合。如此,起码可达到两大目的:其一可令疫苗迅速聚集到最易产生免疫应答的机体组织,使机体产生最快和最高的免疫应答反应;其二是令原不易在消化道和呼吸道增殖的疫苗毒转向易于在上述部位增殖,以便满足大规模、集约化饲养对易于操作的口服(饮水或混饲)或气雾性群体免疫方式的需求(殷震,1997)。

(六)基因工程亚单位多效复合疫苗

将亚单位疫苗与药物、免疫增强剂、酶、靶细胞导向剂等多种有效成分偶联。从而使其在诱生免疫应答的基础上同时具备防止并发或继发感染、促免疫、靶细胞受体变构及定向等多种功能。

(七)基因工程多价或多联活载体疫苗

即将同种病原不同亚型的保护性抗原基因或数个异种病原有多个保护性抗原基因置于同一活载体中而制成的一类疫苗。

(八)转基因植物疫苗(植物源基因工程亚单位疫苗)

即将目的基因插入可在植物细胞内表达的转移载体,然后将其转入某种植物体内表达。可分为两种类型:一为食入免疫型:即经食入该转基因植物而达免疫之目的;二为亚单位提取型:即利用转基因植物表达再经提取制成基因工程亚单位疫苗。此方面研究始于 20 世纪 90 年代,目前仍处于起步阶段。现存有两大技术问题尚未解决:一是表达产物免疫原性过低;二是目的基因表达产物表达量过低。此类探索为研制易于进行群体免疫的新型疫苗开辟了一条全新的跨学科的颇具创造性的好思路。通过这条思路首次将动物疫苗研究与植物学联系在一起。

(九)转基因动物疫苗(动物源基因工程亚单位疫苗)

即将目的基因导入动物的受精卵—发育成熟—表达的目的基因产物作为疫苗。对此种转基因动物称为“生物反应器”。这种方法的优点是:一对表达产物不必进行化学修饰;二可表达分子质量较大的蛋白质分子;三可稳定遗传,能长期大量生产。目前此类研究亦处于起步阶段,尚有许多技术问题亟待解决。

二、合成肽疫苗和抗独特型抗体疫苗

前者为化学合成法制造疫苗(有效抗原保护性成分)提供了可能。合成的口蹄疫病毒(FMDV)VP1 片段连接在 Th 表位上,对猪体有较好的保护效果。后者以新颖的“抗原内影像”机理,模拟抗原产生免疫应答,可用于某些传染病、寄生虫病、肿瘤病及自身免疫病的治疗,是一个新的疫苗研究方向。

三、抗体制品

(一)单克隆抗体和基因工程抗体

单克隆抗体和基因工程抗体已是成熟技术,尤其单克隆抗体应用十分广泛,品种及用途正在逐步增多。而基因工程抗体技术则是前者的进一步拓宽和延续,其为一些免疫性疾病(如器官移植排斥、变态反应、自身免疫病等)的治疗开辟了一条新路。

(二)生物导弹(导向药物)

生物导弹(导向药物)包括 3 类:即以单克隆抗体分别与放射性核素、药物、毒素等进行连接而制成既可定向又具有细胞毒作用的新型生物制剂。目前主要用于恶性肿瘤的试验治疗。

(三)多效抗体复合制剂

多效抗体复合制剂(并配合抗体与酶等生物活性物质的常温保存技术)其技术路线的设计与基因工程亚单位多效复合疫苗基本相同。目前国外已经研制出用于防制仔猪黄、白痢的"抗体—酶"联合制剂。其作用原理为口服进入消化道后,抗体中和病原,而酶则切割肠黏膜细胞表面的大肠杆菌受体,使其结构改变无法再与大肠杆菌结合,达到防病目的。实际上,单克隆抗体与结合物(包括放射性核素、药物、毒素等)制成的所谓"生物导弹"(亦称导向药物)及用于诊断的各类标记抗体也应该从属于本范畴(胡钧等,2000)。

四、核酸探针

核酸探针主要用于病原诊断和其他分子生物学基础研究,已经是较为成熟的技术。目前,已开发诊断引起畜禽肠炎和食物中毒的沙门氏菌,以及其他的病毒、细菌、真菌所致的传染病的多种 DNA 探针。此技术已被成功地应用于细菌(如大肠杆菌、沙门氏杆菌、空肠弯杆菌、布鲁氏杆菌、结核杆菌、副结核杆菌、螺旋体、马腺疫链球菌等)、病毒(伪狂犬病病毒、牛传染性鼻气管炎病毒、口蹄疫病毒、牛病毒性腹泻病毒、传染性胃肠炎病毒、蓝舌病病毒、貂肠炎病毒、腺病毒、马立克氏病病毒)、支原体(肺炎霉形体)、衣原体及血液原虫的诊断,证明具有快速、准确、敏感和能定量等优点。沈正达等通过 PCR 反应成功地制备了能检测 O 型、A 型和亚洲 Ⅰ 型口蹄疫病毒 RNA 的群特异性 cDNA 寡核苷酸探针,其灵敏度达到了 10 Pg 水平。应用 PCR 技术检测伪狂犬病也已在国内获得成功。今后重点应解决进一步拓宽品种、攻克常温保存、提高制剂的稳定性及降低成本等问题。

五、细胞因子和胸腺激素

前者包括干扰素、白细胞介素、肿瘤坏死因子、集落刺激因子、神经白细胞素与近期相继发现的转化生长因子等许多活化细胞因子;后者包括胸腺肽、血清胸腺因子、胸腺生成素和胸腺体液因子等 4 种。其中干扰素和胸腺肽已有成品应用于临床。而白细胞介素和肿瘤坏死因子则是目前本领域研究的热点。

六、超长效终生免疫疫苗

很多疫病如ND在强毒感染耐过后即可获得终生免疫。其分子基础极有可能为NDV强毒粒子上存在有超长效抗原，它可激活机体免疫系统的长记忆细胞而产生终生免疫。如此可通过常规分离浓缩技术（分离NDV强毒超长效抗原并浓缩）或抗原/抗体复合疫苗技术（缓和及消除NDV强毒毒力）与基因工程技术来研制亚单位疫苗（定位克隆NDV强毒超长效抗原基因插入质粒，并转化工程菌表达）；还可通过基因工程技术研制“有限增殖活疫苗”（定位增殖必需基因，然后予以改造，使之限代增殖），令其在体内有限增殖。在未造成机体较大损伤前即已诱发长记忆免疫反应停止增殖；进一步还可研制有限（限代、定时）增殖导向活疫苗（通过基因工程技术改造病毒受体素，使之与诱发长记忆免疫的组织器官定向结合）。

七、细胞受体屏蔽与变构制剂及其配套技术

许多传染病病原（尤其是病毒）必须与宿主细胞膜上的受体结合后才能进入细胞内增殖而产生致病作用，所以只要设法阻止病毒与受体的结合即可使其无法在机体内增殖而达到防病之目的。欲达此目的，技术路线有两条：受体屏蔽技术与变构技术，其中前者方法有二：一是占位竞争性抑制：即在搞清楚某种病毒与细胞受体结合部位（可称其为病毒受体结合素，简称受体素）的详细结构的基础上，以生物或化学方法对其进行模拟合成，再令合成物与细胞受体结合，造成占位竞争抑制。二是免疫占位抑制，即以纯化受体抗原制备受体单克隆抗体（即封闭受体）。后者即令受体分子结构改变，这包括化学变构与基因变构两种方法：一是可通过某种小分子药物与受体结合使其结构改变或以某种特定生物酶切割受体分子使其变构；二是以基因工程技术改造受体基因（此部分工作必须在合子或特定胚胎时期进行）受体变构（王世若，1996）。

综上所述，今后的动物生物制剂将朝着“高效多能、定靶导向、群体免疫、常温保存、技术含量日增和易于大规模工业化生产”的方向发展。随着诸多基础和应用学科的进展，预计在21世纪的中后期，生物高技术新型疫苗将逐步替代传统常规疫苗而成为预防动物疫病的“主角”，这也是科学技术进步的必然。

（隋慧　辽宁医学院畜牧兽医学院）

第二章 动物生物制品生产用菌种、毒种

第一节 菌(毒)种的选育

兽医微生物菌种和毒种是国家重要生物资源，在兽医学的科研教学和生产实践中起着重要作用，是兽医生物制品生产、检验与研发必不可少的物质基础。生产用菌种和毒种是兽医生物制品生产的关键，也是生物制品质量的保证。兽医生物制品菌种和毒种筛选的基本原则是：根据所生产制品的用途、使用方法、使用方式、生产过程和条件等因素，从细菌和病毒的安全性、免疫原性、遗传稳定性及生产实用性等方面进行评价和筛选(图 2.1)。

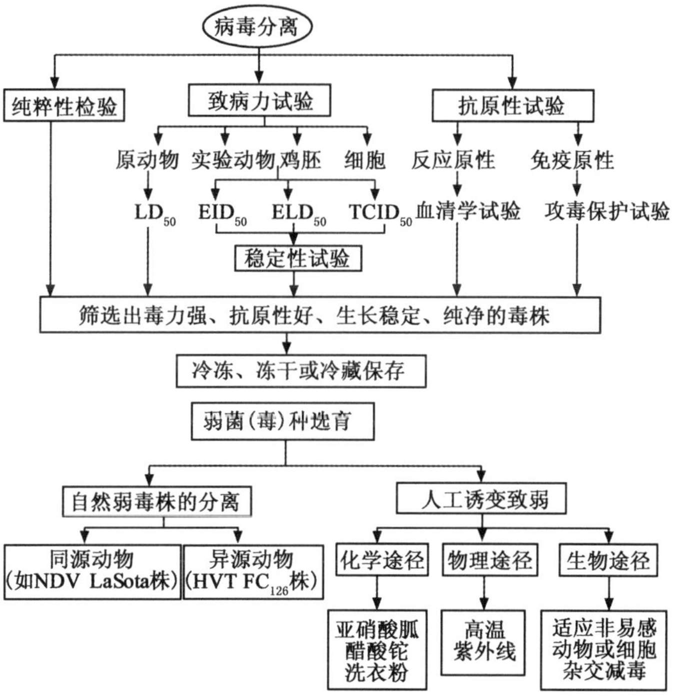

图 2.1 毒力菌种和病毒的选育过程

一、兽医生物制品菌(毒)种标准

(一)一般标准

(1)历史清楚：流行地区、动物种、流行资料清楚，分离鉴定完整，传代、保藏、生物学

特性检查方法明确。

(2)生物学性状明显:菌种的形态、培养特征和生化特性、血清免疫学特性明显,易于鉴别;毒种的电镜形态、增殖培养病变、血清免疫学特性明显;以及菌(毒)种人工感染动物后的临床表现、病理变化特征明显等。

(3)遗传学上相对纯一与稳定:菌(毒)种相对地讲是一个群体,在传代增殖过程中受不同因素的作用后会发生遗传性状的改变或分离,因此要求生物制品用菌(毒)的这种改变、分离越细微越好,则其纯一和稳定性越高。

(4)反应原性与免疫原性优良:反应原性高,即使微量抗原物质进入机体也能产生强烈的免疫应答,从而获得坚强的免疫力。

(5)毒力应在规定范围以内:用于制造弱毒疫苗的毒种毒力,要尽可能弱些;而其他制品用的则要强毒力毒种,但抗原性要尽量高。

(二)特殊标准

(1)活苗的菌毒种要求:注意菌毒种的严格筛选及安全性。危险性源于:①内源性,也即其本身的残余毒力;②外源性,即菌毒种混有强毒,其他病原体或潜在致癌因子等。

(2)死苗的菌毒种要求:必须具有良好的免疫原性,也即是说抗原必须达到一定浓度和纯度。

(3)毒素、抗毒素、抗血清的菌毒种要求:必须选用具有高毒力的菌毒种,如白喉杆菌、破伤风杆菌。

(4)诊断用品菌毒种要求:包括生产株和检验株。生产株必须具备抗原谱广和免疫原性的特征。检验株必须具备血清学反应性质明显的特征。

(5)致病力测定:常用易感实验动物、本动物或鸡胚、易感细胞测定 MLD(最小致死量)、LD_{50}(半数致死量)、ELD_{50}(50%鸡胚致死量)、EID_{50}(50%鸡胚感染量)或 $TCID_{50}$(50%细胞致病量)。

(6)抗原性测定:菌(毒)株的抗原性包含抗原与相应抗体结合发生特异性反应的反应原性和刺激机体产生抗体及致敏淋巴细胞的免疫原性。

(7)稳定性测定:对适应于在培养基、鸡胚或易感细胞上增殖培养、传代菌(毒)株的毒力(致病力)和抗原性还要进行稳定性测定,以证明其后代特性不变,才有使用价值,并参与筛选择优。

(8)综合判定,冻干保存:根据致病力、抗原性和稳定性测定,筛选出毒力强、抗原性好、性状稳定的菌(毒)株,经增殖后进行冻干保存,冻干菌种于 4℃保存,冻干病毒毒种保存于−20℃以下,可保存多年。

二、弱菌(毒)种的选育

主要用于弱毒活疫苗、部分诊断制品和抗血清的制造。

(一)自然弱毒株的选育

自发突变毒株,由自然强毒株在自然因素作用下因遗传基因突变形成了与祖代性状(特别是致病力和抗原性)不尽相同的生物株。如 NDV La Sota 弱毒株、D10 弱毒株,火鸡疱疹病毒 FC126 株,自发突变几率低。

(二)人工诱发突变弱毒株的选育

1. 通过化学途径选育

亚硝酸基胍:鸡支原体疫苗、肺炎支原体突变株;醋酸铊:猪副伤寒沙门氏菌。

2. 通过物理途径选育

高温:炭疽 42.5℃;射线:日本乙型脑炎病毒;紫外线。

3. 通过生物途径选育

(1)适应非易感动物(非自然宿主):猪瘟兔化弱毒株:日本大耳白兔;口蹄疫弱毒株:乳鼠、鸡胚;鸭瘟鸡胚弱毒株。

(2)适应细胞:猪瘟 GPE 弱毒株;马传染性贫血驴白细胞弱毒株;高致病性猪繁殖呼吸障碍综合征弱毒株。

(3)杂交减毒:将两种遗传性状不同的菌(毒)株,在传代培育中进行自然杂交,以导致不同菌(毒)株间基因发生交换而育成有使用价值的弱毒株。

4. 变异株的筛选

细菌菌落特征的变异;病毒蚀斑的变异;对温度敏感性的变异;对药物敏感性的变异;对营养要求变异;对宿主动物易感性变异。

三、基因工程疫苗株的构建

传统的疫苗在消灭天花及牛痘方面起着重要作用,亦能很好地控制在禽畜方面如牛瘟、马立克氏病及猪瘟等。传统方法制备的疫苗在安全性及效果都有不尽如人意之处。某些疫苗制备中如有不当之处反而会危及免疫对象的健康。某些传染病用传统的方法难以制备疫苗。传统疫苗的菌毒种选育技术还存在着费时费力工程浩大和盲目性很大,结果难以预料的缺点。随着 20 世纪 80 年代兴起的 DNA 重组技术给疫苗的研制和生产带来新的发展前景,为研制新一代疫苗提供了新方法。通过重组技术得到重组疫苗,重组疫苗能够克服传统疫苗的许多缺陷,采用更加安全有效的技术,代替昂贵的传统工艺,尤其在目前尚无特效疫苗的疾病控制方面。兽用基因工程疫苗的安全问题比较容易控制和处理,因此,以分子生物学技术进行基因工程疫苗株的构建成功,使基因工程疫苗生产上首先得到突破。基因工程疫苗株的构建方法主要有以下几种(冯忠武,2007)。

(一)基因工程重组亚单位疫苗株的构建

基因工程重组亚单位疫苗株的构建是用 DNA 重组技术,将编码病原微生物保护性抗原的基因导入原核细胞(如大肠杆菌)或真核细胞,形成基因工程重组亚单位疫苗株,使其在受体细胞中高效表达,分泌保护性抗原肽链,提取保护性抗原肽链,加入佐剂即制成基因工程重组亚单位疫苗。这种基因工程重组亚单位疫苗只含有产生保护性免疫应答所必需的免疫原成分,不含有免疫所不需要的成分。优点是:①安全性好,对人类、动物健康和生态环境都没有潜在的危害,可用于不宜使用活疫苗的一些情况,如妊娠动物;②它是一种潜在的标记疫苗,易鉴别免疫原和隐性感染以及强毒感染。缺点是:①亚单位疫苗不具有感染性,因而激活的免疫反应不及活载体疫苗;②疫苗要辅以佐剂,免疫剂量相对核酸疫苗等要大一些。如 1983 年荷兰英特威公司生产预防初生仔猪腹泻的大肠杆菌疫苗上市。基因工程疫苗是利用产生菌毛的抗原 K88 及 K99 的质粒接合起来,转染于大肠杆菌 K12 中表达而获得 K88-K99 菌毛抗原，接种于母畜以产生保护抗体并可以通过初乳传给仔猪而获得免疫。另一类产生毒素的大肠杆菌侵入小猪小肠后产生毒素而致病。这些毒素分为热敏型(LT)及耐热型(ST)。LT 是由两个亚基组成的。A 亚基是毒素蛋白，B 亚基将毒素蛋白传送到猪小肠的上皮细胞。中国将 K88 抗原与 B 亚基抗原构建成重组抗原，于大肠杆菌中表达，由于包括有多价的抗原，适应范围广，安全而价廉，已在生产上大量应用。

(二)基因工程重组活载体疫苗株的构建

基因工程重组活载体疫苗株的构建是用基因工程技术将保护性抗原基因(目的基因)转移到载体中使之表达的活疫苗。目前有多种理想的病毒载体，如痘病毒、腺病毒和疱疹病毒等都可用于活载体疫苗的制备。根据不同的载体类型，重组活载体疫苗分为重组载体病毒活疫苗和重组载体细菌活疫苗。这种活体重组疫苗可以是非致病性微生物通过基因工程的方法使之携带并表达某种特定病原物的抗原决定簇基因，产生免疫原性；也可是致病性微生物通过基因工程的方法修饰或去掉毒性基因以后，仍保持免疫原性。重组活载体疫苗包括基因突变疫苗以及基因缺失疫苗，复制性和非复制性重组活载体重组病毒疫苗。活载体疫苗的优点是：①可同时启动机体细胞免疫和体液免疫；②可同时构成多价以至多联疫苗；③疫苗用量少，免疫保护时间长，不需添加佐剂；④不影响该病的监测和流性病学调查。缺点也是不能忽视的：①有报道重组病毒毒力会增强；②疫苗病毒可能进化出对人类有致病性的新病毒；③活载体疫苗在二次免疫时还会诱发针对载体的排斥反应等。而“自杀性”疫苗载体的研究或许能解决重组活疫苗的安全性问题，目前国内外正对家禽的疫苗载体和载体疫苗进行研究，如中国研制生产的禽流感新城疫载体疫苗、禽流感鸡痘载体疫苗和禽流感基因工程重组灭活疫苗等。

(三)基因缺失疫苗株的构建

基因缺失疫苗株的构建是用基因工程技术将强毒株毒力相关基因切除构建的活疫苗株，该类疫苗安全性好、不易反祖；其免疫接种与强毒感染相似，机体可对病毒的多种抗原产生免疫应答；免疫力坚实，免疫期长，尤其是适于局部接种，诱导产生黏膜免疫力，因而是较理想的疫苗。最成功的是伪狂犬病毒 TK、gE、gG 基因缺失苗。基因缺失疫苗产生的免疫应答很容易与自然感染的抗体反应区别开来，又称为“标记”疫苗，它有利于疫苗的控制和消灭计划。如对猪瘟兔化弱毒进行改造，使其缺失某一段基因(如 E0)或某一段特殊片段(如 E2)，但其免疫原性不改变，以缺失的基因所表达的蛋白作为诊断抗原，能够区别疫苗接种猪和自然感染猪产生的抗体。

(四)核酸疫苗质粒的构建

核酸疫苗质粒的构建是一种或多种抗原编码基因克隆到真核表达载体上，将构建的重组质粒直接注入体内而激活机体免疫系统，因此也称 DNA 免疫。它所合成的抗原蛋白类似于亚单位疫苗，区别只在于核算疫苗的抗原蛋白是在免疫对象体内产生的。研究发现，对肌肉直接进行 DNA 注射能够得到表达的蛋白产物，并指出这可能为发展疫苗提供了新的途径。

核酸疫苗是近几年来新兴的一种疫苗。优点是：①抗原合成和递呈过程与病原的自然感染相似，这是灭活疫苗和亚单位疫苗不能比拟的；②免疫原单一；③易于构建和制备。但其潜在的危险性也非常令人担忧：①可引起插入突变；②可引起免疫病理反应；③使用编码细胞因子或协同刺激因子的基因可能具有额外的危害；④有可能形成针对注射 DNA 的抗体和出现不利的自身免疫紊乱；⑤所表达的抗原可能产生意外的生物活性。解决这些安全问题是核酸疫苗的焦点。

第二节 菌(毒)种的制备

菌(毒)种是生物制品企业研发和生产的核心，所有菌(毒)种的制备应该严格按照《中华人民共和国兽用生物制品规程》(以下简称《规程》)中的菌(毒)种的制备规程和标准要求来制备、检验和保存，才能建立合格的种子批，高质量的保证研发和生产的需要，本节着重介绍一下菌(毒)种的制备技术(图 2.2)。

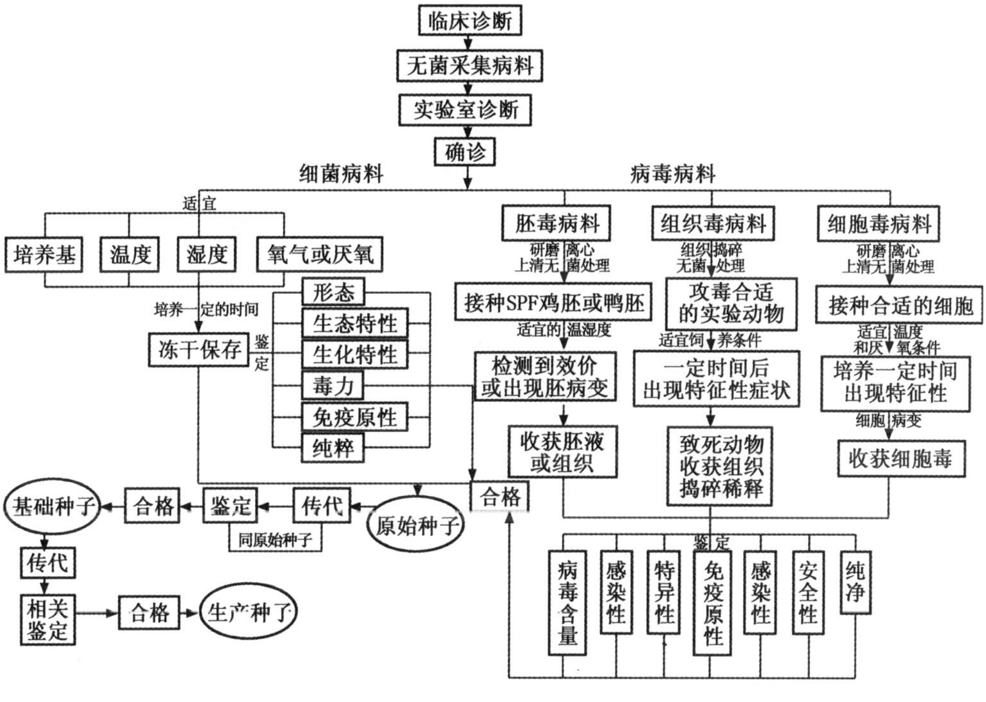

图 2.2 菌(毒)种的制备工艺流程

一、种子批的定义与种子批的建立

《兽药注册办法》和农业部第 442 号公告规定，兽用生物制品的制造应以种子批系统为基础。种子批分 3 级：原始种子、基础种子和生产种子。只有按照规定项目和方法进行检验证明合格的种子，方可用于生产兽用生物制品。

(一)种子批的定义

(1)原始种子：具有一定数量、背景明确、组成均一、经系统鉴定免疫原性和繁殖特性良好、生物学特性和鉴别特征明确、纯净的病毒(细菌、虫)株。

(2)基础种子:由原始种子制备、处于规定代次水平、一定数量、组成均一、经系统鉴定符合有关规定的活病毒(菌体、虫)培养物。

(3)生产种子:由基础种子制备、处于规定代次范围内、经鉴定符合有关规定的活病毒(菌体、虫)培养物。

(二)种子批的建立

(1)原始种子批的建立:选用某一菌(毒、虫)株用于兽用生物制品研制和生产后,即应建立原始种子批,以确保在制品的持续生产期内,能充分供应质量均一的种子。原始种子批建立基本原则为对选定的菌(毒、虫)株进行纯培养,并将培养物分成一定数量、装量和成分一致的小包装(如安瓿),于液氮中或其他适宜条件下保存。对原始种子批要按照有关要求做系统鉴定。通常情况下,应对原始种子的繁殖或培养特性、免疫原性、血清学特性、鉴别特征和纯净性进行鉴定。

(2)基础种子批的建立:

①基础种子:由原始种子经适当方式传代扩增而来,增殖到一定数量后,将相同代次的所有培养物均匀混合成一批,定量分装(如安瓿),保存于液氮中或其他适宜条件下备用。按照规定项目和方法进行系统鉴定合格后,方可作为基础种子使用。基础种子批应达到足够的规模,以便能够保证相当长时间内的生产需要。

②基础种子代次的确定:通常情况下,将基础种子传代至规定最高代次以上第3代,取不同代次水平的培养物进行含量、免疫原性试验,考察其繁殖特性和免疫原性的稳定性。必要时,还须考察基础种子的遗传稳定性。

(3)生产种子批的建立:生产种子由基础种子经适当方式传代扩增而来,达到一定数量后,均匀混合,定量分装,保存于液氮或其他适宜条件下备用。根据特定生产种子批的检验标准逐项(一般应包括纯净性检验、特异性检验和含量测定等)进行检验,合格后方可用于生产。并须确定生产种子在特定保存条件下的保存期。生产种子批应达到一定规模,并含有足量活病毒(或细菌、虫),以确保能满足生产一批或一个亚批产品。

二、菌种的制备

(一)菌种的种子批

菌种分为原始种子、基础种子、一级生产种子和二级生产种子。

(二)各级种子的制备技术

(1)原始种子:根据临床诊断和实验室诊断结果为细菌感染的病料,无菌操作采集该病料后,选择适宜的培养基进行分离接种,在适宜的温湿度和氧气条件下进行一定时间的培养后,选择合适的方式和温度进行保存,一般对原始种子要进行冷冻干燥保存,同时进行系统的鉴定,一般主要有形态及生活特性、培养特性、毒力、免疫原性和纯粹方面的鉴定,一些特殊的菌种比如芽孢杆菌需要进行荚膜检查,具体的鉴定工作还要按照《规程》上要求的每种菌种的鉴定项目进行,各方面特性稳定后,详细记录其历史来源和生物学特性,由中国兽药监察所或其委托单位妥善保管,由生物制品企业或科研单位自行分离的菌种经系统鉴定保存后，按照 GMP 要求自行保存。

(2)基础种子：一般这一级种子的制备需要进行复壮的过程，不同的菌种复壮方式和动物的选择也不相同，具体的制备方法还要参照《规程》进行，选择适宜的培养基和适合本菌生长的条件，对自行分离或者购自中国兽药监察所的原始种子进行传代、扩增后保存，也要采取冷冻干燥保存，同时也要按照不同菌种《规程》上的不同要求进行鉴定，所进行的各方面的鉴定结果应该和原始种子保持一致，由中国兽医药品监察所或其委托的单位负责保管，生物制品企业或科研单位的基础种子批由其生物资源库负责保管。

(3)一级生产种子：选择适宜的培养基和适合本菌生长的条件，从基础种子批传代、扩增后保存，一般采取加甘油湿毒保存的方式，这一级种子一般只做形态和纯粹检验就可以了。

(4)二级生产种子：选择适宜的培养基和适合本菌生长的条件，可以从一级生产种子中直接扩增，经纯粹检验合格后用于生产。

三、毒种的制备技术

(一)毒种的种子批

毒种分为胚毒、组织毒和细胞毒，下分原始种子、基础种子和生产种子，生产种子不再细分，扩增后可以直接用于生产。

(二)胚毒

(1)原始种子：根据临床诊断和实验室诊断结果为胚毒感染的病料，无菌操作采集该病料后，研磨离心处理，选择合格的 SPF 胚和接种部位进行接种，在适宜的温湿度条件下进行一定时间的培养，无菌收获后进行盲传，选择合适的方式和温度进行保存，一般对原始种子要进行冷冻干燥保存，同时进行系统的鉴定，一般主要有病毒含量测定、感染性、特异性、免疫原性、最小感染量或最小致死量、安全性纯净等方面的鉴定，具体的鉴定工作还要按照《规程》上要求的每种毒种的鉴定项目进行，各方面特性合格后，详细记录其历史来源和生物学特性，由中国兽药监察所或其委托单位妥善保管，由生物制品企业或科研单位自行分离的毒种经系统鉴定保存后，按照 GMP 要求自行保存。

(2)基础种子：选择合格的 SPF 胚和接种部位进行接种，在适宜的温湿度条件下进行一定时间的培养，具体的制备方法还要参照《规程》进行，对自行分离或者购自中国兽药监察所的原始种子进行传代、扩增后保存，也要采取冷冻干燥保存，同时也要按照不同毒种《规程》上的不同要求进行鉴定，所进行的各方面的鉴定结果应该和原始种子保持一致，由中国兽医药品监察所或其委托的单位负责保管，生物制品企业或科研单位的基础种子批由其生物资源库负责保管。

(3)生产种子：选择合格的 SPF 胚和接种部位进行接种，从基础种子批传代、扩增后保存，一般采取－70℃低温条件下保存的方式，这一级种子的鉴定项目相对前两级种子要少，一般做病毒含量、感染性、免疫原性以及纯净方面的检验。

(三)组织毒

(1)原始种子：根据临床诊断和实验室诊断结果为组织毒感染的病料，无菌操作采集该病料后，组织捣碎稀释，选择合格的实验动物和接种途径进行接种攻毒，动物出现特征性症状或死亡的，按照《规程》要求对其进行致死解剖采集病变内脏，组织捣碎稀释后，选择合适的方式和温度进行保存，一般对原始种子要进行冷冻干燥保存，同时进行系统的鉴定，一般主要有病毒含量测定、感染性、特异性、免疫原性、最小感染量或最小致死量、安全性纯净等方面的鉴定，具体的鉴定工作还要按照《规程》上要求的每种毒种的鉴定项目进行，各方面特性合格后，详细记录其历史来源和生物学特性，由中国兽药监察所或其委托单位妥善保管，由生物制品企业或科研单位自行分离的毒种经系统鉴定保存后，按照 GMP 要求自行保存。

(2)基础种子：选择合格实验动物以适当的剂量用原始种子进行接种攻毒，动物出现特征性症状或死亡的，按照《规程》要求对其进行致死解剖采集病变内脏，组织捣碎稀释后，选择合适的方式和温度进行保存，一般对原始种子要进行冷冻干燥保存，同时进行系统的鉴定，一般主要有病毒含量测定、感染性、特异性、免疫原性、最小感染量或最小致死量、安全性纯净等方面的鉴定，具体的鉴定工作还要按照《规程》上要求的每种毒种的鉴定项目进行，各方面特性合格后，详细记录其历史来源和生物学特性，由中国兽药监察所或其委托单位妥善保管，由生物制品企业或科研单位自行分离的毒种经系统鉴定保存后，按照 GMP 要求自行保存。

(3)生产种子：选择合格实验动物以适当的剂量用基础种子进行接种攻毒，动物出现特征性症状或死亡的，按照《规程》要求对其进行致死解剖采集病变内脏，组织捣碎稀释后，选择合适的方式和温度进行保存，一般采取－70℃低温条件下湿毒保存的方式，这一级种子的鉴定项目相对前两级种子要少，一般做病毒含量、感染性、免疫原性以及纯净方面的检验。

(四)细胞毒

(1)细胞系的建立：按照 GMP 要求建立合格的细胞系，分为原始细胞系，基础细胞系和工作细胞系，在液氮中保存。

(2)原始种子：根据临床诊断和实验室诊断结果为组织毒感染的病料，无菌操作采集该病料后，组织研磨稀释后，选择合格的工作细胞和培养液进行接毒，在合适的温度和厌氧条件下进行培养，盲传 3 代以上，细胞出现特征性病变后，按照《规程》进行收毒，选择合适的方式和温度进行保存，一般对原始种子要进行冷冻干燥保存，同时进行系统的鉴定，一般主要有病毒含量测定、感染性、特异性、免疫原性、最小感染量或最小致死量、安全性纯净等方面的鉴定，具体的鉴定工作还要按照《规程》上要求的每种毒种的鉴定项目进行，各方面特性合格后，详细记录其历史来源和生物学特性，由中国兽药监察所或其委托单位妥善保管，由生物制品企业或科研单位自行分离的毒种经系统鉴定保存后，按照 GMP 要求自行保存。

(3)基础种子：选择合格的工作细胞和培养液用原始种子进行接毒，在合适的温度和厌氧条件下进行培养，细胞出现特征性病变后，按照《规程》进行收毒，选择合适的方式和温度进行保存，一般对基础种子要进行冷冻干燥保存，同时进行系统的鉴定，一般主要有病毒含量测定、感染性、特异性、免疫原性、最小感染量或最小致死量、安全性纯净等方面的鉴定，具体的鉴定工作还要按照《规程》上要求的每种毒种的鉴定项目进行，各方面特性合格后，详细记录其历史来源和生物学特性，由中国兽药监察所或其委托单位妥善保管，由生物制品企业或科研单位自行分离的毒种经系统鉴定保存后，按照 GMP 要求自行保存。

（4）生产种子：选择合格的工作细胞和培养液进行接毒，用基础种子进行接毒，在合适的温度和厌氧条件下进行培养，细胞出现特征性病变后，按照《规程》进行收毒，选择合适的方式和温度进行保存，一般采取 -70℃低温条件下湿毒保存的方式，这一级种子的鉴定项目相对前两级种子要少，一般做病毒含量、感染性、免疫原性以及纯净方面的检验。

（沈志强　山东省滨州畜牧兽医研究院；温建新　青岛农业大学动物科技学院）

第三章　生物制品用实验动物

第一节　实验动物概述及其特性

21世纪是生命科学时代。生命科学研究必须具备4个基本要素，即实验动物（Laboratory animal）、设备（Equipment）、信息（Information）和试剂（Reagent），通常称AEIR要素。生命科学工作者应该学习实验动物学，掌握有关实验动物与动物试验的知识与技能。

一、实验动物的概念

在生命科学领域中，实验动物科学的中心对象就是实验动物，其目标就是保证现代医学的试验研究可以获得质量好、来源充足、经济、安全、方便使用、符合各种试验要求的实验动物，并从实验动物这一环节出发，探索各种动物试验得以成功设计、顺利进行并完成的技术和条件，同时也探索与上述目标相关的法制建设、组织管理及人员培训等问题。

1. 实验动物

实验动物（Laboratory animal）是指经人工饲养、繁育，对其携带的微生物及寄生虫实行控制，遗传背景明确或者来源清楚，应用于科学研究、教学、生产和检定以及其他科学试验的动物。实验动物不同于野生动物，它是根据科学研究的需要在人工条件下有计划和目的的培育和驯养繁殖而成的动物，虽有些动物来源于野生动物，但都经过人工培育和驯养。它也不同于家畜和家禽，由于科学研究的需要必须对实验动物携带的微生物和寄生虫进行控制，这样做的目的可以使动物的生物学特性清楚、表型均一、对刺激的敏感和反应一致。国家已经建立了小动物种子资源库，提供遗传背景的实验动物作为繁育用动物。在实验动物的概念中，对其用途也做了明确的表述，即实验动物用于不同的科学试验目的。

2. 试验用动物

试验用动物（Animal for research）凡是以研究、试验、教育、药品生产等为目的而使用的动物，统称为试验用动物，包括实验动物、野生动物、经济动物、观赏动物等。野生动物、家畜、家禽等动物由于缺少人为控制，生物学特性、遗传学背景、微生物控制等没有确定性，试验结果会出现很大差异，试验也难以重复，试验结果的可信度较低。目前国家对大鼠、小鼠、豚鼠等小动物和常用的犬类的要求比较明确，对其他实验动物尤其是大动物，如猪、牛、马、猴和猫的种子库尚未建立，对鱼类的要求也没具体规定。

3. 试验用动物与实验动物关系

试验用动物是实验动物存在的基础和发展的源泉，实验动物是生命科学研究对其质量的要求，也是实验动物科学发展的必然结果。“实验动物化”就是把“试验用动物”经过人工驯化，通过科学的遗传选育、饲养管理、质量控制，最终培育成为“实验动物”。区别两者之间关系的意义在于不同的科学家，在不同地点进行相同的试验，有可比性、可重复性。

二、实验动物的特性

实验动物是一个特定的概念，仅仅是试验用动物中的一个特殊群体，从概念上讲，包括了以下 4 个基本特性。

1. 遗传背景明确

不同遗传背景的实验动物对同一试验处理的反应性是不同的，这将直接影响到试验结果的准确性和可靠性。因此从这一点上讲，实验动物必须是遗传背景明确的动物。根据遗传特点的不同，实验动物分为近交系（Inbred strain）、封闭群（Closed colony）和杂交群（Hybrid colony）。

2. 对携带微生物和寄生虫实施控制

实验动物生产的正常进行和动物试验结果的可靠性与其健康状态有着直接关系。因此，在实验动物繁育和使用过程中，必须对其携带的微生物和寄生虫实施监控。根据对微生物和寄生虫的控制程度，中国将实验动物划分为 4 个等级：普通动物（Conventional animal，CV）、清洁动物（Clean animal，CL）、无特定病原体动物（Specific pathogen free animal，SPF）、无菌动物（Germ free animal，GF），其中包括悉生动物（Gnotobiotic animal，GN）。SPF 和 GF 动物不仅人工监控其携带的微生物、寄生虫，而且是经剖腹产净化获得的（何诚，2006）。

3. 在特定的环境条件下，人工培育而成的动物

实验动物是在达到一定标准的环境中，经过科学繁殖和培育的动物，是多学科研究的成果和科技含量高的生物技术产品。利用基因工程技术而制作的基因修饰动物，为医学、遗传学、发育生物学及畜牧兽医学等众多学科提供了丰富的动物模型资源。

4. 应用范围明确

实验动物是用于科学研究、教学、生产、检定以及其他科学试验的动物。其应用领域包括医学、药学、产品质量检验、环保、国防乃至实验动物科学本身等。特别是在人类生命现象的研究方面，实验动物扮演着人类替身的角色，是“活的精密仪器”，而其他仪器设备也无法替代。常用的实验动物有大鼠、小鼠、豚鼠、家兔、犬、猫、猪和灵长类动物等。生命科学研究及其相关的试验，要求实验动物对试验因素敏感性强，反应高度一致，使试验研究结果具有可靠性、精确性、可比性、可重复性。

第二节　实验动物的饲养与管理

要获得高质量的实验动物，各实验动物生产使用单位除要有良好的设施和兽医监护外，还应实施严格的饲育管理、卫生管理，并做好生产记录和记录管理等。

一、建筑设施

全部设施应符合良好试验规范(Good laboratory practice,GLP)的要求,实验动物房应选择无疫源、无公害的独立区,四周有一定空间地带,有可靠的交通、水电和给排水系统及污物处理系统,饲养室建成分层分间隔离式,供饲养不同品种的动物。应有防虫、防野生动物设施,并根据实验动物的微生物和寄生虫控制程度以及空气净化程度,将其设施分为隔离系统、屏障系统、半屏障系统和开放系统。

实验动物房的建筑设施包括动物饲养室、饲料加工和贮存库、洗涮消毒室、检疫化验室、动物实验室、办公室和机器房等。

动物饲养室要根据动物种类和要求进行设计。①墙壁:内壁粉刷用难以开裂、耐水、耐腐蚀、耐磨、耐冲击的材料,或直接采用彩钢板围护。墙面无断裂,光滑平整,各接角处接合严密,最好做成圆弧形。各种管道最好不暴露出来,管道通过部分用填料密封。②天花板:用耐水、耐腐蚀材料制成,室顶平整光滑,要加防水层,灯具、进气口周围要密封。③地面:常用环氧树脂、硬面混凝土、水磨石、氯丁二烯橡胶或硬橡胶等耐水、耐磨、耐腐蚀的材料制成,兔、犬、猴和猪等动物房要做成坡度不小于 0.64 cm/m 的防水地面,有排水装置,管径约 15.3 cm,并有回封。用于饲养小啮齿动物的房室可不设排水装置。此外,地面接墙处要做成高 10~15 cm 的踢脚。④门窗:原则上门应朝内开(负压室除外),要求气密性好,最好用耐水、耐药性的金属密封门。除需要自然采光和通风的场所外,动物室一般不设外窗。

二、饲料

1. 饲养标准

由于实验动物种类、生理功能、生产性能、体重、年龄与性别等不同,对各种营养物质的需要也各不一样。人们根据长期生产实践中总结的经验和各种科学试验,规定了不同种类、性别、年龄、体重、生产水平的动物,每头(只)每天应给予的能量和各种营养物质的数量,即饲养标准,以满足动物生理和生产的需要。

2. 饲料分类

实验动物常用的饲料如大麦、高粱、玉米、豆类、胡萝卜、干草、苜蓿草、青菜等,多加工成混合饲料。根据饲料加工处理的工艺方法不同,可将实验动物的饲料分为:①混合粉料。按动物种类、性别、发育阶段等不同,将不同的天然饲料粉碎后制成混合粉料,因只能用于普通级动物,加之浪费大且不卫生,故现在很少使用。②颗粒饲料。通常都将混合粉料经加工配制成全价营养的颗粒饲料。混合粉料通过加水调制、热压成型、加热烘烤、灭菌等处理,消化吸收好,适口性强,易于保存、运输,适用于各种级别动物使用。动物仅喂颗粒饲料与饮水,无需再喂其他饲料,兼有省力、浪费少、清洁卫生的优点。颗粒大小一般要求啮齿类动物的饲料直径在 12 mm 左右,豚鼠、兔、鸡为 3~4 mm。③罐装饲料。将鱼、肉等动物性饲料加工装罐后经灭菌制成罐装饲料,具有食用方便,保存期长等优点,一般用于犬、猫等食肉类动物。

饲养要每天按时饲喂,加料换水,并不时检查料、水情况。混合粉料每天加料两次,并要求间隔时间不能太短。颗粒饲料的添加视具体情况而定,一般要每周 2~3 次,并保证动物能食后有余。

3. 饲料质量管理

为保证实验动物饲料的质量，除了对营养成分含量进行监测外，饲料的质量管理还包括了饲料的配方设计、优选，原料的选择、采购与储存，饲料的配合、加工与制粒，成品的贮运直至饲喂的全过程。各个环节均应严格管理把关，才能确保饲料的质量。饲料的原料要精心选择，保证新鲜、无生物性、化学性污染物质，如细菌毒素、微生物毒素、杀虫剂、虫害、植物性有毒物质、营养成分分解物质、亚硝酸盐类、重金属等。不使用异味、霉变、虫蛀、菜子饼、棉子饼、亚麻仁饼等作为饲料原料。实验动物配合饲料中不得掺入抗生素、驱虫剂、防腐剂、色素、促生长剂以及激素等添加剂。饲料加工的环境条件、生产设备、生产工艺、生产人员、操作规程都应按实验动物管理机构的规定和要求去执行，以避免意外污染的发生。饲料生产过程中要有专门的质量管理人员进行监督，从饲料原料的粉碎，配合饲料的准确称量混合，制粒直至分装，均要严格执行操作和工艺要求。饲料库应保持干燥、通风、阴凉、防潮、防晒、无虫、无鼠，库房要保持清洁卫生，定期消毒，严禁堆放杂物及毒品。成品应与原料分开，要有严格的保管、领发制度。

三、饮水

饮水卫生直接关系到实验动物的健康。根据实验动物的微生物控制标准不同，不同级别的实验动物其饮水质量的要求也有相应要求。对于普通级动物来说，饮水质量最基本的要求是符合或达到卫生部《生活饮用水标准》的各种井水、河水、湖水或自来水，而清洁级动物则要求用酸化水(pH 2.5～3.0)或灭菌水，SPF 级动物和无菌级动物要求灭菌水。除蒸馏水外，在使用其他来源的水前，应多次采样进行重金属、化学和生物污染物的检测。达到营养控制要求，才可用作实验动物的饮水。给水设备必须按各级别实验动物的管理要求定期清洗消毒。饮水应每天更换，不要将饮水盒从 1 个鼠盒随意移动到另外 1 个鼠盒。

四、垫料

实验动物垫料是一种可影响动物健康和动物试验结果的可控制的环境因素。使用垫料的目的是为了便于动物繁殖和保温、改善饲养环境的舒适程度并保持盒内的清洁。一般使用小刨花、玉米芯、秸秆、稻壳、废纸屑以及合成垫料等。垫料的质地会影响动物的健康，如杉对大鼠、小鼠的肝脏线粒体酶的变化有影响；刨花作为垫料饲养鼠，会引起足掌受伤并形成肉芽肿。垫料的基本要求：①容易获得，易于运输，便于储存，价格便宜。②无灰尘，无污染，无芳香烃类气味，对人和动物无害。③干燥，有良好的吸湿性，舒适，便于做窝，具有良好的保温性。④没有营养，不被动物食用；容易清理并处置。国外还有膨化系列垫料，吸附力很强。

垫料是实验动物最直接的生活环境，必须按照各种动物对垫料的要求提供。因动物种类和等级的不同，垫料要求也各异。如小鼠多用吸水性好的锯木屑作为垫料，而兔可用稻草作为垫料；普通级动物的垫料要求清洁卫生，经日晒干燥即可；而其他级别的动物垫料则应根据规定进行包装、灭菌和检验合格后方可应用。更换的频度视动物的大小、密度、粪尿排出量、垫料的脏污程度，以两次换垫料期间内保持基本清洁、干爽为宜，一般每周更换 1～2 次，并作清扫消毒。如发现垫料被水浸湿，鼠盒内有死鼠，必须及时更换垫料。在有些情况下垫料更换不应过频，例如怀孕后期及哺乳初期等阶段。用过的垫料要及时集中运出处理。

五、饲育器材

实验动物的饲育器材主要有笼具、笼架、给水器、给料器等。大动物常用栏养方式饲养。

1. **笼具**

笼具是饲养动物的容器。笼具的设计、制作必须考虑保持动物的健康和舒适，应无毒，坚固耐用、轻巧，经济便宜，耐高热高湿、耐酸碱等腐蚀性物质，不损伤皮肤，利于通风散热，易于清洗消毒、操作方便，动物能保持正常姿势的空间要求。大、小鼠一般使用铺有垫料的笼盒，犬、猫、猴、兔、鸡使用带盛粪盘的笼子。

目前，笼具多用耐酸铝材、塑料、不锈钢、铁丝或竹子等制作。常用的笼具类型有：①定型式笼盒：底和四周一体，用塑料制作，顶上为不锈钢丝网盖，用于加料给水，多用于小鼠、地鼠等饲养用。②带粪尿漏网笼箱：笼底为网状或格子形底板，便于粪尿排泄物漏至底部的粪道。此种类型的笼箱生要用于饲养体型较大的实验动物，如家兔、豚鼠或犬、猫。③围栏式笼：用金属网围成，能防止动物逃遁，底部直接落地，用于犬、猫或猴的饲养。④代谢笼：是一种密封式饲养笼，它有两层金属网底，底层网眼细，将粪便和掉下去的饲料分开，尿液经漏斗流入集尿瓶，作为动物试验需要采集动物排泄物时专用。

2. **笼架**

笼架是放置笼具的架构。应牢固，便于移动。笼架大小应和笼具相适合，层次最好可调节，具有通用性。笼架也应便于清洗，具有耐热、耐腐蚀性。常用的笼架有：①饲养架：为4～5层金属结构架，可将笼箱直接放在上面。多用于小啮齿动物的饲养。②悬挂式：将笼具悬吊在架子上，使粪尿落于托盘里，也可把动物笼箱直接悬挂于动物室墙壁的悬壁架上。③冲水式：在悬挂架的背后建有一条有较大坡度的水槽，落入倾斜托盘内的粪尿流入水槽后，可经冲洗后排出。也可以在笼架的一端装上自动水箱，便于定时冲洗。此外，还有用于饲养无菌动物或悉生动物的隔离器、小型屏障饲养的层流架（超净饲养架）和隔离柜、透明隔离箱、净化室等特殊设施。笼架最好用不锈钢材料制造。笼下冲洗槽或承受污物底板要耐冲洗、耐刮擦、耐腐蚀，可用金属、硬塑料、玻璃钢制造。自动清洗装置要尽可能减少噪声的发生，底部倾斜度要适中，光滑平整，不积水（李厚达，2003）。

3. **给料器**

给料器因动物种类、笼箱和笼架不同而有多种类型。一般将大、小鼠的固体饲料给料器设计为挂篮形或在笼盖上做个凹形槽代替，豚鼠、兔、猴的给料器为箱形，犬、猫的给料器为碗钵形或盘形。粉末饲料给料器多为槽式或斗式，给料器的放置应适合动物采食，且能防止动物扒出饲料或能收集测定散落的饲料量为好。目前已有自动给料装置正在试用。

4. **给水器**

给水器包括饮水瓶和自动饮水装置。小啮齿动物多使用饮水瓶，可用玻璃瓶、塑料瓶或金属瓶等，一般饮水瓶大小为200～500 mL，其中央有一根内径为5～6 mm的金属管或玻璃管。饮水瓶要安装牢靠，适合动物吮吸。供水时，必须确认前端管内没有气泡停留。管子不应接触铺垫物以免造成漏水。瓶中剩水不可利用，需定期更换，饮水瓶要经常清洗、消毒，并检查是否堵塞和漏水。自动饮水器由贮水器、饮水嘴及连接管组成。饮水嘴安装在动物的笼箱内或围栏内供动物自由摄取，使用自动饮水器要特别注意防止饮水嘴的堵塞及漏水。自动饮水器最好配备减压和过滤装置。

六、卫生管理

在实验动物的管理工作中，卫生、消毒与灭菌所占工作量最大，因为，实验动物饲养不同于普通养殖业，它有一个高的卫生标准，以保护工作人员和动物本身免遭微生物感染。卫生管理是饲养管理的重要内容之一。为了保证实验动物的质量及人员健康，应按GLP标准实施，加强饲养卫生管理。具体要求如下：

1. 环境卫生

绿化场区，无裸露地面，路面铺水泥或柏油，清除污物、垃圾，设有专用的垃圾箱、化粪池，死尸、污物、污水处理系统，不碍饲养非试验用家畜、家禽，消灭蚊、蝇滋生地，严防吸血昆虫和野生动物侵入。经常宣传保持环境卫生，禁止随地丢弃污物，禁止随地吐痰。

2. 动物房卫生

为便于清扫，小型实验动物笼架应当和墙壁保持一定间距，并腾空墙角。定期或勤清除墙壁、天花板、四角的浮尘及异物；并定期用0.1%新洁尔灭液或1∶1 000的消毒灵喷洒消毒，犬、猫、兔等中、大型实验动物舍应每天用高压水龙头冲洗厩舍地板，清除粪尿；铺垫草的厩、窝，应勤换垫草，至少每周将整个垫草全部清除一次，用水仔细冲洗厩、窝。

3. 饲育器材卫生

笼具、笼架应定期洗刷消毒，通常采取整套更换的方式，即将清洗与消毒过的一套笼盒与笼架推入动物房，将小型动物置入清洁的笼盒内；肮脏的笼架与笼盒推到清洗消毒房内用清洗机进行清洗。如实验动物场不备有上述设备，至少要有与使用笼盒等量的周转笼，以便更换洗涤。在清洗消毒房内首先将笼盒里的旧垫料清除，浸入热水中使污物软化，移入混有洗涤剂的温水池中彻底洗净四壁及底部，再用自来水仔细冲洗，将洗涤剂完全除去。应当注意，如做过病原菌感染试验的笼盒，必须先进行消毒，然后才能清洗。笼盒上不应残留任何清洁剂或消毒剂的痕迹，以免影响实验动物健康与试验结果。根据器材与设备条件，选用高压灭菌、化学药品或煮沸消毒。一般要求对笼具每周至少更换1次；冲洗式笼架，每天至少要冲洗1次。对给料器、给水器在使用前必须消毒，定期更换清洗，至少每周进行一次。户外饲养的动物，最好在运动场顶部架设铁丝网，以免飞禽与野生动物侵入饲槽。每周至少将槽内残余饲料、饲草清除1次，用消毒药消毒饲槽内外，尤其注意4个底角，最后用清水清洗干净备用。

4. 工作人员的清洁卫生

凡进入动物饲养区的职工，必须根据动物的级别，按规定洗手或洗澡、消毒手臂，穿戴工作衣帽与工作鞋或胶靴、防护手套等。衣必须整洁，定期清洗消毒。

5. 废弃物处理

废弃物（包括垫料、动物排泄物、动物尸体、废水等）清理、搬运、收集、贮存及处理应建立一套工作规范，一切操作按有关法令规定执行。对排出的废水按要求进行净化处理，对死尸、污染的垫料、排泄物等用容器集中运出后作深埋或焚烧处理。

七、防疫

实验动物因数量多、密度大、繁殖快，整个生活均局限于一定范围内（如笼具），在各种病原的作用下，极易造成疾病的发生和流行，继而造成动物死亡、淘汰、试验结果受到干扰甚至被迫中断，一些人兽共患病还会给接触的人员造成危害。另一方面，由于实验动物的特殊性，为了保证实验动物的敏感性、杜绝传染源并从经济上考虑，除犬、猴等大型者外，其他实验动物一般不作预防接种和药物治疗。因此，主要靠平时加强饲养卫生管理和实施防疫、检疫、消毒、监护等措施，从控制、消灭传染源，切断传播途径和增强动物机体抵抗力三方面入手，减少疾病发生及其造成的经济损失。具体措施如下：①优化饲养环境条件，保证适宜的温度、湿度、空气、光照等环境条件。坚持日常卫生消毒制度，减少环境中各种微生物的繁殖和入侵，防止野生动物和昆虫进入实验动物室。②每天注意观察动物的饮食、精神、被毛、呼吸、粪尿、行为及口鼻、眼等状况，发现异常情况要及时作进一步检查。临床检查发现异常的小啮齿动物要及时做淘汰处理，大型动物除进行常规检查外，还可进一步作血、粪、尿的检查，以协助诊断；淘汰或病死动物可在隔离器进行剖检，详细查看病变的器官，必要时作病理组织学检查或病原学、血清学检查。③严格动物健康状况的监护，一旦发现有传染迹象的异常动物，一定要迅速确诊，及时采取封锁、隔离、消毒、隔离治疗（仅大动物而言）或降级使用等应急措施，防止疫情扩大。④制定科学的饲养管理制度并严格执行，定期对工作人员进行定期健康检查，发现人兽共患病者，调离或改换其工作。⑤建立健康的动物种群，坚持自繁自养、自用，大型饲养场或有条件的单位可采用悉生动物技术定期地通过剖腹产、人工哺乳、周期性地重建核心种群。小型饲养场应采取全进全出制，定期从可靠的保种单位引进健康种群。引进动物应按有关规定严格检疫，防止从疫区引进实验动物。⑥大动物如兔、犬等应及时接种狂犬病、犬瘟热、犬肝炎、犬细小病毒性肠炎和兔瘟疫苗，小动物通常不注射疫苗（姜平，2003）。

第三节　常用实验动物

广义的实验动物，泛指用于动物试验的各种动物。包括经过人们长期家养驯化、按科学要求定向培育的动物，如小鼠、大鼠、地鼠、豚鼠、兔、犬等。也包括一些家畜如鸡、猪、猫、羊等，另外还有从野外捕捉回来经过驯化供试验用的野生动物如两栖类的青蛙、蟾蜍等，鱼类及果蝇等，啮齿类的仓鼠、沙鼠、鼠免等和灵长类的猕猴、绒猴等。因此，在进行动物试验前，首先要充分了解所用实验动物的生物学特性，这样才能达到明确动物试验的目的。

一、小鼠

小鼠（Mouse，mus musculus）属于脊椎动物门（Vertebrata）、哺乳纲（Mammalia）、啮齿目（Rodentia）、鼠科（Muridae）、小鼠属（*Mus*）动物，它是目前世界上用量最大、用途最广、品种（系）最多的一种实验动物。按遗传特性分为近交系、封闭群、突变系和杂交一代。目前已培育出500多种近交系、400多种突变系和200多种远交群。

（一）生物学特性

1. 一般特性

（1）体型小，便于饲养管理：小鼠是啮齿目实验动物中最小型的动物，出生平均体重仅 1.5 g 左右，成熟时体重 25～40 g，体长约 10 cm。成年雄鼠体重体长均大于雌鼠，用于试验的小鼠标准体重为 18～22 g。由于小鼠体型小，饲养时所占据的空间小，对饲料的需求量也少，一只成年小鼠的食料量为 4～8 g/d，饮水量 4～7 mL/d，排粪量 1.4～2.8 g/d，排尿量 1～3 mL/d，因此非常便于饲养管理，可在短时间内提供大量的实验动物。

(2)成熟早，繁殖力强：雌鼠在 35～45 日龄、雄鼠在 45～60 日龄性成熟，65～90 日龄时配种较为合适。小鼠常年均有性活动，并且有产后 24 h 又可发情的特点。性周期 4～5 d，发情后 2～3 h 排卵，每次排卵 10～23 个，妊娠期 19～21 d，哺乳期 20～22 d，每胎产仔数 8～15 只，1 年可怀 6～10 胎。生育期为 1 年。适合作为遗传学研究。

(3)性情温顺，胆小怕惊，对环境反应敏感：小鼠经长期的培育，用于试验研究时，性情温顺，易于抓捕，不会主动咬人。非同窝雄性易斗，常咬伤背部和尾部。但在雌鼠哺乳期间与雄鼠打架，则会咬人，一般很少相互斗架，操作起来很方便。小鼠对外界环境的变化比较敏感，不耐冷热，对疾病抵抗力低，不耐强光和噪声。温度过高或过低时，生殖能力下降，严重时会发生死亡。雌鼠吃仔鼠与其胆小怕惊有关。

(4)喜居于光线暗的安静环境：昼伏夜动，喜欢啃咬。小鼠白天活动较少，夜间却十分活跃，其进食、交配、分娩多发生在夜间，其中傍晚与黎明最为活跃，因此夜间应备有饲料和饮水。

(5)社会群居性：小鼠群养时，雌雄要分开，过分拥挤会抑制生殖能力，雄鼠群居时容易发生殴斗。

2. 解剖生理学特性

上下颌骨各有 2 枚门齿和 6 枚臼齿，共有 16 枚。门齿终生不断生长。下颌骨喙状突较小，髁状突发达。小鼠的颌下腺仅能分泌一种类型的唾液。胃容量小，功能差。小肠长度接近体长的 4 倍，盲肠不发达，肝脏分左叶、中叶、右叶和尾叶，肺部有 5 叶，右肺 4 叶(上、中、下和腔后叶)，左肺为一不完全的整叶。脾脏长而大，呈镰刀状。气管及支气管腺不发达。雌鼠子宫呈“Y”字形。乳腺有 5 对，3 对位于胸部，可延续到背和颈部；2 对位于腹部，延续到鼠蹊、会阴和腹部两侧，并与胸部乳腺相连。以第 2、3、4 对乳腺相当发达。成年雌鼠在发情周期的不同阶段，阴道黏膜会发生不同的变化，根据阴道涂片的细胞学改变，可以推断卵巢功能的周期性变化。雄鼠射精后其凝固腺能使精囊分泌物凝固，与雌鼠阴道分泌物形成白色阴道栓，这是受孕的标志。有阴道栓的雌鼠大部分(80%～95%)都能受孕。

(二)常用品种品系

小鼠的品种和品系很多，是实验动物中培育品系最多的动物。目前世界上常用的近交系小鼠有 250 多种，均具有不同特征，突变系小鼠有 350 多种，另外还有杂交群和封闭群等。

1. 近交系

(1)中国培育的近交系小鼠：中国一号(C-1)是 1955 年由中国医学科学院试验医学研究所将昆明种小鼠近亲交配 20 代以上培育而成。毛色为白色，肿瘤自发率低；津白一号(TA/1)是 1955 年由天津医学院将昆明市售白化小鼠近亲交配培育而成。毛色为白色，肿瘤自发率低；津白二号(TA/2)是 1963 年由天津医学院将昆明种小鼠近亲交配 20

代以上培育而成。毛色为白色，乳腺癌自发率高；615 小鼠是由中国医学科学院输血和血液研究所将普通白化小鼠与 C_{57}BL/6 血研杂交所生子代经过近亲交配 20 代以上培育而成。毛色深褐，肿瘤发生率为 10%～20%。

(2)引进的近交系小鼠：BALB/c 小鼠是美国科技人员采用近亲交配 26 代培育而成，毛色为白色；C_{57}BL/6 小鼠是 1975 年由日本引进，毛色为黑色；C_3H 小鼠是 1975 年由美国引进，毛色为野生色；DBA 小鼠是 1977 年由美国实验动物中心引进，毛色为浅灰色。

2. 突变系

突变系小鼠是指在长期的繁殖过程中，子代突然发生变异，并能长期保持这种变化了的遗传基因特性的小鼠。①裸小鼠：无毛，胸腺较小，是使用价值最高、使用范围最广的突变系小鼠。②侏儒小鼠：比正常小鼠体形小，缺少脑垂体前叶分泌的生长素和促甲状腺素。可用于内分泌研究。③无毛小鼠：在 14 日龄左右，上眼睑、下腭部、四肢、脚趾背部等处开始脱毛，接着尾下脱毛，并逐渐扩及全身，形似裸鼠，仅有散在毛，但胡须保留，有的 6 周龄以后又可长出新毛。可用于皮肤放射研究。④肥胖小鼠：与人类的肥胖症相似，有不育、高血糖等症状。可用于生化、病理研究。⑤肌肉萎缩小鼠：在 14 日龄左右出现拖后肢现象。可用于生化、病理和代谢障碍的研究。

3. 杂交群

杂交群小鼠是指不同近交品系小鼠之间，通过有计划地交配产生的杂种一代(F_1)。F_1 杂交群小鼠既具有纯系小鼠的特点，又保持了杂交优势，可在较短的时间内繁殖大量供试验用的遗传特性相同，而生命力又较强的小鼠。

4. 封闭群

封闭群小鼠是指为保持群体遗传特性的稳定，在 5 年以上不从外部引种，保持封闭状态的小鼠，又叫做远交系。封闭群的个体之间，具有某种程度的遗传差别，易于饲养，繁殖力强，适合大量生产。目前，中国常用的封闭群小鼠有以下几种：①昆明小鼠(KM)：毛色为白色，1946 年中国从印度引入，后推广到全国各地。该小鼠特点是高产，抗病力强，适应性强，常见的自发肿瘤为乳腺癌，发病率约为 25%。广泛应用于教学，生殖生理、肿瘤、毒理、药理、免疫和微生物的科研工作以及药品、生物制品的制造和鉴定工作。②NIH小鼠：毛色为白色。由美国国立卫生研究院培育而成。繁殖力强，产仔成活率高，雄性好斗致伤。广泛用于药品的药理和毒理研究，以及生物制品鉴定。③CFW 小鼠：毛色为白色。1935 年在英国培育成功，1973 年引入中国。④LACA 小鼠：毛色为白色。CFW 小鼠引入英国实验动物中心(LAC)，改名为 LACA。中国 1973 年由英国实验动物中心引进。⑤ICR 小鼠：毛色为白色。1973 年由日本国立肿瘤研究所引进。

二、大鼠

大鼠(Rat, *Rattus norregicus*)是野生褐家鼠的变种。大鼠属于脊椎动物门(Vertebrata)、哺乳纲(Mammalia)、啮齿目(Rodentia)、鼠科(Muridae)、大鼠属(*Rattus*)动物。

(一)生物学特性

1. 一般特性

(1)性成熟早，繁殖力强：大鼠成熟快，繁殖力强，为全年多发情动物。雌鼠 2 月龄，雄鼠 2.5 月龄达到性成熟，3 月龄达到体成熟，性周期 4～5 d。其性周期不同阶段阴道黏膜可发生典型变化，通过检察阴道涂片和分泌物的 pH，可确定性周期阶段。大鼠妊娠期平均 21 d，每窝产仔 6～16 只，哺乳期为 21～28 d。

(2)夜间活动：大鼠也习惯于昼伏夜动，白天喜挤在一起休息，采食、交配等活动多在夜间和清晨进行，因此白天除试验必须抓取外，一般不要惊动它。可以在下午为其添加饲料，食性广泛，喜啃咬，以谷物为主兼食肉类。

(3)性情凶猛：大鼠门齿较长，激怒、袭击、抓捕时易咬手，尤其是怀孕和哺乳的雌鼠更凶，常会主动咬工作人员喂饲时伸入鼠笼的手。饲养管理时应特别注意，防止咬伤，必要时可戴手套。

(4)对营养缺乏很敏感：大鼠对维生素 A、维生素 E 和氨基酸缺乏敏感，易发生典型缺乏症，体内可以合成维生素 C。对环境的适应性较强。

(5)视觉、嗅觉较灵敏：大鼠对环境中的粉尘、氨气和硫化氢等极为敏感，如果饲养室内空气卫生条件较差，在长期慢性刺激下，可引起肺部大面积的炎症。

2. 解剖生理学特性

大鼠共有 16 枚牙齿，其每侧上、下颌备有门齿 1 枚，臼齿 3 枚。眼突出，眼窝后部有 Harderian 氏腺，眼角膜无血管，有棕色脂肪组织。无扁桃腺，胰腺呈长条片状，分左右两叶，无胆囊，胆管直接与十二指肠相通。垂体-肾上腺系统功能发达，应激反应灵敏；肝脏再生能力强，切除 60%～70%的肝叶仍有再生能力。雌鼠在胸部和鼠蹊部各有 3 对乳头。大鼠尾部被覆短毛和环状角质鳞片。大鼠嗅觉灵敏，但不能呕吐，汗腺也不发达，仅在爪垫上有汗腺，尾巴是散热器官，当环境温度过高时常靠流出大量的唾液来调节体温，当唾液腺机能失调时易中暑死亡。大鼠对空气湿度耐受性差，易发生坏尾病。

(二)常用品种品系

大鼠原产于亚洲中部地区，欧洲和美洲分别在 18 世纪初和中期引进，18 世纪后期美国和法国将大鼠作为观赏动物进行养殖。在 1850 年人们开始使用大鼠进行营养方面的研究，并开始为试验目的进行定向培育。

1. 近交系

目前，国际上常用的近交系已有 150 多种，如 ACI、BVF、F34. PA、M520、WAB、WAC、WKA 等品系，在中国常用的主要有：

(1)F344：1920 年由哥伦比亚大学肿瘤研究所 Curtis 培育。毛色为白色，毛色基因为 a、B、c、h；F344 是苯酮尿症的模型动物，睾丸间质细胞瘤发病率高达 90%，诱导可发生膀胱癌、食道癌和卵巢癌，也可作为周边视网膜退化的动物模型。

(2)Lou/C：1972 年由 Bazin 和 Beckers 培育成的浆细胞瘤高发系大鼠，中国于 1985 年引进。毛色为白色，毛色基因为 a、c、h；回盲部淋巴结产生一种自发性淋巴瘤(免疫细胞瘤)，70%的免疫细胞瘤可分泌单克隆免疫球蛋白；8 月龄以上的 Lou/C 大鼠自发浆细胞瘤发生率雌性达 30%，雄性达 16%，产生单克隆免疫球蛋白 IgG 占 35%，IgE 或 IgA 占 36%。大鼠广泛用于免疫学研究，尤其是单克隆抗体制备。

2. 封闭群

(1)Wistar 大鼠：1907 年由美国研究所 Wistar 育成，中国从日本、前苏联引进，是中国引进最早的大鼠品种。其特点为头部较宽、耳朵较长、尾长小于身长；性周期稳定、繁殖力强、产仔多，平均每胎产仔 10 只左右；生长发育快，性情温顺，对传染病的抵抗力较强，自发肿瘤发生率较低；10 周龄雄鼠体重可达 280～300 g，雌鼠体重可达 170～260 g。现各地饲养的封闭群遗传性差异较大，试验设计时应尽可能避开使用该品种。

(2)SD 大鼠：1925 年美国 Sprague dawley 农场用 Wistar 培育而成。其特点为头部狭长，尾长接近身长，产仔多，生长发育较 Wistar 快，抗病能力尤以对呼吸系统疾病的抵抗强；自发肿瘤率低，对性激素感受性高；10 周龄雄鼠体重可达 300～400 g，雌鼠可达 180～270 g。SD 大鼠常用做营养学、内分泌学和毒理学研究。

(3)Long-Evans 大鼠：该大鼠是 1915 年 Long 等用野生褐家鼠与白化大鼠进行交配而成，属于大体型多产品系，头和颈部是黑色，背部有一条黑线；较多用于遗传学研究、肝炎、肝癌和免疫不全症研究。

3. 突变系

(1)SHR/Ola：1963 年东京 Okamoto 用自发性高血压的 Wistar 培育而成。高血压发生率高，且无明显原发性肾脏或肾上腺损伤，血压高于 200 mmHg，该品系为筛选抗高血压药物的最适动物模型。在幼年时，血浆去甲肾上腺素和多巴胺 β-氧化酶水平增高，但总儿茶酚胺无明显不同，肾上腺儿茶酚胺含量减少。循环血中的促肾上腺素水平明显偏高，甲状腺重量增加。繁殖力及寿命无明显下降，可饲养 13～14 个月，繁殖时应选用高血压大鼠作亲代。

(2)裸大鼠：1953 年在英国 Rowett 研究所发现并培育而成。体毛稀少，成年鼠尾根部常多毛，2～6 周龄皮肤上有棕色鳞片状物，随后变得光滑，发育相对缓慢，体重为正常大鼠的 60%～70%。在 SPF 环境下可活 1～1.5 年。裸大鼠为先天无胸腺，T 细胞功能缺陷，同种或异种皮肤移植生长期达 3～4 个月以上；易患呼吸道疾病，对结核菌素无迟发性变态反应，性变态反应，血中未测出 IgM 和 IgG，淋巴细胞转化试验为阴性；B 细胞功能一般正常，NK 细胞活力增强。裸大鼠主要用于肿瘤方面的研究。

三、豚鼠

豚鼠(Guinea pig，*Cavia procellus*)又名天竺鼠、荷兰猪、海猪等。豚鼠属于脊椎动物门(Vertebrata)、哺乳纲(Mammalia)、啮齿目(Rodentia)、豚鼠科(Cavidale)、豚鼠属(*Cavia*)的动物。原产于南美洲，为南美洲的家养食用动物，16 世纪开始作为实验动物引入世界各地。

(一)生物学特性

1. 一般特性

(1)性情温顺，胆小易惊：豚鼠易捕捉，较少有斗殴现象，一般不伤人。豚鼠喜居清洁、干燥、安静的环境，对外界刺激非常敏感，一旦受惊则表现为全身僵立、耳廓竖起或整群一起惊跑。与大鼠和小鼠相反，豚鼠喜欢白天活动，夜间少食少动。豚鼠喜群居，有一雄多雌结群而居的习性。

(2)嗅觉、听觉发达：豚鼠喜欢群居，对音响等非常敏感，胆小机警，常发出“吱吱”叫声，受惊时易流产。对各种刺激也有很强烈的反应，尤其对臭味、抗生素、气温突变和各种有毒物质等很敏感，如使用青霉素，不论剂量多大、途径如何，均可引起小肠和结肠炎，甚至发生死亡。

(3)草食性：豚鼠为草食性动物，日夜自由采食，其食性挑剔。无良好的生活习惯，喜欢故意将食物扒散或弄脏饲料槽、饮水器具。食量较大，对变质的饲料特别敏感，常因此减食或废食，甚至引起流产。

(4)对维生素C敏感：由于豚鼠体内缺乏合成维生素C的酶，所以不能在体内合成维生素C，需在饲料或饮水中加维生素C或饲喂新鲜蔬菜，当维生素缺乏时出现坏血症，其症状之一是后肢出现半瘫痪，冬季易出现维生素缺乏症。

2. 解剖生理学特性

豚鼠门齿尖利呈弓形并能终身生长，臼齿发达。豚鼠的骨骼系统由头骨、躯干骨和四肢骨组成。肋骨有13对，其中真肋骨6对，假肋骨7对。豚鼠的神经系统在啮齿类动物中较为发达。豚鼠的消化系统有典型的草食动物特征。其咀肌发达，胃壁很薄，黏膜呈皱襞状，胃容量为20～30 mL；肠管较长约为体长的10倍，盲肠发达，约占腹腔容积的1/3并富集有淋巴结。豚鼠食量大，对粗纤维消化能力强，消化率达到38.2%，高于家兔。胰腺里白色脂肪样片状物，分泌的胰液经胰腺管流入十二指肠。肝脏呈深枣红色，光滑、坚实而脆，胆囊位于胆囊窝内，胆管长约10 mm。雄豚鼠腹腔内有在骨盆腔两侧突起的阴囊，内含睾丸。成熟雄豚鼠的储精囊很大。雌性具有阴道闭合膜，在发情期和分娩期张开，非发情期闭合。雌豚鼠有两个完全分开的子宫角。

豚鼠体温调节能力比较差，对环境温度变化很敏感。其饲养温度应控制在18～29℃以内，最适温度为20～24℃。当环境温度连续变化且波动幅度较大时，会造成豚鼠群内疾病流行。豚鼠抗氧化能力强，但呼吸道与消化道抗病能力较差，因而易患细菌性肺炎和急性肠炎。自身不能合成维生素C。豚鼠易被抗原物质所致敏，引起过敏反应。对麻醉药物敏感，尤其是患病豚鼠更为敏感，麻醉时死亡率较高。对青霉素、四环素、红霉素等抗生素类药物特别敏感，常在用药48 h后引起急性肠炎，严重时导致死亡。

(二)常用品种品系

1. 近交系

豚鼠目前世界上有12个近交品系。由于豚鼠妊娠期较长为68(62～72) d，一胎生得少，一般2～3只，培育一个近交品系需要20～30年，所以近交品系较少。用于科研科研的近交系2号和近交系13号。近交系2号毛色为三色(黑、红、白)，大部分在头部，其体重小于13系，但脾脏、肾脏和肾上腺大于13系，老龄豚鼠的胃大弯、直肠、肾脏、腹壁横纹肌、肺脏和主动脉等部都有钙质沉着，对结核杆菌抵抗力强，并具有纯合的GPL-AB.1(豚鼠主要组织相容性复合体)抗原，血清中缺乏诱发迟发超敏反应的因子，而对试验诱发自身免疫性甲状腺炎却比13系敏感。近交系13号毛色也有三色(黑、白、红)，大部分在头部，这个品系对结核杆菌抵抗力强，体形较大，GPL-AB.1抗原与2系相同，而主要组织相容性复合体1区与2系不同，对诱发自身免疫性甲状腺炎的抵抗力比2系和Hartley远交群强，生存期1年的豚鼠其白血病自发率为7%，流产率为21%，死胎为45%，血清中缺乏诱发迟发超敏反应的因子。在已有的30多种远交群豚鼠中，使用最广泛的是Hartley品系1，它是1926年Dunkin-Hartley用英国种豚鼠繁育而成。

2. 变种

豚鼠经过人工驯化后，分为英国种、安哥拉种、秘鲁种、阿比西尼亚种4个变种。英国种毛短，体分健壮，毛色有纯白、黑色、棕黑色、棕黄色、灰色等。英国种豚鼠主要有4个品种顿金哈德莱(Dunkin Hartley)、哈德莱(Hartley)、勃莱特哈德莱(Pirbright Hartley)和短毛种(Shorthair)。安哥拉种毛细而长,能把脸部、头部、身体覆盖住,对寒冷和潮湿特别敏感,不易饲养繁殖,雌鼠一般一胎只生一只仔鼠,而且仔鼠成活率较低,不适于做试验。秘鲁种毛细长有卷,体质较英国种差,与安哥拉种有血缘关系。阿比西尼亚种短毛,但毛长成后似蔷薇花状的卷涡毛,该豚鼠极易感染各种疾病,因而亦不适于用做试验。

目前中国各研究教学单位使用的豚鼠多为短毛的英国种豚鼠。不同毛色的英国种豚鼠杂交可形成不同的变种,如纯白色、黑色、棕色等,因此这些非纯种短毛豚鼠,被毛颜色是多样的,但基本是棕黄、黑、白三种颜色,可以棕黄、黑、白相间,形成不规则的斑点,称三色豚鼠,也可有二色或单色豚鼠。安哥拉种、秘鲁种、阿比西尼亚种豚鼠抵抗力较差,很容易感染疾病,均不适宜做试验,都用来做观赏动物。

四、兔

兔(Rabbits,*Oryctolagus Cuniculus*)起源于欧洲野生穴兔,所以也被称为欧洲兔(*Oryctolagus cuniculus*),属于脊椎动物门(Vertebrata)、哺乳纲(Mammalia)、兔形目(Lagomorpha)、兔科(Leporidae)、欧洲穴兔属(*Oryctolagus lilljebory* Lepus Linnaeus)、穴兔种(*Oryctolagus cuniculus*)、家兔变种(*Oryctolagus cuniculus* vardomestius Lymelin)的动物。家兔是由野生穴兔经过驯养选育而成的。

(一)生物学特性

1. 一般特性

(1)夜行性和嗜眠性:家兔昼伏夜出的习性,除觅食外,家兔在笼内白天安静,夜间较活跃。在自由采食的情况下,家兔晚上的采食量和饮水量占全日量的75%,根据这一习性,应当合理安排家兔的饲养管理日程。白天很容易进入睡眠状态。除听觉外,其他刺激不引起兴奋,如视觉消失、痛觉迟钝或消失。因此,在日常管理中,白天不要妨碍家兔睡眠,要保持兔舍及周围环境安静,若使家兔仰卧,全身肌肉松弛,顺毛抚摸其胸腹部并按摩太阳穴时,可使其进入睡眠状态。

(2)群居性:家兔虽有群性,但很差,好咬斗,特别是公兔间和新组成的群体更甚。因此试验兔适于笼养。家兔喜干怕热,由于汗腺不发达,当气温超过30℃或湿度过高时,易引起母兔减食,流产,拒乳。兔子喜躺卧在清洁干燥的地方,被粪尿污染的饲料兔子拒绝食用。

(3)听觉灵敏,胆小怕惊:家兔在沉睡时反应迟钝,而在清醒时却非常敏感,胆小好静,畏惧惊扰。家兔听觉灵敏,一有异常响动,就会在笼内乱跳、惊叫,容易造成母兔流产、难产、死胎、拒绝哺乳等现象的发生,严重的还会咬伤或咬死仔兔,严重的噪声还可能导致家兔猝死。

(4)食粪特性:家兔白天排硬粪,夜间排软粪,软粪是盲肠的内容物,呈葡萄状,四周裹着一层白色胶胨黏液,内含大量蛋白质,优质含氮物及B族维生素等物质,家兔直接由肛门吞食软粪。因此,兔的食粪行为是营养性行为,不是"食粪癖",兔若不食夜粪,便是病理行为,应引起重视。

(5)喜食多叶青饲料,喜肯咬:兔以青绿草食为主,混合日粮以制成颗粒饲料较为适宜。动物性预混料可拌在混合饲料中饲喂。兔的门齿有不断生长的特点,为磨损不断生长的门齿，要常喂些豆秆、玉米秆、麦秆、稻秆等坚硬的农作物茎秆。

2. 解剖生理学特性

兔的上唇正中线有纵裂，形成豁嘴（兔唇），因而门齿外露。与啮齿动物不同的是兔有6颗切齿，多一对小切齿，紧贴于上颚一对大切齿的后方，圆形不尖锐。兔耳大、血管清晰。眼大、眼球大。大脑很少有脑沟、脑回。兔的被毛较厚，故借耳和呼吸散热，易产生热反应，对热原反应灵敏、稳定。兔全身肌肉达300余条，肌肉总重量约占体重的35%，兔的前半身肌肉不发达，而后半身肌肉很发达。兔的胸腔内由纵膈将其分为左右两部，互不相通，在不弄破纵膈的前提下，可在不作人工呼吸条件下进行开胸后的心脏试验操作。家兔的胃常处于排空状态，不会呕吐。兔的肠非常长，小肠和大肠的总长度约为体长的10倍，加之兔肠的运动性强，从而易于消化粗纤维，对青绿饲料的消化率特高。兔的回肠与盲肠相连处膨大，形成兔特有的圆小囊，它是富有淋巴小结的淋巴样组织。兔的甲状旁腺散在，无固定位置，因而不宜进行甲状旁腺切除术。兔有两个子宫角和子宫颈，但无子宫体。家兔属刺激性排卵动物。有4对乳腺。仔兔不能从初乳中获得母源抗体，只有在胚胎期时从母体获得。

（二）常用品种品系

世界上的试验用兔多达数十种，中国常用的多为封闭群兔。

1. 日本大耳白兔

本兔是以中国兔为基础由日本选育而成，毛色纯白，眼睛红色，成年体重4～8 kg，头方形，嘴稍钝，四肢粗壮，体长而匀称，耳大高举，耳根细，耳端尖，形同柳叶。母兔颌下有肉髯。被毛浓密，生长发育快，母性好，繁殖力强，但抗病力差，由于耳大，耳上血管清晰，广泛用于动物试验。

2. 新西兰兔

由美国加利福尼亚培育的品种，新西兰兔毛色纯白，皮肤光泽，体格健壮，头部圆粗且短，耳较厚，竖立。繁殖力强，生长迅速，成年体重4～5 kg，性情温和易于管理，已培育成稳定的近交系。

3. 青紫兰兔

该兔为法国育成的品种，因毛色与南美的青紫兰绒鼠相像而得名，每根毛分为三段颜色，毛根灰色，中段白色，毛尖黑色。耳尖、尾、面部呈黑色，眼圈、尾底部及腹部呈白色。耳一垂一竖，母兔颌下有肉髯。分标准型和大型两个品系，大型体重可达4～6 kg，体质健壮，耐寒，适应性强，生长快。

4. 中国白兔

中国白兔是中国常用的品种，体型偏小，毛色纯白，毛短而密，皮板较厚，头型小，耳短小竖立，嘴尖，眼红。抗病力强，耐粗饲料，易饲养，繁殖力强。成年体重1.5～2.5 kg。

5. 其他品种

常用的还有比利时兔、荷兰兔、弗莱密西兔、维也纳兔、安哥拉长毛兔、喜马拉雅山白化兔、银灰兔等。

五、犬

犬（Canine，*Canis familiaris*）属于脊椎动物门（Vertebrata）、哺乳纲（Mammalia）、食

肉目(Carnivora)、犬科(Canidae)、犬属(*Canis*)、犬种(*Canis familiaris* Linne)的动物。犬是人类最早驯化的动物之一,从20世纪40年代开始,犬才作为实验动物,近年来,已培育出专用于试验的几个品种。

(一)生物学特性

1. 一般特性

(1)肉食性:喜欢肉类和脂肪,同时喜咬骨头,吃食时总是囫囵吞下。消化道短,食物通过消化道时间短。

(2)听觉、嗅觉灵敏:犬的听觉大大超过人类,犬的听觉是人的16倍,不仅能分辨出声音的强弱、生熟,而且能听见人类不能听见的声音,所以人类利用犬来警戒。犬的嗅觉比人类高出40多倍,有的犬甚至能够嗅到精密仪器测不出的气味,可应用于公安侦查、搜查等工作。

(3)视觉和味觉差,辨色能力弱:犬的远视能力弱,100 m以外主人的动作一般无法辨认,但横向视力较广,容易达察觉背后的动静。犬的味觉极差,只能靠嗅觉判断食物的新鲜与否。犬是红绿色盲,辨色能力差,而在微弱光线下辨别物体的能力强,具备夜行动物的特征。

(4)群居性:具有合群欺弱的特点,管理不当容易恢复野性。作为家畜长期与人类一起生活,有服从主人的天性,能领会人的简单意图。

2. 解剖生理学特性

犬齿大而锐利,善于撕咬食物。犬在出生后十几天即长出乳齿,8～10个月换齐恒齿,但需要1岁以后才能生长坚实。犬视力不发达,但在黑暗中的分辨力较强,能在夜间猎取食物。犬的味觉也不太灵敏,但触觉较为敏感。犬的汗腺极不发达,主要通过张口吐舌、加快呼吸频率以喘式呼吸散热,调节体温平衡。具有发达的血液循环和神经系统,内脏与人相似,比例也近似。胸廓大,心脏较大。肠道短,约为体长的5倍。肝较大,胰腺分左右两叶,胰岛小,数量多。

(二)常用品种品系

1. 小猎兔犬

小猎兔犬(Beagle)原产于英国,是猎犬中较小的一种。后引入美国,开始大量繁殖。其体型小,短毛、形态和体质均一,禀性温和,易于驯服和抓捕,亲人,对环境的适应力、抗病力较强、性成熟期(8～12个月)早,产仔数多,因有这些优点,被公认为是较理想的试验用犬,已成为目前试验研究用标准动物,此种犬多用于长期的慢性试验。它已被广泛地应用于生物化学、微生物学、病理学、病毒学、药理学以及肿瘤学(如癌的病因学和癌的治疗学等)等基础医学的研究工作中。农药的各种安全性试验及制药工业中的各种试验使用该犬最多。

2. 四系杂交犬(4-Way cross)

四系杂交犬(4-Way cross)是为科研工作者需要而培养出的一种外科手术用犬,它可由两种以上品系犬进行杂交而成。如Gveyhound、Labrador、Samoyed及Basenji四品系动物交配,取Labrador较大体躯、极大胸腔和心脏等优点,取Samoyed耐劳和不爱吠叫的优点。

3. 黑白斑点短毛犬

可进行特殊的嘌呤代谢研究及中性白细胞减少症、青光眼、白血病、肾盂肾炎、Ehers-Danols 等病的研究用。

4. Labrador 犬

一般做试验外科研研究用。

5. 墨西哥无毛犬

由于该种犬无毛可用于特殊研究，如作粉刺或黑头粉刺的研究。

6. 国内培养犬

中国繁殖饲养的犬品种也很多，如中国猎犬、西藏牧羊犬、狼犬、四眼犬、华北犬、西北犬等。华北犬和西北犬广泛用于烧伤、放射损伤、复合伤等研究。华北犬耳较小，后肢较小，颈部较长，前肢较大，而西北犬正好与此相反。两种犬各部体表面积的百分比有一定的差异。狼犬适用于外科、脏器移植等试验研究。

六、鸡

鸡（Chicken，*Gallus domesticus*）属于脊椎动物门（Vertebrata）、鸟纲（Aves）、鸡形目（Gauiformes）、雉科（Phasianidae）、原鸡属（*Gallus*）、原鸡种（*Gallus gallus*）的动物。试验鸡近交程度很高，生产和饲养环境控制水平高，SPF 鸡和鸡胚是在中国得到最广泛应用的 SPF 级实验动物。

（一）生物学特性

1. 一般特性

（1）群居性：鸡具有成群结队采食的习性，不同群体一般不出现斗殴现象。

（2）生活习性：白天视力敏锐，听力灵敏。家鸡还具有神经质的特点，极易惊恐，突然的声响和突然发出的光都会使其惊恐万状。

（3）鸡仍然保持鸟类某些生物学特性：没有汗腺，通过呼吸散热，怕热更甚于怕冷。生长快，代谢旺盛。

（4）采食习性：家鸡习惯于四处觅食，不停活动，用灵活的两脚爪向后刨。常常对色彩很敏感，如鲜红的血会对鸡形成刺激，引起鸡追随啄食，造成严重损伤。环境和管理不良易产生异嗜癖。

2. 解剖生理学特性

鸡的体表被覆羽毛，没有汗腺，通过呼吸散热，怕热更甚于怕冷。鸡没有唇、齿，颊也严重退化，由上下颌形成喙，依靠嗉囊贮存和软化食物，利用肌胃和吃进的砂粒磨碎食物。鸡肺为海绵状，紧贴于肋骨上，无肺胸膜和横膈，肺上有许多个气管直通 9 个气囊。鸡无膀胱，每天排尿很少，与粪一起排出。母鸡只有左侧卵巢和输卵管有生殖功能，右侧输卵管退化呈囊状残迹。鸡的凝血机制好，红细胞呈椭圆形，有大的细胞核，染色后核呈深紫色，细胞浆呈红色。

（二）常用品种品系

鸡的品种很多，但对试验用鸡的品种及品系国内外尚无统一规定，鸡作为实验动物除少数用鸡本身外，大多数用鸡胚来进行试验，常用的试验鸡品种主要有：

1. 白来航鸡

原产意大利,单冠,冠鲜红,膨大,公鸡冠直立,母鸡多倒向一侧,体型紧凑,尾羽毛开张,羽毛纯白色,5月龄开产,该品种是生物医学研究中常用的品种。

2. 星杂288白鸡

该品种属于白来航鸡小型高产配套杂交品系,其优点是体型小,耗料少,产蛋多,觅食力强,适应性强,无就巢性,外观清秀而紧凑。

七、小型猪

小型猪(Miniature swine, *Sus scrofaga*)属于脊椎动物门(Vertebrata)、哺乳纲(Mammmalia)、偶蹄目(Artiodactyla)、野猪科(Suidae)、猪属(*Sus*)的动物。家猪用于动物试验,因体躯肥大,不便于饲养和管理,同时遗传控制也不符合实验动物的要求。20世纪50年代后,已培育出专用于动物试验的试验小型猪和微型猪。

(一)生物学特性

1. 一般特性

(1)体型矮小:成年小型猪体重一般在80 kg以下,中国培育的小型猪成年体重40 kg左右。

(2)性格温顺,易于调教。

(3)喜群居,嗅觉灵敏,具有翻拱天性:有用吻突到处乱拱的习性,力气较大,常常拱翻料槽和饮水器具。

(4)杂食性:吃得多,消化快,能消化大量饲料,有择食性,能辨别口味,特别喜爱甜食。对外界温、湿度变化敏感。

2. 解剖生理学特性

有发达的门齿、犬齿和臼齿,齿冠尖锐突出,齿冠有台面,上有横纹,既便于食肉,又便于食草。有吻突,唾液腺发达。消化器官发达,单胃,贲门腺占胃的大部分,幽门腺比其他动物宽大。汗腺不发达。猪的胎盘类型属上皮绒毛膜型,没有母源抗体。猪和人两者的皮肤组织结构相似,脏器重量、牙质和齿龈的结构也相似。猪的心血管系统、消化系统、营养需要、骨骼发育及矿物质代谢等也与人相似,血液学和血液化学常数也与人近似。

(二)常用品种品系

1. 明尼苏达—荷曼系小型猪

1943年明尼苏达—荷曼系小型猪(Minnesota-hormel)由明尼苏达大学荷曼研究所用阿拉哈马洲的古尼阿猪(Guineahog)、加塔里那岛的野猪(Catalina island)和路易斯安那州的毕尼乌兹野猪(Pineywoods),再导入加马岛上的拉斯爱纳-郎刹猪(Ras-N-Lansa)培育而成。毛色有黑白斑,成年猪体重平均80 kg,遗传性状较稳定。

2. 毕特曼—摩尔系小型猪

毕特曼—摩尔系小型猪(Pitman-moor)由毕特曼—摩尔制药公司从佛罗里达野生野猪和加利夫岛的猪育成,毛色有各种各样斑纹。

3. **海福特小型猪**

海福特小型猪(Hanford)是由海福特研究所用白色帕洛斯猪(Palouse) 和毕特曼—摩尔系小型猪,再导入墨西哥产的拉勃可种(Labco)育成。白皮肤,成年体重 70～90 kg。

4. **葛廷根系小型猪**

葛廷根系小型猪(Gottinggen)是由葛廷根大学用明尼苏达-荷曼系小型猪和缅甸的 Vietnamese 小型猪交配,再导入德国改良长白种而育成。成年猪体重 40～60 kg。

5. **中国农业大学小型猪**

中国近几年培育出来的,已广泛应用于动脉粥样硬化、口腔科、糖尿病和皮肤移植等研究。中国农业大学小型猪有Ⅰ、Ⅱ、Ⅲ三个品系,Ⅰ系小型猪体型小,6 月龄后生长缓慢,12 月龄体重只有 45～50 kg,适用于较长时间的研究;Ⅱ系小型猪比较耐受寒冷,适于北方寒冷地区选用;Ⅲ系小型猪毛色为白色,适用于皮肤试验研究。

八、猕猴

猕猴(*Macaca mulatta*)属于脊椎动物门(Vertebrata)、哺乳纲(Mammalia)、灵长目(Primate)、猴科(Cercopithecidae)、猕猴属(*Macaca*)的动物。猕猴是人类的近属动物,其组织结构、生理和代谢功能同人类相似,应用此类动物进行研究试验,最易解决人类相似的病害及有关机制,是一种极为珍贵的实验动物,其价值远非其他种属动物所能比拟。目前试验用猕猴已从野外捕捉为主转为人工饲养繁殖为主。

(一)生物学特性

1. **一般特性**

(1)群居性强:猕猴的群居性很强,往往几十只生活在一起。群与群之间喜欢吵闹和厮咬。猴群是由多个成年雌性和雄性以及不同年龄的仔猴所结成的一个混合群。每个群中都有一只体大力强、凶猛的成年雄猴为猴群的首领,即为猴王。在交配季节,猴王霸占数只母猴。猴王的地位一般较短暂,4～5 a 便更换一次。猴群过大,则分群,并产生新的猴王。

(2)善攀登、跳跃,智力发达:猕猴善攀登、跳跃,会游泳,聪明伶俐,动作敏捷,好奇心与模仿力很强。有较发达的智力和神经。能用手操纵工具。猕猴之间经常打架,受惊吓时会发出叫声。一般难以驯养,有毁坏东西的特性,常龇牙咧嘴,暴露其野性,但通常怕人,不容易接近。

(3)杂食,但以素食为主:猕猴属杂食性动物,以植物果实、嫩叶、根茎为食。猴群活动区域较固定,群体之间从不相互跨越,一般停留在靠近水源、环境安静和食物丰盛的地方。体内缺乏合成维生素 C 的酶,所以维生素 C 必须来自饲料中,维生素 C 缺乏时会内脏肿大、出血和功能不全。

(4)视觉较人类敏锐,嗅觉不灵敏:猴的视网膜有黄斑,有中央凹,视网膜与人类十分相似,有立体感,能辨别物体的形状和空间位置;有色觉,能辨别各种颜色,并有双目视力。嗅脑不发达,嗅觉不灵敏,而听觉敏锐,有发达的触觉和味觉。

2. **解剖生理学特性**

猴的大脑发达,具有大量的脑回和脑沟。它的视觉较人敏感,在视网膜上有一黄斑,黄斑上的锥体细胞与人相似;猴有立体视觉能力,能分辨出物体间位置和形状,产生立体感;猴也有色觉，能分辨物体的各种颜色，它还具有双目视力。猴的嗅觉器官处于最低的发展阶段，嗅脑不十分发达，嗅觉的强度退化，但嗅觉在猴的日常生活中还起着重要的作用，当它们初次接触到任何物品时，都需先嗅一嗅。四肢粗短，具有五指，前肢比后肢发达，后肢的大拇指较小而活动性大，可以内收、外展。前肢的大拇指与其他四指相对，能握物攀登。猕猴的指甲为扁平状，这也是高等动物的一个特征。猕猴属的各品种都具有颊。

（二）常用品种品系

用于研究工作，非人灵长类动物用得最多的是旧大陆猴，其中猕猴属最为重要，其主要品种为恒河猴和熊猴。

1. **恒河猴（罗猴、广西猴）**

最初发现于孟加拉的恒河河畔。中国广西壮族自治区恒河猴很多，其他在西南、华南各省及福建、江西、浙江、安徽黄山、河北东陵也有分布。身上大部分毛色为灰褐色，腰部以下为橙黄色，有光泽，毛细，胸腹部、腿部毛呈淡灰色。面部、两耳多肉色，少数红面，臀骶多红色，眉高眼深。

2. **熊猴（阿萨密猴、蓉猴）**

产于缅甸北部阿萨密及中国云南、广西。形态与恒河猴相似。身体较大，毛色棕褐，缺少腰背部橙黄色光泽，毛粗，老猴面部常生雀斑，头毛向四面分开。不如恒河猴敏捷、聪明。叫声哑，犹如犬吠。

第四节　动物试验技术

随着科学的发展，动物试验是科学研究的基本手段，娴熟的动物试验操作技术和技巧，是顺利完成动物试验并取得准确、可靠的结果和好的反应重复性的保证。对实验动物饲养管理人员和兽医技术人员来说，动物不会讲话，不领人情，具有自卫本能，随时准备攻击兽医及其他工作人员，更不会自动地服药和接受必要的检查和治疗，这无疑给平时的饲养管理和兽医治疗工作增添了不少麻烦。所以，无论是饲养人员还是动物试验人员，都必须熟练掌握常规的和一些特殊的实验动物学技术，才能科学合理地养好实验动物，规范熟练地开展动物试验，有效地对患病动物进行检查、诊断和治疗。同时也不会造成动物的应激反应或伤害，也不致给饲养管理和动物试验技术人员自身造成意外的伤害。动物试验方法是多种多样的，在生物医学的各个学科领域内都有其不同的应用，但有一些基本的试验方法则是共同性的，如动物分组、编号、抓取、固定、脱毛、麻醉、给药、采血、处死等，不论从事何种课题的医学研究都涉及这套实验动物基本操作方法。

一、实验动物的编号与标记

编号与标记通常是动物试验开始时需要进行的第一项工作。编号的目的是使个体易于识别，便于试验者观察每个动物的变化，并为下一步进行的分组工作做好准备。无论何种编号方法，良好的标记方法都应满足号码清晰、耐久、简便和适用的要求（罗满林，2002）。

1. 染色法

染色法是使用化学药品在动物明显体位被毛上进行涂染以识别动物的方法。染色法一般适用于白色大鼠、白色小鼠、豚鼠和白色家兔等动物的短期试验。常用的染液有3%～5%的苦味酸溶液（黄色）、2%的硝酸银溶液（咖啡色）、0.5%的中性品红溶液（红色）。标记时，用棉签或卷着纱布的玻璃棒或止血钳等蘸取少量上述溶液，在动物体的相应部位逆毛流方向涂上有色斑点。若试验时间较长采取此种编号方法时，可能由于动物之间被毛互相摩擦，尿、水浸湿被毛等原因致有色斑点颜色变浅甚至消失，需在试验进行当中补涂染液，使编号清晰。

一种染色法编号的原则是“先左后右，先上后下”。左前腿部记为 1 号，左侧腰部记为 2 号，左后腿部记为 3 号，头部记为 4 号，腰背部记为 5 号，尾部记为 6 号，右前腿部记为 7 号，右侧腰部记为 8 号，右后腿部记为 9 号，不涂色的为 10 号。用单一颜色可标记 1～10 号。如果动物数量超过 10 只，可用两种颜色共同标记，即一种颜色代表十位，另一种颜色代表个位，这样可标记到 99 号。

2. 打耳孔法

穿耳孔法是用动物专用耳孔器在动物耳朵的不同部位打一小孔或打成缺口来表示一定号码的方法。这种编号方法适用于长期试验及体毛颜色较深不易着色的动物。打孔原则为左耳代表十位数，右耳代表个位数。应用打孔法时常用消毒滑石粉涂抹在打孔局部，以防止孔口愈合。

3. 剪趾法

剪趾法是将小鼠左右前肢或左右后肢脚趾按不同排列方式代表不同的数字而进行标记的方法。一般习惯从左向右第一趾为 1 号，第二趾为 2 号，第三趾为 4 号，第四趾为 7 号。若第一、二趾同时剪去为 3 号；若第一、四趾同时剪去则为 8 号，依此类推。右脚表示个位数，左脚表示十位数，可从 1 号编至 99 号。若再配合穿耳孔法，左耳表示千位，右耳表示百位数，可编至 9999 号。剪趾编号方法的优点是各种毛色的小鼠都适用，避免了黑色、棕色等小鼠用染色法标记不易分辨的缺点。但此法的不足之处在于，小鼠脚趾剪去太多，容易因失血过多导致健康状况不良，影响试验结果。一般剪趾后，应用干棉球止血后，再用碘酒消毒即可。

4. 挂牌法

一种挂牌法是指用金属等制作的标牌，写上编号挂在实验动物的颈部、耳朵等部位。这种编号方法适用于猫、犬、猪、鸡等大动物的标记。但挂牌可能使动物感到不适，会用前爪搔抓号牌而使耳等部位损伤。另一种挂牌法是指将分组编号写在卡片上，挂在动物饲养笼外。挂牌法简单、易识别、标记动物数量不受限制。

5. 挂腿圈法

挂腿圈法首先将号码冲压在圆形或方形金属牌上，金属牌常用不生锈的铝板制成，或者可使用市售的打好号码和记号的铝制牌。然后将金属薄片固定在拴腿的皮带圈上，将此圈固定在动物的腿的上部。此法适用于鸡等禽类的编号，简便、实用。

6. 烙印法

烙印法是用烙印钳将号码烙压在大、中型动物无体毛部位或明显部位，如耳、面部、鼻部、四肢等，然后用酒精为溶剂的染料涂布。需要注意使用此法编号时烙号部位的污染问题，应预防感染。

7. **针刺法**

针刺法是采用人工针刺号码打号，然后涂以酒精黑墨即可。可用于在家兔、犬等的耳部进行标记。目前有市售动物专用打号器，原理与此相同，带有不同数字和符号的针刺字号可根据需要选择使用。

8. **剪尾法**

剪尾法是将动物尾尖部剪去，一般用于大鼠、小鼠的分组，但仅限于将两组动物区分开，无法给每只动物编号。需要指出的是若需进行尾尖取血，此法不适用。

9. **剪毛法**

剪毛法是将动物背部的被毛用剪刀剪去，用于标记，此法编号标记清楚、可靠，便于试验人员观察，常用于大中型动物的编号。

动物的编号方法虽然有一定的原则及规范，但在实际工作中需灵活应用，有时常常两种编号方法互相配合使用，如运用染色法对每只动物进行编号后，再用挂牌法标记分组情况，挂在笼子外面。而编号也不仅仅局限于上述 9 种方法，在确保编号清晰、简便、耐久、适用的前提下，根据具体试验的特点，试验者可因地制宜的给动物编号。

二、实验动物的分组

在饲养管理和科学研究中，为了观察每个动物的变化情况，需对实验动物进行分组编号和标记。

1. **随机分组的原则及方法**

动物编号后，通常需要根据试验要求进行分组。动物随机分组一般使用随机数字表或用计算器产生随机数字来进行。随机数字表的使用方法如下：如从某群体中需要抽取 10 个个体作为样本，可以随机在随机数字表上定一点。假定落在 16 行 17 列的数字 76 上，那么可以向上或向下或向左或向右，依次找到 42、22、98、14、76、52、51、86，把包括 76 在内的这 10 个号的个体按号作为样本，作为研究总体的依据。使用计算器产生随机数时，当按下 RND 键时，随机数产生。产生的随机数值是 0.000～0.999。显示的数前两个小数位用作一个样本个体，如产生的随机数是 0.288，表明第 28 个数据作为一个样本个体，重复按键操作，直至产生所需的样本大小。

产生随机数字后，随机分组根据所分组数来确定，以分三组为例，介绍分组方法。如现有新西兰雄性家兔 12 只，按体重从小到大依次编为 1，2，3…12 号，分为一、二、三，共 3 个组。假设所定的点是随机数字表第 40 行 17 列的 08，则从 08 开始，自左向右写 12 个随机数字：

家兔编号：	1	2	3	4	5	6	7	8	9	10	11	12
随机数字：	08	27	01	50	15	29	39	39	43	79	69	10
除 3 余数：	2	0	1	2	0	2	0	0	1	1	0	1
组别：	二	三	一	二	三	二	三	三	一	一	三	一
调整组别：	二											

以 3 除各随机数字，若余数为 1，则该兔归一组；余数为 2，归入二组；余数为 0，归入三组。结果一组为 4 只，二组为 3 只，三组为 5 只。三组多一只调入二组，方法同上。仍采用随机方法，从 10 后面接着写，为 61，除以 5，余数为 1，则将第一个三组的兔，即第 2 号兔调入二组，调整后各组兔的编号为：

组别	兔的编号			
一	3	9	10	12
二	1	2	4	6
三	5	7	8	11

若将动物随机分为四组或更多的组，分组原则基本一致。

2. 分组的注意事项

动物随机分组的主要目的在于使某试验中的某主要指标平均分配到各个组中，如某减肥茶的减肥效果试验，动物的体重是此试验中主要的观察指标，因此随机分组后，各组的平均体重应趋于一致。

为确保试验结果具有统计学意义，试验分组时应注意各组动物的数量不可太少，一般需进行统计学处理的试验数据，各组动物至少不可少于 6 只，若再考虑到试验过程中出现意外等情况，动物数量还需适当增加。

试验分组时还应考虑到动物性别的影响。如果条件允许，可选择雌雄各半进行试验，但应保证雌雄动物的试验数据均应具有统计学意义；若条件不允许，考虑到雌性动物的生理因素，选择雄性动物进行试验为好，但必须使用雌性动物进行的试验除外。

三、实验动物的被毛去除方法

实验动物的被毛常影响试验操作和对试验结果的观察，因此在试验前应设法去除影响试验操作局部的被毛。常用的被毛去除方法有：

(一)剪毛法

将动物固定后，用弯头手术剪紧贴术区，用左手指绷紧动物的皮肤，依次将所需试验部位的被毛剪去，可先粗剪，然后再细剪。不可用手提起被毛，以免剪破皮肤，剪下的毛应集中放在一装有水的容器内，防止到处飞扬。

(二)拔毛法

此法简单，适用于大鼠、小鼠、兔耳缘静脉和后肢皮下静脉的取血穿刺或注射。将动物固定后，用拇指和食指将所欲暴露部位的被毛拔去即可。

(三)剃毛法

此法在作大动物外科手术时采用。先用刷子蘸温肥皂水将需剃毛部位的被毛浸润透，剪去被毛，然后用剃毛刀顺被毛方向剃毛；若采用电动剃毛，则逆被毛方向剃毛，剃毛时用手绷紧动物皮肤，以免剃破。

(四)脱毛法

此法常用于进行大动物无菌手术，局部皮肤刺激性试验，观察动物局部血液循环或其他各种病理变化。

1. 常用脱毛剂及配方

常用的脱毛剂有：硫化钠(Na_2S)、硫化钙(CaS)、硫化锶(SrS)、硫化钡(BaS)等。

常用脱毛剂配方：①硫化钠 3 份、肥皂粉 1 份，淀粉 7 份，加水混合，调成糊状软膏。

②硫化钠 8 g,淀粉 7 g,糖 4 g,甘油 5 g,硼砂 1 g,加水至 100 g 调成糊状。③硫化钠 8 g 溶于 100 mL 水中,配成 8%硫化钠水溶液。④硫化钠 10 g,生石灰 15 g,加水至 100 mL,溶解后即可应用。⑤生石灰 6 份,雄黄 1 份,加水调成黄色糊状。⑥硫化钡 50 g,氧化锌 25 g,淀粉 25 g,加水调成糊状。⑦硫化钡 35 g,面粉或玉米粉 3 g,滑石粉 35 g,加水 100 mL,调成糊状。

2. 各种脱毛剂用法

将脱毛部位的被毛先用剪刀剪短,以节省脱毛剂用量。用棉球或纱布块蘸取脱毛剂在脱毛部位涂成薄层,经 2~3 min 后,用温水洗涤去该部位脱下的毛,再用干纱布将水擦干,涂上一层油脂。一般脱过被毛部位的皮肤很少发生皮肤充血、炎症等现象。脱毛部位被毛在脱毛的一定不要用水洗,以免因水洗后,脱毛剂会渗透入皮肤毛根里,刺激皮肤,造成皮肤炎症等变化。

四、实验动物的抓取与固定

正确的抓取固定动物是为了不损害动物健康,不影响观察指标,并防止被动物咬伤,保证试验顺利进行。由于不正确的抓取和固定方法可能导致动物体内某些生理、生化指标的改变,因此正确的抓取和固定方法是动物试验成功与否的最基本要素(邵义祥,2003)。

(一)小鼠的抓取与固定

小鼠性情温顺、一般不会主动咬人,但取用时动作也要轻缓。抓取时先用右手抓取鼠尾提起,放在其前爪能抓牢的物体表面稍向后提,或放在试验台上,在其向前爬行时,用左手拇食指迅速提住其后颈部皮肤,把鼠体置于左手心中,将鼠尾用无名指和小指压在手掌上。右手即可进行各种操作如灌胃,皮下、肌肉和腹腔注射及其他试验操作。

如进行解剖、手术、心脏及尾部采血和尾静脉注射时,则需将小鼠作一定形式的固定,解剖手术和心脏采血等均可使动物先取背卧式(必要时先进行麻醉),再用大头针或线绳将鼠前后肢依次固定在木板上。尾静脉取血或尾静脉注射时,可用小鼠尾静脉注射架固定;或倒放适当大小和重量的容器,把小鼠放在里面只露尾巴,这种容器能够压住尾部不让其活动,同时起到驱赶血液的作用;或把小鼠放在一小黑布口袋内,小鼠趋黑,向前爬动,在尾部将小布口袋缩口,固定小布口袋后,可进行尾部静脉注射或尾静脉采血等操作。

(二)大鼠的抓取与固定

大鼠牙齿很尖锐,会咬人,在抓取时要小心。为防止咬伤最好带上防护手套。4~5 周龄大鼠可以按小鼠提尾的抓取方法,但稍大的大鼠需抓住尾根部然后提起置于试验台上,让其进入固定器内,再进行尾静脉取血或注射。进行腹腔注射或灌胃等试验时,通常是右手抓住大鼠的尾巴向后拉,左手虎口卡住大鼠躯干,并稍加压力向前移行至颈部,用左手拇、食指卡住大鼠颈部,拇指紧抵在下颌骨上,手心握住大鼠上半身背腹部,并将其保持仰卧位,即可进行试验操作。进行外科手术或解剖时,则需使用固定板。

(三)豚鼠的抓取与固定

豚鼠性情温和,一般不会伤人,抓取幼小豚鼠时,可用双手捧起来,抓取较大的豚鼠,则用手掌扣住豚鼠背部,抓住其肩胛上方,将手指抓住颈部再慢慢拿起来。对怀孕或体重较大的豚鼠，应以另手托其臀部。进行手术等操作时，将其麻醉后仰卧，四肢用线绳分别固定于固定器，其他方法可参考大鼠的操作。

(四)兔的抓取与固定

家兔比较驯服不会咬人，但脚爪较尖，应避免抓伤。进行皮下、腹腔、肌肉注射或测肛温时，只需将家兔抓牢或按住即可，抓兔的方法是用右手把两耳轻轻地拿在手心，抓住颈后部的皮厚处，提取兔，然后用左手托住臂部，使兔的体重大部分落在左手上，不能单提两耳，因为兔耳并不能承担全身重量，易造成疼痛而引起挣扎。单提两耳，捉拿四肢，提抓腰部和背部都是不正确的抓法。

当只对兔的头部进行操作时，如耳静脉注射、采血等，可用兔固定器(盒)固定头部，对兔进行测量血压，呼吸及手术时，可将兔固定在试验台(解剖架)上，四肢用棉绳固定在试验台两侧，另用一根棉绳拴住兔的两只门牙，另一端固定在试验台的铁柱上即可。

(五)犬的抓取与固定

犬性情凶猛，会咬人。在麻醉和固定犬时，为避免犬咬伤人，应先用绷带或布条将犬嘴捆住，在腭下打结后，再绕到颈部打结，以求牢固。亦可用网口将口套住。在进行前肢静脉注射或采血时，可将犬放在操作台上，一只手固定颈部，另一只手握牢前肢关节；进行手术操作时，可在麻醉后用粗棉带捆住四肢、固定于手术台，头部用固定器固定好后就可解去嘴上的带子，若无犬头固定器，可用棉带把犬头固定在试验台上，嘴上的带子稍松一点，以利动物呼吸。

(六)猴的抓取与固定

在笼内捕捉时，用右手持短柄网罩，并伸入笼内，自上而下地罩捕，再将网罩转取出笼外，从罩外抓住猴的颈部，再将猴两手臂反背交叉单手固定，使猴无法逃脱；在室内或大笼内捕捉时，则需两人合作，并用长柄网罩。对于体型较大的猴，抓取前应先麻醉。

五、实验动物的麻醉方法

给动物施行麻醉术，可使动物在试验过程中服从操作，以保证动物试验的顺利进行，在对动物实施麻醉术时，应考虑试验目的、动物种类、解剖结构、生理反应、日龄、体形大小及性情等特征来选择麻醉药和麻醉方法。

(一)术前准备

对猫、犬、猪或非灵长类大动物，在术前禁食 8～12 h，以免麻醉或手术过程中发生呕吐，兔或啮齿类动物无呕吐反射，术前无须禁食。被手术动物可在术前给予一定量饮水。如用乙醚作全身麻醉药，可在术前使用阿托品类药物(按 0.04 mg/kg 肌肉或皮下注射)，以减少呼吸道和唾液腺分泌。

(二)麻醉方法

1. 全身麻醉法

(1)吸入法：一般挥发性药物用吸入法麻醉，其中多选用乙醚，尤其适合予大鼠、小鼠和地鼠短期操作试验的麻醉。根据动物不同，准备一个 0.5～3 L 大小的透明、密封容器(如干燥器)，先将装有浸润了乙醚棉球的小烧杯(内盛有 5～10 mL 乙醚)放在麻醉缸内，然后将动物放入缸内，注意观察动物状态，待动物倒下，即可取出动物。此时动物肌肉松弛，角膜反射迟钝，皮肤痛觉消失，就可以开始进行试验操作，如需维持较长时间，可准备一个辅助麻醉管，内装浸有乙醚的棉球，在动物麻醉变浅时将管口放在动物鼻端，追加麻醉。此法也适用于动物以注射法作全身麻醉、在试验过程中有苏醒趋势时，作为辅助麻醉。当发现动物出现深呼吸或费力呼吸时，应停止闻乙醚，防止动物窒息(李玉冰，2006)。

(2)注射法：挥发性药物一般用本法，包括腹腔和静脉注射麻醉。腹腔注射多用于小动物，而静脉注射则多用于较大的动物。地鼠、小鼠、大鼠可用尾静脉注射，兔或猫可用耳静脉注射，犬可由后肢隐静脉注射，鸡由翼下腋静脉注射。麻醉药物的浓度和注射剂量一定要根据各麻醉剂作用时间和毒性严加控制。如小鼠、大鼠和地鼠。按 30～40 mg/kg 尾静脉注射巴比妥钠、硫喷妥钠。因剂量较小，常用生理盐水做 10 倍稀释。注射麻醉时，对豚鼠可腹腔注射巴比妥钠 30～40 mg/kg，对兔可静脉注射 25～30 mg/kg，如果进行长时间的麻醉，可皮下或肌肉注射 0.1%硫酸阿托品 0.5 mg/kg。对于犬、猫、可在注射麻醉前先用氯丙嗪作肌肉注射(1～3 mg/kg)起镇静作用，轻度或短期麻醉时，可用盐酸氯胺酮(15～20 mg/kg)肌肉注射或硫喷妥钠(25～30 mg/kg)，静脉注射。

2. 局部麻醉法

局部麻醉法具体的方法有表面麻醉，浸润麻醉、封闭麻醉、硬膜外腔麻醉等，其中以浸润麻醉应用最多。它是将局麻药液注射皮下、黏膜下或深部组织中，靠药液弥漫浸润在组织中，麻醉感觉神经末梢或神经干，使其阻断局部的神经传导，痛觉消失。常用的浸润麻醉药是 0.25%～1%盐酸普鲁卡因，最好用生理盐水或复方氯化钠配制。在动物固定好后，在欲进行试验操作的局部皮肤预定切口一端开始，将针头刺入皮下后再注射约 2 mL 药液，若见皮肤隆起，再将针头推至隆起前缘，注射后以同样操作直至切口另一端，也可自两相对点进行注射或者用长封闭针头，从预定切口的一端刺入另一端，然后边注射药液边抽针头，在切口需要通过深层组织时，可按皮下、筋膜、肌肉、腹膜或骨膜的顺序，依次分别注射足量的麻醉药，以达到浸润神经末梢的目的。为防止将药液误注入血管内，每次注射时先回抽一下针头看是否圈斑，以确证针头不在血管内方可注射。

(三)麻醉意外的急救及麻醉后护理

在动物麻醉过程中，有时因麻醉过深或其他原因，导致神经中枢过度抑制，引起呼吸、循环系统机能紊乱，需要及时抢救。其急救方法是根据具体情况，采取对症治疗的措施。当发现异常时，应立即停药，并注射与麻醉药有颉颃作用的苏醒剂。如果呼吸停止，可打开口腔，以 20 次/min 的频率牵拉舌头或压迫胸膛进行人工呼吸，并给动物吸入含 95%O_2 和 5%CO_2 的混合气体，再用戊四氮、尼可刹米、美解眠等药物兴奋呼吸。

如果心跳、呼吸停止，可作体内外心脏按摩，同时选用以下心脏急救药：①肾上腺素。能提高心肌应激性，增加心肌收缩力，加快心率，增大心脏排血量，升高血压。用于心跳骤停急救，每次 0.5～1 mg，静脉、心内或气管内注射，氟烷麻醉中禁用。②碳酸氢钠。是纠正急性代谢性酸中毒的主要药物，对于心跳停止的动物，可于首次注射肾上腺素以后立即静脉给药，因为酸中毒的心肌对儿茶酚反应不良，首次给药用 5%碳酸氢钠按 1～

2 mg/kg注射。

六、实验动物的给药方法

在动物试验中，为了观察药物对机体功能、代谢及形态的影响及变化，常将药物注入动物体内（施新猷，2000）。根据试验目的、动物种类及药物特性，可选择以下几种给药途径与方法：

（一）摄入给药法

1. 自动摄入法

将药物溶于饮水或混入饮料中，让动物自由饮水、采食，但所投入的必须是无臭、无味、能均匀混合的药物，有时可将药物夹在食团中。如药物夹在鱼腹中让猫摄食，夹在馒头或面包中让犬摄食。因动物状态和嗜好不同，饮水、采食量不同，难以保证给药量准确。该方法一般适用于动物疾病防制、药物毒性观察、某些与食物有关的人类疾病模型的复制等。

2. 经口喂药法

如果药物为固型（如丸剂、片剂、胶囊或淀粉纸包裹），可将豚鼠、兔、猫舌根部，然后立即闭合其嘴，将头部稍稍抬高，使其自然吞咽。给不温顺猫喂药，可置于固定袋里操作。

3. 强制灌胃给药

此法一般能准确掌握给药量，操作前将灌胃针或灌胃管安在注射器上，先大致测试一下从口腔至胃内位置（最后一根肋骨后缘）的长度，据此距离估计灌胃针头插入的深度。成年动物插入食道的深度一般是：小鼠 3 cm，大鼠或豚鼠 5 cm，兔约 15 cm，犬约 20 cm。

操作时，一操作者固定好动物，另一操作者用开口器迫使动物开口，将头颈部充分伸展，将灌胃针或灌胃管经口腔插入，沿上腭壁轻轻推至咽部，此时有特殊抵抗感觉，待动物有吞咽动作，再沿咽壁慢慢插入食管，动物应取垂直体位。在灌药之前，要特别注意确证胃管是否插入食道，可将导管一端置于一杯清水中，若连续有气泡，说明插入了呼吸道（一般动物挣扎厉害），应立即拔出胃管，重新操作；若无气泡说明没有插入气管，即可灌药。灌药后可用少许清水将胃管内的药全部冲入胃内，以保证灌药剂量准确。此法灌药时应注意动物的反应，操作时不可动作过猛，以免动物食管的损伤。一般每次灌胃量：小鼠 1 mL，大鼠 4～7 mL，兔 80～150 mL，犬 200～500 mL。

（二）注射给药法

1. 皮内注射

此法是将药液注入皮肤的表皮与真皮之间，可用于观察皮肤血管的通透性变化或观察皮内反应，多用于接种或过敏试验等。先将动物注射部位及其周围被毛剪去，然后用酒精棉消毒。用左手将皮肤捏成皱襞，右手持带 4 号或 4 1/2 号细针头的结核菌素注射器，将针头与皮肤呈 30°角，让针头的横断面朝上，沿皮肤表层刺入皮肤内，进锋要浅，避免进入皮下。随之慢慢注入一定量的药液，会感到有很大阻力，当溶液注入皮内时，可见注射部位皮肤马上会隆起一丘疹状的小泡，同时因注射部位局部缺血呈苍白色，皮肤上毛孔极为明显，小泡如未很快消失，表明药液确实注入皮内，如很快消失，则可能注入皮下，应更换部位重新注射。小鼠、大鼠、地鼠可在背部、尾根部或趾部注射，豚鼠、兔在耳部。猴的结核菌素接种在眼睑部。注射完后拔针前要压迫注射部位，以免药液从针孔流出。

2. **皮下注射**

皮下注射较为简单，易于掌握，一般选择皮肤较薄、皮下脂肪少的部位，如颈背部、腹侧或后腿、股内侧等部位注射。注射时用右手拇指及食指轻轻挺起皮肤，右手持注射器将针刺入皮下，确认刺入皮下后即可注射。完毕后拔出针头，用手指稍微按压一下针刺部位，一般犬、猫多在大腿外侧，豚鼠在大腿内侧，兔在背部或耳根部注射。

小鼠的皮下注射较为常用，注射时用左手拇指、食指手抓住两耳及头部皮肤，无名指及小指夹在鼠尾，使其腹部朝上，右手持注射器在腹部两侧作皮下注射，也可将小鼠放在金属网上，一只手拉住鼠尾，小鼠以其习惯向前方爬动，在此状态下，很容易将注射针刺入背部皮下，注射药物。此法可用于大批量动物注射，皮下注射量为 0.1～0.3 mL/kg 体重。

3. **肌肉注射**

作动物肌肉注射，应选择肌肉发达、血管丰富的部位如臂部、股部、肩胛部及胸部(鸡)。注射时先固定好动物，右手持注射器使之与肌肉呈 45°角，每次斜刺入肌肉中，回抽一下针栓，确认无回血后可注射药物。注射完毕后用手指在注射部位轻轻按压片刻即可。大鼠、小鼠、豚鼠可注射大腿外侧肌肉，用 5 号针头注射，小鼠每腿不超过 0.1 mL。

4. **腹腔注射**

对大、小鼠做腹腔注射时，可一人进行操作，采用皮下注射时的抓鼠方法，以左手大拇指和食指抓住鼠两耳及头部，无名指和小指夹住鼠尾，将腹部朝上，头部放低，使脏器移向横膈处，右手持注射器从下腹部朝头部方向刺入腹腔，固定针栓，如无回血或尿液，以一定的速度慢慢注入药液。一次注射量 0.1～0.2 mL/10 g(体重)，大鼠、地鼠、豚鼠每 100 g 体重注射 1 mL。为避免注射后药液从针孔流出，注射针头不要太粗，也可在注射时先使针头沿皮下向前推一段距离后再刺入腹腔，注射完毕要用棉球按压一下注射部位。

5. **静脉注射**

(1)小鼠、大鼠的尾静脉注射：将鼠装入鼠笼或鼠盒内固定好，使尾巴露在其外，用 75%酒精棉球反复擦拭尾部，以达到消毒、扩张血管的目的。如果还不行，可用尾温浴、涂擦二甲苯刺激或台灯照射尾部等方法。尾静脉有 3 条(上、左、右)，一般常选用两侧的静脉。注射时，先以拇指和食指捏住尾根部，右手持 4 号针头的注射器呈小于 30°角方向刺入，对准血管中央、针尖抬起与血管走向平行刺入，当刺入血管时抵抗力消失，此时固定好针头和鼠尾并慢慢注入药液，如注射局部隆起、发白、且推入阻力较大，表明针头未刺入静脉。应拔出针头，重新向尾根方向移动针头，再次刺入，直至无皮丘出现，确证刺人血管内，方可注入药液。注射后拔出针头，压迫注射部位止血。有的试验需连日多次通过尾静脉途径给药时，应尽可能先从尾端开始，以后逐渐向尾根部移换注射位置。

(2)兔耳缘静脉注射：兔耳中央为动脉，内外缘为静脉，内缘静脉较深，不易固定，较少使用，主要利用外缘静脉。将兔装入固定盒内固定好，拔去注射部位的毛，用酒精棉球来回涂擦耳部边缘静脉，并用手指弹动兔耳，使静脉充盈，然后用左手食指和拇指压住耳根端，待静脉显著充盈后，右手持注射器在接近静脉末端向耳根顺血管方向平行刺入1 cm。回血后，左手松开对耳根血管的压迫，注入药物拨出针头，用手指压迫针眼处直至止血。

(3)前肢皮下头静脉或后肢小隐静脉注射：主要用于犬、豚鼠等。给犬静脉注射时，先局部剪毛，用碘酒和酒精消毒皮肤，在静脉向心端处用橡皮带绑紧，使血管怒张，将针头刺入皮下，然后与血管平行刺入静脉。此时血液逆流回血，放松橡皮带，将药液慢慢注入。

(4)其他：在保定状态下，灵长类可用股静脉、隐静脉、前肢皮下头静脉注射；山羊可在颈静脉，小型猪可在耳静脉、颈静脉或前大静脉，鸡可在翼下静脉注射，犬还可选用舌下小静脉注射。

七、实验动物的采血方法

试验中采血方法的选择，主要决定于试验的目的和所需血量以及动物种类。凡需血量少的试验，可刺破组织取毛细血管中的血。当需血量较多时可作静脉采血。静脉采血时，若需反复多次，应自远心端开始(卢耀增，1995)。

1. 小鼠和大鼠的采血

(1)尾静脉：动物固定后用酒精棉球消毒尾部，待酒精干后，剪去尾尖，尾静脉血即可流出，让血液流入容器或试管，也可直接用吸管吸取。试验时如需多次采取鼠尾静脉血液。在每次采血时可将鼠尾剪去很小一段，取血后用局部压迫、烧烙等方法止血。在大鼠还可采用交替切割尾静脉方法取血，每次可取 0.3～0.5 mL 血，3 根静脉均可交替律切割，并由尾尖向尾根方向切割，切割后用棉球压迫止血，此法可在较长时间连续取血，可满足血常规检查的需要。

(2)摘眼球法：此法多用于小鼠，用左手抓住小鼠，拇指、食指尽量将鼠头部皮肤捏紧使鼠眼球突出，以弯头眼科镊迅速摘去眼球，并将鼠身倒置，头部向下，此时眼眶内很快流出血液，将血液滴入盛器内，直至不流为止。该方法采血量一次可达小鼠体重的 4%～5%，是一种较好的取血方法。该法易致死亡，只能一次性采血。

(3)眼眶静脉丛：若采血量中等，又要避免动物死亡时可采用本法。用乙醚将动物浅麻醉，采用侧眼向上固定体位，用左手食、拇指握住颈部，利用对颈部两侧所施加的压力，使头部静脉回流困难，眼球充分外突，眶静脉丛充血，在泪腺区域内，用拉长的长颈(3～4 cm)硬质玻璃毛细滴管(内径 0.5～1 mm)，呈 45°角在眼内角和眼球之间向喉头方向刺入，达到蝶骨深度，稍后转动并后退直至血液自动流出。采血后，除去加于颈部的压力，同时拔出采血器，并用消毒纱布压迫眼球止血 30 s(大鼠还有断头、心脏、颈静脉等采血方法)。

(4)心脏：将动物仰卧固定于固定板上，剪去胸前区的被毛，皮肤用碘酒、酒精消毒后，在左胸 3～4 肋间，用左手食指摸到心搏最明显处，右手持带有 4～5 号针头的注射器垂直进针，当针头插入心脏时，可感到有落空感，同时可观察到针尖随心搏而动，若事先将注射器抽一点负压，血液因心搏力量可自然进入注射器。

(5)大血管：将动物麻醉固定，然后分离暴露血管，用注射器沿大血管平行方向刺入，抽取所需血量。这些血管有颈动脉，股动脉、腋下动脉或腋下静脉。

(6)断头:左手提取动物,使其头略向下,右手持剪刀迅速剪掉动物头部,立即将动物颈朝下,血液流入已准备好的容器中。

2. 家兔和豚鼠的采血

(1)耳缘静脉:此法适于采集少量血液(如血常规)检查时用。操作步骤与兔耳缘静脉注射方法相同,但要注意的是:①穿刺方向刚好相反;②采血穿刺逆血流方向靠近耳根部进针,穿刺成功后即可抽血,整个抽血过程不能放松耳根血管的压迫;③亦可以刀片割破耳缘静脉,或用针头插入耳静脉取血,让血液直接流入含抗凝剂的容器中,取血完毕,注意止血。

(2)耳中央动脉:在兔耳的中央有一条较粗、颜色较鲜红的中央动脉。操作方法与静脉采血法基本相同,由动脉末端,用 6 号针头朝向心端并沿动脉走向刺入动脉,即可见动脉血进入针筒,取血完毕后注意止血。一次可抽血 10～15 mL,进针部位从中央动脉末端开始,不要在近耳根部取血,因耳根部软组织厚,血管较深,易穿透血管导致皮下出血。另需注意的是,兔耳中央的动脉容易发生痉挛性收缩,因此抽血前必须使兔耳充血,在动脉扩张、未发生痉挛性收缩前抽血,如遇到血管发生痉挛性收缩,可稍等一下,待血管舒张后再抽。否则会发生血管变形,或针头刺破血管、形成血肿等。

(3)心脏:兔心脏采血和小鼠、大鼠心脏采血方法类似,但更易于掌握。将兔仰卧固定在手术台上,找出心脏搏动最明显处,以此处为中心,剪去周围被毛,用碘酒、酒精消毒皮肤,选择心搏最强点避开肋骨作穿刺,位置一般在胸骨右缘外 3 mm 的第三肋间隙。针头刺入心脏后,能感到心脏的跳动,并有血液自然进入注射器,取到所需血量后,迅速拔出针头。采血中回血不好或动物躁动时,应重新进、退针并抽吸,不可在心区周围乱捣。

豚鼠的取血方法和上述兔取血方法基本相同。

3. 犬和猫的采血

(1)犬后肢外侧小隐静脉和前肢内侧皮下头静脉采血:犬采用侧卧保定或固定在手术台上,将抽血部位的毛剪去,消毒。左手拇指和食指握紧剪毛区上部,使下肢静脉充盈,右手持针迅速刺入静脉,左手放松将针固定,抽血。每只犬一般采血 10～20 mL。

(2)颈静脉采血:操作时将犬固定,取侧卧位,剪去颈部一侧被毛,消毒。将犬颈部拉直,使头部尽量向后方,左手拇指压住颈静脉入胸部的皮肤,使颈静脉充盈,右手持连有 7 号针头的注射器,向头部平行刺入血管。由于此血管不易固定,固定好血管是颈静脉采血的关键,取血后需压迫止血。

(3)股动脉采血:此种方法可采取大量血液。操作时将动物卧位固定,伸展后肢向外拉直,暴露腹股沟,在此处动脉搏动的部位去毛,消毒,左手中指、食指探摸股动脉,在跳动部位固定好血管,右手持注射器,针头直接由跳动处刺入血管,回抽针栓即可抽取血液。取血后压迫止血。

(4)心脏采血:犬、猫采血也可用此法。采血方法基本同家兔。

4. 鸡的采血

(1)翼下静脉取采血:此种采血方法是鸡常用的采血法。将鸡翅展开,露出腋窝部,将羽毛拔去,可见到明显的翼根静脉,由助手固定鸡,碘酒、酒精消毒皮肤。抽血时用左手拇指压迫静脉的近心端,使血管充盈。右手持连有 6 号针头的注射器,针头由翅根向翅膀方向沿静脉平行刺入血管内,回抽即可采血。采血完毕压迫止血。

(2)颈动脉采血:需血量较多时用此法采血。操作时暴露出颈动脉,直接放血或用注射针抽取均可。

(3)鸡冠或鸡脚蹼采血:需血量较少时用此法采血。用针头刺破静脉采取即可。

5. 小型猪的采血

(1)耳大静脉采血:此种采血方法可采取较少量的血液。猪的耳大静脉采血方法基本同家兔的耳缘采血法。但需特别注意的是,由于猪耳皮肤较厚,应选择较为锐利的针头进行采血。采血后注意压迫止血。

(2)颈静脉采血:将猪仰卧保定,两前肢张开使其和胸骨柄前端的左右侧形成三角形的凹陷部,消毒,针头从三角形底边向正中线斜后方刺入采血。

(3)心脏采血:心脏采血方法基本同家兔心脏采血法。需注意的是,因猪的胸部肌肉较厚,应使用心脏穿刺针方可进行采血。

6. 猴的采血

猴可在指尖、足跟、后肢皮下静脉、颈静脉等处采血。颈静脉采血时,后侧位保定,头部略低于台面,剪去颈部被毛,消毒,静脉怒张,用左手拇指按住静脉,右手持针取血。

八、实验动物的体液采集方法

动物试验中除了采取血样进行检验分析,还常常采取体液进行试验相关指标的检测。体液的采集同样是不同动物有不同的采集方法,试验者根据试验要求和自身实际情况选择恰当的采集方法(陈主初,2001)。

(一)尿液采集

1. 代谢笼

代谢笼是为采集动物各种排泄物的密封式饲养笼。代谢笼有两层金属层网底,下底网眼细,将粪便和掉下去的饲料分开,尿经漏斗流入集尿瓶,将动物放在特制的代谢笼内饲养,便可达到采集尿液的目的。

2. 提鼠采集

啮齿类在保定后有排尿反射,如采取少量尿液时可采用此法。操作者在提动物尾巴的同时迅速用量筒等容器接住尿液。

3. 压迫排尿

将动物固定,按舔骶骨两侧的背部或膀胱的体表部位,促使其排尿,并将尿液收集到事先准备好的平皿或烧杯中。如用麻醉剂或镇静剂后,再用此法更易采集到尿液。

4. 导尿法

采集用导尿管直接插入尿道可采到无污染的尿液,一般不需麻醉,但麻醉后动物安定,更易于操作。

5. 膀胱穿刺取尿

将动物麻醉,仰卧于试验台上并固定,剪毛、消毒后,用注射器接针头直接穿刺,穿刺点位于耻骨前腹正中线,穿刺取钝角角度。

(二)淋巴液和脑脊髓液采集

动物的淋巴液一般从胸导管和右淋巴管内采集,因此应熟悉这两条淋巴管的解剖位置。胸导管位于左颈静脉与左锁骨下静脉交界处,靠左锁骨下静脉的背面;右淋巴管位于右颈静脉与右锁骨下静脉交界处。将胸导管或右淋巴管粗略分离暴露后，即可在淋巴导管下穿线，先用内径 1 mm 左右的塑料管，小心插入，即可收集到呈乳白色的淋巴液。

脑脊髓液可通过小脑延髓穿刺采集，也可在脊髓腔穿刺采集。先将动物轻度麻醉，侧卧位固定，使头、尾部向腰部尽量屈曲，术部剪毛、皮肤消毒，术者用左手拇、食指固定穿刺部位皮肤，右手持腰在两髂连线中点稍下方（第七腰椎间隙）垂直进针，当有落空感时，就进入了蛛网膜下腔，此时抽去针芯，看是否有脑脊髓液滴出。抽取脑脊髓液后，要向小脑延髓池或脊髓腔内补充与抽取量相等的生理盐水，以保持原来脑脊腔内的压力。

（三）精液采集

1. 人工阴道法

犬、猪、羊等大动物可用市售的兽用人工阴道来采集精液。先将其消毒，装好集精器，调节好橡皮套内温度。将人工阴道放在雌性动物的后腿间，再放雄性动物进入，让雄性动物爬跨，待雄性动物得到足够刺激，将人工阴道套在雄性动物阴茎，即可采集到精液。

2. 阴道栓法

大鼠或小鼠在交配后 24 h 内，可采集雌鼠阴道内的透明阴道栓，它由雄鼠的精液和雌鼠阴道分泌物在雌鼠阴道内凝固而成，可以通过阴道栓涂片染色观察凝固的精液。

3. 其他方法

雌性动物发情后，将雄性动物引入，当雄性动物受刺激发情后，立即将雄性动物分开，并继续以人工法刺激其射精；还可用电刺激动物射精中枢，采集动物的精液。对于小鼠可先用戊巴比妥钠（45 mg/kg 体重）作腹腔注射麻醉。操作时在尾至剑突中线下 10 mm 处，用注射针头呈 30°角刺入腹腔，水平直刺 3～4 mm，穿刺附睾后抽取。

（四）阴道液采集

1. 冲洗法

将装有消毒液的生理盐水点滴管轻轻插入动物阴道内，按压点滴管橡皮头，将生理盐水打入阴道后再吸出，重复 2～3 次，最后将滴管中的阴道冲洗液滴在载玻片上，显微镜下可观察涂片细胞。

2. 醮取法

将消毒的细棉签用生理盐水湿润，轻轻插入动物阴道内，慢慢转动两下取出，把带有阴道内含物的棉签在载玻片上均匀转动，作成涂片可以进行细胞学检查。

3. 刮取法

用光滑的小勺或小刮片慢慢插入阴道中，在阴道壁轻轻刮取一点阴道内含物，进行检查。

（五）乳汁采集

1. 按摩法

用手抚摸哺乳期的乳头，可使乳汁自动流出。也可朝乳头方向加压按摩动物乳房，可挤出乳汁。

2. 吸乳器法

采用吸乳器吸在动物乳头上，造成负压而使乳汁被动吸出。

（六）胸腹水的采集

收集胸水或腹水主要采用胸腔或腹腔穿刺法。动物取站立位或侧卧位固定，术部剪毛后作局部浸润麻醉，术者左手将穿刺部皮肤绷紧，右手持穿刺套管针，在紧靠肋骨前缘处垂直进针。当有落空感时，即可抽取胸水。

采集腹水时，穿刺部位在腹下靠腹中线处，注意不可穿刺太深，以免刺伤内脏。抽腹水时注意不可速度太快，腹水多时不要一次大量抽出，抽腹水时注意以免因腹压突然下降引发动物的循环功能障碍。

九、实验动物的处死方法

试验中断或结束后，实验动物原则上以安乐法处置。处理的方法有多种，可根据实际需要和条件可能性予以选择。无论何种方法，均要注意安全、简便、省事、对试验结果无影响，同时要考虑从人道主义出发，尽量减少动物的痛苦，缩短致死时间，并禁止无关人员参与（苗明三，2000）。

（一）物理法

1. 颈椎脱臼

这是啮齿类动物最常用的处死方法。将小鼠放在试验台上，操作时一只手的拇、食指用力往下按住鼠头，另一只手抓住尾根用力向后拉，使脊髓、脑髓拉断，动物立即死亡。此法只是破坏脊髓，所以体内脏器完整无损，适于采样时使用。

2. 断头法

用剪刀在鼠颈部一下剪断头部，使脑脊髓断离，同时大量失血，动物很快死亡。

3. 放血法

鼠可采用眼眶动脉和静脉急性大量失血法，使鼠立即死亡。犬、猴等动物需在麻醉后，暴露出颈动脉，两端用止血钳夹住，然后插入套管，松开心脏侧的钳子，能大量放血致死，犬还可轻度麻醉后（按 20～30 mg/kg 体重静脉注射硫喷妥钠）暴露股三角区，并作横切口，切断股动脉和股静脉，血液立即喷出。用一块湿纱布不断擦去股动脉切口周围处的血液和血凝块，同时不断用自来水冲洗流血，使切口处保持畅通，动物 3～5 min 内即可致死。

4. 空气栓塞法

向动脉或静脉内注入一定量的空气，使之发生栓塞而死。当空气进入静脉后，可在右心与血液相混呈泡沫状，随血液循环到全身。当进入肺动脉，可阻塞其分支，进入心脏冠状动脉造成阻塞，发生严重的血液循环障碍，动物很快致死。一般兔、猫需注入 10～20 mL，犬需注入 80～150 mL。

5. 其他方法

如气胸法是将动物开胸、造成气胸，动物很快窒息死亡；溺死法是将小动物投入多量沸水中处理，还有枪杀、电击等方法。

(二)化学法

1. 毒气

化学毒品中,氯仿对人肝、肾、心脏有较大毒性,乙醚易引起火灾,故较少使用。为安全起见,多使用 CO_2,先使 CO_2 箱充满 CO_2 气体后,再装入小鼠等动物,必要时再往箱内输入 CO_2 气体。也可先将动物装入塑料袋内,再输入 CO_2 气体或放入干冰。动物吸入后,很快会死亡。

2. 化学药物

许多化学药物静脉注射或心脏注射,均可致死动物,应用较多的是巴比妥钠,按 100 mg/kg 体重剂量。该法主要用于兔、豚鼠、犬、猫、猴等中等动物,也可用于小鼠。

(徐守振　青岛农业大学动物科技学院)

第四章 动物生物制品用灭活剂、保护剂和免疫佐剂

第一节 佐剂的作用机理

佐剂(Adjuvant)是指能够增强免疫应答或改变免疫应答类型的物质，应用时可与抗原同时或预先注射于机体。佐剂本身可以有免疫原性，也可以没有免疫原性。

自从1798年英国医生琴纳(Jenner)创立应用牛痘脓疱制成疫苗预防天花以来，疫苗就进入了其研究和应用阶段，至今已经有200多年的历史。在此期间经历了经典减毒疫苗、细胞疫苗、分子水平疫苗的发展历程，无论是以感染组织或鸡胚的胚液制备的疫苗还是以人工感染的细胞培养物制成的疫苗，都曾经或者正在对预防人类和动物传染病发挥重要作用(徐凤宇等，2007)。免疫佐剂最早由Ramon于1924年描写为"用于与抗原结合能产生比单独抗原更好免疫的物质"(张玲华等，2005)。1926年，Glenny等首先应用铝盐吸附白喉类毒素，产生一种微粒能相当大地增强机体对抗原的特异性免疫应答，从而拉开了使用佐剂的序幕，至今已有80多年历史了(张悦等，2004)。

应用佐剂的目的是为了提高抗原对机体的免疫原性，从而提高抗体的效价。颗粒性抗原(如细菌、细胞)因具有较强的免疫原性，一般情况下不使用佐剂即可取得较好的免疫效果。对于可溶性大分子量的蛋白质免疫原、人工抗原，初次免疫时必须使用佐剂才能取得较好的免疫效果。近年来，随着抗原提纯技术和基因工程技术的迅速发展，出现了多种DNA重组疫苗、合成肽疫苗等新型疫苗。这些新型疫苗的抗原具有纯度高、分子量小、特异性强、安全性好等优点，但存在免疫原性弱的缺点，只有与免疫佐剂合用才可引起有效的细胞和体液免疫应答(张悦等，2004)。佐剂既可改变免疫反应类型，使体液免疫转变为细胞免疫，改变免疫球蛋白的种类和亚类，还可改变免疫反应状态，消除免疫耐受性而产生免疫反应(王明俊，1997)。佐剂加强免疫反应是一个非常复杂的过程，其作用机理主要有以下几点：

一、免疫调节作用

免疫调节作用是指众多佐剂具有调节细胞因子网络的能力，即影响改变免疫系统的功能，细胞素的产生和功能。只有免疫调节佐剂才能在递呈免疫原或定位免疫原时发挥其佐剂作用。免疫调节可能导致整个免疫系统的普遍正调节，但最普遍的是导致某些细胞因子的正调节，以及其他细胞因子相应的负调节。不同的佐剂诱导抗原递呈细胞(APC)分泌不同的细胞因子，促使Th前体细胞向Th1或Th2不同的亚型分化(徐苗，

2003)。Th1反应典型地引发强烈的迟发型超敏反应，产生白细胞介素(IL)-2、IL -12、肿瘤坏死因子b和γ干扰素，促进小鼠B细胞产生IgG2a、IgG2b和IgG3抗体和细胞介导的免疫力；Th2反应产生高水平的循环和分泌抗体，通常是IgGl、分泌性IgA抗体及细胞因子IL-4、IL-5、IL-6、IL-10；Th1和Th2反应相互颉颃(Gupta，1998)。Th1应答为机体对细胞内寄生病原体(如病毒等)以及肿瘤产生保护性免疫所必需，而Th2免疫则对预防绝大多数细菌和某些病毒感染有效(孙红祥等，2005)。

评价佐剂的效能不能只根据所诱生抗体的总水平，还需结合诱生抗体的质量即抗体的亚类和亲和力，如鼠IgG2a抗体能以高亲和力激活补体和与细胞表面Fc1受体结合而激活抗体依赖性效应细胞(ADCC)产生细胞毒性，较其他IgG亚类有更好的保护作用(Aucouturier等，2001)。

二、抗原递呈作用

抗原递呈作用指佐剂保持抗原构象完整并递呈给适当免疫效应细胞的能力。当佐剂与抗原以更有效的维护构象表位的方式结合时，可提高抗原的体内作用，或较长时间储备抗原。佐剂可影响APC摄取抗原和分泌IL-1、诱导Th1或Th2转换、协助B细胞记忆和抗体亲和力成熟等(徐苗，2003)。

抗原递呈过程首先要有专职APC，APC是外源性抗原进入机体后引发免疫应答的第一关。专职APC，主要包括树突状细胞(Dendritic cell，DC)、单核-巨噬细胞和淋巴细胞。外源性抗原被APC摄入形成内体，内体与溶酶体融合形成内体/溶酶体，内体/溶酶体中的酶降解抗原为抗原肽，抗原肽与MHC-Ⅱ类分子结合，通过MHC-Ⅱ移行至细胞表面，递呈给$CD4^+$ T细胞。APC也分泌IL-1，其产生的量与APC发生正调节的程度有关，正调节可能是免疫调节佐剂的功能之一。IL-1的局部聚集会吸引$CD4^+$ T细胞到达APC，这些细胞与T细胞受体互补于多肽-MHC-II类复合物，发生克隆增殖，Th1/Th2转换可能由这一步决定(孙红祥等，2005)。

抗原递呈涉及B细胞表面免疫球蛋白(SIg)与抗原的识别(Cambier等，1994)。抗原与SIg结合，经免疫球蛋白受体介导的胞吞作用进入胞内，在内溶酶体中消化，产生的多肽又一次与MHC-II类分子交联后在B细胞表面表达，能识别此复合物的T细胞亚群克隆增殖并辅助先前的B细胞增殖成分泌抗体的浆细胞。这些细胞活跃地分泌免疫球蛋白，与原始的B细胞表面的免疫球蛋白有相同的特异性(孙红祥等，2005)。

脾与淋巴结中的滤泡DC有高亲和力C3b受体，故含补体的抗原复合物常定位于其表面达数月之久，滤泡DC的枝状突起与B细胞密切交织，可方便地提供抗原，此为B细胞的记忆和抗体亲和力成熟所必需。

三、促进细胞毒T细胞(CTL)的产生

通过与细胞膜融合或保护抗原肽，佐剂可促进相应肽掺入MHC-I类分子并维持二者结合，同时期望通过诱导IFN-γ和TNF-α来提高肽MHC-I类分子的表达(徐苗，2003)。

若要佐剂对产生CTL起作用，则它必须能促进合适的多肽合并到或存留于MHC-I。达到这一目的的最有效方式是佐剂与细胞膜以某些方式相互作用，使与佐剂联合的抗原以一种适于在蛋白因子中进行正式加工的形式贮存于胞液中(冯景奇等，1999)。随着核内体的融合或破裂(核内体释放)，与外膜融合或经胞吞/胞饮作用可做到这一点。

产生 CTL 的另一种机制是将多肽直接附着于空的暴露在外的 MHC-I，油包水形式的佐剂即通过这种机制，其水相包含多肽以及可被广泛识别的蛋白质，如破伤风毒素（管孝鞠等，2001）。可以假设油包水乳剂产生了一个贮存库，吸引 DC，同时防止多肽发生蛋白质水解。破伤风毒素可使 DC 移向淋巴组织，同时递呈源于破伤风的多肽，吸引 T 细胞，其中一些为 $CD8^+$ 细胞，识别原始的 CTL 多肽（孙红祥等，2005）。

四、靶子作用

靶子作用指佐剂通过激发 APC 摄取和传递抗原，进而向免疫效应细胞递呈免疫原的能力。这一佐剂作用形式可能不会调整免疫应答的形式，但会影响免疫原的数量，此种调节有助于免疫系统获得足量免疫原以达到预期的免疫效果。多数被传递的疫苗可能由于被血清蛋白酶降解或在肝中被除去而丢失，且免疫应答产生的功效，与免疫原的数量有关（孙红祥等，2005）。但如果能选择性地靶向巨噬细胞，而不是靶向 DC 或是相反情况，那么免疫应答的类型就会随之改变。

五、贮存库的产生

贮存库的产生有长期和短期贮存库，后者产生持续式或脉冲式释放。铝盐佐剂和油包水乳剂是典型的短期贮存库，这种类型的抗原包裹于注射部位，因此不会由于肝脏的清除作用而丢失（Aikawa 等，1998）。注射 8～10 d 后切除注射部位，对应答强度和持久性无影响，这说明抗原在这一阶段被清除或屏蔽（孙红祥等，2005）。

六、其他

近期的研究结果表明，中药免疫调节剂在体内的作用不仅只与免疫系统的作用有关，而且与神经内分泌系统的作用也密切相关（潘杭君等，2003）。Besedovskg 于 1977 年提出了神经内分泌免疫调节 (NIM)网络系统，说明免疫系统与神经内分泌系统在结构与功能上具有密切的关系，在神经内分泌与免疫系统之间有一个由多种神经递质、激素和免疫活性物质（如细胞因子）构成的完整调节网络，共同维持机体免疫功能，使其处于既灵敏又稳定的平衡状态（健康状态）（田庚元，1999）。

第二节　动物生物制品用灭活剂

动物疫苗种类包括弱毒苗和灭活疫苗，在灭活疫苗生产过程中，必然涉及灭活剂。灭活是指破坏微生物的生物学活性、繁殖能力和致病性，但尽可能不影响其免疫原性，被灭活的微生物主要用于生产灭活疫苗，或指破坏诊断血清或待检血清中的补体活性，以避免补体对诊断试验的干扰作用。

一、灭活的主要方法

（一）物理学灭活

包括加热及射线照射等方法，加热灭活法简单易行，但加热杀死微生物的方法比较粗糙,容易造成菌体蛋白变性,因而免疫原性受到明显影响,已基本淘汰。射线照射则主要通过破获核酸来达到灭活微生物的目的,其中包括紫外线灭活和γ射线灭活,紫外线灭活效果不够好,曾发生过经紫外线灭活的强毒重新活化的例子;γ射线来自核的转变,由光子组成,在放射性衰变过程中所形成的子核处于激发和不稳定状态,当由高激发态跃迁回到低激发态时即释放出γ射线,常用的γ射线放射源有^{60}钴(^{60}Co)。徐忠贤等(1983)证实用^{60}Co γ射线辐照完全可以灭活新城疫病毒,含鸡新城疫病毒的鸡胚尿囊液吸收^{60}Co剂量达到50万rad/时完全灭活。古少鹏(2003)用^{60}Co γ射线进行照射接种有禽传染性脑脊髓炎病毒的卵黄液,结果表明卵黄液经9.2 kGy的^{60}Co γ射线照射后,禽传染性脑脊髓炎病毒完全被灭活,达到了防止蛋传性传染病传播的目的,并且不影响卵黄抗体效价。

(二)化学灭活

利用化学药品等使微生物、活性物质的某些结构位点发生改变,从而丧失生病力、感染性、毒性或活性。此方法简单、效果确实,最为常用。但化学灭活的效果常受到灭活剂种类、剂量、作用温度、pH、时间等因素的影响,因此必须筛选最佳的灭活条件。

用来灭活生物制品活性的化学物质,又称为化学灭活剂。早在1911年,Lowenstein等就用甲醛处理破伤风毒素而制成类毒素;1923年,Puntoni以苯酚或甲醛处理制成犬瘟热灭活苗;1934年,Morion Dorset等用结晶紫灭活猪瘟毒制成猪瘟结晶紫疫苗(侯振中等,2002)。下面介绍几种常用的化学灭活剂:

1. 甲醛溶液

甲醛溶液是最古典、使用最广泛的灭活剂。其作用机理:甲醛的醛基作用于微生物蛋白质的氨基、羧基、巯基,反应生成的羟甲基等代替敏感的氢原子,破坏生命的基本结构,导致微生物死亡(卫龙兴等,2009)。甲醛还可与微生物核酸分子作用,抑制微生物的蛋白质合成。

常用浓度:需氧菌0.1%～0.2%、厌氧菌0.4%～0.5%,病毒0.05%～0.4%。

灭活原则:低浓度、短时间而又能达到彻底灭活的目的;必要时可在灭活后加入硫代硫酸钠,以中断其反应。

2. 烷化剂

作用机理:破坏病毒的核酸芯髓,使病毒完全丧失感染力,而又不损害其蛋白衣壳,从而保留其保护性抗原。具体为:烷化DNA分子中的鸟嘌呤或腺嘌呤等,引起单链断裂或双螺旋链交联,因改变DNA的结构而破坏其功能,妨碍RNA的合成,从而抑制细胞的有丝分裂;与酶系统和核蛋白起作用而干扰核酸代谢(王明俊,1997)。

常用的烷化剂类灭活剂有乙酰基乙烯亚胺、二乙烯亚胺和缩水甘油醛等。乙酰基乙烯亚胺是淡黄色液体,有轻微氨臭味,能与水或醇任意混合,0～4℃可保存1年,在−20℃可保存2年。市购的二乙烯亚胺为0.2%的溶液,在0～4℃可保存1个月,终浓度0.02%,加入2%硫代硫酸钠中断灭活。缩水甘油醛易挥发,水溶液含量为15～31 mg/mL,0～4℃ 3个月含量渐下降,约半年失效,20℃只能保存10 d。用于大肠杆菌、噬菌体、新城疫病毒等的灭活效果优于甲醛。

魏晓露等(2008)分别使用甲醛和二乙烯亚胺对流感病毒进行灭活试验,二乙烯亚胺灭活36 h可将病毒完全灭活;二乙烯亚胺灭活病毒的HA平均含量比甲醛灭活病毒的HA平均含量略高,二乙烯亚胺灭活的病毒免疫小鼠较甲醛灭活病毒产生较高的血凝抑制抗体；二乙烯亚胺灭活病毒液经 RT-PCR，不能扩增出病毒基因，研究结果表明二乙烯亚胺在灭活流感病毒感染性的同时，能够灭活病毒基因，并较好地保持病毒的抗原性。李泽君(2001)将鸡传染性喉气管炎病毒液中加入 0.1 mol/L 的二乙烯亚胺至终浓度为 0.5%～1%，制备出二乙烯亚胺灭活苗和甲醛灭活苗，疫苗效力试验表明二乙烯亚胺苗比甲醛苗激发的抗体滴度更高，攻毒试验结果显示二乙烯亚胺苗为73.3%，而甲醛苗只有 53.3%，可见二乙烯亚胺灭活的病毒免疫原性要比甲醛灭活的免疫原性好。研究报道，猪细小病毒的灭活，其中二乙烯亚胺为最佳灭活剂(赵本进等，2005)。

3. 苯酚

作用机理：使微生物蛋白质变性和抑制特异性酶系统(如脱氢酶和氧化酶等)，从而使其失去活性。

常用浓度：杀死细菌：≥1%；抑制细菌：0.2%。

4. 结晶紫

结晶紫是甲基紫、龙胆紫的纯品。

作用机理：其阳离子与微生物蛋白质带阴电的羟基形成弱电性化合物(如 COOH、PO_3、H_2 等)，妨碍微生物的正常代谢，或扰乱微生物的氧化还原作用，使电势太高不适于微生物的增殖(如猪瘟结晶紫疫苗、鸡白痢染色抗原等)而灭活(王明俊，1997)。

5. *β*-丙酰内酯

β-丙酰内酯是一种良好的病毒灭活剂，性状为无色有刺激气味的液体，对皮肤、黏膜及眼有强刺激性，其液体对动物有致癌性。能作用于病原体 DNA 或 RNA。改变病毒核酸结构达到灭活目的，而不直接作用于蛋白，不破坏病原体的免疫原性(卫龙兴等，2009)，病毒灭活后，能保持良好的免疫原性，主要用于狂犬病灭活疫苗的制备。

二、影响灭活效果的因素

灭活的效果主要指灭活的完全性和灭活后是否保留良好的抗原性，即被灭活物的活性(毒性)是否完全丧失或破坏，灭活物是否具有刺激机体产生坚强免疫力的能力。影响灭活效果的主要因素有：

(一)灭活剂的种类

不同灭活剂对同一微生物的灭活效果不同。某些灭活剂只对一部分微生物有明显的灭活作用，而对另外一些微生物则效力很差。如酚类能抑制和灭活大部分细菌的繁殖体，真菌和病毒对酚类不太敏感。

(二)微生物种类与特性

不同种类的微生物，如细菌、病毒、真菌及革兰氏阳性菌和革兰氏阴性菌对各类灭活剂的敏感性并不完全相同。生长期和静止期的细菌、细菌的浓度、微生物或毒素的总氮量和氨基氮含量等均影响灭活效果。

(三)灭活剂浓度

灭活剂浓度越高灭活速度越快，以甲醛为例，浓度越高灭活脱毒越快，但抗原损失量亦大。故一般采用分次加入甲醛溶液进行灭活、脱毒比较缓和的方法，即将甲醛溶液分数次加入，加量由小至大。

(四)灭活温度

同一浓度的灭活剂，温度越高灭活越快。通常情况下，在低温时，温度每上升 10℃，细菌死亡率可成倍增加，每升高 10℃，金属盐类的灭菌作用增加 2～5 倍，石炭酸的杀菌作用增加 5～8 倍，但温度不宜超过 40℃，否则影响微生物的抗原性。

(五)灭活时间

灭活时间与灭活剂浓度和作用温度密切相关，一般随着灭活剂浓度及作用温度升高，灭活时间则缩短，在生物制品生产中，应以保证制品安全和效力，采用低作用温度和短时间处理为佳。

(六)酸碱度(pH)

在微酸性时灭活速度慢，抗原性保持较好，在碱性时灭活速度快，但抗原性易破坏。

(七)灭活物内的杂物

灭活物内杂物存在灭活时间长，灭活剂量高，如存在血清或其他有机物，会影响灭活剂的灭活能力，因为有机物能吸附于灭活剂的表面或者与灭活剂的化学基团相结合。受此影响最大的为苯胺类染料、阳离子去污剂等。

故在动物生物制品制造过程中，除应筛选出良好的灭活剂外，还要选定最佳的灭活剂量、温度、时间以及其他条件。

第三节　动物生物制品用保护剂

保护剂：又称稳定剂，是指一类能防止生物活性物质在冷冻真空干燥时受到破坏的物质，主要用于疫苗的生产和血清的制备等。

冷冻干燥是目前保持微生物、动物组织、细胞及蛋白质等活性物质生物活性的一个有效的、普遍的方法。制品经完全冻结，并在一定的真空条件下使冰晶升华，从而达到低温脱水的目的，此过程称为冷冻干燥，简称冻干(张玉华等，2006)。冷冻干燥技术最早于 1813 年由英国人 Wollaston 发明，自 1991 年 Heckly 等首次对微生物进行干燥保存依赖，经过多年来的完善与发展，国内外学者们发现冷冻干燥技术具有与其他干燥方法无可比拟的优点(朱敖兰等，2007)，即菌种在低温下干燥，各种成分、酶的活性丧失少；可保持菌种的形态、色泽；复水性好，能很快地吸水还原成干燥前的鲜活状态；脱水彻底，保存时间长，储存运输方便等(龙辉等，2009)。但在真空冷冻干燥过程中，冷冻和干燥不可避免地会造成部分微生物细胞的损伤、死亡及某些蛋白质分子的钝化(Patist 等，2005)。

一、保护剂用途

不同用途加不同保护剂，对各种蛋白质制品或微生物菌种的最佳保护剂不同，以下介绍几种主要针对活的微生物或细胞的保护剂。

(一)菌种或毒种保存

(1)需氧和兼性厌氧性细菌:10%蔗糖、5%蔗糖脱脂乳、5%蔗糖、1.5%明胶,10%~20%脱脂乳和含1%谷氨酸钠的10%脱脂乳。

(2)厌氧性细菌:含0.1%谷氨酸钠的10%乳糖、10%脱脂乳及7.5%葡萄糖血清等。

(3)病毒:明胶、血清、谷氨酸钠、羊水、蛋白胨、蔗糖、乳糖、山梨醇、葡萄糖和聚乙烯吡咯烷酮等按不同浓度或按不同的比例混合。

(4)支原体:50%马血清、1%牛血清白蛋白、5%脱脂乳和7.5%葡萄糖加马血清等。

(5)立克次氏体:10%脱脂乳。

(6)酵母菌:马血清、含7.5%葡萄糖的马血清及含1%谷氨酸钠的10%脱脂乳等。

(二)细胞株保存

常用二甲基亚砜。

(三)疫苗冷冻真空干燥制备

加脱脂乳和蔗糖。

(四)干扰素类生物活性物质的保存

加葡聚糖。

二、常用的冷冻干燥保护剂(表4.1)

表4.1 常用冷冻干燥保护剂

(罗镇藩等,2002;陈麟凤等,2006)

分类	保护剂
复合物	脱脂乳、明胶、蛋白质、蛋白胨、糊精、血清、甲基纤维素等
糖类	蔗糖、乳糖、麦芽糖、葡萄糖、果糖、海藻糖、麦芽糖糊精等
盐类	乳酸钙、谷氨酸钠、氯化钠、氯化钾、醋酸铵、硫代硫酸钠
醇类	山梨醇、甘油、甘露醇、肌醇、木糖醇
酸类	柠檬酸、酒石酸、氨基酸(脯氨酸、色氨酸、谷氨酸、丙氨酸)等
聚合物	葡聚糖、聚乙二醇、聚乙烯吡咯烷酮、明胶等

三、疫苗冻干保护剂组成

(一)低分子物质

低分子物质又称为营养液,是一种均匀的混悬液,使微生物保持稳定的存活状态及对水分子起缓解作用,使冻干生物制品保留一定量水分,促进高分子物质骨架形成,使冻干制品呈多孔的海绵状,从而增加溶解度。如糖类和氨基酸类(谷氨酸、天门冬氨酸、精氨酸、赖氨酸)等。

（二）高分子物质

高分子物质又称为赋型剂，在冻干生物制品中主要起骨架作用，防止低分子物质的碳化和氧化；保护活性物质不受加热的影响；使冻干制品形成多孔性、疏松的海绵状物，从而使溶解度增加。高分子物质范围很广，种类甚多。如白蛋白、血清、明胶、脱脂乳、各种液体培养基、淀粉、酵母浸膏、聚乙烯吡咯烷酮和羧甲基纤维素等。

（三）抗氧化剂

具有抑制冻干制品中酶的活化作用，从而促进、保持微生物等活性物质的稳定性。抗氧化剂包括一些有机物质和无机物质，如维生素C、维生素E、硫脲、碘化钾、钼酸铵和硫代硫酸钠等（罗镇藩等，2002）。

四、冻干保护剂作用机制

为防止在冻干过程中蛋白质或细胞的损伤，人们在冻干过程中常添加糖、蛋白质、氨基酸等物质来起保护作用（贾丽丽等，2000；陈光明，2003；朱敖兰等，2007），其主要作用机制及各自的保护机理如下：①防止活性物质失去结构水及阻止结构水形成结晶而导致生物活性物质的损伤。②降低细胞内外的渗透压差、防止细胞内结构水结晶，以保持细胞的活力。③保护或提供细胞复苏所需的营养物质，有利于生活力的复苏和迅速修复自身。

醇类用于蛋白质的保护剂由来已久，其中甘露醇不仅可以作为有用的骨架剂使用（Liao等，2002），而且在一些保护剂配方中能够兼做蛋白质的冻干保护剂。甘露醇对蛋白质的保护作用与其浓度、形态结构有关，而浓度与结晶形态有时又有一定的关联性（Souillac等，2002；朱敖兰等，2007）。

研究认为，蛋白质等活性物质被一层水化膜包围着，该水化膜是维持生物分子结构和功能的物质基础，干燥脱水时水化膜被破坏会导致生物分子结构发生不可逆变化，生物活性丧失（朱敖兰等，2007）。脱水过程中糖的羟基可与生物分子的极性基团形成氢键，代替极性基团周围失去的水分子，使生物分子表面形成一层假充的水化膜，可保护氢键的连接位置不直接暴露在周围环境中，稳定生物分子高级结构，防止变性（陈麟凤等，2006）。此外，脱水过程中，糖类能够形成玻璃态，在此状态下，分子热运动能量较低，只有较小的单元如侧基、支链和链节能够运动，而分子链和链段基本上处于“冻结”状态，体系的黏度高，分子扩散系数低。因此，玻璃态的糖类包在生物分子的周围，使其内部生物分子的链段运动受阻，分子的伸展和聚集受到抑制，从而维持其三维结构的稳定（张玉华等，2006；陈光明，2003）。

氨基酸是常见的蛋白质保护剂之一，在冷冻过程中，低浓度的甘氨酸可通过抑制10～100 mmol/L磷酸缓冲盐结晶所致pH的改变而阻止蛋白质变性（Mattem等，1999）。无定型甘氨酸可阻止冻干过程中重组人生长激素的聚集；结晶型甘氨酸能升高成品的塌陷温度，阻止因塌陷而引起的蛋白质结构的破坏（李正丰等，2009；朱敖兰等，2007）。

聚合物一般和其他种类的保护剂联用，通常聚合物的稳定作用取决于聚合物的多重性质。如优先从蛋白质表面析出、表面活性、使蛋白质溶液浓度升高从而阻止其他小分子（如糖及多羟基化合物）的结晶、抑制冷冻过程中pH的剧烈变化等。不同聚合度及不同浓度的聚合物其保护作用不完全相同，如聚合度比较大的聚乙烯吡咯烷酮，其玻璃化温度较高；水溶液的黏度随着聚乙烯吡咯烷酮浓度及分子量增加而升高，这使得蔗糖的玻璃化温度明显升高，对冷冻过程中的蛋白质的保护作用也随之有所增加（朱敖兰等，2007）。但如果聚合度过大，会使得聚合物在冷冻过程中就形成结晶，从而失去对蛋白质的保护作用。而且浓度及分子量过大时会增加最终产品的水分，使得制品中蛋白质变得更不稳定（李正丰等，2009）。

第四节　动物生物制品用免疫佐剂

免疫佐剂又称佐剂，原来是指一种物质先于抗原或与抗原混合或同时注射于动物体内，能非特异性地改变或增强机体对该抗原的特异性免疫应答，发挥其辅佐作用的物质，后来被定义为凡是可以增强抗原特异性免疫应答的物质。

以前作为佐剂使用时没有免疫原性，但现在有所改变，如 IL-2 是佐剂，具有免疫调节和免疫增强作用，单独使用时却具有免疫原性。

一、免疫佐剂的研究历史

1916 年 Moignae 最早使用羊毛脂和石蜡油制成伤寒沙门氏菌乳剂苗，继后 Prevet 用羊毛脂加琼脂为佐剂制出炭疽菌苗。1925 年，Gaston 证明了明矾的佐剂作用，1935 年，Freund 等使用氢氧化铝和矿物油佐剂，对提高生物制品的免疫效果起了重要作用（王明俊，1997）。该阶段主要集中对铝佐剂进行了应用研究。

进入 20 世纪 50 年代，为提高兽医生物制品的免疫效果，在兽医领域对佐剂进行了广泛的研究，研究认为用氢氧化铝胶吸附再加油佐剂制成的猪丹毒菌苗，免疫乳猪后的免疫力可持续 9 个月，比铝胶佐剂提高 1 倍。

20 世纪 60 年代以后，矿物质佐剂的研究达到迅速发展，其中 1966 年研制了布氏杆菌油佐剂苗和魏氏梭菌油佐剂苗，1977 年研制了流感油乳剂苗，1978 年研制了禽支原体＋新城疫油乳剂二联苗，1984 年研制了链球菌＋葡萄球菌乳剂二联苗等（王明俊，1997）。

中国的佐剂研究和佐剂苗的生产始于 20 世纪 50 年代，1958 年曾用羊毛脂和液体石蜡油制造猪丹毒乳剂苗，但效果不理想，1980 年以来，对白油佐剂的研究和应用发展极快，尤以禽病白油佐剂疫苗的种类更多，使用效果也比较满意。

二、免疫佐剂的标准

WHO 认为佐剂除具有免疫增强效应外，还必须具备下列标准，否则不得用作佐剂：①无致癌或辅助致癌性，即不能诱导或促进肿瘤形成。②安全无毒性，即通过肌肉、皮下、静脉、腹腔、滴鼻、口服等各种途径进入动物体后无毒副作用。③纯度高、杂质少，因为杂质往往是副作用的诱发物，因此免疫佐剂必须符合质量标准。④免疫佐剂应有一定的吸附力，最好吸附力较强。⑤在动物体内容易降解，不宜长时间留存而诱发组织损伤。⑥不含有与动物有交叉的抗原，以避免诱发自身免疫反应，防止发生自身免疫性疾病。⑦不应诱发自身超敏性，也不应与抗体结合形成有害的免疫复合物。⑧应性质稳定，免疫佐剂抗原混合物储存 1 年以上，必须不分解、不变质和不产生不良物质。

三、免疫佐剂的分类

(一)按免疫佐剂的物理性质可分为颗粒型佐剂和非颗粒型佐剂

1. 颗粒型佐剂

(1)盐类佐剂:氢氧化铝胶、明矾、磷酸铝等。此类佐剂主要诱导体液免疫应答,可刺激机体迅速产生持久的高抗体水平,也比较安全;但皮下注射时常有肿胀或结块,且不能有效刺激保护性 T 细胞免疫。氢氧化铝吸附的百日咳抗原对家兔和啮齿动物 IgE 抗体的产生有促进作用,采用明矾沉淀抗原对家兔进行腹腔注射也有同样效果(徐凤宇等,2007)。铝盐佐剂还可以激活补体和选择性地诱导细胞因子(如 IL-4)的产生,增强 DNA 疫苗诱导的 Th2 免疫应答,并可改变 DNA 疫苗的免疫反应特性,使其由 Th1 应答为主转为 Th2 应答为主(金博等,2005)。

(2)油水乳剂佐剂:弗氏完全佐剂、弗氏不完全佐剂和矿物油佐剂。油水乳剂佐剂是由油类物质和乳化剂按一定比例混合形成的,良好的油乳剂疫苗是油包水(W/O)或水包油(O/W)型,黏度低,颗粒均匀,稳定性良好,呈乳白色。弗氏不完全佐剂是由低引力和低黏度的矿物油及乳化剂组成的一种贮藏性佐剂。弗氏完全佐剂是在不完全佐剂的基础上加一定量的分支杆菌而成,虽然有一定的副作用,但其佐剂活性是其他物质难于相比的。矿物油佐剂能使疫苗中的抗原物质缓慢释放,从而延长疫苗的作用时间。弗氏不完全佐剂是典型的只诱导 Th2 型细胞因子、诱生抗体的佐剂,而弗氏不完全佐剂则是同时诱生体液免疫和细胞免疫的佐剂(徐凤宇等,2007)。

(3)免疫刺激复合物佐剂:免疫刺激复合物是由皂树皮提取的一种糖苷 Quila,与胆固醇按 1∶1∶1 混合后自发形成的一种具有较高免疫活性的脂质小泡,每个小泡直径 35 mm,含 10～12 个分子的蛋白质(徐凤宇等,2007),此类佐剂应用于多种细菌、病毒和寄生虫病的疫苗,具有产生“全面”免疫应答的效力,可长期增强特异性抗体应答,也可用于抗呼吸道感染,目前在国外已投放市场(肖琛闻等,2004)。

(4)蜂胶佐剂:是一种优良的天然药物,免疫佐剂使用的蜂胶具有抗菌、抗病毒、抗肿瘤、消炎和免疫增强作用,其免疫增强作用主要表现为能保持抗原特性,增强巨噬细胞的吞噬能力,促进抗体产生,提高机体的特异性和非特异性免疫力(庞昕等,1999,2001)。

(5)脂质体佐剂:脂质体是人工合成的具有单层或多层单位膜样结构的脂质小囊,由一个或多个类似细胞单位膜的类脂双分子包裹水相介质所组成,具有佐剂兼载体效应。脂质体的自然靶向器官是肝脾单核巨噬细胞,其所携带原抗原能在巨噬细胞表面积聚,不仅利于巨噬细胞的吞噬及递呈,还可诱导出特异性的 CTL 反应(Brewer 等,1998)。脂质体的结构有利于将抗原递呈给抗原处理细胞或其他免疫活性细胞脂质体在宿主体内可以生物降解,本身无毒性,并且能降低抗原的毒性,无局部注射反应(张玲华等,2005)。

2. 非颗粒型佐剂

(1)肽类佐剂:胞壁酰二肽及其衍生物、去胞壁酰多肽、脂肽和免疫调节多肽。1974 年 Ellouz 等报道了胞壁酰二肽的生物学活性,并合成了多种胞壁酰二肽的类似物和衍生物,并鉴定了其佐剂活性,其成分是 N- 乙酰胞壁酸-*L*-丙氨酸-*D*-异谷氨酰胺,有很强的佐剂活性,被认为是最有发展前途的佐剂之一(王建英等,2006)。研究已证明胞壁酰二肽及其衍生物能刺激小鼠防御肺炎杆菌感染,也可有效刺激宿主对大肠杆菌、金黄色葡萄球菌、绿脓杆菌和白色念珠菌感染的抵抗力，这可能与其刺激多形核细胞的迁移、吞噬和产生超氧化物有关（王明俊，1997）。

（2）表面活性分子类佐剂：海藻糖合成衍生物。海藻糖-6，6′-双霉菌酸酯最初由Bloch从分支杆菌细胞中发现，进一步研究结果表明，其不仅存在于分支杆菌中，而且也存在于有关细菌如奴卡菌和棒状杆菌的脂质部分。已证实合成的海藻糖-6，6′-双霉菌酸酯具有激活小鼠腹腔巨噬细胞的效能，而且其毒性较低（王明俊，1997）。

（3）核酸及其衍生物类佐剂：合成核苷酸聚合体。20世纪最后10年兴起的脱氧核糖核酸（DNA）疫苗，不仅研究DNA疫苗的免疫机理和免疫途径，同时也发现核酸本身具有佐剂作用。目前把含有未甲基化的DNA、细菌的质粒DNA以及人工合成的寡核苷酸全部统称为CpG DNA，即核酸佐剂（张悦等，2004）。它们能在动物体内诱导强烈的免疫反应，主要包括激活自然杀伤细胞和巨噬细胞，刺激B淋巴细胞增殖、分化及产生免疫球蛋白；诱导分泌IL-6等多种细胞因子，故在诱导机体非特异性免疫应答、增强抗原特异性免疫应答等方面发挥着重要作用（李忠明，2001）。

已有报道核酸佐剂用于治疗肿瘤、过敏性疾病及肝炎等传染性疾病的研究已进入临床应用的试验阶段。

（4）细胞因子类佐剂：IL-2、IL-4、IL-12和IFN-γ等。细胞因子（Cytokine）是指由活性细胞分泌的具有生物学活性的多肽或蛋白质，其生物活性侧重于对细胞生长的调节。细胞因子具有明显的免疫佐剂效应，可增强病毒、细菌和寄生虫疫苗的保护效应，激发对肿瘤抗原的免疫反应（王建英等，2006）。细胞因子在体内缓慢而持久地释放，不会对机体产生毒性作用。

IL-2可作用于多种细胞，包括T、B淋巴细胞、巨噬细胞和NK细胞等，对免疫应答具有广泛的上调作用。1997年，Chow等将IL-2应用于HBV-DNA疫苗的研究中，发现IL-2大幅度地加强了IFN-γ的分泌，而对IL-4只有轻微的加强，说明IL-2主要是加强了机体的Th1型免疫应答。同时还发现IL-2有助于打破免疫耐受。

IL-12在体内主要参与细胞免疫应答，Kim等（1997）研究认为，IL-12对CTL效应具明显增强作用，但对体液免疫应答则起抑制作用，表现为抗体滴度下降和B细胞减少。Tsuji等（1997）发现IL-12的表达质粒能加强HIV Env DNA疫苗诱生的DTH和CTL效应，同时使内源性的IFN-γ大幅度上升，但对体液免疫则无任何显著影响。

LFN-γ主要通过参与Th细胞向Th1型分化来调节免疫应答。Lim等（1998）研究结果表明，IFN-γ能增强Th1型免疫应答，且这种增强作用依赖于它与抗原蛋白的共质来表达。Xiang等（1997）报道，把分别表达IFN-γ和狂犬病病毒糖蛋白的两种质粒共同免疫小鼠后，IFN-γ对体液和细胞免疫应答呈抑制作用或无任何影响，此结果与LFN-γ的启动子有关。

（二）按佐剂的生物学性质可分为微生物及其组分和非微生物物质

微生物及其组分佐剂主要有脂多糖、脂磷壁酸、分支杆菌及其组成成分和霍乱毒素等。

1. 脂多糖（LPS）

LPS是菌体的内毒素，现在主要从革兰氏阴性菌的细胞壁中提取，对动物显示致死毒性，但从灵杆菌细胞壁中提取的脂多糖灵菌素的毒性最小；另外，还呈现发热作用，抗肿瘤作用，强化网状内皮系统功能，增强抗感染能力，以及其他多种生物活性。LPS 的佐剂活性可作用于不同的细胞，主要是多形核白细胞和巨噬细胞，对 B 细胞有激活作用（王明俊，1997）。

非致病菌成团泛菌（*Pantoea agglomerans*，P. A）中分离提纯出的脂多糖 LPSp，研究证实 LPSp 是一种有潜力而安全的免疫调节剂。对体液免疫和细胞免疫都有辅佐作用，既有 T 细胞非依赖性多克隆 B 细胞丝裂原的作用，又可促进巨噬细胞等分泌 IL-1、IFN、TNF 等细胞因子，还可调节巨噬细胞表面 MHC 分子的表达，从而改变抗原的递呈，直接或间接激活 B 淋巴细胞、T 细胞及巨噬细胞，增强机体的特异性及非特异性免疫力（王健，2005；王建英等，2006）。王启辉等（2004）用 LPSp 作为乙肝表面抗原的佐剂，已证实 LPSp 可以提高乙肝表面的抗体反应强度、使抗体维持更长的时间。

起佐剂作用的脂多糖，可作用于各类不同的细胞，但最主要的是中性多核白细胞及巨噬细胞。另外，也可促使 B 细胞分化增殖为浆细胞，合成分泌 IgM，它在没有 Th 细胞辅助的情况下，也能促使 T 细胞依赖抗原刺激 B 细胞产生抗体。脂多糖的应用时机，对其佐剂活性的影响很大，如将它与特异性抗原同时或稍后应用，作用明显，如先于抗原应用，免疫应答则被抑制。

2. 脂磷壁酸

脂磷壁酸是存在于革兰氏阳性细菌的细胞壁和细胞膜中，其骨架是主要抗原决定族。脂磷壁酸能黏附于人红细胞、血小板、淋巴细胞等，纯化后没有免疫原性，如与甲基化的小牛血清白蛋白与弗氏佐剂一起接种动物，则可产生很高滴度的抗脂磷壁酸抗体。

脂磷壁酸小鼠腹腔注射能刺激脾脏增大，也可显著刺激人骨髓细胞增殖。研究认为，脂磷壁酸能黏附于淋巴细胞表面，在一定浓度范围内可增进 T 细胞的有丝分裂，故脂磷壁酸是 T 细胞的非特异性有丝分裂原。脂磷壁酸能黏附并激活单核细胞和巨噬细胞，使细胞表面出现极化现象，并刺激细胞产生大量的超氧阴离子自由基，从而可杀伤被吞噬的细菌和增强机体的免疫能力。此外，脂磷壁酸可诱导体外培养的细胞产生免疫活性蛋白 IL-1β、IL-6 及 TNF 等，从而调节免疫状态（王明俊，1997）。

3. 分支杆菌及其组成成分

早期从完整细菌提出的脂溶性蜡质 D 是一种高分子多肽糖脂，具有一定的佐剂活性，后来进一步研究表明其佐剂活性作用的是黏肽。1971 年日本学者证明，以结核杆菌为首的分支杆菌菌体的活性因子存在于细胞壁骨架中，其中蜡质 D 是细胞壁骨架的合成前体（王明俊，1997）。

含有细胞壁骨架的油包水型乳剂，能刺激血流产生的抗体量增加，可诱导细胞免疫形成并持续一段时间；用矿物油处理后的卡介苗细胞壁骨架制成水包油型乳剂，对杀伤 T 细胞活化有明显作用，且对小鼠同系移植肿瘤具有阻止移植物存活或消退的作用（徐凤宇等，2007）。用溶菌酶消化分支杆菌细胞壁提取的水溶性物质，制成油包水型乳剂，对刺激血中抗体产生和诱发迟发型变态反应都有很强的佐剂作用。

4. 霍乱毒素

霍乱毒素是霍乱弧菌分泌的一种具有 ADP 核糖基转移酶活性的毒蛋白，由 1 个 A 亚单位和 5 个 B 亚单位组成的五聚体（蒋玉文等，2002）。

1972 年首次报道霍乱毒素静脉注射能作为提高抗体反应的佐剂，1984 年 Elson 和 Ealding 发现口服使用时霍乱毒素的佐剂作用非常明显，随后在动物体内做了许多细致的研究工作，研究证实霍乱毒素具有很强的黏膜免疫原性和佐剂活性（杨淑静等，2000）。

霍乱毒素对B细胞没有明显的增殖作用，但表现出多克隆活化，MHC-II、CD40等表达增加（杨淑静等，2000）；霍乱毒素可诱导树突状细胞成熟，树突状细胞是体内多种组织中存在的重要的抗原递呈细胞，霍乱毒素能增强树突状细胞表面的协同刺激分子的表达，也可诱导树突状细胞的成熟标记的表达（李成文，2004）。

霍乱毒素既可以增强黏膜免疫也可增强系统免疫（李成文，2004），体内试验结果显示可增强抗原递呈，体外试验结果显示可抑制抗原在胞内的降解，促进抗原的摄取和呈现。此外，霍乱毒素还可促进IL-1、IL-4、IL-5、IL-6、IL-10和IFN-γ的表达（杨淑静等，2000）。

霍乱毒素B亚单位无毒性，但具有很强的免疫原性，能刺激产生黏膜IgA和血清IgG抗体，具有能加强抗原表位的抗原性的特点，故常被作为肽疫苗佐剂。作为口服疫苗的研究中，霍乱毒素B亚单位是理想的蛋白质，它不仅可以提高肠道对蛋白质的吸收率，而且可提高机体产生的抗体效价（任学毅等，2003）。此外，霍乱毒素B亚单位还能特异地影响小肠黏膜细胞间的紧密连接或小带闭锁结构，增加通透性，防止口服疫苗在小肠黏膜处被消化分解，保持其抗原性，使机体产生良好的免疫反应（Alessio等，1991）。

四、免疫佐剂的作用

总结归纳免疫佐剂的作用主要有以下几点：①延缓抗原的释放，保护抗原不被水解，佐剂可延长抗原在体内滞留时间，避免频繁注射，有利于高亲和力抗体的产生；②活化巨噬细胞并促进巨噬细胞与T细胞和B细胞的相互作用，从而对淋巴细胞有特异性加强刺激的作用；③佐剂吸附了抗原后，增加了抗原的表面积，使抗原易于被巨噬细胞吞噬；④佐剂能刺激吞噬细胞对抗原的处理；⑤可刺激致敏淋巴细胞的分裂和浆细胞产生抗体。故免疫佐剂的作用可使无免疫原性物质变成有效的免疫原；⑥可提高机体初次和再次免疫应答的抗体滴变；⑦改变抗体的产生类型以及产生迟发型变态反应，并使其增强。由于佐剂常混有微量的其他物质，这些物质进入机体后也可引起抗体的产生，影响抗体的特异性。注射完全佐剂可引起局部炎症反应，使局部组织坏死。

（王建琳　青岛农业大学动物科技学院）

第五章 动物生物制品技术基础

第一节 基因重组与目的基因表达载体

20 世纪 60 年代末，Berg 教授将细菌 DNA 和 SV40 病毒 DNA 连接起来，得到重组 DNA 分子，这是人类历史上第一次出现的基因重组。1972 年，在旧金山 H. W. Boyer 实验室第一次分离到限制性内切酶，使重组 DNA 技术得到迅猛发展。经历了 30 多年的发展，基因重组技术无论是在基础理论研究还是生产实际应用方面，都取得了惊人的发展。目前，基因重组技术已广泛用于生命科学的各个领域，同样也给生物制品学的发展开辟了广阔的天地。基因的克隆和表达使得几乎所有微生物的抗原都可以用重组 DNA 的方法来获得，不仅为疫苗研究提供大量的抗原，而且使得对病原微生物的研究变得更加安全。

应用基因重组技术，产生了一系列的基因工程疫苗，包括重组亚单位疫苗、活载体疫苗、基因缺失苗和 DNA 疫苗等，为疫苗研制开辟了一条新途径。

一、基因重组

体外重组 DNA 的技术主要包括基因的获得、载体的选择、基因重组、基因的转化和表达。

(一)基因的获得

基因重组技术的关键是要有足够数量、较高纯度的特定基因。可以采用基因分离和合成的方法获得所需的目的基因。

分离特定基因有多种方法，包括生物化学的和遗传学的方法、核酸杂交以及限制性核酸内切酶切割法。1969 年，哈佛大学以 R. Beckwith 博士为首的研究小组，应用 DNA-DNA 分子技术，首次成功地分离到了一种特殊的基因——大肠杆菌乳糖操纵子的 β-半乳糖苷酶(吴乃虎，2001)。但这种方法分离基因的成功几率很小。也可以将只能同目的基因特定序列作碱基配对的 RNA 或 DNA 分子进行标记作为分子探针(Probe)。它们同目的基因杂交之后，可通过放射自显影技术检测出来，从而达到分离基因的目的。放射性标记探针的应用，显著地提高了基因分离的敏感性，是目前基因分离中最常用也是最有效的方法之一。另外，也可以生物体作为原料，将生物体细胞破碎后，利用一些化学试剂，就可以分离到染色体 DNA。分离到的 DNA 用限制性内切酶来进行切割，同时用同一种限制性内切酶作用于载体，能使两者产生相同的黏性末端，再由连接酶结合组成一个新的DNA分子。用抗血清作探针，在cDNA表达文库中钓取目的基因，也是筛取未知序列的候选基因的经典方法。也可以通过PCR方法获得目的基因，PCR的原理、方法将在以后章节详述。

我们不仅可以通过分离天然的基因获得目的基因，而且还能应用化学的方法，在实验室内合成有关的基因。最早合成的基因是由麻省理工学院合成的酵母丙氨酸转移核糖核酸基因(77个碱基对)，随后该实验室又报道了大肠杆菌酪氨酸转移核糖核酸基因的全合成，将该合成基因导入大肠杆菌细胞后，表现出生物活性，这表明人类可以通过化学的方法合成基因。人工合成的基因可以是生物体内已经存在的，也可以是按照人们的愿望和特殊需要重新设计的。

理论上讲，任何大小的基因都可以用化学方法合成。但如果基因比较大，用化学法合成则十分费事。因此对大分子质量的基因而言，直接从生物体中分离天然的基因则比较合宜。一般比较倾向于用化学合成和自然分离相结合的办法进行基因的人工合成。

(二)载体的选择

载体在分子克隆中是不可缺少的，目的基因片段只有与载体片段共价连接形成重组体后，才能进入合适的宿主细胞内进行复制、扩增和表达。作为体外表达抗原蛋白的载体必须具备以下条件：有多个可供选择插入外源DNA片段的单一限制性内切酶位点，并且在酶切重组后，仍能保持复制子的功能；有合适的遗传学标记便于筛选，最好为具双重标记的质粒，当外源DNA插入其中一种标记时产生插入失活，另一标记有效地帮助鉴别重组质粒，包括抗药性、营养缺陷型噬斑形成及显色反应；能在大肠杆菌中复制，便于重组DNA分子的制备；具有复制起始点；非感染性；不与宿主细胞染色体发生整合(张延龄，2006)。

(三)基因与载体的重组

基因与载体的重组，涉及一系列相互关联的酶催反应，限制性核酸内切酶(Restriction endonucleases)和DNA连接酶(Ligase)是重组DNA技术中重要的两种酶。限制性核酸内切酶可以识别双链DNA分子中的某种特定核苷酸序列，因此，它可以将不同的含有相同核苷酸序列的载体或其他DNA分子切割成不同大小的片段，并使其末端保持特定的平末端或黏性末端。DNA连接酶可以将不同来源的DNA分子连接并封闭起来，目前，最常用的DNA连接酶为T4 DNA连接酶，无论是带有互补黏末端的基因与载体片段之间，还是带有平末端的DNA片段之间，都可以用T4 DNA连接酶催化进行共价连接，形成重组子。

要想使载体和基因进行重组，必须将载体和基因进行连接，目前已知有三种方法可以用来在体外连接DNA片段：①用DNA连接酶连接酶切后具有黏性末端的DNA片段；②用T4 DNA连接酶直接将平端的DNA片段连接起来，或是末端用脱氧核苷酸转移酶给DNA的平末端加上poly(dT)-poly(dA)尾巴后，再用DNA连接酶将它们连接起来；③先在DNA片段末端加上化学合成的衔接物或接头，使之形成黏性末端后，再用DNA连接酶连接起来(吴乃虎，2001)。黏性末端的DNA片段的连接比较容易，也比较常用。在基因重组中，通常选用载体和基因上唯一并共有的限制性酶切位点分别酶切载体和目的基因，使其都形成黏性末端，然后将消化后的载体和外源DNA混合，加入DNA

连接酶，在适当的条件下作用后，产生稳定的杂种DNA分子。通常外源DNA片段小，与载体连接容易，片段过大则连接困难。在载体允许克隆大小范围内，目的基因片段的量与载体片段的量之间的比例对于连接成功与否较为重要，另外，用小牛肠碱性磷酸酶(CIP)处理限制性内切酶消化后的载体，可防止载体的自身连接作用，有利于重组子的筛选。但注意外源DNA片段不能用碱性磷酸酶处理的，否则两者不能连接形成杂种DNA分子。

(四)基因的转化与表达

载体DNA和目的基因在体外重组后，经过筛选和鉴定，接下去的工作是将它们转入到能让它们自由复制和表达其基因产物的活细胞中去。将重组DNA分子转入活细胞内的方法很多，凡能将DNA转入细胞内的技术都可以使用。最常采用的方法是转化、转染、转导和体外包装等。转化(Transformation)是指将重组DNA转入宿主细菌的过程，常用的转化方法有氯化钙转化法和电转化法。转染(Transfection)是指重组DNA进入插入真核细胞的过程。目前，将外源DNA导入哺乳动物细胞的方法大致可分为两大类，即生物方法和物理化学方法。物理化学方法中常用的有磷酸钙法、显微注射、电穿孔、脂质体介导的转染，以及最近出现的以高分子聚合物为载体的基因传递技术。生物方法则主要是以病毒作为载体，通过病毒感染的方式将外源DNA导入到细胞中，其中以逆转录病毒及腺病毒转染系统最为常用。转导(Transduction)是指由噬菌体将一个细胞的基因传递给另一细胞的过程。它是细菌之间传递遗传物质的方式之一。体外包装是λ重组体DNA分子在体外人工包装成有感染活性的噬菌体颗粒，然后通过噬菌体颗粒将外源基因导入受体细胞的过程。上述方法均可以将重组DNA导入受体细胞，可以根据载体特性和受体细胞的种类选择合适的转化方法。

用于表达基因产物的受体细胞有以下几种：原核细胞、酵母、植物、昆虫细胞和哺乳动物细胞。

1. 原核细胞

这一类细胞的典型代表是大肠杆菌，与其他表达系统相比，大肠杆菌表达系统具有遗传背景清楚，目的基因表达水平高，培养周期短，抗污染能力强等特点。在基因表达技术中占有重要的地位，是分子生物学研究和生物技术产业化发展进程中的重要工具。其缺点是不能进行蛋白质翻译后的折叠加工过程，不能使蛋白质糖基化，然而糖蛋白的糖部分往往和抗原性、蛋白质的立体结构和抵抗蛋白酶的降解有关，因此大肠杆菌表达的蛋白有时会失去其生物活性或抗原性。此外，表达的蛋白中含有大肠杆菌内毒素，在提纯过程中应去除细菌的内毒素，特别是制备亚单位疫苗。

2. 酵母

酵母表达系统是研究真核蛋白质表达和分析的有力工具，拥有转录后加工修饰功能和真核细胞糖基化的功能，适合于稳定表达有功能的外源蛋白质。酵母表达系统操作简便，成本低廉，并可用发酵的方法来大量制备基因工程的产物。最早应用于基因工程的酵母是酿酒酵母，后来又相继开发了裂殖酵母、克鲁维酸酵母、甲醇酵母等，其中，甲醇酵母表达系统是目前应用最广泛的酵母表达系统。目前甲醇酵母主要有 *H. Polymorpha*，*Candida* Bodini，*Pichia* Pastoris 3种，以 *Pichia* Pastoris 应用最多。甲醇酵母一般先在含甘油的培养基中生长，培养至高浓度，再以甲醇为碳源，诱导表达外源蛋白，这样可以大大提高表达产量。利用甲醇酵母表达外源蛋白时,表达量很高,往往可达克级。甲醇酵母也有其缺点,在表达外源蛋白时,需要培养很长时间表达蛋白量才能达到峰值水平,而且甲醇是高毒性、高危险性化工产品,使得试验操作过程中存在不小的危害性。且不宜于食品等蛋白生产。

3. 植物

植物具有完整的真核细胞表达系统,能对表达的外源蛋白质进行翻译后加工,如糖基化,精确的切割、折叠和组装,使表达产物具有与高等动物细胞表达一致的生物活性,而且表达量较高,可以达到或超过植物总可溶性蛋白质的1%。因此,植物学家们将外源基因导入植物细胞,通过植物组织培养和细胞分化再生出完整的可育的转基因植物,并可以通过有性生殖遗传给子一代,培育出可以表达外源蛋白的转基因植物。大部分蔬菜和水果类植物含有较多的水分,蛋白质的含量很低,不适合作为转基因植物疫苗的表达载体。而豆类种子中含有凝集素类物质,不能生食。目前常用于表达外源蛋白的植物有烟草、马铃薯、番茄、香蕉和一些豆类植物等,香蕉和番茄的果实是可以生食的,所以转基因植物作为重组疫苗,特别是口服疫苗的表达载体是非常适合的。植物的转基因方法主要包括直接基因转移和农杆菌介导的转化两大类。直接基因转移又包括 PEG(聚乙二醇)介导的转移、电击介导的转移以及基因枪转化。直接基因转移常常是多拷贝外源基因序列的插入,农杆菌介导的转化多是单拷贝或低拷贝的插入,且优先插入至转录活性区。而多拷贝插入与基因的失活和沉默有密切的关系。因此,农杆菌介导的遗传转化已成为各种植物转基因的首选方法。

4. 昆虫细胞

昆虫表达系统是一类应用广泛的真核表达系统 ,该系统具有与其他高等真核表达系统相似的翻译后修饰、加工及转移外源蛋白的能力。杆状病毒表达系统(Baculovirus expression system)是近年来应用较多的昆虫细胞,该系统通常采用苜蓿银纹夜蛾核多角体病毒(AcNPV)作为表达载体。鳞翅目昆虫细胞 sf9、sf21 细胞,正是杆状病毒表达系统的宿主细胞。sf9 细胞属于半贴壁型细胞系,可以进行悬浮培养,也可以进行贴壁培养,在应用于蛋白的表达与制备纯化中,有着许多的优点。以前人们以为杆状病毒仅能感染鳞翅目昆虫细胞,而新构建的杆状病毒-S2 表达系统,也能感染果蝇 S2 细胞,重组杆状病毒感染 S2 细胞后不会引起宿主细胞的裂解,且蛋白表达水平与鳞翅目细胞相似,因此果蝇 S2 细胞也因成为昆虫细胞表达系统的宿主细胞而逐渐引起人们的重视。

5. 哺乳类细胞

哺乳动物细胞能够指导外源蛋白的正确折叠,提供复杂的翻译后加工功能,因此,表达的外源蛋白在活性方面远胜于原核表达系统及酵母、昆虫细胞等真核表达系统,更接近于天然蛋白质。哺乳类细胞可分成 3 类,即原代细胞、细胞株和细胞系。细胞株在体外的培养有代次的限制,但是给动物接种不会产生肿瘤;细胞系则可以无限制地进行传代,但是给动物接种有可能产生肿瘤。细胞株和细胞系是常用的基因工程宿主细胞,常用的宿主细胞有 CHO、COS、BHK、SP2/0、NIH3T3 等,不同的宿主细胞对蛋白表达水平和蛋白质的糖基化有不同的影响,因此在选择宿主细胞时应根据具体情况而定。利用哺乳动物细胞表达外源基因时,大多数情况下不需要诱导,但当表达产物对细胞有毒性时应采取诱导,这样可避免表达产物产生早期就对细胞产生影响。另外哺乳类细胞摄取 DNA 的能力很差,即便在最合适的条件下,也只有不到 10%的 DNA 能被转化进入细胞内。外源基因导入哺乳动物细胞主要有 2 种方法：一是感染性病毒颗粒感染宿主细胞，二是通过脂质体法、显微注射法、磷酸钙共沉淀法及 DEAE-葡聚糖法等非病毒载体的方式将基因导入到细胞中。

二、基因表达载体

按载体的用途，重组 DNA 技术中常用的载体可分为两种，即克隆载体和表达载体。克隆载体主要是用于对目的基因的分析和目的基因的扩增，表达载体是适合在受体细胞中表达外源基因的载体，分为原核表达载体和真核表达载体。按宿主细胞不同，表达载体又可分为细菌性表达载体、病毒性表达载体和植物口服表达载体。

（一）细菌性表达载体

可以作为表达载体的细菌种类很多，大肠杆菌和沙门氏菌是常用的两种宿主菌，除此之外，李斯特杆菌、霍乱弧菌、乳酸杆菌等均可作为表达蛋白的常用宿主菌。

1. 大肠杆菌表达载体

大肠杆菌（*Escherichia coli*）表达系统是基因表达技术中发展最早和目前应用最广泛的经典表达系统，因为其遗传背景清楚、成本低、生产率高、特征明确，能兼容多种抗体，使之成为人们克隆与表达外源基因的首选菌株。其外源基因的表达过程，受各种因素影响，如外源基因本身的特性、表达载体的选择、外源基因与系统的相互作用以及培养条件等。

（1）克隆及表达过程：选择合适的表达宿主与表达载体，将靶基因克隆入表达载体，构建重组子，转化后通过酶切初步筛选出阳性重组质粒，然后进行 DNA 序列测定，确定插入的每个碱基准确无误，且无意外终止的情况。将获得的阳性重组子转化表达宿主菌中，进行诱导表达。诱导表达的类型可分为组成型表达、诱导调控型表达、融合表达、分泌表达和可溶性表达。其一般诱导过程为：挑取含重组质粒的单个菌落于 37℃过夜培养；接种新的培养基，37℃震荡培养至 OD_{600} 值达到 0.4～1.0；加入适当浓度的 IPTG 进行诱导，一般 37℃诱导 3～4 h 或 30℃诱导 6 h 是蛋白表达的最大产量期，22℃、18℃、16℃等低温诱导时间在 12～48 h，低温诱导可使蛋白缓慢合成，有利于蛋白正确折叠形成可溶性蛋白。

（2）表达载体的选择：用于大肠杆菌的表达载体很多，一般来说，大肠杆菌表达载体应满足下列条件：①重组质粒有较高拷贝数且表达量高；②载体能够独立复制，可在宿主细胞中增殖和表达；③具有很强的启动子和终止子；④具有灵活的克隆位点，便于目的基因的插入；⑤具有方便的筛选标记，使表达产物容易纯化。目前已知应用较广的大肠杆菌表达载体有以下几种：非融合表达载体、融合表达载体、带纯化标签表达载体。

表达的非融合蛋白与天然状态下存在的蛋白在结构、功能以及免疫原性等方面基本一致，因而可以进行后续研究。为提高翻译效率，人们在设计表达载体时采用了许多办法，例如：优化翻译起始区以达到高效表达；在构建表达载体时，使用近年来发现的“原核翻译增强子”序列，提高翻译效率；将“原核翻译增强子”和双顺反子结构结合到一起，从而提高表达效率等（Lilie 等，1998）。

小分子质量的蛋白质一般选用融合表达系统，可增强 mRNA 及表达产物的稳定性，并产生可溶性蛋白。目前成功的融合表达系统主要有以下几种：①GST 系统，融合蛋白通过谷胱甘肽-agarose进行亲和纯化后，用凝血酶将融合蛋白的GST部分切除，从而获得目的蛋白。②β-半乳糖苷酶系统，通过蓝斑筛选得到目的克隆，融合蛋白可用氨基苯硫代半乳糖苷酶（TPEG）-Sepharose进行亲和纯化。③硫氧还蛋白（Thiore-dexin）系统，以大肠杆菌trxA基因产物（硫氧还蛋白）作为融合伴侣的基因融合表达系统，适用于在胞质中表达高产量的可溶性融合蛋白，硫氧还蛋白具有热稳定性，并且可通过渗透休克而从大肠杆菌胞质中定量释放出，固可用作纯化中的有效工具。

一些用于纯化目的蛋白的Tag作为纯化标签，用于表达载体的构建。目前用得较多的纯化标签是GST-tag和His-tag。如pGEX-6p-1和pET-28a的标签蛋白分布为GST和His。利用标签技术提高纯化纯度，为生产高纯度高活性的基因工程产品创造了有利条件。

(3)影响蛋白表达的因素：在蛋白质翻译过程中，宿主菌存在着对密码子的偏爱性，即对于编码相同氨基酸的简并密码，编码速度不相同。因此，密码子含量直接影响着翻译的速度与质量。通过对*E. coli*中含量丰富的一些蛋白质密码子使用情况的统计发现，AGA、AGC、AUA、CCG、CCT、CTC、CGA、GTC等8种密码子是大肠杆菌的稀有密码子。如外源基因含有较高比例的稀有密码子，表达效率往往不高。另外，外源基因中A＋T的含量对于表达起着重要作用。许多高A＋T含量的基因通常因为A、T形成提前终止信号而不能有效转录，如共有序列ATTATTTATAAA就是一个转录提前终止的信号。因此，在进行蛋白表达时，目的基因中的稀有密码子和A、T含量应控制在一定的范围内。

在表达过程中，过早的表达产物对于宿主菌有毒害作用，使生长速率下降，甚至导致宿主菌死亡，故应采用诱导型的启动子，以便有效地控制表达的时间。因此，对于这种工程菌一般采用两阶段培养法，即菌体积累阶段和产物表达阶段。在菌体积累阶段细菌生长快速，外源基因不表达，质粒拷贝数下降，但质粒稳定性明显增加；在产物表达阶段，细菌生长缓慢，外源基因表达，质粒拷贝数增加，外源基因表达量增加。但蛋白的表达并不是持续不变的，当重组蛋白分泌增加时会导致宿主菌的蛋白酶大量释放，造成目的蛋白大量降解，影响目的蛋白的产量，因此，蛋白的表达量达到一定程度时，蛋白的降解速度超过表达速度，蛋白量便不再增加。

培养基成分、培养方式、培养条件以及培养过程中抑制性代谢产物的积累等都会影响重组蛋白在工程菌中的表达产量和分泌的量。其中培养基营养成分、pH和温度等参数是影响工程菌生长和表达外源蛋白的重要因素，能够影响蛋白酶的活性、分泌和表达水平（Bird等，2004）。

2. 沙门氏菌载体

减毒沙门氏菌是通过物理、化学或基因工程等方法，使沙门氏菌某些特定的基因发生不可逆的突变，使其毒力大大降低，感染宿主细胞后可在体内生长繁殖。沙门氏菌是一种侵袭性胞内菌，主要通过特殊的小肠黏膜上皮M细胞进入机体（Sirard等，1999），除此之外还可以被树突状细胞（Dendritic cell，DC）直接摄取进入机体（Mary，2003），产生局部黏膜免疫、体液免疫以及细胞免疫应答。减毒沙门氏菌可作为疫苗载体携带原核表达质粒和真核表达质粒，重组减毒沙门氏菌疫苗制备简单，免疫方便，有较强的免疫原性，能诱导持久的免疫反应，尤其可诱导较强的黏膜免疫反应。从造成沙门氏菌重要的新陈代谢和致病基因的突变或缺失两方面入手，已建了许多种减毒株，如GID101、

GID105、X4064、ZJ Ⅲ、Ty800、X4632、X4550、X4072 和 X3730 等,用作基因疫苗的表达载体或运送载体。

许多应用在大肠杆菌中的表达载体都能转化到沙门氏菌中,并获得表达,但转化进入沙门氏菌中的质粒有时不太稳定,疫苗在进入动物体内后,质粒会丢失。将目的基因整合到沙门氏菌的染色体中,可以防止质粒丢失。另外,沙门氏菌的蛋白酶能将外源基因表达的蛋白很快降解掉,影响疫苗的免疫效果,但目前还没有解决办法。

(二)病毒性表达载体

利用 DNA 重组技术,将外源基因插入到质粒中,然后再导入到病毒中进行蛋白的表达,并以此作为疫苗免疫动物已获得成功。目前,常用的病毒载体有痘病毒载体、腺病毒载体、疱疹病毒载体、杆状病毒载体和脊髓灰质炎病毒载体,其中痘病毒和腺病毒载体最为常用。

1. 痘病毒载体

痘病毒在感染细胞的胞浆内增殖,必须靠自身合成的 RNA 聚合酶完成转录。痘病毒含有能被真核细胞识别的启动子,能启动一些标记基因和外源基因的蛋白表达。经过改建后,痘病毒可以发展成为表达外源基因的分子载体。

痘苗病毒是第一个痘病毒科中用于表达研究的病毒,也是研究最多、最深入的一种痘病毒载体。痘苗病毒作为表达载体具有下列几个优点:基因组容量大;宿主范围广泛;细胞浆内表达,减少了对核加工以及核 RNA 运输的特殊需要,并能将重组蛋白转运到细胞内的适当隔离区;依靠痘病毒基因组启动子,能有效地表达外源基因,有很高的表达水平;经过长期使用后证明,痘苗病毒免疫原性持久,能同时诱发体液和细胞免疫。但在接种后,局部反应较大,有人接种后全身长痘和出现种痘后脑炎的症状,发生率为百万分之一。因此,人们开展了其他痘病毒载体的研究。NYVAC 就是在痘苗病毒的研究基础上,删除了痘苗病毒 Copenhagen 株中的毒力相关基因、和与宿主复制竞争无用基因而获得的载体,它在对病毒高度致弱的同时,保留了诱导保护性免疫反应的特性,在外源抗原免疫应答方式上,类似于亲代株胸苷激酶突变体(Paoletti,1996)。

构建重组痘病毒包括两个过程:先将外源基因克隆入穿梭载体中,鉴定后将重组质粒转染已经感染了痘病毒的细胞,使外源基因与病毒染色体进行同源交换。用于构建重组痘病毒的质粒必须具有痘病毒的启动子、具有与痘病毒非必需区进行同源重组的同源 DNA 序列、具有选择标记,便于重组痘病毒的筛选。

除了痘苗病毒外,牛痘病毒载体也是常用的痘病毒载体,以此为载体,研制了很多兽用疫苗,如狂犬病病毒糖蛋白的牛痘基因工程苗、牛瘟血凝素牛痘基因工程苗等。除此之外,对鸡痘病毒、金丝雀痘病毒、猪痘病毒、羊痘病毒等都有不同程度的研究。

2. 腺病毒载体

无论在人体还是动物机体,腺病毒随处可见,大多呈隐形感染。多年的研究和应用表明,腺病毒作为载体使用是安全的。目前,研究的腺病毒载体多数以人腺病毒 2 型(Ad2)和人腺病毒 5 型(Ad5)为基础构建的。与其他病毒载体相比,腺病毒载体具有许多独特的优点:安全性较高,无致病性;病毒颗粒相对稳定,病毒基因组较少发生重排,插入外源基因的病毒基因组在连续传代中一般保持不变,易于用重组 DNA 技术操作;克隆空间大;能在大多数哺乳动物细胞和组织中表达重组蛋白;可对外源基因进行正确的翻译和修饰，使表达的蛋白具有与天然蛋白相同的生物活性，可以用来基因治疗各种疾病。

到目前为止，腺病毒载体共有3代。第1代腺病毒载体，去除了E1/E3基因表达盒，可以插入长达6.5 kb的外源DNA。腺病毒的结构和功能蛋白，分为早期表达和晚期表达，早期表达功能蛋白调控晚期蛋白的表达。早期表达的E1区蛋白(甚至包括E2区蛋白)是腺病毒基因组复制、病毒包装和其他蛋白表达翻译所必需的。去除了E1区的腺病毒只能在E1区基因蛋白的293细胞中得到增殖。第2代腺病毒载体是在E1、E3缺失的基础上进一步去除了E2区和(或)E4区，减弱病毒蛋白的表达。但第1代和第2代腺病毒载体在使用时会产生针对病毒包壳和转基因表达产物的免疫反应，基因表达受到抑制，表现为感染组织的炎症反应和外源基因表达消失；在二次应用时，强烈的免疫反应会使外源基因的表达迅速消失。这使腺病毒的应用受到很大的限制。因此，又研发了第3代腺病毒，即“空壳”载体，仅保留两端TR(Terminal Repeats)以及包装信号共约500 bp的顺式作用元件，去除腺病毒基因组中全部的编码序列(反式作用元件)(Amalfitano等，1998)，其他功能由辅助病毒提供，这样构建的一种腺病毒载体，是防止或减少腺病毒蛋白表达最简单、直接也是最有效的方法。

很多病毒的基因在腺病毒载体中获得表达，如人丙肝病毒的NS蛋白(Laura等，2002)、口蹄疫病毒的核衣壳蛋白(Qiaohua等，2003；Mauro等，2003)和各种细胞因子(Chinsangaram等，2003)等。为了避免初次免疫产生的腺病毒抗体对加强免疫的影响，可以采用不同血清型的重组腺病毒进行加强免疫。免疫部位以鼻内接种较好，可以引起其他黏膜部位的抗体反应。

(王先炜　南京农业大学动物医学院)

第二节　杂交瘤单克隆抗体与基因工程抗体技术

一、单克隆抗体

1975年，英国剑桥大学分子生物学研究室的Kohler和Milstein发表了“分泌预定特异性抗体融合细胞的持续培养”的论文，他们将已适应于体外培养的小鼠骨髓瘤细胞与经绵羊红细胞免疫过的小鼠脾细胞进行融合，发现融合形成的杂交瘤细胞具有双亲细胞的特征，既像骨髓瘤细胞一样在体外培养、快速增殖，又能像B淋巴细胞一样持续地分泌特异性抗体。这就是淋巴细胞杂交瘤技术(Lymphocyte hybridoma technology)。通过融合、克隆化可使杂交瘤细胞成为单纯的细胞系，由此单克隆系就可以获得结构与各种特性完全相同的高纯度抗体——单克隆抗体。该技术被广泛应用于生物学、医学、药物和蛋白质制造业等领域，既可以用来诊断各种疾病，包括恶性肿瘤，也可以用来治疗多种疾病。

(一)单克隆抗体产生的原理

分泌抗体的浆细胞是由B淋巴细胞分化而来，动物的脾脏有成千上百万个B淋巴细胞，每个B淋巴细胞只含有合成一种抗体的遗传基因，也就是说一个B淋巴细胞只能分泌单一一种抗体。当机体受到抗原刺激时，许多不同的抗原决定簇分别激活具有不同基因的B细胞。被激活的B细胞分裂增殖形成该细胞的子代，即克隆由许多个被激活B细胞的分裂增殖形成多克隆系，合成多种不同的抗体。如果能选出一个分泌一种专一抗体的细胞进行培养，就可得到由单细胞经分裂增殖而形成的细胞群，即单克隆。单克隆细胞将合成针对一种抗原决定簇的抗体，称为单克隆抗体(Monoclonal antibody,McAb)，又称为第二代抗体。但这种B淋巴细胞难以在体外培养，不可能在体外获得由单一B淋巴细胞分泌的单克隆抗体。骨髓瘤细胞可以在体外培养生长，而且比正常细胞生长繁殖的速度要快，但这种细胞不会产生抗体。细胞杂交技术使骨髓瘤细胞与免疫的淋巴细胞相融合，得到杂交骨髓瘤细胞。这种杂交瘤细胞有两种亲代细胞的特性，既能像B淋巴细胞那样合成专一抗体，也能像骨髓瘤细胞那样在体外无限繁殖。将杂交瘤细胞克隆化，培养成无限增殖的细胞群，分泌与一种抗原决定簇特异性结合的单克隆抗体。

(二)杂交瘤细胞系的建立和鉴定

随着淋巴细胞杂交瘤技术的广泛应用，该技术也越来越成熟和完善。虽然各个实验室的方法和步骤略有不同，但大体上相同，主要包括：动物和细胞的选择、抗原的制备、免疫动物、细胞融合、阳性杂交瘤的筛选、抗体检测、杂交瘤细胞的亚克隆、冻存和抗体鉴定等。

1. 细胞融合前准备

(1)动物和细胞的选择：制备杂交瘤细胞，选用的骨髓瘤细胞系应为非分泌免疫球蛋白、营养缺陷型的细胞，应和免疫动物属于同一品系，这样杂交融合率高，也便于接种杂交瘤细胞在同一品系小鼠腹腔内产生大量的McAb。目前，制备单抗的骨髓瘤细胞一般为黄嘌呤磷酸核糖转化酶(HGPRT)缺陷株，可用HAT培养基筛选。常用的骨髓瘤细胞系见表5.1。

表5.1 常用的骨髓瘤细胞系

(周东坡，2007)

名称	来源	耐受药物	H	L
P3/X63-Ag8(X63)	BALB/c 骨髓瘤 MOPC-21	8-氮杂鸟嘌呤	γ1	κ
P3/X63-Ag8.653(X63-Ag8.653)	P3/X63-Ag8	8-氮杂鸟嘌呤	—	—
P3/NSI-1-Ag4-1(NS-1)	P3/X63-Ag8	8-氮杂鸟嘌呤	—	κ
P3/X63-Ag8.UI(P3U)	(X63×BALB/c 脾细胞)骨髓瘤	8-氮杂鸟嘌呤	—	—
SP2/0-Agl4(SP2/0)	(X63×BALB/c 脾细胞)骨髓瘤	8-氮杂鸟嘌呤	—	—
F0	BALB/c 骨细胞	8-氮杂鸟嘌呤	—	—
S194/5.XXO.BU.1	P3/X63-Ag8	5-溴脱氧尿嘧啶核苷	—	—
MPC11-45.6TG1.7	BALB/c 骨髓瘤 MPC-11	6-巯鸟嘌呤	γ2b	κ
210.RCY3.Ag1.2.3	LOU 大鼠骨髓瘤 R210	8-氮杂鸟嘌呤	—	κ
GM15006TG-A12	人骨髓瘤 GM1500	6-巯鸟嘌呤	γl	κ
U-266AR	人骨髓瘤 U-266	8-氮杂鸟嘌呤	ε	λ

目前常用的动物为Balb/c小鼠，来源于同品系小鼠的骨髓瘤细胞系有S194/5.XXO.BU.1、SP2/0-Ag14(简称SP2/0)、P3/X63-Ag8.653(简称653)和FO。应用最多的是SP2/0细胞系。

(2)抗原的制备：不同抗原的免疫原性不同，免疫效果也不同，为了增强其免疫效果，在免疫时可根据抗原的特性进行相应的处理，如颗粒性抗原不加佐剂直接免疫就能获得较好的免疫效果，而可溶性抗原可加佐剂来提高它的免疫原性。

(3)免疫动物：选择合适的免疫方案对于细胞融合率和融合后阳性细胞率的高低是至关重要的。一般要在融合前2个月左右确立免疫方案并开始初次免疫，一般要经过初次免疫、第二次免疫、加强免疫。具体免疫方案应根据抗原的特性和抗体检测结果进行制定和调整。一般在加强免疫后，用血清学方法测定血清抗体效价，抗体合格后，取小鼠脾脏，制成细胞悬液，进行融合。第一次融合后，如果还需要免疫脾细胞，可再次加强免疫，3 d后取脾脏，进行融合。

(4)饲养细胞的制备：在组织培养中，单个或少数分散的细胞不易生长繁殖，若加入其他活细胞，便能促进这些细胞的生长繁殖，这种加入的细胞称为饲养细胞。加饲养细胞的主要目的在于可以分泌一些细胞生长因子，促进细胞生长和繁殖，同时还可以吞噬一些衰老的细胞和微生物。在制备单克隆抗体过程中，添加饲养细胞(Feeder cell)，对于杂交瘤细胞筛选、克隆化和扩大培养的过程是十分必要的。常用的饲养细胞有小鼠胸腺细胞、成纤维细胞、外周血淋巴细胞、小鼠腹腔巨噬细胞、大鼠或豚鼠的腹腔细胞等。最常用的是小鼠腹腔巨噬细胞，其制备过程如下：选用与免疫动物相同品系的小鼠，常用饲养6～10周Balb/c小鼠，拉颈处死后75%酒精浸泡消毒3～5 min，用灭菌剪刀剪开皮肤，使腹膜暴露，用无菌注射器注入6～8 mL培养基，轻揉小鼠腹腔，吸出冲洗液，然后放入10 mL离心管，1 200 r/min离心5～6 min，再用20%小牛血清(NCS)或胎牛血清(FCS)的培养液混悬，调整细胞数为2×10^5/mL，加入96孔板中，100 μL/孔，最后放入37℃、5%CO_2温箱培养。饲养细胞一般在融合前一天制备，在制备饲养细胞时，注意针头不要刺破动物的消化器官，否则会造成严重的污染(王延华，2009)。

(5)免疫脾细胞的制备：免疫脾细胞指的是处于免疫状态的脾脏中B淋巴母细胞或浆母细胞。一般取最后一次加强免疫3 d以后的脾脏，制成细胞悬液，此时由于B淋巴母细胞比例大，融合的成功率较高。具体制备方法如下：免疫小鼠处死后75%酒精浸泡，在完全无菌条件下取出脾脏，用不完全培养液或Hank's液洗涤，以洗去表面的血液，置平皿中用弯头镊子或注射器针头(弯曲)研磨，然后用200目的铜网或尼龙膜过滤，以除去大块的组织，滤液即为免疫脾细胞悬液。免疫脾细胞制备后应立即进行细胞融合。

2. 细胞融合，选择杂交瘤

(1)细胞融合流程：①取对数生长期的SP2/0，1 000 r/min离心5 min，用不完全培养基洗涤两次，并计数；②将制备好的免疫脾细胞悬液，用不完全培养基洗涤两次，计数；③将脾细胞与骨髓瘤细胞按一定比例(一般(10∶1)～(1∶1))混合，用不完全培养基洗涤1次，离心；④吸尽上清液，轻轻弹击离心管底部，使两种细胞混合均匀成糊状；⑤然后在30 s内缓慢加入1 mL预热的融合剂－50%聚乙二醇(PEG 4 000)；⑥静置90 s，气温低时可延长至120 s；⑦逐渐加入完全培养基(每隔2 min分别加入1 mL、2 mL、3 mL、4 mL、5 mL和10 mL)，离心，弃上清液；⑧加入HAT培养基，切记不能用力吹打，以免使融合在一起的细胞散开；⑨按照不同浓度分于加有饲养细胞的96孔培养板孔中，100 μL/孔，置5%～10%CO_2培养箱中培养。

融合过程受许多因素的影响，在操作中应注意以下方面：①骨髓瘤细胞的状态对融合有很大的影响，一定要保证细胞的最佳状态；②整个融合过程中应保证无菌操作；③更换培养液时不超过1/2换液量，动作要轻柔，不要吸出孔底细胞；④24 h内尽量避免开关

CO_2 培养箱，保证 CO_2 的浓度有助于细胞的融合；⑤尽量减少从培养箱取出细胞培养板的次数；⑥保证细胞融合中需要试剂的质量，如小牛血清、培养液、HAT、HT、PEG 等。

（2）HAT 选择杂交瘤：细胞融合是一个随机的物理过程，小鼠脾细胞和骨髓瘤细胞混合细胞悬液中，经融合后细胞可能有多种形式，如融合的脾细胞和瘤细胞、融合的脾细胞和脾细胞、融合的瘤细胞和瘤细胞、未融合的脾细胞、未融合的瘤细胞以及细胞的多聚体形式等。为了获得既能在体外无性繁殖又能分泌抗体的杂交瘤细胞，必须对融合后的细胞进行筛选。常用 HAT 选择培养基作为细胞融合的选择培养基，它含有 3 种成分：H 为次黄嘌呤（Hypoxanthine），T 为胸腺嘧啶核苷（Thymidine），二者都是旁路合成 DNA 的原料；A 是氨基蝶呤（Aminopterin），是细胞合成 DNA 的阻断剂，取三者的字头称为 HAT 培养基。细胞 DNA 合成一般有两条途径：主途径是由氨基酸和糖合成核苷酸，进而合成 DNA，叶酸作为重要的辅酶参与这一合成过程；旁路途径是在次黄嘌呤和胸腺嘧啶核苷存在的情况下，经次黄嘌呤磷酸核糖转化酶（HGPRT）和胸腺嘧啶核苷激酶（TK）的催化作用合成 DNA。氨基蝶呤是叶酸的颉颃剂，可阻断瘤细胞正常合成 DNA，骨髓瘤细胞是经毒性培养基选出的 HGPRT 缺陷型细胞系，不能利用 H、T 合成 DNA，所以不能在 HAT 培养基中存活。脾细胞虽然能利用 H、T 合成 DNA，但不能在体外繁殖，在培养基中仅存活 5～7 d，而融合细胞具有亲代双方的遗传性能，它可以像 B 细胞一样利用 H、T 合成 DNA，可在 HAT 培养基中长期存活与繁殖，所以在细胞融合后加入 HAT 培养基培养一段时间，存活的细胞仅有杂交瘤细胞。

一般在融合 3～5 d 后更换一半 HAT 培养基，HAT 培养基维持 7～10 d 后改用 HT 培养基，最后用完全培养基。在选择培养期间，一般 2～3 d 更换一般培养液。如果其间细胞生长缓慢或死亡细胞碎片较多，可以适当调整换液的间隔时间。

3. 抗体的检测

通过使用 HAT 培养基筛选的杂交瘤细胞，仅少数能分泌针对免疫原的特异性抗体，因此，在杂交瘤细胞培养后，应用敏感的血清学方法检测各孔中的抗体，进一步筛选到分泌特异性抗体的杂交瘤细胞。一般在杂交瘤细胞布满孔底 1/10 面积时，即可开始检测特异性抗体。

应根据抗原的性质选择不同的筛选方法，以快速、简便、特异、敏感为原则，选用的方法应在融合前建立或选用商品化的试剂盒。常用的方法主要有：酶联免疫吸附试验（ELISA）、放射免疫分析（RIA）、荧光激活细胞分类仪（FACS）、间接免疫荧光（IFA）和反向间接血凝试验等。一般 ELISA 用于可溶性抗原（蛋白质）、细胞和病毒等 McAb 的检测；RIA 用于可溶性抗原、细胞 McAb 的检测；FACS 用于细胞表面抗原的 McAb 检测；IFA 用于细胞和病毒 McAb 的检测；反向间接血凝试验用于有血凝性抗原的 McAb 的检测。

4. 杂交瘤细胞亚克隆

经过 HAT 筛选后的杂交瘤细胞，不能保证同一孔内只有一个克隆。在同一细胞孔中的杂交瘤细胞可能包括特异性抗体分泌细胞、非特异性抗体分泌细胞和非分泌抗体细胞，为了保证获得的杂交瘤细胞分泌抗体的纯一性，必须将这些细胞分开，即对抗体阳性孔进行亚克隆。通过亚克隆保证以后获得的杂交瘤细胞是单个克隆，分泌的抗体为同一亚型抗体。在同一细胞孔中，抗体非分泌细胞的生长速度比抗体分泌细胞的生长速度快，两者的竞争结果会使抗体分泌细胞丢失，因此，对于抗体阳性孔的杂交瘤应尽早进行亚克隆，防止抗体分泌细胞丢失，即使亚克隆过的杂交瘤细胞也需要定期地再克隆，防止杂交瘤细胞的突变和染色体丢失，从而丧失产生抗体的能力。一般杂交瘤细胞至少亚克隆三次，才能获得稳定分泌抗体的、单克隆的杂交瘤细胞。亚克隆的方法很多，常用的方法是有限稀释法和软琼脂平板法。

有限稀释法：将阳性孔细胞吹散后稀释成 5～10 个细胞/mL，然后加入加有饲养细胞的 96 孔培养板中，0.1 mL/孔，这样每孔中约有一个细胞，倒置显微镜观察，选取单个克隆的细胞孔进行再次亚克隆或抗体检测。

软琼脂平板法：在 42℃水浴中，将饲养细胞与 0.5%琼脂糖（用完全营养基配制）混合，倾注于直径 9 cm 的平皿中，室温凝固后作为底层；将不同浓度的阳性孔细胞悬液与 0.5%琼脂糖混合后，立即倾注于琼脂基底层上，凝固后置 CO_2 培养箱中培养，经 4～5 d 后可见针尖大小白色克隆，7～14 d 自软琼脂上吸出移入含饲养细胞的 24 孔板中进行培养。

5. 杂交瘤细胞的冻存、复苏

在没有建立一个稳定分泌抗体的细胞系的时候，细胞培养、亚克隆过程中随时可能发生细胞污染、分泌抗体能力的丧失等情况。因此，及时冻存原始孔的杂交瘤细胞、每次克隆化后的杂交瘤细胞是十分重要的。杂交瘤细胞的冻存方法和复苏方法与其他细胞系的冻存、复苏方法一样，采用慢冻快融的方法，可参考本书的其他章节。冻存的细胞要定期复苏，检查细胞活性和分泌抗体的稳定性，如果保存得当，一般在液氮中可以保存数年。除了常规细胞的复苏方法外，杂交瘤细胞还可以采用体内复苏法，即将杂交瘤细胞接种于小鼠皮下、腹腔或脾内，一段时间后，从小鼠体内分离细胞进行培养。

（三）单克隆抗体的大量生产

杂交瘤细胞系建立以后，可根据需要大量制备单克隆抗体。目前制备单克隆抗体的方法主要有如下几种。

1. 细胞体外培养法

体外大量培养杂交瘤细胞，从上清液中可获取单克隆抗体。体外培养生产工艺简单、易控制，可以大规模生产，但该种方法制备的单克隆抗体的浓度不高，一般只有 200～500 μg。体外培养法大量生产单抗的技术关键是提高细胞密度，细胞密度越高，细胞存活时间越长，单抗的浓度就越高，产量就越大。目前，主要有两大类杂交瘤细胞大规模培养系统：一是细胞悬浮培养系统（Cell suspension culture system），采用发酵罐式的旋转瓶，包括常规悬浮培养和新型微载体培养；二是细胞固定化培养系统（Cell immobilization culture system），包括中空纤维细胞培养法和微囊化细胞培养法。

常规悬浮培养多采用转瓶培养，通过转瓶不断旋转使细胞呈悬浮状态。而工业化、商业化大规模悬浮培养多采用生物反应器。

微载体培养法是应用一种对细胞无害的颗粒作为细胞生长的介质，细胞附着于其表面生长，在持续搅动作用下微载体始终悬浮于培养液中。微载体培养法是目前公认的最有发展前途的动物细胞大规模培养技术，它兼具贴壁培养和悬浮培养的优点。

中空纤维是一种微细的管状结构，充以氧气的无血清培养液在管内灌流，管外供细胞贴附生长，营养物质和代谢废物可以自由出入中空纤维壁，细胞可以不断地吸取营养物质，排出代谢废物，从而模拟细胞在体内生长的微环境，使细胞不断生长繁殖。

微囊化细胞培养法是先将细胞包埋在半透膜微囊里，然后将此微囊放置于培养液中培养，可以避免细胞受到机械损伤，故细胞生长良好，细胞密度高，可获得高浓度单抗(汪世华，2009)。

2. 动物体内生产法

动物体内诱生法是一种操作简便、重复性稳定、经济的方法，制备抗体浓度较高，是体外培养法的100～1 000倍。主要用于生产科研或诊断用的单克隆抗体，是一般用途的单克隆抗体制备的首选方法。常用的体内诱生法有实体瘤法、腹水制备法等。

(1)实体瘤法：小鼠背部皮下多点(2～4点)注射对数生长期的杂交瘤细胞。待肿瘤达到一定大小后(一般10～20 d)则可采血，血清中单克隆抗体含量可达到1～10 mg/mL，但采血量有限。也可以无菌摘取肿瘤组织，研磨成细胞悬液，然后用淋巴细胞分离液洗涤2次，再加入完全培养液，置37℃、5%CO_2 培养箱中培养。

(2)腹水制备法：常规是先用降植烷(Pristane，2，6，10，4-四甲基五癸烷)或液状石蜡(Paraffin wax)0.5 mL注射于Balb/c小鼠腹腔。1～2周后腹腔注射1×10^6个杂交瘤细胞，接种细胞7～10 d后可产生腹水，如果小鼠腹部明显膨大，以手触摸时，皮肤有紧张感，即可用注射器抽取腹水，可连续收集2～3次，通常每只小鼠可收集5～10 mL腹水。也可在小鼠濒于死亡之前，处死小鼠，用滴管将腹水吸入试管中。还可将腹水中细胞冻存起来，复苏后转种小鼠腹腔则产生腹水快，且量多(王延华，2009)。

(四)单克隆抗体的鉴定

对制备的McAb应进行全面、系统的鉴定，主要包括以下方面：

1. 特异性的鉴定

先用免疫原(抗原)鉴定抗体，挑选出阳性克隆后，再用与其抗原成分相关的其他抗原进行检测，可用ELISA、IFA、WB等方法。只与免疫原反应不与其他抗原反应的McAb的特异性较好。例如，在制备某种病毒的McAb抗体时，除了用该病毒抗原反应外，还应用与之抗原成分相关的其他病毒进行交叉试验，以便筛选出特异性较好的McAb。

2. McAb的Ig类与亚类的鉴定

一般用酶标或荧光素标记的第二抗体进行筛选。如果用的是酶标或荧光素标记的兔抗鼠IgG或IgM，则检测出来的抗体一般是IgG类或IgM类。亚类鉴定则需要用标准抗亚类血清系统做双扩或夹心ELISA来确定McAb的亚类。

3. McAb中和活性的鉴定

一般用于以病原微生物抗原为免疫原制备的McAb。用McAb与病原微生物在适当条件下感作一段时间后，混合物接种动物或细胞，通过观察对动物或细胞的保护作用来确定McAb的中和活性。随着细胞培养技术的发展，大多数中和试验都选用细胞作为接种对象。

4. McAb识别抗原表位的鉴定

用竞争结合试验、测相加指数的方法，测定McAb所识别的抗原位点，确定不同McAb识别的表位是否相同。如果要确定某一McAb针对的准确抗原表位，可以人工合成或表达肽段，通过ELISA、IFA或WB等检测McAb与它们的反应性，从而确定McAb所针对的确切抗原表位。

5. McAb亲和力的鉴定

用竞争ELISA或RIA竞争结合试验来确定McAb与相应抗原结合的亲和力。

(五)单克隆抗体的应用

与多克隆抗体比较,具有高特异性、高纯度、均质性好、亲和力稳定、可重复性强、效价高、生产成本低并可大量生产等优点,广泛应用于血清学技术、免疫学、肿瘤免疫治疗和抗原纯化等领域的研究。

二、基因工程抗体

自 1975 年杂交瘤技术问世以来,单克隆抗体已广泛应用于疾病的诊断和治疗。但绝大多数单克隆抗体是鼠源的,临床重复给药时体内产生抗鼠抗体,使临床疗效减弱或消失。因此,临床应用理想的单克隆抗体应是人源的,但人-人杂交瘤技术目前尚未突破。1984 年国外首次报道了人-鼠嵌合抗体(Chimericantibody,CA)的表达成功,这是第一个基因工程抗体,随后又出现了各种形式的小分子抗体和抗体融合蛋白,开辟了抗体研究的新纪元。随着 DNA 重组技术以及其他分子生物学技术的发展,人们利用基因工程技术,根据研究者的意愿在分子水平上对抗体分子进行剪切、连接或修饰,甚至人工全合成后导入受体细胞表达,产生新型抗体,这种抗体分子称为基因工程抗体,又称为第三代抗体。基因工程抗体是按人类设计所重新组装的新型抗体分子,可保留或增加天然抗体的特异性和主要生物学活性,去除或减少无关结构(如 Fc 片段),从而可克服单克隆抗体在临床应用方面的缺陷,因此基因工程抗体具有更广阔的应用前景。

以下对鼠单克隆抗体的人源化、小分子抗体、噬菌体抗体、核糖体抗体的原理、制备逐一介绍。

(一)鼠单克隆抗体的人源化

第一代人源化抗体是将鼠 McAb 的可变区和人抗体的恒定区组成嵌合抗体。其独特的抗原亲和力保持得很好,但因为有鼠单抗可变区的存在,仍有强烈的人抗鼠免疫反应(HAMA)反应。进一步将鼠 McAb 可变区中相对保守的骨架区(Framework region,FR)换成人的骨架区,仅仅保留鼠源抗体的可变区中互补决定区(Complementanity-determinly region,CDR)基因序列,实际上也就是在人抗体可变区序列内嵌入鼠源抗体的高变区基因序列,通过这种置换,为人类抗体提供了一个新的抗原结合部位。这才是真正意义上的抗体人源化,该种抗体又称为 CDR 移植抗体(CDR-grafted antibody)、改型抗体或重构抗体(Reshaping antibody)。

1. 人-鼠嵌合抗体(Human-mouse chimeric antibody)

人-鼠嵌合抗体的 Fab 或 F(ab)2 来源于鼠类,而 Fc 来源于人类,用人 C 区取代鼠 C 区,可以较好解决鼠源性单克隆抗体诱发 HAMA 等不良反应。其基本原理就是从分泌某种鼠单克隆抗体的杂交瘤细胞基因组中分离并鉴定出重排的功能性鼠抗体的 V 区基因,经基因重组与人抗体 C 区基因按一定方式相拼接,克隆到表达载体中,将重组表达载体转入适当的宿主细胞,制备特异性嵌合抗体。嵌合抗体已经用于抗肿瘤、抗感染、抗自身免疫等疾病的治疗,并已显示出良好的治疗效果。但由于鼠源抗体可变区的存在,嵌合抗体诱发 HAMA 率仍较高,在导向诊断、导向治疗等方面的应用将会受到限制。

2. 改型抗体

大多数 HAMA 反应是针对 C 区的,但有些单克隆抗体作用于人体时,其 HAMA 反应则主要是针对 V 区的。抗体与抗原结合的特异性和亲和力主要取决于其 V 区的 6 个互补 CDR 区，把人单克隆抗体的 CDR 区置换成鼠单克隆抗体的 CDR 区，这样的重组抗体人源化可达 97%，因此又称为人源化抗体（Humanization antibody）。改型抗体既保留了鼠源单克隆抗体的特异性与亲和力，又大大降低鼠源抗体成分，从而减轻甚至消除了 HAMA 反应。但由于这种抗体的构建需要替换 CDR 区，而且还得预先得到抗体基因序列，技术很复杂。目前人源化抗体应用于肿瘤、类风湿关节炎、白血病的治疗和器官移植、抗病毒等方面。

（二）小分子抗体

对抗体分子进行改造，成为小分子抗体（Small molecular Ab），使之容易穿过血管壁到达靶部位。小分子抗体可分为 Fab 抗体、单链抗体、单域抗体、超变区多肽等 4 种。

1. Fab 抗体

Fab 抗体是对 Fab 段进行改造而获得的基因工程抗体。Fab 片段既可以在大肠杆菌细胞壁的周质腔内分泌型表达，也可以利用噬菌体抗体库表达。在大肠杆菌中表达时，需要在 5′端带上细菌蛋白信号肽基因，用噬菌体表达时，将 Fab 基因与提编码的外壳蛋白相连表达在噬菌体表面，然后借助外壳蛋白的穿膜作用，进入宿主外周基质，正确折叠后包装于噬菌体尾部，随着携带有表达载体的宿主菌释放出带有抗体的噬菌体。在表达 Fab 抗体时，Fab 的重链（H 链）和轻链（L 链）基因可以分别构建在两个载体上，然后共转染细胞，也可以构建在一个载体上转染细胞进行表达（图 5.1）。Fab 抗体大小只有完整 Ig 的 1/3，含有一个抗原结合位点，有中和毒素、病毒，封闭受体和药物的作用，其免疫原性低，但半衰期也比完整抗体短。

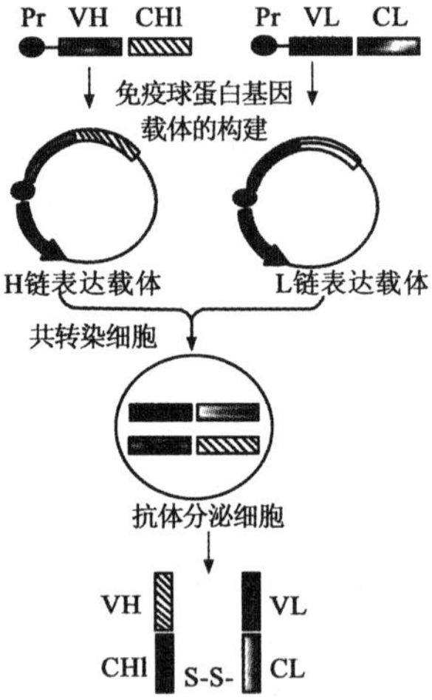

图 5.1　Fab 抗体的构建（汪世华，2009）

2. 单链抗体

用适当的寡核苷酸接头（linker）将 L 链和 H 链的 V 区连接起来，使之形成单一的多肽链，称为单链抗体（Single chain Fv，scFv）。Linker 的设计对于单链抗体的特异性和亲和力是很重要的，设计的寡核苷酸编码的氨基酸不能干扰可变区的立体构象和抗原结合部位。一般由丝氨酸组成（$Gly_4Ser)_n$，长度以 14～25 个氨基酸为宜。单链抗体大小只为完整抗体的1/6,免疫原性弱,用于人体几乎不产生抗鼠抗体,不需要进行糖基化修饰,可以在原核表达系统中表达,也可以利用噬菌体表达。由于无抗体C区,单链抗体无抗体的其他生物学功能。

3. 单域抗体

只有VH或VL一个功能结构域的抗体分子,称为单域抗体(Single-domain antibody)。这类抗体也能保持原单克隆抗体的特异性,其相对分子质量仅为完整抗体分子的1/12,故也称为小抗体。与Fab、ScFv相比,单域抗体的相对分子质量更小,更容易穿过靶组织,但由于VH单域抗体不含有VL片段,VH的疏水面暴露较大面积,致使其抗原亲和力大幅度下降,非特异性吸附有所增加。

4. 超变区多肽

抗体结合抗原都要通过抗体分子中6个CDR来实现,因此可以设计出那些在抗原识别及亲和力方面有重要意义的CDR多肽直接用于诊断或治疗。这种只含有一个CDR多肽的抗体,就称为超变区多肽(Hypervariable region polypeptide)。超变区多肽的氨基酸序列与CDR区完全一致,大小只有16～30个氨基酸,相对分子质量很小,穿透力强,能到达其他抗体不能到达的部位,同时也容易被从体内清除出去。由于只含一个CDR,抗原结合能力和亲和力不稳定,非特异性吸附可能会明显增加。目前,用一些标记物标记的超变区多肽已用于临床检测肿瘤。

(三)噬菌体抗体库

利用基因工程方法,将全套抗体H链和L链的V区基因克隆出来,与噬菌体的外壳蛋白Ⅲ相连,构建成基因库,在辅助病毒的辅助下,用噬菌体感染细菌,模拟免疫选择过程,感染的宿主菌释放出带有抗体片段的噬菌体颗粒,可变区即可在噬菌体表面表达、分泌,经筛选后获得特异性抗体,所构建的抗体库即为噬菌体抗体库(Phage antibody library)或称为全套抗体库(Repertoire antibody library)或组合抗体库(Combinatorial antibody library)。利用噬菌体展示技术获得的抗体为全人源化抗体,消除了抗鼠反应。另外,噬菌体展示技术筛选单抗速度快,数量大,节省时间,由于抗体库抗体可用原核细胞表达,大大降低单抗的生产成本。

(四)核糖体抗体

核糖体展示技术(Ribosome display technique,RDT)是一种完全离体进行的功能蛋白筛选和鉴定的新技术。它将正确折叠的蛋白及其mRNA同时结合在核糖体上,形成mRNA-核糖体-蛋白质三聚体,使目的蛋白的基因型和表型联系起来,避免了传统的体内筛选技术的缺陷,使得文库容量增大、分子多样性加强。核糖体展示技术的出现在很大程度上弥补了噬菌体表面展示技术的不足,RDT是一种无细胞系统的完全体外展示系统,不受宿主细胞及转染效率的限制,其文库容量和筛选效率得到很大的提高。另外,核糖体展示技术不仅可以制备蛋白的抗体,还可以制备某些有机物分子的抗体(Yan等,2005)。目前,核糖体展示技术在单链抗体的构建及应用方面取得了一定的进展(李琦,2008)。

(五)特殊类型的基因工程抗体

在普通抗体基础上可以通过基因工程等手段生产出一些自然界不存在的有特殊功

能的抗体，这些抗体包括双特异性抗体、催化抗体、细胞内抗体、抗体融合蛋白、分泌型抗体等，在这里着重讲述一下双特异性抗体和催化抗体。

1. 双特异性抗体

天然的抗体分子为双价单特异性，能与不同配体结合。利用基因工程方法对天然的抗体分子进行改造，使之与其他的效应物质如毒素、酶、细胞因子、受体分子连接起来，这种具有双特异性的抗体分子就称为双特异性抗体(Bispecific antibody，BsAb)。BsAb是含有2种特异性抗原结合位点的人工抗体，能在靶细胞和功能分子(细胞)之间架起桥梁，既可与靶细胞结合，又可介导其他一些效应功能，激发具有导向性的免疫反应，现已成为抗体工程领域的热点，在肿瘤的免疫治疗中具有广阔的应用前景，如抗人卵巢癌抗人CD3双特异性抗体已研制成功。

2. 催化抗体

抗体能与抗原特异结合，酶也能与其底物特异结合，但这两种结合过程本质不同。天然的抗体不具有酶结合活性，而酶则无抗原结合能力。催化抗体也叫抗体酶(Abzyme)，是具有催化活性的免疫球蛋白，具有抗体的高度选择性和酶的高效催化性。抗体酶可以用常规的细胞融合法、化学修饰法或基因工程法制备。抗原-抗体与酶-底物反应的区别在于抗体与稳定、低能构型的抗原作用，而酶与不稳定、高能的过渡态底物结合，因此要想用细胞融合法制备抗体酶，必须先制备底物过渡态的稳定低能类似物。化学修饰法是通过在抗体结合位置或附近引入具有催化功能的基团(如游离巯基)，而使抗体具有酶的催化活性。基因工程催化抗体的构建可以通过在轻链V区中插入能与金属离子结合的氨基酸序列，再与重链V区重组，这种重组抗体的重链V区可识别抗原并选择性结合底物，轻链则可通过促进底物反应过渡态的形成而发挥催化作用。另外，噬菌体展示技术或核糖体展示技术也可用于制备和筛选特定的高效催化抗体。

(王先炜　南京农业大学动物医学院)

第三节　蛋白质及多糖的分离纯化

蛋白质和糖类广泛分布于生物体内，利用蛋白质和糖类制备的生物制品越来越多，通过一些方法对其进行分离纯化，是制备高品质制品的首要步骤，也是当代生物产业当中的核心技术，技术难度和成本都较高。

一、蛋白类制品的分离纯化

蛋白质的分离纯化，是制备蛋白质生化产品的首要步骤。蛋白质分离纯化的目的是得到足够多的具有天然生物学活性的蛋白质，因此，在纯化前，必须掌握蛋白质特有的理化性质，选择合适的方法进行分离纯化，以避免蛋白质在整个分离纯化过程中发生变性和降解。

(一)细胞破碎和蛋白质的抽提

分离提纯某一种蛋白质时，首先采用适当的方法将组织和细胞破碎，使蛋白质从组织或细胞中释放出来并保持原来的天然状态。常用的破碎组织细胞的方法有：机械破碎法、渗透破碎法、反复冻融法、超声波法和酶处理法。

通常选择适当的缓冲液溶剂把蛋白质提取出来。具体的溶剂系统与提取条件因不同组织和蛋白质的性质而异。如提取肌肉中的蛋白质，可以采用稀碱提取；提取膜蛋白时加入表面活性剂来增加溶解度等。在提取中要注意低温操作，避免强烈搅拌，避免与强酸、强碱等的作用，添加相应的蛋白酶抑制剂，以抑制蛋白酶对蛋白的消化作用。

（二）蛋白质的纯化

蛋白质是一种大分子物质，由于结构的差异，不同蛋白质的分子、溶解度和所带电荷（酸碱度）不同，在蛋白质的纯化过程中，可以利用这些性质采用不同的方法对蛋白质进行纯化。

1. 根据分子大小不同进行分离纯化

利用各种蛋白质分子大小不同的特点，可以采用一些方法将蛋白质与其他杂蛋白质或杂质分离开，能够达到初步纯化的效果。常用的方法有透析、超滤、密度梯度（区带）离心和凝胶过滤（分子筛）。

透析是将待分离的混合物放入半透膜制成的透析袋中，再浸入透析液进行分离使大分子蛋白质与小分子化合物分开的方法。可用于去除蛋白质提取液中的盐类和其他小分子化合物，也可用于蛋白质溶液浓缩。

超滤是将待分离的混合物放入中间有半透膜的离心管中，利用离心力或压力强行使水和其他小分子通过半透膜，而蛋白质不能通过，留在半透膜上的过程。可用于不同大小的蛋白质分子浓缩和分级分离。由于超滤过程中，滤膜表面容易被吸附的蛋白质堵塞，所以在使用超滤方法时要选择合适的滤膜，也可以选择切向流过滤。一般常用滤膜孔径为 0.001～0.1 μm。

不同的蛋白质由于分子质量的差异而使沉降系数不同，在具有密度梯度的介质中离心时，颗粒各自以一定速度沉降，在密度梯度不同区域上形成区带的方法，称为密度梯度（区带）离心（Density gradient centrifugation method）。一般是采用蔗糖等一些小分子溶液，预先制备出密度梯度，在其上面再加上一层蛋白质溶液后，离心，蛋白质就形成层状而沉降。常用的密度梯度有蔗糖梯度、聚蔗糖梯度和其他合成材料的密度梯度。

凝胶过滤也称分子筛层析，是根据蛋白质分子大小不同分离蛋白质最有效的方法之一。凝胶过滤的原理是凝胶具有网状结构，当不同蛋白质流经分子筛层析柱时，大分子不能进入树脂颗粒内部，而是通过树脂颗粒之间的空隙先流出柱外，小分子则进入树脂颗粒内部，通过内部的网状结构最后被洗脱。目前常用的凝胶有交联葡聚糖凝胶、交联的去除电荷的琼脂糖和高交联度的多孔琼脂糖凝胶等。

2. 根据溶解度不同进行分离纯化

在同一条件下，不同的蛋白质因其分子结构的不同而有不同的溶解度，适当地改变外部条件（如溶液的 pH、离子强度、介电常数和温度等），就可以选择性地控制蛋白质混合物中某一成分的溶解度，达到分离纯化蛋白质的目的。常用的方法有等电点沉淀、盐析法、有机溶剂法、双水相萃取法、反胶团萃取法等。

在等电点时，蛋白质分子以两性离子形式存在，其分子净电荷为零（即正负电荷相等），此时蛋白质分子颗粒在溶液中因没有相同电荷的相互排斥，分子相互之间的作用力减弱，其颗粒极易碰撞、凝聚而产生沉淀，所以蛋白质在等电点时，其溶解度最小，最易形成沉淀物。利用蛋白质在等电点时溶解度最低而各种蛋白质又具有不同等电点的特点进行分离的方法叫做等电点沉淀法。蛋白质在等电点时，仍有一定的溶解度，使沉淀不完全，而多数蛋白质的等电点又都十分接近，因此单独使用等点电沉淀法效果有时不理想，可以采用几种方法结合来实现沉淀分离。

盐析法的原理是蛋白质在稀盐溶液中，溶解度会随盐浓度的增高而上升，但当盐浓度增高到一定数值时，使水活度降低，进而导致蛋白质分子表面电荷逐渐被中和，水化膜逐渐被破坏，最终引起蛋白质分子间互相凝聚并从溶液中析出。常作盐析的无机盐有氯化钠、硫酸钠、硫酸镁、硫酸铵等，其中硫酸铵盐析法最为常用。一般二价离子中性盐，如 $MgSO_4$、$(NH_4)_2SO_4$ 对蛋白质溶解度影响的效果，要比一价离子中性盐如 NaCl、NH_4Cl 大得多。盐析法简单方便，是提取血液中免疫球蛋白的常用方法，也可用于其他蛋白质抗原的粗提、蛋白质的浓缩等。利用盐析法进行提纯后的蛋白质，仍保持其天然性质，并能再度溶解而不变性，但盐浓度含量较高，通常要使用透析或者凝胶过滤的方法除盐。

疏水性树脂层析（Hydrophobic interaction chromatography，HIC）是利用盐析作用于 20 世纪 70 年代开发的层析技术。疏水性树脂层析是将一些疏水性化学集团结合于基质上，在低盐浓度情况下，在靠近疏水性集团附近的水分子排列整齐，挡住了蛋白质分子与疏水基团结合，而当增加盐浓度的时候，则打乱了此种水的排列，减弱了这种"阻挡"作用，蛋白质分子与疏水基结合。与离子交换层析相反，蛋白质吸附于 HIC 树脂时为高盐浓度，而洗脱则为低盐浓度。与树脂结合特强的蛋白质有时还须以有机溶剂如乙醇洗脱。HIC 树脂的基质一般采用高度交叉结合的琼脂，常用的疏水基有酚、辛基、丁基和烷基。

有机溶剂沉淀法也是蛋白质提纯常用的方法，其原理是：与水互溶的有机溶剂（如甲醇、乙醇、丙酮）它们的介电常数比水低，能使大多数球状蛋白质在水溶液中的溶解度降低，进而从溶液中沉淀出来；此外，有机溶剂会破坏蛋白质表面的水化层，促使蛋白质分子变得不稳定而析出，因此，有机溶剂可用来沉淀蛋白质。在一定温度、pH 和离子强度下，引起蛋白质沉淀的有机溶剂的浓度不同，因此，控制有机溶剂的浓度可以分离纯化蛋白质。由于有机溶剂会使蛋白质变性，使用该法时，要注意在低温下操作，选择合适的有机溶剂浓度。

3. 根据电荷不同进行分离纯化

蛋白质分子上有正、负电荷的基团，在不同 pH 的溶液内，蛋白质带电情况不同。当蛋白质的正、负电荷相等时溶液的 pH 为该蛋白质的等电点（pI）。根据蛋白质的电荷即酸碱性质不同，蛋白质的分离方法主要有电泳、离子交换层析和聚焦层析。

在电场中在外电场的作用下，带有不同电荷的蛋白质将向着与其电性相反的电极移动，其移动的速率与电场强度和蛋白质颗粒表面的静电荷成正比，由于泳动速度的差异，蛋白质组介质中形成不同的区带，这种现象称为电泳。常用的电泳方法有聚丙烯酰胺凝胶电泳（PAGE）、等电聚胶电泳（Isoelectric foctlsing electrophoresis）、双相脉冲电泳（Diphasic pulse electrophoresis）和毛细管电泳（Capillary electrophoresis）等。聚丙烯酰胺电泳是一种以聚丙烯酰胺为介质的区带电泳，常用于分离蛋白质。等电聚焦是一种高分辨率的蛋白质分离技术，也可以用于蛋白质的等电点测定。毛细管电泳是近年来发展起来的一种分离、分析技术，它是凝胶电泳技术的发展，是高效液相色谱分析的补充，广泛应用于蛋白质、氨基酸、无机离子、有机化合物、药物的分离分析，在生物医药学领域备受青睐。

离子交换层析（Ion exchange chromatography，IEC）是应用最广泛的层析技术，可用于蛋白质的纯化。离子交换层析中,基质由带有电荷的树脂或纤维素组成。当蛋白质溶液的 pH 高于(低于)其等电点(pI)时,蛋白质分子带负(正)电,在适宜溶液中可以与阴(阳)离子交换树脂的表面负(正)电荷离子交换,与树脂结合。当采用连续递增的方式增加溶液的离子强度至一定程度的时候,缓冲液的阴(阳)离子又将结合的蛋白质分子替换下来,即蛋白质被洗脱下来。在纯化蛋白时,可以使需要的蛋白质结合上,而杂蛋白质及其他物质不与树脂结合,也可以使杂蛋白结合在树脂上,所需要的蛋白不结合。在洗脱蛋白时,蛋白洗脱下来的先后顺序与蛋白和树脂的结合力的强弱有关,可以在洗脱的不同时间收集所需要的蛋白质。

将阴离子交换树脂的基质,以高 pH 的溶液进行平衡,将蛋白质样品上柱子后,再以可以形成 pH 梯度的洗脱缓冲液(高 pH 和低 pH 溶液连续梯度混合)进行洗脱,不同 pI 的蛋白质被洗脱下的先后不同,达到了分离的目的。这类层析技术称为聚焦层析(Chromatofocusing)(李忠明,2001)。在聚焦层析过程中,一种样品分次加入时,只要先加入者尚未洗出,并且有一定的时间进行聚焦,剩余样品还可再加到柱上,其聚焦过程都能顺利完成,得到的结果也是满意的。但聚焦层析洗脱出的蛋白质极易沉淀,应及时以 80%饱和度的硫酸铵沉淀或调节 pH,尽快用其他技术进一步地纯化。

4. 亲和层析

亲和层析(Affinitychromatography)是利用蛋白质分子对其配体分子特有的识别能力(即生物学亲和力)建立起来的一种有效的纯化方法。基本原理是在蛋白质的化学性质稳定的基质上,能与其配体或功能团结合,这种结合是特异的、可逆的,在一定条件下蛋白质又可洗脱下来。

常用的配体或功能团很多,可以根据不同的蛋白质选择相应的配体。例如用亲和素作为配体分离、纯化含有生物素的蛋白,用维生素或激素作为配体分离与其结合的蛋白,激素作为配体纯化其受体蛋白,凝集素、抗原、抗体等作为配体都可以用于细胞、病毒的分离、染料也可以用于某些蛋白质的分离和纯化,镍分离、纯化末端有组氨酸的蛋白质,已成为广泛应用的基因重组蛋白质的提纯手段。

亲和树脂的基质应为化学结构稳定的、不溶解的、对非特异大分子吸附能力极低的多孔性材料。常用的有琼脂糖、高交联的琼脂糖、聚乙酯或聚乙酰胺、Sepharose 和 Sepharose-CL 等。亲和材料种类很多,有商品化的,也可根据特殊需要自行合成。

亲和层析通常只需一步处理即可将目的蛋白质从复杂的混合物中分离出来,并且纯度相当高。目前,广泛应用于靶标蛋白尤其是疫苗的分离纯化,特别是在融合蛋白的分离纯化上,亲和层析更是起到了举足轻重的作用。

二、多糖的分离纯化

糖类广泛分布于生物体中,目前已发现不少糖类及其衍生物具有很高的药用价值,尤其多糖类药物在抗凝、降血脂、提高机体免疫和抗肿瘤、抗辐射方面都具有显著的药理作用与疗效。要想得到高纯度的多糖,首先要进行多糖脱脂、提取、除杂质,然后进行多糖的纯化。

(一)多糖的脱脂

动植物多糖或微生物细胞内多糖常被脂质包围,提取前通常应先脱脂,释放多糖。

常用醇或醚回流脱脂。

(二)多糖的提取

对于不同的多糖,其提取分离方法也不尽相同。提取方法依照不同种类的多糖的溶解性质而定,可以采用冷水、热水,酸,碱等溶液提取,也可以采用超声波和微波技术提取。现介绍几种常用的多糖提取方法。

1. 水提取法

用水作溶剂来提取多糖是最常用的方法之一,可以用热水浸煮提取,也可以用冷水浸提。水提取的多糖多数是中性多糖。需要先用冷水浸过,再用热水提取,搅拌提取,提取液用正丁醇与氯仿混合液除去杂蛋白,通过离心除去杂蛋白后进行透析,然后利用多糖不溶于高浓度乙醇的性质,用高浓度乙醇沉淀提纯多糖。但由于不同性质或不同相对分子质量的多糖沉淀所需乙醇浓度不同,它也可以用于样品中不同多糖组分的分级分离;还可按多糖不同性质在粗分阶段利用混合溶剂提取法对植物中不同的多糖进行分离;其中,以乙醇沉淀最为普遍。此法往往提取效率低且费时。

2. 酸提法

有些多糖适合用稀酸提取,并且能得到更高的提取率。先用热水浸提,然后加入适量的酸(一般使用盐酸)浸提,过滤,离心,调节 pH 为 7,浓缩、醇析沉淀、丙酮洗涤、真空冷冻干燥得酸提水溶性粗多糖。酸性条件下可能引起多糖中糖苷键的断裂,因此在操作中严格控制酸的浓度。酸提法适用于一些特定的植物多糖的提取。

3. 碱提法

与酸提类似,有些多糖在碱液中有更高的提取率,尤其是提取含有糖醛酸的多糖及酸性多糖。用冷水浸润材料后碱液(多用 0.1 mol/L 氢氧化钠、氢氧化钾)提取,为防止多糖降解,常通以氮气或加入硼氢化钠或硼氢化钾。提取液用盐酸中和浓缩后,加乙醇沉淀得到多糖。若在稀碱中,仍然不易溶出者,可加入硼砂,对于甘露聚糖、半乳聚糖等能形成硼酸配合物的多糖,此法可得到相当纯的物质。与酸提类似,有些多糖在碱性较强时会水解,因此碱提中碱的浓度也应控制。另外,稀酸、稀碱提取液应迅速中和或迅速透析,浓缩与醇析而获得多糖沉淀。

4. 超声提取法

超声波作为一种先进的提取方法,具有提取时间短、能耗低、效率高等特点,在生产中得到了广泛的应用。其主要原理就是超声波产生"空化作用",这种空化作用能够产生局部的高温高压,并形成强大的冲击波或高速射流,这种强大的高速射流能够有效地减小、消除与水相之间的阻滞层,加大了传质效率。同时,高速射流对组织细胞产生一种物理剪切力,使之变形、破裂并释放出内含物,这就大大加速了萃取过程。另外,超声波的许多次级效应如热效应、溶化、扩散、击碎、化学效应、生物效应、凝聚效应等也能加速植物有效成分在溶剂中的扩散释放,促进植物有效成分与溶剂混合,有利于萃取。

5. 微波提取法

微波是频率介于 300 MHz 和 300 GHz 之间的电磁波,微波提取的原理是微射线辐射于溶剂并透过细胞壁到达细胞内部,由于溶剂及细胞液吸收微波能,细胞内部温度升高,压力增大,当压力超过细胞壁的承受能力时,细胞壁破裂,位于细胞内部的有效成分从细胞中释放出来,传递转移到溶剂周围被溶剂溶解。微波提取法具有提取时间短,提取率高，是强化固液提取过程颇具发展潜力的新型辅助提取技术。

(三)杂质的去除

采用上述方法提取的多糖液中含有无机盐、小分子有机物质和大分子蛋白质、木质素等杂质。脱蛋白质是分离多糖的一个重要步骤，可用酶法(如蛋白酶、木质素酶、果胶酶、纤维素酶等)降解，再用乙醇、丙酮溶剂沉淀或配合物法除去。

1. 化学试剂抽提法

蛋白质在某些化学试剂中变性或能溶于某些化学试剂，利用蛋白质的这种特点，可以用化学试剂对提取的多糖进行抽提，以除去其中的大分子蛋白质。一般是将化学试剂按照一定比例与提取物混合，混合物经剧烈振摇后离心，取上清，即为脱蛋白的多糖。常用的化学试剂有正丁醇与氯仿混合液、三氟三氯乙烷和三氯乙酸。

2. 酶法

酶法即用蛋白酶将蛋白质水解，再通过透析、凝胶过滤或超滤除去。酶法是目前认为比较好的脱蛋白质方法。

3. 等电点沉淀法

通过逐步调节粗糖溶液 pH 至酸性(pH 2～5)，使一些酸性蛋白沉淀出来，可以有效地去除大部分酸性蛋白质。此法宜在低温下进行，以防止在酸性条件下某些基团或糖苷键被破坏。

(四)纯化

经除杂质提取液是含有多种组分的多糖混合物，要得到单一的多糖组分，还需要经过纯化的步骤。常用的纯化方法有如下几种。

1. 分步沉淀法

分布沉淀法就是利用不同多糖在不同浓度的低级醇或低级酮中溶解性不同的原理，来逐步提高溶液中醇或酮的浓度，以使不同组分的多糖依分子质量由大至小的顺序沉淀，最终达到分离的目的。其中，乙醇沉淀是分离纯化多糖的经典方法。在实际应用中，一定要控制好溶液中多糖的浓度，若糖浓度过低，则沉淀不很完全，而若糖浓度过高，则沉淀物趋向黏稠糖浆状，难以进行分离操作。为了使多糖沉淀完全，要求溶液中有一定的离子浓度，一般向溶液中加入乙酸钠、乙酸钾或乙酸铵等。对于有些盐类，如氯化钠，在高浓度醇中溶解度降低，在醇析时有可能同时析出，可通过反复乙醇沉淀，使多糖脱盐，也可在乙醇沉淀前先行除去(周东坡，2007)。

2. 盐析法

盐析法就是利用不同多糖与金属离子成盐后在水溶液中的特异性沉淀作用，用硫酸铵、乙酸钾、氯化钾等盐析剂，将不同的多糖逐步析出。常用的盐析剂有氯化钠、氯化钾、硫酸铵等，以硫酸铵最佳。

3. 季铵盐沉淀法

酸性多糖在溶液中，以聚阴离子形式存在，这样就与碱性表面活性剂长链季铵盐或其碱形成不溶性配合物而沉淀。因此，季铵盐或其碱常用于分离酸性多糖。一般地说，酸性强或相对分子质量大的多糖首先沉淀出来，通过控制季铵盐的浓度，便能够分离不同的酸性多糖。

季铵盐沉淀法要求溶液中多糖具有一定浓度，一般在 0.1%～1%为宜。过高，沉淀过程中易吸留杂质；过低，微量沉淀难于定量回收。另外，必须保持溶液中离子强度低于 0.1 mol/L，才能使多糖沉淀完全析出。加温也可加速配合物的凝聚。一般在 40℃下，0.5～1 h 可完成，低分子多糖沉淀需要放置过夜。

常用的季铵盐化合物有十六烷基三甲基溴化铵（CTAB）、十六烷基三甲基羟化铵（CTAOH）和十六烷基溴化吡啶（CPB）等。

4. 金属络合物法

不同多糖能与铜、钙、铁、铅等金属离子形成配合物而沉淀。根据这一性质，可使用各种配位剂沉淀多糖。经水充分洗涤后，用无机酸、乙醇或硫化氢处理，使络合物分解，得到游离多糖。常用的络合剂有斐林试剂、氯化铜、氢氧化钡和醋酸铅等。

5. 柱层析法

凝胶柱层析法常用的凝胶有葡聚糖凝胶（Sephadex）和琼脂糖凝胶（Sepharose），以不同浓度的盐溶液和缓冲溶液作为洗脱剂（离子浓度最好高于 0.02 mol/L），从而使不同大小的多糖分子得到分离纯化，本法除了进行多糖分级外，还可以用于小分子杂质的去除，或者在乙醇沉淀法进行分级后，再根据分子大小进一步分级，但不适宜黏多糖的分离。

6. 纤维素柱色谱法

利用不同的多糖在不同浓度乙醇中溶解性不同的特点，先用 4 倍体积的乙醇将混合多糖溶液沉淀在惰性的多孔纤维素柱上，再按由高至低的顺序，用不同浓度的乙醇洗脱，将不同多糖分开。

也可以根据季铵盐配位法的原理，将多糖混合溶液加到预先经季铵盐溶液处理的纤维柱上，使之形成配合物沉淀，再以逐步递升浓度的盐溶液，同时改变 pH，进行分级洗脱，达到纯化的目的。

7. 离子交换色谱法

不同多糖表面带有不同的电荷，可以与离子交换剂中的离子或某些基团发生电性结合，然后使用不同浓度的盐溶液取代多糖离子，便能获得不同级分的多糖。常用的离子交换剂有树脂类、纤维素类和葡聚糖类等。阴离子交换剂柱色谱法适用于各种酸性、中性多糖和糖胺聚糖的分离纯化。

以上简单介绍了常用的蛋白质和多糖的分离纯化方法，随着近代生化分离技术和分析技术的发展，人们对蛋白质和多糖的分离技术不断改进和发展，使纯化的物质纯度达到一定的水平，为临床提供了具有专一作用、副作用小的组分，极大地促进了生物制品的发展。

（王先炜　南京农业大学动物医学院）

第四节　生物反应器及其检测和控制系统

生物反应器（Bioreactor）是利用酶或生物体（如微生物）所具有的生物功能，在体外进行生化反应的装置系统，它是一种生物功能模拟机，根据培养对象的不同可分为酶反应器（游离酶和固定酶反应器）、细胞生物反应器、发酵罐和转基因动植物生物反应器等。

一、酶反应器

酶反应器是用于完成酶促反应的核心装置，它为酶促反应提供合适的场所和最佳反应条件，以便在酶的催化下，使底物最大限度的转化为产物。它处于酶催化过程的中心地位，是连接底物和产物的桥梁。酶反应器是根据酶的催化特性而设计的反应设备，其设计的目标就是生产效率高、成本低、耗能少、污染少。包括搅拌罐型反应器（Stirred tank reacter, STR）、固定床型反应器（也称填充床，Packed bed reactor, PBR）、流化床型反应器（Fludized bed reactor, FBR）、模式反应器（Membrane reactor）、鼓泡塔形反应器（Tubble column reactor，BCR）。每种类型的反应器各有优缺点，在应用时可以根据不同需要选择适合的酶反应器。但酶反应器的选择没有一个简单的法则或标准可以遵循，必须根据具体情况进行全面的分析和衡量。影响酶反应器选择的因素主要有以下几种：

1. 酶的应用形式

游离酶由于回收困难，除了分批搅拌罐式反应器（Batch stirred tank reactor, BSTR）外，其他反应器不适用。颗粒状或片状固定化酶适用连续搅拌罐反应器（CSTR）和填充床反应器（PBR），膜状和纤维状的固定化酶适用填充床反应器（PBR），流化床型反应器（FBR）适用于小颗粒状固定化酶。

2. 底物的物理性质

可溶解性的底物对任何类型的反应器都适用，颗粒状、胶体状底物会堵塞填充床（PBR），用连续搅拌罐式反应器（Continuous flow stirred tank reactor, CSTR）或流动床（FBR）。

3. 反应操作要求

若酶受高浓度底物抑制或需要不断调整 pH，就必须在反应过程中连续或间接地将底物分批加入反应器中，可采用搅拌罐型反应器（STR）。若反应耗氧，则反应器必须配有一种充分混合空气的系统，用鼓泡塔形反应器（BCR）。

二、发酵罐

发酵罐（Fermenter，fermentor）是用于培养微生物或细胞的封闭容器或生物反应装置。可用于研究、分析或生产。发酵罐品种很多，在材料、大小和形状上各异的产品。最常用的为全搅拌罐式反应器。目前，工业上使用的大型发酵罐是通过自动控制装置进行控制，可以自动调温、自动调节 pH、自动补液、换液、自动高压灭菌、消泡等。

发酵罐的罐体，一般为用不锈钢板制成的主式圆筒，主要用来培养发酵各种微生物，密封性要好（防止菌体被污染），周围要有保温层；罐体当中有搅拌装置，用于发酵过程当中不停的搅拌；底部应有与过滤装置相通的通气孔，用来通入菌体生长所需要的空气或氧气；罐体下方或侧面应有出液取样装置，便于发酵中途采集样品；罐体的顶盘上有控制传感器，最常用的有 pH 电极和 pO 电极，用来监测发酵过程中发酵液 pH 和氧分压的变化控制器，用来显示和控制发酵条件等。发酵罐还应有装有过滤装置的通气系统，可以向罐体输送无菌的空气或氧气。罐体灭菌前务必检查其中液面高度，要求所有的电极都没于液面以下；打开发酵罐电源前务必检查冷却水是否已打开，温度探头是否已插入槽中，否则会烧坏加热电路。

三、细胞生物反应器

生物制品生产中需要大量的动物细胞，培养细胞的关键设备就是细胞生物反应器。根据培养细胞、培养载体、培养液混合方式的不同，生物反应器主要有搅拌式、气升式、中空纤维式、回转式等。

搅拌式细胞生物反应器是开发较早也是在研究、中试和生产中应用广泛的一类生物反应器，提供的培养方式包括贴壁、悬浮、微载体，可用于各种类型的动物细胞的培养，培养工艺容易放大，产品质量稳定，适合工厂化生产。但机械搅拌会产生一定剪切力，对细胞造成某种程度上的损伤。

气升式生物反应器在结构上和搅拌式大同小异，是用气流代替搅拌桨叶进行搅拌，产生的剪切力相对温和，对细胞损伤小，而且通气和搅拌一次性完成。也有的生物反应器使用液流或气液流进行搅拌，但设计原理是一样的。

中空纤维式生物反应器（Hollow fiber bioreactor）是开发较早的一类生物反应器，可提供的培养方式包括贴壁、悬浮、微载体、三维支架材料、中空纤维管。它的主要组成部分是一充满培养基的闭合管道，管道中插入半通透性的中空纤维。中空纤维类似于模拟的血管一样，为培养细胞提供营养物质并运走代谢废物。它的特点是细胞培养环境温和，培养细胞密度较高，可达到 $10^7 \sim 10^8$ cells/mL（王佃亮等，2003），产品较容易分离纯化，但不适合大规模培养。中空纤维生物反应器一般用于培养杂交瘤细胞生产单克隆抗体。

回转生物反应器（Rotating wall vessel bioreactor，RWVB）又称为旋转式细胞培养系统（The rotary cell culture system，RCCS），是一种三维体外培养系统，主要由控制装置和培养容器两部分组成。控制装置主要监测和控制温度、pH、转速、溶氧含量、二氧化碳含量等，培养容器主要由内外两个圆筒组成，两筒可以相对独立旋转，使培养物向各个方向生长。

生物反应器的规格、型号很多，国内、外很多公司都研发了不同用途的生物反应器，但对于生物制品专业来讲，应根据培养细胞的特性来选择生物反应器。目前，少数动物细胞能悬浮培养，而多数具有工业生产意义的细胞需附着在固体介质上生长和单层培养（即细胞不能相互堆叠），因此，要求培养装置提供细胞附着的尽可能大的表面积。

四、转基因动、植物生物反应器

一般把目的片段在器官或组织中表达的转基因动物叫做动物生物反应器。几乎任何有生命的器官、组织或其中一部分都可以经过人为驯化为生物反应器。生物反应器选择的组织或器官通常为乳腺、膀胱、血液等，由此发展了动物乳腺生物反应器、动物血液生物反应器和动物膀胱生物反应器等。其中，转基因动物乳腺生物反应器的研究最为引人注目，它是利用哺乳动物乳腺特异性表达的启动子元件构建转基因动物，指导外源基因在乳腺中表达，并从转基因动物的乳液中获取重组蛋白。表达产物能充分修饰且具有稳定的生物活性，产品质量高，产品成本低。但由于目前转基因动物的研究存在理论基础薄弱、技术不完善，纯化产物含量低、纯度低等问题，使得转基因动物生物反应器的使用收到一定的限制。

植物生物反应器是指通过基因工程途径，以常见的农作物作为“化学工厂”，通过大规模种植生产具生物制剂的方法。目前已用于生产重要的药用蛋白，如抗体、血液替代品和疫苗，并通过大规模种植生产许多种具有高经济附加值的高新生物技术产品，包括工农业用酶、特殊碳水化合物(如改性淀粉、环糊精或糖醇)、生物可降解塑料、脂类(如特殊的饱和或不饱和脂肪酸)及其他一些次生代谢产物等生物制剂(周鹏,2009)。对于生物制品专业,研究最多的就是转基因植物疫苗,该类疫苗能够诱导黏膜免疫反应,且生产简单、方便,使用安全,已成为研究的热点。转基因疫苗的研究主要有两个方向,一种是利用植物作为工厂来生产大量的蛋白质抗原,然后经过分离和提纯,再制备成疫苗;另一种是不需要分离和提纯,将植物或其某部分作为可以直接口服的疫苗。可以用作转基因植物疫苗的植物主要有烟草、马铃薯、香蕉等,这些植物可以在世界上较多国家和地区都能种植,而且可食用部位是可以生食的,并且有较高的蛋白质含量。

综上所述,在生物制品生产中,利用生物反应器大规模地进行生物制品的生产,省时、省力,又节约成本,可重复性强,作为生物制品行业的重要设备,极大地促进了生物制品行业的发展。

(王先炜　南京农业大学动物医学院)

第五节　冷冻干燥技术

真空干燥技术是生物制品生产中常用的技术,用于一些有生物活性物质如弱毒活疫苗、酶等的保存。

一、真空冷冻干燥的概念及原理

真空冷冻干燥又称冷冻干燥(Freeze drying),即通常所说的冻干,是将含有大量水分的生物活性物质先行降温冻结成固体,再在真空和适当加温条件(一般不超过 40℃)下使固体水分直接升华成水汽抽出,最后使生物活性物质形成疏松、多孔样固状物。

真空冷冻干燥技术的过程一般包括预冻、一次干燥(升华干燥)、二次干燥(解吸干燥)和密封保存四个步骤。先将制品冻结到共熔点温度以下,使水变成固态,然后在适当的温度和真空度下,使冰升华为水蒸气,然后将水蒸气冷凝后排出,从而获得干燥制品的技术。冷冻干燥可除去物质中 96%以上的水分,有利于物质的长期保存;由于冷冻干燥全过程都在低温冻干后的物质呈海绵状、体积几乎不变,加水后能迅速溶解并恢复原有状态;能有效地保护热敏性物质的生物活性。冻干技术可以延长生物制品的贮藏期,保持制品的活性,目前已广泛用于生物制品,如疫苗、诊断制剂和血清等制品的冻干。

二、冷冻干燥的设备

制品的冷冻干燥需要在冷冻真空干燥系统中进行。冷冻真空干燥系统由制冷系统、真空系统、加热系统和控制系统 4 个部分组成。

1. 制冷系统

由冷冻机、冻干箱和冷凝器内部的管道组成。冷冻机的功能是使冻干箱和冷凝器进行制冷,以产生和维持冻干过程中的低温条件。在冻干过程中制品放在冻干箱中进行冻干。冷凝器主要对抽出的水汽进行降温,使其以冰霜形式凝结在冷凝器表面,冻干结束后,冰霜融化后排出。

2. 真空系统

由真空泵、冻干箱、冷凝器、真空管道和真空阀门组成。真空泵为该系统重要的动力部件，必须具有高度的密封性能，使制品达到良好的升华效果。冻干时采用的真空范围为 0.13～66.66 Pa，并要求在半小时内达到要求的真空度。冻干箱温度浮动较大，制冷能降到－40℃以下、加温能升到 50℃左右。制品在冻干箱内进行冷冻并在真空下使水分子升华凝结在冷凝器表面，完成冻干过程，因此，冻干箱的温度控制非常重要。

3. 加热系统

不同冻干机组有不同加热方式，有利用电直接加热法，也有利用循环泵将中间循环加热的方式，多数常利用电加热装置。加热系统可使冻干箱加热至 50℃，使物质中的水分不断升华而干燥。

4. 控制系统

由各种控制开关、指示和记录仪表、自动控制元件等组成。其功用是对冻干设备进行手动或自动控制，使其正常运行，保证冻干制品的质量。

三、冻干的过程

生物制品的冻干过程包括：制品分装—冻干箱进行空箱降温—装箱—预冻—抽真空—第一步加热—第二步加热—结束冻干，放气进入干燥箱—加塞封口。整个冻干时间与制品的瓶装量、总量，制品的种类，机器的性能等有关，通常为 12～24 h。

（一）预冻

冷冻干燥之前，先将溶液物质在低温（－40℃以下）下冻结，称为预冻。

由于冻干是在真空状态下进行，只有制品全部冻结后才能在真空下升华，否则有部分液体迅速蒸发，造成液体的浓缩使制品体积缩小，而且如果不完全冻结，溶解在水中的气体在真空下会迅速冒出来，造成像液体沸腾的现象，使制品鼓泡、甚至冒出瓶外。因此，为了保证冻干效果和冻干制品质量，预冻一定要使制品溶液真正全部凝固，那么预冻的温度一定要降到共熔点以下。共熔点是溶液中溶质和溶媒共同融化的温度，也是溶液真正全部凝成固体的温度。溶液的共熔点依其组成成分不同而异，不同生物制品的共熔点不同，必须在预冻前测定每种生物制品的共熔点，才能保证制品的冻干效果。

测定共熔点的原理是根据导电溶液的电阻与温度相关，当温度降低时电阻加大，当降到共熔点时电阻突然增大，此时的温度即为该溶液物质的共熔点。正规测定法是将一对白金电极和一支热电阻温度计插入液态制品中，并将电极、温度计、仪表与记录仪连接，然后将溶液物质冷冻至－40℃以下低温，直到电阻无穷大，随后缓慢升温至电阻突然降低的温度即为该溶液物质的共熔点。一些物质的共熔点见表 5.2。

表 5.2　不同成分冻干保护剂的共熔点

（姜平，2003）

溶　液	共熔点（℃）
0.85％氯化钠溶液	－22
10％蔗糖溶液	－26
40％蔗糖溶液	－33

续表 5.2

溶 液	共熔点(℃)
10%葡萄糖溶液	−27
2%明胶、10%葡萄糖溶液	−32
2%明胶、10%蔗糖溶液	−19
10%明胶、10%葡萄糖溶液、0.85%氯化钠溶液	−36
脱脂牛乳	−26
马血清	−35

制品的预冻可以在冻干箱内预冻，有些小型冻干机没有预冻设置，也可以在冻干箱外进行预冻。目前最常用的一种冷冻方法是冻干机板层冷冻。影响预冻效果的因素主要有以下几方面：

1. 溶液物质的组分与浓度

制品通常由水、生物活性物质和冻干保护剂组成，除水以外的物质应含有一定比例，才能保证冻干后的干物质具有一定的理化形状，通常在4%～25%。

2. 制品每瓶装量

制品的表面积大，厚度小有利于水分子升华，冻干效果好。通常每瓶的装量为容器容量的1/4～1/5，厚度一般不宜大于15 mm。

3. 降温速率与预冻温度

降温速率一般可控制在每分钟降温1℃左右。冻干制品溶液的最佳冷冻速度是因制剂本身的特性不同而变化的。如蛋白多肽类药物的冻干，慢速冻结通常是有利的，而对于病毒、疫苗来说，快速降温通常是有利的。对结晶性制剂而言，冻结速度一般不要太快，冻结速度快虽然便于形成大块冰结晶体，维持通畅的升华通道，使升华速度加快，但如果结晶过大、晶核数量过少、制剂的结晶均匀性差，也不利于升华干燥。对于一些分子呈无规则网状结构的高分子药物，速冻能使其在药液中迅速定型，使包裹在其中的有机溶媒蒸气在真空条件下迅速逸出，反而能使升华速度加快（宁宜宝，2008）。

预冻时，应保证箱内所有的制品温度都低于共熔点，使其全部凝结成固体。一般制品预冻温度在共熔点以下10～15℃保持3～4 h，保证冷冻完全；多数疫苗的共熔点在−20～−15℃之间，因此预冻温度要在−40～−35℃。

（二）抽真空

液体制品的冷冻干燥要求在冻结和真空状态下进行，在液体制品真正全部冻结后，要迅速建立必要的真空度，以促进制品中水分的迅速升华。

（三）第一次干燥

第一次干燥又称为升华干燥，是指低温下对制品加热，同时用真空泵抽真空，使其中被冻结成冰的自由水直接升华成水蒸气。此阶段的温度不能超过制品本身的共熔点温度。温度低于共熔点温度过多，则升华速率降低，升华时间延长；如果高于共熔点温度，则制品会发生融化，干燥后的制品会出现体积缩小、出现气泡、颜色加深和溶解困难等现象。因此，升华阶段的温度要求接近共熔点温度，但又不能超过共熔点温度。在干燥时冻干箱内的压强也要控制在一定范围之内。压强低有利于制品内冰的升华，但压强过低对传热不利，制品不易获得热量，升华速率反而降低。压强太高，升华速率减慢，制品吸收热量减少，制品自身的温度上升，当高于共熔点温度时，制品将发生融化，造成冻干失败。因此，冻干箱内的压强一般为 10～30 Pa(姜平，2003)。待成品中看不到冰时，则可认为一次干燥已完毕，此时制品温度迅速上升，接近板温，制品中最初水分的 90%以上已被除去。

在干燥过程中，如制品干燥层温度上升到一定数值时，其部分干燥物质所形成的多孔性骨架刚度降低，干燥层内颗粒出现脱落，直至骨架塌陷，造成已被干燥部分的微孔通道被封闭，阻止升华的进行，使升华速率减慢，最终可导致冻干产品的残余水分含量过高，产品的复水性与稳定性差。此时的温度称为塌陷温度。塌陷温度是在冻干过程中样品所特有的一特征温度，是由制品材料及干燥层的多孔性结构所决定，还与制品的水分含量有关，随着水分含量的升高，塌陷温度将降低。在一次干燥过程中，干燥层的温度要低于塌陷温度。塌陷温度可通过冻干显微镜测得。

冷阱位于真空泵进口前，升华产生的水蒸气到达冷阱，重新结成霜。如果没有冷阱或其温度不够低，就会导致冻干室内水蒸气压升高，制品升华界面压力和温度都会上升，使得制品融化。冷阱的温度要比制品升华界面的温度低得多。对于多数制品的冷冻干燥，冷阱表面温度在－40～－50℃之间已能满足要求。

在一次干燥过程中，制品的品种、制品的分装厚度、升华时提供的热量和冻干机的性能都影响升华干燥的时间长短。一般来讲，共熔点高的制品容易干燥，升华时间短；制品越厚，干燥越难，升华时间越长，因此，制品的厚度不宜过厚，不超过 15 mm；升华时提供的热量不足，则升华速率过慢，但也不宜过多提供热量；冻干机性能的好坏对干燥时间的长短有很大影响，性能好的冻干机干燥时间会相应缩短。除了上述因素外，预冻速度也影响着升华效率。慢冻形成大冰晶，升华后形成大的孔隙，有利于升华进行，干燥速度快；速冻形成细小的冰晶，升华后留下细小的通道，干燥速度慢。但慢冻时，尤其是瓶装物料采用隔板预冻的情况下，冰晶首先在瓶子底部形成，溶质向顶部迁移，使上部溶液的浓度不断增大，以至于在表面形成一层硬壳，阻止升华进行，因此，要避免该现象的发生，一般采用快速冻结。

近年来发现，在冻干配方中加入叔丁醇后，冻结时会形成针状结晶，冰晶升华后留下了管状通道，使水蒸气阻力大大减小，升华速率显著提高，节省了时间和能耗(宁宜宝，2008)。

(四)二次干燥

二次干燥又称为解吸干燥，是在较高的温度下对制品加热，使与制品中物质结合的水分子由“束缚水”解吸变成“自由”的液态水，再蒸发成水蒸气的过程。加热主要用于被束缚水的解吸作用和蒸发。由于升华干燥之后，在干燥制品的多孔结构表面和极性集团上集合有 10%的水分，且这些结合水的吸附能量很大，因此必须在较高的温度和足够的热量条件下进行二次干燥，实现结合水的解吸，才能达到制品的冻干要求。该过程中，制品的含水量不断减少，在二次干燥后，制品的水分可以减少 96%左右。

在二次干燥过程中，板层温度至少每小时增加 5～10℃，使制品温度迅速上升到该制品的最高容许温度，否则制品水分增多易倒塌，此温度应维持到冻干结束为止。二次干燥目的虽然是使残存在多孔疏松状固体中的水被去除，但适当的水分(通常 1%～1.5%)对于保持疫苗结构完整性和活性也是必要的。制品水分过低，菌体表面亲水基团失去保护，会直接与氧接触，影响菌体的存活率。温度是水分含量的一个主要决定因素，其数值不能超过制品的最高允许温度，制品的最高容许温度与制品的品种有关，一般 25～40℃，蛋白质药物其最高允许温度一般应低于 40℃，对于绝大多数动物用疫苗，温度应该在 25～35℃之间，一般细菌性产品温度为 30～35℃，病毒性产品为 25℃。对于影响制品水分的因素还有真空度的控制，当从一次干燥进入二次干燥时，必须尽可能提高真空度，这样有利于残余水分的逸出，一般控制在 15～30 Pa。

二次干燥的时间与制品种类有关，耐热的物质也就是最高容许温度高的物质，二次干燥时间短，反之，则时间较长；干燥的时间还与制品参与水分含量的标准有关，制品残余水分含量标准低的制品干燥时间段，标准高的制品干燥时间长，另外冻干机的性能也影响干燥时间，性能优良的冻干机在冻干制品时，干燥时间短，且制品质量也好。

(五)加盖与压塞

冻干结束后，冻干箱仍处于真空状态，通过板层液压升降系统，将半加塞的疫苗瓶在真空状态下密封，或者充惰性气体(氮气或氩气)的条件下进行。干燥制品一旦暴露在空气中，即迅速吸收空气中的水分而潮解，并增高制品的含水量，因此，必须十分注意迅速加塞和压盖。

四、包装材料的选择

生物制品的冻干容器一般选用薄壁平底玻璃瓶。玻璃的理化性质稳定，不易与制品反应。瓶壁薄和平底有利于与空气和加热板的热量传递，使制品升降温度快速。棕色玻璃能阻挡波长小于 470 nm 的光线透过，故光敏冻干品可用棕色玻璃包装。使用的胶塞应选用四脚胶塞，并和管状玻璃瓶配套。高压后的胶塞在使用前应在 135℃干燥 4 h，否则会导致疫苗水分含量增加 1%～5%以上，破坏冻干物质的框架结构。也可以采用干烤(135℃，4 h)的胶塞来盖封冻干疫苗。

五、冻干品的储存

冻干制品的储藏温度一般是室温。对于某些药品，要求储藏温度为 2～8℃，特殊的要求－18℃。但冻干制品不能在低于－20℃温度下保存，因为在－20℃以下，胶塞失去弹性，真空很容易失去。

(王先炜　南京农业大学动物医学院)

第六节　电泳技术

一些表面带有电荷的物质，在电场的作用下，向着与其所带电荷相反的电极方面移动的现象称为电泳(Electrophoresis)。许多重要的生物分子，如氨基酸、多肽、蛋白质、核苷酸等都具有可电离基团，它们在一定 pH 下，可以解离成带正或负电荷的颗粒，在电场的作用下发生迁移。

由于样品中不同分子的带电性质、分子大小、形状等有所差异，使带电分子产生不同的迁移速度，利用这种特性，用电泳的方法对上述物质进行定性及定量分析，或者将一定的混合物分离成各个组分以及作少量电泳制备，称为电泳技术。电泳技术具有设备简单、操作方便、分辨率高等优点，已广泛用于生物化学、免疫学、分子生物学、药学和环保等学科中。

电泳按其分离的原理不同可分为自由界面电泳、区带电泳、等速电泳和等电聚焦电泳；按支持介质不同，可分为纸电泳、醋酸纤维膜电泳、琼脂糖凝胶电泳、聚丙烯酰胺凝胶电泳和 SDS-聚丙烯酰胺凝胶电泳（SDS-PAGE）。在生物制品中常用的电泳方法主要有琼脂糖凝胶电泳、聚丙烯酰胺凝胶电泳和 SDS -PAGE 电泳。

一、聚丙烯酰胺凝胶电泳

聚丙烯酰胺凝胶电泳（Polyacrylamide gel electrophoresis，PAGE）是以聚丙烯酰胺凝胶作为支持介质的，具有分子筛作用，有较高的分辨率，普遍用于分离蛋白质及小分子核酸。

（一）聚丙烯酰胺凝胶的制备

聚丙烯酰胺凝胶是由单体的丙烯酰胺（Acrylamide，Acr）和交联剂 N，N'-甲叉双丙烯酰胺（Methylene-bisacrylamide，Bis）聚合而成，这一过程需要有自由基催化完成。常用的聚合方法有化学聚合和光聚合，化学聚合通过加入引发剂过硫酸铵（AP）和加速剂四甲基乙二胺（TEMED）或 β-二甲基氨基丙腈（DMAPN），加速剂催化引发剂产生自由基；光聚合的引发剂是核黄素，加速剂为四甲基乙二胺（TEMED），一般光照 2～3 h 即可以完成聚合。

在制备聚丙烯酰胺凝胶时，为了防止氧分子阻止聚合反应，要使反应液与空气隔绝，可以在反应液上层加入少量水封闭。引发剂和加速剂的纯度会影响聚合反应，应选用纯度较高的试剂，聚合的温度一般在 25～35℃，在制胶时要防止气泡产生。另外，丙烯酰胺和甲叉双丙烯酰胺对中枢神经系统有毒，注意操作时要避免直接接触皮肤，而聚合后则无毒。

由于丙烯酰胺凝胶有突出的优点，目前仍在广泛应用，其优点有：①可以通过调节单体浓度或单体和交联剂的比例，得到不同大小孔径的凝胶，用于不同分子的分离；②灵敏度高；③聚丙烯酰胺凝胶是由丙烯酰胺和 N，N'-甲叉双丙烯酰胺聚合而成的大分子。除侧链带有不活泼的酰胺基外，没有带电的任何其他离子基团，化学惰性好，电泳时不会产生"电渗"；④机械强度好，有弹性，不易碎，便于操作和保存；⑤无紫外吸收，不经染色就可用于紫外波长的凝胶扫描做定量分析；⑥化学性质稳定，不与被分离物质发生化学反应。

（二）聚丙烯酰胺凝胶电泳

PAGE 根据其有无浓缩效应，分为连续系统和不连续系统两大类，连续系统电泳体系中缓冲液 pH 及凝胶浓度相同，带电颗粒在电场作用下，主要靠电荷和分子筛效应。不连续系统中由于缓冲液离子成分、pH、凝胶浓度及电位梯度的不连续性，带电颗粒在电场中泳动不仅有电荷效应，分子筛效应，还具有浓缩效应，因而其分离条带清晰度及分辨率均较前者更好。

1. 原理

(1)样品的浓缩效应：不连续体系由电极缓冲液、浓缩胶及分离胶所组成。浓缩胶是由 AP 催化聚合而成的大孔胶，凝胶缓冲液为 pH6.7 的 Tris-HCl。分离胶是由 AP 催化聚合而成的小孔胶，凝胶缓冲液为 pH8.9 Tris-HCl。电极缓冲液是 pH8.3 Tris-甘氨酸缓冲液。2 种孔径的凝胶、2 种缓冲体系、3 种 pH 使不连续体系形成了凝胶孔径、pH、缓冲液离子成分的不连续性，这是样品浓缩的主要因素。凝胶孔径的不连续性，使样品迁移受阻而压缩成很窄的区带；电泳开始后，HCl 解离成氯离子，甘氨酸解离出少量的甘氨酸根离子，它们的迁移率不同，Cl^- 迁移率快，甘氨酸根离子迁移率慢，蛋白质介于两者之间。电泳开始后，Cl^- 的快速移动会在其后形成一个离子强度很低的低电导区，使局部电位梯度增高，将蛋白质浓缩成狭窄的区带。这些因素的综合作用产生了浓缩效应，使得样品在浓缩胶中被浓缩，形成很窄的区带。

(2)分子筛效应：大小和形状不同的蛋白质在通过分离胶时的迁移率不同。分子小且为球状的蛋白质分子迁移率快；反之，分子大且形状不规则的分子迁移率慢，这样通过凝胶的分子筛作用使各种蛋白质分成不同的区带。

(3)电荷效应：由于不同蛋白质表面所带电荷、分子质量各不相同，进入分离胶后，以不同的迁移率泳动，而使各种蛋白质分成不同的区带。表面电荷多、分子质量小，则迁移快，反之则慢。

2. 组成

由电泳缓冲液、样品胶、浓缩胶和分离胶组成，两层玻璃板中排列顺序依次为上层样品胶、中间浓缩胶、下层分离胶。

3. PAGE 电泳的过程

(1)凝胶的制备：制胶所需的各种试剂贮存液均应预先配制好。硫酸铵要现用现配。制备凝胶使用的玻璃板或玻璃管均需洗涤干净，经干燥后使用。

制备不连续凝胶时，先制分离胶，将各种贮存液混合后，注入玻璃管或两块玻璃板之间，至 2/3 左右高度后，在胶面上轻轻覆上一层蒸馏水，使胶有一个水平的表面并与空气隔绝，注意必须赶走管底气泡。待出现明显界面时，表明已完全聚合，吸去水层。再注入浓缩胶所需混合液，表面加一层蒸馏水，聚合一定时间后再加样品胶。

(2)加样与电泳：将制好的凝胶装进电泳槽，在电泳槽中注入缓冲液，加入样品，可以将样品与浓缩胶混合制成样品胶，也可以直接将样品加入浓缩胶的加样孔中。加样后，接通电源，进行电泳。一般刚开始电泳时，电流较低，然后升高电流，并在稳定的电流下电泳。

(3)染色与固定：电泳完毕后，从玻璃管或玻璃板中取出凝胶。要防止胶片破损。取出凝胶后浸泡在含 0.1%考马斯亮蓝的 12.5%～50%的三氯乙酸染色液中，同时进行染色和蛋白质固定。不同的蛋白染色时间不同，一般染色 30 min 即可。

(4)脱色：将经固定和染色的凝胶，浸于脱色液(7%的乙酸溶液)中脱色，隔一定时间换一次脱色液，直至无蛋白质处无色透明为止。

二、SDS-聚丙烯酰胺凝胶电泳

1967 年 Shapiro 发现在样品介质和聚丙烯酰胺凝胶中加入离子去污剂和强还原剂

后，蛋白质亚基的电泳迁移率主要取决于亚基分子质量的大小，电荷作用可以忽略。利用这个原理，建立了SDS-聚丙烯酰胺凝胶电泳(SDS polyacrylamide gel electrophoresis，SDS-PAGE)。SDS-PAGE是在阴离子表面活性剂十二烷(基)硫酸钠(SDS)存在下进行的一种聚丙烯酰胺凝胶电泳，是最常用的定性分析蛋白质的电泳方法。

SDS是阴离子去污剂，能断裂分子内和分子间的氢键，使分子折叠，破坏蛋白质的空间结构。巯基乙醇是强还原剂，可使蛋白质分子中的二硫键还原，使多肽分成单个亚单位。在样品和凝胶中加入SDS和还原剂后，蛋白质解聚成多肽链，解聚后的氨基酸侧链与SDS结合成蛋白质-SDS胶束，带有的负电荷大大超过了原有蛋白质所带电荷量，消除或掩盖了不同种蛋白质间原有电荷的差别，使蛋白质均带有相同密度的负电荷，因而可利用蛋白质分子质量差异将各种蛋白质分开。

SDS-PAGE一般采用的是不连续缓冲系统，一般样品和浓缩胶用pH 6.8的Tris/HCl缓冲液，电极液选pH 8.3的Tris/甘氨酸，分离胶用pH 8.8的Tris/HCl缓冲液，系统中都含有0.1%SDS。

SDS-聚丙烯酰胺凝胶电泳不仅可以用于蛋白质的分离、鉴定，纯度检测，还可以根据已知分子质量蛋白质的相对迁移率和分子质量的对数做标准曲线，求得未知蛋白质的分子质量。还常用于提纯过程中纯度的检测。

三、琼脂糖凝胶电泳

用琼脂糖凝胶作支持物，借助琼脂糖凝胶的分子筛作用，对核酸分子进行分离和纯化的电泳方法，是基因操作中常用的重要方法。

(一)基本原理

DNA分子双螺旋骨架两侧带有含负电荷的磷酸根残基，在电场的作用下向正极移动。在一定电场强度下，DNA分子在琼脂糖凝胶的泳动速度取决于分子筛效应，具有不同分子质量大小的DNA分子泳动速度也不同，因此，在电场的作用下，不同大小的DNA分子可以在琼脂糖凝胶上分离开。在电泳过程中可以通过加入示踪染料使DNA分子染色，在一定波长的光照下即可观察DNA分子条带。

(二)琼脂糖凝胶电泳的过程

1. 制胶

琼脂糖凝胶电泳中常用的缓冲液为TAE和TBE缓冲液，可以预先配制好。在制胶时取TAE加入适量的琼脂糖，加热使琼脂糖完全融化，加入示踪染料，倒入制胶盒中，待其凝固后即可使用。加入的琼脂糖的量视DNA分子的大小而定，DNA分子越大，琼脂糖的浓度越低，反之亦然。浓度通常在0.5%～2%之间，低浓度胶易碎，小心操作和使用质量好的琼脂糖是解决办法。注意高浓度的胶可能使分子大小相近的DNA带不易分辨，造成条带缺失现象。一般常用1%琼脂糖凝胶。

传统的示踪染料为溴化乙啶(EB)，可以配制成1%的贮存液，但由于EB为一种强致癌物质，很多实验室已不再使用。而其他系列例如SYBR Green，GelRed，虽然毒性小，但价格昂贵。Goldview是一种新开发的染料，无致癌性，安全，但敏感性低于EB。

另外，制胶时应使用干净的配胶板和电泳槽，要注意平时使用时不污染DNA酶，

DNA 酶污染的仪器可能会降解 DNA，造成条带信号弱、模糊甚至缺失的现象。

2. 加样

制备好的琼脂糖凝胶置于加有缓冲液的电泳槽内，即可上样。常用的缓冲液有 TAE 和 TBE，TBE 比 TAE 的缓冲能力强。电泳缓冲液多次使用后离子强度降低，pH 上升，缓冲性能下降，可能使 DNA 电泳产生条带模糊和不规则的 DNA 带迁移的现象，因此要注意更换缓冲液。

正确的 DNA 上样量是条带清晰的保证。注意太多的 DNA 上样量可能导致 DNA 带型模糊，而太少的 DNA 上样量则导致带信号弱甚至消失。

3. 电泳

加样后即可打开电源，进行电泳。电泳时要选择合适的电压和温度。一般电压不应该超过 20 V/cm，电泳温度应该低于 30℃，如果电压和温度过高，可能导致出现条带模糊和不规则的 DNA 带迁移的现象。

4. 观察

电泳结束后，将琼脂糖凝胶置于凝胶成像系统中，根据染料不同选择合适的光源和激发波长进行观察。如果激发波长不对，条带则不易观察，出现条带模糊的现象。

（三）应用

琼脂糖凝胶约可区分相差 100 bp 的 DNA 片段，其分辨率虽比聚丙烯酰胺凝胶低，但它制备容易，分离范围广，尤其适于分离大片段 DNA。普通琼脂糖凝胶分离 DNA 的范围为 0.2～20 kb。一般的核酸检测只需要琼脂糖凝胶电泳就可以；如果需要分辨率高的电泳，特别是只有几个 bp 的差别应该选择聚丙烯酰胺凝胶电泳；用普通电泳不合适的巨大 DNA 链应该使用脉冲凝胶电泳。注意巨大的 DNA 链用普通电泳可能跑不出胶孔导致缺带。

（王先炜　南京农业大学动物医学院）

第七节　多聚酶链反应

Khorana 于 1971 年最早提出核酸体外扩增的设想。聚合酶链反应（Polymerase chain reaction，PCR）技术由美国科学家 Kary Mullis 建立的一种在体外快速扩增特定基因或 DNA 序列的方法，故又称为基因的体外扩增法。这项技术使人们能够很快地从试管中获得大量拷贝的特异核酸片段。它可以在试管中建立反应，经数小时之后，就能将极微量的目的基因或某一特定的 DNA 片段扩增数十万倍，乃至千百万倍，而无需通过烦琐费时的基因克隆程序，便可获得足够数量的精确的 DNA 拷贝，所以有人亦称之为无细胞分子克隆法。由于核酸是生物体贮存和传递遗传信息的载体，因此能够迅速获得大量拷贝特异核酸片段的这一技术使生命科学领域的研究手段发生了革命性的变化。不仅可以用来扩增与分离目的基因，而且在临床医疗诊断、胎儿性别鉴定、癌症治疗的监控、基因突变与检测、分子进化研究，以及法医学等诸多领域都有着重要的用途。

一、PCR 原理

PCR 是在试管中进行的 DNA 复制反应，基本原理与细胞内 DNA 的复制相似。就是以拟扩增的 DNA 分子为模板，以一对分别与模板互补的寡核苷酸片段为引物，在 DNA 聚合酶的作用下，按照半保留复制的机理沿着模板链延伸直至完成新的 DNA 合成。通过不断重复这一过程，可以使目的 DNA 片段得到扩增。每个循环所产生的 DNA 片段即为下一个循环的模板，因此，PCR 技术可使 DNA 的合成量呈指数型增长。另外，DNA 聚合酶需要有一小段双链 DNA 来引导新链的合成。因此，新合成的 DNA 链的起点，就是引物在模板 DNA 链两端的退火位点，扩增的双链 DNA 即为两引物退火位点之间的 DNA 片段。

PCR 包括 3 个过程，首先是双链 DNA 分子在临近沸点（94～95℃）的温度下分离成两条单链的 DNA 分子，作为反应的模板，这一过程称为变性（Denaturation）；然后将温度降低至寡核苷酸（引物）的熔点温度以下（40～70℃），使引物能与模板互补结合，这一过程称为退火（Annealing）；最后是延伸（Extension），即将温度升至 72℃左右，在 DNA 聚合酶的作用下，利用反应混合物中的四种脱氧核苷三磷酸（dNTPs）合成新生的 DNA 互补链。PCR 反应重复进行 DNA 复制的过程，使 DNA 得以扩增。每一次复制包括 3 个步骤，即变性、退火和延伸。

二、PCR 反应体系

参与 PCR 反应的成分主要是模板 DNA、特异性引物、热稳定 DNA 聚合酶、脱氧核苷三磷酸（dNTP）、二价阳离子、缓冲液及一价阳离子。

1. 模板 DNA

模板（Template）即为要被复制的核酸片段，可以是包括基因组 DNA、质粒 DNA、噬菌体 DNA、预先扩增的 DNA、cDNA 和 mRNA 分子等几乎所有形式的 DNA 和 RNA 都能成为 PCR 技术反应的模板。除此之外，PCR 反应还可以直接以细胞为模板。DNA 可以直接用作模板，而 RNA 须先进行反转录为 cDNA，再以 cDNA 为模板进行扩增反应。模板 DNA 必须有较高的纯度，过多 RNA 污染、蛋白质或其他杂质物的存在，都会影响 DNA 的扩增效果。另外，模板的量也会影响扩增，模板量过多，会使引物过多的结合，剩余的引物不足以完成下面几轮的扩增，使平台期提前；模板量过少，扩增的 DNA 数量过少，电泳后肉眼不可见，不能用于基因克隆、鉴定或疾病的诊断。在 PCR 技术建立初期，反应所需模板 DNA 量为 500～1 000 ng，目前常规 PCR 的模板 DNA 量一般仅需 50～100 ng。反应体系中较低量的模板有利于提高扩增产量和减少非特异性扩增。

2. 寡核苷酸引物

引物（Primer）是一段与模板 DNA 链结合人工合成的寡核苷酸（Oligonucleotide）短片段，对于 DNA 的扩增起到引发的作用。一个 PCR 反应中的引物通常包括两条，引物 1 是5′-端与正义链互补的寡核苷酸，用于扩增编码链或 mRNA 链；引物 2 是 3′-端与反义链互补的寡核苷酸，用于扩增 DNA 模板链或反密码链，反应系统中引物的浓度一般在 0.1～0.2 μmol/L 之间。引物决定 PCR 扩增产物的特异性和长度，与 PCR 反应效果有十分密切的关系，因此引物的设计是进行 PCR 的一个重要步骤。目前，设计引物大多使用电脑软件（如 Primer Premier5.0），可以根据软件的综合评分标准选择合适的引物，但根据引物设计原则进行的人工筛选还是需要的。引物设计时必须遵循一些原则：①引物的长度一般以 18～25 个核苷酸为宜，引物过短则会降低扩增的特异性，引物长可提高扩增的特异性，但引物过长容易产生寡核苷酸的链内互补，形成发夹状结构，影响引物和模板之间的互补；引物过长还会提高退火温度，使延伸温度超过 *Taq* DNA 聚合酶的最适作用温度 74℃，影响产物生成；②两条引物之间（尤其在 3′端）的序列不能有互补，以免形成引物二聚体；③引物的碱基组成应平衡，避免出现嘌呤、嘧啶碱基堆积。C+G 碱基含量在引物中的比例一般以 45%～55%为宜。引物的 3′端尤其要避免重复的 CG 碱基序列，否则会使引物在模板的 CG 富集区错误配对；④PCR 扩增中的退火温度是根据引物的 Tm 值而决定的，两条引物的 Tm 值不能差别太大；⑤根据需要，可在合成引物时于其 5′端加修饰成分。如加入酶切位点，用生物素、荧光素、地高辛等标记，引入突变位点，引入启动子序列，引入蛋白质结合 DNA 序列等（樊绮诗等，2007）。

除了常规 PCR 的引物外，常用的还有简并引物。在扩增的 DNA 序列不清楚，扩增引物的核苷酸序列是根据氨基酸顺序推断出来的情况下，就需要设计、合成简并引物。简并引物实际上是一类由多种寡核苷酸组成的混合物，彼此间有一个或数个核苷酸的差异。使用简并引物的 PCR 反应，其最适条件往往是凭经验确定的，尤其是要注意所选定的变性温度，以避免引物与模板之间发生错配。在使用简并引物的 PCR 中，建议，使用“热起始”法（“Hot-start” method），即将反应混合物先加热到 72℃，然后再加入 *Taq* DNA 聚合酶，经过这样的处理，可以增加 PCR 扩增产物的特异性（吴乃虎，2001）。

3. 脱氧核苷三磷酸

脱氧核苷三磷酸（dNTPs）即 dATP、dCTP、dGTP 和 dTTP 4 种脱氧核苷三磷酸的混合物。反应体系中各种核苷酸的浓度必须一致，一般为 20～200 μmol/L。浓度过高虽能加快反应速度，但非特异性扩增也会随之增加，DNA 聚合酶复制 DNA 时也越容易出错。另外，4 种核苷酸间浓度的不平衡会增加反应时 DNA 聚合酶错配的几率。

4. *Taq* DNA 聚合酶

在早期进行的 PCR 反应中，使用的是大肠杆菌不耐热的 DNA 聚合酶 I 的 Klenow 大片段，这种酶是热敏感的，它的最佳聚合反应温度是 37℃。由于每个循环中所需的变性温度破坏了酶的活性，因此在每个循环变性以后必须重新加入酶。并且由于复性和延伸温度不能超过 37℃，导致许多非特异性杂交，产生非特异性扩增，降低了 PCR 产物的特异性。1988 年，Saiki 等成功地将热稳定的 *Taq* DNA 聚合酶应用于 PCR 扩增，提高了反应的特异性和敏感性，是 PCR 技术走向实用化的一次突破性的进展。

Taq DNA 聚合酶（*Taq* DNA polymerase）是从一种生活在热泉水（高达 75℃）中的水栖噬热菌（Thermus aquaticus）中提取的，有很高的耐热稳定性，其最适的活性温度是 72℃，连续保温 30 min 仍具有相当的活性，而且在比较宽的温度范围内都保持着催化 DNA 合成的能力，一次加酶即可满足 PCR 反应全过程的需求。与大肠杆菌 DNA 聚合酶相比，*Taq* 酶的应用使 PCR 的特异性和敏感性都有了明显的提高。但在 PCR 反应中，DNA 聚合酶偶尔也会将错误的核苷酸加入到 DNA 的生长链，错误掺入的几率大约是每 2×10^4 个核苷酸中有一个。因此扩增的 DNA 片段越长，碱基错配的几率也越高。在扩增 DNA 长片段时，可以选用其他的耐热 DNA 聚合酶，如 *Pwo* DNA 聚合酶、*Tth* DNA 聚合酶、*Pfu* DNA 聚合酶等，这些酶具有较高的保真性，使 PCR 反应的碱基错配率降低 2～10 倍（樊绮诗等，2007）。

一般在 50～100 μL 的 PCR 反应体系中加入 1～2.5 U *Taq* DNA 聚合酶，即可满足 PCR 反应全过程的需求，酶量过多反而导致非特异性扩增。

5. 二价阳离子

Zn^{2+} 和 Mg^{2+} 可作为构成热稳定性 DNA 聚合酶的成分之一，常用的为 Mg^{2+}。镁离子浓度在扩增反应中是一个至关重要的因素，Mg^{2+} 对于反应系统本身、稳定核苷酸和提高 *Taq* DNA 聚合酶的活性十分重要。*Taq* DNA 聚合酶的活性与游离的 Mg^{2+} 浓度有关，Mg^{2+} 浓度过低使酶活力降低，浓度过高又会使酶催化非特异性扩增。在优化 PCR 反应条件的过程中，寻找 Mg^{2+} 的最适反应浓度，对于能否扩增出 DNA 片段和 DNA 片段的特异性是至关重要的。在优化 Mg^{2+} 的最适反应浓度时，应注意 dNTP、引物和模板 DNA 等中的磷酸基团以及反应体系中螯合剂等均可与 Mg^{2+} 结合而降低游离 Mg^{2+} 的浓度因素。一个标准的 PCR 反应中，当 dNTP 的浓度为 200 μmol/L 时，Mg^{2+} 浓度一般为 1.5 mmol/L 较宜。

6. 缓冲体系

缓冲液一般使用 Tris-Cl 缓冲液，标准的为 10 mmol/L，并将其调节到 8.3～8.8 之间，这样，在扩增过程中，当温度上升至 72℃时，反应体系的 pH 在 7.2 左右。反应体系中盐的浓度也是一个重要因素，盐浓度的升高有利于引物与模板杂交，也有利于稳定杂交体，但是过高的离子强度会抑制聚合酶的活性，因此反应体系中的盐浓度只能在两者之间平衡。一般一价阳离子使用 50 mmol/L 的 KCl 溶液，有利于改善扩增的产物质量。目前，商品化的缓冲体系是缓冲液和一价阳离子的混合物，既方便使用，又不影响 PCR 的扩增。

三、PCR 反应条件

PCR 反应条件主要为温度、时间和循环次数的设置。根据 PCR 的原理，在标准反应中采用三温度点法，双链 DNA 在 90～95℃变性，解离成单链 DNA；再迅速冷却至 40～60℃，引物退火并结合到靶序列上；然后快速升温至 70～75℃，在 *Taq* DNA 聚合酶的作用下，使引物链沿模板延伸。对于较短靶基因（长度为 100～300 bp 时）可采用二温度点法，除变性温度外、退火与延伸温度可合二为一，一般采用 94℃变性，65℃左右退火与延伸。

1. 变性的温度与时间

一般情况下，变性温度在 93～94℃，1 min 足以使模板 DNA 和产物双链完全打开。若低于 93℃，则需延长时间；DNA 分子中含有较多 CG 碱基时，变性温度应相应提高，但温度不能过高，太高的变性温度会影响 *Taq* DNA 聚合酶的活性。

2. 退火的温度与时间

退火温度是决定 PCR 反应的特异性的重要因素，退火温度与时间，取决于引物的长度、碱基组成及其浓度，还有靶基序列的长度。通常 PCR 的退火温度应低于引物 Tm 值 5～10℃。退火温度过低容易产生非特异性扩增，因此，在 Tm 值允许范围内，选择较高的复性温度可大大减少引物和模板间的非特异性结合，提高 PCR 反应的特异性。复性时间一般为 30～60 s，足以使引物与模板之间完全结合。

3. 延伸的温度与时间

延伸温度为 70～75℃，一般为 72℃，在这个温度下 *Taq* DNA 聚合酶具较高的酶促活性，有利于 DNA 的复制。PCR 延伸反应的时间，可根据待扩增片段的长度而定，理论上讲，DNA 延伸的速度为 1 kb/min，可根据片段大小设置延伸时间，延伸进间过长会导致非特异性扩增带的出现。对低浓度模板的扩增，延伸时间要稍长些。另外，对于扩增大片段时间适当延长，如 10 kb 需延伸至 15 min。

4. 循环次数

循环次数同样是 PCR 反应的一个重要参数，根据模板 DNA 量的多少以及扩增反应的目的，循环次数一般为 20～40 次。理论上讲，循环次数越多，获得的 DNA 量也越多，其实不然。PCR 产物呈指数性增长，但是这种增长形式在扩增 20～25 个循环后便放慢直至停止，很快达到反应平台。平台出现得迟早与模板初始量有关，反应体系中模板初始量越多，平台出现得越早。另外，平台效应的产生还与引物二聚体、反应体系中各组分的消耗和变性、引物和已扩增的 DNA 片段间的竞争等许多因素有关。另外，循环次数越多，非特异性产物的量亦随之增多。因此，在进行 PCR 反应中，要注意设置合适的初始模板 DNA 的量和循环次数。

四、PCR 的种类

PCR 技术广泛地应用于生物和医学领域的同时，PCR 技术本身也得到了充分的发展。目前已发展出许多以 PCR 为基础的相关技术，形成了适用于不同目的的 PCR 技术系列。

1. 反转录 PCR

反转录 PCR(Reverse transcription PCR，RT-PCR) 或称逆转录 PCR，是广泛应用的一种 PCR，其原理是：提取组织或细胞内总 RNA 或 mRNA，以其中的 mRNA 作为模板，采用 Oligo(dT)或随机引物利用逆转录酶进行体外反转录，以生成与之互补的 cDNA，然后再以 cDNA 作为模板进行 PCR 扩增，得到所需要的目的基因片段。RT-PCR 使 RNA 检测的灵敏性提高了几个数量级，使一些极为微量 RNA 样品分析成为可能。该技术主要用于：分析基因的转录产物、获取目的基因、合成 cDNA 探针、构建 RNA 高效转录系统。

反转录过程中可以选用的引物主要有 3 种：①以随之进行的 PCR 扩增所需的下游引物作为反转录反应的引物，它可与目的 mRNA 的 3′末端互补，引发特异的反转录反应；用此类引物仅产生所需要的 cDNA，导致更为特异的 PCR 扩增。②以寡聚脱氧胸苷酸即 Oligo(dT)作为引物，因绝大多数真核细胞 mRNA 具有 3′端 Poly(A)尾，此引物与其配对，仅 mRNA 可被转录。由 Oligo(dT)所引发的反转录反应从理论上讲是细胞内所有 mRNA 的反转录反应。③以人工合成的随机六聚体 (Hexanucleotide mix)作为引物，当特定 mRNA 由于含有使反转录酶终止的序列而难于拷贝其全长序列时，可采用随机六聚体引物这一不特异的引物来拷贝全长 mRNA。这些引物能随机地与 mRNA 的任何部位互补，引发反转录反应。用随机序列六核苷酸混合物作为反转录反应的引物的优点是容易合成完整的 cDNA，尤其是当 mRNA 较长时。

反转录酶有禽成髓细胞白血病病毒(AMV)、莫洛尼鼠白血病病毒(MMLV)反转录酶、*Thermus thermophilus*、*Thermus flavus* 等嗜热微生物的热稳定性反转录酶和 MMLV 反转录酶的 RNase H-突变体，其中 AMV 和 MMLV 较常用。

2. 巢式 PCR

巢式 PCR(Nested PCR)，是一种变异的聚合酶链反应(PCR)，是指利用两套 PCR 引物对(巢式引物)进行两轮 PCR 扩增反应。在第一轮扩增中,和普通 PCR 相似,外引物用以产生扩增产物,内引物结合在第一次 PCR 产物内部,进行第二轮扩增。由于使用了两对引物并且进行了两轮扩增反应,因此试验的敏感性和特异性均增强,可以在 10 的六次方基因组背景下检测到一个拷贝的病毒基因。当靶基因表达量较低或其他原因使常规 PCR 无法得到理想的扩增产物时,可以进行第二轮扩增,以获得足够和特异的扩增产物。但应注意第二轮扩增所用的引物不能用第一轮扩增时所用的,必须重新设计。第二对引物应在第一对引物(位于靶基因)的内侧,或至少其中一条引物的位置必须位于内侧。另外,在进行第一轮扩增时应设定较少的循环次数,以获得合适的产物量作为第二轮扩增的模板。为减少巢式 PCR 的操作步骤可将外引物设计得比内引物长些,同时在第一次 PCR 时采用较高的退火温度而第二次采用较低的退火温度,这样在第一次 PCR 时,由于较高退火温度下内引物不能与模板结合,故只有外引物扩增产物,经过若干次循环,待外引物基本消耗尽,无需取出第一次 PCR 产物,只需降低退火温度即可直接进行 PCR 扩增。这不仅减少操作步骤,同时也降低了交叉污染的机会。

3. **定量 PCR**

由于受诸多因素(如扩增效率、平台效应等)的影响和限制,常规 PCR 只能对扩增的 DNA 进行定性,而在许多情况下需要对靶基因进行定量分析,定量 PCR 技术应运而生,包括相对定量 PCR 和定量 PCR。

(1)相对定量 PCR:相对定量 PCR 又称半定量 PCR(Semi-quantitative PCR)。在除模板外的 PCR 反应体系一致的条件下,在平台期前,扩增基因的量与起始模板的量是呈正相关的,半定量 PCR 正是利用 PCR 的这一特性,对起始模板进行定量。为了克服模板质量差异和 PCR 本身扩增效率的差异对最终定量的影响,在 PCR 系统中加入内参照系统,通过靶基因和“管家基因”反应产物的电泳条带灰度的比较,对起始模板进行相对定量。与常规 PCR 相比,相对定量 PCR 的不同之处在于:①应确保反应处于平台期;②应引入内参照系统。

在优化相对定量 PCR 的反应条件时,最重要的是确保反应处于线性反应期,也就是说,PCR 反应在平台期前结束。平台期出现的早晚,与模板量有关,初始模板量越大,反应平台期出现得越早,处于线性反应期的循环次数也相应减少。为此,必须通过试验选择合适模板量和循环次数,保证 PCR 反应处于线性反应期。

半定量 PCR 常用的内参照基因通常是与待测基因序列结构无关的“管家”基因,包括有 β-肌动蛋白(β-actin)、3-磷酸甘油醛脱氢酶(Glyceraldehyde-3-phosphate dehydrogenase,GAPDH)等,这些基因的含量相对丰富,转录比较稳定。扩增时应在同一个反应试管内进行靶基因和“管家基因”的扩增,以尽可能避免不同反应间由于扩增效率的差异给定量带来的影响。但是由于内参基因表达水平太高,常常抑制检测基因的扩增,常常是分开扩,都可以扩增出来,混在一起就不能扩增出来,所以有时不能反映基因表达的实际情况。目的基因和内参基因分开扩增的所谓半定量 RT-PCR,是没有什么学术意义的。由于半定量 PCR 难以保证样品的一致性,并且其准确度、可靠性较低,现在用的已经很少了。

(2)荧光定量 PCR:荧光定量 PCR(Fluoreseence quantitative PCR,FQ-PCR)最早称 TaqMan PCR,后来又称实时 PCR(Real time PCR)技术,是美国 PE 公司于 1995 年研制出的一种新的核酸定量方法。是在常规 PCR 基础上加入荧光标记探针或相应的荧光染料，随着 PCR 反应的进行，PCR 产物不断积累，荧光信号强度也等比例增加，每经过一个循环，收集一个强度荧光信号，这样可以通过荧光的强度监测产物量的变化，从而得到一条荧光扩增曲线图。荧光扩增曲线分为 3 个阶段：荧光背景信号阶段、荧光信号指数扩增阶段和平台期。在荧光信号指数扩增阶段产物量的对数值与模板的初始量呈线性关系，一般选择此阶段对核酸进行定量分析。

实时 PCR 的结果以阈值循环数(Threshold cycle value，Ct 值)的形式给出。Ct 值的定义是：扩增曲线与荧光本底基线的交叉点(Cross point，Cp)处相应的反应循环数。Ct 值的大小与样品中模板 DNA 的起始拷贝数成反比。Ct 值越小，说明起始模板量越高，Ct 值越大，则说明起始模板量越低。因此 Ct 值可以用来相对地判断起始模板量。

荧光定量 PCR 的参照系统包括外参照系统和内参照系统。荧光定量 PCR 的外参照系统是以标准品经过系列稀释制备标准曲线。根据标准曲线和 Ct 值，仪器的软件系统可计算出最终的定量结果，即每一反应中靶基因的拷贝数。内参照的设置是把一个内标准品放入样品中一起处理，一起扩增，内标准品和靶基因的探针分别用两种不同的荧光染料标记，扩增时用同一对引物同时扩增靶基因和内标准品，由于两者与引物互补的序列相同，但与探针杂交的序列不同，故荧光定量 PCR 扩增仪的双通道荧光检测系统可以特异地同时检测出内标准品和靶基因的扩增产物。内参照系统定量更准确，但由于需要双通道荧光检测系统限制了它的应用。

4. 多重 PCR

多重 PCR(Multiplex PcR)是在同一反应体系中加入多对引物，同时扩增一份 DNA 样品中多个不同基因片段，已成为临床与基础研究领域中一种简便快捷的筛选检测方法。例如当被检基因较大，突变点较多时，可以用多重 PCR 这一较为简便和理想的技术。多对引物间的组合必须满足两个条件：①各对引物的 Tm 值应相近，以便反应条件能尽量适合所有被扩增片段；②扩增的 DNA 片段的大小应不同，通过电泳能将各片段充分分离开来。

5. 免疫 PCR

免疫 PCR(Immuno polymerase chain reaction，IM-PCR)是 1992 年 Sano 建立的一种检测微量抗原的高灵敏度技术。是利用抗原抗体反应的特异性和 PCR 扩增反应的极高灵敏性而建立的一种微量抗原检测技术。其原理是：用一段已知 DNA 分子标记抗体作为探针，用此探针与待测抗原反应，PCR 扩增黏附在抗原抗体复合物上的这段 DNA 分子，电泳定性，根据特异性 PCR 产物的有无，来判断待测抗原是否存在。免疫 PCR 是迄今最敏感的一种抗原检测方法。

免疫 PCR 主要由两个部分组成：第一部分的免疫反应类似于普通的 ELISA 的测定过程，即抗原抗体反应；第二部分即通常的 PCR 检测。由于免疫 PCR 需用固相进行抗原抗体反应，同时又需要对固相结合的 DNA 进行扩增，因此，免疫 PCR 固相的选择应根据具体情况确定。用微量板作为固相必须有配套的 PCR 仪，可以用微量板直接扩增，否则需要用 PCR 反应管作为固相。根据抗原载体不同和引物数量不同免疫 PCR 可分为原位免疫 PCR(In situ immuno，PCR)、细胞免疫 PCR(cellular immuno，PCR)、多分析物免疫 PCR 和单引物免疫 PCR。

6. 原位 PCR

原位 PCR 是 Hasse 等于 1990 年建立的，是在组织细胞里进行 PCR 反应，是一种原位检测组织或细胞中抗原的技术。它结合了具有细胞定位能力的原位杂交和高度特异敏感的 PCR 技术的优点，是细胞学科研与临床诊断领域里的一项有较大潜力的新技术。已经广泛地应用于肿瘤发生学、胚胎学、功能基因组学和病毒学等的研究。其具体方法是：①固定组织或细胞；②蛋白酶 K 消化处理以灭活蛋白酶 K；③在组织细胞片上，加 PCR 反应液，覆盖并加液体石蜡后，直接放在扩增仪的金属板上，进行 PCR 循环扩增；④PCR扩增结束后，用标记的寡核苷酸探针进行原位杂交；⑤显微镜观察结果。

原位 PCR 既能分辨鉴定带有靶序列的细胞，又能标出靶序列在细胞内的位置，于分子和细胞水平上研究疾病的发病机理和临床过程及病理的转归有重大的实用价值。其特异性和敏感性高于一般的 PCR。

原位 PCR 包括原位 PCR 和原位杂交 PCR，这两种方法的本质区别在于前者在 PCR 系统中加入地高辛（或其他标记物）标记的 dUTP，以使扩增产物带有地高辛标记。扩增反应结束后与抗地高辛抗体反应后，便可在显微镜下观察结果；而后者是在扩增反应后用寡核苷酸探针与扩增产物作原位杂交，通过检测杂交信号判断结果。

除上述技术外，与 PCR 相关的技术还有差异显示 PCR（Differential display PCR，DDPCR）连接酶链反应（Ligase chain reaction，LCR）、随机扩增多态性 DNA（Randomly amplified polymorphic DNA，RAPD）、核酸序列依赖扩增（Nucleic-acid sequence-based amplification，NASBA）链置换扩增（Strand displacement amplification，SDA）和自主序列复制（Self-sustained sequence replication，SSR）等核酸扩增技术，这些技术不同程度地更复杂一些，主要用于基因的多态性分析、遗传图谱制作、基因定位与分离、病原微生物的鉴定和检测、临床诊断等研究和应用。

（王先炜　南京农业大学动物医学院）

第八节　常用免疫学试验方法

一、凝集试验

细菌、螺旋体、红细胞或细胞性抗原等颗粒性抗原，或带有可溶性抗原（或抗体）的载体与相应抗体（或抗原）发生特异性结合，在有适当电解质存在下，经过一定时间，出现肉眼可见的凝集团块，统称为凝集试验（Agglutination test）。由于凝集试验简便易行、快速灵敏，迄今仍为常用的免疫学技术之一，已被广泛用于临床检验和卫生检验等领域。

（一）凝集试验的原理

凝集现象的发生可分为 2 个阶段：①抗原抗体的特异性结合；②出现肉眼可见的颗粒凝集。通常，抗原表面带有电荷，使得抗原颗粒互相排斥，当特异性抗体与相应抗原颗粒互补结合时，抗体的桥联作用克服了抗原颗粒表面的排斥力，而使颗粒聚集在一起，形成肉眼可见的凝集颗粒。当抗体分子太少时，不足以克服抗原颗粒表面的排斥力，不能使颗粒聚集，所以在凝集反应中，IgG 和 IgM 都能参与抗体凝集反应，但 IgM 类比 IgG 类的作用强度要强数百倍。

(二)影响凝集试验的因素

抗原抗体必须在合适的条件下才能发生凝集反应,影响凝集反应的因素主要包括电解质、pH、温度及抗原抗体的比例。在抗原抗体发生凝集反应中,必须有适当的电解质存在,电解质可降低抗原的电荷,使其易于凝集。一般用0.85%氯化钠溶液稀释血清与菌液。凝集反应合适的pH一般为6~8,过高或过低不仅会破坏抗体蛋白质,而且还会造成假阳性和假阴性。凝集反应通常以在室温或37℃中进行为宜。抗原抗体间要有适当的比例,如二者比例不当,反应即被抑制。多数情况下,抗体浓度越高则反应越强。但当抗体浓度过高时,反而不出现明显的凝集,这种抑制凝集的现象,叫前带现象。

(三)凝集反应的类型

1. 直接凝集反应(Direct agglutination assay)

直接凝集反应是指天然颗粒性抗原(细菌、螺旋体和红细胞等)与抗体,在适当电解质参与下可直接结合所出现的凝集现象。反应中的抗原称为凝集原(Agglutinogen),参与反应的抗体称为凝集素(Agglutinin)。常用的凝集试验有玻片法和试管法。

玻片凝集试验为定性试验方法。取一滴诊断血清与一滴受检菌或红细胞悬液,在玻片上混匀后,数分钟后即可用肉眼或低倍显微镜观察,若凝集即为阳性结果。也可用已知颗粒性抗原来测定患者血清中有无相应抗体。此法简便、快速,可用于细菌的鉴定和分型,也可用于红细胞ABO血型鉴定。

试管凝集试验为半定量试验方法,可以用来粗略测定抗体的效价。一般用已知细菌作成一定浓度抗原悬液,与一系列倍比稀释的待检血清混合,经静置保温后,观察每管内颗粒性抗原凝集程度,一般以能出现++凝集现象的最大血清稀释倍数的倒数作为受检血清的抗体效价。在试验时必须设立阳性对照和阴性对照。试管凝集试验中的凝集程度分4级(+~++++):①阳性(++~++++),肉眼可见大或中等大聚合在一起的块状物,液体透明;②弱阳性(+),肉眼可见小块状物,均匀分布,液体微浑;③阴性(—),液体混浊,用显微镜放大100倍可见抗原呈针尖状均匀分布。

2. 间接凝集反应(Indirect agglutination assay)

用人工方法将可溶性抗原(或抗体)先吸附或耦联在一种与免疫无关、大小适当的不溶性颗粒(统称载体)的表面,使之成为致敏的载体颗粒,然后与相应的抗体(或抗原)反应,在有电解质存在的适宜条件下,出现特异性的凝集现象,称为间接凝集反应。根据载体颗粒的不同,可分为间接血凝试验、间接胶乳凝集试验及协同凝集试验等。

(1)间接血凝试验(Indirect hemagglutination assay, IHA):是以红细胞作为载体的间接凝集试验,即用已知的抗原(或抗体)致敏红细胞,在适宜条件下与标本中的相应抗体(或抗原)结合,出现红细胞凝集现象。分为正向间接血凝试验、反向间接血凝试验、正向或反向间接血凝抑制试验。具有灵敏、快速、容易操作、无需昂贵仪器的优点,它比沉淀反应敏感近1 000倍,较补体结合试验敏感近100倍,是目前广泛应用的经典抗原抗体反应之一。

(2)胶乳凝集试验:是以聚苯乙烯胶乳微粒为载体,将抗原(或抗体)与胶乳载体结合后,直接用以检测相应的抗体(或抗原)的间接凝集试验。聚苯乙烯胶乳微球直径约0.8 μm,可以吸附蛋白质、核酸等高分子物质。目前用于间接胶乳试验的微球主要有:惰性微球、活性微球、彩色微球和磁性微球。胶乳为人工合成的载体，其性能比生物来源的红细胞稳定，且均一性好。但胶乳与蛋白质的结合能力及凝集性能不如红细胞，因此胶乳试验的敏感性不及血凝试验。胶乳凝集试验可采用试管法与玻片法。玻片法操作简单，大多用作定性试验，试管法可作半定量测定。

(3)协同凝集试验：是利用金黄色葡萄球菌细胞壁中含有的A蛋白(SPA)具有与IgG(IgG3除外)的Fc段结合而不影响Fab段活性的特性，将金黄色葡萄球菌与IgG抗体连接，制成致敏载体所进行的凝集试验即为协同凝集试验(Coagglutination assay)。一般采用玻片法，即将致敏SPA试剂滴于玻片上，加少量待检样品混匀，1～2 min内即可判断结果，阳性者可见块状凝集。本法特异、灵敏、简便、快速，已广泛用于多种细菌和某些病毒的快速诊断和鉴定。

除了上述常用的方法外，凝集试验还包括抗球蛋白试验(又称Coombs试验)、自身红细胞凝集试验(Autologotls red cell agglutination assay)、病毒的血凝和血凝抑制试验和冷凝集试验等。

二、沉淀反应

沉淀反应(Precipitation)是指可溶性抗原与相应抗体特异性结合，在合适条件下形成肉眼可见沉淀物的现象。参与反应的可溶性抗原可以是多糖、蛋白质、类脂等，称为沉淀原，抗体称为沉淀素。参与沉淀反应的抗体为多克隆抗体，单克隆抗体一般不适用于免疫沉淀试验。

沉淀反应中，抗原抗体比例适当，形成的肉眼可见物多，抗原或抗体过剩都会引起阻滞现象，抗原过剩引起的阻滞现象比抗体过剩引起的阻滞现象更容易和更明显。可溶性抗原体积小，单位体积内抗原分子数量多，与抗体结合的总面积大，为避免抗原过剩而形成可溶性抗原抗体复合物，沉淀试验中常将抗原作不同程度的稀释。

根据沉淀反应的介质和检测方法不同，可分为液相沉淀试验、凝胶沉淀试验、免疫电泳试验。

(一)液相沉淀试验

液相沉淀试验(Fluid phase precipitation)是指可溶性抗原与抗体在含电解质的液体介质中反应，形成肉眼可见的沉淀物。经典的液相沉淀试验包括絮状沉淀试验(Flation)和环状沉淀试验(Ring precipitation)。①环状沉淀试验是最简单、最古老的一种沉淀试验。将稀释的抗原溶液加在毛细管内的抗体液面上，使之成为分界清晰的两层，数分钟后，在两液面交界处特异结合形成白色沉淀环，即为阳性反应。出现沉淀环的最高抗原稀释倍数，即为血清的沉淀价。该方法操作简单、快速，一般用于微量抗原的鉴定，但由于其灵敏度低，分辨力差，现已少用。②絮状沉淀试验是指可溶性抗原、抗体在液相中特异性结合，在适当条件下，形成絮状沉淀物。在进行试验时，抗原抗体比例适当，方可形成絮状沉淀物，可采用方阵法优化抗原抗体的比例。该方法操作简单，设备要求低，但灵敏度低，受抗原抗体比例影响明显。

(二)凝胶沉淀试验(Gel precipitation)

凝胶呈多孔结构，孔内充满水分，孔径＞3 nm，抗原或抗体分子(＜3 nm)可在其中自由运动。因此，可溶性抗原、抗体在含电解质的凝胶内自由扩散形成浓度梯度，扩散过程中二者相遇而发生特异性结合，在比例适当处出现可见的沉淀线或沉淀环。常用的凝胶有琼脂、琼脂糖、聚丙烯酰胺等。根据抗原抗体反应的方式和特性不同，可分为单向免疫扩散试验（Single immunodiffusion test）和双向免疫扩散试验（Double immunodiffusion test）。

1. 单向免疫扩散试验

待测抗原溶液在含有相应抗体的凝胶内自由扩散，在二者比例适当处出现白色沉淀环，沉淀环的大小与抗原浓度呈正相关。本法为经典抗原定量技术，常用于血浆中蛋白的定量测定。若将一定浓度的抗原加入凝胶中，也可检测抗体浓度，称为逆向免疫扩散试验（Reversed immunodiffusion test），主要用于荧光抗体、酶标抗体和抗血清中抗体蛋白含量的测定。

2. 双向免疫扩散试验

将可溶性抗原和抗体加在同一凝胶板内，随着抗原、抗体的自由扩散，彼此相遇而特异性结合，在二者比例合适处形成白色沉淀线。进行扩散试验的抗原抗体特异性要强、比例要适当，二者比例适当时，出现一条清晰的纤细的沉淀线。若比例不适当沉淀线将变得宽而模糊，甚至不出现沉淀线，导致假阴性结果。该方法既可以检测未知抗原或抗体，也可以检测抗体的滴度，还可以用已知的抗原（或抗体）鉴定相应抗体（或抗原）的纯度。本法操作简单，特异性高，结果可靠，但灵敏度低，耗时长，不能精确定量。

（三）免疫电泳技术

免疫电泳（Immunoelectrophoresis，IEP）技术是将琼脂电泳与免疫扩散相结合的一种常用的免疫学试验方法，是将可溶性抗原和抗体置于直流电场的作用下，在凝胶内加速定向泳动，彼此相遇而特异性结合，在比例合适处形成可见的沉淀物，是电泳分析与沉淀反应的结合产物。这种技术有两大优点，一是加快反应的速度，二是将某些蛋白组分利用其带电荷的不同而将其分开，再分别与抗体反应，以此做更细微的分析。根据不同的试验目的和要求，在经典的免疫电泳技术基础上，又衍生出对流免疫电泳、火箭电泳、放射免疫电泳技术、交叉免疫电泳及免疫固定电泳等许多新技术和新方法。

1. 原理

蛋白质是一种两性电解质，每种蛋白质都有一定的等电点。在等电点时，蛋白质所带的正负电荷相等。在 pH 大于等电点溶液中，蛋白质带负电荷，带负电荷的蛋白质在电场中向正极移动。反之，在 pH 小于等电点的溶液中，蛋白质带正电荷，在电场中向负极移动。这种带电质点在电场中向着带异相电荷的电场移动，称为电泳（Electrophoresis）。带电质点所以能在电场中移动以及具有一定的移动速度，取决于其本身所带的电荷、电场强度、溶液的 pH、黏度以及电渗等因素。不同蛋白质所带电荷不同，其泳动的速度也不同。pH 离等电点越远，所带净电荷越多，泳动速度也越快，因此可以通过电泳将复合蛋白质分开，当与相应的抗体或抗原相遇时即形成沉淀带。

2. 种类

（1）免疫电泳（Immunoelectrophoresis，IEP）：是将蛋白质区带电泳和双向免疫扩散相结合的免疫化学分析技术，由 Grabar 和 Williams（1953）首先报道的。

由于不同的抗原蛋白质分子所带电荷、分子质量及分子构型具有差异，在琼脂凝胶中进行电泳时，迁移速率和方向不同。方法是先利用区带电泳将样品中不同电荷和分子质量的抗原蛋白质在琼脂凝胶内分离成若干区带，然后与电泳方向平行在两侧开槽，加入相应抗血清，置室温或 37℃ 使抗体与已分离的抗原在琼脂凝胶内作双向免疫扩散，各种抗原与抗体特异结合，各区带蛋白在相应位置与抗体反应形成弧形沉淀线。根据沉淀弧的数量、形态和位置，与已知标准抗原、抗体生成的沉淀弧比较，分析样品中所含抗原成分及其性质，也可用于不同抗体成分的研究，如免疫后抗体组分的动态变化。

本法简单，样品用量少，特异性高，分辨率高。沉淀线的数目和分辨率受多种因素的影响，首先是抗原与抗体的比例，预测抗体与抗原的最适比；其次是抗血清的抗体谱，将几只动物或几种动物的抗血清混合使用，则效果更好；第三是电泳条件，如缓冲液、琼脂和电泳等皆可直接影响沉淀线的分辨率。对于免疫电泳的分析，需要积累丰富的经验，才能作出恰当的结论。

(2)对流免疫电泳(Counter immunoelectrophoresis，CIEP)：是将双向免疫扩散与电泳相结合，在直流电场中定向加速度的免疫双扩散技术。大部分抗原在碱性溶液(pH 8.6)中带较多负电荷，在电场中向正极移动，而抗体蛋白等电点较高，带较少的负电荷，且分子较大，向正极的泳动速度小于向负极的电渗，在电场中向泳向负极。在进行对流免疫电泳抗体放正极侧，抗原放负极侧，抗原抗体在电场中相对泳动，彼此相遇而发生特异性结合，在两者之间或抗体的另一侧(抗原过量时)形成沉淀线(图 5.2)。由于电场的作用，限制了抗原、抗体的自由扩散，而使其定向泳动，因而增加了试验的灵敏度(比双向扩散高 10～15 倍)，并缩短反应时间(仅需 30～60 min)，但缺点是特异性不如双向琼脂扩散高。

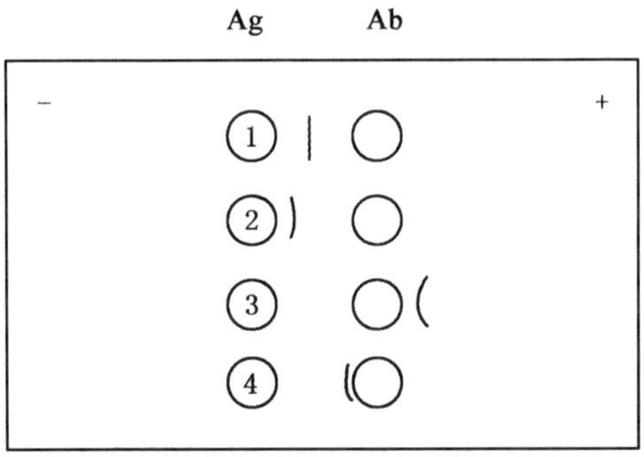

图 5.2　对流电泳结果示意图

注：①Ag 为阳性；②Ag 为弱阳性；③Ag 为强阳性；④Ag 为强阳性(徐顺清等，2006)

IgG 作为蛋白质在电泳中比较特殊，4 个亚型有不同的表现。IgG3 和 IgG4 与一般蛋白无异，泳向阳极；而 IgG1 和 IgG2 则因其带电荷少，受电渗的作用力大于电泳，所以被水分子携裹向阴极移动。因此，在抗体孔两侧皆有抗体存在，当抗原过量时在抗体另一侧也出现沉淀线。

对流免疫电泳用于抗原或抗体的定性分析、效价测定和纯度鉴定等，灵敏度比双向免疫扩散试验高 8～16 倍；但分辨率低于双向免疫扩散试验，不适宜于抗原为免疫球蛋白或抗原抗体迁移率非常接近的情况，因为这会导致电泳时抗原抗体朝一个方向泳动，而不出现沉淀线。

(3)火箭免疫电泳(Rocket immunoelectrophoresis，RIEP)：是将单向免疫扩散与电

泳相结合，在直流电场中加速定向扩散的单向免疫扩散技术。

抗原在含有适量抗体的琼脂凝胶板内向正极泳动过程中，与抗体发生特异性结合，在比例合适处形成白色沉淀。未与抗体结合的抗原穿过此沉淀物继续向前迁移并形成新的沉淀，随着游离抗原的减少，沉淀逐渐减少，形成火箭状沉淀峰，如图 5.3 所示为不同浓度的抗原形成的沉淀峰。抗体浓度保持不变，峰的高度与抗原量呈正相关。因此，当琼脂中抗体浓度固定时，以不同稀释度标准抗原泳动后形成的沉淀峰为纵坐标，抗原浓度为横坐标，绘制标准曲线。根据样品的沉淀峰长度即可计算出待测抗原的含量；反之，当琼脂中抗原浓度固定时，便可测定待测抗体的含量，称之为反向火箭免疫电泳(Reversed rocket immunoelectrophoresis)。本法影响因素多，现应用较少。

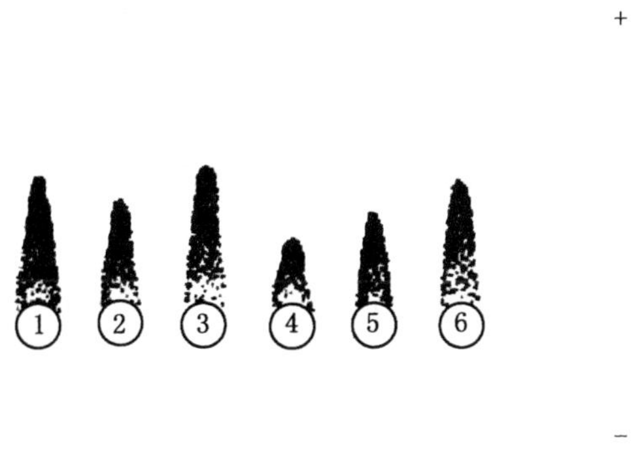

图 5.3 火箭免疫电泳(徐顺清等，2006)

(4)放射免疫电泳技术：将放射性元素标记的抗体(或抗原)与相应的抗原(或抗体)沉淀时，沉淀线通过自显影而证实。这种方法可应用于凝胶中的所有反应，只是将已知的抗原或抗体用放射性同位素进行标记，当抗原抗体形成复合物后，通过复合物中的标记同位素在蜕变过程中放出的射线，作用于感光材料的卤化银晶体而产生潜影，再经过显影把“像”显示出来，这样，能检出肉眼看不见的沉淀线，从而提高反应的敏感性。在抗原抗体孔之间形成一条清晰的黑色影像者，判为阳性；没有影像者，判为阴性。

(5)免疫固定电泳(Immunofixationelectrophoresis，IFE)：是 Alper 和 Johnson(1969)推荐的一项有实用价值的电泳加沉淀反应技术，包括蛋白电泳和免疫沉淀两个过程，原理类似免疫电泳，将抗原进行区带电泳，区带电泳支持物选用滤纸、醋纤膜、琼脂或聚丙烯酰胺皆可，然后将血清直接加于电泳后蛋白质区带表面，或将浸有抗血清的滤纸贴于其上，抗原与对应抗体直接发生沉淀反应，形成的抗原抗体复合物嵌于固相支持物中，使抗原在电泳位置被固定下来，再通过漂洗与染色，呈现着色区带。该法周期短，结果易于分析，敏感性和分辨率强。目前已经取代了传统的免疫电泳技术，成为 M 蛋白鉴定和分型的首要方法，另外在医学研究、法医学、基因诊断和临床实验室操作中得到了广泛的应用，对多发性骨髓瘤的诊断具有一定的应用价值(姜晓萍等，2009)。

三、酶联免疫吸附试验

酶联免疫吸附试验(Enzyme-linked immunosoibent assay，ELISA)自 1971 年建立以来，是发展最快、应用最广泛、最为成功的技术。ELISA 可用于测定抗原，也可用于测定抗体。

(一)基本原理

ELISA 的基本原理与其他血清学技术的原理是一样的,都是利用抗原与抗体能形成复合物。除了一些大颗粒抗原与抗体可形成肉眼可见的复合物,大多数抗原抗体复合物肉眼不可见,为了检测这些看不到的抗原抗体复合物,可以将抗原或抗体进行酶(辣根过氧化物酶、碱性磷酸酶、葡萄糖氧化酶等)标记,当标记后的抗原或抗体与相应的抗体或抗原发生特异性结合后,加入酶的底物,酶催化底物生成有色产物,有色产物的量与样品中待测抗体或抗原的量呈一定比例,通过定性或定量测定有色产物量,即可确定样品中待测物质含量。本方法又利用了酶的催化活性,一个酶分子 1 min 可催化数十万乃至上千万分子的底物变为产物,极大地放大了反应信号,提高了方法的灵敏度。

(二)方法和种类

ELISA 的种类很多,在此仅介绍几种常用的方法。

1. 间接法

间接法(Indirect ELISA)是检测抗体最常用的方法,是将抗原吸附在固相载体上,然后加待测血清,血清中若有相应的抗体则与抗原结合,形成抗原抗体复合物。洗涤后,加酶标抗抗体与固相复合物中的抗体相结合。洗涤后,加入底物显色,颜色深浅代表样品中待测抗体量。该法只需更换不同的固相抗原,即可以用一种酶标抗体检测各种与抗原相应的抗体。此法检测 IgG 型抗体比较简单,但不适用于检测其他种类的抗体。

2. 双抗体夹心法

双抗体夹心法(Double antibody sandwich,DAS-ELISA)是检测大分子抗原最常用的方法,将纯化的特异性抗体与固相载体连接,加入含抗原的待测样品使之与固相抗体反应,形成固相抗原抗体复合物,洗涤除去未结合物质;加入酶标抗体,固相复合物中的抗原与酶标抗体结合,彻底洗涤除去未结合的酶标抗体;加入底物,固相载体上的酶催化底物生成有色产物。根据颜色反应的程度,对待测抗原定性或定量。

3. 双位点一步法

双位点一步法的原理和方法与双抗体夹心法基本一样,其区别在于该法采用针对抗原分子两个不同抗原决定簇的单克隆抗体分别作为固相抗体和酶标抗体,在操作中可将待测样品与酶标抗体一并加入。使操作简便、时间缩短,而且敏感性和特异性也得到显著提高。但应注意钩状效应(Hook effect),即待测抗原浓度相当高时,抗原分别与固相抗体、酶标抗体结合,而不形成夹心复合物,形成的抗原-酶标抗体复合物被洗去,使结果偏低,严重时可出现假阴性结果。

4. 竞争法

竞争法(Competing ELISA)可用于测定抗原,又可用于测定抗体。以测定抗体为例,待测抗体、酶标抗体与固相抗原竞争结合,因此,结合于固相的酶标抗体量与待测抗体的量呈反比。其操作步骤:将特异性抗原吸附于固相载体上,然后在测定孔中加入待测样品与一定量酶标抗体的混合溶液,使之与固相抗原反应。如待测样品中无抗体,酶标抗体与固相抗原结合。如样品中含有抗体,则抗体与酶标抗体以同样的机会与固相抗原结合。样品中抗体量越高与固相抗原的结合的机会也越高,酶标抗体与固相抗原的结合量越少,加底物显色。颜色越淡,表示样品中抗原量越多。同时设定对照管(仅加酶标抗体)。

5. 双抗原夹心法

双抗原夹心法是用已知抗原检测样品中的未知抗体。将已知抗原包被在固相载体上,加入待检样品,然后再加入酶标记抗原,若待测样品中含有相应抗体,则形成"抗原-抗体-酶标记抗原"复合物,加入底物后显色,试验结果判为阳性,抗体浓度与显色颜色深浅成正比;当检测样品中无待测抗体,不能形成"抗原-抗体-酶标记抗原"复合物,加入底物不显色,则判为阴性。

除了上述常用、经典的 ELISA 方法外,人们利用不同的载体和标记不同的物质,又发展了酶-抗酶抗体法(PAP)、生物素和亲和素(BA)系统 ELISA、斑点-ELISA(Dot-ELISA)、中和法、捕获 ELISA 法等多种方法。

四、免疫组织化学技术

免疫组织化学(Immunohistochemistry, IHC)技术是在组织切片、组织压印片、涂片或细胞培养的单层细胞盖片等标本上,应用酶标抗体或抗原检测标本中的相应抗原或抗体的方法。如标本中含有相应抗原或抗体,二者结合形成的抗原抗体复合物,酶与底物作用后形成有色沉淀物或产物电子密度发生改变,在光镜和电镜下,就可识别出标本中抗原或抗体的分布和性质;经图像分析也可达到定量的目的。此方法特异性强、结果观察直观、可靠,目前多用于病毒和细菌等抗原在组织中的定位。

不同的酶所用的底物和供氢体不同,同种酶和底物如用不同的供氢体,其颜色反应也不同。IHC 中最常用的酶是 HRP,供氢体可选用二氨基联苯胺(DAB)、甲萘酚或 4-氯-1-萘酚,显色后的颜色分别为深棕色、红色和蓝色。

1. 标本的制备和处理

用酶标记物进行 IHC 时,由于组织和细胞中含有内源性过氧化酶,可与底物发生显色反应,影响试验结果,因此,在滴加酶标记物前通常将制片浸于 0.3% H_2O_2 和 80%甲醇液处理 15 min,消除内源性过氧化物酶。石蜡切片需常规脱蜡,用胰酶 37℃消化,PBS 洗涤。用 10%牛血清白蛋白或非免疫羊血清封闭 15 min,即制得标本制片。

2. IHC 的种类和方法

IHC 方法与 ELISA 方法相同,每加一种试剂后都要在 37℃孵育一段时间,然后以 PBS 反复洗涤,以除去未结合物。根据染色方法的不同,IHC 可分为直接免疫组织化学法和间接免疫组织化学法。①直接法在制备好的制片中加入酶标记的抗体,如果制片中含有相应的抗原,即形成 Ag-Ab-酶复合物,加入底物显色后,在光镜下观察,即可看到红褐色的抗原抗体复合物。如为切片,可在显色后用苏木精复染,增加背景的反衬颜色,使细胞结构更清晰,观察更容易。该法具有操作简便、快速、特异性强等优点,但一种酶标抗体只能检测一种特异性抗原,敏感性较低,而且抗体的标记费时、费力。②间接法与直接法的制片方法相同,只是在间接法中加入抗体孵育后,又加入酶标记的抗抗体,如果标本中有相应抗原就形成 Ag-Ab1-Ab2-酶复合物,光镜观察即可判定结果。间接法用一种酶标记抗抗体与多种特异性抗体结合,可检测多种抗原,实用性与敏感性均较直接法好。

五、免疫荧光技术

Coons 等于 1941 年首次采用荧光素进行标记而获得成功。这种以荧光物质标记抗体而进行抗原定位的技术称为荧光抗体技术(Fluorescent antibody technique)。用荧光抗体示踪或检查相应抗原的方法称荧光抗体法;用已知的荧光抗原标记物示踪或检查相应抗体的方法称荧光抗原法。这两种方法总称免疫荧光技术。在实际工作中荧光抗原技术很少应用,所以人们习惯称为荧光抗体技术,或称为免疫荧光技术。基本过程包括:标本的制备、染色和观察。

(一)标本的制备

常见的检测标本主要有组织、细胞和细菌三种材料,按不同标本性质可制作涂片、触片或切片。标本的质量直接影响检测的结果,要求标本尽量薄,并力求保持抗原的完整性。

1. 载玻片和盖玻片的处理

要求载玻片和盖玻片厚薄均匀、透光性好,先用洗衣粉充分洗涤后,过夜泡酸,再分别用自来水、蒸馏水冲洗,95%酒精浸泡。

2. 制片

可以制作组织切片、触片和涂片。组织可以制备切片或触片,一般常用冷冻组织切片;细胞可以直接固定,也可以制成涂片;细菌一般制成涂片。在制片时,应使制备的片子薄而均匀。为了防止标本在染色过程中脱落,应对标本进行固定。常用的固定剂有丙酮和乙醇,对于容易脱落的标本宜选用乙醇。

(二)染色

荧光染色方法有直接染色法、间接染色法、补体荧光抗体染色法和双标记染色法。常用的是直接染色法和间接染色法。

1. 直接染色法

直接染色法是将特异性荧光抗体直接加在固定的标本上,使之与相应抗原结合,以鉴定未知抗原。本法简便快速、特异性高,但敏感性差,而且每检查一种抗原就要制备相应的荧光标记抗体。此法常用于细菌、病毒等微生物的快速检查和肾炎活检、皮肤活检的免疫病理检查。

2. 间接染色法

此法既可以检测未知抗原,也可以检测未知抗体。如检查未知抗原,先用已知未标记的特异抗体(第一抗体)与抗原标本进行反应,再用标记的抗抗体(第二抗体)与抗原标本反应,使之形成抗原-抗体-抗抗体复合物,再用水洗去未反应的标记抗体,干燥、封片后镜检。如果检查未知抗体,则抗原标本是已知的,待检血清为第一抗体,其他步骤与抗原检查相同。

标记的抗体一般是抗球蛋白抗体,由于血清球蛋白有种的特异性,因此,制备的一种标记抗体可以检测多种抗原抗体复合物。如标记抗猪球蛋白的抗体,可用于检测任何抗原-猪抗体复合物。此法与直接染色法比较,其敏感性增强,但非特异性干扰因素也相对增多。

3. 补体荧光抗体法

利用补体结合反应的原理,用荧光素标记补体的抗体,检测未知抗原或抗体。方法与间接染色法基本相同,首先是形成抗原-抗体复合物,然后加入补体,形成抗原-抗体-补体复合物，最后再加入荧光标记的补体的抗体，形成抗原-抗体-补体-荧光标记抗体复合物。如果没有待检的抗原或抗体，则该复合物不能形成。因此，通过检测标记的荧光，即可判定有无待检抗原或抗体。

4. 双标记染色法

用不同荧光素标记不同抗体，对同一标本进行染色，同时检测多种抗原存在。

免疫荧光技术可以检测固定细胞或组织标本中的抗原，也可以检测血清中的抗体，具有快速、简便、直观、敏感性高的优点，已广泛应用于生物学领域，但由于需要用荧光显微镜观察结果，在一定程度上限制了它的应用。

免疫血清学技术很多，除了上述试验方法外，补体结合试验、中和试验、放射免疫技术、金免疫技术等都属于免疫血清学技术，其原理、操作方法、判定标准和指标等均不同，在应用时可以根据检测抗原、抗体的性质、试验目的、试验条件等选择合适的方法。

（王先炜　南京农业大学动物医学院）

第九节　生物制品安全性试验

预防、治疗用兽用生物制品，其质量考察有3个重要指标。即：安全性、有效性和质量可控性。诊断制品的3个重要指标是敏感性、特异性和质量可控性。可见预防、治疗用兽用生物制品的安全性是第一位的。兽用生物制品的安全能够提高和保障动物的健康，更重要的是能够保障食品安全和人类的健康。国家对新兽用生物制品的研制已经有了明确的规定，在临床试验前必须向农业部提出申请，对菌毒种、细胞等生物组织原材料必须进行系统的鉴定，实验室安全性试验、效力试验、生产工艺等必须符合国家相关的规定和要求，在得到农业部批准后方可进行临床试验，以保证产品的质量和安全。

生物制品的安全性试验，是对该制品应用于实验动物时，对动物本身及环境不产生不良影响的安全使用剂量和使用范围的界定与验证，试验对象包括靶动物和非靶动物，以及靶动物的适宜使用日龄和非适宜使用日龄阶段。生物制品的安全性评价贯穿实验室试验、临床试验和上市后评价。本节适用于实验室安全性评价。

一、安全性试验的基本要求

（一）实验室的基本要求

实验室和动物实验室应符合所研究的病原微生物国家规定的生物安全标准。一类、二类病原微生物应在生物安全三级以上的实验室及动物实验室中进行。研制新生物制品需要使用一类病原微生物的，应按照《病原微生物实验室生物安全管理条例》和《高致病性动物病原微生物实验室生物安全管理审批办法》等有关规定，在实验室阶段前取得试验活动批准文件，并在取得《高致病性动物病原微生物实验室资格证书》的实验室进行试验。

（二）实验动物基本要求

(1)实验动物应符合《国家实验动物管理条例》和兽用生物制品《生产、检验用动物暂行标准》的规定与要求。其中鸡、鸡胚应为 SPF 级;小鼠、大鼠应为清洁级;犬、兔、豚鼠、地鼠、猫、小型猪应为普通级;试验用猪应无猪瘟病毒、细小病毒、伪狂犬病毒、口蹄疫病毒、蓝耳病病毒、弓形体感染和体外寄生虫,牛、羊、马应用符合生产、检验用动物标准;其他动物国家还未规定等级标准,应用健康易感动物。

(2)禽类制品的实验室安全性试验多使用靶动物进行,其他制品的实验室安全性试验中除使用靶动物外,还有些制品须使用敏感的小型实验动物(如啮齿类)进行试验,检验细胞培养代谢产物的安全性。

(3)应使用敏感性最高品系的动物进行安全性试验,包括本动物和替代动物。

(4)应使用最小日龄的靶动物进行安全性试验。

(5)与繁育有关的制品,还应使用怀孕动物进行安全性试验。

(6)每批制品的实验室安全性试验中所用的实验动物数量应不少于 10 只(头),来源困难或经济价值高的实验动物应不少于 5 只(头),鱼、虾应不少于 50 尾。

(7)动物试验除符合生物安全要求外,还应符合实验动物的等级要求。即:使用 SPF 级别的动物应在屏障环境或隔离环境动物设施中进行。

(8)应采用随机的形式进行分组。

(9)每只动物均应编号。

(三)实验室制品基本要求

(1)实验室安全性试验中所用实验室制品的生产用菌(毒)种、制品组成和配方等,应与规模化生产的产品相同。

(2)实验室制品应编制批号,并经过必要的检验,且结果符合要求。

(3)实验室制品中主要成分的含量应不低于规模化生产时的出厂标准。

二、安全性试验的试验设计

在试验开始前,必须制订详细的实验室安全性试验方案,其内容应包括受试制品的种类,批号,使用剂量,试验开始和结束的日期,实验动物的年龄、品种、性别等特征,对照组的设置,每组动物的数量,实验动物来源、圈舍、试验管理和观察方式,结果的判定方法及标准等。

还应根据制品的特点增加安全试验,如 IB 活疫苗应增加是否产生假母鸡的安全试验,即疫苗株对 1 日龄雏鸡免疫后的气管纤毛、肾脏以及输卵管病理损伤的试验。

(一)试验总体设计方案

试验总体设计方案的描述应清晰,简洁,必要时采用图表等直观的方式。包括:试验用制品名称、来源、制备日期、质量状况,剂量组,稀释剂种类,稀释方法,制品的具体用法,实验动物的品种、级别、大小、数量、性别、来源、质量状况,动物供应单位的合法性,设盲方法和程度(非盲、单盲、双盲等),对照的设立方法,分组方法,试验时间及顺序(尽量采用图表的方式来直观表示时间安排情况),对安全问题或特殊情况的处理预案等。

(二)试验设计及对照组的选择

应阐明所设立对照的确定依据及其合理性,如果试验中不设对照组,应说明原因;如未采用随机分组，则应详细解释和说明能有效克服系统偏差的其他技术措施。应对试验设计中涉及制品使用时间间隔的合理性进行说明。

(三)实验动物的选择与管理

根据研究疾病的种类，动物的年龄、性别、体重、品种等确定合理可行的选择标准和剔除标准，必要时进行合理的论证，确定动物设施的条件，动物的饲养管理条件和方式(饲料，饮水的供给方式，动物舍条件等)。不同试验组的动物混合饲养时，应说明不同组的甄别方法。

(四)研究指标和统计处理方案

应明确研究的指标，临床观察和检查的项目和频率，取样种类和频率，样品的处理，保存条件和时间，血清学检测方法，剖检观察时间和内容，体重，增重量，饲料转化率，产蛋率，产仔率等性能指标的获取时间和方式等。应明确列出各种指标的统计分析方法，安全性评价方法，并在相同饲养和管理条件下设立对照组，在一定的观察期内，通过与对照组相比较，对试验制品的安全性做出客观准确的评价。

(五)材料和方法

针对试验设计中的各个方面，详细描述试验过程中实际执行的情况。试验设计方案不宜更改，如果不得不更改，应对更改的时间、理由、更改过程及有无备案进行详细说明并论证其对整个试验结果评价的影响。

(六)结果

1. 实验动物

参加试验的各组动物数可以图表方式加以描述，包括筛选动物数，随机化动物数，完成试验的动物数，未完成试验的动物数，不符合入选标准但进入试验研究的动物，符合剔除标准但未剔除的动物，接受错误用药的动物及服用禁用药物的动物。

2. 安全性评价

只要使用过至少一次试验制品的动物，均应进行安全性评价。安全性包括 3 个层次：①动物的接种剂量，接种时间和次数；②以合理的方式对常见的不良反应和各种安全指标的改变进行归类，以合适的统计分析比较各组间的差异，分析影响不良反应发生频率的可能因素；③严重的不良反应和其他重要的不良反应，对所有不良反应，应明确与试验制品的因果关系。使用试验制品和对照制品后出现的不良反应均应报告，以图、表的方式对出现的不良反应进行总结，对重点关注的不良反应进行详细描述，分析时比较试验组和对照组的不良反应的发生率，最好结合反应的严重程度及因果关系进行判断分类，需要时，应分析其与接种剂量、接种时间、接种次数等的相关性。严重不良反应和主要试验者认为需要报告的重要不良反应应单独进行总结和分析，并提供发生严重不良反应和重要不良反应的每个动物编号、特征、发生的不良反应情况(发生时间，持续时间，严重程度，处理措施，结局)和因果关系判断等。

3. 安全性小结

对试验制品的总体安全性进行小结，重点关注严重不良反应，阐述试验制品大面积应用的安全性。

(七)讨论

通过以上部分的数据、图表、说明、论证和分析,对试验中的有效性和安全性结果进行总结,讨论并权衡试验制品的利益风险。不要简单的地重复结果,也不要引出新的结果。

(八)结论

根据试验结果,得出简洁的结论。结论应清晰明确,对其意义和可能的问题应加以评述,阐明需注意的问题以及今后进一步试验的意义。

三、安全性试验的具体内容

本部分将从灭活疫苗、活疫苗、基因工程疫苗和治疗用生物制品 4 类主要制品进行阐述。

(一)灭活疫苗的安全性评价

1. 佐剂的安全性评价

由于灭活疫苗通常是以氢氧化铝或油类为佐剂,所以,佐剂的安全性成为一个十分重要的问题,但又是一个容易被忽视的问题,由于佐剂有其自身的药理学特征,可能会影响疫苗抗原的免疫原性和安全性,因此,有必要对佐剂进行全面的安全性评价。

(1)局部耐受性试验:对佐剂的局部刺激性研究,应该根据接种方式不同而异。如口服疫苗,应研究佐剂对肠黏膜的影响;鼻内接种疫苗,应选择合适动物模型进行鼻内耐受性研究;对注射疫苗,着重考虑产生肉芽肿反应的可能性。Francois 为了研究含铝疫苗引起的巨噬细胞性肌筋膜炎、含铝疫苗注射部位铝的消除和含铝疫苗诱导的组织病理学损伤特征,应用猕猴肌肉注射给予含铝疫苗进行了研究。观察到猴组织病理学损伤类似于人类的巨噬细胞性肌筋膜炎,在免疫接种后的 3 个月,在注射部位仍出现磷酸铝;在免疫接种后 12 个月,在注射部位仍出现氢氧化铝;随着铝浓度的增加,在 3 个月和 6 个月的注射部位损伤更明显;这些发现局限在注射部位,在近端和远端肌肉均未发现类似损伤。

(2)诱导超敏反应和过敏反应试验:试验应该考虑在适当动物模型中诱导超敏反应,如被动皮肤过敏性反应检测和主动全身过敏性反应检测。佐剂针对抗原使免疫球蛋白 IgE 增加,这应该被认为是诱导了超敏反应和过敏性反应。如抗原特异性 T 细胞应答中 Th1 反应典型的引发强烈的迟发型超敏反应。

(3)热原试验:应该检测佐剂的可能致热效应,应用被证实的热原检测方法及应用敏感的动物模型(如家兔) 检测。

(4)生殖毒性试验:由于佐剂化疫苗可能接种妊娠动物,所以生殖毒性试验也是非常必要的,应选择妊娠期动物进行安全性评价试验,考察制品对妊娠、胎儿健康的影响。另外,有些病原可能导致生殖系统的不可逆损伤,这类制品的安全性试验中,对幼龄动物接种后,应一直观察到产仔或产蛋,以考察其对生殖功能的影响。

(5)致癌性试验:一般而言,佐剂使用剂量较低且频率较少,其直接的致癌作用几乎可忽略,因此不强调进行致癌性的研究。但佐剂的作用是刺激免疫系统,局部的肌肉接种使用异源性物质，如无机盐佐剂，可能成为诱发局部肿瘤的一个危险因素，必要时应确定用来控制抗原释放的佐剂不存在上述致癌危险。

(6)药物动力学：通常情况下不需要进行药物动力学的研究。如果研究过程中认为该佐剂可能在机体器官和组织中分布时，应考虑进行相关的药物动力学研究。当疫苗含有全新佐剂赋形剂时也要求进行药物分布研究。

(7)佐剂与其他成分的复合物：将具有免疫调节作用的物质与提高抗原递呈的佐剂一起使用，可以进一步提高佐剂的活性。除了提供复合物中每一种成分的安全性数据资料外，还应通过一组毒性试验研究证明该复合物是安全的。

2. 灭活疫苗制品的安全性试验

(1)一次单剂量接种安全性试验：按照推荐的接种途径，选择最小使用日龄的靶动物，接种 1 个使用剂量，至少观察 14 d。评估指标包括实验动物的临床表现，如动物外观体征、行为活动、精神状态、采食饮水、粪便等情况，猪安全性试验临床症状判定标准主要记录咳嗽、呼吸困难、俯卧、呕吐、食欲不振、震颤、死亡和直肠温度等方面；局部炎症，如局部红肿、浸润、并伴有疼痛，甚至感染化脓或有硬结等；组织病理学检查，对实验动物进行剖检，至少应包括：注射局部和注射局部附近的淋巴结、胸腺、脾脏、骨髓和支气管伴随的淋巴结；肝脏、肾脏、生殖系统等重要器官，是否有组织器官明显肿大、出血等异常现象，对有病变的组织或脏器进行处理，制作病理组织切片，进一步显微镜观察判断。如果以上指标提示疫苗可能存在某些安全性方面的问题，或疫苗在理论上存在某种安全性方面的担心(如引起超敏反应、自身免疫性疾病病，或特殊污染物、杂质具有潜在毒性等)，则应根据“具体问题具体分析”的原则，考察特定的观测指标，进行进一步的毒理学研究。

对于可应用于多种不同动物的生物制品，应该用各种靶动物进行一次单剂量接种安全性试验。如该生物制品可通过多种接种途径进行接种，应进行多种接种途径的一次单剂量接种安全性试验。

用至少 3 批实验室制品对靶动物进行一次单剂量接种的安全性试验，若其中任何一批不合格，均须进行重复试验。

(2)单剂量重复接种安全性试验(可能不适用)：对可能进行多次接种的生物制品，均须进行该试验。按照推荐的接种途径，选择适宜日龄的靶动物，接种 1 个使用剂量后 14 d，以相同方法再接种一次，再次接种后应继续观察至少 14 d。评估指标包括临床症状、体温、局部炎症、组织病变等(具体同一次单剂量接种安全性试验)。

对于可用于多种靶动物和多种接种途径接种的生物制品，应进行多种靶动物和多种接种途径的单剂量重复接种的安全性试验。

用至少 3 批实验室制品对靶动物进行一次单剂量接种的安全性试验，若其中任何一批不合格，均须进行重复试验。

(3)超剂量接种安全性试验：选用适宜日龄的靶动物，接种剂量为使用剂量的 2 倍，接种后至少观察 14 d。评估指标包括临床症状、体温、局部炎症、组织病变等(具体同一次单剂量接种安全性试验)。

对于可用于多种靶动物和多种接种途径的生物制品，应进行多种靶动物和多种接种途径的超剂量接种的安全性试验。

用至少 3 批实验室制品对靶动物进行一次单剂量接种的安全性试验，若其中任何一批不合格，均须进行重复试验。

(4)对怀孕动物的安全性试验(可能不适用)：拟用于妊娠动物的疫苗必须进行生殖毒性试验。除非有证据显示疫苗在临床上不存在生殖毒性方面的担忧，拟用于可能妊娠动物的疫苗应考虑进行生殖毒性试验。

疫苗对妊娠动物的安全及对动物生殖功能影响试验应选用敏感动物。由于实验动物的妊娠周期通常较短，为使动物在整个妊娠期间充分暴露，一般需在交配前接种。接种间隔一般应根据动物的免疫应答而确定，必要时应在妊娠期间进行加强免疫，以维持妊娠期间疫苗诱导的最佳免疫应答。按照推荐的接种途径接种 1 个剂量。观测指标至少应包括活胎数、吸收胎数、流产数、胎体重量和形态学检查，以及幼仔断乳前的生存率、体重和体重增长等。必要时，生殖毒性试验还应考察脐带或胚胎血液中的抗体水平，以确定胚胎的抗体暴露水平。

用至少 3 批实验室制品对靶动物进行一次单剂量接种的安全性试验，若其中任何一批不合格，均须进行重复试验。

(5)对靶动物生产性能的影响试验：对用于肉用商品代经济动物及产蛋鸡的生物制品应进行本试验。选用适宜日龄的肉用及蛋用靶动物，按照推荐的接种途径接种 1 个剂量，同时设立对照组，接种后至少观察 14 d，观察记录实验动物的生长发育、增重、饲料报酬、出栏率、产蛋鸡的产蛋率等，对比对照组的情况，评估生物制品对动物生产性能的影响。

用至少 3 批实验室制品对靶动物进行一次单剂量接种的安全性试验，若其中任何一批不合格，均须进行重复试验。

(6)疫苗接种对靶动物免疫学功能影响试验：有些病原可使动物的免疫系统造成损害，对预防该类病的生物制品还应进行免疫抑制试验，评估其制品是否存在免疫抑制现象。选用适宜日龄的靶动物，按照推荐的接种途径接种 1 个剂量，同时设立对照组，接种后至少观察 14 d，观测指标通常包括：动物外观体征、行为活动、体温、局部刺激性、采食量、体重、解剖和组织病理学检查等。组织病理学检查至少应包括：注射局部和注射局部附近的淋巴结、胸腺、脾脏、骨髓和支气管伴随的淋巴结、肝脏、肾脏、生殖系统等重要器官。

用至少 3 批实验室制品对靶动物进行一次单剂量接种的安全性试验，若其中任何一批不合格，均须进行重复试验。

(二)活疫苗的安全性评价

1. 毒种检验

活疫苗要考虑制苗用菌毒株的毒力，免疫原性好、无致病性的弱毒株是生产安全有效的活疫苗的必要条件，方能用以制作疫苗。在一些发达国家，严禁使用中强毒力的活疫苗。对一些烈性传染病是采取扑灭为主，疫苗预防为辅的方针，特别是对像猪瘟、口蹄疫、禽流感和鸡新城疫危害特别严重的疾病，一律采取扑杀净化，不提倡用疫苗，中国目前在动物疾病控制方面执行的是预防为主的方针，中等毒力的活疫苗占有相当比重。

(1)毒力检验：活疫苗制苗用毒株有两种，一种是从自然界筛选的天然弱毒株，如鸡新城疫 La Sota 疫苗，另一种是经过物理、化学或生物的方法对野生强毒株进行人工致弱，使其失去对原宿主的致病力而获得人工致弱型弱毒株，到目前为止，用于预防人类和家畜传染病的活疫苗的菌种和病毒种，大部分都以这种方式培育，在动物传染病的控制与消灭过程中，这类疫苗起着重要的作用。中国的猪瘟兔化弱毒株是其中最为成功的例子，它是将猪瘟病毒强毒通过兔体传400余代后育成的弱毒株。

正因如此，活疫苗菌种检验的过程中，须进行毒力检验。大多活疫苗通过接种鸡胚，计算规定时间内鸡胚死亡数量，观察胎儿病变，包括水肿、充血等症状，以及鸡胚绒毛尿囊膜病变情况。鸡新城疫活疫苗在进行毒种的毒力检验时，除接种鸡胚外，还应检验其对鸡胚的最小致死量的平均死亡时间(MDT/MLD)、脑内接种致病指数(ICPI)和静脉接种致病指数(IVPI)。

(2)安全性检验：常规活疫苗最大的问题是安全性问题，而其安全性问题的实质是来源于制苗用毒种，由于现在使用的常规活疫苗，其毒种大多数是经不同方式人工致弱而成，这种致弱过程很难控制，且疫苗病毒仍需在动物体内增殖以诱发坚强的免疫力，所以活疫苗存在一定的残余毒力或致病性成为不可忽视的问题。疫苗的残余毒力和引起的免疫应答往往是一对矛盾。从安全性考虑疫苗的残余毒力越小越好，最好是完全无毒，但这样的话疫苗往往产生的免疫力不坚强。这在鸡传染性法式囊病(IBD)活疫苗表现特别明显，完全致弱的IBD活疫苗在有母源抗体存在的条件下不能诱发保护作用。另一方面，如果残余毒力到一定程度，虽然能产生坚强免疫，但本身可产生临床或亚临床疾病，IBD疫苗在使用时还会产生对其他疾病的免疫抑制。疫苗残余毒力是免疫副反应的主要原因，如鸡群中使用IB和ND活疫苗引起呼吸道病副反应，猪群使用繁殖和呼吸综合征(PRSR)活疫苗也产生副反应，这些都常见。

因此，在平衡制苗用毒种的毒力与其副反应时，除了进行毒种的毒力检验外，还须进行毒种对实验动物的安全性检验。选用适宜日龄的实验动物(禽类制品多使用靶动物进行，其他制品除使用靶动物外，还有些制品须使用敏感的小型实验动物，如家兔、小白鼠等进行试验)，设立试验组和对照组，将一定量病毒或细菌培养液接种给试验组实验动物，两组在相同条件下分别饲养管理，实验动物均应无不正常反应，剖检应无肉眼可见病理变化和病理组织学变化。

2. 活疫苗制品的安全性试验

(1)一次单剂量接种安全性试验：按照推荐的接种途径，选择最小使用日龄的靶动物，接种1个使用剂量，至少观察14 d。评估指标包括实验动物的临床症状、体温、局部炎症、组织病变等(具体参考灭活疫苗的一次单剂量接种安全性试验)。

对于可应用于多种不同动物的生物制品，应该用各种靶动物进行一次单剂量接种安全性试验。如该生物制品可通过多种接种途径进行接种，应进行多种接种途径的一次单剂量接种安全性试验。

用至少3批实验室制品对靶动物进行一次单剂量接种的安全性试验，若其中任何一批不合格，均须进行重复试验。

(2)单剂量重复接种安全性试验(可能不适用)：对可能进行多次接种的生物制品，均须进行该试验。按照推荐的接种途径，选择适宜日龄的靶动物，接种1个使用剂量后14 d，以相同方法再接种一次，再次接种后应继续观察至少14 d。评估指标包括临床症状，体温，局部炎症，组织病变等(具体参考灭活疫苗一次单剂量接种安全性试验)。

对于可用于多种靶动物和多种接种途径接种的生物制品，应进行多种靶动物和多种接种途径的单剂量重复接种的安全性试验。

用至少3批实验室制品对靶动物进行一次单剂量接种的安全性试验，若其中任何一批不合格，均须进行重复试验。

(3)超剂量接种安全性试验：用适宜日龄的靶动物，接种剂量为免疫剂量的数倍至100倍不等。通常情况下，活疫苗的安全性试验剂量为使用剂量的10—100倍，至少观察14 d。评估指标包括临床症状，体温、局部炎症，组织病变等(具体参考灭活疫苗一次单剂量接种安全性试验)。

对于可用于多种靶动物和多种接种途径的生物制品，应进行多种靶动物和多种接种途径的超剂量接种的安全性试验。

用至少3批实验室制品对靶动物进行一次单剂量接种的安全性试验，若其中任何一批不合格，均须进行重复试验。

(4)对怀孕动物的安全性试验(可能不适用)：具体同灭活疫苗对怀孕动物的安全性试验。

(5)对靶动物生产性能的影响试验：具体同灭活疫苗对靶动物生产性能的影响试验。

(6)对非靶动物、非使用日龄动物的安全性试验：有些病原可感染多种动物或多个日龄段的动物，这类制品的安全性试验中，除应考察制品对靶动物和使用日龄动物的安全性外，还应对非使用对象动物和非使用日龄动物进行实验室安全性试验，以考察对靶动物群使用该制品后对非靶动物群可能引起的安全风险。选用非使用日龄、非靶动物，按照推荐的接种途径接种1个剂量，同时设立对照组，接种后至少观察14 d，观测指标具体同一次单剂量接种安全性试验。

用至少3批实验室制品对靶动物进行一次单剂量接种的安全性试验，若其中任何一批不合格，均须进行重复试验。

(7)疫苗接种对靶动物免疫学功能影响试验：具体同灭活疫苗对靶动物免疫学功能影响试验。

(8)疫苗水平传播试验：适用于某些毒力较强的活疫苗，评估使用该类疫苗免疫后，对周围饲养的同品种易感动物的潜在危害性及对环境的污染，为正确使用疫苗提供科学依据。

用至少3批实验室制品对靶动物进行一次单剂量接种的安全性试验，若其中任何一批不合格，均须进行重复试验。如用3批猪乙脑活疫苗，每批疫苗分别接种4～8日龄健康易感乳猪4头，每头肌注5头份，同时设立4头(同窝)不接种作为对照，同圈饲养。免疫猪在接种后21 d血清乙脑抗体全部为阳性，对照猪血清乙脑抗体一直为阴性。所有免疫猪、对照猪用棉拭子进行咽喉、肛门拭子取物作病毒分离均为阴性。对免疫组和对照组进行剖杀，剖检均未见脑组织和脊髓病变，采脑组织制成悬液接种地鼠肾细胞，36～37℃培养7 d，均无细胞病变，乙型脑炎病毒分离为阴性，结果表明：肌肉注射猪乙型脑炎活疫苗，免疫猪不排毒，不会在猪群中造成水平传播。

(三)基因工程疫苗的安全性评价

随着微生物分子生物学及重组DNA技术研究向产业化发展，基因工程的产品开始成为生物制品及疫苗生产中的一部分。虽然目前在中国兽用疫苗产品中，基因工程疫苗还极为有限，但开展基因工程疫苗的研究工作很多，而且国外的基因工程疫苗产品也已开始进入中国市场。同常规疫苗一样，安全性评定是基因工程疫苗的第一个因素。对基因工程疫苗的安全性不仅要考虑它对接种动物个体的安全性(即毒力或负反应性)及其在同种动物群体中毒力返强问题，还必须考虑到它对全球生物圈安全性问题。即由基因工程创造的一个新生命体是否会危害整个地球生物圈，或有无这种潜在的危险性。因此,对基因工程疫苗安全性的评定,不仅要有符合常规疫苗的安全性标准，还必须考虑到它们对公众健康和生态环境可能产生的影响。因此,尽快建立更加完善的基因工程疫苗的实验室安全评价方法和安全控制标准是亟待解决的问题。

在对兽用基因工程生物制品进行安全性评价时,所包含的项目和内容对于评价结果的科学性、准确性和可靠性是非常重要的。参照美国的做法,下面列出对不同类型的兽用基因工程生物制品和环境释放的安全性评价的项目、内容和要求,以供参考。

1. 第1类制品的安全性评价

对此类制品进行安全性评价的重点是，生物体的分子特性及受体生物基因和所有缺失或增加基因的特性。显然,灭活生物不会对环境造成威胁;因此,安全性评价程序只是确保对遗传工程体做适当特性鉴定和终产品的灭活,不再评价产品环境释放的安全性问题。重组体的特性鉴定应包含:

(1)分子特性:①受体的特性鉴定,包括亲本生物、基因缺失和/或增加前受体生物的描述、从亲本到受体生物的基因修饰;②缺失的特性鉴定(必要时，包括被缺失的结构基因和缺失基因的调节因子的特性)，缺失的基因、缺失对受体生物表现型的可能影响;③必要时，供体基因的特性鉴定(包括结构基因和调节因子的特性),供体生物、供体基因(包括插入的标记基因);④重组体的构建，构建过程摘要、中间克隆载体、对受体进行基因修饰的方法、对供体基因进行基因修饰的方法、重组体筛选方法和鉴定及提纯方案;⑤基础种子的分子特性鉴定,基础种子的命名、基础种子鉴定的项目和方法、基础种子在使用代和超过 5 代(最高传代水平) 的稳定性。

(2)生物学特性:①受体，包括毒力、克隆位点基因操作的生物学影响、在敏感宿主体内的组织亲和性、水平基因转移或重组、宿主特异性、环境分布、地理分布、生物安全等级;②供体,包括毒力、供体基因编码的生物学功能、供体基因安全使用的记录、在敏感宿主体内的组织亲和性、水平基因转移、宿主特异性、供体基因的致病性和毒性、供体基因产生抗药性的能力、生物安全等级;③基础种子，纯粹性、灭活和检测方法。

2. 第2类制品的安全性评价

对此类制品进行安全性评价的重点是,缺失基因的特性、疫苗生物(遗传工程体) 和接受基因修饰的受体生物的分子和生物学特性。

(1)分子特性:①受体特性鉴定,包括亲本生物、缺失前受体生物的描述、亲本生物到受体生物的基因修饰、遗传标记;②缺失的特性鉴定(包括结构基因和调节因子的特性),缺失的基因、缺失对受体生物表现型的可能影响、插入基因的名称及特性;③基因缺失体的构建,构建过程摘要、中间克隆载体、对受体进行基因修饰的方法、插入标记基因的方法、基因缺失体的筛选方法和鉴定及提纯方案;④基础种子的分子特性鉴定,基础种子的命名、基础种子鉴定的项目和方法、基础种子在使用代和超过 5 代(最高传代水平)的稳定性。

(2)生物学特性:①受体，毒力、受体生物安全使用的记录、在敏感宿主体内的组织亲和性、水平基因转移或重组潜在性、宿主特异性、环境分布、地理分布、生物安全等级;②基础种子,毒力(对靶动物和非靶动物)、基因修饰的生物学影响(基因缺失的表现型影响、基因缺失生物的安全使用记录、遗传标记的表现型影响）、纯粹性、遗传稳定性、表现型稳定性、在敏感宿主体内的组织亲和性、水平基因转移或重组潜在性、潜伏或扩散能力、宿主特异性、超剂量使用的影响、生物体在环境中存活力、环境分布。

3. 第3类制品的安全性评价

对此类制品进行安全性评价的重点是，基因修饰的载体活疫苗的特性鉴定，并包括对受体、供体和重组基础种子生物的分子和生物学特性鉴定。

（1）分子特性：①受体特性鉴定：亲本生物、受体生物的描述、亲本生物到受体生物的基因修饰、克隆位点、克隆位点基因的名称、遗传标记；②供体特性鉴定（包括结构基因和调节因子）：供体生物、供体基因、在重组生物体中供体构建对表现型的可能影响；③重组生物体的构建：构建过程摘要、中间克隆载体、受体的基因修饰方法、供体基因的基因修饰方法、重组子筛选方法和鉴定、提纯方案；④基础种子分子特性鉴定：基础种子命名、基础种子鉴定的项目和方法、基础种子在使用代和超过5代（最高传代水平）的稳定性。

（2）生物学特性：①受体：毒力、受体生物安全使用记录、在敏感宿主体内的组织亲和性、水平基因转移或重组的潜在性、宿主特异性、环境分布、地理分布、生物安全等级；②供体（包括结构基因和调节基因的生物学特性）：毒力、供体基因编码的生物学功能、供体基因的安全使用记录、在敏感宿主体内的组织亲和性、供体基因的致病性或毒性、供体基因产生抗药性的能力、生物安全等级；③基础种子：毒力（对靶动物和非靶动物）、在克隆位点基因修饰的生物学影响（在克隆位点基因编码的生物学功能和克隆位点安全使用的记录）、纯粹性、遗传稳定性、表现型稳定性、在敏感宿主体内的组织亲和性、水平基因转移或重组潜在性、潜伏或扩散能力、宿主特异性、超剂量使用的影响、环境中该生物的存活力、环境分布。

4. 环境释放的安全性评价

环境释放安全性评价的重点是，评价试验性疫苗生物体从封闭设施引入到环境的限制性释放的安全性。

（1）试验地的确定：确定试验地点时应考虑将来的商业应用。试验条件应与将来疫苗无限制商业投放和使用的条件（如由兽医师、在小动物兽医院、商品养鸡场使用等）相一致。

（2）试验地的特点：试验地的大小，包括相关的地理和环境情况；试验地周边地区的情况，包括非靶动物种的分布情况；应提供试验地条件和先前在该地所进行过的研究的资料。

（3）人员：研究人员资历、培训和在研究中作用。

（4）试验设计：释放目的；对于小规模野外试验，研究方案应包括：动物数量、动物的描述、用苗途径、试验材料总剂量、接种的次数和持续时间、废弃物的处理方法、试验地的消毒。试验设计应最大限度减少试验生物体的扩散和控制异源遗传材料的转移。

（5）在环境中逃逸和散播的潜在性：应评估从释放地逃逸和扩散的潜在性；评价试验地周围地区受污染的可能性，包括非靶动物感染的可能性。

（6）在环境中定居的潜在性：应评价引入的疫苗生物在试验地和/或环境中定居的能力。应评价下列环境特征：①其他生物的存在；②营养状态；③理化因素；④有毒化学物和代谢物的存在。

（7）监测：对于安全性评价来说，环境监测是至关重要的，监测是避免出现意外不利事件的关键措施。因此，在开始研究前就应该确定在试验地内或周围，对释放疫苗生物进行监测的方法和程序。监测方法应该敏感和特异，应准备好记录监测结果的各种用具。

(8)意外事件的应急措施：研究者应制定出意外事件发生时的应急措施。应急措施包括尽快终止研究的程序和制定防止已释放疫苗生物定居、扩散或散播的方法。

5. 进口制品的安全性评价

进口兽用基因工程生物制品安全性评价的重点是，通过控制污染制品的进口，以防止外来动物病进入本国。因此，需要对在制品的研制和生产过程中可能出现的污染进行充分地评估。

(1)制品的安全性鉴定：按照上述的要求，对不同类型的制品分别进行安全性评价外，还应进行以下的评价。①基础种子可能污染的外来病原、检测方法及其敏感性；②生产用细胞(原代细胞和传代细胞)、血清和其他动物源材料可能污染的外来病原、检测方法及其敏感性；③终产品可能污染的外来病原、检测方法及其敏感性。

(2)制品的研制和生产：在制品的研制和生产过程中，存在污染外来病原的可能性。因此，对研制和生产过程和设施进行安全性评价是非常必要的。评价的内容包括：①研制：设施的封闭情况(空气处理系统、封闭设备、程序的可操作性和可靠性)，设施内保存其他微生物的情况，菌种的制备及特性等；②生产：设施的封闭情况(空气处理系统、封闭设备、程序的可操作性)，设施内其他产品的生产和其他微生物菌种的保存情况，生产工艺及终产品的检验等。

在上述不同类型的安全性评价中，制品对人类健康的潜在危害，应根据已知的亲本生物的分子和生物特性，加上用包括非人类灵长类等动物进行的安全性研究数据，与卫生部门协调进行评价。活基因工程产品的环境影响的评价，采用相似的方式与环保部门协调进行。

(四)治疗用生物制品的安全性评价

治疗用生物制品主要包括高免血清、高免蛋黄抗体、抗毒素及干扰素等，由于该类制品生产工艺不同且各具特点，因此，进行安全性试验时更多强调根据制品特点采取具体问题具体分析的原则来进行安全性评价。根据国家农业部对治疗用兽用生物制品临床审批的一般要求，应进行一次单剂量接种安全性试验、一次超剂量接种安全性试验、单剂量重复接种安全性试验以及对怀孕动物的安全性试验，其具体试验方法，注意事项和观察指标参考灭活疫苗项下的同类安全性试验进行。

(李明义　高轩　河北农业大学；石乔　山东信得科技股份有限公司)

第六章　动物生物制品生产主要技术

第一节　细菌的分离培养技术

细菌大多数属异养菌，必须从周围环境中摄取营养，进行新陈代谢及生长繁殖等生命活动。不同细菌的生长条件不尽相同，针对不同的病原菌，选择最佳培养条件，可提高抗原性，缩短生产时间。观察不同细菌在人工培养基上的各种代谢活动，可用作鉴别菌种及分析解释细菌致病性与免疫原性的依据。细菌培养分离技术是兽医生物制品的基础保障技术。

一、培养基的分类与原料标准及制备程序

（一）分类

培养基是人工配制的适合细菌生长繁殖的混合营养制品。培养基按其物理状态可分为固体培养基、液体培养基和半固体培养基 3 类。①液体培养基：液体培养基中不加任何凝固剂。这种培养基的成分均匀，微生物能充分接触和利用培养基中的养料，可供细菌增殖及鉴定使用。由于液体培养基发酵率高，操作方便，也常用于发酵工业。②半固体培养基：是在液体培养基中加入 0.2%～0.5%的琼脂而呈半固体状态，可用于观察细菌的运动、鉴定、保存菌种和测定噬菌体的效价。③固体培养基：是在液体培养基中加入 1.5%～2.5%的琼脂。固体培养基常用于微生物分离、鉴定、计数和菌种保存等方面。

按营养组成和用途的不同，可将培养基分为以下几类：①基础培养基：基础培养基是含有一般微生物生长繁殖所需的基本营养物质的培养基。牛肉膏蛋白胨培养基是最常用的基础培养基。基础培养基也可以作为一些特殊培养基的基础成分，再根据某种微生物的特殊营养需求，在基础培养基中加入所需营养物质。②营养培养基：即在基础培养基中加入某些特殊营养物质制成的一类营养丰富的培养基，这些特殊营养物质包括血液、血清、酵母浸膏、动植物组织液等。营养培养基一般用来培养营养要求比较苛刻的异养型微生物，如链球菌、肺炎链球菌等需要含有血液的培养基中才能生长良好。③选择培养基：选择培养基是用来将某种或某类微生物从混杂的微生物群体中分离出来的培养基。根据不同种类微生物的特殊营养需求或对某种化学物质的敏感性不同，在培养基中加入相应的特殊营养物质或化学物质，抑制不需要的微生物的生长，有利于所需微生物的生长。例如培养肠道致病菌的 SS 培养基，其中添加的胆盐、枸橼酸钠和煌绿能抑制大部分革兰阳性菌和大肠埃希菌，从而分离到致病的沙门氏菌和志贺菌。④鉴别培养基：

鉴别培养基是用于培养和鉴别不同细菌的培养基。在培养基中加入某种特殊化学物质，利用细菌在培养基中生长后能产生某种代谢产物，而这种代谢产物可以与培养基中的特殊化学物质发生特定的化学反应，产生明显的特征性变化，根据这种特征性变化，可将该种细菌区分开来，如常用的糖发酵管、三糖铁培养基等。⑤增菌培养基：促进目的菌的生长，适用于含菌量较少的标本或营养条件要求较高的细菌，如葡萄糖肉汤。⑥厌氧培养基：专供厌氧菌的分离、培养和鉴别用的培养基。这种培养基营养丰富，且通常在培养基中加入还原剂，或用物理、化学方法去除环境中的游离氧，以降低氧化还原电势，如庖肉培养基、硫基乙酸钠培养基、牛心脑浸液培养基等。

此外，还可根据对培养基成分了解的程度将其分为合成培养基、半合成培养基和天然培养基3类。

(二)培养基的原料标准

水：常用离子水或蒸馏水，水质标准以蒸馏水标准为准；动物性原料应新鲜、无污染，冷冻品要尽量少用，长期冻存的不能使用；化学试剂原则上需用化学纯级以上；肉汤是当前生物制品生产中用量很大的基础培养基，基础原料是牛肉；蛋白胨：多数是包含鱼在内的动物蛋白质和蛋白酶（胃蛋白酶或胰蛋白酶）或水解后的产物；琼脂：是一种胶体多糖；明胶：由动物皮、骨、组织经部分水解而得；酵母浸液：促进细菌生长繁殖的重要原料；抑菌剂：在进行病原性细菌分离培养鉴别时，须用选择培养基，以抑制某些菌的生长；指示剂：常用的 pH 指示剂有中性红、酚红、溴甲酚紫等。

(三)培养基制备的一般程序

培养基制备的一般程序见图 6.1。

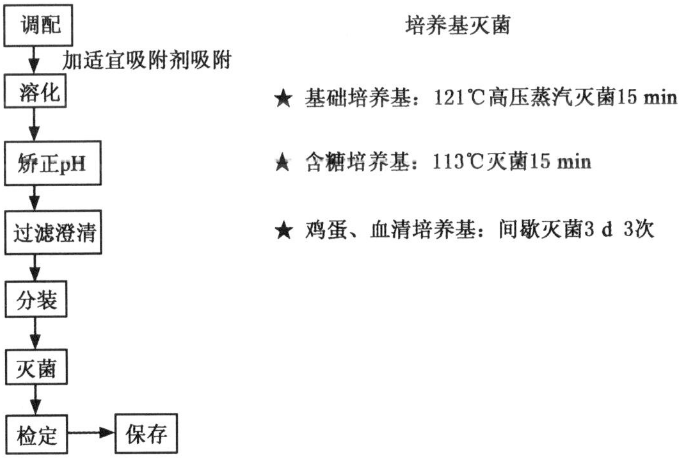

图 6.1 培养基制备的一般程序

二、细菌的理化性状

(一)细菌的化学组成

细菌和其他生物细胞相似，含有多种化学成分。

1. 细菌的组成元素

包括有机元素(C、N、H、O)和灰分元素(P、K、Mg、S、Ca 以及 Fe、Na、Cl、Cu、Zn 等)。这些元素主要以化合物的形式存在,构成了细菌细胞的水分和有机物、无机物的固体成分(图 6.2)。

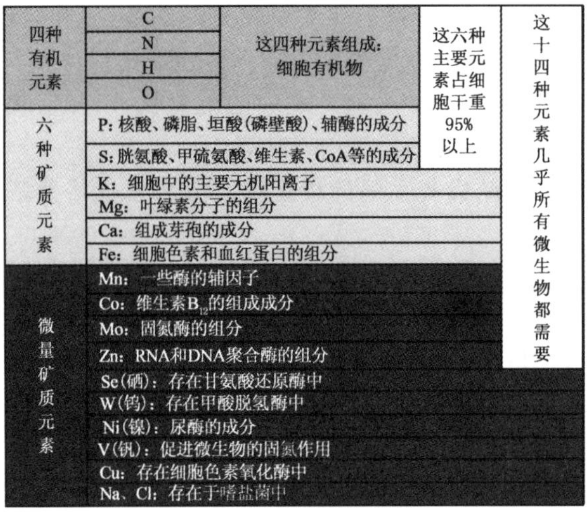

图 6.2 细菌的组成元素

2. 细菌的化学组成

(1)小分子物质:水分是细菌细胞重要的组成部分,占细胞总重量的 75%~90%;

(2)无机盐:占干重的 10%;

(3)大分子物质:蛋白质、糖类、脂类、核酸;

(4)特殊化学物质:肽聚糖、胞壁酸、磷壁酸、D 型氨基酸、二氨基庚二酸(DAP)、吡啶二羧酸(DPA)等。

(二)细菌的物理性状

(1)光学性质:细菌为半透明体。当光线照射至细菌,部分被吸收,部分被折射,故细菌悬液呈混浊状态。

(2)表面积:细菌体积微小,相对表面积大,有利于同外界进行物质交换。如葡萄球菌直径约 1 μm,则 1 cm^3 体积的表面积可达 60 000 cm^2;直径为 1 cm 的生物体,每立方厘米体积的表面积仅 6 cm^2,两者相差 1 万倍。

(3)带电现象:细菌固体成分的 50%~80%是蛋白质,蛋白质由兼性离子氨基酸组成。革兰阳性菌 pI 为 2~3,革兰阴性菌 pI 为 4~5,故在近中性或弱碱性环境中,细菌均带负电荷,尤以前者所带负电荷更多。

(4)半透性:细菌的细胞壁和细胞膜都有半透性,允许水及部分小分子物质通过,有利于吸收营养和排出代谢产物。

(5)渗透压:细菌体内含有高浓度的营养物质和无机盐,一般革兰阳性菌的渗透压高达 20~25 个大气压,革兰阴性菌为 5~6 个大气压。细菌所处一般环境相对低渗,但有坚韧细胞壁的保护不致崩裂。

三、细菌的营养物质需要与生长繁殖条件

(一)细菌的营养物质需要

营养物质是构成菌体成分的原料，也是细菌生命活动能量的来源，营养物质与细菌化学组成密切相关。细菌生长繁殖所需要的营养物质有：

(1)水分：水是细菌重要成分之一，细菌对物质的吸收、渗透、分泌、排泄及代谢过程中的生化反应均需在有水的条件下进行。

(2)碳源：细菌主要从含碳化合物如糖类中获得碳源，以合成菌体的糖类、脂类、蛋白质、核酸等成分，同时为细菌提供能量。

(3)氮源：细菌多以有机氮化物如氨基酸、蛋白胨作为氮源，只用于合成菌体的某些部分，如蛋白质、酶、核酸等。

(4)无机盐类：细菌需要钾、钠、钙、镁、铁、硫、磷等，其作用是构成菌体成分，调节菌体渗透压和酸碱平衡，以及激活与组成细菌的酶类。

(5)生长因子：是某些细菌生长所必需而又不能自身合成的有机化合物，主要是B族维生素、氨基酸、嘌呤、嘧啶等。它们主要是作为某些辅酶和辅基的组分。此外，某些细菌还需要特殊的生长因子，如Ⅹ因子和Ⅴ因子，这类因子均存在于血液中。前者是细胞色素和过氧化氢酶的辅基，后者是辅酶1或辅酶2脱氢酶的辅酶，均为细菌呼吸必要的物质。

(二)细菌生长繁殖的条件

细菌的生长繁殖需要提供合适的环境条件，不同种类的细菌，生长繁殖的条件不完全相同，个别种类要求特殊的环境条件，但其基本条件包括营养、pH、温度、气体等方面。

(1)营养物质：细菌在机体外人工培养，必须按细菌的种类嗜性满足其营养需要。

(2)酸碱度：大多数病原菌最适的酸碱度为 pH 7.2～7.6，在此 pH 下，细菌的酶活性强，生长繁殖旺盛。个别细菌如霍乱弧菌在 pH 8.4～9.2 的碱性条件下生长最好，结核分支杆菌在 pH 6.5～6.8 最适宜。细菌代谢过程中分解糖类产生酸，pH 下降，不利于细菌生长。

(3)温度：各类细菌对温度的要求不同，大多数病原菌生长最适温度为 37℃，故实验室中常用 37℃恒温箱培养细菌。个别细菌如鼠疫杆菌在 28～30℃的条件下生长最好。嗜热菌能在 50～60℃下生长，海洋细菌嗜低温，可在 0～30℃条件下生长。

(4)气体：细菌生长繁殖需要的气体是氧和二氧化碳。根据细菌对氧的需要情况，可将细菌分为 3 类：①专性需氧菌：具有完整的呼吸酶系统，需要分子氧作为受氢体以完成需氧呼吸，必须在有氧的环境中才能生长的细菌，如结核分支杆菌。其中有的细菌在低氧压(5%～6%)下生长良好，高氧压(10%)对其有抑制作用，称微需氧菌，如空肠弯曲菌。②专性厌氧菌：缺乏完善的呼吸酶系统，利用氧以外的其他物质作为受氢体，只能在无氧环境中进行发酵，有游离氧存在时不但不能利用分子氧，而且因为缺乏分解有毒氧基团的酶，还受其在有氧环境中产生的 H_2O_2 和超氧阴离子(O_2^-)的毒害，甚至死亡，如破伤风梭菌。③兼性厌氧菌：兼有需氧呼吸与无氧发酵两种功能，在有氧或无氧环境中均能生长，但在有氧时生长较好，大多数病原菌属此类。一般细菌在代谢过程中自身产生的二氧化碳即可满足需要。某些细菌如脑膜炎奈瑟菌、淋球菌在初次分离培养时，必须

供给 5%～10%的二氧化碳才能生长。

四、细菌的分离接种

细菌的分离接种是人工分离培养细菌的重要步骤，其目的是从含多种细菌的患者标本中分离出单一病原菌，从而可以进行感染性疾病的病原学诊断。同时，在细菌学的研究，生物制品如疫苗、类毒素、抗毒素和免疫血清等的制备，基因工程及工农业生产等方面，都有着重要的意义。

细菌的接种方法根据目的和培养基的不同可分别采用画线法、穿刺培养法、斜面接种法、液体培养基接种法等。接种时要注意无菌操作，避免污染。

（一）平板画线法

画线接种的方法很多，如平行画线法、分区画线法、棋盘格画线法等。被检标本如脓汁、粪便、尿液、脑脊液等常混杂多种细菌，通过画线法可使混杂的各种细菌在琼脂平板表面分散生长，各自形成不同的菌落，再根据菌落的形态特征，挑选单个菌落继续培养，以此获得细菌的纯种，用于进一步研究、鉴定或保存。方法如下：①接种环于火焰上烧灼灭菌，待冷却后蘸取少许标本，在固体琼脂平板上的一区连续平行画线约占平板面积的1/10，为第一组线。②将接种环烧灼灭菌，待冷却后，转动培养皿 60°左右，将接种环通过第 1 组线再划第 2 组线，同法进行第 3 组、第 4 组画线接种（图 6.3）。

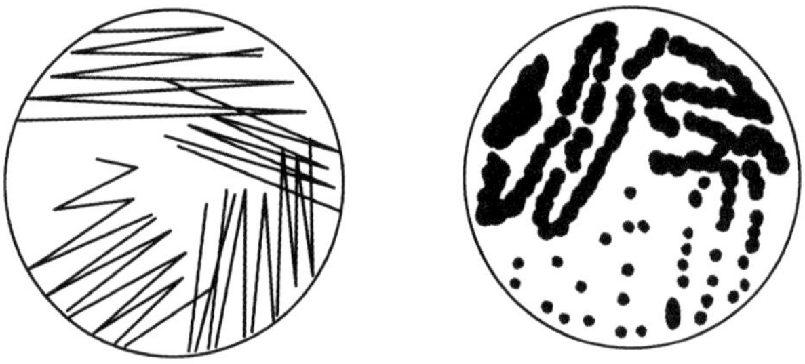

图 6.3　平板画线法

（二）斜面培养基接种法

斜面培养基常用于纯菌种的繁殖，作为短期保存菌种或观察某些生化特性，如琼脂斜面、枸橼酸盐斜面等。固体斜面接种后沿接种线长成单一、整齐的菌苔，不能分成单个菌落。方法如下：①接种环烧灼灭菌，待冷却后蘸取少许菌苔。②斜面培养基斜面向上，管口经火焰烧灼灭菌，将接种环伸入，自下而上沿斜面中线划一直线，再自底部向上连续蛇形画线（图 6.4）。

（三）穿刺接种法

穿刺接种法多用于观察细菌在半固体培养基中的生长情况以及某些生化反应。用穿刺法接种的培养基有半固体琼脂培养基、醋酸铅培养基、明胶培养基等。接种方法如下：①接种针在火焰上烧灼灭菌后，待冷却蘸取少许菌苔。②培养基管口经火焰烧灼灭菌后，将接种针垂直刺入培养基中心，深度至近底部 0.5 cm 处，循原路退出。接种后经孵育，有动力的细菌沿接种线向外扩散，呈毛刷状生长；无动力的细菌则无扩散现象出现。

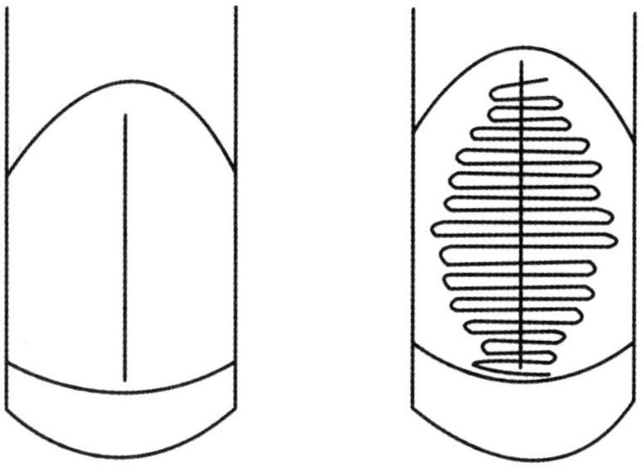

图 6.4　斜面培养基接种法

(四)液体培养基接种法

肉汤培养基、蛋白胨水以及各种单糖发酵管等液体培养基均采用此法进行接种。接种后经培养可观察细菌不同的生长情况，此外还可以进行生化特性的测定。方法如下：①接种环烧灼灭菌，待冷却后蘸取少许菌苔。②液体培养基管口经火焰烧灼灭菌后，将接种环伸入，在接近液体表面的管壁上轻轻研磨，并蘸取少量液体调和，使菌种混合于液体培养基中。

五、细菌在培养基中的生长情况

(一)固体培养基上的生长情况

标本或培养物画线接种到固体培养基表面后，单个细菌经分裂繁殖可形成一个肉眼可见的细菌集团，称为菌落(Colony)(图 6.5)。各种菌落在固体培养基上形成的菌落在大小、形状(露滴状、圆形、菜花样、不规则等)、突起或扁平、凹陷、边缘(光滑、波形、锯齿状、卷发状等)、颜色(红色、灰白色、黑色、绿色、无色、黄色等)、表面(光滑、粗糙等)、透明度(不透明、半透明、透明等)、黏度以及在血琼脂平板上的溶血情况等均有不同，这有助于识别和鉴定细菌。

1. **菌落的形态特征**

据细菌菌落表面特征不同，可将菌落分为 3 型。

(1)光滑型菌落(S 型菌落)：菌落表面光滑、湿润、边缘整齐，新分离的细菌大多呈光滑型菌落。

(2)粗糙型菌落(R 型菌落)：菌落表面粗糙、干燥，呈皱纹或颗粒状，边缘大多不整齐。R 型菌落多为 S 型细菌变异失去菌体表面多糖或蛋白质形成。R 型细菌抗原不完整，毒力和抗吞噬能力都比 S 型细菌弱。但也有少数细菌新分离的毒力株就是 R 型，如炭疽芽孢杆菌、结核分枝菌等。

(3)黏液型菌落(M 型菌落)：菌落黏稠、有光泽、似水珠样。多见于有厚荚膜或丰富黏液层的细菌。

2. **菌落的溶血特征**

菌落溶血有下列 3 种情况。

(1)α 溶血:又称草绿色溶血,菌落周围培养基出现 1～2 mm 的草绿色环,为血红蛋白氧化成高铁血红蛋白所致;

(2)β 溶血:又称完全溶血,菌落周围形成一个完全清晰透明的溶血环,是细菌产生的溶血素使红细胞完全溶解所致;

(3)γ 溶血:即不溶血,菌落周围的培养基没有变化,红细胞没有溶解或缺损。

3. 色素

有些细菌产生色素,使菌落甚至周围的培养基出现绿色、金黄色、白色、橙色、柠檬色等颜色,产生的色素有水溶性和脂溶性 2 种。

4. 气味

某些细菌在培养基中生长繁殖后可产生特殊气味,如铜绿假单胞菌(生姜气味)、变形杆菌(巧克力烧焦的臭味)、厌氧梭菌(腐败的恶臭味)、白色假丝酵母菌(酵母味)和放线菌(泥土味)等。

(二)液体培养基中的生长情况

细菌在液体培养基中有 3 种生长现象:①大多数细菌在液体培养基中生长繁殖后呈均匀混浊;②少数链状排列的细菌如链球菌、炭疽芽孢杆菌等则呈沉淀生长;③枯草芽孢杆菌、结核分支杆菌和铜绿假单胞菌等专性需氧菌一般呈表面生长,常形成菌膜(图 6.5)。

(三)半固体培养基中的生长情况

半固体培养基主要用于细菌动力试验。有鞭毛的细菌除了沿穿刺线生长外,在穿刺线两侧也可见羽毛状或云雾状混浊生长。无鞭毛的细菌只能沿穿刺线呈明显的线状生长,穿刺线两边的培养基仍然澄清透明(图 6.5)。

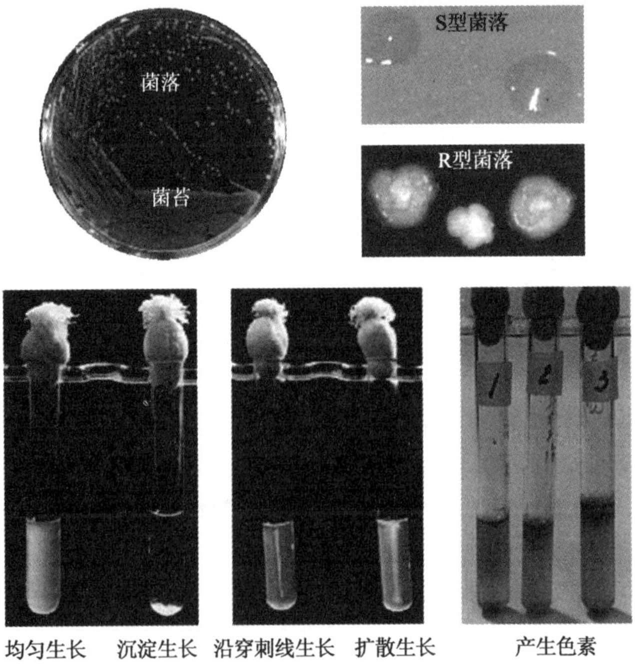

图 6.5　细菌在培养基中的生长情况

六、细菌的生长繁殖方式和速度

(一)繁殖方式

细菌一般进行无性繁殖,表现为细胞的横分裂,称为裂殖。裂殖后形成的子细胞与母细胞大小相等,称为同形裂殖,裂殖后形成的子细胞与母细胞大小不相等,称为异形裂殖。细菌亦存在有性结合,但发生频率极低。

(二)细菌个体的繁殖速度

细菌生长速度很快,一般细菌约 20 min 分裂 1 次,少数细菌繁殖较慢。大肠埃希菌 20～30 min 繁殖一代;结核杆菌 18～20 h 繁殖 1 代。若按此速度计算,一个细菌经 7 h 可繁殖到约 200 万个,10 h 后可达 10 亿以上,细菌群体将庞大到难以想象的程度。但事实上由于细菌繁殖中营养物质的逐渐耗竭,有害代谢产物的逐渐积累,细菌不可能始终保持高速度的无限繁殖。经过一段时间后,细菌繁殖速度渐减,死亡菌数增多,活菌增长率随之下降并趋于停滞。

(三)生长曲线

将一定数量的细菌接种于适宜的液体培养基中,连续定时取样检查活菌数,可发现其生长过程的规律性。以培养时间为横坐标,培养物中活菌数的对数为纵坐标,可绘制出一条生长曲线(Growth curve)(图 6.6)。根据生长曲线,细菌的群体生长繁殖可分为 4 期:

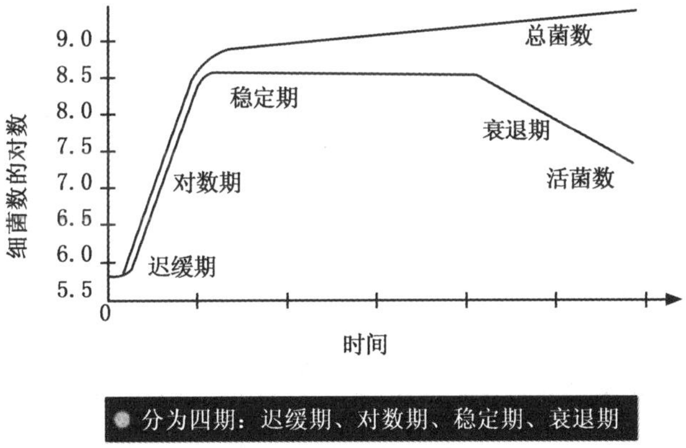

图 6.6　细菌的生长曲线

1. 迟缓期(Lag phase)

又名停滞期、调整期或适应期。细菌进入新环境后的短暂适应阶段。该期菌体增大,代谢活跃,为细菌的分裂繁殖合成并积累充足的酶、辅酶和中间代谢产物,但分裂迟缓,繁殖极少。迟缓期长短不一,按菌种、接种菌的菌龄和菌量,以及营养物等不同而异,一般为 1～4 h。

影响停滞期长短的因素:①接种龄:以对数期接种龄的种子接种,则子代培养物的延滞期就短;以延滞期或衰退期种子接种,则子代培养物的延滞期就长;若以稳定期种子接种，则停滞期居中。②接种量：一般来说，接种量大，则停滞期短，反之则长。③培养基成分：接种到天然培养基要比组合培养基的停滞期短。

2. 对数期(Logarithmic phase)

又称指数期(Exponential phase)。细菌在该期生长迅速，活菌数以恒定的几何级数增长，生长曲线图上细菌数的对数呈直线上升，达到顶峰状态。此期细菌的形态、染色性、生理活性等都较典型，对外界环境因素的作用敏感。因此，研究细菌的生物学性状(形态染色、生化反应、药物敏感试验等)应选用该期的细菌。一般细菌对数期在培养后的 8～18 h。

影响因素：①菌种；②营养成分：同一种微生物在营养丰富的培养基上生长时，其代时较短，反之则长；③营养物浓度；④培养温度。

指数期微生物细胞用途：是用作代谢、生理等研究的良好材料，是增殖噬菌体的最适宿主，是发酵工业中用作种子的最佳材料。

3. 稳定期(Stationary phase)

由于培养基中营养物质消耗，有害代谢产物积聚，该期细菌繁殖速度渐减，死亡数逐渐增加，细菌形态、染色性和生理性状常有改变。一些细菌的芽孢、外毒素和抗生素等代谢产物大多在稳定期产生。

4. 衰退期(Decline phase)

稳定期后细菌繁殖越来越慢，死亡数越来越多，并超过活菌数。该期细菌形态显著改变，出现衰退型或菌体自溶，难以辨认；生理代谢活动也趋于停滞。因此，陈旧培养的细菌难以鉴定。

这种生长曲线只有在体外人工培养的条件下才能观察到。细菌在自然界或人类、动物体内生长繁殖时，受多种环境因素和机体免疫因素的影响和制约，情况复杂，不可能出现在培养基中的那种典型的生长曲线。

细菌的生长曲线在研究工作和生产实践中都有指导意义。掌握细菌生长规律，可以人为地改变培养条件，调整细菌的生长繁殖阶段，更为有效地利用对人类有益的细菌。例如在培养过程中，不断地更新培养液和对需氧菌进行通气，使细菌长时间地处于生长旺盛的对数期，这种培养称为连续培养。

(四)细菌生长曲线意义

细菌生长曲线意义如下：①迟缓期：细菌代谢活跃，但不繁殖。②对数期：细菌快速繁殖，数目呈几何级数增加，细菌形态、染色性、生理活性最典型、对抗生素最敏感。细菌鉴定选用此期为佳。③稳定期：活菌数和死菌数几乎相等，代谢产物形成较多。④衰亡期：细菌总数下降，代谢逐渐停滞。

七、细菌的培养方法

微生物培养技术发展的特点：①从少量培养到大规模培养；②从浅层培养发展到厚层(固体制曲)到深层(液体搅拌)培养；③从以固体培养技术为主到以液体培养技术为主；④从静止式液体培养发展到通气搅拌式的液体培养；⑤从单批培养发展到连续培养以至多级连续培养；⑥从利用分散的微生物细胞发展到利用固定化细胞；⑦从单纯利用微生物细胞到利用动物、植物细胞进行大规模培养(细胞工程主要内容)；⑧从利用野生型菌种发展到利用变异株直至遗传工程菌株；⑨从单菌发酵发展到混菌发酵；⑩从低密度培养发展到高密度培养(High cell-density culture，HCDC)；⑪从人工控制的发酵罐到多传感器、计算机在线控制的自动化发酵罐等。

(一)实验室培养法

1. 固体培养法

(1)需氧菌的固体培养：包括试管斜面、琼脂平板、较大型的克氏扁瓶、茄子瓶培养等。

(2)厌氧菌的固体培养：①高层琼脂柱：把含还原剂的固体/半固体培养基装试管(多装)，灭菌。②厌氧培养皿：用特制皿盖创造一狭窄空间，再加还原性培养基的配合使用达到厌氧培养的目的，如 Brewer 皿。用特制皿底——有两相互隔开的空间，分别放焦性没食子酸和 NaOH 溶液，在皿盖的平板上接入待培养厌氧菌后，立即密闭之，摇动使两试剂接触、反应造成无氧环境。③亨盖特流管技术(Hungate roll-tube technique)：厌氧微生物研究的革命性技术，推动严格厌氧微生物的研究。主要原理：利用除氧铜柱(玻璃柱内装有密集铜丝，加热至 350℃时，可使通过柱体的不纯氮中的 O_2 与铜反应而被除去)来制备高纯氮，而用此高纯氮去驱除培养基配制、分装过程中各种容器和小环境中的空气，使培养基的配制、分装、灭菌和贮存，以及菌种的接种、稀释、培养、观察、分离、移种和保藏等操作的全过程始终处于高度无氧条件下，从而保证了各类严格厌氧菌的存活。④预还原无氧灭菌培养基(PRAS 培养基)：用严格厌氧法配制、分装、灭菌后的厌氧菌培养基。优点：内壁上琼脂层有很大表面积供厌氧菌长出单菌落，但管口面积和管腔体积都极小，特别利于阻止氧与厌氧菌接触。⑤厌氧罐(Anaerobic jar)技术，操作步骤：装菌样→封闭罐盖→抽气换气→将罐内氧气还原掉。

厌氧罐技术、厌氧手套箱技术、亨盖特流管技术是研究厌氧微生物的有效工具。

2. 液体培养法

(1)需氧菌的液体培养：提高溶氧速率的方法有：①浅层液体培养；②摇床培养；③在液体底部通入加压空气，用气体分布器使其形成均匀、密集的微小气泡；④机械搅拌，壁上设置阻挡装置。培养方法：①试管液体培养；②三角瓶浅层液体培养；③摇瓶培养；④台式发酵罐。

(2)厌氧菌的液体培养：①液体—灭菌—接种—厌氧罐或厌氧手套箱培养；②有氧环境下，在培养基中加巯基乙酸、半胱氨酸、维生素 C、庖肉或铁丝，再用深层培养或液面上封一层石蜡油或凡士林-石蜡油。

(二)疫苗生产实践中的细菌培养

细菌培养过程中的主要培养方法包括传统的固体表面培养和液体深层培养及现代正在发展中的固定化培养和高密度培养等多种方法，针对不同菌株应选择不同的培养方法，以实现最佳生产过程。

细菌培养发酵工艺过程包括细菌种子扩大培养和细菌发酵培养。对于细菌发酵过程首先要选择合适的培养基，其次提供适宜的环境条件。细菌培养发酵的生产水平不仅取决于生产菌种本身的性能，而且要给以合适的环境条件才能使它的生产能力充分表达出来。为此必须通过各种研究方法了解有关生产菌种对环境条件的要求，如培养基、培养温度、pH、氧的需求等,并深入地了解生产菌在合成产物过程中的代谢调控机制以及可能的代谢途径,为设计合理的生产工艺提供理论基础。

1. 固体表面培养

固体表面培养(Solid surface culture)是用接种针或环、涂布器等将菌种点种、划线或涂布在固体培养基的表面,进行培养,常常用于菌种的分离、纯化、筛选和鉴定等。固体表面培养的容器可以是试管或培养皿,用琼脂粉作为支持介质,把培养基制成斜面或平板,用胶塞封闭管口或用 Parafilm 封口膜封闭培养皿,倒置平板,在适宜温度下生长。

(1)需氧菌的培养:主要采用固体表面培养,如克氏瓶法,适合小批量生产和易产生内毒素的细菌疫苗生产,现在生产中已较少应用。

(2)厌氧菌的培养法:主要采用厌氧箱固体表面培养。

2. 液体深层培养

液体深层培养(Liquid submerged culture)是把菌种接种到发酵罐中,使菌体细胞游离悬浮在液体培养基中,并进行生长的一种培养方法。深层液体培养一般需要通入空气并进行搅拌,是传统的微生物发酵培养方法。

(1)需氧菌的培养技术:深层液体通气培养,如现代发酵工业标志——发酵罐(Fermenter)是一种最常规的生物反应器,其主要作用为:为微生物提供丰富、均匀的养料,良好的通气和搅拌,适宜的温度和酸碱度,并能消除泡沫和确保防止杂菌的污染。附属装置:培养基配制系统,蒸汽灭菌系统,空气压缩和过滤系统,营养物流加系统,传感器和自动记录、调控系统以及发酵产物的后处理系统等。

(2)厌氧菌的液体培养技术:深层静止培养。

3. 固定化培养

固定化培养(Immobilized culture)是把固体培养和液体深层培养特点相结合的一种方法,把菌体活细胞固定在固体支持介质上,进行发酵培养。常用固定化的方法有包埋、吸附、共价键交联等,载体介质有卡拉胶、聚丙烯酰胺、海藻酸钠、纤维素、葡聚糖等。固定化培养的优点在于:①实现高密度培养,不需要多次培养和扩大,缩短发酵周期。②细胞可较长期、反复或连续使用,稳定性好。③有利于提高产量。④发酵液中菌体少,有利于产物的分离纯化。固定化培养是未来最具潜力的制药微生物的培养方法。

4. 透析培养

利用膜的半透性原理使代谢产物和培养基分离,通过去除培养液中的代谢产物来解除其对生产菌的不利影响。此法可获得高浓度细菌和高效价毒素。

5. 高密度培养

高密度培养(High cell density culture)是指菌体浓度(干重)至少达到 50 g/L 以上的一种理想培养,是发酵工艺的目标和方向。高密度培养没有绝对的界限,根据 Riesnberg 理论计算,大肠杆菌最大菌体密度可达 400 g/L,考虑培养基和其他因素,菌体密度实际可达 160～200 g/L。高密度培养的优点在于缩小发酵培养体积,增加蛋白质表达量,降低生产成本,提高生产率。同时,形成的包涵体更加紧密,蛋白质较纯,有利于下游纯化操作。不锈钢高密度发酵系统如图 6.7 所示。

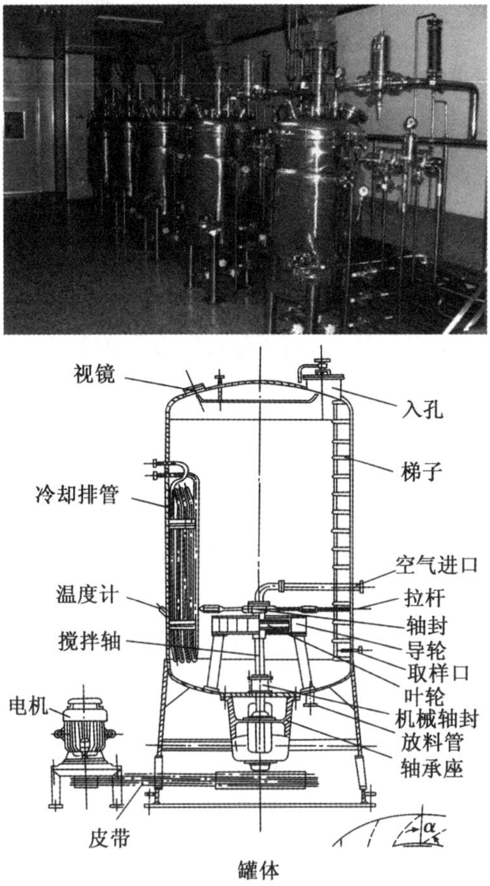

图 6.7　不锈钢高密度发酵系统

(三)细菌发酵培养的操作方式

按操作方式和工艺流程可把发酵培养分为分批式操作、流加式操作、半连续式操作和连续式操作等几种。

1. 分批式培养操作

分批式培养操作(Batch culture operation)又称间歇式培养操作(Intermittent culture operation)或不连续培养操作(Discontinuous culture operation),是指把菌体和培养液一次性装入发酵罐,在最佳条件下进行发酵培养。经过一段时间,完成菌体的生长和产物的合成与积累后,将全部培养物取出,结束发酵培养。然后清洗发酵罐,装料、灭菌后再进行下一轮分批操作。

在分批式操作过程中,无培养基的加入和产物的输出,发酵体系的组成如基质浓度、产物浓度及细胞浓度都随发酵时间而变化,经历不同的生长阶段。物料一次性装入、一次性卸出,发酵过程是一个非衡态过程。分批式操作是分批装料和卸料,其操作时间由两部分组成,一部分是进行发酵所需要的时间,即从接种后开始发酵到发酵结束为止所需时间,另一部分为辅助操作时间,包括装料、灭菌、卸料、清洗等所需时间之总和。分批式操作的缺点是发酵体系中开始时基质浓度很高,到中后期,产物浓度很高,这对很多发酵反应的顺利进行是不利的。基质浓度和代谢产物浓度过高都会对细胞生长和产物生成有抑制作用。

分批式培养在疫苗生产中占有重要地位，操作简单，周期短，污染机会少，产品质量容易控制。

2. 流加式培养操作

流加式培养操作又称补料-分批式操作(Fed-batch culture operation)，是指在分批式培养操作的基础上，连续不断补充新培养基，但不取出培养液。由于不断补充新培养基，整个发酵体积与分批式操作相比是在不断增加。控制流加操作的形式有两种，即反馈控制和无反馈控制。无反馈控制包括定流量和定时间流加，而反馈控制根据反应系中限制性物质的浓度来调节流加速率。最常见的流加物质是葡萄糖等能源和碳源物质及氨水等控制发酵液的 pH。只有输入，没有输出，体积增加。

优点：随着菌体的生长，营养物质会不断消耗，加入新培养基，满足了菌体适宜生长的营养要求。既避免了高浓度底物的抑制作用，也防止了后期养分不足而限制菌体的生长；解除了底物抑制、产物的反馈抑制和葡萄糖效应；避免了前期用于微生物大量生长导致的设备供氧不足；可用于理论研究；不产生微生物的老化变异；产物浓度较高，有利于分离；使用范围广。

随着在线监控发酵罐在疫苗生产中的应用，流加式培养操作已在疫苗生产中广泛应用。

3. 半连续式培养操作

半连续式培养操作(Semi-continuous culture operation)又称反复分批式或换液培养，是指菌体和培养液一起装入发酵罐，在菌体生长过程中，每隔一定时间，取出部分发酵培养物，同时在一定时间内补充同等数量的新培养基；如此反复进行，放料 4～5 次，直至发酵结束，取出全部发酵液。与流加式操作相比，半连续式操作的发酵罐内的培养液总体积保持不变，同样可解除高浓度基质和产物对发酵的抑制作用；延长了药物合成期，最大限度利用了设备，是抗生素生产的主要方式。

带放：间歇取出部分发酵液，与正常放罐的发酵液一起去提炼车间。

缺点：失去了部分生长旺盛的菌体；一些前体丢失；非生产菌突变。

4. 连续式培养操作

连续式培养操作(Continuous culture operation)是指菌体与培养液一起装入发酵罐，在菌体培养过程中，不断补充新培养基，同时取出包括培养液和菌体在内的发酵液，发酵体积和菌体浓度等不变，使菌体处于恒定状态的发酵条件，促进了菌体的生长和产物的积累。连续操作的主要特征是，培养基连续稳定地加入到发酵罐内，同时产物也连续稳定地离开发酵罐，并保持反应体积不变。发酵罐内物系的组成将不随时间而变。由于高速的搅拌混合装置，使得物料在空间上达到充分混合，物系组成亦不随空间位置而改变，因此称为衡态操作。

优点：这种方式也适合于菌体代谢生理的研究；所需设备和投资较少，发酵培养的自动化控制；减少了分批式培养的每次清洗、装料、消毒、接种、放罐等操作时间，提高了产率和效率；产量稳定性优越；可以不断收获产物，能提高菌体密度。

缺点：由于连续操作过程时间长，管线、罐级数等设备增加，杂菌污染机会增多，细胞易发生变异和退化，有毒代谢产物积累等，使连续操作受到了限制。在疫苗生产中还未使用。

(四)细菌计数方法

1. 直接法

用计数板(血球计数板)在光学显微镜下直接观察细菌并进行计数的方法。此法计总数包括死菌与活菌。

活菌染色法:①用美蓝液对酵母菌染色后,其活细胞为无色,而死细胞则为蓝色,故可作分别计数。②吖啶橙染色细菌,紫外光镜下,活细菌发橙色荧光,死细胞发绿色荧光。

2. 间接法(活菌计数法)

最常用的是利用固体培养基上(内)形成菌落的菌落计数法。

(1)平板菌落计数法:可用浇注平板(Pour plate)或涂布平板(Spread plate)等方法进行。此法适用于各种好氧菌或厌氧菌。其主要操作是把稀释后的一定量菌样通过浇注或涂布的方法,让其内的微生物细胞单一分散在琼脂平板上(内),待培养后,每一活细胞就形成一个单菌落,此即"菌落形成单位"(Colony forming unit, CFU),根据每皿上形成的 CFU 数乘上稀释度就可推算出菌样的含菌数(图 6.8)。如果在培养基中加入活菌指示剂 TTC(2,3,5-氯化三苯基四氮唑),就可使菌落在微小时染成易于辨认的玫瑰红色。

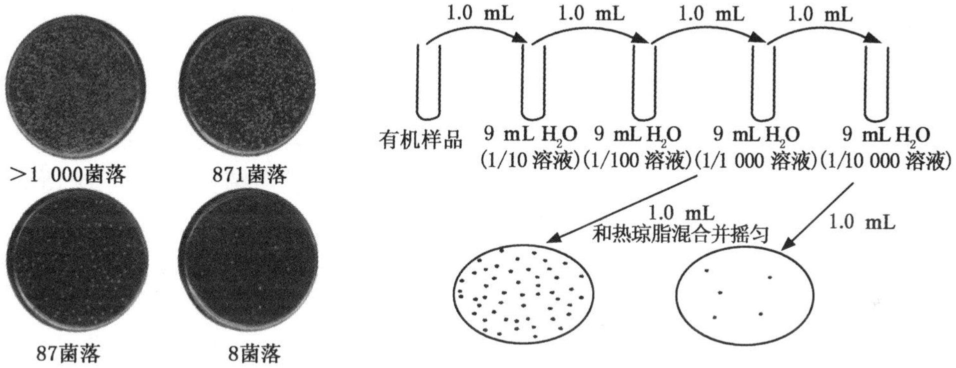

图 6.8 细菌计数方法

(2)厌氧菌的菌落计数法:亨盖特滚管培养法(厌氧管充氮气灭菌、50~60℃、加样品、滚管充分分匀细胞)、半固体深层琼脂法(测双歧杆菌和乳酸菌的活菌数)培养基中最好加入还原剂(维生素 C、半胱氨酸等)。

(3)比浊计数法:根据细菌悬浮液的吸光度测定其数量,分为标准比浊管法和分光光度计法。优点:简便,直接。

八、细菌形态检查法

细菌形态学是研究细菌的一个重要方面,了解细菌的形态和结构对研究细菌的生理活动、致病性和免疫性,以及鉴别细菌、诊断疾病和防制细菌性感染等均有重要的理论和实际意义。由于细菌个体微小,常以微米(μm)为测量单位,肉眼不能直接看到,必须借助显微镜放大后才能观察。根据不同的研究目的和要求,可分别选择普通光学显微镜、相差显微镜、暗视野显微镜、荧光显微镜和电子显微镜等。另外,由于细菌呈半透明状,要想更清楚地观察其大小和形态,需要进行染色。显微镜检查有不染色标本检查法和染色标本检查法两种。

(一)不染色标本检查法

不染色标本主要用于检查活菌的动力及运动状况。细菌未染色时无色透明,在显微镜下主要靠细菌的折光率与周围环境的不同来进行观察。有鞭毛的细菌运动活泼,无鞭毛的细菌则呈不规则布朗运动。梅毒苍白密螺旋体、钩端螺旋体、弯曲杆菌等的活菌各有特征鲜明的形态和运动方式,具有诊断意义。常用方法有压滴法或悬滴法,置于普通光学显微镜或暗视野显微镜下观察。

(1)压滴法:取菌液一滴,置于清洁载玻片中央,覆上盖玻片,于高倍镜下观察。制片时菌液要适量,不可有气泡,不可外溢。这是观察细菌动力的一种简便方法。

(2)悬滴法:取洁净的凹窝载玻片及盖玻片各 1 块,将凹孔四周的平面上涂上一层凡士林,取一环菌液置盖玻片中央,将凹窝载玻片的凹面向下,对准于盖玻片的液滴上,然后迅速翻转玻片,用小镊子轻压盖玻片使之与凹孔边缘粘紧。镜下观察时先低倍后高倍,不可压碎盖玻片。有动力的细菌可见细菌从一处移到另一处,无动力的细菌呈布朗运动而无位置的改变。

(3)暗视野荧光法:由于细菌微小而且半透明,不染色时在普通显微镜下不易看清楚,如使显微镜视野变暗,使菌体发亮,则更容易观察。

(二)染色标本检查法

细菌个体微小呈半透明状,经染色后才能观察得较清楚。通过对标本染色,能观察细菌的形态、大小、排列、染色特性以及荚膜、芽孢、异染颗粒等结构,有助于细菌的初步鉴定。实验室所用的染液都是苯的衍生物,如结晶紫、美蓝、孔雀绿等,是人工合成的染料,它们带色基团与染料分子中含有的不饱和双键有关,含双键的部位的化学性质极不稳定,所以容易吸收光线而显色。而细菌的等电点比较低,一般在 pH 2~5 之间,如果在中性、碱性或弱酸性溶液中,整个菌体带的是负电荷,容易被碱性染料染上色,这些染料对菌体的核蛋白或细胞壁的成分有特别的亲和性。常用的染色法有单染法和复染法两种:①单染法:只用一种染料染色,可观察细菌的形态、大小和排列情况,但不能用于细菌的鉴别。操作过程:涂片→固定→染色→水洗→干燥→镜检。②复染法:用两种或两种以上的染料染色,可将细菌染成不同的颜色,除可以观察细菌的形态外还能显示出细菌的特殊结构,在细菌的鉴别上有一定的意义。常用的有:

1. 革兰染色法

细菌的革兰染色是最常用的鉴别染色法,由丹麦细菌学家革兰于 1884 年创建,根据其染色结果将细菌分为革兰阳性菌和革兰阴性菌。操作过程:涂片→固定→染色→水洗→干燥→镜检。染色具体方法为:初染:用结晶紫,染色 1 min,水洗。媒染:加碘液覆盖1 min 后水洗。脱色:连续滴加 95%乙醇,约 30 s,直到滴下的乙醇无色为止,水洗。复染:加番红染色 1 min,水洗。

2. 芽孢染色

(1)原理:细菌的芽孢壁比营养细胞壁厚,致密,透性差,着色和脱色都比营养细胞困难,故一般采用一种碱性染料并在微火上加热,或延长染色时间,使菌体和芽孢都染上颜色以后水洗或稀酸冲去菌体的染料,芽孢仍保留颜色,再用另一种对比鲜明的染料使菌体着色,如此可明显区分芽孢和营养体结构。

(2)操作:①用枯草杆菌涂片、干燥、固定。②在涂菌处滴加5%的孔雀绿染液,用木夹夹住玻片在火焰上加热,使染液冒蒸汽但不沸腾5～6 min。加热时应添加染料,以免蒸干。水洗。③0.5%番红复染1 min,水洗,烘干,镜检(芽孢绿色,菌体红色)。

3. 荚膜染色

(1)原理:荚膜与染料亲和力低。在用简单染色法时,可以辨认出来。而通过荚膜染色也可以把它和细胞区别开来。

(2)操作:①涂片,晾干。②用Tyier氏醋酸结晶紫溶液染色2 min,再用20%硫酸铜溶液洗涤,水洗,用滤纸吸干、干燥。③镜检:荚膜染成浅红色,细胞呈紫红色。

4. 鞭毛染色法

(1)原理:细菌鞭毛直径为10～12 nm,超过了光学显微镜的分辨能力。所以染色时,不仅要使鞭毛染色,还要使一部分染料堆积在鞭毛上,加粗鞭毛的直径以便能观察。鞭毛染色的方法很多,但染色成功的关键:一是必须使用新鲜培养、活动活泼的菌体进行染色;二是使用绝对无油的干净玻片,以便菌液流过玻片时能保持自然形态。细菌的运动性,可通过悬滴法制片观察。注意区分布朗运动和细菌本身的运动。

(2)操作:染色液配制如下。

甲液:①明矾饱和水溶液2 mL,5%石炭酸水溶液5 mL,20%鞣酸水溶液2 mL;②碱性复红水溶液1 mL。染色前①液与②液混合后,过滤使用。

乙液:美蓝0.1 g,硼砂1 g,蒸馏水溶解,定容至100 mL。

染色:将制备的涂片自然干燥后,滴加甲液染色3 min,细小流水洗去染液,用乙液复染0.5～1 min,细小流水洗去染液,自然干燥。

镜检:菌体呈蓝色,鞭毛呈红色。

5. 抗酸染色法

(1)原理:分支杆菌属的细菌细胞壁脂质含量较高,主要是分枝菌酸,一般不易着色,若经加温或延长染色时间而着色后能抵抗强脱色剂盐酸乙醇的脱色。这种针对分支杆菌的特殊的染色法称为齐尼(Zieh-Neelsen)抗酸染色法。

(2)操作:①结核病人痰涂片,干燥、固定。②滴加数滴石炭酸复红染液,酒精灯外焰上方微微加温至冒蒸汽时,维持3～5 min,勿煮沸、烧干,染液要干时随即添加。小心水洗洗净染液。③滴加3%盐酸酒精数滴,脱色30 s至1 min,水洗。④滴加碱性美蓝复染0.5～1 min,水洗,晾干。⑤油镜镜检:分支杆菌呈红色,细长稍弯曲,而其他杂菌和细胞均呈蓝色。

细菌的染色尚有多种方法,如异染颗粒染色法可用于观察细菌中的异染颗粒;Fontana镀银染色法可用于螺旋体的染色检查;Giimenza染色检查立克次体等。

第二节 病毒的增殖培养技术

一、病毒的复制与营养

病毒缺乏必要的酶系统和蛋白质合成的场所核糖体,只能在活细胞中繁殖。由于病毒是非细胞的，无法通过细胞分裂的方式来完成数量增长；它们是利用宿主细胞内的代谢工具来合成自身的拷贝，并完成病毒组装。病毒感染宿主细胞后，“接管”细胞的合成机构，按照病毒的遗传特性合成病毒的核酸和蛋白质，然后装配成新的病毒粒子，病毒的这种特殊的繁殖方式称为病毒的复制。

(一)病毒的复制过程

不同的病毒之间生命周期的差异很大，但各类病毒的复制过程大体相同，大致分为吸附、侵入、脱壳、生物合成、装配和释放 6 个阶段(图 6.9)。

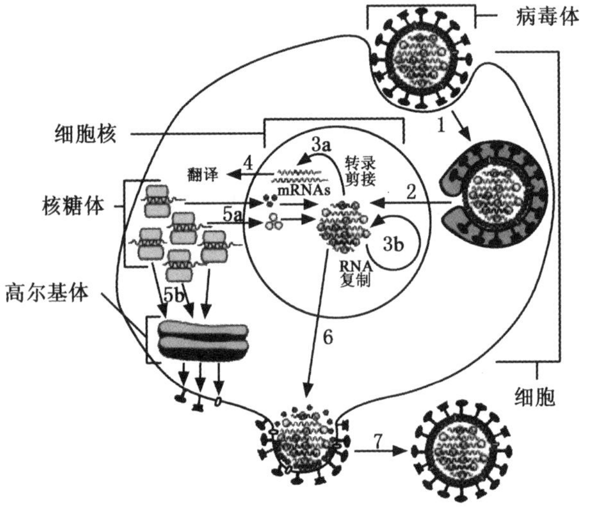

图 6.9　病毒的复制、繁殖与营养

(1)吸附：首先是由病毒衣壳蛋白与宿主细胞表面特定受体之间发生特异性结合。这种特异性决定了一种病毒的宿主范围。如艾滋病毒只能感染人类的 T 细胞，因为其表面蛋白 gp120 能够与 T 细胞表面的 CD4 分子和受体结合。这种吸附机制通过不断的进化使得病毒能够更特定地结合那些它们能够在其中完成复制过程的细胞。对于带包膜的病毒，吸附到受体上可以诱发包膜蛋白发生构象变化从而导致包膜与细胞膜发生融合。

(2)侵入：在病毒体附着到宿主细胞表面之后，通过受体介导的胞吞或膜融合进入细胞，这一过程通常被称为“病毒进入”(Viral entry)。感染植物细胞与感染动物细胞不同，因为植物细胞有一层由纤维素形成的坚硬的细胞壁，病毒只有在细胞壁出现伤口时才能进入。一些病毒，如噬菌体，进化出了一种感染细菌的机制，将自己的基因组注入细胞内而衣壳留在细胞外，从而减少进入细菌的阻力。

(3)脱壳：然后病毒的衣壳被病毒或宿主细胞中的酶降解，使得病毒的核酸得以释放。

(4)生物合成：进入细胞的病毒核酸在细胞浆和细胞核内进行自身的复制，并合成蛋白质，该过程依赖细胞提供的能量、病毒所需的前体成分和酶等。在此期间，细胞内尚无完整的病毒粒子。病毒的生物合成过程分早期和晚期两个阶段：早期，主要由核酸(DNA或 RNA)通过 mRNA 合成酶类蛋白质代谢工具和核酸基因组需要的核苷酸原料；晚期，主要是通过晚期的 mRNA 合成病毒结构蛋白质。

(5)装配：将合成的核酸和蛋白质衣壳各部分组装在一起。在病毒颗粒完成组装之后，病毒蛋白常常会发生翻译后修饰。在诸如艾滋病毒等一些病毒中，这种修饰作用(有时被称为成熟过程)，可以发生在病毒从宿主细胞释放之后。

(6)释放：无包膜病毒需要在细胞裂解(通过使细胞膜发生破裂的方法)之后才能得以释放。对于包膜病毒则可以通过出泡的方式得以释放。在出泡的过程中，病毒需要从插有病毒表面蛋白的细胞膜结合，获取包膜。

通常，病毒吸附进入细胞后，有 2～12 h 的隐蔽期，该期内病毒感染相关病毒不能被检出。接着病毒粒子逐渐成熟，随着细胞膜破裂，无囊膜病毒被释放，有囊膜病毒则通过胞浆膜出芽成熟。掌握不同病毒的增殖规律，获得高效价病毒，对研制生产高质量的生物制品十分重要。

DNA 病毒：大多数 DNA 病毒基因组的复制发生在细胞核内。只要细胞表面有合适的受体，这些病毒就能够通过胞吞或膜融合的方式进入细胞。多数 DNA 病毒完全依赖宿主细胞的 DNA 和 RNA 的合成工具以及 RNA 的加工工具。而病毒基因组必须穿过核膜来获得对这些工具的控制。双股 DNA 病毒的复制如图 6.10 所示。

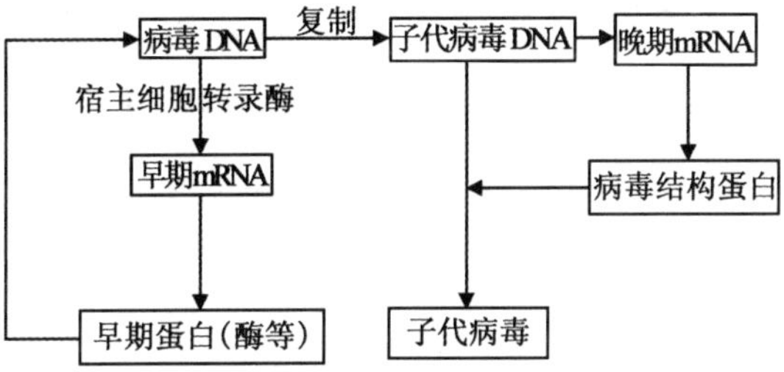

图 6.10　双股 DNA 病毒

RNA 病毒：RNA 病毒的复制过程比较独特，由于其遗传信息保存在 RNA 上，因此复制过程通常发生在细胞质中。根据复制方式的不同，RNA 病毒可以被分为 4 个不同的组别。RNA 病毒的极性(即病毒 RNA 能否直接被用于蛋白质合成)以及 RNA 是单链还是双链，很大程度上决定了其复制机制。RNA 病毒是用它们自己的 RNA 复制酶来对基因组进行复制。RNA 病毒的复制如图 6.11 和图 6.12 所示。

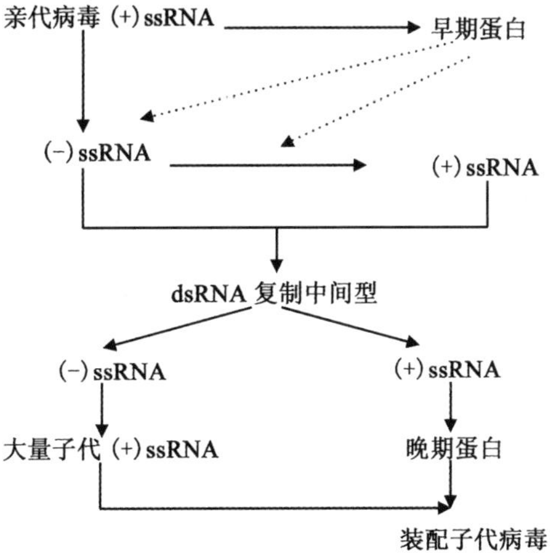

图 6.11　单股正链 RNA 病毒

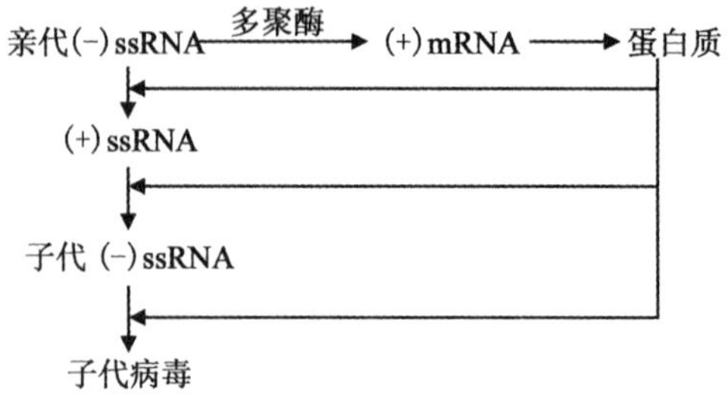

图 6.12　单股负链 RNA 病毒(病毒自身携带依赖 RNA 的 RNA 多聚酶)

反转录病毒:反转录病毒基因组的复制是采用反转录的方式来完成的,即利用 RNA 模板来合成 DNA(图 6.13)。遗传物质为 RNA 的反转录病毒以 DNA 为中间物来复制其基因组,而遗传物质为 DNA 的反转录病毒则以 RNA 为中间物来复制。两类病毒都需要用到反转录酶。反转录病毒常常可以将通过反转录合成的 DNA 整合到宿主细胞的基因组中。能够抑制反转录酶活性的抗病毒药物(如齐多夫定和拉米夫定)可以有效地对抗反转录病毒(如艾滋病毒和包括乙肝病毒在内的肝病毒科病毒)。

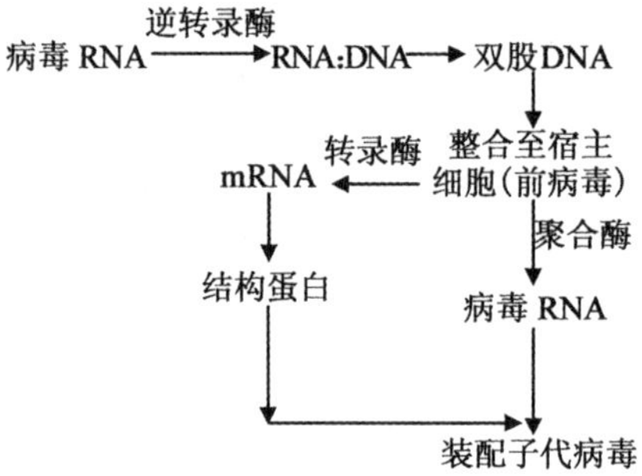

图 6.13　反转录病毒

(二)病毒的营养

病毒在复制增殖过程中,直接利用宿主细胞的成分合成自身的核酸和蛋白质,因此,宿主细胞的营养就成为病毒合成所需的能量和组成成分的来源。目前,为病毒提供营养的方法为易感动物接种、鸡胚和细胞培养等。其主要营养物质包括无机盐类、蛋白质、氨基酸、碳水化合物和生长因子(维生素和血清滤过因子)等。

二、易感动物接种增殖病毒

为了制备病毒的灭活疫苗、弱毒疫苗、亚单位疫苗或表面抗原疫苗,或用病毒抗原制备免疫血清(抗体),需要制备大量的病毒抗原。尽管大多数病毒可通过禽胚培养技术和细胞培养技术进行增殖,但有些病毒必须通过易感动物接种进行增殖。动物接种是增殖病毒的经典技术。

(一)动物的选择

如果有 SPF 动物,应当选择 SPF 动物。选择动物的条件如下:①对病毒易感性高。②动物健康、体重、年龄尽可能一致,符合培养病毒要求。③遗传特性相似,试验结果具有一致性、准确性和可比性,家兔、大鼠、小鼠等符合普通级或清洁级实验动物标准,鸡应属非免疫鸡或 SPF 级标准，犬、猫应品种明确并符合普通级实验动物标准。④外购动物要了解当地动物群健康、饲养及免疫接种情况，接前要经过健康观察，以免误用带有病原体动物。大动物应来源于非免疫区，最好是未接种过相应病原的疫苗，且健康。

(二)接种方法

根据病毒的性质和目的，可采取不同途径接种动物。接种方法包括皮内接种、皮下接种、肌肉接种、静脉接种、腹腔接种、脑内接种等。

(三)动物接种后的饲养管理与病毒收获

接种病毒后的动物，每天观察和检查规定的各项指标，主要有精神、食欲、粪便、尿液、被毛状态、活动情况和接种部位的局部反应，每天测体温 1 次，做好记录；出现反应症候动物，按规定方法剖杀，采取含病毒高的组织脏器。

三、禽胚增殖病毒

1911 年 Rous 等首先应用鸡胚培养研究鸡肉瘤病毒的增殖，但直到 1938 年，该技术才得以应用。Cox 应用卵黄囊培养立克次氏体后，鸡胚培养技术又广泛用于病毒和立克次氏体的研究。近 20 多年来，虽然细胞培养技术发展很快，但鸡胚培养技术仍被广泛地用于病毒的分离鉴定、抗原制备和疫苗生产等方面。主要生产工序过程如下：选择禽胚—前孵育—接种—后孵育—收获病毒。

(一)禽胚的选择

理想的禽胚是 SPF 鸡胚，毒种和弱毒疫苗必须用 SPF 鸡胚，非免疫鸡胚只能用于灭活疫苗。

(二)禽胚的接种前孵育

孵化前消毒，温度 37.5～38.5℃，相对湿度 50%～60%，定时翻蛋，保证通风。孵化 4～5 d 照蛋检查，淘汰无精蛋和死胚，孵化至所培养病毒需要的日龄即可接种。

(三)禽胚的接种途径

1. 绒毛尿囊膜接种

主要用于痘病毒和疱疹病毒的分离和增殖，这些病毒可在鸡胚绒毛尿囊膜上形成痘斑或病斑。用 10～12 日龄鸡胚，在胚胎附近略近气室处，选择血管较少的部位，用电烙器在卵壳上烙出一个直径 3～4 mm 的烤焦圈，用碘酊和酒精消毒后，小心用刀尖撬起卵壳，造成卵窗，但不可损伤壳膜。在气室端中央也钻一个小孔。随后用针尖轻轻挑破卵窗中心的壳膜，切勿损伤其下的绒毛尿囊膜。滴加 1 滴灭菌生理盐水于刺破处。用橡皮乳头紧贴于气室中央小孔上吸气，造成气室内负压，使卵窗部位的绒毛尿囊膜下陷而形成人工气室，此时可见滴加于壳膜上的生理盐水迅速渗入。用 1 mL 注射器滴入 2～3 滴接种物于绒毛尿囊膜上。最后用透明胶纸封住卵窗，或用玻璃纸盖于卵窗上，周围涂以熔化的石蜡密封之。气室中央的小孔可用石蜡密封住。鸡胚在接种后，横卧于孵卵箱中，不许翻动，保持卵窗向上。绒毛尿囊膜接种的另一种方法是在气室端的卵壳上开约

1.5 cm×1.5 cm 的口，并小心地用灭菌眼科镊子撕去一小片内壳膜，切勿损伤其下的绒毛尿囊膜，随即滴入接种物，最后用透明胶纸封闭开口。

2. 尿囊腔接种

主要用于正粘病毒和副粘病毒，如流感病毒和新城疫病毒的分离和增殖，也是制备马脑炎病毒疫苗的常用接种途径。选用 10～11 日龄的鸡胚，画出气室和胚位，在气室接近胚位处涂抹碘酊和酒精进行消毒后，用钢锥穿一小孔，随后将注射器针头沿此小孔插入 0.5～1.0 cm 处(避开血管)，注入 0.1～0.2 mL 接种物，最后用石蜡封口，并置孵卵箱中孵育(图 6.14)。每天翻卵并检卵一次。24 h 内死亡者废弃。但如上述，东方型和西方型马脑炎病毒常可在接种后的 15～24 h 内致死鸡胚。另一个方法是在胚位附近没有血管处穿孔并注入接种物，但此时必须将气室端稍向下倾，否则接种液甚至尿囊液可能从针孔中回溢出来。蜡封的方法同前。

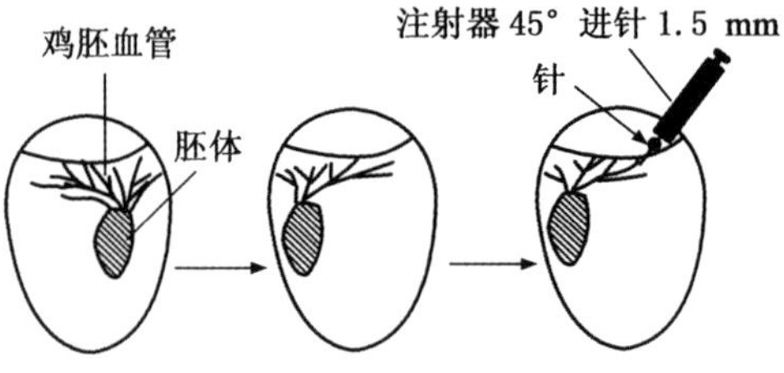

图 6.14 尿囊腔接种法

3. 卵黄囊接种

主要用于虫媒披膜病毒以及鹦鹉热衣原体和立克次氏体等的分离和增殖。用 6～8 日龄鸡胚，画出气室和胚胎位置后，垂直放置在固定卵座上，用碘酊和酒精消毒气室端，以钢锥在气室中央锥一小孔，用灭菌注射器吸取含病毒悬液，沿气室端所穿小孔刺入约 3 cm，注入 0.1～0.5 mL 接种物于卵黄囊内。随后用熔化的石蜡封孔，置孵卵箱内继续孵育，每天翻卵 1～2 次。24 h 内死亡者废弃，但东方型和西方型马脑炎病毒可能在接毒后 15～24 h 内致死鸡胚。

4. 羊膜腔接种

主要用于正粘病毒和副粘病毒的分离和增殖。在由病料初次分离病毒时，羊膜腔接种法比尿囊腔接种法敏感。但此法操作技术比较困难，鸡胚也易受伤致死。选用 11～12 日龄的鸡胚，按绒毛尿囊膜接种法造成人工气室，撕去卵壳，并刺破绒毛尿囊膜血管较少的部位，用钝端镊子沿此破孔插入，夹起羊膜囊，注入 0.1～0.2 mL 接种物。由于不易判断接种物是否被正确地注入羊膜腔内，故可将已经吸取了接种物的注射器的筒栓稍微回抽，使注射针芯内含一个气泡。注射时将气泡和接种物一起注入。将卵适当倒转，即可清楚地看到气泡是否在羊膜腔内，以判定注射是否正确。另一个方法是在气室端中央开一个 1.2 cm 直径的圆孔。用灭菌镊子揭去卵窗部位的卵壳和壳膜，并滴加 1 滴灭菌液体石蜡于内层壳膜上，使其透明。如置检卵灯上观察，看得更加清楚。随后用灭菌弯头眼科镊子，刺破内层壳膜和绒毛尿囊膜(避开血管!)并轻轻夹起羊膜使成伞状，并在直视下将注射针头插入羊膜腔内，直到碰着鸡胚或看到胚胎突然向后退缩，证明针头已经到达羊膜腔内，即可进行接种。接种病毒后的鸡胚，一般放 37℃孵育，也有少数病毒如流感病毒则放置于 33～35℃。

除接种马脑炎病毒外，在 24 h 内死亡的鸡胚均视作非特异死亡而废弃。培养时间也随病毒种类而异。根据接种途径的不同，收获相应的材料：绒毛尿囊膜接种者，收获接种部绒毛尿囊膜并注意观察病变；尿囊腔接种者，收获尿囊液（5～8 mL），并于收获前将鸡胚直立放置于 4℃冰箱 30 min 以上，冻死胚胎，防止出血；卵黄囊接种者，收获卵黄囊或胚体；羊膜腔接种者，收获羊水（0.5～1 mL）。兽医病毒学试验中，除常用鸡胚外，有时也用鸭胚、鹅胚、火鸡胚和鹌鹑胚等进行病毒分离、弱毒株培育、疫苗制造以及卵黄抗体生产等。鸭和火鸡的孵化期为 28 d，比 21 d 孵化期的鸡胚更有利于慢病毒的增殖。

（四）禽胚的接种后孵育

接种后，蜡泪封孔，置 37℃下孵化，每天照蛋 2 次以上，通过禽胚的病变初步确定病毒的存在及增殖情况，淘汰 24 h 内死胚。病毒感染指征：死亡、充血、出血或出现坏死灶畸形、出现痘斑。

（五）影响禽胚培养病毒的因素

1. 种蛋质量

种蛋质量直接与增殖病毒的质和量相关。最理想的禽胚是 SPF 胚，种毒传代和弱毒疫苗生产必须用 SPF 胚，灭活疫苗可用非免疫胚，而普通种蛋则不适于兽医生物制品生产。

（1）病原微生物：家禽有很多疫病和病原可经鸡胚垂直传递，如白血病、传染性贫血、网状内皮增殖症等，这些病毒既可污染疫苗本身，又可直接影响病毒在鸡胚的增殖。

（2）母源抗体：鸡胚的母源抗体直接影响病毒在鸡胚的增殖，如法氏囊病毒接种 SPF 鸡胚，鸡胚死亡率可达 100%，而接种非免疫鸡胚，死亡率仅约 30%，甚至不感染。

（3）抗生素：有些抗生素也会影响病原体的增殖。

2. 孵化技术

（1）温度：控制在 37～39.5℃。有些病毒对温度比较敏感，如鸡胚接种传染性支气管炎病毒后，不应超过 37℃。

（2）湿度：鸡胚孵化湿度标准为 53%～57%，水禽胚孵化湿度比鸡胚高 5%～10%。

（3）通风：禽胚发育是需氧量较大，加强通风换气。

（4）翻蛋：及时翻动促进发育等，但因地制宜。

3. 接种技术

通常鸡胚发育到 13～14 日龄，鸭胚发育至 15～16 日龄，尿囊液含量最高，平均 6～8 mL，羊水 1～2 mL。

四、细胞培养病毒的基本方法

（一）培养细胞的细胞生物学

1. 基本概念

通常体外培养的生物成分无外乎两种结构形式：其一是小块组织或称为组织块（Tissue block），一般称为外植块；其二是将生物组织分散后制成的单个细胞，一般称为分离的细胞（Isolated cell）或者分散的细胞（Dissociated cell）。分散的过程通常在培养液或平衡盐溶液中进行，分散的细胞被悬浮于培养液或平衡盐溶液中。单个细胞分散存在于培养液或其他平衡盐溶液中、缓冲溶液中，就称为细胞悬液(Cell suspension)。狭义的细胞培养(Cell culture)主要是指分离(散)细胞培养，广义的细胞培养的概念还包括单(个)细胞培养(Single cell culture)。一种是群体培养(Mass culture)，将含有一定数量细胞的悬液置于培养瓶中，让细胞贴壁生长，汇合(Confluence)后形成均匀的单细胞层；另一种是克隆培养(Clonal culture)，将高度稀释的游离细胞悬液加入培养瓶中，各个细胞贴壁后，彼此距离较远，经过生长增殖每一个细胞形成一个细胞集落，称为克隆(Clone)。一个细胞克隆中的所有细胞均来源于同一个祖先细胞。

现今，用于疫苗生产的细胞基本有 3 类，即原代细胞、二倍体细胞株及传代细胞系。经过几十年的研究和发展，目前中国已经拥有了可以进行大规模疫苗生产的动物原代细胞、二倍体细胞和 Vero 细胞等生产技术，用于生产多种人用、动物疫苗。其中二倍体细胞(如中国 20 世纪 70 年代建立的人胚肺二倍体细胞株 KMB17 和 2BS)对多种病毒具有广泛的敏感性，用其制备病毒性疫苗可以克服使用原代细胞时在其培养物中可能存在的各种潜在致病因子的危险，是当前病毒性疫苗生产较为理想的细胞基质。Vero 细胞是 1962 年由日本 Chiba 大学的 Yasumura 等人从成年非洲绿猴肾中分离获得的，是一种贴壁依赖性成纤维细胞，核型为 $2n=60$，高倍体率约为 1.7%，可持续地进行培养，不含任何污染因子。通常使用 199 培养基添加 5%胎牛血清进行培养。该细胞可用于多种病毒的增殖，已被 WHO 批准广泛用于人用、动物用疫苗生产。

2. 体外培养细胞的分型

(1)贴附型：大多数培养细胞贴附生长，属于贴壁依赖性细胞，大致分成以下 4 型。①成纤维细胞型：胞体呈梭形或不规则三角形，中央有卵圆形核，胞质突起，生长时呈放射状。除真正的成纤维细胞外，凡由中胚层间充质起源的组织，如心肌、平滑肌、成骨细胞、血管内皮等常呈本型状态。培养中细胞的形态与成纤维类似时皆可称之为成纤维细胞。②上皮型细胞：细胞呈扁平不规则多角形，中央有圆形核，细胞彼此紧密相连成单层膜。生长时呈膜状移动，处于膜边缘的细胞总与膜相连，很少单独行动。起源于内、外胚层的细胞如皮肤表皮及其衍生物、消化管上皮、肝胰、肺泡上皮等皆呈上皮型形态。③游走细胞型：呈散在生长，一般不连成片，胞质常突起，呈活跃游走或变形运动，方向不规则。此型细胞不稳定，有时难以和其他细胞相区别。④多型细胞型：有一些细胞，如神经细胞难以确定其规律和稳定的形态，可统归于此类。

(2)悬浮型：见于少数特殊的细胞，如某些类型的癌细胞及白血病细胞。胞体圆形，不贴于支持物上，呈悬浮生长。这类细胞容易大量繁殖。

3. 培养细胞的生长和增殖过程

体内细胞生长在动态平衡环境中，而组织培养细胞的生存环境是培养瓶、皿或其他容器，生存空间和营养是有限的。当细胞增殖达到一定密度后，则需要分离出一部分细胞和更新营养液，否则将影响细胞的继续生存，这一过程叫传代(Passage 或 Subculture)。每次传代以后，细胞的生长和增殖过程都会受一定的影响。另外，很多细胞在体外的生存也不是无限的，存在着一个发展过程。所有这一切，使组织细胞在培养中有着一系列与体内不同的生存特点。

(1)培养细胞生命期(Life span of culture cells)：所谓培养细胞生命期，是指细胞在培养中持续增殖和生长的时间。体内组织细胞的生存期与完整机体的死亡衰老基本相一致。人胚二倍体成纤维细胞培养，在不冻存和反复传代条件下，可传 30～50 代，相当于 150～300 个细胞增殖周期，能维持 1 年左右的生存时间，最后衰老凋亡（Apoptosis）。如供体为成体或衰老个体，则生存时间较短；如培养的为其他细胞，如肝细胞或肾细胞，生存时间更短，仅能传几代或十几代。只有当细胞发生遗传性改变，如获永生性或恶性转化时，细胞的生存期才可能发生改变。

正常细胞培养时，不论细胞的种类和供体的年龄如何，在细胞全生存过程中，大致都经历以下 3 个阶段：①原代培养（Primary culture）期：也称初代培养，即从体内取出组织接种培养到第一次传代阶段，一般持续 1～4 周。此期细胞呈活跃的移动，可见细胞分裂，但不旺盛。初代培养细胞与体内原组织在形态结构和功能活动上相似性大。细胞群是异质的（Heterogeneous），也即各细胞的遗传性状互不相同，细胞相互依存性强。②传代期：初代培养细胞一经传代后便改称做细胞系（Cell line）。在全生命期中此期的持续时间最长。在培养条件较好情况下，细胞增殖旺盛，并能维持二倍体核型，呈二倍体核型的细胞称二倍体细胞系（Diploid cell line）。为保持二倍体细胞性质，细胞应在初代培养期或传代后早期冻存。当前世界上常用细胞均在不出十代内冻存。如不冻存，则需反复传代以维持细胞的适宜密度，以利于生存。但这样就有可能导致细胞失掉二倍体性质或发生转化。一般情况下当传代 10～50 次，细胞增殖逐渐缓慢，以至完全停止，细胞进入第三期。③衰退期：此期细胞仍然生存，但增殖很慢或不增殖；细胞形态轮廓增强，最后衰退凋亡。

在细胞生命期阶段，少数情况下，在以上三期任何一点（多发生在传代末或衰退期），由于某种因素的影响，细胞可能发生自发转化（Spontaneous transformation）。转化的标志之一是细胞可能获得永生性（Immortality）或恶性性（Malignancy）。细胞永生性也称不死性，即细胞获持久性增殖能力，这样的细胞群体称无限细胞系（Infinite cell line），也称连续细胞系（Continuous cell line）。无限细胞系的形成主要发生在第二期末，或第三期初阶段。细胞获不死性后，核型大多变成异倍体（Heteroploid）。细胞转化亦可用人工方法诱发，转化后的细胞也可能具有恶性性质。细胞永生性和恶性性非同一性状。

(2)组织培养细胞一代生存期：所有体外培养细胞，包括初代培养及各种细胞系，当生长达到一定密度后，都需做传代处理。传代的频率或间隔与培养液的性质、接种细胞数量和细胞增殖速度等有关。接种细胞数量大、细胞基数大、相同增殖速度条件下，细胞数量增加与饱和速度相对要快（实际上细胞接种数量大时细胞增殖速度比稀少时要快）。连续细胞系和肿瘤细胞系比初代培养细胞增殖快，培养液中血清含量多时细胞增殖比少时快。以上情况都会缩短传代时间。

所谓细胞"一代"一词，系仅指从细胞接种到分离再培养时的一段时间，这已成为培养工作中的一种习惯说法，它与细胞倍增一代非同一含义。如某一细胞系为第 153 代细胞，即指该细胞系已传代 153 次。它与细胞世代（Generation）或倍增（Doubling）不同；在细胞一代中，细胞能倍增 3～6 次。

细胞传一代后，一般要经过以下 3 个阶段：

a. 潜伏期（Latent phase）：细胞接种培养后，先经过一个在培养液中呈悬浮状态的悬浮期。此时细胞胞质回缩，胞体呈圆球形。接着是细胞附着或贴附于底物表面上，称贴壁，悬浮期结束。各种细胞贴附速度不同，这与细胞的种类、培养基成分和底物的理化性质等密切相关。初代培养细胞贴附慢，可长达 10～24 h 或更多；连续细胞系和恶性细胞系快，10～30 min即可贴附。细胞贴附现象是一个非常复杂和与多种因素相关的过程。支持物能影响细胞的贴附；底物表面不洁不利贴附，底物表面带有阳性电荷利于贴附。另外在贴附过程中，有一些特殊物质如纤维连接素(Fibronectin)，又称LETS(Larger external transformation substance)，细胞表面蛋白(Cell surface protein：CSP)等也参与贴附过程。这些物质都是蛋白类成分，它们有的存在于细胞膜的表面(如CSP)，有的则来自培养基中的血清(LETS)。近年又从各种不同组织和生物成分中提取出了很多促贴附物质。贴附是贴附类细胞生长增殖条件之一。细胞贴附于支持物后，除先经过前述延展过程变成极性细胞，还要经过一个潜伏阶段，才进入生长和增殖期。细胞处在潜伏期时，可有运动活动，基本无增殖，少见分裂象。细胞潜伏期与细胞接种密度、细胞种类和培养基性质等密切相关。初代培养细胞潜伏期长，24～96 h或更长，连续细胞系和肿瘤细胞潜伏期短，仅6～24 h；细胞接种密度大时潜伏期短。当细胞分裂象开始出现并逐渐增多时，标志细胞已进入指数增生期。

b. 指数增生期(Logarithmic growth phase)：这是细胞增殖最旺盛的阶段，细胞分裂象增多。指数增生期细胞分裂象数量可作为判定细胞生长旺盛与否的一个重要标志。一般以细胞分裂指数(Mitotic index：MI)表示，即细胞群中每1 000个细胞中的分裂象数。体外培养细胞分裂指数受细胞种类、培养液成分、pH、培养箱温度等多种因素的影响。一般细胞的分裂指数介于0.1%～0.5%，初代细胞分裂指数低，连续细胞和肿瘤细胞分裂指数可高达3%～5%。pH和培养液血清含量变动对细胞分裂指数有很大影响。指数增生期是细胞一代中活力最好的时期，因此是进行各种试验最好的和最主要的阶段。在接种细胞数量适宜情况下，指数增生期持续3～5 d后，随细胞数量不断增多、生长空间渐趋减少，最后细胞相互接触汇合成片。细胞相互接触后，如培养的是正常细胞，由于细胞的相互接触能抑制细胞的运动，这种现象称接触抑制(Contact inhibition)。而恶性细胞则无接触抑制现象，因此接触抑制可作为区别正常与癌细胞标志之一。肿瘤细胞由于无接触抑制能继续移动和增殖，导致细胞向三维空间扩展，使细胞发生堆积(Piled up)。细胞接触汇合成片后，虽发生接触抑制，只要营养充分，细胞仍然能够进行增殖分裂，因此细胞数量仍在增多。但当细胞密度进一步增大，培养液中营养成分减少，代谢产物增多时，细胞因营养的枯竭和代谢物的影响，则发生密度抑制(Density inhibition)，导致细胞分裂停止。因此细胞接触抑制和密度抑制是两个不同的概念，不应混淆。

c. 停滞期(Stagnate phase)：细胞数量达饱和密度后，细胞遂停止增殖，进入停滞期。此时细胞数量不再增加，故也称平顶期(Plateau)。停滞期细胞虽不增殖，但仍有代谢活动，继而培养液中营养渐趋耗尽，代谢产物积累、pH降低。此时需做分离培养即传代，否则细胞会中毒，发生形态改变，重则脱落死亡，故传代应越早越好。传代过晚(已有中毒迹象)能影响下一代细胞的机能状态。在这种情况下，虽进行了传代，因细胞已受损，需要恢复，至少还要再传1～2代，通过换液淘汰掉死细胞和使受损轻微的细胞得以恢复后，才能再用。结果反而耽误了时间，这是在试验中应特别注意的。

4. 原代培养

即第一次培养，是指将培养物放置在体外生长环境中持续培养，中途不分割培养物的培养过程。有几方面含义：①培养物一经接种到培养器皿(瓶)中就不在分割，任其生长繁殖；②原代培养中的“代”并非细胞的“代”数，因为培养过程中细胞经多次分裂已经产生多代子细胞；③原代培养过程中不分割培养物不等于不更换培养液，也不等于不更换培养器皿。

正常细胞培养的世代数有限，只有癌细胞和发生转化的细胞才能无限生长下去。所谓转化即是指正常细胞在某种因子的作用下发生突变而具有癌性的细胞。目前世界上许多实验室所广泛传用的 HeLa 细胞系就是 1951 年从一位名叫 Henrietta Lacks 的妇女身上取下的宫颈癌细胞培养而成。此细胞系一直沿用至今。

原代培养的细胞一般传至 10 代左右就不易传下去了，细胞的生长就会出现停滞，大部分细胞衰老死亡。但是有极少数的细胞能够度过“危机”而继续传下去，这些存活的细胞一般能够传到 40～50 代，这种传代细胞叫做细胞株。细胞株的遗传物质没有发生改变，在培养过程中其特征始终保持。当细胞株传至 50 代以后又会出现“危机”，不能再传下去。但是有部分细胞的遗传物质发生了改变，并且带有癌变的特点，有可能在培养条件下无限制地传代下去，这种传代细胞称为细胞系。

原代培养是建立各种细胞系（株）必经的阶段，其是否成功与组织污染与否、供体年龄、培养技术和方法、适宜培养基的选择等多种因素有关。由于原代培养的细胞转化性极小，对病毒敏感性好，因此适宜制备疫苗等生物制品；但也存在有潜在外源因子、不能事先检查标本、且受供体年龄健康状况的影响而导致批间差异大等缺陷。目前常用的原代细胞培养有鸡胚成纤维细胞及猪肾、猴肾、地鼠肾等原代细胞。

原代培养的基本过程包括取材、培养材料的制备、接种、加培养液、置培养条件下培养等步骤，在所有的操作过程中，都必须保持培养物及生长环境的无菌。

多数情况下，分散的细胞若属于贴壁依赖型细胞，就能黏附、铺展于培养器皿和载体表面生长而形成细胞单层，这种培养方式称为单层细胞培养（Monolayer culture），又叫贴壁培养（Adherent culture）。少数情况下，培养的细胞没有贴壁依赖性，可通过专门设备使细胞始终处于悬浮状态而在体外生长，这种形式称为悬浮培养（Suspension culture）。如何让接种的细胞尽快贴壁，是决定培养成功的关键步骤：①取决于适当的生长基质表面；②可降低接种后培养液对细胞的浮力，如先补加少量培养液，待细胞贴壁后再补足营养液继续培养；③注意适当的细胞接种密度，一般 10^5 个/mL 左右。

5. 传代培养

当原代培养成功以后，随着培养时间的延长和细胞不断分裂，一则细胞之间相互接触而发生接触性抑制，生长速度减慢甚至停止；另一方面也会因营养物不足和代谢物积累而不利于生长或发生中毒。此时就需要将培养物分割成小的部分，重新接种到另外的培养器皿（瓶）内，再进行培养。这个过程就称为传代（Passage）或者再培养（Subculture）。对单层培养而言，80%汇合或刚汇合的细胞是较理想的传代阶段。

体外培养技术中所谓的传“代”概念并不等于细胞生物学中“亲代细胞”与“子代细胞”中“代”的概念。传代培养的实质就是分割后再一次培养，可以相对地衡量培养物的培养年龄。

6. 生长曲线

细胞接种入培养瓶后，先进入 2～24 h 的延迟期（Lag period），然后进入指数生长期（即对数期）（Log phase），汇合成单层进入缓慢生长或停滞期（即平台期）（Plateau phase）。每种细胞系（Cell line）的这些生长期（Growth phase）都是特征性的，只要环境条件保持恒定，每一次测定结果应该是可重复的。

(二)细胞分离技术

1. 从原代组织中分离细胞

将组织块分离(散)成细胞悬液的方法有多种，最常用的是机械解离细胞法、酶学解离细胞法以及螯合剂解离细胞法。从原代组织中获得单细胞悬液的一般方法是酶解聚。细胞暴露在酶中的时间要尽可能的短，以保持最大的活性。下列步骤可以解聚整个组织，获得较高产量的有活性细胞。

(1)胰蛋白酶(Trypsin)：①在去除不需要的组织后，使用无菌的解剖刀和剪子把剩余的组织切成3～4 mm小片，通过悬浮在无钙镁的平衡盐溶液中清洗组织碎片。让组织碎片沉淀，去除上清液。重复清洗2～3次。②将盛有组织碎片的容器置于冰上，去除残留的上清液。加入0.25%溶解在无钙镁的平衡盐溶液中的胰蛋白酶(100 mg组织加入1 mL胰蛋白酶)。③在4℃孵育6～18 h，使几乎没有胰蛋白酶活性的酶尽可能渗透进去。④移弃组织碎片中的胰蛋白酶，在37℃孵育包含残留胰蛋白酶的组织碎片20～30 min。⑤在组织碎片中加入热的完全培养基，用移液管轻轻地分散组织。如果使用无血清培养基，要加入大豆胰蛋白酶抑制剂。⑥通过无菌不锈钢丝网(100～200 mm)过滤，分散所有剩余组织。计数和接种细胞，进行培养。

(2)胶原酶(Collagenase)：①用无菌解剖刀和剪子把剩余组织切成3～4 mm小片，用Hanks'平衡液(HBSS)清洗组织碎片几次。②加入胶原酶(50～200单位/mL，溶解在HBSS中)。③在37℃孵育4～18 h。加入3 mmol/L $CaCl_2$增加解离效率。④通过无菌不锈钢丝网或尼龙网过滤细胞悬液，以分离分散细胞、组织碎片和较大的碎片。如果需要进一步的解聚，在碎片中加入新鲜的胶原酶。⑤通过离心在HBSS中清洗悬液几次。⑥再一次在培养基中悬浮细胞，计数和接种细胞，进行培养。

(3)Dispase：①用无菌解剖刀和剪子把剩余组织切成3～4 mm小片，用不含钙镁的平衡盐溶液清洗组织碎片几次。②加入Dispase(0.6～2.4单位/mL，溶解在无钙镁的平衡盐溶液中)。③在37℃孵育20 min到几个小时。④通过无菌不锈钢丝网或尼龙网过滤细胞悬液，以分离分散细胞、组织碎片和较大的碎片。如果需要进一步的解聚，在碎片中加入新鲜的Dispase。⑤通过离心在平衡盐溶液中清洗悬液几次。⑥再一次在培养基中悬浮细胞，计数和接种细胞，进行培养。

2. 从原培养容器中分离细胞

以下是从基层迅速分离细胞，且保持细胞完整性的一般步骤。这一步骤并不意味着对于所有细胞系的广泛应用，每一种系统最佳条件和施用浓度应该根据经验加以确定：①再次培养时检测细胞的活性，细胞的活率应该超过90%。②对于无血清培养基，降低胰蛋白酶使用量。

(1)移弃使用过的细胞培养基。

(2)使用不包含有钙镁的平衡盐溶液或EDTA(Ethylene diamine tetraacetic acid，乙二胺四乙酸)清洗细胞。在培养瓶对着细胞的一面加入清洗溶液，通过转动培养瓶1～2 min清洗细胞层，然后去除清洗液。

(3)以2～3 mL/25 cm^2的量，加选择的分离液到培养瓶对着细胞的一面。确保分离液覆盖细胞层。在37℃孵育培养瓶，轻轻摇动培养瓶。通常，在5～15 min内，细胞就会脱落。细胞分离需要的时间因细胞系不同而有所变化。仔细监测细胞分离过程，避免细胞受损伤。对难于从培养瓶基层分离的细胞系，可以轻轻敲打，以加速分离过程。

(4)当细胞完全分离时，垂直放置培养瓶，让细胞流到培养瓶的底部。在培养瓶中加入完全培养基，通过移液管在单层细胞表面反复吹打来分散细胞。计数并再次培养细胞。

(5)对于无血清培养基，加入大豆胰蛋白酶抑制剂。通常使用1∶1(V∶V)0.25 mg/mL胰蛋白酶抑制剂到胰蛋白酶中将抑制胰蛋白酶活性。

(三)细胞的冻存与复苏

为了防止因污染或技术原因使长期培养功亏一篑，考虑到培养细胞因传代而迟早会出现变异，有时因寄赠、交换和购买，培养细胞从一个实验室转运到另一个实验室，最佳的策略是进行低温保存。这对于维持一些特殊细胞株的遗传特性极为重要。现简要介绍深低温保存法(－70～－196℃)的特点。细胞深低温保存的基本原理是：在－70℃以下时，细胞内的酶活性均已停止，即代谢处于完全停止状态，故可以长期保存。细胞低温保存的关键，在于通过0～20℃阶段的处理过程。在此温度范围内，水晶呈针状，极易招致细胞的严重损伤。

1. 细胞的冻存

为避免污染造成的损失，最小化连续细胞系的遗传改变和避免有限细胞系的老化和转化，需要冻存哺乳细胞。冻存细胞前，细胞应该特性化并检查是否污染。

有几种普通培养基可用来冻存细胞。对于包含有血清的培养基，成分可能如下：①包含10％甘油的完全培养基；②包含10％二甲基亚砜(DMSO)的完全培养基；③50％细胞条件培养基和50％含有10％甘油的新鲜培养基；④50％细胞条件培养基和50％含有10％二甲基亚砜的新鲜培养基。对于无血清培养基，一些普通的培养基成分可能是：①50％细胞条件无血清培养基和50％包含有7.5％二甲基亚砜的新鲜的无血清培养基；②包含有7.5％二甲基亚砜和10％细胞培养级BSA的新鲜无血清培养基。

(1)悬浮细胞：①计数将要冻存的活细胞。细胞应该处于对数生长期。以200～400 g 离心5 min沉淀细胞，使用移液管移去上清到最小体积，不要搅乱细胞。②以1×10^7～5×10^7 细胞/mL密度，在包含有血清的冷冻培养基中再次悬浮细胞，或者以0.5×10^7～1×10^7 细胞/mL在无血清培养基中，再次悬浮细胞。③分装进冻存管，将冻存管置于湿冰上或放入4℃冰箱中，5 min内开始冷冻步骤。④细胞以1℃/min进行冷冻，可以通过可编程序的冷冻器进行或者把隔离盒中的冻存管放到－70～－90℃的冰箱中，然后转移到液氮中贮存。

(2)贴壁细胞：①使用分离试剂从基层分离细胞，分离时尽可能温和，使对细胞的损伤减少到最小。②在完全生长培养基中，再次悬浮分离细胞，确定有活力细胞数。③以大约200 g 离心5 min沉淀细胞。使用移液管移去上清到最小体积，不要搅乱细胞。④以5×10^6～1×10^6 细胞/mL密度，在冻存液中悬浮细胞。⑤分装进冻存管，将冻存管置于湿的冰上或放入4℃冰箱中，5 min内开始冷冻步骤。⑥细胞以1℃/min进行冷冻，可以通过可编程序的冷冻器进行或者把隔离盒中的冻存管放到－70～－90℃的冰箱中，然后转移到液氮中贮存。

2. 冻存细胞的复苏

冻存细胞较脆弱，要轻柔操作。冻存细胞要快速融化，并直接加入完全生长培养基中。若细胞对冻存剂(DMSO或甘油)敏感,离心去除冻存培养基,然后加入完全生长培养基中。

(1)直接铺板方法:①取出贮存细胞,37℃水浴中快速融化。②直接用完全生长培养基铺板细胞。1 mL冻存细胞使用10～20 mL完全生长培养基。进行活细胞计数,细胞接种应该至少在3×10^5活细胞/mL。③培养细胞12～24 h,更换新鲜的完全生长培养基,去除冻存剂。

(2)离心方法:①取出贮存细胞,37℃水浴中快速融化。②把1～2 mL冻存细胞加入到大约25 mL完全生长培养基中,轻轻混匀。③以大约80 *g*离心2～3 min。④弃去上清。⑤用完全生长培养基轻轻再次悬浮细胞,并且进行活细胞计数。⑥细胞铺板,细胞接种应该至少为3×10^5活细胞/mL。

3. 细胞的分化、衰老与死亡

(1)细胞的分化:一个成年人全身细胞总数约10^{12}个,可以区分为200多种不同类型的细胞,形态结构、代谢、行为、功能等各不相同。追根溯源,这么多种细胞均来自一个受精卵细胞。所以,通常把发育过程中,细胞后代在形态、结构和功能上发生差异的过程称为细胞分化。细胞分化发生在胚胎阶段,也发生在胎儿出生以后,乃至成人阶段。如人体血细胞的产生和分化,这个过程在人的一生中一直持续着。

由旺盛生长不断分裂的细胞,转入分化,通常从细胞周期中G1期开始时一个确定的点G0点“逃逸”出细胞周期。旺盛生长分裂的细胞和各种分化了的细胞,它们的基因表达和代谢活动各不相同。

(2)细胞的衰老:体外细胞培养试验证明,成纤维细胞来自胎儿传代50次后衰老死亡,来自成人传代20次后衰老死亡(与具体年龄有关);来自小鼠传代14～28次后衰老死亡;来自乌龟传代90～125次后衰老死亡。细胞衰老过程中会发生一系列的变化,包括:蛋白质合成速度降低,已有蛋白质结构变化,特异蛋白质成分出现;同时,细胞核、线粒体、膜系统、骨架系统等都有结构、功能的改变。细胞衰老原因,尚无定论,出现过好几种理论与假说,其中得到较广泛认可的是“自由基损伤假说”。

(3)细胞凋亡:细胞的死亡是个体存活的正常现象,常见的细胞死亡形式有3种:坏死、凋亡和细胞毒性。多细胞生物的生命活动中,因为环境因素的突然变化或病原物的入侵,导致一部分细胞死去,称为细胞的病理死亡,或细胞坏死。坏死是细胞暴露于严重的物理或化学刺激时导致的细胞死亡。细胞毒性是由细胞或者化学物质引起的单纯的细胞杀伤事件,不依赖于其他两种细胞死亡机理,如杀伤T细胞的细胞毒性作用。

还有一种情况,一部分细胞的死亡是生物个体正常生命活动(代谢、生长、发育、分化)的一个必要部分,似乎带有“牺牲局部,保全整体”的意味。这种情况下的细胞死亡,明显地受遗传控制,称为细胞凋亡。凋亡(Apoptosis)则是程序性的、正常的细胞死亡,是机体清除无用的或者不想要的细胞的手段。它与细胞坏死是两个截然不同的过程,无论从形态学、生物学还是生化的特征来说,都有明显的区别。细胞凋亡现象普遍存在于生物界。细胞凋亡与细胞增殖、分化和衰老起着互补与平衡的作用,在多细胞动物的发育、形态建成与维持中扮演至关重要的角色。作为细胞的一种基本生命现象,凋亡失控的结果将是可怕的:凋亡不足时,易发生癌变、病毒性疾病和自身免疫疾病;而凋亡过量则可能产生获得性免疫缺陷综合征(HIV)、重症肝炎与退行性神经疾病,如老年性痴呆症(Alzheimer's disease)、帕金森氏症(Parkinson's disease)。因此研究细胞凋亡及其机理具有重要的理论和实践意义。

(四)细胞计数及活力测定

1. 原理

培养的细胞在一般条件下要求有一定的密度才能生长良好,所以要进行细胞计数。计数结果以每毫升细胞数表示。细胞计数的原理和方法与血细胞计数相同。

在细胞群体中总有一些因各种原因而死亡的细胞,总细胞中活细胞所占的百分比叫做细胞活力,由组织中分离细胞一般也要检查活力,以了解分离的过程对细胞是否有损伤作用。复苏后的细胞也要检查活力,了解冻存和复苏的效果。

用台盼蓝染细胞,死细胞着色,活细胞不着色,从而可以区分死细胞与活细胞。利用细胞内某些酶与特定的试剂发生显色反应,也可测定细胞相对数和相对活力。

2. 仪器、用品与试剂

(1)仪器与用品:普通显微镜、血球计数板、试管、吸管、酶标仪(或分光光度计)。

(2)试剂:0.4%台盼蓝、0.5%四甲基偶氮唑盐(MTT)、酸化异丙醇。

(3)材料:细胞悬液。

3. 操作步骤

(1)细胞计数:①将血球计数板及盖片擦拭干净,并将盖片盖在计数板上。②将细胞悬液吸出少许,滴加在盖片边缘,使悬液充满盖片和计数板之间。③静置 3 min。④镜下观察,计算计数板四大格细胞总数,压线细胞只计左侧和上方的。然后按下式计算:细胞数/mL=四大格细胞总数/ 4×10 000。注意:镜下偶见由两个以上细胞组成的细胞团,应按单个细胞计算,若细胞团占 10%以上,说明分散不好,需重新制备细胞悬液。

(2)细胞活力:①将细胞悬液以 0.5 mL 加入试管中。②加入 0.5 mL 0.4%台盼蓝染液,染色 2~3 min。③吸取少许悬液涂于载玻片上,加上盖片。④镜下取几个任意视野分别计死细胞和活细胞数,计算细胞活力。死细胞能被台盼蓝染上色,镜下可见深蓝色的细胞,活细胞不被染色,镜下呈无色透明状。活力测定可以和细胞计数合起来进行,但要考虑到染液对原细胞悬液的加倍稀释作用。

(3)MTT 法测细胞相对数和相对活力:活细胞中的琥珀酸脱氢酶可使 MTT 分解产生蓝色结晶状甲臜颗粒积于细胞内和细胞周围。其量与细胞数呈正比,也与细胞活力呈正比。①细胞悬液以 1 000 r/min 离心 10 min,弃上清液。②沉淀加入 0.5~1 mL MTT,吹打成悬液。③37℃下保温 2 h。④加入 4~5 mL 酸化异丙醇(定容),混匀。⑤1 000 r/min 离心,取上清液用酶标仪或分光光度计 570 nm 比色,酸化异丙醇调零点。注意:MTT 法只能测定细胞相对数和相对活力,不能测定细胞绝对数。

(五)细胞的分裂指数

1. 原理

体外培养细胞生长、分裂繁殖的能力,可用分裂指数来表示。它与生长曲线有一定的联系,如随着分裂指数的不断提高,细胞也就进入了指数生长期。分裂指数指细胞群体中分裂细胞所占的百分比,它是测定细胞周期的一个重要指标,也是不同试验研究选择细胞的重要依据。

2. 仪器、用品与试剂

(1)仪器与用品:CO_2 培养箱、普通显微镜、细胞培养皿、盖玻片、吸管。

(2)试剂:培养液、甲醇、冰醋酸、Giemsa 染液等。

3. 操作步骤

(1)消化细胞,将细胞悬液接至内含盖玻片的培养皿中。

(2)CO_2 培养箱中培养 48 h,使细胞长在盖片上。

(3)取出盖片,按下列顺序操作:PBS 漂洗 3 min→甲醇∶冰醋酸=3∶1 固定液中固定 30 min→Giemsa 液染色 10 min→自来水冲洗。

(4)盖片晾干后反扣在载玻片上,镜检。

(5)计算:分裂指数=分裂细胞数/总细胞数×100%。

4. 注意事项

操作时动作要轻,以免使盖片上的细胞脱落。

(六)细胞周期的测定

1. 原理

细胞周期指细胞一个世代所经历的时间。从一次细胞分裂结束到下一次分裂结束为一个周期。细胞周期反映了细胞增殖速度。单个细胞的周期测定可采用缩时摄影的方法,但它不能代表细胞群体的周期,故现多采用其他方法测群体周期。测定细胞周期的方法很多,有同位素标记法、细胞计数法等,这里介绍一种利用 BrdU(5-溴脱氧尿嘧啶核苷)渗入测定细胞周期的方法。BrdU 加入培养基后,可作为细胞 DNA 复制的原料,经过 2 个细胞周期后,细胞中两条单链均含 BrdU 的 DNA 将占 1/2,反映在染色体上应表现为 1 条单体浅染。如经历了 3 个周期,则染色体中约一半为 2 条单体均浅染,另一半为一深一浅。细胞如果仅经历了 1 个周期,则 2 条单体均深染。计分裂象中各期比例,就可算出细胞周期的值。

2. 仪器、用品与试剂

(1)仪器与用品:同常规细胞培养。

(2)试剂:BrdU(1.0 mg/mL),甲醇,冰醋酸,Giemsa 染液,秋水仙素,2×SSC 液。

3. 操作步骤

(1)细胞生长至指数期时,向培养液中加入 BrdU,使最终浓度为 10 μg/mL。

(2)44 h 加秋水仙素,使每毫升中含 0.1 μg。

(3)48 h 后常规消化细胞至离心管中,注意培养上清的漂浮细胞也要收集到离心管中。

(4)常规染色体制片。

(5)染色体玻片置 56℃水浴锅盖上,铺上 2×SSC 液,距紫外灯管 6 cm 处紫外照射 30 min。

(6)弃去 2×SSC 液,流水冲洗。

(7)Giemsa 液染色 10 min,流水冲洗,晾干。

(8)镜检 100 个分裂象,计第一、二、三、四细胞期分裂指数。

(9)计算:细胞周期(Tc)=48/{(M1+2M2+3M3+4M4)/100}(h)。

(七)培养物的污染及防止

按现代的观念,凡是混入培养环境中对细胞生存产生有害的成分和造成细胞不纯的异物都应该视为污染。根据这一概念,组织培养污染物应包括生物(真菌、细菌、病毒和支原体)、化学物质(影响细胞生存、非细胞所需的化学成分)、细胞(非同种的其他细胞)。其中以微生物最为多见。另外,随着使用细胞种类增多,不同细胞交叉污染,尤其是 HeLa 细胞的污染也时有发生,从而造成细胞不纯。

1. 污染途径

污染物,特别是微生物常通过下列途径进入培养体系,造成污染。

(1)空气:空气是微生物及尘埃颗粒传播的主要途径。空气流动性大,如果培养操作场地与外界隔离不严格或消毒不充分,外界不洁空气很容易进入造成污染。因此,培养设施不能设在通风场所。无菌操作应在净化台内进行,工作时要戴口罩,以免因讲话、咳嗽等使外界污染进入操作面,造成污染。

(2)器材:各种培养器皿、器械消毒不彻底和洗刷不干净导致污染,另外需要对培养箱进行定期消毒,防止形成污染。

(3)操作:试验操作无菌观念不强,技术不熟练,使用污染的器皿或封瓶不严等,都可以造成污染。培养两种细胞以上时,操作不规范,交叉使用吸管或培养液、瓶等有可能导致细胞交叉污染。

(4)血清:有些血清在生产时就已经被支原体或病毒等污染,变成了污染源。

(5)组织样本:原代培养的污染多数来源于组织样本;取材时碘酒消毒后脱碘不彻底,可造成碘混入组织,细胞或培养液中,影响细胞生长。

2. 污染对培养细胞的影响及污染的检测

由于体外培养细胞自身没有抵抗污染的能力,而且培养基中的抗生素抗污染能力有限,因而培养细胞一旦发生污染多数将无法挽回。细胞污染早期或污染程度较轻时,如果能及时去除污染物,部分细胞有可能恢复,但是当污染物持续存在培养环境中,轻者细胞生长缓慢,分裂象减少,细胞变得粗糙,轮廓增强,细胞浆出现颗粒,污染较严重,细胞增殖停止,分裂象消失,细胞质中出现大量堆积物,细胞变圆、脱壁。

(1)细菌污染对培养细胞的影响及污染物的检测:常见的污染细菌有大肠杆菌、假单孢菌、葡萄球菌等。细菌污染初期由于培养体系的抗生素作用,其繁殖处于抑制状态,细胞生长不受明显影响,污染情况用倒置显微镜观察不易判断。怀疑培养细胞有细菌污染时,取 10 mL 细胞悬液 1 000 r/min 离心 5 min,沉淀中加入无抗生素培养液 2 mL,将细胞放培养箱培养。

如果培养无真的细菌污染,24 h 内可以获得阳性结果。当污染的细菌量比较大或者细菌增殖到一定基数时,大约每 20 min 一代,会使培养系统中很快产生大量细菌,后者不仅可以消耗培养系统中的养分,还能释放大量代谢产物。几个小时后,增殖的细菌就可以导致培养液外观浑浊,肉眼就可以判断。细菌污染大多数可以改变培养液 pH,使培养液变浑浊、变色。用相差显微镜观察,可见满视野都是点状的细菌颗粒,原来的清晰培养背景变得模糊,大量的细菌甚至可以覆盖细胞,对细胞的生存构成威胁。用青霉素、链霉素对预防细菌污染有效。

(2)真菌污染对细胞的影响及污染物的检测:微生物污染中以真菌最多,真菌种类繁多，形态各异，但是污染后易于发现，大多呈白色或浅黄色小点漂浮于培养液表面，肉眼可见；有的散在生长，镜下可见呈丝状、管状、树枝状，纵横交错穿行于细胞之间。念珠菌和酵母菌卵圆形，散在细胞周边和细胞之间生长。真菌生长迅速，能在短时间内抑制细胞生长、产生有毒物质杀死细胞。抗真菌制剂对预防和排除真菌污染有效。

(3)支原体污染对细胞的影响及污染物的检测：细胞培养（特别是传代细胞）被支原体污染是个世界性问题，是细胞培养最常见的、干扰试验结果的一种污染。但由于不易被察觉，有些污染的细胞仍在被应用。研究结果表明，95%以上是以下4种：口腔支原体(*M. orale*)、精氨酸支原体(*M. arginini*)、猪鼻支原体(*M. hyorhinis*)和莱氏无胆甾原体(*A. laidlawii*)，为牛源性。以上是最常见的污染细胞培养的支原体菌群，但能够污染细胞的支原体种类是很多的，国外调查证明，大约有20多种支原体能污染细胞，有的细胞株可以同时污染2种以上的支原体。据查，目前各实验室使用的二倍体细胞和传代细胞中约有11%的细胞受到支原体污染。

污染来源包括工作环境污染、操作者本身污染（一些支原体在人体是正常菌群）、培养基污染、污染支原体的细胞造成的交叉污染、试验器材带来的污染和用来制备细胞的原始组织或器官的污染。支原体污染后，因为它们不会使细胞死亡，可以与细胞长期共存，培养基一般不发生浑浊，细胞无明显变化，外观上给人以正常感觉，实则细胞受到多方面潜在影响，如引起细胞变形，影响DNA合成，抑制细胞生长等。

细胞培养中，主要从以下几个方面来预防支原体的污染：控制环境污染；严格试验操作；细胞培养基和器材要保证无菌；在细胞培养基中加入适量的抗生素。支原体污染细胞后，特别是重要的细胞株，有必要清除支原体，常用方法有抗生素处理、抗血清处理、抗生素加抗血清和补体联合处理。支原体最突出的结构特征是没有细胞壁，一般来讲，对作用于细胞壁生物合成的抗生素，如β-内酰胺类、万古霉素等完全不敏感；对多粘菌素(Polymycin)、利福平、磺胺药物普遍耐药。对支原体最有抑制活性及常用于支原体感染治疗的抗生素是四环素类、大环内酯类及一些氟喹诺酮；其他类抗生素如氨基糖苷类、氯霉素对支原体有较小抑制作用，所以常不用来作为支原体感染的化学治疗剂。

(4)细胞交叉污染对细胞的影响及污染物的检测：细胞培养中，细胞间交叉污染并不罕见，多是由于在培养中操作时各种细胞同时进行，混杂使用器皿和液体所致，这种污染能使细胞的生长特性、形态特征等发生变化，有些变化较轻、不易察觉，有些可能由于污染的细胞具有生长优势最终压过原来细胞而导致细胞的生长抑制，最终死亡。常用观察细胞形态学、分析生长特性和核型、检测细胞的标记物等方法检测交叉污染的细胞。

3. 污染的预防

防止污染，预防是关键，预防措施应该贯穿整个细胞培养的始终。

(1)器皿准备中的预防：用于细胞培养的器皿应该严格消毒，做到真正洁净；应该无菌的物品，要做到消毒严格、真正无菌；器皿的运输、贮存过程中，要严格操作，谨防污染。

(2)开始操作前的预防：应当按厂家规定，定期清洗或更换超净台的空气滤网，请专职人员定期检查超净台的空气净化标准；检查培养皿是否有消毒标志，有条件的实验室可以使用一次性用品；检查新配制的培养液，确认无菌方可使用；操作前提前30 min启动超净台的紫外灯消毒；操作应戴口罩，消毒双手。

(3)操作过程中的预防：主要包括：超净台内放置的所有培养瓶瓶口不能与风向相逆，不允许用手触及器皿的无菌部分，如瓶口和瓶塞内侧；在安装吸管帽、开启或封闭瓶口操作时要经过酒精灯烧灼，并在火焰附近工作；吸取培养液、细胞悬液等液体时，应专管专用，防止污染扩大或造成培养物的交叉污染；使用培养液前，不宜较早开启瓶口；开瓶后的培养瓶应保持斜位，避免直立；不再使用的培养液应立即封口；培养的细胞在处理之前不要过早的暴露空气中；操作时不要交谈、咳嗽，以防唾沫和呼出气流引发污染；操作完毕后应将工作台面整理好，并消毒擦拭工作面，关闭超净台。

(4)其他预防：及早冻存培养物；重要的细胞株传代工作应有 2 个人独立进行；购入的未灭活血清应采取 56℃水浴灭活 30 min 使血清的补体和支原体灭活；为了避免诱导抗药细菌，应定期更换培养系统的抗生素，或尽可能不用抗生素；对新购入的细胞株应加强观察，防止外来的污染源；定期消毒培养箱。

4. 污染的排除

培养的细胞一旦污染应及时处理，防止污染其他细胞。通常选高压灭菌被污染的细胞，然后弃掉。如果有价值的细胞被污染，并且污染程度较轻，可以通过及时排除污染物，挽救细胞恢复正常。常用的排除微生物污染的方法有以下几种。

(1)抗生素排除法：抗生素是细胞培养中杀灭细菌的主要手段。各种抗生素性质不同，对微生物作用也不同，联合应用比单用效果好，预防性应用比污染后应用好，如果发生微生物污染后再使用抗生素，常难以根除。有的抗生素对细菌仅有抑制作用，无杀灭效应。反复使用抗生素还能使微生物产生耐药性，而且对细胞本身也有一定影响，因此有人主张尽量不用抗生素处理，当然，一些有价值的细胞被污染后，仍需要用抗生素挽救，在这种情况下，可采用 5～10 倍于常用量的冲击法，加入高浓度抗生素后作用 24～48 h，再换入常规的培养液，有时可以奏效。

(2)加温除菌：根据支原体耐热性能差的特点，有人将受支原体污染的细胞置于 41℃中作用 5～10 h(最长可以达 18 h)杀灭支原体。但是 41℃对细胞本身也有较大影响，故在处理前，应先进行预试验，确定最大限度杀伤支原体而对细胞影响较小的处理时间。

(3)动物体内接种：受微生物污染的肿瘤细胞可以接种到同种动物皮下或腹腔，借动物体内免疫系统消灭掉微生物，肿瘤细胞却能在体内生长，待一定时间，从体内取出再进行培养繁殖。

(4)与巨噬细胞共培养：在良好的体外培养条件下巨噬细胞可以存活 7～10 d，并可以分泌一些细胞因子支持其他细胞的克隆生长。与体内情况相似，巨噬细胞在体外条件下仍然可以吞噬微生物并将其消化。利用 96 孔板将极少培养细胞与巨噬细胞共培养，可以在高度稀释培养细胞、极大地降低微生物污染程度的同时，更有效地发挥巨噬细胞清除污染的效能。本方法与抗生素联合应用效果更佳。

五、动物细胞大规模培养病毒技术

中国是世界疫苗产品的最大使用国和最大生产国。因为禽流感、猪繁殖与呼吸综合征等疾病的发生，中国疫苗市场增长迅速，每年以平均 15%的速度递增，远远高于全球 10%的水平，预计到 2012 年包括兽用疫苗在内的中国疫苗市场规模可超过 100 亿元。目前人用、兽用等疫苗生产企业近百家，疫苗品种数量与发达国家差距较小，但关键生产工艺以及部分疫苗质量存在较大差距。涉及动物细胞培养生产的疫苗，大部分疫苗生产企业采用的转瓶培养动物细胞，因不同转瓶是一个独立的细胞培养单元，每瓶的细胞质量、病毒产量和滴度都不同，导致疫苗批间差大，而且操作劳动强度大，隐性污染引起高内毒素等缺点。

中国政府高度重视疫苗在疾病防制中的作用，国家政策和科研基金等对企业疫苗生产和研发工作给予重要的支持。中国扩大了国家计划免疫规划范围，将甲肝、流脑等15种可以通过接种疫苗有效预防的传染病纳入国家免疫规划。口蹄疫、猪繁殖与呼吸综合征、禽流感、猪瘟、狂犬病等动物疾病疫苗都纳入了国家强制性免疫计划。另外，科技部和发改委在“863”计划、重大新药创制国家重大科技专项、国家科技支撑等计划中，对疫苗的研究开发与产业化都做出了重点安排和支持。疫苗生产技术也正经历着一场深刻的技术革新：从大规模转瓶培养动物细胞疫苗工艺技术向生物反应器培养动物细胞疫苗工艺技术的转变。这种疫苗工艺技术的转变，合乎世界生物制药发展趋势，也表明中国疫苗生产技术正逐步与世界生物制药技术发展主流接轨。反应器细胞培养技术不仅提高中国疫苗生产工艺水平和疫苗质量，推动生物反应器、反应器细胞培养技术在中国疫苗行业中的研发应用和技术发展，将促使中国从疫苗生产大国向疫苗生产强国的发展。

(一)大规模培养技术应用简介

通过大规模体外培养技术培养哺乳类动物细胞是生产生物制品的有效方法。20世纪60～70年代，就已创立了可用于大规模培养动物细胞的微载体培养系统和中空纤维细胞培养技术。近十数年来，由于人类对生长激素、干扰素、单克隆抗体、疫苗及白细胞介素等生物制品的需求猛增，以传统的生物化学技术从动物组织获取生物制品已远远不能满足这一需求。随着细胞培养的原理与方法日臻完善，动物细胞大规模培养技术趋于成熟。

所谓动物细胞大规模培养技术(Large-scale culture technology)是指在人工条件下(设定pH、温度、溶氧等)，在细胞生物反应器(Bioreactor)中高密度大量培养动物细胞用于生产生物制品的技术。目前可大规模培养的动物细胞有鸡胚、猪肾、猴肾、地鼠肾等多种原代细胞及人二倍体细胞、CHO(中华仓鼠卵巢)细胞、BHK-21(仓鼠肾细胞)、Vero细胞(非洲绿猴肾传代细胞，是贴壁依赖的成纤维细胞)等，并已成功生产了狂犬病疫苗、口蹄疫疫苗、甲型肝炎疫苗、乙型肝炎疫苗、红细胞生成素、单克隆抗体等产品。

在过去几十年来，该技术已经有了很大发展，从使用转瓶(Roller bottle)、Cell cube等贴壁细胞培养，发展为生物反应器(Bioreactor)进行大规模细胞培养。第一代细胞培养技术核心问题是难以产业化或者说是规模化生产：①在工艺生产时不能大规模制备产品；②非批量生产容易导致产品质量的不均一性；③难以对同批生产进行生产和质量控制。

随着生物技术的发展，迫切需要大规模的细胞培养，特别是培养表达特异性蛋白的哺乳动物细胞，以便获得大量有用的细胞表达产物。采用玻璃瓶静置或旋转瓶的培养方法，已不能满足所需细胞数量及其分泌产物，因而必须为工业化生产开创一种新的技术方法。自20世纪70年代以来，细胞培养用生物反应器有了很大的发展，种类越来越多，规模越来越大，较常见的细胞培养生物反应器有空气提升反应器、中空纤维管反应器、无泡搅拌反应器及篮式生物反应器等。20世纪80年代以来，人们逐渐开始以生物反应器培养代替鼠腹水的方法获得单克隆抗体。

动物细胞是一种无细胞壁的真核细胞，生长缓慢，对培养环境十分敏感。采用传统的生物化工技术进行动物细胞大量培养，除了要满足培养过程必需的营养要求外，有必要建立合理的控制模型，进行 pH 和溶氧(DO)的最佳控制。细胞生物反应器可通过微机有序地定量地控制加入动物细胞培养罐内的空气、氧气、氮气和二氧化碳四种气体的流量，使其保持最佳的比例来控制细胞培养液中的 pH 和溶氧水平，使系统始终处于最佳状态，以满足动物细胞的生长对 pH 和溶解氧的需要。如为提高或达到一定的溶氧水平可改变通入培养罐内气体中氧气和氮气的比例来实现控制 DO 值的目的。采用二氧化碳/碳酸氢钠($CO_2/NaHCO_3$)缓冲液系统来控制培养液的 pH 是一种较好的方法。

现在，由于动物细胞培养技术在规模和可靠性方面都不断发展，且从中得到的蛋白质也被证明是安全有效的，因此人们对动物细胞培养的态度已经发生了改变。许多人用和兽用的重要蛋白质药物和疫苗，尤其是那些相对较大、较复杂或糖基化(Glycosylated)的蛋白质来说，动物细胞培养是首选的生产方式。20 世纪 60 年代初，英国 AVRI 研究所在贴壁细胞系 BHK21 中将口蹄疫病毒培养成功后，从最初的 200 mL 和 800 mL 玻璃容器开始，很快就放大到 30 L 和 100 L 不锈钢罐的培养规模。使用的是基于 Eagle's 配方的培养基，补充 5%成年牛血清和蛋白胨。1967 年以后，Wellcome(现为 Cooper 动物保健)集团分布于欧洲、非洲和南美洲 8 个国家的生产厂商，应用此项技术工业规模化生产口蹄疫疫苗和兽用狂犬疫苗，已掌握了 5 000 L 的细胞罐大规模培养技术。

目前已实现商业化的产品有：口蹄疫疫苗、狂犬病疫苗、牛白血病病毒疫苗、脊髓灰质炎病毒疫苗、乙型肝炎疫苗、疱疹病毒疫苗、巨细胞病毒疫苗、α 及 β 干扰素、血纤维蛋白溶酶原激活剂、凝血因子Ⅷ和Ⅸ、促红细胞素、松弛素、生长激素、蛋白 C、免疫球蛋白、尿激酶、激肽释放酶及 200 种单克隆抗体等。其中，口蹄疫疫苗是动物细胞大规模培养方法生产的主要产品之一。1983 年，英国 Wellcome 公司就已能够利用动物细胞进行大规模培养生产口蹄疫疫苗。美国 Genentech 公司应用 SV40 为载体，将乙型肝炎病毒表面抗原基因插入哺乳动物细胞内进行高效表达，已生产出乙型肝炎疫苗。英国 Wellcome 公司采用 8 000 L Namalwa 细胞生产 α 干扰素。英国 Celltech 公司用气升式生物反应器生产 α、β 和 γ 干扰素；用无血清培养液在 10 000 L 气升式生物反应器中培养杂交瘤细胞生产单克隆抗体。美国 Endotronic 公司用中空纤维生物反应器大规模培养动物细胞生产出免疫球蛋白 G、A、M 和尿激酶、人生长激素等。

(二)大规模培养常用方法

根据动物细胞的类型，可采用贴壁培养、悬浮培养和固定化培养等三种培养方法进行大规模培养。

1. 动物细胞生长特性及培养温度

(1)细胞生长缓慢，易污染，培养需用抗生素。

(2)细胞大，无细胞壁，机械强度低，环境适应性差。

(3)需氧少，不耐受强力通风与搅拌。

(4)群体生长效应，贴壁生长(锚地依赖性)。

(5)培养过程产品分布细胞内外，成本高。

(6)原代培养细胞一般繁殖 50 代即退化死亡。

依据在体外培养时对生长基质依赖性差异，动物细胞可分为两类：①贴壁依赖型细胞：需要附着于带适量电荷的固体或半固体表面才能生长，大多数动物细胞，包括非淋巴组织细胞和许多异倍体细胞均属于这一类。②非贴壁依赖型细胞：无需附着于固相表面即可生长，包括血液、淋巴组织细胞、许多肿瘤细胞及某些转化细胞。

培养细胞的最适温度相当于各种细胞或组织取材机体的正常温度。人和哺乳动物细胞培养的最适温度为 35～37℃。偏离这一温度，细胞正常的代谢和生长将会受到影响，甚至死亡。总的来说，培养细胞对低温的耐力比高温高。温度不超过 39℃时，细胞代谢强度与温度成正比；细胞培养置于 39～40℃环境中 1 h，即受到一定损伤，但仍能恢复；当温度达 43℃以上时，许多细胞将死亡。当温度下降到 20～30℃时，细胞代谢降低，因而与培养基之间物质交换减少。首先看到的是细胞形态学的改变以及细胞从基质上脱落下来。当培养物恢复到初始的培养温度时，它们原有的形态和代谢也随之恢复到原有水平。

2. 贴壁培养

贴壁培养(Attachment culture)是指细胞贴附在一定的固相表面进行的培养。

(1)生长特性：贴壁依赖型细胞在培养时要贴附于培养(瓶)器皿壁上，细胞一经贴壁就迅速铺展，然后开始有丝分裂，并很快进入对数生长期。一般数天后就铺满培养表面，并形成致密的细胞单层。

(2)贴壁培养的优点：①容易更换培养液，细胞紧密黏附于固相表面，可直接倾去旧培养液，清洗后直接加入新培养液。②容易采用灌注培养，从而达到提高细胞密度的目的；因细胞固定表面，不需过滤系统。③当细胞贴壁于生长基质时，很多细胞将更有效的表达一种产品。④同一设备可采用不同的培养液/细胞的比例。⑤适用于所有类型细胞。

(3)贴壁培养的缺点：与悬浮培养法相比，扩大培养比较困难；投资大；占地面积大；不能有效监测细胞的生长。

(4)细胞贴壁的表面：要求具有净阳电荷和高度表面活性。对微载体而言还要求具一定电荷密度；若为有机物表面，必须具有亲水性，并带阳电荷。

(5)贴壁培养系统：主要有转瓶、中空纤维(后面专题介绍)、玻璃珠、微载体系统(后面介绍)等。①转瓶培养系统：培养贴壁依赖型细胞最初采用转瓶系统培养。转瓶培养一般用于小量培养到大规模培养的过渡阶段，或作为生物反应器接种细胞准备的一条途径。细胞接种在旋转的圆筒形培养器——转瓶中，培养过程中转瓶不断旋转，使细胞交替接触培养液和空气，从而提供较好的传质和传热条件。转瓶培养具有结构简单，投资少，技术成熟，重复性好，放大只需简单的增加转瓶数量等优点。但也有其缺点：劳动强度大，占地空间大，单位体积提供细胞生长的表面积小，细胞生长密度低，培养时监测和控制环境条件受到限制等。现在使用的转瓶培养系统包括二氧化碳培养箱和转瓶机两类。②反应器贴壁培养：此种培养方式中，细胞贴附于固定的表面生长，不因为搅拌而跟随培养液一起流动，因此比较容易更换培养液，不需要特殊的分离细胞和培养液的设备，可以采用灌流培养获得高细胞密度，能有效地获得一种产品；但扩大规模较难，不能直接监控细胞的生长情况，故多用于制备用量较小、价值高的生物药品。CelliGen、CelliGen Plus TM 和 Bioflo3000 反应器是常用的贴壁培养式生物反应器，用于细胞贴壁培养时可用篮式搅拌系统和圆盘状载体。此载体是直径 6 mm 无纺聚酯纤维圆片，具很高表面积与体积比(1 200 cm^2/g)，利于获得高细胞密度。篮式搅拌系统和载体培养是目前贴壁细胞培养使用最多方式，用于杂交瘤细胞、HeLa 细胞、293 细胞、CHO 细胞及其他细胞培养。此种方式培养细胞，细胞接种后贴壁快。

3. 悬浮培养

悬浮培养(Suspension culture):是指细胞在反应器中自由悬浮生长的过程。主要用于非贴壁依赖型细胞培养,如杂交瘤细胞等;是在微生物发酵的基础上发展起来的。

无血清悬浮培养是用已知人源或动物来源的蛋白或激素代替动物血清的一种细胞培养方式,它能减少后期纯化工作,提高产品质量,正逐渐成为动物细胞大规模培养的研究新方向。

4. 固定化培养

固定化培养(Immobilization culture):是将动物细胞与水不溶性载体结合起来,再进行培养。上述两大类细胞都适用,具有细胞生长密度高,抗剪切力和抗污染能力强等优点,细胞易与产物分开,有利于产物分离纯化。制备方法很多,包括吸附法、共价贴附法、离子/共价交联法、包埋法、微囊法等。

(1)吸附法:用固体吸附剂将细胞吸附在其表面而使细胞固定化的方法称为吸附法(Adhesion)。操作简便、条件温和,是动物细胞固定化中最早研究使用的方法。缺点是:载体的负荷能力低,细胞易脱落。微载体培养和中空纤维培养是该方法的代表,稍后专门介绍。

(2)共价贴附法:利用共价键将动物细胞与固相载体结合的固定化方法称为共价贴附法(Attachment by covalent bonding)。此法可减少细胞的泄漏,但须引入化学试剂,对细胞活性有影响,且因贴附而导致扩散限制小,细胞得不到保护。

(3)离子/共价交联法:双功能试剂处理细胞悬浮液,会在细胞间形成桥而絮结产生交联作用,此固定化细胞方法称为离子/共价交联法(Cross-linking by covalent bonding)。交联试剂会使一些细胞死亡,也会产生扩散限制。

(4)包埋法:将细胞包埋在多孔载体内部制成固定化细胞的方法称为包埋法(Entrapment)。优点是:步骤简便、条件温和、负荷量大、细胞泄漏少,抗机械剪切。缺点是:扩散限制,并非所有细胞都处于最佳基质浓度,且大分子基质不能渗透到高聚物网络内部。一般适用于非贴壁依赖型细胞的固定化,常用载体为多孔凝胶,如琼脂糖凝胶、海藻酸钙凝胶和血纤维蛋白。

(5)微囊法(Microencapsulation):是用一层亲水的半透膜将细胞包围在珠状的微囊里,细胞不能逸出,但小分子物质及营养物质可自由出入半透膜;囊内是种微小培养环境,与液体培养相似,能保护细胞少受损伤,故细胞生长好、密度高。微囊直径控制在200～400 μm为宜。制备中应注意:温和、快速、不损伤细胞,尽量在液体和生理条件下操作;所用试剂和膜材料对细胞无毒害;膜的孔径可控制,必须使营养物和代谢物自由通过;膜应有足够机械强度抵抗培养中搅拌。

5. 抗凋亡策略在细胞大规模培养中的应用

生物反应器动物细胞大规模生产过程中,细胞凋亡在细胞死亡中占主要部分。最近研究显示在大规模培养生物反应器中细胞的死亡中80%是凋亡所导致,而不是以前所认为的坏死。而在大规模细胞培养中,细胞死亡是维持细胞高活性和高密度的最大障碍。理论上讲,防止或延长细胞死亡,可以极大提高生物反应器生产重组蛋白的产量。

细胞凋亡由一系列基因精确地调控,是多细胞生物发育和维持稳态所必需的生理现象。已知凋亡的最终执行者是Caspase家族,它们均为半胱氨酸蛋白酶,各识别一个4个氨基酸序列,并在识别序列C端天冬氨酸残基处将底物切断。Caspase含有可被自身识别的序列，可以切割活化自身而导致信号放大，并作用于下游 Caspase 成员，从而形成 Caspase 家族的级联放大，最终作用于效应蛋白，引起细胞凋亡。

所以在大规模培养时干扰细胞在培养中凋亡的发生，提高细胞特异性抵制遇到压力而引起凋亡的能力，有利于提高细胞的培养密度、延长细胞的培养周期，从而提高目标产品的产量 2～3 倍。

(1)营养物质抗凋亡：在常规生物反应器构造中，营养耗竭或缺乏培养基中特殊的生长因子则引起凋亡，例如血清、糖或特殊氨基酸的耗尽。培养基中添加氨基酸或其他关键营养可抑制凋亡、延长培养时间，从而提高产品的生产。大规模培养中细胞凋亡主要由于营养物质的耗竭或代谢产物的堆积引起，如谷氨酰胺的耗竭是最常见的凋亡原因，而且凋亡一旦发生，补加谷氨酰胺已不能逆转凋亡。另外，动物细胞在无血清、无蛋白培养基中进行培养时，细胞变得更为脆弱，更容易发生凋亡。

(2)基因抗凋亡：与凋亡相关的一系列基因产物可对其进行正、负向的调控，因此可通过导入相应基因来调节细胞凋亡的机制。Bcl-2 基因是目前最为有效的抗凋亡基因，在多种细胞系中均表现出很强的抗凋亡活性。

(3)化学方法抗凋亡：凋亡发生时细胞许多部位发生生化物质的改变，有些变化如改变细胞氧化还原条件产生活性氧在凋亡信号阶段发生，其他的如破坏线粒体膜电位、激活 Caspase 则发生在凋亡效应阶段，这在绝大多数细胞死亡中是相同的。因此，阻止这些生化物质的改变可能阻止或至少延迟细胞凋亡的发生，运用化学物质可抑制信号效应阶段的发生，被认为是抗凋亡策略之一。

(三)大规模培养技术的操作方式

深层培养可分为：分批式、流加式、半连续式、连续式和灌注式五种。

1. 分批式培养

分批式培养(Batch culture)是细胞规模培养发展进程中较早期采用的方式，也是其他操作方式的基础。该方式采用机械搅拌式生物反应器，将细胞扩大培养后，一次性转入生物反应器内进行培养，在培养过程中其体积不变，不添加其他成分，待细胞增长和产物形成积累到适当的时间，一次性收获细胞、产物、培养基的操作方式。

该方式的特点：①操作简单，培养周期短，染菌和细胞突变的风险小。反应器系统属于封闭式，培养过程中与外部环境没有物料交换，除了控制温度、pH 和通气外，不进行其他任何控制，因此操作简单，容易掌握。②直观反映细胞生长代谢的过程。因培养期间细胞生长代谢是在一个相对固定的营养环境，不添加任何营养成分，因此可直观地反映细胞生长代谢的过程，是动物细胞工艺基础条件或“小试”研究常用的手段。③可直接放大。由于培养过程工艺简单，对设备和控制的要求较低，设备的通用性强，反应器参数的放大原理和过程控制，比较其他培养系统较易理解和掌握，在工业化生产中分批式培养操作是传统的、常用的方法，其工业反应器(Genetech)规模可达 12 000 L。

分批培养过程中，细胞的生长分为 5 个阶段：延滞期、对数生长期、减速期、平稳期和衰退期。分批培养的周期时间多在 3～5 d，细胞生长动力学表现为细胞先经历对数生长期(48～72 h)细胞密度达到最高值后，由于营养物质耗竭或代谢毒副产物的累积细胞生长进入衰退期进而死亡，表现出典型的生长周期。收获产物通常是在细胞快要死亡前或已经死亡后进行。

2. 流加式培养

流加式培养(Feeding culture)是在分批式培养的基础上，采用机械搅拌式生物反应器系统，悬浮培养细胞或以悬浮微载体培养贴壁细胞，细胞初始接种的培养基体积一般为终体积的 1/2～1/3，在培养过程中根据细胞对营养物质的不断消耗和需求，流加浓缩的营养物或培养基，从而使细胞持续生长至较高的密度，目标产品达到较高的水平，整个培养过程没有流出或回收，通常在细胞进入衰退期或衰退期后进行终止回收整个反应体系，分离细胞和细胞碎片，浓缩、纯化目标蛋白。

流加培养特点：①流加培养根据细胞生长速率、营养物消耗和代谢产物抑制情况，流加浓缩的营养培养基。流加的速率与消耗的速率相同，按底物浓度控制相应的流加过程，保证合理的培养环境与较低的代谢产物抑制水平。②培养过程以低稀释率流加，细胞在培养系统中停留时间较长，总细胞密度较高，产物浓度较高。③流加培养过程须掌握细胞生长动力学、能量代谢动力学，研究细胞环境变化时的瞬间行为。流加培养细胞培养基的设计和培养条件与环境优化，是整个培养工艺中的主要内容。④在工业化生产，悬浮流加培养工艺参数的放大原理和过程控制，比较其他培养系统较易理解和掌握，可采用工艺参数的直接放大。

流加培养是当前动物细胞培养中占有主流优势的培养工艺，也是近年来动物细胞大规模培养研究的热点。流加培养中的关键技术是基础培养基和流加浓缩的营养培养基。通常进行流加的时间多在指数生长后期，细胞在进入衰退期之前，添加高浓度的营养物质。可以添加一次，也可添加多次，为了追求更高的细胞密度往往需要添加一次以上，直至细胞密度不再提高；可进行脉冲式添加，也可以降低的速率缓慢进行添加，但为了尽可能地维持相对稳定的营养物质环境，后者采用较多；添加的成分比较多，凡是促细胞生长的物质均可以进行添加。流加的总体原则是维持细胞生长相对稳定的培养环境，营养成分既不过剩而产生大量的代谢副产物造成营养利用效率下降而成为无效的利用，也不缺乏导致细胞生长抑制或死亡。

流加工艺中的营养成分主要分为三大类：①葡萄糖。葡萄糖是细胞的供能物质和主要的碳源物质，然而当其浓度较高时会产生大量的代谢产物乳酸，因而需要进行其浓度控制，以足够维持细胞生长而不至于产生大量的副产物的浓度为佳。②谷氨酰胺。谷氨酰胺是细胞的供能物质和主要的氮源物质，然而当其浓度较高时会产生大量的代谢产物氨，因而也需要进行其浓度控制，以足够维持细胞生长而不至于产生大量的副产物的浓度为佳；大规模培养中细胞凋亡主要由于营养物质的耗竭或代谢产物的堆积引起，如谷氨酰胺的耗竭是最常见的凋亡原因，而且凋亡一旦发生，补加谷氨酰胺已不能逆转凋亡。另外，动物细胞在无血清、无蛋白培养基中进行培养时，细胞变得更为脆弱，更容易发生凋亡。③氨基酸、维生素及其他。主要包括营养必需氨基酸、营养非必需氨基酸、一些特殊的氨基酸如羟脯氨酸、羧基谷氨酸和磷酸丝氨酸；此外还包括其他营养成分如胆碱、生长刺激因子。添加的氨基酸形式多为左旋氨基酸，因而多以盐或前体的形式替代单分子氨基酸，或者添加四肽或短肽的形式。在进行添加时，不溶性氨基酸如胱氨酸、酪氨酸和色氨酸只在中性 pH 值部分溶解，可采用泥浆的形式进行脉冲式添加；其他的可溶性氨基酸以溶液的形式用蠕动泵进行缓慢连续流加。

流加式培养分为 2 种类型：单一补料分批式培养和反复补料分批式培养。①单一补料分批式培养是在培养开始时投入一定量的基础培养液，培养到一定时期，开始连续补加浓缩营养物质，直到培养液体积达到生物反应器的最大操作容积，停止补加，最后将细胞培养液一次全部放出。该操作方式受到反应器操作容积的限制，培养周期只能控制在较短的时间内。②反复补料分批式培养是在单一补料分批式操作的基础上，每隔一定时间按一定比例放出一部分培养液，使培养液体积始终不超过反应器的最大操作容积，从而在理论上可以延长培养周期，直至培养效率下降，才将培养液全部放出。

3. 半连续式培养

半连续式培养(Semi-continuous culture)又称为重复分批式培养或换液培养。采用机械搅拌式生物反应器系统，悬浮培养形式。在细胞增长和产物形成过程中，每间隔一段时间，从中取出部分培养物，再用新的培养液补足到原有体积，使反应器内的总体积不变。

这种类型的操作是将细胞接种一定体积的培养基，让其生长至一定的密度，在细胞生长至最大密度之前，用新鲜的培养基稀释培养物，每次稀释反应器培养体积的 1/2～3/4，以维持细胞的指数生长状态，随着稀释率的增加培养体积逐步增加。或者在细胞增长和产物形成过程中，每隔一定时间，定期取出部分培养物，或是条件培养基，或是连同细胞、载体一起取出，然后补加细胞或载体，或是新鲜的培养基继续进行培养的一种操作模式。剩余的培养物可作为种子，继续培养，从而可维持反复培养，而无需反应器的清洗、消毒等一系列复杂的操作。在半连续式操作中由于细胞适应了生物反应器的培养环境和相当高的接种量，经过几次的稀释、换液培养过程，细胞密度常常会提高。

该操作方式的优点是操作简便，生产效率高，可长时期进行生产，反复收获产品，可使细胞密度和产品产量一直保持在较高的水平，在动物细胞培养和药品生产中被广泛应用。

4. 连续式培养

连续式培养(Continuous culture)是一种常见的悬浮培养模式，采用机械搅拌式生物反应器系统。该模式是将细胞接种于一定体积的培养基后，为了防止衰退期的出现，在细胞达最大密度之前，以一定速度向生物反应器连续添加新鲜培养基；同时，含有细胞的培养物以相同的速度连续从反应器流出，以保持培养体积的恒定。理论上讲，该过程可无限延续下去。

连续培养的优点是反应器的培养状态可以达到恒定，细胞在稳定状态下生长。稳定状态可有效地延长分批培养中的对数生长期。在稳定状态下细胞所处的环境条件如营养物质浓度、产物浓度、pH 可保持恒定，细胞浓度以及细胞比生长速率可维持不变。细胞很少受到培养环境变化带来的生理影响，特别是生物反应器的主要营养物质葡萄糖和谷氨酰胺，维持在一个较低的水平，从而使它们的利用效率提高，有害产物积累有所减少。然而在高的稀释率下，虽然死细胞和细胞碎片及时清除，细胞活性高，最终细胞密度得到提高；可是产物却不断在稀释，因而产物浓度并未提高；尤其是细胞和产物不断的稀释，营养物质利用率、细胞增长速率和产物生产速率低下。

连续式培养的优点：①细胞维持持续指数增长；②产物体积不断增长；③可控制衰退期与下降期。

连续式培养的缺点：①由于是开放式操作，加上培养周期较长，容易造成污染；②在长周期的连续培养中，细胞的生长特性以及分泌产物容易变异；③对设备、仪器的控制技术要求较高。

连续式培养操作使用的反应器多数是搅拌式生物反应器，也可以是管式反应器。

5. **灌流式培养**

灌流式培养(Perfusion culture)是把细胞和培养基一起加入反应器后，在细胞增长和产物形成过程中，不断地将部分条件培养基取出，同时又连续不断地灌注新的培养基。它与半连续式操作的不同之处在于取出部分条件培养基时，绝大部分细胞均保留在反应器内，而半连续培养在取培养物时同时也取出了部分细胞。

灌流式培养常使用的生物反应器主要有2种形式：①一种是用搅拌式生物反应器悬浮培养细胞，这种反应器必须具有细胞截流装置，细胞截留系统开始多采用微孔膜过滤或旋转膜系统，最近开发的有各种形式的沉降系统或透析系统。中空纤维生物反应器是连续灌流操作常用的一种。它采用的中空纤维半透膜，透过小分子量的产物和底物，截流细胞和分子量较大的产物，在连续灌流过程中将绝大部分细胞截留在反应器内；近年来中空纤维生物反应器被广泛应用于产物分泌性动物细胞的生产，主要用于培养杂交瘤细胞生产单克隆抗体。②另外一种形式是固定床或流化床生物反应器，固定床是在反应器中装配固定的篮筐，中间装填聚酯纤维载体，细胞可附着在载体上生长，也可固定在载体纤维之间，靠上搅拌中产生的负压，迫使培养基不断流经填料，有利于营养成分和氧的传递，这种形式的灌流速度较大，细胞在载体中高密度生长。流化床生物反应器是通过流体的上升运动使固体颗粒维持在悬浮状态进行反应，适合于固定化细胞的培养。

灌流式培养的优点：①细胞截流系统可使细胞或酶保留在反应器内，维持较高的细胞密度，一般可达 $10^7 \sim 10^9$/mL，从而较大的提高了产品的产量；②连续灌流系统，使细胞稳定的处在较好的营养环境中，有害代谢废物浓度积累较低；③反应速率容易控制，培养周期较长，可提高生产率，目标产品回收率高；④产品在罐内停留时间短，可及时回收到低温下保存，有利于保持产品的活性。

连续灌注培养是近年用于动物细胞培养生产分泌型重组治疗性药物和嵌合抗体及人源化抗体等基因工程抗体较为推崇的一种方式。应用连续灌流工艺的公司有Genzyme、Genetic Institute、Bayer公司等。这种方法最大困难是污染几率较高，长期培养中细胞分泌产品的稳定性，规模放大过程中工程问题。

6. **细胞工厂培养**

细胞工厂(Cell factory)是一种设计精巧的细胞培养装置。它在有限的空间内利用了最大限度的培养表面，从而节省了大量的厂房空间，并可节省贵重的培养液。更重要的是，它可有效地保证操作的无菌性，从而避免因污染而带来的原料、劳务和时间损失。它是对传统转瓶培养的革命。

丹麦NUNC公司生产的NUNC细胞工厂是目前应用较多的细胞工厂系统。可用于如疫苗、单克隆抗体或生物制药等工业规模生产，特别适合于贴壁细胞，也可用于悬浮培养，在从实验室规模进行放大时不会改变细胞生长的动力学条件，可提供1、2、10和40盘的规格，使放大变得简单易行，降低污染风险，节省空间，培养表面经测试保证最有利于细胞贴附和生长。同时，与NUNC的细胞工厂操作仪结合使用，可全面实现细胞培养的自动化，从而大大地减低劳动强度和密集度。

这套系统使用很方便，可产生类似塑料培养瓶的效果。由组织培养级聚苯乙烯制成，使用后可随意处理。其最大缺点是：经胰酶消化后，很难将细胞完全洗出。

(四)动物细胞大规模培养用生物反应器简介

动物细胞培养技术能否大规模工业化、商业化,关键在于能否设计出合适的生物反应器(Bioreactor)。由于动物细胞与微生物细胞有很大差异,传统的微生物反应器显然不适用于动物细胞的大规模培养。首先必须满足在低剪切力及良好的混合状态下,能够提供充足的氧以供细胞生长及细胞进行产物的合成。

1. 生物反应器分类

目前,动物细胞培养用生物反应器主要包括:转瓶培养器、塑料袋增殖器、填充床反应器、多层板反应器、螺旋膜反应器、管式螺旋反应器、陶质矩形通道蜂窝状反应器、流化床反应器、中空纤维及其他膜式反应器、搅拌反应器、气升式反应器等。

按其培养细胞的方式不同,这些反应可分为以下 3 类:

(1)悬浮培养用反应器:如搅拌反应器、中空纤维反应器、陶质矩形通道蜂窝状反应器、气升式反应器;

(2)贴壁培养用反应器:如搅拌反应器(微载体培养)、玻璃珠床反应器、中空纤维反应器、陶质矩形通道蜂窝状反应器;

(3)包埋培养用反应器:如流化床反应器、固化床反应器。

2. 搅拌罐生长反应器

搅拌罐生长反应器是最经典、最早被采用的一种生物反应器。此类反应器与传统的微生物生物反应器类似,针对动物细胞培养的特点,采用了不同的搅拌器及通气方式。通过搅拌器的作用使细胞和养分在培养液中均匀分布,使养分充分被细胞利用,并增大气液接触面,有利于氧的传递。现已开发的有:笼式通气搅拌器、双层笼式通气搅拌器、桨式搅拌器等。

3. 气升式生物反应器

1979 年首次应用气升式生物反应器成功地进行了动物细胞的悬浮培养。气升式生物反应器的优点:①罐内液体流动温和均匀,产生剪切力小,对细胞损伤较小;②可直接喷射空气供氧,因而氧传递率较高;③液体循环量大,细胞和养分都能均匀分布于培养液中;④结构简单,利于密封并降低了造价。

常用的气升式反应器有 3 种:内循环式气升式、外循环式气升式、内外循环式气升式生物反应器。

4. 鼓泡式生物反应器

与气升式反应器相类似,是利用气体鼓泡来进行供氧及混合,其设计原理与气升式生物反应器也相同。

5. 中空纤维生物反应器

用途较广,既可用于悬浮细胞的培养,又可用于贴壁细胞的培养。其原理是:模拟细胞在体内生长的三维状态,利用反应器内数千根中空纤维的纵向布置,提供细胞近似生理条件的体外生长微环境,使细胞不断生长。中空纤维是一种细微的管状结构,管壁为极薄的半透膜,富含毛细管,培养时纤维管内灌流充以氧气的无血清培养液,管外壁则供细胞黏附生长,营养物质通过半透膜从管内渗透出来供细胞生长;对于血清等大分子营养物,则必须从管外灌入,否则会被半透膜阻隔不能被细胞利用;细胞的代谢废物也可通过半透膜渗入管内,避免了过量代谢物对细胞的毒害作用。

优点是：①占地空间少；②细胞产量高，细胞密度可达 10^9 数量级；③生产成本低，且细胞培养维持时间长，适用于长期分泌的细胞。

6. 生物反应器的设计和放大

(1)设计的总体考虑：①结构严密，能耐受蒸汽灭菌，采用对生物催化剂无害和耐蚀材料制作，内壁光滑无死角，内部附件尽量减少，以维持纯种培养需要；②有良好的气-液接触和液-固混合性能和热量交换性能，使质量与热量传递有效地进行；③保证产物质量和产量前提下，尽量节省能源消耗；④减少泡沫产生，或附有消沫装置以提高装料系数，并有必要可靠的参数检测和控制仪表并能与计算机联机。

(2)生物反应器的放大：一种新的生物技术产品从实验室到工业生产的开发过程中，会遇到生物反应器的逐级放大问题，每一级约放大 10～100 倍。生物反应器的放大，表面看来仅是一个体积或尺度放大问题，实际上并不是那么简单。反应器放大研究虽已提出了不少方法，但还没有一种是普遍都能适用的。目前还只能是半理论半经验的，即抓住反应过程中的少量关键性参数或现象进行放大。

a. 有关氧传递问题：在生物反应器中，氧的传递速率要满足细胞对氧的摄取速率，并使反应器中溶解氧的浓度 CL 要维持在一定水平上。这就是说，在稳态情况下，供氧与需氧间存在下列关系：$\mathrm{KLa}(C^{*}-\mathrm{CL})=r$。此处，KLa 为氧的传递系数；$C^{*}$ 为相当气相氧分压的溶氧浓度，CL 为培养液中溶氧浓度，r 为摄氧率。

b. 影响供氧的因素：从上式可知 $r=\mathrm{KLa}(C^{*}-\mathrm{CL})$；因此影响供氧的因素总体上讲是 KLa 和 $C^{*}-\mathrm{CL}$ 值。要增大 $C^{*}-\mathrm{CL}$，无非是增大 C^{*} 值或降低 CL 值。增大 C^{*} 的措施，有适当增加反应器中操作压力和增大气相中的氧分压两个方法。在实际操作中，反应器保持一定正压，以防止大气中的杂菌从轴封、阀门等处侵入，但在增加罐压的同时，发酵代谢所产生的 CO_2 也会更多地溶解于培养液而对发酵不利。至于 CL 值，一般不允许过分减小，因为细胞在生长中有一个临界氧浓度，低于此临界值，细胞的呼吸将受到抑制。

影响 KLa 的因素大致可分为 3 个方面：①反应器的结构，包括相对几何尺寸的比例；②操作条件，如搅拌功率或循环泵功率的输入量，通气量等；③培养或发酵液的物理化学性质，如流变特性，特别是其黏度或显示黏度、表面张力、扩散系数、细胞形态、泡沫程度等。

c. 生物反应器中的传热：在细胞培养和发酵过程中，热量的释放是普遍存在的。这是因为在培养或发酵过程中细胞与周围环境的物质产生新陈代谢，即发生异化(分解)作用和同化(合成)作用，而异化作用一般释放能量，同化作用则是吸收能量。同化作用包括细胞生长、繁殖、产物形成所需能量，来自细胞对培养基中的基质及营养成分的异化。从热力学角度讲，异化所产生能量必然应多于同化所需要能量，而多余的能量则转化为热能释放到周围环境中去。无论是涉及细胞或酶的反应中，释放出的热量都应及时移去，以免影响培养过程的正常进行，为此在生物反应器中一般都附有冷却装置。

(五)微载体培养技术

1. 微载体培养应用

微载体培养技术(Microcarrier culture technique)于 1967 年被用于动物细胞大规模培养。经过 30 余年的发展，该技术目前已日趋完善和成熟，并广泛应用于生产疫苗、基因工程产品等。微载体培养是目前公认的最有发展前途的一种动物细胞大规模培养技术，其兼具悬浮培养和贴壁培养的优点，放大容易。目前微载体培养广泛用于培养各种类型细胞，生产疫苗、蛋白质产品，如293细胞、成肌细胞、Vero细胞、CHO细胞。

使用较多的反应器有两种：贝朗公司的BIOSTATB反应器，使用双桨叶无气泡通气搅拌系统；NBS公司的CelliGen、CelliGen Plus TM和Bioflo3000反应器，使用Cell-lift双筛网搅拌系统。2种系统都能实现培养细胞和收获产物的有效分离。

2. 微载体

微载体是指直径在60～250 μm，能适用于贴壁细胞生长的微珠。一般是由天然葡聚糖或者各种合成的聚合物组成。自Van Wezel用DEAE-Sephadex A 50研制的第一种微载体问世以来，国际市场上出售的微载体商品的类型已经达十几种以上，包括液体微载体、大孔明胶微载体、聚苯乙烯微载体、PHEMA微载体、甲壳质微载体、聚氨酯泡沫微载体、藻酸盐凝胶微载体以及磁性微载体等。常用商品化微载体有3种：Cytodex1、2、3，Cytopore和Cytoline。

微载体的大小：增大单位体积内表面积（S/V）对细胞的生长非常有利。使微载体直径尽可能小，最好控制在100～200 μm之间。

微载体的密度：一般为1.03～1.05 g/cm^2，随着细胞的贴附及生长，密度可逐渐增大。

微载体的表面电荷：据研究，控制细胞贴壁的基本因素是电荷密度而不是电荷性质。若电荷密度太低，细胞贴附不充分，但电荷密度过大，反而会产生“毒性”效应。

3. 微载体培养原理与操作

(1)原理：其原理是将对细胞无害的颗粒——微载体加入到培养容器的培养液中，作为载体，使细胞在微载体表面附着生长，同时通过持续搅动使微载体始终保持悬浮状态。

贴壁依赖型细胞在微载体表面上的增殖，要经历黏附贴壁、生长和扩展成单层3个阶段。细胞只有贴附在固体基质表面才能增殖，故细胞在微载体表面的贴附是进一步铺展和生长的关键。黏附主要是靠静电引力和范德华力。细胞能否在微载体表面黏附，主要取决于细胞与微载体的接触概率和相融性。

(2)搅拌转速：由于动物细胞无细胞壁，对剪切力敏感，因而无法靠提高搅拌转速来增加接触概率。通常的操作方式是：在贴壁期采用低搅拌转速，时搅时停；数小时后，待细胞附着于微载体表面时，维持设定的低转速，进入培养阶段。微载体培养的搅拌非常慢，最大速度75 r/min。

(3)细胞与微载体的相融性：与微载体表面理化性质有关。一般细胞在进入生理pH时，表面带负电荷。若微载体带正电荷，则利用静电引力可加快细胞贴壁速度。若微载体带负电荷，因静电斥力使细胞难于黏附贴壁，但培养液中溶有或微载体表面吸附着二价阳离子作为媒介时，则带负电荷的细胞也能贴附。

(4)细胞在微载体表面的生长：影响细胞在微载体表面生长的因素很多，主要有3个方面：①在细胞方面，如细胞群体、状态和类型。②在微载体方面，如微载体表面状态、吸附的大分子和离子。微载体表面光滑时细胞扩展快，表面多孔则扩展慢。③在培养环境中，如培养基组成、温度、pH、DO以及代谢废物等均明显影响细胞在微载体上的生长。如果所处条件最优，则细胞生长快；反之生长速度慢。

(5)微载体培养操作要点：①培养初期：保证培养基与微载体处于稳定的pH与温度水平，接种细胞（对数生长期，而非稳定期）至终体积1/3的培养液中，以增加细胞与微载体接触的机会。不同的微载体所用浓度及接种细胞密度是不同的。常使用2～3 g/L的微载体含量，更高的微载体浓度需要控制环境或经常换液。②贴壁阶段（3～8 d）后，缓慢加入培养液至工作体积，并且增加搅拌速度，保证完全均质混合。③培养维持期：进行细胞计数（胞核计数）、葡萄糖测定及细胞形态镜检。随着细胞增殖，微球变得越来越重，需增加搅拌速率。经过 3 d 左右，培养液开始呈酸性，需换液：停止搅拌，让微珠沉淀 5 min，弃掉适宜体积的培养液，缓慢加入新鲜培养液（37℃），重新开始搅拌。④收获细胞：首先排干培养液，至少用缓冲液漂洗 1 遍，然后加入相应的酶，快速搅拌（75～125 r/min）20～30 min。然后解离收集细胞及其产品。⑤微载体培养的放大：可以通过增加微载体的含量或培养体积进行放大。使用异倍体或原代细胞培养生产疫苗、干扰素，已被放大至 4 000 L 以上。

4. 微载体大规模细胞培养的生物反应器系统

此技术大规模培养，细胞扩增的效率受到诸多因素的影响和限制，其中主要的限制性因素包括：细胞对剪切力的敏感性、氧的传递以及传代和扩大培养等。而研制的各种类型生物反应器系统则可针对上述限制性因素，为微载体细胞培养与扩增提供低剪切力、高氧传递效率、易于细胞传代等适宜的外部环境。已较多使用的微载体培养系统生物反应器，可以实行计算机控制操作，培养搅拌速度及悬浮均匀程度、温度变化、pH 稳定及溶氧供应（O_2、N_2、CO_2、空气四种纯化气体按比例调节）、罐压、培养体积和通气量等参数全部由电脑自动控制。因此，应用生物反应器系统进行微载体细胞大规模扩增具有明显优势，目前国外相继研制了数种适合进行微载体大规模细胞培养的生物反应器系统，如搅拌式生物反应器系统、旋转式生物反应器系统以及灌注式生物反应器系统等。

（1）搅拌式生物反应器系统：搅拌式生物反应器系统在微载体细胞大规模扩增研究领域已有较长的研究历史，但因该细胞培养系统容易产生过大的剪切力，从而限制了其应用范围。尽管如此，由于该系统具有简单、实用及价格低廉等特点，国内外仍有不少应用该系统成功进行细胞大规模扩增的研究报道。如 Werner（2000）成功地在该系统内进行了肝细胞大规模扩增的研究。

（2）灌注式生物反应器系统：灌流培养是目前研究热点之一。它的特点是不断地加入新鲜培养基以及不断地抽走含细胞代谢废物的消耗培养基，使细胞得以在一个相对稳定的生长环境内增殖，即省时省力，又减少了细胞发生污染的机会，且可以提高细胞密度 10 倍以上。

5. 微载体培养优点

表面积/体积（S/V）大，因此单位体积培养液的细胞产率高；把悬浮培养和贴壁培养融合在一起，兼有两者的优点；可用简单的显微镜观察细胞在微珠表面的生长情况；简化了细胞生长各种环境因素的检测和控制，重现性好；培养基利用率较高；放大容易；细胞收获过程不复杂；劳动强度小；培养系统占地面积和空间小。

第三节 动物疫苗的制备技术

一、细菌疫苗和类毒素的制备技术

细菌性疫苗包括灭活疫苗和冻干活疫苗 2 种，常见的灭活疫苗如禽霍乱蜂胶灭活疫苗、仔猪大肠埃希氏菌三价基因灭活疫苗等，冻干活疫苗如仔猪副伤寒活疫苗、猪败血性链球菌活疫苗等。细菌性疫苗通常选取毒力强、免疫原性好的细菌菌株作为疫苗菌株，通过人工规模化培养，获取大量抗原，然后加入佐剂或保护剂，合成成品疫苗。

用于细菌规模化培养的方法很多，有手工式、机械化或自动化等方式。可供菌体培养的方法有：固体表面培养法、液体静置培养法、液体深层通气培养法和透析培养法。一般固体培养易获得高浓度细菌悬液，含培养基成分少，易稀释成不同的浓度，但生产量较小，成本高。因此，大量生产疫苗时常用液体培养法，通常采用的是高密度发酵技术。高密度发酵技术不仅可减少培养体积，强化下游分离提取，还可以缩短生产周期，减少设备投资从而降低生产成本。

制作灭活疫苗的抗原需要经过灭活处理，常用的灭活剂是甲醛溶液。甲醛用于疫苗灭活的浓度为0.1%～0.5%。一般需氧细菌用0.1%～0.2%的浓度，厌氧菌则多用0.4%～0.5%的浓度。灭活疫苗合成过程中，需加入适量的免疫佐剂，常用的佐剂有白油、铝胶、蜂胶等。将细菌抗原与佐剂按比例混合，通过高速研磨或搅拌乳化合成即可。

制作冻干疫苗的抗原不需要灭活，而需要添加保护剂成分以保持其抗原的生物活性，常用的保护剂有5%蔗糖脱脂乳（明胶）保护剂、脱脂乳-谷氨酸钠保护剂、7.5%葡萄糖-血清保护剂等。将细菌抗原加入适量保护剂经冷冻干燥即可制成细菌活疫苗。

细菌疫苗和类毒素制造工艺流程（姜平等，2003）如图6.15所示。

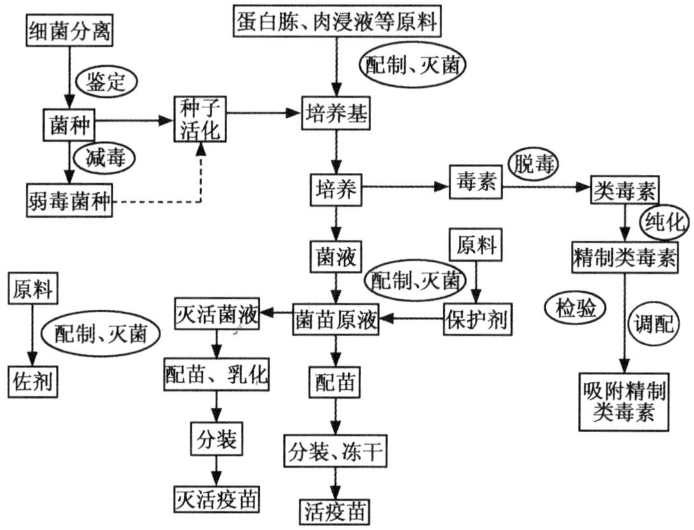

图6.15　细菌疫苗和类毒素制造工艺流程

二、病毒细胞疫苗的制备技术

病毒细胞疫苗包括灭活疫苗和冻干活疫苗2种，常见的灭活疫苗如猪细小病毒灭活疫苗、猪繁殖与呼吸障碍综合征灭活疫苗等，冻干活疫苗如伪狂犬活疫苗、猪瘟活疫苗（细胞源）等。病毒细胞疫苗通常选取毒力强、免疫原性好的病毒株作为疫苗毒株，通过人工规模化培养，获取大量抗原，然后加入佐剂或保护剂，合成成品疫苗。

病毒抗原生产通过细胞培养来实现，病毒种毒由国家指定的菌、毒种保藏部门鉴定分发，多为冻干品。按规定在细胞中继代培养后用作毒种。继代培养控制在一定代数以内。细胞营养液通常分为细胞培养用的生长液和病毒增殖用的维持液，两者不同的是生长液血清含量为5%～20%，维持液血清含量仅有0%～5%。不同细胞需要不同的营养成分，根据需要选择合适的营养液。常用的营养液有乳汉液、MEM、DMEM、199、1640

等，只需溶解后经除菌过滤即可使用。病毒接种可与细胞同步（分装同时或分装不久后接种病毒）或异步（细胞形成单层后接种病毒）。待出现70%～80%以上细胞病变时即可收获。收获时可将培养瓶反复冻融后收取，也可加EDTA-胰酶液消化分散收获。收获的细胞毒液经无菌检验、毒价测定合格后，供配苗用。

制作灭活疫苗的抗原需要经过灭活处理，常用的灭活剂是甲醛溶液。甲醛用于疫苗灭活的浓度为0.1%～0.5%。灭活疫苗合成过程中，需加入适量的免疫佐剂，常用的佐剂有白油、铝胶、蜂胶等。将病毒抗原与佐剂按比例混合，通过高速研磨或搅拌乳化合成即可。

制作冻干疫苗的抗原不需要灭活，而需要添加保护剂成分以保持其抗原的生物活性，常用的保护剂有5%蔗糖脱脂乳（明胶）保护剂、脱脂乳-谷氨酸钠保护剂、7.5%葡萄糖-血清保护剂等。将病毒抗原加入适量保护剂经冷冻干燥即可制成病毒活疫苗（细胞源）。

病毒性细胞疫苗制造工艺流程（姜平等，2003）如图6.16所示。

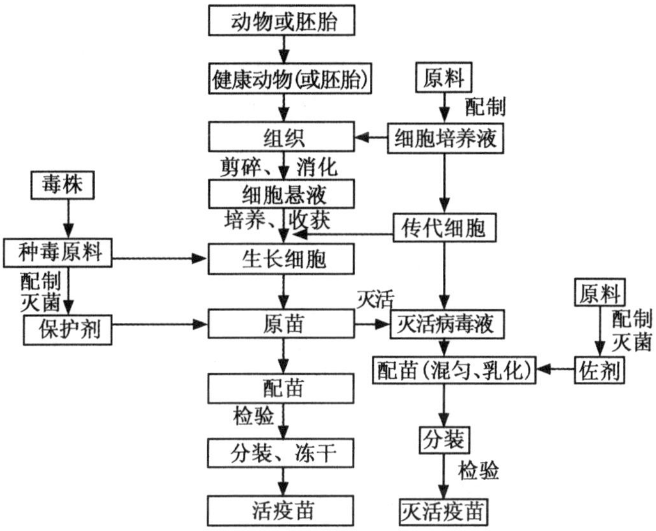

图6.16 病毒性细胞疫苗制造工艺流程

三、病毒性组织疫苗制备技术

组织毒疫苗包括灭活疫苗和冻干活疫苗2种，常见的灭活疫苗如鸡新城疫灭活疫苗，鸡新城疫、减蛋综合征二联灭活疫苗，兔病毒性出血症灭活疫苗等，冻干活疫苗如鸡传染性法氏囊病活疫苗、猪瘟活疫苗（兔源）等。

病毒抗原生产通过活体动物组织或胚体培养来实现，病毒种毒由国家指定的菌、毒种保藏部门鉴定分发，多为冻干品。按规定在组织或胚体中继代培养后用作毒种。继代培养控制在一定代数以内。

通过活体动物组织培养的疫苗有兔病毒性出血症灭活疫苗、猪瘟活疫苗（兔源）等。动物质量对组织疫苗的质量有着直接影响，特别是对疫苗的安全性和效力有着决定性的作用。所选择的动物应是SPF动物或健康动物，对所接种的病毒易感性高，在品种、年龄和体重等方面应合乎要求。种毒既可用强毒株的脏器组织毒或增殖培养物，也可用弱毒株的组织毒。无论何种种毒都必须经纯粹性、抗原性等检查合格后使用。无疑，生产不同批次的疫苗也可使用同一批检验合格的种毒批，以减少疫苗批次间的质量差别。将检验合格的种毒接种到动物体内进行病毒的增殖培养。种毒的接种途径依病毒性质和目的而异，如猪瘟活疫苗，采取兔耳静脉注射。动物在接种毒种后应每天观察和检查规定的各项指标，常规检查的项目有食欲、精神、活动状态、体温、粪尿和血液变化等。根据观察和检查的结果选出符合要求的发病动物，按规定方式剖杀，采取、收集含毒量高的器官组织，用于制备疫苗。如兔出血症组织灭活疫苗采集病兔肝脏生产，猪瘟活疫苗采取定型热兔的脾脏和淋巴结制备。

用于病毒培养的胚体主要是禽胚，如新城疫病毒、传染性法氏囊病毒等主要是通过鸡胚培养来获得，减蛋综合征病毒主要通过鸭胚培养来获得。生产用的鸡胚应来自 SPF 鸡群或未用抗生素的非免疫鸡群的受精卵，蛋壳为白色且薄厚均匀。按常规无菌孵化至所需日龄用于接种。种毒应由国家菌、毒种保藏部门供应，适应于鸡胚的种毒多系弱毒且为冻干毒种，使用前需在鸡胚上继代复壮 3 代以上和检验合格后方可用于生产。毒种鉴定内容包括无菌检验、毒价测定和其他项目的鉴定等。鸡胚接毒可根据不同的病毒与不同疫苗生产程序选择最佳接种途径和最佳接种量，目的在于获得最高的毒价。接种途径常采用尿囊腔接种、绒毛尿囊膜接种和卵黄囊接种。按规定收获的尿囊液和卵黄囊液经无菌检验合格后，可直接配苗。胎体和绒毛尿囊膜需剪碎制成乳剂后，再经无菌检验合格，方可配苗。

制作灭活疫苗的抗原需要经过灭活处理，常用的灭活剂是甲醛溶液。甲醛用于疫苗灭活的浓度为 0.1%～0.5%。灭活疫苗合成过程中，需加入适量的免疫佐剂，常用的佐剂有白油、铝胶、蜂胶等。将病毒抗原与佐剂按比例混合，通过高速研磨或搅拌乳化合成即可。

制作冻干疫苗的抗原不需要灭活，而需要添加保护剂成分以保持其抗原的生物活性，常用的保护剂有 5%蔗糖脱脂乳（明胶）保护剂、脱脂乳-谷氨酸钠保护剂、7.5%葡萄糖-血清保护剂等。将病毒抗原加入适量保护剂经冷冻干燥即可制成病毒活疫苗。

病毒性组织疫苗制造工艺流程（姜平等，2003）如图 6.17 所示。

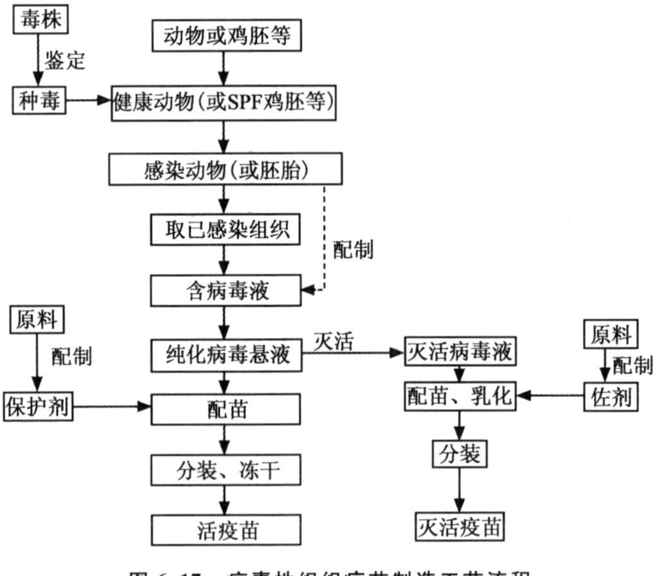

图 6.17　病毒性组织疫苗制造工艺流程

四、寄生虫疫苗制备技术

随着寄生虫学者对寄生虫形态、结构等特征的研究，寄生虫免疫学开始揭晓。目前使用的寄生虫疫苗主要是活苗或致弱苗，属劳动密集型产品，主要集中于原虫，包括球虫、弓形虫、新孢子虫、巴贝斯虫、梨形虫和贾第虫等，而针对线虫、绦虫和体外寄生虫的疫苗相对较少。

寄生虫疫苗不像细菌苗与病毒苗那样容易研制成功，主要是因为寄生虫是真核生物，大多数是多细胞动物，有着复杂的生活史，虽然在寄生虫的离体培养上取得了一定的成就，但是绝大多数寄生虫还不能在人工条件下离开宿主培养；寄生虫抗原复杂、易变异、伪装、表面抗原脱落与更新，使宿主难以产生保护性免疫应答。但寄生虫疫苗的制备工艺流程与细菌、病毒疫苗相似。

（一）致弱苗

从目前使用的兽医寄生虫疫苗类型来看，致弱活疫苗占有绝对优势，其保护机理主要是模仿自然感染，刺激机体产生免疫应答。但活疫苗也存在不少问题：

安全性问题：活苗虽然可以产生一定的免疫保护，但毕竟是活的虫体，在特定的情况下，仍有致病的可能。

免疫保护效果不一：有些寄生虫可以感染多种动物，其疫苗往往对某种动物保护效果较好，对另种动物保护效果较差，或者对不同年龄的动物保护效果不一致。

经济效益：尽管有些疫苗免疫保护性好，但生产成本高、免疫方法复杂、与抗寄生虫药的广谱性相比具有较窄的保护范围。

正是由于上述问题的存在，在一定程度上制约了致弱寄生虫疫苗的使用，同时，也促使相关人员去研究和开发新的疫苗。

（二）分泌抗原苗

寄生虫的分泌或代谢产物具有很强的抗原性。制备分泌抗原苗的一种途径就是在具备成功的培养技术的前提下，可以从培养液中提取有效抗原作为制备虫苗的成分。这方面最成功的例子有牛的巴贝斯虫苗和犬的巴贝斯虫苗，分别在澳大利亚和欧洲广泛应用。这种虫苗实际上是一种混合苗，它包括多种成分，在应用时往往需要佐剂和多次接种，而且其前期技术条件（病原体的培养）要求较高，并需要一定的资金投入，成本上有时不易被接受。制备分泌抗原苗的另一个途径是从发病动物体内直接提取抗原。如从发病泰勒虫病牛血清中提取的抗原可以再免疫其他易感牛。

（三）基因工程疫苗

在抗寄生虫感染方面，已对 DNA 疫苗研究展开了积极的探索。在日本，分体吸虫、绦虫、疟原虫、利什曼原虫、隐孢子虫、弓形虫、锥虫、球虫等疾病中，DNA 疫苗研究已经取得了较好的进展，其中疟疾 DNA 疫苗已获准生产。

重组基因工程苗在寄生虫方面成功的例子为血吸虫重组基因工程苗，以重组 GST（谷胱甘肽-S-转移酶）为代表的基因工程苗在动物和人体上都进行了试验，保护效果在50%以上。该蛋白质在血吸虫的各个发育时期（包括虫卵期）都有表达。另外，该抗原还可在大肠杆菌内高效表达，且提纯方法极为简单。

综上所述，各学科的迅速发展和相互之间的渗透，尤其是现代生物技术发展的日新月异，为寄生虫病免疫学研究提供了强有力的工具。怎样快速高效地发现保护性抗原或表位,一直是抗寄生虫分子疫苗研究的热点课题,基于寄生虫本身及其与宿主相互作用的生物学和免疫学特征,通过试验技术鉴定疫苗候选分子始终是最根本的方法。

但随着寄生虫功能基因组学的发展,积累了大量的可进一步挖掘利用的分子序列资料。因此,近年发展的反向疫苗学方法,即先对这些序列进行免疫信息学理论预测分析,然后结合试验鉴定获得疫苗候选分子或表位,可望加快寄生虫分子疫苗的研发进程。

目前,已有一些理论预测结合试验鉴定寄生虫 Th 细胞表位的工作,除个别研究小组对恶性疟原虫(*Plasmodium falciparum*)保护性表位筛选整体策略上采用的反向疫苗学方案外,基本上是对已知的候选疫苗分子进行 Th 细胞表位的绘制,都为理论预测结合试验鉴定技术发现保护性抗原表位积累了基础资料。如果能合理地利用它们,使之更好地为寄生虫疫苗研发服务,将成为今后广大科研工作者的研究热点和重点。

寄生虫疫苗制造工艺流程(姜平等,2003)如图 6.18 所示。

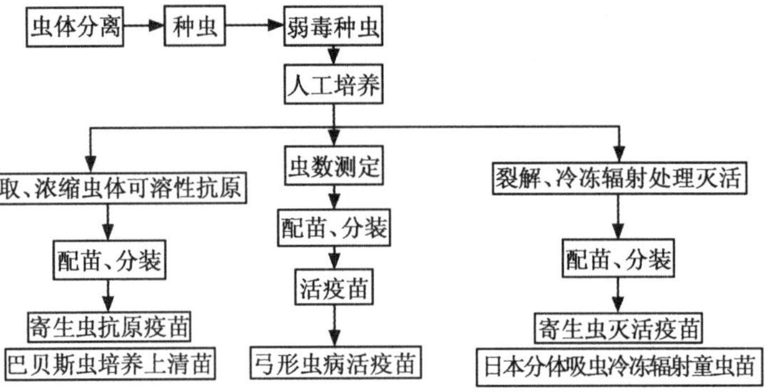

图 6.18　寄生虫疫苗制造工艺流程

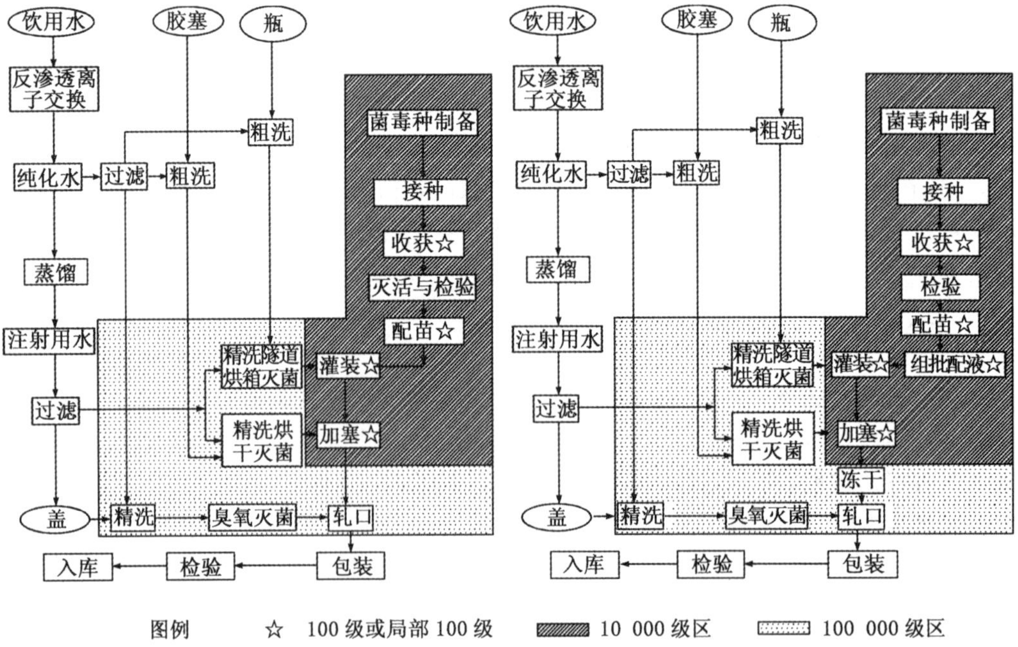

图 6.19　灭活疫苗的 GMP 环境要求与工艺流程(左)和冻干疫苗的 GMP 环境要求与工艺流程(右)

第四节　诊断用动物生物制品的制备技术

诊断用生物制品(Diagnosticum)指利用细菌、病毒和寄生虫培养物、代谢物、组分(提取物)和反应物等有效物及动物血清等材料制成的,专门用于动物传染病和寄生虫病诊断和检疫的一大类制品,又称为诊断液,包括诊断用抗原、诊断用抗体(血清)和标记抗体等3类。近年来,大量的ELISA诊断试剂盒、胶体金诊断试纸条、PCR诊断试剂盒相继被批准上市,为诊断用动物生物制品提供了新的制品。

一、诊断抗原

(一)血清学诊断抗原

1. 凝集反应抗原

凝集反应抗原是颗粒性抗原,如细菌和红细胞等。在有电解质存在条件下,能与特异性抗体结合,形成肉眼可见的凝集现象,如布鲁氏菌凝集反应抗原、马流产凝集反应抗原、鸡白痢全血凝集反应抗原、猪传染性萎缩性鼻炎Ⅰ相菌抗原和鸡源支原体平板凝集反应抗原等。

以沙门氏菌病平板凝集反应为例(具体细菌抗原制备可以参照该方法,并进行适当的修正):

(1)制备

①菌种:按农业部兽医生物制品制造与检验规程制备生产种子。

②抗原菌的培养及收获:取2～3 mL沙门氏菌马丁肉汤培养液接种于马丁琼脂大平皿上,置37℃培养24 h。吸取灭菌的0.5%石炭酸生理盐水5 mL,洗下菌苔,将菌液注入无菌瓶中。

③抗原菌的热灭活:将收集的菌液放60℃的水浴箱中1 h,并不时摇动。

④抗原菌的处理:用0.5%石炭酸生理盐水稀释灭活的抗原,用吸管反复吹洗,4 000 r/min离心20 min,弃去上清液,重复离心3～4次,直至上清液透亮,弃去部分上清液,保留沉淀菌泥。

⑤原菌的初步定量:用麦氏比浊管和可见分光光度仪测定细菌抗原浓度。调整菌液浓度为1×10^{10}/mL。

⑥原菌的无菌检验:将已稀释好的菌液接种于马丁肉汤中,培养48 h,观察有无细菌生长。

⑦原菌的保存:将无细菌生长的抗原按3%加入结晶紫染色液进行染色,充分摇匀。置4℃冰箱保存备用。

(2)标化

a. 材料:玻璃板、刻度吸管等;沙门氏菌平板凝集抗原、沙门氏菌标准阳性血清。

b. 方法:①取洁净玻板1块,用玻璃铅笔划成方格,并注明待检血清号码。②取0.2 mL吸管分别吸取0.08、0.04、0.02和0.01 mL各放入一方格内。大规模检验时,可只做 2 个血清量，大动物用 0.04 和 0.02 mL，中、小动物用 0.08 和 0.04 mL。每检 1 个样品需换 1 支吸管。③每格内加沙门氏菌平板凝集抗原 0.03 mL，滴在血清附近，而不要与血清接触。④用牙签(或火柴杆)自血清量最小的一格起，将血清与抗原混匀，每份血清用一根牙签。混合完毕，将玻板置凝集反应箱上均匀加温或采用别的办法适当加温，使温度达到 30℃左右。3～5 min 内记录结果。

c. 结果判定：＋＋＋＋：出现大的凝集块，液体完全清亮透明，即 100％凝集；＋＋＋：有明显的凝集片，液体几乎完全透明，即 75％凝集；＋＋：有可见的凝集片，液体不甚透明，即 50％凝集；＋：液体混浊，有小的颗粒状物，即 25％凝集；－：液体均匀混浊，即不凝集。以出现＋＋凝集的血清最高稀释倍数作为该份血清的凝集价。

2. 沉淀反应抗原

沉淀反应抗原为胶体状态的可溶性抗原，如细菌和寄生虫的浸出液、培养滤液、组织浸出液、动物血清和动物蛋白等，与相应抗体相遇，在二者比例合适并有电解质存在时，抗原抗体相互交联形成免疫复合物达一定大时，即出现肉眼可见的沉淀。

3. 补体结合反应抗原

用于补体结合反应。在补体的参与下可明显地提高抗原、抗体特异性反应的敏感性。所以，可用已知抗原检测未知抗体，或用已知抗体检测未知抗原。补体结合反应包括反应系统(检测系统)和指示系统(溶血系统)。反应系统为抗原和抗体。指示系统一般是绵羊红细胞及溶血素。补体可与反应系统的抗原-抗体复合物结合，也可与绵羊红细胞-溶血素的复合物结合而引起溶血，以观察溶血与否来判定反应的结果。

(二)变态反应抗原

细胞内寄生菌(如鼻疽杆菌、结核分支杆菌和布鲁氏菌等)在传染过程中引起以细胞免疫为主的第Ⅳ型变态反应，即感染机体再次遇到同种病原菌或其代谢产物时出现一种具有高度特异性和敏感性的异常反应。据此，临床上常用于诊断某些传染病。引起变态反应的抗原物质称为变应原(变态反应抗原)，如鼻疽菌素、结核菌素和布鲁氏菌水解素等。

二、诊断抗体

为了研究抗体的理化性质、分子结构与功能，以及应用抗体于临床疾病的诊断、治疗及预防都需要人工制备抗体。目前，根据制备的原理和方法可分为多克隆抗体、单克隆抗体及基因工程抗体 3 类。诊断抗体包括诊断血清和单克隆抗体及基因工程抗体等。

诊断血清简称抗血清(Antiserum)，是指利用血清反应以鉴别微生物、鉴定病原血清型或诊断传染病的一种含已知特异性抗体的血清。在疾病诊断和病原鉴定方面，主要体现在作为阳性血清上。发展到现在，尽管有新的疾病诊断和病原鉴定方法不断出现，但是血清学诊断方法仍占主要地位。而在用血清学方法时，必须要用到阳性血清作为反应的诊断物。因此，具有高效价特异性的抗血清成为首选。目前，已批准生产的有：炭疽沉降素血清、布鲁氏菌病试管凝集试验阳性血清、衣原体病间接血凝试验阳性血清、口蹄疫细胞中和试验阳性血清、蓝舌病琼脂扩散试验阳性血清、日本血吸虫病凝集试验阳性血清等 38 种。

(一)多克隆抗体

大多数抗原是由大分子蛋白质组成,但只是抗原上有限部位的特殊分子结构能与其相应抗体结合,称此部位为抗原决定簇(Antigenic determinant)或表位(Epitope)。一种天然抗原性物质(如细菌或其分泌的外毒素以及各种组织成分等)往往具有多种不同的抗原决定簇,而每一决定簇都可刺激机体一种抗体形成细胞产生一种特异性抗体。在机体淋巴组织内可存在千百种抗体形成细胞(即 B 细胞),每种抗体形成细胞只识别其相应的抗原决定簇,当受抗原刺激后可增殖分化为一种细胞群,这种由单一细胞增殖形成的细胞群体可称之为细胞克隆(Clone)。同一克隆的细胞可合成和分泌在理化性质、分子结构、遗传标记以及生物学特性等方面都完全相同的均一性抗体,亦可称之为单克隆抗体。

早期传统的抗体制备方法是将一种天然抗原经各种途径免疫动物,由于抗原性物质具有多种抗原决定簇,故可刺激产生多种抗体形成细胞克隆,合成和分泌抗各种决定簇抗体分泌到血清或体液中,故在其血清中实际上是含多种抗体的混合物,称这种用体内免疫法所获得的免疫血清为多克隆抗体,也是第一代抗体。由于这种抗体是不均一的,无论是对抗体分子结构与功能的研究或是临床应用都受到很大限制,因此如何能获得均一性抗体成为关注的问题。

(二)单克隆抗体

体内免疫法很难获得单克隆抗体(Monoclonal antibody, McAb)。如能将所需要的抗体形成细胞选出并能在体外进行培养即可获得已知特异性的单克隆抗体。1975 年德国学者 Kohler 和英国学者 Milstein 将小鼠骨髓瘤细胞和经绵羊红细胞(Sheep red blood cell,SRBC)免疫的小鼠脾细胞在体外进行两种细胞融合,结果发现部分形成的杂交细胞既能继续在体外培养条件下生长繁殖又能分泌抗 SRBC 抗体,称这种杂交细胞系为杂交瘤(Hybridoma)。这种杂交瘤细胞既具有骨髓瘤细胞能大量无限生长繁殖的特性,又具有抗体形成细胞合成和分泌抗体的能力。它们是由识别一种抗原决定簇的细胞克隆所产生的均一性抗体,故称之为单克隆抗体。应用杂交瘤技术可获得几乎所有抗原的单克隆抗体,只要这种抗原能引起小鼠的抗体应答。这种用杂交瘤技术制备的单克隆抗体可视为第二代抗体。

单克隆抗体由于纯度高、特异性强、可以提高各种血清学方法检测抗原的敏感性及特异性,但单克隆抗体多为双价抗体,与抗原结合不易交联为大分子集团,故不易出现沉淀反应。单克隆抗体的应用大大促进了对各种传染病和恶性肿瘤诊断的准确性。单克隆抗体可与核素、各种毒素(如白喉外毒素或蓖麻毒素)或药物通过化学偶联或基因重组制备成导向药物(Targetting drug)用于肿瘤的治疗,是一种新型免疫治疗方法,有可能提高对肿瘤的疗效。单克隆抗体亦可用于对各种免疫细胞及其他组织细胞表面分子的检测,这对免疫细胞的分离、鉴定、分类及研究各种膜表面分子的结构与功能都具有重要意义。

(三)基因工程抗体

自 1975 年单克隆抗体杂交瘤技术问世以来,单克隆体在医学中被广泛地应用于痢疾的诊断及治疗。但目前绝大多数单克隆抗体是鼠源的,临床重复给药时体内产生抗鼠抗体,使临床疗效减弱或消失。因此,临床应用理想的单克隆抗体应是人源的,但人-人杂交瘤技术目前尚未突破，即使研制成功，也还存在人-人杂交瘤体外传代不稳定，抗体亲和力低及产量不高等问题。目前较好的解决办法可能是研制基因工程抗体（Genetically engineering antibody）以代替鼠源单克隆抗体用于临床。

基因工程抗体兴起于20世纪80年代早期。这一技术是将对Ig基因结构与功能的了解与DNA重组技术相结合，根据研究者的意图在基因水平对Ig分子进行切割、拼接或修饰，甚至是人工全合成后导入受体细胞表达，产生新型抗体，也称为第三代抗体。

基因工程抗体包括嵌合抗体、重构抗体、单链抗体、单区抗体及抗体库等。其中以嵌合抗体研究的较多，也较成熟。单链抗体及单区抗体虽具有结构简单、分子小等优点但其临床应用的前景尚待证实。

三、ELISA诊断试剂制备技术

（一）基本原理

ELISA的基础是抗原或抗体的固相化及抗原或抗体的酶标记。结合在固相载体表面的抗原或抗体仍保持其免疫学活性，酶标记的抗原或抗体既保留其免疫学活性，又保留酶的活性。在测定时，受检标本（测定其中的抗体或抗原）与固相载体表面的抗原或抗体起反应。用洗涤的方法使固相载体上形成的抗原抗体复合物与液体中的其他物质分开。再加入酶标记的抗原或抗体，也通过反应而结合在固相载体上。此时固相上的酶量与标本中受检物质的量呈一定的比例。加入酶反应的底物后，底物被酶催化成为有色产物，产物的量与标本中受检物质的量直接相关，故可根据呈色的深浅进行定性或定量分析。由于酶的催化效率很高，间接地放大了免疫反应的结果，使测定方法达到很高的敏感度。

ELISA根据原理和检测目的的不同可分为：双抗体夹心法测抗原、双抗原夹心法测抗体、间接法测抗体、竞争法测抗体、竞争法测抗原、捕获包被法测抗体等多种方法。下面以间接测抗体ELISA为例，介绍ELISA诊断试剂的制备技术。

（二）制备技术要点

1. 包被用抗原（抗体）制备

ELISA包被抗原按来源可分为天然抗原、重组抗原和合成多肽抗原三大类。天然和重组抗原需要经过抗原提取纯化后方可作为诊断用抗原，多肽类抗原有时需要与载体相连才具有抗原性。包被抗体一般为高免抗血清或制备的单克隆抗体。常规抗原、抗体提取和纯化步骤包括：细胞破碎、抗原抗体提取、抗原分离与纯化；常用方法有超声波破碎、离心纯化、盐析和硫酸铵沉淀、层析纯化等。现以重组蛋白类、病毒类包被抗原和单克隆抗体包被抗体为例具体说明抗原（抗体）制备过程。

（1）重组表达蛋白类抗原制备

①包涵体的提取：于37℃培养细菌至对数生长期，加入诱导剂IPTG至终浓度为1 mmol/L，诱导培养4 h，诱导表达细菌于4℃，12 000 r/min，离心10 min，收集诱导表达细菌菌体；用0.01 mol/L PBS（pH 7.4）反复洗涤3次，用15 mL Buffer A（Tris-HCl（pH 8.0）50 mmol/L，EDTA 1.0 mmol/L，DTT 2.0 mmol/L，PMSF 0.1 mmol/L）重悬沉淀，－20℃反复冻融3次；加裂解缓冲液（Tris-HCl（pH 8.0）50 mmol/L，EDTA 2 mmol/L，溶菌酶100 μg/mL）后，超声波裂解细菌，150 W，3 min。裂解液4℃，

12 000 r/min，离心 10 min；沉淀部分用包涵体洗涤液（蔗糖 30 g/L，NaCl 100 mmol/L，Tris-HCl 50 mmol/L，Triton X-100 0.5%）洗涤 2 次，用 15 mL STE（Tris-HCl（pH 8.0）10 mmol/L，NaCl 150 mmol/L，EDTA 1 mmol/L，DTT 2 mmol/L）重悬沉淀，加入十二烷基肌胺酸钠，终浓度为 15 g/L；150 W，超声 3 min，离心除去不溶物；上清用 0.01 mol/L PBS（pH 7.4）透析 48.0 h 进行蛋白复性，即为 GST-Ii 融合蛋白。用于纯化的融合蛋白要加入 Triton X-100 至终浓度为 1.0%。透析处理好的蛋白经 GST 亲和层析方法进行目的蛋白的纯化，纯化好的蛋白，保存备用。

②亲和层析纯化目的蛋白：选取大小规格合适的 GST 凝胶柱用 PBS 溶液平衡 5 个床体积，流速控制在 1 mL/min；上步透析好的粗提蛋白经 0.45 μm 滤膜过滤，上样，流速控制在 1 mL/min；用 PBS 再洗 10 个床体积，流速为 1 mL/min；用含还原型谷胱甘肽的缓冲液洗脱柱床，流速控制在 1 mL/min，收集各管洗脱液，用分光光度计分别检测各管蛋白浓度，收集蛋白峰值管，经 SDS-PAGE 蛋白电泳进行纯度分度。纯化好的蛋白，冻干或冷冻保存备用。

(2)病毒类抗原的制备（以细胞培养为例）

①病毒抗原的粗提与浓缩：将收集的灭活好病毒液，－20℃反复冻融 3 次后，于 4℃，10 000 r/min 离心 30 min，弃沉淀，上清用 0.45 μm 滤膜过滤后，加入 15%（*V*/*V*）氯仿，充分混匀后，于振荡器上剧烈振荡 30 min，再于 4℃，12 000 r/min 离心 30 min，取上层水相，尽量勿搅动下层氯仿相和中间蛋白杂质。如此反复抽提 2 次后，取上层水相备用。将经氯仿抽提后的含毒细胞上清液装入处理好的透析袋中，放入 50% PEG 中，4℃过夜进行反透析浓缩，中间更换 3 次 50% PEG。浓缩到所需倍数后，取出，使用紫外分光光度计测定蛋白浓度，蛋白可立即进行下步试验或于－20℃保存备用。

②Sephadex G-200 层析纯化：称取葡聚糖凝胶 Sephadex G-200 5.0 g 加足量蒸馏水，浸泡 3 d，待充分膨胀后，倾去上液，加入 pH 7.4 PBS 溶解，用 PBS 充分洗涤后将 Sephadex G-200 煮沸 30 min，冷却后备用。准备好的层析柱，垂直固定于支架上，封闭出口，向柱中加入约 1/3 高度的洗脱液 0.01 mol/L pH 7.4 PBS，沿柱壁将处理好的凝胶缓慢倒入柱内，直至沉积胶面距顶端约 3 cm。用 0.01 mol/L pH 7.4 PBS 20 倍柱床体积平衡，流速控制在 10 mL/min。将处理好的样品沿柱壁小心加入柱内，打开底部，至样品完全进入柱床时，接通洗脱液，调节流速 8～10 mL/min，用自动收集仪收集洗脱液，3 mL/管，紫外分光光度计检测蛋白浓度，合并 ELISA 检测活性管，使用考马斯亮蓝染色法测蛋白浓度。纯化好的病毒蛋白，冻干或冷冻保存备用。

(3)包被用抗体制备（以小鼠腹水为例）　收集腹水，4℃ 12 000 r/min 离心 15 min，去除杂质；取 1 份腹水与 2 份醋酸盐缓冲液混合，室温搅拌下逐滴加入正辛酸 33 μL/ mL 腹水；室温混合 30 min；4℃静置 2 h 以上，使其充分沉淀；4℃ 12 000 r/min 离心 30 min，弃沉淀；上清经砂芯漏斗或 125 μm 的尼龙网过滤后，加入 1/10 体积的 0.1 mol/L pH 7.4 PBS，用 2 mol/L NaOH 调 pH 至 7.4；冰浴下 30 min 内，加入 0.277 g/mL 的硫酸铵，使成 45%饱和度；4℃静置 1 h 以上；4℃ 10 000 r/min 离心 30 min，弃上清；沉淀用适量含 137 mmol/L NaCl、2.6 mmol/L KCl、0.2 mmol/L EDTA 的 pH 7.4 PBS 溶解，于 50～100 倍体积的上述 PBS 中 4℃透析过夜；取少量透析后样品适当稀释后，以紫外分光光度计检测蛋白含量，SDS-PAGE 检测抗体纯度。纯化好的抗体经过亲和柱层析进行纯化，纯化后冻干或冷冻保存。

2. 抗原(抗体)的包被条件与方法

用0.01 mol/L碳酸盐缓冲液(pH 9.5)稀释纯化的包被抗原包被96孔ELISA板,稀释度分别为1∶400、1∶800、1∶1 000、1∶2 000、1∶3 000、1∶4 000,每个稀释度横向包被12孔,纵向重复两列。阳性对照、阴性对照以1∶25、1∶50 、1∶100、1∶200稀释,采用方阵法初步确定抗原的包被浓度和血清的稀释倍数。采用pH 9.6的碳酸盐缓冲液作为包被稀释液,在4～8℃冰箱中放置过夜进行包被或于37℃中保温2 h进行包被。包被抗原最适当浓度随载体和包被物的性质可有很大的变化,一般蛋白质的包被浓度为100 ng/mL～20 μg/mL,每孔包被量为100 μL。可采用矩阵法和棋盘法进行抗原包被浓度的筛选和优化。

(1)封闭液与封闭条件:最常用的封闭液是0.05%～0.5%的牛血清白蛋白、10%的小牛血清、1%明胶、5%的脱脂奶粉。常规的封闭条件是:37℃ 1～2 h或4℃过夜,根据抗原ELISA反应条件的不同需选择不同封闭液及最适的封闭条件。

(2)ELISA包被板保存:封闭完成后ELISA包被板经充分洗涤,于无菌环境进行风干或冻干后,进行真空压模包装,于2～8℃低温保存。为了提高包被板的稳定性,可以加入抗原稳定剂,具体配方需根据不同抗原进行试验对比验证。

3. 酶标记抗体制备

在ELISA中,常用的酶为辣根过氧化物酶(Horseradish peroxidase, HRP)和碱性磷酸酶(Alkaline phosohatase, AP)。酶标记抗体的制备方法主要有2种,即戊二醛交联法和过碘酸盐氧化法。在做竞争ELISA诊断时,需对纯化的单克隆抗体进行标记。

(1)戊二醛交联法:称取HRP 25 mg溶于1.25%戊二醛溶液中,于室温静置过夜。反应后的酶溶液过Sephadex G-25层析柱,用生理盐水洗脱,流速控制在1 mL/min,收集棕色流出液。如体积大于5 mL,则以PEG浓缩至5 mL。放置25 mL小烧杯中,缓慢搅拌。将待标记的抗体12.5 mg用生理盐水稀释至5 mL,搅拌下逐滴加入酶溶液中。用1 mol/L pH 9.5碳酸盐缓冲液0.25 mL,继续搅拌3 h。加0.2 mol/L赖氨酸0.25 mL,混匀后,置室温2 h。在搅拌下逐滴加入等体积饱和硫酸铵,置4℃ 1 h。3 000 r/min离心30 min,弃上清。沉淀物用半饱和硫酸铵洗2次,最后沉淀物溶于少量0.15 mol/L pH 7.4的PBS中。将上述溶液装入透析袋中,对0.15 mol/L pH 7.4的PBS缓冲盐水透析,去除铵离子后(用萘氏试剂检测),10 000 r/min离心30 min去除沉淀,上清液即为酶结合物,分装后,冰冻保存。

(2)过碘酸盐氧化法:称取5 mg HRP溶解于1 mL蒸馏水中。于上液中加入0.2 mL新配的0.1 mol/L $NaIO_4$溶液,室温下避光搅拌20 min。将上述溶液装入透析袋中,用1 mmol/L pH 4.4的醋酸钠缓冲液透析,4℃过夜。加20 μL 0.2 mol/L pH 9.5碳酸盐缓冲液,使以上醛化HRP的pH升高到9.0～9.5,然后立即加入10 mg IgG抗体(或SPA 5 mg),在1 mL 0.01 mol/L碳酸盐缓冲液中,室温避光轻轻搅拌2 h。加0.1 mL新配的4 mg/mL $NaBH_4$液,混匀,再置4℃ 2 h。将上述溶液装入透析袋中,对0.15 mol/L pH 7.4 PBS透析,4℃过夜。其余步骤(纯化)同戊二醛标记步骤。

(3)酶标记抗体的保存:由于蛋白质浓度较低,酶标记抗体极易失活和分解,需加入蛋白保护剂、抗生素和防腐剂(HRP结合物加硫柳汞,AP结合物可加叠氮钠),以防止酶标抗体失活和细菌生长繁殖。处理好的酶标抗体于2～8℃保存期可达6～8个月,冷冻保存时间更长。

4. 酶的底物制备

HRP 催化过氧化物的氧化反应，在 ELISA 中，经常用的供氢体有邻苯二胺(OPD)、四甲基联苯胺(TMB)。

(1)TMB 配制方法：显色剂 A：0.1 mol/L 醋酸盐缓冲液(pH 5.0)+0.05%～0.1% H_2O_2 或过氧化脲；显色剂 B：0.1%盐酸溶液(pH≤3.0)+0.4 mg/mL TMB+0.5 mmol/L EDTA。A 和 B 等量混合后组成工作液，2～8℃存放备用。

(2)OPD 配制方法：底物保存液：柠檬酸 4.70 g，$Na_2HPO_4 \cdot 12H_2O$ 18.42 g，加去离子水至 500 mL，常温保存。底物工作液：移取 10 mL 底物保存液加入 OPD 4 mg，待充分溶解后加入 30%(*V*/*V*)的 H_2O_2 50 μL，即成工作液，现用现配。

5. 洗涤液、稀释液及终止液配制

在 ELISA 诊断试剂中，常用的稀释液为 0.01 mol/L PBS(pH 7.4)，为提高试剂稳定性可添加一定量的稳定剂。常用的洗涤液为 0.01 mol/L PBS(pH 7.4)+0.5%吐温-20。常用的反应终止液为 2 mol/L 浓硫酸。以上试剂均需进行无菌处理，于 2～8℃低温保存。

6. 阳性对照品和阴性对照品制备

(1)阴性对照：需采用与待检样品具有同源性和同质性，又不含有待检抗体或抗原的物质。阴性对照的制备是无菌采取 SPF 或非免疫非感染动物血液、分离血清，冻干或冷冻保存备用。

(2)阳性对照：需采用与待检样品具有同源性和同质性，含有待检抗体或抗原的物质。阳性对照的制备方法是无菌采取免疫 SPF 动物或免疫非感染动物血液、分离血清，冻干或冷冻保存备用。

7. 试剂盒组装

将标记抗原或标记抗体、稀释液、洗液、阳性对照、阴性对照、酶标板等组装成 ELISA 试剂盒，经标化复核检验合格保存备用。

四、胶体金诊断试剂制备技术

(一)基本原理

免疫胶体金技术是以微孔滤膜为固相载体，包被已知抗原或抗体，加入待测样本后，经微孔膜的渗滤作用或毛细管虹吸作用使标本中的抗体或抗原与膜上包被的抗原或抗体结合，再通过胶体金标记物与之形成红色的可见结果，目前常见的有两种形式：一种是斑点金免疫渗滤试验(Dot immunogold filtration assay，DIGFA)，另一种是胶体金免疫层析试验(Colloid gold immuno-chromatographi assy，GICA)。

斑点金免疫渗滤试验是以微孔滤膜为固相载体，其上固定有已知特异性抗原或抗体，将其装入充满吸水材料的渗滤装置中，一般为扁形小盒，上有小孔，试验时将标本和金标结合物先后滴加在膜上，通过渗滤使抗原抗体在膜上发生免疫结合反应并显色。目前根据胶体金标记物的不同，反应模式有 3 种：间接法、夹心法及竞争法。

胶体金免疫层析试验是将已知的特异性抗原或抗体固定在膜上作为检测带，胶体金标记物干燥在玻璃纤维的结合释放垫上，其一端与膜相连，另一端与样品垫相连，膜的另一端连有吸水垫。当加入液体样品后，样品通过毛细管的扩散作用向前移动，并通过含标记物的玻璃纤维使标记物重新水化，与胶体金标记物相互反应，然后一起向前泳动，至检测线，这样标记物与待测物的复合物就会被检测线截获，而出现明显的红色结果，如果样品不含待测物，则会和游离标记物一起越过检测线到达质控线，金标抗体和质控线的相应抗体结合形成可见的红色条带。目前，根据胶体金标记物的不同，反应模式有 3 种：间接法、夹心法及竞争法。

(二)制备技术要点

1. 抗原抗体生物原料(优质原料是优质产品的保证)

(1)抗体：①来源差异：鼠抗、兔抗和羊抗。②种类差异：单抗、多抗。③腹水的处理：饱和硫酸铵沉淀法。④特异性：亲和层析柱。⑤溶解液：不含盐，如 PB。

(2)抗原：天然抗原、重组抗原、合成抗原、偶联抗原物质(BSA、OVA 等)。

2. 胶体金免疫层析技术

(1)胶体金的制备：采用柠檬酸三钠还原法来制备胶体金溶液。用容量瓶量取 100 mL 的三蒸水，倒入规格为 500 mL 的平底烧瓶中，将烧瓶放在磁力加热搅拌器的加热套内，放入磁力搅拌子，打开搅拌旋钮至适当速度；取出 1.0 mL 三蒸水，加入 1%氯金酸溶液 1.0 mL，打开加热旋钮，加热至沸腾；一次性迅速加入 1%柠檬酸三钠溶液 1.8 mL，在 2 min 内溶液颜色由黄变灰再变黑最后变红，继续加热 15 min，关掉加热旋钮，自然冷却至室温；最后用三蒸水将胶体金溶液定容至 100 mL，4℃保存备用。

(2)胶体金颗粒的鉴定：将上述制备好的胶体金溶液于 4℃ 2 000 r/min 离心 15 min，去除可能存在的聚沉物。用紫外-可见分光光度计对去除聚沉物的胶体金溶液在紫外-可见光范围内(400～600 nm)进行扫描，获得胶体金紫外-可见光吸收光谱，测定最大吸收波长、吸光值。同时在透射电镜下观察胶体金颗粒的大小是否均匀一致，有无椭圆形及多角形。拍片放大后测量胶体金颗粒直径，取 100 个点计算胶体金颗粒的平均直径。

(3)最适标记 pH 的确定：取一系列小试管，分别加入 5 mL 胶体金溶液，用加入不同量的 0.1 mol/L K_2CO_3 调节胶体金溶液的 pH，然后在每种不同 pH 的胶体金溶液中分别加入过量标记物 SPA 100.0 μL，用封口膜封闭试管口，静置 5 min。然后每管分别加入 10%的氯化钠 1.25 mL，摇匀，静置 15 min 后于 4℃ 2 000 r/min 离心 15 min。取上清用紫外-可见分光光度计测波长在 520 nm 处的吸光值。以在 520 nm 处吸光值最大的胶体金溶液 pH 为最佳标记 pH，进而可获知调节胶体金溶液最佳标记 pH 所用的 0.1 mol/L K_2CO_3 的量。

(4)最适标记量的确定：取一系列小试管，分别加入 5 mL 胶体金溶液，用 0.1 mol/L K_2CO_3 调节胶体金溶液至最适 pH，分别加入不同体积的标记物 SPA，充分混匀。静置 5 min 后每管分别加入 10%的氯化钠 1.25 mL，摇匀，静置 15 min 后，于 4℃ 2 000 r/min 离心 15 min。取上清用紫外-可见分光光度计测波长在 520 nm 处的吸光值。以 520 nm 处出现最大吸光值时对应的单克隆抗体用量为最适标记量。

(5)金标探针的制备与纯化：于 50.0 mL 的小烧杯中加入 20.0 mL 的胶体金，用 0.1 mol/L K_2CO_3 调 pH 至最佳标记 pH，在搅拌的状态下缓慢加入最适标记量的 SPA，搅拌 30 min；加入 5 mL 5%BSA 至终浓度为 1%，继续搅拌 30 min；4℃放置 2 h 后，将上述胶体金标记物抗体转移至 30.0 mL 的离心管中，以 2 000 r/min 离心 15 min，吸出上清，弃沉淀；以 8 000 r/min 离心 45 min，弃去上清夜，加入标记洗涤液至原体积；以 10 000 r/min 离心 30 min，弃去上清液，加入标记洗涤液至原体积；以 10 000 r/min 离心

30 min，弃去上清液，沉淀用 5.0 mL 标记洗涤液重悬，置 4℃冰箱备用。

(6)封闭液的选择：用来制备金标垫的玻璃纤维垫需要经过封闭液的处理；未处理的玻璃纤维垫释放金标物的能力不佳，反应背景较深。可选用主要由 0.01 mol/L PBS (pH 7.4)、BSA、PVP K-30、吐温-20、PEG-20000 组成的封闭液。

(7)样品垫、金标垫的制备

①样品垫的制备：将封闭液均匀涂抹在已切割好的吸水垫上，然后放入 37℃干燥箱烘干过夜。将干燥后的样品垫室温密封干燥保存备用。

②金标垫的制备：将封闭液均匀涂抹在已切割好的玻璃纤维膜垫上，然后放入 37℃干燥箱烘干过夜；将浓缩好的金标液用标记洗涤液稀释至 4 倍；用稀释好的金标液均匀涂抹干燥好的玻璃纤维膜垫；将涂好的玻璃纤维膜垫真空冷冻干燥抽干；抽干后的金标垫室温密封干燥保存备用。

(8)点样：以不同浓度纯化荚膜多糖和猪 IgG 分别作为检测线和质控线试剂。将 2 种试剂分别点在硝酸纤维素膜(NC)上，点样的速度为 1.0 μL/cm。37℃干燥 1 h，4℃密封保存备用。

(9)试纸条组装：将样品垫、金标结合垫、已经点过检测线和质控线的 NC 膜和吸水垫依次粘贴在塑料底板上，如图 6.20 所示。

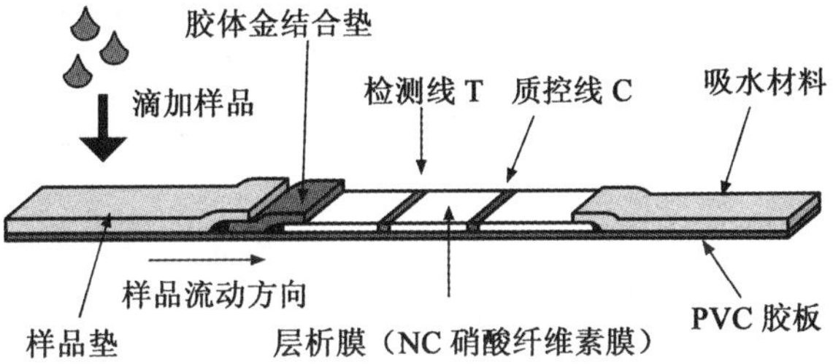

图 6.20 试纸条的组装

(10)试纸条的测试：先用 0.01 mol/L PBS(pH 7.2)将已知的标准猪链球菌阳性血清、待检猪血清倍比稀释后分别加入组装的试纸条，同时做 PBS 对照。观察金标复合物通过在 NC 膜上的流动，检测线和质控线同时出现红线表示阳性结果；只有质控线出现红线表示阴性结果；质控线未出现红线表示该试纸条失效。

3. 斑点金免疫渗滤试验

(1)～(6)同上述胶体金免疫层析技术(1)～(6)。

(7)检测盒的组装：取直径 5 cm，高 1 cm 的塑料小盒，在盒上开几个孔径为 0.6 cm 的小孔，盒中填装吸水材料，塞紧，最上层装直径为 3.5 cm，孔径为 0.45 μm 的微孔滤膜。

(8)斑点金免疫渗滤试验步骤：在小孔中央滴加待测样品，待其渗入，干燥固定，加封闭液，待其渗入，加胶体金标记物探针 SPA，待其反应后，加入洗涤液洗脱，如在小孔中央的膜上出现红色斑点即为阳性，反之为阴性，同时做空白对照。

五、PCR 诊断试剂盒制备技术

(一)基本原理

提取的核酸在 *Taq* DNA 聚合酶的作用下，经高温变性、低温退火、中温延伸的循环，使特异性DNA片段的基因拷贝数放大1倍。经过30个循环，最终使基因放大数百万倍。将扩增产物进行电泳，经溴化乙锭染色后，在紫外灯照射下，肉眼可见DNA片段的扩增带。

（二）引物的设计

（1）设计引物：①查阅自己所需要基因的研究状况，将各个相近或相关物种的氨基酸序列进行比对。②对所找到的序列进行多序列比对，所有序列的共有部分将会显示出来。③确定正向引物和反向引物的位置，应该尽可能包括所有的保守序列。④利用软件设计引物，确定合适的引物位置。

（2）合成引物：将设计好的引物发到相应的公司进行合成。

（3）引物的稀释与保存：合成好的引物，先瞬离一下，然后打开盖，用DEPC水稀释成10 pmol，保存于－20℃备用。

（三）制备技术要点

（1）DNA模板的制备：①取离心上清液535 μL，加入10％SDS溶液60 μL，蛋白酶K（25 mg/mL）5 μL，37℃放置3～4 h或55℃放置1 h。②加等体积（600 μL）的酚∶氯仿（1∶1）混合物抽提，12 000 r/min离心5 min。③取上清加入等体积的氯仿∶异丙醇（24∶1）抽提，12 000 r/min离心5 min。④取上清加入2倍体积的无水乙醇和1/10体积的3 mol/L醋酸钠，混匀，室温30 min沉淀DNA。⑤12 000 r/min离心10 min，弃上清液。⑥加入500 μL 75％乙醇洗涤沉淀的DNA，12 000 r/min离心10 min，弃上清，晾干核酸DNA，加入30 μL灭菌水溶解，备用。

（2）RNA模板的制备：①取200 μL离心上清液，移入新的1.5 mL灭菌EP管中，加入400 μL Trizol，反复颠倒几次混匀，室温放置5～10 min。②加入200 μL氯仿，漩涡振荡15 s混匀，室温下放置2～3 min。③12 000 r/min离心10 min，取上层水相（注意：切勿吸取到两相之间的杂质），转移到一个新的EP管中，再加入等体积异丙醇混匀，室温放置10 min。④12 000 r/min离心10 min，弃去上清，加入75％乙醇700 μL，充分洗涤沉淀RNA后，12 000 r/min离心5 min，小心吸去上清（注意：严格防止RNA丢失）。⑤用洁净吸水纸吸干管壁的75％乙醇，室温放置2～3 min。用20 μL DEPC水溶解，即为模板，即用或－70℃冻存备用。

（3）阳性对照样品的处理：阳性对照样品送至检测实验室后，取1～4 g于无菌研钵，研磨并用Hanks液或PBS稀释成1∶4乳剂，分装1.5 mL灭菌EP管，反复冻融2～3次，3 000 r/min离心5 min，然后12 000 r/min离心5 min（血清可直接进行检测，无需冻融）。

（4）反转录（RT）：RNA需要经过反转录成cDNA，才能进行PCR。反转录体系（以10 μL体系为例）：5×Reverse transcriptase buffer 2.0 μL，dNTP（2.5 mmol/L）2.0 μL，引物1.0 μL，模板4.0 μL，AMV反转录酶0.5 μL，RNase inhibitor 0.5 μL。反转录条件：42℃ 60 min，70℃ 10 min灭活反转录酶。

（5）PCR扩增体系（以25 μL体系为例）：10×PCR缓冲液（含$MgCl_2$）2.5 μL，dNTP（2.5 mmol/L）2.0 μL，引物1 0.5 μL，引物2 0.5 μL，模板3.0 μL，*Taq*酶0.5 μL，灭菌水16 μL。PCR扩增条件：根据引物的不同，选择合适的反应条件。

（6）电泳观察结果：称取1 g琼脂糖于100 mL 1倍稀释的电泳缓冲液中，于微波炉中熔解，加入5 μL溴化乙锭混匀。在电泳槽中放好梳子，倒入琼脂糖凝胶，凝固后将梳子取出，将扩增产物 6 μL 混合 1 μL 上样缓冲液，点样于上样孔中，以 120 V 电压进行电泳，15 min 后在紫外凝胶成像系统观察结果。

(7)结果判定：试验结果若为阳性，会扩增出目的条带；若为阴性，则没有目的条带。

(8)PCR 试剂盒的组装：将合成引物、模板、*Taq* 酶、阳性对照等组装成 PCR 试剂盒，经标化检验合格后保存备用。

第五节　治疗用动物生物制品的制备技术

作为动物疫病预防控制的有力武器，兽用生物制品在畜牧业的发展中发挥着越来越重要的作用。而随着科学技术的飞速发展，兽用生物制品也发生了翻天覆地的变化，新技术、新方法的不断出现和广泛应用，为中国兽用生物制品的发展进步提供了强大的助力。兽用生物制品可以分为以下 4 类：①预防用生物制品；②治疗用生物制品；③诊断检测用生物制品；④免疫调节类生物制品。其中，治疗用生物制品包括抗血清、高免蛋黄抗体、免疫球蛋白及干扰素等。各种生物制品的种类比较多，但是有些产品的质量却不是很高，有待于进一步改进。本节就治疗用生物制品中的抗血清及其在最近几年的研究应用进展做一介绍。

一、高免血清的制备技术

抗血清又称高免血清或抗病血清，是一种含有高效价特异性抗体的动物血清。抗血清包括抗毒素、抗菌血清、抗病毒血清。抗毒素血清是用细菌类毒素或毒素免疫异源动物所取得的血清，如破伤风抗毒素；抗菌血清是用细菌免疫异源动物所取得的血清，如抗炭疽血清；抗病毒血清是用病毒免疫异源动物所取得的血清，如抗猪瘟血清。

(一)抗血清的发展历程

2 个世纪前，人们将白喉杆菌培养上清中分离到的可溶性毒素注入马体内，得到的抗血清可以治疗白喉，这是第 1 个用抗体治疗的例子。经过 200 多年的发展，人们已经可以通过各种免疫手段来获得针对毒素、病毒、细菌乃至癌细胞的特异性抗体。在中国，抗血清的研究利用也比较早。20 世纪初，当时的中华民国筹建第 1 个血清所——青岛商品检验局血清所，一直到抗日战争的先后 20 年中，研究和生产了多种兽用抗血清，有牛瘟抗血清、猪瘟抗血清、猪肺疫抗血清、牛出败抗血清、禽霍乱抗血清、猪丹毒抗血清等。建国后，经过近 60 年的发展，抗血清的研究和应用也已经相当成熟。目前，对血清抗体的研究已进入新的发展阶段，即免疫球蛋白的研究和应用(宁宜宝等，2001)。

(二)产品及技术现状

据 2005 年新版的《中华人民共和国兽药典》(以下简称“兽药典”)可知，国家已经批准生产应用的抗血清有：抗气肿疽血清、抗炭疽血清、抗绵羊痢疾血清、抗猪羊多杀性巴氏杆菌病血清、抗猪瘟血清、破伤风抗毒素、抗猪丹毒血清等，以及抗犬瘟热血清、抗细小病毒病血清等“非兽药典”产品。与抗血清相并列的高免卵黄抗体也比较成熟，现在批准上市的产品有小鹅瘟精制蛋黄抗体、鸭病毒性肝炎精制蛋黄抗体、鸡传染性法氏囊病精制蛋黄抗体，其中前2种在兽药典中已有详细的质量标准。而针对于动物疫病的免疫球蛋白，在市场上还没有相关的产品。国外抗体方面的研究和应用比国内要早，且已经上市的产品比国内的产品更多更全面。相对于人的治疗性的抗体产品，动物的抗血清产品也显得相对不足。

虽然抗体产品比较少，但专利技术却比较多。经国家知识产权局专利查询网站查实，到目前为止，已经公布的动物性抗血清的专利技术已有20余种，卵黄抗体的专利技术40多种，免疫球蛋白的专利技术也近20种。而查询美国知识产权局的网站得知，近10年美国在抗血清相关方面的专利有10多项。

（三）制备要点及相关技术的研究进展

抗血清，无论是在科学研究中还是在应用实践中，它都起着很大的作用。如在研究中，可用作标准阳性血清；在临床应用中，则是一种很好的治疗性抗体。抗血清的制备技术虽说目前比较成熟，但是还会在不同层面上出现各种各样的问题。

1. 抗血清的作用及其制备理论

特异性抗血清可提供相应疫病短期（1～2周）的被动免疫，效果确实，广泛使用于疫病早期治疗和疫病流行早期与未感染动物的短期预防，也可抑制引起器官移植死亡的淋巴细胞活动，特异性抗血清还可用于疾病诊断与微生物鉴定。但存在剂量要求大，保护期短，价格昂贵等缺点，而且需在隔离条件下进行，以防散毒。通常对紧急预防的动物，仍需进行常规的免疫接种。

抗血清既可以利用病原微生物抗原免疫同种或异种动物后采血提取血清制备，也可以提取耐过的自然感染动物血清制造。通常是给动物适当反复多次注射特定的病原微生物或其代谢产物等物质（抗原、免疫原），促使动物不断产生免疫应答反应（体液免疫与细胞免疫），从而使血清中含有大量相应的特异性抗体，然后采（放）血、分离血清制成。具体的制备过程，各种疾病略有不同，已有大量的文献报道。

2. 抗血清的制备技术要点及研究进展

（1）动物的选择：抗血清制备的第一步，也是比较关键的一步是免疫动物的选择。可作为免疫用的动物多为哺乳类和禽类，主要有家兔、绵羊、马、牛、猪、驴、豚鼠和鸡等，其中试验常用家兔、绵羊、鸡和豚鼠。大批抗血清多是用马、牛生产的，因为一般情况下马、牛具有产量大、成本低、饲养管理方便等优点，在高免中不受接种途径、接种量与接种次数的限制。最好选择年龄3～8岁（或3～10周岁的阉牛）经检疫健壮的马、牛进行，且能经采血后继续高免循环利用（张振兴等，1996）。

根据报道的研究文献，结合对抗血清制备研究的经验，在选择动物时要注意以下几个方面：①抗原与动物种系的关系：动物性抗原的免疫原性，随动物种系远近而有差别。近缘动物的蛋白质免疫原性弱，反之则强。因此选择动物时应选用亲缘关系较远的动物。②抗血清的用量：根据所需要免疫血清的量，来选择免疫动物。如是经常大量使用，选择免疫动物时则应选择大动物；若所需的免疫血清量不大，则以选择小动物为宜。③动物的个体状态：用于免疫的动物必须是适龄、健壮、无感染的动物。免疫过程中应特别注意营养和卫生管理。注射抗原1个月后，动物仍无良好的抗体反应，或在规定注射日程后抗体效价不高，可再注射1～2次，若仍不佳者立即淘汰（王明俊等，1996；姜平等，2003）。

(2)免疫原制备:选择具有良好反应原性和免疫原性的抗原,是制备优质抗血清的基础;而制备优良抗原的关键是选择优良的菌(毒)株,所以应挑选形态、培养、生化特性、血清学与抗原性、毒力等具有典型性的菌(毒)株作为抗原制造用毒株。抗原制备方法随免疫途径、程序、毒株的特性而异。而按照病原性区分,可分为两类:一类是病毒性抗血清,一般是用本动物的含毒组织(发病鸡胚或病变细胞)作抗原,首先把强毒接种本动物(鸡胚或细胞),使其发病(或病变),采取其含毒性组织(发病鸡胚或病变细胞)作为抗原,注射于免疫动物。另一类是细菌性血清,是用抗原性好的强毒或弱毒菌种,接种于规定培养基内,于37℃培养,细菌发育良好者,经纯粹检验后用作抗原(张振兴等,1996)。

(3)免疫接种:由于病原体的特点、免疫机理等不同,其制备抗血清的免疫方案也不尽相同,即使是同一疫病,也有不同的免疫方案;而且用不同的免疫方案制备的抗血清,其效价亦有差异。因此,为了获得高效价的免疫抗体,动物的免疫程序一般分为基础免疫与高度免疫。基础免疫一般是注射疫苗,然后再以递增量强毒抗原进行高免;或者用佐剂抗原进行连续免疫。每次注射剂量,要随着注射次数的增加而增加。接种抗原的次数和剂量,应根据制造抗血清的品种和动物健康状况加以调整。为了获得效价高的抗血清,动物饲养条件必须保持良好。免疫剂量、次数、间隔,在各种抗血清制造中差异极大,如抗猪丹毒血清全程要注射抗原20次,历时60～100 d;抗猪瘟血清要注射6次以上,全程约50 d,且以获得高抗体效价为佳。

(4)血清抗体的检测:免疫程序接近结束时,测定血清的抗体效价,如果效价已达规定的要求,即可视作免疫成功,开始采血。若经试血,血清效价不合格,则可继续增加注射抗原次数或剂量,如再试血仍不合格,应将动物淘汰。

测定免疫血清效价是及时掌握采血时机的重要步骤。在"兽药典"中规定了各种血清抗体的检测方法。目前,关于抗体效价不同检测方法的报道也很多,有血凝试验和血凝抑制试验、间接ELISA试验、斑点ELISA试验、琼脂扩散试验等。

(5)血清采集与提取:通常在末次免疫后7～10 d采血样检测抗体效价,抗体滴度达到要求后再按体重采血(10 mL/kg)。不论免疫动物是大动物或小动物,采血方法均分一次放血和多次放血法2种:①一次放血:绵羊或其他大动物可用颈动脉放血,家兔、豚鼠和鸡等小动物则可通过心脏直接采血;②多次少量放血法:大动物可通过静脉采血,小动物可通过心脏采血,在第1次采血后35 d可进行第2次采血,经3～5 d后进行第2个免疫程序。注意,动物采血应在上午空腹时进行,提前禁食1 d,可避免血中出现乳糜而获得澄清的血清。

血清提取常采用自然凝固加压法和枸橼酸盐血浆分离血清法。在操作过程中,应该注意的是,血清的分离应在无菌条件下进行,并应尽量防止溶血。采血用的器械、容器等用前要进行灭菌,以无菌操作采血,分离的血清加防腐剂,经检验合格后分装保存。

3. 抗血清的检验

按照《中华人民共和国兽用生物制品质量标准》(以下简称"质量标准")的要求,每一种生物制品都需要进行检验(农业部,2001)。抗血清的检验包括物理性状检验、无菌检验、支原体检验、外源病毒检验、安全检验、效力检验和苯酚或汞类防腐剂残留量测定。物理性状检验、无菌检验、支原体检验、外源病毒检验均按"质量标准"中成品检验的有关规定进行。其中,外源病毒检验时检查的病毒有:①禽类:鸡传染性支气管炎病毒、鸡新城疫病毒、禽腺病毒、A型禽流感病毒、鸡传染性喉气管炎病毒、禽呼肠孤病毒、鸡传染性法氏囊病病毒、禽网状内皮组织增生症病毒、鸡马立克氏病病毒、禽淋巴白血病病毒、禽脑脊髓炎病毒、鸡痘病毒;②家畜:牛病毒性腹泻/黏膜病病毒、伪狂犬病病毒、猪细小病毒、猪瘟病毒、蓝舌病病毒、马传染性贫血病毒、狂犬病病毒。安全检验通常用体重 18～22 g 的健康小白鼠 5 只,各皮下注射血清 0.5 mL,用体重 250～450 g 的健康豚鼠 2 只,各皮下注射血清 10 mL,观察 10 d,均应健活。效力检验则按不同病原的抗血清规定方法和剂量进行。苯酚或汞类防腐剂残留量测定应符合兽用生物制品通则的规定。

(四)抗血清中病原体的处理

对于新制备的抗血清,如果没有对外源病原体的检测和相应的处理,则其应该是一种不合格的产品。因此,处理抗血清中的病原体(主要是病毒)成为抗血清安全性的首要问题,也是提高抗血清产品质量的一个关键环节。一般情况下,处理病毒需进行以下 3 个方面的程序:病毒排除、病毒去除和病毒灭活。

排除病毒的最主要的工作是对材料的筛选,它至少防止了抗血清分离混合物中过高的病毒负荷。而去除病毒则是确保抗血清成品安全的一个重要程序。其去除过程主要依据的是传统物理法,如膜过滤法等。膜过滤法去除病毒的原理是利用病毒颗粒体积大于膜平均孔径而使病毒载留在滤膜上。通过这一步,可使抗血清制品得到进一步纯化。

最具有技术难度的是病毒灭活技术。因为所选的灭活方法必须满足以下条件:①灭活技术本身或其致活因子与血液成分反应的产物应无急、慢性毒性作用;②不使血清成分发生变性,不产生新的免疫原,或不使长期使用者发生免疫反应性疾病;③灭活后的终产品仍然具有正常理化活性和免疫学性质;④灭活方法要简便、可行,无需大量人力、设备和空间。目前,已经开发利用的方法很多,但只有其中一些比较适合抗血清制品的病毒灭活,如亚甲蓝/光化学(MB)法、γ 射线辐照法、以核酸为靶点的光化学技术以及流体力学高压法等。

(五)抗血清的应用

几乎所有动物传染病的病原微生物(特别是细菌和病毒)及其代谢产物都可制造相应的抗血清,用于疾病的紧急预防与治疗,部分高免血清可以用于疾病诊断和病原鉴定,这在中国目前的国情下仍具有重要的经济意义。特别是针对于宠物、珍稀动物以及易患突发性疾病的动物具有非常重要的应用价值。

在疾病的紧急预防与治疗方面的作用就非常突出。目前,市场上的疫苗和治疗药物都有各自的缺点,如疫苗的免疫保护力不高,治疗药物易产生耐药性等。与疫苗和治疗药物相比,抗血清具有其无可比拟的优点。当动物接种相应抗血清后,机体迅速得到大量非自身免疫抗体,从而快速中和了侵入机体的病原,或者抵御了致病病原的攻击,如抗猪瘟血清有效地控制了猪瘟的疫情,抗犬瘟热血清对犬瘟热有独特的疗效。当前,被批准的产品还有:抗气肿疽血清、抗炭疽血清、抗绵羊痢疾血清、抗猪羊多杀性巴氏杆菌病血清、破伤风抗毒素、抗猪丹毒血清等。

(六)抗血清研究及应用中的问题及解决方案

首先是抗血清产品的安全性问题。要使一种抗血清成为合格产品面市,必须保证制备的抗血清安全,无外源病原。如何清除抗血清中的外源病原则是目前抗血清研究应用中面临的一个难题，这就需要各种病毒处理技术去解决。病毒处理技术已经在上面介绍过。但是，还需要发展更有效的处理技术。其次是抗血清抗体效价降低的问题。血清抗体效价在很多情况下都会降低，如血清处理、保存血清的温度、期限等。在处理血清过程中，如外源病原处理时，难免会影响血清抗体效价，因此，一种有效且不造成抗体效价改变的病原处理方法将是以后的一个研究方向。

再就是抗血清本身具有的缺点，如用量大、成本高、质量低等。鉴于此，提高抗体表达量、降低生产成本以及提高产品质量等问题将成为以后解决的重点。综上所述，动物抗血清制备的常规技术已经比较成熟，但目前市场上的产品却很少，主要是因为安全性问题、抗体效价变化以及抗血清的缺点造成的。因此，以后的研究重点也将集中在这些方面。经研究和临床应用表明，抗血清在特殊的情况下具有很重要的治疗价值，如治疗宠物、珍稀动物等的疾病，以及用于重大疫病的突发性事件的应对和预防，可见，抗血清产品还是具有很大的市场潜力。随着生产抗体的新方法的不断出现、抗体生产工艺的日趋成熟，抗血清的研究和应用将迈入新的阶段。因此，可以相信在不久的将来，抗血清处理技术将会更加完善，动物性免疫球蛋白将应用于临床，新技术抗体研究将成为热点，如基因工程抗体、小分子模拟抗体等（王占伟等，2008）。

二、高免卵黄抗体制备技术

免疫血清和卵黄抗体是紧急预防和早期治疗相应传染病的有效制剂。为了降低成本，增加产量，提高治疗效果，对健康母鸡进行法氏囊病高度免疫，取其卵黄来防制法氏囊病，不但省去杀鸡分离血清的麻烦，而且具有产量高、效果好、价格便宜等优点。现以法氏囊病为例，简要阐明高免卵黄抗体的制备。

1. 制造用鸡的选择

选择健康的蛋鸡，隔离饲养观察 1 周后无特殊反应者，方可免疫。

2. 疫苗免疫与检测

通常使用组织灭活苗，其制备过程如下：

(1)制备鸡的选择：选 40～50 日龄 SPF 鸡，用通过 SPF 鸡传代的野毒滴鼻、点眼，每只鸡接种 0.2～0.3 mL，在 48～72 h 死亡的鸡，无菌采集其法氏囊，并作病变观察，将病变典型的法氏囊低温保存备用。

(2)制苗：取 10 g 病料加 100 mL 0.5%甲醛生理盐水，匀浆、冻融、过滤，滤液加 8%甘油，置 37℃ 18～24 h 灭活，即为水剂灭活苗，也可加白油等佐剂，制成油乳剂灭活苗。

(3)无菌检验：取灭活苗 0.5 mL 接种于普通琼脂斜面及厌氧肉汤培养基各 1 支，于 37℃培养 48 h，应无菌生长。

(4)安全试验及保护试验：经无菌检验合格的灭活苗，给 40～50 日龄 SPF 鸡或未经法氏囊疫苗免疫过的健康鸡，肌肉注射、滴鼻、点眼，每只接种 0.3～0.5 mL，观察半个月，无法氏囊病发生者，可用 1∶10 强毒 0.5 mL/只攻毒，观察 10～14 d，无发病者为安全有效。免疫程序：第一次免疫，每只鸡肌肉注射 1 mL，经 7～10 d 后进行第二次免疫，每只鸡 2 mL，7 d 后用琼脂扩散方法测定卵黄抗体效价，如已达到 1∶64 以上，即可收集高免蛋，如效价不高，可隔 7～10 d 进行第三次加强免疫。

3. 高免卵黄抗体的制备

(1)高免蛋的处理：高免蛋用 0.1%新洁尔灭溶液浸泡 5 min，洗涤干净，放入无菌室晾干备用。

(2)分离卵黄：无菌操作，打破蛋壳，分离蛋黄。

(3)卵黄匀浆：收集的蛋黄置无菌的组织匀浆器中，加等量灭菌生理盐水，并加入青霉素、链霉素、硫柳汞，匀浆、过滤，分装消毒瓶内，4℃冷藏备用。

4. 高免卵黄抗体的检验

(1)无菌检验：取 0.5 mL 高免卵黄抗体，分别接种于普通琼脂斜面和厌氧肉肝汤培养基，37℃培养 24～48 h，应无细菌生长。

(2)安全检验：取 30 日龄健康鸡 10 只，每只鸡肌注卵黄抗体 2 mL，观察 5～7 d，应无任何不良反应。

(3)中和试验：取 30 日龄健康鸡 20 只，随机分成 2 组。试验组每只鸡皮下或肌肉注射野毒和卵黄抗体(1∶10)混合液 1 mL，观察饲养 10～15 d，应全部存活，对照组每只鸡皮下或肌肉注射野毒 1 mL，观察 10～15 d，应部分或全部死亡，剖检后出现典型病变。

(4)卵黄抗体效价测定：用琼脂扩散反应测定，抗体效价应在 1∶64 以上。

三、单克隆抗体的制备技术

单克隆抗体的制备技术见第五章第二节。

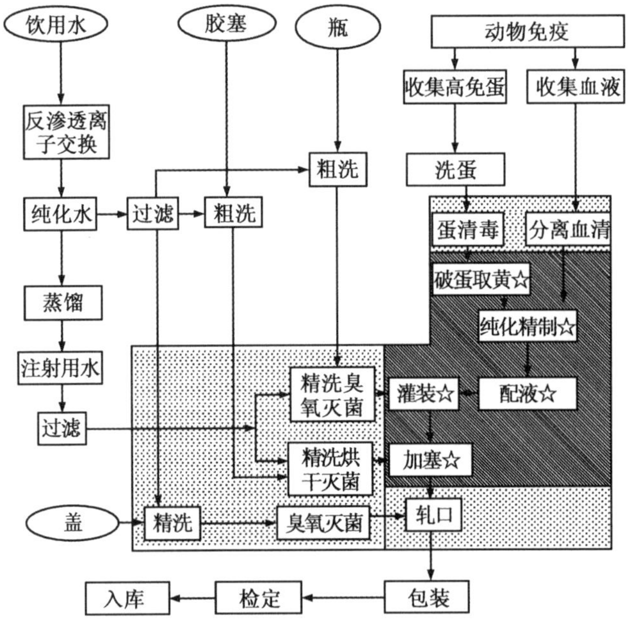

图 6.21 治疗用生物制品制备工艺流程及环境区域划分

注：☆：100 级或局部 100 级；[斜线图例]：10 000 级区；[点状图例]：100 000 级区。

(沈志强 山东省滨州畜牧兽医研究院)

第七章 动物生物制品的质量管理与控制

生物制品是应用传统的或以基因工程(Genetic engineering)、细胞工程(Cell engineering)、蛋白质工程(Protein engineering)、发酵工程(fermentation engineering)等生物技术获得的微生物(细菌、病毒、噬菌体、立克次体、寄生虫等)、细胞及各种动物和人源的组织和体液等生物材料制备,并用于疾病预防、治疗和诊断的药品。动物用生物制品包括细菌类疫苗(含类毒素)、病毒类疫苗、抗毒素及免疫血清、血液制品、细胞因子、体内及体外诊断制品以及其他活性制剂(包括毒素、抗原、变态反应原、单克隆抗体、重组 DNA 产品、抗原-抗体复合物、免疫调节剂、微生态制剂等)。

动物用生物制品是兽医药品的一大类别,但动物用生物制品的起始材料都具有生物活性,其制备过程是无菌操作的生物学过程,并以生物学技术和分析技术来控制其原材料、中间品及成品的质量。因此,应根据动物用生物制品生产和质量管理的固有特性,对动物用生物制品的特殊要求进行规定。

基于生物制品的特点,WHO、欧洲共同体和美国等国家和国际性组织,在制定《药品生产质量管理规范》之后,WHO 于 1992 年颁布了《生物制品生产质量管理规范》,1994 年又颁布了《生物制品生产企业 GMP 检查指南》。美国 FDA 于 1991 年颁布《生物技术产品检查指南》。欧洲共同体在其《药品生产质量管理规范》后面编写了附录 2"人用生物制品"。国际药品检查互相承认公约(PIC)的《药品生产质量管理规范》后面也增加了附录 7"人用生物制品"。

中国虽然尚未单独制定动物用生物制品生产质量管理规范,但在 2002 年修订的《兽药生产质量管理规范》附录 5"兽用生物制品"中,按照兽用生物制品的生产和质量控制特点,补充规定了兽用生物制品的特殊要求。随着中国兽用生物制品 GMP 的发展和提高,有必要对《兽药生产质量管理规范》中"兽用生物制品"附录进行修订。

国家及其从业者应对动物生物制品的生产、质量控制、流通和使用引起高度重视。传统兽医药品通常使用重复性好的化学和物理技术进行生产和质量控制。动物用生物制品的生产涉及生物过程和生物材料,如细胞培养方法、活生物体材料提取的方法等。这些生产过程存在固有的可变性,因而其产品的范围和特性也存在不确定性。动物用生物制品质量控制涉及的生物学方法,较物理、化学测定方法具有更大的可变性。动物用生物制品生产过程控制至关重要,生产过程的某些缺陷和不足往往不能通过成品检测发现。基于以上考虑,从使用活性成分开始,动物用生物制品生产的全过程应严格按《兽药生产质量管理规范》要求进行。

第一节　动物用生物制品的GMP管理

一、兽药GMP的概念

GMP是英文Good Manufacturing Practice for Drugs的缩写，可直译为“优良药品的生产实践”。国际上药品的概念包含兽药。中国的《药品GMP》是《药品生产质量管理规范》的简称。

《兽药GMP》是《兽药生产质量管理规范》的简称。《兽药GMP》是兽药生产的优良标准，是在兽药生产全过程中，用科学合理、规范化的条件和方法来保证生产优良兽药的整套科学管理的体系。《兽药GMP》实施的目标就是对兽药生产的全过程进行质量控制，以保证生产的兽药质量是合格优良的。

GMP是世界制药工业界一致公认的药品（包括兽药）生产必须遵守的准则，日本、澳大利亚等国家早已作为制药行业必须执行的法规正式颁布实施。

二、GMP的历史背景及其发展概况

（一）历史背景

GMP是从药品生产实践中获取经验教训的总结。人类社会在经历了12次较大的药物灾难，特别是20世纪出现了最大的药物灾难“反应停”事件后，公众要求对药品制剂严格监督的法律。在此背景下，美国于1962年修订了《联邦食品药品化妆品法》（Federal Food Drug Cosmetic Act）。

最早的GMP是由美国坦普尔大学6名教授编写制定的，1963年美国国会第一次颁布了第一部GMP，美国FDA（Food and Drug Administration，即食品药物管理局）经过实施GMP，确实收到实效。1967年WHO（世界卫生组织）在《国际药典》（1967年版）的附录中收载了GMP。1969年第22届世界卫生大会时，WHO建议各成员国的药品生产采用GMP制度，以确保药品质量和参加“国际贸易药品质量签证体制”（Certification Scheme on the Quality of Pharmaceutical Products Moving in International Commerce，简称“签证体制”）。1975年11月WHO正式公布GMP。1977年第28届世界卫生大会时，WHO开始向成员国推荐GMP，并确定为WHO的法规之一。GMP经过修订后，收载于《世界卫生组织正式记录》第226号附件12条中。从此，GMP正式进入世界，成为全世界公认的药品生产必须遵照执行的法规。此后，美国、日本和大多数欧洲国家开始宣传、组织、起草本国的GMP，欧洲共同体委员会颁布了欧共体的GMP。迄今为止，全世界已有100多个国家实施了GMP制度。其后WHO、欧共体、美国、东南亚国家联盟、中国台湾省等国家、地区颁布的GMP都明确规定，兽药生产也必须执行（GMP），澳大利亚在1999年还颁布了《兽药制剂生产质量管理规范》。

值得注意的是，一些国家、地区、国际组织、地区组织的药品生产质量规范都把兽药生产的质量管理包括在其内，并作出明确的规定；美国的现行药品生产质量管理规范

(CGMP)在总则中规定“少部分的条例包含人用或兽用药品制备的现行最低限度的药品生产质量管理规范”。

世界卫生组织(WHO)的药品生产质量规范在导言中说明“当世界卫生大会把WHO的第一版《国际贸易中药品质量签证纲要》推荐作为世界卫生大会决议时，得到了接纳并把GMP作为纲要的组成部分”。1975年《签证纲要》得到了扩充，包括：①用于食用动物的兽药品。②欧洲共同体药品生产质量管理规范在其导言中说明“所有成员国和厂家都同意适用于兽用药品生产的GMP规范要求与适用于人用药品的生产相同，在两则附件中针对兽用药品和兽用免疫药品对GMP规范作了一些细节调整”。欧洲共同体并以委员会条例的形式在其制定的GMP中颁布了《关于制定兽用药品的GMP的原则和指导方针》。③英国药品生产质量管理规范在15.1的条款中规定“兽用医药产品应按本规范所列原则生产，由于其性质及用途，对于某些兽用产品其制造条例稍不同于人用同一产品所推荐的条例，这可能是适当的。某些兽用产品，如动物大剂量外用治疗药(羊药浴液)，在人用药中无直接等同者，则在此规范其他章节关于生产厂房和设备的建议可能并不适用，但是充分的整洁、秩序及安全则总是需要的，以尽量减少配制错误、混杂和污染”。④中国台湾省“卫生署药政处”在发布的优良药品制造标准总则第三条中指出，本标准之专用名词其意义如下：除本标准有特别规定之外，系统药物商管理法第五条所称之“药品”用动物用药品管理法第三条所称之“动物用药品”。

目前，世界上只有中国和澳大利亚根据本国的实际情况，为兽药生产专门制定了《兽药生产质量管理规范》。

(二)发展概况

中国人用药品实施GMP已有20多年的历史。1982年，中国医药工业公司制定了《药品生产质量管理规范(试行稿)》，1985年编写了《药品生产质量管理规范实施指南》，1992年卫生部颁布了《药品生产质量管理规范》。为配合《药品生产质量管理规范》的颁布，中国医药工业公司在1992年对《药品生产质量管理规范实施指南》进行了修订并出版发行。1998年国家质量监督管理局对《药品生产质量管理规范》进行修订，之后又颁布了《药品生产质量管理规范实施指南》(2001年版和2009年版)。

为推动兽药行业的健康发展，保障畜牧业的持续稳定增长，保证人民身体健康，不断提高兽药产品质量，尽早与国际兽药生产管理接轨，农业部在1989年颁布了《兽药生产质量管理规范(试行)》，决定在兽药生产企业实施GMP管理，1994年发布了《兽药生产质量管理规范实施细则(试行)》。

农业部文件农牧发[1994]32号“关于发布《兽药生产质量管理规范实施细则(试行)》的通知”第四条规定“自1995年7月1日起，各地新建的兽药生产企业必须经过我部组织的GMP验收合格后，才能发给《兽药生产许可证》”。第五条规定“现有的生产企业必须按GMP要求，制定规划，并逐步进行技术改造。凡在2005年12月31日前未取得《GMP合格证》的兽药生产企业，将被吊销《兽药生产许可证》，不得再进行兽药生产”。

1998年根据农业部第28号令修改发布的《兽药管理条例实施细则》的第六条规定“新建、扩建、改建的兽药生产企业，必须符合农业部制定的《兽药生产质量管理规范》规定。现有兽药生产企业按照《兽药生产质量管理规范》规定的要求，订出规划，报所在省、自治区、直辖市农业(畜牧)厅(局)审查批准，逐步实施”。

兽药GMP的实施受到各级畜牧兽医行政管理部门和兽药生产企业的重视，许多企业制定了实施兽药GMP的规划，加强对兽药生产企业人员的培训，加快了对生产厂房、生产设备的改造步伐。到2000年，全国已有30多家兽药生产企业通过了农业部GMP检查验收。为了加快兽药GMP实施进程，2001年农业部成立了“兽药GMP工作委员会”，并组织《兽药生产质量管理规范（试行）》的修订工作，2002年3月颁布了新版《兽药生产质量管理规范》（农业部11号令）。2003年颁布了《兽药生产质量规范检查验收办法》，2010年又颁布了新版《兽药生产质量规范检查验收办法》（农业部公告1427号），2010年9月1日开始实施。到2009年全国通过兽药GMP验收的兽药生产企业达2 000多家，兽用生物制品生产企业达70多家。

三、《兽药GMP》的主要内容及基本要求

现行《兽药GMP》分为正文和附录两部分，其中正文共14章、95条，附录包括总则、无菌兽药、非无菌兽药、原料药、生物制品和中药制剂6个方面的内容。其主要内容为：

第一章　总则　说明制定《兽药GMP》的法规依据是《兽药管理条例》，同时明确《兽药GMP》是兽药生产和质量管理的基本准则。

第二章　机构与人员　规定企业应建立生产和质量机构，并规定了企业各级管理人员及生产操作和质量检验人员的素质、上岗资格及培训要求。

第三章　厂房与设施　规定企业生产环境、厂区布局、一般生产区、洁净厂房、仓储、质量检验及生产设施的要求。

第四章　设备　规定企业必须具备与所生产产品相适应的生产和检验设备，并规定设备管理和计量检定等方面的要求。

第五章　物料　对生产所需的原辅材料、包装材料的质量与使用，以及原辅材料、包装材料与成品的储存等方面的要求，做出明确的规定。

第六章　卫生　规定企业的厂区、厂房、人员的卫生要求。

第七章　验证　规定厂房、设施、设备以及生产工艺等需经验证方可投入生产。

第八章　文件　规定企业应有的各类文件及其起草、修订、审查、批准、撤销、印刷及管理的要求。

第九章　生产管理　规定了生产文件的制订和生产过程的控制和要求。

第十章　质量管理　规定了质量管理部门在兽药生产企业中的地位以及质量管理部门的各项主要职责。

第十一章　产品销售与收回　规定了有关销售的各项管理要求，重点是对售出的产品应有可追溯性，并及时回收有缺陷的产品。

第十二章　投诉与不良反应报告　规定兽药生产企业应建立兽药不良反应监察报告制度，对兽药出现不良反应、质量问题及安全问题应及时收集并上报有关部门。

第十三章　自检　规定兽药生产企业应制定自检工作程序和自检周期，并定期组织自检。

第十四章　附则　对《兽药GMP》涉及有关专业术语进行注解。

附录　列入不同类别兽药生产质量管理的特殊要求。

从某种意义上说，GMP是全面质量管理（Total quality control，TQC）在药品生产中的具体化。特点是：从事后的检验“把关”为主，转变为以预防、改进为主；从“结果”控制

变为"过程因素"控制，并要求一切操作均有据可查。GMP 是药品生产的指导准则和质量保障。

GMP 的中心指导思想是：任何药品质量形成是设计生产和检验的过程。因此，必须强调预防为主，在生产过程中建立质量保证体系，实行全面质量保证，确保药品质量。即处处防污染，事事需验证，有章可循、照章办事、有据可查。它的内容可以概括为三要素：硬件、软件和人员。

(一)硬件是基础

硬件指厂房与设施、设备等。生产环境的洁净度直接影响到药品生产的质量，这样就要求厂房应根据不同药品的生产工艺而设计成不同制剂和规格的洁净厂房，并且在经济上要达到最佳和对资源的最合理的利用。GMP 硬件部分的实施属技术进步范畴，客观上需要相应的经济实力作支撑。

(二)软件是保障

GMP 软件系统主要包括生产管理、质量管理、技术管理、厂房设施和设备管理以及物料管理等五大系统。GMP 软件系统构成按其性质可分为标准和记录两大部分，其中标准分技术标准、管理标准和工作标准，而标准操作规程(SOP)在软件系统中属于工作标准中的一类。因各国的 GMP 虽基本内容相似，但 GMP 并没有具体到每一个企业应当如何做的地步，这就要求每个企业必须制定出各自实施规范的具体规定和要求，这些通常包括在标准操作规程内，比如在操作岗位中，做到"一平"、"二净"、"三见"、"四无"，即：工房四周平整光洁；玻璃、门窗净，地面通道净；轴见光、沟见底、设备见本色；无油垢、无积水、无杂物、无垃圾。因此，SOP 是 GMP 规范中有关内容在某一特定企业的具体规定，是企业认识和实施 GMP 水平的具体体现。随着中国制药企业对 GMP 的认识不断加深，制定的 SOP 也向合理、合规、可操作上迈出了一大步。

通过贯彻 GMP，企业已将所有制造过程的行为通过起草、审核、批准执行的文件，以及各项制度和程序予以法制化，如药品生产必须依据批准的工艺规程，按规定的处方、批量和制法进行；依据工艺规程制定批指令和生产记录，用以记载单批的生产历史和与生产质量相关信息；工艺规程、批记录不得随意修改，需按文件规定程序进行修订并履行审批手续。通过这些措施和企业的自检、上级监督管理机构的审核，企业不断地进行纠偏和持续改进，使药品制造全过程中可能存在的污染、混淆、差错等质量风险降低到最低程度。这就是我们为什么要实施 GMP 的意义所在。不言而喻，GMP 也是我们防止质量风险的最有效法规和手段。

(三)人员是关键

最初人们并没有认识到这一因素在实施 GMP 过程中的重要性。随着改革开放，各行各业快速发展，越来越多的制药企业认识到：在 GMP 硬件、软件和人员这三大要素中，人是主导因素，软件是人制定、执行的，硬件是靠人去设计、使用的。离开高素质的"GMP 人"，再好的硬件和软件都不能很好地发挥作用。越来越多的制药企业认识到：必须按要求对各类人员进行行之有效的教育和培训，首先树立良好的职业道德观，要像抓软、硬件建设工作那样，抓好"GMP 人"素质提高的建设工作，通过贯彻 GMP，培养和建立一批具有 GMP 意识——包括法规意识、质量意识、规范操作意识、质量保证意识、持续改进意识的人员，养成良好激励和约束并存的习惯：职业习惯、卫生习惯、学习习惯。

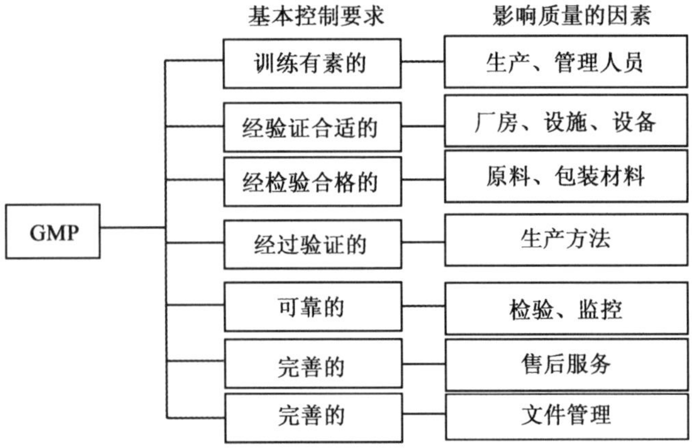

图 7.1　GMP 的基本要求和影响因素

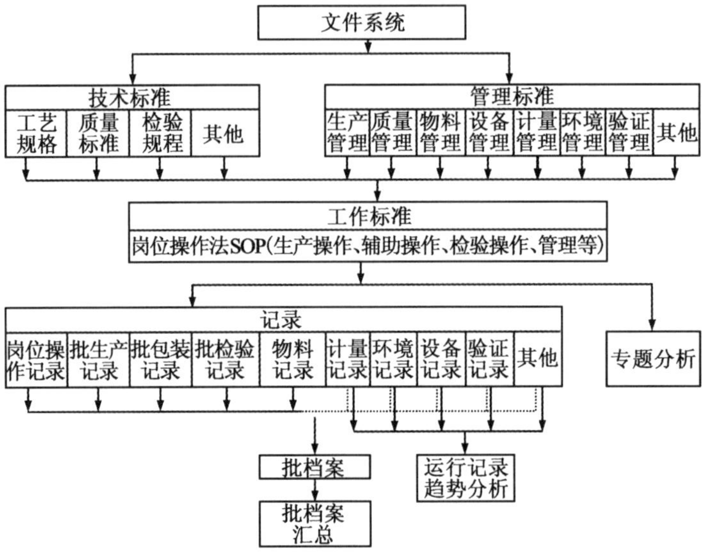

图 7.2　GMP 的文件系统

四、中国的 GMP 与国际上 GMP 的比较

(一)GMP 要求

中国目前执行的 GMP 规范是由 WHO 制定的适用于发展中国家的 GMP 规范，偏重对生产硬件如生产设备的要求，标准比较低，而美国、欧洲和日本等国家执行的国际 GMP(Current good manufacture practice, CGMP)，也叫动态药品生产管理规范，它的重心在生产软件方面，如操作人员的动作和如何处理生产流程中的突发事件。

以美国现行的 GMP 认证规范与中国的 GMP 认证规范的目录比较，就能看出两者的区别和要求侧重点不同。美国 GMP 的目录：A. 总则；B. 组织与人员；C. 厂房和设施；

D. 设备;E. 成分、药品容器和密封件的控制;F. 生产和加工控制;G. 包装和标签控制;H. 贮存和销售;I. 实验室控制;J. 记录和报告;K. 退回的药品和回收处理。中国 GMP 的目录:第一章,总则;第二章,机构与人员;第三章,厂房与设施;第四章,设备;第五章,物料;第六章,卫生;第七章,验证;第八章,文件;第九章,生产管理;第十章,质量管理;第十一章,产品销售与收回;第十二章,投诉与不良反应报告;第十三章,自检;第十四章,附则。

从目录上可以看出,在药品生产过程中的三要素——硬件系统、软件系统和人员,美国 CGMP 要比中国 GMP 简单,章节少。而对这 3 个要素的内在要求上差别就大了,中国 GMP 对硬件要求多,美国 CGMP 对软件和人员的要求多。这是因为,药品的生产质量根本上来说取决于操作者的操作,因此人员在 CGMP 管理中的角色比厂房设备更为重要。

在国际上,GMP 已成为药品生产和质量管理的基本准则,是一套系统的、科学的管理制度。实施 GMP,不仅仅通过最终产品的检验来证明达到质量要求,而是在药品生产的全过程中实施科学的全面管理和严密的监控来获得预期质量。实施 GMP 可以防止生产过程中药品的污染、混药和错药。GMP 是药品生产的一种全面质量管理制度。

(二)GMP 的类型及其作用

(1)从 GMP 适用范围来看,现行的 GMP 可分为 3 类:①有国际性质的 GMP。如 WHO 的 GMP,北欧七国自由贸易联盟制定的 PIC-GMP(PIC 为 Pharmaceutical inspection convention,即药品生产检查互相承认公约),东南亚国家联盟的 GMP 等。②国家权力机构颁布的 GMP。如中华人民共和国卫生部及后来的国家药品监督管理局、美国 FDA、英国卫生和社会保险部、日本厚生省等政府机关制订的 GMP。③工业组织制订的 GMP。如美国制药工业联合会制订的,标准不低于美国政府制定的 GMP,中国医药工业公司制订的 GMP 实施指南,甚至还包括药厂或公司自己制订的。

(2)从 GMP 制度的性质来看,又可分为 2 类:①将 GMP 作为法典规定。如美国、日本、中国的 GMP。②将 GMP 作为建议性的规定,有些 GMP 起到对药品生产和质量管理的指导作用,如联合国 WHO 的 GMP。

总的来说,各国按 GMP 要求进行药品生产管理和质量管理已是大势所趋;各国的 GMP 内容基本上是一致的,但也各有特点。对特殊品种,如大输液也可单独制订大输液的 GMP(LVP-GMP,Large volume parenteral GMP)。实践证明,GMP 是行之有效的科学化、系统化的管理制度,对保证药品质量起到积极作用,已经得到国际上的普遍承认。

WHO 的“国际贸易药品质量签证体制”中已规定出口药品厂必须按照 GMP 的规定进行生产,并接受进口国药品监督管理部门按 GMP 规定进行的监督。这样,按照 GMP 要求生产药品已成为药品进入国际市场的先决条件,GMP 也就成为国际性的药品质量控制和检查的依据。近些年来,中国一些制药企业为了增强出口竞争能力,在实施 GMP 的基础上,开始了药物主文件(Drug master file,DMF,或称之为药物管理档案)的编写工作。DMF 是向欧盟 EU 和美国 FDA 申请进入欧美市场的第一个步骤所需提供的文件,DMF 起到一个“通行证”的作用。中国也严格地对外国及合资企业向中国制造药品履行登记注册、验收批准等手续。

当今时代,竞争愈来愈激烈,产品质量是各个制药企业恪守的、苦心经营的竞争法宝。而 GMP 提供了保证药品质量的制药企业的基本制度。

五、GMP 与 ISO 9000 的联系与区别

GMP 和 ISO 9000 是当今企业管理实现科学化、现代化的一种手段。其目的都在于保证产品质量,但两者既有区别又有联系。GMP 透过硬件、软件、人员的具体要求体现质量的预防管理理念。GMP 在原物料的使用、生产投料、验证、差错处理的每个环节上都强调的各个控制要点,主要目的是通过各个方面的措施避免差错的发生,从而保证产品质量。GMP 是生产质量各环节的控制,而非一个全面系统的质量保证体系。所以说 GMP 不是质量管理的全部,更非质量体系。ISO 9000 强调的是从产品的设计、生产到售后等整个环节建立的质量体系,通过完善、科学、有效的质量体系运作达成质量管理,最终确保质量。

(一)GMP 与 ISO 9000 的相同点

1. 发展历程相似,在国际上普遍实施,注重标准的动态完善

药品的 GMP 源于血的教训,特别是 20 世纪 50 年代发生药物大灾难"反应停"事件后,各国政府意识到严格药品管理的重要性。药品的最初 GMP 于 1963 年由美国国会颁布,其次是 1967 年世界卫生组织的首版 GMP 问世,目前已经有 100 多个国家颁布了自己的 GMP,它们都经历了多年的探索与实践,不断完善。

2. 都基于全员参与、注重预防和持续改进的质量管理理念

两者均强调以产品和客户为中心,确保客户的安全和利益;注重培训、预防控制和持续改进,达到企业的质量目标。

3. 质量合格不仅是产品质量符合规定,过程也应符合规定

在 GMP 中严格规定,产品的最终合格放行,必须是全过程和最终产品均符合规定,才允许产品放行。同样产品质量来源于设计和生产,过程操作及其最终结果合格,这种质量评定思想也贯穿于 ISO 9000 的始终。

4. 对文件的要求相同

一个组织的体系文件应该是为该组织给出一个符合作业实际的规范。无论是药品 GMP 还是 ISO 9000 其文件体系都重视把产品/服务等有关活动所必需的必要规定,纳入文件的编制范围,以确保过程有效运作和控制的需要,且这些文件不论是 GMP 还是 ISO 9000 均需经过审批并正式颁布,成为该组织的法规。同时要求记录及时、真实、完整。"写我所做,做我所写",这是 ISO 9000 与 GMP 共同认定的文件与行动的关系。

5. 说、写、做一致,均重视记录的证实作用

GMP 的检查和 ISO 9000 的认证,均是以检查原始记录和考察现场来认定有关活动是否执行了规定要求,如果对已完成的作业没有提供必要的记录作证实,则认定不作为。

6. 二者均是一个体系的认证而非某个具体的产品的认证

GMP 与 ISO 9000 都作为评价一个体系,虽然存在专业和通用的差异,但均适合对一个组织的质量管理体系作评价,证实其具备生产某种产品的基本能力。它们对管理体系提出要求,认为这是实现产品技术要求的可靠支撑。

(二)GMP 与 ISO 9000 的差异

1. GMP 与 ISO 9000 标准的性质不同

药品的 GMP 是一个管理规范，具备强制执行的特点，换句话说，是药品生产的门槛。而 ISO 9000 为推荐标准，实施与否取决于企业的自身要求。

2. 内容的侧重点不同

药品 GMP 对厂房、设施等硬件做出了较为详细和具体的要求，同时强调生产过程的控制，对组织的质量方针目标、设计开发不做要求，偏重于产品的制造过程。ISO 9000 无具体指标要求，只给出一个质量管理体系的框架，相比较而言，ISO 9000 更侧重于软件的管理，管理体系更为细致。

3. 体系文件结构和作用不同

药品 GMP 文件和 ISO 9000 文件的作用在多处是相同的，但也存在着差异。药品 GMP 文件作为药品生产企业的内部文件，蕴含相关药品的配套法规与知识产权，对文件的体系结构无层次要求，编制时不考虑对外。而 ISO 9000 对体系文件有层次结构要求，要求企业制定"质量手册"，作为质量工作的大纲。"质量手册"可作为质量保证书递交外部顾客。

4. 认证管理程序不同

药品 GMP 认证由国家和地方药监局认证中心统一承办。GMP 证书由国家食品药品监督管理局统一颁发，证书 5 年有效，每 2 年进行追踪检查。兽药 GMP 认证由农业部兽医局统一承办。GMP 证书由农业部统一颁发，证书有效期为 5 年。

ISO 9000 认证是第三方认证。获中国质量认证机构国家认可委员会注册的认证机构都可以进行认证。各认证机构颁发认证证书，同时负责对认证单位的年度审计。

5. 适用范围不同

药品 GMP 是医药行业专业性标准，在医药行业广泛采用。ISO 9000 提供的质量管理体系，普遍适用于各行各业的不同组织。

6. 认证证书通行范围不同

目前，许多国家按各自的国情制定了本国的 GMP，GMP 证书只在本国有效。当然，药品的进口商往往不同程度地尊重出口国的 GMP 认证证书。而 ISO 9000 是国际标准，中国经 CNACR(中国质量认证机构国家认可委员会)认可的认证机构颁发的 ISO 9000 证书得到了国际上 20 多个国家的认可。

(三)同时实施 GMP 与 ISO 9000 标准的益处

首先，可以促使企业着眼于长远与全局，制定质量方针、目标，全面考虑企业所有的质量活动，重视持续改进，提高市场竞争力；其次，提升企业质量体系的管理水平，明确职责，合理分配适用资源，利于指挥调度，提升管理质量和工作质量水平；再次，改善文件系统的条理性，明确文件结构和相容性的关系，有助于体系文件的建立、简化、管理和控制；最后，同时运用内部质量审计，健全和强化 GMP 的"自查"，持续质量改进同时也是对 GMP 的贯彻和有效提升，切实保证了企业的规范化运作，为企业良性发展打下扎实的基础。

在实施二者的认证过程中要注重标准的理解和融合，同时也要贯穿于整个的质量工作中。GMP 是药品生产过程中，对各个环节、各方面实施严格监控提出的具体和必要的质量监控措施，是药厂实施 ISO 9000 的基础，GMP 是药企质量体系的重要组成部分。

所以说，药厂的 ISO 9000 是以 GMP 为基础的质量管理体系。在实施过程中，通过文件体系的设立，应使二项标准相互补充，成为一个体系，透过 ISO 9000 质量体系的有效运作，确保了 GMP 的高效执行，提升公司整体质量水平。

六、实施兽药 GMP 的目的和意义

(一)实施兽药 GMP 是中国兽药发展史上的里程碑

新中国成立初期就有了兽医生物制品的生产，但在 20 世纪 60 年代之前，除兽医生物制品之外，其余的所谓“兽药”均为人药代替。

随着畜牧业的发展，对兽药的需求不断增加。20 世纪 80 年代初，中国兽药行业处于快速发展时期，企业数量和兽药品种大幅度增长。为规范兽药生产、经营活动，保证产品质量，国务院先后颁布了《兽药管理暂行条例》(1980)和《兽药管理条例》(1987)，明确规定了各级兽药药政、药检工作职责。之后，各省建立了药政机构和省级兽药监察所，初步建成了中国兽药管理体系。改革开放以来，随着中国养殖业飞速发展，兽药作为养殖业的支持产业也同时获得迅猛发展，形成至今为止 2 000 余家兽药生产企业、年产值达 200 多亿元的独立产业。但是，目前大多数兽药生产企业普遍存在人员素质差、生产技术落后、生产规模小、生产质量低等问题，这种落后局面已无法适应现代化养殖业持续发展的需要。特别是近年来，由于兽药质量问题和滥用兽药，使动物疾病控制受到影响，许多养殖产品存在药物残留超标，引起出口产品遭退货等事件，不仅造成国家的经济损失，同时严重影响中国的国际声誉。这些问题的发生，激起全社会对兽药产品质量的极大关注。在此形势下，农业部决心大力推行《兽药 GMP》，从根本上解决兽药质量问题。实施兽药 GMP 对保证兽药质量、规范兽药生产活动起到积极的保障作用，将在兽药行业中引发一场产业革命，同时是中国兽药事业发展史上的一个里程碑。

(二)对兽药内涵的重新理解和正确的认识、树立 GMP 兽药质量观念，是实施兽药 GMP 的基本出发点

自从人类学会饲养动物供自己食用以来，就开始有了兽医和兽药。古代对兽药质量的认识归结为“验、便、廉”。“验”即疗效确切；“便”即使用方便；“廉”即价格便宜。在近代，曾对兽药的质量强调为“有效性、经济性、安全性”，仍然把“有效性”列为首位，同时强调“经济性”，因为饲养动物是以其经济效益为主，如一头动物的治疗代价已超过这头动物的本身价值，那么对这头动物的治疗已无意义。至于“安全性”仍然停留在对治疗动物的安全，认为对治疗动物的毒副作用小，即为安全；甚至认为即使毒副作用大，但疗效确切，治疗成本低的兽药还是可以使用。但是随着养殖业现代化的发展，兽药的使用已从单纯的预防制疗疾病，发展到集预防、治疗疾病，促进动物生长，改善养殖产品的品质等多功能的作用为一体。药物的使用，从个体动物给药发展到群体给药。给药方式及药物的剂型也发展到注射、口服、透皮、吸入、饲料添加、饮水等多种途径。动物的不同生长阶段需给以不同的药物，给药的周期有短有长。随着饲养动物品种的增加，可能是一种药物可以用于不同的动物，也可能是一种动物使用多种药物。兽药应用如此巨大的复杂的变化，引发了对兽药质量内涵的重新认识，现代化养殖业所需要的也即“适用的”兽药应归结为“安全、有效、均一、稳定、方便、经济”，其中已把“安全性”列为首位。

1. 兽药的安全性

(1)对用药动物的安全性,不仅要考虑一般的毒副作用,特别还应注意用药后在动物性产品内的残留问题,对用药动物的特殊毒性(包括致畸、致癌、致突变等)。

(2)对兽药生产者及使用者的安全性。

(3)对兽药生产环境及使用环境的安全性。

(4)对养殖产品的食用者、使用者的安全性。

在这里"安全性"已从对用药动物的安全性,转移到对人类的安全性。这是对兽药"安全性"的概念的根本转移。一种兽药即使效果非常好,但其安全性若达不到要求,最终仍将被禁止或限制使用。

2. 兽药的有效性

由于养殖动物具有生存期短,疾病种类多、发病率高、传播迅速等特点,所以对兽药的有效性要求特别高,一个理想的兽药应具备高效、速效、长效、多效等特点。此外,兽药从单功能转为多功能,所以对有效性的评价也变得十分复杂。如某种药物的治疗功效虽不理想,但其具有独到的促进生长功能;某种药物对这种动物治疗功效不佳,但对另一种动物却有较好疗效;等等。

3. 兽药的均一性

由于兽药剂型及给药方式的多样性,对兽药均一性的要求甚至比人药要求更高。例如饲料添加剂,往往所含的药物浓度较低,而同时有大量或多种的载体,在使用前还要添加到饲料中去,所以对药物的均一性要求特别高,不仅在产品出厂时是均一的,同时经过贮存、运输、饲料添加的再加工时都要保证药物的均一性。

4. 兽药的稳定性

兽药的稳定性不仅要求在贮存期稳定,有较长的有效期,同时也要求在使用中的稳定性。例如,有些药物制成溶液剂本身是稳定的,但加水制成饮水剂仍应不得沉淀、分层,否则即为不稳定。有些饲料药物添加剂加至饲料中再加工成颗粒料,要求药物能经受压制颗粒饲料时高温、高压、高湿等环境,而仍然保持稳定。

5. 兽药的方便性

由于前述兽药的给药方式大部分已从个体动物给药改变为群体动物给药,即一群动物同时给药预防或促进生长,在一群动物中,只要一个动物出现病症,同群动物即使尚未出现病症也需同时给药。同时,现代化的养殖业养殖规模很大,往往一个养殖场同时饲养万头甚至10万～20万头动物,兽药给药的方便性在此时显得十分的重要。

现代化的高科技引进到兽药行业中,努力开发新型、安全、有效的新兽药;不断地提高兽药的质量,使之达到GMP的水平,健全兽药法制化的管理,使兽药生产、经营、使用纳入社会主义市场经济的法制轨道,并与国际接轨,使兽药真正成为现代化养殖业持续发展与人民健康的保障。

(三)实施兽药GMP对企业文化和精神文明建设的意义

企业文化是一门以人为本,以企业精神为核心,以实现企业管理整体化为目标的新兴管理哲学。这种管理哲学恰恰是兽药GMP管理思想的一种体现。企业管理不仅有技术、经营、生产等方面的内容,还有丰富的文化内涵。企业文化体现了员工的意识形态方面,理想信念、行为准则、价值取向、道德规范、习俗礼仪、群众气氛(体现在兽药GMP要素的软件)。企业文化还体现在物质方面,包括厂容、厂貌(体现在兽药 GMP 要素的硬件),最终体现在产品的质量上。

企业的文化最终凝聚为企业的精神。企业精神是企业在长期经营过程中逐步形成的,经领导者总结倡导,具有企业独特个性和激励作用,并为企业员工所认同、理解和接受,成为企业员工的主导意识和最高行为准则。企业精神不仅对内具有导向功能、凝聚功能、激励功能,而且对外具有辐射功能,并能协调个人与个人、个人与企业、企业与社会三个关系。企业精神是企业文化的核心,是企业员工共有的群体意识和团队精神。

当企业达到一定企业文化水平,企业精神最终体现在兽药 GMP 的实施,此时,兽药 GMP 的各项规定,已不是对员工的一种"束缚",而成为企业每一个员工自觉的行为准则。

七、全面学习和正确理解《兽药 GMP》

《兽药 GMP》对兽药生产、销售等方面做出了全面、详细、具体的规定。对于初学《兽药 GMP》的人员,面对众多复杂的、专业性极强的条文,往往感到学习无从着手,难理解、记不住,甚至陷入一些学习的误区。

根据多年来实施兽药 GMP 的经验,我们认为只要抓住《兽药 GMP》的精神实质,领会《兽药 GMP》的基本要领,结合生产实践,善于思考,刻苦钻研,那么学习上的困难,即可迎刃而解。

(一)《兽药 GMP》的出发点,在于对兽药质量内涵的理解

兽药质量的优劣已不仅仅停留在是否符合质量标准,而是要生产符合现代化养殖业所需要的、安全高效的兽药,对兽药质量的控制是全过程的。兽药企业应承诺从研制开发、生产、检验、销售、服务等全方位的优良质量。要纠正一些人"不搞 GMP,产品检验照样合格"的错误观念。

(二)《兽药 GMP》的实施应以提高全体员工的素质为根本

兽药生产企业 GMP 的改造,首先是企业全体员工观念的 GMP 改造。企业全体员工是实施《兽药 GMP》的"主角"。假如没有全体员工对《兽药 GMP》的全面、正确的理解,自觉地执行,那么建设再好的硬件与软件,一切将是徒劳的。

(三)兽药生产企业的生产环境、厂房、设施、设备等硬件,是实施《兽药 GMP》的"舞台"

没有这些硬件条件的保证,一切管理措施将无从着手。但同时也应理解兽药 GMP 的硬件是一个整体的概念,需要建设完整的、过硬的硬件,并不是仅仅依靠建一个洁净厂房或购置一台先进设备即是达到 GMP 的要求。

(四)兽药生产企业的各项管理软件是企业的"法规",是实施《兽药 GMP》的"剧本"

一个优秀的"主角"在先进的"舞台"上,没有一个出色的"剧本",无法演好《兽药 GMP》这台"戏"。面对兽药 GMP 的各项繁杂的管理要求,往往使一些兽药企业感到无从着手。但通过梳理,在这些管理要求中,有以下 3 条主线贯穿了全部《兽药 GMP》:

1. 生产处处要防止污染

"污染"的原意是"指原材料或成品被微生物或其他外来物掺杂、玷污"。"混淆"的原意是"指一种或一种以上其他原材料或成品与标明品名等的原材料或成品相混",俗称"混药"。从问题的实质来讲,"混淆"也可看作是一种"污染"。对"污染"还可以有更广义的理解:可以把由于玷污、混杂、差异、失真、遗漏、任意等造成产品的质量问题,都可认为是被"污染"了。仔细学习《兽药 GMP》,可以理解整篇《兽药 GMP》都在讨论如何防止产品被污染的问题。GMP 对兽药的管理,就是要从生产环境、厂房、人员(洁净及行为)、设施(设备及容器)、原辅材料、生产工艺、包装、仓储、销售、运输及管理制度等方面,防止"污染"的产生。

在防止产品被污染的同时,也需防止兽药的生产对环境的污染,防止对生产人员的损害,也即在兽药生产同时应考虑到它对环境和人员的安全性。

2. 事物件件需要验证

验证的原意为:能证明任何程序、生产过程、设备、物料、活动或系统确实能导致预期结果,有文件证明的行动。验证的作用就是"变设想为事实",为质量保证的系统实施提供试验依据,从而使质量保证有了牢固的实践基础。兽药 GMP 的实施就是在广泛验证及反复验证(前期验证、同步验证、再验证及项目性验证)中进行生产活动。

通篇《兽药 GMP》所讨论的各种测试、检验、试验、考核、数据收集分析等,实质都是验证的一种手段。《兽药 GMP》规定必须验证的范围包括:环境(厂房)验证、设施(设备)验证、原辅料质量验证、工艺验证、检验方法验证、操作验证、计量检定、产品检验等。对"验证"广义的理解,就可认识到,对人员的培训考核也可理解为对人员的"验证";一些规章制度的"制订—执行—修改—再执行",实质也是一个"验证"的过程。所以《兽药 GMP》对生产过程中一切事(活动)物(原辅料、设备等)都要问个为什么?怎么样?好不好?行不行?—通过验证—放心使用。

3. 工作一律遵守制度(各项 SOP 也可理解为制度的一种形式)

《兽药 GMP》管理的核心是依靠制订制度和严格执行制度,归纳为以下几点:①有一项工作(或活动)就必须有一项制度;②有制度就必须执行;③有执行就必须记录;④有记录就要综合(分析、检查);⑤有综合(分析、检查)就有提高(改进、修订);⑥一切制度必须坚决执行,自觉遵守,持之以恒。要做到这一点是很困难的,但又恰恰是可以做到的。因为制定各项规章制度的过程就是总结优良行为、否定不良行为的过程。执行各项规章制度就是发扬大多数员工的优良行为,限制少数员工的不良行为,最终使各项规章制度为全体员工自觉遵守。

实施 GMP 向传统的经验管理提出了挑战,向规范化、科学化、制度化管理迈进;实施 GMP 已走向法制化轨道,成为企业进入市场的先决条件;实施 GMP 强调全员、全过程管理,保证生产出百分之百合格的药品;实施 GMP 是与国际接轨的必然要求,是药品国际贸易中的质量保证。

4. 110 快速反应联动机制

第一时间发现问题,第一时间报告问题,第一时间快速反应联动,第一时间解决问题,第一时间执行应急预案。

5. GMP 生产现场管理模式

清洁——清除现场内的污染物,防止污染,环境整洁;整齐——将物品按规定摆放整齐，明确标识；规范——按 SOP 规范化操作，确保药品质量；素质——员工形成良好习惯，工作认真负责；安全——按安全技术要求操作，防止事故发生；协调——各工序有序衔接，避免差错发生；监督——建立监督检查机制，规范生产操作行为。

第二节　动物用生物制品的质量检测

一、兽用生物制品质量检测的目的、意义与作用

兽用生物制品不同于一般的兽用药品，更不同于一般工业产品。动物疫苗生产涉及生物材料和生物学过程，有其固有的生物易变性和特殊性，其质量必须具有理想的安全性、有效性和可接受性，从原材料投产到产品出厂一系列因素（包括人员、设施和管理因素）都对兽用生物制品生产起着决定性作用。兽用生物制品的特殊性决定了对兽用生物制品生产企业必须加强监督管理，而对制品进行质量检测是对兽用生物制品生产企业加强管理的有效手段。

兽用生物制品的质量检测主要具有以下两点作用：①有助于提高生物制品的质量，保证动物和人类的身体健康，这是最根本最重要的一点；②可以辅助控制、改进工艺，加快新产品的问世。

二、动物用生物制品检测技术

（一）无菌检验或纯粹检验

1. 含甲醛、苯酚、汞类等防腐剂和抗生素的制品的无菌检验

用 T.G 培养基 50 mL，接种供试品（冻干制品先做 10 倍稀释）1.0 mL，置 37℃培养，3 d 后吸取培养物，分别接种 T.G 小管和 G.A 斜面各 2 支，每支 0.2 mL，1 支置 37℃，1 支置 25℃，另取 0.2 mL，接种 1 支 G.P 小管，置 25℃，均培养 5 d，应无菌生长。

2. 细菌性活疫苗（冻干制品恢复原量）及不含防腐剂、抗生素的其他制品或稀释液的无菌检验或纯粹检验

将供试品直接接种 T.G 小管、G.A 斜面或适于本菌生长的其他培养基各 2 支，每支 0.2 mL，1 支置 37℃，1 支置 25℃，另用 1 支 G.P 小管，接种 0.2 mL，置 25℃，均培养5 d，细菌活疫苗应纯粹，其他制品应无菌生长。

3. 血液制品和浑浊制品的无菌检验

如果不加防腐剂或抗生素，可直接用不加琼脂的 T.G 小管和 G.A 斜面，接种量、培养条件、时间和判定同 2 项。如果加防腐剂或抗生素，检验方法和判定同 1 项。

（二）杂菌计数和病原性鉴定

1. 杂菌计数

每批有杂菌污染的制品至少抽样 3 瓶，用普通肉汤和蛋白胨水分别按头份（或羽份）数做适当稀释，接种于含 4%血清及 0.1%裂解血球全血的马丁（或 G.A）琼脂平板上，每

个样品接种平板 2 个，每个平板 0.1 mL（禽苗的接种量不少于 10 羽份，其他产品接种量按各自的质量标准），置 36℃培养 48 h 后，再移至室温下放置 24 h，数杂菌菌落，然后分别计算杂菌数。如果污染霉菌，亦作为杂菌计算。任何 1 瓶制品每头份（或每 1 g 组织）的非病原菌应不超过规定，超过规定时，判该批制品不合格。

2. 病原性鉴定

（1）检查需氧性细菌时，将污染需氧性杂菌管培养物移植一支 T.G 管或马丁肉汤，置相同条件下培养 24 h，取培养物，用蛋白胨水稀释 100 倍，皮下注射体重 18～22 g 小鼠 3 只，各 0.2 mL，观察 10 d，应全部健活。

（2）检查厌氧性细菌时，将杂菌管延长培养时间至 96 h，取出置 65℃水浴加温 30 min 后移植 T.G 管或厌氧肉肝汤 1 支，在相同条件下培养 24～72 h。如果有细菌生长，将培养物接种体重 350～450 g 豚鼠 2 只，各肌肉注射 1.0 mL，观察 10 d，应全部健活。

（3）禽沙门氏菌检验：污染杂菌的培养物划线法接种于麦康凯琼脂平板或 SS 琼脂平板 2 个，37℃培养 18～24 h，如果无可疑菌落出现，继续培养 24～48 h，挑选无色半透明、边缘整齐、表面光滑并稍突起的可疑小菌落 2～3 个，用 O 多价 1 沙门氏菌因子血清作平板凝集试验，如为阳性即证明为沙门氏菌污染。

（三）支原体检验

1. 液体培养基培养

将疫苗混合物 5 mL，接种于小瓶液体培养基，再从小瓶中取 0.2 mL 移植接种于一小管液体培养基内，将小瓶与小管放 37℃培养，分别于接种后 5、10、15 d 从培养瓶中取出 0.2 mL 培养物移植到小管液体培养基内，每日观察培养物有无颜色变黄或变红，若无变化，则在最后一次移植小管观察 14 d 后，停止观察。在观察期内，如果发现小瓶或任何一支小管培养物颜色出现明显变化，在原 pH 变化达±0.5 时，应立即移植于小管液体培养基和固体培养基，观察在液体培养基中是否出现恒定的 pH 变化，以及固体培养基上有无典型的“煎蛋”状支原体菌落。

2. 琼脂固体培养基培养

在每次液体培养物移植小管培养的同时，取培养物 0.1～0.2 mL 接种琼脂平板，放在 5%～10% 二氧化碳潮湿的环境、37℃下培养。此外，在液体培养基颜色出现变化，在原 pH 变化达±0.5 时，也同时接种琼脂平板。每 5～7 d，在低倍显微镜下观察，检查各琼脂平板有无支原体菌落出现，经 14 d 观察，仍无菌落者停止观察。

（四）外源病毒检验

取样品 2～3 瓶混合后，用相应的特异性血清中和，作为检品。

1. 禽源细胞及其制品的检验

（1）鸡胚检查法：选 9～11 日龄 SPF 鸡胚 20 个，分成 2 组，第 1 组 10 枚鸡胚，经尿囊腔内接种 0.1 mL（至少含 1～10 羽份），第 2 组 10 枚鸡胚，经绒毛尿囊膜接种 0.1 mL（至少含 1～10 羽份），置 37℃培养 7 d。弃去接种后 24 h 内死亡的鸡胚，但每组鸡胚应至少存活 8 只。胎儿应发育正常，绒毛尿囊膜应无病变。取鸡胚液作血凝试验，应为阴性。

（2）细胞检查法：①细胞观察：取 2 个方瓶的鸡胚成纤维细胞（培养 24 h 左右），接种中和后的疫苗 0.2 mL（2～20 羽份），培养 5～7 d，观察细胞，应不出现 CPE。②红细胞吸附试验:取上述培养的细胞弃去培养液,用 PBS 洗涤细胞面 3 次,加入 0.1%(V/V)鸡红细胞悬液覆盖细胞面,置 2~8℃ 60 min 后,用 PBS 轻轻洗涤细胞 1~2 次,在显微镜下检查红细胞吸附情况。应不出现由外源病毒所致的红细胞吸附现象。

(3)禽白血病病毒污染检验:将用 M-199 培养基(不含牛血清)稀释的疫苗 0.8 mL(含 200 羽份)加入等量抗 NDV 特异性血清和等量传染性支气管炎病毒特异性血清,置 37℃左右中和 60 min,接种鸡胚成纤维细胞。连同病毒对照分别在细胞中连传 3 代,收获每代细胞液,冻融 3 次,应用 COFAL 试验或 ELISA 试验进行检测。

(4)禽网状内皮增生症病毒检验:间接免疫荧光试验(IFA)。

2. 非禽源细胞及其制品的检验

(1)荧光抗体检查法:选用牛病毒性腹泻/黏膜病病毒(BVDV)、伪狂犬病病毒(PRV)、猪细小病毒(PPV)、猪瘟病毒(HCV)的特异荧光抗体。检查每种病毒时,各用 2 组 BT、PK15 单层。一组为被检组,取 4 个细胞覆盖率约 85% 的细胞单层,总面积为 10 cm^2。另一组为标准阳性对照的细胞固定片。样品分别经丙酮固定后,用相应的荧光抗体进行染色,观察。

(2)绿猴肾(Vero)传代细胞检查法:用 3 瓶 Vero 细胞单层(总面积 225 cm^2),每瓶接种中和后的检品 1.0 mL(含 1 头份),连传 2 代,每代 7 d,观察细胞未出现 CPE。同时进行红细胞吸附试验和荧光抗体检查。

红细胞吸附试验:取经传代后培养 7 d 敏感细胞单层(每个 75 cm^2)2 个,去掉培养液,用 PBS 轻洗细胞面 3 次,加入 0.2%(V/V)的豚鼠红细胞、人“O”型红细胞和鸡红细胞的等量混合悬液,以覆盖整个细胞单层表面为准,分别在 4℃ 和 20℃ 放置 30 min 后,用 PBS 轻洗细胞面 2 次,在显微镜下检查红细胞吸附现象。

荧光抗体检查:选用牛病毒性腹泻/黏膜病病毒(BVDV)、伪狂犬病病毒(PRV)、猪细小病毒(PPV)、猪瘟病毒(HCV)的特异荧光抗体。检查每种病毒时,各用 2 组 Vero 细胞单层。一组为被检组,取 4 个细胞覆盖率约 90% 的细胞单层,总面积为 10 cm^2。另一组为标准阳性对照的细胞固定片。样品分别经丙酮固定后,用相应的荧光抗体进行染色,观察。

(3)致细胞病变检查法:取经传代后培养 7 d 的敏感细胞单层(75 cm^2)进行检验,用姬姆萨染色液对细胞单层进行染色,观察细胞单层,是否出现由包涵体、巨细胞或其他外源病毒引起的 CPE。

(五)安全检验

1. 新研制动物用生物制品的安全检验

(1)一次单剂量接种的安全试验:按照推荐的接种途径,用适宜日龄的靶动物,接种 1 个剂量,至少观察 2 周。评估指标应包括临床症状、体温、局部炎症、组织病变等。对于可用于多种动物的生物制品,应该用各种靶动物进行安全试验。

(2)单剂量重复接种安全试验:对可能进行多次接种的生物制品,均须进行该试验。按照“一次单剂量接种的安全试验”进行,但在第 1 次接种后 2 周,以相同方法再接种 1 次,再次接种后应继续观察至少 2 周。

(3)一次超剂量接种的安全试验:按照“一次单剂量接种的安全试验”进行,但接种剂量为免疫剂量的数倍至 100 倍不等。通常情况下,灭活疫苗的安全试验剂量为使用剂量的2倍，活疫苗的安全试验剂量为使用剂量的10～100倍。

(4)对怀孕动物的安全性及对动物生殖功能影响试验：对用于妊娠动物的兽用生物制品，应使用妊娠期动物进行安全试验，考察该制品对妊娠、胎儿健康的影响。另外，有些病原可能导致生殖系统的不可逆损伤，这类制品的安全试验中，应对幼龄动物接种后，一直观察到产仔或产蛋，以考察其对生殖功能的影响。

(5)对非靶动物、非使用日龄动物的安全试验：有些病原可感染多种动物或多个日龄段的动物，这类制品的安全试验中，除应考察制品对靶动物和使用日龄动物的安全性外，还应对非使用对象动物和非使用日龄动物进行实验室安全试验，以考察对靶动物群使用该制品后对非靶动物群可能引起的安全风险。

(6)疫苗接种对靶动物免疫学功能影响试验：有些病原可能对动物的免疫系统造成损害，对预防该类病的生物制品还应进行免疫抑制试验，评估其制品是否存在免疫抑制现象。

(7)疫苗水平传播试验：适用于某些毒力较强的活疫苗，评估使用该类疫苗免疫后，对周围饲养的同品种易感动物的潜在危害性及对环境的污染，为正确使用疫苗提供科学依据。

(8)对靶动物生产性能的影响试验：对用于肉用商品代经济动物及产蛋鸡的生物制品应进行本项试验；使用这类生物制品后，观察记录动物的生长发育、增重、饲料报酬、出栏率、产蛋鸡的产蛋率等，评估生物制品对动物生产性能的影响。

(9)基因工程产品的安全评价：对利用基因工程技术研制的兽用生物制品，应按农业部有关规定进行试验，并履行安全评价手续。

(10)其他安全试验：用于制备兽用生物制品的一些非生物源性物质，如矿物油佐剂、铝胶佐剂等，用于食品动物后，可能对人类的生命健康造成危害，这类制品的安全试验中应包括靶动物的残留试验，为制定该制品的休药期提供必要的支持性数据。

2. 已批准上市的产品的安全检验

按其产品质量标准的安全检验标准进行。

(六)效力检验

1. 新研制的动物用生物制品的效力检验

(1)靶动物免疫攻毒试验：该方法是考察所有兽用疫苗效力的最基本方法，也是评价治疗用生物制品效力的基本方法。其基本方法是：用实验室制品接种一定数量的动物，经一定时间后，采用攻毒用强毒株对上述免疫动物和对照动物一起进行攻毒，在攻毒一定时间内，观察动物的发病及死亡情况，统计免疫及对照动物发病率或/及死亡率，评估制品的效力；必要时在观察期结束时，将所有动物扑杀，进行病理剖检及病理组织学检查，有些生物制品还应进行病原分离，根据免疫动物和对照动物的病理剖检变化、病理组织学病变或病原分离情况评估制品的免疫效力。靶动物免疫攻毒试验的具体方法有：定量免疫定量强毒攻击法、变量免疫定量强毒攻击法、定量免疫变量强毒攻击法及抗血清或卵黄被动免疫攻毒法等，根据制品的具体情况可选择一种最佳的方法。

定量免疫定量强毒攻击法：这种方法是以定量的待检制品接种动物，经一定时间后，用定量的强毒攻击，观察动物接种后所建立的自动免疫力。

定量免疫变量强毒攻击法：这种方法是把动物分为两大组，一为免疫组，一为对照组，两大组又各分为相等的若干小组，每小组的动物数相等。免疫动物均用同一剂量的制品接种免疫，经一定时间后，与对照组同时用不同稀释倍数强毒攻击，观察、统计免疫组与对照组的发病率、死亡率、病变率或感染率，计算免疫组与对照组的 LD_{50}（或 ID_{50}），比较免疫组与对照组动物对不同剂量强毒攻击的耐受力。

变量免疫定量强毒攻击法（PD_{50} 试验）：即将疫苗稀释为各种不同的免疫剂量，并分别接种动物，间隔一定时间待动物的免疫力建立以后，各免疫组均用同一剂量的强毒攻击，观察一定时间，用统计学方法计算能使 50%的动物得到保护的免疫剂量（PD_{50}）。

抗血清或卵黄抗体被动免疫攻毒法：用经高度免疫的动物抗病血清或卵黄抗体注射易感动物，经一定时间（一般 1～3 d）用相应的强毒攻击，观察血清抗体或卵黄抗体被动免疫所引起的保护作用。

(2)疫苗抗原（细菌或病毒）含量与靶动物免疫攻毒保护力相关性的研究（最小免疫剂量试验）：疫苗内细菌（或病毒）含量与免疫攻毒保护率之间，通常存在明显平行关系，此时，就可以根据最小免疫剂量试验结果建立疫苗成品的细菌（或病毒）含量标准，对符合细菌（或病毒）含量标准的疫苗，就无需对每批疫苗进行免疫攻毒试验。最小免疫剂量的试验方法如下：用不同剂量的疫苗分别接种动物，经一定时间后进行攻毒或采用已经证明与免疫攻毒方法具有平行关系的替代方法进行免疫效力试验，统计出使动物获得较好保护力（通常应达到 80%～100%）的最低的疫苗接种量，就是最小免疫剂量。如果疫苗使用对象包括多种动物或多种日龄动物，则应针对各种靶动物测定最小免疫剂量。

(3)免疫产生期及免疫持续期试验：用实验室制品接种一定数量的动物，同时用足够数量的未接种动物作为对照。接种后，每隔一定时间，用攻毒用强毒对一定数量的免疫动物和对照动物同时进行攻毒或采用已经确认与攻毒保护率具有平行关系的血清学方法测定抗体水平，观察其产生免疫力的时间、免疫力达到高峰期的时间及高峰期持续时间，一直测到免疫力下降至保护力水平以下。以接种后最早出现良好免疫力的时间为该制品的免疫产生期，以接种后保持良好免疫力的最长时间为免疫持续期。

如果没有推荐进行一次以上的疫苗接种，或只推荐进行一次接种，则意味着疫苗接种后可以获得终身保护。由于动物的生命期因品种、类别不同以及地区性因素的影响而有所不同，因此，对所提出的免疫期应详细陈述，并提交充分的数据。

如果是季节性疾病，只要能够证明疫苗的免疫力能持续到接种后 1 年中疾病的自然发生期末。不论是否进行加强免疫接种，均应提出在此后一年（或几年）的发病季节中的免疫力情况。

为获得免疫期数据而进行的试验应在严格控制的实验室条件下进行。若所需试验很难在实验室条件下进行，则可能只完成田间试验。在进行田间免疫期试验的过程中，应该确保疫苗接种的靶动物不发生田间感染，因为田间感染将加强动物的免疫力。通常有必要设未接种的靶动物与接种的靶动物接触作对照（哨兵动物），以监视动物是否受到田间感染。

主动免疫的免疫期：即由基础接种提供的保护作用的持续期。通常应在所推荐的加强接种开始的时间之前，对接种动物进行攻毒来确定。

被动免疫的免疫期：即由免疫种畜（禽）的子代通过被动获得的抗体而提供免疫保护作用的持续期。通常应在分娩或产蛋前进行免疫接种，在最大间隔时间后，对经过免疫接种的种畜（禽）子代在其自然易感期内进行攻毒来确定。还应提交数据来支持所提出的子代免疫期。

免疫期试验的成本高，费时长，还牵涉到动物保护问题。因此，为了限制在免疫期试验中进行频繁的动物攻毒，可以考虑用最低数量的免疫动物进行攻毒；采用适当的判定指标或参数（如抗体水平），而不采用攻毒试验来衡量疫苗接种后的免疫力。为了使这种替代指标或参数被认可，应提供充分的试验依据，证明这种指标或参数在靶动物的保护作用中起着相当大的作用，且该指标或参数与靶动物对该病的免疫保护力间存在良好的定性和定量关系。

通常情况下，不接受用非靶动物试验获得的免疫期试验数据。

对于鱼用疫苗，通常难以在实验室条件下进行长期的试验，因此，有必要设计合理的田间免疫期试验。

(4)血清学效力试验与靶动物免疫攻毒保护相关性的研究：当成品的效力检验中采用血清学方法测定免疫动物抗体反应，而不采用免疫攻毒试验时，就应该事先进行这样的平行关系试验，以证明选用该血清学方法的合理性，并为建立判定标准提供依据。具体试验方法是：用不同剂量的疫苗免疫接种动物，以便获得具有不同抗体水平的动物，根据抗体水平的高低，将动物分为若干组，用已经选定的强毒株按照预定剂量进行攻毒。

(5)不同血清型或亚型间的交叉保护力试验：有些传染病病原存在多个血清型（如传染性支气管炎病毒）或血清亚型（如口蹄疫病毒），对预防这类传染病的制品，应进行交叉保护力试验。其方法为：分别用不同血清型或血清亚型的菌（毒、虫）株制备疫苗，接种一定数量的动物，在产生免疫力后，分别用不同血清型或血清亚型的强毒株进行攻毒，观察其交叉保护力。通过本试验筛选疫苗菌（毒、虫）株，并为合理使用疫苗提供依据。

(6)试验动物效力检验与靶动物效力检验结果相关性的研究：一些制品的效力检验用靶动物（主要是大动物）来源困难、费用高，可使用敏感小动物代替，但必须进行本动物与敏感小动物免疫攻毒保护力平行关系的试验研究，证明具有平行关系者，方可用敏感小动物代替靶动物。当使用敏感小动物效力检验时，如遇有某种原因难以判定者，应改用靶动物进行效力检验，但使用靶动物效检不合格者不能再用小动物重检。

(7)子代通过母源抗体获得被动免疫力的效力和免疫期试验：某些疫苗的使用对象为怀孕母畜或种禽，但其主要作用是使怀孕母畜或种禽获得高水平的抗体，通过初乳或卵黄使其后代获得被动免疫力，保护这些子代在出生后的疾病易感期内不感染发病。对这些疫苗的效力试验，不仅应测定免疫后怀孕母畜及种禽的免疫力，而且应测定其后代的抗攻毒保护力及免疫期。

(8)不同接种途径对靶动物的效力试验：兽用生物制品的接种途径主要包括注射（皮下、皮内、肌肉、腹腔、穴位）、口服（滴口、饮水、拌料等）、点眼/滴鼻、气雾、刺种、浸泡等。根据制品的种类和特点，可选用最有效的接种途径。对采用特殊接种途径的兽用生物制品，应对采用该途径与常规途径接种的动物所产生的免疫效力进行比较试验。

(9)接种后动物体内抗体消长规律的研究：此项研究属于免疫产生期及持续期的内容。采用生物制品免疫动物后，定期采血测定免疫动物最早产生抗体的时间、抗体高峰期、抗体持续期，为制定合理的免疫程序提供依据。

2. 已批准上市的产品的效力检验

按其产品质量标准的效力检验标准进行。

(七)冻干制品剩余水分测定(真空烘干法)

测定前,先将洗净干燥的称量瓶置150℃干燥箱烘干2 h,放入有无水氯化钙的干燥器中冷却后称重。迅速打开真空良好的疫苗瓶,将制品倒入称量瓶内盖好,在天平上称重。每批做4个样品,每个样品的重量为100～300 mg,称后立即将称量瓶置于有五氧化二磷的真空干燥箱中,打开瓶盖,关闭真空干燥箱后,抽真空至2.67 kPa(20 mmHg)以下,加热至60～70℃,干燥3 h。然后通入经过氯化钙吸水的干燥空气,待真空干燥箱温度稍下降后,打开箱门,迅速盖好称量瓶的盖,取出所有称量瓶,移至无水氯化钙干燥器中,冷却至室温,称重,放回真空干燥箱继续干燥1 h,两次干燥至恒重,减失的重量即为含水量,不应超过4%。

(八)真空度测定

取待检样品,一字排列于暗箱的操作台上,使瓶与瓶之间有一定距离,用高频火花真空测定器检测样品,如果容器内出现白色、粉色和紫色辉光,判为合格。

(九)甲醛含量测定

精密吸取对照品溶液和供试品溶液各0.5 mL,分别加醋酸-醋酸铵缓冲液10 mL,乙酰丙酮试液10 mL,置60℃恒温水浴15 min,冷水冷却5 min,放置20 min后,照分光光度法,在410 nm的波长处测定吸收度,计算,即得。

(十)物理性状检验

各种动物用生物制品的物理性状检验按其物理性状质量标准进行检验。

三、提高兽用生物制品质量检测水平的措施

(一)完善兽药管理法规,强化兽药质量监管

在《兽药管理条例》的基础上,进一步完善配套的管理法规,加快制定《兽药非临床研究质量管理规范》(GLP)和《兽药临床试验质量管理规范》(GCP)等。加强兽用生物制品临床试验管理,严肃处理以田间试验和区域试验为借口生产、销售兽用生物制品的违法现象,严厉打击生产、销售假劣疫苗的不法行为。加强疫苗生产用种毒、原辅材料和诊断试剂的管理,严格控制和提高原材料质量,全力推进禽用活疫苗生产的SPF化进程。加大生产企业监管力度,强化产品批签发、飞行检查和监督抽检等措施。对重大动物疫病疫苗,采取驻厂监督、粘贴“二合一”防伪标签和实施定点生产企业动态管理制度等。

(二)加快研发检测标准物质,实现检测标准物质的标准化

动物生物制品是不能单纯用理化方法来测量其效力或活性的,而只能用生物学方法来测量,但生物学测量往往由于试验动物个体差异,试剂或生物原材料的纯度或敏感性不一致,操作方法的不一致等原因,导致试验结果的不一致性,为此,在进行测定时,用已知效价或单位的同一类生物制品作为标准物质用于定量或者定性检验。这种标准物质就是标准品,或参考试剂。由于标准物质已作为法定的一致性的尺度,所以保证了试验

结果的一致性。中国动物用生物制品检测标准物质奇缺，急需加快研发检测标准物质，实现检测标准物质的标准化。

(三)快速研发检测试剂盒

随着新技术、新材料、新方法的出现，诊断制品的研制将进入异常活跃的时代，特别是快速、敏感、特异的诊断试剂盒的研制已成为当务之急，包括利用单克隆抗体技术制备诊断试剂、以分子生物学包括 DNA 探针、聚合酶链反应(PCR)等高度灵敏的检测方法为基础的诊断试剂开发及利用、合成肽制备的诊断试剂等。

(四)提高质量检测技术水平

疫苗新增的检验项目、检验技术及检验条件要求较高的项目，如活疫苗中的支原体污染的检验、鉴别检验项目，活疫苗中外源病毒特别是禽用活疫苗中禽白血病病毒(LLV)、网状内皮增生症病毒(REV)和鸡贫血病毒(CAV)等的检验，灭活疫苗中灭活剂、防腐剂含量的测定等检测技术亟待提高。此外，要不断地研究新的检测方法，如用血清学方法、抗原含量测定法或试验动物检验法等代替用本动物进行强毒攻击方法进行疫苗的效力检验，以防止散毒，并加速现代分子生物学技术快速检测产品质量的研发进度等。

第三节　基因工程生物制品的质量检测与控制

由于分子遗传学、核酸化学及重组 DNA(rDNA)技术的迅速发展，现已能够确定和获得许多天然活性蛋白的编码基因，将其插入表达载体或引入某种宿主细胞后，能有效地表达该基因产物，再经分离、纯化和检定，可得到用于预防和治疗某些人类疾病的制品。以病毒为载体的预防用活疫苗是指将外源目的基因片段构建在病毒载体中，重组后的病毒载体导入机体后可表达目的蛋白，目的蛋白通过刺激机体产生特异性免疫学反应而达到预防某种疾病的目的。基因工程技术生产的产品往往带有宿主细胞产生的内毒素、细胞蛋白、蛋白突变体、核酸、氨基酸替代物、单抗、内源性毒素、蛋白水解修饰物等杂质，应注意到以病毒为载体活疫苗和以基因工程技术形成的基因工程生物制品只是处于研究应用的初级阶段，而且与常规动物生物制品相比有其本身的特点，需要不断地积累经验。因此，基因工程生物制品的质控贯穿于生产的全过程，自始至终都应当制定严格的质控标准，并进行严格的质量控制。

一、原材料的质量检测与控制

应提供有关表达载体的详细资料，包括基因的来源、克隆和鉴定，表达载体的构建、结构和遗传特性。应说明载体各组成部分的来源和功能，如复制子和启动子来源，或抗生素抗性标志物。提供至少包括构建中所用位点的酶切图谱。应提供宿主细胞的资料，包括细胞株(系)名称、来源、传代历史、检定结果及基本生物学特性等。应详细说明载体引入宿主细胞的方法及载体在宿主细胞内的状态(是否整合到染色体内)及拷贝数。应提供宿主和载体结合后的遗传稳定性资料。

1. 克隆基因的序列

应提供插入基因和表达载体两侧端控制区的核苷酸序列。所有与表达有关的序列均应详细叙述。

2. 蛋白的表达

应详细叙述在生产过程中,启动和控制克隆基因在宿主细胞中的表达所采用的方法及表达水平。

3. 原辅料

原辅料应参照国家药品监督管理局有关规定,按照农业部的有关规定执行。动物源性原料的使用应提供来源及质控检测资料。

二、生产的质量检测与控制

基因工程制品的生产应采用种子批(SEEDLOT)系统。从已建立的主细胞库中,再进一步建立生产细胞库(WCB)。含表达载体的宿主细胞应经过克隆而建立主细胞库。在此过程中,在同一实验室工作区内,不得同时操作两种不同细胞(菌种);一个工作人员亦不得同时操作两种不同细胞或菌种。

应详细记述种子材料的来源、方式、保存及预计使用寿命。应提供在保存和复苏条件下宿主载体表达系统的稳定性证据。采用新的种子批时,应重新作全面检定。真核细胞用于生产时,细胞的鉴别标志,如特异性同功酶或免疫学或遗传学特征,对鉴别所建立的种子是有用的。有关所用传代细胞的致癌性应有详细报告。如采用微生物培养物为种子,则应叙述其特异表型特征。

一般情况下,在原始种子阶段应确证克隆基因的 DNA 序列。但在某些情况下,例如传代细胞基因组中插入多拷贝基因,在此阶段不适合对克隆基因作 DNA 序列分析。在此情况下,可用总细胞 DNA 的杂交印染分析,或作 mRNA 的序列分析。对最终产品的特征鉴定应特别注意。

种子批不应含有外源性致癌因子,不应含有感染性外源因子,如细菌、支原体、真菌及病毒。有些细胞株含有某些内源病毒,例如逆转录病毒,且不易除去。但当已确知在原始细胞库或载体部分中污染此类特定内源因子时,则应能证明在生产纯化过程可使之灭活或清除。

(一)携带潜在病毒和其他可传播因子

细胞系/株本身有可能携带内源性病毒和外界污染的病毒。如果细胞基质被病毒污染,则生产出来的疫苗也会含有污染的病毒,直接影响疫苗的安全性;尤其是减毒活疫苗,由于没有灭活工艺,内源性或外源性病毒的污染可能会导致严重的后果。

人类或灵长目动物细胞系可能携带潜在的病毒,例如乙型肝炎病毒、逆转录病毒等;还有可能含有整合在细胞 DNA 上的病毒基因。虽然人二倍体细胞用于疫苗生产 30 多年,未见有病毒性污染的报道,但仍不能完全排除人类病毒潜在污染的风险。

禽类组织细胞隐藏着外源和内源性逆转录病毒,但目前没有证据表明这些细胞基质生产的疫苗可向人类传播疾病。例如多年前使用含有禽白血病病毒的鸡胚生产的黄热病疫苗、麻疹疫苗、流感疫苗。尽管如此,仍应防范禽类外源和内源性逆转录病毒给人类可能带来的危害。

啮齿类动物细胞隐藏着外源和内源性逆转录病毒及其他病毒，可能携带淋巴细胞脉络丛脑膜炎病毒、出血热病毒等，其可以直接感染人类而致病。

(二)细胞 DNA

用于培养和诱导基因产物的材料和方法应有详细资料。对培养过程及收获时，应有敏感的检测措施控制微生物污染。

应提供培养生长浓度和产量恒定性方面的数据，并应确立废弃一批培养物的指标。根据宿主细胞-载体系统的稳定性资料，确定在生产过程中允许的最高细胞倍增数或传代的代次，并应提供最佳培养条件的详细资料。

在生产周期结束时，应监测宿主细胞-载体系统的特性，例如质粒拷贝数、宿主细胞中表达载体存留程度、含插入基因的载体的酶切图谱。一般情况下，用来自一个原始细胞库的全量培养物进行监测，必要时应做一次目的基因的核苷酸序列分析。

多年来，原代细胞和二倍体细胞已成功、安全地用于多种疫苗生产，已认为这类细胞的残余 DNA 无危险性。由于传代细胞调控生长的基因失调，使得传代细胞系具有无限的寿命。因此，理论上认为传代细胞系的 DNA 具有使其他细胞生长失控和产生致肿瘤活性的潜在能力。人类对传代细胞 DNA 的危险性有一个逐步认识的过程。1986 年 WHO 根据动物致癌基因模型提出危险性评估，在体内暴露 1 ng 的细胞 DNA(该基因组中含有 1 个活化致癌基因的 100 个拷贝)，可引起 $1/10^9$ 个受体发生转化，并认为疫苗中含有≤100 pg/剂量的细胞 DNA 的危险性可忽略不计。在确定此界限时，考虑的不是 DNA 本身，而是编码活化致癌基因的特殊 DNA 序列减少到最少。

细胞 DNA 可导致瘤变的嵌入突变的危险性极小。有报告结果显示，通过嵌入诱变证明，10 μg DNA 可导致 $1/10^7$ 个受体的 1 个细胞的 2 个独立的肿瘤抑制基因失活。1998 年发表的文章表明，含有活化基因的毫克级 DNA 注射灵长类动物，10 年内未引起肿瘤。

目前认为，传代细胞系的 DNA 是一种细胞污染，而不是一种需要降低到极低水平的严重危险因素，但鉴于疫苗的使用者为健康人群，并且采用传代细胞生产的灭活疫苗逐渐增多，因此应尽量降低疫苗中残余 DNA 含量，最大限度地降低潜在的危险。生产工艺中必须有去除 DNA 的工艺，并进行工艺验证。此外，β-丙内酯既可以灭活病毒，也可以降解核酸。口服制剂的残余 DNA 含量的危险性可忽略不计。

(三)促生长蛋白及细胞残留蛋白

传代细胞可分泌生长因子，该生长因子可以促进细胞生长，但作用通常是短暂的、可逆的，危险性有限。它们不能复制，而且大部分在体内迅速失活。在异常情况下有致肿瘤作用，但需要持续作用。一般认为，疫苗中含有微量的已知的促生长蛋白不构成严重危险，但仍需关注其带来的潜在危险。同时，疫苗当中的细胞残留蛋白属异源蛋白，有可能引起机体的过敏反应。因此，使用传代细胞生产的疫苗，应进行纯化，尽可能去除细胞蛋白，并且要进行纯化工艺的验证。鉴于目前尚无特异性传代细胞蛋白(包括促生长蛋白)的检测手段，现仍以疫苗蛋白总量进行间接质控。目前，中国部分生产企业的工艺可将个别疫苗蛋白总量降至 10 μg/剂量以下，其细胞蛋白残留量相对较少。

(四)检定用细胞的要求

应提供经长期培养后所表达基因的分子完整性资料,以及宿主细胞的表型和基因型特征。每批培养的产量变化应在规定范围内。对可以进行后处理及应废弃的培养物,应确定指标。从培养开始至收获,应有敏感的检查微生物污染的措施。

根据宿主-载体稳定性及表达产物的恒定性资料,应规定连续培养的时间。如属长时间连续培养,应根据宿主-载体稳定性及产物特性的资料,在不同间隔时间作全面检定。

检定用细胞是指用于生物制品制造过程中检定所使用的细胞,包括原代细胞、连续传代细胞或二倍体细胞,也有的是经过特定基因修饰过的细胞。检定用细胞的质量将会对检定结果的判定具有重要的影响,因此,为保证检定结果的有效性、可靠性及真实性,国家药品检定机构和生物制品生产企业检定部门所用的检定用细胞应符合下列要求。

1. 细胞资料

(1)检定用细胞应有明确的合法来源,并具有相关的来源证明资料。

(2)如使用传代细胞系/株,应建立细胞库体系,即主细胞库及工作细胞库,如细胞使用量较少,可建立单一细胞库。应根据供试品的特性在确保检测结果可靠的基础上,在允许的最高限定代次内,规定相应检定用细胞的代次范围,应为规定代次的±1代。检定时从工作细胞库复苏的细胞,不能再回冻保存。

(3)应详细记录检定用细胞建库的过程,包括细胞培养所用原材料的来源、批号,细胞生长液的配制方法、使用浓度等,记录细胞的传代及冻存过程,并建立细胞冻存及使用台账。

2. 细胞检定

生物制品检定用细胞应至少进行以下(1)～(3)项检定,根据检定用细胞用途的不同,还应按照(4)项下的有关要求进行相关的检定。

(1)细胞鉴别试验:应确认为本细胞而无其他细胞的交叉污染。

(2)无菌检测:参照相关方法进行无菌检验,结果应符合要求。

(3)支原体检测:参照相关方法进行检查,结果应符合要求。

(4)外源病毒污染检查:用于待检样品外源病毒污染检查所用的细胞,应无外源病毒污染。小白鼠、大白鼠及地鼠抗体产生试验检测啮齿类动物细胞系中存在的种特异性病毒,可用杂交法、PCR法、单抗检测及电镜检测。

人源的细胞系可用体外诊断试验检测病毒性病原,如EB病毒、巨细胞病毒(CMV)、乙型及丙型肝炎病毒(HBV、HCV)、艾滋病病毒(HIV)。常用方法有:杂交法、PCR法、单抗检测及电镜检测;逆转录病毒检测可用电镜检测和逆转录酶(RT)测定。

(5)致瘤性检查:用于生产的传代细胞系应有致瘤性的资料,对于已经证实有致瘤性的啮齿类动物来源的传代细胞如BHK-21、CHO、C-127不要求做致瘤性试验,除非研究资料能够证明某一新的细胞系不具有致瘤性,否则应把此细胞看做有致瘤性。如果要鉴定某个细胞系是否有致瘤性,可以单用体内法或者单用体外法,也可以体内、体外两种方法联合使用。

体内检测:动物:①裸鼠;②抗胸腺细胞血清(ATS)或球蛋白(ATG)抑制免疫的新生地鼠、小白鼠或大白鼠;③用健康小白鼠骨髓再建的胸腺切除并照射过的小白鼠。方法:①用在生产代数范围内的被试验细胞接种至少10只动物,每只皮下或肌肉各注射10^7个细胞，以 HeLa、Hep-2 细胞为阳性对照，以二倍体细胞（WI-38 或 RC-5）作阴性对照，阳性对照细胞接种量应比被试细胞少 1 个数量级。②采用新生地鼠、小白鼠或大白鼠的试验体系时，应于动物出生的当天及 2、7、14 d 皮下或肌肉注射 0.1 mL 有效的 ATS 或 ATG，使在出生当天接种阳性对照细胞的动物产生进行性肿瘤生长和转移。③观察 14 d，检查有无肿瘤生长，并做详细记录，有结节或可疑病灶时，做病理检查。无结节生长时，半数继续观察 1 周，另一半数继续观察 10 周。每只动物应进行解剖，并详细检查。

体外检测：根据体外试验也可充分鉴定细胞的致瘤性。①软琼脂集落形成试验。②接种器官培养后产生侵袭性细胞生长。③进行 DNA 转化试验时，应取处于生产用传代水平的细胞 DNA，目的是确定传代细胞系中是否存在活化的致癌基因。

(6)病毒敏感性检查：用于病毒类待检样品病毒效价测定的检定用细胞，应进行病毒敏感性检查，证明所用细胞具有足够的相应病毒敏感性。

细胞培养的目的是获得足够量的病毒，如果病毒不能在细胞上很好地适应和复制，就失去了细胞培养的目的，达不到规模化生产的能力，产品研制开发的前景不容乐观。因此，选择适宜的细胞基质是疫苗研制的基础。一般选择有充足来源的、对研发的目的病毒敏感的、能够大规模生产的、可以进行质量控制的细胞基质。有些病毒对一些细胞基质不够敏感，但可以通过在该细胞基质上适应传代的方式，使病毒逐步适应该细胞基质，最终在一定的代次后达到一定的滴度，满足生产疫苗的需求。由于每种病毒感染细胞的滴度不同，每种疫苗所需要的病毒量（免疫原）也不同，所以目前对于疫苗毒的滴度要求没有统一的尺度，不同的疫苗有不同的标准。例如目前已上市的疫苗中，猪繁殖障碍呼吸综合征减毒活疫苗毒株的滴度要求为$\geqslant 10^{-5}$ $TCID_{50}$/头份。因此，对细胞基质敏感性的评价不仅仅是结果，同样重要的是病毒在细胞基质上适应的全过程。细胞基质的敏感性直接影响疫苗的产量，只有达到规模化生产，才有生产疫苗的可能，才能起到预防传染性疾病的作用。此外，应重点考虑在细胞培养中，接种尽可能少的病毒量，收获尽可能多的病毒量。

三、产品质量的检测与控制

应建立有关产品的鉴别、纯度、稳定性和活性等方面的试验方法。检测的必要性和纯度要求取决于多种因素：产品性质和用途、生产和纯化工艺及生产工艺的经验。一般说来下列试验对控制产品质量是可以采用的。新的分析技术及对现有技术的改进正在不断进行，适当时应使用这些新的技术。

（一）物理化学鉴定（以基因工程蛋白质产品为例）

1. 氨基酸组成

使用各种水解法和分析手段测定氨基酸的组成，并与目的蛋白基因序列推导的氨基酸组成或天然异构体比较。如需要时应考虑分子量的大小。多数情况下，氨基酸组成分析对肽段和小蛋白可提供有价值的结构资料，但对大蛋白一般意义较小。在多数情况下，氨基酸定量分析数据可用于确定蛋白含量。

2. 氨基酸末端序列

氨基酸末端分析用于鉴别 N-端和 C-端氨基酸的性质和同质性。若发现目的产品的末端氨基酸发生改变时，应使用适当的分析手段判定变异体的相应变异数量。应将这些氨基酸末端序列与来自目的产品基因序列推导的氨基酸末端序列进行比较。

3. 肽谱

应用合适的酶或化学试剂使所选的产品片段产生不连续多肽，应用 HPLC 或其他适当的方法分析该多肽片段。应尽量应用氨基酸组成分析技术、N-末端测序或质谱法鉴别多肽片段。对批签发来说，经验证的肽谱分析经常是确证/鉴别目的产品结构的适当方法。

4. 巯基和二硫键

如果依据目的产品基因序列存在半胱氨酸残基时，应尽可能确定巯基和/或二硫键的数量和位置。使用方法包括肽谱分析、质谱测定法或其他适当的方法。

5. 碳水化合物结构

应测定糖蛋白中碳水化合物含量（中性糖、氨基糖、唾液酸）。此外尽可能分析碳水化合物的结构、寡糖形态和多肽的糖基化位点。

6. 分子质量

应用分子筛层析法、SDS-PAGE（还原和/或非还原条件下）、质谱测定法和/或其他适当技术测定分子量。

7. 等电点

通过等电聚焦电泳或其他适当的方法测定。

8. 消光系数

多数情况下，可取目的产品于 UV/可见光波长处测定消光系数（或摩尔吸光度）。消光系数的测定为使用 UV/可见光或分光光度计检测已知蛋白含量的溶液，蛋白含量应用氨基酸组成分析技术或定氮法等方法测定。

9. 电泳图谱

应用 PAGE 电泳、等电聚焦、SDS-PAGE 电泳、免疫印迹、毛细管电泳法或其他适当的方法，获得目的产品/药物的一致性、同一性、纯度的电泳图谱和数据。

10. 液相层析图谱

应用分子筛层析、反相液相层析、离子交换液相层析、亲和层析或其他适当方法，获得目的产品/药物的一致性、同一性、纯度的层析图谱和数据。

11. 光谱分析

适当时，应用紫外或可见光吸收光谱法测定，使用圆二色谱、核磁共振（NMR）或其他适当的方法检测制品的高级结构。

（二）杂质检测

1. 工艺相关杂质

工艺相关杂质来源于生产工艺，可分三大类：来源于细胞基质、培养基和下游工艺。

（1）来源于细胞基质的杂质包括源于宿主生物体的蛋白、多肽、核酸（宿主细胞、载体、总 DNA）、多糖及病毒。对于宿主细胞蛋白，一般应用能检测出较宽范围蛋白杂质的灵敏的免疫检测方法。应用不含目的基因的生物体粗提物，即不含产品编码基因的生产用细胞，制备上述试验使用的多克隆抗体。可通过对产品的直接分析方法（如杂交技术法）检测宿主细胞的 DNA 水平，或通过标记试验（实验室规模）检测证实通过纯化工艺能去除核酸。对于有意导入的病毒，应验证生产工艺中去除灭活病毒的能力。

（2）来源于培养基的杂质包括诱导剂（多核苷酸、病毒）、抗生素、血清及其他培养基组分。

(3)来源于下游工艺产生的杂质包括酶、化学/生化处理试剂(如溴化氰、胍、氧化剂和还原剂)、无机盐(如重金属、砷、非有色金属离子)、溶剂、载体/配体(如单克隆抗体)及其他可滤过的物质。

2. 产品相关杂质

(1)以下为最常见的目的产品的分子变异体,并列出了相应的检测方法。化学修饰类型:应考虑脱酰胺、异构化、错配 S-S 连接和氧化形式的分离和鉴别。对这些变异体的分离和鉴别,可应用层析法和/或电泳法(如 HPLC、毛细管电泳、质谱法、圆二色谱)。

(2)降解物和聚合体:对于降解物,应建立降解物的判定标准,并对稳定性试验产生的降解产物进行监测;聚合体包括二聚体和多聚体,可用分子筛层析法(如 SE-HPLC)进行定量。

(三)生物学测定

1. 鉴别试验

应用免疫印迹法,或者在可能情况下,应用参考品将 rDNA 制品与天然产品通过生物学比较试验,确定其与天然产品是一致的。

2. 效价测定

采用国际或国家参考品,或经过国家检定机构认可的参考品,以体内或体外法测定制品的生物学活性,并标明其活性单位。

3. 特异比活性测定

在测定生物学活性的基础上,对有些制品还应用适当方法测定主药蛋白含量,测定其特异比活性,以活性单位/重量表示。

4. 热原质试验

应采用家兔法或鲎试验法(LAL)作热原质检测,控制标准可参照天然制品的要求。

5. 无菌试验

参照现行版《中国兽药典》有关规定进行,应证实最终制品无细菌污染。

6. 抗原性物质检查

必要时,如制品属大剂量反复使用者,应测定最终制品中可能存在的抗原性物质,如宿主细胞、亚细胞组分及培养基成分等。患者反复接受大剂量的这类制品时,应密切监测由这些抗原可能产生的抗体或变态反应。

7. 异常毒性试验

可参照现行版《中国兽药典》有关规定进行。

(四)其他

根据产品剂型,应有外观(如固体、液体、色泽、澄明度等方面的描述)、水分、pH、装量等方面的规定,可参照现行版《中国兽药典》相关规定执行。

四、临床前安全性评价

(一)总体安全性评估

除了在质控中已规定的各项要求外,对于用基因工程化的自体或异体细胞导入动物体，应提供以下资料：①生长因子的依赖性细胞，对其生长行为必须予以监测。若某细胞株在传代过程中失去对该生长因子的依赖性，不能再予以使用。②对同种异体细胞的移植，必须从免疫学方面提供其安全性依据。③对异种细胞，必须提供该异种细胞在体内存活的时间及其安全性的依据。④致癌试验。无论是自体或异体细胞，经基因操作后，均须作致癌试验。对于瘤苗类制品，必须提供该瘤细胞经过何种处理能有效地阻止继续增殖的证据。致癌试验包括软琼脂细胞生长及裸鼠内致癌试验。⑤细胞种类均一性的监控。对瘤苗类制品，应提供如何去除非肿瘤细胞的方法、步骤及其可靠性的依据。若从肿瘤组织中分离非肿瘤细胞（如淋巴细胞），则必须提供消除肿瘤细胞的方法、步骤及其可靠性（包括致癌试验在内）的依据。⑥复制型病毒的检测，若应用病毒型导入系统必须严格检查复制型病毒。⑦添加物：除细胞培养及保存所用的试剂外，某些导入基因或细胞时，需要加用其他添加物，对此类物质必须有动物试验证明其安全性。

（二）分子遗传学的评估

必须提供动物体内重组病毒或重组 DNA 制品导入靶组织与非靶组织的分布情况、基因的表达情况。须提供导入基因的细胞进入体内后的活性和目的基因的表达情况和分布。

（三）毒性反应的评估

这是安全性试验的重要组成部分。提供毒性反应的详细资料。除目的基因可能导致的毒性外，导入系统的安全性评价至为重要，其安全性评估应包括急性毒性（最大耐受量）及长期毒性试验。毒性试验所用的剂量，除包括相当于临床使用剂量（按体重或表面积计算）外，尚需有一个较大的剂量范围。剂量范围应包括大于临床使用剂量以确定最大耐受量。给药途径应尽可能模拟临床给药或导入的形式。若改变途径须说明其原因及依据。毒性反应的观察，除常规检测项目外，应包括与基因治疗相关的检测指标。

（四）免疫学的评估

无论病毒型与非病毒型载体系统，均需注意进入体内后的免疫反应有关的问题，包括过敏反应、排斥反应以及机体的自身免疫反应（如对裸 DNA）等，并对可能发生的免疫反应提出相应的监控及处理措施。对用于改变机体免疫状态的目的基因及其导入系统（如瘤苗、导入细胞因子基因或输入基因工程化的免疫细胞），更需提供它所引起的机体免疫改变以及可能的副作用的资料。

第四节　动物生物制品的标准化

近十年来，中国经济建设和社会发展取得了举世瞩目的成就。随着改革开放的逐渐深入，中国畜牧业持续稳定发展，动物生物制品在控制动物疫病，促进畜牧业健康快速发展，保障动物产品质量安全和有效供给，维护公共生物安全及食品安全等方面发挥了重要的作用。因动物生物制品产业是生物医药产业的一部分，具有高新技术产业特征，具有较高的利润率，近年来大量资金向动物生物制品行业聚集，新企业、新车间数量剧增，生产能力不断扩大,其标准化问题正日益引起人们的高度重视。由于不同动物生物制品所采用的方法和用途各异,不可能一概而论,但在标准化内容上,应坚持从生产用起始材料到产品的全程标准化,包括产品由原料、半成品、成品的生产和检验等控制要求和标准。本节就动物生物制品标准化的相关内容、要求和规范性进行了探讨,以期对这类制品的国家标准管理和企业的生产规范化起到一定的促进作用。

一、动物生物制品检验技术的标准化

技术标准已经成为保持产业与区域竞争优势的一个关键因素,世界各国和地区高度重视科技创新和技术标准工作,纷纷制定和实施技术标准战略,中国科技部在 21 世纪初提出人才、专利、技术标准三大战略。

检验(测量)是人类认识自然和改造自然的一种基本手段,是人们为了解物质的属性与特征而进行的工作。当对物质某一特性进行多次检验(测量),结果重复性好,而且不存在任何系统误差时,则可认为检验(测量)是正确的。正确的检验(测量)如实地反映了客观事物所处的状态及变化,使人们了解到事物的真实属性和特征。实现检验(测量)的正确,有 4 个基本条件:①必须采用统一的计量单位;②使用检定的仪器和量值传递系统;③推广标准化的检验(测量)方法;④使用标准物质和统一的计量器具。因此可见,推广标准化的检验标准操作规程(SOP)和使用生物标准物质是保证动物生物制品检验结果的正确性和可靠性的先决条件。

在保证检验质量的因素中,人是最重要的因素,接受过专门的培训、具备相应知识和能力的检验人员,在保证检验质量中起着关键性的作用。同样,标准化的检验技术也十分重要。只有同时具备高素质的人员,具备应有的标准物质、标准方法等技术条件,才可能得到高质量的检验结果。因此,动物生物制品检验技术的标准化,是保证检验质量的基本条件之一。科学的一大特点就是可重复性。检验的可重复性,取决于检验的高精度,在动物生物制品检验中,可重复性也标志着检验技术精确程度的重复稳定性。只有标准化,才能使得这种技术精确程度可以稳定地得到重复。因此,动物生物制品检验技术的标准化,保证了检验的可重复性。

二、动物生物制品生产过程标准化

对于动物生物制品企业来说,实施 GMP,硬件建设是基础,必须符合 GMP 的要求;软件实施是核心,是保证。完整的、行之有效的文件系统,涉及生产的全过程,它的有效实施可以规范人员的行为,减少人为差错的发生,保证各个环节的工作查有据,行有迹,追有踪,是企业生产质量管理规范的具体体现。动物生物制品企业只有实施 GMP,监控生产的全过程,规范人为不合理因素,防止各种事故的发生,才能确保生产的合格产品质量安全、稳定、均一和有效。

(一)物料的管理制度的标准化

优质的物料是生产合格产品的前提和必要条件,通过对物料供应商资质的审核,保证物料内在质量的稳定,规范物料的采购、入库、检验、发放和使用,做到有执行、有检验、有审核,监督物料的流程,保证物料在流转过程中质量的稳定。

（二）生产环境及工艺用水监测制度的标准化

洁净环境的效能取决于硬件建设，同时也与使用和维护有关；工艺用水的质量直接影响到产品的质量。必须定期对洁净室的微生物、尘埃粒子以及工艺用水的质量进行检测，保证产品在洁净效果合格的环境下进行生产，使用合格的工艺用水以保证产品的质量。

（三）清场程序的标准化

在生产结束后，操作人员必须按照制定的清场程序清场，对所使用的物料、仪器、设施设备进行清洁处理，并填写清场记录，以保证以后生产的顺利进行。在下一次生产开始前，必须检查上次生产后的清场效果，签发清场合格证，清场不彻底，不能进行再生产，以避免生产过程中批与批之间的混淆及所生产的产品被污染。

（四）工艺查证制度的标准化

动物生物制品生产过程应严格按照规定的工艺规程生产，才能保证产品的均一性和稳定性。生产、质量管理部门通过对工艺规程及质量控制要点进行查证，提早预防和消除隐患的发生。

（五）中间产品检验制度的标准化

动物生物制品生产过程中上一道工序的产品可能是下一道工序生产的物料，质量管理部门通过对中间产品的检验、审核，控制每一道工序的产品质量，将不合格中间产品及时进行报废处理，使之不得流入下一道生产工序，只有这样才能保证最终产品的质量。

（六）批生产记录管理制度的标准化

在生产过程中，要求工作人员按规定及时正确地填写各项操作记录，生产、质量管理部门通过对批生产记录的认真审核，检查生产过程中所有的操作是否符合 GMP 规范要求，物料是否平衡，各项检验结果是否达到标准，环境设施、设备是否运行正常，依此决定成品是否放行，这是确保产品质量、有效防止产品污染和混淆的有效方法。同时，批生产记录也为追踪产品质量、改进工艺、完善管理提供了充分的科学依据。

三、动物生物制品标准物质的标准化

动物生物制品是不能单纯用理化方法来测量其效力或活性的，而只能用生物学方法来测量，但生物学测量往往由于试验动物个体差异，所用试剂或生物原材料的纯度或敏感性不一致，操作方法的不一致等原因，导致试验结果的不一致性，为此，在进行测定时，用已知效价或单位的同一类生物制品作为标准物质用于定量或者定性检验。这种标准物质就是标准品或参考试剂。由于标准物质已作为法定的一致性的尺度，所以保证了试验结果的一致性。

动物生物制品标准物质的某一个特定品种的标示量，是对这一批标准物质而言的定值数据，是非常均匀的物质。这是标准物质最基本的特征之一。标准物质作为统一量值的一种计量标准，就是凭借该值及定值准确度进行定值传递，标准物质的特性量值必须由具有良好仪器设备的实验室，有经验的操作人员，采用完善的设计，准确可靠的检验

(测量)方法进行测定。生物标准物质的制备、分装、研究、确认、分发必须有一套经国家认可的合法程序,中国的兽医药品标准物质是农业部授权中国兽医药品监察所统筹规划、制备发放的,其他任何单位制备的标准物质未经中国兽医药品监察所确认不能以法定的兽医药品标准物质使用。负责制备分发的单位要提供标准物质的有效期限,在这期限内,标准物质的特性量值保持不变,使用者可以放心使用。

动物生物制品有国际标准物质的,应根据国家动物生物制品生产情况,制备能满足国内生产所需的国家标准物质。动物生物制品国家标准物质是最低级别的法定标准物质,即国家或国际组织不再认可其他标准物质。国家标准物质按照使用对象的不同,大致可分成2类:一类是用于确定产品效价的,此类国家标准品通常有规定的量值;另一类是用于控制检验质量的,此类国家标准品通常没有确定的量值,但具有稳定的生物特性,可有效显示检验操作的质量。当然,前一类标准物质也可以用于检验质量的控制。生产企业应该及时了解其生产的产品是否有国家标准物质,以便能及时使用国家标准物质来控制产品质量。凡是有国家标准物质的产品,生产检验时,必须按照规定要求使用国家标准物质。国家标准物质的使用,应该严格按照标准物质使用说明书的规定进行,不得任意改变,以保证标准物质本身的准确性,若对标准物质质量有疑问,应及时与发放单位取得联系,搞清存在问题的原因,不能放任不管,影响产品质量。

四、动物生物制品生物安全措施的标准化

中国动物生物制品的品种逐步增加,质量标准不断完善和提高,对中国畜牧业疫病的防制和诊断起到了积极的作用,有力地促进了中国畜牧业生产的健康发展。但是我们也应该清晰地看到,中国动物生物制品在研究、研发、生产、管理和销售等方面还存在着诸多问题,对动物生物制品的生物安全问题还缺乏足够的认识和重视,动物生物制品的生物安全能够提高和保障动物的健康,更重要的是能够保障食品安全和人类的健康,其生物安全不容忽视。国家对新兽药的研制已经有了明确的规定,在临床试验前必须向农业部提出申请,对菌毒种、细胞等生物组织原材料必须进行系统的鉴定,对实验室安全试验、效力试验、生产工艺等必须符合国家相关的规定和要求,在得到农业部批准后方可进行临床试验,以保证产品的质量和生物安全。

生产企业应加强对生物安全的正确认识,积极主动地投入到生物安全自查工作中去。根据公司实际情况,对照《兽医实验室生物安全管理规范》、《病原微生物实验室安全管理条例》等法规要求,针对与生物安全有关的生产检验设施设备、生物安全操作规范、含毒废弃物和污水无害化处理、人员安全与防护、生物安全相关文件制度、生物安全管理与人员培训,以及化学品、火、电等其他安全事项等方面的内容,制订系统而详细的自查方案,将检查内容明确到每一个部门、每一个岗位、每一个操作细节,明确生物安全检查人员的分工与详细职责,并规定检查时限与结果报告制度。

综上所述,动物生物制品作为一种特殊商品,其质量至关重要,优质产品能有效地诊断、预防和控制畜禽传染病的发生,提高动物的生产性能,为人类带来经济效益;而质量低劣的产品则可能伤害动物,污染环境,甚至威胁人类的健康及生命。因此,必须加强动物生物制品标准化管理,生产优良动物生物制品,从而保证畜牧业健康发展,保障食品安全和人类的健康。

(沈志强　山东省滨州畜牧兽医研究院)

第八章 动物疫苗

第一节 疫苗概述

一、疫苗防病的历史渊源

伟大的中华民族有着五千年悠久的历史和灿烂的文化。中国古代人民在与疾病斗争的长期过程中，观察到有些患过传染病而康复的人，一般不再患同样的疾病。4 世纪初，东晋葛洪所著《肘后方》中，已有关于防制狂犬病的记载："杀所咬犬，以脑傅之，后不复发"。古人在"以毒攻毒"的思想指导下，创造了预防天花的人痘接种法。其基本方法是从感染天花后的恢复期病人或症状比较轻的病人身上，挑取水疱、脓疱和痘痂内容物并保存 1 个月左右待其干燥，然后将人痘研磨成粉给健康人鼻内接种。一般在接种后的第 6 天开始发热，第 7 天会有高热，随后于第 9 天和第 10 天全身发疹。以后逐步退热和退疹并获得了抵抗天花的免疫力。接种人痘也可造成死亡，死亡率一般在 1%左右。据记载，中国在明代隆庆年间(1567—1572)，人痘已经广泛使用，并先后传到俄国、日本、朝鲜、土耳其以及英国等欧洲国家，甚至于 18 世纪初还传到了北美。人痘的发明是中国人民对世界医学的一大贡献。然而人痘中天花病毒的毒力并未减低，因而接种人痘的危险性很大，健康人反而会因为接种了人痘而患天花甚至死亡。这就是为什么中国人发明的人痘比英国医生 Jenner 发明的牛痘要早几百年，然而在疫苗发展史上的历史地位却不如牛痘的主要原因。

天花于 18 世纪末在欧洲肆虐横行，当时约有 50%的儿童活不到 10 岁，而其中 40%是因为得天花而死；即便能逃脱死亡的病人，也会留下满脸的疤痕或者严重残废，甚至双目失明。然而令人惊奇的是，一些挤牛奶的农妇却很少得天花。虽然有些有学问的人或医生认识到和那些挤奶农妇从奶牛感染到的症状轻微的牛痘有关，却只有 Jenner 在经过仔细的观察和准备以后，于 1796 年 5 月 14 日进行了人类历史上的第一次疫苗接种试验。Jenner 从一位感染了牛痘的年青挤奶农妇的手上挑取了痘苗接种到一名 8 岁男孩的手臂上。经过几个月的严密观察，发现小男孩获得了免疫保护，一直没有感染天花。这对 Jenner 是一个极大的鼓舞。在 1798 年 3 月，Jenner 又对 15 名试验者接种了牛痘苗，结果这些人全部获得保护，没有患天花。Jenner 于 1798 年 9 月发表了他的试验结果，其论文被广泛传阅，他的种痘术被其他医生仿效。到了 1799 年夏天，Jenner 的天才发明被大家所证实，并有 1 000 多人接种了牛痘苗。在随后的 3 年中，种痘技术传遍了欧洲，后又传到北美和亚洲。从牛痘苗的发明、研究结果的发表到疫苗的广泛使用，其速度之快是至今没有任何一种其他疫苗所能超越的。由于长期和广泛的使用牛痘苗，全世界从1977年以后再也没有发现过天花病人。世界卫生组织（World Health Organization，WHO）于1979年10月26日宣布，天花已从地球上被消灭，这是人类历史上第一个使用疫苗消灭的传染病，这是一个光辉的开始。相信在不久的将来，由于疫苗的成功使用，小儿麻痹症、破伤风和麻疹等也将有可能在21世纪被逐步消灭（李忠明等，2001）。

二、微生物学的黄金时代和第一次疫苗革命

微生物学的黄金时代始于19世纪中叶，并一直延续到20世纪初。荷兰人Leeuwenhoek于1676年制造出可放大200倍的第一架原始显微镜，利用该显微镜他从容器的积水、井水、牙垢以及人与动物的粪便中，首先看到了球形、杆形和螺旋形的微生物，他的发明为微生物学黄金时代的到来奠定了基础。19世纪中叶，法国微生物学家Pasteur为了解决发酵工业所遇到的困难和预防危害人类和家畜健康的烈性传染病，经过科学研究后发现，有机物质的发酵与腐败是由于空气中微生物的污染，传染病的流行是由于病原微生物的传播。在发酵工业的生产过程中，只要消毒严密，杜绝外界微生物的污染，不论肉汤和麦酒都不会腐败变质。从而证明有机物中是不可能自然发生微生物的。继Pasteur后，德国医生Koch从观察炭疽病原菌的特性和生长开始，创造了染色方法、固体培养基以及试验性动物感染等手段。这些试验方法的发明，使得自1875年后的短短十余年间，发现了数十种人类和动物的病原菌。19世纪末的一个重大发现是证实了可滤过的微生物，即病毒也能引起感染。病毒不仅比细菌小，更重要的是病毒需要寄生于活细胞中才能完成它本身的复制。1889年，首次发现人畜共患的口蹄疫是由病毒引起的传染病。不久，引起脊髓灰质炎、麻疹、天花和黄热病的病毒被相继发现。到了20世纪30年代和40年代，利用组织细胞培养和敏感动物接种，并辅以电子显微镜、超速离心、免疫荧光和免疫电镜等新技术，先后发现和分离出数以百计的能引起人类和家畜传染病的病毒。

被誉为疫苗之父的Pasteur对人类的伟大贡献不仅在于证明了微生物的存在，而且是他史无前例地用物理、化学和微生物传代等方法有目的地来处理病原微生物，使其失去毒力或减低毒力，并用此作为疫苗给人接种而达到能预防一批烈性传染病的目的。Pasteur于19世纪末在疫苗研制领域的先锋作用和卓越贡献引起了第一次疫苗革命。虽然Jenner比Pasteur早100年使用了牛痘疫苗来预防天花，并为200年后在全世界消灭天花立下了不朽的功勋，然而人们并没有将他誉为疫苗之父，这是因为当时科学技术条件的限制，Jenner不知道天花是由病毒引起的，更不可能有目的地用不同的方法去处理病原微生物而研制出疫苗来防病。Jenner细致的观察、长期积累的经验和大胆的试验使他获得预防天花的成功。Pasteur为了纪念Jenner医生对人类的贡献，将疫苗一词创语为“Vaccine”，意思是可用于免除瘟疫的东西。

在19世纪的最后20～30年，一个又一个被相继发现的细菌是引起人类和动物烈性传染病的罪魁祸首，如霍乱弧菌及伤寒、炭疽、鼠疫、白喉和结核等杆菌。Koch发明的在固体培养基上分离细菌纯培养物的方法为Pasteur研制疫苗铺平了道路。Pasteur首先观察到引起鸡霍乱的细菌在培养基上培养两周以后便失去了致病的能力。他发现用这种陈旧的培养物给鸡接种后不能使鸡感染得病；然而重要的是，如果再用新鲜的强毒菌来攻击这些鸡，它们也都获得了保护而没有得病。Pasteur的结论是细菌的陈旧培养物

发生了一些变化而减低了它的毒力却保存了免疫原性。Pasteur 应用他的理论使引起牛、羊和人类炭疽病的炭疽杆菌减毒。他发现将炭疽杆菌在 42～43℃培养两周以后，细菌失去了毒力而且不产生芽孢。在这些早期的试验中，Pasteur 建立了免疫预防的原则，他在接种程序中，首先使用减毒十分彻底的细菌以保证安全性，随后再用低毒细菌加强免疫来增加免疫原性。Pasteur 于 1881 年 5 月 5 日在法国进行了具有历史意义的公开试验。24 头绵羊、1 头山羊和 6 头牛首次接种了彻底脱毒的炭疽疫苗，然后在 5 月 17 日用未完全减毒的细菌作加强免疫。5 月 31 日对免疫动物和一群同样数目的对照动物用强毒炭疽杆菌攻击，结果未接种疫苗的对照动物中，绵羊和山羊全部死亡，4 头牛病情严重；然而在免疫动物中只有 1 头绵羊死亡。试验的成功使得炭疽疫苗在短时间内在法国广泛使用。至 1882 年初，共有 7.9 万头绵羊被免疫，并获得了良好的免疫保护效果。

人类于 1884 年首次大规模使用疫苗来预防霍乱，距 Koch 分离到霍乱纯培养物仅一年时间。这是一种用含有减毒霍乱弧菌的肉汤做成的活疫苗。当时在西班牙的霍乱流行区有 3 万人注射了这种疫苗。但是这种霍乱减毒活疫苗被大量的其他细菌污染，而其中的霍乱弧菌数量只占一小部分。免疫保护效果不理想和严重的副反应都与污染的其他细菌有关。1891 年根据 Pasteur 的疫苗原则，将霍乱弧菌在空气中 39℃连续培养以达到减毒目的。其后在印度的几个临床试验结果都证明了霍乱活疫苗的保护效果。由于在大量制备和疫苗标准化方面的困难，后来中止了这种疫苗的使用。Kolle 博士于 1896 年将在琼脂上培养的霍乱弧菌加热灭活做成死疫苗并加入 0.5%的酚作为保护剂。这种死疫苗于 1902 年首次在日本的霍乱流行区大规模使用；后来在 20 世纪 60 年代和 70 年代又在孟加拉国、菲律宾、印度尼西亚和印度进行了设对照的随机临床试验。结论是霍乱死疫苗有很好的短期保护效果。

Pasteur 及其助手在获得炭疽疫苗的成功以后，将注意力转到预防狂犬病的研究中去。虽然他们不能像分离细菌一样培养出狂犬病病毒，但是他们确定引起这种传染病的微生物存在于患病动物的脊髓和脑组织中。Pasteur 将患狂犬病动物的神经组织注射到兔子的脑膜下，待兔子死亡以后，将它的脊髓取出再给另一只兔子注射，可以将狂犬病在兔子中一代一代传下去；然而他们发现如果将脊髓干燥 15 d 后再给兔子注射就失去了传染性。Pasteur 将干燥的兔子脊髓溶解在盐水中，给动物每天注射 1 次，连续注射 14 d 而获得免疫保护力。Pasteur 在法国给两名被患狂犬病的狗严重咬伤的病人注射了这种疫苗后挽救了他们的生命。

以 Pasteur 的出色成就为代表，从 19 世纪末至 20 世纪初在世界上掀起了第一次疫苗革命。其中卡介苗就是细菌减毒活疫苗的成功例子。Calmette 和 Guerin 将一株从母牛分离到的牛型结核杆菌在含有公牛胆汁的培养基上连续培养 213 代，经过 13 年后获得了减毒的卡介苗，称 BCG(*Bacillus* calmette-guerin)，这种菌苗不会使敏感动物豚鼠感染结核病。卡介苗于 1921 年首次给一名新生儿经口服途径进行免疫，婴儿服用疫苗后无任何副反应。这名婴儿在母亲死于肺结核病后与患有结核病的外祖母一起生活，虽然他与结核杆菌有密切接触，但是在他的一生中却没有患结核病。由于卡介苗既安全又有效，到了 20 年代末，在法国已有 5 万婴儿服用了卡介苗。20 年代以后，卡介苗的使用由口服改成了皮内注射。从 1928 年开始，卡介苗在全世界广泛使用。至今已在 182 个国家和地区，给 40 多亿的儿童接种了卡介苗。根据 WHO 扩大计划免疫的要求，现在每年仍有1亿多的新生儿接种卡介苗。

在19世纪末，往往在分离到新的病原菌后不久，相应的死疫苗很快就被研制出来并用于临床预防感染，例如鼠疫和伤寒死疫苗一直沿用至今。伤寒疫苗是于1896年用加热灭活的方法将细菌杀死后保存于酚的一种死疫苗。1912年，美军因为全面接种伤寒死疫苗使得发病率降低90%。到了1915年，这种疫苗已广泛地在欧洲和美国的军队中使用。在20世纪50年代和60年代由WHO主持的临床试验证明，伤寒死疫苗的保护率可达到50%～75%。在病毒方面，将黄热病的野生型病毒在去掉头部和脊髓的鸡胚组织中传代培养。经过10多年大约100次的传代，于1936年才获得了一株失去神经毒性的病毒，称为17D减毒活疫苗。此疫苗安全性好、免疫性强、保护率高，被视为成功疫苗的典范。第一次疫苗革命还包括白喉和破伤风类毒素的发现。将白喉和破伤风类毒素用福尔马林处理以后，毒素失去了毒力却保留了其免疫原性，能刺激机体产生抗毒素抗体。白喉和破伤风类毒素可称为最早的蛋白质亚单位疫苗。

以疫苗之父Pasteur于19世纪末研制的鸡霍乱疫苗、炭疽疫苗和狂犬疫苗为标志的第一次疫苗革命，拯救了人类无数的生命，大量的烈性传染病得到了控制，人类的平均寿命延长了数十年。这是科学家们对人类的伟大贡献，是疫苗立下的丰功伟绩(李忠明等，2001)。

三、以重组DNA技术为代表的第二次疫苗革命

以Pasteur的工作为代表的第一次疫苗革命基本上是在细胞水平上研究和开发的结果。从20世纪70年代中期开始，分子生物学技术迅速发展，使得从事疫苗研究的科学家得以在分子水平上对微生物的基因进行克隆和表达。与此同时，化学、生物化学、遗传学和免疫学的发展在很大程度上为新疫苗的研制和旧疫苗的改进提供了新技术和新方法(表8.1)。1986年用基因工程制备的乙型肝炎表面抗原获得成功并正式作为肝炎疫苗用于临床。于此前后，肺炎、脑膜炎和流感嗜血杆菌的多糖和多糖蛋白偶联疫苗，以及无细胞百日咳和回归热的纯化蛋白质组分疫苗等也纷纷通过临床试验，形成了第二次疫苗革命(李忠明等，2001)。

四、引发第三次疫苗革命的DNA疫苗

DNA疫苗又称基因疫苗或者核酸疫苗，这种核酸既是载体又能在真核细胞中表达抗原，刺激机体产生特异而有效的免疫反应，尤其是能诱导产生具有细胞毒杀伤性功能的T淋巴细胞，可有效地预防病毒、细胞内寄生的细菌和寄生虫所引起的传染病(李忠明等，2001)。

表8.1 新技术对疫苗研制和开发的作用及影响

学科领域	生物技术	作用和影响
遗传学	基因工程和DNA重组(包括基因克隆和表达，DNA测序，DNA合成核酸内切酶和工具酶，PCR，全基因图谱)	抗原鉴定和抗原分离
		测定抗原的可变性
		蛋白质抗原的基因工程
		基因突变和减毒
		重组微生物作为载体

续表 8.1

学科领域	生物技术	作用和影响
化学	多肽合成	鉴定抗原表位 研制多肽疫苗
	蛋白质结构	计数及估测 T 细胞表位和 B 细胞表位
	糖结构	多糖疫苗
	基础研究	佐剂，多糖和蛋白质偶联疫苗
免疫学	单克隆抗体	抗原鉴定和抗原分离 鉴定抗原表位
	抗同种异型	模拟非蛋白质表位
	免疫调控	新型佐剂
	基础研究	细胞和分子免疫机理 黏膜免疫

1. 重组 DNA 技术

和生物学其他领域取得的突破一样，重组 DNA 技术的应用为疫苗的研究开辟了一个广阔的天地。基因的克隆和表达使得几乎所有微生物的抗原都可以用重组 DNA 的方法来获得，解决了以往用传统方法来制备抗原和研究病原微生物的两大困难。①用传统方法很难获得大量高纯度的抗原供研究和生产。然而重组 DNA 工程可以提供无穷无尽的材料供试验，而且可以对大量的候选疫苗进行反复的筛选。②重组 DNA 技术使得对病原微生物的研究变得更加安全。因为研究的对象是基因和它们的蛋白质产物，而不是能引起传染病的致病微生物。

乙型肝炎表面抗原的重组 DNA 疫苗是最具有典型意义的第二次疫苗革命的产物。最初的乙肝疫苗是从乙肝表面抗原阳性的携带者血浆中提取的，这对接种乙肝疫苗的健康人群来讲，其危险性显而易见。为安全起见，严格的病毒灭活程序使得乙肝血源苗的生产周期长达 65 周。将乙肝表面抗原的基因克隆到酵母菌或真核细胞中，获得的表达抗原分子具有和血源苗相同的结构和免疫原性。用重组 DNA 技术制备乙肝疫苗，生产简单、快速、成本低。生产的乙肝基因疫苗不仅安全、效果好，而且可以源源不断地供应临床，不必像乙肝血源苗那样担心阳性血浆的来源和供应问题。

重组 DNA 技术可以在基因水平上对细菌毒素进行脱毒。例如采用在体外基因突变的方法可以使白喉毒素蛋白中的一个氨基酸发生改变，结果既保留了毒素的免疫原性又使其失去了毒性。成功的例子还有破伤风毒素和百日咳毒素的基因突变脱毒。这种方法最终替代传统的细菌类毒素疫苗，不仅因为安全，而且生产容易，成本也低。

重组 DNA 技术和传统的遗传技术相结合可以构建无毒或减毒活疫苗。例如将霍乱弧菌的毒素 A 基因、*Shiga* 样毒素基因和溶血素 A 基因都去掉，就可以获得安全有效的霍乱活疫苗。又如对伤寒杆菌的 *gal*E 基因或 *aro* 基因在体外进行特异部位的突变，使得细菌能保留其侵入细胞和刺激免疫系统的能力，却不会引起疾病。

另外一种方法是载体活疫苗，其方法是将目的基因克隆到已经在临床常规使用的活疫苗中去，即将这种安全的细菌或病毒活疫苗作为载体来表达目的基因，从而达到针对某种传染病的免疫保护作用。常用的载体有卡介苗、腺病毒和痘病毒等。

2. 化学和蛋白质化学技术

由于绝大部分疫苗的保护性抗原是蛋白质，因而蛋白质化学技术的发展对疫苗的研制有很大的作用和影响。例如用等电聚焦的方法来分离蛋白质，现在已经可以将等电点仅相差 0.01 的两种蛋白质加以区分。高效液相层析（HPLC）已能将含量极低的蛋白质成分和其他特性相似的蛋白质分离开来。多肽测序技术的敏感性提高了 50～100 倍，用量已从 20 pmol 降低到 200 fmol。

微生物的抗原在和免疫系统的抗体或细胞受体作用时，其抗体的表位只有 3～5 个氨基酸；T 细胞的表位也只有 15～20 个氨基酸。现在的氨基酸合成仪能够合成 2～50 多个氨基酸，其在疫苗的研制方面有两个主要的用途：①如果已知一个抗原的一级结构，可以用合成的多肽来确定 B 细胞的表位。具体方法是根据蛋白质的氨基酸序列合成一系列同样长短的多肽，最短的是 8 个氨基酸，也可以是 10 个或更长一点。但是这些多肽必须在其头尾部分重叠的序列，而且全部多肽连起来要跨越整个蛋白质的完整氨基酸序列。然后用特异的抗体和这些不同的多肽进行反应，其目的是为了寻找抗原中具有保护性的 B 细胞表位。②根据已知的 B 细胞和 T 细胞的表位合成多肽，直接制备多肽疫苗。当然，由于多肽的相对分子量太小，这种疫苗必须接上蛋白质载体才具有免疫原性。

某些细菌的毒力与细菌表面的荚膜多糖和脂多糖有关，如肺炎球菌、脑膜炎球菌和流感嗜血杆菌等。使用先进的化学技术可以将这些细菌的多糖提纯出来做成既安全又有效的疫苗。由于婴儿的免疫系统发育还不够成熟，单独使用多糖不能刺激免疫系统。采用化学偶联方法将多糖或其他蛋白质偶联就可以弥补这一缺陷。

长期以来，氢氧化铝是唯一的人用疫苗佐剂，据不完全统计大约有数百种，而有关佐剂研究的文献仅 1999 年就多达上万篇。不同的佐剂有不同的机理来促进免疫反应，有的主要能加强体液免疫反应，而有的则是以提高细胞免疫反应为主。新佐剂的来源十分复杂，有源自于植物和细菌的佐剂；也有人工合成的有机物和无机盐；有的佐剂为综合不同来源的物质配制而成。近年来对细胞因子和多核苷酸佐剂的研究也方兴未艾。但是不论是何种佐剂，评价其好坏或能否适合人用疫苗的 3 个基本标准则是相同的。

（1）促进机体免疫反应的能力：产生体液免疫反应和细胞免疫反应，或两者均有；而且疫苗的抗原成分和疫苗的接种途经与有效免疫反应的产生密切相关。

（2）副作用：佐剂的副作用是局部的反应还是全身反应，以及副反应的程度能否被使用者接受是一个十分严谨的标准，凡是不安全的佐剂，不论其效果有多好，也不能用于临床。

（3）价格：新佐剂的材料来源和制造工艺往往决定了它的价格，而只有价廉物美的佐剂才能普遍被临床所接受。

此外，还应考虑到使用新佐剂以后，能否减少疫苗的免疫剂量和接种次数，以及免疫力持续的时间长短等因素。

五、疫苗的研究阶段

疫苗的发展过程分为基础研究阶段（包括病理学、微生物学等）、免疫机理研究、临床前期试验、临床试验（包括Ⅰ期临床试验、Ⅱ期临床试验、Ⅲ期临床试验）、样品的大量生产以及最后的产品注册 6 个阶段。一个疫苗从开始研究到最后形成产品大概需要 10～15 年的时间。

六、疫苗的研制方法和种类

疫苗的研制方法主要有传统方法和现代生物学技术方法 2 种，传统方法利用病原生物的原始抗原制备疫苗，其制备方法简单、保护作用强且有效周期长。但是疫苗的产量却完全依赖于病原体体外培养及获得量的多少。现代生物学技术方法虽然可以解决抗原生产的问题，但单一抗原的免疫原性往往低于复合抗原，而且还存在交叉免疫保护性差及佐剂不强等问题。从目前所使用的疫苗种类来看，绝大多数疫苗还是以传统方法制备为主。疫苗的种类主要有：①弱毒苗；②灭活苗；③有效成分苗；④亚单位苗（包括体外表达的蛋白质疫苗）；⑤核酸苗（包括重组质粒、RNA 和 cDNA 表达文库苗）；⑥重组病毒疫苗（重组病毒载体疫苗）；⑦合成肽苗；⑧重组活菌苗。自 20 世纪 90 年代初以来，不论是研究单位还是药物开发企业都在基因工程疫苗方面进行了大量的投入，但到目前为止投放到市场上的产品还只有重组蛋白质疫苗和一些兽用重组病毒疫苗，其他的基因工程疫苗还多处在研发状态（Woodrow，1997）。但随着疫苗研制技术的不断进步，今后基因重组疫苗的应用会愈来愈多。

（秦晓冰　青岛农业大学；李昌　军事医学科学院军事兽医研究所）

第二节　基因工程疫苗

上述狭义的疫苗被称作传统疫苗（Traditional vaccine），即完整的病原体为主制成的疫苗；而基因工程疫苗则属于新一代疫苗（New generation vaccine）或高技术疫苗（High-tech vaccine）范畴。主要包括基因工程亚单位疫苗、基因工程载体疫苗、核酸疫苗、基因缺失活疫苗、蛋白工程疫苗等，广义的还包括遗传重组疫苗、合成肽疫苗、抗独特型抗体疫苗以及微胶囊可控缓释疫苗等。

20 世纪 80 年代随着现代生物学技术的兴起，特别是 DNA 重组技术的出现，为研制新一代的疫苗提供了崭新的方法。基因工程疫苗是用分子生物学技术对病原微生物的基因组进行改造，以降低其致病性，提高其免疫原性，或将病原微生物基因组中的一个或多个对防病治病有用的基因克隆到无毒的原核或真核表达载体上，制成疫苗，接种动物，产生免疫力和抵抗力，达到防制传染病的目的。

目前利用基因工程技术已经和正在研制开发的新型疫苗主要有亚单位疫苗、活载体疫苗。传统疫苗在预防和控制传染病过程中起到了重要的作用，但随着现代生物学技术日新月异的发展，尽管目前基因工程疫苗研究还未获得全面突破性进展，但由于传统疫苗的缺陷和基因工程疫苗的潜在优势，基因工程疫苗逐渐成为疫苗研究的热点。与传统疫苗相比，基因工程疫苗有以下优点：①把保护性抗原基因插入载体的能力，修饰的载体能表达来自病原微生物的保护性抗原基因，细菌和病毒载体，都能产生兼有活疫苗和灭活苗优点的疫苗，这种类型的疫苗具有亚单位苗的安全性又具有活疫苗的效力；②它们易于大规模使用（喷雾或气雾）；③生产费用相对较低，目前世界上几个研究组织正在生产特定的禽用疫苗载体。另外，还有一些病毒需要分子生物学技术开发新型疫苗，它们包括：①不能或难以用常规法培养的病毒，如新城疫弱毒株在鸡胚成纤维细胞上生长不良;②常规疫苗效果差或反应大,如传染性喉气管炎疫苗;③有潜在致癌性或免疫病理作用的病毒,如白血病、传染性法氏囊病、马立克氏病;④能够降低成本,简化免疫程序的多价疫苗,如传染性支气管炎血清型多而且各型之间交叉保护性差,也可以将几个疾病的病毒抗原在同一载体上表达而生产出一次接种预防多种疾病的多价苗,实现这一计划只有通过基因工程技术才有可能做到;⑤有些病原微生物对人类危害较大,在培养过程中很容易散毒或感染研究和生产人员,如 SARS 病毒。基因工程技术提供了一个研制疫苗的更加合理的途径,现在可以在相对可以预测的情况下生产无致病性的、稳定的细菌和病毒,这与常规活疫苗研制的经典发展历程相反,同时还能生产与自然型病原可区分的疫苗,如猪伪狂犬基因缺失疫苗,这将大大有助于疫病的诊断和扑灭过程。基因工程疫苗应该比目前应用的常规疫苗具备更多优点,为了被人们接受,它们必须具备安全性、生产工艺、免疫效力、免疫期、免疫途径、生产成本等方面的优点,并被有关管理部门和公众接受。

一、基因工程亚单位疫苗

基因工程亚单位疫苗(Gene engineering subunit vaccine)又称生物合成亚单位疫苗或重组亚单位疫苗,是指它只含有病原体的一种或几种抗原,而不含有病原体的其他遗传信息。原则上讲,用这些疫苗接种动物,都可使之获得抗性而免受病原体的感染。亚单位疫苗不含有感染性组分,因而无须灭活,也无致病性。自 1981 年成功地将口蹄疫病毒的抗原性多肽基因 VP3 克隆到大肠埃希氏菌内并制成用于牛和猪的疫苗之后,这种方法又成功地应用于猫白血病疫苗以及预防仔猪腹泻病的 K88 疫苗等的研制(吴石金等,1999)。国外在 20 世纪 80 年代初将乙型肝炎病毒(HBV)S 基因的一个 835 bp 片段克隆在表达载体上,在酵母中表达出了 HbsAg 蛋白,使之成为第一种利用真核表达系统生产的基因工程疫苗。酵母表达系统现在已经大规模生产供给人类使用的第一代重组肝炎疫苗(瞿礼嘉,1998)。迄今,已研制出许多亚单位疫苗。有病毒性疾病的和细菌性疾病的,也有激素类的亚单位疫苗。亚单位疫苗是利用单一蛋白质抗原分子来诱导免疫反应的。因此,在研制亚单位疫苗时,首先要明确编码具有免疫活性的特定抗原的 DNA,一般选择病原体表面糖蛋白编码基因;而对于易变异的病毒(如 A 型流感病毒)则可选择各亚型共有的核心蛋白的主要保护性抗原基因序列。其次,应用重组 DNA 技术研制亚单位疫苗,还必须有合适的表达系统用来生产基因产物。每一系统的目标都是为了达到所需基因产物的高水平表达。因此,研究和了解各种表达系统中基因表达和产物稳定性的调节和控制参数是十分重要的工作。用于亚单位疫苗生产的表达系统主要有大肠埃希氏菌、枯草杆菌、酵母、昆虫细胞、哺乳类细胞、转基因植物、转基因动物。

基因工程亚单位疫苗分以下 3 类。

(一)细菌性疾病亚单位疫苗

传统的细菌疫苗是用全菌、细菌胞壁抽提物或培养肉汤粗滤液制成,除保护性免疫原外,还含有很多不相关的和有毒的成分。鉴定和分离致病菌关键的免疫原和毒力因子是研究细菌性亚单位疫苗的基础,现已研制出包括产肠毒素性大肠杆菌病、炭疽、链球菌病和牛布鲁氏菌病等的亚单位疫苗,都能对相应的疾病产生有效的保护甚至对不同血清型的疾病也有交叉保护作用。

(二)病毒性疾病亚单位疫苗

研制病毒性亚单位疫苗比细菌性亚单位疫苗简单，病毒病原体只编码少数几种基因产物，几乎所有病毒的基因组已经被克隆和完全测序，或者正处于被克隆和测序的过程中。这为病毒性亚单位疫苗的研制提供了有利条件。目前已商品化或在中试阶段的病毒性疾病的亚单位疫苗主要有乙型肝炎、口蹄疫、狂犬病等十几种亚单位疫苗。据报道，用酿酒酵母表达了鸡传染性法氏囊病病毒 VP2，研制的亚单位疫苗完全可以取代传统灭活疫苗(裴建武等，1997)。中国台湾省研制的禽流感亚单位疫苗效力远比灭活疫苗高(马文军等，1999)。

(三)激素亚单位疫苗

通过激素调控促进动物生长是生物技术研究的重要课题之一。动物的生长主要受生长激素的调节，而生长激素的分泌又受到生长抑制素的抑制。所谓生长抑制素疫苗是以生长抑制素作免疫原，使免疫动物的生长抑制素水平下降，生长激素释放增多，使牛、羊等家畜获得显著的增重效果。杜念兴等将化学合成的生长抑制素基因(14 肽)克隆到 pUC12 质粒中，在大肠埃希氏菌中表达，进而将该基因与 HbsAg 基因融合，用痘苗病毒载体在 Vero 细胞中表达，表达产物具有良好的免疫原性。

(秦晓冰　青岛农业大学；李昌　军事医学科学院军事兽医研究所)

二、活载体疫苗

基因工程重组活载体疫苗是用基因工程技术将病毒或细菌(常为疫苗弱毒株)构建成一个载体(或称外源基因携带者)，把外源基因(包括重组多肽、肽链抗原位点等)插入其中使之表达的活疫苗。该类疫苗免疫动物后向宿主免疫系统提交免疫原性蛋白的方式与自然感染时的真实情况很接近，可诱导产生的免疫比较广泛，包括体液免疫和细胞免疫，甚至黏膜免疫，所以可以避免重组亚单位疫苗的很多缺点。如果载体中同时插入多个外源基因，就可以达到一针防多病的目的。简而言之，病毒活载体疫苗兼有常规活疫苗和灭活疫苗的优点。它具有活疫苗的免疫效力高、成本低及灭活疫苗的安全性好等优点，是当今与未来疫苗研制与开发的主要方向之一。国外已研制出以腺病毒为载体的乙肝疫苗、以疱疹病毒为载体的新城疫疫苗等。当然，这类疫苗有时因机体对活载体的免疫反应性质，可限制再次免疫的效果。

目前，主要的病毒活载体有牛痘病毒、禽痘病毒、金丝雀痘病毒、人 2 型和 5 型腺病毒、火鸡疱疹病毒、伪狂犬病病毒、水痘-带状疱疹病毒、微 RNA 病毒、黄病毒和脊髓灰质炎病毒等，主要的细菌活载体包括 BCG、沙门氏菌、枯草杆菌、李斯特氏菌、大肠杆菌、乳酸杆菌、志贺氏菌(Sutter 等，2003)等。

(一)重组细菌活载体疫苗

目前主要有沙门氏菌活载体疫苗、大肠杆菌活载体疫苗、卡介苗活载体疫苗以及以单核细胞增多性李斯特菌和小肠结肠耶尔森氏菌为载体的其他细菌活载体疫苗(钱建飞，2000)已越来越引起研究者们的兴趣，并具有巨大的应用潜力，它除了具有病毒活载体的优点外，还具有培养方便，外源基因容纳量大，刺激细胞免疫力强等优点。细菌载体本身就起佐剂作用，刺激产生强的B细胞和T细胞免疫应答。口服沙门氏菌疫苗还能刺激黏膜免疫，且不像其他疫苗需要注射，因此用它作载体更具有吸引力。把外源基因插入合适的载体质粒，转化进细菌，或导入细菌染色体。以细菌为载体的疫苗比重组载体病毒活疫苗的研究难度更大，但近年来在构建多价疫苗方面已取得相当大的进展，如把志贺氏菌、霍乱弧菌和大肠埃希氏菌的抗原基因导入沙门氏菌表达，猪繁殖与呼吸综合征病毒GP5和M蛋白重组结核分支杆菌疫苗等。

(二)重组病毒活载体疫苗

病毒载体有2种：①复制缺陷性载体病毒，只有通过特定转化细胞的互补作用或通过辅助病毒叠加感染才能产生感染性后代，故无排毒的隐患，同时又可表达目的抗原，产生有效的免疫保护。如用金丝雀痘病毒为载体，表达新城疫病毒HF基因，用于预防鸡的新城疫。②具有复制能力的病毒，如疱疹病毒、腺病毒和痘病毒都可作为外源基因的载体而保持其感染性。有很多重组蛋白在该载体病毒中表达成功，攻毒保护效率良好。

在实验室条件下应用得比较成功的基因工程疫苗有：表达猪瘟病毒囊膜糖蛋白El的重组PRV(TK^-)，表达鸡新城疫病毒的血凝素或融合蛋白的重组FPV(禽痘病毒)，表达禽流感病毒血凝素基因的重组FPV(马文军等，1999)，表达禽流感病毒血凝素基因的重组FPV，表达马立克病病毒(MDV)糖蛋白B抗原的重组FPV，表达鸡新城疫病毒囊膜糖蛋白、Ⅰ型MDV糖蛋白B抗原或传染性法氏囊病病毒VP2抗原的重组火鸡疱疹病毒(HTV)，表达狂犬病囊膜糖蛋白的重组痘苗病毒等，表达狂犬病囊膜糖蛋白的重组犬疱疹病毒等(钱建飞，2000)。不过，复制性活载体疫苗都有一个共同的缺陷，即畜禽体内的抗载体病原的抗体会干扰或完全抑制活载体的复制，从而影响了插入基因的表达。因此这类疫苗不能用于已有抗活载体抗体的畜禽和二次免疫。

1. 痘病毒载体

痘病毒是研究最早最成功的载体病毒之一，它具有宿主范围广、增殖滴度高、稳定性好、基因容量大及非必需区基因多的特点。因此，有利于进行基因工作操作，易于构建和分离重组病毒。它还可以插入多个外源基因，并对插入的外源基因有较高的表达水平。目前已有很多重组蛋白在该载体病毒中成功表达，攻毒保护效率良好。如表达HIV-1主要囊膜蛋白(gp120)的重组痘病毒，已进入临床试验；应用鸡痘病毒载体国内外先后成功表达了流感病毒、新城疫病毒、传染性法氏囊病病毒、马立克氏病病毒、禽网状内皮组织增生症病毒、狂犬病病毒、传染性支气管炎病毒、麻疹病毒、猿猴免疫缺陷病毒、艾美耳球虫等的保护性抗原基因，其中部分产品已正式注册。

2. 腺病毒载体

腺病毒作为活载体也是目前研究热点之一。虽然腺病毒载体对外源基因的容量较小(20 kb)，但它具有独特的优点：①腺病毒比较安全。②腺病毒的靶细胞范围广，不仅能感染复制分裂细胞，而且能感染非复制分裂细胞。③腺病毒容易制备，对热不敏感，在适合的培养系统中呈高滴度增殖。④腺病毒可以在肠道及呼吸道繁殖，能诱导黏膜免疫，能制成药囊经口服途径接种以预防消化道及呼吸道感染。⑤Ad2、Ad5等启动子较强，能高水平表达外源基因，特别是换以更强的启动子如CMV早期启动子后，更可明显提高外源基因的表达水平。目前已有许多病毒的抗原基因已经用腺病毒载体表达成功，如伪狂犬病病毒gp50蛋白、狂犬病病毒G蛋白、HIV env/gag和gp160蛋白、轮状病毒VP4和

VP7 蛋白及鸡 IBDV VP2 蛋白等。

3. 疱疹病毒载体

随着疱疹病毒弱毒苗的问世及质量不断提高，以此为基础的活载体也逐渐成为研究目标。疱疹病毒的基因组较大，150 kb 左右，可容纳多个外源基因的插入。大多数疱疹病毒（伪狂犬病病毒除外）的宿主范围很窄，其重组病毒的使用不会产生流行病学方面的不良后果。许多疱疹病毒经黏膜途径感染，构建的载体活疫苗可经黏膜途径提呈抗原，诱导特异性黏膜免疫。目前，以疱疹病毒为活载体表达外源基因作为疫苗的研究主要有：单纯疱疹病毒、伪狂犬病病毒、火鸡疱疹病毒、牛疱疹病毒Ⅰ型、马疱疹病毒Ⅰ型和传染性喉气管炎病毒等。其中，火鸡疱疹病毒活载体，是禽病毒基因工程研究中比较活跃的领域。新城疫病毒的 *F* 和 *HN* 基因重组马立克氏病毒疫苗、马立克氏病 HVT/MDVgB 重组疫苗、传染性法氏囊病病毒 VP2 基因重组 HVT 活载体疫苗取得很好研究进展。利用口蹄疫病毒、猪瘟病毒重组伪狂犬病病毒活载体疫苗、表达 FMDV *VP*1 基因及 PRV 的 *g*Ⅲ基因的重组牛Ⅰ型疱疹病毒活载体疫苗研究也取得明显进展。

但是，用上述痘病毒、疱疹病毒和腺病毒作载体也带来一些问题，这些病毒对体内复制的复杂要求、毒力性质还不完美、宿主范围不如人意，都需进一步研究。例如腺病毒在淋巴组织和疱疹病毒在神经组织的持续感染，疫苗病毒感染的进行性过程等都是必须认真对待的问题。我们必须更好地了解这些载体病毒发生具体缺失突变的后果，如在插入外源基因时所引起的突变，这可能会影响重组载体病毒的毒力、亲嗜性宿主范围以及免疫原性。

4. 小 RNA 病毒载体

近年来以 RNA 病毒为活载体的研究令人鼓舞，如已证明脊髓灰质炎病毒疫苗株在实际应用中安全、可口服，病毒容易增殖，感染滴度高。该载体表达的外源蛋白以嵌合形式存在于载体病毒颗粒表面，故免疫效果较理想，如 HIV gp41 重组脊髓灰质炎病毒可诱导兔产生中和抗体。

（秦晓冰　青岛农业大学；李昌　军事医学科学院军事兽医研究所）

三、基因重组活疫苗

即以用于某些疾病预防的活疫苗为载体（如痘苗、脊髓灰质炎活疫苗等），插入 HIV 的某种基因（如 *gp*160、*gp*120 等基因），构建成重组活疫苗（Gene recombinant living vaccines）。此类疫苗已成功应用于志愿者接种，并表明在诱导细胞免疫方面有较强的作用。此外，也有在上述基因重组的基础上，转入 IL-12 或 INF-γ 基因，以共同表达这些细胞因子，达到促进 TH1 诱导抗 HIV 感染的目的。基因重组活疫苗除了包括上述活载体疫苗外，还包括非复制性疫苗、基因突变及基因缺失疫苗等。

（一）非复制性活载体疫苗

这类基因工程疫苗的构建方法与前一类复制性活载体疫苗相同，但选用的载体病毒不能在免疫接种动物的体内复制，是一种宿主限制性疫苗。不过，特定强毒的免疫原性基因仍能在接种动物体内少量表达，并足以刺激保护性免疫反应。如以金丝雀痘病毒（CPV）为载体表达狂犬病病毒囊膜糖蛋白基因的重组病毒疫苗用来预防人和哺乳动物的狂犬病（RV）。此外，以 CPV 为载体在整合进犬瘟热病毒（CDV）、猫白血病病毒

(FLV)、马日本脑炎病毒(EEV)、马流感病毒的相应免疫原基因后,也已在实验室中显示出良好的免疫效果。

研制活病毒载体疫苗,必须注意人用疫苗和畜禽用疫苗的区别,人用疫苗的焦点是安全性,畜禽用疫苗除安全性外还要考虑成本效益。选择理想的载体是活载体疫苗研制及应用成功的关键。目前常用的有 FPV 载体疫苗,FPV 是已知的最大的动物病毒,基因组长达 300 kb,可以容纳大片段外源基因,是构建多价或多联疫苗的理想载体。除痘病毒外,疱疹病毒和腺病毒也被选作载体。疱疹病毒作为载体的优点是:能刺激很强的细胞免疫应答和强而持久的体液免疫应答;基因组大,能容纳较大的外源基因片段;特异宿主范围窄,不像痘苗病毒那样存在种间扩散等问题。腺病毒也能引起好的体液和细胞免疫应答,在自然呼吸道感染情况下还能产生好的黏膜免疫应答,腺病毒的特异宿主范围也窄,这些都是用作疫苗载体的有利条件。研制腺病毒载体动物疫苗的前景尤其诱人。以疫苗株沙门菌和卡介苗作为外源基因的载体已越来越引起研究者们的兴趣。细菌载体本身具有佐剂的作用,能刺激产生强的 B 细胞和 T 细胞免疫应答。口服沙门菌还能刺激黏膜免疫,无须注射,因此用它作载体更具吸引力。

活载体疫苗的研究非常活跃,其优点是(韩雪清等,2003):①活载体疫苗可同时启动机体细胞免疫和体液免疫,避免了灭活疫苗的免疫缺陷。②尤为重要的是活载体疫苗可以同时构成多价以至多联疫苗,如以鸡痘病毒为载体的鸡马立克氏病+新城疫+鸡痘三联疫苗等,既能降低生产成本,又能简化免疫程序,还能克服不同病毒弱毒疫苗间产生的干扰现象。③疫苗用量少,免疫保护持续时间长、效果好,不需添加佐剂,降低了成本。④不影响该病的监测和流行病学调查。然而其缺点也是不能忽视的:①Katz 等的研究表明,猪 PRV 基因缺失疫苗株可与野生型强毒株进行基因重组,从而使重组病毒毒力增强。而猪 PRV 基因缺失疫苗株和野生型强毒株均可在非靶动物浣熊体内存活并繁殖,这就为 2 个毒株间的基因重组、进而导致毒力增强提供了先决条件(崔治中,1997)。②痘苗病毒能在哺乳动物体内复制,而与天花病毒类似的痘苗病毒在动物上应用会进化出对人类有致病性的新病毒,引起未接种痘病毒疫苗人群感染,并使极少数感染者发病,因而重组痘病毒疫苗难以商品化(吴艳涛,2001)。③活载体疫苗在二次免疫时还会诱发针对载体的排斥反应等。

(二)基因突变疫苗及基因缺失疫苗

基因突变疫苗及基因缺失疫苗(Gene deleted vaccine)是人为地使病毒的某一基因完全缺失或发生突变从而使该病毒的野毒株毒力减弱,不再引起临床疾病,但仍能感染宿主并诱发保护性免疫力。最有代表性的例子是猪伪狂犬病病毒(PRV)糖蛋白 *E* 基因(原称 *g*I 基因)缺失(gE^-)及胸腺核苷酸激酶基因突变失活(TK^-)株的活疫苗,*gE* 和 *TK* 基因产物的缺失,使野毒株 PRV 的致病性显著减弱。其免疫力不仅与常规的弱毒疫苗相当,而且由于其 *gE* 基因的缺失,使其成为一种标记性疫苗。即用该疫苗免疫的猪在产生免疫力的同时不产生抗 gE 抗体,而自然感染的带毒猪具有抗 gE 抗体。正是因为它具有这一特殊的优点,所以正在实施根除伪狂犬病计划的欧共体国家,只允许用这种 gE^- 基因工程伪狂犬病活疫苗,而不再允许使用常规的伪狂犬病活疫苗。然而,到目前为止这类疫苗中其他成功的例子还不多。

(秦晓冰 青岛农业大学;李昌 军事医学科学院军事兽医研究所)

四、核酸疫苗

核酸疫苗(Nucleic acid vaccine)又名基因疫苗(Gene vaccine),包括 DNA 疫苗和 RNA 疫苗,由编码能引起保护性免疫反应的病原性抗原的基因片段和载体构建而成。其被导入机体主要是直接肌肉注射,或用基因枪将带有基因的金粒子注入。目前,研究较多的是 DNA 疫苗(DNA vaccine)。

(一)DNA 疫苗

DNA 疫苗(DNA vaccine)是一种或多种抗原编码基因克隆到真核表达载体上,将构建的重组质粒直接注入体内而激活机体免疫系统,因此也有人称之为 DNA 免疫。1995 年,WHO 在日内瓦召开国际会议,将其统一命名为核酸疫苗。它所合成的抗原蛋白类似于亚单位疫苗,区别只在于核酸疫苗的抗原蛋白是在免疫对象体内产生的。研究发现,对肌肉直接进行 DNA 注射能够得到表达的蛋白产物,并指出这可能为发展疫苗提供了新的途径。有学者将携带流感病毒核心蛋白编码基因的质粒注入小鼠肌肉,使小鼠产生了对多种流感病毒的免疫保护,开辟了基因疫苗研究的新时代。目前已有多种分别针对艾滋病、流感、癌症等疾病的基因疫苗进入临床试验阶段,针对狂犬病、猪瘟、麻疹和过敏等各种疾病的基因疫苗研究也在进行中(陆军等,2000)。

基因疫苗与重组亚单位疫苗一样,都是利用单一蛋白质抗原分子来诱导免疫反应,因此首先要明确编码具有免疫活性的特定抗原的 DNA;其次是选择合适的质粒载体,虽然病毒载体曾经被用作抗原载体,但无论是用腺病毒载体还是逆转录病毒载体,总体上达到的免疫效果都不如用质粒载体。而且,细菌质粒本身没有很强的免疫原性,这对保证质粒在体内长期稳定地表达有重要意义。因此,核酸疫苗大多采用质粒作载体。常用的质粒载体启动子多为来源于病毒基因组的巨细胞病毒(CMV)早期启动子,具有很强的转录激活作用;另外,疫苗 DNA 中还可包含一些合适的增强子、终止子、内含子、免疫激活序列及多聚腺苷酸信号等。

基因疫苗导入动物体的方法和途径主要有注射、粒子轰击技术和口服、鼻内滴注等(殷震等,1997)。核酸疫苗能引起包括体液免疫反应、细胞毒 T 淋巴细胞免疫反应和辅助 T 细胞反应等多种免疫反应。

核酸疫苗是近几年来新兴的一种疫苗,它以其独特的优点吸引着人们:①抗原合成和递呈过程与病原的自然感染相似,通过 MHCⅠ类和Ⅱ类分子直接递呈免疫系统。特别是特异性 $CD8^+$ 淋巴细胞(CTL)的免疫反应,这是灭活疫苗和亚单位疫苗不能比拟的。②免疫原的单一性,只有编码所需抗原基因导入细胞得到表达,载体本身没有抗原性。而重组的病毒活载体疫苗除了目的基因表达外,还有庞大而复杂的病毒载体自身的免疫蛋白。③易于构建和制备,稳定性好,成本低廉,适于规模化生产。但其潜在的危险性也非常令人担忧(范书才,2003):①被注射的、可由宿主吸收的 DNA 有可能被整合到宿主的染色体中,并引起插入突变。在理论上,外源 DNA 引入体内敏感细胞中可能通过插入活化致癌基因、插入激活宿主细胞原致癌基因或插入灭活抑制基因引起肿瘤细胞形成,尽管这种概率很低;②外源抗原的长期表达可能导致不利的免疫病理反应;③使用编码细胞因子或协同刺激分子的基因可能具有额外的危害;④有可能形成针对注射 DNA 的抗体和出现不利的自身免疫紊乱;⑤所表达的抗原可能产生意外的生物活性。解决这些安全问题是研究核酸疫苗的焦点。

(二)重组 RNA 病毒型疫苗

与重组 DNA 病毒疫苗相比,尽管以 SFV 和 VSV 为代表的重组 RNA 疫苗的免疫保护效果非常可观(如抗 Ebola 和 Marbo 病毒疫苗等),但还停留在动物模型的试验阶段。SFV 疫苗载体是根据从非洲乌干达分离到的 Semliki 森林病毒(Semliki forest virus, SFV)改造而成。SFV 病毒是一种正链 RNA 病毒,其基因组只有 12 kb,编码 RNA 复制酶(RNA replicase)和病毒结构基因(主要编码病毒表面的棘蛋白和膜蛋白)。由于该病毒基因组结构简单,因而很容易将外源基因克隆到病毒基因组内。SFV 重组疫苗的制备方法(Stephenson,2001)是将抗原基因完全取代病毒的结构基因,再将病毒的两个结构基因分别克隆到另外两个表达载体上。将上述 3 个重组质粒同时转染真核细胞,3 个质粒在细胞内同时转录并表达。由于 RNA 复制酶的活性,使转录的 3 种 RNA 在细胞内大量扩增并表达。表达的 2 个结构蛋白能识别含有 RNA 复制酶和抗原基因的 mRNA,并将其包装成只含有该 mRNA 的假病毒颗粒。用这种假病毒颗粒免疫后,使编码抗原的 mRNA 在细胞内大量复制并表达,但不能再包装成新的表达颗粒。因而该系统的生物安全性高于其他 DNA 疫苗系统。此外,由于 RNA 复制酶和大量抗原的表达,细胞的其他自身蛋白质合成系统都被关闭,在抗原被表达 20 h 后,被感染的细胞开始进入细胞凋亡的过程(这是 SFV 疫苗被称作自杀疫苗的主要原因)。抗原合成细胞凋亡后很快被巨噬细胞吞噬,因而非常有利于将抗原决定簇递呈给免疫系统。

根据水疱性口炎病毒(Vesicular stomatitis virus,VSV)构建的重组疫苗载体在很多传染病的免疫试验中都取得了较 SFV 系统更好的效果。VSV 重组疫苗的优点是重组病毒易于获得,并且滴度高。免疫后重组病毒在机体内可繁殖几个星期,而不造成病理反应,但能激发机体产生很强的免疫应答反应(Daddario-Dicaprio 等,2006)。

但这两类疫苗在短期内还不能在人体上进行免疫试验,主要是因为 SFV 疫苗的 GMP 生产系统还没有解决,而 VSV 疫苗在人体上的安全性还是人们关注的重要因素。重组基因工程病毒疫苗的一个主要技术问题是如何避开先天或后天的抗病毒免疫。

(秦晓冰　青岛农业大学;李昌　军事医学科学院军事兽医研究所)

五、合成肽疫苗

合成肽疫苗(Synthetical peptide vaccine)也称为表位疫苗(Epitope vaccine),是用化学合成法人工合成类似于抗原决定簇的小肽(20～40 个氨基酸)。合成肽疫苗分子是由多个 B 细胞抗原表位和 T 细胞抗原表位共同组成的,大多需与一个载体骨架分子相偶联。合成肽疫苗的研究最早始于口蹄疫病毒(FMDV)合成肽疫苗,主要集中在 FMDV 的单独 B 细胞抗原表位或与 T 细胞抗原表位结合而制备的合成肽疫苗研究。虽然取得了一定的进展,但仍未获得一种具有理想保护作用的合成肽疫苗。分析合成肽疫苗免疫效果不佳的原因主要有(张洪勇等,2003):①疫苗缺乏足够的免疫原性,很难像蛋白质抗原那样诱导集体的多种免疫反应;②B 细胞和 T 细胞抗原表位很难发挥协同作用;③缺乏足够多的 B 细胞抗原表位的刺激。针对提高合成肽疫苗的免疫原性,进行了许多研究,如独特型肽疫苗、热休克蛋白-肽复合体疫苗等。一般来说,单独的抗原决定簇的免疫原性较弱,所以通常要与载体偶联,或以融合蛋白的形式进行免疫,还可以与细胞因子一起作用，以提高免疫原性。试验证明，热休克蛋白-肽复合体可以诱发很强的细胞反应，具有持续时间较长、又有记忆功能且不需要佐剂等优点。

目前针对乙型肝炎病毒、狂犬病病毒、人脊髓灰质炎病毒、鸡新城疫病毒、呼肠孤病毒以及委内瑞拉马脑炎病毒等的抗独特型抗体的研究较为活跃，其中针对乙型肝炎病毒表面抗原和呼肠孤病毒 S1 抗原的抗独特型抗体在试验动物上已证明具有很好的保护作用。另外，针对仙台病毒特异性 T 淋巴细胞受体的抗独特型抗体可以在小鼠引起细胞毒性 T 细胞应答，并能保护小鼠抵抗病毒攻击。与传统的疫苗相比，由于抗独特型抗体较天然的病毒抗原免疫诱导的中和抗体水平低，故抗独特型抗体在应用时，也需要与一定的载体如钥孔虫戚血蓝蛋白或 LPS 进行偶联，或交联后附以佐剂并采用适当的剂量进行免疫。此外，抗独特型抗体疫苗制造方法较为复杂、有异种蛋白副反应。抗独特型抗体疫苗在应用到实际之前尚需做很多工作，但具有传统疫苗不能取代的作用（冯涛等，2001）。

（秦晓冰　青岛农业大学；李昌　军事医学科学院军事兽医研究所）

六、转基因植物疫苗

转基因植物疫苗的原理就是将病原微生物的主要抗原基因通过一定的方法导入植物基因组中，使其在植物中表达合成抗原蛋白，当人或动物摄入这种抗原蛋白后产生免疫保护。最早用转基因植物表达疫苗性抗原的是 Cutisis R I、Cardineau C A，他们在 1990 年首次报道用烟草表达链球菌变异株（*Streptococcus* mutants）表面蛋白抗原 A（Surface protein antigen A，SPA），并且把转基因的烟草组织饲喂小鼠，结果小鼠产生了对 SPA 蛋白的黏膜免疫。1992 年 Mason 等报道将乙肝病毒表面抗原转入植物，随之提出了植物疫苗的概念。

（一）转基因植物疫苗国内外研究现状

将外源基因导入植物细胞基因组中的方法有很多。经过多年的研究，根癌农杆菌（*Agrobacterium tumefaciens*）Ti 质粒基因转化系统是目前研究最多、理论机理最为清楚、技术方法最成熟的基因转化途径（王关林等，2002）。到目前为止，在转基因植物中表达用于疫苗研究的抗原主要有大肠杆菌热敏肠毒素 B 亚单位（LT-B）、霍乱弧菌毒素 B 亚单位（CTB）、乙肝表面抗原（HBsAg）、猪传染性胃肠炎病毒 S 糖蛋白（TGEV-S）、诺沃克病毒衣壳蛋白（NVCP）、狂犬病病毒糖蛋白（RV-G 蛋白）、口蹄疫病毒（FMDV）结构蛋白 VP1 等，其中研究得最多的是 LT-B。

选用这些抗原基因主要基于以下 3 点理由：①有坚实的基础，特别是免疫原性和分子结构清楚；②有标准的检测方法可用，因为外源基因在转基因植物中的整合是随机的，所以必须有灵敏、准确、可靠的检测技术进行转化植株的筛选，在免疫试验中，还要检测血清和黏膜抗体的反应水平，如果没有成功的检测方法，是无法进行此项研究的；③有广阔的应用前景，这几种植物疫苗一旦研发成功，有广阔的世界市场，特别适用于第三世界发展中国家。

1. 大肠杆菌热敏肠毒素 B 亚单位（LT-B）在植物中的表达

1998 年，Mason 等用 LT-B 基因转化烟草和马铃薯，外源基因在转基因植株中均能表达，并有较好的免疫原性。外源基因在烟草中的表达量可达 5 μg/g 可溶性蛋白，在马铃薯块茎中可达 30 μg/g 可溶性蛋白。用烟草叶浸提物口服免疫小鼠，其 IgA 和 IgG 抗体与用同剂量细菌性 LT-B 灌服的免疫小鼠完全一致，用转基因马铃薯饲喂小鼠，也都产生了黏膜 IgA 和血清 IgG。与灌服细菌性 LT-B 的小鼠相比，饲喂转基因马铃薯的小鼠，其血清 IgG 和黏膜 IgA 抗体水平均较高，当用 LT 进行攻击试验时，饲喂试验组小鼠虽没有被完全保护，但免疫保护效果优于灌服细菌性 LT-B 的对照组。Streatfield 等研究了 LT-B 基因在玉米种子中的表达，外源基因在转基因玉米种子中的表达量占总可溶性蛋白的 10%，用转基因玉米表达的 LT-B 和用纯 LT-B 饲喂小鼠可诱导同样的血清抗体 IgA。

转基因疫苗在动物体内试验的成功，推动了其进入人类临床试验阶段，为进行人类试验提供了可靠的依据。美国于 1997 年进行了首例植物来源的可食用疫苗的人体临床试验，在Ⅰ/Ⅱ期临床试验中，志愿人群口服了植物组成性表达合成的 LT-B 免疫原的未经烹饪的转基因马铃薯，11 人服用了 50～100 g 转基因马铃薯的供试者中有 10 人的 LT-B 抗体显著上升，而作为对照组的 3 人服用了 50 g 未转基因的马铃薯，未见 1 人有任何的 LT-B 特异性抗体应答，该试验说明植物可食性组织生产的重组 LT-B 可有效保护免疫原免受胃液消化，免疫原在不用佐剂的情况下同样能诱导体液和黏膜免疫反应。

2. 乙肝表面抗原(HBsAg)在植物中的表达

1992 年，Arntzen 领导的研究小组报道了转基因植物生产乙肝疫苗的研究结果。研究人员将 HBsAg 基因转入烟草获得转基因植株，转基因烟草中 HBsAg 表达水平为总可溶蛋白质的 0.01%，从转基因烟草的叶子中提取的 HBsAg 组成平均为 22 nm 的颗粒，其浮力密度和免疫原性与人和酵母来源的 HBsAg 相似，表明在植物中成功地保持了蛋白质折叠的特性。以重组的 HBsAg 免疫小鼠，其免疫反应与商品化的 HBsAg 疫苗相似，产生了 IgM 和所有的 IgG 亚基，并使 T 细胞增殖，这表明转基因植物表达的抗原保留了激发 B 细胞和 T 细胞免疫反应的抗原决定簇。

Richter 等(2000)后来在马铃薯中表达了乙肝表面抗原，将该抗原与口服免疫佐剂霍乱肠毒素 B 亚单位(CTB)共同免疫小鼠，能引起小鼠免疫反应，该试验表明在转基因植物中表达的非消化道型人类病原的抗原具有口服免疫原性。用商品化乙肝疫苗对已经口服转基因马铃薯的小鼠进行二次免疫，其抗体水平迅速升高，这表明马铃薯中表达的乙肝表面抗原能刺激机体产生免疫记忆。

1999 年，Kapusta 在羽扇豆和莴苣的豆荚和叶片中表达了乙肝表面抗原，并经美国 FDA 批准第一次组织了人类转基因植物疫苗乙肝表面抗原的临床试验。二次免疫 2 周后，试验组 2/3 人体内 IgG 抗体水平有明显的增加，二次免疫 4 周后 IgG 抗体水平开始下降，到第 12 周不再下降。在首免后 20 周内，服用转基因莴苣的志愿者没有表现出药物的副作用。

3. 猪传染性胃肠炎病毒 S 糖蛋白(TGEV-S)在植物中的表达

Gomez 等(2000)用 TGEV-S 蛋白 N 端 cDNA 或全长 cDNA 获得了转基因芥菜和马铃薯，在叶浸提物中，表达的外源蛋白占可溶性总蛋白的 0.03%～0.06%，两种 cDNA 表达水平没有明显区别。用叶浸提物经肌肉注射免疫小鼠，在 0、15、30 d 各 1 次，每次含总蛋白为 40 mg，结果表明免疫鼠可产生特异性血清抗体，并在蚀斑减少试验中表现了中和活性。此后 Gomez 等进一步将 TGEV 的纤突蛋白基因在马铃薯中表达，并进行口服免疫小鼠试验，证实马铃薯表达的纤突蛋白能刺激小鼠产生良好的免疫应答反应。Tuboly

等(2000)对 TGEV-S 蛋白基因进行了改造和选用强启动子，获得 3 个转基因植株系，转基因植物 S 基因表达产物用酶联免疫反应(ELISA)和 Western Blotting 检测表明其大小与预期结果一致，并发现 3 个转基因植株系的基因表达量比 Gomez 等早期的报道高出 5～10 倍，即转基因植物 S 蛋白表达量占总可溶性蛋白的 0.1%～0.2%，且它们最终抗体滴度类似。用转基因叶片提取物经肌肉注射免疫小猪，每周取血样，用病毒中和试验和 ELISA 检测，发现可产生 TGEV 特异性抗体，中和抗体效价为 1∶8，ELISA 效价达 1∶320 以上。

Streatfield 等(2001)用玉米对 TGEV 的纤突蛋白进行高效表达，表达产物与 TGEV 弱毒活苗在平行条件下饲喂免疫仔猪，然后用 TGEV 标准致病毒株进行攻毒，证实转基因疫苗对仔猪的免疫保护效果优于 TGEV 弱毒苗。

4. 口蹄疫病毒(FMDV)结构蛋白 VP1 在植物中的表达

转基因植物口蹄疫疫苗的研究最早追溯到 1998 年，阿根廷一研究小组将口蹄疫病毒 VP1 基因转入拟南芥中，用转基因植物提取物注射小鼠，小鼠产生了针对 VP1 区 135～160 合成肽、结构蛋白 VP1 和完整病毒粒子的特异性抗体反应，这是首次利用转基因植物表达产物免疫动物产生特异性抗体的试验。1999 年 Wigdorovitz 等将口蹄疫病毒结构蛋白基因 VP1 在苜蓿中有效表达，口服和注射都产生了免疫反应和保护，从而为利用转基因植物生产疫苗提供了有力的支持。2001 年 Carrillo 等将口蹄疫病毒 *VP*1 基因在马铃薯中表达，他们试图通过构建含有双元启动子表达载体来提高 VP1 的蛋白表达含量，结果表明蛋白质含量与含有一元启动子的表达载体没有显著的增加。

2005 年，Dus Santos 等将口蹄疫病毒编码结构蛋白的 *P*1 基因和编码蛋白酶的 3*C* 基因作为免疫原基因导入紫花苜蓿，免疫小鼠产生了特异性抗体并能抵抗强毒的攻击。

潘丽(2007)将 O 型口蹄疫病毒 P12X-3C 基因成功导入番茄和拟南芥中，并将基因在植物种子中特异性表达取得了预期的结果；将番茄叶片浸出物免疫豚鼠，结果豚鼠产生了特异性抗体反应，能够抵抗强毒的攻击。2006 年王炜等将口蹄疫病毒基因 P12A-3C 在牧草百脉根中表达了抗原，通过免疫豚鼠产生了良好的免疫应答；2003 年，孙萌将口蹄疫病毒的 VP1 基因导入烟草和衣藻叶绿体中进行重组表达，抗原蛋白含量占可溶性蛋白的 2%～3%，比植物核基因组蛋白表达含量有较大的增加，说明在植物细胞器中表达外源基因对提高表达含量有一定的作用，不失为研制口蹄疫转基因植物疫苗的一种好的尝试。

5. 狂犬病病毒糖蛋白(G 蛋白)在植物中的表达

Modelska 等(1998)首次报道了植物病毒表达的疫苗经口服免疫后引起黏膜免疫应答，在该试验中重组的苜蓿花叶病毒表达了狂犬病毒表面抗原，一种免疫方式是把纯化的病毒颗粒灌注入消化道，另一种方式是用病毒感染的菠菜叶饲喂小鼠，灌注小鼠所用的抗原量是饲喂小鼠的 10 倍，然而经饲喂小鼠的抗病毒 IgA 水平却是消化道灌注免疫小鼠的 2 倍。一个合理的解释是：植物细胞的细胞壁和细胞膜起到一个很好的生物胶囊的作用，以保护细胞内的免疫原经过食道、胃组织时不被消化液消化掉，当到达小肠组织时，细胞壁和细胞膜已慢慢开始降解，里面的免疫原就释放出来被 M 细胞识别，然后转运给 APC 细胞，从而成功地达到口服免疫的效果。胃插管给药时含免疫原的植物材料细胞壁还未降解已到达小肠，多数免疫原无法及时释放出来发挥效应就被排出体外。一系列的动物试验证明，植物表达系统所生产的免疫原具有抗原性，确证了口服转基因植物疫苗的可行性。

(二)转基因植物疫苗存在的问题及发展方向

尽管植物反应器属于真核表达体系,表达的蛋白可进行正确的加工,如糖基化、磷酸化等,还有就是易获得多价疫苗,为像口蹄疫等多血清型病毒的防制提供便利,但是仍有其不成熟的一面。

1. 外源基因在植物中表达量低

自从转基因植物技术问世以来,其表达量一直是研究人员备受关注的问题,就目前所报道的研究结果来看,外源基因所表达的蛋白含量只占植物中可溶蛋白的 0.001%~0.37%。如此低的表达量在疫苗实践中很难满足要求,不过经过人们不懈的努力,该问题的解决有了一定的进展。

2. 外源表达产物的靶向表达

目前,研究者常在目的基因的 3′端插入一个六肽 SEKDEL 核酸的编码序列,这种序列是内质网滞留信号,其作用就是将外源蛋白定位到内质网中,使蛋白在内质网中累积(Sojikul 等,2003)。

近几年来,叶绿体生物反应器发展很快。将外源目的基因整合到植物叶绿体基因组,使其表达的蛋白定位在叶绿体中可有效提高蛋白质含量。Daniell 等(2001)将未经修饰的霍乱毒素 B 亚基基因(CT-B)转入烟草叶绿体,其能表达为寡聚肽且表达量占叶片可溶总蛋白的 4.1%,是同时利用核基因表达的大肠杆菌毒素 B 亚基基因(LT-B)表达量的 410 倍,并且其合成的蛋白呈现正确的折叠状态,与肠黏膜受体能够很好地结合,为叶绿体转化研制可饲疫苗开拓了道路(孙萌,2003)。

3. 选择非组成型启动子

植物组成型启动子引导的外源基因在植物中持续表达,可能造成细胞能量的浪费和由此造成对细胞正常生理活动的干扰。选择非组成型启动子可以在特定的条件下,或在某些器官组织中特异地表达目的基因。利用组织特异性启动子调控基因表达,可提高目的基因在这些部位的表达量,生物能降低到最小,并且有利于表达产物的分离。

4. 优化密码子,使用植物偏爱的密码子

1998 年,Mason 根据植物密码子偏爱性对 LT-B 基因作适当的修饰,导入马铃薯,结果基因表达水平提高了 3~14 倍。由此说明对外源基因进行密码子改造,选用植物偏爱密码子是提高外源基因表达量的有效策略。苏云金芽孢杆菌(BT)的 *cry* 基因在植物中的表达量占总可溶蛋白的含量小于 0.001%,Perlak 等(1997)将其基因改造后,蛋白的含量较原来提高了 100 倍。

5. 使用特定调控序列提高转录和翻译效率

外源基因的转录水平和翻译水平是影响外源基因表达的重要因素。研究结果表明,在启动子和报告基因间插入某些特定序列可以提高目的基因的表达。在 35S 启动子和目的基因间插入一种植物病毒的 5′非翻译引导序列,来提高表达效率。另外,5′端的翻译先导序列对翻译也起着较为关键的作用,在翻译起始时,先导序列与核糖体结合形成一定的结构识别起始密码子。对植物来说,现在普遍认为 AACAAUGGC 这个序列是比较理想的翻译起始序列。

6. 可饲疫苗的免疫原性问题

可饲疫苗作为一种新型的、有前景的疫苗克服了传统疫苗的诸多弊端。然而，疫苗的免疫原性仍是制约其发展的因素之一，现在普遍存在的问题是，重组蛋白经胃肠道消化酶作用后，造成重组蛋白的降解和破坏，以至影响疫苗的免疫原性。现在较好的解决途径一是将抗原基因与黏膜免疫佐剂的联合应用，如 CT-B 和 LT-B，它们可以与黏膜细胞表面受体特异性结合，较长时间停留消化系统，进而激活机体黏膜免疫系统。二是将抗原蛋白组成病毒样颗粒，病毒的空衣壳有序结构在穿过胃肠特殊环境后仍能够保持完整的结构，不含有病毒核酸的空衣壳表面有较多的抗原表位，可以刺激机体产生中和抗体和免疫保护。

7. 转基因疫苗可能引起免疫耐受

一个值得关注的问题是：是否本来应该增强免疫应答的疫苗不仅没起到增强作用反而抑制免疫应答，几次使用某些蛋白后，可导致机体对这些蛋白的免疫应答停止。食用转基因植物疫苗是否会诱导免疫耐受，尚待进一步研究。

（王炜　中国农业科学院特产研究所；潘丽　中国农业科学院兰州兽医研究所）

第三节　动物病毒病常用疫苗

一、痘病

痘病（Variola，Pox）是由痘病毒（Pox virus）引起的一种急性、热性共患性传染病。临床特征是皮肤和某些部位的黏膜发生痘疹。典型病例，痘开始时呈丘疹状，以后变为水疱，最后变成脓疱，脓疱干瘪结痂，脱落后痊愈。以绵羊痘、山羊痘、鸡痘较为常见，猪痘、牛痘和马痘较少发生。禽痘常在禽的头部皮肤或口腔上出现特殊的痘疹。畜禽发病时一般都取良性经过，痊愈后能获得强免疫力。

（一）病原特性

痘病毒（Pox virus）属于痘病毒科（Poxviridae）、脊椎动物痘病毒亚科（Poxvirinae）。痘病毒科脊椎动物痘病毒亚科中，与痘病有关的有 6 个属：正痘病毒属（Orthopoxvirus）、山羊痘病毒属（Capripoxvirus）、禽痘病毒属（Avipoxvirus）、兔痘病毒属（Leporipoxvirus）、猪痘病毒属（Suipoxvirus）和副痘病毒属（Parapoxvirus）。各种动物的痘病毒分属于各个属，其宿主虽不同，但形态结构、化学组成和抗原性方面均大同小异。一般认为引起动物痘病的病毒最初可能起源于同一种病毒，由于长期在各种动物中传染继代逐渐适应，结果形成了各种动物的痘病毒。各种禽痘病毒与哺乳动物痘病毒间不能交叉感染或交叉免疫，但各种禽痘病毒之间在抗原性上极为相似，且都具有血细胞凝集特性。其他属的同属病毒各成员之间也存在着许多共同抗原和广泛的交叉中和反应。痘病毒诱导的免疫应答主要为细胞免疫。

痘病毒呈砖形或椭圆形，大小为（200～390）nm×（100～260）nm，是动物病毒中最大的病毒。基因组为单一分子的双股 DNA，相对分子质量为（150～200）$\times10^6$。G+C

含量为35%～40%，核心两面凹陷呈盘状，两面凹陷内各有一个侧体。病毒粒子含有100种以上的结构多肽，核蛋白中有转录酶等10多种酶，其中多数为属内各成员病毒所共有，有些为种的特异成分。同属病毒之间还可以发生基因重组(陈溥言，2006)。

痘病毒在易感细胞的细胞浆内复制，形成嗜酸性包涵体。多数痘病毒能在鸡胚绒毛尿囊膜上生长，产生痘疮病灶。各种痘病毒均可在同种动物的肾、睾丸、胚胎组织细胞上生长，并引起细胞病理变化或空斑；痘病毒划痕接种到宿主动物皮肤上，能引起与自然病例相似的痘疹。

病毒对温度有高度抵抗力，在干燥的痂块中可以存活几年，但病毒很容易被氯制剂或对SH-基有作用的物质所破坏，有的对乙醚敏感。

(二)疫苗

1. 禽痘疫苗

杨连楷等(1993)采用鸡胚连续传代的方法，使自然鸽痘强毒致弱，从而获得一株免疫原性好、安全且使用简便的鸽痘弱毒疫苗株，结果表明弱毒株所制疫苗接种鸽体后10～14 d，便产生最少达9个月的坚强免疫力，现场试验的保护指数在88以上，使用于出壳当天的雏鸽也未见有任何不良的接种反应。置－28～－30℃冰箱中疫苗及其种毒分别经12、24个月效果均未受影响。

目前用于鸡痘的疫苗主要有鸡痘病毒鹌鹑化弱毒疫苗和鸽痘病毒疫苗，它们是用鸡胚或细胞培养制备的，以细胞培养制备的弱毒苗效果较好。2004年，具有国际先进水平的高效、安全新型H5N1亚型禽流感灭活疫苗和重组禽痘病毒活载体疫苗，由农业部动物流感重点开放实验室及国家禽流感参考实验室研制成功。产品系以高度成熟安全的禽痘病毒为载体构建的新型基因工程禽流感—鸡痘二联疫苗。其抗原针对性强，免疫后产生的保护性抗体持续6～10个月，大大优于国际同类疫苗性能。

2. 绵羊痘和山羊痘疫苗

商品化的绵羊痘疫苗系用绵羊痘鸡胚化弱毒株接种绵羊的反应毒组织，或用反应毒接种敏感细胞，收获细胞培养物，加适当稳定剂，经冷冻真空干燥制成，用于预防绵羊痘。赵利平等(2005)将山羊痘GT4-STV42-56种毒在犊牛睾丸细胞上繁殖，收获毒液，用0.1%甲醛溶液灭活，加适量206佐剂，制成山羊痘油佐剂灭活疫苗。将疫苗以不同剂量皮下免疫接种不同种群的山羊，免疫后21 d，用AV40株强毒进行攻毒保护试验。结果显示，免疫剂量达0.5 mL时，疫苗对内蒙绒山羊的保护率为100%，对广西黑山羊的保护率为80%。试验表明，山羊痘灭活疫苗对山羊的免疫效果确实可靠。现在有商品化的山羊痘活疫苗(山羊痘细胞化弱毒冻干疫苗)，本疫苗系用免疫原性良好的山羊痘病毒弱毒株接种敏感细胞，收获细胞培养物，加适当稳定剂，经冷冻真空干燥制成。中国兽医药品监察所将山羊痘病毒通过细胞培养传代制成的细胞弱毒疫苗对山羊安全，免疫效果确实，以0.5 mL皮内或1 mL皮下接种效果很好，已推广应用。

Romero等(1993)首次进行了羊痘病毒(CaPV)重组活载体疫苗的研究，他们将带有VACV P7.5启动子的选择标记gpt和带有VACV P11启动子的牛瘟病毒(Rinderpest virus，RPV)融合蛋白基因的表达盒插入绵羊痘病毒(SPPV)疫苗株KS-1的TK基因中，获得可表达RPV-F的TK-SPPV/RPV F疫苗株。Cam等(1994)将纯化的大肠杆菌表达的重组GST P32蛋白通过肌肉注射接种山羊，对其保护性进行了研究。Perrin等

(2007)构建了分别表达 2 型蓝舌病病毒(Blue tongue virus,BTV)的 VP2、VP7、NS1 和 NS3 的 4 种 CaPV。郑敏(2008)成功构建了一株敲除掉 ORF8 与 ORF18 之间 9 个 ORF,长达 7 kb 基因组片段的重组山羊痘病毒和另一株 Serpin 基因缺陷的重组山羊痘病毒,并研制了 DNA 疫苗。

3. 猪痘疫苗

中国尚无有效疫苗可供猪痘预防用,康复猪可获得坚强的免疫力。国内用山羊痘活疫苗治疗猪痘的报道(郑金生等,2007),利用山羊痘活疫苗可诱导猪体很快产生干扰素,并迅速分布到体液中从而抑制病毒复制,加上聚肌胞抗病毒,黄芪多糖可增强抵抗力和免疫力,从而达到治疗效果。从实际应用效果分析,以上治疗措施具有疗程短、康复快、费用低、效果好等优点,有一定的推广价值。

疫苗一:鸡痘鹌鹑化弱毒活疫苗

毒种 鸡痘鹌鹑化弱毒株

制造工艺 采用人工气室绒毛尿囊膜和尿囊腔两种接种方法接种 SPF 鸡胚生产。

质量标准 含鸡痘鹌鹑化弱毒株$>10^{4.0}$ EID_{50}/羽份(高于国标 $10^{3.0}$ EID_{50}/羽份)。

保存与使用 在-15℃以下避光保存,有效期为 1 年 6 个月。在 2~8℃为 1 年。翅膀内侧无血管处皮下刺种。按瓶签注明羽份,用灭菌生理盐水稀释,用鸡痘刺种针蘸取稀释的疫苗给 20~30 日龄雏鸡刺种 1 针,30 日龄以上刺种 2 针,6~20 日龄雏鸡用稀释 1 倍的疫苗刺种 1 针。接种后 3~4 日,刺种部位应出现轻微红肿、结痂,14~21 日痂块脱落。后备种鸡可于雏鸡免疫后 60 d 再免疫 1 次。

疫苗二:山羊痘活疫苗(山羊痘细胞化弱毒冻干疫苗)

毒种 山羊痘病毒弱毒株。

制造工艺 用免疫原性良好的山羊痘病毒弱毒株接种敏感细胞,收获细胞培养物,加适量稳定剂,经冷冻真空干燥制成。

保存与使用 在-15℃以下冷冻保存,有效期为 2 年;0~4℃低温保存,有效期为 1 年 6 个月;8~15℃冷暗干燥处保存,有效期为 10 个月;16~25℃室温保存,有效期为 2 个月。该疫苗适用于不同品种、年龄的山羊。对怀孕山羊、羊痘流行羊群中的未发痘羊,皆可(紧急)接种。用生理盐水 150 倍稀释(原苗 1 mL 为 100 头份),于尾内侧或股内侧皮内注射。不论羊只大小,一律 0.5 mL。

(秦晓冰 青岛农业大学动物科技学院;郭鑫 中国农业大学动物医学院)

二、口蹄疫

口蹄疫(Foot-and-mouth disease, FMD)是由口蹄疫病毒(Foot-and-mouth disease virus, FMDV)感染引起的偶蹄动物共患的急性、热性、接触性传染病,最易感染的动物是黄牛、水牛、猪、骆驼、羊、鹿等;黄羊、麝、野猪、野牛等野生动物也易感染此病。本病以牛最易感,羊的感染率低。

口蹄疫在世界范围分布很广,是国际间相互传播流行蔓延的世界性流行性传染病。欧洲、亚洲、非洲、南北美洲及大洋洲历史上都曾发生过。据联合国粮农组织和世界动物卫生组织(OIE)卫生年鉴统计,1953 年欧洲、非洲、拉丁美洲有 66 个国家有口蹄疫流行的报道,1959 年有 57 个国家流行,1979 年有 68 个国家和地区流行,据 1987 年不完全统计,48 个国家和地区有发生口蹄疫的报告(Flanegan 等,1987)。口蹄疫一旦在多年未发生该病又没有接种口蹄疫疫苗的国家和地区暴发，其传播速度是异常迅速的，往往会造成灾难性的后果。据相关报道，在1997年台湾口蹄疫大流行，造成6 147头猪感染，400万只以上的猪被屠宰、焚烧，严重打击了台湾的养猪业，直接经济损失达3.7亿美元，仅因为不能向日本出口猪肉而造成的损失就达到1.6亿美元。2001年2月口蹄疫波及英国，在短短7个月的时间里，203个农场遭受口蹄疫的袭击，英国畜牧业蒙受巨大经济损失（王雯慧等，2003）。为了预防和控制该病，许多国家投入大量人力、物力和财力，然而该病仍然广泛流行。在国际上一经检出该病，相应的家畜和畜产品就要被禁止出口和移动，因此，世界动物卫生组织将该病列在15个A类动物疫病名单之首（谢庆阁等，1996）。

(一)病原特性

FMDV属于小RNA病毒科口疮病毒属，在病毒的中心为一条单链的正链RNA，由大约8 000个碱基组成，是感染和遗传的基础；周围包裹着的蛋白质决定了病毒的抗原性、免疫性和血清学反应能力；病毒外壳为对称的二十面体。FMDV目前有O、A、C、SAT1、SAT2、SAT3（即南非1、2、3型）和Asia1（亚洲1型）7个血清型（殷震等，1997）。各型之间几乎没有免疫保护力，感染了一型口蹄疫的动物仍可感染另一型口蹄疫病毒而发病。

FMDV呈球形，正二十面体对称，直径20～30 nm，分子质量6.9×10^6 u，沉降系数146 S，无囊膜。在氯化铯中的浮密度为1.43 g/mL。完整病毒含有单链正股RNA、衣壳蛋白，并含有少量装配过程中夹带的非结构蛋白和宿主细胞肌动蛋白。有VP1、VP2、VP3、VP4四种结构蛋白，这四种结构蛋白各由60个分子构成病毒粒子外壳，其中VP1-VP3位于病毒粒子的表面，参与形成抗原位点。基因组RNA全长约8.5 kb，可直接作为信使RNA。基因组RNA 3′端为Poly(A)尾，在距5′末端约400个核苷酸(nt)处有一个Poly(C)区段，长度因毒株不同而异，50～250 nt（张显升等，2001）。

FMDV在病畜的水疱皮内和淋巴液中含毒量最高。在发热期间血液内含毒量最多，奶、尿、口涎、泪和粪便中都含有FMDV。不过，FMDV也有较大的弱点：耐热性差，所以夏季很少暴发，而病兽的肉只要加热超过100℃就可将病毒全部杀死。

FMDV的免疫是依赖T细胞的B细胞应答，疫苗接种主要诱导中和抗体的产生。

(二)疫苗

口蹄疫疫苗起始于20世纪20年代，1925年Belin首次用甲醛灭活牛舌皮组织病料制成了灭活疫苗（杜进鑫等，2009）。30年代，应用人工感染的动物组织灭活制成灭活苗。五六十年代许多学者用不同的毒株进行了各种途径的致弱，培育出了十几个活毒疫苗株，但经实践证明无一达到活疫苗要求的标准，由于在致弱的过程中FMDV容易发生变异、不易致弱、毒力返强、有致病性等（杜进鑫等，2009）；60年代后，开始采用牛肾、猪肾原代细胞增殖口蹄疫病毒，其培养方法也由原来的静置培养、转瓶培养发展到悬浮培养和微载体培养，从而进入了现代工业生产水平。从70年代开始，进入分子疫苗时期，其代表性研究有：McKenna等（1995）构建了一株删除了受体结合位点RGD序列的FMDV。该毒株不能引起猪和7～10日龄乳鼠发病。牛接种了该病毒后不会出现任何临床症状，但会出现与接种灭活疫苗和弱毒疫苗相似的中和性抗体，并完全保护强毒的攻击。2001

年 Carrillo 等利用花椰菜花叶病毒(CaMV)35S 单、双启动子在马铃薯中成功地表达了 FMDV VP1 基因，以马铃薯作为受体材料，成功获得了表达 FMDV VP1 的转基因马铃薯，动物试验证实免疫动物后能引起特异性抗体应答，并能保护动物抵抗强毒的攻击。杨志军等(2000)和庄娟等(2005)分别表达了 O 型 FMDV-VP1 的 T、B 细胞表位，该融合蛋白较小剂量就能诱导豚鼠产生高滴度的中和抗体，还能诱导细胞免疫。Du 等用腺病毒载体构建了 VP1 基因和 VP1 主要抗原表位分别与巨噬细胞集落刺激因子共表达的重组活载体疫苗 rAd-GMCSF-VPe 和 rAd-GMCSF-VP1，研究结果表明两种疫苗均能诱导机体产生较高水平的 FMDV 特异性 T 淋巴细胞增殖反应、IFN-γ 和 IL-4，而且均能对猪和豚鼠产生攻毒保护(Du 等，2007)。常巧呈等(2008)构建 FMDV 多价 DNA 疫苗，以复合多表位表达盒 OAAT 及 Asia I 型 FMDV 的 P1-2A-3C 基因为基础，构建 FMDV 多价 DNA 疫苗 pIRES-OAAT-P1-2A-3C，并用间接免疫荧光试验检测目的蛋白在 HeLa 细胞中的表达，结果所构建的 FMDV 多价 DNA 疫苗在 HeLa 细胞中获得了正确表达。

疫苗一：口蹄疫乳兔组织灭活疫苗

毒种 不同源、不同型强毒株经乳鼠传代 2～8 代，再接种乳兔育成乳兔适应毒种，适应毒株对乳鼠的毒价应达 7.5 LD_{50}/0.1 mL 以上。

制造工艺 取乳兔适应毒组织悬浮液接种乳兔，发病死亡后采取组织制成匀浆悬液，过滤后于滤液内加入 0.05%～0.1%甲醛，混匀后 25℃灭活 72 h，加入焦亚硫酸钠阻断即成。

质量标准 除按《成品检验的有关规定》外，尚需作安全检验。取苗 0.1～0.2 mL/只接种 3～5 日龄乳鼠 10 只，或 5 mL/只接种 30 日龄乳猪 3 只，乳鼠观察 7 d，乳猪观察 10 d，均应健活(张振兴等，1996)。

疫苗二：口蹄疫细胞培养灭活苗

毒种 抗原性良好的不同源、不同型强毒株经乳鼠传代 2～8 代，对乳鼠的毒价应达 7.5 LD_{50}/0.1 mL 以上。

制造工艺 增殖培养用细胞：犊牛、仔猪肾原代细胞(生长液为含 10%犊牛血清的 0.5%水解乳蛋白汉克氏液，维持液为 pH 7.8 的含犊牛血清 3%的乳汉液)，BHK-21 或 $IBRS_2$ 传代细胞(生长液为含 10%犊牛血清的 EMEM 液，或含 10%犊牛血清的 199 与乳汉等量混合液)。

种子：取乳鼠毒组织用乳汉液制成匀浆，离心后取上清毒液接种细胞，37℃吸附 30～60 min，加入维持液 37℃培养，CPE 达 85%～90%、$TCID_{50}$≥8.0 或乳鼠 LD_{50}≥7.0/0.1 mL者冻存(－70℃)用作种子毒，使用 1 个生产期。

增殖培养：①静置培养：原代细胞或传代细胞在 37℃培养 3～5 d 即成单层细胞，弃去培养液后按 5%～10%量接毒，37℃吸附 30～60 min 后加入维持液，继续培养 20～36 h，CPE 达 85%～90%时收获、冻存。②转瓶培养：盛有细胞的圆瓶置转瓶机上，于 36～37℃以 8～10 r/h 进行旋转培养，3～5 d 形成单层，然后接毒、培养，待出现 85%以上 CPE 时收获、冻存。③悬浮培养：其生长液一般用 EMEM 与等量乳汉液并加有 10%胰蛋白肉汤、0.01%酵母抽提物、10%犊牛血清和多种维生素，维持液不加牛血清。搅拌频率为 350 r/min，36～37℃培养 48～72 h 细胞数达 2×10^6/mL 以上，降温至 4℃静置 12～24 h，吸去上清后留存原量 1/10 的浓缩细胞液，加入维持液使细胞浓度为 3×10^6/mL 左右，同时接入病毒，36℃ 150 r/min 培养 20～36 h，其毒价应不低于乳鼠 6.5

LD_{50}或 7.5 $TCID_{50}$。

灭活与配苗：病毒液经反复冻融 3 次后滤过，加入 0.05%～0.1%甲醛或 0.02%AEI 等充分摇匀，于 20～37℃灭活 72～120 h。然后加入焦亚硫酸钠阻断，分装，检验。

质量标准 按照《成品检验的有关规定》进行检验外，还需以下检验：

安全检验：①用体重 350～450 g 豚鼠 2 只，各皮下注射疫苗 2.0 mL，用体重 18～22 g 小鼠 5 只，各皮下注射疫苗 0.5 mL。观察 7 d，应不出现由疫苗引起的死亡或明显的局部和全身不良反应。②对于牛口蹄疫疫苗：用 6 日龄以上牛 3 头，各舌背面皮内注射疫苗 20 个点，每点 0.1 mL，逐日观察，4 d 后按推荐途径各接种疫苗 3 头份，继续观察 6 d，均应不出现口蹄疫症状或由接种疫苗引起的明显毒性反应。③对猪口蹄疫疫苗：用 30～40 日龄仔猪 2 头，各两侧耳根后肌肉分点注射疫苗 2 头份，逐日观察 14 d，应不出现由疫苗引起的口蹄疫症状或明显的局部和全身不良反应。

效力检验：用 17 头 6 月龄牛（或 30～40 日龄的仔猪）分为对照组（2 头，不注射疫苗）和试验组（15 头），试验组中又分为 3 小组，分别于颈部肌肉注射 1 头份、1/3 头份、1/9 头份疫苗。接种后 21 d（或 28 d）每头牛舌上面两侧分两点皮内注射牛口蹄疫病毒强毒株，每点 0.1 mL（每头猪耳根后肌肉注射口蹄疫强毒，每头 1 mL），观察 10 d。对照组牛均应有至少 3 个蹄出现水疱或溃疡，对照猪均应至少有 1 个蹄现水疱或溃疡，免疫牛除注射部位外任一部位出现典型的口蹄疫水疱或溃疡时，免疫猪出现任何口蹄疫症状，判断为不保护；牛仅舌面出现水疱或溃疡，判断为保护。根据免疫牛（猪）的保护数计算疫苗的 PD_{50}，每头份应至少含 3 PD_{50}（中国兽药典委员会，2005）。

疫苗三：口蹄疫 A 型与 O 型鼠化弱毒组织疫苗

毒种 系 A、O 型牛源强毒通过幼鼠传代致弱育成的弱毒株，对成牛、成羊不致病，对犊牛、羔羊和猪有毒力。目前常用的种毒有 A 型鼠化兔适应毒、O 型鼠化毒与 A 型鼠化毒。毒种应符合以下标准：①毒力分别为：A 型鼠化兔适应毒适应乳兔 50 代以内毒，对 3～4 日龄乳鼠 $LD_{50} \geq 8.5/0.1$ mL，O 型鼠化毒为 $LD_{50} \geq 6.5/0.1$ mL，A 型鼠化毒为 $LD_{50} \geq 7.5/0.1$ mL。②应具有一定的安全性，毒种 1∶10 稀释后 3 mL 肌肉或皮下注射黄牛均应无反应或仅口、舌出现局限性水疱。③具有一定的免疫原性，A 型 1∶100 稀释后、O 型 1∶300 稀释后 1 mL 免疫牛，以 1 万个 MLD 同型强毒攻击，保护率均应不低于 75%。

制造工艺 取濒死或刚死鼠毒鼠或兔适应毒兔胴体制成匀浆，用 pH 7.6 PBS 液作 1∶(20～50)稀释，3～5 日龄（O 型）或 4～6 日龄（A 型）乳兔皮下注射 1～3 mL。采取濒死或刚死的兔胴体心、肝、肾制成匀浆，用 pH 7.8 PBS 液作 1∶(5～10)稀释后于 2～6℃浸渍 4～16 h，滤过后抽样用乳鼠测定毒价，O 型 LD_{50} 5.5～7.5/0.1 mL，A 型 LD_{50} 6.5～8.5/0.1 mL 为配苗标准。

质量标准 按照《成品检验的有关规定》进行检验外，还需以下检验：

安全检验：A 型或 O 型苗 2 mL 皮下注射 1 500 g 左右兔 2 只，观察 7 d 应健活。

毒价测定：O 型苗应 10^{-5}、10^{-6}、10^{-7} 3 个稀释度，A 型苗作 10^{-6}、10^{-7}、10^{-8} 3 个稀释度，各皮下注射 0.1 mL 3～4 日龄乳鼠 4 只测定毒价。O 型苗应 10^{-5} 乳鼠全死，10^{-6} 全部或部分死亡，10^{-7} 部分死亡为合格；A 型苗应 10^{-6} 乳鼠全死，10^{-7} 全部或部分死亡，10^{-8} 部分死亡为合格。

保存与使用 A 型苗和 AO 双价苗－10℃保存期 8 个月，O 型苗保存期 1 年；2～5℃

保存期5个月,注射时成牛皮下或肌肉注射2 mL,羊1 mL,1～2岁牛1 mL,注射后14 d产生免疫力,免疫期4～6个月。不能用于鹿、猪和1岁以下犊牛、4月龄以下羊(张振兴等,1996)。

疫苗四:猪口蹄疫O型合成肽疫苗

合成肽疫苗(Synthetical peptide vaccine)是依据天然蛋白质氨基酸序列一级结构用化学方法人工合成包含抗原决定簇的小肽(20～40个氨基酸),通常包含一个或多个B细胞抗原表位和T细胞抗原表位。该疫苗是一种完全基于病原体抗原表位或者决定簇氨基酸序列特点开发设计的一类疫苗,不存在毒力回升或灭活不全的问题。口蹄疫病毒主要包括4个结构蛋白,即VP1、VP2、VP3、VP4,其中前3个暴露于病毒粒子表面,后者位于病毒内部。现有研究表明,具有良好免疫原性的抗原位点主要集中于VP1上,其中VP1 141-160氨基酸序列已证明可在多种动物诱导保护性中和抗体。许多研究者的研究大多局限于结构蛋白尤其是VP1上抗原位点,特别是140-160和200-213残基附近。目前,猪口蹄疫O型合成肽疫苗已有部分企业得到GMP资质,并从事口蹄疫合成肽疫苗生产。

(王建琳　青岛农业大学动物科技学院)

三、流行性感冒

流行性感冒(Influenza,简称流感),原来是指由正黏病毒科中的病毒引起人类中快速传播的卡他性热性流行病。现认为是人类、马、猪和各种禽类的多种自然感染和疾病的病因,通常侵害上呼吸道,在水貂和各种海生哺乳动物则为自然发生的散发病例。

(一)病原特性

流感病毒属于正黏病毒科,该科有A型流感病毒属(Influenza virus A)、B型流感病毒属(Influenza virus B)和C型流感病毒属(Influenza virus C)。三型流感病毒的内部核蛋白(NP)和基质蛋白(M)的抗原性有很大不同,通过琼脂扩散等试验可将它们区分开来。这三型病毒在基因组结构和致病性方面也存在很大差异。

流感病毒粒子呈多形性,直径20～120 nm,也有呈丝状者。基因组含有8个片段的单股RNA,分别编码PBe、PB_1、PA、HA、NP、NA、M_1、M_2、NS_1和NS_2等10种蛋白质。核衣壳呈螺旋对称,外有囊膜,囊膜上有呈辐射状密集排列的两种穗状突起物(纤突):一种是血凝素(HA),可使病毒吸附于易感细胞的表面受体上,诱导病毒囊膜和细胞膜融合;另一种是神经氨酸酶(NA),可水解细胞表面受体特异性糖蛋白末端的N-乙酰基神经氨酸,当病毒在细胞表面成熟时,NA可除去细胞膜出芽点上的神经氨酸以利病毒释放。HA和NA都是糖蛋白。流感病毒的HA和NA容易变异,已知HA有16个亚型(H1～H16),NA有10个亚型(N1～N10),它们之间的不同组合,使流感病毒有许多亚型(如H1N1、H2N2、H3N2、H5N1、H5N2),各亚型之间无交叉免疫性。HA能凝集马、驴、猪、羊、牛、鸡、鸽、豚鼠和人的红细胞,不凝集兔红细胞。HA和NA都有免疫原性,血凝抑制抗体能阻止病毒的血凝作用,并中和病毒传染;NA抗体能干扰细胞内病毒释放,抑制流感病毒复制,有抗流感病毒感染作用。

HA、NA和少量离子通道蛋白M_2为膜蛋白。病毒子基质蛋白(M_1)位于脂类双层膜的里面,也与螺旋状的核糖核蛋白(RNP)相互作用。外膜里面是8个片段单股RNA组成的基因组(从890～2341个核苷酸不等),它们分别与核蛋白(NP)结合在一起,构成

RNPs。与 RNP 相结合的 PB1、PB2 和 PA 组成转录酶复合体。RNA 片段 7 和 8 分别编码两种蛋白，即 M1、M2 和 NS、NS2。NS 和 NS2 为非结构蛋白。

最好用鸡胚培养流感病毒。也可在鸡胚成纤维细胞（CEF）上培养低致病性流感病毒，添加外源性胰酶裂解 HA，产生传染性病毒。不加外源胰酶则产生小于 1 mm 的蚀斑或不产生蚀斑。流感病毒对环境的抵抗力相对较弱，高热或低 pH、非等渗环境和干燥均可使病毒灭活。在－70℃稳定，冻干可保存数年。60℃ 20 min 可使病毒灭活。因带有囊膜，一般消毒剂对病毒均有作用，尤对碘蒸气和碘溶液敏感。

在动物流感中，猪流感可引起人感染。20 世纪 70 年代和 80 年代在美国曾发生猪流感（H1N1）感染人并引起死亡的例子；80 年代末和 90 年代初在瑞士和荷兰也发生猪流感（H1N1）感染人，引起急性呼吸障碍综合征而死亡。

（二）疫苗

1. 禽流感疫苗

目前，随着基因工程技术的飞速发展，人们正在尝试的基因工程疫苗主要有基因重组活载体疫苗和基因工程亚单位疫苗（石火英等，2005）。中国农业科学院哈尔滨兽医研究所生产的禽流感疫苗可用于预防低致病力的禽流感。

2. 猪流感疫苗

猪流感引起呼吸道表面感染，由于病毒抗原变异频繁，因而给疫苗的研制和使用造成很大困难。生产用的种毒首先须与流行毒株在抗原类型上相一致，其次要在猪群易感性高，大面积使用，才能取得较好的免疫效果。目前，已有减毒活疫苗和灭活疫苗两种。有人用活疫苗，经皮下或肌肉接种猪，可使其产生免疫力。原捷克斯洛伐克研制的流感疫苗已用于生产实践，有一定效果。

3. 马流行性感冒疫苗

疫苗对于该病具有良好的预防作用。目前，有 2 种：

疫苗一：马流感灭活疫苗

毒种　多以鸡胚复制病毒，复制的病毒包括马甲 1 型和马甲 2 型 2 个亚型毒株，但各次流行时病毒抗原结构经常有变化，可能影响疫苗的效果。因此应考虑使用当地流行时分离出来的毒株制备疫苗，免疫效果则更佳。

制造工艺　将种毒接种鸡胚尿囊腔复制病毒，一般至接种后起 48 h 收获，血凝价达 1∶640 以上。48 h 接种的鸡胚至 4℃冷却，无菌收集鸡胚尿囊液，在收获的尿囊液内加入 0.05%甲醛溶液灭活。在灭活的尿囊液中加入氢氧化铝或油佐剂制造成氢氧化铝灭活苗或油佐剂灭活苗。疫苗中含有 2 个亚型毒株。

免疫程序　一般为幼龄马在第 1 年进行两次免疫注射，间隔为 2～3 个月，以后每年注射 1 次，多在 1 月份加强免疫。免疫的母马所产幼驹，可通过初乳获得 1～2 个月的被动保护力，这些幼驹在 3 月龄时注射疫苗。

疫苗二：马流感活疫苗

马流感病毒在鸡胚尿囊上连续传若干代，可获得致弱的毒株。该弱毒疫苗鼻内接种能使幼驹获得完全保护，但经口免疫则幼驹在强毒攻击时有 1/3 可排出少量强毒（姜平，2003）。

（秦晓冰　青岛农业大学动物科技学院；郭鑫　中国农业大学动物医学院）

四、猪瘟

猪瘟(Classical swine fever,CFS)俗称“烂肠瘟”,由黄病毒科、瘟病毒属的猪瘟病毒(Classical swine fever virus,CSFV)引起的一种高度传染性疫病,是威胁养猪业的主要传染病之一,其特征是:急性,呈败血性变化,实质器官出血,坏死和梗死;慢性呈纤维素性坏死性肠炎,后期常有副伤寒及巴氏杆菌病继发。自 1810 年美国田纳西州首次报道以来,呈全球性流行,在世界许多国家和地区,传统疫苗接种是控制猪瘟的重要手段(汤赛冬等,2009)。近 30 多年来,有不少国家先后采取消灭猪瘟的综合防制措施,取得了显著成效。有些国家已宣告消灭本病,如美国、澳大利亚、比利时、加拿大、英国、法国、新西兰、爱尔兰、冰岛、葡萄牙、西班牙、瑞典等国家都消灭了猪瘟,有些国家已基本控制了该病,另有许多国家正在逐渐实施猪瘟净化工程。

(一)病原特性

CSFV 属黄病毒科(Flavivirdae)瘟病毒属(Pestivirus)的重要成员,基因组为单股正链 RNA,具有感染性,沉降系数为 40~50 S,分子质量 4×10^6 u,长度为 12.3 kb。同属的病毒还有牛病毒性腹泻病毒(Bovine viral disease virus,BVDV)和羊边界病病毒(Border disease virus,BDV),它们不但在结构上相似,种属之间在血清学上也有交叉反应(宣长和,2005)。

CSFV 为有囊膜单股正链 RNA 病毒,其病毒粒子呈圆形,大小为 38~44 nm,核衣壳是立体对称二十面体,核衣壳直径约 29 nm,内部核心的直径 29~30 nm,病毒粒子表面有纤突结构,超薄切片中呈六角形(田宏等,2007)。氯化铯中浮密度为 1.15~1.17 g/mL,有包膜。在细胞质内复制。不能凝集红细胞,与牛腹泻病毒有相关抗原。该病毒对乙醚敏感,对温度、紫外线、化学消毒剂等抵抗力较强。在 pH 5~10 时稳定,但在pH 3.0 时迅速失去感染活性。乙醚、氯仿、去氧胆酸盐等可使其迅速失去感染能力。病毒对胰蛋白酶中度敏感。二甲基亚砜(DMSO)可以稳定病毒囊膜中的脂类和脂蛋白,因而在 10%的 DMSO 中的 CSFV 可以耐受反复冻融(殷震,1997)。

CSFV ORF 编码 3 898 个氨基酸的多聚蛋白。多聚蛋白在翻译的同时及翻译后,经宿主细胞及病毒编码酶的加工,形成病毒的 4 种结构蛋白[C、E^{MS}(E0)、E1、E2]及多种非结构蛋白。C 蛋白,也称 p14,是病毒的衣壳蛋白,由病毒 ORF 中的 Ser^{169}-Ala^{267} 组成,是一带大量碱性电荷的蛋白,其主要区域在瘟病毒属中极为保守,同源性大于 91%(Thiel 等,1991)。E^{MS}是一种囊膜糖蛋白,以同源二聚体的形式存在,没有疏水性的膜锚定结构(TMR),与囊膜结合力很弱,易从囊膜上游离下来,分子质量约 100 ku,由多聚蛋白上从 N 端 268 位的谷氨酸到 C 端 494 位丙氨酸的 227 个氨基酸残基构成,其分子质量为 44~48 ku(Tu 等,2001)。E1 是一种囊膜糖蛋白,即 gp33,是 CSFV 3 种糖蛋白中分子质量最小的一种,由聚蛋白上 Leu^{495}-Gly^{689}之间的氨基酸组成,分子质量约 33 ku。E1 不诱导产生中和抗体,到目前为止还未发现病毒免疫血清中有抗 E1 的抗体,用 E1 免疫猪不能保护机体抵抗致死剂量 CSFV 的攻击(Thiel 等,1991)。E2 也称 gp55,病毒囊膜糖蛋白,也是 CSFV 的主要保护性抗原蛋白,是 3 个病毒糖蛋白中保守性最低、最易变异的分子,由 370 个氨基酸残基组成,分子质量为 53~55 ku(Van Rijn 等,1996)。

除了上述的结构蛋白外,CSFV 还编码 8 种非结构蛋白,分别是 Npro、P7、NS2、

NS3、NS4A、NS4B、NS5A 和 NS5B，它们与病毒的复制、感染性病毒颗粒的形成、CSFV 的致细胞病变生物型、病毒的毒力以及持续感染有关。其中近年来研究结果表明，Npro 是 CSFV 的第一个非结构蛋白，属内特有蛋白，*Npro* 基因是唯一一个与 CSFV 复制无关的基因，它是双链 RNA 介导的 1 型干扰素产生的拮抗物，能够抑制依赖于干扰素的抗病毒反应，它的存在与 CSFV 重要靶细胞树突状细胞的活化有关（罗勇，2009）。

（二）疫苗

20 世纪 70 年代后期，猪瘟的流行形式发生了很大变化。地区散发性流行及非典型猪瘟症状的发生，特别是近年来国内外应用单克隆抗体对 C-株检测时发现有不同的反应模式，猪瘟免疫屡屡失败等，表明 CSFV 的抗原性可能存在着变异，从而有人对传统弱毒疫苗提出了质疑（于立权等，2002）。随着传代次数的增加和对不同细胞的适应性繁殖，疫苗毒株可能发生异质性或抗原漂移；加之数十年来 CSFV 在大规模免疫接种压力下可能出现抗原变异（胡建和等，2003）。自猪瘟病毒被确认以来，国内外都投入了大量人力物力致力于疫苗的研究，虽然对病毒的病原生态学、分子流行病学及免疫机制等还不很明了，在免疫预防方面还有部分盲目性，但无论过去、现在还是未来，疫苗对控制和消灭 CFS 都有极其重要的意义。

疫苗一：猪瘟结晶紫疫苗

毒种 猪瘟毒种用猪继代保存，每继代 2 次后应作 1 次毒力检查，其方法为：接种 25～53 kg 敏感猪 3 头，于 24～72 h 发病，并有 2 头以上于 16 d 内呈急性猪瘟死亡，符合以上标准者可用作制苗种毒。

制造工艺 ①选择体重 40～80 kg 健康猪，皮下注射血毒 1 mL，隔离饲养观察 6～8 d。接毒猪应在 24～72 h 出现体温升高并稽留 2 d 以上，以及出现严重的猪瘟临床症状（一般在接种后的第 7、8 天）。②分别无菌采取抗凝血液和有明显猪瘟病变的淋巴结和脾脏，并用作无菌检验。③将血液毒按 4∶1 比例加入 0.25%结晶紫甘油液（于 121℃、45 min 高压灭菌的甘油 100 mL，加入 0.25 g 结晶紫充分溶解），充分混匀后于 37℃作用 120 h（或 37.5℃作用 6 d 左右；或 38℃作用 5～7 d），每天振摇 2 次制成血毒灭活苗。④将淋巴结、脾脏用 5%石炭酸溶液浸泡 10～15 min 后用灭菌水冲洗 2～3 次，称重后加入适量 PBS 液制成匀浆，再加 PBS 液成 25%浓度，过滤去除沉渣后以 4∶1 容积比加入 0.25%结晶紫甘油液，37℃作用 20 h 制成脾淋灭活苗。

质量标准 除按《成品检验的有关规定》进行检验外，应作以下检验。

安全检验：用体重 25～35 kg 的猪 2 头，各皮下注射疫苗 15 mL，观察 16 d 应全部健活。同时用家兔 2 只各皮下注射疫苗 5 mL，豚鼠 1 只皮下注射 3 mL，鸽 1 只肌肉注射 2 mL，小白鼠 2 只各皮下注射 0.2 mL，观察 10 d 均应健活。

效力检验：用同一来源的体重 25～35 kg 的猪 7 头，4 头注射疫苗 1 mL，免疫后 14～21 d 连同其余 3 头对照猪各注射血毒 1 mL，观察 16 d。依照下列标准进行判定：①免疫组全部健活，或仅死亡 1 头，而其余 3 头 12～16 d 内完全康复，对照组至少有 2 头死亡，判为合格。②免疫组死亡 2 头，其余猪 16 d 内康复，或对照组死亡 1 头，可重检 1 次后判定。③免疫组死亡 3 头以上，或重检仍不合格者，可改用皮下注射 3 mL 再重检 1 次后判定。④皮下注射 3 mL 重检时，免疫组死亡 2 头，其余猪于 16 d 内康复；或对照组死亡 1 头，可用皮下注射 3 mL 再重检 1 次。⑤皮下注射 3 mL 重检时，免疫组死亡 3 头以上，或按④重检时仍不合格时，判为不合格。

保存与使用 于2～15℃保存有效期1年6个月。用1 mL剂量检验合格的疫苗，对断奶后的猪均可适用，免疫剂量为皮下注射2 mL或皮内1 mL；对哺乳期的仔猪间隔21 d免疫2次或1次注射加倍剂量；用3 mL剂量检验合格的疫苗，仅适用于断奶后的猪，使用剂量为5 mL(方时杰，1952；谢庆阁等，1996；张振兴等，1996)。

疫苗二：猪瘟兔化弱毒冻干疫苗

毒种 猪瘟兔化弱毒株350代以上的定型热反应兔的脾淋毒，标准为：①对兔的最小感染量不低于10 000倍稀释1 mL；②对猪的最小免疫量1 mL；③仅对家兔产生热反应，不致死家兔；④50倍稀释1 mL对健康敏感猪须安全；⑤无菌；⑥湿毒0～4℃保存，不得超过14 d，-15℃以下保存不得超过6个月，冻干毒0～4℃保存期6个月，-15℃以下保存2年，-30～-36℃以下保存5年；⑦选用体重1.5～3 kg、观察1个月以上证明体液正常、健康的家兔继代，传代方法与制苗相同。

制造工艺 ①选择经测温、观察表明健康的1.5～3 kg体重家兔，用20～50倍生理盐水稀释的脾乳剂、脾淋乳剂或冻干种毒，静脉注射1 mL，定期测定体温，选择定型热反应兔(潜伏期1～2 d，体温上升呈明显曲线、超过常温1℃以上至少有3个温次并稽留8～36 h)和轻热反应兔(潜伏期1～3 d，体温上升有一定曲线、超过常温0.5℃以上至少有2个温次，稽留12～36 h)，并在其体温下降到常温后1 d内剖杀。②在无菌条件下采取脾脏和淋巴结供制造脾淋苗用。采取脾、淋巴结、肝、肺(有严重病变者不能采集)，去除脂肪、结缔组织韧带、血管、肥囊及病灶部，供生产混合苗用。③制造混合苗时，肝脏用量不超过淋脾重量的2倍，将组织称重后剪碎，加入适量5%蔗糖脱脂乳保护剂，混合研磨后去除残渣，按实际滤过的组织液计算稀释倍数加入余量保护剂为原苗。每毫升原苗可加青霉素、链霉素各500～1 000 IU，摇匀后置4℃作用一定时间后即可分装、冻干(邢钊等，2000)。

质量标准 疫苗除应按《成品检验的有关规定》进行检验外，尚需作安全检验和效力检验。

安全检验：①用生理盐水稀释疫苗为5头份/mL，皮下注射18～22 g小白鼠5只，各0.2 mL；肌肉注射350～400 g豚鼠2只，各1.0 mL，观察10 d，应全部健活，并无严重局部反应为合格。②选用无中和抗体的断奶猪，接种前观察5～7 d，每天上、下午各测1次体温。挑选体温、精神、食欲正常的使用。每批冻干苗样品或同批各亚批样品等量混合，按瓶签注明头份将疫苗用生理盐水稀释成每毫升含6头份，肌肉注射4头猪，5 mL/头。接种后每天上、下午各测1次体温，观察21 d。体温、精神、食欲与接种前相比无明显变化；或体温升高超过0.5℃，但不超过1℃，稽留不超过4个温次；或减食不超过1 d。如果有1头猪体温升高1℃以上，但不超过1.5℃，稽留不超过2个温次，疫苗也可判为合格。如果有1头猪的反应超过上述标准；或出现可疑的其他体温反应和其他异常现象时，可用4头猪重检1次。重检的猪仍出现同样反应，疫苗应判定为不合格。也可在猪高温期采血复归猪2头，每头肌肉注射可疑猪原血5.0 mL，测温观察16 d。如果均无反应，疫苗可判定合格。如果第1次检验结果已经确证疫苗不安全，则不应进行重检。

效力检验：下列方法任选其一。

①用兔检验：按瓶签注明头份，将每头份疫苗用生理盐水稀释150倍，耳静脉注射体重1.5～3 kg兔2只，每只1.0 mL。接种后，上、下午各测定1次体温，48 h后，每隔6 h

测温 1 次，根据体温反应和攻毒结果进行综合判定。

接种疫苗后兔体温反应标准如下：a. 定型热反应（＋＋）：潜伏期 48～96 h，体温上升呈明显曲线，至少有 3 个温次升高 1℃以上，并稽留 18～36 h。如果稽留 42 h 以上，必须攻毒，攻毒后如果无反应，可判定热型。b. 轻热反应（＋）：潜伏期 48～96 h，体温上升呈明显曲线，至少有 2 个温次升高 0.5℃以上，并稽留 12～36 h。c. 可疑反应（±）：潜伏期 48～96 h，体温曲线起伏不定，稽留不到 12 h，或潜伏期在 24 h 以上，不足 48 h 及超过96 h 至120 h 出现热反应。体温反应呈二次高峰，有一次高峰符合定型热反应（＋＋）或轻热反应（＋）标准者，均须攻毒。攻毒后无反应时，该兔的热反应可判定为定型热或轻热反应。d. 无反应（－）：体温正常。e. 结果判定：接种疫苗后，当 2 只兔均呈定型热反应（＋＋），或 1 只兔呈定型热反应（＋＋），另一只兔呈轻热反应（＋）时，疫苗判定为合格。接种疫苗后，当 1 只兔呈定型热反应（＋＋）或轻热反应（＋），另 1 只兔呈可疑反应（±）；或 2 只兔均呈轻热反应（＋）时，可在接种后 7～10 d 攻毒（接种新鲜脾淋毒或冻干毒）。

攻毒时，加对照兔 2 只，攻毒剂量为 50～100 倍乳剂。每只兔耳静脉注射 1.0 mL。攻毒后的体温反应标准如下：a. 热反应（＋）：潜伏期 24～72 h，体温上升呈明显曲线，升高 1℃以上，稽留 12～36 h。b. 可疑反应（±）：潜伏期不到 24 h 或 72 h 以上，体温曲线起伏不定，稽留不到 12 h 或超过 36 h 而不下降。c. 无反应（－）：体温正常。d. 结果判断攻毒后，当 2 只对照兔均呈定型热反应（＋＋），或 1 只兔呈定型热反应（＋＋），另 1 只兔呈轻热反应（＋），而 2 只接种疫苗兔均无反应（－），疫苗判合格。

接种疫苗后，如果有 1 只兔呈定型热（＋＋）或轻热反应（＋），另 1 只兔呈可疑反应（±）或无热反应（－），可对可疑反应兔或无反应兔采用扑杀剖检或采心血分离病毒的方法，判明是否隐性感染；或接种疫苗后，2 只兔均呈轻热反应，亦可对其中 1 只兔进行病毒分离。接种疫苗后 96～120 h 之间，将兔扑杀，采取脾脏，用生理盐水制成 50 倍稀释的乳剂（脾脏乳剂应无菌），或采取心血（全血），耳静脉注射 2 只兔，每只 1.0 mL。凡有 1 只兔潜伏期 24～72 h 出现定型热反应（＋＋），疫苗可判为合格。

接种疫苗后，由于出现其他反应情况而无法判定时，可重检。用兔做效力检验，应不超过 3 次。

②用猪检验：将疫苗用生理盐水稀释成每毫升含 1/150 头份，肌肉注射无猪瘟中和抗体的猪 4 头，每头 1.0 mL，接种后 10～14 d，连同对照猪 3 头，各注射猪瘟病毒石门系血毒 1.0 mL（含 10^3 MLD），观察 16 d。对照猪应全部发病，且至少死亡 2 头，免疫猪应全部健活或稍有体温反应，但无猪瘟临床症状。如果对照猪死亡不到 2 头，可重检，重检后应符合规定（中国兽药典委员会，2005）。

疫苗三：猪瘟兔化弱毒乳兔组织冻干苗

毒种　同猪瘟兔化弱毒冻干苗。

制造工艺　选择 3～5 日龄营养良好的健康乳兔；用 20～40 倍稀释的新鲜兔种毒脾乳剂，每侧臂部肌肉注射各 1 mL，36～40 h 后冻死；将乳兔体表冲洗后，于 5%石炭酸液中浸泡 15～20 min，然后再无菌下采取心、肝（剔除胆囊）、脾、肾、肌肉等含毒组织，用 5%蔗糖脱脂乳制成混悬液，滤去残渣后按实际组织滤液量补足保护剂，加入青霉素、链霉素各 800～1 000 U(μg)/mL 充分混匀，放 0～4℃处理一定时间后分装冻干（张振兴等，1996）。

质量标准　同猪瘟兔化弱毒冻干苗。

疫苗四:猪瘟兔化弱毒牛体反应冻干苗

毒种 同猪瘟兔化弱毒冻干苗。

制造工艺 选择1～2岁健康小牛,用10倍稀释的新鲜兔淋脾种毒,静脉注射,10～20 mL/头,观察5～6 d,应无明显体温反应及临床症状。于接种后第3天,静脉采取抗凝血,作10 000倍稀释后静脉接种家兔2～3只,1 mL/只,应有1只以上兔产生定型热反应,或2只以上轻热反应,于接种后5～6 d,无菌采取全身淋巴结及脾脏,并作无菌检验。−15℃保存;按1份脾淋组织加5份5%蔗糖脱脂乳制成混悬液,再加入青霉素、链霉素各800～1 000 U(μg)/mL,混匀后分装冻干(张振兴等,1996)。

质量标准 同猪瘟兔化弱毒冻干苗。

疫苗五:猪瘟兔化弱毒猪肾细胞冻干疫苗

毒种 同猪瘟兔化弱毒冻干苗

制造工艺 ①制备仔猪肾原代细胞,用14日龄健康仔猪,放血致死后无菌取出肾脏(同时取出脾脏制成混合乳剂供中间检验用),剪碎后用0.25%胰酶消化分散细胞,加入营养液适量(含10%犊牛血清及青霉素、链霉素各100 μg的水解乳蛋白,pH 7.2),使每毫升细胞数为80万～100万,置6～8 r/h(或12.5 r/h)转速的转瓶机上进行转瓶培养(在分装转瓶的同时,将细胞悬液分装于装有盖玻片的细胞培养瓶中,静止培养,供荧光抗体检验用),一般72～96 h即可形成致密单层。②接毒、收获、换液。于形成细胞单层瓶内换入维持液(含8%～10%马血清或5%～10%小牛血清及10%TPB的水解乳蛋白或MEM营养液,pH 7.4),然后接在1∶50 000以上的1%脾种毒(或3%～4%毒价达1∶50 000以上的细胞毒或毒价均在1∶50 000以上的1%脾毒和3%细胞毒),并设空白对照,37℃培养(作中间荧光抗体检测的细胞瓶接毒同前),每隔4 d,收获液1次,共收获4～5次(空白细胞仅收集2次,供中间检测用),单独保存,并作无菌检验和毒价测定。③配苗、分装和冻干。将毒价达1∶50 000以上的无菌病毒液与5%蔗糖脱脂乳按1∶4比例混合,加入青霉素、链霉素各100～1 000 μg/mL,充分摇匀后分装、冻干(张振兴等,1996)。

质量标准 疫苗除应按《成品检验的有关规定》进行检验外,尚需作安全检验和效力检验。

安全检验:同猪瘟兔化弱毒冻干苗。

效力检验:下列方法任选其一。①用兔检验,按瓶签注明头份,将每头份疫苗用生理盐水稀释750倍,耳静脉注射兔2只,各1.0 mL。接种后的观察及判定同猪瘟兔化弱毒冻干苗。②用猪检验,按瓶签注明头份,将每头份疫苗用生理盐水稀释300倍,肌肉注射无猪瘟中和抗体的猪2头,每头1.0 mL。攻毒和判定同猪瘟兔化弱毒冻干苗(中国兽药典委员会,2005)。

疫苗六:猪瘟兔化弱毒犊牛睾丸细胞冻干疫苗

毒种 同猪兔化弱毒冻干苗。

制造工艺 ①犊牛睾丸细胞单层的制备:选择非猪瘟疫区的和无口蹄疫的1～2日龄公犊牛,剖杀后消毒睾丸组织体表,无菌手术采取睾丸并放入含1 000 μg/mL青霉素、链霉素的Hank's液中浸泡30～40 min,去除被膜和附睾,将睾丸剪碎后加入Hank's液反复洗涤,再用5～8倍量0.25%胰酶液消化处理(37℃ 50 min,每隔10 min轻摇1次)。消化完毕后去除胰酶,加入少量水解乳蛋白营养液,吹打分散细胞,再加入适量营养液混匀，用两层纱布过滤，收取细胞悬液，分装于培养瓶中，37℃转瓶培养，转速 12 r/h，72～120 h 细胞即可长成致密单层。为提高疫苗产量，减少制苗用材料，可用胰酶-EDTA 液消化传代 2 次，2 次传代间隔时间为 4～5 d，并留取次代细胞供中间监测用（于加盖玻片的培养瓶中静止培养）。②接毒、收获、换液：同猪瘟兔化弱毒猪肾细胞冻干苗。但收获次数可达 6～7 次。③配苗、分装、冻干：同猪瘟兔化弱毒猪肾细胞冻干苗。

质量标准 同猪瘟兔化弱毒猪肾细胞冻干疫苗（邢钊等，2000）。

（王建琳　青岛农业大学动物科技学院）

五、猪伪狂犬病

猪伪狂犬病（Pseudorabies，PR）也称奥耶斯基氏病（Aujeszky disease），是由伪狂犬病病毒（Pseudorabies virus，PRV）引起的危害家畜以及多种野生动物的一种以发热、奇痒（猪除外）、急性脑脊髓炎等典型神经症状并具有致死性的急性传染病（殷震等，1997）。近年来，该病在中国部分地区呈地方性流行，给中国养猪业造成了巨大损失。随着分子生物学和基因工程技术的重大进展，特别是 PRV 诊断方法和疫苗研制方面的进步，目前已有效阻止和控制 PR 的发生。

（一）病原特性

PRV 属于疱疹病毒科甲疱疹病毒亚科，病毒基因组为线状双链 DNA，长度为 150 kb，C+G 含量约为 74%，由长独特区（UL）和短独特区（US），以及 US 两侧的重复序列（TRS）与内部重复序列（IRS）所组成。US 和 UL 区段，含有至少 70 个基因，可编码 70～100 种蛋白质，成熟的病毒粒子只含有约 50 种蛋白质（Ladinb 等，1982）。

病毒主要特征是宿主范围广，在猪场猪、鼠及猫、狗等都是 PRV 的宿主；有高度的细胞致病性，猪感染 PRV 后所有被涉及的组织均呈灶性坏死；复制周期短，常在神经节内形成潜伏感染。而曾感染过 PRV 仍存活的猪，会成为 PRV 潜在的贮存宿主和传染源（终生带毒）。

PRV 具有疱疹病毒的典型结构，它是由一种含基因组的核蛋白核心、二十面体核衣壳（其中包括 162 个壳粒）、蛋白壳皮和来源于含病毒编码糖蛋白细胞膜的脂质双层膜组成。尽管单克隆抗体能证明 PRV 毒株间存在明显差异，但目前认为只有一个血清型。

在 PRV 中已发现 11 种糖蛋白，分别命名为 gB（gⅡ）、gc（gⅢ）、gD（gp50）、gE、gG（gX）、gH、gI（gp63）、gK、gL、gM 和 gN，它们已被定位和测序（Rea 等，1985）。病毒增殖的必需糖蛋白主要有 gB、gD、gH、gL、gK；非必需糖蛋白是决定毒力因素的因子，主要有 gE、gI、gG、gC、gM、gN 等，除 gG 外均为成熟病毒粒子的结构成分，gG 常存在于感染细胞分泌物中（Pensaert 等，1992）。病毒编码酶参与核酸代谢，是病毒毒力的决定因素，其活性减弱会导致病毒致弱。去除非必需衣壳蛋白 gE（gI）也导致一些 PRV 毒株毒力的显著下降。糖蛋白 gE 在 PRV 对神经系统（包括三叉神经和嗅觉通路）的侵入中起关键性作用。去除 gE，PRV 则不能入侵神经系统（Cheung，1995；Van Oirschot 等，1990）。此外，胸苷激酶（Thymidinekinase，TK）、核苷酸还原酶（Ribonucleotide reductase，RR）、蛋白激酶（Protein kinase，PK）、碱性核酸外切酶（Alkaline exonuclease，AN）和脱氧尿苷三磷酸激酶（Deoxyuridine triphosphokinase，dUTPase）等几种酶也与病毒的毒力密切相关（Vrublevskaia 等，2007）。TK 基因是控制 PRV 在神经组织内的复制的基因，缺失 TK

基因的疫苗毒株不能诱导疫苗株神经节内占位的局位免疫力，抗野毒潜伏感染能力差；gI(Gp63 基因值)是 PRV 的毒力基因，对刺激产生免疫力不重要，但未经过 gI(GP63)基因去毒处理的疫苗毒株，接种猪后会引起免疫猪的发热副作用，临床上易导致怀孕早期母猪的免疫后返情或流产，另外也可致非靶动物(如猫、狗)接种后致死；gG(gX)为较少用的标记基因；RR 为控制病毒繁殖的基因，若缺失会影响毒株的免疫原性；gB、gC、gD 等基因是诱导机体产生保护性免疫的重要基因。

(二)疫苗

PRV 感染可以刺激机体产生细胞免疫、体液免疫和局部黏膜免疫，然而免疫并不能完全防止病毒的入侵，但可以在一定程度内限制病毒的复制(Wittmann，1985)。在免疫反应中，针对 gC 和 gD 的补体依赖性病毒中和抗体是最有效的(Mettenlaiter，1996)。gC 抗体具有抑制病毒在靶细胞上黏附的作用，gD 抗体具有抑制病毒穿入的作用，从而阻断感染的第一个阶段。由 gC 和 gD 构成的亚单位疫苗及抗 gD 抗体具有免疫保护能力，从而进一步证实了体液免疫中这些蛋白的重要性(Tsuda 等，1992)。然而，亚单位 gB 疫苗也可以促进猪的免疫保护作用(Nakamura 等，1993；Mettenlaiter，1996)。免疫母猪可以通过哺乳使仔猪获得 PRV 特异性抗体。母源抗体可以保护仔猪免受 PRV 的攻击，抑制 PRV 在中枢神经系统的复制(Wittmann 等，1979)。同时，Kritas 等(1997)也证明高 SN 滴度(272～354)几乎可以完全保护新生仔猪。但值得注意的是母源抗体也会干扰仔猪自身抗体的产生。

控制和根除 PR 暴发的重要突破是基因重组疫苗(Quint 等，1987)和与之相关的不同 ELISA 检测方法的应用(Muller 等，2003)。标记疫苗的应用，如 gE 基因的缺失疫苗可以有效地检验免疫猪是否感染 PRV 野毒。通过检测血清中的 gE 抗体，可以分辨出猪是否感染 PRV 野毒。通常免疫可以减轻临床症状和降低经济损失，但不能阻止 PRV 的扩散。细胞免疫在抗 PRV 感染中具有重要的作用，因此免疫时建议使用活的、弱毒疫苗。同时，Mengeling 等(1992)指出最有效的接种方式为鼻内接种弱毒活疫苗。鼻内接种的优点表现为病毒在局部复制和黏膜免疫的建立。获得性被动免疫存在的情况下，鼻内接种方法优于肌肉注射(Van Oirschot 等，1987)。

目前国内外已成功研制猪伪狂犬病的常规弱毒疫苗、灭活疫苗、基因缺失弱毒疫苗和基因缺失灭活疫苗，其他如病毒载体重组疫苗和核酸疫苗尚处于实验室研究阶段(袁章等，2007)。其中基因缺失疫苗已在生产中发挥重要作用，尤其在美国和欧洲一些发达国家应用基因缺失疫苗已经成功地将 PR 根除。

疫苗一：猪伪狂犬灭活疫苗

将分离的伪狂犬病病毒强毒用 BHK-21 或 IBRS-2 等传代细胞培养，当病毒的增殖滴度达到要求时收获病毒灭活后加入油乳剂而制成灭活苗。灭活疫苗由于病毒已被灭活，因而其安全性好，不存在潜伏感染的问题。但由于抗原成分含量不高及灭活过程中主要抗原决定簇的丢失，且由于不能给免疫系统提供内源性蛋白抗原，而不能诱导细胞毒 T 细胞反应(CTL)，少量接种往往不能诱导足够的免疫反应，因而具有免疫效力不佳、接种剂量大和次数多的缺点。

毒种　猪伪狂犬病病毒鄂 A 株。

制造工艺　①生产毒种的制备：将毒种接种于 37℃旋转培养 24～36 h 生长旺盛的

BHK-21细胞单层，按病毒液与生长液1∶10的接种量接种，37℃旋转吸附1 h，加入适量培养基，置37℃培养。接种后12～16 h，细胞开始出现特征性的病变，当细胞病变达到80%以上时，终止培养，冻融3次，收取病毒液，病毒含量应≥$10^{6.5}$/0.1 mL。－20℃保存不超过2个月；－70℃保存不超过6个月。毒种继代应不超过5代。②病毒液的繁殖：按病毒液与生长液1∶10的接种量接种，37℃旋转吸附1 h，加入适量培养基，置37℃培养。接种后24～48 h，细胞开始出现特征性的病变，当细胞病变达到80%以上时，终止培养，冻融3次，收取病毒液，病毒含量应≥$10^{6.5}$/0.1 mL。病毒液应无菌生长。③灭活：在病毒液中加入甲醛溶液，边加边搅拌，使甲醛溶液最终浓度为0.3%，充分混匀，置37℃作用48 h，放室温继续作用12 h，每4 h振摇1次。灭活后病毒液应无菌生长。④配苗：油相是用杭州10号白油94份加入硬脂酸铝2份，边加边搅拌，至透明为止，再加入6份司本-80，充分混匀，高压灭菌备用；水相是在100份灭活的病毒液中加入4份灭菌吐温-80，充分摇匀至吐温-80完全溶解；取1份油相加入1份水相，充分乳化，终止乳化前加入1%硫柳汞溶液，使其终浓度为1/10 000。⑤分装：将乳化好的疫苗无菌定量分装，加塞密封，4～8℃保存。

疫苗二：自然弱毒疫苗

自然弱毒疫苗是通过非猪源细胞或鸡胚的反复传代，或在某些诱（突）变剂的存在下，用高于通常的培养温度在细胞培养物上反复继代获得，其基因组的内部存在着多处的点突变以及一些基因的缺失，它是一种天然的基因缺失疫苗。在20世纪60年代后，许多国家用不同的方法培育了不少伪狂犬病弱毒疫苗株，其中应用较为广泛的主要是匈牙利的Bartha株、罗马尼亚的Bucharest株和BUK株等。

毒种　匈牙利的Bartha株、罗马尼亚的Bucharest株和BUK株等。

制造工艺　种毒经原代乳兔肾细胞培养1～2代复壮，并挑选1～2 mm的小蚀斑，再通过鸡胚成纤维细胞制苗。按7∶1比例向鸡胚细胞培养的病毒液内加保护剂，混合后分装、冻干即成疫苗。用鸡胚细胞测冻干疫苗的含毒滴度应不低于10^4 $TCID_{50}$/0.1 mL。本疫苗使用时，用中性PBS液20倍稀释。供猪、牛及绵羊免疫接种。

疫苗三：伪狂犬病病毒基因缺失苗

20世纪80年代初期，伪狂犬病病毒基因缺失疫苗的研制开始发展。基因缺失疫苗即是利用基因工程技术在PRV基因组中插入或缺失一段序列致使PRV的某些基因不能表达，从而致弱PRV，同时又保持其较强的免疫原性，而其中缺失的基因主要是伪狂犬病病毒的毒力基因如胸苷激酶（TK）、蛋白激酶（PK）、核苷还原酶（RR）和脱氧尿苷三磷酸激酶（dUTPase）基因以及一些具有免疫原性的糖蛋白gG、gE、gC、gD基因等。目前据此已成功构建了以缺失主要毒力基因——TK基因为代表的单基因缺失、双基因缺失和多基因缺失疫苗。

伪狂犬病病毒TK^-单基因缺失疫苗：伪狂犬病病毒的TK基因是主要的毒力基因，对其进行缺失便成为TK单基因缺失疫苗。这种TK缺失的疫苗与以前在有致突变剂存在下在细胞上筛选到的弱毒疫苗有一个最显著的特点，就是不存在毒力返强，因而更加安全。

伪狂犬病病毒双基因及多基因缺失疫苗：双基因缺失疫苗是以缺失TK基因为基础，进而缺失编码非必需糖蛋白gE、gI、gG、gC等基因。这样得到的突变株就不能产生相应被缺失的糖蛋白，因而免疫动物就不能产生相应的抗体，从而可以通过血清学方法将免疫接种猪与自然感染野毒猪相区别。这也是伪狂犬病病毒双基因缺失疫苗的显著特点。目前的双基因缺失毒株有 TK^-/gC^- 疫苗株、TK^-/gG^- 疫苗株和 TK^-/gE^- 疫苗。Van Oirsehot 等(1991)构建了 $TK^-/gG^-/gE^-$ 三基因缺失株；Mettenleiter 等(1990)构建了 $gG^-/gE^-/gI^-/gC^-$ 四基因缺失株。

（方树河　勃林格殷格翰动物保健）

六、猪繁殖与呼吸综合征

猪繁殖与呼吸综合征((Porcine Reproductive and Respiratory Syndrome，PRRS)是由猪繁殖与呼吸综合征病毒(Porcine Reproductive and Respiratory Syndrome Virus，PRRSV)引起的一种以母猪的繁殖障碍(流产、死胎、木乃伊胎)及各种年龄猪特别是仔猪的呼吸道症状为特征的传染性疾病，又称猪蓝耳病。该病 1987 年首先在美国报道，其后在德国、加拿大、日本、荷兰、西班牙、法国、英国等国家相继报道。目前，PRRS 已遍布全球的主要养猪国家。中国自 1996 年郭宝清首先报道 PRRS 以来，已很难找到猪蓝耳病阴性的猪场。高致病性猪蓝耳病病毒引起的"高热病"导致不同日龄、不同生产阶段、不同饲养管理模式下的猪群和怀孕母猪群的高发病率、高死亡率。

(一)病原特性

PRRSV 属动脉炎病毒科(Arteriviridae)，动脉炎病毒属(Arterivirus)。为单股 RNA 病毒，基因组长约 15 kb，含有 9 个开放阅读框(ORF)，其中 ORF la 和 lb 编码 RNA 聚合酶，ORF2～6 编码囊膜蛋白，ORF7 编码衣壳蛋白。病毒主要的结构蛋白有核衣壳蛋白 N(15 ku)、基质蛋白 M(18～19 ku)、囊膜蛋白 E(25 ku)。N 蛋白和 M 蛋白具有很强的免疫原性，病毒感染后机体可产生针对它们的特异抗体，但没有中和活性；E 蛋白能诱导机体产生中和抗体和诱导细胞凋亡。PRRSV 分两个血清型，即以 ATCC VR2332 毒株为代表的美洲型和以 LV 株为代表的欧洲型。PRRSV 具有变异性，欧洲型和美洲型分离毒株之间存在显著的抗原差异性，两者只有很少的交叉反应。中国的 PRRSV 分离株大多属于美洲型。2006 年中国暴发的猪"高热病"的病原是美洲型的变异株，该病毒非结蛋白 NSP2 编码基因出现长短不等的缺失变异。病毒感染的主要靶细胞为猪肺泡巨噬细胞。

PRRSV 病毒的稳定性受 pH 和温度的影响较大，在 pH 小于 5 或大于 7 的条件下，其感染力降低 95%以上；在 pH 7.5 的培养液中可于－20℃和－70℃长期保存，在 4℃则缓慢失去感染力；对有机溶剂敏感，对常用的化学消毒剂抵抗力不强。

PRRSV 可在猪原代肺泡巨噬细胞、MA104、Marc-145、HS2H、ATCC CL-2621 及 CRL-11171 等传代细胞上增殖。

(二)疫苗

全球注册应用的猪蓝耳病疫苗包括灭活疫苗和弱毒疫苗两大类，以 Ingelvac®-PRRS MLV 为代表的美洲株弱毒疫苗和以 Porcilis PRRS 为代表的欧洲株弱毒疫苗。在中国注册应用的蓝耳病疫苗也是弱毒疫苗和灭活疫苗两类，每一类内均有典型(经典)猪蓝耳病疫苗和非典型(高致病性)疫苗，都是美洲株疫苗。由于灭活疫苗不能很好诱导产生细胞免疫，保护效果不明显，而逐渐减少应用。

疫苗一：猪繁殖与呼吸综合征灭活疫苗(Ch-1a株)

毒种 疫苗中含有猪繁殖与呼吸综合征病毒Ch-1a株，为中国国内分离毒株。该毒株是经Marc-145细胞系传代、多次克隆纯化，筛选出嗜Marc-145细胞生长的PRRSV毒株。该毒株的细胞培养液经化学试剂灭活后，配以医用油佐剂，制成了繁殖与呼吸综合征灭活疫苗。灭活前每毫升病毒含量应≥$2\times10^{7.0}$ $TCID_{50}$。

保存与使用 乳白色乳剂。免疫保护期为6个月。2～8℃保存，有效期为1年。颈部肌肉注射。母猪：在怀孕40 d内进行初次免疫接种，间隔20 d后进行第2次接种，以后每隔6个月接种1次，每次每头4 mL；种公猪：初次接种与母猪同时进行，间隔20 d后进行第2次接种，以后每隔6个月接种1次，每次每头为4 mL；仔猪：15～21日龄接种1次，每头2 mL。注射该疫苗时，有个别猪会出现局部肿胀，可在短时间内消失。

疫苗二：高致病性猪蓝耳病灭活疫苗(NVDC-JXA1株)

毒种 疫苗中含有猪繁殖与呼吸综合征病毒NVDC-JXA1株，灭活前每毫升病毒含量应不低于$10^{6.0}$ $TCID_{50}$。

保存与使用 2～8℃保存，有效期暂定为12个月。用于预防高致病性猪蓝耳病，耳后部肌肉注射。3周龄及以上仔猪，每头2 mL，根据当地疫病流行状况，可在首免后28 d加强免疫1次；母猪，配种前接种4 mL；种公猪，每隔6个月接种1次，每次4 mL。接种后，个别猪可能出现体温升高，减食等反应，一般在2 d内自行恢复，重者可注射肾上腺素，并采取辅助治疗措施。

疫苗三：猪繁殖与呼吸综合征活疫苗(ATCC VR-2332株)

毒种 Ingelvac®PRRS MLV疫苗中含猪繁殖与呼吸综合征病毒ATCC VR-2332株，至少$10^{4.8}$$TCID_{50}$/头份。

保存与使用 免疫保护期为4个月。2～8℃保存，有效期为24个月。对于稳定/活跃猪场，母猪群可普免，首次免疫4周后，再次普免；以后每隔3～4个月免疫1次。对于不稳定猪场，普免会有一定风险，首次免疫2周后再次免疫，隔2个月时第3次免疫，以后每隔3个月免疫1次；也可以跟胎免疫，断奶至配种前的猪群免疫，怀孕50 d左右的猪群免疫，保证免疫猪群时要整栋舍同时进行，不可同一栋舍猪群部分免疫部分不免疫。商品肉仔猪通常在10～21日龄免疫，可在猪发病日龄向前提4周之前的日龄段，或提前6周时的日龄进行免疫。对于种用仔猪通常在10～21日龄免疫后，隔4个月或近5月龄时再次免疫。对于引进的后备猪群，应该在引入1周后对健康者免疫，间隔3～4周再次免疫。每次免疫，肌注1头份即2 mL。

交叉保护：进口弱毒疫苗在有效期内每头份至少含有$10^{4.8}$ $TCID_{50}$(美国农业部-APHIS要求$10^{4.4}$ $TCID_{50}$)，该疫苗毒株ATCC VR-2332对不同美洲株(如SDSU73，VR2385，Mn-01-Al 184)的攻毒能有效保护(Opriessnig等，2005)。肌注Ingelvac®PRRS MLV免疫98 d后，鼻内接种2mL PRRSV MN184(10^4 $TCID_{50}$/mL)，结果证明免疫不能在短期内清除猪群机体组织内野毒，但可减少野毒排放；不能防止野毒感染，对强毒攻击却有保护作用，未免疫猪出现病毒血症，表现高热、厌食、精神沉郁、呼吸困难和猪死亡，免疫猪没有病毒血症出现(Cano，2007)。Zhang等(2008)用JX143攻毒试验表明，Ingelvac®PRRS MLV可有效保护试验猪的强毒攻击，未免疫猪多数高烧、呼吸困难而死亡。免疫猪部分出现呼吸道症状，但没有死亡。说明经典蓝耳病毒株的弱毒疫苗对非典型(或高致病性)蓝耳病病毒攻击有保护作用。

疫苗四：猪繁殖与呼吸综合征病毒活疫苗(CH-1R 株)

本疫苗为乳白色或微黄色海绵状疏松冻干团块，易与瓶壁脱离，加稀释液后迅速溶解。

毒种 疫苗中含有猪繁殖与呼吸综合征病毒 CH-1R 株，每头份疫苗病毒含量应≥$10^{5.0}$ $TCID_{50}$。

保存与使用 免疫保护期可达 4 个月。−20℃以下保存，有效期为 18 个月。颈部肌肉注射。3～4 周龄仔猪免疫，1 头份/头；母猪于配种前 1 周免疫，2 头份/头。初次应用本疫苗的猪场，应先做小群试验。种公猪应慎用。

疫苗五：猪繁殖与呼吸综合征弱毒疫苗(R98 株)

本疫苗为微黄色海绵状疏松团块，易与瓶壁脱离，加生理盐水后迅速溶解。

毒种 疫苗中含猪繁殖与呼吸综合征病毒弱毒 R98 株，每头份疫苗病毒含量≥$10^{5.0}$ $TCID_{50}$。

保存与使用 免疫保护期为 4 个月。−20℃以下保存，有效期为 15 个月。经产母猪：首次应用疫苗，全群普免一次，1 头份/头，以后实行跟胎免疫，1 头份/头；或每 4～5 个月免疫 1 次，1 头份/头。仔猪：对未曾用过蓝耳病疫苗的猪场。首次免疫对产房和保育舍的所有仔猪全群免疫，1 头份/头；以后对产房内未免仔猪，2～4 周龄免疫 1 次，1 头份/头。后备母猪：配种前 3～6 周，1 头份/头，购入的后备母猪，若未曾免疫蓝耳病弱毒疫苗，在进入隔离舍 3～5 d 后免疫 1 头份/头。蓝耳病发病猪场：专用稀释液稀释后，每头份稀释成 1 mL，肌肉注射。全群紧急免疫，母猪 2 头份/头、仔猪 1 头份/头，30 d 后同样头份加强免疫 1 次。本品稀释后应放置于冷暗处，并于 1 h 内用完。

疫苗六：高致病性猪繁殖与呼吸综合征活疫苗(JXA1-R 株)

本疫苗为淡黄色海绵状疏松团块，易与瓶壁脱离，加稀释液后迅速溶解。用于预防高致病性猪繁殖与呼吸综合征。接种后 21～28 d 产生免疫力。

毒种 疫苗中含有高致病性猪繁殖与呼吸综合征病毒致弱毒株 JXA1-R 株，每头份病毒含量≥$10^{5.0}$ $TCID_{50}$。

保存与使用 免疫保护期为 4 个月。−15℃下保存，有效期暂定为 18 个月。耳根后部肌肉注射。按瓶签注明头份，用生理盐水稀释。仔猪断奶前后首免，1 头份/头，4 个月后加强 1 次；母猪配种前免疫 1 次，1 头份/次。初次应用本产品的猪场，应先做小群试验。本产品不应用于紧急免疫接种。阴性猪群、种公猪和妊娠母猪禁用。疫苗稀释后应避免高温，限 1 h 内用完。

疫苗七：高致病性猪繁殖与呼吸综合征活疫苗(TJM-F92 株)

毒种 PRRSV-TJM-F92 株。

制造工艺 高致病性猪繁殖与呼吸综合征病毒 TJ 株经细胞传代致弱的 TJM-F92 株，接种 Marc-145 细胞，经培养后，收获感染细胞培养物，加入适量耐热冻干保护剂，经冷冻真空干燥制成。

本疫苗所用疫苗株可与强毒株鉴别，使用 RT-PCR 检测病毒 NSP2 基因，TJM-F92 疫苗株缺失 360 个核苷酸，可扩增出约 644 bp 的特异性条带，而高致病性猪繁殖与呼吸综合征病毒以及其他猪繁殖与呼吸综合征病毒强毒株均可扩增出约 1 004 bp 的特异性条带。疫苗的效力检验符合以下标准：每头份疫苗中的病毒含量应不低于 $10^{5.0}$ $TCID_{50}$，若用攻毒则选用 4～5 周龄的猪繁殖与呼吸综合征病毒抗原、抗体阴性健康仔猪 10 头，其中 5 头颈部肌肉注射疫苗 1 头份，另 5 头作为对照，相同条件隔离饲养。28 d 后所有猪用效检用强毒攻毒，每头猪滴鼻接种 2 mL（$\geqslant 10^{3.8}$ $TCID_{50}$/mL），逐日测量体温，观察 21 d。对照猪应全部发病，且至少 2 头死亡；免疫猪应至少 4 头保护。疫苗在 2～8℃可保存 18 个月。

国内已注册生产的高致病性猪繁殖与呼吸综合征活疫苗，除 JXA1-R 毒株和 TJM-F92 外，还有 HuN4-F112 毒株，共 3 种高致病性毒株疫苗。

尽管猪接种疫苗不能预防 PRRSV 感染，但在群体有 PRRS 感染史或存在 PRRSV 高风险的情况下，疫苗免疫不失为一种有效的防制方法。

（朱连德　勃林格殷格翰动物保健）

七、猪细小病毒病

猪细小病毒病是由猪细小病毒（Porcine parvo virus，PPV）感染而引起的胚胎感染及死亡，而母猪不表现明显症状的繁殖障碍性疾病。本病广泛分布于世界各地，给养猪业造成巨大的经济损失。

（一）病原特性

猪细小病毒属于细小病毒科细小病毒属成员，是一种自主复制型病毒。该病原的基因组为单股线状负链 DNA，大小约为 5 000 bp，共编码 3 种结构蛋白 VP1、VP2、VP3 和 3 种非结构蛋白 NS1、NS2、NS3。PPV 毒株按致病性与组织嗜性可分为 4 个类型：第 1 类以 NADL-8 株为代表，为强毒株，口服接种可以穿过胎盘屏障，导致胎儿感染，形成病毒血症；第 2 类以 NADL-2 为代表，为弱毒株，口服接种不能穿过胎盘屏障，对妊娠母猪和胎儿都没有致病性，不形成病毒血症，可以作为弱毒疫苗使用来防制 PPV 感染。NADL-2 株通过子宫内接种，与 NADL-8 株一样，有复制和感染能力，并可导致胎儿死亡；第 3 类以 Kresse 株为代表，为皮炎型强毒株，可以致死免疫不充分的胎儿。据报道其毒力与 NADL-8 相似或较强；第 4 类以 AF-83 株为代表，为肠炎型毒株，其主要引起肠道病变，与猪的腹泻有关。虽然已经分离出多种类型的 PPV 毒株，但目前认为只有一个血清型。

引起该病的猪细小病毒是 Mary 和 Mahnet 于猪瘟病毒的组织培养时发现的。从 20 世纪 60 年代中期，自分离获得病毒和逐步明确其致病作用以来，已相继从欧洲、美洲和亚洲等很多国家分离到该病毒和检测到抗体（Roic 等，2005）。中国于 20 世纪 80 年代初在不同地区分离到 PPV。近年来，PPV 的感染呈扩大上升趋势，给全球养猪业带来了巨大的经济损失。世界各地均有分布，如果在猪场里取样化验，几乎肯定会检测到这种病原，这种病毒在环境中可存活数月之久，且对大多数消毒剂都具有抵抗力，因此，这种病分布非常广泛，且很难根除。感染的公猪及母猪是主要的传染源，病毒常由胎盘感染和交配感染传给胎儿，也可通过被污染的食物、环境由呼吸道、消化道传给易感动物，鼠类是重要的传播媒介。PPV 主要感染胚胎、仔猪、育肥猪、母猪、公猪等，但只有母猪表现繁殖障碍，其他不同年龄、种类的猪不表现临床症状。本病的流行常发生于春秋产仔季节。常见于初产母猪，一般呈地方性流行或散发，一旦 PPV 传入阴性猪场，于 3 个月内几乎 100％的猪都会受到感染。在本病发生后，猪场可能连续几年不断地出现母猪繁殖失败。母猪怀孕期感染后，其胚胎死亡率可达 80％～100％。猪感染细小病毒后 1～6 d 可出现病毒血症，1～2 h 后随粪便排出病毒，污染环境，7～9 d 后出现 HI 抗体，21 d 内抗体效价可达 1∶15 000，且能持续数年。

（二）疫苗

目前有效预防该病的主要手段是使用猪细小病毒疫苗进行免疫预防。猪细小病毒疫苗主要分为弱毒疫苗、灭活疫苗、基因工程亚单位疫苗、基因工程活病毒载体疫苗、基因疫苗等。弱毒活疫苗产生的抗体滴度高且维持时间长，一般可达数年；而灭活苗的免疫期比较短，一般只有半年。疫苗注射可选在配种前几周进行，以使怀孕母猪于易感期保持坚强的免疫力。在生产上为了给母猪提供坚强的免疫力，最好猪每次配种前都进行免疫，可以通过用灭活油乳剂苗两次注射，以避开体内已存在的被动免疫力的干扰（战利宾，2009）。最早发现和应用于临床的是 PPV NADL-2 弱毒株，该毒株是将 PPV 强毒在实验室利用细胞培养连续传代 50 次以上致弱的。蒋玉雯等（1992）分离到一株自然弱毒株（PPV-N 株），并对该毒株的生物学、免疫学等进行了系统的研究，结果表明该弱毒株不仅对小猪、后备母猪、怀孕母猪安全，而且具有良好的免疫原性和遗传稳定性。比较耐热，60℃处理 1 h 毒价不变。用其制备的疫苗，母猪在配种前只需注射 1 mL，免疫期达 1 年以上。对 PPV-N 株的结构蛋白 VP1 基因进行核苷酸序列测定和序列比对分析，发现 PPV-N 株与经典的 PPV 弱毒株（NADL-2 株）的 VP1 基因的同源性最高，它们的核苷酸序列、推导的氨基酸序列的同源性分别为 99.9％、99.6％，这为判断 PPV-N 株和 NADL-2 株一样同属 PPV 弱毒株提供了分子生物学依据。

尽管在临床上已有多株弱毒疫苗应用，但是由于 PPV 强毒株的大量存在，人们对病毒重组及弱毒毒力返强的担心一直使弱毒苗的应用受到一定限制。自 1976 年开始，国外就有关于 PPV 灭活疫苗的研究报道，并于 20 世纪 80 年代在美国、澳大利亚、法国等国家普遍应用。研制 PPV 灭活疫苗采用幼龄猪增殖 PPV，并以蜂胶作为 PPV 灭活疫苗的佐剂。经一系列试验和实际应用表明，以蜂胶作佐剂制备的 PPV 灭活疫苗有安全、使用方便、易于保存等优点。能刺激动物产生高滴度抗体和显著的免疫保护效果。弱毒疫苗具有免疫原性好、免疫后产生抗体快、且免疫维持时间较长等优点。由于弱毒疫苗存在毒力返强的危险，使得弱毒苗在应用上存在一些限制。现在常用灭活疫苗，由于灭活疫苗产生抗体时间较长，产生效果不稳定等原因，所以寻找和发现安全有效的疫苗仍是目前研究的主题。

疫苗一：油乳剂灭活苗

制备 PPV 灭活疫苗常用的灭活剂有福尔马林、β-丙内酯（β-PL）、AEI（N-乙酰乙烯亚胺）以及 BEI（二乙烯亚胺）等。免疫佐剂是影响 PPV 灭活疫苗效果的重要因素，研究结果：发现 50％氢氧化铝胶、顺丁烯乙酰（EMA）、CP-20961、油水乳剂及 DDA 作佐剂的疫苗，均可诱导猪产生高滴度的抗体，而用油佐剂、SDS、L-121、氢氧化铝和油乳剂混合物、SDS 和氢氧化铝混合物作佐剂的疫苗产生的抗体滴度均较低。目前在 PPV 灭活苗的制备中，经常采用的佐剂是氢氧化铝和油水乳剂。细小病毒常与伪狂犬病毒（PRV）、流行性乙型脑炎病毒（JEV）等引起繁殖障碍的病毒混合感染，研制相应的灭活多联疫苗可以简化免疫程序，降低临床应激反应，将更适合规模化养猪业的发展趋势。

毒种　从死胎和木乃伊胎猪中分离到的 PPV_{S-1}、PPV_{S-2} 毒株，在猪肾细胞及猪睾丸传代细胞上增殖和传代。

制造工艺　选用由 10 号白油为主组成的油佐剂配苗。灭活病毒和油佐剂按一定的比例进行乳化，配制出黏度＜2″、稳定性较好、可保存在4～10℃不破乳的双相(W/O/W)油乳剂灭活疫苗。该疫苗的免疫剂量是2 mL。

质量标准 按照《成品检验的有关规定》进行检验外，还需以下检验：每批疫苗均接种2～3日龄乳鼠一窝(每窝至少5只)，观察7～10 d，均健活(叶向阳，2002)。

疫苗二：弱毒疫苗

毒种 目前的弱毒疫苗主要有NADL-2、HT株、HT-SKC株和N株，这些弱毒疫苗主要在国外应用。最早应用于临床的是NADL-2弱毒株，该毒株是猪细小病毒强毒株在细胞上连续传50代以上致弱的。我国蒋玉雯等对分离到的一株猪细小病毒自然弱毒株进行免疫接种试验证实，该弱毒株具有良好的免疫原性和保护力，并且不产生病毒血症。PPV-A是将PPV毒株通过ST细胞连续传代获得的第40～41代的细胞培养物，是一株适应细胞培养的PPV弱毒株。

制造工艺 将PPV-A株以10^3接种生长良好的1～2日龄的ST细胞单层，37℃吸附1 h，然后加入含2%牛血清的199培养液。待50%以上细胞出现病变时收获、冻融3次，取上清液测定毒价和HA价。用于本试验的PPV S-1A株毒及其疫苗$TCID_{50}$为$10^{6.5\sim7.0}$。

质量标准 按照《成品检验的有关规定》进行检验外，还需以下检验：

弱毒苗免疫猪体后产生抗体反应最早的在第6天，一般第7天都可产生抗体反应，HI价32～64，第8天抗体明显上升，HI价64～1 024，以后继续上升，通常为256～1 024。到两个半月以后抗体有所下降，一直到免疫后7个月仍可维持256～512，用PPV强毒攻击，免疫猪仍可受到保护。证明弱毒苗的免疫持续期至少为7个月。弱毒苗在－20℃保存10个月后免疫猪仍能产生有效抗体反应，经得起强毒攻击。

(温建新 青岛农业大学动物科技学院)

八、猪传染性胃肠炎

猪传染性胃肠炎(Transmissible gastroenteritis of swine，TGE)是由冠状病毒科冠状病毒属的猪传染性胃肠炎病毒(Transmissible gastroenteritis virus of swine，TGEV)引起的一种急性、高度接触性肠道传染病。该病以呕吐、严重腹泻、脱水、2周龄内仔猪高死亡率为特征，给许多规模化猪场造成了严重损失，对仔猪的危害最为严重，可使2周龄以下的仔猪死亡率最高达100%。该病的发生给中国养猪业带来了巨大的经济损失。本病的发生有季节性，中国多流行于冬春寒冷季节。近年来，猪场各种免疫抑制因素普遍存在，包括猪繁殖与呼吸综合征、圆环病毒病等病毒性免疫抑制性疾病和霉菌毒素、饲养管理等非疾病性的免疫抑制因素，使猪群抵抗力普遍下降，从而促进了本病的发生。

(一)病原特性

1. TGEV的形态学特征

TGEV属于冠状病毒属，是一种多形性有囊膜的病毒。病毒粒子呈圆形或椭圆形，直径为90～160 nm，外膜上覆有花瓣状纤突，纤突长(18～24 nm)而稀疏，末端呈球状，直径10 nm左右(Siddell，1995)。某些病毒粒子在用磷钨酸负染后，可见到一个电子透明中心或没有特征的核心，其内部具有一个呈串珠样的丝状物(Lowings等，1997)。

2. 理化学特性

TGEV 在冻存状态下很稳定，肠组织内病毒在-20℃下保存 6～18 个月滴度无明显下降，但病毒不耐热，加热 65℃ 10 min 或 56℃ 45 min 即全部灭活。

粪尿中病毒粒子在 5℃下存放 8 周、20℃下 2 周以及 35℃下 24 h 仍具有感染性。病毒在光、紫外线照射下迅速灭活，对乙醚、氯仿和去氧胆酸钠敏感，而在胆汁中相当稳定。用 0.05%甲醛溶液 37℃处理 20 min 即能使病毒灭活。TGEV 在 pH 4～8 时稳定，对胰酶有抵抗力，能耐 0.5%胰蛋白酶 1 h，但强、弱毒株对胰酶和蛋白分解酶的敏感性不同，毒株的毒力越弱，其对胰酶的敏感性越高。TGEV 的这些特性有利于自身抵抗胃肠的酸碱环境(Sirinarumitr 等，1998)。至今仍未阐明各种化学、物理的处理对 TGEV 敏感性、毒力影响的直接关系。

3. 基因组特征

TGEV 基因组为不分段的单股正链 RNA，其编码 4 种结构蛋白和 3 种非结构蛋白。TGEV S 蛋白是基因工程研究的重点，近年来，S 蛋白在大肠埃希氏菌、沙门氏菌、腺病毒等中得到了高效表达。将 TGEV 的基因组人工改造成为感染性 cDNA 的表达载体，此载体可在 ORF3 处插入外源基因，如异源基因——绿荧光蛋白可稳定、高效地表达。TGEV 基因 1 和其他冠状病毒相比保守性很强，所以对 TGEV 聚合酶的研究，特别是其中保守酶的研究，对于抗 TGEV 及其他冠状病毒药物的研究有着重要的意义。

(二)疫苗

目前国内外均有多种商业疫苗，曹军平等(2000)利用在某猪场分离到 1 株 TGEV 地方毒株经冻融，纱布过滤提取滤液，加甲醛灭活，用油乳剂乳化制成组织灭活苗，经实验室和野外试验，结果安全性可靠，保护率较高；贾华强(2007)通过制备 TGE 乳化和氢氧化铝吸附灭活细胞疫苗，进行临床四个猪场的试验发现仔猪存活率能达到 80%以上。

疫苗一：猪传染性胃肠炎 H-5 活疫苗

毒种 自然强毒株 H-5 株。

制造工艺 将自然强毒株通过猪肾细胞传代 120 代的细胞弱毒株，经 4 次克隆纯化作为疫苗株。取其 150 代以内的细胞毒，在猪肾原代细胞增殖后制成冻干苗和佐剂灭活苗。活疫苗毒价不低于 $10^{7.0}$ $TCID_{50}$/0.3 mL，灭活疫苗不低于 $10^{8.3}$ $TCID_{50}$/mL。

使用方法 一般免疫 2 次，第 1 次给妊娠 6 周内母猪鼻内喷雾接种弱毒活疫苗 1 mL，第 2 次在产前 2～3 周肌肉注射灭活疫苗 1 mL。

疫苗二：猪传染性胃肠炎华毒株活疫苗

毒种 华 27 细胞弱毒株。

制造工艺 将华 27 细胞弱毒株通过胎猪肾细胞传代致弱，即将华 27-4 肠组织强毒通过加有二甲基亚砜的猪胎肾原代细胞传代致弱，在 92～165 代之间 5 次克隆纯化，挑选直径小于 1 mm 的小空斑再传代。100 代以后的毒价为 $10^{4.67}$～$10^{6.0}$ $TCID_{50}$/0.3 mL。

使用方法 妊娠母猪在产前 45 d 及 15 d 左右进行肌肉注射和滴鼻各 1 mL，仔猪获得的被动免疫的保护率达 95%以上。

(秦晓冰　青岛农业大学动物科技学院；郭鑫　中国农业大学动物医学院)

九、猪乙型脑炎

乙型脑炎(Japanese encephalitis,JE)又称流行性乙型脑炎、日本乙型脑炎,简称乙脑,是由乙型脑炎病毒(Japanese encephalitis virus,JEV)引起的一种严重的人畜共患虫媒病毒性疾病,该病对人类危害极大,是人类中枢神经系统最常见的虫媒病之一,广泛分布于亚洲,特别是远东的一些国家和地区,俄罗斯东部的海滨地区、太平洋的一些岛屿也有本病的报道,但近年来其流行分布范围有不断扩大的趋势,如 1995 年在澳大利亚大陆外发现了 3 例乙脑,1998 年首次在澳大利亚本土发现了乙脑病例(张卓光,2004)。乙脑也是危害养猪业的重大疫病之一,是导致种猪繁殖障碍的元凶之一,主要以母猪流产、死胎和公猪睾丸炎为特征。

(一)病原特性

乙型脑炎病毒简称乙脑病毒。病毒颗粒为球形,有包膜,直径约 40 nm,分子量约为 3×10^6 ku。病毒粒子呈 20 面体对称,在核酸外面有致密的脂蛋白囊膜,囊膜面上有很多棘状突起,是病毒的血凝素,能凝集鹅、鸽、雏鸡、绵羊等动物的红细胞,但其血凝素易于破坏,而且血凝反应所要求的 pH 也较为严格,仅在 6.4～6.8。

乙脑病毒在环境中不稳定,易被消毒剂灭活。病毒对乙醚、氯仿和脱氧胆酸钠敏感,也对蛋白水解酶和脂肪水解酶敏感。56℃ 30 min 或 100℃ 2 min 病毒便被灭活。其最适 pH 为 8.5,在 pH 3.5 的条件下不稳定。病毒颗粒经蛋白酶处理后灭活,其表面突出物和血凝素也全部消失。病毒在 10%的脱脂乳,0.5%水解蛋白和 5%乳糖等稀释剂中较为稳定,但在生理盐水中则迅速被灭活。乙脑病毒基因组结构与其他黄病毒相类似,其基因组为单股正链 RNA 分子,本身具有感染性。在蔗糖溶液中的沉降系数为 40～45 S。

乙脑病毒各毒株之间虽然在毒力和血凝性上具有一定的差异,但在抗原性方面无差异。因此使用规定毒株研制的疫苗在不同地区应用,都能起到较好的免疫保护作用。

(二)疫苗

疫苗一:乙脑灭活疫苗

鼠脑纯化疫苗由日本研制,于 1954 年在日本开始生产,系将接种乙脑病毒的鼠脑悬液澄清后,经过硫酸铵沉淀,蔗糖密度梯度离心进一步纯化,最后经福尔马林灭活而成。该疫苗是目前唯一得到国际广泛承认和使用的乙脑疫苗。湖北农科院畜牧兽医研究所于 1996 年研制出猪乙脑鼠脑灭活疫苗,由于鼠脑灭活疫苗中含有脑组织,易引起过敏反应。

疫苗二:乙脑弱毒活疫苗

为了提高乙脑疫苗免疫效果、减少副反应,世界各国学者一直致力于乙脑疫苗的研究改进。美国和日本先后获得了几个具有较好免疫效果的弱毒疫苗株。中国在弱毒疫苗的研究方面也做了大量的工作并取得了骄人的成绩,地鼠肾细胞灭活疫苗为中国生产,病毒经原代地鼠肾细胞培养制备的疫苗,1998 年开始生产使用,随后在全国大面积使用。

近年来,Vero 细胞纯化灭活疫苗已在研究生产,这是新一代的乙脑灭活疫苗,有较好发展前景。培育出了一些减毒株，如 2-8、5-3、SA14-14-2 株等，其中俞永新等人经多年的研究，筛选出具有广谱的抗原性和免疫原性的减毒株 SA14-t4-2，该毒株对小鼠和幼恒河猴的脑内毒力为零，对猪无神经毒力。与灭活疫苗相比，用该毒株研制的活疫苗副反应更小，能激发更强的特异性细胞免疫反应，血清中和抗体的阳转率更高，持续时间更长。国内采用安全性高、免疫原性好的 SA14-14-2 减毒株接种原代地鼠肾细胞（PHK），当 80％细胞出现病变时收获病毒液，加入适当的保护剂冷冻真空干燥，研制成乙型脑炎活疫苗，用于预防动物乙型脑炎。该疫苗安全性高、免疫原性好，注射动物后无不良反应；能产生较高水平的体液免疫和细胞免疫，能有效控制乙脑引起的母猪流产、死胎、木乃伊胎等繁殖障碍、公猪睾丸炎等，对乙脑病毒自然强毒的感染有坚强持久的抵抗力，免疫期至少 10 个月，保护率达 98％以上。由于接种减毒活疫苗后，可在人体内产生感染过程和出现病毒血症，该疫苗病毒能否通过媒介蚊虫叮吸接种疫苗者的血液将病毒传播致病、病毒通过蚊体增殖后其弱毒特性和基因型特征能否发生突变、毒力增强而发生病毒生态学改变等，仍是世界卫生组织及专家们最为关注的问题。

疫苗三：乙脑基因工程疫苗

乙脑基因工程疫苗主要有亚单位疫苗、核酸疫苗和活病毒载体疫苗 3 种，尚处于研究阶段，目前还无商品化产品。亚单位疫苗指用表达的蛋白抗原制成的疫苗，亚单位疫苗的最大优点是安全性好。E 蛋白和 NS1 蛋白是乙脑病毒的主要免疫原性蛋白，因此，乙脑亚单位疫苗主要是用 E 蛋白和 NS1 蛋白制备。但大肠杆菌表达的亚单位疫苗活性较差，且表达产物不易纯化，而杆状病毒和哺乳动物细胞表达的亚单位疫苗成本太高，因此亚单位疫苗很难进入临床应用。核酸疫苗又称 DNA 疫苗、基因疫苗，是将编码特异性抗原多肽或蛋白的基因与具有表达调控元件的载体重组的质粒 DNA 直接导入动物组织，使外源基因在活体内表达，从而诱导机体产生免疫反应以达到预防和治疗的作用。虽然乙脑核酸疫苗能诱导免疫动物产生保护性抗体，其有效性已得到确认，但由于核酸疫苗所面临的理论危机（是否会整合到宿主细胞基因组中）未得到解决，其近期内进入临床应用的可能性很小（马坤等，2008）。

（秦晓冰　青岛农业大学动物科技学院；郭鑫　中国农业大学动物医学院）

十、猪圆环病毒病

猪圆环病毒病（Porcine circovirus disease，PCVD）是由猪圆环病毒 2 型（Porcine circovirus type 2，PCV2）感染引起的猪的相关性疾病。该病于 1991 年在加拿大首先暴发，然后很快蔓延至美国及其他国家，每年给欧洲造成的经济损失高达 6 亿欧元（斯特劳，2008）。目前 PCVD 已经呈世界性的分布，给全球的养猪业造成了巨大的经济损失。

PCV-2 感染引起以患猪全身性淋巴结肿大为特征的多系统功能衰竭性疾病，临床表现呈现多种形式，主要有断奶仔猪多系统衰竭综合征（PMWS，多发于 5～12 周龄）、猪皮炎与肾病综合征（PDNS，多发于 2～4 月龄）、猪呼吸道疾病综合征（PRDC，多发于 16～22 周龄）、增生性坏死性肺炎（PNP）、母猪繁殖障碍（多发于青年母猪）以及肉芽肿性坏死性肠炎、坏死性淋巴结炎、仔猪先天性震颤和渗出性皮炎等症状。其中以 PMWS、PDNS 和 PRDC 最为常见和危害最大。PCV2 感染能破坏猪体的免疫系统，造成免疫抑制，引起继发性免疫缺陷，增强对多种病原的易感性，因而 PCVD 常与猪繁殖与呼吸障碍综合征（PRRS）、猪瘟（CSF）、伪狂犬病（AD）、副猪嗜血杆菌病（HPS）、猪支原体肺炎等混合感染或继发感染。

(一)病原特性

猪圆环病毒(Porcine circovirus,PCV)属于圆环病毒科(Circoviradae)圆环病毒属(Circovirus),是迄今为止发现的一种最小的动物病毒,无囊膜,呈正二十面体结构,粒子直径为14~25 nm;基因组是单链环状闭合的DNA,长度1.7~1.8 kb。在CsCl中的浮密度为1.33~1.34 g/cm^3,PCV对氯仿、碘酒、酒精、酸性环境(pH 3.0)和高温(56和70℃)有一定程度的抵抗力(Allan等,1994);PCV不能凝集牛、羊、猪、鸡等多种动物和人的红细胞(文心田,2009)。

根据致病性、抗原性和核酸序列的差异,PCV被划分为无致病性PCV1型和致病性PCV2型,两型的核酸同源性只有68%~76%(Hamel等,1998);PCV2基因组共编码11个开放阅读框,其中ORF1和ORF2是两个最大的阅读框,2个主要编码蛋白分别是由ORF1编码的与复制有关的Rep蛋白和由ORF2编码的衣壳Cap蛋白,经研究证明,Cap蛋白为PCV2的主要保护性免疫蛋白。

PCV2又包含有几种亚型(PCV2a/PCV2b/PCV2c/PCV2d/PCV2e/PCV2f),而各个亚型分离株之间的核酸序列同源性大于96%。目前在各个亚型中以PCV2b最为常见,通常认为该亚型的毒力最强,是造成当前PCVD广泛流行的主要原因。

PCV2可以在PK-15细胞上生长,但不产生细胞病变,病毒的滴度往往不高,这也是圆环病毒全病毒灭活疫苗以前一直难以商业化的重要原因。PCV2也可以在其他猪源细胞上进行生长,但同样也不产生细胞病变;PCV2在原代猪肾细胞、恒河猴肾细胞、BHK-21细胞上不能生长(宁宜宝,2008)。

(二)疫苗

PCVD是影响中国养猪业的主要疾病之一,有效的疫苗免疫是控制猪圆环病毒感染、提高生产效益的关键。目前市场上的圆环病毒疫苗主要有3种类型:基因工程亚单位灭活疫苗、全病毒灭活疫苗和PCV1—PCV2嵌合病毒灭活疫苗。

疫苗一:圆环病毒基因工程亚单位灭活疫苗

目前国际猪保健市场上已有3家公司先后研制成功圆环病毒亚单位灭活疫苗(Ingelvac CircoFLEX®、Porcilis® PCV2和Circumvent®PCV2)并被批准生产。

毒种 Ingelvac CircoFLEX®疫苗为PCA™(杆状病毒表达的"类病毒颗粒",VLPS);Porcilis® PCV2疫苗和Circumvent®PCV2疫苗都为杆状病毒表达的ORF2蛋白。

佐剂 Ingelvac CircoFLEX®疫苗为impran®FLEX™(茵培莱佐剂:水溶性多聚纤维);Porcilis® PCV2疫苗为Microsol Diluvac Forte(矿物油佐剂+VE);Circumvent® PCV2疫苗也为Microsol Diluvac Forte(矿物油佐剂+VE)。

制造工艺 将PCV2基因组中编码免疫原性蛋白的ORF2片段插入到昆虫杆状病毒载体中,通过培养昆虫杆状病毒即可快速、大量获得具备免疫原性的PCV2核衣壳蛋白,再将其制备成疫苗。

推荐免疫程序 Ingelvac CircoFLEX®为单针疫苗:1针1 mL 2周龄起;Porcilis® PCV2为双针疫苗:3周龄或3周龄以上仔猪,间隔3周免疫2次(每次2 mL/头);Circumvent®PCV2为双针疫苗:3周龄和6周龄各免疫1次(每次2 mL/头)。

使用注意事项 ①严禁冻结疫苗；②一经打开，全部用完；③2～8℃避光保存（Ingelvac CircoFLEX®有效期为24个月）；④置于儿童接触不到的地方。

存在问题 传统意义上的抗体水平检测，在PCV2阳性猪群，不适于猪圆环病毒疫苗免疫效果的评估。

疫苗二：圆环病毒全病毒灭活疫苗

目前在国际猪保健市场上仅有一家公司研制生产应用的圆环病毒全病毒灭活疫苗：Circovac®；目前国内已经注册上市或即将上市的约有3家圆环病毒全病毒灭活疫苗，分别是由南京农业大学和中国农业科学院哈尔滨兽医研究所研制成功的。

毒种 南京农业大学研制成功的疫苗毒株为SH株；中国农业科学院哈尔滨兽医研究所研制成功的疫苗毒株为LG株；Circovac®疫苗毒株为Inactivated PCV2。

佐剂 南京农业大学和中国农业科学院哈尔滨兽医研究所研制的疫苗都为复乳型矿物油佐剂；Circovac®为Oily矿物油佐剂。

制造工艺 南京农业大学所研制的圆环病毒疫苗工艺：从上海某猪场临床表现典型PCVD的断奶仔猪肺脏中分离得到PCV2 SH株，接种PK15-B1克隆细胞培养，收获细胞培养物，经甲醛溶液灭活，与矿物油佐剂混合乳化制成；中国农业科学院哈尔滨兽医研究所研制的圆环病毒疫苗工艺：从国内临床发病患猪分离到PCV2毒株，经细胞传代培育成功细胞培养适应毒株（PCV2/LG），用猪肾传代细胞系（PK-15）培养增殖病毒，病毒液经甲醛溶液灭活后，与法国进口佐剂（约含10%的矿物油）混合乳化而成；Circovac®疫苗工艺：收获经细胞培养的圆环病毒液用β-丙内酯灭活后制成悬液，然后与Oily矿物油佐剂混合均匀而成。

推荐免疫程序 南京农业大学所研制的圆环病毒疫苗：颈部皮下或肌肉注射。14～21日龄仔猪1次免疫2 mL/头；或首免1 mL/头，间隔2周后以同样剂量加强免疫1次。中国农业科学院哈尔滨兽医研究所所研制的圆环病毒疫苗：颈部肌肉注射。仔猪3～4周龄首免，间隔3周加强免疫1次，每次1 mL/头；后备母猪配种前做基础免疫2次，间隔3周，产前1个月加强免疫1次，每次2 mL/头；经产母猪跟胎免疫，产前1个月接种1次，每次2 mL/头；其他成年猪实施普免，做基础免疫为2次，间隔3周，以后每半年免疫1次，每次2 mL/头。Circovac®疫苗：基础免疫，母猪配种前2周以上，间隔3～4周分别肌肉注射1头份（2 mL）；加强免疫，分娩前2～4周，肌肉注射1头份（2 mL）。

使用注意事项 南京农业大学和中国农业科学院哈尔滨兽医研究所所研制的疫苗：①本品仅用于接种健康猪群；②病瘦、体温或食欲不正常的猪不宜注射疫苗；③疫苗冷藏运输和保存，切勿冻结，发生破乳、变色现象应废弃；④疫苗使用前升至室温，充分振摇，严格消毒，开封后应全部用完；⑤注苗后猪出现一过性体温升高、减食现象，一般可在2 d内自行恢复；⑥如有个别猪发生过敏反应，可用肾上腺素救治；⑦2～8℃避光保存，有效期为12～18个月。Circovac®疫苗：①置于儿童可接触的范围之外；②2～8℃贮存和运输，避光保存，有效期为18个月；③配制后3 h内用完。

存在问题 培养细胞易受PCV1、支原体及其他外源病毒污染；PCV2在体外细胞培养难度大（增殖缓慢、周期长、成本高且不产生细胞病变）；病毒滴度低；培养的圆环病毒液不易彻底灭活等生物安全问题。

疫苗三：PCV1-PCV2嵌合病毒灭活疫苗

在全球猪动保市场上有一家公司研制生产PCV1-PCV2嵌合病毒灭活疫苗：Suvaxyn® PCV2。

毒种 嵌合病毒（PCV1-PCV2）。

佐剂 SLCD 水质佐剂。

制造工艺 将 PCV2 的 ORF2 片段置换为不致病的 PCV1 中的 ORF2 片段，即获得了 PCV1-PCV2 嵌合病毒，经灭活后与 SLCD 佐剂混合乳化制成。

推荐免疫程序 4 周龄或 4 周龄以上的仔猪肌肉注射 1 头份(2 mL)。

（王爱国 谭涛 勃林格殷格翰动物保健）

十一、鸡新城疫

鸡新城疫(Newcastle disease，ND)是由鸡新城疫病毒(Newcastle disease virus，NDV)引起的一种主要侵害鸡和火鸡的高度接触性、急性、致死性传染病。它在世界范围内出现了几次大流行，造成了严重的经济损失。ND 常呈急性败血型，主要特征是呼吸困难、便稀、神经紊乱、黏膜和浆膜出血。死亡率高，对养鸡业危害严重。1926 年首先发现于印度尼西亚，不久又在英国新城发现，世界各国均有流行记载(王贺民等，2006)。NDV 有强毒株和弱毒株两类，分为低毒力型(即缓发型)、中等毒力型(即中发型)、强毒力型(即速发型)3 型。多数高强度毒力株常属嗜内脏型 NDV。家鸡最易感，雏鸡比成年鸡易感性更高。珠鸡、火鸡、雉、孔雀也能感染，鸭、鹅对本病有抵抗力，哺乳动物对本病有强大抵抗力，但人偶有感染而患结膜炎。1928 年中国已有本病的记载，1935 年在中国的流行造成了很大的经济损失，并由梁英、马闻天等通过病原分离证实。现在 ND 全国范围内普遍存在，并且是中国养鸡业危害最大、经济损失最严重的禽病之一(张俊红，2000；王贺民等，2006)。

(一)病原特性

NDV 属于副黏病毒科(Paramyxoviridae)副黏病毒属(Avulavirus)成员，是单股负链 RNA 病毒(Single strand negative-sense RNA virus)，病毒粒子一般呈球形，直径为 100～400 nm，病毒粒子有时具有多形性，病毒粒子的中心是一个与蛋白质相连的单股负链 RNA 所形成的呈螺旋形对称的核衣壳，其外为脂质囊膜。NDV 基因组全长 15 186 bp，与其他副黏病毒一样，其基因组编码的蛋白包括核蛋白(Nucleoprotein，NP)、磷蛋白(Phosphoprotein，P)、基质蛋白(Matrix protein，M)、融合蛋白(Fusion proteins，F)、血凝素-神经氨酸酶蛋白(Hemagglutinin neuraminidase，HN)和大聚合酶蛋白(RNA-dependent RNA polymerase or large polymerase，L)，6 个独立转录编码单元(Steward 等，1993)。

NDV 虽然仅有 1 个血清型，但不同毒株生物学特性和毒力相差较大。NDV 病毒粒子具有红细胞吸附活性的血凝素(Hemagglutinin，HA)，其 HN 蛋白能够结合于红细胞表面的受体。NDV 可凝集所有两栖类、爬行类、禽类、小鼠、豚鼠的红细胞，但凝集牛、山羊、羊、猪、马及人 O 型血红细胞的能力则随毒株的不同而异(卡尔尼克，1999)。

NDV 对外界环境的抵抗力较强，55℃作用 45 min 和直射阳光下作用 30 min 才被灭活。病毒在 4℃中存放几周，在－20℃中存放几个月或在－70℃中存放几年，其感染力均不受影响。在新城疫暴发后 8 周之内，仍可在鸡舍、蛋巢、蛋壳和羽毛中分离到病毒。病毒对乙醚敏感，大多数去污剂能将它迅速灭活，氢氧化钠等碱性物质对它的消毒效果不稳定，3%～5%来苏儿、酚和甲酚 5 min 内可将裸露的病毒粒子灭活。在 37℃的孵卵器内，用 0.1%福尔马林熏蒸 6 h 便可灭活。

（二）疫苗

用新城疫弱毒苗免疫是目前许多国家用来预防 ND 的常规而广泛的方法。弱毒疫苗系用鸡 ND 低毒毒株接种敏感鸡胚培养，收获感染鸡胚尿囊液，加适量稳定剂，经冷冻真空干燥制成的冻干苗。目前 ND 弱毒活疫苗有Ⅰ系（亦称印度系，Mukteswer 系）、Ⅱ系、Ⅲ系、Ⅳ系等几种。其中Ⅰ系苗属于中等毒力苗，免疫后鸡体产生抗体快、抗体维持时间长（3～5 周），但Ⅰ系苗对雏鸡和产蛋鸡均有一定的致病力，使用时应注意，多用于 60～120 日龄的青年鸡的加强免疫（李国旗等，2002；雍丽，2010）。Ⅱ系、Ⅲ系、Ⅳ系苗等均为弱毒疫苗，通常用于青年鸡群的早期接种，而Ⅳ系苗的毒力相对Ⅱ系、Ⅲ系稍强，对鸡群具有较好的免疫保护性（张俊红，2000；雍丽，2010）国内外一些实验室从 20 世纪 80 年代末开始利用重组 DNA 技术研制 ND 基因工程疫苗，在 DNA 疫苗、亚单位苗和活载体疫苗等方面都进行了探索（雍丽，2010），NDV 主要免疫保护性抗原 F 和 HN 已在多种系统中得到表达，目前，ND 的基因工程苗主要有 DNA 疫苗、亚单位苗、活载体疫苗等。目前，国内外生产的鸡用联苗较多，联苗的生产与应用减少了对鸡的免疫次数和应激。2005 年 12 月 24 日，中国农业部在北京宣布，中国成功研制了禽流感-新城疫重组二联活疫苗，并正式批准生产。美国在 27 个苗中就有 18 个是联合苗，日本生产的鸡所用联合苗占鸡用苗的 40%。目前应用的主要新城疫联苗有鸡新城疫-传染性支气管炎疫苗、新城疫-鸡痘疫苗、新城疫-鼻炎疫苗等（梅春升等，2006；雍丽，2010）。

疫苗一：新城疫油乳剂灭活苗

毒种 弱毒株和强毒株均可使用，但是各毒株的抗原性不一致，在制备灭活苗时应加以选择，一般说弱毒株在鸡胚内繁殖的毒价比强毒株高，又无散毒的危险，国外采用 Ulsterzc 株，国内采用 La Sota 株或 ss 株。

制造工艺 毒种 10～100 倍稀释后绒毛尿囊腔接种 9～10 日龄鸡胚，每胚 0.1 mL，37℃培养，收获尿囊液。将滤过的含毒胚液加入 0.1%甲醛，充分摇匀后于 37℃灭活 16 h，后加 2%～4%吐温-80 作为水相，以一定比例缓慢加入油相中（96%7 号白油或 10 号白油中加入 6%司本-80 和 2%硬脂酸铝，经高压灭菌 20 min），边加边搅拌，制成油包水乳剂苗（邢钊等，2000）。

质量标准 疫苗除按《成品检验的有关规定》进行检验外，安全检验和效力检验方法如下。安全检验：用 30～36 日龄 SPF 鸡 6 只，每只肌肉或颈部皮下注射疫苗 1.0 mL，观察 14 d，应不出现由疫苗引起的任何局部和全身不良反应。效力检验：①血清学方法，用 30～36 日龄 SPF 鸡 15 只，10 只皮下或肌肉注射疫苗 20 μL（1/25 羽份），另 2 只作对照。接种后 21～28 d，每只鸡各采血，分离血清，进行 HI 抗体效价测定。免疫组 HI 抗体效价的几何平均值应不小于 4log2，未免疫对照组 HI 抗体效价的几何平均值应不多于2log2。②免疫攻毒法：用 30～60 日龄 SPF 鸡 15 只，10 只皮下或肌肉注射疫苗 20 μL（1/25 羽份），另 5 只作对照。接种后 21～28 d，每只鸡各肌肉注射 NDV 北京株强毒株，观察 14 d。对照组应全部死亡，免疫组应保护至少 7 只（中国兽药典委员会，2005）。

疫苗二：新城疫Ⅰ系活疫苗（新城疫中等毒力活疫苗）

毒种 中等毒力毒株Ⅰ系或经农业部批准的其他毒株，应符合下列标准：①对鸡胚的最小致死量应不低于 10^{-6} ELD_{50}/0.1 mL，接种鸡胚应在 24～72 h 死亡，胚胎有明显病变，血凝价 1∶(80～320)。②种毒对鸡的最小免疫量应不低于 10^{-6} ELD_{50}/0.1 mL。③种毒 100 倍稀释肌肉注射 1 mL，对 2～4 月龄健康来航鸡应安全。符合标准的种毒应保存在－15℃以下，湿毒应不超过 18 个月继代 1 次，冻干毒不超过 4 年继代 1 次；湿毒和冻干毒在 0～4℃保存应不超过 4 个月继代 1 次。

制造工艺 种毒 100 倍稀释 0.1 mL 接种鸡胚尿囊腔后，37℃培养，将 24 h 内及 48 h 后死亡胚弃去不用，无菌操作收获 24～48 h 内死亡鸡胚尿囊液，加双抗后分装成湿苗；或将鸡胚尿囊液、胎儿及绒毛膜混合研磨制成悬液，加入等量 5%蔗糖脱脂乳，充分混合，过滤，加双抗后分装冻干。

质量标准 疫苗除按《成品检验的有关规定》进行检验外，安全检验和效力检验方法如下：

安全检验：用 2～12 月龄来航鸡 3 只，每只肌肉注射 100 倍稀释疫苗 1 mL，观察10～14 d，允许有轻微反应，但须在 14 d 内恢复健康，判为合格。如有 1 只鸡出现腿麻痹不能恢复时，可用 6 只鸡重检 1 次，重检结果：如果 1 只鸡出现重反应，再用 6 只鸡作第 3 次检验，仍有 1 只鸡出现重反应，则判为不合格。

效力检验：下列方法任选其一。①用鸡胚检验，将苗用灭菌生理盐水稀释成 10^{-5}，将 0.1 mL 尿囊腔接种 10 日龄鸡胚 5 只，鸡胚在 24～72 h 全部死亡，胎儿有明显病变，混合鸡胚液对 1%鸡红细胞凝集价在 1∶80 以上为合格。如不能再规定时间内致死，可重检 1 次。②用鸡检验，用 2～12 月龄敏感鸡 6 只，其中 3 只以 1 000 倍稀释疫苗皮下刺种，或用 100 000 倍稀释疫苗肌肉注射 1 mL，10～14 d 后，与 3 只对照鸡同时注射 1 000 倍稀释的强毒 1 mL，观察 10～14 d，如对照鸡不能全部发病，或全部发病但不能死亡 2 只时，可重检。如免疫鸡发病或死亡 1 只，则判为不合格(姜平，2003)。

疫苗三：新城疫Ⅱ系活疫苗

毒种 制苗用种毒属于弱毒力毒株，必须符合：①种毒对鸡胚的毒力，以 10 倍稀释的种毒 0.1 mL 尿囊腔接种 10 日龄鸡胚，鸡胚应于接种后 24～120 h 内死亡 70%以上，胎儿有明显病变，血凝价在 1∶640 以上。②种毒对 1 月龄雏鸡滴鼻免疫的最小免疫量应不大于 10^{-3}/滴。③种毒对 10 日龄鸡胚半数感染量(EID_{50})应不大于 10^{-7}/0.1 mL。④种毒对初生雏鸡不致病。

种毒继代时，将种毒用灭菌生理盐水稀释 10^{-4}～10^{-3}，以 0.1 mL 尿囊腔接种 10 日龄非免疫或 SPF 鸡胚，选接种后 72～120 h 内死亡的鸡胚，且病变显著者，分别收获鸡胚液，将经无菌检验、血凝价 1∶640 以上及 EID_{50} 达 10^{-7}/0.1 mL 的鸡胚液混合，分装保存，或将合格的鸡胚液混合后加等量 5%蔗糖脱脂乳冻干，作为疫苗种毒。

制造工艺 以 10^{-4}～10^{-6}稀释的种毒 0.1 mL 接种 10 日龄鸡胚尿囊腔，用蜡封孔后置 37℃孵育，取出 96～120 h 死亡鸡胚和 120 h 活鸡胚，冷却 4～24 h，以无菌手术吸出鸡胚混合分装置灭菌瓶中，加入 5%蔗糖脱脂乳分装、冻干制成(姜平，2003)。

质量标准 疫苗除按《成品检验的有关规定》进行检验外，安全检验和效力检验方法如下：

安全检验：用 2～7 日龄 SPF 鸡 20 只，分成 2 组。第 1 组 10 只，各滴鼻接种疫苗 0.05 mL(含 10 羽份)；第 2 组 10 只，不接种，作为对照。两组在同条件下分别饲养管理，观察 10 d，应无不良反应。如果有非特异性死亡，免疫组与对照组均应不超过 1 只。

效力检验：下列方法任选其一。①用鸡胚检验：按瓶签注明羽份，将疫苗用生理盐水稀释至每毫升含 1 羽份，再进行 10 倍系列稀释，取 3 个适宜稀释度，分别尿囊腔内接种 10 日龄 SPF 鸡胚 5 枚，每胚 0.1 mL，置 37℃继续孵育 120 h。48 h 内死亡的鸡胚弃去不计，在 48～120 h 内死亡的鸡胚，随时取出，收获鸡胚液，将同一稀释度的鸡胚液等量混合，分别测定红细胞凝集价。至 120 h，取出所有的活胚，逐个收获鸡胚液，分别测定红细胞凝集价。凝集价不低于 1∶160 者判为感染，计算 EID_{50}，每羽份病毒含量应不低于 10^6 EID_{50}。②用鸡检验：用 30～60 日龄 SPF 鸡 13 只，10 只各滴鼻接种疫苗 0.01 羽份，另 3 只作对照，接种后 14 d，每只鸡各肌肉注射鸡新城疫病毒强毒北京株 10^6 EID_{50}，观察 14 d，对照鸡应全部发病死亡，免疫鸡应至少保护 9 只（中国兽药典委员会，2005）。

疫苗四：鸡新城疫 F 系活疫苗（Ⅲ系）

毒种 制苗用种毒属于弱毒力毒株，必须符合：①种毒对鸡胚的毒力，以 10 倍稀释的种毒 0.1 mL 尿囊腔接种 10 日龄鸡胚，鸡胚应于接种后 24～120 h 内死亡 70%以上，胎儿有明显病变，血凝价在 1∶640 以上。②种毒对 1 月龄雏鸡滴鼻免疫的最小免疫量应不大于 10^{-3}/滴。③种毒对 10 日龄鸡胚半数感染量（EID_{50}）应不大于 10^{-7}/0.1 mL。④种毒对初生雏鸡不致病。⑤种毒不引起鸡胚死亡，血凝反应为阴性。

种毒继代见新城疫Ⅱ系活疫苗。

制造工艺 同新城疫Ⅱ系活疫苗。

质量标准 同新城疫Ⅱ系活疫苗（张振兴等，1996）。

疫苗五：鸡新城疫 Lasot 系活疫苗（Ⅳ系）

毒种 为 La Sota 株，属于弱毒力毒株。

制造工艺 同新城疫Ⅱ系活疫苗。

质量标准 同新城疫Ⅱ系活疫苗（张振兴等，1996）。

疫苗六：鸡新城疫-传染性支气管炎二联活疫苗

毒种 NDV-HB1＋IBV-H120；NDV-La Sota＋IBV-H120；NDV-HB1＋IBV-H52；NDV-La Sota＋IBV-H52；NDV Ⅰ系＋IBV-H52。

制造工艺 将两种弱毒按一定比例混合，由尿囊腔途径接种 9～10 日龄鸡胚，37℃孵育 96 h 后收取鸡胚液，加保护剂，分装冻干（张振兴等，1996）。

质量标准 疫苗除按《成品检验的有关规定》进行检验外，安全检验和效力检验方法如下：

安全检验：①将疫苗用生理盐水稀释，用 4～7 日龄 SPF 鸡 20 只，10 只滴鼻接种 0.05 mL（含 10 羽份），另 10 只作对照，观察 14 d，应全部健活。如果有非特异性死亡，免疫组与对照组均应不超过 1 只。否则可重检 1 次，重检后，应符合规定。②用 21～30 日龄 SPF 鸡 10 只，每只滴鼻接种疫苗 0.05 mL（含 10 羽份），观察 14 d，应不出现任何临床症状和死亡。

效力检验：①用鸡胚检验，将疫苗用生理盐水稀释至 1 羽份/0.5 mL，分别装入 2 支试管中，每支 1 mL，第 1 管中加入等量抗鸡新城疫病毒特异性血清，第 2 管中加入等量抗鸡传染性支气管炎病毒特异性血清。置室温中和 1 h（中间摇 1 次），此时的疫苗病毒含量为 0.1 羽份/0.1 mL，即 10^{-1}。对第 1 管继续进行 10 倍系列稀释，取 3 个适宜稀释度，各尿囊腔内接种 10 日龄 SPF 鸡胚 5 枚，每胚 0.1 mL，置 37℃孵育 144 h，根据接种后 24～144 h 内死胚及 144 h 存活的鸡胚中出现失水、蜷缩、发育小（接种胎儿比对照最轻胎儿重量低 2 g 以上)等特异性病变鸡胚的总和计算 EID_{50}，每羽份应不低于 $10^{3.5}$ EID_{50}，传染性支气管炎部分判为合格。对第 2 管继续进行 10 倍系列稀释，取 3 个适宜稀释度，各尿囊腔内接种鸡胚 5 枚，每胚 0.1 mL，置 37℃孵育 120 h，接种后 48 h 以内死亡的鸡胚不计，随时取出 48～120 h 内死亡的鸡胚，收获鸡胚液，同稀释度的鸡胚液等量混合，至 120 h 取出活胚，逐个收获胚液，分别测定血凝价，1∶160 以上判为感染，计算 EID_{50}，每羽份应不低于 $10^{6.0}$ EID_{50}，新城疫部分判为合格。②用鸡检验，同新城疫Ⅱ系活疫苗(中国兽药典委员会，2005)。

疫苗七：鸡新城疫-减蛋综合征二联油乳剂灭活苗

毒种 EDS-76＋NDV-La Sota。

制造工艺 将两种弱毒经灭活后按一定比例混合，加入油佐剂制成(邢钊等，2000)。

质量标准 疫苗除按《成品检验的有关规定》进行检验外，安全检验和效力检验方法如下：

安全检验：用 21～42 日龄 SPF 鸡 10 只，肌肉注射疫苗 1.0 mL，观察 14 d，应不发生由疫苗引起的任何局部和全身不良反应。

效力检验：用 21～42 日龄 SPF 鸡 30 只，20 只分 2 组，每组 10 只。第 1 组鸡肌肉或皮下注射疫苗 0.5 mL，第 2 组鸡肌肉注射疫苗 20 μL，另 10 只作对照组，同室饲养。①减蛋综合征：接种后 21～35 d，对第 1 组免疫鸡和对照鸡采血，测定血清中 HI 抗体效价，免疫鸡 HI 抗体效价的几何平均值应不低于 1∶128，对照组 HI 抗体效价的几何平均值不高于 1∶4。②鸡新城疫：采用血清学方法进行检验，结果不符合规定时，可采用免疫攻毒法进行检验。a. 血清学方法：接种后 21～35 d，对第 2 组免疫鸡和对照鸡分别采血，分离血清，进行 HI 抗体效价测定，免疫组 HI 抗体效价的几何平均值应不低于 4log2，未免疫对照组 HI 抗体效价的几何平均值应不高于 2log2。b. 免疫攻毒法：接种后 21～35 d，对第 2 组免疫鸡和对照鸡肌肉注射新城疫病毒强毒北京株 $10^{5.0}$ EID_{50}，观察 14 d，对照鸡应全部死亡，免疫鸡应至少保护 7 只(中国兽药典委员会，2005)。

疫苗八：鸡新城疫-传染性法氏囊病二联油乳剂灭活苗

毒种 NDV-La Sota＋IBDV-BJQ902。

制造工艺 NDV-La Sota 株接种鸡胚培养，IBDV-BJQ902 接种鸡胚成纤维细胞培养，分别收获含毒鸡胚和细胞液，用甲醛溶液灭活后混合，加矿物油佐剂混合乳化制成。

质量标准 疫苗除按《成品检验的有关规定》进行检验外，安全检验和效力检验方法如下：

安全检验：用 28 日龄 SPF 鸡 10 只，各颈背部皮下注射疫苗 1.0 mL，观察 14 d，应不出现疫苗引起的任何局部和全身不良反应。

效力检验：①鸡新城疫部分，采用血清学方法进行检验，结果不符合规定时，可采用免疫攻毒法进行检验。a. 血清学方法：用 28～42 日龄 SPF 鸡 15 只，10 只皮下或肌肉注射疫苗 20 μL(1/25 羽份)，另 5 只作对照。接种后 21～28 d，每只鸡采血，分离血清，进行 HI 抗体效价测定，免疫组 HI 抗体效价的几何平均值应不低于 4log2，未免疫对照组 HI 抗体效价的几何平均值应不高于 2log2。b. 免疫攻毒法：用 28～42 日龄 SPF 鸡 15 只，10 只颈背部皮下注射疫苗 1/25 羽份，另 5 只作对照，注射后 21 d 后，每只鸡肌肉注射新城疫病毒强毒北京株 $10^{5.0}$ EID_{50}，观察 14 d，对照鸡应全部死亡，免疫鸡应至少保护 7 只。②传染性法氏囊病部分，用 21 日龄 SPF 鸡 15 只，10 只各颈背部皮下注射疫苗

1 羽份 1.0 mL,另 5 只作为对照。接种后 28 d,每只鸡采血,测定传染性法氏囊病病毒中和抗体,同时注射传染性法氏囊病病毒液,各 $10^{5.0}$ EID_{50}。攻毒后,观察 72 h,记录死亡数,并剖检死亡鸡,观察法氏囊等病变;攻毒后 72 h 扑杀存活鸡,逐只剖检,观察法氏囊等病变。对照鸡平均中和抗体效价应不高于 10,攻毒后应出现典型的传染性法氏囊病临床症状,剖检法氏囊,肉眼观察,至少应有 4 只出现病变,免疫鸡平均中和抗体效价应不低于 1∶5 000,攻毒后应全部保护(剖检法氏囊,应无病变)(中国兽药典委员会,2005)。

疫苗九:鸡新城疫、鸡传染性支气管炎和鸡痘三联活疫苗

毒种 NDV-B1 株、鸡痘鹌鹑化弱毒株和 IBV-H120 毒株,其标准分别同 ND、鸡痘及 IB 活疫苗。

制造工艺 将 3 种病毒分别接种 9～10 日龄鸡胚,按其单苗制造方法,分别收获尿囊液和绒毛尿囊膜,再按一定比例混合,加入稳定剂,冻干。将 3 种病毒按一定比例混合后接种于同一鸡胚,收获绒毛膜,加入稳定剂后冻干。将 NDV B1 毒株与鸡痘弱毒株混合接种鸡胚,IBV H120 弱毒株单独接种鸡胚,分别收获鸡胚尿囊液和绒毛尿囊膜,按一定比例混合后加入稳定剂冻干。

质量标准 疫苗除按《成品检验的有关规定》进行检验外,安全检验和效力检验方法如下:

安全检验:选用 7 日龄 SPF 鸡 20 只,分为 2 组,1 组 10 只,点眼并翅膜皮肤划痕接种 5 个使用剂量疫苗,另 1 组 10 只作为对照,观察 14 d,接种鸡应无任何反应或仅 2 只鸡出现非特异性死亡判为合格,若有 3 只以上的鸡非特异性死亡应重检 1 次。

效力检验:以下 2 种方法任选 1 种进行:①用雏鸡检验:a. ND,将疫苗作 100 倍稀释后,以 0.1 mL 皮下翅膜接种 7～14 日龄敏感鸡 10 只,并设 3 只同源鸡作对照,10～14 d 后用 100EID_{50} ND 强毒肌肉注射 1 mL,对照组鸡全部死亡,免疫鸡全部存活,判疫苗 ND 部分合格;b. IB,用 1～3 日龄雏鸡 20 只,分成 2 组,1 组免疫,另 1 组作对照,10～14 d 后用 10 倍稀释的 IB-M 株强毒鸡胚液滴眼 1～2 滴,观察 10 d,免疫组鸡保护率≥80%,则疫苗的 IB 部分合格;c. 鸡痘,用 7～14 日龄鸡 5 只作免疫,2 只鸡作对照,10～14 d 后肌肉注射鸡痘强毒 1 mL(绒毛尿囊膜液,1 万～5 万倍稀释)并毛囊涂擦,观察 10～14 d,免疫组不发生鸡痘,对照组全部发生鸡痘,则疫苗的鸡痘部分合格。若以上三部分均合格,则判疫苗合格。②用鸡胚检验:a. ND 疫苗作 10^{-3} 稀释后,加 IB 和鸡痘高免血清 24～30℃中和 1 h 后,再作 10 倍梯度稀释至 10^{-8},选择 10^{-6}、10^{-7} 和 10^{-8} 3 个稀释度分别接种易感鸡胚 10 只,按常规方法测定其 $EID_{50} \geqslant 10^{-8}$/mL 时,ND 部分合格。b. IB,疫苗稀释后用 ND 和鸡痘高免血清中和,继续稀释至 10^{-6},尿囊腔接种易感鸡胚 10 只,观察 6 d,2～6 d 死亡一部分,第 6 天时存活胚部分表现胎儿失水、蜷缩、发育小,该两部分总和数占 50%以上,则判 IB 部分合格。c. 鸡痘,疫苗稀释后用 ND 和 IB 高免血清中和,再稀释 10^{-5},接种 10 只 11～12 日龄易感鸡胚绒毛尿囊膜上,96～144 h 判定,全部鸡胚绒毛膜上有水肿、增厚或痘斑,则判鸡痘部分合格,以上鸡胚检验均需设立对照鸡胚(张振兴等,1996)。

(王建琳 青岛农业大学动物科技学院)

十二、鸡传染性支气管炎

鸡传染性支气管炎(Avian infectious bronchitis,IB)又称禽传染性支气管炎,是传染性支气管炎病毒(Avian infectious bronchitis virus,IBV)引起鸡的急性、高度接触性的呼吸道和泌尿生殖道疾病。其特征是病鸡咳嗽、喷嚏和气管发生啰音。在雏鸡还可出现流涕,产蛋鸡产蛋减少。该病具有高度传染性,感染鸡生长受阻,耗料增加,产蛋和蛋质下降,死淘率增加,给养鸡业造成巨大经济损失。

1930 年在美国北达科他州首先发现了鸡传染性支气管炎。中国于 1972 年由邝荣禄教授在广东首先发现 IB 的存在。此后北京、上海相继有报道,现已在中国大部分地区蔓延。

(一)病原特性

鸡传染性支气管炎病毒属于冠状病毒科(Coronaviridae)冠状病毒属(Coronavirus)中的一个代表种,多数呈圆形,有囊膜和纤突,基因组为单股正链 RNA,基因组全长约 27 000 bp。由于 IBV 基因组核酸在复制过程中容易发生突变和高频重组,因而导致众多的血清型及变异株出现。据不完全统计,现已发现的 IBV 血清型超过了 30 种。

IBV 主要存在于病鸡呼吸道渗出物中,肝、脾、肾和法氏囊中也能发现病毒。在肾和法氏囊内停留的时间可能比在肺和气管中还要长。本病毒能在 10～11 日龄的鸡胚中生长。自然毒初次接种鸡胚,多数鸡胚能存活,少数生长迟缓。到第 10 代时,可在接种后的第九天引起 80%的鸡胚死亡。特征性变化是:发育受阻、胚体萎缩成小丸形,羊膜增厚,紧贴胚体,卵黄囊缩小,尿囊液增多等。感染鸡胚经 1%胰酶或磷脂酶 C 处理后,才具有血凝性。病毒还能在 15～18 日龄的鸡胚肾、肺、肝细胞培养上生长,也能在非洲绿猴细胞株中连续传代。但最常用的是鸡胚肾细胞,多次继代后可产生细胞病变作用,使细胞出现蚀斑,表现为胞浆融合,形成合胞体,继而细胞坏死。相应的抗血清能抑制病毒致细胞病变作用。

多数病毒株在 56℃ 15 min 灭活,−20℃能保存 7 年之久。病毒对一般消毒剂敏感,在 0.01%高锰酸钾溶液中 3 min 内死亡。病毒在室温中能抵抗 1%HCl(pH 2)、1%石炭酸和 1%NaOH(pH 12) 1 h,鸡新城疫、传染性喉气管炎和鸡痘病毒在室温中不能耐受 pH 2,这在鉴别上有一定意义。

(二)疫苗

针对 IBV 致病性复杂、血清型多样,且不同血清型之间交义保护性弱等特点,我们必须选用合适的血清型疫苗株或研制多价传染性支气管炎疫苗,最好是分离当地毒株制备多价灭活苗,才能使该病得到有效控制。目前临床上使用最多的弱毒疫苗多为 H52、H120、Ma5 等。

王红宁等(1994)年试制出 IB(呼吸型、肾型)多价油乳剂灭活疫苗;经区域试验证明,该疫苗对鸡安全无副作用,并能有效地预防肾型 IB,提高肾型 IB 疫区鸡群的成活率和生产效益。

弱毒疫苗是由抗原性良好的毒株连续通过鸡胚 25 代以上获得的。用于制备弱毒苗的毒株包括 M41 株、荷兰株、Connecticat 株、Arkansas 株、Florida 株、JMK 株、D274 株、M146 株等。一般认为 Mass 型 IBV 是世界范围内分布最广泛的血清型,且 Mass 型能对异型毒株也产生较好的免疫力,该血清型的 H52、H120 和 Ma5 致弱活毒疫苗株为绝大多数国家所采用。其次是 Conn 疫苗株。单一的血清型疫苗只能对同型 IBV 感染产生免疫力，对异型病毒只能提供部分保护或根本不保护，各地应根据当地流行的血清型选择疫苗。在美国，M41株、荷兰株及Connecticat株已被广泛应用，而JMK株、Floirda株及Arkansas株经特许才可区域性应用，荷兰用荷兰株、D274和D1466株，澳大利亚用B和C亚型株，中国常用的为H120株和H52株（秦卓明，2001），H120毒力弱，H52毒力较强，两者要配套使用。H120用于30日龄以下的雏鸡，H52只能用于30日龄以上的雏鸡，否则会对肾脏和输卵管形成伤害。疫苗株应避免过多地传代以防其免疫原性降低。

宋延华等（1999）以S1基因的重组质粒为材料，分别构建了可表达IBV S1基因的昆虫杆状病毒转移载体质粒，并且在昆虫的细胞中得到高效表达，且发现翻译起始位点及位点周围环境的不同将影响基因表达水平。黄亚东等（2002）构建了含IBV GD6株S1基因的大肠杆菌重组表达载体，并在大肠杆菌中获得表达。Binns等（1986）利用鸡痘病毒作载体研制出了IBV活载体疫苗，这种疫苗可产生Sl蛋白质。通过监测其在鸡体内复制的无害性，以及它所激发抗IBV保护性免疫应答的能力，均获得满意的结果。步志高等（1998）以克隆的国内类M41地方流行株IBV纤突糖蛋白S1基因为免疫原基因，构建了DNA免疫表达质粒，并对其免疫原性进行了初步分析。结果表明，该表达质粒可同时诱导机体形成针对IBV的细胞免疫和体液免疫反应，并可有效形成阻止相同血清型IBV感染后机体排毒的免疫保护。

疫苗一：鸡传染性支气管炎灭活疫苗

制造工艺 无菌采取病死鸡的腺胃及脾组织，按1∶5加入各含1万IU/mL青霉素、链霉素的生理盐水制成匀浆，反复冻融3次，在4℃下3 000 r/min离心30 min，上清液经过滤除菌后尿囊腔接种10日龄SPF鸡胚，0.2 mL/胚，37℃孵育。收集48 h后尿囊液，常规方法加入青霉素和链霉素，分装后低温保存备用。将含毒的鸡胚尿囊液用100 mL/L甲醛稀释为3 mL/L，置37℃下灭活24 h，并在0～4℃下静置24 h，然后制成灭活油乳剂疫苗。将灭活的尿囊液按一定比例加入吐温-80制成水相，用10号白油、司班-80及硬脂酸铝制成油相一起乳化制成油乳剂疫苗。

保存与使用 在1～4℃冰箱保存，有效期12个月。每只鸡0.5 mL肌肉注射。

疫苗二：鸡传染性支气管炎活疫苗（H120株，H52株）

中国批准生产鸡传染性支气管炎活疫苗有H120和H52毒株活疫苗及ND和IB二联活疫苗。这里仅介绍H120和H52毒株活疫苗。

毒种 H120：①对10日龄鸡胚的EID_{50}应不低于$10^{6.0}$/0.1 mL，接种胚应在24～144 h全部或部分死亡；存活胚中应有部分胎儿出现失水、蜷缩、发育不良等病痕。死亡胚数与出现病痕胎儿数之和应不低于接种胚数的50%，尿囊液HA试验应为阴性。②$10^{-3}$ 0.05 mL滴鼻初生雏鸡，14 d攻毒，对照鸡发病率80%以上，免疫鸡应保护80%以上。③对各种日龄鸡应安全。④继代：将毒种用生理盐水稀释10～100倍，以0.1 mL尿囊腔接种10～11日龄鸡胚，37℃孵育30～36 h后收获鸡胚尿囊液及羊水，选择无菌、EID_{50}达10^{-6}/0.1 mL以上和HA试验阴性毒种用。或将胚液混合后加等量5%蔗糖脱脂乳冻干，经检验合格用作制苗毒种。每次种毒连续继代不应超过3代。⑤湿毒－15℃保存不超过6个月；冻干毒尿囊液作制苗毒种，－15℃保存不超过1年，0～4℃保存不超过6个月。

H52株：①对鸡胚的EID_{50}与H120株同。②对21日龄以上雏鸡，按每只鸡0.1 mL饮水免疫，免疫后14～21 d，血清中和抗体价应不低于1∶8。③对21日龄以上的鸡应安全。④继代与 H120 株同。

制造工艺 用灭菌生理盐水将 H120 或 H52 毒种稀释 10～100 倍，以 0.1 mL 接种 10～11 日龄鸡胚尿囊腔，37℃孵育 30～36 h，废弃死胚，气室向上直立置 0～10℃ 4～24 h，收获鸡胚液冷冻保存。胚液加等量灭菌 5%蔗糖脱脂乳混匀过滤后加双抗分装、冻干。

质量标准 除按《成品检验的有关规定》进行检验外，须做如下检验：

安全检验：①H120 疫苗：冻干疫苗稀释 5 倍，每只滴鼻 0.05 mL，2～7 日龄健康雏鸡 10 只；连同 10 只对照鸡，观察 10 d，应无呼吸异常及神经症状，任何 1 组雏鸡不得有 5 只以上死亡。如 2 组雏鸡死亡数相等，或试验组雏鸡比对照组死亡数少时，疫苗判为合格；如试验组雏鸡死亡数比对照组多，但不超过 2 只，疫苗也判为合格，否则重检 1 次。②H50疫苗：将疫苗稀释 5 倍，滴鼻接种 1 月龄健康鸡 10 只，每只 0.05 mL，观察 14 d 应不出现任何症状。

效力检验：①H120 疫苗：用灭菌生理盐水按实含病毒量稀释成 10^{-5}、10^{-6}、10^{-7} 3 组，每组接种 10 日龄鸡胚 6 只，每胚尿囊腔接种 0.1 mL，连同对照胚 6 只，37℃孵育、观察 6 d，以第 2～6 天死亡胚和 6 d 内存活但胚体具有失水、蜷缩、发育小等特定病痕且 $EID_{50} \geq 10^{-6.0}$/0.1 mL 为合格。亦可用 1～3 日龄雏鸡 10 只检验，即用生理盐水将疫苗 10 倍稀释，每只滴鼻 1 滴，10～14 d 后连同对照鸡 10 只，每只用 10 倍稀释的强毒滴鼻 1～2 滴，观察 10 d，免疫鸡保护率在 80%以上，对照鸡发病率不低于 80%，判为合格。②H52疫苗：鸡胚检验与 H120 疫苗同。亦可用 21 日龄健康鸡 5 只检验，用生理盐水将苗稀释 10 倍，每只滴鼻 1 滴或气管注射 0.1 mL；接种后 14～21 d 采血分离血清，检测 3 只以上鸡的中和抗体，抗体效价在 1∶8 以上，则判疫苗合格。

保存与使用 冻干疫苗－15℃有效保护期 1 年，0～4℃有效保存期半年；湿苗在－15℃以下有效保存期半年，0～4℃为 60 d。H_{120}疫苗适用于初生雏鸡，饮水、滴鼻；H_{52}疫苗专供 1 月龄以上鸡饮水、滴鼻用。

（单虎　秦晓冰　青岛农业大学动物科技学院）

十三、鸡传染性喉气管炎

传染性喉气管炎是由病毒引起鸡的一种急性呼吸道传染病，其特征为呼吸困难，咳嗽，咳出含有血液的渗出物，喉部和气管黏膜肿胀，出血并形成糜烂。传播快，死亡率较高。

本病 1924 年首次报道于美国，现已遍布世界养禽的国家和地区。

(一)病原特性

传染性喉气管炎病毒(Infectious laryngotracheitis virus，ILTV)，属于 α 疱疹病毒亚科中的鸡疱疹病毒 1(Gallid herpes virus 1)。该病毒只有一个血清型，但有强毒株和弱毒株之分。病毒粒子有囊膜，基因组为双股 DNA。病毒粒子呈球形，为二十面体立体对称，核衣壳由 162 个壳粒组成，在细胞内呈散在或结晶状排列。中心部分由 DNA 所组成，外有一层含类脂的囊膜，完整的病毒粒子直径为 195～205 nm。

ILTV 基因组为 155 kb 的双链线性分子，有长短两个独特区(UL 和 US 独特区)，在双链两侧有反向重复序列(IRs，TRs)，IRs 和 TRs 序列相同，但方向相反。位于病毒表面或感染细胞表面的糖蛋白是主要免疫原。York 等用 5 组针对 ILTV 结构蛋白的单克隆抗体对 ILTV 糖蛋白进行测定，将它们分为 5 群，但主要有以下 2 群：一群为 205 ku 复合系糖蛋白，包括 205、160、115、90 和 85 ku 糖蛋白；另一群为单一的 60 ku 糖蛋白。这些糖蛋白与其他疱疹病毒没有同源性，是 ILTV 特有的。

目前，ILTV 的编码基因是研究的热点。现已确定的编码基因有 VL 区的 TK、gB、和 gc 基因，Us 区的 pk、gx、p60 基因及反向序列的 ICP4 基因。TK 基因是非必需基因，但它是 α-疱疹病毒的一个毒力基因。TK 功能缺失的毒株，在非分裂细胞中的复制能力相当低，能使潜伏于神经的病毒难以复发。因此用 TK 缺失株制作疫苗具有特殊意义。gB 基因是病毒感染性所必需的，它与病毒吸附和穿入宿主细胞有关，而且能诱导体液和细胞介导的免疫应答。试验证明，用 ILTV 糖蛋白(包含 gp205)免疫鸡可诱导保护性免疫。由此可见 gp205 是 ILTV 的主要保护性免疫原。gc 基因是疱疹病毒的另一个重要编码糖蛋白基因。它虽然对病毒在体外的复制是非必需的，但可介导病毒吸附的起始或诱导细胞介导的免疫应答。

病毒主要存在于病鸡的气管及其渗出物中，肝、脾和血液中较少见。接种于鸡胚绒毛尿囊膜，病毒可生长繁殖，使鸡胚在接种后 2～12 d 死亡，胚体变小，绒毛尿囊膜增生和坏死，形成灰白色的斑块病灶。病毒易在鸡胚细胞培养上生长，引起核染色质变位和核仁变圆，胞浆融合，成为多核巨细胞，核内可见 Cowdry 氏 A 型包涵体。病毒还可在鸡白细胞培养上生长，引起以出现多核巨细胞为特征的细胞病变。

本病毒的抵抗力很弱，55℃只能存活 10～15 min，37℃存活 22～24 h，但在 13～23℃中能存活 10 d。对一般消毒剂都敏感，如 3%来苏儿或 1%NaOH 溶液，1 min 即可杀死。病禽尸体内的病毒存活时间较长，在－18℃条件下能存活 7 个月以上。冻干后，－60～－20℃条件下能长期存活。经乙醚处理 24 h 后，即失去了传染性。

(二)疫苗

疫苗一：鸡传染性喉气管炎弱毒活疫苗

毒种 SA2 毒株，对鸡胚 EID_{50} 为 $10^{5.38}$/0.1 mL；在绒毛尿囊膜上形成典型痘斑。

制造工艺 10 倍稀释种毒液，接种 9～11 日龄鸡胚尿囊腔内，0.2 mL/只；收获 96～120 h 活胚尿囊液及绒毛尿囊膜，混合磨碎；加双抗及保护剂，冻干。

质量标准 除按《成品检验的有关规定》进行检验外，须做如下检验：

安全检验：用 3～5 周龄健康易感鸡 5 只，点眼或滴鼻接种，0.1 mL/只(含 10 个使用剂量的疫苗)观察 10 d，应无任何副反应；或在接种后 3～5 d 有轻微眼炎或轻度咳嗽，2～3 d 内恢复正常。

效力检验：以下两种方法中任选一种。①用鸡胚检验：将疫苗稀释成 10^{-4}、10^{-5}、10^{-6} 3 个稀释度，分别接种 11 日龄易感鸡胚，每组 5 只，每只绒毛尿囊膜接种 0.2 mL，37℃ 120 h 后取出于冰箱内冷却致死，剖解鸡胚，绒毛尿囊膜应有增厚病斑。每羽份≥$10^{2.7}$ EID_{50}为合格。②用鸡检验：用该苗接种免疫 5 周龄以上易感鸡 4 只，点眼或滴鼻，2 滴/只(相当于 1/5 使用剂量疫苗)，21 d 后连同对照鸡 3 只。气管注射 ILTV 强毒，0.2 mL/只，观察 10 d，免疫鸡应无临床症状，对照鸡出现眼炎和呼吸道症状，判为合格。

保存与使用 在 2～10℃保存期为 6 个月以上。免疫持续期为 6 个月，适用于 5 周龄以上的鸡。10 周龄时再接种 1 次。在－15℃以下保存，有效期 12 个月。适用 7 日龄以上鸡，点眼、滴鼻均可。

疫苗二：鸡传染性喉气管炎灭活疫苗

毒种　J株为标准强毒。

制造工艺　取强毒株接种于鸡胚，取有特征病变的鸡胚绒毛尿囊膜磨碎，加入甲醛37℃灭活24 h，再加入氢氧化铝胶，振荡30 min，制成鸡胚绒毛尿囊膜灭活疫苗。也可取感染120 h的鸡胚（EID_{50}为$10^{-3.77}$/0.2 mL），剪碎研磨，取尿囊液与之混合后用超声波处理，再用甲醛灭活后加入氢氧化铝胶制成鸡胚尿囊液灭活疫苗，其免疫期约6个月，对11～15日龄雏鸡的保护率最高，达95.2%。对20～35日龄鸡保护率为84.6%。

（单虎　秦晓冰　青岛农业大学动物科技学院）

十四、鸡传染性法氏囊病

传染性法氏囊病是由传染性法氏囊病病毒引起的鸡和火鸡的一种急性高度接触性传染病。该病主要侵害3～6周龄雏鸡与青年鸡，以损害法氏囊中的淋巴细胞为特征；临床上出现增重碱少、死亡、机体严重脱水和骨骼肌出血（Krbenge等，1988）。

（一）病原特性

鸡传染性法氏囊病病毒属于双RNA病毒科，禽双链RNA病毒属。病毒粒子为球形，无囊膜，单层核衣壳，二十面体立体对称，直径5～65 nm。内含有5个主要蛋白，即VP1～VP5。其中VP1是与病毒自身复制有关的RNA聚合酶。VP2和VP3是病毒的主要结构蛋白同时又是群特异性抗原。VP2还是病毒的主要保护性抗原，并具有型异性抗原决定簇。近年来研究人员对IBDV诱导的细胞凋亡进行了大量的研究，证明VP2蛋白是IBDV的凋亡因子，VP4是与病毒自身蛋白加工有关的蛋白酶，VP5与病毒的释放和体内传播有关（吴清民，2007）。

（二）疫苗

疫苗一：鸡传染性法氏囊病囊毒组织油乳剂灭活疫苗

一般用IBDV强毒（如CS_{801}株）或超强毒株（如HN914、HBC3株）接种7～8周龄敏感雏鸡后72 h，解剖病鸡，取病变法氏囊（法氏囊浆膜面呈黄色胶冻样水肿，切开后见黏膜皱褶上有出血点或出血条纹，偶见法氏囊呈黑紫红色），加入适量PBS液制成匀浆，经反复冻融或超声波裂解后离心，取上清病毒液加入0.1%甲醛作用一定时间。接种敏感鸡安全检验，确认灭活充分后，即可作为制苗病毒液。再按常规方法制备白油油相，并乳化，即制成油包水型灭活疫苗。本苗应用于开产前父母代种鸡，3周后AGP抗体效价达1∶8以上。抗体可经蛋传递给下一代仔鸡，雏鸡3～4周内保护率80%～100%。也可用于疫区雏鸡0.5 mL/只，15 d后即可获得良好保护。

疫苗二：鸡传染性法氏囊病细胞毒灭活疫苗

与IBD囊毒组织油乳剂灭活疫苗制备方法不同之处，即将IBDV毒株（如CJ801株和日本的IQ毒株）接种于鸡胚成纤维细胞培养，毒价达到规定要求（如CJ801株$TCID_{50}$应为$10^{8.0}$/mL，IQ毒株PFU应为10^{7}/mL），即可作为制苗毒液。经甲醛溶液灭活制成油佐剂灭活疫苗，或再加入等量氢氧化铝胶混匀即成氢氧化铝胶灭活疫苗。

此外，也可用适应鸡胚的IBDV毒株，接种鸡胚，增殖病毒。取死胚胚体和绒毛膜，匀浆，反复冻融 3 次，用甲醛溶液灭活，制成 IBD 鸡胚毒油乳剂灭活疫苗。但通常，细胞毒灭活疫苗和鸡胚油乳剂灭活疫苗免疫效果不如囊毒组织油乳剂灭活疫苗。

疫苗三：鸡传染性法氏囊病中等毒力活疫苗

毒种 BJ863、J87、K85、NF8 和 228E 等中等毒力株。

制造工艺 ①接种于 9～10 日龄鸡胚绒毛膜，37℃孵育至 120 h，收获死胚绒毛膜、胚体及尿囊液，匀浆后加保护剂，冻干。②接种于鸡胚成纤维细胞，培养至出现 70%以上 CPE，收获细胞营养液，加入保护剂，冻干。

质量标准 除按《成品检验的有关规定》进行检验外，须做如下检验：

病毒含量测定：将疫苗作适当稀释后接种易感鸡胚或 CEF 细胞，鸡胚苗每羽剂含毒量应大于 1 000 EID_{50}；细胞苗每羽剂含量应大于 5 000 $TCID_{50}$。

安全检验：用 20 只 7～10 日龄无 IBD 母源抗体雏鸡，分为两组，每组各 10 只，一组点眼和口服 10 个使用剂量的疫苗，另一组不接毒作对照，隔离饲养观察 21 d，均应健活，剖检法氏囊均应无明显的外观变化。

效力检验：下列方法任选其一。①对雏鸡的保护力测定：用 20 只 7～10 日龄无 IBD 母源抗体的易感雏鸡分成两组，各 10 只，一组点眼和口服 1/5 使用剂量疫苗；另一组作对照，隔离饲养 20 d 后，取免疫组鸡和对照组鸡各 5 只，每只点眼攻毒 0.05 mL(BC_{6-85} 强毒，100～1 000 EID_{50})，72 h 后剖杀所有鸡，检查法氏囊变化。攻毒对照组鸡法氏囊病变应在 80%以上，免疫组鸡法氏囊应 80%以上无病变，健康对照组鸡法氏囊不应有任何变化。②对雏鸡免疫抗体效价测定：同上免疫后 20 d 采血，测定血清中和抗体，免疫组中和抗体效价应在 1∶320 以上，对照组中和抗体效价应在 1∶20 以下为合格。

保存与使用 于－10℃以下保存，有效期 1 年。点眼或饮水均可。

疫苗四：鸡传染性法氏囊病低毒力活疫苗

毒种 本品系用鸡传染性法氏囊病病毒低毒力 A80 株，接种易感鸡胚或鸡胚成纤维细胞培养，收获感染鸡胚或细胞培养液，加适宜稳定剂，经冷冻真空干燥制成。制苗要点同鸡传染性法氏囊病中等毒力活疫苗。

质量标准 除按《成品检验的有关规定》进行检验外，须做如下检验：

病毒含量测定：按实含鸡胚组织量用生理盐水做 10 倍梯度稀释，各接种 10 日龄 SPF 鸡胚 5 只，0.1 mL/胚，观察 144 h，每 0.1 mL 含毒量应大于 $10^{5.0}$ EID_{50}。

安全检验：除接种后应观察 14 d 外，其余同 IBD 中等毒力株活疫苗安全检验。

效力检验：用 1～7 日龄易感鸡，方法同 IBD 中等毒力株活疫苗效力检验。

保存与使用 于 0～4℃不超过 12 个月；－18℃不超过 18 个月。本苗适用于无母源抗体雏鸡首次免疫，点眼、滴鼻、肌肉注射或饮水免疫即可，每只鸡免疫剂量不低于 1 000 EID_{50}。

（单虎　秦晓冰　青岛农业大学动物科技学院）

十五、鸡马立克病

鸡马立克病(Marek's disease，MD)是鸡的一种淋巴组织增生性疾病，以患鸡内脏、外周神经、性腺、皮肤及眼出现淋巴样细胞浸润和形成肿瘤为特征。该病的致病因子为马立克病病毒(Marek's disease virus，MDV)，属于疱疹病毒属。世界动物卫生组织(OIE)已将 MD 归为动物 B 类传染性疾病。马立克病是目前唯一可以用疫苗预防的肿瘤性疾病，也常被用来作为肿瘤性疾病的治疗模型，因此受到了医学界、兽医学界、病毒学界的广泛关注。该病于1907年由匈牙利病理学家Joseph Marek首先报道，1961年在英国科学家Biggs的倡导下，开始使用马立克病这一名称（Geerligs等，2008）。20世纪60年代末以来，MD日渐成为养禽集约化和生产密集化的条件下最严重的疫病之一，给世界各国造成了重大经济损失。

（一）病原特性

马立克氏病病毒（MDV）是一种嗜淋巴性细胞结合病毒。根据其生物学特性原被划归γ-疱疹病毒，但其基因组结构更接近α-疱疹病毒（Cantello等，1997）。MDV分为3个血清型：所有致病的MDV属于血清Ⅰ型，包括强毒致弱株、中等毒力株、强毒株、超强毒株、超超强毒株；天然不致瘤的MDV均为Ⅱ型；所有的火鸡疱疹病毒（HVT）为血清Ⅲ型。致弱的Ⅰ型病毒和不致弱的Ⅱ、Ⅲ型病毒都用于MD疫苗生产，对预防和控制MD发挥了重要作用（Witter，1998）。MDV是细胞结合性病毒，在感染细胞内可见85～100 nm的无囊膜病毒粒子，称之为核衣壳。偶尔也能见到150～160 nm有囊膜病毒粒子，他们主要结合于核膜或核内空泡膜。感染病毒的羽毛囊上皮细胞超薄切片中可见到直径为273～400 nm有囊膜的多形性病毒粒子。MDV的核衣壳呈二十面体对称，由162个衣壳粒构成。衣壳粒呈柱状，大小为6 nm×9 nm，相邻衣壳粒中心间距10 nm。病毒DNA由核衣壳所包围，DNA纤丝缠绕成球形或环形构成病毒的核心，其末端固定于衣壳的内侧。

（二）疫苗

1969年英国学者Churchill等用血清Ⅰ型强毒株HPRS-16经过33代在鸡肾细胞外传代致弱，研制成第一代MDV商品化疫苗，称为HPRS-16att。HPKS-16att能够提供一定保护力，但很不理想，因而目前虽然市场上还有一些应用，但大部分均已经用血清Ⅲ型HVT、HVT与其联合制成的二价苗以及CVI988所替代（朱鸿飞等，2005）。

中国哈尔滨兽医研究所研究人员于20世纪80年代用DEF从一个多年未发生过MD的鸡场分离了1株低毒力MDV，后经鸡胚皮肤细胞连续传代驯化，得到了1株安全有效的疫苗株，命名为“814”。实验室试验证明该疫苗预防效力比HVT疫苗高28.5%，实际预防效力能使鸡的死亡率由HVT预防的7%下降到2%，而且814株疫苗的预防效力受母源抗体的影响不明显，对有同种母源抗体而无HVT抗体鸡的预防效力平均为89%，而HVT的预防效力只有60.5%，该疫苗免疫后8 d产生坚强的免疫保护力（刘长军，2004）。

火鸡疱疹病毒（HVT）疫苗，是一种异源病毒疫苗，其代表毒株Fc-126是由美国学者Writte于1970年从火鸡群中分离出来的1株无毒力品系，对鸡和火鸡均不致病，在鸡群内不传播，接种这种疫苗的鸡体，细胞中的HVT能使机体产生抗体，但不能中和MDV（张颖等，2006）。由于该毒株同高度传染性MDV具有极密切的免疫生物学和遗传学相关性，对MD具有良好的免疫保护性，因此，在分离后不久即被用作活病毒疫苗，具有干扰作用，它可先于MDV侵入鸡体细胞，能诱发阻止肿瘤形成的抗体，防止肿瘤的形成和发展。这种疫苗的病毒经特殊的稳定剂处理后，可从细胞中释放出来而不丧失活性，它虽然也是细胞结合性病毒，但在细胞内复制的病毒颗粒，大部分有囊膜，加入SPGA稳定剂可将其裂解冻干，在4℃下保存能保存6～12个月，免疫时无须依赖活细胞，这类疫苗目前是世界上用于预防控制MD应用最广泛的疫苗之一。

自20世纪80年代开始，由于MDV毒力出现了超强毒，美国首先发生HVT疫苗免疫失败的MD，接着其他国家出现类似事件，新的危机促使各国研究者做出新尝试。Schat等用HVT与SBl同时给鸡群免疫，发现有效率比单一使用其中任何一种防护力都高，达到78%。于是在HVT疫苗基础上出现了综合各种血清型保护作用的二联疫苗，研究表明双价疫苗免疫效果比单价苗显著提高，使MD造成的损失得以降低，血清Ⅱ型和Ⅲ型严格的细胞结合性，生产和使用成本都比较高（刘长军，2004）。

疫苗一：鸡马立克氏病814活疫苗

毒种 鸡马立克氏病病毒“814”弱毒株，接种于鸡胚成纤维细胞培养，收获感染细胞，加入适宜稳定剂制成。详细制备过程：①用1 000以上蚀斑形成单位（PFU）接种4～6日龄鸡胚卵黄囊，观察至18～19日龄，不应出现死亡。取尿囊毒液鸡胚尿囊腔接种传代的第3代尿囊毒液对鸡红细胞凝集试验应为阴性。②用1 000以上PFU腹腔注射1日龄小鸡，观察90 d以上，应无MD症状，剖检无MD病变。③用1 000 PFU肌肉接种1日龄白洛克小鸡20只，21日龄时连同对照鸡用京-1株强毒血毒原液0.2 mL腹腔注射攻毒，观察2个月，对照组MD阳性率应在60%以上，免疫鸡保护率在75%以上。④接种适量的种毒于细胞单层，38℃培养2～3 d，细胞病变应达70%～100%。⑤种毒（加入含有10%DMSO和50%犊牛血清的199液作保存液）－196℃保存期3年以上，制苗用种毒代次为25～45代。

制造工艺 ①用12～13日龄鸡胚制备鸡胚皮肤细胞或用9～10日龄鸡胚制备鸡胚成纤维细胞，培养24 h形成细胞单层。②取液氮保存毒种，于鸡胚皮肤细胞单层上复壮1～2代，CPE达70%以上用作疫苗毒种。用胰酶消化，加适量199营养液，吹散细胞即为种子毒液。③以60～100细胞感染比接种病毒液，继续培养至出现70%CPE以上用胰酶消化或机械刮脱、分散细胞后低速离心，收集沉淀细胞。④加入细胞保存液，使细胞均匀分散后分装、封口后保存于液氮中（邢钊等，2000）。

质量标准 除按《成品检验的有关规定》进行检验外，还需以下检验：

安全检验（下列方法任选其一）：①用1～3日龄易感SPF雏鸡20羽，其中10羽肌肉注射疫苗0.2 mL（含10个使用剂量），观察14 d，对照组至少存活8只，免疫组非特异死亡数不得超过对照组，判合格。②用10日龄易感SPF鸡胚10只，每胚尿囊腔接种疫苗0.1 mL（含10个使用剂量），接种后24～48 h内鸡胚非特异死亡不超过20%，死亡鸡胚尿囊液对鸡红细胞凝集试验应为阴性，120 h，收集活胚尿囊液混合，对鸡红细胞凝集试验应为阴性。

蚀斑计数：每批疫苗抽样3瓶，分别用SPG稀释，取适当稀释度，每个稀释度接种3个已长成良好单层细胞的30 mL容量瓶，每瓶加入0.2 mL，在37～38℃吸附60 min，加入含2%牛血清199营养液，继续培养24 h，弃去营养液，覆盖含5%牛血清的E-MEM或199营养琼脂（糖），每瓶加3 mL，待凝固后，将瓶倒置，继续培养5～7 d，进行蚀斑计数。蚀斑应典型，清晰，形态不规则，边缘不整齐，直径0.5～1.5 mm，呈乳白色，与同时设立的参照品蚀斑一致。计数时，一般选蚀斑数在30～150个之间的细胞瓶进行计数，用肉眼以蜡笔或记号笔在瓶底面点数，求出同一稀释度3瓶中平均蚀斑数，计算出每瓶疫苗所含蚀斑数。以3瓶疫苗各稀释滴度中的最低平均数核定该批疫苗每羽份中所含的蚀斑数，每羽份应不低于 2 000 PFU(中国兽药典委员会，2005)。

保存与使用 疫苗应在液氮中保存、运输，保存期 1 年以上。使用时小心取出，以防炸裂。用稀释液稀释后 2 h 内用完。1～3 日龄雏鸡皮下或肌肉注射 0.2 mL(含 1 500 PFU)，注射后 8 d 产生免疫力，免疫期 8 个月。

疫苗二：鸡马立克氏病火鸡疱疹病毒疫苗

毒种 火鸡疱疹病毒 Fc-126 株，接种于鸡胚成纤维细胞培养，收获感染细胞，加入适宜稳定剂，经裂解、冷冻真空干燥制成。应符合以下标准：用 1 000 PFU 以上的剂量对 4～5 日龄鸡胚进行卵黄囊接种，观察到 18～19 日龄，应不导致鸡胚发生特异性死亡，剖检时尿囊膜上应出现火鸡疱疹病毒引起的典型痘斑，胚本身出现绿肝等特征性病变；对 1 日龄健康雏鸡肌肉或腹腔接种的最小感染量应低于 1 000 PFU，在 2 周龄以后扑杀接种鸡，取接种鸡肾细胞进行培养应出现本病毒所引起的细胞病变日；对 1 日龄健康雏鸡安全；对 1 日龄雏鸡 20 只接种 1 000 个 PFU，21 日龄时与同日龄对照鸡同时以强毒攻击，观察 8 周，对照组 MD 阳性率应不低于 60%，免疫组的 MD 减少率在 70%以上。

制造工艺 鸡胚成纤维细胞，转瓶培养长成单层；以毒种细胞与健康细胞 1∶(60～100)的比例接毒，接毒后继续培养；接毒后 64～72 h，待 60%以上细胞出现病变时即可收毒，细胞用胰酶消化，离心收集沉淀细胞；加入适量 SPGA，用超声波裂解器进行裂解，释放病毒后即为原苗；原苗收集混合，加入 SPGA，过滤、分装，立即冻干。

质量标准 疫苗进行无菌检验。安全检验用鸡胚，接种后 24～120 h 内，鸡胚死亡不得超过 20%，尿囊液 HA 应为阴性。冻干苗应做蚀斑计数，冻干苗样品用 SPG 液稀释后接种单层细胞后加盖琼脂，培养 4～6 d，计算蚀斑数，每瓶冻干苗不应低于 50 000 PFU。

保存与使用 冻干苗 4℃保存有效期 6 个月，－10℃以下保存有效期 1 年。适用于各品种的 1～3 日龄初出壳雏鸡。使用时加入适量 SPGA 稀释液稀释，每只鸡肌肉或皮下注射 0.2 mL(含 1 600 个 PFU)。稀释后的疫苗应在有冰块的容器中保存并避免日光照射，1 h 内用完(姜平，2003)。

疫苗三：鸡马立克氏病双价活疫苗

毒种 MD Ⅱ型 Z_4 毒株、Ⅲ型 HVT F_{C126} 毒株。

制造工艺 分别参考 814 活疫苗和 HVT 活疫苗制造方法，将种毒接种于鸡胚成纤维细胞，待出现 70%CPE 后，用胰酶-EDTA 消化收获细胞，离心沉淀细胞，加入适量的 DMSO 细胞冻存液后于液氮保存。

质量标准 除按照《成品检验的有关规定》进行检验外，还需做以下检验：

安全检验：用鸡胚检验，与鸡马立克氏病 814 活疫苗相同；用鸡检验时，选用 10 只 1 日龄健康鸡接种 10 羽份剂量疫苗，观察 2 周并无异常反应。

病毒含量测定，应用荧光蚀斑计数法，即每批疫苗抽样 3 瓶，稀释成 10^{-3}、10^{-4}，接种 2 块 24 孔板细胞单层，每孔 0.1 mL(每板接种 3 个样品，每个样品每个稀释度重复 4 孔)，吸附 1 h 后每孔加入维持液 1 mL，37℃ 3～4 d 后弃去培养液，用 PBS 洗 2 次，加入冷乙醇(－30℃)固定 10～15 min，用 PBS 洗 3 次后，加入工作液浓度的 MD Ⅱ型或Ⅲ型单抗，另二孔加Ⅲ型单抗，37℃水浴 30 min，用含 0.05%吐温的 PBS 洗 3 次，然后加入兔抗鼠 IgG 荧光标记物 0.2 mL，37℃ 30 min，再用含 0.05%吐温的 PBS 洗 5 次，于荧光显微镜下计数蚀斑，计算 Z_4 和 F_{C126} 蚀斑平均数，以 3 个样品中最低的蚀斑数来确定每批双价疫苗的使用羽剂，每羽剂 Z_4 不低于 150PFU，Z_4＋ F_{C126} 不低于 1 500 PFU，每瓶疫苗不应低于 75 万 PFU。

保存与使用 同鸡马立克氏病 814 活疫苗(张振兴等,1996)。

(王建琳 青岛农业大学动物科技学院)

十六、番鸭细小病毒病

雏番鸭细小病毒病(MDPD)又叫病雏番鸭细小病毒感染、雏番鸭“三周病”,是雏番细小病毒(Muscovy duck parvovirus,MDPV)引起的一种急性、败血性传染病,其特点是具有高度传染性和死亡率。主要发生于 3 周龄以内的雏番鸭,病变的主要特征是肠道严重发炎,肠黏膜坏死,脱落,肠管肿胀、出血。本病可造成雏番鸭大批死亡,即使耐过也成僵鸭。

自 1985 年以来中国的福建、广东、广西、江西、江苏和山东等养番鸭的地区,发生一种以腹泻、呼吸困难和软脚为主要症状的雏番鸭疫病。该病多发生于 3 周龄以内的雏番鸭,发病率 26%~62%,病死率 22%~43%,病愈鸭大部分成为僵鸭,给养鸭业造成严重经济损失。

(一)病原特性

雏番鸭细小病毒为细小病毒科细小病毒属成员,核酸为单股线状 DNA,约 5.2 kb,在电镜下病毒呈晶格排列,有实心和空心两种病毒粒子,直径 24~25 nm,无囊膜,正二十面体对称,壳粒可能为 32,壳粒可能呈中空管状,直径 3~4 nm。病毒无血凝特性。MDPV 在氯化铯中沉淀时具有 3 条区带,其密度分别为 1.28~1.30、1.32、1.42 g/mL,其中第 3 条带具有感染性。病毒具有 4 种结构多肽:VP1(89 ku)、VP2(68 ku)、VP3(58 ku)和 VP4(40 ku),其中 VP3 为主要结构多肽。病毒目前只有一个血清型。以尿囊腔途径接种 11~13 日龄番鸭胚、11~12 日龄麻鸭胚、12~13 日龄鹅胚能够感染并一定程度致死胚体。不感染鸡胚。能适应番鸭胚成纤维细胞(MDEF)、番鸭胚肾细胞(MDEK)生长并形成细胞病变。病毒对鸡、番鸭、麻鸭、鸽、猪等动物红细胞均无凝集作用;能抵抗乙醚、胰蛋白酶、酸和热,但对紫外线辐射敏感。

(二)疫苗

1988 年国内一些学者进行番鸭细小病毒免疫防制的研究,王永坤等(2004)进行番鸭细小病毒鹅胚化活疫苗免疫试验,用 M_{91} 毒株鹅胚绒尿液冻干苗免疫 3 批,每批 400 只易感 1 日龄雏番鸭每只皮下注射 1∶1 000 稀释 0.1 mL,饲养观察 20 d。免疫后第 10 天,每批 15 只,共 45 只,另设对照 20 只用肝毒攻击,每只 1∶100 稀释 0.2 mL,观察 10 d,结果 45 只免疫组的雏番鸭全部保护,而 20 只对照组,死亡 16 只。王永坤等(2004)还对番鸭细小病毒和小鹅瘟鹅胚化活疫苗进行免疫试验,结果二联活疫苗对 MDPV 和 GPV 的攻毒具有明显的保护作用,二联活苗在福建、浙江、广东、广西、江西和江苏等生产上使用 2 亿余羽,在疫区保护率达 95%。程由铨等(1996)选育的弱毒株 MPV-P1 具有良好的免疫原性和遗传稳定性,可有效预防 MDPD 的发生。

疫苗:雏番鸭细小病毒病活疫苗

毒种 番鸭细小病毒弱毒 P1 株。

制造工艺 番鸭细小病毒弱毒 P1 株接种番鸭胚成纤维细胞培养,收获细胞培养液制备液体苗，或加适宜稳定剂经冷冻真空干燥制成冻干苗。

质量标准

性状：液体苗应为淡红色透明液体。冻干苗为微黄色海绵状疏松团块，加汉氏液或生理盐水后迅速溶解，呈均匀的混悬液。

无菌检验：按无菌检验法进行，应无菌生长。

支原体检验：按支原体检验方法进行检验，应无支原体生长。

外源病毒检验：取疫苗 3 瓶混合后，用汉克氏液稀释至每毫升含病毒量 2×10^4 $TCID_{50}$，与等量抗番鸭细小病毒血清混合，置 37℃中和 1 h，分别尿囊腔接种 13 日龄番鸭胚和 9 日龄 SPF 鸡胚各 10 个，每胚 0.1 mL，置 37℃温箱中孵育，鸭胚观察 10 d，鸡胚观察 7 d。弃去接种后 24 h 内的死胚，番鸭胚和鸡胚在观察期内至少存活 7 个，同时胚胎发育正常；并取胚液加 0.5%鸡红细胞悬液作平板凝集试验，无红细胞凝集现象，方可判为无外源病毒感染。

安全检验：用 1 日龄健康易感雏番鸭 5 只，各腿部肌肉注射疫苗 0.2 mL(病毒含量为 $2\times10^{3.5}$ $TCID_{50}$，即 10 个使用剂量)，观察 20 d，应全部健活。

效力检验：下列方法任择其一。①用 1 日龄健康易感雏番鸭 5 只，各腿部肌肉注射疫苗 0.2 mL(病毒含量为 $2\times10^{2.5}$ $TCID_{50}$)，观察 15 d 后，分别心脏采血，分离血清，测定其血清中胶乳凝集抑制效价(IPAI)应≥4 为合格，若其中有 1 份血清 IPAI≤2，可重检 1 次。②用 1 日龄健康易感雏番鸭 5 只，每只腿部肌肉注射疫苗 0.2 mL(病毒含量为 $2\times10^{2.5}$ $TCID_{50}$)，7 d 后，连同条件相同的对照雏番鸭 5 只，各胸部肌肉注射强毒 F 株含毒胚液 0.5 mL，观察 15 d。对照组鸭至少 2 只死亡，免疫组鸭全部保护为合格。否则重检一次。

剩余水分测定：按冻干制品剩余水分测定法进行，应符合规定。

真空度测定：按真空度测定法进行，应符合规定。

使用注意事项　①雏番鸭群发生本病流行时，不宜注射该疫苗；②雏番鸭群发生鸭疫巴氏杆菌病、小鸭病毒性肝炎等疫病时，不宜注射本疫苗。

推荐免疫程序　腿部肌肉注射。按瓶签注明羽份，冻干苗用生理盐水或汉氏液稀释，液体苗待融化后，每只雏番鸭 0.2 mL。注射后 7 d 产生免疫力，免疫期为 6 个月(姜平等，2003)。

(三)免疫血清

娄华等(1995)用番鸭细小病毒致弱毒株反复免疫鸭，收集琼扩效价为 1∶32 以上的鸭血清。该血清用于雏番鸭(5 日龄)预防，可大大减少发病率，用量为每只雏鸭皮下注射 1 mL。对发病鸭进行治疗时，使用剂量为每只雏鸭皮下注射 3 mL，治愈率可达 70%。

(于学辉　西南民族大学)

十七、鸭瘟

鸭瘟(Duck plague，DP)是鸭、鹅和其他雁形目禽类的一种急性、热性、败血性传染病。其临床症状特点是肿头、流泪，两脚麻痹，排绿色稀粪，体温升高。病变特征为食道有假膜性坏死性炎症，血管损伤，泄殖腔充血、水肿和坏死，肝有大小不等的出血点和坏死灶。本病流行范围广、传播迅速，发病率和死亡率可高达 90%以上。国外又将本病称为鸭病毒性肠炎(Duck virus enteritis,DVE)。

本病于1923年在荷兰首先发现,1949年定名。之后在法国、中国、比利时和英国等地先后证实了本病的存在。该病现已遍布世界绝大多数养鸭、鹅地区及野生水禽的主要迁栖地。1957—1965年间,本病在中国沿海多个省区广为流行,随着防制鸭瘟工作的广泛开展,多个省份均成功地研制了弱毒疫苗,使本病得到基本控制。

(一)病原特性

本病的病原是鸭瘟病毒(Duck plague virus,DPV),属于疱疹病毒科,尚未定属。病毒粒子呈球形,有囊膜,直径156～384 nm。病毒的基因组核酸为双股线性DNA,大小约150 kb,目前对其结构尚不清楚。

迄今从世界各地分离到的毒株都表现出一致的免疫原性,也就是说,DPV只有1个血清型,但各毒株之间的毒力明显不同,存在所谓的变异现象。有研究结果表明,近年来的鸭瘟病毒对鸭的致病力有所减弱而对鹅的致病力明显增强,其原因有待深入研究。

鸭瘟病毒很容易在9～14日龄鸭胚和13～15日龄鹅胚中繁殖继代,并引起胚胎死亡(感染后4～6 d)。随着病毒继代次数的增加,胚胎病变更为明显,死亡时间也逐渐规律。但研究结果表明,免疫母鸭所产的蛋,因含被动免疫物质,会妨碍病毒的生长繁殖,并影响其免疫原性,这在利用鸭胚进行继代和生产疫苗时应予以注意。DPV可以适应鸭胚和鹅胚的成纤维细胞、肝细胞及肾细胞培养,并引起细胞病变。在接种后48～60 h达到最高滴度。连续通过几代鸭胚、鹅胚或其细胞培养的毒株也能适应鸡胚及鸡胚细胞。

鸭瘟病毒是一种泛嗜性病毒,病鸭的分泌物、排泄物、内脏器官、血液、骨髓、肌肉等均含有病毒,其中以肝、脾、脑等组织的含毒量最高。它对热敏感,对低温的抵抗力较强,本病毒对乙醚和氯仿敏感。DPV对常用消毒药抵抗力不强。

(二)疫苗

疫苗免疫后可迅速产生免疫力。接种弱毒疫苗3 d后即可抗强毒的攻击。某些弱毒株即使与疫苗同时或注射疫苗后几小时内接种强毒仍有一定的保护作用,可能是毒株间干扰作用的结果。种鸭的免疫力可经卵黄传递给雏鸭,这在一定程度上会干扰对活疫苗的免疫应答。鸭瘟病毒的中和抗体效价与鸭的抵抗力无明显的相关性,鸭瘟免疫接种后对强毒的抵抗力可能主要是干扰现象所致。多数人认为鸭瘟病毒的免疫主要是细胞免疫,但体液免疫在鸭瘟病毒的免疫中也具有重要意义。防制鸭瘟唯一最有效的措施是及时注射鸭瘟弱毒疫苗,目前使用的疫苗有鸭瘟鸭胚化弱毒苗和鸡胚毒苗。中国在建国初期开始研制鸭瘟疫苗,已取得显著成效。最初研制的疫苗是脏器灭活疫苗,平均保护率约90%,免疫持续期约半年。20世纪60年代开始,各国开始培育弱毒疫苗株,培育过程相似,主要是将强毒在鸡胚长期连续传代,病毒在对鸡胚毒力增强的同时,对鸭胚丧失了致病性,但仍保有坚强的免疫原性。传统的鸭瘟弱毒疫苗在预防和控制鸭瘟暴发中发挥了重要作用,但仍然存在不尽如人意之处,如无法区分免疫鸭和野毒感染产生的抗体、存在潜在毒力返强隐患等,因此研制更加安全、有效的疫苗成为控制DPV感染的主要研究方向之一。沈福晓等(2010)用构建的DPV gC基因疫苗(pcDNA-DPV-gC)应用间接免疫组化检测不同剂量DPV gC基因疫苗在雏鸭体内的表达时相和分布规律,确定pcDNA-DPV-gC可以顺利进入雏鸭体内,能在雏鸭各组织中广泛分布并持续表达DPV gC 蛋白，为阐明基因疫苗 pcDNA-DPV-gC 的免疫机理以及进一步研究和应用等提供基础数据。

疫苗一：鸭瘟鸡胚化弱毒疫苗

毒种　C-KCE 弱毒株。是用广州毒株鸭胚强毒 9 代，接种鸡胚绒毛尿囊膜及尿囊腔传代，经过 25～26 代适应和减毒而育成的。

制造工艺　将种毒作 50～100 倍稀释后绒毛尿囊膜接种 9～10 日龄 SPF 鸡胚，37℃孵化至 120 h，取 48～120 h 死亡鸡胚，收获感染胚液加适当保护剂经冷冻真空干燥制成。

质量标准　除按《成品检验的有关规定》检验外，进行如下检验：

安全检验：用 2～12 月龄健康易感鸭 4 只，每羽肌肉注射 1 mL(含 10 个使用剂量)，观察 10～14 d，应无反应。如有轻微反应，但能在 14d 内恢复，判为合格。

效力检验：用 2～12 月龄健康易感鸭 4 只，各肌肉注射疫苗 1 mL(含 1/50 个使用剂量)，10～14 d 后连同条件相同的对照鸭 3 只，各肌肉注射 1 000 LD_{50}鸭瘟强毒 1 mL。观察 10～14 d，对照鸭全部发病并至少死亡 2 只，免疫鸭应全健活，或如有轻微反应，但在 2～3 d 内能恢复正常，判为合格。

使用注意事项　稀释后应存放冷暗处，并在 4 h 内用完。

推荐免疫程序　每批种鸭接种于 15～20 日龄时，每只肌肉注射 0.5～1 羽份，由于日龄小，机体的免疫机能未健全，因此 30～35 日龄时加强免疫 1 次，每只肌肉注射 1.5～2 羽份，产蛋前 15～20 d 再加强免疫 1 次，每只肌肉注射 2～3 羽份，以后每隔 4～6 个月免疫 1 次。2 月龄以上的鸭，免疫后 3～4 d 可产生免疫力，免疫期达 6 个月。

疫苗二：鸭瘟鸡胚成纤维细胞弱毒疫苗

毒种　C-KCE 弱毒株。

制造工艺　种毒按 1%接种于鸡胚成纤维细胞，37℃培养，待 75%以上的细胞出现 CPE 收获细胞培养液，加适宜稳定剂，经冷冻真空干燥制成。

质量标准　同鸭瘟鸡胚化弱毒疫苗。

使用注意事项　稀释后应存放冷暗处，并在 4 h 内用完。

推荐免疫程序　同鸭瘟鸡胚化弱毒疫苗。

疫苗三：鸭瘟自然弱毒株疫苗

Sheridan-83 株，毒株对易感鸭无致病作用，可刺激机体产生坚强的免疫力，最小免疫保护剂量低于 $10TCID_{50}$，免疫力持续 2 个月以上，免疫血清对易感鸭具有保护作用。

疫苗四：鹅源性鸭瘟弱毒苗

Balla 等(1986)报道，鸭用鸭瘟弱毒苗对鹅的免疫原性较弱，经鹅连续传代后可增强其对鹅的免疫原性，在鹅胚上传至第 90 代后可完全保护小鹅抵抗强毒的攻击。国内洪锋等(1991)研制成功鹅源鸭瘟与小鹅瘟二联弱毒疫苗。此二联苗对小鹅具有良好的安全性和免疫原性。免疫鹅对鸭瘟强毒攻击的半数有效免疫剂量为 $10^{6.5}$ ED_{50}/mL。

疫苗五：鸭瘟灭活疫苗

范书才等(2009)报道，将已建立的鸭瘟病毒(DPV)AV1221 株种毒用灭菌生理盐水做适当稀释，经尿囊腔接种鸭胚(0.2 mL/胚)，37℃培养观察 4～5 d。收集 48 h 以后死亡胚及活胚，无菌采集尿囊液，用 0.2%的甲醛溶液，37℃灭活 24 h 后，与矿物油佐剂乳化制备了鸭瘟灭活疫苗。安全试验结果显示，疫苗不引起产蛋鸭的全身不良反应和明显的局部反应。免疫攻毒试验结果表明，疫苗在不同品种的成鸭中，使用不同的免疫途径，均能诱导产生 80%以上保护;在雏鸭中,经二次免疫也能够诱导产生 80%以上保护。免疫持续期试验结果表明,成鸭经 1 次免疫后 150 d,雏鸭经二次免疫后 60 d 均可维持 80%以上保护。

Butterfield 等利用适应鸡胚的荷兰弱毒株,接种鸡胚收集绒毛尿囊膜和尿囊液,按 1∶5 研碎制成悬液,以 800 r/min 离心 20 min 后,取上清加 0.05%AEI 灭活 3 h 制备的鸭瘟灭活苗,免疫鸭后可抵抗强毒的攻击。

(于学辉　西南民族大学)

十八、鸭病毒性肝炎

鸭病毒性肝炎(Duck virus hepatitis,DHV)是幼龄雏鸭的一种高度致死性急性传染病,主要感染 5 周龄内的小鸭,以 2 周龄内的雏鸭最易感,对新生鸭可引起 90%以上死亡率。特征是发病快、传播快、死亡率高,临床上主要表现为角弓反张,病理变化为肝炎和出血,病理剖检特点为肝脏肿胀与出血,是危害养鸭业的主要疾病之一。1945 年,Levine 和 Hofstad 首次在美国发现并报道了此病,以后很多欧美国家相继报道了 DVH 的流行,中国 DVH 的流行严重。

(一)病原特性

鸭病毒性肝炎在分类上属为 RNA 病毒科,病毒直径为 20~40 nm。在电镜下观察感染细胞,病毒在胞浆中呈晶格状排列。病毒对氯仿、乙醚、胰蛋白酶和 pH 3.0 均有抵抗力。56℃加热 60 min 仍可活,但 62℃ 30 min 即被灭活。病毒在 1%福尔马林或 2%氢氧化钠中 2 h(15~20℃),在 20%漂白粉溶液中 3 h,在 0.2%福尔马林或 0.25% β-丙酸内脂中 37℃ 30 min 均可被灭活。

病毒可在污染的孵化器内至少存活 10 周,在阴凉处的湿粪中可存活 37 d 以上,在 4℃条件下可存活 2 年以上,在-20℃则可存活 9 年。

本病毒有 3 个血清型,Ⅰ、Ⅱ、Ⅲ型。Ⅰ型在世界多数养鸭的国家存在,主要发生在 1~4 周龄雏鸭;Ⅱ型仅英国有报道过,发生于 2~6 周龄雏鸭;Ⅲ型目前仅局限于美国和中国,发生于 2 周龄以内的雏鸭。3 个血清型之间无抗原相关性,没有交叉保护和交叉作用。

Ⅰ型鸭肝炎病毒属于微 RNA 病毒科(Picornaviridae)肠病毒属(Enterovirus),大小为 20~40 nm,无囊膜,核酸为 RNA,基因组为单分子线状正股 RNA,大小约为 7.5 kb;含有 VP1、VP2 和 VP3 三个结构蛋白;美国、印度、埃及、中国等已发现Ⅰ型鸭肝炎病毒的变异株(Ⅰa)。不凝集任何动物和人的红细胞。病毒经尿囊腔接种后可在鸭胚、鸡胚中增殖。进行病毒分离时以非免疫鸭的鸭胚为最好,因为鸡胚有时需盲传几代才出现死亡。鸭肾单层细胞、鹅胚肾细胞、鸭胚肝细胞等培养物均可用于培养Ⅰ型 DHV,并可产生细胞病变(CPE)。本病毒具有一定的热稳定性;对 pH 3.0、氯仿、乙醚、胰蛋白酶等均有抵抗力;在 0.1%福尔马林或 2%氢氧化钠中均可使病毒失活。

Ⅱ型鸭肝炎病毒属于星状病毒科(Astroviridae)星状病毒属(Astrovirus)。病毒粒子呈球形,电镜下层特征性的带有顶角的星形;直径为 27~30 nm,核酸为 RNA,基因组为单分子线状正股 RNA,大小约 6.8 kb,还有一些次要蛋白和非结构蛋白。病毒经过尿囊腔途径接种鸭胚盲传几代后,可以在鸡胚中增殖,大部分感染胚表现为发育不良,肝脏淡绿色而有坏死；可耐受氯仿、乙醚、胰蛋白酶处理；50℃加热 60 min 对病毒的感染无影响。

Ⅲ型鸭肝炎病毒属于微 RNA 病毒科(Picornaviridae)肠病毒属(Enterovirus)。其形态、大小、核酸及其理化特性与Ⅰ型相似。病毒经鸭绒毛尿囊膜途径接种可以增殖，但病毒在鸡胚中生长不良。初代接种鸡胚时，胚胎死亡不规律，且死亡时间要到 8～9 d；随着进一步传代，死亡时间缩短。鸭胚或雏鸭的肝或肾细胞培养物可用以增殖。Ⅲ型鸭肝炎病毒可耐受 pH 3.0、氯仿的处理、对 50℃加热敏感。

Ⅰ型仍是中国主要流行的血清型，近年来，国内外学者相继报道了 DHVⅠ型的变异情况，美国 Sanhu 等(1992)将 1 株分离到的 DHV 变异株命名为Ⅰa 型 DHV，发现Ⅰ型抗血清可中和部分Ⅰa 型病毒，但Ⅰa 型抗血清对Ⅰ型病毒缺乏中和作用。2007 年韩国也报道有新型鸭肝炎病毒出现(Kim 等，2007)。自 2002 年以来中国境内也不断有新型 DHV 发生的报道(何冉娅等，2008)。

(二)疫苗

现在研制的疫苗有 DVH 鸡胚化弱毒苗、DVH 鸡胚化灭活苗和 DVH 鸭胚化灭活苗，还有与其他鸭病的联苗。通常认为弱毒苗的免疫效果要好于灭活苗。

DVH 弱毒苗：可通过 DHV 在鸡胚上连续传代致弱，从而获得疫苗株。潘文石等将 DHV 在鸡胚连续传代中的滴度(ELD_{50}/0.1 mL)由第 10 代的 10^{-4} 不断增加到第 40 代的 10^{-8}。第 30 代以前的 DHV 保留着对新孵出敏感小鸭的致病性，到第 40 代已经弱化为对小鸭无致病力的弱毒株。定期用免疫母鸭生产的鸭胚滴定同一份强毒的试验表明，用 DHV-41 对母鸭作间隔两周的两次免疫注射之后，可以使母鸭在 18 个月期间把高水平的被动免疫力传递给它们的小鸭。罗薇等(2010)将 XC-1 株连续鸡胚传代，培育出的第 86 代Ⅰ型鸭肝炎病毒鸡胚致弱毒 MY 株。该毒株对雏鸭安全、毒力稳定不返强，具有良好的免疫原性，1 日龄雏鸭用 8 000 ELD_{50}/0.1 mL 的 MY 株致弱毒腿部肌注 0.2 mL 免疫后 3 d，用强毒原液 0.5 mL/只攻击，可产生 2/5 的保护，第 6～21 天产生完全保护。

DVH 灭活苗：范文明(1993)等研制出 DVH 的油佐剂灭活疫苗。用白油、司本-80、硬脂酸铝作为油相，吐温-80 和收获的鸡胚尿囊液作为水相制出油包水型油佐剂灭活疫苗。结果该油佐剂灭活疫苗安全性可靠，接种后未见异常反应，免疫 14 d 后保护率可达 100%。

联苗：由于 DVH 常伴有其他细菌和病毒的并发和混合感染，所以有的学者开始了二联苗的研究，程安春等(1996)对鸭瘟-鸭病毒性肝炎二联疫苗的配比、稳定性、保护条件、保存期、攻毒试验、免疫后抗体消长规律及二联疫苗的田间试验、免疫途径等进行了比较全面的研究，也证明了二联苗免疫成鸭的效果与各自单苗基本一致。张大丙等将 DHV 和鸭瘟病毒的鸡胚弱毒制成了二联苗，免疫 1 日龄易感雏鸭，经攻毒试验和中和试验，雏鸭 5 日龄时能分别抵抗各自强毒攻击，说明这 2 株弱毒在同一鸭体内都能迅速产生免疫力，互不干扰。

中国部分养鸭地区近年来还出现了新型 DHV，研制新型 DVH 弱毒疫苗对该病的预防具有一定的实际意义。郑献进等(2007)将一株新型 DHV 用鸡胚传代，培育出Ⅳ型鸭肝炎病毒 63 代鸡胚化弱毒疫苗株 E63。该苗对 1 日龄雏鸭安全无致病性，免疫剂量为 $2.5\times10^{5.12}$ ELD_{50}/只。用 E63 免疫 1 日龄雏鸭，7 日龄时即可产生高峰期中和抗体，并可完全保护雏鸭抵抗同型强毒的攻击，此后中和抗体效价有所下降，但可持续至 4 周龄。

疫苗一：鸭病毒性肝炎弱毒疫苗

这是目前广泛使用的免疫制剂。用作疫苗的 DHV 弱毒株可通过鸡胚或鸭胚连续传代获得，但目前常用鸡胚化弱毒株作为疫苗。

毒种 目前生产上广泛使用的有 QL79、E52、CE81 和 Fc 等多个弱毒疫苗株。

制造工艺 将种毒作 1∶10 稀释后经尿囊腔途径接种 9～10 日龄鸡胚，37℃孵育，收集 48～72 h 死亡胚尿囊液，收获感染胚液加适当保护剂，经冷冻真空干燥制成。

质量标准 除按《成品检验的有关规定》检验外，进行如下检验：

①安全检验：用 1～7 日龄敏感鸭 10 只，分 2 组，5 只注射 10 倍免疫剂量疫苗，5 只作对照，观察 10 d，均应健活。

②效力检验：取 15 只 1 日龄无母源抗体鸭经颈部皮下接种鸭胚组织毒（$5\times10^{5.9}$ ELD_{50}/只），分别于免疫后 1、2、3、4 周和 5 周时经腿部静脉采血分离血清，采用固定病毒-稀释血清法测定血清对 DHV 强毒中和试验，并按 Reed-Muench 法计算保护 50％鸭胚不死亡的血清稀释度（PD_{50}）。

使用注意事项 ①稀释后应在暗处保存，当天应用完。②本苗注射前，对鸭只必须进行健康检查，不健康的鸭不能进行免疫。

推荐免疫程序 ①雏鸭的免疫（主动免疫）：有母源抗体的雏鸭，应在 7～10 日龄时用 DVH 弱毒疫苗进行免疫接种，每只皮下接种 2～3 羽份。对于无母源抗体的雏鸭，应在出壳 1～3 日龄时进行免疫 1 次，雏鸭接种疫苗后 48 h 开始产生免疫力，120 h 产生坚强的免疫力，免疫持续期至少可达 50～60 d。②种鸭的免疫：由于种鸭不发生 DVH，因此，种鸭的免疫接种的目的是为了使雏鸭获得天然被动免疫。在产蛋前 30 d 用 DVH 弱毒苗进行首免（每只 2 羽份），隔 14 d 后二免，母鸭注射疫苗后所产生蛋孵出的雏鸭 4 日龄时母源抗体滴度最高，以后可逐步下降。

存在问题 母源抗体可影响免疫效果，且在生产实践中常常发生雏鸭免疫力尚未产生即发病致使免疫效果不确实。

疫苗二：鸭病毒性肝炎灭活疫苗

如果进行过弱毒疫苗的基础免疫，油佐剂灭活疫苗可诱导鸭体产生高滴度抗体，反之抗体水平很低。在部分 DVH 流行严重地区和鸭场，种鸭开产前 1 个月，先用弱毒疫苗免疫，1 周后再用油佐剂灭活疫苗加强免疫，可使下一代雏鸭获得更高滴度母源抗体。目前生产实践中，一般情况下广泛使用的是弱毒疫苗，而灭活疫苗由于价格贵和产生免疫力时间长而很少使用。

Gough 和 Spackman 以 Ripens H53 为种毒，研制灭活疫苗。他们将种毒接种 9～10 日龄鸡胚尿囊腔，每胚 0.1 mL，含毒量为 10^2 ELD_{50}，鸡胚经 70 h 大部分死亡后，冷却收获尿囊液，以 0.05％ β-丙内酯在 37℃灭活 90 min，然后在 40 000 r/min 离心 2 h，浓缩 10 倍，用同样方法制备鸭胚灭活苗。灭活前鸡胚尿囊液含毒量为 $10^{6.75}$ ELD_{50}/mL，鸭胚尿囊液为 $10^{8.20}$ ELD_{50}/mL。然后以弗氏不完全佐剂乳化，疫苗中抗原含量为 25％，及轻质石蜡油 72.5％、Arlacel-A 乳化剂 2.5％。此疫苗在 8、16、22 周龄 3 次免疫才能使子代在 3 周龄内抵抗强毒攻击。鸭胚灭活苗的效果优于鸡胚苗，但最好是在 2～3 日龄时先用弱毒苗免疫，再于 22 周龄用鸭胚灭活苗免疫，这样可使第 2 次免疫应答达到更高水平。

(三)免疫血清及卵黄抗体

康复血清和高免血清:可用于被动免疫和治疗。疾病初发时,0.5 mL/只即可。

高免卵黄抗体:可用鸡胚化弱毒高免母鸡收集卵黄制成抗体,治疗 1～2 mL/只有良好效果。预防:一般地区:3～5 日龄注射 0.5～1 mL/只即可。严重地区:1 日龄注射 0.5 mL,10～12 日龄注射 1 mL/只即可保护整个发病期。

(于学辉　西南民族大学)

十九、小鹅瘟

小鹅瘟(Gosling plague,GP)又称鹅细小病毒感染(Goose parvovirus infection)、雏鹅病毒性肠炎(Gosling viral enteritis),是由小鹅瘟病毒(Gosling plague virus,GPV)引起的雏鹅和雏番鸭的一种急性或亚急性败血性传染病,主要侵害 3～20 日龄小鹅,以传染快,高发病率,高死亡率,严重下痢,以及渗出性肠炎为特征,是严重危害养鹅业的重要传染病。

1956 年方定一教授等在中国江苏省扬州地区首先发现了该病,定名为小鹅瘟。1965 年以后世界许多国家,如东欧、西欧、亚洲许多国家均报道了本病的存在,目前世界许多饲养鹅及番鸭地区都有本病的发生,中国已有 22 个省市有本病的流行和发生。

(一)病原特性

GPV 为细小病毒科细小病毒属成员,病毒粒子呈球形或六角形,无囊膜,二十面体对称,核酸为单股线状 DNA,约 5.2 kb,病毒直径为 20～22 nm;在氯化铯、蔗糖和在氯化钠溶液中的浮密度分别为(1.31～1.35) g/mL、(1.08～1.18) g/mL 和(1.41～1.43) g/mL。电镜下,可见有完整病毒粒子和病毒空壳。病毒结构多肽有 3 种,分子量分别为 85 ku(VP1)、61 ku(VP2)和 57.5 ku;与番鸭细小病毒存在着部分共同抗原。本病毒无血凝活性。

GPV 能在鹅胚、番鸭胚或其制备的原代细胞培养物中增殖并形成细胞病变,且随着传代次数的增加,CPE 越来越明显;鹅胚适应毒株经鹅胚和鸭胚交替传代数次后,可适应鸭胚并引起部分死亡,随着鸭胚传代次数增加,可引起绝大部分鸭胚死亡,且 GPV 对雏鹅的致病力减弱。用鹅胚分离 GPV 时,一般在接种后 5~7 d 死亡,死亡鹅胚绒毛尿囊膜局部增厚,胚体皮肤、肝脏及心脏等出血。随着在鹅胚中传代次数的增多,该病毒对鹅胚的致死时间稳定在接种后 3～4 d。

本病毒对环境的抵抗力较强,65℃加热 30 min、56℃ 3 h 其毒力无明显变化;能抵抗氯仿、乙醚、胰酶和 pH 3.0 的环境等。

(二)疫苗

方定一等于 1961 年首次提供了作疫苗用的全毒鹅胚培养物,用尿囊液作 100 倍稀释后,每只成年鹅皮下接种 0.05 mL,必需时相隔 2 周再注射未稀释的鹅胚原液 0.2～0.5 mL。通常在产卵留种之前,给母鹅免疫接种 1～2 次。这样,到次年春季整个产卵期所孵出的雏鹅,约 95%以上能抵抗致死量的人工感染。经一次免疫接种母鹅的后代,也能获得近似的免疫力。全毒苗经长期鹅胚继代后,逐渐减弱对雏鹅的毒力,经试验该疫苗毒在通过鹅胚15代以后已丧失对雏鹅的致死力(王明俊等,1997)。陈伯伦等(1985)报道,将小鹅瘟GB(广东白沙)强毒株适应鸭胚,于1980年育成一株毒力弱而稳定、免疫原性良好的小鹅瘟鸭胚化GD弱毒株。这一母毒株是采用鸭胚诱变育成的。在传代过程中,对雏鹅的毒力逐步减弱。已育成的GD弱毒株对母鹅的安全性非常可靠,免疫接种后即使用大剂量小鹅瘟强毒也不会引起母鹅发病。以GD弱毒苗的1 000个免疫剂量接种母鹅,无任何不良反应。潘玉民等(1992)报道,从英车卫桥兽医研究中心引进雏鹅小鹅瘟鸭胚化弱毒株(21/486株,滴度$10^{6.5}$ EID_{50}/0.2 mL),经实验室及区域试验,证明该苗接种雏鹅产生免疫力早、保护率高、免疫期长。接种后第3 d就有95%以上保护率,第7天100%保护;对于疫区雏鹅采用饮水方式接种,可获85%保护率。

疫苗一:小鹅瘟鸭胚化弱毒疫苗

毒种 小鹅瘟鸭胚化弱毒GD株(或21/486株,或W株)。

制造工艺 将种毒作适应稀释后尿囊腔接种10～12日龄易感鸭胚,37℃孵化至120 h,取96～120 h死亡鸭胚,收获感染胚液即为湿苗,或加适当保护剂经冷冻真空干燥制成冻干苗。

质量标准 除按《成品检验的有关规定》检验外,进行如下检验:

安全检验:取疫苗3～5瓶,按瓶签注明的羽份用无菌生理盐水溶解为1 mL含10个使用剂量,肌肉注射4～12月龄易感母鹅4只,每只10个使用剂量,观察14 d,应不出现由注苗引起局部或全身反应。

效力检验:可用8日龄易感鸭胚测定疫苗病毒含量,计算ELD_{50},疫苗病毒含量应大于该疫苗免疫原性要求,以保证有效期内产品的确切效果,即每羽份病毒滴度应≥10^3 ELD_{50},必要时也可采取检测免疫后血清中和效价的办法,成年鹅提取血清后,每只免疫1羽份使用剂量,免疫后21～28 d,再采血提取血清,与小鹅瘟病毒在鸭胚中做中和试验,2次ELD_{50}之差应≥2的对数值判为合格。

使用注意事项 ①稀释后应在暗处保存,12 h内用完。②母鹅的最适宜免疫时间是产蛋前15～30 d。

推荐免疫程序

种鹅的免疫(被动免疫):目前国内多采用鸭胚化弱毒疫苗在产蛋前1个月注射接种母鹅(流行严重地区免疫两次),使雏鹅获得坚强的被动免疫。在母鹅产蛋前20～30 d注射,按瓶签注明的羽份稀释,每只注射1 mL。从第一批出壳的雏鹅至270 d内所产蛋孵出的雏鹅均能获得坚强的天然被动免疫力。用小鹅瘟强毒株人工攻击,均能获得100%保护,对照组53%～100%死亡。免疫母鹅270～312 d内所产蛋孵出的鹅保护率仍有82%～89%。

雏鹅的免疫:①若有母源抗体的雏鹅(种鹅在产蛋前半个月可用弱毒疫苗进行接种):7日龄注射小鹅瘟弱毒苗(以避开母源抗体干扰),每羽1羽份,皮下注射。②若没有母源抗体的雏鹅:必须在雏鹅出壳后48 h内注射小鹅瘟弱毒苗(以迅速激发机体产生免疫力)。③若来源不明的雏鹅:在3日龄以内注射小鹅瘟高免血清,2周后用相同剂量的小鹅瘟弱毒苗免疫。

存在问题 雏鹅免疫时母源抗体可影响免疫效果,致使免疫效果不确实。

疫苗二:小鹅瘟鹅胚全毒疫苗

毒种 方定一等于1961年首次提供了作疫苗用的全毒鹅胚培养物,制苗用的毒种对 12～14 日龄发育鹅胚的最小致死量应不低于 10^{-4}/0.2 mL。全毒苗经长期鹅胚继代后，逐渐减弱对雏鹅的毒力，经试验本疫苗在通过鹅胚 15 代以后已丧失对雏鹅的致死力。

制造工艺 将种毒作适当稀释后尿囊腔接种 12～14 日龄易感鹅胚，37℃孵化至 120 h，取 48～120 h 死亡鸭胚，收获感染胚液即为湿苗，或加适当保护剂经冷冻真空干燥制成冻干苗。

质量标准 疫苗须经无菌检验、安全检验和效力检验。湿苗－15℃中可冻结保存 2 年。

使用注意事项 由于本苗为强毒株，只宜在小鹅瘟流行疫区内有控制地使用。

推荐免疫程序 本苗适用于成年鹅的主动免疫，用生理盐水作 1∶100 倍稀释，每鹅肌肉注射 1 mL，于 20 d 后母鹅所产种卵孵出的雏鹅能抵抗小鹅瘟病毒的自然感染和攻毒。

存在问题 由于本苗为强毒株，疫苗的使用可导致环境的污染。

(三)免疫血清及卵黄抗体

应用疫苗免疫成年鹅制出的高免血清，可作雏鹅紧急预防之用，每雏用 0.3 mL，保护率可达 95%。小鹅瘟抗血清，对感染小鹅瘟及受威胁的雏群，可达到治疗和预防作用。治疗用剂量为每只每次 2～3 mL，对刚受感染的雏鹅，保护率可达 80%～90%，对刚发病的雏鹅保护率为 40%～50%。预防用剂量为刚出壳后每只雏鹅肌肉注射 0.5～1 mL，可防止小鹅瘟的暴发流行。抗小鹅瘟蛋黄抗体的用途同抗血清，也能起到预防及治疗作用。

(于学辉　西南民族大学)

二十、兔出血症

兔出血症(Rabbit haemorrhagic disease)俗称兔瘟，是由兔出血症病毒(Rabbit haemorrhagic disease virus, RHDV)引起的兔的一种急性、高度接触性传染病，其临床特征为呼吸系统出血、肝坏死、实质器官出血性变化。本病常呈暴发性流行，发病率及病死率极高，是危害养兔业的最严重的疾病之一。

(一)病原特性

RHDV 属于杯状病毒科(Caliciviridae)兔病毒属(Lagovirus)，成熟粒子呈球形，无囊膜，正 20 面体对称，直径为 32～34 nm，未成熟病毒粒子直径约为 20 nm。核酸为单股正链 RNA，基因组大小约为 7.5 kb。病毒抵抗力强，耐酸、耐热，对乙醚、氯仿不敏感。而 1%氢氧化钠、2%甲醛、2%戊二醛和 10%漂白粉对本病毒有很好的消毒作用。

RHDV 具有很强的红细胞凝集活性，通常能凝集人、绵羊、鸡、兔、牛的红细胞，且温度对血凝效果无显著影响，而 Tian 等(2007)报道分离鉴定了一株不凝集绵羊红细胞的兔瘟病毒。血凝能被免疫血清的特异性所抑制。该病毒只有一种血清型，因此，用兔瘟疫苗对兔进行预防接种，可有效地防制兔瘟。

RHDV 不能够在兔肺、睾丸和肝等原代细胞，PK15、Vero、BHK-21、IBRS-2 等传代细胞，以及鸡胚、鸭胚中适应其生长。但已有对 RHDV 的传代培养成功的报道。吉传义等(1992)用自建的乳兔肾细胞株(DJRK)培养 RHDV 可以传 20 代。Ji 等(1999)建立了一种乳兔肾细胞系，接种 RHDV 并盲传 3 代后可出现规律性病变。刘光清等(2006)应该反向遗传技术证明 RHDV 可以在 RK13 细胞中稳定增殖和分离培养。以上研究说明体外培养 RHDV 的细胞系已经获得，但尚不能大规模应用于 RHDV 疫苗生产。

(二)疫苗

国内广泛使用的是 RHDV 组织灭活疫苗和蜂胶组织灭活疫苗，也有兔瘟-兔巴氏杆菌二联苗、兔瘟-兔巴氏杆菌-兔魏氏梭菌三联苗等联苗，但临床应用证明，RHDV 单价灭活苗的免疫效果要优于联苗。

疫苗一：组织灭活疫苗

毒种 目前国家未规定 RHDV 疫苗种毒。疫苗用毒株应经过中国兽医药品监察所等正规机构鉴定并保存。种毒在－20℃冰箱中保藏 7 年后应接种易感兔活化增殖，以保持种毒效价。

制造工艺 采取人工感染 RHDV 病死兔肝、肾、脾混合称重，剪碎，每 100 g 组织中加入 450 mL 含甲醛 0.4％的无菌 PBS，高速匀浆 2 min，用纱布过滤，收取滤液，补加含甲醛 0.4％的 PBS 制成 10％(W/V)组织悬液，37 ℃灭活 24～48 h，每隔 2 h 摇动 1 次。

质量标准 ①无菌检验：按照《成品检验的有关规定》进行随机取样，做疫苗常规无菌试验。②安全性检验：选择 5 只 1.5～2.5 kg 的健康家兔，3 只皮下注射 5 倍剂量疫苗，2 只作对照，在正常条件下饲养，观察 1 周，无不良反应。③效力检验：选择 6 只 1.5～2.5 kg 的健康家兔，3 只注射 1 ml/只疫苗，另外 3 只不注射疫苗，作为对照。注射疫苗 15 d 后，用种毒 1 mL/只攻毒，免疫组应全部存活，对照组于 48 h 后死亡。

使用注意事项 ①保存温度为 4 ℃，有效期 6 个月。低于 0 ℃或高温保存均能减弱疫苗的效价，影响免疫效果。②应对注射疫苗所用器械严格消毒，保证免疫剂量确实。③应加强饲养管理，兔群饲养管理差、营养不良均会影响机体免疫力降低，导致免疫失败。

推荐免疫程序 仔兔 25～30 日龄首免，皮下注射 1 mL/只；60 日龄二次免疫，皮下注射 l mL/只，以后每 4 个月免疫 1 次。成年兔每 4 个月免疫 1 次，每次注射疫苗 2 mL。

存在问题 ①由于组织灭活疫苗抗原较为复杂，注射疫苗后，有极少数兔可出现暂时性停食或疼痛反应，但经 1～2 d 后即可恢复。②疫苗组织易凝结成块并堵塞针头。③免疫时间短，需多次注射免疫。④由于未使用细胞增殖病毒，疫苗成本较高。

疫苗二：蜂胶组织疫苗

毒种 同疫苗一毒种。

制造工艺 ①蜂胶佐剂的制备(张振兴等，1996)：取蜂胶 1 份，加 4 份 95％乙醇溶解，18～25 ℃浸泡 24 h，冷却离心取上清液，即为醇化的蜂胶，以干物质计算配制成 30 mg/mL 的溶液，4 ℃保存备用。②制备 20％组织悬液(制备工艺见疫苗一的制备工艺)，加入等量蜂胶乙醇液混合，摇匀，制成兔出血症蜂胶组织灭活疫苗，室温或 4 ℃保存备用。

质量标准 同疫苗一的质量标准。

使用注意事项 ①4 ℃保存，有效期为 18 个月；室温保存，有效期为 6 个月。②应对注射疫苗所用器械严格消毒，保证免疫剂量确实。③应加强饲养管理，兔群饲养管理差、营养不良均会影响机体免疫力，导致免疫失败。

推荐免疫程序 仔兔30～35日龄首免，每只兔皮下注射1 mL；65～70日龄加强免疫1次，1 mL/只，以后每6个月免疫1次。成年兔，每6个月免疫1次，2 mL/只。

存在问题 ①由于未使用细胞增殖病毒，疫苗成本较高。②疫苗组织易凝结成块并堵塞针头。

（王红宁 杨鑫 张安云 四川大学生命科学学院，
动物疫病防控与食品安全四川省重点实验室）

二十一、牛流行热

牛流行热（Bovine epizootic fever，BEF）又名牛暂时热（Ephemeral fever）、牛三日热（Three days fever）、僵硬病、牛流行性感冒，是由节肢动物传播的奶牛、黄牛和水牛的一种急性、热性的免疫病理性传染病。感染牛表现为精神委顿，急性发热、体温突然升高到40℃以上，鼻镜干而热，反刍停止，乳产量急剧下降。呼吸道和消化道机能障碍，跛行，后躯僵直，个别病牛不能行走而卧地。一般呈良性经过，发病率高，死亡率低，但可造成较严重的经济损失。

该病广泛流行于非洲、亚洲及大洋洲，西半球及欧洲没有该病。最早报道于东非，我国于1976年证实该病的存在，并分离到病毒。目前该病在南非、印度、日本、澳大利亚、中国呈地方性流行。

（一）病原特性

牛流行热病毒（Bovine epizootic fever virus，BEFV），又称为牛暂时热病毒（Bovine ephemeral fever virus），为弹状病毒科（Rhabdoviridae）暂时热病毒属（Ephemerovirus）的成员。

BEFV属单股负链RNA病毒，分子质量3.5×10^6，基因组长14 kb左右，呈子弹状或圆锥形。成熟的病毒粒子长160～180 nm，宽60～90 nm。病毒粒子有囊膜，囊膜厚10～12 nm，表面有纤突，病毒粒子中央由紧密盘缠的核衣壳组成，以出芽方式从胞膜或胞浆空泡膜向细胞外或胞浆空泡内释放。现已确定该病毒有11组基因，其中有5种结构蛋白：L、G、N、M1、M2。N蛋白为BEFV的结构组分，主要参与核衣壳装配，调节转录和翻译。M1、M2为基质蛋白，L蛋白为RNA聚合酶大蛋白，对基因的转录、复制有调控作用。N、M1和L蛋白是病毒衣壳的重要组成成分。G蛋白是重要免疫原蛋白，位于病毒粒子表面，有5个糖基化位点，重组的G蛋白可与中和性单克隆抗体反应，接种牛、兔可产生高水平的中和抗体，对强毒攻击具有抵抗力。对部分不同地区分离株进行交叉中和试验表明，这些分离株间在血清学上没有明显区别，具有相同的抗原性（陈溥言，2006）。

BEFV可在仓鼠肾传代细胞BHK-21、猴肾传代细胞MS、Vero细胞、地鼠肾和牛胎肾细胞（BEK_1）仓鼠肺细胞HmLu-1和按蚊细胞中生长，并能产生细胞病变。转瓶培养有利于病毒增殖和细胞病变的产生。除了可以用上述细胞分离病毒外，还可以用试验动物分离病毒。将感染牛白细胞脑内接种1～3日龄乳鼠、乳仓鼠、大鼠，可用于病毒分离，传6代后可稳定引起小鼠死亡（2～3 d后），但对牛失去感染性。

病毒抵抗力较强，反复冻融对病毒无明显影响，−20℃保存，可长期保持毒力。但在56℃ 10 min或37℃ 18 h，pH 2.0以下、pH 12.0以上10 min，均可使BEFV失去感染性。对乙醚、氯仿和去氧胆酸盐及胰蛋白酶较敏感。

(二)疫苗

感染BEFV的牛病愈后获得长期免疫，能抵抗强毒攻击而不再发病，对这些牛的血清进行检测，均可检出特异性的中和抗体。这些现象说明该病可以通过疫苗免疫进行预防，从而激励着人们对该病疫苗的研究。在国外，灭活疫苗和活疫苗都有报道，但都存在免疫后副反应较重的现象。日本曾用有明显发热症状病牛的脱纤血制成结晶紫灭活苗，证明具有一定的免疫原性。Inaba等(1973)用仓鼠肺细胞HmLu-1传代的弱毒株制成福尔马林灭活的磷酸铝佐剂疫苗，肌肉注射后2～4周再注射活毒疫苗。应用这种灭活—弱毒疫苗联合免疫的方法，可获得良好的免疫保护力，且对妊娠母牛和犊牛都较安全。Uren等(1994)将提纯病毒裂解，用裂解产物中的糖蛋白作为亚单位疫苗，免疫2次，免疫期可达12个月。我国在20世纪80年代中期也对活疫苗和灭活苗进行了大量研究，并用不同灭活剂制备了灭活苗包括结晶紫灭活疫苗、AEI灭活苗、β-丙内酯灭活苗及甲醛灭活苗等，但效果都不理想。后来白文彬等(1984)将引进的YHL弱毒疫苗株复制后对牛进行两次接种，试验证明其安全性和保护性均较好。将细胞培养病毒用TRITON X-100裂解，超速离心后取上清液，加白油制成亚单位疫苗应用。结果表明，亚单位疫苗和灭活疫苗对小牛是安全有效的(林秀英等，1993；刘晓滨等，1993；严隽端等，1993；白文彬等，1993)。2000年，严隽端等用法国塞比克公司生产的佐剂Montanide ISA50用于灭活苗佐剂，能明显的降低灭活苗的副反应，并延长了保存期。

疫苗一：牛流行热亚单位疫苗

毒种/菌种 日本弱毒株YHL。

制造工艺 将检验合格的同一批BHK-21细胞病毒液反复冻融两次，然后以100 000 *g*离心1 h，弃上清液。每100 mL病毒液的离心沉淀物加0.1%的TritonX-100溶液(含0.5%Triton X-100，0.01 mol/L甘氨酸和0.038 mol/L三羟甲基氨基甲烷)2 mL进行悬浮。再用功率为100 W超声波发生器间隔5 min处理两次，每次2 min。经处理的混悬液在4℃下用磁力搅拌器搅动1 h，再以100 000 *g*的速度离心1 h，上清液即为病毒裂解的可溶性抗原。用RPMI-1640营养液将可溶性抗原稀释一定倍数(一般为20倍)，与等量白油佐剂混合，乳化后即为牛流行热亚单位疫苗。

质量标准 裂解病毒提取的可溶性抗原，经SDS-PAGE电泳和免疫印迹试验结果证明，在可溶性抗原中存在具有免疫活性的G、N和M2蛋白。

疫苗二：牛流行热灭活疫苗

制造工艺 将同一批BHK-21细胞病毒液反复冻融2次，然后按每100 mL病毒液加10%Triton X-100溶液(含10%Triton X-100，0.2 mol/L甘氨酸，0.76 mol/L三羟甲基氨基甲烷)1 mL，在4℃下搅动进行灭活。按100 mL灭活的病毒液加入1%硫柳汞溶液1 mL混匀。再与等量的白油佐剂混合、乳化，即为油佐剂灭活疫苗。

上述两种疫苗在4～8℃冰箱保存，有效期4个月。既可用于定期免疫预防接种，又可用于紧急接种。不同年龄的母牛接种两种疫苗，均有部分牛出现局部接种反应和少数牛有一过性热反应，奶牛于注射疫苗后3～5 d，牛奶产量日均少产0.8 kg左右，其他均无异常(姜平，2003)。

(王先炜　南京农业大学动物医学院)

二十二、牛病毒性腹泻/黏膜病

牛病毒性腹泻黏膜病是由牛病毒性腹泻病毒(Bovine viral diarrhea virus,BVDV)引起的牛的重要疫病,世界动物卫生组织将该病列为必须上报的疫病之一,中国将其列为三类疫病。本病自然感染动物包括黄牛、奶牛、水牛、牦牛、绵羊、猪、鹿等,家兔可试验感染。患病动物和带毒动物是本病的主要传染源,病畜的分泌物和排泄物中含有病毒。临床上表现为肺炎、腹泻、流产、出血性综合征急性感染等。该病在世界大多数养牛国家都存在,欧美等国的牛群中广为流行。亚洲日本、印度,大洋洲澳大利亚、新西兰等国家也普遍存在。中国自 20 世纪 80 年代,从国外引进奶牛和种牛,将本病带入中国,已在多个省市存在(邱昌庆等,2000)。

(一)病原特性

BVDV 属于黄病毒科(Flaviviridae)瘟病毒属(Pestivirus)病毒成员,在分类上与兽医上比较重要的猪瘟病毒(Classical swine fever virus,CSFV)和边界病毒(Border disease virus,BDV)在同一属,同源性较高,抗原性有交叉。BVDV 是单股正链 RNA 病毒,有囊膜,基因组长约 12.5 kb,由 5′UTR(大约 380 nt),一个长的开放阅读框架(Open reading frame,ORF)和 3′UTR 组成,其中 ORF 编码病毒的结构蛋白,包括病毒的衣壳蛋白和囊膜蛋白(E^{rns}、E1 和 E2)和非结构蛋白。根据病毒基因组 5′UTR 或 E2 序列比对结果,BVDV 分 2 种基因型即 BVDV 1 型和 BVDV 2 型,这 2 种基因型病毒均可造成动物的急性感染和持续型感染,但二者在抗原性、致病性和生物学特性方面又有差异,根据病毒基因的差异,每种基因型分为多种基因亚型,BVDV 1 型目前的已报道的基因亚型为 1a～k,BVDV2 型为 2a～c。

根据病毒在细胞培养上能否致细胞病变可将病毒分成 2 个生物型,即 CP 型和 NCP 型。CP 型在细胞上表现明显的细胞病变(Cytopathic effect,CPE),而 NCP 型则不表现 CPE,但不能依此断定 CP 型病毒为强毒,许多研究表明,在自然界中分离的病毒主要以 NCP 型为主,因此认为 NCP 型是病毒在自然界存在的正常形态。NCP 型可以转化为 CP 型,二者转化是 BVDV 在自然界得以生存的方式,其转化机理可能是细胞 RNA 的插入,或是病毒基因组 RNA 发生重排、缺失和突变使 NCP 型病毒转化为 CP 型病毒。清楚地掌握 BVDV 这些生物学特点和基因分型在实验室诊断、流行病学研究、疫苗生产乃至疫病的控制和消灭中具有重要的意义。

(二)疫苗

疫苗用于 BVD 防制已有 30 多年的历史,随着 BVD 疾病的发展变化,科学家们对疫苗也进行了深入的研究。实践表明,疫苗的合理应用能够有效减少疫病发生,降低经济损失。美国是最早应用疫苗防制该病的国家,目前已批准上市的商业疫苗达 100 多种。目前,最为有效的疫苗是灭活疫苗和弱毒疫苗,灭活疫苗对怀孕牛安全,但是其免疫期短,较弱毒疫苗制造成本昂贵,而弱毒疫苗免疫期长,却可能对怀孕牛不安全,因此,如何正确使用这两种疫苗有效防控该病是人们面临的问题之一。早期的疫苗研制主要是预防急性死亡感染,以减少临床感染,降低经济损失为目的,然而,后来人们发现,并不是每头感染牛都出现急性病例,只有持续性感染的牛才能导致致死性黏膜病,因此,防制持续性感染是当时使用疫苗的防制重点。1994 年，美国和加拿大发生了由 BVDV 2 型引起的牛的致死性疾病，使人们重新认识到该病毒的复杂性，于是随后的疫苗研制的主导思想是既防止持续性感染又防制急性感染。由于病毒感染造成牛的免疫抑制、免疫力降低导致的多病原混合感染病例时有发生，因此，包含多种病毒抗原的多价和多联疫苗是目前疫苗研制的主要趋势，疫苗成分包含 BVDV 1 型和 BVDV 2 型。目前，已有的商业化疫苗还包括牛传染性鼻气管炎、牛副流感 3 型和牛呼吸道合胞体病毒等组分。中国市场还未见商品化疫苗应用，对该病的疫苗还处于研究阶段。

疫苗一：弱毒活疫苗

BVD 的弱毒活疫苗的优点、缺点和其他病毒的弱毒疫苗相似，与灭活苗相比，弱毒疫苗注射后疫苗毒株在宿主体内可复制，生成大量的病毒抗原，因此弱毒疫苗所需的抗原量少，在初始免疫时需要 1 份剂量即可获得良好的保护力，但由于弱毒疫苗中的病毒对化学和温度更为敏感，需要有更为严格的疫苗管理程序，如冷链运输等。目前，BVD 弱毒疫苗在世界上广泛使用，在美国和欧洲部分国家和地区的 BVD 防控中取得了良好的效果。

美国联邦法规规定，牛病毒性腹泻弱毒活疫苗的毒种除应符合活疫苗的一般要求外，还应具有较好的免疫原性，一般来说，毒种的免疫原性应符合以下标准，选取 25 头易感牛（血清中和抗体效价应不高于 1∶2）用于免疫原性测定，用毒种的最高代次基础种子制成疫苗免疫牛 20 头，同时设对照牛 5 头，14～28 d 采血进行中和抗体检测，并在攻毒前3 d 检测免疫牛和对照牛的白细胞数作为基础数，强毒攻击后连续观察 14 d，在攻毒后的第 2～8 天，对照组应有至少 4/5 发生白细胞减少，免疫组应至少有 19 头血清抗体滴度达到 1∶8，且出现典型的呼吸道症状或其他症状的牛应不超过 1 头，符合上述标准可判为毒种合格。成品疫苗的抗原含量每剂量应不低于 $10^{2.5}$ $TCID_{50}$（9CFR）Ch. 1（1-1-09 Edition）。

疫苗二：灭活疫苗

由于弱毒活疫苗对怀孕动物的免疫存在一定的风险，灭活疫苗的研究和使用成为必然。

美国联邦法规规定牛病毒性腹泻灭活疫苗的效力检验应符合如下标准，选用 8 头牛病毒性腹泻易感牛（中和抗体水平 1∶2），5 头按照疫苗说明书规定的剂量接种疫苗，3 头对照。最后 1 次免疫后的 14 d 采集牛血清检测抗体，对照牛血清抗体应不高于 1∶2，免疫牛应至少 4/5 抗体应不低于 1∶8。如果采取攻毒试验，应在攻毒后 14 d 连续观察动物，对照牛应 2/3 以上体温超过 40.3℃，并且出现典型的呼吸道症状或牛病毒性腹泻临床反应，免疫牛应至少 4/5 无体温升高（40℃）和临床反应。疫苗的安全性检验应符合对效检的免疫牛在攻毒前连续观察 14 d，应无不良反应。

（王炜　武华　中国农业科学院特产研究所）

二十三、山羊关节炎-脑炎

山羊关节炎-脑炎（Caprine anthritis-encephalitis，CAE）是由山羊关节炎-脑炎病毒（Caprine anthritis -encephalitis virus，CAEV）引起的一种慢性病毒性传染病。临床症状主要是以山羊羔脑脊髓炎和成年山羊慢性多发性关节炎间或伴发间质性肺炎或间质性乳房炎为特征。该病最早出现在瑞士、德国和美国，后来在欧洲、美洲和澳大利亚等许多地区和国家都有流行，现在已经呈世界流行。我国在许多省区也不同程度地存在着该病。

CAEV 属于反转录病毒科(Retroviridae)慢病毒属(Lentivirus)。病毒粒子呈球形，直径 80～100 nm，有囊膜，囊膜表面有纤突。其基因为单股 RNA，相对分子质量为 5.5×10^{6}，由 64 S 和 4 S 两个片段构成，有 3 个结构基因和 3 个附属基因。病毒的主要抗原成分是囊膜蛋白 gp^{135} 和核芯蛋白 p^{28}(陈溥言，2006)。病毒可在山羊胎儿滑膜细胞、山羊肺、乳房组织的原代细胞上培养增殖，并形成合胞体，可用来分离病毒；还可在山羊睾丸细胞、绵羊胎肺细胞、角膜细胞、蝙蝠肺细胞等细胞中复制，但不引起 CPE。本病毒对外界环境的抵抗力不强，在 pH 7.2～7.9 之间稳定，pH 4.2 以下很快被灭活；56℃ 1 h 可以完全灭活奶和初乳中的病毒，在 4℃条件下则可存活 4 个月左右。对多种消毒剂(如甲醛、苯酚、乙醇溶液等)敏感。

目前无特效疗法，也无疫苗。主要通过加强饲养管理和采取综合性措施进行防制，加强进口检疫，并对羊群进行定期血清学检查。对患病动物应按有关规定扑杀、隔离消毒和培育健康羔羊群的方法进行净化。许多研究人员试图用传统的方法来研制疫苗，但试验结果表明这类疫苗不能对山羊起到很好的保护作用(宁宜宝，2008；姜平，2003)。

(王先炜　南京农业大学动物医学院)

二十四、牛传染性鼻气管炎

牛传染性鼻气管炎(Infectious bovine rhinotracheitis，IBR)，又称“坏死性鼻炎”、“红鼻病”，世界动物卫生组织称为牛传染性鼻气管炎/牛传染性脓疱性阴户阴道炎，被列为必须上报疫病之一，中国将其列为二类传染病。本病最早于 1955 年在美国的科罗拉多州肉牛中报道。在自然感染条件下，病毒主要感染牛，尤其以肉牛多见，其次是奶牛，有研究表明，肉牛群中的 IBR 阳性率可高达 80%，其中尤其以 20～60 日龄的犊牛最为易感，且死亡率高。感染牛临床主要表现为体温升高，食欲减退和精神沉郁，随后伴有脓性鼻液和眼结膜炎，病毒感染也可导致产奶量下降和流产。在自然交配地区，生殖器感染能导致外阴阴道炎和龟头包皮炎。许多牛感染本病后仅出现亚临床感染，当机体免疫力降低时继发细菌感染后表现出严重的呼吸系统疾病。该病在集约化养牛发达地区，对牛的产奶量、公牛的繁殖力及使役牛具有较大的影响，是造成养牛业经济损失的重要疫病之一。目前，该病除了在北欧的瑞典、丹麦、芬兰等少数几个国家根除外，呈世界性流行，在美国、澳大利亚、新西兰、英国、日本、印度等国家均有报道，流行地域广。中国于 1980 年从新西兰进口的奶牛中发现本病(周泰冲，1981)，目前在多个省份均有该病存在(艾玉萍等，2004；封启明等，1982)。

(一)病原特性

牛传染性鼻气管炎病毒属疱疹病毒科 α 亚科成员，病毒的基因组由编码约 70 个蛋白的双链 DNA 构成，目前，已知的病毒蛋白包括 33 种结构蛋白和 15 种非结构蛋白，病毒的糖蛋白在病毒的复制和感染中发挥着重要的作用。病毒只有 1 个血清型，通常在自然感染条件下，牛是易感动物和带毒动物，猪、山羊等动物亦可感染。病毒的组织嗜性较广，可感染呼吸系统、生殖系统、神经系统、眼结膜和胎儿。病毒的传播途径主要是发病家畜和带毒家畜，也可经母畜垂直传播给胎儿，病毒感染后可潜伏在三叉神经节细胞，在应激或免疫力下降时，病毒激活引起发病。正因为病毒的此特性，病毒一旦感染，将难以控制和消灭。病毒在多种细胞上生长，并呈现典型的细胞病变。

(二)疫苗

美国是最早发现本病的国家也是最早使用疫苗的国家，多家公司在生产 IBR 疫苗。目前，国外应用的 IBR 疫苗有灭活疫苗和弱毒疫苗，并且与牛病毒性腹泻、牛副流感和牛呼吸道合胞体等联合使用，开发出了多联疫苗，其中弱毒疫苗主要用于 6 月龄以上的犊牛，灭活疫苗主要用于种公牛和妊娠母牛。中国还没有生产和使用该疫苗，该病的疫苗正在研究中。

疫苗一：灭活疫苗

IBR 灭活疫苗通过选用免疫原性好的致细胞病变型毒种接种 MDBK 细胞培养经适当灭活剂灭活后添加佐剂制成，疫苗制造所用的疫苗毒株和细胞均有严格的代次限制，一般而言，毒种从基础种子批传代应不超过 5 代，细胞从基础细胞库传代应不超过 20 代。

一般情况下，不同的毒株制成的疫苗其质量标准有所不同，按照美国联邦法规规定，疫苗应无细菌、霉菌和支原体污染。效力检验应符合如下标准：选用 8 头牛传染性鼻气管炎易感牛(中和抗体水平不高于 1∶2)，5 头接种疫苗，3 头对照。14 d 后采集牛血清检测抗体，对照牛血清抗体应不高于 1∶2，免疫牛应至少 4/5 抗体不低于 1∶8。如果采取攻毒试验，应在攻毒后 14 d 连续观察动物，对照牛应 2/3 以上体温超过 40.3℃，并且出现典型的 IBR 临床反应，免疫牛应至少 4/5 无体温升高(40℃)和临床反应。疫苗的安全性检验应符合免疫牛在攻毒前连续观察 14 d，应无不良反应。

欧洲药典(第 3 版，1997)规定，用疫苗免疫 10 头 2～3 月龄 IBR 阴性犊牛，2 头对照。3 周后，所有牛攻击 IBR 强毒，免疫牛应不出现或仅出现微弱的临床症状，且从免疫牛的鼻拭子中分离的最大病毒含量应低于对照牛至少 100 倍，免疫牛的排毒期应至少比对照牛的排毒期少 3 d。欧洲药典规定的安全试验应符合疫苗 2 倍剂量接种犊牛后，不引起典型的临床症状。

疫苗二：弱毒疫苗

弱毒疫苗制造工艺与灭活疫苗相似，通过病毒接种 MDBK 细胞培养，疫苗可以是液体的，也可以在疫苗中添加冻干保护剂制成冻干疫苗。美国联邦法规规定，IBR 弱毒活疫苗的毒种选择除应符合活疫苗的一般要求外，还应进行毒种的免疫原性测定，一般要求，选取 25 头易感牛(血清中和抗体效价应不高于 1∶2)用于免疫原性测定，用最高代次基础种子制成的疫苗免疫牛 20 头，同时设对照牛 5 头，免疫后的 14～28 d 至少采血 1 次检测中和抗体。强毒攻击后连续观察 14 d，每天测量体温并观察临床症状，对照牛应至少 4/5 头体温超过 40.3℃，并且出现典型的 IBR 临床反应，免疫牛应至少 19/20 头体温应不超过 39.7℃，且没有典型的 IBR 临床症状，若体温超过 39.7℃，稽留不超过 2 d，可判为合格。疫苗成品每头份疫苗的病毒含量应不低于 $10^{2.5}$ $TCID_{50}$。疫苗的安全性试验应符合脑内接种成年小鼠 8 只，每只 0.03 mL，腹腔注射成年小鼠 8 只，每只 0.5 mL，观察 7 d，有不良反应的小鼠均不得超过 2 只；按瓶签说明，接种犊牛 2 头，每头接种 10 头份，观察 21 d，应无不良反应。

(王炜　武华　中国农业科学院特产研究所)

第四节 动物细菌病常用疫苗

一、大肠杆菌病

大肠杆菌病是由大肠杆菌埃希氏菌的某些致病性血清型菌株引起的疾病总称，包括动物的局部性或全身性大肠杆菌感染、大肠杆菌性腹泻、败血症和毒血症等。各种动物大肠杆菌病的表现形式有所不同，但多发生于幼龄动物。对家禽主要表现为急性败血型、内脏型、生殖型、大肠杆菌肉芽肿、眼炎神经型等。猪的大肠杆菌病根据发病日龄及临床表现的差异又分为仔猪黄痢、仔猪白痢和猪水肿病等。自1894年本病被报道以来，随着养殖业的巨大发展，该病在各国流行日趋严重，并导致巨大的经济损失。目前该病作为一种潜在的人畜共患病，在公共卫生事业中也日益被人们重视。

(一)病原特性

大肠杆菌(*Escherchia coli*)为革兰阴性、中等大小的杆菌，无明显的荚膜，不形成芽孢，有鞭毛，能运动，但也有无鞭毛、不运动的变异株。按目前国际上的分类(马超锋等，2009)，大肠杆菌大致有6种致病型，包括肠产毒性大肠杆菌(Enterotoxigenic *E. coli*，ETEC)、肠致病性大肠杆菌(Enteropathogenic *E. coli*，EPEC)、肠出血性大肠杆菌(Enterohaemrrhagic *E. coli*，EHEC)、肠侵袭性大肠杆菌(Enteroinvasive *E. coli*，EIEC)、肠聚集性大肠杆菌(Enteroaggregadve *E. coli*，EAEC)和弥散性黏附大肠杆菌(Difuse adherence *E. coli*，DAEC)。在引起人畜肠道疾病的血清型中，有EPEC、ETEC和EIEC等。

本菌为需氧或微厌氧，在普通琼脂培养基上生长良好，在麦康凯琼脂和远藤琼脂上可形成红色的菌落，在伊红美蓝琼脂上则形成黑色带金属光泽的菌落。对人和动物致病的大肠杆菌不同菌株及其与肠道中正常寄生的非致病性大肠杆菌间，在形态特征、染色反应、培养特性和生化反应等方面没有差别，但近年来的研究结果表明，它们在抗原结构、质粒编码等方面似乎有一定的区别(吴清民，2002)。

大肠杆菌能发酵多种碳水化合物产酸产气，如可迅速分解葡萄糖、乳糖等多种碳酸化合物，约半数菌株不分解蔗糖。还原硝酸盐，产生靛基质，几乎不产生硫化氢，不分解尿素。除乳糖发酵试验外，吲哚形成试验、甲基红反应、VP试验和枸橼酸盐利用等4项试验(IMVIC试验)是细菌学中常用的检测指标。吲哚和甲基红试验均为阳性，VP试验和枸橼酸盐利用试验均为阴性，即IMVIC为“＋＋－－”。氧化酶试验阴性，不利用丙二酸钠，不液化明胶。

大肠杆菌抗原主要有O、K和H，已确定的大肠杆菌O抗原有173种，K抗原有80种，H抗原有56种。通常用O:K:H排列表示大肠杆菌的血清型，如O8:K23:H19。致人和幼畜腹泻的产肠毒素大肠杆菌(ETEC)，除含酸性多糖K抗原外，还含有蛋白质性黏附素抗原，故这类菌株的黏附素抗原应并列写于酸性多糖K抗原之后。如O8:K87，K88:H19中K88即为黏附素抗原F4。ETEC中常见的K88、K99、987P黏附素又分别称为 F4、F5、F6 黏附素抗原(陈溥言,2006)。

(二)疫苗

目前,该病的防制以药物和疫苗为主,但因抗生素等药物使用泛滥,耐药菌株不断增多,因此发展大肠杆菌疫苗具有特殊的意义。现已成功研制了大肠杆菌 K88ac-LTB 双价基因工程菌苗、新生猪腹泻大肠杆菌 K88、K99 双价基因工程菌苗、仔猪大肠杆菌腹泻 K88、K99、987P 三价灭活苗、MM-3 工程菌苗(含 K88ac 及无毒肠毒素 LT 两种保护性抗原成分)等。目前国内外研制的目标多集中于 ETEC 和 EHEC,有的已进入二期或三期临床试验阶段。特别是新近出现的 DNA 疫苗和 ghost 疫苗技术为大肠杆菌疫苗的研制提供了许多新的思路,显示出良好的应用前景。

疫苗一:仔猪大肠杆菌病三价灭活疫苗

菌种 C83549、C83644、C83710,接种在适宜改良 Minca 琼脂平板上培养,菌落光滑圆整。在改良 Minca 汤中培养,呈均匀混浊。用相应的 K88、K99、987P 因子血清作平板凝集反应,应达到强阳性反应。

制造工艺 ①种子繁殖:将冻干菌种接种改良 Minca 汤中培养后,用改良 Minca 琼脂平板划线分离,选取典型菌落若干个,分别用相应的 K88、K99 和 987P 因子血清逐个做平板凝集反应,选取典型菌落,接种改良 Minca 汤三角瓶培养,平板凝集反应强阳性,且纯检合格,作为一级种子。取一级种子按上述同样方法繁殖,平板凝集反应强阳性,革兰氏染色镜检无杂菌后,作为二级种子。②菌液制备:3 种纤毛抗原菌株分别进行连续通气培养,搅拌速度为 600 r/min,通气量大于 1∶1,第一代通气培养 7 h,取样检验合格,即收获,并按加入培养基的 3%～5%留有种子,然后加入培养基,通气培养 6～7 h,如此循环,连续通气培养,但最多不超过 10 代。培养温度为 36～37℃,消泡剂为 0.1%花生油。③配苗与分装:3 种浓缩菌液用 0.4%甲醛灭活、配比后,按总量加入 20%氢氧化铝胶,最后补加 PBS 和 0.01%硫柳汞,每 1 mL 成品苗中应含有 K88 的 100 个抗原单位、K99 的 50 个抗原单位、987P 50 个抗原单位、菌数≤200 亿。经无菌检验合格后,进行混合、组批、分装。

质量标准 除按《成品检验的有关规定》进行检验外,还需做以下检验:

安全检验:一是选用体重 18～20 g 小鼠 5 只,各皮下注射疫苗 0.5 mL,观察 10 d,应全部健活。二是用体重 40 kg 以上健康易感猪 4 头,各肌肉注射 10 mL,观察 7 d,应无明显不良反应。

效力检验:用反向间接血凝(RIHA)试验测定疫苗中的 3 种纤毛抗原的 RIHA 效价,K_{88} 及 K_{99} 均≥40 倍、987P≥160 倍时合格。

保存与使用 保存在 2～8℃,有效期为 1 年。用于免疫妊娠母猪,新生仔猪通过吸吮母猪的初乳而获得被动免疫。预防仔猪大肠埃希氏菌病。妊娠母猪在产仔前 40 d 和 15 d 各注射 1 次,每次肌肉注射 5 mL。

疫苗二:鸡大肠杆菌灭活疫苗

菌种 鸡源性大肠杆菌 EC24、EC30、EC45、EC50、EC44。菌种标准:接种麦康凯氏培养基平板,35～36℃培养 24 h,肉眼观察呈粉红色或砖红色,菌落隆起,表面光滑。低倍显微镜下 45°折光观察,边缘整齐,呈鲜红的金光。取含 0.1%微量盐酸溶液的马丁肉汤 20～24 h 培养菌液 0.5 mL(活菌含量 2×10^8～5×10^8 个),肌肉或腹腔注射 1 月龄健康易感鸡 5 只,应出现明显的临床症状,于 14 d 内死亡或活鸡内脏有明显的病变,如心包积液、心包膜炎、纤维素性渗出,并与肝或胸腹发生粘连等。

制造工艺 ①种子繁殖:将各株冻干菌种分别接种于马丁肉汤中培养,然后划线接种麦康凯氏琼脂平板上培养,选取符合培养特性的典型菌落 10 个混合于少量马丁肉汤中,接种马丁琼脂斜面培养,作为一级种子。取一级种子接种于马丁肉汤中培养 20~24 h,纯粹检验合格后,作为二级种子。②菌液制备:用玻璃瓶或培养罐通气培养,按容积装入 70%培养基及花生油消泡剂。按培养基量的 2%~4%接种二级种子液,EC24∶EC30∶EC45∶EC50(或 EC44)各菌株混合比例为 3∶3∶2∶2。通气培养 10~14 h。③配苗与分装:每 5 份灭活菌液加 1 份氢氧化铝胶,同时按总量的 0.005%加硫柳汞,充分振荡,于 2~8℃静置 2~3 d,抽弃上清浓缩成全量的 60%。无菌检验合格后,进行混合分装,分装时应随时搅拌混匀。

质量标准 除按《成品检验的有关规定》进行检验外,还需做以下检验:

安全检验:用 1 日龄的健康易感鸡 5 只,各颈部皮下或肌肉注射疫苗 2 mL,观察 14 d,均应健活。

效力检验:按《制造及检验规程》中免疫原性的检验方法和判定标准进行,应符合规定。

保存与使用 保存在 2~8℃,有效期为 1 年。使用时颈背侧皮下注射 0.5 mL。1 月龄以上的鸡免疫为 4 个月。

疫苗三:羊大肠杆菌灭活疫苗

菌种 为 C83-1、C83-2 和 C83-3 菌株。

制造工艺 ①种子繁殖:将冻干菌种接种于普通肉汤、普通琼脂平板和鲜血琼脂斜面培养。②菌液制备:将各菌株二级种子菌液等量混合,按培养基总量的 1%~2%接种,36~37℃培养 6~8 d,每 4 h 振荡或搅拌 1 次。③配苗与分装:按上述方法,每 5 份灭活菌液加 1 份氢氧化铝胶进行配苗、组批、分装。

质量标准 除按《成品检验的有关规定》进行检验外,还需做以下检验:

安全检验:取 3~8 个月健康易感羊 2 只,各皮下注射疫苗 5 mL,注射后允许有体温升高、不食及跛行等反应,但须在 48 h 内康复,观察 10 d,均应健活。

效力检验:下列方法任选一种。①用体重 300~400 g 豚鼠 4 只,各皮下注射疫苗 0.5 mL,14 d 后,连同条件相同的对照豚鼠 2 只,各腹腔注射 1 MLD 强毒菌液,观察 10 d。对照豚鼠全部死亡,免疫豚鼠至少保护 3 只为合格。②用 3~8 个月健康易感羊 4 只,各皮下注射疫苗 1 mL,14 d 后,连同条件相同的对照羊 3 只,各腹腔注射 1 MLD 强毒菌液,观察 10d。对照羊死亡至少 2 只,免疫羊全部保护为合格。

保存与使用 保存在 2~8℃,有效期为 18 个月。用于预防羊大肠埃希氏菌病。免疫期为 5 个月。3 月龄以上的绵羊或山羊皮下注射 2 mL;3 月龄以下,如需注射,0.5~1 mL/只。怀孕羊禁用。

(单虎 秦晓冰 青岛农业大学动物科技学院)

二、沙门氏菌病

沙门氏菌病(Salmonellosis)又名副伤寒(Paratyphoid),是各种动物由沙门氏菌属细菌(*Salmonella bacteria*)引起的疾病总称。临诊上多表现为败血症和肠炎,也可引起其他组织的局部炎症，使怀孕母畜发生流产。沙门氏菌病在世界各地均有分布，在食品安全和公共卫生学方面有重要意义。

本病遍发于世界各地，对牲畜的繁殖和幼畜的健康带来严重威胁。沙门氏菌的许多血清型可使人感染，发生食物中毒和败血症等，是重要的人兽共患病原体。由于抗菌药物的广泛使用（包括作为动物饲料添加剂）等因素的影响，该类细菌耐药性日趋严重，发病率逐渐上升，因此目前备受重视。

（一）病原特性

沙门氏菌属是肠杆菌科中的一个重要成员，是一大属血清学相关的革兰氏阴性杆菌，不产生芽孢，亦无荚膜。大小为（0.7～1.5）μm×（2.0～5.0）μm，间有短丝状体。除鸡白痢沙门氏菌（*S. pullorum*）（又称雏沙门氏菌）和鸡伤寒沙门氏菌（*S. gallinarum*）（又称鸡沙门氏菌）无鞭毛不运动外，其余各菌均以周生鞭毛运动，且绝大多数具有Ⅰ型菌毛。沙门氏菌的培养特性与埃希氏菌属相似。在普通培养基上生长良好，需氧及兼性厌氧，培养适宜温度为37℃，pH 7.4～7.6。只有鸡白痢沙门氏菌、鸡伤寒沙门氏菌、羊流产沙门氏菌和甲型副伤寒沙门氏菌等在肉汤琼脂上生长贫瘠，形成较小的菌落。在肠道杆菌鉴别或选择性培养基上，大多数菌株因不发酵乳糖而形成无色菌落。本菌属在培养基上有S-R变异。

培养基中加入硫代硫酸钠、胱氨酸、血清、葡萄糖、脑心浸液和甘油等有助于本菌生长。除甲型副伤寒沙门氏菌外，均具有赖氨酸脱羧酶；除伤寒沙门氏菌和鸡沙门氏菌外，均具有鸟氨酸脱羧酶。多数菌株具有精氨酸双水解酶的活性。绝大多数培养物不能在KCN肉汤中生长。多数菌株能产生硫化氢，并能在西蒙氏柠檬酸盐琼脂上生长，但甲型副伤寒、猪伤寒、伤寒、都柏林、仙台、鸡伤寒、鸡白痢以及猪霍乱孔成道夫（Kunzendorf）变型等沙门氏菌不利用。在葡萄糖、麦芽糖、甘露醇和山梨醇中，除鸡伤寒沙门氏菌和鸡白痢沙门氏菌不产气外，均能产气。此外，通常还发酵*L*-阿拉伯糖、*D*-甘露糖、*L*-鼠李糖、海藻糖和*D*-木糖。不分解乳糖、蔗糖和侧金盏花醇，不凝固牛乳，不产生靛基质，不产生乙酰甲基甲醇，不分解尿素（pH 7.2）。通常不发酵阿拉伯糖、卫矛醇、鼠李糖、蕈糖和木糖。不发酵肌醇的有甲型副伤寒、乙型副伤寒、猪霍乱、仙台、伤寒、肠炎、纽波特、山夫顿堡、斯坦利和迈阿密等沙门氏菌。多数鸡白痢沙门氏菌菌株不发酵麦芽糖。猪伤寒沙门氏菌不发酵甘露糖。

沙门氏菌属细菌包括肠道沙门氏菌（*Salmonella enterica*）（又称猪霍乱沙门氏菌，*Salmonella choleraesuis*）和邦戈尔沙门氏菌（*Salmonella bongori*）2个种，前者又分为6个亚种。沙门氏菌具有O（菌体）、H（鞭毛）、K（荚膜，又叫Vi）和菌毛4种抗原，其中前2种是主要抗原。沙门氏菌属依据不同的O抗原、Vi抗原和H抗原分为不同的血清型。迄今为止，沙门氏菌共有51个O群，58种O抗原，63种H抗原，组成了2 500种以上的血清型，除了将近10个罕见血清型属于邦戈尔沙门氏菌外，其余血清型都属于肠道沙门氏菌。

分类研究结果表明，沙门氏菌属的细菌依据其对宿主的感染范围，可分为宿主适应性血清型和非宿主适应性血清型两大类。前者只对其适应的宿主有致病性，包括伤寒沙门氏菌、副伤寒沙门氏菌（A. C）、马流产沙门氏菌、羊流产沙门氏菌、鸡沙门氏菌、鸡白痢沙门氏菌；后者则对多种宿主有致病性，包括鼠伤寒沙门氏菌、鸭沙门氏菌、德尔卑沙门氏菌、肠炎沙门氏菌、纽波特沙门氏菌、田纳西沙门氏菌等。至于猪霍乱沙门氏菌和都柏林沙门氏菌，原来认为分别对猪和牛有宿主适应性，近来发现它们对其他宿主也能致病。沙门氏菌的血清型虽然很多，但常见的危害人畜的非宿主适应血清型只有20多种，加上宿主适应血清型，也不过仅30余种。

本属细菌对干燥、腐败、日光等因素具有一定的抵抗力，在外界条件下可以生存数周或数月。对化学消毒剂的抵抗力不强，一般常用消毒剂和消毒方法均能达到消毒目的。通常情况下，对多种抗菌药物敏感。但由于长期滥用抗生素，对常用抗生素耐药现象普遍，不仅影响该病防制效果，而且亦成为公共卫生关注的问题。

(二)疫苗

1. 猪沙门氏菌病

如其他兼性细胞内寄生菌一样，可激发细胞免疫的活疫苗最有可能预防猪沙门氏菌病。历史上，从1968年英国的Smith研究的猪霍乱沙门氏菌弱毒株V3和V6菌株获得美国专利局专利起，已有多种仔猪副伤寒弱毒活疫苗成为商品苗，欧洲药典收载了仔猪副伤寒活疫苗的质量标准。仔猪副伤寒活疫苗在英国曾广泛地应用了许多年，使仔猪副伤寒减少到可忽略的水平，现已停止使用(韩国全等，2008)。最近北美洲引进了猪霍乱沙门氏菌弱毒疫苗，对控制猪沙门氏菌病的发生起了主要作用。这些疫苗所用的菌株是本身无毒力的猪霍乱沙门氏菌，或毒力强的菌株经在猪中性粒细胞中多次传代后获得的菌株。这些传代的菌株已经丧失了其50 kb的有毒力的质粒，而该质粒是细菌在细胞间生存所必需的。猪在断奶时免疫疫苗可保护猪不受同型沙门氏菌感染至少20周。对异型菌株，此疫苗也有一定的交叉保护作用(赵德明等，2008)。

疫苗一：猪沙门氏菌活疫苗

菌种　猪霍乱沙门氏菌C500(S. C500)弱毒株。20世纪60年代，中国兽医药品监察所的房晓文等(1978)选用抗原性良好的猪霍乱沙门氏菌强毒株在含有醋酸铊的普通肉汤中传代培养，经传数百代后，筛选出一株毒力弱而免疫原性良好的弱毒菌株，命名为猪霍乱沙门氏菌C500(S. C500)弱毒株。用免疫原性良好的S. C500弱毒株的培养物加适宜稳定剂，经冷冻真空干燥制成仔猪副伤寒活疫苗，疫苗为灰白色海绵状疏松团块，易与瓶壁脱离，加20%铝胶生理盐水稀释液后迅速溶解，呈均匀乳状混悬液。用S. C500弱毒菌株制成仔猪副伤寒活疫苗，经田间试验和区域试验证明疫苗安全有效。

制造工艺　山西某生物制品厂生产仔猪副伤寒活疫苗已有30多年的历史，从大扁瓶固体表层生产，到20 000瓶液体通气培养，直至现在的反应缸液体通气培养，生产量不断增大，生产工艺趋于稳定(赵德明等，2008)。2001年10月份至11月份，通过改进大种的生产工艺，即改进二级种子制备工艺。改进前：取一级种子数支，用少量肉汤将斜面上菌苔洗下，接入装有2 000 mL肉汤的10 000 mL瓶中，37℃静止培养24 h，期间摇5～6次。培养结束后，取样进行纯检和活菌计数，置2～8℃保存。改进后：取一级种子数支，用少量肉汤将斜面上菌苔洗下，接入装有2 000 mL肉汤的10 000 mL瓶中，37℃摇床培养适当时间。培养结束后，取样进行纯检和活菌计数，置2～8℃保存。这样使菌液冻干前菌数和冻干后活菌数明显提高，在其他条件不变的前提下，每瓶产品由原来的平均22.6头份增加到32.4头份。该厂于2001年1—7月份生产的仔猪副伤寒活疫苗，冻干前菌数平均为3.19×10^{10} CFU/mL，2001年10—11月份改进大种生产工艺后，冻干前菌数平均为4.48×10^{10} CFU/mL，其结果同辽宁某生物制品厂的试验结果有相同之处，即相同的培养基在培养同样长的时间下，在一定范围内，终末菌浓度随初始菌浓度的增高而增高(武梅等，2005)；也有不同之处，即初始菌的最佳浓度不同。这可能与生产条件及培养基质量不同有关，也可能与培养大种的生产工艺不同有关。目前仔猪副伤寒活疫苗是养殖场预防仔猪副伤寒传染病的主要手段，疫苗生产工艺的改进使活菌数明显提高，为生产质量可靠的疫苗提供了保证。仔猪副伤寒活疫苗，全国统计数字显示，年总产量几年来一直保持在1.5亿头份左右(赵德明等，2008)。

疫苗二：猪副伤寒多价苗

随着养猪业向规模化发展，在大型猪场中，由大肠杆菌引起的仔猪黄痢、仔猪白痢及由沙门氏菌引起的仔猪副伤寒等仔猪腹泻性疾病引起的仔猪大量死亡，严重制约了养猪生产的发展。对四川省规模化养猪场常见病原菌的药敏区系进行调查，由此研制成功的新型地方株针对性疫苗有猪沙门氏菌(地方株)多价灭活苗、猪大肠杆菌-沙门氏菌二联多价灭活苗(崔水保等，2003)。以上疫苗目前已在四川绵阳、乐山、南充温江、成都、内江等6个重点种猪场及四川温江、德阳、广汉、蒲江、彭州、自贡等地8个规模化猪场中示范应用，对仔猪腹泻控制率达95%以上(康凯等，2000)。

2. 马沙门氏菌流产

马沙门氏菌流产(Equine Salmonella abortion)也称为马副伤寒，是由马流产沙门氏菌引起马属动物的一种传染病。其病原为马流产沙门氏菌(*Salmonella abortusequi*)。

(1)免疫：马在感染后能产生特异性凝集抗体，抗体效价在1∶500以上。一般流产后8～10d血液内凝集素含量最高，可达1∶5 000，并维持1个月左右，有的长达2个月，以后逐渐降低。经马或家兔静脉注射O抗原和H抗原混合物，也可产生凝集素。

(2)疫苗：国外一般用灭活苗预防马沙门氏菌流产。对疫苗的效果却有两种不同的观点，一种认为有效，一种认为可疑。中国学者研究说明灭活疫苗在效力上很不理想，免疫接种后的马匹仍发生流产。中国于20世纪60年代开始进行弱毒疫苗的研究，先后培育出多株弱毒毒株，现有两株用于生产疫苗，一株为C355，另一株为C39。

疫苗一：马流产沙门氏菌C355活疫苗

房晓文等(1978)用免疫原性良好的马流产沙门氏菌强毒力菌株，经含醋酸铊肉汤连续多次传代培育成功了编号为C355的弱毒菌株。该弱毒株具有毒力弱、稳定、安全、免疫原性好的特点。用该弱毒菌株制成活疫苗，50亿活菌给孕马皮下注射不引起流产，100亿活菌每年免疫孕马两次，防止流产的保护率达100%。疫苗经3万余匹孕马的区域试验证明，疫苗安全、有效。

菌种　马流产沙门氏菌C355弱毒菌株。效检攻毒用菌种为马流产沙门氏菌C77-1强毒菌株。制造和检验用菌种应符合沙门氏菌生物学特性。冻干菌种2～8℃保存期10年。

马流产沙门氏菌C355弱毒菌株系用马流产沙门氏菌C77-3强毒菌株经醋酸铊肉汤连续传代培养，使其毒力减弱育成。普通培养基菌落圆整、光滑、湿润，对沙门氏菌O4因子血清呈现典型凝集；在含1%醋酸铊普通肉汤中混浊生长；在生理盐水条件下无自凝现象；用1/500吖啶黄溶液做凝集试验，应不出现凝集或仅有轻微凝集。C355弱毒菌株普通琼脂斜面培养物腹腔注射18～20 g小鼠10只，每只含1.5亿～2.0亿活菌的培养物0.2 mL，观察14 d，至少存活8只；皮下注射1.5～2.0 kg家兔2只，含30亿活菌的培养物1 mL，观察14 d，应全部健活。C355弱毒菌株普通琼脂斜面培养物腹腔注射18～20 g

小鼠 10 只，每只含 1 亿活菌，14～21 d 后腹腔注射 4～5 MLD 的 C77-1 强毒菌液，观察 14 d，保护效率 80%。

制造工艺 冻干菌种经繁殖、选菌、扩大培养后制成生产种子，接种普通琼脂大扁瓶，培养后，用含 1%明胶、10%蔗糖的稳定剂洗下培养物，经纱布漏斗滤过后集中于大立瓶中，经检验纯粹，按规定的头份定量分装，即为液体苗，每头份不少于 100 亿活菌。也可将检验纯粹的菌液，经静置沉淀 24 h 后吸弃上清液的 1/3，将菌液混匀，定量分装，迅速冷冻真空干燥制成冻干苗，计算冻干后活菌率，每头份不少于 100 亿活菌。

质量标准 除按《成品检验的有关规定》进行检验外，还需如下检验：

安全检验：选用 18～20 g 小鼠 10 只，每只腹腔注射用普通肉汤或马丁肉汤稀释的含 1.5 亿活菌的疫苗 0.2 mL，观察 14 d，至少存活 8 只以上。

效力检验：18～20 g 小鼠 10 只，各腹腔注射用普通肉汤或马丁肉汤稀释的含 1.5 亿活菌的疫苗 0.2 mL，14～21 d 后，连同条件相同的对照小鼠 5 只，各腹腔注射 4～5 MLD 的 C77-3 强度菌株液 0.2～0.3 mL，观察 14 d，对照小鼠全部死亡，免疫小鼠应保护 8 只以上。

保存与使用 冻干苗 2～8℃保存，有效期 1 年；液体苗 2～8℃保存，有效期 45 d。本苗用于受胎 1 个月以上的怀孕马匹，也要用于未受孕母马和公马。使用时，冻干苗用 20%铝胶水或灭菌生理盐水稀释成每毫升含 100 亿活菌，液体苗可直接接种。成年马肌肉注射 1 mL，每年注射 2 次，间隔约 4 个月。孕马可安排在当年 9～10 月份(配种结束后 1～2 个月)和次年 1～2 个月各免疫 1 次。

疫苗二：马流产沙门氏菌 C39 弱毒疫苗

菌种为 C39 弱毒菌株。该菌株系用马流产沙门氏菌蓬红口强毒株通过雏鸡或培养基交替传代育成。制造方法与马沙门氏菌流产 C355 弱毒疫苗制造方法类似。配苗分装后，液体苗每头份不少于 50 亿活菌。冻干苗每头份不少于 50 亿活菌，冻干后活菌率须达 50%以上为合格。

3. 禽沙门氏菌病

禽沙门氏菌病(Avian salmonellosis)包括鸡白痢、禽伤寒以及禽副伤寒等，给养禽业造成很大损失。鸡白痢病原为鸡白痢沙门氏菌(*Salmonella pullorum*)，具有高度宿主适应性。禽伤寒病原为禽伤寒沙门氏菌(*Salmonella gallinarum*)，抗原与鸡白痢沙门氏菌相同。禽副伤寒的病原为副伤寒沙门氏菌。分离菌株中最常见的血清型有 10 种。

(1)免疫：经卵传递是雏鸡感染鸡白痢沙门氏菌的主要途径。鸡白痢发病的高峰期是在出壳后几天之内，试验证明高免血清的杀菌作用很小，而通过种鸡群的检疫清除带菌鸡取得了消灭鸡白痢感染的成功，因此对鸡白痢免疫机制的系统研究报道很少。

沙门氏菌是一种兼性细胞内寄生病原菌，动物机体对沙门氏菌的免疫，细胞介导免疫起重要作用。1 日龄雏鸡几乎没有对禽伤寒沙门氏菌的天然抗体，而成年鸡则相对较高。经口感染 4 日龄的雏鸡，直到 20～40 日龄时才可检出凝集抗体，而成年禽可在感染后 3～10 d 内产生凝集抗体。雏鸡在感染后 100 d 左右，抗体方达到高峰。禽类对沙门氏菌的免疫应答降低了感染的严重性，并能抵抗再感染，通过这种应答可对感染群进行血清学监测。迟发型变态反应可能与细胞免疫有关，同时在血清和胆汁中均可检出特异性抗体。血清抗体有凝集抗体和补体结合抗体，但并非所有抗原都可诱导产生。由于大多数血清型细胞都局限在消化道，故不管局部产生的还是胆汁中的血清 IgA，在清除细菌过程中都可能起主要作用。某些细菌的侵袭能刺激机体产生免疫力，免疫作用需有 IgA 参与。在消除肠道中沙门氏菌的过程中，IgG、IgM 和细胞免疫的作用还不清楚。

(2)疫苗：目前，一株缺失二磷酸尿苷-半乳糖差向异构酶(gal E)在活体内不能生存的哺乳动物鼠伤寒沙门氏菌突变株疫苗已试用于家禽。该疫苗通过口腔或皮下接种刚孵出或 4～6 周龄雏鸡，在接种后 2～4 周用禽鼠伤寒沙门氏菌攻击，排泄攻击菌的鸡减少 30%～40%，但 gal 突变株在宿主动物体内仍保持一定毒力。这类疫苗在限制噬菌体 4 型肠炎沙门氏菌感染方面有一定价值。利用转座子研制的弱毒苗已开始应用于预防鼠伤寒沙门氏菌。消除转座子及其插入区域的部分基因，可产生一个基因缺失变异株，从而排除毒力恢复现象。通过转座子诱变可产生能合成芳族氨基酸的变异株，这些变异株需有 P-氨基苯甲酸才能生长；也可产生缺失腺苷酸环化酶活性或环腺苷酸受体蛋白或外膜蛋白的转座子变异株。某些禽野生型菌株有可能产生比 galE 株或其他突变株更强的免疫力。因此，有必要克隆一些编码接近肠道常在菌的基因或其他保护性抗原的基因嵌入无害载体微生物中，制成新一代的免疫制剂。

4. 牛副伤寒

牛副伤寒临床上以败血症、出血性胃肠炎、怀孕动物发生流产等为特征，在犊牛有时表现为肺炎和关节炎症状。病原主要为鼠伤寒沙门氏菌(*S. typhimurium*)、都柏林沙门氏菌(*S. dublin*)及牛病沙门氏菌(*S. bovismorbificans*)。免疫接种是防制本病的有效措施。疫苗有牛副伤寒灭活疫苗和牦牛副伤寒活疫苗，制苗用菌种分别为肠沙门氏菌都柏林变种强毒菌株、牛病沙门氏菌强毒菌株和都柏林沙门氏菌 S8002-550 弱毒菌株，其制造方法相似。每年 5～7 月份接种。免疫期 12 个月。

(1)疫苗：由于牛副伤寒常为急性暴发，死亡率较高，虽然发病时用高免血清和抗生素药物治疗有一定疗效，但效果不甚理想。最有效的预防办法是用疫苗进行免疫预防。

疫苗一：牛副伤寒灭活疫苗

菌种　本苗是用免疫原性良好的都柏林沙门氏菌菌株和病牛沙门氏菌菌株培养物经甲醛溶液灭活脱毒后，加氢氧化铝胶制成。

制造工艺　冻干的生产用菌种经复壮、繁殖、选菌、扩大培养后制成生产种子，接种于肉肝胃(酶)消化汤培养基，静止或通气培养，收获培养物。按菌液量的 0.8%加入甲醛溶液灭活，脱毒。菌液经无菌检验和脱毒检验合格后，按 3 份菌液加 1 份氢氧化铝胶的比例配苗，充分混匀，定量分装。

质量标准　本苗静置后，上层为灰褐色澄明液体，下层为灰白色沉淀物，振摇混匀呈混浊液。无菌检验，应无菌生长。安全检验：体重 250～350 g 豚鼠皮下注射疫苗 3 mL，观察 10 d，应健活；6～12 月龄小牦牛肌肉分别注射疫苗 3、4、5 mL，应无过敏反应。效力检验：用体重 250～350 g 的豚鼠 8 只，各皮下注射疫苗 1 mL，2 周后连同对照鼠 6 只，分成两组，分别用致死量的都柏林沙门氏菌强毒株和病牛沙门氏菌强毒株攻击，观察 2 周，免疫豚鼠每组至少保护 3 只以上；对照鼠全部死亡。本苗置 2～8℃冷暗处保存，有效期为 1 年。

用法与用量　1 岁以下小牛肌肉注射疫苗 1 mL，1 岁以上的牛肌肉注射 2 mL；可于第一次免疫 10 d 后，用同样剂量再加强免疫 1 次。在已发生牛副伤寒的畜群中，应对 1 周龄犊牛肌肉注射疫苗 1 mL。对孕牛应在产前 2 个月时注射疫苗，所产犊牛应在 1 月龄时注射 1 次疫苗。本苗的免疫期为 6 个月，瘦弱和患病的牛不宜注射本苗。

疫苗二:牦牛副伤寒活疫苗

菌种 都柏林沙门氏菌强毒菌株,本苗为甘肃省畜牧兽医研究所研制,经牛体安全、效力、免疫期及区域免疫试验等项试验证明,应用本疫苗有较高的安全性和良好的免疫效果。

制造工艺 都柏林沙门氏菌强毒菌株经人工培育致弱获得的免疫原性良好的都柏林沙门氏菌STM8002-550弱毒菌株,经繁殖、选菌、扩大培养后制成生产种液,接种于含1.5%蛋白胨普通肉汤培养基,通气培养,培养物经离心收获菌泥,用灭菌生理盐水稀释成适当浓度菌液,加入明胶-蔗糖保护剂混匀后定量分装,冷冻真空干燥制成弱毒冻干菌苗。

质量标准 本苗为灰白色海绵状团块,加稀释液后易溶解;应纯粹无杂菌;冻干后活菌率应不低于50%,每头份剂量犊牛15亿活菌,成牛30亿活菌。安全检验:体重250~350 g豚鼠皮下注射疫苗3 mL,观察10 d,应健活。效力检验:用5亿活菌皮下注射免疫体重为250~350 g豚鼠4只,15 d后连同条件相同的对照豚鼠3只,用2 MLD的强毒攻击,免疫鼠应全部健活,对照鼠全部死亡。各瓶苗应保持真空,剩余水分不超过4%。本苗置−20℃保存有效期18个月,0~4℃保存有效期为1年。

使用方法 本苗用于预防牦牛副伤寒,免疫期为1年。临用时,用20%氢氧化铝胶生理盐水稀释疫苗,于牛的臀部或颈部浅层肌肉注射,成年牛2 mL,犊牛1 mL。本苗一般在每年的5~7月份使用。

疫苗三:其他疫苗

除上述两种疫苗外,国内也有自制自家疫苗的报道,有的牛场发生由鼠伤寒沙门氏菌引起的牛副伤寒,牛场根据发病情况,分离病原制自家灭活疫苗,免疫牛群获得良好免疫效果,均无不良反应。国外这方面的商品苗有:都柏林沙门氏菌灭活疫苗、鼠伤寒沙门氏菌灭活疫苗和都柏林沙门氏菌弱毒活疫苗(王明俊等,1995)。

(秦晓冰 青岛农业大学;李昌 军事医学科学院军事兽医研究所)

三、巴氏杆菌病

多杀性巴氏杆菌(*Pasteurell muhoeida*,Pm)最早是由Pasteur于1878—1879年发现,是畜、禽、野生动物及人类的一种重要的共患性病原(Confer,1993),广泛分布于世界各地,在同种和不同种动物间可相互传染,共有3个亚种,即多杀亚种、败血亚种及杀禽亚种。它引起多种畜禽巴氏杆菌病(亦称出血性败血症)的病原体,包括引起各类家禽的禽霍乱,特别是鸡、火鸡、鸭和鹅,以及引起猪的肺疫、牛出败等。

(一)病原特性

多杀性巴氏杆菌无运动性、不形成芽孢,属革兰氏阴性小杆菌,大小为(0.2~0.4) μm×(0.6~2.5) μm,单个或成对,偶尔呈链状或丝状;新分离的菌株具有荚膜,在组织、血液中菌体两极着色,为需氧或兼性厌氧菌,最适生长温度37℃,最适pH 7.2~7.4。多杀性巴氏杆菌在血液或血清琼脂上生长良好,菌落小,透明、光滑、湿润。多数菌落发蓝色荧光。

多杀性巴氏杆菌血清分型的方法主要有2种,一种是根据荚膜抗原分型,一种是根据菌体抗原进行分型。按荚膜抗原分有6个型,分别为A、B、C、D、E和F,A、B、D、E型菌都可以引起猪发病,此外A型菌主要引起禽霍乱,B型菌主要引起牛发病,D和E型主要使兔、羊发病;C型菌则是犬、猫的正常栖居菌,一般不引起发病;F型菌主要引起火鸡发病。按菌体抗原分为16个不同血清型,可以引起猪发病的有1、2、3、4、5、6、10菌型,引起鸡发病的有5、8菌型，引起火鸡发病的有5、9菌型，引起牛发病的有6、7菌型，引起羊发病的有4、6菌型，引起兔发病的有7菌型(沈琴芳，2006)。现在，多杀性巴氏杆菌分型一般是2种方法结合一起使用。到目前为止。对多杀性巴氏杆菌的特异性保护抗原成分还未完全弄清，已重点研究的有荚膜、菌毛、外膜蛋白等抗原。

(二)疫苗

目前，中国应用的商品化疫苗主要有禽巴氏杆菌病弱毒活疫苗和灭活疫苗两种，其中弱毒疫苗是中国所有禽用弱毒疫苗中研究最多的一类，曾在20世纪80年代达到了研制的高峰期，但由于禽多杀性巴氏杆菌本身复杂的抗原结构和易变异等固有的问题，至今尚未获得理想的弱毒疫苗。现有的市售弱毒苗存在着一系列的问题，如免疫期偏短(2～3个月)、免疫保护力偏低(50%～75%)、局部及全身的反应偏大，不仅造成减食和严重产蛋下降，还会造成一些死亡，以及菌株遗传不够稳定等关键性技术问题，应用不当甚至会引起禽霍乱的暴发，因此其效果并不理想。而灭活苗存在的保护率低和免疫期短的问题较弱毒苗更为严重，所以研制新型、有效的禽巴氏杆菌病疫苗势在必行。目前针对多杀性巴氏杆菌新型疫苗的研究主要集中在重组亚单位疫苗上，而DNA疫苗的研究相对较少一些，且主要集中在猪巴氏杆菌病DNA疫苗上，禽多杀性巴氏杆菌DNA疫苗的研究则鲜有报道。

国内外有许多该菌苗生产的新技术新品种，研制思路也很好，可以大胆地借鉴国内外成功的新技术、新疫苗。禽霍乱是一种家禽细菌性传染病，从其被发现以来，世界各国的学者都对它进行了细致深入的研究。首先是微生物学家Pasteur成功致弱了禽多杀性巴氏杆菌，培育出了世界上第1个家禽疫苗，此后疫苗得到了空前的发展。目前世界上的禽霍乱疫苗品种主要有弱毒疫苗、灭活疫苗和亚单位疫苗，这些疫苗都有自身的优势，广泛应用在实际生产中，其中以弱毒疫苗和灭活疫苗应用最为广泛。

灭活疫苗中，目前有氢氧化铝佐剂疫苗、油佐剂疫苗和蜂胶佐剂疫苗，其中蜂胶疫苗以其保护率高、保护期长、易于注射等优点已被推广到全国30个省、市、自治区应用，成为控制禽霍乱的首选疫苗品种。无论何种灭活疫苗，其制苗菌种的免疫原性都对疫苗的质量有着直接的影响。

目前应用比较成功的巴氏杆菌疫苗有：猪多杀性巴氏杆菌活疫苗、807系禽霍乱弱毒菌苗、禽兔巴氏杆菌A苗、833系禽霍乱弱毒菌苗、禽霍乱油乳剂苗、猪巴氏杆菌活疫苗、禽霍乱G190E40弱毒菌苗、兔巴氏杆菌苗-兔出血症-兔魏氏梭菌三联灭活苗、鸭瘟巴氏杆菌二联活疫苗、猪瘟-猪丹毒-猪肺疫三联活疫苗、猪丹毒-猪肺疫二联铝胶苗、兔瘟-兔巴氏杆菌二联铝胶苗(浓缩)、牛多杀性巴氏杆菌灭活疫苗、猪多杀性巴氏杆菌灭活疫苗、禽多杀性巴氏杆菌灭活疫苗。

疫苗一：禽霍乱强化灭活疫苗

菌种　禽多杀性巴氏杆菌C48-2强毒菌株。

制备工艺　用0.1%裂解红细胞全血的马丁肉汤、鲜血琼脂斜面，分别制备一级种子和二级种子。二级种子液以1%～2%的量接种于含0.1%裂解红细胞全血的马丁肉汤，37～39℃通气培养14～20 h。收获培养菌液按0.15%的量缓慢加入甲醛，37℃温育灭活7～12 h。无菌检验合格后，加入氢氧化铝胶、硫柳汞或石炭酸。无菌检验合格后，定量分装。

质量标准　除按《成品检验的有关规定》进行检验外，还需做如下检验：

安全检验:选用4～12月健康易感鸡4只,各肌肉注射疫苗4 mL,观察10 d应健活。

效力检验:选用4～12月健康易感鸡(鸭)4只,各肌肉注射疫苗2 mL,21 d后,连同条件相同的对照鸡(鸭)2只,各肌肉注射致死量C48-1强毒菌液,观察10～14 d,对照组鸡(鸭)全部死亡,免疫组鸡(鸭)保护2/4以上。

保存与使用 2～8℃保存,有效期1年。2月龄以上的鸡(鸭),每只肌肉注射疫苗2 mL。免疫期3个月。用鸭作效力检验的疫苗,只能用于鸭,不能用于鸡。

疫苗二:禽多杀性巴氏杆菌活疫苗

菌种 禽多杀性巴氏杆菌B26-T1200弱毒株,G190E40弱毒菌株,荚膜血清型A。

制备工艺 种子繁殖和菌液培养方法基本同禽多杀性巴氏杆菌病灭活疫苗。培养物进行纯粹检验和活菌计数。检验合格的菌液混于同一容器,以容量计,预热至37℃的菌液7份加入37℃左右的稳定剂1份(明胶12 g和蔗糖50 g溶于100 mL蒸馏水,调pH至7.6,间歇灭菌备用),充分混匀,定量分装,立即冷冻干燥。鸡每羽份不少于3 000万活菌,鸭每羽份不少于9 000万活菌。

质量标准 除按《成品检验的有关规定》进行检验外,还需做如下检验:

安全检验:选用2～4月龄健康易感鸡2只,20%氢氧化铝胶生理盐水稀释疫苗使每毫升含100羽份,每只皮下或肌肉注射疫苗1 mL,观察10～14 d应全部健活。

效力检验:选用2～4月龄健康易感鸡(鸭)8只,20%氢氧化铝胶生理盐水稀释疫苗使每毫升含1羽份,每只肌肉注射疫苗1 mL,14 d后,连同条件相同的对照鸡(鸭)2只,各肌肉注射致死量C48-1强毒菌液,观察10～14 d,对照组鸡(鸭)全部死亡,免疫组鸡(鸭)保护3/4以上。

保存与使用 2～8℃保存,有效期1年。使用时,20%氢氧化铝胶生理盐水稀释疫苗0.5 mL含1羽份,皮下或肌肉注射疫苗0.5 mL。免疫期4个月。

疫苗三:兔、禽多杀性巴氏杆菌病灭活疫苗

本疫苗系用免疫原性良好的兔源、禽源A群多杀性巴氏杆菌接种适宜培养基,将培养物用甲醛灭活,加氢氧化铝胶制成。制造方法和检验方法基本同禽多杀性巴氏杆菌病灭活疫苗。用于预防兔多杀性巴氏杆菌病、禽多杀性巴氏杆菌病。2～8℃保存,有效期1年。使用时,90日龄以上的兔皮下注射疫苗1 mL,免疫期6个月;60日龄以上的鸡皮下注射1 mL,免疫期4个月。

疫苗四:兔多杀性巴氏杆菌病、支气管败血波氏菌感染二联灭活疫苗

本苗系用免疫原性良好的兔源A群多杀性巴氏杆菌菌液和兔源Ⅰ相支气管败血波氏菌菌液经甲醛灭活,加油佐剂混合乳化制成。制造方法和检验方法基本同于禽多杀性巴氏杆菌病油佐剂灭活疫苗。用于预防兔多杀性巴氏杆菌病、兔支气管败血波氏菌感染。2～8℃保存,有效期1年。成年兔颈部肌肉注射疫苗1 mL,免疫期6个月。初次使用本品的兔场,首次免疫接种14 d后,应以相同剂量再注射1次。

疫苗五:兔多杀性巴氏杆菌病活疫苗

系用免疫原性良好的A群多杀性巴氏杆菌弱毒菌株接种适宜培养基,收获培养物,加适宜稳定剂,经冷冻真空干燥制成。免疫期5个月。病兔、怀孕兔、哺乳母兔和仔兔不宜使用。接种后大部分兔反应轻微,少数兔可见精神稍差、减食,一般于2～3 d内恢复。

疫苗六:牛多杀性巴氏杆菌病灭活疫苗

菌种 牛源多杀性巴氏杆菌C45-2、C46-2、C47-2强毒菌株,可根据需要选用1～3

株。效检攻毒用菌种为C45-2强毒菌株。制造和检验用菌种应符合多杀性巴氏杆菌生物学特性，荚膜抗原型应为B型。在0.1%裂解红细胞全血及4%健康动物血清的马丁琼脂平皿上菌落应为Fg型。在低倍显微镜下，通过45°折光观察，菌落呈鲜明的草绿色虹彩，边缘整齐，边缘的一部分有狭窄的红黄色光带。以培养菌液2～4 mL，皮下注射4～6个月的犊牛，应于48 h内死亡；以1～3个活菌皮下注射1.5～2 kg的健康家兔，应于72 h内死亡。

制备工艺 ①种子繁殖：用0.1%裂解红细胞全血的马丁肉汤及琼脂平皿培养，制备种子。②菌液培养：各二级种子液等量混合，以1%～2%的量接种于含0.1%裂解红细胞全血的马丁肉汤，通气培养24 h。进行纯粹检验和活菌计数。③收获培养菌液按0.1%～0.15%的量缓慢加入甲醛，37℃温育灭活7～12 h。按5份菌液加1份氢氧化铝胶进行配苗，再按总量的0.005%加硫柳汞或按0.2%的量加入石炭酸。无菌检验合格后，定量分装。

质量标准 除按《成品检验的有关规定》进行检验外，还需做如下检验：

安全检验：选用18～20 g小鼠5只，每只皮下注射疫苗0.3 mL，观察10 d，均应健活。也可选用1.5～2.0 kg健康家兔4只，每只分别皮下注射疫苗5 mL，观察10 d，家兔均应健活。

效力检验：1.5～2.0 kg健康家兔4只，每只分别皮下或肌肉注射疫苗1 mL，21 d后，连同条件相同的对照家兔2只，用致死量的C45-2强毒菌液攻击，观察8 d，对照组家兔全部死亡，免疫家兔至少保护2只以上。或选用100 kg左右的健康易感牛4头，用10 MLD的C45-2强毒菌液攻击，观察14 d，对照组牛全部死亡，免疫牛至少保护3头以上；或对照牛死亡2头，免疫牛全部保护。

保存与使用 100 kg以下的牛只，皮下或肌肉注射疫苗4 mL；100 kg以上的牛只，皮下或肌肉注射疫苗6 mL。免疫保护期9个月。

疫苗七：猪、牛多杀性巴氏杆菌病灭活疫苗

猪、牛多杀性巴氏杆菌病灭活疫苗系用免疫原性好的牛源、猪源B群多杀性巴氏杆菌接种适宜培养基，将培养物用甲醛灭活，加氢氧化铝胶浓缩制成。制造方法和检验方法基本于牛多杀性巴氏杆菌病灭活疫苗。用于预防猪杀性巴氏杆菌病、牛杀性巴氏杆菌病。2～8℃保存，有效期为1年。使用时，猪皮下或肌肉注射疫苗2 mL，牛3 mL。免疫期猪为6个月，牛为9个月。

疫苗八：猪巴氏杆菌病灭活疫苗

菌种 荚膜B型多杀性巴氏杆菌菌种C44-1强毒菌株。效检攻毒用菌种为猪源多杀性巴氏杆菌C44-1或C44-8强毒菌株。以1-3株活菌皮下注射1.5～2.0 kg健康家兔，应于2 d内死亡。以约50个活菌皮下注射15～2 5kg健康猪，应于3 d内死亡。C44-8株对兔毒力同C44-1株，对猪毒力约为600个活菌。制造和检验用菌种应符合多杀性巴氏杆菌生物学特性，荚膜抗原型应为B型。在0.1%裂解红细胞全血及4%健康动物血清的马丁琼脂平皿上菌落应为Fg型。冻干菌种在2～8℃保存10年。

制备工艺 与牛多杀性巴氏杆菌病灭活疫苗相同。

质量标准 除按《成品检验的有关规定》进行检验外，还需进行如下检验：

安全检验：与牛多杀性巴氏杆菌病灭活疫苗相同。

效力检验：以2 mL疫苗皮下或肌肉注射1.5～2.0 kg健康家兔4只，21 d后，连同条件相同的对照家兔 2 只，各皮下注射致死量的 C44-1 强毒菌液或 C44-8 株 80～100 个活菌，观察 8 d，对照组家兔全部死亡，免疫家兔至少保护 2 只以上。或选用 15～30 kg 健康易感猪 5 头，分别皮下注射疫苗 5 mL，21 d 后，连同条件相同的对照猪 3 头，各皮下注射致死量的 C44-1 强毒菌液，观察 10 d，对照组猪死亡 2 头，免疫猪全部保护；或对照猪全部死亡，免疫猪保护 4 头以上。

保存与使用 2～8℃保存，有效期 1 年。断奶后的猪，无论大小，皮下或肌肉注射 5 mL。免疫持续期为 6 个月。

疫苗九：猪丹毒、猪多杀性巴氏杆菌病二联灭活疫苗

制备用菌种为猪源多杀性巴氏杆菌 C44-1 强毒菌株，猪丹毒杆菌 C43-5 强毒菌株。制苗用菌种繁殖、菌液培养、纯粹检验与菌液灭活均与猪多杀性巴氏杆菌病灭活疫苗、猪丹毒灭活疫苗单苗的程序相同。然后各按 5 份菌液加入 1 份灭菌氢氧化铝胶，充分混匀，静置 2～3 d 后，吸弃上清液，浓缩至全量的 2/5，无菌检验合格后，取猪多杀性巴氏杆菌浓缩菌液 2 份与猪丹毒杆菌浓缩菌液 3 份充分混匀制成。免疫期 6 个月。

疫苗十：猪巴氏杆菌病活疫苗

菌种 多杀性巴氏杆菌弱毒株如 EO630 株、C20 株、TA53 株、679-230 株。效检攻毒用菌种为猪源多杀性巴氏杆菌 C44-1 或 C44-8 强毒株。EO630 弱毒株是由猪源多杀性巴氏杆菌 C44-1 强毒株通过含有海鸥牌洗涤剂的培养基连续传代 630 代育成。其标准为：皮下注射 1.5～2.0 kg 健康家兔马丁肉汤 24 h 培养物 30 亿活菌；同时肌肉注射 15～30 kg 健康易感猪 500 亿～750 亿活菌，观察 10 d，均应健活。其免疫原性同牛巴氏杆菌病灭活疫苗效力检验。

制备工艺 同牛多杀性巴氏杆菌病灭活疫苗。每头份苗不少于 3 亿活菌。

质量标准 除按《成品检验的有关规定》进行检验外，还需进行如下检验：

安全检验：选用 1.5～2.0 kg 健康家兔 2 只，每只皮下注射用 20%氢氧化铝胶生理盐水稀释至每毫升含 10 个使用剂量的疫苗 1 mL，观察 10 d，均应健活。

效力检验：以兔检法、鼠检法和猪检法 3 种方法当中的一种进行检验。样品用 20%氢氧化铝胶生理盐水稀释。①鼠检法：选用 16～18 g 小鼠 5 只，皮下注射约 1 000 万活菌，14 d 后连同条件相同的对照鼠 3 只，皮下注射 2 MLD 的 C44-1 强毒菌液，观察 9 d。对照鼠全部死亡，免疫鼠保护 4/5 以上。②兔检法：用 1.5～2.0 kg 健康家兔 4 只，皮下约注射 0.75 亿～1 亿活菌，14 d 后连同条件相同的对照家兔 2 只，皮下注射致死量的 C44-1 强毒菌液或 C44-8 株 80～100 个活菌，观察 10 d，对照组家兔全部死亡，免疫家兔保护 2/4 以上。③猪检法：用 3～5 月龄健康易感猪 5 头，肌肉注射 3 亿活菌，14 d 后连同条件相同的对照猪 3 头，肌肉注射致死量的 C44-1 强毒菌液，观察 10 d。对照组猪至少死亡 2 头，免疫猪全部保护；或对照猪全部死亡，免疫猪至少保护 4 头。

保存与使用 －15℃以下保存，有效期为 1 年；2～8℃保存，有效期 6 个月。使用时皮下或肌肉注射 3 亿活菌以上，免疫期 6 个月。

（单虎　秦晓冰　青岛农业大学动物科技学院）

四、布氏杆菌病

布氏杆菌病(Brucellosis)是由布氏杆菌属(*Brucella*)的病原细菌引起多种动物互为传染源的人畜共患的急、慢性传染病。又称马耳他热或波状热。主要侵害生殖系统，表现为怀孕动物发生流产和不孕，公兽发生睾丸炎。临床主要表现流产、睾丸炎、腱鞘炎和关节炎，病理特征为全身弥漫性网状内皮细胞增生和肉芽肿结节形成。本病流行范围很广，遍及世界各地。在中国的西北、东北和华北地区均有流行或散发。

牛、羊、猪等动物最易感染，引起母畜传染性流产。人类接触带菌动物或食用病畜及其乳制品，均可被感染。潜伏期 1～3 周，临床特点是缓慢起病，长期发热、多汗、虚弱、全身痛和关节痛，急性期症状多在 3～6 个月内消退。慢性布氏杆菌病尤其是牛型病例，常因众多含糊主诉误诊为神经衰弱。布氏杆菌病广泛分布世界各地。中国部分地区曾有流行，现已基本控制。布氏杆菌也是帝国主义者列为失能性生物战剂之一。

血和骨髓培养分离到布氏杆菌可确诊，血清凝集试验若效价在 1∶100 以上亦有辅助诊断意义，布氏杆菌素皮内试验常用于回顾性诊断。治疗首选四环素或联合应用链霉素，疗程 3 周，复发病例可重复疗程。预防和控制家畜布氏杆菌病是预防人患此病的关键。布氏杆菌生物制品品种很多，大致可分成两大类：一类用于诊断，另一类用于免疫预防。根据制品品种的不同，制备用的菌种、生产工艺、检验项目、使用方法和应用目的亦不尽相同。

（一）病原特性

布氏杆菌（*Brucella*）分类上属于布氏杆菌属，是一类革兰氏阴性的细小短杆状或球杆状菌，(0.5～0.7) μm×(0.6～1.5) μm，姬姆萨染色呈紫色。新分离者趋向球状或卵圆形，多单在。无鞭毛不运动，不产生芽孢，S 型菌有荚膜。本菌专性需氧，但许多菌株在初代培养时尚需 5%～10% CO_2。触酶、氧化酶阳性，不水解明胶，不溶解红细胞，吲哚、甲基红和 VP 试验阴性，可氧化许多糖类和氨基酸而获得能量。培养时，对营养要求高，生长中一般需要大量维生素 B_1，在含有少量血液、血清、肝浸液、马铃薯浸液、甘油、胰蛋白胨和马铃薯琼脂等培养基培养。布鲁氏菌在物理、化学、生物和自然因素作用下易发生变异，长期培养也常发生 S→R 变异，从而引起毒力和抗原性的改变，也会影响生物制品的质量。布氏杆菌对热敏感，70℃ 10 min 即可死亡；阳光直射 1 h 死亡；在腐败病料中迅速失去活力；一般常用消毒药都能很快将其杀死。

布氏杆菌属分为 6 个种 20 个生物型，即马耳他布氏杆菌（*B. melitensis*）生物型 1～3、流产布鲁氏菌（*B. abortus*）生物型 1～9 个、猪布鲁氏菌（*B. suis*）生物型 1～5 个、绵羊布鲁氏菌（*B. ovis*）、沙林鼠布鲁氏菌（*B. neotomae*）和犬布鲁氏菌（*B. canis*）。前 4 个种正常情况下以光滑型菌落形式存在，而后 2 个种仅以粗糙型形式存在。中国流行的主要是羊（*B. melitensis*）、牛（*B. Bovis*）、猪（*B. suis*）三种布氏杆菌，其中以羊布氏杆菌病最为多见。

（二）免疫

布鲁氏菌为胞内寄生菌，病菌侵入机体，被吞噬细胞吞噬。如吞噬细胞未能将其杀灭，则细菌在吞噬细胞内大量繁殖导致吞噬细胞破裂，随之细菌进入循环系统而被血液里的吞噬细胞吞噬，并扩散至全身。机体免疫功能正常，通过细胞免疫及体液免疫可清除病菌而获痊愈；若免疫功能不健全，或感染的菌量大、毒力强，则部分细菌逃脱免疫而形成新的感染，如此反复便成为慢性感染。动物感染后 4～5 d，血液中即出现凝集抗体，主要是 IgM。随后（特别是流产后 7～15 d），主要是 IgG 滴度升高，IgA 在其后呈低水平上升,可持续 1～2 年下降。此后当病情反复时,IgG 又可迅速回升。在感染后 7～14 d 即出现补体结合抗体,主要是 IgM 和 IgA。试验证实,细菌免疫在布鲁氏菌病的免疫中起重要作用,而慢性期机体内免疫复合物大量增加,体液免疫参与了病理损伤。疾病的早期,巨噬细胞、T 细胞及体液免疫功能正常,可联合作用将细菌清除而痊愈。如不能将细菌彻底清除,则细菌、代谢产物及内毒素可使机体致敏,产生致敏淋巴细胞和相应抗体,从而出现Ⅰ、Ⅱ、Ⅲ或Ⅳ型变态反应,引起血管内膜炎、组织坏死和肉芽肿等免疫病理反应。

(三)疫苗

免疫接种是有效防制本病的根本措施之一。已有的菌苗种类很多,国际上使用的菌苗主要有 4 种,其中 2 种是弱毒活菌苗,分别是羊型 ReV.1 和布鲁氏菌 19 号弱毒菌苗;2 种死菌佐剂苗,分别是牛型 45/20 死菌佐剂苗和羊型 53H38 死菌佐剂苗。目前中国主要应用的有羊型 5 号(Ms)活疫苗和猪型 2 号活疫苗两种活疫苗(郝新国,2009)。

疫苗一:牛种布氏杆菌 19(*B. abortus* strain 19,S19)疫苗

该疫苗制造用菌株是 1923 年从牛奶中分离获得的,并在实验室培养过程中致弱。菌株中含有 O 链的脂多糖(LPS)能持续刺激机体产生抗体,对牛有一定的保护力,历史上最广泛应用的布氏杆菌疫苗为 S19,属于牛种布氏杆菌的一种。1923 年在牛奶中已有毒株发现,但在实验室培养过程中却成为减毒株。菌体中含有 O 链的 LPS 能持续刺激机体产生抗体,对牛有一定的保护力,但该菌株能传染人,并会引起怀孕母畜的流产,在公畜中也限制使用。由于布氏杆菌疫苗不具备完全保护作用,免疫后的动物仍然可能感染其他菌株,因此通过血清学方法检测为布氏杆菌阳性的家畜,仍无法判定动物是否被其他菌株感染,从而干扰临床诊断。

菌种 制苗菌种为牛种布鲁氏菌弱毒株 A19,其形态、染色、生化和培养特性、变异及血清学特性应典型。用生理盐水洗下 48 h 的固体培养物,制成每毫升含 10 亿活菌的悬液,皮下 1 mL 注射体重 350～400 g 的豚鼠 5 只。14 d 后剖杀,脏器不应有肉眼可见的病变,每克脾脏含菌量不超过 20 万个。用体重 350～400 g 的豚鼠 10 只,每只皮下注射活菌 25 亿～30 亿,40 d 后,接种 1～3 个感染量的羊种布鲁氏菌强毒株 M28,观察30～35 d 后剖杀,作细菌培养检查,80%以上的豚鼠因无强毒菌出现。用其所制备的布鲁氏菌弱毒菌苗,就符合效力检验;效检用菌种为羊种布鲁氏菌强毒株 M28,其形态染色、生化和培养特性、变异及血清学特性应合格,对豚鼠最小感染量为 10 个细菌。

制造工艺 ①种子繁殖:冻干菌种移植于胰蛋白胨琼脂平板或其他适宜培养基上,于 36～37℃培养 2～3 d,选取合格菌落,再次移植于上述培养基 48～72 h,作为种子。②菌液培养:制苗用培养基为马丁肉汤或其他适宜培养基。将二级种子液按培养基总量的 1%～2%接种,在 36～37℃下通气培养 36 h,期间于第 12、20、28 h 分别按培养基总量的 1%～2%加入 50%葡萄糖溶液。经纯粹检验及活菌计数合格。③浓缩与配苗:用 pH6.3～6.8 缓冲生理盐水稀释成 120 亿～160 亿/mL 的菌液,无菌分装即为湿苗;若制冻干菌苗,可根据总量的 0.2%～0.4%加入羧甲基纤维素钠浓缩沉淀菌体。浓缩的菌液纯粹检验及活菌计数合格后,加入 pH 7.0 蔗糖明胶稳定剂(10%蔗糖脱脂乳,或 1%～2%明胶、10%蔗糖液)进行配苗。为增加冻干疫苗的耐热性,亦可加入硫脲,其最终含量为 1%～3%。定量分装,迅速冷冻真空干燥。

质量标准 除按《成品检验的有关规定》进行检验外，需做如下检验：①活菌计数：冻干苗按标签注明的头份用生理盐水溶解后用冻冷的蛋白胨水稀释作活菌计数，液体苗含菌 100 亿～160 亿/mL，冻干苗核定头份数不应低于瓶签注明数。②变异检查：划线接种肝汤琼脂平板，36～37℃培养 72 h，用折光检查菌落或结晶紫染色后折光检查，R 型菌落不超过 5%。③安全检查：以含菌 10 亿/mL 的疫苗稀释液 0.25 mL，皮下注射 18～20 g 小鼠 5 只，观察 6d 应全部健活，如有死亡应重检。

保存与使用 湿苗 0～8℃保存期 45 d；冻干苗 0～8℃冷暗处保存期 1 年。牛可用 600 亿～800 亿的标准剂量皮下注射，在 3～8 月龄注射 1 次，必要时在 18～20 月龄再注射 1 次；绵羊配种前 1～2 月注射 1 次（孕羊严禁注射），皮下注射 300 亿～400 亿。免疫期 9～12 个月（姜平，2003）。

疫苗二：猪种布氏杆菌 2 号（*B. suis* strain 2，S2）疫苗

该疫苗是用中国分离株制造的，其毒力比 S19 和 Rev.1 弱，对猪、牛和羊均能产生良好的免疫。由于其毒力较弱，可以通过口服或肌注的方式进行免疫，并且不会导致怀孕母畜的流产，因此在中国被广泛使用。虽然有研究认为，S2 的保护率较 S19 和 Rev.1 低 10%～20%，但大量的动物试验表明，S2 能够提供令人满意的保护率，对超强毒的马耳他型（*B. melitensis*）布氏杆菌的攻击能提供 40%～60%的保护。VTRM1（羊种布氏杆菌突变株 Rough mutant *B. melitensis*）、16MVTRS1（猪布氏杆菌突变株 Rough mutant *B. suis*）RB51 让人们意识到，或许羊种布氏杆菌及猪种布氏杆菌粗糙型作为疫苗都有良好的保护性，利用 wboA 基因断裂将 RB51 构建成 VTRM1，因其在机体中可以长期存在并可引起强烈的 CMI，故对机体的保护力大于 RB51。对于 VTRM1 和 VTRS1 的进一步研究仍在进行中。在研究全菌苗的同时，不少学者也将目光投向亚单位疫苗。利用菌体的多种有效成分制成亚单位联合抗原疫苗，是近年研究的重点，并取得了一定的成效。

菌种 制苗菌种为猪种布鲁氏菌弱毒株 S2，其毒力和免疫原性同牛布鲁氏菌弱毒株 A19。

制造工艺 同 19 号弱毒疫苗。

质量标准 同 19 号弱毒疫苗。

使用 本苗毒力弱，生物性状稳定，免疫原性好，对猪、绵羊、山羊、牦牛、牛等有较好的效果，可接种任何年龄的动物，甚至可接种怀孕动物而不流产。免疫期羊 2 年，牛、猪 1 年。

疫苗三：布鲁氏菌羊 5 号（M5）活疫苗

本苗对牛、山羊、绵羊和鹿布鲁氏菌病的预防效果较好，可采用皮下、滴鼻、气雾免疫法，也可用口服法免疫。但此菌苗引起动物产生的凝集性抗体效价较低，持续期较短。目前研究人员将 M5 通过鸡体 187 代，经黄素处理，并用鸡成纤维细胞传代 90 次，培育出 M5-90S 株，具有良好的安全性和优秀的免疫原性。免疫期可达 3 年。

疫苗四：羊种布氏杆菌 Rev.1 菌苗

Rev.1 被认为是一种毒力减弱株，属于光滑型。对牛、羊布氏杆菌均具有免疫保护力。此菌株作为疫苗仍具有一定的毒力，并且在适当的条件下，毒力可以完全恢复。和 S19 一样，Rev.1 免疫动物后也会干扰临床诊断。临床上常将链霉素和四环素配合使用来治疗布病，但 Rev.1 对链霉素具有抗性，因此由其引起的感染往往疗效较差。现证实 Rev.1 菌苗可使公羊能很好地抵抗绵羊附睾种布鲁氏菌（B. ovis）的感染。但 Rev.1 菌苗的安全性较差，注射泌乳羊，可从奶中排菌；大量的动物试验结果显示，由 Rev.1 引起的流产率比 S19(S19 低于 1%)略高,而对于某些毒力变异株,其致流产率可能更高。因此以 Rev. 1 作为疫苗,还需有更多的数据证实其安全性和效率问题。

疫苗五:牛种布氏杆菌 45/20(*B. abortus* strain 45/20,45/20)菌苗

该疫苗主要用于牛,在西欧、北美的一些国家广泛使用。由于 45/20 菌苗为死菌佐剂苗,因而可用于各种年龄、各种生理状态的动物,不会出现如引起怀孕动物流产之类的不良反应,这就可以提高免疫密度。制造用菌株是 1922 年从病牛体中分离,后经豚鼠 20 次传代后获得粗糙型(R 型)的减毒株。其优点是 LPS 结构中无 O 链,因此免疫动物以后,在其体内检测不到 O 链的抗体,降低或消除动物的常规血清学反应诊断抗体滴度,从而可以避免干扰诊断。但由于 45/20 菌株的遗传稳定性较差,从而导致免疫力和血清学反应不理想。该菌株作为疫苗的免疫机制仍不清楚,有人推断 LPS 中残留的小量 O 链在起作用,也有人认为菌体的一些其他有效蛋白刺激了机体的细胞免疫,但这些猜测都缺乏直接有效的证据。粗糙型的 45/20 疫苗株最严重的问题是该菌株极不稳定,经常会出现从 R 型到 S 型的变异,使其毒力恢复为强毒,因此其作为疫苗的安全性仍有争议。

疫苗六:H38 菌苗

由强毒羊种布鲁氏菌 H38 菌株所制成的死菌佐剂苗,接种动物可以产生有效的保护作用,而且各种畜龄和不同怀孕期的动物皆可应用。此菌苗主要用于羊,亦可用于牛。其缺点是可产生严重的局部损伤和诱导的血清学反应持续时间过长。所以它不适用于检疫—屠宰的控制计划执行,致使大多数国家不采用此菌苗。

疫苗七:粗糙型牛种布氏杆菌株 51(Rough strain *B. abortus*51,RB51)疫苗

粗糙型菌株 45/20 对牛种布氏杆菌感染动物具有明显的保护力这一事实说明:粗糙型布氏杆菌体组织可作为引起机体免疫保护的有效抗原,关键是如何找到一株稳定性良好的粗糙型突变菌株。该疫苗株最初由光滑型牛布氏杆菌 2 308 株经体外反复传代,并经利福平和青霉素的筛选获得。具有利福平抗性的 RB51 是当前应用最为广泛的疫苗。多年的实践证明其免疫力和保护力均优于 S19,并克服了以往疫苗的一些弱点。

目前对布氏杆菌的疫苗研究主要是利用基因工程技术,对布氏杆菌的部分基因进行各种修饰,以期在现有疫苗的基础上筛选出具有更强免疫保护力、且毒力稳定的弱毒株。另外人们也试图研究布氏杆菌的 DNA 疫苗(王明俊等,1997)。

(秦晓冰　青岛农业大学;李昌　军事医学科学院军事兽医研究所)

五、结核病

结核病(Tuberculosis)是由分支杆菌属的某些病原引起的一种人畜共患的慢性传染病,其病理特征是在多种组织器官形成结核性肉芽肿(结核结节),继而结节中心干酪样坏死或钙化。结核病是古老的传染病,广泛流行于世界各地,对人类健康和动物生产构成严重威胁,特别是奶牛业发达的国家。各国政府历来十分重视结核病防制工作,一些国家也已有效控制了本病。目前,中国主要依靠以检疫为主要手段的防制策略。

(一)病原特性

引起人和动物结核病的分支杆菌属(*Mycobacterium*)有 3 个种,即结核分支杆菌(*M. tuberculosis*),亦称人型结核菌,主要感染人、类人猿、猴、狗和鹦鹉,也可感染牛。据认为有些牛群出现的结核菌素阳性牛是由于用患结核病的人看管牛群而引起的。人型结核菌也可感染猪，但其病变仅局限于肠系膜和颈部淋巴结。偶尔也可从马、山羊和绵羊分离到人型菌。牛分枝杆菌（*M. bovis*），亦称牛型结核菌，主要感染牛，但猪与病牛接触时也可感染。有人报告，马和羊的结核病是由牛型菌引起的，但这两种动物对该菌有较强的抵抗力，一般不易引起严重的损害。狗和猫也可感染牛型菌，家兔对牛型菌很易感，可引起严重的全身感染。其中以肺部的病变最为严重。禽分支杆菌（*M. avian*），亦称禽型结核菌或鸟结核菌，主要感染家禽。也可感染其他鸟类，如野鸡、火鸡、鹦鹉、鸭、鹅、鸽等。某些哺乳动物与病鸡或病禽圈舍的垫料等接触时也可感染。其中以兔和猪最易感。

在试验动物中，人型菌对豚鼠的致病力最强，注射少量活菌即可致死。家兔对该菌有抵抗力，但可感染。小鼠的易感性因品种不同而异。牛型菌对家兔和豚鼠的致病力都很强，注射少量活菌，即可引起全身性感染。小鼠腹腔注射可以感染，对仓鼠的致病力也很强，而禽型菌仓鼠没有致病力。人型菌和牛型菌对鸡均没有致病力。禽型菌对兔和鸡有很强的致病力，对豚鼠的致病力不强。根据致病力的不同可对菌型进行鉴定。

结核分支杆菌是直或微弯的细长杆菌，呈单独或平行相聚排列，多为棍棒状，间有分枝状。牛分支杆菌稍短粗，且着色不均匀。禽分支杆菌短而小，为多形性。本菌不产生芽孢和荚膜，也不能运动，为革兰氏染色阳性菌，常用的方法为 Ziehl-Neelsen 氏抗酸染色法。由于能抵抗 3%盐酸的脱色作用，又称为抗酸性细菌。分支杆菌为专性需氧菌。生长最适温度为 37.5℃，但在培养基上生长缓慢，初次分离培养时需用牛血清或鸡蛋培养基，在固体培养基上接种，3 周左右开始生长，出现粟粒大圆形菌落。牛分支杆菌生长最慢，禽分支杆菌生长最快。结核分支杆菌生长最适的酸碱度为 pH 6.4～7.0，牛分支杆菌为 pH 5.9～6.9，禽分支杆菌为 pH 7.2。

在自然环境中生存力较强，对干燥和湿冷的抵抗力很强。但对热的抵抗力差，60℃ 30 min 即可死亡。在直射阳光下经数小时死亡。常用消毒药经 4 h 可将其杀死。本菌对链霉素、异烟肼、对氨基水杨酸和环丝氨酸等敏感。

（二）疫苗

结核病的免疫往往是带菌免疫，当结核杆菌在机体内消失或死亡后，其免疫也随之终止。结核杆菌侵入机体后，主要产生的是细胞免疫。细胞免疫随病情的加重而减弱，体液免疫随病情的加重而增强。凡病情得到控制或康复的动物，其细胞免疫可达到一定的水平，而血清中抗体水平较低。重症动物的细胞免疫反应低下，甚至消失，血清中特异性抗体显著增加。结核杆菌的不同抗原成分激活不同的 T 细胞，可产生巨噬细胞移动抑制因子（MIF）或结核杆菌生长抑制因子（MycoIF），前者可致变态反应性炎性反应，后者可特异地抑制巨噬细胞内结核杆菌的繁殖，从而获得免疫。结核杆菌在激发机体产生免疫应答的同时，迟发性变态反应也随之发生，二者均由 T 细胞介导产生。但诱导产生的免疫与变态反应的物质不同，如将结核菌素与其细胞壁成分同时注入机体，可产生变态反应，但不产生免疫；因此检测机体对结核杆菌是否发生变态反应，即可判定是否有免疫力，结核菌素试验正是根据这一原理设计的最常用的免疫学检测手段（姜平，2003）。

在结核病免疫制品的研制中，研究最多、使用最广的是卡介苗，为控制人类结核病做出了巨大贡献，目前仍在普遍使用。卡介苗系毒力减弱的一株牛型结核菌。目前，防制牛结核杆菌感染的唯一有效的疫苗是牛结核杆菌致弱菌株 BCG。在牛体试验表明防疫效果不一，这可能与疫苗剂型、接种途径以及在环境中暴露程度等多种因素有关。现在正在详细研究结核杆菌的DNA，不久的将来，会了解该菌全部基因序列，这对鉴定与毒力相关的基因和将来制备DNA疫苗是非常有用的。在尚没有检测方法和屠宰控制计划，而受该病困扰的国家，可以使用BCG疫苗以降低该病在牛群中的传播。在实施疫苗防疫计划前，防疫程序必须适合当地疫病流行情况。注射剂量应在10^4～10^6个克隆形成单位。疫苗需使用标准推荐菌株，即BCG Pasteur。必须认识到使用疫苗会中和结核菌素皮肤试验或其他免疫试验。在采用这类试验方法进行控制或作为贸易措施的国家不能使用该种疫苗(房红莹等，2007)。

BCG疫苗也可以用于减少野生动物牛结核病的发生，对特殊的野生动物品种在用苗前完善交付系统十分必要。

(秦晓冰　青岛农业大学；李昌　军事医学科学院军事兽医研究所)

六、链球菌病

链球菌病是主要由β溶血性链球菌引起的多种人畜共患病的总称。动物链球菌病中以猪、牛、羊、马、鸡较常见。人链球菌病以猩红热较多见。链球菌病的临床表现多种多样，可以引起种种化脓创和败血症，也可表现为各种局限性感染。链球菌病分布很广，可严重威胁人畜健康。

(一)病原特性

链球菌(*Streptococcus*)的种类繁多，在自然界分布很广。一部分对人畜有致病性，一部分无致病性。本菌呈圆形或卵圆形，常排列成链，链的长短不一，短者成对，或由4～8个菌组成，长者数十个甚至上百个。在固体培养基上常呈短链，在液体培养基中易呈长链。大多数链球菌在幼龄培养物中可见到荚膜，不形成芽孢，多数无鞭毛，革兰氏染色阳性。

本菌为需氧或兼性厌氧菌。多数致病菌的生长要求较高，在普通琼脂上生长不良，在加有血液、血清的培养基中生长良好。在菌落周围形成α型(草绿色溶血)或β型(完全溶血)溶血环，前者称草绿色链球菌，致病力较低，后者称溶血性链球菌，致病力强，常引起人和动物的多种疾病。本菌的致病因子主要有溶血毒素、红斑毒素、肽聚糖多糖复合物内毒素、透明质酸酶、DNA酶(有扩散感染作用)和NAD酶(有白细胞毒性)等。

根据兰氏(Lancefield)血清学分类法，将链球菌分为20个血清群(A、B、C…V，I、J除外)。

链球菌对热和普通消毒药抵抗力不强，多数链球菌经60℃加热30 min，均可杀死，煮沸可立即死亡。常用的消毒药如2%石炭酸、0.1%新洁尔灭、1%煤酚皂液，均可在3～5 min内杀死。日光直射2 h死亡。0～4℃可存活150 d，冷冻6个月特性不变。

(二)疫苗

中国研制成功的猪链球菌病疫苗主要有猪链球菌多价灭活苗价灭活苗、氢氧化铝甲醛苗、弱毒冻干苗，疫苗的研究工作一直在不断进行中。

疫苗一：猪败血性链球菌病活疫苗

菌种　制苗用菌种为猪链球菌弱毒ST171株。效检用菌种C74-63或C74-37。猪链球菌弱毒ST171株在缓冲肉汤中于37℃培养10～18 h，菌液一致混浊，不形成菌膜；在鲜血马丁琼脂平板上，经 37℃培养 24 h，其菌落圆形、湿润、光滑、半透明，呈 β 溶血。2～4 月龄的健康易感猪，各皮下注射活菌 100 亿个，观察 14 d，除允许有 2～3 d 体温升高不超过常温 1℃的反应和减食 1～2 d 外，不应有其他临床症状。用体重 18～22 g 小鼠 5 只，每只皮下注射苗液 0.2 mL，含活菌 100 万个，观察 14 d 应全部健活。2～4 月龄的健康易感猪 4 头皮下注射 0.25 亿活菌菌液，14 d 后，静脉注射致死量猪链球菌强毒菌液，观察 14～21 d，免疫猪应全部保护。

制造工艺 ①种子繁殖：冻干菌种划线于含 10%鲜血琼脂平板、缓冲肉汤（含 0.2%葡萄糖和 1%～4%的裂解红细胞全血（或血清））培养制成。②菌液制备：将缓冲肉汤预热至 37℃左右，按培养基总量的 1%～4%加入裂解红细胞全血（或血清）和 0.2%葡萄糖，同时按 10%～20%接种种子液，混匀后置 37℃培养 6～16 h，进行活菌计数和纯粹检验。纯检合格的菌液按容量计算，菌液 7 份加蔗糖明胶稳定剂 1 份，充分混合均匀后，按规定头份定量分装，注射用每头份活菌不少于 0.5 亿。

质量标准 除按《成品检验的有关规定》进行检验外，还需进行如下检验：

安全检验：①用 2～4 月龄的健康易感仔猪 2 头，每头皮下注射 100 个使用剂量的疫苗，观察 14 d，除有 2～3 d 不超过常温 1℃的体温升高和减食 1～2 d 外，不应有其他临床症状。②选用 18～22 g 小鼠 5 只，每只皮下注射菌液 0.2 mL，含 1/50 的猪使用量，观察 14 d，均应健活。若有个别死亡，可用加倍数小鼠重检 1 次，仍有个别死亡时，应判为不合格。

效力检验：按瓶签注明头份，用 20%氢氧化铝胶生理盐水稀释疫苗，皮下注射 2～4 月龄健康易感猪 4 头，每头 1/2 使用剂量，14 d 后，连同条件相同的对照猪 4 头，各静脉注射致死量强毒菌液，观察 14～21 d，对照猪全部死亡，免疫猪保护 3 头；或对照组猪死亡 3 头，免疫猪保护 4 头为合格。

保存与使用 2～8℃保存，有效期 1 年。在－15℃为 18 个月。使用时按瓶签注明的头份，加入 20%氢氧化铝胶生理盐水或生理盐水稀释溶解，每头猪皮下注射 1 mL，或口服 4 mL。免疫期为 6 个月。

疫苗二：羊败血性链球菌病灭活疫苗

菌种 制苗用菌种为羊链球菌 C55001 和 C55002 菌株，必要时制苗也可加入“岳Ⅰ系”或“St. 0.6”菌株。羊链球菌 C55001 和 C55002 菌株在含 10%绵羊脱纤血琼脂平板上培养 18 h 后，菌落灰色、半透明、湿润、黏稠，24 h 后 β 溶血；在缓冲肉汤中培养后，呈一致混浊，不形成菌膜。将菌种通过绵羊，用死羊含菌心血接种缓冲肉汤（也可加 5%～10%血清），37℃培养 12～16 h，用马丁肉汤将菌液稀释 1 000 倍，取 1.5～2 mL 静脉注射 1～2 岁健康易感绵羊，应于 21 d 内死亡；70～100 个菌静脉注射家兔，应于 10 d 内死亡。

该菌种免疫原性应按本生物制品规程制成单苗后进行鉴定。皮下注射 1～3 岁健康易感绵羊 4 只，每只 3～5 mL，21 d 后连同条件相同的对照羊 2 只，注射致死量强毒，观察 21 d，对照羊全部死亡，免疫羊至少保护 3 只为合格。

制造工艺 ①种子繁殖：菌种分别接种于血液琼脂试管斜面和缓冲肉汤中培养制成。②菌液制备：将缓冲肉汤（也可加入 1/2 胰酶消化汤）至 37℃预热 24 h，按培养基量的 0.2%加入葡萄糖（制成 50%溶液），也可同时按总量的 1%～2%加入血清或血红素，并按总量的 5%接入二级种子液，37℃培养 16～24 h，培养期间摇瓶 3 次。同时进行纯粹检验和活菌计算。加入氢氧化铝胶配苗。

质量标准 除按《成品检验的有关规定》进行检验外，还需进行如下检验：

安全检验：用体重 1.5～2.0 kg 健康家兔 2 只，各皮下注射疫苗 3 mL，观察 10 d 均应健活。

效力检验：用 1～3 岁健康易感绵羊注射 4 只，各皮下注射 5 mL，21 d 后连同条件相同的对照羊 3 只，各静脉注射致死量羊链球菌强毒，观察 21～30 d，对照羊全部死亡，免疫羊至少保护 3 只；或对照羊死亡 2 只，免疫羊全保护为合格。

保存与使用 2～8℃保存，有效期 18 个月。绵羊和山羊不论大小一律皮下注射 5 mL。免疫期为 6 个月。

疫苗三：羊败血性链球菌病活疫苗

菌种 制苗用菌种为羊链球菌弱毒株 F60，效力检验用菌种为 C55001 和 C55002 强毒菌株。

菌种要求：弱毒株 F60 在含 10%绵羊脱纤血琼脂平板上培养 18 h 后，菌落灰色、半透明、湿润、黏稠，24 h 后 β 溶血；在缓冲肉汤中培养后，呈一致混浊，不形成菌膜。菌种直接接种缓冲肉汤，37℃ 培养 18～20 h，用此菌液注射下列动物：家兔：用体重 1.5～2.0 kg 家兔，皮下注射含活菌 5 亿～10 亿个的菌液，观察 10～14 d 均应健活。绵羊：用 1～2 岁健康易感绵羊，皮下注射含活菌 20 亿～40 亿个的菌液，观察 21～30 d 均应健活。

检验该菌种免疫原性的方法如下：将冻干菌种用生理盐水稀释成每 1 mL 含活菌 50 万个的菌悬液，尾根皮下注射 1～2 岁健康易感绵羊 4 只，每只注 1 mL，经 21 d 后连同条件相同的对照羊 3 只，各静脉注射致死量羊链球菌强毒菌液，观察 21 d，对照羊全部死亡，免疫羊至少保护 3 只或对照羊死亡 2 只，免疫羊全保护为合格。

制造工艺 与羊链球菌 C55001 和 C55002 菌株培养方法相似。配成注射用苗，将纯粹合格的菌液按容量计算，菌液 7 份加蔗糖明胶稳定剂 1 份，充分混匀后，按规定头份定量分装，每头份活菌不少于 200 万个。若配成气雾用苗，则菌液 5 份加蔗糖明胶稳定剂 1 份。充分混匀后，按规定头份定量分装，每头份不少于 3 000 万个菌。

质量标准 除按《成品检验的有关规定》进行检验外，还需进行如下检验：

安全检验：将疫苗用缓冲液肉汤稀释后，皮下注射体重 1.5～2.0 kg 家兔 2 只，每只注射 20 个使用剂量。或用健康易感绵羊 2 只，各皮下注射 200 个使用剂量，观察 14～21 d，均应健活。

效力检验：将疫苗用生理盐水稀释后，按免疫原性检测进行。

保存与使用 2～8℃保存，有效期 2 年。按瓶签注明的头份，用生理盐水稀释。6 个月以上羊只，一律尾根皮下注射 1 mL。免疫期为 1 年。

（秦晓冰 青岛农业大学动物科技学院；郭鑫 中国农业大学动物医学院）

七、附红细胞体病

附红细胞体病（Eperythrozoonosis）是由附红细胞体（*Eperythrozoon*，简称附红体）寄生于人畜红细胞表面、血浆和骨髓而引起的一种人畜共患传染病，又称红皮病、黄疸性贫血、类边虫病、赤兽体病。临床上以发热、贫血、黄疸等为特征。1950 年由 Splitter 首次发现猪附红细胞体病（*Eperythrozoon suis*），在中国，许耀成等（1982）首次在江苏南部红皮病猪血液中检查到猪附红细胞体（*E. suis*）。截至目前，已有 30 多个国家和地区报告了猪附红细胞体的感染情况（王君玮等，2003）。

(一)病原特性

附红体以往认为是一种原虫，后来根据其生物学特性更接近于立克次氏体，1984 年第 8 版《伯吉氏鉴定细菌学手册》将其列入立克次氏体目、无浆体科、附红体属的成员。感染猪的附红细胞体直径为 0.8～1.0 μm，大型的直径为 1.0～2.5 μm，常见的形状为环形和半月形，附在红细胞表面上以单个或成双排列，也可见到杆形、球形和出芽状。有人在电镜下观察到猪附红体有一层膜包被，在胞浆膜下有直径 10 nm 的微管，有类核糖体颗粒，无明显的细胞器及核的结构，分凹面和凸面，以凹面单个或呈丛集状附在红细胞表面，一部分埋入红细胞内，有时游离于血浆中。附红体对苯胺色素易于着染，革兰氏染色阴性，姬姆萨染色呈紫红色，瑞氏染色呈淡蓝色。在红细胞上以二分裂和出芽分裂法增殖。猪附红体对干燥和化学药物比较敏感，在加枸橼酸盐的抗凝血中置 5℃可保存 15 d；在脱纤血中－30℃保存 83 d 仍有感染力；冻干可保活 2 年。0.5％石炭酸于 37℃经 3 h 可将其杀死，一般常用浓度的消毒药在几分钟即可使其死亡(翟向和等，2003)。

(二)疫苗

猪附红细胞体病无特效治疗药物和疫苗。临床治疗常用药有贝尼尔、黄色素、四环素、土霉素等。生产中有报道指出，采用新药新益长效注射液和血虫清散在临床上应用，效果较令人满意；利用中西医结合的办法治疗猪附红细胞体病取得了非常明显的效果；用四环素或长效土霉素混饲给药等，可起到预防该病发生的作用。应在春、夏、秋季蚊虫大量繁殖季节，采用药物预防该病发生(黄雪飞，2007)。

律祥君等(2001)将急性感染期猪全血用低渗法、皂素法、冻融法裂解红细胞经离心浓缩制备成抗原，用康复猪血清，创建了附红细胞体凝集试验，并用厌氧法创建了体外培养增殖附红细胞体的方法，研究证明用上述方法增殖浓缩抗原制成的附红细胞体疫苗，临床保护期可达 8 个月，抗血液寄生保护期可达 6 个月。

在目前猪附红细胞体病还没有疫苗可进行预防的情况下，应根据猪场本身的疫病流行情况、生产习惯及气候变化规律等阶段性地投给抗菌药物，以提高猪群的整体健康水平。

(单虎　秦晓冰　青岛农业大学动物科技学院)

八、猪痢疾

猪痢疾又称血痢、黑痢、黏液出血性下痢等，是由致病性猪痢疾蛇形螺旋体引起的猪特有的一种肠道传染病。临诊以消瘦、腹泻、黏液性或黏液性出血性下痢为特征。病理学特征为卡他性、出血性、纤维素性或坏死性盲肠与结肠炎。病猪除发生死亡外，病愈猪生长也很缓慢，耗费饲料和人力，可造成较大的经济损失。

猪痢疾早在 1918 年美国就有发生，1921 年 Whiting 等进行了首次报道，1971 年由 Taylor 等证实了本病的原发性病原。1976 年以后被世界大多数国家所公认。目前本病遍及世界五大洲，有 50 多个国家和地区报告有本病的发生。中国不少地区有发生本病的报道(李文超，2009)。

(一)病原特性

本病的病原体为猪痢疾蛇形螺旋体(*Serpulina hyodysenteriae*)，蛇形螺旋体属

(*Serpulina*)成员。宽 0.3～0.4 μm,长 7～9 μm。本菌呈较缓的螺旋形状,多为 2～4 个弯曲,形如双雁翅状,用相差或暗视野显微镜检查,可见活泼的屈曲和旋转的蛇状运动。电子显微镜下可见外膜(细胞膜),在细胞壁和外膜之间有 7～9 条轴丝,从每端伸入,在靠近细胞中部重叠。革兰氏染色呈阴性,着色力差,也可用结晶紫或稀释石碳酸复红等染色,维多利亚蓝或镀银法的效果也很好。

本菌为厌氧菌,培养时比一般细菌的要求严格。常用胰酶消化酪蛋白豆胨血液琼脂(TSA)或胰酶酪蛋白陈汤(TSB)培养基,在 1 个大气压、80% H_2、20% CO_2、以钯为催化剂的厌氧条件下进行培养。TSA 基础培养基中加壮观霉素、粘菌素、万古霉素、力福霉素和螺旋霉素,可促进对螺旋体的分离和减少肠道细菌生长。TSA 培养基上 37～42℃培养 6 d,在鲜血琼脂上可见明显的 β 溶血,在溶血区内不见菌落,有时可见云雾状表面生长或针尖大透明菌落。可根据 DNA 同源性或 16S rRNA 序列的相似性将蛇形螺旋体属与其他螺旋体属区别开来。

血清型:国外有 4 个,不同血清型间能否交叉免疫,还不清楚。蛇形螺旋体生化特性,目前只知可以分解葡萄糖、果糖、麦芽糖、乳糖、产生醋酸和丁酸,不分解蔗糖、纤维二糖、半乳糖,不产生硫化氢,可以产生靛基质和乳酸,不液化明胶,缺乏细胞色素氧化酶和过氧化氢酶。

对一般的消毒药敏感,如来苏儿,在 1%NaOH 溶液内 2～30 min 均死亡。对热、氧、干燥也敏感。在密闭猪舍粪尿沟中可存活 30 d,在粪中 5℃时存活 61 d,25℃时 7 d,37℃时很快死亡。在土壤中 4℃时存活 18 d,粪堆中 3 d,在潮湿污秽环境和堆肥中可生存 7 个月或更长。在沼泽或污水池中,可以生长繁殖而长期存在(谢连颂,2009)。

(二)疫苗

由于猪痢疾蛇形螺旋体的免疫机制较复杂,目前尚未研制出实用有效疫苗。Hampson (1993)用猪痢疾蛇形螺旋体灭活佐剂全细胞苗肌肉注射免疫,可使猪获得抗口服同种血清型菌株攻击的保护。可见只要针对性地制备出猪痢疾蛇形螺旋体疫苗,就可预防猪痢疾的地方性流行。而目前国内相关疫苗正在研究中,未有商品疫苗上市。

(单虎　秦晓冰　青岛农业大学动物科技学院)

九、猪支原体肺炎

猪支原体肺炎又称为猪喘气病或猪地方性流行性肺炎,是由猪肺炎支原体(*Mycoplasma hyopneumoniae*,*M. hyo*)引起的一种呼吸道传染病,该病以接触性、高度传染性、慢性、高发病率和低死亡率为特性,广泛存在于世界各地,严重危害着养猪事业的发展。

猪肺炎支原体(*M. hyo*)对养猪业造成持续的严重的经济损失,在猪群主要表现为生长性能显著下降:日增重下降、饲料报酬降低、上市时间延迟、猪群均匀度差、继发感染加重、药物治疗成本增加等;而且 *M. hyo* 也是诱发猪呼吸道疾病综合征(PRDC)的重要病原之一,尤其最近几年,*M. hyo* 通常与猪繁殖与呼吸综合征(PRRS)、圆环病毒病(PCV-2)、猪流感(SI)、猪伪狂犬病(PR)等病毒性疾病和副猪嗜血杆菌病、放线杆菌胸膜肺炎、巴氏杆菌病、链球菌病等细菌性疾病相互混合感染,形成猪呼吸道疾病综合征,致使 *M. hyo* 造成的损失愈加严重,治疗效果也非常不理想,*M. hyo* 同 PRRSV、PCV-2 都是 PRDC 中最主要的致病因子或原发病原。

(一)病原特性

M. hyo 属柔膜体纲,结构简单,无细胞壁,仅有 3 种细胞器,即细胞膜(在电镜下可见细胞膜是由 3 层单位膜所构成,厚度为 8～11 nm)、核糖体和原核细胞核 DNA;形态多样,以点状、环形菌体为主,在做固体培养时,典型的菌落为圆形(边缘整齐,灰白色,半透明,中间凸起呈乳头状,表面常有许多小的颗粒,菌落大小在 100～300 μm 之间);大小不等,直径在 300～800 nm 之间;该病原专性需氧,体外培养对培养基的营养条件要求非常苛刻,生长缓慢,能在 6～7 日龄的鸡胚卵黄囊上或猪肺单层细胞中生长繁殖,并能适应于乳兔,经过连续传代后对猪的致病力减弱(*M. hyo* 的毒力与抗原性密切相关,毒力越强,则抗原性越强);该病原具有宿主特异性和组织专一性,仅感染猪,存在于猪的呼吸系统(肺脏、气管及其分泌物等)中,不感染其他组织。

(二)疫苗

M. hyo 可以感染任何日龄的猪,一些抗生素有一定疗效,能够解决暂时性问题,但是在支原体肺炎发展过程中,如要真正持久地控制肺炎支原体感染,免疫预防是唯一有效降低猪群中由猪支原体肺炎引起经济损失的办法(斯特劳等,2008)。目前市场上研究应用的 M. hyo 疫苗主要以灭活疫苗(国外研究生产)为主,也有少数弱毒苗(国内研究生产),而基因工程疫苗、气雾剂疫苗、口服疫苗等还处于实验室研究阶段。

疫苗一:*M. hyo* 灭活疫苗

国外(美国、德国、法国、西班牙等)已有多家公司通过浓缩猪肺炎支原体培养物先后研制成功猪肺炎支原体灭活疫苗并被批准生产在美国和世界各地广泛应用。目前在美国和世界各地采用接种单倍和双倍剂量疫苗的方案能有效控制该疾病的发生,猪肺炎支原体灭活疫苗能有效降低与猪支原体肺炎相关的临床疾病的发生率,包括肺炎和咳嗽等(斯特劳等,2008)。

菌种 目前各厂家生产的 *M. hyo* 疫苗均为全菌灭活疫苗,所用菌株有 J 株(Mypravac® suis 及 Ingelvac® M. hyo)、BQ14 株(Hyoresp®)、P 株(MycoGard™)、P-5722-3 株(RespiSure)等。

佐剂 各厂家 *M. hyo* 疫苗佐剂有所不同:M^+ PAC 疫苗为双相佐剂 Emunade(氢氧化铝+水包矿物油);Suvaxyn® RespiFend® MH 疫苗为水质佐剂 Carbopol(丙烯酸聚合物);Mypravac® suis 疫苗为左旋咪唑和树脂(carbomer)双重佐剂;Hyoresp® 疫苗为氢氧化铝佐剂;MycoGard™ 疫苗为 QS-21 佐剂;RespiSure 疫苗为 Amphigen^R 佐剂(水包矿物油佐剂);Ingelvac® M. hyo 疫苗为 Impran 佐剂(植物油包水佐剂)。

制造工艺 该类疫苗的生产是将猪肺炎支原体菌种接种适宜的培养基,反复传代扩大培养,浓缩培养物,经适当的灭活剂灭活,加入适当佐剂而成。在该疫苗生产中,高抗原浓缩和有效的免疫佐剂是至关重要的(宁宜宝等,2008)。

质量标准 科学研究至今,肺炎支原体确切的抗原受体部位还不清楚,各生产厂家运用特殊的灭活剂、独特的支原体灭活技术和生产工艺来生产全菌肺炎支原体灭活疫苗。实验室研究结果表明,接种后能快速激发体液免疫、细胞免疫、局部黏膜免疫和持久的免疫保护力;多年国内外实践研究证明健康猪群接种肺炎支原体灭活疫苗能有效减少感染后的临床症状(如咳嗽和肺部病变等)和提高生长性能。

推荐免疫程序 各厂家根据各自 *M. hyo* 疫苗的特点，在免疫程序方面的建议方案稍有不同。M^{+} PAC 疫苗建议：一针免疫计划（3 周龄以上，肌肉注射 2 mL/头份）和二针免疫计划（首免 2～3 周龄，肌肉注射 1 mL/头份，二免在首免 2 周后，肌肉注射 1 mL/头份）。Suvaxyn® RespiFend® MH 疫苗建议：仔猪 7～10 日龄首免（肌肉注射 2 mL/头份），2～3 周后加强免疫 1 次（肌肉注射 2 mL/头份）；育肥猪在保育期间未免疫或情况不明的，入栏时免疫，感染压力大的 2～3 周后加强免疫 1 次（肌肉注射 2 mL/头份）；种猪未做过基础免疫或情况不明的间隔 2～3 周免疫 2 次（肌肉注射 2 mL/头份/次），已做过基础免疫的建议不免疫。Mypravac® suis 疫苗建议：仔猪 7～10 日龄首免（肌肉注射 2 mL/头份），2～3 周后加强免疫 1 次（肌肉注射 2 mL/头份）。Hyoresp® 疫苗建议：仔猪 3 日龄～10 周龄猪任何时间均可肌肉注射一剂量 2 mL，间隔 3 周肌肉注射同剂量进行二免；育肥猪在 10 周龄以上只需肌肉注射一剂量（2 mL）；母猪每次分娩前 2～3 周肌肉注射一剂量（2 mL），或每 6 个月免疫一剂量（2 mL）。MycoGard™ 疫苗建议：仔猪首免 2 周龄（1 mL/头份），2 周后加强免疫 1 次（1 mL/头份）；感染压力的地区，可在 1 周龄首免。RespiSure 双针疫苗建议：仔猪首免于 1 周龄时进行（2 mL/头），3 周龄时进行二免（2 mL/头份）；未曾接种过的母猪，在分娩前 6 周和 2 周时各接种 1 次（2 mL/头份/次）；曾经接种过的母猪，在每次分娩前 2 周接种 1 次（2 mL/头份/次）即可；公猪，每隔半年接种 1 次（2 mL/头份/次）。RespiSure® one 单针疫苗建议：仔猪在 1 周龄免疫 1 次（2 mL/头份/次）即可，母猪在每次分娩前 2 周接种 1 次（2 mL/头份/次）即可，公猪每隔半年接种 1 次（2 mL/头份/次）。Ingelvac® M. hyo 疫苗建议：3 周龄或 3 周龄以上猪免疫 1 次（2 mL/头份/次）即可。

使用注意事项 各厂家 M. hyo 疫苗应用注意事项基本一致。贮存在 2～8℃，有效期为 18～30 个月（Mypravac® suis 为 18 个月；Suvaxyn® RespiFend® MH 为 30 个月；MycoGard™、RespiSure 和 Ingelvac® M. hyo 为 24 个月）；严禁冷冻；一经开封，全部用完；注射前应将疫苗恢复至室温；疫苗使用前应充分摇匀，尤其是水性铝盐佐剂；接种时应使用灭菌注射器和针头；屠宰前 21 d 不要使用；在个别猪注射部位可能会发生暂时的局部反应，若发生过敏反应，立即注射肾上腺素进行解毒，同时采用适当的辅助治疗措施。

存在问题 以上各商业化 *M. hyo* 疫苗在健康动物中的效果已经得到证实，但若动物正潜伏感染某种疾病、营养不良、感染寄生虫、运输或环境条件引起应激、免疫机能减退或未按照使用说明等，都将有可能不产生保护性免疫反应或保护性免疫反应不良。

疫苗二：*M. hyo* 弱毒疫苗

中国兽医药品监察所等单位 1989 年研制成功的猪肺炎支原体弱毒苗有 3 种类型（乳兔组织冻干弱毒疫苗、鸡胚卵黄囊冻干弱毒疫苗和培养基冻干弱毒疫苗）和江苏省农业科学院畜牧兽医研究所研制成功的 168 株猪肺炎支原体弱毒苗。

菌种 济南强毒株（中国兽医药品监察所等）和 168 株（江苏省农科院畜牧兽医研究所）。

制造工艺 中国兽医药品监察所等单位是将猪肺炎支原体济南强毒株接种在乳兔上连续传代近 800 代，使其减毒而培育出的 1 株毒力低、免疫原性良好的制苗菌株，利用该菌株研制成上述 3 种类型的猪肺炎支原体弱毒疫苗：乳兔组织冻干弱毒疫苗的制造是以猪肺炎支原体兔化弱毒株做种子，将含有猪肺炎支原体的乳兔肺组织研磨或用组织匀浆器匀浆后，接种乳兔肌肉，制成肌肉组织悬液，加入适当的保护剂，冷冻真空干燥而成；鸡胚卵黄囊冻干弱毒疫苗是以猪肺炎支原体兔化弱毒株做种子，将含有猪肺炎支原体的乳兔肺组织研磨或用组织匀浆器匀浆后，接种无支原体感染的鸡胚，收集卵黄囊，制成悬液，加入适当的保护剂，冷冻真空干燥而成；培养基冻干弱毒疫苗是将猪肺炎支原体弱毒株接种适宜的培养基，在 36～37℃经连续传代培养制成，然后将检验合格的培养物加入适当的冻干保护剂而制成。

猪肺炎支原体 168 株分离于 1979 年甘肃省兰州市安宁区猪肺炎支原体强毒株人工感染发病的 168 号二花脸猪，经 3 次克隆化培养，无细胞培养 340～400 代次成为人工致弱的弱毒菌株，经过漫长的致弱过程，猪肺炎支原体的毒力基因发生了改变，168 弱毒株具有其独特、稳定的基因特征，这种无细胞的培养技术经多次改变和改进，形成了目前所采用的江苏Ⅱ号(KM2)培养基，该培养基适用于支原体疫苗的大规模生产。

质量标准 经研究证明猪肺炎支原体弱毒疫苗接种后能同时刺激产生三种免疫效应(体液免疫、局部黏膜免疫和细胞免疫)，有效预防猪的肺炎支原体。

使用注意事项 只适用于健康猪，对已患肺炎支原体或其他免疫抑制性疾病的猪不宜使用；应选用合适的针头，仔猪选用 8 号或 9 号针头，种猪应选用约 10 cm 长的 12 号针头；若猪注射疫苗后出现呼吸急促或呕吐等过敏反应，应立即注射肾上腺素进行解毒；疫苗注射前 3 d、后 20 d 内应避免使用对肺炎支原体有抑制性作用的抗生素；－15℃以下保存，有效期为 12 个月；应置低温条件下贮藏和运输；疫苗启封稀释后须在 3 h 内一次性用完；

推荐免疫程序 猪肺炎支原体 168 株弱毒疫苗采用肺内注射的方法，在 5～15 日龄仔猪胸部的中间位置骨肋间隙垂直进针注射 1 头份 0.5 mL 或 1 mL 一次即可；中国兽医药品监察所研制的乳兔继代弱毒苗一般采用胸腔注射的方法，从猪右侧胸腔肩胛骨后下缘沿猪体中轴线向后 3～6 cm 处进针 1 头份 5.0 mL 一次即可(不论猪大小，一律 5.0 mL/头份)。

存在问题 乳兔肌肉组织苗和鸡胚苗的生产工艺比较落后、产量低、易污染等特点；培养基疫苗的产量和质量受培养基所左右(肺炎支原体对培养基的需求极其苛刻)；猪肺炎支原体弱毒疫苗只能肺内注射和胸腔注射，肌肉注射导致免疫失败；猪接种前后特定时间段内不能应用抗生素保健或治疗。

疫苗三：*M. hyo* 基因工程疫苗

能有效克服 *M. hyo* 培养困难、培养成本高、培养时间长、培养物滴度低等缺陷，利用外源载体表达与 *M. hyo* 相关的有效抗原，同时能与其他相关刺激因子重组表达，起到免疫佐剂的作用。

菌(毒)种 表达与 *M. hyo* 相关的有效抗原决定簇的细菌或者病毒载体。

制造工艺 利用外源载体如假单胞菌外毒素 A、大肠杆菌质粒、丹毒杆菌 YS21、鼠伤寒沙门氏菌、大肠杆菌不耐热肠毒素、腺病毒等作为表达载体，表达出与 *M. hyo* 相关的有效抗原，将表达产物收获后进行纯化。

质量标准 将 *M. hyo* 的表达产物接种小鼠或猪，试验证明，能够激发有效的体液免疫、细胞免疫和局部黏膜免疫。

存在问题 具有很好前景，但该基因技术还不够成熟，目前仍处于实验室研究阶段。

(王爱国　勃林格殷格翰动物保健)

十、猪接触传染性胸膜肺炎

猪接触传染性胸膜肺炎(Porcine contagious pleuropneumoniae)是由胸膜肺炎放线杆菌引起猪的一种细菌性呼吸道传染病,临床上以出现肺炎或胸膜肺炎的典型症状和病理变化为特征。急性型死亡率极高,慢性型或亚临床感染则导致增重减弱和药物治疗费用增加(吴清民,2002)。

(一)病原

病原体为胸膜肺炎放线杆菌(*Actinobacillus pleuropneumoniae*,APP),为小到中等大小的球杆状到杆状菌,具有显著的多形性。菌体有荚膜,不运动,革兰氏阴性。为兼性厌氧菌,其生长需要血中的生长因子,特别是 V 因子,但不能在鲜血琼脂培养基上生长,可在葡萄球菌周围形成卫星菌落,因此,初次分离本菌时,一定要在血琼脂培养基上划一条葡萄球菌划线,37℃培养 24 h 后,在葡萄球菌菌落附近的菌落大小为 0.5~1 mm 并呈β溶血。在巧克力琼脂上生长良好,37℃培养 24~48 h 后,长成圆形、隆起、表面光滑、边缘整齐的灰白半透明小菌落。在普通琼脂上不生长。本菌对外界的抵抗力不强,干燥的情况下易于死亡,对常用的消毒剂敏感,一般 60℃ 5~20 min 内死亡,4℃下通常存活 7~10 d。

猪胸膜肺炎放线杆菌包括两个生物型,生物Ⅰ型为 NAD 依赖型,生物Ⅱ型为 NAD 非依赖型,但需要有特定的吡啶核苷酸或其前体,用于 NAD 的合成。生物Ⅰ型菌株毒力强,危害大。生物Ⅱ型可引起慢性坏死性胸膜肺炎,从猪体内分离到的常为生物Ⅱ型。生物Ⅱ型菌体形态为杆状,比生物Ⅰ型菌株大。根据细菌荚膜多糖和细菌脂多糖对血清的反应,生物Ⅰ型分为 14 个血清型,其中血清 5 型进一步分为 5A 和 5B 两个亚型。但有些血清型有相似的细胞结构或相同的 LPSO 链,这可能是造成有些血清型间出现交叉反应的原因,如血清 8 型与血清 3 型和 6 型,血清 1 型与 9 型间存在有血清学交叉反应。不同血清型间的毒力有明显的差异。中国流行的主要以血清 7 型为主,其次为血清 2、4、5、10 型。

胸膜肺炎放线杆菌的主要毒力因子包括荚膜、脂多糖、外膜蛋白、黏附素和 Apx 毒素等。其中,Apx 毒素是 APP 最主要的毒力因子,目前已知 APP 至少分泌 4 种 Apx 毒素,除了新发现的 ApxⅣ毒素在所有血清型中都存在外,其他 3 种只被某些血清型合成并分泌,血清型 7 只分泌 ApxⅡ。

本菌为兼性厌氧菌,最适生长温度为 37℃。在普通培养基上不生长,需添加 V 因子才能生长。在 10% CO_2 条件下,可生成黏液状菌落,巧克力琼脂上培养 24~48 h,形成不透明淡灰色的菌落,直径 1~2 mm。可形成两种类型的菌落,一种为圆形,坚硬的"蜡状型",有黏性;另一种为扁平、柔软的闪光型菌落;有荚膜的菌株在琼脂平板上可形成带彩虹的菌落。在牛或羊血琼脂平板上通常产生 β 溶血环。本菌产生的溶血素与金黄色葡萄球菌的β毒素具有协同作用,即金黄色葡萄球菌可增强本菌的溶血作用,CAMP 反应呈现阳性。本菌对外界抵抗力不强,对常用消毒剂和温度敏感。一般消毒药即可杀灭,在 60℃下 5~20 min 内可被杀死,4℃下通常存活 7~10 d。不耐干燥,排出到环境中的病原菌生存能力非常弱,而在黏液和有机物中的病原菌可存活数天。对结晶紫、杆菌肽、林肯霉素、壮观霉素有一定抵抗力。对土霉素等四环素族抗生素、青霉素、泰乐菌素、磺胺嘧啶、头孢类等药物较敏感。

(二)疫苗

国内外广泛采取的预防措施是应用 APP 疫苗进行免疫接种。国内,中国农科院哈尔滨兽医研究所、兰州兽医研究所和华中农业大学根据中国流行的主要血清型,研制成包括猪胸膜肺炎放线杆菌 1-3-7 型和 1-2-7 型在内 APP 三价灭活疫苗,已经通过农业部批准上市,在国内不同地区使用有良好效果。此外,农业部青岛动物卫生防疫与流行病学中心采用当地流行的血清型菌株生产的 APP 油佐剂疫苗,在山东省应用也收到较好效果。国外也已经有以包括 ApxⅠ、ApxⅡ、ApxⅢ和 OMP 为主要组分的亚单位疫苗上市。

中国一般采取在 35～45 日龄用 0.5 mL 首免颈部肌肉注射,隔 2～4 周后用 1 mL 进行二免;种猪在引进时或 6 月龄首免,3 周后再免,每次 2～4 mL。其他种公猪每年 3、9 月各免疫 1 次,后备公母猪配种前 1 个月免疫 1 次,种母猪产前 1 个月免疫 1 次,每次 2 mL。母源抗体水平下降时,猪黏膜和呼吸道清除 APP 的能力就会减弱。

除免疫妊娠母猪外,也可免疫接种肥育猪以提供保护力。然而,商品菌苗只能成功降低死亡率,但不能完全预防肺脏病变,也不能消除带菌状态。其次,菌苗免疫是血清型特异性的,甚至是株特异性,故疫苗必须针对当地流行的血清型。国外正在研制和开发基因缺失的活菌苗,期待研究出一种能预防多种血清型感染及能预防猪只带菌状态的新型疫苗(姜平,2003)。

(秦晓冰　青岛农业大学动物科技学院;郭鑫　中国农业大学动物医学院)

十一、副猪嗜血杆菌病

副猪嗜血杆菌(*Haemophilus parasuis*)是猪上呼吸道的常在病原微生物,是一种机会致病菌,常引起多发性纤维素性浆膜炎和关节炎,也称猪革拉泽氏病。副猪嗜血杆菌主要危害 2 周龄到 4 月龄的猪,在断奶前后和保育阶段最易发病,发病率一般为 10%～45%,严重时死亡率可达 50%～90%。咳嗽、呼吸困难、消瘦、跛行和被毛粗乱是主要的临床症状。近年来,副猪嗜血杆菌常与支原体肺炎、猪繁殖与呼吸综合征、圆环病毒、猪流感、伪狂犬等病原混合感染,从患肺炎的猪中分离出副猪嗜血杆菌的比率越来越高。副猪嗜血杆菌的并发感染使病情复杂化,死亡率增加,常导致严重的经济损失,是目前危害猪场最严重的细菌性疾病之一。

(一)病原特性

副猪嗜血杆菌为革兰氏阴性小杆菌,呈多形性,有 15 个以上血清型,在我国以血清型 4、5、13 最常见(占 70%以上)。该菌生长时严格需要烟酰胺腺嘌呤二核苷酸(NAD 或 V 因子),一般条件下难以分离和培养,尤其是应用抗生素治疗过的病猪病料,因而给本病的分离诊断带来一定困难。

细菌分离培养通常无菌取出患病仔猪肺、胸水、腹水、心包液、关节液等,划线接种于 TSA 平板,37℃,5% CO_2 培养 24～48 h 后挑取单个菌落,再进行纯培养。经细菌培养,长出针尖大小、无色透明、光滑湿润的露珠样细小菌落。取菌落抹片革兰氏染色,显微镜下观察为革兰氏阴性小球杆菌,老龄培养物呈多形态(细小杆状、短链状和长丝状)。

生化鉴定可将纯化的单菌落接种于生化反应管，37℃培养。该菌在V因子、接触酶、葡萄糖、果糖、蔗糖培养基及氮还原反应为阳性；在X因子、氧化酶、脲酶、吲哚、D-山梨醇、海藻糖、D-核糖、精氨酸水解酶、麦芽糖、硫化氢、鸟氨酸脱羧酶培养基及溶血性为阴性。

急性感染：常突发于生长良好猪，体温突然升高（40.5～42℃），精神沉郁，食欲下降；接着出现咳嗽、呼吸困难，心跳加快，皮肤发红或苍白，耳梢发紫，眼睑皮下水肿；吃奶正常或断奶仔猪有时可表现为迅速沉郁或无明显症状突然死亡。慢性感染：多见于保育猪和育肥猪，食欲下降，生长不良，咳嗽，呼吸困难，被毛粗乱，消瘦衰弱，四肢无力或跛行，关节肿胀，多见于腕关节和跗关节，发热和疼痛；个别还会出现轻微脑膜炎症状，也可发生突然死亡；有时鼻孔有黏液性或浆液性分泌物。后备母猪常表现为跛行、僵直、关节和肌腱处轻微肿胀；母猪跛行可能引起母性行为极端弱化等；急性感染后可能留下后遗症，如母猪流产，公猪慢性跛行等。

（二）疫苗

疫苗接种是预防和控制该病的有效措施，大量报道通过商业疫苗接种或使用菌株特异性灭活疫苗，可以成功地控制该病的发生。母源抗体和天然免疫对抵抗副猪嗜血杆菌感染很重要，猪群初次接触无致病力的副猪嗜血杆菌菌株后，可形成对以后强毒株感染的抵抗力。母猪产前接种疫苗后可对4周龄以内的仔猪产生保护性母源抗体，这时再用含有相同血清型的灭活苗激发断奶仔猪的免疫力。副猪嗜血杆菌可定居于出生后仅数小时的仔猪。将母猪鼻腔分离到的菌株与猪群中引起全身性疾病的菌株相互比较，结果表明可能致病的副猪嗜血杆菌在母猪群中的流行率很低。所以，在仔猪仍然受到母源免疫力保护的时候只有很少的个体会被群内可能致病的菌株定居。这些猪被认为是将致病菌株带入保育舍的健康带菌猪，它们就在保育舍内与敏感猪相混合。抗副猪嗜血杆菌的母源免疫力大约在仔猪5～6周龄逐渐降低，这一时期与保育舍内副猪嗜血杆菌引起肺部病变的时间一致。不再受母源免疫力保护的敏感猪很容易与先前的致病菌携带猪相接触而发生全身性疾病。

Takahashi等（2001）用血清2型和5型的单价苗对猪进行免疫，以及用2型和5型的二联苗间隔4周对猪进行免疫。二免后第7天时用血清4型和5型毒株对免疫猪进行攻击。只注射2型苗的，再用2型进行攻击时可完全保护，但是用5型进行攻击时，2/3的猪出现了临床症状，但只用5型苗进行免疫的，在攻击时，对5型有100%的保护，但是用2型攻击时，全部猪都出现了临床症状，并且有3/4的猪死亡；用2型和5型的联苗免疫猪，在用2型和5型菌攻击时，对猪的保护率达到了90%。该结果表明，各个血清型之间交叉保护力较低，多价疫苗的效果更好，可防止副猪嗜血杆菌病的暴发。同时也有报道：含血清型4和5的副猪嗜血杆菌的商业化疫苗对血清型12、13或14的菌株具有保护作用，但对血清型2的菌株不具有保护作用（Rapp- Gabrielson等，1997）。Bak等（2002）用含有欧洲商业上使用的血清5型的副猪嗜血杆菌灭活苗免疫，发现对血清型1、12、13和14的菌株具有交叉保护。总之，研制含有多种血清型且具有交叉保护的疫苗是预防和控制副猪嗜血杆菌病的必然要求和大势所趋。

目前商业化的副猪嗜血杆菌疫苗均为灭活疫苗，有两家进口的和一家国产的。

疫苗一：副猪嗜血杆菌灭活疫苗（德国）

毒种 血清4、5、12、13型及某些尚未分型的优势毒株。

制造工艺 本品系用副猪嗜血杆菌 4、5、12、13 型等毒株接种适宜培养基培养，收获培养物，经甲醛灭活后，加茵培莱佐剂混合乳化制成。

推荐免疫程序 种猪：首次使用，全群普免 1 次(2 mL/头)，1 个月后跟胎免疫：产前 3～4 周内肌注 1 头份(2 mL)；或全群普免，1 年 3 次，肌肉注射 1 头份(2 mL)。仔猪：出生 7～10 日龄健康哺乳仔猪免疫 1 次，肌肉注射 1 头份(2 mL)。每个猪场可根据本场实际情况，在兽医专家的指导下，对推荐的免疫程序做相应的调整。

疫苗二：副猪嗜血杆菌灭活疫苗(西班牙)

毒种 血清 1、6 型的副猪嗜血杆菌毒株。

制造工艺 本品系用副猪嗜血杆菌 1、6 型毒株接种适宜培养基培养，收获培养物，经灭活后，加水性佐剂混合乳化制成。

推荐免疫程序 母猪：需全部免疫，并在 3 周后再次免疫。以后每隔 6 个月加强免疫一次。育成猪及断奶仔猪：3～4 周龄进行首免，并在 3 周后再次免疫。若在敏感个体上有时会出现过敏性反应，应及时进行合理治疗。

疫苗三：副猪嗜血杆菌灭活疫苗(武汉)

毒种 血清 4、5 型副猪嗜血杆菌毒株。

制造工艺 本品系用副猪嗜血杆菌 4、5 型毒株接种适宜培养基培养，收获培养物，经灭活后，加油佐剂混合乳化制成，灭活前每头份疫苗含血清 4 型和 5 型副猪嗜血杆菌各 4.0×10^9 CFU。

推荐免疫程序 种公猪每半年接种 1 次；后备母猪在产前 8～9 周首免，3 周后二免，以后每胎产前 4～5 周免疫一次；仔猪在 2 周龄首免，3 周后二免。疫苗注射后可能引起轻微体温反应，个别猪在注射后可能出现过敏反应，可用抗过敏药物(如地塞米松、肾上腺素等)进行治疗，同时采用适当的辅助治疗措施。

(徐大为　勃林格殷格翰动物保健)

十二、猪传染性回肠炎

猪传染性回肠炎，又称猪增生性回肠炎(Porcine proliferative enteritis，PPE)是由胞内劳森氏菌(*Lawsonia intracellularis*，*L. i*)引起的一种猪的接触性传染病(Lawson 等，1993)，又称为回肠炎、猪肠腺瘤样病、增生性出血性肠炎等。以回肠炎和结肠隐窝未成熟的肠细胞发生腺瘤样增生为特征，主要感染 6～20 周龄的青年种猪和育肥猪。常见疾病类型有临床型和亚临床型，临床型回肠炎有两种表现形式：急性和慢性。急性形式表现为出血性增生性肠炎(AHPE)，主要发生在育肥晚期的猪群或新引进种猪群的母猪。慢性形式包括猪肠腺瘤病(PIA)、坏死性肠炎(NE)和局部回肠炎(RI)(龙进学 2002)。亚临床型回肠炎可观察到猪增生性肠病的眼观病变和显微病变，但不足以观察到如死亡和腹泻等明显的临床症状，但对猪的生长速度、饲料回报和体重均一度的负面影响却显而易见。

(一)病原特性

胞内劳森氏菌为解硫弧菌属，菌体呈弯曲杆状，两端尖或钝圆，也有呈 S 形、逗点状或直杆状，长度为 1.25～1.75 μm，宽 0.25～0.43 μm，能通过 0.65 μm 滤膜。革兰氏染色阴性，能被 LevaditiSliver 或 Warthin-Starry 镀银染色法着色，用改良的 Ziehl-Neelsen

染色法细菌被染成红色(Mcorist 等,2000)。胞内劳森氏菌只有一个血清型,形态学特征与弯曲杆菌类似,该菌又称之为弯曲样微生物(CLO),但是其外膜蛋白(OMP)及 DNA 酶切图谱与弯曲菌不同,其相对分子质量为 25 000～27 000 的 OMP 条带有种特异性。外层细胞壁由 3 层波纹状膜组成(Baimocy,1999),未发现有鞭毛,无运动能力。可在 5～15℃离体环境中存活 1～2 周,在低于 5℃环境中可存活 22 周左右,在常温下可存活 2～3 周,这些给持续感染带来了有利条件。细菌对消毒剂有一定的抵抗力,对季铵盐消毒剂和含碘消毒剂敏感。

胞内劳森氏菌为严格胞内寄生菌,迄今为止不能在无细胞培养基或培养液上培养,也不适用于鸡胚生长(俞道进,2001);因为它的生长随不成熟肠腺隐窝上皮细胞的增生而共同生长,其能量取自于宿主细胞,因而在无细胞的培养基中无法生长。该菌属微嗜氧,含 8%氧为本菌存在的最佳条件(吴登堃等,2007)。用纯培养的 10^8 个本菌经口感染断奶仔猪,13 周后可在增生的肠黏膜的细胞浆内发现该菌(陆承平,2001)。本菌可以在鼠肠细胞(IEC-18)、人胚肠细胞(Henle 407)、鼠结肠腺癌细胞、猪肾细胞、仔猪肠上皮细胞(IPEC-J2)、GPC-16 细胞和鼠纤维原细胞(McCoy)上生长(Jansi 等,1994;Mcorist 等,1997)。该菌主要分布在刷状缘下方的胞浆顶部,不集结成团形成包涵体,不分布在细胞膜或空泡;能在回肠上皮细胞的胞浆内自由地进行二分裂复制。在感染动物中,主要存在于肠细胞原生质内,也可见于粪便中。胞内劳森氏菌不仅可以感染猪,也可感染仓鼠、马、鹿等动物,但从未在人类中发现。

(二)疫苗

疫苗是防控猪传染性回肠炎最有效的措施之一,目前世界上只有一种回肠炎疫苗,由德国一家动物保健公司生产,能有效预防猪所有类型回肠炎,减少猪肠道疾病综合征(PEDC)所造成的损失。口服致弱活疫苗能够提供最自然的免疫力,被广泛认为是最佳的免疫接种途径。它能准确地到达靶黏膜,全菌抗原诱导的保护反应最全面。此外,口服疫苗还有减少应激、无血源传播疾病风险、无注射局部反应等优势。通过疫苗免疫可以显著提高生长猪群的生长性能,如日增重、饲料转化率提高,生长速度加快,死亡率降低,种猪均匀度提高,合格率上升等。

疫苗一:猪增生性回肠炎弱毒活疫苗

菌种 胞内劳森氏菌弱化菌株。

制造工艺 用胞内劳森氏菌分离株接种于 McCoy 细胞培养后,收获细胞培养物,加适宜稳定剂,经冷冻真空干燥制成,疫苗滴度应不少于 $10^{4.9}$ $TCID_{50}$/头份。

培养技术:使用黏附或混悬组织培养细胞,在减少氧气的环境中,在 37℃下,培养胞内劳森氏菌 5～7 d,黏附培养物可在 25～150 cm^2 组织培养烧瓶中传代,并需要在潮湿罐的厌氧气罐或培养器皿中孵育。混悬组织培养细胞不需要特殊的生长罐,可在自动调节温度、气体混合、pH 和搅拌功能的旋转烧杯或反应器皿中传代,此种方法给大量生产疫苗、诊断试剂提供了依据。使用含 5%～10%胎牛血清的 DMEM 培养液。经常用 10%(V/V)含有胞内劳森氏菌的接种物感染组织培养液,并每天抽取具有代表性的样本(含有侵蚀或悬浮细胞和细菌的上层液),采用单克隆抗体染色技术,加上免疫荧光法或免疫金标记法或免疫过氧化物酶法进行检测,观察培养物的感染细胞百分比的升高或胞外菌的增长水平。当达到 80%～100%的感染率时,进行收获、传代,或用于接种动物(宁宜宝等,2008)。

质量标准 本品为淡黄色至金色海绵状疏松块状,易与瓶壁脱离,加稀释液后迅速溶解。按照《中国兽药典》规定细菌和霉菌检验,应无异源菌生长;支原体检验,应符合要求。

安全检验:每批制品任抽 3 瓶混合。用 3～5 周龄健康猪 2 头,适应环境 7 d 后,各灌服疫苗 2 mL(含 10 头份菌量),从试验前 1 d 至试验后第 21 d 进行一般性观察;并于试验前 1 d,试验当天(免疫前及免疫后 4 h±0.5 h 各 1 次),试验后第 1、2、3、4 d 测直肠体温。在观察期内若有 1 头猪出现全身性反应(连续 5 天或出现过量流涎、委靡不振/昏睡、呼吸困难、呕吐、厌食、腹泻等症状),或有 1 头猪直肠温度连续 2 d 超过基础体温 2.5℃以上(基础温度是试验前 1 d 和免疫当天免疫之前测定),则判该批疫苗检验结果无效,应重检,若不进行重检,则判该批疫苗为不合格(宁宜宝等,2008)。安全检验动物有死亡时,须明确原因,确属意外死亡的作无结果论;如果检验结果可疑,难以判定时,应以增加一倍数量的同种动物重检,如果安全检验仍不合规定的,则该批疫苗制品判为不合格。

效力检验:用间接荧光抗体方法,取疫苗及对照品,做适当稀释,接种于 McCoy 细胞,加入抗胞内劳森氏菌的单克隆抗体 VPM53 反应之后,用抗鼠 IgG-荧光素标记偶联物(FITC)标记,在荧光显微镜下观察,测定效价,疫苗滴度应不少于 $10^{4.9}$ $TCID_{50}$/头份。若对照品滴度与原先测过的滴度相差 0.7 lg 以上,或未感染对照孔有胞内劳森氏菌感染迹象,或试验孔发生任何不正常的试验现象(包括不正常的细胞生长、不正常 pH、污染以及重复试验间不正常滴度差异值等),则所有结果视为无效;若样品滴度低于规定标准,则应加倍取样重检(宁宜宝等,2008)。

特异性检验:应与胞内劳森氏菌单抗 VPM53 呈现特异性反应。

其他检验应符合相应规定。

保存与使用 贮存条件:2～8℃避光保存。保质期:3 年。

推荐免疫程序 断奶前 1 周或 2～3 周龄仔猪口服 1 头份(2 mL)/头。

使用注意事项 使用本品时,免疫前 3 d、后 3 d 之内停止用抗生素或消毒剂,以免降低疫苗活性降低效价,稀释后 4 h 内用完。

(刘婷婷　徐大为　勃林格殷格翰动物保健)

十三、传染性萎缩性鼻炎

猪萎缩性鼻炎(Swine infectious atrophic rhinitis,AR)又称慢性萎缩性鼻炎或传染性萎缩性鼻炎,是由支气管败血波氏杆菌(*Bordetella bronchiseptica*,*Bb*)和产毒素多杀巴氏杆菌(Toxigenic *Pasteurella multocida*,T^+ *Pm*)引起猪的一种多发性呼吸道传染性疾病。临床上最初表现为打喷嚏,眼睛分泌物与灰尘固结形成泪斑,鼻腔出现分泌物,根据疾病发生的不同阶段,分泌物表现为浆液性甚至脓性,部分严重发病猪鼻腔出血。随着病程发展,病原和毒素损伤鼻甲骨的结构,引起发病猪鼻吻部变短或弯曲,导致上下颚无法咬合,有些病猪虽然外表无明显变化,但是剖检仍能观察到明显的鼻甲骨萎病理变化。由于鼻腔是呼吸系统的第一道关口和物理屏障,鼻甲骨的损伤还会导致其他病原继发感染,如副猪嗜血杆菌通常定植于鼻腔,因此,猪萎缩性鼻炎也是副猪嗜血杆菌病发生的重要诱因,而饲养管理和通风不良会进一步加剧疾病的影响(斯特劳,2002)。本病 1930 年在德国首次发现,现已分布于世界养猪业发达的各个国家和地区,感染率 25%～

50%,病原菌的分离率达91%,发病仔猪迟滞率达10%~25%,给养猪业造成了巨大的经济损失(李连瑞等,2002)。

(一)病原特性

根据发病机理可将猪萎缩性鼻炎分为两种:一种为非进行性萎缩性鼻炎(Non-progressive atrophicrhinitis,NPAR),主要由支气管败血性波氏杆菌(*Bordetella bronchiseptica*,*Bb*)所致;另一种为进行性萎缩性鼻炎(Progressive atrophicrhinitis,PAR),主要由多杀性巴氏杆菌(*Pasteurella multocida*,*Pm*)的产毒菌株(Toxigenic,T^+ *Pm*)引起或与其他因子(PRRSV、HPS、SIV、Bb等)共同感染引起。

1. *Bb* 的病原学及病理学特征

Bb 是一种细小的革兰氏阴性杆菌或球杆菌,具有运动性,大小为1.0 μm×0.3 μm。需氧,培养基中加入血液可助其生长。不发酵糖类,能利用烟酸,可分解尿素。本菌不论在动物的鼻腔内或人工培养基上均极易发生变异,有3个菌相。其中病原性最强的菌相是有荚膜的Ⅰ相菌,具有K抗原和强坏死毒素(似内毒素),Ⅱ相菌和Ⅲ相菌毒力较弱。Ⅰ相菌由于抗体的作用或在不适当的条件下,可向Ⅲ相菌变异(蔡宝祥等,2001)。

Bb 的致病因素最初认为是一种蛋白质,称为不耐热毒素,现认为是皮肤坏死毒素(DNT)或细胞毒素(Cytotoxin)。支气管败血波氏杆菌逐渐定植于上呼吸道的表面,通常位于鼻通道和扁桃体。经过多年的研究,现在大多数观点认为Bb对PAR是重要的因素,但不是唯一的诱因。

2. T^+ *Pm* 的病原学及病理学特征

根据产毒素 *Pm* 和不产毒素 *Pm* 引起鼻甲骨萎缩能力的不同及它们在AR中的致病性,已建立起简单的间接区分菌株的试验方法,研究发现 *Pm* 分离株鼻内滴注SPF具有导致猪鼻甲骨萎缩的能力,与相应菌株的无细胞滤液皮内注射豚鼠后引起皮肤坏死的能力成正相关。将 *Pm* 区分为AR致病性菌株和非AR致病性菌株,在实际生产中对控制和预防AR有重要意义(贾校剑等,2007)。

T^+ *Pm* 的定居及影响鼻甲骨细胞生长并导致进行性萎缩和临床PAR的机制,已有了初步了解。本菌通常不一定会在鼻腔定居,除非鼻黏膜早已有损伤,如支气管败血性波氏杆菌及毒素可以诱导不同程度的鼻上皮细胞改变而有利于 T^+ *Pm* 的黏附,这些条件使本菌容易定居并产生毒素。而且当这种毒素经鼻腔和其他非口服途径感染猪时,猪鼻甲骨会产生进行性萎缩和鼻盘缩短。T^+ *Pm* 可造成鼻软骨变形包括上皮细胞退化和黏膜腺体萎缩,增加血流量及骨质疏松和充质细胞增生。用 T^+ *Pm* 培养滤液辅以适当佐剂免疫妊娠母猪,猪群AR的发病率和AR病变程度明显降低。

3. 其他因素在AR中的作用

虽然产 T^+ *Pm* 和 *Bb* 在PAR发生中起着重要作用,但其他因素如营养、遗传、环境和管理等因素在PAR中也起一定作用(Pedersen等,1988)。如任何一种营养成分缺乏,都可能加剧本病的发生;不同年(月)龄的猪连续饲养,密集、拥挤、过冷、过热、空气污浊、通风不良、长时间饲喂粉料;其他如绿脓杆菌、放线菌、猪细胞巨化病毒、疱疹病毒等也可参与其致病过程,使病变加重(蔡宝祥等,2001)。

(二)疫苗

目前已经有多种商业化的猪萎缩性鼻炎疫苗得到注册并被广泛应用。商业化疫苗组分也随着人们对于萎缩性鼻炎致病性研究的深入而逐步发展。由于最早的研究仅发现萎缩性鼻炎由波氏杆菌引起，因此最早期的萎缩性鼻炎疫苗仅含灭活的波氏杆菌抗原，此为第一代萎缩性鼻炎疫苗，其效果并不理想。D型巴氏杆菌与其毒素加强萎缩性鼻炎的危害比较晚才确认，此后才开发出同时含波氏杆菌与巴氏杆菌的第二代萎缩性鼻炎疫苗。第三代萎缩性鼻炎疫苗不但含有灭活的波氏杆菌与巴氏杆菌抗原，还含有毒素制成的类毒素抗原，能够诱发良好的免疫力以保护猪只。第四代萎缩性鼻炎疫苗是目前最优秀的疫苗，其组分包括灭活的波氏杆菌与巴氏杆菌及波氏杆菌类毒素与巴氏杆菌类毒素，免疫后能够针对4种萎缩性鼻炎致病性成分的全面保护。目前主要萎缩性鼻炎疫苗如下：

疫苗一：猪传染性萎缩性鼻炎灭活疫苗（上海）

菌种 本疫苗含灭活的支气管败血波氏杆菌菌体、D型多杀性巴氏杆菌菌体。

保存与使用 2～8℃避光保存，有效期12个月。于耳后颈部进行深部肌肉注射，每头猪注射2 mL。生产母猪基础免疫于分娩前8～10周，分娩前2～4周二免；常规免疫于分娩前2～3周接种1次。建议仔猪接种方法为：仔猪于4周龄、6周龄分别接种1次。

疫苗二：猪传染性萎缩性鼻炎灭活疫苗（RHINIFFAT）

菌种 含灭活的支气管败血波氏杆菌菌体、D型多杀性巴氏杆菌菌体及多杀性巴氏杆菌类毒素。

保存与使用 2～8℃保存，有效期24个月。未使用过猪克鼻的母猪：基础免疫应于产前6周免疫1次，产前2周二免；使用过猪克鼻的母猪：产前2周免疫1次。出现鼻子弯曲变形的严重感染场，母猪免疫计划如前所述，初生仔猪需在3周龄时免疫1次。

疫苗三：猪传染性萎缩性鼻炎灭活疫苗（Porcilis AR-T）

菌种 含支气管败血波氏杆菌菌体及D型多杀性巴氏杆菌类毒素。

保存与使用 2～8℃保存，不可冻结，有效期24个月。后备母猪：基础免疫需免疫2次，间隔6周，基础免疫于配种前1个月左右完成；以后每胎产前3～5周免疫1次，小猪场每4个月免疫1次。经产母猪的基础免疫：a. 萎缩性鼻炎压力小的猪场：产前8～10周首免，产前2～4周二免，间隔6周；b. 萎缩性鼻炎压力大的猪场：除产前2周内重胎母猪外，其他母猪免疫2次，间隔6周，前述未免重胎母猪待产后1周再作免疫，方法同前；以后每胎产前3～5周免疫1次，小猪场每4个月免疫1次。

疫苗四：猪传染性萎缩性鼻炎灭活疫苗（RINIPRAVAC-DT）

菌种 含灭活的支气管败血波氏杆菌833株和D型多杀性巴氏杆菌637株坏死毒素的类毒素。

保存与使用 2～8℃保存，有效期24个月。颈部深部肌肉注射。用于6月龄以上猪，每头每次接种1头份(2 mL)。推荐程序：初产母猪和青年公猪：在进入猪场时进行首免，4～6周后加强接种1次。然后根据猪场中的免疫程序进行接种。母猪和成年公猪：对所有经产母猪(怀孕和哺乳期的母猪)和所有种公猪接种疫苗1头份，间隔4～6周，进行第2次接种。在第2次接种3个月后，对怀孕母猪再接种1次(分娩前30～40 d时进行)。对种公猪，每隔6个月接种1次。个别敏感猪可能会发生过敏反应，应用抗组胺药进行治疗。

疫苗五：猪传染性萎缩性鼻炎灭活疫苗（ARadicator™）

菌种 含灭活的支气管败血波氏杆菌菌体、D型多杀性巴氏杆菌菌体及多杀性巴氏杆菌类毒素。

保存与使用 2～8℃保存，有效期 18 个月。肌肉注射。健康怀孕母猪分别在分娩前第 6 周和第 2 周接种；下次分娩前 2 周，再接种 1 次。每次每头 2 mL。接种后，部分动物中可见接种部位出现暂时性肿胀，有时可能会发生过敏反应，可使用肾上腺素等抗过敏药物，并结合其他辅助性措施。

疫苗六：猪萎缩性鼻炎灭活疫苗(Ingelvac®AR4)

菌种 含支气管败血波氏杆菌菌体、D 型多杀性巴氏杆菌菌体、支气管败血波氏杆菌菌体类毒素及多杀性巴氏杆菌类毒素。

保存与使用 2～8℃避光保存，有效期 24 个月。母猪初次接种，产前 5～6 周首免 1 头份，2 mL/头份；产前 2～3 周二免 1 头份，2 mL/头份；已经接种过 AR4 的母猪在产前 2～4 周免疫 1 头份，2 mL/头份。猪萎缩性鼻炎感染压力较大的猪场，可在 3～4 周龄给仔猪免疫 1 次，2 mL/头份。

目前尚无有效商品疫苗的详细生产标准，但一般每头份应含有 10^{10} 个甲醛灭活的支气管败血性波氏杆菌和 10 μg 多杀性巴氏杆菌类毒素。制备疫苗用的支气管败血性波氏杆菌为Ⅰ相致病菌，而多杀性巴氏杆菌是产毒素的，用常规方法保存已知特性和传代史的产毒多杀性巴氏杆菌和支气管败血性波氏杆菌菌种。由于多杀性巴氏杆菌毒素是在细胞内产生的，静止期细胞溶解时被释放出来，因此要在生长对数期结束后 48 h 收获培养物上清液。

目前国际萎缩性鼻炎疫苗生产标准如下：

菌种 全细胞菌苗的菌株和提取纯化抗原用的菌株均采用种子批次系统制备。制备全细胞菌苗时，要清楚多杀性巴氏杆菌和支气管败血性波氏杆菌的来源，并保持原始菌种批次规程中所规定原始菌种的各项特性指标。用于制备疫苗的生产种子应源于原始菌种，并根据原始菌种批次规程的规定检查所有相关特性。

制造工艺 支气管败血性波氏杆菌和多杀性巴氏杆菌要用能有效支持其生长和最佳表达诱导产生保护性抗原的培养基来繁殖。证实支气管败血性波氏杆菌是Ⅰ相菌，而多杀性巴氏杆菌培养物要含足量的毒素。支气管败血性波氏杆菌菌液和多杀性巴氏杆菌、毒素要灭活去毒并加入佐剂。常用佐剂是铝盐和油乳剂。

质量标准 除按照《成品检验的有关规定》进行检验外，还需进行以下检验：

安全检验：用两倍剂量的疫苗通过推荐免疫途径免疫靶动物，包括易感猪和妊娠母猪，两周后用单剂量二免，检验每批疫苗的安全性。不应产生非正常局部和全身性反应。或者根据不同疫苗的相应安全检验要求进行并符合规定。

效力试验：每批疫苗按与效力试验一致的有效血清学方法进行检验，效力检验不一定要用靶动物，也可用鼠和家兔进行。此情况下保护抗体与靶动物的保护抗体水平相关。方法如下：①纯度。原始菌种和生产菌种必须是纯培养物，无细菌、真菌、支原体和病毒污染；要证实菌种一致性和产生相关抗原的特性。②安全性。尽管按认可的方法灭活细菌培养物是一项标准程序，但两种细菌都会产生皮肤坏死性毒素。当疫苗有类毒素成分时，要确认消除其毒性。要对灭活疫苗进行标准安全检验。③效力。免疫几组怀孕母猪来检测疫苗的效力。用致病支气管败血性波氏杆菌和产毒多杀性巴氏杆菌对其后代进行攻毒，要获得明显保护，不出现进行性萎缩性鼻炎的临床症状(如鼻甲骨萎缩)，按照 Done 氏方法(1976)对免疫组和对照组所产生的临床症状进行计分。

或者根据不同疫苗的相应效力检验要求进行并符合规定。

（黄念　徐大为　勃林格殷格翰动物保健）

十四、鸡传染性鼻炎

鸡传染性鼻炎(Infectious coryza,IC)是由副鸡嗜血杆菌引起的鸡上呼吸道传染病，严重危害养鸡业生产。近年来，该病在中国呈蔓延之势，鸡场一旦感染，则难以消灭(吴清民，2002)。

(一)病原特性

病原为副鸡嗜血杆菌(*Haemophilus paragallinarum*，*Hpg*)，为巴氏杆菌科、嗜血杆菌属的成员。革兰染色阴性，为球形状或多形性，有时呈丝状，大小(1～3) μm×(0.4～0.8) μm，无鞭毛，不能运动，不形成芽孢。大多数有毒力的菌株在体内或初次分离时带有荚膜。在病料中以单个、成双或短链形式散在或呈丛存在。48～60 h的老龄培养物可呈现不完整的形态等退化状态，但若此时将这种培养物再移种至新鲜培养基上，又可培养出典型的球杆状细菌。

(二)疫苗

本病最早研制的疫苗为A型单价苗，在20世纪60年代就已投入使用。中国在80年代初发现本病，于1988年冯文达等研制成功A型单价苗。随后在1996年报道了鸡新城疫-传染性鼻炎二联苗的研制成功。刘永德等研制的鸡传染性鼻炎油乳剂苗，赵化民等研制的鸡支原体、鸡传染性鼻炎双价二联油乳剂灭活疫苗，宋敏训等研制的鸡传染性鼻炎多价灭活疫苗，沈志强等研制的鸡传染性鼻炎蜂胶灭活疫苗，王立男等研制的鸡新城疫-传染性鼻炎-禽支原体病-减蛋综合征四联油乳剂灭活苗，在制苗工艺和免疫效力各方面均取得了较大的突破。

单价菌苗现已不见使用，现在国内外绝大多数均是含副鸡嗜血杆菌A、C血清型的双价菌苗，而荷兰英特威(Intervet)公司生产的皂甙佐剂疫苗则是一种含A、B和C三种血清型的三价菌苗，现场应用效果良好。尽管国内目前还没有分离到B型菌株，但不能排除B型菌株存在的可能性。为了更有效地防制IC的发生和流行，研制和使用三价菌苗或全价苗将是防制IC的必然选择。

疫苗一：鸡传染性鼻炎灭活疫苗

菌种　A型副鸡嗜血杆菌HPG-8，C型副鸡嗜血杆菌HPG-668。

制造工艺　将副鸡嗜血杆菌A和C型菌株分别接种鸡血清鸡肉汤琼脂平皿上，在37℃以烛光法培养16 h，挑选典型的荧光性好的菌落若干，接种于6日龄SPF鸡胚卵黄囊内，继续孵化24～30 h，待鸡胚死亡后采集感染卵黄按1%接种到含鸡血清的鸡肉汤中，在37℃培养16 h即可作为种子液；按1%的量将种子液接种于半合成培养基(蛋白胨5 g、酪蛋白氨基酸1 g、谷氨酸钠5 g、新鲜酵母提取液30 mL和灭活健康鸡血清10 mL，加热灭菌后加入蒸馏水1 000 mL)中，或接种于含5%～10%鸡血清的鸡肉汤中，培养过程中摇动数次。培养16 h后收集菌液作活菌计数，菌落单位(CPF)达10^9个/mL即可。或用中空纤维超浓缩器浓缩。加入0.1%～0.5%甲醛和0.01%硫柳汞，37℃作用16 h，置4℃保存备用。配制白油佐剂，并乳化制成油包水型苗。

质量标准 除按《成品检验的有关规定》进行检验外，还需如下检验：

安全检验：选用 60～90 日龄健康易感鸡 12 只分成 2 组，第 1 组 8 只接种疫苗 1 mL/只，第 2 组 4 只作对照，第 1 组食欲略减少，观察 14 d，应无异常反应。

效力检验：用 60～90 日龄健康易感鸡 12 只分成 2 组，第 1 组 8 只皮下注射疫苗 0.5 mL/只，第 2 组 4 只作对照，相同条件下饲养 4 周，用 C-Hpg-8 和/或 Hpg-668 菌株 16 h 的鸡血清鸡肉汤培养物 0.2 mL（含 50 万～100 万个活细菌）作眶下窦内注射，观察 14 d，以流泪和流鼻汁等为判定发病依据，对照组鸡应全部发病，免疫组鸡至少保护 6 只；或对照组鸡 3 只发病，免疫组鸡至少保护 7 只，判为合格。

保存与使用 4～8℃保存，有效期 1 年。该疫苗以 0.25 mL 免疫注射 42 日龄以下鸡，保护率达 66.7%～100%，免疫期至少 3 个月；以 0.5 mL 免疫注射 42 日龄以上鸡，保护率达 89%～100%，免疫期 6 个月。若 42 日龄鸡作首次免疫注射，120 日龄作二次注射，即可保护整个产蛋期。

此外，国内有些单位采用 B 型等菌株按类似方法制成油乳剂苗或铝胶苗，也取得了良好的进展。

疫苗二：鸡传染性鼻炎-新城疫二联灭活疫苗

菌（毒）种 副鸡嗜血杆菌 HPG-8（A 型）/ HPG-668（C 型），新城疫 La Sota 弱毒疫苗株。

制造工艺 按鸡传染性鼻炎灭活苗细菌种子培养方法培养，活菌数量达 10^{10} 个/mL 以上；按新城疫 La Sota 系弱毒疫苗法增殖新城疫病毒，HA 价达 2^{10} 以上；两者分别用 0.3%和0.1%甲醛灭活后等量混合，加入 2%吐温-80 作为水相；制备白油佐剂（油相）；按水相与油相比 1∶3 乳化匀质后分装，4～8℃，保存期 1 年。

质量标准 除按《成品检验的有关规定》进行检验外，还需进行如下检验：

安全检验：用 20 日龄健康易感公鸡（未免疫过 ND 疫苗，ND 和 HI 抗体小于 1∶4，无传染性鼻炎抗体）10 只，各颈部皮下注射 1 mL 疫苗，观察 14 d，注射局部无严重反应，全部健活为合格。

效力检验：①传染性鼻炎：以 0.25 mL 疫苗皮下注射 21 日龄易感鸡 10 只，另取 10 只作对照，注射疫苗 28 d 后，用副鸡嗜血杆菌 Hpg-668 菌株的肉汤培养物由鸡眶下窦注射 0.2 mL（含 500 万～1 000 万 CFU/0.2 mL），观察 7 d，对照组 4/5 以上鸡发病，免疫组鸡至少保护 4 只为合格；②新城疫。取 1～2 月龄易感鸡 20 只（ND HI 抗体低于 1∶4），用不含抗原的油佐剂为稀释液，将疫苗稀释 25、50 和 100 倍，每个稀释度皮下（肌肉）注射疫苗 5 只，0.5 mL/只，另 5 只不免疫作为对照；4 周后肌肉注射 1 000 倍稀释的 NDV 强毒 0.5 mL（强毒对鸡的最小致死量不低于 10^{-6}/mL），观察 14 d，对照组应全部死亡，免疫组鸡存活数和不发病数 PD_{50}应≥50，疫苗判为合格。

保存与使用 4～8℃保存，有效期 1 年。适用于 21 日龄以上鸡，颈部皮下注射，21～42 日龄鸡 0.25 mL/只，42 日龄以上鸡 0.5 mL/只，注苗后 2～3 周产生免疫力。免疫期，一次注射为 3～5 个月；若 21 日龄首免，120 日龄再免，则再免后免疫期达 9 个月（姜平，2003）。

疫苗三：鸡毒支原体-传染性鼻炎（A 型）/ HPG-668（C 型）二联灭活疫苗

菌种 鸡毒支原体 R 株、副鸡嗜血杆菌 A 型 221 株、C 型 668 株。

制造工艺 将鸡毒支原体 R 株、副鸡嗜血杆菌 A 型 221 株和 C 型-668 分别接种适宜培养基培养，收获培养物，经甲醛溶液灭活、浓缩后，按适当比例加矿物油佐剂混合乳化而成。灭活前每毫升疫苗中含鸡毒支原体 R 株(MG-R)≥5×10^9 个，副鸡嗜血杆菌 221 株菌数≥5×10^8 个，副鸡嗜血杆菌 668 株菌数≥5×10^8 个。用于预防传染性鼻炎和鸡毒支原体引起的慢性呼吸道病。

质量标准　除按《成品检验的有关规定》进行检验外，还需进行如下检验：

安全检验：用 2～3 周龄 SPF 鸡 10 只，每只颈部皮下注射疫苗 1 mL，应不出现因注射疫苗而产生的局部或全身反应。

效力检验：①鸡毒支原体部分：用 2 月龄左右 SPF 母鸡 10 只，各皮下注射疫苗 0.5 mL，21 d 后，每年只鸡经气囊注射鸡毒支原体 R 株(MG-R)强毒 0.2 mL(含 1×10^8 个)，观察 14 d，剖杀全部鸡，统计气囊的损伤程度，免疫组气囊保护率应≥75。应不出现因注射疫苗而产生的局部或全身反应。②传染性鼻炎部分：用 2 月龄左右 SPF 母鸡 20 只，各皮下注射疫苗 0.5 mL，21 d 后，连同对照组 20 只，均分为二组，一组经眶下窦注射副鸡嗜血杆菌 221 株菌液 0.2 mL(1×10^7 个/mL)，另一组经眶下窦注射副鸡嗜血杆菌 668 株菌液 0.2 mL(1×10^7 个/mL)，观察 7 d，对照组均至少 8 只鸡发病(流鼻涕，眼睑肿胀)，免疫组鸡至少 8 只保护。

保存与使用　2～8℃保存，有效期 1 年。颈部皮下或肌肉注射。10～20 日龄雏鸡，每只 0.3 mL；成鸡于开产前接种，每只 0.5 mL；12 月龄以上肉、蛋鸡强化免疫量每只1.0 mL。

注意事项　①健康状况异常的鸡不宜使用。②切忌冻结和加热。③使用前将疫苗恢复到常温并摇匀后再使用。④屠宰前 21 d 内禁止使用。

(秦晓冰　青岛农业大学动物科技学院；郭鑫　中国农业大学动物医学院)

第五节　动物寄生虫病常用疫苗

一、血吸虫病

血吸虫病是由血吸虫(*Schistosoma*)引起的一种人畜共患寄生虫病，世界性范围分布。中国血吸虫病病原体为日本分体吸虫(*Schistosoma japonicum*)，广泛分布于长江流域 13 个省、市和自治区，严重影响人体健康和畜牧业生产。成虫寄生于人或其他哺乳动物的肠系膜静脉中，雌雄虫常合抱在一起。雌虫产卵于肠壁，随粪便排出体外，在水中孵出毛蚴，如遇钉螺则侵入其体中经无性生殖，产生大量的尾蚴。尾蚴自螺体内逸出后，借尾部摆动，遇人或易感动物而从皮肤钻入，引发感染。其寄生能引起人和动物的肝脏、肠壁形成大量结节，随后纤维化，使器官失去功能，严重的引起致死(孔繁瑶，1997)。

(一)病原特性

血吸虫也称裂体吸虫(*Schistosoma*)，寄生在多数脊椎动物静脉中的扁形动物，共有 6 种：日本分体吸虫(*Schistosoma japonicum*)、埃及裂体吸虫(*S. haematobium*)、曼森氏裂体吸虫(*S. mansoni*，即曼氏血吸虫)能够引起严重的疾病过程；间插血吸虫(*S. intercala-*

tum)、湄公血吸虫(*S. mekongi*)和马来血吸虫(*S. malayensis*)相对致病性较轻。中国主要病原体是日本分体吸虫,分布于长江流域。日本分体吸虫体型小,线状,雌雄异体。雄虫乳白色,大小(10～20) mm×(0.5～0.55) mm;雌虫较雄虫细长,暗褐色,大小(15～26) mm×0.3 mm。虫卵椭圆形,大小(70～100) μm×(50～60) μm。淡黄色,卵壳薄,无卵盖,在其侧方有一小刺,卵内含毛蚴。

(二)疫苗

日本分体吸虫感染动物后,可引起机体产生特异性免疫,但对其具体的机理研究甚少。血吸虫不在终末宿主体内增殖,病变程度与虫荷有关。因此免疫力不到100%的疫苗亦足以从生物及临床角度控制血吸虫病(Capron 等,1987)。用致弱尾蚴免疫血清被动免疫动物,可获得显著的保护力(Soisson 等,1992)。照射减毒疫苗的不足之处是缺乏足够的虫源,而且多种抗原成分不一定全部产生保护力,甚至可能导致免疫性改变或免疫抑制。因而必须弄清其中作为安全疫苗的抗原成分。国内外学者也曾对相关抗原基因进行了克隆和表达,以期研制出相关的基因工程苗,到目前结果尚不理想。WHO 认为其中数种为血吸虫病疫苗的有希望的候选抗原。用由曼氏血吸虫 28 ku GST 抗原肽段和日本血吸虫 26 ku GST 抗原肽段组成的混合多抗原肽疫苗对小鼠进行免疫,能诱导小鼠产生对日本血吸虫天然抗原特异的抗体应答,产生显著的抗日本血吸虫感染的保护性免疫力。这种免疫力不仅降低了成虫负荷数,还显著减少了肝组织的虫卵数,减虫率达73.6%,减卵率达 75.9%(曹胜利等,1999)。目前 28 ku GST 作为疫苗开发并进入Ⅱ期临床试验,可惜的是 WHO 公布的数据显示其预防效果不佳(McManus,2008)。

(张灿　青岛农业大学动物科技学院)

二、棘球蚴病

棘球蚴也叫包虫病,是一种人畜共患寄生虫病。该病由棘球绦虫的中绦期幼虫寄生于牛、羊、猪、人及其他动物的肝、肺及其他器官中引起,世界性分布,在中国也是广泛分布,尤其在西北牧区危害严重。成虫棘球绦虫寄生于犬科动物的小肠中,基本无致病性。棘球蚴体积大,生长力强,并且可以寄生在人畜体内任何部位,压迫组织器官使其萎缩引起功能障碍,还容易引起继发感染。如果蚴囊破裂,会引起过敏反应,严重致死(孔繁瑶,1997)。

(一)病原特性

棘球绦虫主要有 4 种:细粒棘球绦虫(*Echinococcus granulosus*)、多房棘球绦虫(*E. multilocularis*)、少节棘球绦虫(*E. oligathrus*)、福氏棘球绦虫(*E. vogeli*)。后 2 种主要分布于南美洲;中国只有前 2 种,以细粒棘球绦虫多见。成虫体型小,体长 2～7 mm,由头节和 3～4 个节片组成。头节上有吸盘、顶突和小钩。细粒棘球蚴为一囊状构造,内含液体。成虫的虫卵大小为(32～36) μm×(25～30) μm。其形状因寄生部位不同而变化,一般近球形,直径 5～10 cm,囊液淡黄色。

(二)疫苗

棘球蚴囊能使棘球蚴逃避牛、羊免疫系统的识别,还能防止抗体及其他效应因子向囊内渗入，使囊内原头蚴得以生存。棘球蚴的囊液成分具有结合补体的活性，从而保护了原头蚴的原头节免受补体介导的溶解作用。关于疫苗的研究，一是为了控制细粒棘球绦虫对终末宿主狗等肉食动物的感染；二是为了控制棘球蚴对中间宿主绵羊等的感染。

目前，在控制棘球蚴对绵羊的感染方面已取得突破，已研制出抗细粒棘球绦虫基因工程疫苗 EG95，并用于生产（刘述先等，2005）。该疫苗为六钩蚴抗原，人工感染试验证明，该疫苗对绵羊和山羊的保护率大于 95%，两次免疫后，免疫保护持续时间至少可持续 1 年以上。对新西兰、澳大利亚、阿根廷和中国细粒棘球绦虫具有同样的保护效果（杨维平，2006）。

中国农业科学院生物技术研究所与新西兰有关单位研制成功的"羊棘球蚴（包虫）病基因工程亚单位疫苗"目前已获得新兽药证书。在应用 ELISA 进行该疫苗的免疫效力评价时，被检血清按 1∶200 进行稀释，经过羊棘球蚴（包虫）病基因工程亚单位疫苗间隔 4 周进行 2 次免疫的试验羊血清 $OD_{490}\geqslant1.0$，未进行免疫的试验羊阴性血清 $OD_{490\ nm}\leqslant0.3$，$P/N\geqslant2.0$，被检血清样品抗体测定可在 3.5 h 内完成（张岐蜀等，2007）。

（张灿　青岛农业大学动物科技学院）

三、弓形虫病

弓形虫病（Toxoplasmosis）又称弓形体病，是由刚地弓形虫（*Toxophasma gondii*）所引起的人畜共患病，世界性范围分布。弓形虫宿主种类非常广泛，人及动物感染率都很高，在人体多为隐性感染。发病者主要侵犯眼、脑、心、肝、淋巴结等。孕妇受染后易导致胎儿畸形。家畜中猪发病后死亡率高达 60%以上（孔繁瑶，1997）。

（一）病原特性

世界各地的弓形虫只有 1 个种，但有不同的虫株。弓形虫细胞内寄生性原虫，其生活史中出现 5 种形态，即滋养体（Tachyzoite，速殖子）、包囊（可长期存活于组织内，呈圆形或椭圆形，直径 10～200 μm，破裂后可释出缓殖子（bradyzoite）、裂殖体、配子体和卵囊（oocyst）。前 3 期为无性生殖，后 2 期为有性生殖。弓形虫在终末宿主（猫与猫科动物）体内，上述 5 种形态俱存；在中间宿主（包括禽类、哺乳类动物和人）体内则仅有无性生殖。

（二）疫苗

弓形虫疫苗包括固定的全虫和裂解物，对动物进行免疫接种结果显示，抗感染能力弱，所以对于人群和家畜无实用价值（Krahenbuh 等，1982）。相对灭活疫苗，通过紫外线照射、激光照射及改变培养温度等方法可以培育减毒活疫苗。以弱毒株为基础研制的疫苗主要集中在 S48 速殖子、T-263 突变株、Ts-突变株等。在美国，用弓形虫基因突变株 T-263 免疫绵羊能有效防止流产发生，免疫的猫弓形虫卵囊的排出也减少了。用 Ts-4 突变株免疫可使宿主产生强大的保护力。Ts-4 突变株虽然是活虫，但对宿主无任何致病的影响，即使大剂量（$1\times10^3\sim1\times10^5$ 个速殖子）接种小鼠也不会致病，接种 2 个月后速殖子从宿主体内逐渐消失，存活期较短。更为重要的是该突变株在小鼠的脑内不形成包囊，并能诱导宿主产生高效价的特异性抗体。英特威公司以 S48 速殖子为材料生产的活疫苗是目前为止世界上唯一经注册的用于弓形虫病免疫的疫苗，已成功地推广应用于免疫预防弓形虫病引起的母羊流产(孔猛等,2010)。Chartier 等(2001)以 S48 速殖子肌肉接种交配前的山羊,在母羊怀孕 90 d 以 10 000 个 S48 速殖子攻毒,结果非免疫组的山羊体温升高,免疫组和非免疫组的血清抗体效价都有大幅度的增加,但非免疫组的流产率明显高于免疫组攻毒后免疫组的山羊都表现出较高的血清学反应。林爱芬等(1999)应用 4.5～6.0 W 剂量的 CO_2 激光照射弓形虫速殖子,镜下观察仍存在少量活体弓形虫,经小鼠腹腔接种后腹水中未见虫体,接种的小鼠全部存活。2 个月后剖杀存活鼠,脑组织直接压片及组织匀浆镜检,均未见弓形虫包囊。中国用继代培养方法驯化弱毒株用于免疫接种。组织细胞培养致弱的弓形虫疫苗在接种动物后,可产生 100%的免疫保护作用,使用安全、可靠(任平,2007)。

疫苗一:猪弓形虫弱毒苗

虫株 从猪弓形虫病料中分离的弓形虫 NT 株,通过 Vero 细胞培养传代,经紫外线全暴露垂直连续照射 420 代次,建立抗紫外线辐照突变虫株 NTA-Ⅲ株。

制造工艺 虫种继代用 Vero 细胞,每传 10 代,需经紫外线辐照 2 h,活虫占 90%以上,生长繁殖正常。虫种接种在兔或地鼠的单层细胞旋转瓶内,2～3 d 收 1 次,换新鲜培养液,3～5 d 再收 1 次。合并 2 次虫体,以 2%台盼蓝染色镜检计数,着色者为活虫。水剂虫苗:将计数的虫体原液加入 2%甘油 Hank's 溶液中,使每毫升含虫量保持 1×10^5 个,分装;浓缩虫苗:将计数的虫体原液,低速离心,弃上清液,加入 3%明胶液(37℃)充分摇匀使每毫升含虫量保持 2.5×10^6 个,分装。

质量标准 水剂虫苗呈淡红色,pH 7.2;浓缩虫苗 4℃呈半固体状,淡黄色,pH 6.8。抽取含虫悬浮液,加入厌气肝汤、肉汤、血琼脂斜面 3 种培养基,37℃培养,无菌生长为合格。每头猪接种 100 个免疫量虫数,临床观察 4～7 d,免疫猪体温、食欲和精神均应正常。虫苗免疫猪 14 d 后产生免疫力,21 d 用强毒弓形虫株攻击,对照组发病或死亡,免疫猪全部健活(保护)。免疫期持续 9 个月。

保存与使用 置－4℃保存,有效期 1 个月。供弓形虫病流行区内使用。100 头剂水剂虫苗及 500 头剂浓缩虫苗,用于未发病牲畜,每头 1 mL。对已发病牲畜、妊娠母畜和未断奶仔猪不得使用。

(张灿 青岛农业大学动物科技学院)

四、球虫病

鸡球虫病(Coccidiosis in chicken)是由一种或多种球虫引起的急性流行性寄生虫病。鸡球虫病对雏鸡危害严重,主要危害 10～60 日龄雏鸡,引起肠道病变,死亡率高达 80%以上。病雏生长受阻,成年鸡多为带虫者,影响增重和产蛋,是传播球虫病的重要病源(孔繁瑶,1997)。

(一)病原特性

鸡球虫病原为原虫中的艾美耳科、艾美耳属的球虫。世界各国已经记载的鸡球虫种类共有 13 种之多。不同种的球虫,在鸡肠道内寄生部位不一样,其致病力也不相同。中国已发现 9 个种:柔嫩艾美耳球虫(*Eimeria tenella*)、毒害艾美耳球虫(*E. necatrix*)、巨型艾美耳球虫(*E. maxima*)、堆型艾美耳球虫(*E. acervulina*)、和缓艾美耳球虫(*E. mitis*)、哈氏艾美耳球虫(*E. hagani*)、早熟艾美耳球虫(*E. praecox*)、布氏艾美耳球虫(*E.

brunetti)和变位艾美耳球虫(*E. mivati*)。柔嫩艾美耳球虫致病力最强,其次为毒害艾美耳球虫。

鸡球虫在生活史不同阶段具不同形态,在宿主体内为裂殖体,经无性生殖和有性生殖形成卵囊排出体外。卵囊多呈卵圆形,是球虫分类的重要依据。

(二)疫苗

球虫的保护性免疫是一种带虫免疫。柔嫩艾美耳球虫和毒害艾美耳球虫免疫形成较迟,必须反复感染才能获得高度免疫。由于艾美耳球虫种类多,各种艾美耳球虫的免疫应答具有种的特异性,刺激鸡体产生特异性免疫能力的快慢、强弱和维持时间的长短也各有不同。国内外学者采用多种方法对多种球虫的多种抗原进行分析,以求获得鸡球虫理想的保护性抗原,如虫体或其粗提物、纯化蛋白、经抗体识别的抗原、基因工程表达抗原等。

鸡球虫疫苗有活苗(强毒苗、弱毒苗)、重组蛋白疫苗、重组 DNA 疫苗等。目前国内外在生产上用于免疫接种的疫苗大多是活疫苗。弱毒疫苗是通过对强毒株进行人工致弱获得的,其致病性比亲本株大为降低,仍保留良好的免疫原性。对强毒株人工致弱的主要方法有 3 种:理化致弱、选育早熟株和鸡胚传代致弱,目前认为早熟选育的方法最为可取。国外已有 7 个种,国内有 4 个种是通过早熟选育的致弱株系。大量的研究结果表明,早熟系具有良好的生物特性和免疫原性。因此,早熟选育技术已成为研制球虫弱毒株虫苗的重要手段(任平,2007)。

疫苗一:双重致弱三价活疫苗(DLV 疫苗)

虫种 柔嫩艾美耳球虫、毒害艾美耳球虫和巨型艾美耳球虫纯化卵囊。

制造工艺 将柔嫩艾美耳球虫、毒害艾美耳球虫和巨型艾美耳球虫纯化卵囊置于 2.5%重铬酸钾溶液内,28℃培养 48 h 左右,80%~90%卵囊孢子化后,收集,保存于 4℃冰箱备用;孢子化卵囊用生理盐水洗涤 3 次,去除重铬酸钾后,用高效化学诱变剂 NTG 在 4℃处理卵囊,5 μg/mL 处理 120 min,或 10 μg/mL 处理 60 min,立即离心,去除 NTG 溶液,再用生理盐水清洗 3 次,计数,稀释至需要浓度。

质量标准 用 DLV 疫苗 2.5×10^4 剂量接种 3 日龄小鸡未见明显临床症状,鸡体连续 5 次传代未出现明显毒力返强现象。用 DLV 疫苗免疫后对 1.0×10^5 强毒株的攻击有 100%保护率。

保存与使用 4℃保存 6 个月。每只鸡免疫 3 次,肉用鸡在出壳后 3、8、16 日龄口服,蛋鸡和种鸡在 3、10、20 日龄口服,均为拌料后喂服,并在 2、6 日龄口服疫苗增效剂 CPU。

疫苗二:早熟株弱毒球虫活疫苗

虫种 柔嫩艾美耳球虫、毒害艾美耳球虫、堆形艾美耳球虫和巨型艾美耳球虫。

制造工艺 ①早熟虫株的选育:选育出柔嫩艾美耳球虫、毒害艾美耳球虫和巨型艾美耳球虫的潜在期短、裂生殖最后一代缺失或缺陷、同时伴随繁殖率下降的早熟虫株。其主要过程是以单卵囊接种无球虫鸡,收集最先排出的卵囊,孢子化后再次接种鸡。如此反复传代,直到得到生活史变短的早熟虫株。然后以过滤—离心沉淀—饱和盐水浮聚—离心清洗—恒温振动孢子化等程序收集卵囊,再用次氯酸钠溶液处理。②以柔嫩艾美耳球虫和毒害艾美耳球虫的早熟弱毒株,巨型艾美耳球虫早熟株组成商品肉鸡适用的三价球虫苗。以上述 3 种再加上堆形艾美耳球虫卵囊组成种鸡适用的四价球虫苗。

③早熟弱毒虫株致病性与免疫原性测试，要求早熟株在致病性下降的同时，保持良好的免疫原性。早熟虫株经一定代数的传代后，应具稳定的遗传特性。

质量标准 细菌学检查，次氯酸钠处理的卵囊为阴性。存放1个月、4个月后检查均为阴性。超量感染试验及免疫过程中均对体重增加无影响。以免疫攻毒试验和生产对比试验，在球虫病常发日龄（4～5周龄）之间可产生坚强的免疫力，具有和药物相同的免疫效果。

保存与使用 本疫苗应保存于4.4～7.2℃，不可冻存。1周龄内1次经口滴服或混入料中喂服。完全免疫力（攻毒后不产生卵囊）可保持39 d以上，免疫后67 d仍然具有保护作用（攻毒后不产生轻微的病变和卵囊）。4℃下保存6个月后使用。卵囊产量完全可以满足自然感染的启动。使用时，应注意所有鸡只必须在同一时间接受免疫，否则应将免疫鸡群与未免疫鸡群严加隔离；进行免疫时应尽量消除应激因素，并禁止投放抗球虫药。

疫苗三：鸡球虫活四价疫苗（柔嫩艾美耳球虫PTMZ株＋毒害艾美耳球虫PNHZ株、巨型艾美耳球虫PMHY和堆形艾美耳球虫PAHY株）

虫种 柔嫩艾美耳球虫PTMZ株＋毒害艾美耳球虫PNHZ株、巨型艾美耳球虫PMHY和堆形艾美耳球虫PAHY株。

制造工艺 本疫苗是用柔嫩艾美耳球虫梅州早熟系（PTMZ株）、毒害艾美耳球虫贺州早熟系（PNHZ株）、巨型艾美耳球虫河源株早熟系（PMHY）和堆形艾美耳球虫河源株早熟系（PAHY株）分别经口接种于雏鸡，收集粪便中的卵囊，并用次氯酸钠溶液消毒后，置1%氯氨T溶液中，在适宜的温度湿度条件下孵育获得孢子化卵囊，按适当比例混合后制成。

质量标准 参见兽用生物制品质量标准规程（2006—2008）。

（张灿　青岛农业大学动物科技学院）

五、锥虫病

锥虫病（Trypanosomiasis）是由锥虫感染所致的原虫感染性疾病，主要分布于亚非拉各大洲。非洲锥虫病由冈比亚锥虫（*Trypanosoma gambiense*）和罗得西亚锥虫（*T. rhodesiense*）引起，前者分布于非洲西部和中部，主要传染源是人，传播媒介为须舌蝇；后者分布于非洲东部，动物和人均为传染源，传播媒介为刺舌蝇。非洲锥虫病以神经系统病变为主，又称睡眠病，可引起人的昏睡病，一些地区的死亡率超过30%。美洲锥虫病又称恰加斯氏病（Chaga's disease），流行于美洲，多见于儿童；由克氏锥虫（*Trypanoma cruzi*）引起，传播媒介为锥蝽属昆虫。临床上急性期以发热、全身性淋巴结肿大及心脏扩大为主要特征。慢性期则以心肌炎、心脏扩大、食道或结肠扩张为主要特征。在中国主要流行伊氏锥虫病，引起骆驼、马、牛等家畜发病，造成家畜日渐消瘦，甚至死亡（Hoare，1972；Luckins，1988；Lun等，1993；Maudlin等，2004）。

（一）病原特性

锥虫为单型性虫体，长15～34 μm，宽1～2 μm，平均为24 μm×2 μm，呈卷曲的柳叶状，前端尖锐，后端稍钝。虫体具鞭毛和波动膜。

（二）疫苗

由于锥虫易产生抗原变异和引起宿主免疫抑制，故至今尚无可应用的锥虫疫苗（沈杰等,1993; Stephen,1986;Urguhart 等,1987;Borst 等,2000)。早在 1914 年 Halbestadter 就报道过应用辐照锥虫可消除其感染性。Duxbary(1973)用 Co60-γ 射线致弱的罗德西亚锥虫、布氏锥虫、刚果锥虫可对小鼠完全保护,对牛犬部分保护。用 Co60-γ 射线致弱罗德西亚锥虫,对牛可保护 8 个月(James 等,1973)。用 Co60-γ 射线 42 Krod 剂量照射致弱布氏锥虫,免疫大白鼠,能抵抗同种未照射锥虫的攻击,部分大鼠完全保护(沈杰等,1993)。刘俊华等(1984)用 Co60-γ 射线和紫外线致弱伊氏锥虫对小鼠也有一定保护力。Fermandes 等(1966)用放线菌素致弱克氏锥虫和马媾疫锥虫产生良好保护力。

(张灿　青岛农业大学动物科技学院)

六、猪囊虫病

猪囊虫病又称囊尾蚴病。是由寄生在人小肠的猪带绦虫(成虫)产卵,随粪便排出,猪食入虫卵后即在猪体内发育为幼虫而引起的猪囊尾蚴病。囊尾蚴主要寄生在猪肌肉组织,生前较难确诊,在屠宰检疫时常被发现。猪囊尾蚴是中国农业发展纲要中限期扑灭的疫病之一(孔繁瑶,1997)。

(一)病原特性

猪囊尾蚴,亦称猪囊虫,呈椭圆形,黄豆大小,白色半透明的囊泡,囊内充满液体。囊壁上有一个乳白色小结,内有一个内翻的头节。头节上有 4 个吸盘,上有许多小钩,多寄生于猪的横纹肌、脑、眼、心肌等处。其成虫称链状带绦虫、有钩绦虫或猪带绦虫,呈乳白色,扁平带状,2～5 m,有 700～1 000 个节片。头节小呈球形,其上有 4 个吸盘,有顶突,顶突上有25～50 个小钩,分两排,多寄生终末宿主人的小肠内。虫卵圆形,浅褐色,直径为 31～43 μm,两层卵壳,外有薄层,易脱落,内层较厚,有辐射状的条纹,称胚膜,内含六钩蚴。

(二)疫苗

中国猪囊虫疫苗在 1991 年已经研制成功,免疫期效达 8 个月以上。该虫苗是通过建立猪囊尾坳 CC-97 免疫细胞系利用培养的细胞抗原制造的,具有稳定的高度免疫原性,给猪注射应用,可使猪对囊虫的抗感染力提高 20 倍。唐雨德等(2001)用六钩蚴的保护性抗原基因构建猪囊虫病基因工程疫苗,免疫昆明小鼠,效果良好,免疫保护率达 92.2%。田间试验和区域试验表明,免疫猪未有不良反应,囊虫感染率分别由 20%降为 1.1%和 5.4%降为 0.21%。

疫苗:猪囊虫油乳剂疫苗

制造工艺　从患猪肉中采取完整的虫体,加 0.2%苯酚,置－15℃反复冻融 3 次,检查虫体无活性,制成匀浆,取匀浆 1 份加灭菌生理盐水 4 份,并加适量抗生素,混匀,即为油苗用抗原。以抗原 1 份与油相(白油加 10%乳化剂)1.5 份,用胶体磨乳化制成油乳剂疫苗。

质量标准　经免疫力产生时间测定,免疫后第 6 天即可产生免疫,能有效抵抗猪囊尾蚴的侵袭;免疫期长,可达 5 个半月或更长时间。该油乳剂苗可通过家兔进行效检,用间接血凝反应(IHA)监测免疫猪体内的循环抗体。

保存与使用　该疫苗有效保存期(室温下)10 个月,低温下(0～4℃)可保存 18 个月。

每头猪断乳后颈部接种 2～3 mL，18 d 后产生免疫力，免疫有效期为 8 个月，保护率为 80%～91.73%。

（张灿　青岛农业大学动物科技学院）

七、猪旋毛虫病

猪旋毛虫病是由旋毛形线虫（*Trichinella spiralis*）寄生于人和动物小肠、肌肉组织引起的一种人畜共患寄生虫病。人、猪、犬、猫、啮齿类等多种哺乳动物均易感，世界范围分布。该病具有重要公共卫生学意义，在肉品卫生检验中列为首要项目。旋毛虫成虫寄生于终末宿主小肠，称为肠旋毛虫，可引起肠炎。幼虫寄生于横纹肌肌纤维间并形成包囊，称为肌旋毛虫，可引起肌纤维变性、萎缩（孔繁瑶，1997）。

（一）病原特性

旋毛形线虫成虫细小，肉眼几乎难以辨识。虫体线形，前粗后细，雄虫长 1.4～1.6 mm，雌虫长 3～4 mm。幼虫包囊梭形，肉眼可见，最长可达 0.25～0.5 mm，长轴与肌纤维平行，壁厚，幼虫似螺蛳锥状盘绕在内。

（二）疫苗

旋毛虫病疫苗可分为减毒活疫苗和灭活疫苗（死疫苗）两大类。减毒活疫苗是将旋毛虫虫体减毒后降低致病性，但保留其免疫原性；死疫苗包括天然抗原疫苗、合成肽疫苗及重组抗原疫苗。虽然一些天然抗原疫苗可使免疫的动物获得很高的免疫力但由于从虫体得到的抗原来源有限，且试验条件难以统一、抗原的制备难以标准化，导致不同实验室、不同批次抗原疫苗的质量不同，妨碍了其商品化和推广应用（崔晶等，2004）。Gamble 等（1985）将旋毛虫 3 日龄成虫可溶性抗原与 CFA 免疫小鼠后攻虫结果表明，AWAg 抗原可诱导高度的免疫力，成虫减虫率为 89%，肌幼虫减虫率高达 96%。申丽洁等（1999）比较了旋毛虫 AWA 和 ES 抗原对小鼠的免疫保护作用，表明 AWA 和 ES 抗原均能够诱导宿主产生较强的抗攻击感染的免疫力，但后者的免疫原性更强。涂涛等（2001）比较了旋毛虫成虫、新生幼虫和肌幼虫抗原接种小鼠诱导的保护性免疫，结果表明旋毛虫抗原均可激发特异性体液免疫和细胞免疫，诱导小鼠对攻击感染产生保护性，其中成虫抗原和新生幼虫抗原显示出更好的免疫原性。Marti 等（1987）用冻融的新生幼虫全虫粗抗原加 CFA 后免疫猪，对攻击感染可诱导 78%的保护作用，而肌幼虫 ES 抗原免疫猪的抵抗力只有 40%。将旋毛虫不同生活史时期的虫体制备成混合抗原免疫小鼠，结果表明所有抗原制剂对攻击感染均有部分保护作用，而混合抗原的免疫保护效果更好（Darwish 等，1996；许汴利等，1997）。

（张灿　青岛农业大学动物科技学院）

八、牛肺线虫病

牛肺线虫病又叫网尾线虫病，是由丝状网尾线虫（*D. filaria*）和胎生网尾线虫（*D. viviparus*）引起的一种寄生性线虫病。中国的反刍兽肺线虫分布较广，多见于潮湿地区，常呈地方性流行；危害较大，寄生于反刍兽的肺部，引起肺部损伤，不仅造成家畜发育障碍，畜产品质量降低，严重者可引起家畜死亡（孔繁瑶，1997）。

(一)病原特性

丝状网尾线虫呈细丝状,乳白色,肠管黑色贯穿体内。雄虫长 30 mm,雌虫长宽 35～44 mm,虫卵椭圆形,大小为(120～130) μm×(80～90) μm;胎生网尾线虫与前者相似,虫卵较小,85 μm×51 μm。

(二)疫苗

牛肺线虫疫苗研制的目的主要是预防临床症状的发生,因此使虫荷降低 90%或 95%是合适的。1959 年,第 1 种用于预防牛胎生网尾线虫感染的商品蠕虫苗正式在英国投产使用,该虫苗最初是由英国格拉斯哥大学兽医学院研制的,后由位于伦敦附近的 Glaxo 公司生产,一直沿用至今(耿辉,2000)。该苗田间试验表明对攻击感染不能产生完全无虫状态的保护,但可使荷虫量减少 95%～98%(叶溥增,1985)。

疫苗一:牛胎生网尾线虫苗

制备工艺 选半岁以下健康无寄生虫和细菌感染的犊牛,隔离饲养,备用。体重为 150 kg 左右的牛,平均感染 9 000～10 000 条的第三期胎生网尾线虫(L3),感染 20 d 左右收集粪便,每日收集的粪便称重并取样检查幼虫量。含一期幼虫的粪便经混合后,装于浅铝盘内 18℃调温调湿培养房内(相对湿度 92%)培养,约 6 d 幼虫发育至第三期并移行至粪表面,收集幼虫,洗净的幼虫保存于 4℃冰箱备用。将保存的幼虫分装于圆盘内,置于 4℃ X 射线发射箱内,每照射 60 min,重新混合幼虫并变换圆盘位置再继续照射,直至 4 万伦琴剂量。照射后于 4℃保存。照射过的幼虫用生理盐水稀释到每 25 mL 含 1 000 个幼虫的浓度量,分装到小瓶中,每瓶 25 mL (即含 1 000 幼虫),然后加盖,封口,贴标签。整个程序均在严格无菌条件下进行。

质量标准 在照射制苗的每个生产阶段中均应对幼虫的活力进行抽样检查,计算活虫的百分率及占最初活虫数的百分率,活力强的虫苗方可应用,幼虫死亡率明显升高的苗不可使用,合格批量的虫苗在照射后 20 d 其幼虫仍占最初幼虫数量的 90%以上。幼虫迅速死亡的那批虫苗应淘汰。照射幼虫侵袭性及致弱性的检查:通过接种豚鼠来确定,在皮肤接种疫苗 2 d 后,在豚鼠体内应找到幼虫以证明疫苗有感染性,10 d 后豚鼠体内应找不到幼虫以证明疫苗已被减活。

保存与使用 分装后的虫苗有效使用期为两周。间隔 4 周后使用第二剂虫苗,连服 2 次,即可达到免疫效果。

(张灿　青岛农业大学动物科技学院)

第九章 诊断用动物生物制品

第一节 诊断用动物生物制品概述

诊断用生物制品(Diagnosticum)是指利用微生物和寄生虫培养物及其代谢物或动物血清及组织材料制成,专门用于动物传染病和寄生虫病诊断、动物检疫、畜群健康监测及病原微生物的鉴定与分型的一大类制品,又称为诊断制剂或诊断液。

诊断用生物制品的种类很多,包括诊断用抗原、诊断用抗体(血清)和标记抗体(制备技术见第六章第三节),这类诊断用生物制品用于诊断和检疫的免疫学原理,是基于抗原和抗体能特异性反应,以及抗原引起动物机体特异性免疫应答的基本特性。因此诊断中可以用已知抗原检测未知抗体,也可用已知抗体检测未知抗原;还可根据动物机体对抗原的特异性反应进行动物疫病诊断。随着分子生物学的发展,一些新型的诊断方法和诊断制剂不断开发出来,如基因扩增、核酸探针及基因芯片等,这类诊断用生物制品根据核酸的双股核苷酸键间碱基配对的原理,来检测病原核酸。无论是传统的诊断用生物制品,还是新型诊断用生物制品,特异性强和敏感度高是其最基本要求。兽用诊断试剂是动物疫病防控的重要武器,质量的好坏直接关系到疫病防控成效。多年来,中国研制的诊断试剂在动物疫病防控中发挥了重要作用,尤其是禽流感等重大动物疫病诊断试剂的成功研制为有效控制和扑灭疫情做出了重要贡献。但长期以来,兽用诊断试剂的产业化和商业化发展相对滞后,中国目前已有兽用生物制品达 400 多种,各种诊断液(标准阳性血清及抗原等)不足 100 种。诊断类制品所占比例较小,与市场需求量相对较低,但生产要求和技术含量却更高,且在应用中往往还需要配套较昂贵的检测设备等原因有关。当前在中国畜禽传染病流行非常复杂的情况下,快速、特异、敏感、简便的诊断试剂品种极少,尤其是针对新的畜禽传染病的诊断制品缺乏。像网状内皮组织增生病、禽淋巴细胞白血病(特别是以侵害肉鸡为主的 J 型白血病)等应尽快研制相应诊断试剂(制品)。

第二节 常用诊断用动物生物制品

一、诊断用抗原

(一)血清学诊断抗原

血清学诊断抗原是用已知微生物和寄生虫及其组分或浸出物、代谢产物、感染动物组织制成,用以检测血清中的相应抗体。该类制剂可与血清中的相应抗体发生特异性反应,形成可见或可以测定的复合物,以确诊动物是否受微生物感染或接触过某种抗原。常用的抗原有凝集反应抗原、沉淀反应抗原、补体结合反应抗原和酶联免疫吸附试验(ELISA)抗原等。

1. 凝集反应抗原

(1)禽沙门氏菌平板凝集抗原:

①鸡白痢禽伤寒多价染色平板抗原:

菌种 菌种系从多株鸡白痢沙门氏菌和禽伤寒沙门氏菌中筛选出的标准型和变异型菌株各一株。这两株菌具有全部抗原成分,抗原性好。标准型菌株对沙门氏菌因子血清 O9、O123 凝集,O122 不凝集或轻度凝集;变异型菌株对 O9、O122 因子血清凝集.对 O123 不凝集。两菌株分别制造成浓度相当的菌液,分别与等量的含 0.5 IU 抗鸡白痢沙门氏菌血清(标准型血清,变异型血清)做平板凝集试验,在 1 min 内出现的凝集反应不低于 50%,对阴性血清不出现凝集。

制造工艺 冻干菌种经活化、繁殖培养后作为种子繁殖物,接种硫代硫酸钠琼脂扁瓶培养。用含 2%甲醛的磷酸盐缓冲盐水洗下培养物灭活。用 95%乙醇或无水乙醇沉淀菌液,离心后沉淀物用含 1%甲醛溶液的 PBS 悬浮制成浓度适当的菌液,经耐酸滤器过滤,通过比浊方法测定菌液的浓度(3 亿菌/mL)。将两株菌的菌液稀释为不同浓度,分别与 0.5 IU 的标准型和变异型国际标准血清做平板凝集试验,标定配制抗原的合适菌液浓度。菌液加结晶紫乙醇溶液(抗原中结晶紫含量为 3/10 000)、甘油(抗原中甘油含量为 10%),经匀浆机均质混匀制成鸡白痢禽伤寒多价染色平板抗原,封装小瓶。

质量标准 本品是紫色混浊液体.静置后菌体下沉,振荡后则呈均匀混浊液体。无沙门氏菌和杂菌生长。用标准型和变异型国际标准血清各 0.05 mL (含 0.5 IU)分别与等量抗原作平板凝集试验,在 2 min 内应出现不低于 50%凝集(++)。抗原与鸡白痢阴性血清做平板凝集试验,应不出现凝集。

保存与使用 抗原置 2~8℃冷暗处保存,有效期为 3 年。供鸡白痢和禽伤寒全血平板凝集试验和血清平板快速凝集试验。使用时,振荡混匀抗原液,取抗原 0.05 mL 滴于平板上,采取鸡血或血清 0.05 mL 与抗原混合,2 min 内判定反应结果。出现 50%凝集反应(++)以上者为阳性,不发生凝集者为阴性,介于两者之间为可疑反应。

②鸡白痢全血凝集反应抗原:

制造工艺 菌种选用免疫原性和反应原性良好的鸡白痢沙门氏菌和禽伤寒沙门氏菌各 1~2 个菌株。制造时,将合格菌种接种于硫代硫酸钠琼脂扁瓶,用灭菌 0.5%枸橼酸钠生理盐水洗下菌苔并稀释,按标准比浊管标定其浓度,使每毫升含菌量为 100 亿。标化菌液加入 0.4%甲醛 37℃灭活 48 h,将无菌检验合格的鸡白痢菌液与禽伤寒菌液等量混合、分装制成。

质量标准 本品是白色或带黄色的混浊液体,长时静置后菌体下沉,上部澄清,振荡后则呈均匀混独液体。抗原效价可用试管法和平板法测定。凝集价至少与 2 份标准阳性血清原有的凝集价相符,与标准抗原的凝集反应一致,并在生理盐水对照管中无自凝现象方判为合格。

保存与使用 本品于 2~15℃冷暗处保存,有效期 6 个月。使用方法同鸡白痢禽伤寒多价染色平板抗原。

(2)布鲁氏菌病凝集抗原:

①布鲁氏菌病平板凝集抗原:

制造工艺 菌种为布鲁氏菌猪种2号菌株或布鲁氏菌猪种2号菌株和牛种99号菌株。按布鲁氏菌试管凝集抗原步骤制成灭活沉淀菌体。将沉淀菌体悬浮于含有0.5%石炭酸、12%氯化钠和20%甘油的蒸馏水中(即甘油浓盐水),使菌液浓度比试管凝集抗原苗液大2～3倍,即为平板抗原浓菌液,然后对其进行标化。向标化好的抗原内加入结晶紫和煌绿水溶液,使其在菌液中的最终含量为0.04%,混匀后60℃水浴1 h,即为染色抗原。

质量标准 除按《成品检验的有关规定》进行外,需做如下检验:①特异性检验。取抗原0.03 mL分别与阴性血清0.01 mL、0.02 mL、0.04 mL、0.08 mL作平板凝集试验,应无反应。②效价测定。分别取抗原0.03 mL与25 IU/mL、200 IU/mL阳性血清国家标准品的0.08 mL、0.04 mL、0.02 mL、0.01 mL混合作平板凝集试验,应在25 IU/mL阳性血清国家标准品的0.08 mL量和200 IU/mL阳性血清国家标准品的0.01 mL量出现"++"凝集。

保存与使用 本品在2～8℃冷暗处保存期为2年,专用于诊断动物布鲁氏菌病平板凝集试验。

②布鲁氏菌病虎红平板抗原:

制造工艺 以抗原性良好的猪种2号或牛种99号和猪种2号布鲁氏菌作菌种。将制成的沉淀菌体按每克菌体沉淀加入0.5%苯酚生理盐水22.5 mL,充分搅拌30 min,制成悬液,然后按每35 mL菌悬液加入1 mL 1%虎红染色液(即1%四氯四碘荧光素钠水溶液)。再充分搅拌30 min后离心,弃去上清液,染色菌体按湿重,每克加入缓冲液(取氢氧化钠60 g,加入1 000 mL的0.5%石炭酸盐水中,溶解后加入270 mL浓乳酸,并加入0.5%石炭酸盐水使体积达到3 000 mL,以0.1 MPa 30 min灭菌)4～6 mL,搅拌30 min混匀后,用标准阳性血清进行抗原标化。确定抗原浓度,定量分装即可。

质量标准 本品为红色均匀悬浮液,久置后上部澄清,底部有少量红色菌体沉淀。接种检验培养基后应无菌生长。取抗原和标准抗原分别与5～10份阴性血清作平板凝集反应,应无任何凝集现象。新制抗原分别与25 IU、50 IU、100 IU、200 IU布鲁氏菌病凝集试验阳性血清国家标准品作平板凝集反应。抗原对标准阳性血清25 IU呈"－"反应,50 IU呈"＋"反应,100 IU呈"＋＋"反应或不足"＋＋＋",200 IU呈"＋＋＋"反应或不足"＋＋＋＋"为合格。

(3)衣原体病间接血凝试验抗原:

菌种与制造工艺 本抗原系用猪源衣原体CJ4株接种鸡胚培养,收获卵黄囊膜,经离心纯化、去污剂裂解后制成属特异性抗原,包被于醛化绵羊红细胞制成。用于畜禽衣原体属特异性抗体检测。

质量标准 冻干制品为棕褐色疏松团块,液体制品为咖啡色悬液,无凝块。①效价测定:取标准阳性血清和阴性血清在V形板上用生理盐水作2倍系列稀释(每孔50 μL),然后每孔加入25 μL致敏红细胞悬液,振荡,放室温2 h后判读结果。血凝价应≥1∶2 048,阴性血清应无反应。②非特异性检验:抗原与阴性血清应无反应。

保存与使用 在2～8℃,冻干制品为2年,液体制品有效期为8个月。如果抗原致敏羊红细胞未经冻干,切忌冻结。用于检测畜禽衣原体抗体的间接血凝试验。

(4)弓形虫间接血凝反应(HA)致敏绵羊红细胞：

制造工艺 ①制备弓形虫抗原：用弓形虫人工感染小鼠，采集腹水于生理盐水中，离心收集沉淀，加入10倍量的蒸馏水，混匀后置4℃冰箱中过夜，10 000 r/min离心1 h，取上清液，加等量的1.7%盐水，即为弓形虫抗原液，−20℃下保存备用。②致敏绵羊红细胞：采集羊血，抗凝，用0.15 mol/L pH 7.2的PBS洗涤3次，配成2.5%细胞悬液，加入含1%鞣酸的PBS，使鞣酸的终浓度为1/10 000，37℃水浴15 min，用PBS洗涤3～4次，再加PBS配成2.5%醛化红细胞。以2.5%醛化红细胞悬液1份，抗原液1份和pH 6.4的PBS液4份混合，摇匀，置室温15 min，加1%正常兔血清，离心洗涤2次，最后用含3%正常猪血清的PBS配成2.5%红细胞悬液，即为致敏绵羊红细胞。

质量标准 诊断液呈均匀的悬液，应无颗粒存在。用标准阳性血清检测凝集效价应达1∶1 024以上。

保存与使用 诊断液保存于4℃冰箱内，不应冻结。用于检测血清抗体，以1∶64的稀释度出现50%凝集(++)者判为阳性；1∶32为可疑；1∶16以下为阴性。

(5)猪丹毒杆菌凝集试验用灭活抗原：

选用无自凝现象的光滑型猪丹毒杆菌接种于马丁肉汤，培养24 h，加入0.4%甲醛杀菌，经离心洗涤后，悬于1%甲醛生理盐水中，制成含菌数约60亿/mL的菌悬液，加20%甘油和0.001%结晶紫或煌绿，即可作平板凝集试验用抗原。试验时取被检猪的血液1滴，滴于清洁的玻板上，加上述制备的抗原1滴，充分混合。1 min左右混合液边缘出现凝集块为阳性反应。

(6)支原体肺炎微量间接血凝试验抗原：

菌种 猪肺炎支原体Z、C株。

制造工艺 用Z、C株接种适宜培养基培养，收获培养物，浓缩、裂解、致敏醛化绵羊红细胞后，经冷冻真空干燥制成。

质量标准 本品为棕色疏松团块，加PBS后迅速溶解，不出现肉眼可见的凝块。任取3支抗原，各加5 mL PBS溶解后混合，与标准阳性、阴性猪血清进行微量间接血凝试验。标准阳性猪血清凝集效价≥1∶40；标准阴性猪血清凝集效价<1∶5；抗原致敏红细胞加等量稀释液不出现自凝现象，为合格。

保存与使用 在−15℃保存，有效期18个月；在2～8℃为6个月。适用于诊断猪支原体肺炎的微量间接血凝试验。

(7)猪传染性萎缩性鼻炎博代氏Ⅰ相菌凝集试验抗原：

菌种与制造工艺 系用猪支气管败血博代氏菌Ⅰ相菌株为菌种，接种适宜培养基培养，将培养物经甲醛溶液灭活后，离心浓缩制成。

质量标准 除按《成品检验的有关规定》进行外，需进行如下检验：①特异性检验与效价测定：取待检抗原用标准OK抗血清、K抗血清、O抗血清及阴性血清作特异性检查、并用已知K凝集价的Ⅰ相菌感染猪血清[效价1∶(10～40)]10份左右，进行敏感性检查。特异性和敏感性检查均与试管凝集试验及平板凝集试验两种方法相同。平板凝集试验中使用不经加热灭活的未稀释血清进行，抗原浓度为250亿/mL；试管凝集试验中使用经加热灭活的稀释血清进行，抗原浓度为50亿/mL。并用标准Ⅰ相菌抗原及Ⅲ相菌抗原作对照。待检抗原及标准Ⅰ相菌抗原，对标准OK、K及不同稀释度的感染猪血清，试管凝集应达到原稀释度，平板凝集应呈阳性反应；对标准O及阴性血清两种试验应不凝集。标准Ⅲ相菌抗原，对 OK 及 O 抗血清，试管凝集应达到原稀释度，平板凝集应呈阳性反应；对标准 K 及阴性血清两种试验应不凝集。所有抗原的缓冲生理盐水对照均应无自凝现象。符合以上标准为合格。②非特异性检验：取本品及标准Ⅰ相菌抗原. 分别与阴性血清及标准 O 抗血清作凝集试验，均应不产生凝集。

保存与使用 在 2～8℃，有效期为 1 年。用于检测猪支气管败血博代氏菌 K 凝集抗体的凝集试验。具体可用于试管凝集试验，也可用于平板凝集试验。

(8)伪狂犬乳胶凝集抗原：乳胶凝集试验主要利用伪狂犬病毒致敏乳胶抗原来检测动物血清、全血或乳汁中的抗体，具有简便、快速、特异、敏感的特点，中国目前已有商品化的试剂盒出售。

质量标准 胶乳抗原为乳白色均匀混悬液，应无菌生长。①效价测定。将中和效价为 1∶64 的标准血清进行 2 倍系列稀释后，各取 20 μL 与抗原混合。与 1∶128 稀释的阳性血清呈现"＋＋"凝集反应为合格。②特异性检验。取 0.01 mL、0.02 mL、0.04 mL、0.08 mL 阴性血清分别与 0.02 mL 胶乳抗原作胶乳凝集试验，应不出现凝集反应。取 0.02 mL 阳性血清与 0.02 mL 抗原作胶乳凝集试验，应出现凝集反应，且凝集反应强度应为"＋＋＋＋"。将 20 μL 抗原分别与生理盐水、磷酸盐缓冲液、硼酸盐缓冲液、猪瘟阳性血清、衣原体阳性血清进行胶乳凝集试验，应不出现凝集反应。

保存与使用 2～8℃，有效期为 1 年。用常规方法采血分离血清，如为乳汁则 3 000 r/min 离心 10 min 取上清做待测样品。取被测样品、阳性血清、阴性血清、稀释液分置于玻片上。各加乳胶抗原 1 滴，用牙签混匀，搅拌并摇动 1～2 min，于 3～5 min 内观测结果。

(9)牛伊氏锥虫病间接血凝反应抗原致敏红细胞：

虫种 由流行区采得伊氏锥虫虫株，小鼠或豚鼠传代保种，或体外培养虫体，液氮保存备用。

制造工艺 ①抗原制备：用小鼠保种的虫体或液氯保存的体外无细胞培养虫体复苏后接种小鼠，见到虫体后，尾尖采血接种去脾犬，待镜检每视野有 100 个虫体以上时，颈动脉放血以 1 ∶ 2 比例加入抗凝剂，消毒纱布(两层)过滤，离心沉淀收集纯净虫体，或用 DEAE 纤维素层析柱收集纯净虫体，以 PBS 液配成 10%锥虫悬液，冷冻保存。冷冻的锥虫悬液，反复冻融数次，超声裂解处理，高速离心，其上清液即为抗原，致敏时，以 PBS 液稀释成所需浓度。②致敏红细胞制备：抽取绵羊静脉血液，脱纤，无菌生理盐水数次离心洗涤，记录红细胞压积，用 PBS 液配成 5%悬液。以 2%丙酮醛 PBS 液醛化，1/2 万鞣酸生理盐水处理，再以 2%戊二醛 PBS 液醛化，其间均要离心洗涤数次。然后用所需浓度的抗原液稀释红细胞沉积成 5%悬液，37℃水浴致敏，离心洗涤，以含 0.5%～1%灭活健兔血清 PBS 液配成 2%悬液，加入叠氮钠，即成致敏红细胞。同时同法制作一批等量的不用抗原致敏的非致敏红细胞，作对照用。进行凝集价检测。

质量标准 从冰箱取出保存的诊断液，充分振动摇匀，呈均匀的血细胞悬液. 无颗粒状出现，制备的诊断液用阳性血清测定凝集价，凝集价达 1∶640 以上判为合格。

保存与使用 4℃冰箱中保存，有效期不少于 6 个月，不能冻结。使用前必须充分摇匀，如发现颗粒状则不应使用。用于间接血凝反应测定血清抗体。

(10)家畜肝片形吸虫、血吸虫、锥虫三联诊断试剂盒：

虫种 肝片形吸虫、日本分体吸虫和伊氏锥虫。

制造工艺 在 pH 7.2 条件下，先用锥虫抗原(35 μg/mL) 致敏醛化红细胞，再用日本分体吸虫抗原(20 μg/mL)和肝片形吸虫抗原(26 μg/mL) 同时致敏在该醛化红细胞上，制成三种虫的三联致敏液，同时同法制作非致敏的醛化红细胞作为对照液。另外，用日本分体吸虫、肝片形吸虫、锥虫抗原分别致敏三份醛化红细胞，特制成三种虫的相应鉴别液。

保存与使用 在 4～8℃条件下保存 11 个月仍然有效，其血凝价在 1∶320 以上。使用方法：①血样稀释。血清稀释：将被检血清用 1%健康兔血清磷酸盐稀释液分别作 20 倍稀释的 3 个孔，80 倍稀释的 2 个孔。血纸稀释：将血纸剪成 1.2 cm^2，放入凝集板左侧第 1 孔，加入 200 μL 1%健兔血清磷酸盐稀释液，浸泡 20～30 min 后，该孔为 10 倍液，顺次向右在第 2 孔加 50 μL 稀释液，并加入 10 倍稀释的血样 50 μL，即成 20 倍稀释，依次在第 3、4、5 孔各加 20 倍液 25 μL，第 5 孔再加 75 μL 稀释液，混匀即成 80 倍稀释液，第 6 孔加 80 倍液 25 μL，第 5 孔留 25 μL，弃去 50 μL，即成第 1 孔 10 倍稀释，第 2、3、4 孔为 20 倍稀释，第 5、6 孔为 80 倍稀释。②用配上 4 号针头的 5 支注射器分别吸取诊断液于第 2、3、4、5、6 孔按序调加三联对照液、三联致敏液、血吸虫病鉴别液、肝片形吸虫病鉴别液和锥虫病鉴别液各 1 滴，摇匀置室温感作 1～2 h，待对照孔血细胞全部沉于孔底时判定结果。③判定标准：三联法和单项法各孔阴、阳性反应标准相同，若三联致敏孔呈阳性、其他任何一个鉴别孔出现阳性反应时，即可判定为该种病，若三联致敏孔与鉴别孔反应不符合，则判为可疑。

(11)日本血吸虫聚醛化聚苯乙烯载体微球(PAPS)凝集试验诊断液：

可溶性血吸虫成虫抗原的制备：用 2 000 条血吸虫尾蚴感染家兔，感染后 42 d 剖杀冲虫，将虫体冰冻干燥，磨成粉末。虫体干粉按 1∶100(*W*/*V*)加入 0.15 mol/L pH 7.2 PBS 置于冰箱中浸泡 1 周，浸泡期间反复冻融 5 次，超声波处理(200 μA/10 min×2)，最后经 15 000 r/min 离心 30 min，上清液即为血吸虫虫体抗原液。可溶性血吸虫虫卵抗原的制备除了将虫卵干粉按 1∶100(*W*/*V*)加入 0.15 mol/L pH 7.2 PBS 浸泡 1 周外，其余步骤与成虫抗原的制备方法相同。

PAPS 诊断液的制备：取 5%PAPS 悬液经 4 000 r/min 离心 15 min，弃去上清液，沉淀用 PBS 洗涤 1 次，然后在沉淀中加入 2 mL 的血吸虫抗原溶液(蛋白质浓度为 2～3 mg/mL)，打散混匀，置于 37℃水浴箱中恒温振荡交联 2 h。经 12 000 r/min 离心 10 min，弃去上清液，沉淀用 PBS 洗涤 2 次，最后用含 0.01%叠氮钠的 PBS 配成 0.5%的悬液即为 PAPS 血吸虫病快速诊断液。

(12)鸡毒支原体平板凝集反应抗原：

毒种 抗原性良好的鸡毒支原体 S_6 菌株

制造工艺 ①取抗原性良好的纯净菌种按 10%接种牛心汤培养基，37～38.5℃培养 48～72 h，即为种子液。然后按 10%接种大瓶培养基中，37～38.5℃培养 72 h(其间振荡 2～3 次)，菌液呈均匀混浊生长良好后取出，置 4～12℃冷暗处 7～10 d，使菌体沉淀。②取沉淀物 4 000 r/min 离心 1 h，除去上清液，加入适量蒸馏水悬浮，再离心去上清，如此反复洗涤沉淀 2 次。然后加入适量蒸馏水，使菌体悬浮均匀，并补加蒸馏水至原培养量的 0.5%，收集于灭菌瓶中，加入结晶紫溶液(终浓度 0.001%～0.002%)，充分混匀后置 4～12℃冷暗处 12～16 h，使菌体充分着色。再离心沉淀后弃去上清，加入适量 pH7.0～7.2 的 1.3%枸橼酸钠磷酸盐缓冲液充分吹打混合至均匀悬液，经效价滴定后用枸橼酸钠磷酸盐缓冲液稀释成合格效价的抗原，再加 0.1%硫柳汞防腐。③抗原滴定：在不低于 20℃室温中，分别取已稀释的阳性血清（每毫升含 100 单位）、阴性血清和磷酸盐缓冲液各 25 μL 滴于洁净玻片或白铁板上，加等量待检抗原，充分混匀，对阳性血清应在 30 s 内开始出现反应，在 2 min 时出现“++”或“++”以上的凝集，而阴性血清和磷酸盐缓冲液对照应不出现凝集反应，该滴度的抗原为合格。

质量标准 每批抗原按《成品检验的有关规定》抽样进行检验。①特异性检验：取抗原与阴性血清作平板凝集试验，应无凝集反应出现。②效价测定：以每毫升含 100 IU 的抗鸡毒支原体阳性血清 25 μL 与等量抗原作平板凝集反应，在 30 s 时出现初凝，在 2 min 内应出现“++”或“++”以上的凝集反应。以出现凝集反应的最高稀释度，判为该抗原的效价。

保存与使用 在 2～8℃，有效期为 3 年。用于诊断鸡毒支原体感染的血清平板凝集试验。用 7 号针头在洁净检测板上滴加抗原 2 滴（约 0.025 mL），然后滴加等量被检血清，充分混合，涂成直径约 2 cm 大小的液面，摇动检测板，在 2 min 终了时判定结果。出现明显凝集颗粒或凝集块，为阳性；不出现凝集，为阴性；介于二者之间，为可疑。每次检验均应设阳、阴性血清对照。在 2 min 内，阳性血清应出现明显的凝集反应，阴性血清应不出现凝集反应。

(13)口蹄疫、猪水疱病反向间接血凝试验致敏红细胞诊断液：

制造工艺 本品系用口蹄疫病毒 A、O、C、Asia Ⅰ型毒种和猪水疱病病毒毒种分别高度免疫豚鼠或猪，分离血清，提取免疫球蛋白，致敏红细胞制成。用于口蹄疫和水疱病的鉴别诊断。

质量标准 静置后，致敏红细胞沉于瓶底，上层为淡黄色透明液体。振摇后，致敏红细胞均匀分散于溶液中。①效价测定。用稀释液将标准抗原作 2 倍系列稀释，与待检红细胞诊断液在血凝滴定板上进行反向间接血凝试验。血凝效价，口蹄疫 A、O、C、Asia Ⅰ型≥1∶480、猪水疱病≥1∶240 为合格。②特异性检验。按照反向间接血凝试验法，将待检红细胞诊断液与不同稀释度的 A、O、C、Asia Ⅰ型口蹄疫、猪水疱病 5 种标准抗原进行反应。对同型抗原反应效价，A、O、C、Asia Ⅰ型口蹄疫≥1∶480，猪水疱病≥1∶240；对异型抗原反应效价均≤1∶30 为合格。

保存与使用 在 2～8℃，有效期为 6 个月。

(14)牛无浆体病快速凝集试验抗原：

制造工艺 本抗原系用牛边缘无浆体经牛体快速继代培养，收获高感染率牛的红细胞，经离心洗涤、低渗溶解、超声处理、加固绿染色后制成。用于诊断牛无浆体病。

质量标准 本品为浅绿色混悬液。静置后分层，上层为清亮浅绿色液体，下层为微带绿色的白色沉淀。有醋酸挥发味。特异性检验：用标准弱阳性血清（+）2 份、强阳性血清（++）1 份、阴性血清 2 份和 PBS(pH 7.2)1 份，分别与抗原作快速凝集试验。与弱阳性血清产生（+）凝集、与强阳性血清产生（++）凝集、与阴性血清无任何凝集（－）、在 PBS(pH 7.2)中无自凝为合格。

保存与使用 本品在 2～8℃保存，有效期为 3 年。用于诊断牛无浆体病的快速凝集试验。

(15)牛传染性胸膜肺炎微量凝集试验抗原：

制造工艺 本抗原系用牛传染性胸膜肺炎丝状支原体丝状亚种菌株，接种含血清马丁肉汤培养，收获培养物，经离心浓缩并洗涤后，按一定浓度悬浮于苯酚生理盐水中制成。用于诊断牛传染性胸膜肺炎(牛肺疫)。

质量标准 将抗原和标准阳性血清用生理盐水稀释成1∶2、1∶4、1∶8…1∶64共6个稀释度，标准阴性血清稀释成1∶2、1∶4、1∶8。稀释后的血清置56～58℃水浴30 min后，分别用25 μL移液器将各种稀释度的阳性血清和抗原按25 μL量加至聚乙烯微量滴定板进行方阵滴定，同时设标准阴性血清及生理盐水对照。操作结束后轻轻振动滴定板，置室温暗处或2～8℃，5～15 h后判定结果。如1∶16和1∶32稀释的抗原与1∶8稀释的阳性血清能出现100%和50%凝集，对照组不出现凝集，则抗原效价为1∶8，抗原效价合格。将抗原用生理盐水稀释成工作量抗原(1∶8)，分别与1∶2、1∶4、1∶8稀释的阴性血清进行微量凝集试验，各稀释度均应不出现凝集。

保存与使用 在2～8℃，有效期为2年。期满后测定效价，如合格，可继续使用。

(16)鸡新城疫血凝试验和血凝抑制试验抗原：

毒种 鸡新城疫La Sota弱毒株，标准与疫苗株相同。

制造工艺 ①病毒增殖：按鸡新城疫Ⅱ系弱毒苗鸡胚增殖方法进行。②浓缩纯化：取鸡胚尿囊液6 000 r/min离心60 min，取上清液加入8% PEG2000和1%～2%NaCl，边加边搅拌，4℃过夜，10 000 r/min离心60 min，去上清液后，加入适量PBS，混匀，再经40 000 r/min离心2 h，取沉淀加入少量PBS，过夜浓缩200倍，充分溶解后加入0.1%甲醛，36℃灭活16 h。③血凝效价测定、分装：以PBS或生理盐水稀释浓缩抗原价，用1%鸡红细胞测定其血凝效价，HA≥1∶400，则分装，－20℃保存。

(17)EDS-76血凝抑制试验抗原：

制造工艺 将EDS-76-Av-127毒株尿囊腔接种13～14日龄鸭胚，每胚接种0.2 mL，38.5℃孵育并每日照蛋，弃去48 h前死胚，将72～96 h死亡和存活的鸭胚取出放4℃冰箱致死。无菌收取尿囊液，3 000 r/min离心20 min，取上清(HI价≥1∶640)加入0.1%～0.2%甲醛(按36%～40%甲醛溶液折算)，38℃灭活16h后加入甘油，使其最终浓度达到25%制成。抗原经测定血凝价后分装，置－10～－4℃冰箱中保存。试验使用4～8个血凝单位。

质量标准 ①效价测定。于96孔血凝板上以PBS或生理盐水倍比稀释抗原后，加入0.8%～1%鸡红细胞悬液混匀，4℃作用30 min以完全凝集孔的最高稀释倍数为抗原HA价。②特异性检验。将EDS-76阴、阳性血清与4～8 U抗原混合后，于37℃作用30 min加入0.8%～1%鸡红细胞悬液混匀，4℃作用30 min，EDS-76阳性血清孔不凝集、EDS-76阴性血清孔完全凝集，判为合格。

2. 沉淀反应抗原

(1)炭疽沉淀反应标准抗原：

制造工艺 菌种用C40-214、C40-216、C40-207株及无荚膜sterne株弱毒菌株。或采集不同地区、动物的炭疽杆菌8～12株，要求其生物学特性须典型；毒力标准为24 h肉汤培养物0.5 mL接种1.5～2 kg兔，或0.25 mL接种250～300 g豚鼠，于96 h内致死。将各菌种分别接种于普通肉汤，于37℃培养24 h，然后接种于普通琼脂扁瓶，37℃培养24 h，用蒸馏水洗下菌苔，121℃高压灭菌30 min，烘干后制成菌粉，按1 g菌粉加入0.5%石炭酸生理盐水100 mL溶解后37℃浸泡3 h，滤过即为1∶100抗原。本品应为淡黄色、完全透明的液体。

质量标准 将抗原用生理盐水稀释 1∶1 000、1∶5 000、1∶10 000、1∶20 000，用标准阳性血清测定，1∶5 000 时于 30 s、1∶10 000 时于 60 s 内出现阳性反应，1∶20 000 时于 1 min 内不出现阳性为合格。

(2)牛白血病病毒(HTLV-BLV)琼脂扩散试验诊断制剂：

BLV 抗原的来源：目前普遍应用 FLK-BLV 细胞系体外培养以生产 BLV 抗原。FLK-BLV 是一种持续感染 BLV 的胎羊肾细胞系，它虽不导致 CPE，但可产生大量 BLV，成为琼扩抗原的主要来源。培养方法是将 FLK-BLV 在 Eagle 氏 MFM 营养液中培养 4～7 d，收集培养液，从中提取 BLV 抗原，同时将细胞单层自容器表面消化下来扩大培养，继续生产抗原。

AGP 抗原的制备：①将收获的培养液合并后每 100 mL 加入$(NH_4)_2SO_4$，边搅边加，然后在 4℃静置过夜。②离心，弃去上清液。③以少量 PBS(0.02 mol/L pH 7.2，0.85% NaCl)将沉淀物溶解。④用超声波处理 1～2 min，使病毒颗粒破碎。⑤将抗原液装于透析袋中，以 PBS 透析 24 h，每 4 h 更换 PBS，以除去残余的$(NH_4)_2SO_4$。⑥离心，弃去沉淀。⑦冻干后分装小瓶，4℃贮存，用前加水溶解成培养液量的 1%；也可将透析后的提取液装入透析袋中，用聚乙二醇(PEG)脱水浓缩至培养液的 1%，分装，－20℃以下贮存。

用上法提取的抗原液含有 BLV 的囊膜糖蛋白 gP51 和核心蛋白 p24，但培养液中的犊牛血清蛋白却占极大部分。这种制剂虽不纯、粗制，然而制备简便，在琼扩试验中效果满意，为各国所通用。

(3)马传贫琼脂扩散反应抗原：

毒种 所需毒种是驴胎肺、真皮、胸腺二倍体细胞上培养传代适应，抗原性良好的马传贫病毒，由中国农业科学院哈尔滨兽医研究所提供，并须符合以下条件：①繁殖毒种的驴胎肺、胸腺二倍体细胞必须生长良好，形成单层。②收毒后冻融 3 次，无菌收集。③按 1.5%沉淀物制出抗原，免疫扩散法测定效价，扩散环直径在 10 mm 以上者。

制造工艺 首先按常规的方法，将 6 月龄左右驴胎肺、胸腺、皮肤等组织制成二倍体细胞，换入等量维持液后，按 2%～5%接种种毒，培养 10～15 d 收毒。调 pH 至 5.0，于 4℃透析 15 h，离心，弃上清，沉渣以 pH 8.6 硼酸缓冲液稀释，再加乙醚研磨，待乙醚挥发后重复 1 次处理后即为抗原。

质量标准 用含 8 个单位标准阳性血清，配制成含 1%标准阳性血清的 1%琼脂平板，打孔、加样，经过反应后出现沉淀环者即为合格。

(4)口蹄疫病毒感染相关抗原：

毒种 本品系用 A 型(或 O 型)口蹄疫病毒细胞毒，接种仔猪肾传代细胞(IBRS-2)培养，收获细胞培养液，经浓缩制成。

保存与使用 本品为淡褐色澄明液体。在 2～8℃，有效期为 10 个月。用于检测血清中的口蹄疫病毒感染相关(VIA)抗体。用法与判定：①血清处理：被检血清和口蹄疫标准阳性血清均在 56℃灭活 30 min。②琼脂糖平板的制备：取琼脂糖 1 g、Tris 低盐溶液 100 mL 装入三角瓶中，于沸水中加热或高压使琼脂糖融化，然后吸取琼脂液 7 mL。加到直径约 5.5 cm 的平皿中，制成约 3 mm 厚的琼脂板。待琼脂完全凝固后，加盖置 2～8℃湿盒中，备用。③打孔和加样：按六角形打孔，中心孔和外周孔的孔径及孔距均为 4 mm。中心孔加 VIA 抗原，1 孔和 4 孔加口蹄疫阳性血清，2、3、5、6 孔加被检血清。④扩散和观察：将加样后的琼脂平板置湿盒中于室温(20～22℃)下任其自然扩散。24 h

后进行第 1 次观察，72 h 后作第 2 次观察，168 h 后作最后观察。观察时，可借助灯光或自然光源。若为弱反应，须借助于强烈光源才能看清沉淀线。⑤判定：当 1 孔和 4 孔标准阳性与中心抗原与中心抗原孔之间形成沉淀线时，若被检血清孔与中心孔之间也出现沉淀线，并与阳性沉淀线末端相融合，则被检血清判为阳性；被检血清孔与中心孔之间虽不出现沉淀线，但阳性沉淀线的末端向内弯向被检血清孔，则被检血清判为弱阳性；如被检血清孔与中心孔之间不出现沉淀线，且阳性沉淀线指向被检血清孔，则被检血清判为阴性。

(5)鸡传染性法氏囊病(IBD)琼脂扩散反应抗原：按 IBD 囊组织毒灭活疫苗制备方法，获取 IBD 法氏囊组织，经 3 次冻融的囊毒按1～5 倍体积加入 PBS 液，于 4℃浸泡 24 h 后 3 500～4 000 r/min 离心 30 min。收集上清液，沉淀物用 PBS 悬浮后再经 10 000 r/min 离心 60 min，两次上清液合并后加入0.1%～0.4%甲醛，37℃作用 20 h，即成灭活抗原。与标准阳性血清做琼脂扩散试验，在 24 h 后出现 1～3 条沉淀线为合格。本抗原于 －20℃保存，有效期 2 年；－10℃保存，有效期 1 年。

(6)EDS-76 琼脂扩散反应抗原：

制造工艺 按 EDS-76 HI 抗原制备方法增殖病毒，加入甲醛灭活，以 40 000 r/min 超速离心 2 h，取沉淀物，按原液量的 1/20 加入灭菌生理盐水，充分吹打混合，再以 3 000 r/min 离心 20 min，收集上清；将沉淀物再加少量灭菌生理盐水充分吹打离心，将每次离心上清液混合，用灭菌生理盐水补足至原尿囊液的 1/10 量，即为 AGP 抗原。

质量标准 用含 8%NaCl 以 pH 5.6～6.4，0.01 mol/L PBS 配制的 0.6%～1%琼脂糖铺片，进行 AGP 试验。在抗原孔与阳性血清孔间出现乳白色沉淀线，而与阴性血清孔间无沉淀线，判抗原合格。

(7)日本血吸虫环卵沉淀反应诊断液：

虫种 虫种为日本分体吸虫。

制造工艺 ①血吸虫虫卵收集与分离：人工接种的阳性兔经冲虫后，取肝脏捣碎，加适量生理盐水，以 8 000 r/min 连续捣碎 3 次，经 0.36～0.13 mm 孔径分样筛过滤，滤渣再捣碎，过滤，沉淀，离心分层，直至呈现金黄色纯净虫卵为止，然后用尼龙筛过滤，滤渣即为纯净虫卵。②冰冻干燥虫卵：纯虫卵经 1.5%甲醛溶液作用，自然沉淀，弃上溶液，加入蒸馏水浸泡，吸出沉淀的虫卵，置于糊状的乙醇——干冰中(约－70℃)速冻，再置于内盛硅胶的抽滤瓶中，于冰浴内进行真空干燥 2 次，分装安瓿内，真空条件下封口，置于 4～6℃干燥保存。

保存与使用 本试验操作时，将受检血清一滴置载玻片上，加冻干血吸虫虫卵 100 个左右，盖上盖玻片封蜡，置 37℃温箱中培养 48 h，取出镜检观察。典型的阳性反应为泡状、指状或细长卷曲的带状沉淀物，边缘较整齐，有明显折光，凡虫卵周围出现块状(≥1/8 虫卵面积)或索状(≥1/3 虫卵长径)沉淀物，才定为阳性反应。阳性反应的标本片，应观察 100 个虫卵，计算其沉淀率；阴性者必须看完全片，全片虫卵少于 60 个者应重做。本制剂于 4～6℃干燥保存，有效期 6 个月以上。

(8)水貂阿留申病对流免疫电泳抗原：

制造工艺 本抗原系用水貂阿留申病病毒接种水貂或猫肾传代细胞系培养，收获感染动物的脏器进行匀浆或收获细胞培养液进行提取和浓缩制成。用于诊断水貂阿留申病。

质量标准 组织抗原为淡棕黄色透明液体;细胞抗原为稍带乳白色透明液体。特异性检验:将组织抗原分别与阴、阳性血清进行对流免疫电泳。与1∶100稀释的阳性血清呈阳性反应,与阴性血清无反应,为合格。将细胞抗原作2倍系列稀释,分别与阴、阳性血清进行对流免疫电泳。与1∶10稀释的阳性血清呈阳性反应,与阴性血清无反应,为合格。将用组织抗原或细胞抗原分别与水貂犬瘟热抗血清和病毒性肠炎抗血清进行对流免疫电泳,均应呈阴性反应。

保存与使用 组织抗原在−10℃以下,有效期为1年;在2~8℃为30 d。细胞抗原在−20℃,有效期为1年;在2~8℃为5个月。用于诊断水貂阿留申病的对流免疫电泳。结果判定:在标准阳性血清对照孔与抗原孔之间有明显的灰白色沉淀线,在标准阴性血清对照孔与抗原孔之间无沉淀线时,则该板被检血清样品检测结果有效,否则无效。在抗原与被检血清孔之间,稍偏向血清孔一侧,形成一条直或稍弯曲、十分清晰可见的灰白色沉淀线为阳性;如沉淀线短而纤细,但呈明显灰白色,可判为弱阳性。在抗原与被检血清孔之间无沉淀线为阴性。

3. 补体结合反应抗原

(1)鼻疽补体结合反应抗原:

菌种 用1~3株抗原性良好的鼻疽杆菌,接种在4%甘油琼脂培养基上,经检定合格者后用生理盐水洗下,作为种子培养物。

制造工艺 将种子培养物均匀地接种于甘油琼脂扁瓶,37℃培养3~4 d。挑选生长典型和无杂菌污染者,用灭菌含0.5%石炭酸生理盐水洗下培养物,121℃灭菌30 min置于2~15℃冷暗处浸泡2~4个月,吸取上清液即为抗原,按常规方法进行无菌检验。

质量标准 效价测定:将抗原用生理盐水作1∶10、1∶50、1∶75、1∶100、1∶150、1∶200、1∶300、1∶400和1∶500稀释。用生理盐水将两份鼻疽阳性血清分别稀释成1∶10,1∶25、1∶50、1∶75和1∶100,在58~59℃水浴灭活30 min,按方阵法测定抗原效价。对2份阳性血清的各种稀释液均发生最强的抑制溶血现象的抗原稀释度,即为抗原效价。制成的抗原效价在1∶100以上认为可用。测定抗原效价后,取1份阴性马血清作1∶5和1∶10稀释,在58~59℃灭活30 min,然后与新制抗原的1个工作量作补体结合反应,必须为阴性,方认为合格。

(2)马传贫补体结合反应抗原:中国在补体结合反应抗原的制备上有独到特点。应用驴白细胞,或驴胎肺、骨髓传代细胞生产抗原;把小牛血清改为大牛血清;把乙醚处理病毒培养物改为吐温-80和乙醚等量联合处理,可大大增加抗原生产量。

毒种 毒种应符合以下条件:在驴白细胞上生长良好;接毒白细胞与不接毒白细胞差异明显;补体结合效价在5.0以上。

制造工艺 选用健康驴和5岁以上健康牛。无菌常规采取驴白细胞,按前述方法培养,并按2%接毒,当细胞90%左右脱落时即可收获;经过反复冻融离心,按2%加吐温-80,混合后加等量乙醚,再进行脱毒即可成为所制备抗原。

质量标准 用标准阳性血清与阴性血清作半微量补体稀释法补体结合反应检验,对同批次对应的接毒细胞抗原(V)、对照抗原(C)进行效价检验,对接毒抗原与不接毒对照抗原不溶血程度总差异值应在5.0以上,并且非特异性检验组及抗原对照组的V、C不溶血程度总差异值为0时,此抗原为合格抗原。

保存与使用 于−20℃可保存1年;−9~−7℃保存1个月;2~5℃保存30 d;15~

18℃保存 15 d。冻干抗原于室温(20～30℃)可保存 2 个月。冻干抗原使用时,用无离子水稀释。

(3)布鲁氏菌病补体结合反应抗原:

菌种 为猪种布鲁氏菌弱毒菌株 S2 和牛种布鲁氏菌菌株 A99。应符合各标准株的生物学特性:在 pH 4.6～6.8 的胰蛋白胨琼脂平板上生长良好,95%以上为 S 型菌落,边缘整齐、露滴状;H_2S 试验阳性;所制抗原与光滑型布鲁氏菌阳性血清和 A 因子血清出现凝集,与 M、R 因子血清不出现凝集。

制造工艺 2 种冻干菌种分别移植于胰蛋白胨琼脂平板、胰蛋白胨肉汤取得一级和二级种子。将二级种子分别接种于上述同种培养基扁瓶,36～37℃培养 2～3 d,用 0.5%石炭酸生理盐水将菌苗洗下,纱布滤过(也可用 pH 4.6～6.8 的马丁肉汤通过液体通气培养法培养菌液)。每型菌液经纯粹检验、热凝集试验和吖啶黄凝集试验应合格。在 70～80℃水浴灭活 1 h,冷却后两种菌液等量混合,离心弃去上清液。沉淀菌体重新悬浮于 0.5%石炭酸生理盐水中时,要使其浓度比试管凝集抗原原液大 2 倍(约 800 亿菌/mL),然后在 108℃高压加热 40～60 min,在冷暗处浸泡 15 d。离心沉淀,吸取上清液,经无菌滤过,滤液即为抗原。经无菌检验和效检(方法及标准见"质量标准")合格后,即可定量、分装。

质量标准 除按《成品检验的有关规定》进行外,需做如下检验:①非特异性检验:用生理盐水稀释本品,分别与 2 份阴性血清作补体结合试验,应完全溶血。②效价测定:按常规滴定方法进行。用 2 份阳性血清在 1 个工作量补体、2 个单位溶血素、2.5%绵羊红细胞悬液做补体结合试验,抗原效价应不低于 1∶100。

保存与使用 2～8℃冷暗处保存期为 18 个月。专用于布鲁氏菌病补体结合试验,使用时将被检血清以 1∶10 稀释,加入两管中,每管 0.5 mL,再向其中一管加入 0.5 mL 工作浓度的抗原,作为试验管;另一管加 0.5 mL 生理盐水,作为对照管。然后各加 0.5 mL 补体,37℃水浴 20 min。再加入 0.5 mL 2 个单位溶血素和 0.5 mL 2.5%绵羊红细胞,37℃水浴 20 min,取出观察结果。判定标准为:40%以下溶血为阳性;50%～90%溶血为可疑;100%溶血为阴性。

(4)猪接触传染性胸膜肺炎补体结合试验抗原:

菌种与制造工艺 本品系用抗原性良好的猪胸膜肺炎放线杆菌 1-10 型国际标准菌株,接种适宜培养基培养,收获培养物,经甲醛溶液灭活,离心收获菌体,再悬浮于硫柳汞生理盐水中制成。用于诊断猪传染性胸膜肺炎。

质量标准 本品为乳白色海绵状疏松团块,加入稀释液后迅速溶解。①效价测定:将单价抗原用巴比妥缓冲液(VBD)从 1∶5 开始作倍比稀释,至 1∶80;将标准阳性血清用生理盐水作 1∶5 稀释,60℃灭活 30 min,再作倍比稀释,至 1∶80。补体用量为 $5CH_{50}$(50%溶血量),溶血素用量为 1 单位,红细胞悬液为 670 000 个/mm^3。各成分准备好后,用不同稀释度的抗原、阳性血清进行方阵滴定。判定单价抗原效价时,以与最高稀释度的阳性血清呈现 70%以上抑制溶血的抗原最高稀释度作为该型抗原的效价。将已测定过效价的各型抗原,用无菌生理盐水稀释到同一效价,等量混合,冻干,即为标定效价的混合(多价)抗原。②特异性检验:将混合抗原按标定效价稀释后,做补反试验。与 1∶10 稀释的各型标准阳性血清应呈阳性反应;与 1∶10 稀释的阴性血清应是阴性反应。试验中所有补体对照应符合标准溶血百分比。

保存与使用 在 2～8℃，有效期为 1 年。用于诊断猪传染性胸膜肺炎补体结合试验。冻干抗原用 VBD 溶解后，限当日使用。判定标准如下：血清 1∶10 稀释≤30％溶血，为阳性；35％～50％溶血，为可疑；＞50％溶血，为阴性。

(5)牛传染性胸膜肺炎补体结合试验抗原：

菌种 丝状支原体丝状亚种 C88051 强毒菌株。活菌滴度应达 10^8 CUU/mL。

制造工艺 ①种子繁殖：冻干菌种以 1％～3％的量接种于 10％马血清马丁肉汤培养，作为一级种子使用。一级种子以 1％～2％的量接种于 10％马血清马丁肉汤培养，检验合格后作为二级种子使用。②菌液培养：种子培养液接种于 10％马血清马丁肉汤，37℃培养 7～12 d，纯粹检验合格后，高速离心收集菌体(8 000 r/min 离心 40 min)，加入蒸馏水至原培养液的 1/10，使菌体悬浮于其中，倾入加有玻璃球的灭菌瓶中，充分摇振，使菌体分散。③灭活与配制：分散好的菌液经棉花纱布滤过，按菌液量的 0.85％加入氯化钠，60～65℃作用 30 min，最后按总量的 0.5％加入石炭酸即为抗原。④效价测定：抗原效价测定按常规方法进行。使 80％稀释的抗原对 1∶10 的阳性血清能 100％抑制溶血(＋＋＋＋)，而对 1∶40 阳性血清仍有 50％以上的抑制溶血(＋＋)，且对 1∶5 的阴性血清 100％溶血。这批抗原效价即为 1∶10。抗原效价测定后即可分装。

保存与使用 本品 2～8℃保存，有效期 18 个月。供诊断牛传染性胸膜肺炎的补体结合试验用。按补体结合试验方法使用。判定标准为 0～40％溶血，阳性；50％～90％溶血，可疑；100％溶血，阴性。

(6)猪嗜血杆菌胸膜肺炎补体结合试验抗原：

制造工艺 本品系用抗原性良好的猪胸膜肺炎嗜血杆菌 1～10 型国际标准菌株，接种适宜培养基培养，收获培养物，经甲醛溶液灭活，离心收获菌体，再悬浮于硫柳汞生理盐水中制成。用于诊断猪嗜血杆菌胸膜肺炎。

质量标准 本品为乳白色海绵状疏松团块，加入稀释液后迅速溶解。①效价测定：将单价抗原用巴比妥缓冲液(VBD)作 1∶5、1∶10、1∶20、1∶40、1∶80 稀释；将标准阳性血清用生理盐水作 1∶5 稀释，60℃灭活 30 min，再作 1∶10、1∶20、1∶40、1∶80 稀释。补体用量为 5 个 50％溶血量即 $5CH_{50}$，溶血素用量为 1 单位，红细胞悬液为 670 000 个/mm^3。各成分准备好后，用抗原、阳性血清的不同稀释度进行方阵滴定。单价抗原效价判定时，以与最高稀释度的阳性血清呈现 70％以上抑制溶血的抗原最高稀释度作为该型抗原的效价。将已测定过效价的各型抗原，用无菌生理盐水稀释到同一效价，等量混合，冻干，即为标定了效价的混合(多价)抗原。②特异性检验：将混合抗原按标定效价稀释后，作补反试验，与 1∶10 稀释的各型标准阳性血清应呈阳性反应；与 1∶10 稀释的阴性血清应呈阴性反应。试验中所有补体对照应符合标准溶血百分比。

保存与使用 在 2～8℃，有效期为 1 年。用于诊断猪嗜血杆菌胸膜肺炎补体结合试验。按补体结合试验方法使用，判定标准如下：血清 1∶10 稀释 ≤30％溶血，为阳性“＋”。35％～50％溶血，为可疑“±”。＞50％溶血，为阴性“－”。

4. 酶联免疫吸附试验(ELISA)抗原

(1)猪接触传染性胸膜肺炎 ELISA 试验抗原：

菌株和制造工艺 本抗原系用胸膜肺炎放线杆菌(App) 1～10 型国际标准株，接种适宜培养基培养，收获培养物，经热处理、浓度标定等制成。用于诊断猪传染性胸膜肺炎。

质量标准 本抗原应为无色透明液体。①效价测定：用1/10光吸收单位的App-ELISA多价混合抗原与特定的标准阴、阳性血清进行App-ELISA测定，P/N值应为4.5左右。②特异性检验：用App-ELISA方法检测，对App标准阳性猪血清、各型高免兔血清、人工接种猪血清，均应呈阳性反应。对健康猪血清应呈阴性反应。对猪瘟、猪喘气病、猪肺疫、猪流感、猪萎缩性鼻炎等阳性血清应无反应。App-ELISA操作中，所有对照如抗原、血清、OPD、HRP-SPA均应呈阴性反应，光吸收值应在0.05以下。

保存与使用 加等量中性甘油在－30℃以下，有效期10个月；在2～8℃，为5个月。用于检测猪接触传染性胸膜肺炎抗体的ELISA试验。

(2)牛白血病病毒(BLV)酶联免疫吸附试验抗原：

制造工艺 所用抗原须为提纯的gp51或p24。gp51的纯化是将琼扩抗原通过conA Sepharose 4B柱，当用PBS洗涤时，gp吸附于conA上，而其他蛋白被洗脱。随后用甲基-D-甘露糖溶液将gp洗脱。将洗脱液通过兔抗牛(血清蛋白)亲和层析柱，以除去犊牛血清中的糖蛋白，活脱液浓缩后即为纯化的gp51。P抗原的提取可将琼扩抗原通过Sephadex G-150柱，收集蛋白部分，将有BLV抗原活性的活脱液通过兔抗牛亲和层析柱，再浓缩即可。

(3)马传贫ELISA抗原：

毒种 驴胎肺、皮肤及胸腺等细胞培养传代适应的马传贫驴白细胞弱毒。

制造工艺 ①取妊娠3～5个月驴胎肺、皮或胸腺，按常规法剪碎、洗涤、消化、过滤，收集细胞加适量生长液制成30万～40万/mL细胞悬液，分装于培养瓶，装量为容积的1/10，置37℃ 4～7 d可长成单层，供分散传代、冻存。②细胞经2～4 d培养形成单层后，弃去旧培养液，按培养液体积的3%～5%接种种毒液，于室温感作20～30 min，加入含有5%～10%牛血清的新生长液，继续培养，如pH下降变黄，可加适量5.6%碳酸氢钠溶液调pH至7.2～7.4，培养10～15 d收毒。肺细胞无明显变化；皮肤、胸腺细胞7～9 d，显微镜下可见到细胞圆缩、壁变厚、脱落等病变。③细胞有75%左右出现病变时即可收获，置－20℃冻结保存。④经冻融处理后，进行蛋白定量，分装小瓶置－20℃备用。⑤抗原活性测定用标准阴、阳性血清及合格的酶标记抗体进行，将抗原稀释1∶20包被40孔聚苯乙烯微量板，血清稀释不同倍数，酶标记抗体使用1∶1 000稀释液。如标准阳性血清的ELISA终点滴度不低于1∶1 024倍，则抗原认为合格。

保存 本品在－20℃保存，有效期为1年；在4～16℃可保存1个月。

(4)牛副结核酶联免疫吸附试验抗原：

制造工艺 本抗原系用抗原性良好的副结核菌株，接种适宜培养基培养，收获菌体，经超声波粉碎、离心、过Sephadex G200凝胶柱，取第一蛋白峰再经亲和层析后，经冷冻真空干燥制成。用于诊断牛副结核。

质量标准 本品为白色海绵状疏松团块，加稀释液后迅速溶解。①效价测定。以50 μg/mL抗原包被，用副结核阳性血清进行ELISA试验，$OD_{490\ nm}$应≥0.50。②特异性检验。以副结核阴性血清进行ELISA试验，$OD_{490\ nm}$应<0.23。

保存与使用 在2～8℃，有效期为2年。期满后，如效价不低于原效价，可继续使用。按副结核ELISA试验方法，被检血清经草分枝菌吸收抗原吸收后，进行1∶100稀释，目测法：与标准阳性血清呈一致的棕黄色判为阳性。酶标仪测定法(490 nm)：OD≥0.50判为阳性；OD<0.50判为阴性。

(5)蓝舌病酶联免疫吸附试验抗原：

制造工艺 本抗原系用蓝舌病病毒(BTV)国际标准毒株，接种 BHK-21 单层细胞培养，收获培养物，经冻融、裂解、氟利昂 113 提取，再经超速离心、解聚处理后制成。用于诊断蓝舌病。

质量标准 本品为淡乳白色、均匀一致、稍黏稠的液体，无絮状悬浮物或沉淀。①特异性检验：用本抗原进行 ELISA 试验，每份血清的试验数应不少于 4 孔。标准阳性血清的 A_{490}平均值应约为 0.3，P/N 应≥3.0 或 2 次重复试验均≥2.5。②效价测定：采用琼扩抗原平行试验法。将待检抗原从 1∶25 作 2 倍系列稀释，每一稀释度包被 8 个孔，其中 4 孔与阳性血清反应，另 4 孔与阴性血清反应；在同一反应板上用 1∶20 稀释的琼扩抗原包被 8 个孔，与上述阴、阳性血清各反应 4 孔，进行 ELISA 测定，以琼扩抗原对阴、阳性血清反应值(A_{490})和 P/N 值为标准，找出与其相当(相差<10%)的抗原稀释度。效价(或工作稀释度)≥1∶50 为合格。

保存与使用 在 2～8℃，有效期为 6 个月。用于检测蓝舌病群特异性抗体的酶联免疫吸附试验。

(6)猪嗜血杆菌胸膜肺炎酶联免疫吸附试验抗原：

菌种 本抗原系用胸膜肺炎嗜血杆菌(HP)1～10 型国际标准株，接种适宜培养基培养，收获培养物，经热处理、浓度标定等制成。用于诊断猪嗜血杆菌胸膜肺炎。

质量标准 本抗原为无色澄明液体。①效价测定：用 1/10 光吸收单位的 HP-ELISA 多价混合抗原与特定的标准阴、阳性血清进行 HP-ELISA 测定，P/N 值应为 4.5±0.4。②特异性检验：以 HP-ELISA 方法检测，对标准 HP 阳性猪血清、各型高免兔血清、人工接种猪血清，均应呈阳性反应。对健康猪血清应呈阴性反应。对猪瘟、猪喘气病、猪肺疫、猪流感、猪萎缩性鼻炎等阳性血清应无反应。HP-ELISA 操作中，所有对照如抗原、血清、OPD、HRP-SPA，均应呈阴性反应，光吸收值应在 0.05 以下。

保存与使用 在 2～8℃，有效期为 5 个月；加等量中性甘油在－30℃以下，有效期为 10 个月。用于检测猪嗜血杆菌胸膜肺炎抗体的酶联免疫吸附试验。以碳酸盐缓冲液(pH 9.6，0.05 mol/L)将 1 个光吸收单位的 HP-ELISA 1～10 型多价混合抗原作 10 倍稀释后，加入到酶标板孔内进行包被，每孔 50 μL，在 37℃作用 4 h，再转入 2～8℃过夜(18～20 h)，取出，按照 HP-ELISA 操作程序，先后加入血清、HRP-SPA 结合物、底物，最后加硫酸溶液(0.2 mol/L)终止反应，立即进行目测，再用酶联读数仪测定光吸收值并进行判定。每份血清 1∶200 稀释时，P/N 值≥4，判为阳性；P/N 值≤3.5，判为阴性；3.5<P/N 值<4，判为可疑。

(7)猪瘟单克隆抗体纯化酶联免疫吸附试验抗原：

制造工艺 本抗原系分别用猪瘟病毒兔化弱毒株和猪瘟病毒强毒株，分别接种细胞培养，收获培养物，通过亲和层析法，利用猪瘟病毒兔化弱毒株特异性单克隆抗体和猪瘟病毒强毒株特异性单克隆抗体纯化制成。

质量标准 本抗原为微乳白色、无异物的透明液体。①安全检验：用免疫荧光抗体试验法检查猪瘟强毒及猪瘟弱毒单抗纯化酶联抗原，应为阴性，而同批未经超声波裂解及亲和层析法提纯的病毒应为阳性。②蛋白质含量测定：以分光光度计测定抗原在 280 nm 波长时的光吸收值(OD)，并计算其蛋白质含量。弱毒抗原含量应≥1.88 mg/mL，强毒抗原含量应≥1.38 mg/mL。③特异性检验：用猪瘟弱毒、强毒单抗纯化酶联抗原分别作为抗原，标准抗猪瘟弱毒猪血清、强毒猪血清、强弱毒混合猪血清和阴性猪血清作为第一抗体，兔抗猪 IgG 过氧化物酶结合物作为第二抗体，以间接 ELISA 方法进行试验。猪瘟弱毒单抗纯化酶联抗原应只识别弱毒血清，强毒单抗纯化酶联抗原应只识别强毒血清，两种抗原均应能识别混合血清中各自相应的抗体，两种抗原均应不能识别猪瘟阴性血清。

保存与使用 在－15℃，有效期为 1 年；在 2～8℃为 6 个月，用于检测猪瘟兔化弱毒疫苗免疫抗体和猪瘟病毒强毒抗体的酶联免疫吸附试验。用法与判定：用包被液将猪瘟弱毒、强毒单抗纯化酶联抗原分别作 100 倍稀释，以 100 μL 分别加到做好标记的酶联板各孔中，置湿盒于 2～8℃过夜。倒去孔内液体，用洗涤液洗板 3 次，每次间隔 3～5 min，拍干。用稀释液将待检血清作 400 倍稀释后，每孔加入 100 μL。同时，将猪瘟阳性、阴性血清以 100 倍稀释作对照，置 37℃ 1.5～2 h。洗涤。用稀释液将兔抗猪 IgG-辣根过氧化物酶结合物作 100 倍稀释，每孔加入 100 μL，置 37℃ 1.5～2 h。洗涤。每孔加入底物溶液（邻苯二胺 5 mg＋底物缓冲液 5 mL＋30％过氧化氢 18.75 μL）100 μL，室温中 10～30 min 后，观察显色反应。每孔加入终止液 50 μL，于酶联读数仪上测定在 490 nm 波长处的光密度（OD）。在弱毒酶联板上：OD≥0.2，为猪瘟弱毒抗体阳性；OD＜0.2，为猪瘟弱毒抗体阴性。在强毒酶联板上：OD≥0.5，为猪瘟强毒抗体阳性；OD＜0.5，为猪瘟强毒抗体阴性。在弱毒与强毒酶联板上，阳性对照血清应为阳性；阴性对照血清应为阴性。

（8）猪旋毛虫病酶联免疫吸附试验抗原：

虫种与制造工艺 本品系用旋毛虫标准虫株，通过人工感染猪体的肌幼虫制成排泄-分泌抗原，再用旋毛虫单克隆抗体通过亲和层析法制成纯化抗原，并组装成商品化试剂盒。用于诊断猪旋毛虫病的酶联免疫吸附试验。

质量标准 灵敏度检验：对每克膈肌含 0.1～0.5 条肌幼虫的猪，用本试剂盒检测其血清或全血，应为阳性反应。特异性检验：与感染猪囊虫、猪蛔虫、猪弓形体或猪细颈囊尾蚴的猪血清，应不产生交叉反应。

保存 在 2～8℃有效期为 10 个月。

（二）变态反应抗原

细胞内寄生菌（如鼻疽杆菌、结核分支杆菌和布鲁氏菌等）在传染过程中引起以细胞免疫为主的第Ⅳ型变态反应，即感染机体再次遇到同种病原菌或其代谢产物时出现一种具有高度特异性和敏感性的异常反应。据此，临床上常用于诊断某些传染病。引起变态反应的抗原物质称为变应原（变态反应抗原），如鼻疽菌素、结核菌素和布鲁氏菌水解素等。

1. 鼻疽菌素

菌种 菌种为鼻疽杆菌 C67001、C67002 株。

（1）老鼻疽菌素：菌种划线接种于 4％甘油琼脂平皿，挑选光滑型菌落移植于甘油琼脂扁瓶，37℃培养 2～4 d，用生理盐水洗下，纯粹检验合格后作为菌液种子液。将种子液接种于 4％甘油肉汤（含 1％蛋白胨、0.5％氯化钠、4％甘油，pH 6.8～7），37℃培养 2～4 个月，然后 121℃灭菌 1.5 h，放 2～8℃冷暗处澄清 2～3 个月。吸取上清液，用塞氏滤器过滤，即为老鼻疽菌素原液。无菌检验、蛋白测定和效价测定合格后，加入适量灭菌的 4％甘油，定量分装。

(2)提纯鼻疽菌素:

菌液提纯:提纯鼻疽菌素制造用苏通合成培养基,菌液培养方法同老鼻疽菌素。菌液经塞氏滤器过滤后,可用三氯醋酸提纯法或硫酸铵提纯。三氯醋酸法提纯时,取滤液900 mL,徐徐加入40%三氯醋酸水溶液100 mL,充分搅拌,混匀后,2~8℃静置14~20 h,使蛋白沉淀,弃去上清,沉淀的蛋白液以3 000~5 000 r/min离心30~40 min,弃去上清。硫酸铵法提纯时,取滤液1 000 mL,徐徐加入饱和硫酸铵2 000 mL,混匀后,2~8℃静置14~16 h,弃去上清,沉淀的蛋白液以3 000~5 000 r/min离心30~40 min。将沉淀用少量pH 7.4的PBS悬浮,并磨成糊状,装入透析袋,用自来水流水透析12~24 h,再用PBS透析12~24 h,以碱性碘化汞钾试液和5%二氧化钡水溶液检查,直至无铵离子和硫酸根离子。

菌素制备:用三氯醋酸沉淀的蛋白加入适量PBS(pH 7.4)充分溶解,再用1 mol/L氢氧化钠溶液将pH调至7.4;用硫酸铵沉淀蛋白,经透析除尽硫酸铵后,直接加入硫酸铵缓冲液(pH 7.4),使其充分溶解。将菌素溶液滤过,滤液即为提纯鼻疽菌素原液。无菌检验、蛋白测定和效价测定合格后,鼻疽菌素原液用加有防腐剂灭菌的PBS稀释后,定量分装,即为液体菌素;鼻疽菌素原液用灭菌的PBS稀释,定量分装,迅速冷冻真空干燥,即为冻干菌素。

质量标准 老鼻疽菌素为黄褐色澄明液体;液体提纯鼻疽菌素为无色或略带淡黄褐色的澄明液体;冻干提纯鼻疽菌素为乳白色或略带淡棕黄色的疏松团块,溶解后呈无色或略带淡棕黄色的澄明液体。用18~22 g小鼠5只,各皮下注射菌素0.5 mL,观察10 d,均应健活。效价检验和特异性检验方法如下:

效价检验:①致敏原制备:取1~2株强毒光滑型鼻疽杆菌,分别接种于4%甘油琼脂扁瓶中,36~37℃培养48 h后,每瓶加入生理盐水20 mL,洗下培养物,混合于空瓶中,经121℃灭活1 h,置2~8℃保存使用。②致敏豚鼠:用体重450~600 g的白色豚鼠8只,每只腹腔注射致敏原1 mL,14~20 d后,于豚鼠臀部剪去一小块被毛,次日皮内注射标准提纯鼻疽菌素0.1 mL (0.1 mg/mL),经24~48 h观察反应,凡注射部位有红肿,直径在7 mm以上者,方可用于效价测定。③效价测定:选鼻疽致敏合格的豚鼠4只,检验前1 d在腹部两侧去毛,每侧去毛面积应满足注射2个部位用。将被检菌素和标准菌素稀释液采取轮换方式在每只豚鼠身上各注射一个部位,注射量为0.1 mL。注射后24 h用游标卡尺测量每种菌素各稀释度和标准菌素在4只豚鼠身上各注射部位的肿胀面积。计算被检菌素各稀释度和标准菌素在4只豚鼠身上肿胀面积平均值的比值(如24 h反应不规律时,可观察48 h,但是注射部位红肿反应的直径应在7 mm以上,方可判定)。如被检菌素和标准菌素平均反应面积的比值为1±0.1,即为合格。

特异性检验:选取10匹健康马,均分成2组,一组左眼点不稀释标准鼻疽菌素2~3滴,右眼点75%稀释新制鼻疽菌素2~3滴;另一组点眼相反。点眼后3、6、9、24 h分别进行检查,75%新制菌素稀释液与标准菌素、全部试验马对被检菌素和标准菌素均无反应为合格。如个别马不一致,应在2~5 d后做第二次检验,反应一致也认为合格。

2. 结核菌素

动物结核病的控制主要采用检疫和淘汰患病动物和感染动物的措施。结核菌素变态反应是结核病诊断和检疫中的常用方法,也是国际贸易检疫中的标准方法。本法操作简便,准确率高,可操作性强,易于判定。目前使用的结核菌素包括人型结核菌素、牛型结核菌素和禽型结核菌素，在制法上又有老结核菌素和提纯结核菌素之分。制造牛型结核菌素的菌种为牛分支杆菌 C68001 株、C68002 株，制造禽型结核菌素的菌株为禽分支杆菌 C68201、C68202、C68203 株。这里仅介绍牛型结核菌素的制造工艺及其质量标准。

制造工艺 ①提纯结核菌素：冻干菌种接种于 P 氏固体培养基，再接种于苏通培养基液面进行驯化，生长出菌膜后作为种子，鉴定合格后将二级种子菌膜接种于制造用苏通培养基液面上，置 37℃培养 2～3 个月。121℃灭活 30 min，滤过除去菌膜，用塞氏滤器滤过除菌，所得滤液倒入大瓶中。取滤液 900 mL，徐徐加入 40%三氯醋酸水溶液 100 mL，充分混匀，2～8℃静置 14～24 h，使蛋白沉淀，弃上清收集沉淀液。用 1%三氯醋酸水溶液重新悬浮沉淀，静置弃去上清，如此连续 3 次，最后将沉淀物以 5 000 r/min 离心 15～30 min 弃去上清。将沉淀物先加少量 1 mol/L 氢氧化钠溶解。准备冻干的菌素用 pH 7.4 的 PBS 稀释；液体菌素用加有防腐剂的 pH 7.4 的 PBS 稀释。最后将 pH 调至 7.4，用灭菌的塞氏滤器过滤，即为提纯结核菌素原液。无菌检验、蛋白测定和效价测定合格后，用加有防腐剂的 pH 7.4 的 PBS 将牛型结核菌素原液稀释至 10 万 IU/mL，禽型结核菌素原液稀释至 25 000 IU/mL，定量分装即成；冻干菌素则用 pH 7.4 的 PBS 将牛型结核菌素原液稀释至 10 万 IU/mL，禽型结核菌素原液稀释至 25 000 IU/mL，定量分装，迅速冷冻真空干燥。②老结核菌素：按老结核菌素菌液培养方法培养细菌，培养 45～60 d；从每批培养物抽取 2～3 瓶，121℃灭活 30 min，滤纸滤过，用蒸馏水将滤纸上的菌膜洗下，60～80℃烘干，称其重量，直到重量不变为止。计算每 100 mL 培养基中的平均菌膜重量。甘油培养基菌膜重量达 0.25 g/100 mL 以上，苏通培养基达 0.4 g/100 mL 以上为合格。菌膜合格的培养瓶 121℃灭菌 30 min，数层纱布滤过，所得滤液倒入大容器中，以不超过 100℃的温度蒸发浓缩至接种容量的 1/10，用塞氏滤器过滤，121℃灭菌 1 h 备用。无菌检验、蛋白测定和效价测定合格后，定量分装。

质量标准 除进行安全检验外，还应以致敏豚鼠效检法检验其质量标准。①牛分支杆菌致敏原制备：将牛分支杆菌固体培养物刮下、称重、磨碎，加适量生理盐水稀释，121℃灭活 30 min，再用弗氏不完全佐剂制成油乳剂，使含牛分支杆菌量为 8～10 mg/mL，分装后 80℃水浴灭菌 2 h，即为牛分支杆菌致敏原。无菌检验合格后置 2～8℃备用。②选用 400 g 左右的白色豚鼠 10～12 只，分别在大腿内侧深部肌肉注射 0.5 mL，5 周后，各豚鼠臀部拔毛 3 cm^2 大小，次日后于拔毛处皮内注射 1 000 倍稀释的牛型结核菌素 0.5 mL。注射后 48 h 检测注射部红肿面积达 1 cm^2 以上者可用作正式试验。③挑选 6 只合格豚鼠并拔去腹部两侧毛，将制备的待标效价的结核菌素原液稀释成每毫升含 2.5、2.7、3.0 和 3.4 mg(含氮量) 5 种不同浓度，再分别作 1 000 倍稀释，参照品菌素也作 1 000 倍稀释。然后分点皮内注射 0.1 mL 于每只豚鼠腹部两侧，48 h 后检测每种稀释液在 6 只豚鼠身上肿胀面积的平均值，以识别被检菌素的效力是低于、等于或高于标准菌素。④被检菌素 1∶1 000 稀释液的反应面积与标准菌素反应面积的比值在 0.9～1.1，则该稀释度菌素所含单位数与标准菌素基本相同。被检菌素 1∶1 000 稀释液的反应面积与标准菌素反应面积的比值等于 1 为合格。

3. 布鲁氏菌水解素

菌种 培养特性和生化性状典型、热凝集试验和吖啶黄凝集试验阴性、菌落为光滑型的布鲁氏菌，变态反应原性良好，对布鲁氏菌阳性血清具有高度的凝集性。

制造工艺 将种子菌液接种于肝汤琼脂扁瓶培养基上 37℃培养 2～7 d（或液体通

气培养 36 h)，用 0.5%石炭酸生理盐水洗下生长良好的培养物，在 70～80℃水浴中加热灭菌 1 h，离心沉淀去上清，菌体悬浮于 0.5%石炭酸生理盐水中，再离心沉淀洗一次。菌体悬浮于 0.5%硫酸水溶液中，使悬液浓度大致为布鲁氏菌试管凝集抗原液的 2 倍，盛于玻璃瓶中，121℃加热 30～40 min，促使菌体水解。室温或冰箱放置 12～24 h，吸取上清液. 用 NaOH 液调整为 pH 6.8～7.0，再静置沉淀未水解部分。上清液用蔡氏滤器过滤后 75～80℃加热，凯氏法测定总氮量(或用标准水解素作对照)，用灭菌蒸馏水稀释滤液，使其最终总氮量为 0.4～0.5 mg/mL (或与标准的水解素相同)。

质量标准　除按《成品检验的有关规定》进行检验外，须做如下检验：

安全检验：取体重 18～22 g 小鼠 6 只，腹腔注射水解素 0.5 mL，观察 10 d，应全部健活。

效力检验：取体重 350～500 g 豚鼠 10 只，皮下接种适量布鲁氏菌令其感染致敏，经 30～40 d，用标准水解素 1∶10 稀释液 0.1 mL 接种于臀部皮内，经 24 h 和 48 h 观察反应面积在 100 mm 以上，即可用做正式试验。然后剃去合格豚鼠腹部两侧的被毛，被检水解素和标准水解素分别作 5 倍和 10 倍稀释，一侧腹部皮内注射 0.1 mL 被检水解素，另一侧注射同量的标准水解素，同时用两只未致敏的健康豚鼠，依前述方法和剂量分别注射被检水解素和标准水解素作为对照，经 24 h 和 48 h 各观察一次，被检水解素肿胀面积的总和应与标准水解素肿胀面积的总和一致，或比值不超过 0.1，对照豚鼠无反应为合格。

4. 猪旋毛虫皮内变态反应抗原的制备

制造工艺　用采自猪体的肌肉旋毛虫幼虫经口感染大鼠(或小鼠、仔猪)、收集肌肉中的幼虫，用生理盐水洗涤 3～4 次，移入含卡那霉素的生理盐水中，置 4℃冰箱中过夜，洗涤 3～4 次，除去卡那霉素。按旋毛虫幼虫的自然压积加入 4 倍量的 pH 8.3 硼酸缓冲液，研磨冻融，所得匀浆用 pH 8.3 硼酸缓冲液再稀释 5 倍。超声波处理后，加入 pH 8.3 硼酸缓冲液，将所得匀浆再稀释 5 倍。置 4℃冰箱浸出 24 h，低速离心，吸取上清液，用 pH 4.6 冰醋酸调 pH 至 5.0，置 4℃冰箱 24 h，低速离心，取上清液，用 pH 9.0 硼酸缓冲液，调 pH 至中性，过滤除菌，测定蛋白质含量，以生理盐水稀释至含蛋白 3.0 μg/mL，即制成变态反应抗原。

质量标准　本品为无色澄明液体。①安全检验：取体重 300 g 左右的豚鼠 2 只，腹腔注射旋毛虫皮试变应原各 1 mL，观察 10 d，应全部健活。② 敏感性和特异性检验：用人工感染旋毛虫的阳性兔和阴性对照兔各 2 只，于试验前 1 d 在背部直径 3～4 mm 大小的区域去毛，然后用含量为 3.0 μg/mL 的变应原 0.1 mL，对每只兔作皮内试验。2 只阳性兔应呈明显阳性反应，阴性兔应呈阴性反应。

保存与使用　在 2～8℃，有效期为 1 年；在室温下为 3 个月。用于诊断猪旋毛虫病的皮内变态反应。使用时将本品 0.2 mL 注射于白皮肤被检猪耳后颈部皮内，注射后 10～20 min 内，注射局部水疱变红变暗，形成直径 1 cm 以内的暗红色斑点，并保持 30 min 以上者为阳性；注射的水疱无变化，在 10 min 左右消失，或仅出现淡红色斑点，但在 30 min 内很快消失的为阴性。

5. 弓形虫病的皮内反应抗原

取人工感染弓形虫的小鼠腹水，离心取虫体沉淀，加蒸馏水，反复冻融或超声波将虫体崩解破坏，冻干制成皮内反应抗原。将稀释的抗原 0.2 mL 注射于猪的耳根部皮内，观察其皮肤反应：反应在 48 h 后出现，当红肿面直径超过 15 mm 时为阳性，10～15 mm 为可疑,9 mm 以下为阴性。本制剂只适用于流行病学调查,以检出慢性隐性弓形虫病。

二、诊断用抗体

诊断用抗体包括诊断血清和单克隆抗体等。诊断血清简称抗血清(Antiserum),是指利用血清学反应以鉴别微生物、鉴定病原血清型或诊断传染病的一种含已知特异性抗体的血清。通常以抗原免疫接种动物制成。有些血清则需再经吸收除去非特异性抗体成分后供诊断用。含有多种血清型抗体的血清称为多价诊断血清,只对一个型的称为单价诊断血清或称因子血清。单含鞭毛抗体成分的血清称为 H 血清,单含菌体成分的血清称为 O 血清。此外,还有针对菌毛和针对荚膜的均称为 K 血清。血清中的抗体一般是由多个抗原决定簇刺激不同 B 细胞克隆而产生的,故称之为多克隆抗体(Plyclonal antibdy)。而由一个 B 细胞克隆所分泌的抗体为单克隆抗体(Monolonal antibdy)。在 20 世纪 80 年代初,由于抗体基因结构和抗体多样性产生机理的阐明和重组 DNA 技术的成熟,促进了基因工程抗体的研究,在短短几年时间内有多种基因工程抗体问世,解决了用常规杂交瘤技术制备人源抗体的难题。

诊断用抗体可以作为诊断试验的阳性对照,也可以用于鉴定病原体的定型因子,还可以进行标记或与其他试剂组装成试剂盒。

(一)多克隆抗体

1. 炭疽沉淀素

菌种 为炭疽杆菌弱毒菌种,包括 C40-214、C40-215、C40-207、C40-218(任选 1～3 株)。

制造工艺 ①抗原制备:将种子均匀涂布接种于豆汤琼脂扁瓶内,35～37℃培养 15～16 h,经纯粹检验合格后。用生理盐水洗下菌苔,然后用纱布铜纱滤过,用生理盐水将滤液稀释成每毫升含菌 9 亿～24 亿,经纯粹性检验合格后,即为抗原。②免疫程序:用年龄 3～6 年健康的马。于第 1 天与第 9 天皮下注射炭疽Ⅱ号芽孢苗或无荚膜芽孢苗作两次基础免疫,从第 14 天至第 64 天,每隔 3～5 d 静脉注射上述强毒活菌抗原,注射量从 10、20、30、40 mL 直到 50 mL,共进行 14 次高度免疫。③分离血清和检验:从第 12 次注射开始试血。血清效价检测达不到标准的,应加大抗原注射剂量和次数;血清效价检测合格后从 74 d 开始大量采血,按常规方法分离血清,并做如下检验:

质量标准 效价检测:对 1∶500 以上标准抗原应在 60 s 内出现阳性反应,同时用标准阳性血清作对照;对 1∶100 以上炭疽死亡动物干燥抗原 5 份,应在 60 s 内出现阳性反应,同时用标准阳性血清作对照;取不少于 5 张各种动物炭疽皮的浸出液检验,应在 1～10 min 内出现阳性,同时用标准阳性血清作对照。

特异性检查:取 25 张健康动物皮的浸出液检验,15 min 不出现阳性反应;对枯草杆菌、类炭疽杆菌抗原检验,15 min 应不出现阳性反应。

保存与使用 本品供诊断炭疽的沉淀反应用。使用时,取检样用生理盐水作 5～10 倍稀释后煮沸 15～20 min,冷却过滤。用毛细管吸取澄清滤液沿壁缓慢地加入装有等量炭疽沉淀血清的管内,在 30～60 s(最长 10～15 min)内两液面出现乳白色环,为阳性反应。

2. 衣原体病补体结合试验阳性血清

制造工艺 将标准株衣原体感染的鸡胚卵黄囊膜制成悬液,作为制备阳性血清的免疫原(必要时可以加弗氏完全佐剂),皮下、腹腔或静脉多次免疫健康动物(如家兔、绵羊、山羊、鸭等)。末次免疫后1周试血,补体结合试验效价达到1∶256倍以上者,放血分离血清。经无菌检验合格后,定量分装,冻干保存,也可加防腐剂后置2～8℃保存。

质量标准 为淡黄色澄明液体。效价测定时,应作1∶4稀释,无抗补体作用。兔和羊血清与1个工作量抗原作直接补体结合试验,血清以1∶256倍稀释,能完全抑制溶血,1∶512倍稀释液能完全抑制溶血或25%溶血认为合格;鸭血清与1个工作量抗原,在1个工作量指示血清参与下作间接补体结合反应,1∶256倍稀释时应呈现完全溶血。

3. 猪丹毒培养凝集试验诊断液

用不同血清型的猪丹毒杆菌为免疫抗原,制备相应血清型的高免血清。培养凝集试验常用1型或2型猪丹毒杆菌高免血清,使用时按1∶(40～80)加入到蛋白肉汤中,再按每毫升加入抗生素,分装特制小管,即制成猪丹毒血清抗生素诊断液。

4. 支原体肺炎微量间接血凝试验阳性血清

系用猪肺炎支原体济南系免疫接种健康猪,采血、分离血清制成。应无菌生长。凝集效价应≥1∶40,用于猪支原体肺炎微量间接血凝试验对照。在2～8℃保存,有效期2年。

5. 猪接触传染性胸膜肺炎诊断血清

(1)猪接触传染性胸膜肺炎补体结合试验阳性血清:

菌株和制造工艺 阳性血清系用猪胸膜肺炎放线杆菌国际标准菌株免疫接种猪或兔,采血分离血清制成。

质量标准 液体血清为橙黄或淡棕红色,冻干血清为白色或略带红色海绵状疏松团块,加稀释液后迅速溶解。效价测定。将血清从1∶10开始作倍比稀释至1∶80,与1个工作量抗原作补体结合试验。猪血清1∶80稀释能呈现70%以上抑制溶血时,可供标定抗原用。≥1∶10、<1∶80能呈现70%以上抑制溶血时,可作阳性对照用。兔免疫血清≥1∶1 280稀释能呈现70%以上抑制溶血时,可供标定抗原用。≥1∶80、<1∶1 280稀释能呈现70%以上抑制溶血时;可作阳性对照用。

保存与使用 在2～8℃,液体血清有效期为2年,冻干血清为4年。用于猪传染性胸膜肺炎补体结合试验对照。

(2)猪接触传染性胸膜肺炎ELISA试验阳性血清:

制造工艺 系用胸膜肺炎放线杆菌培养物免疫接种猪,采血分离血清制成。

质量标准 应为橙黄或淡棕黄色液体。效价测定时,按照App-ELISA操作程序进行方阵滴定。1∶200稀释的血清与1/10光吸收单位的1～10型多价混合抗原反应,强阳性血清P/N值应>10,弱阳性血清P/N值应>4。

保存与使用 在2～8℃,有效期为6个月。用于猪接触传染性胸膜肺炎酶联免疫吸附试验对照。

6. 猪传染性萎缩性鼻炎博代氏Ⅰ相菌凝集试验阳性血清

系用猪支气管败血博代氏菌灭活抗原免疫接种猪,采血、分离血清制成。用于凝集试验对照。在2～8℃,有效期为1年。

效价测定:用标准Ⅰ相和Ⅲ相菌抗原进行试管凝集试验和平板凝集试验。试管凝集试验的K凝集价达1∶60时呈50%凝集,O凝集价达1∶10时不凝集。平板凝集试验对Ⅰ相菌抗原应呈100%凝集,对Ⅲ相菌抗原应为完全不凝集。

7. 产气荚膜梭菌病定型血清

菌种与制造工艺 本品系用免疫原性良好的产气荚膜梭菌 A、B、C、D 型类毒素和毒素，分别多次免疫接种动物后，采血分离血清，加适当防腐剂制成。用于诊断产气荚膜梭菌病和产气荚膜梭菌定型。

质量标准 本品为淡黄色或褐色液体。安全检验时取体重 16～20 g 的小鼠 5 只，各静脉注射血清 0.5 mL，另用体重 250～450 g 豚鼠 2 只，各皮下注射血清 5 mL，观察 10 d，均应健活。效价测定时取体重 16～20 g 的小鼠，用血清 0.1 mL 与各型毒素作中和试验，应符合表 9.1 的标准。

表 9.1 产气荚膜梭菌毒素不同血清型鉴定标准(王明俊等，1997)

血清型	中和毒素的型别及其剂量	中和其他型别毒素
A 型	A 型毒素 10 个 LD_{50} 以上	不能
B 型	B 型毒素 100 个 LD_{50} 以上	能
C 型	C 型毒素 100 个 LD_{50} 以上	可中和 A、B 型；不能中和 D 型
D 型	D 型毒素 100 个 LD_{50} 以上	可中和 A 型；不能中和 B、C 型

保存与使用 在 2～8℃，有效期 3 年。供定型用时，用各型血清 1 mL，加入供检验的毒素 20～100 个 LD(含量在 1 mL 内)，置 37℃ 40 min，然后静脉注射小鼠 0.2 mL，观察 24 h，按表 9.2 判定结果。供诊断用时，取死亡动物肠内容物加适量生理盐水混合均匀，离心沉淀，用赛氏滤器滤过，取滤液 1 份，加血清 1 份，置 37℃ 40 min，然后静脉注射小鼠 0.2～0.4 mL，或静脉注射家兔 1～2 mL，观察 1 d，按表 9.2 判定结果。

表 9.2 中和试验结果判定(王明俊等，1997)

毒素型	血清型			
	A	B	C	D
A 型	+	+	+	+
B 型	−	+	+	−
C 型	−	+	+	−
D 型	−	+	−	+

注："+"表示中和；"−"表示不能中和，小鼠死亡。C 型血清中和 B 型毒素的能力微弱。

8. 大肠埃希氏菌 K88、K99、987P 定型血清

制造工艺 本品系用大肠埃希氏菌(含 K88、K99、987P 抗原)标准菌株，接种适宜培养基通气培养，收获抗原表达良好的菌液，经离心、匀浆、盐析、纯化，得到 K88、K99、987P 纤毛抗原，分别免疫接种家兔和豚鼠，采血，分离血清，经冷冻真空干燥制成。

质量标准 本品为淡红色海绵状疏松团块，易与瓶壁脱离。①效价测定：用纯化抗原(1.5 mg/mL)与本品进行琼脂扩散试验，血清效价＞1：64 为合格。②特异性检验。K88、K99、987P 3 种菌，各用至少 2 株不同 O、K 型菌株及 1 株 F41 菌，分别与 10 倍稀释的血清进行玻板凝集试验。每种血清应只凝集具有同种纤毛的不同血清型菌株，而不凝集具有异种纤毛的菌株。3 种抗原菌株的菌液(浓度约 5×10^{10} 个菌/mL)经超声波处理后作抗原，血清做 10 倍稀释，按常规法进行免疫电泳，每种血清与相应抗原间应只出现单一沉淀线。

保存与使用 在 −25℃以下，有效期为 2 年。用于大肠埃希氏菌病原菌检查及菌株

的分型鉴定。①玻板凝集试验:应在20℃以上环境中进行。试验前,将阳、阴性血清分别用含0.5%苯酚生理盐水5 mL和2.5 mL溶解,阳性对照抗原充分混匀。用滴管吸取阳性抗原,垂直滴2滴于清洁玻璃板上,每滴约0.05 mL;在2滴抗原中,分别加入等量(约0.05 mL)阳性血清和阴性血清,随即搅拌均匀,并使散开至直径约2 cm。在2 min内,阳性血清出现"+++"(75%)以上凝集,阴性血清不出现凝集时,可进行正式试验。用滴管吸取待检菌液(约10^{10}个菌/mL),垂直滴3滴于清洁玻璃板上,每滴约0.05 mL。菌液无自凝颗粒时,分别加入1滴K88、K99、987P阳性血清,随即搅拌均匀,并使散开至直径约2 cm。阳性血清与菌液混合后,在2 min内,发生不低于50%(++)絮状凝集,为阳性反应;不发生凝集,为阴性反应(－);介于上述二者之间,为可疑反应(±)。②琼脂扩散试验:用生理盐水配制1%琼脂凝胶,浇成3 mm厚的胶板,按六角形打孔。孔径3 mm,孔距4 mm。将冻干阳性血清用0.5%苯酚生理盐水溶解,并作4倍或8倍稀释,加满中央孔。外周孔加满阳性对照抗原、苯酚生理盐水和待检样品。置37℃湿盒24 h,判定结果。血清与阳性抗原之间应出现沉淀线;与苯酚盐水之间应不出现沉淀线。待检抗原与血清孔之间出现沉淀线为阳性;不出现沉淀线为阴性。

(二)单克隆抗体制品

中国自1983年以来,动物用单抗研究进展很快,据不完全统计,已研制出动物用单抗近70种,分别针对哺乳动物的12种病毒、禽类的9种病毒、各种动物的12种病原细菌、10种寄生虫及一些微生物毒素。目前,旋毛虫单抗、猪瘟病毒单抗和马传染性贫血病毒单抗等少数单抗试剂盒已由农业部颁发了新兽药证书,可以正式生产和销售,还有10多种动物用单抗已完成实验室研究,正在进行田间试验、中间试产和区域试验。相信不久会有更多的动物用单抗投放市场。

单抗用于动物疾病的诊断,可以增加诊断的特异性。单抗不仅可以通过亲和层析来纯化抗原,还可以进行标记(如金标记)研制诊断试纸条,使临床诊断更加简易方便,还可以组装成ELISA试剂盒。

动物用单抗试剂盒在流行范围广发病率高经济意义大的动物疾病、有重要意义的人畜共患病、食品饲料中毒素和其他污染物的检测、常规诊断试剂无法解决的诊断困难(如区分野毒感染和疫苗毒感染所引起的免疫应答)等方面大有用武之地。

1. 犬细小病毒(CPV)金标法

此法是一种快速、敏感、特异的检测方法,可检测病犬粪便或病死犬的组织液。可检测10～50 ng/mL的CPV,10 min内出结果,与其他病毒没有交叉反应。目前在美国、加拿大等国家已有CPV检测试剂条销售,用于临床病犬的检测。

CPV金标试剂条制作要点:用CPV单克隆抗体标记胶体金喷在玻璃纤维的结合垫上,CPV多克隆抗体和抗鼠抗体分别喷在NC膜上,然后将NC膜、结合垫、样品垫、背衬(PVC材料)和吸水垫等组装成试剂条,将试剂条装于塑料外壳成为检测试剂卡。检测时用少许粪便或棉试纸取肛门粪样,用生理盐水稀释后直接加在测试卡的检测孔内,几分钟后可在阅读窗口判读结果,阳性将出现2条红色线条,阴性仅出现1条红线。

2. 日本血吸虫病单克隆抗体斑点酶联免疫吸附试验试剂盒

制造工艺 本品系用抗日本血吸虫单克隆抗体经过氧化物酶标记后,与A、B、C 3种试剂、显色物、封闭剂、硝酸纤维膜(NC膜)、玻璃毛细管和阴、阳性参考抗原组装制成。

用于诊断家畜日本血吸虫病。

质量标准 除物理性状检验和无菌检验外，还需进行效价测定。①酶标单抗的效价测定：将酶标单抗作2倍系列稀释，进行McAb-Dot-ELISA，测定其工作浓度，应≥1∶800。阳性参考抗原的效价测定：将阳性参考抗原用10 μL PBS溶解，作2倍系列稀释后进行McAb-Dot-ELISA，以阳性参考抗原稀释度≥1∶128能产生显色反应为合格。②特异性检验：将20头(只)健康牛、羊、兔血清和试验感染日本血吸虫的牛、羊、兔血清分别等量混合，各取5份分别作1∶10稀释，进行McAb-Dot-ELISA。健康牛、羊、兔血清均应呈阴性反应，试验感染牛、羊、兔血清均应呈阳性反应。③非特异性检验：选用锥虫病牛血清、棘球蚴和绦虫病羊血清，同时设试验感染血吸虫病牛、羊血清对照和健康牛、羊血清对照，进行McAb-Dot-ELISA。非血吸虫病被检血清应呈阴性反应；血吸虫病牛、羊血清应呈阳性反应。

保存与使用 在2～8℃，有效期为1年6个月。用于检测家畜血清中日本血吸虫循环抗原的斑点酶联免疫吸附试验。

三、标记抗体

具有示踪效应的化学物质与抗体结合后，仍保持其示踪活性和与相应抗原特异结合能力，此种结合物称为标记抗体，可借以示踪和检测抗原的存在及其含量，多用于鉴定抗原和诊断疾病。常用的标记物有荧光素、酶和放射性同位素。

1. 猪瘟荧光抗体

制造工艺 免疫血清制备：选用1岁左右体重100 kg以上、仅接种过猪瘟兔化弱毒苗的免疫健康猪，用猪瘟疫苗再做一次基础免疫，然后腹腔注射血毒抗原1 mL，观察16 d，体温正常后每隔7～15 d进行高免一次，即腹腔注射血毒抗原5 mL/kg体重。共计5次以上。末次免疫后15 d，无菌采血、分离血清。用兔体中和试验法测定血清效价，病毒量为1 000个家兔最小感染量。中和效价不低于1∶5 000为合格。－20℃保存，避免反复冻融。

猪瘟荧光抗体制备：①γ球蛋白的提取：第1次用50%的饱和硫酸铵溶液，第2～4次用33%的硫酸铵溶液分4次对所采的血清进行盐析，然后用Sephadex G_{50}层析校对球蛋白进行脱盐纯化。②用异硫氰酸荧光素(FITC)标记球蛋白：取2%的Y球蛋白溶液，按80∶1的比例与FITC混合，于10℃作用6～8 h，然后以Sephadex G_{50}层析柱除去未结合的荧光素，即为荧光抗体原液。③荧光抗体效价及其蛋白浓度的测定：将荧光抗体原液作连续倍比稀释后与猪瘟抗原作用染色、镜检。以其最高有效染色稀释度为其效价，其蛋白浓度应不高于0.125 mg/mL。④分装与冻干：将4单位荧光抗体(蛋白浓度不超过0.5 mg/mL)分装后冻干。使用时用灭菌蒸馏水溶解。

质量标准 除按《成品检验的有关规定》进行检验外，还需进行下面的检验：①特异性检验：分别用猪瘟病毒感染猪与对照猪扁桃体制成冰冻切片，用荧光抗体染色后镜检，前者隐窝上皮细胞胞浆应显示明亮的黄绿色特异荧光，后者则无荧光。②特异性荧光抑制试验：将猪瘟病毒感染猪扁桃体冰冻切片分成两组，分别用猪瘟高免血清和健康猪血清(猪瘟中和抗体阴性)处理切片后洗净、干燥，然后进行荧光抗体染色、镜检，前者不应出现荧光或荧光显著减弱，而后者应呈现强的荧光。③荧光抗体效价检验：冻干荧光抗体溶解后，对猪瘟病毒感染猪扁桃体冰冻切片进行染色，隐窝上皮细胞明亮特异，而且最终的荧光稀释度应达到 1∶4 以上,方可应用。

保存与使用 2～5℃冷暗处保存期为 1 年,－15℃以下保存期为 2 年。专供直接法荧光抗体染色检查猪瘟病毒,用于猪瘟的诊断。

2. 马传染性贫血病毒单克隆抗体-酶结合物

制造工艺 本品系用 A4 杂交瘤细胞系接种 BALB/C 小鼠,采集腹水或进行细胞培养,收集培养物,纯化后,与辣根过氧化物酶结合,经冷冻真空干燥制成。用于检测马传染性贫血驴白细胞弱毒株抗体。

质量标准 本品为乳白略带黄褐色海绵状疏松团块。加稀释液后立即溶解,液体显微黄色。效价测定:取冻干 McAb-酶标结合物 2 支,先用稀释液做 2 倍稀释,混合后再做 20 倍和 30 倍稀释。随后对已知马传染性贫血疫苗免疫马阳性血清和阴性血清按斑点试验(DB)程序进行试验并判定,血清阴、阳性反应结果与已知相符,判为合格。株系特异性检验:DB 试验中,马传染性贫血疫苗免疫马阳性血清呈红褐色斑点。非株系特异性检验:DB 试验中,马传染性贫血病马血清无斑点,颜色同纤维素膜背景。

保存与使用 在－20℃,有效期为 12 个月;在 2～8℃为 6 个月。用于鉴别诊断马传染性贫血病马与马传染性贫血驴白细胞弱毒株免疫接种马用。①斑点试验(DB):应用硝酸纤维素膜或混合纤维素酯膜作固相载体。将阳性、阴性对照及被检血清用微量进样器或玻璃棒蘸取约 2.5 μL,点在膜的指定位置上,室温干燥 15 min。用含 0.05%吐温-20 的 PBS(0.02 mol/L,pH 7.2)漂洗 3 次,每次 3～5 min。稀释抗原-抗体复合物,将点样膜浸入抗原-酶联 McAb 试剂溶液中,室温 1 h,洗涤。将膜浸入底物溶液(pH 7.6,0.05 mol/L Tris-HCl 液 20 mL,DAB 3 mg,30% H_2O_2 60 μL)30 min。用蒸馏水漂洗终止反应,判定结果。显示红棕色斑点为阳性,即为疫苗免疫马。显示结果同纤维素膜背景为阴性,即为未接种疫苗马。②琼脂扩散试验(AGP):对斑点试验阴性血清,再用农业部规定的马传染性贫血琼脂扩散试验法进行检验,判为 AGP 阳性即为马传染性贫血病马。

3. 犬瘟热荧光抗体

采取健康未免疫犬血分离血清.提取 IgG,纯化后,免疫山羊,免疫 4～5 次,当琼扩效价达 1∶32 以上时,采血分离血清,提取羊血清中的 IgG,纯化后,标记荧光素获得荧光抗体。分装小瓶保存备用。

第三节 新型诊断用动物生物制品

分子生物学技术的飞速发展促使新型诊断技术不断涌现,与之相配套的生物技术诊断制剂也应运而生,尤其是基于分子水平的诊断制剂发展迅猛。生物技术诊断制剂大致包括基因工程重组表达抗原(Recombinant antigene)、核酸探针(Gene probe)、聚合酶链反应(Polymerase chain reaction,PCR)和基因芯片(Gene chip)等。生物技术诊断制剂可以获得常规方法无法制备的一些诊断制剂,或能克服常规程序制备诊断制剂的缺陷。同时,基于生物技术制备的诊断制剂不仅特异性强,而且易于标准化、产业化。

一、基因重组表达抗原及相应试剂盒

基因工程重组表达抗原是利用DNA重组技术，将编码特定抗原的基因插入原核或真核表达质粒，再转入宿主细胞中使其高效表达，然后运用生物化学分离、纯化技术提取表达产物等，最终制成重组表达抗原，供动物疫病的免疫和诊断使用。

基因工程重组表达抗原具有高特异性、高纯度、均质性好、重复性强、成本较低并可大批量生产等优点，尤其是应用这一制造技术获得了常规方法无法制备的诊断抗原。如乙型肝炎病毒等一些病原体尚无法获得纯培养，但应用生物技术已制备出标准的乙型肝炎各组分诊断抗原。另一方面，对人畜共患病特别是高危险病原体（如免疫缺陷病毒、结核分支杆菌、炭疽杆菌等）的诊断抗原制备，应用生物技术更具有无可比拟的优点（姜平，2003）。

近年来，重组表达抗原已显示出独特的优越性。如口蹄疫病毒血清型多、变异快、分布广、传播速度快，因而要求防制体系具有快速的反应能力。在采取扑杀的国家如何检测隐性动物，而在注射疫苗的国家如何区分自然感染和疫苗免疫动物就成为控制和消灭口蹄疫的重要任务。因而建立一种区分自然感染动物和疫苗免疫动物，检测隐性感染动物的诊断方法将成为防制口蹄疫的关键。目前口蹄疫弱毒疫苗已经停止使用，而灭活疫苗的生产工艺大都将非结构蛋白（NSP）除去（曹轶梅等，2005）。因此动物接种灭活疫苗后主要产生FMDV结构蛋白抗体，很少产生非结构蛋白抗体。而自然感染动物既产生结构蛋白抗体，也产生非结构蛋白抗体。所以，以口蹄疫非结构蛋白为抗原检测动物体内NSP抗体是一种很好的区分自然感染动物和疫苗免疫动物的诊断方法。从目前发表的大多数文章来看，检测NSP 3ABC抗体是确定自然感染最可靠的指标，所以可以通过对3ABC基因的克隆与表达，制备重组表达抗原，研制病毒感染和注苗动物鉴别诊断试剂盒。目前，中国研制的猪口蹄疫病毒非结构蛋白3ABC-ELISA抗体检测试剂盒已获得国家新兽药证书，本试剂盒可测出牛感染后长达480 d（16个月）的感染抗体，其多项技术指标已超过国外同类产品。

另外，重组表达抗原与竞争ELISA联合使用时，不需提纯由细菌溶解生产的重组抗原，因为竞争ELISA特异性仅取决于所用的单克隆抗体，例如用痘病毒载体表达山羊关节炎/脑炎慢病毒的囊膜基因。当前，生产检测用抗原的趋势是开发合成肽抗原，抗原可根据基因序列自主表达，而不必要表达全蛋白，使重组表达抗原在疫病诊断上的应用更为广泛（OIE，2004）。

二、核酸探针及相应试剂盒

核酸探针又称为基因探针，核酸分子杂交（Hybridization）技术，包括：原位杂交（直接在组织切片或细胞涂片上进行杂交反应）；斑点杂交（将待检的核酸或细胞裂解物，经过变性后直接点在固相膜上）；Southern杂交（将待检DNA，经内切酶消化，琼脂糖凝胶电泳，变性后转到固相膜上）和Northern杂交（方法与Southern杂交基本相同，但待检的是RNA）。

核酸探针诊断的原理是细菌、病毒等病原体的基因组DNA或RNA，在变性解链后，只能与互补顺序的单链DNA或RNA结合，如将这种互补顺序的核酸用放射性同位素、酶或地高辛等标记，就可以检测感染动物的组织或媒介是否存在所诊断的病原体。上述标记的核酸就称为核酸探针。核酸探针可用以检测任何特定的病原微生物，并能鉴别密切相关的毒(菌)株和寄生虫。目前，各种常见病毒病的诊断和研究都已应用到核酸探针技术。

核酸探针用于诊断具有很高的特异性，可以从混合标本中正确鉴定出目的病原微生物，因此可以用于混合感染的检测。核酸探针方法敏感性高，检测一个单基因仅需 10^4 拷贝(而单抗至少需要 10^7 抗原分子)，能检测出低至 10^{-13} g DNA，所以可以用于带菌、带毒隐性感染动物的检测。牛白血病、猪痢疾、牛和猪钩端螺旋体病、牛副结核等呈慢性带菌状态，并通过向环境中排菌使疾病在畜群中长期持续。因此检出带菌动物是控制这些疾病的必要步骤。因为这些病的病原体特别难分离，并且在培养时生长很慢，如果常规的检测方法不能满足要求，这时核酸探针是很好的替代方法(王明俊等，1997)。

三、PCR 技术及相应试剂盒

PCR(Polymerase chain reaction)技术又称为体外基因扩增技术，PCR 由变性—退火—延伸 3 个基本反应步骤构成：①模板 DNA 的变性：模板 DNA 经加热至 93℃左右一定时间后，使模板 DNA 双链或经 PCR 扩增形成的双链 DNA 解离，使之成为单链，以便它与引物结合，为下轮反应作准备；②模板 DNA 与引物的退火(复性)：模板 DNA 经加热变性成单链后，温度降至 55℃左右，引物与模板 DNA 单链的互补序列配对结合；③引物的延伸：DNA 模板——引物结合物在 Taq DNA 聚合酶的作用下，以 dNTP 为反应原料，靶序列为模板，按碱基配对与半保留复制原理，合成一条新的与模板 DNA 链互补的半保留复制链重复循环变性—退火—延伸三过程，就可获得更多的“半保留复制链”，而且这种新链又可成为下次循环的模板。每完成一个循环需 2～4 min，2～3 h 就能将待扩目的基因扩增放大几百万倍。

PCR 技术主要是检测病原，用于传染病的早期诊断和传染源的鉴定，只要知道病原微生物特异的核酸序列，就可用 PCR 方法进行检测。PCR 诊断方法具有高度特异性，如用 PCR 方法可将马立克氏病毒致瘤毒株与非致瘤毒株区分开来，这是一般诊断方法难以办到的。PCR 诊断方法还具有高度灵敏性，PCR 产物的生成量是以指数方式增加的，能将皮克(pg=10^{-12} g)量级的起始待测模板扩增到微克(1 μg=10^{-6} g)水平。能从 100 万个细胞中检出一个靶细胞；在病毒的检测中，PCR 的灵敏度可达 3 个空斑形成单位；在细菌学中最小检出率为 3 个细菌。PCR 诊断方法简便、快速，2～4 h 完成扩增反应，扩增产物一般用电泳分析，不一定要用同位素，无放射性污染，易推广。而且 PCR 对标本的纯度要求低，不需要分离病毒或细菌及培养细胞，DNA 粗制品及 RNA 均可作为扩增模板。可直接用临床标本如血液、体腔液、洗漱液、毛发、细胞、活组织等 DNA 扩增检测。在 PCR 基础上还发展了反转录 PCR(RT-PCR)、巢式 PCR(Nested PCR)和荧光定量 PCR(Real-time PCR)等诊断方法。

目前报道用 PCR 检测的动物传染病很多，如口蹄疫、猪瘟、猪伪狂犬病、猪细小病毒病、鸡白血病、马立克氏病、禽流感、新城疫、支原体感染、鸡传染性贫血等(陈傅言，2001)。有些还被开发成试剂盒，如禽流感病毒 RT-PCR 检测试剂盒、H5 亚型禽流感病毒 RT-PCR 检测试剂盒、禽流感病毒 H7 亚型 RT-PCR 检测试剂盒等。

禽流感病毒通用荧光定量 RT-PCR 检测试剂盒：本试剂盒采用 TaqMan 探针法实施荧光 PCR 技术，是针对禽流感病毒(H1～H16)设计的通用型检测体系，用于禽肉、禽类组织脏器、禽类排泄和分泌物，及其泄殖腔和咽喉拭样中的禽流感病毒（H1～H16）的检测。符合 GB/T 19438.1—2004《禽流感病毒通用荧光 RT-PCR 检测方法》国家标准要求。灵敏度：对于接种的鸡胚尿囊液，检测的最高稀释度可达 10^{-8}～10^{-7}，与鸡胚病毒分离方法的灵敏度接近。定量检测线性范围可达 10～10^{10} 拷贝/mL。特异性：采用最新基因序列数据库设计，并通过系统验证，禽流感病毒通用荧光 RT-PCR 能够检测所有已知禽流感病毒（H1～H16）。对于其他禽类感染因子，本试剂盒检测结果为阴性。

本试剂盒必须在－20℃下避光保存，有效期为 6 个月。使用方法：①RNA 提取：采用通用型病毒 RNA 提取试剂盒提取禽流感病毒 RNA 用于检测或保存于－20℃（－80℃更佳）以待检测。②扩增试剂准备：从试剂盒中取出 RT-PCR 一步法反应液，冰盒上融化后混匀，取出 Taq 酶和逆转录酶。试剂在使用前 2 000 r/min 离心 20 s。设需要的 PCR 反应管管数为 N（N＝待检样本数 X 份＋1 管阴性对照＋1 管阳性对照）。MIX 的配制：首先吸取反应混合液至 1.5 mL 灭菌离心管，体积 19.1×N（μL），再加入 Taq DNA 聚合酶 0.4×N（μL）和逆转录酶 0.5×N（μL）到 1.5 mL 灭菌离心管，混匀后短暂离心（2 000 r/min 离心 20 s），然后向 N 个 0.2 mL PCR 反应管中分装已加入 Taq 酶和逆转录酶的 MIX 各 20 μL/管，盖紧管盖。每个测试反应体系配制为：PCR 反应液 19.1 μL＋0.4 μL Taq 酶＋0.5 μL 逆转录酶。阴性对照管建议在此区中加入 5 μL 阴性对照样品。③加样（在样品制备区完成）：阳性对照取出解冻，使用前 2 000 r/min 离心 20 s。若样本提取物保存在－20℃，则在使用前置室温解冻；向 N 个 PCR 管中分别加入待检样本 RNA（包括阳性对照）5 μL，盖紧管盖，2 000 r/min 离心 20 s，将 PCR 反应管转移至核酸扩增区。注意做好样品号标记。④PCR 扩增（在核酸扩增区完成）：上机前应检查各反应管是否盖紧。反应体系设为 25 μL；荧光信号采集设定在退火温度。对于多通道荧光 PCR 仪，选择荧光素 FAM 为信号采集通道。PCR 循环参数为：50℃ 30 min 反转录，95℃ 3 min 预变性，95℃ 10s；60℃ 40 s，40 次循环。⑤质量控制标准及结果判断：阴性对照 CT 值应显示为 0 或≥40.0，阳性对照的 CT 值应≤30.0，否则视试验失败，需重做。检测样品 CT≤35.0，结果有效，可直接报告样品阳性；检测样品 35.0＜CT＜40.0，需进行一次重复试验，若 CT 仍介于 35.0 和 40.0 之间，且曲线有明显的指数增长特性，同时阴性对照 CT 值为零，可报告样品阳性，否则报告样品阴性。检测样品 CT 值为零，报告样本阴性。

四、基因芯片及相应试剂盒

基因芯片（Genechip）是在核酸杂交和测序的基础上发展起来的，应用成熟的照相平板印刷术和固相合成，在玻片（硅片、聚丙烯、尼龙膜等固相支持物）的精确部位合成千百万个高分辨率的不同化合物制成的探针，在上面进行杂交。基因芯片解决了传统核酸杂交技术操作繁杂、自动化程度低、操作序列数量少、检测效率低等不足，可对样品的基因表达谱生物信息进行快速定性和定量分析，可用于基因序列分析、基因诊断、基因表达研究、基因组研究、发现新基因及各种病原体的诊断等生物医学领域。根据微阵列上探针的不同，又可分为寡核苷酸芯片、基因组 DNA 芯片或 DNA 微阵列（DNA microarray）和 cDNA 芯片。中国尚未有较成型的基因芯片问世。

基因芯片在疾病的诊断方面具有独特的优势。与传统检测方法相比，它可以在 1 张芯片上同时对多个样品进行检测，用极少量的样品，在极短的时间内向临床医生提供大量的疾病诊断信息，并且具有极高的灵敏度和特异性，为疾病早期诊断开辟了一个新的领域(Bertone 等，2004)。基因芯片作为一种先进的、大规模、高通量检测技术，应用于疾病的诊断，其优点有以下几个方面：①高度的灵敏性和准确性；②快速简便；③可同时检测多种疾病。基因芯片在人医的传染病诊断上早有研究报道，目前已有筛选检测人获得性免疫缺陷病毒(HIV)蛋白酶基因和反转录酶基因突变的 DNA 芯片商品。金黄色葡萄球菌、白色念珠菌 DNA 芯片也已问世。在兽医传染病的诊断起步较晚，在细菌性疾病的诊断上主要集中在猪链球菌、大肠杆菌和李斯特菌。在病毒性疾病的检测上研究较为广泛，其技术优势在禽流感、猪瘟、口蹄疫和狂犬病等疾病的检测上得以证明，例如，Wang 等(2007)发明了一种可以同时检测新城疫病毒和 H5、H7 亚型 AIV 的寡核苷酸芯片，这种芯片技术为快速区分两种重要的人畜共患病毒提供了一种新的途径。王秀荣等(2007)建立了 H5、H7、H9 各亚型禽流感病毒的 DNA 芯片诊断技术，该方法可以快速诊断禽流感病毒的不同亚型；韩雪清等(2008)在前人的研究基础上实现了对禽流感病毒分型基因芯片的研制。王温田等(2009)利用猪瘟病毒和猪细小病毒基因的保守序列制备诊断基因芯片并通过芯片扫描来实现对病原的高效检测和分析判断。试验证明其所制备的猪瘟病毒和猪细小病毒检测基因芯片有效性，监控正常且两种病原的特异性和重复性均良好。在口蹄疫病毒的诊断和分型上，国内外已广泛应用基因芯片。台湾省农业委员会家畜卫生试验所最近宣布完成动物快速基因芯片诊断鉴别技术的开发，可在 8 h 之内区别诊断口蹄疫等 4 种猪水疱性疾病；杨素等(2003)对口蹄疫、水疱性口炎、蓝舌病、鹿流行性出血热和赤羽病等 5 种动物病毒开展了基因芯片检测技术的研究；王建东等(2006)应用基因芯片技术完成了对口蹄疫病毒基因芯片的制备。这些研究为基因芯片在疾病诊断方面的研究奠定了基础。

五、其他

还有一些其他的新型诊断方法，例如核酸图谱分析、核苷酸序列分析和蛋白质组学等，核酸图谱分析包括核酸电泳图谱、核酸酶切图谱、寡核苷酸指纹图谱等。适用于这些诊断技术的试剂，主要是核酸提取、酶切、电泳等生化和分子生物学试剂，商品化程度已很高。

（黄娟　青岛农业大学动物科技学院）

第十章 其他生物制品

第一节 概 述

目前，中国现注册生产的动物生物制品品种已超过230余种，作为动物疫病预防控制的有力武器，动物生物制品在畜牧养殖业的发展中发挥着越来越重要的作用。目前，按照其用途分为以下三大类：预防用生物制品、诊断用动物生物制品和治疗用生物制品（注：根据农业部第442号公告——兽用生物制品注册分类及注册资料要求，通过免疫学方法有目的地调节动物生理机能的制品，亦作为治疗用兽用生物制品管理）。其中，治疗用生物制品包括免疫血清、高免蛋黄抗体、免疫球蛋白及干扰素等。而随着科学技术的飞速发展，动物生物制品也发生了翻天覆地的变化，新技术、新方法的不断出现和广泛应用，为中国动物用生物制品的发展提供了强大的助推力。从广义上来讲，又可将血液制剂如干扰素、血清免疫球蛋白、白介素、肿瘤坏死因子、集落刺激因子、促红细胞生成素、转移因子孕马血清促性腺激素等，微生态制剂如枯草芽孢杆菌活菌制剂、乳酸菌类、酵母菌、益生素等，以及基因工程或者细胞表达的干扰素、腺腺素、白介素以及基因重组DNA制品等都包括在内。因此，动物生物制品的内涵和应用必将随着科学技术的进步和发展而发展、充实，将有更多的制品形式出现。

由于市场上的疫苗和治疗药物都有各自的缺点，如疫苗因保存、运输、使用不当或者因质量等原因使得群体免疫力、保护力降低从而导致免疫失败引发疾病，抗菌性治疗药物易产生耐药性等。与疫苗和抗生素类治疗药物相比，抗血清、卵黄抗体及转移因子等治疗性生物制品具有其无可比拟的优点：当动物接种相应抗血清后，机体迅速得到大量非自身免疫抗体，从而快速中和了侵入机体的病原，或者抵御了致病病原的攻击，如抗猪瘟血清能有效地控制猪瘟的疫情，抗犬瘟热血清对犬瘟热有独特的疗效，鸡传染性法氏囊病精制蛋黄抗体和鸭病毒性肝炎精制蛋黄抗体等能有效地治疗和紧急预防鸡染性法氏囊和鸭肝炎的病毒感染。当前，被批准生产的产品还有抗气肿疽血清、抗炭疽血清、抗羔羊痢疾血清、抗猪-牛多杀性巴氏杆菌病血清、破伤风抗毒素、抗猪丹毒血清、抗小鹅瘟血清、小鹅瘟精制蛋黄抗体、枯草芽孢杆菌活菌制剂等 。

前面的章节已经对动物常用的预防用生物制品（包括疫苗、菌苗、虫苗和类毒素）和诊断用动物生物制品进行了详细的介绍，在这一章中，我们对包括免疫血清、抗毒素、卵黄抗体、血液生物制品等治疗用生物制品和细胞因子如转移因子等调节类生物制品及枯草芽孢杆菌活菌制剂、乳酸菌活菌制剂等微生态制剂做一介绍。

（马凤龙 济南军区疾病预防控制中心）

第二节 动物常用抗毒素与免疫血清、卵黄抗体

两个世纪前，人们将白喉杆菌培养上清液中分离到的可溶性毒素注入马体内，得到的抗血清可以治疗白喉，这是第一个用抗体治疗的例子。经过 200 多年的发展，人们已经可以通过各种免疫手段来获得针对毒素、病毒、细菌乃至癌细胞的特异性抗体。动物感染病原后，使用抗血清，就等于直接给动物输入了抗体，为动物提供人工被动免疫，可以迅速杀死病原或中和毒素，促进机体快速恢复。抗血清作为动物疫病发生后的治疗和紧急预防措施，对于控制动物疫病的发生和流行具有重要作用。

在中国，抗血清的研究利用也比较早。20 世纪初，当时的中华民国筹建了第一个血清所——青岛商品检验局血清所，一直到抗日战争爆发前的 20 年中，研究和生产了多种兽用抗血清，如牛瘟抗血清、猪瘟抗血清、猪肺疫抗血清、牛出败抗血清、禽霍乱抗血清、猪丹毒抗血清等(宁宜宝等，2002)。中华人民共和国成立后，经过近 60 年的发展，抗血清的研究和应用也已经相当成熟，已经有多种抗血清制品获得注册，在中华人民共和国兽用生物制品规程、中华人民共和国兽药典、兽用生物制品质量标准汇编中有详细的生产规程和质量标准。目前，对血清抗体的研究已进入新的发展阶段，即免疫球蛋白的研究和应用阶段。

免疫血清(Immune serum)又称抗血清或抗病血清、高免血清。动物在接受抗原刺激或自然感染康复后，其血清中通常含有针对特定抗原的高效价特异性抗体，该动物的血清即称为免疫血清，是一种含有高效价特异性抗体的动物血清。而抗体，是由机体免疫细胞被抗原激活后，由分化成熟的终末 B 细胞-浆细胞所合成与分泌的一类能与相应抗原特异性结合的具有免疫功能的球蛋白。免疫血清即含有抗体的血清制剂。其种类很多，抗血清包括抗毒素血清、抗细菌血清、抗病毒血清。主要用于动物传染病的治疗，同时也可用于传染病的紧急预防，而更多种类的细菌和病毒的抗血清则是用于疾病的诊断和病原的分析、鉴定。

而且，现在与抗血清相并列的高免卵黄抗体也比较成熟，现在市场上已注册产品如小鹅瘟精制蛋黄抗体、鸭病毒性肝炎精制蛋黄抗体、鸡传染性法氏囊病精制蛋黄抗体等在药典中已有详细的质量标准。而正在研究中的高免卵黄抗体更是多达 20 余种，如鸡新城疫卵黄抗体(杨治田等，1989；穆海菠等，2003；李爱萍等，2008)、鸡脑脊髓炎高免卵黄抗体(梁月丽等，2003)、抗新城疫、禽流感(H5、H9)多价二联高免卵黄抗体(王昕等，2004；张桂枝等，2009)、鸭病毒性肝炎多价卵黄抗体(李建鑫等，2006；于可响等，2008)、猪圆环病毒 2 型高免卵黄抗体(索江华等，2001)、抗仔猪大肠埃希菌病高免卵黄抗体(郑立勇等，2008；刘海生等，2009)、猪链球菌高免卵黄抗体(靖宁等，2008)、抗猪传染性胃肠炎卵黄抗体、抗猪流行性腹泻卵黄抗体、抗猪瘟高免卵黄抗体(刘进辉等，2008；李建鑫，2009)、对虾鳗弧菌卵黄抗体(朱香萍等，2008)、抗兔瘟精制卵黄抗体(王治方等，2007)、鸡抗迟缓爱德华氏菌卵黄抗体(王斌等，2006)、抗弓形虫特异性鸡卵黄抗体(杨婷婷等，2001)、抗嗜水气单胞菌卵黄抗体(曹军等，2009)、鸽瘟高免卵黄抗体(李鹏等，2007)、抗犬瘟热病毒、犬腺病毒卵黄抗体(王玉燕等，2003)、抗奶牛乳腺炎多价卵黄抗体(甄宇红

等,2009)等。而针对动物疫病的免疫球蛋白,在国内市场上还没有相关的注册产品。而国外在抗体方面的研究和应用比国内还要早,且已经上市的产品比国内的产品更多、更全面。下面,针对抗血清、抗毒素和卵黄抗体从原理/原则、制备基本程序、质量标准和使用注意事项几方面加以阐述。

一、抗毒素

抗毒素的发现应归功 Von Behirng 等,他们于 1890 年首先用破伤风毒素经过注射,发现于其血清中含有能中和破伤风毒素的物质,这一事实于 1894 年又被 Roux 研制白喉抗毒素所证实。自此,引起了科学家们从免疫血清中寻找杀菌物质的兴趣,特别是在磺胺及抗生素问世前的几十年内,对抗毒素血清的研制取得了很大的进展,对产毒菌感染的治疗及预防取得了良好的效果。

免疫血清的种类很多,可分别用细菌免疫动物制成抗菌血清,用病毒免疫动物制成抗病毒血清,用细菌毒素或动物毒素免疫动物制成抗毒素血清。本节只介绍抗毒素血清的概况。

抗毒素(Antitoxin)即抗毒素血清,是用细菌类毒素或毒素经反复多次注射免疫动物而得到的免疫血清经过处理即可制成抗毒素,主要用于治疗细菌外毒素所致疾病。细菌毒素(通常指外毒素)的对应抗体或含有这种抗体的免疫血清,能中和相对应的外毒素的毒性作用。抗毒素产生于免疫球蛋白尚未明确分类的早期,是一类免疫球蛋白的总称。这些免疫球蛋白现已归入新的分类。机体经产生外毒素而致病的病原菌,如白喉、破伤风、气性坏疽等菌感染,即能产生抗毒素。外毒素经甲醛处理后,可丧失毒性而保持免疫原性,成为类毒素。在医疗实践中,应用类毒素进行免疫预防接种,使机体产生相应的抗毒素,可以预防疾病。在免疫治疗中,利用常用细菌的外毒素、类毒素或其他毒物(如蛇毒等)对马进行免疫注射,使马产生抗毒素,然后取其血清,加适当的防腐剂制成或者经浓缩提纯处理制成精制抗毒素。其中的有效成分为免疫球蛋白,主要是 IgG 经加酶消化浓缩精制而成的一种特异性免疫球蛋白制剂,除用于诊断外,主要是为了用作被动免疫,使机体立即获得免疫力,以达到治疗或紧急预防相应的细菌毒素性疾病或毒蛇咬伤。

目前,中国生产的供兽医应用的制品主要有破伤风、肉毒、气性坏疽和蛇毒抗血清等。如破伤风抗毒素,即是用马经基础免疫后,再用产毒能力强的破伤风梭菌制备的免疫原进行高度免疫,采血、分离血清,加适当的防腐剂制成或者经提纯处理制成精制抗毒素,用于预防和治疗家畜破伤风。

用马匹免疫制备抗毒素血清,已有近百年的历史,其发展大体可分为以下 3 个阶段:

第一阶段　原制血清,即未经加工处理的免疫血清,制品质量差,发生不良反应率高;

第二阶段　浓缩血清,将免疫原血浆经硫酸铵盐析法精制而成,不但提高了效价,而且除去了很多的非活性血清蛋白,品质大有提高;

第三阶段　精制抗毒素,即将免疫的原血浆经胃酶消化后,用硫酸铵盐析精制、提纯的 IgG 分子,改变了抗毒素球蛋白的性质,但保留具有抗体活性的 $F(ab)_2$ 段,尽可能除去特异性抗原决定簇,进一步提高了抗毒素的质量,既能大大提高效价,也可以减少发生超敏反应的机会。近几十年来,中国一直应用该法制备抗毒素。

(一)抗毒素血清的制造原则

制备抗毒素血清应注意以下原则：

1. **动物**

应选体型大、采血量多、便于饲养管理、对免疫原敏感的动物，如马、骡、驴是比较适用的动物，牛和羊也可用。有的国家同时用马、牛、羊 3 种动物制造抗毒素，以备需要反复两次以上注射动物血清的患者转换使用不同种属来源的抗毒素血清，可减少过敏反应或血清病的发生。

选用的马以 4～8 岁者最适宜，过老的马因免疫机能逐渐衰退，免疫效果不好，过幼的马，因其免疫系统还不成熟，若免疫原过强或用量过大，有可能引起免疫麻痹现象。另外，在免疫前，马匹必须按常规严格检疫，绝不能有鼻疽、马传染性贫血、马副伤寒、布鲁氏菌病及乙型脑炎等疾病。

2. **免疫原**

可用类毒素或毒素，就免疫原性而言，毒素比类毒素强，一些含有残余毒素的类毒素，其免疫原性亦较强，如脱毒过于彻底，免疫原性将减弱，所以脱毒不完全的类毒素，也可用于动物免疫。单纯用精制类毒素作免疫原，其免疫效果亦不理想，由于精制类毒素纯度高、效价亦高，注射的抗原相应减少，则减轻对动物的注射反应，若精制类毒素与免疫佐剂并用，就会明显增强抗毒素的产生。

3. **免疫注射方法**

为能获得高效价的抗毒素血清，必须制定出合理的免疫程序，一般分为基础免疫和超免疫两个阶段，这样免疫容易成功。尤其对无天然抗体的马更应如此，即使对有自然抗体的马，安排基础免疫亦是有益的。基础免疫通常注射两针，抗原无需过多过强，基础免疫结束后，经过一定的间隔期，即可能进行高度免疫即加强免疫，多采用多部位皮下或肌肉注射法，至于抗原的剂量及注射针数，则应根据免疫原的种类和剂型，马匹的反应情况作决定。

4. **抗毒素血清的提纯**

动物免疫完成后，按每千克体重采血 15 mL 左右，一般每匹马每次采血 3 000～5 000 mL，加抗凝剂采的血，经静置，红细胞自然下沉，即获血浆，抗毒素主要存在于血浆的假球蛋白中，按电泳成分来说，则存在于 β-球蛋白和 γ-球蛋白中，提纯的目的是去除非特异性蛋白，并增加单位体积所含抗毒素蛋白的浓度。

提纯抗毒素的方法很多，除特异性方法外，主要使用非特异性方法，属于此类方法的有盐析法(包括硫酸铵、硫酸钠等中性盐)、胃酶消化精制法、低温酒精沉淀法、等电点沉淀法、金属离子沉淀法、电泳法、超速离心法、离子交换纤维素层析法和凝胶过滤法等；其中的胃酶消化法，是世界各国提纯抗毒素最常用的一种方法。

另外，制造精制抗毒素的血清/血浆，应符合《抗毒素生产用马匹免疫方法》的规定，在保存期间如一旦发现明显的溶血、染菌及其他异常现象，不得投入生产；抗毒素精制的每步操作均应尽量除净非抗毒素蛋白质，以提高制品纯度；制造过程中加酸、碱及硫酸铵等时，速度不宜过快，避免局部浓度过高；酸、碱原液尽量不宜超过 2 mol/L。操作时应尽量避免产生大量泡沫。应采取有效措施防止染菌和产生热原质，除必要的操作时间外，应尽量缩短生产周期。

(二)抗毒素的质量检定

精制破伤风抗毒素分液体和冻干两种剂型，液体精制抗毒素为无色或略带黄色的澄明液体，冻干精制抗毒素经冷冻升华干燥制成，为白色或微带粉红色的疏松体，加入蒸馏水后，轻轻摇动，于 15min 完全溶解，溶解后的外观与液体制品相同。无论是哪一种剂型均进行以下项目的鉴定。

1. 安全性试验

给体重 300～400 g 健康豚鼠皮下注射后，应无不良反应发生。

2. 热原质试验

每批制品给体重 2 kg 左右的 3 只家兔分别静脉注射，每公斤注射待检抗毒素 3 mL，原则上 3 只家兔平均升温不超过 0.8℃，或者 3 只家兔中有 1 只升温超过 1℃，但总计不超过 1.5℃，都可判定热原质合格。

3. 效价测定

抗毒素效价的测定，是借毒素与抗毒素的中和反应原理进行的，二者发生的中和反应，在一定范围内是按“倍比定律”进行的，所以用中和毒素的能力来表示抗毒素的效价。以抗毒素作为标准来测定抗毒素单位时，凡具有与国际标准品一个单位相等结合力的抗毒素量，称为一个国际单位(IU)，使用的破伤风及气性坏疽抗毒素的标准品均由中国兽医药品监察所提供。抗毒素效价均是以每毫升所含抗毒素的国际单位数量来表示(IU/mL)。

抗毒素效价测定分试管法和动物法两种。

试管法即絮状反应。先用标准抗毒素标化类毒素，确定其 LF 值，然后用此标化的类毒素与待检的抗毒素做试管絮状反应，由发生反应最快的一管计算与类毒素 1 个 LF 等值的洗漱量，即为待检的 1 个单位抗毒素。

动物法为国际通用的标准方法，也是中国《兽用生物制品规程》规定使用方法。其基本原理是借助抗毒素与毒素的中和作用，与标准抗毒素做对比试验，从而测算出每毫升待检抗毒素血清中所含的国际单位(IU)。

(三)抗毒素基本生产工艺

下面以破伤风抗毒素的生产工艺为例，对抗毒素的生产的主要工艺步骤做一介绍：

破伤风抗毒素是采用马经破伤风类毒素基础免疫后，再用产毒能力强的破伤风梭菌制备的免疫原进行高度免疫，采血、分离血清，加适当防腐剂制成，或经处理制成精制抗毒素。

1. 菌种

破伤风抗毒素生产用菌株为产毒能力强的破伤风梭菌种 C66-1，C66-2 和 C66-6 菌株，均由中国兽医药品监察所鉴定、保管和供应。在使用时就做相应的形态和生化特性、培养特性、纯粹性、毒力和免疫原性的鉴定，合格后制备生产用种子。

2. 抗毒素的制造工艺

(1)制造用动物：选择 5～12 岁体型较大的健康马匹，在隔离期间进行必要的检疫。

(2)免疫原的制备：①种子培养：将制备的破伤风梭菌菌种接种于适宜的培养基如厌气肉肝汤(一级种子)和碎牛肉肉汤中(一级种子)培养，在 34～35℃培养 48 h，连续移植 2 次，经检验合格后，方可使用。②毒素制备：将二级种子按照 0.2%～0.3%的比例接种于8%甘油冰醋酸肉汤或者破伤风培养基，在34～35℃培养5～7 d。取样做纯粹检验和毒力测定。最小致死量MLD≥200万/mL为合格(具体方法参见兽用生物制品规程)。③类毒素的制备：培养菌液经纯检和测毒合格后，按总量的0.4%加入甲醛37～38℃灭活脱毒21～31 d，每天振摇2～3次，取出后静置7～10 d，抽取上清用绒布滤去炭末等沉淀物，按类毒素量的0.004%加入硫柳汞，摇匀，再用灭菌的蔡氏滤器除去菌体和沉淀物。然后按要求进行无菌检验、安全检验和类毒素结合力(EC)测定。每毫升类毒素应至少含有250个EC。④精制破伤风类毒素制备：将前项制备的破伤风类毒素进行安全试验和无菌检验，合格后将类毒素混合物于同一容器内，混合时避免起过多的泡沫。按总量的10%加入氯化钠，充分搅拌，待完全溶解后，徐徐加入盐酸(1 mol/L)，将pH调至3.6～3.7，然后用绸布反复滤过至滤液透明为止。绸布用吸水纸吸干，用pH 8.0的磷酸缓冲液洗涤绸布及沉淀。磷酸缓冲液用量为原类毒素量的1/20。沉淀全部溶解后，按总量的0.01%加入硫柳汞，充分搅拌。用除菌滤板滤过，抽取样品测定结合力单位、总氮、蛋白氮和pH等。精制破伤风类毒素的纯度要求，每毫克总氮含2 000结合力单位。⑤精制破伤风类毒素油佐剂免疫原的制备：用无水羊毛脂、液体石蜡和精制破伤风类毒素配制，其比例和方法应根据不同情况而定。一般常用的比例，精制类毒素∶羊毛脂∶液体石蜡为3∶2∶3、3∶1∶2、4∶2∶4等。将无水羊毛脂及液体石蜡灭菌后，把精制类毒素与无水羊毛脂和液体石蜡混合，充分搅拌均匀，置2～8℃备用。⑥其他佐剂抗原：如用分支杆菌、氢氧化铝、单元硬脂酸铝等佐剂与精制类毒素制成。

(3)抗原质量要求：①供基础免疫使用的抗原应无菌、安全且具有良好的免疫原性。每批免疫原在大量使用前，应先以少量马匹试用，证明抗原性和安全性良好，方可使用。②免疫原应保存在不超过10℃的冷暗处。如为佐剂免疫原，在使用前，应放置温箱内预热，其温度应不超过30℃。每瓶免疫原应粘贴名称、批号、配合比例、结合力单位和配制日期等。免疫原加入其他佐剂(如分支杆菌)时，应单独存放。

(4)免疫程序：①基础免疫：经检验合格的马匹，即可进行基础免疫。免疫途径为肌肉注射。一般注射免疫原2次，第1次注射精制破伤风类毒素佐剂免疫原1 mL(或明矾沉降类毒素10 mL)，第2次2 mL(或明矾沉降类毒素20 mL)。第2次注射后10～14 d试血，测定抗毒素IU(国际单位)，供以后高免时参考，并可休息1～3个月再进行高度免疫。②高度免疫：第一程高度免疫：一般注射5～8次，各次间隔时间：1～4次为2～3 d，5～8次为4～6 d。免疫原剂量从1 mL开始，以后每次逐渐增加1～2 mL，最后一次为8～12 mL(或按结合力单位折合注射)。为了解马匹高免过程中血清效价的增长情况，从第4次起，每次注射的同时进行试血，测定马匹血清中的抗毒素单位。第2程及以后各程的高免：第1程采血休息14～16 d的马匹，即可进行下一程的高度免疫，一般注射3次，每次间隔5～7 d。注射免疫原剂量可以根据前程血清效价增减(也可在注射同时，增加其他特殊部位的注射)。一般第1次注射3～5 mL，第2次注射4～6 mL，第3次注射5～7 mL(各次注射量亦可依照结合力单位计算)。对于体弱注射部位吸收不良、注射后反应较重的以及较敏感的马匹，可酌情减少剂量或注射次数。免疫注射部位以身躯两侧为主轮换注射，每注射点的剂量不超过1 mL。经3～5程高免的马匹，虽然更换抗原，血清效价仍低于300～500 IU者，应淘汰(表10.1)。

动物进入高免后，应特别注意其健康状况，加强饲养管理，发生疾病或传染病可疑时，应立即停止注射和采血，并隔离观察，采取必要的措施。每年炎热季节，制造用动物可休息一程，但休息期间仍需注射免疫原 1～2 次。

表 10.1　高免程序

程次	日	注射次序	剂量	备注
1	1	1	1	
	3	2	2	
	5	3	3	
	8	4	4	
	11	5	5～6	试血
	15	6	6～7	试血
	20	7	7～8	试血
	25	8	8～10	试血
	1			采血
	3			采血
	4			采血
	5			程次间隔 14～16 d
2	18～20	1	4	程次间隔 5～7 d
	23～25	2	5	第 2 程后第 6 天、第 8 天或第 7 天、第 9 天采血
	28～30	3	6	

(5)抗毒素的制造：①采血：每程高免结束后的第 6 天或第 7 天，进行一次采血。隔天(即第 8 天或第 9 天)进行第 2 次采血。每程式采血前称马匹体重一次，马匹在采血前 12 h 不喂饲料但不限饮水。马匹采血量按 1 kg 体重采血 17～19 mL 计算，第 2 次采血量较第 1 次采血量减少 300～400 mL。②血清的提取：将血液收集于盛有 1%～5%氯化钠溶液的玻璃筒内(加氯化钠溶液量以筒壁全湿为度)。采得的血液置 20～25℃，待全部凝固并有血清析出时，加入灭菌的压砣，48～72 h 后，以无菌手术分别提取每匹马血清，同时按总量的 0.5%加入氯仿、0.003 5%加入硫柳汞，加塞密封，充分摇匀。每瓶血清应贴有产品名称、马号、程次血清量和分离日期等标记，静置 2～15℃冷暗处，沉淀澄清。提取的血清可再按规程进行精制或者按规定进行无菌检验和效价测定后直接分装。

未精制的抗毒素成品，每毫升应含 1 200 IU，精制的抗毒素每毫升应含 2 400 IU。经除菌过滤及半成品检验合格的精制抗毒素，也可用冻干法制成干燥制品。

3. 质量标准

未精制的抗毒素为微带乳光橙色或茶色澄明液体，精制抗毒素为无色清亮液体。长期贮存后有微量能摇散的灰白色或白色沉淀。在安全性上，每批(组)抗毒素，用体重 350～400 g 豚鼠 2 只，各皮下注射 10.0 mL(分两侧注射，各 5.0 mL)，观察 10～14 d，应全部健活，不应有局部反应和体重下降。在效价方面，按中华人民共和国兽药典(2005)规定进行检验，每毫升抗毒素中所含抗毒素单位应比规定的标准高 20%，即每毫升未精制的抗毒素应不少于 1 200 IU，每毫升精制的抗毒素应不少于 2 400 IU。

无菌检验和硫柳汞含量应符合兽用生物制品相关的规定。

4. 用法与用量

破伤风抗毒素，用于预防和治疗家畜破伤风。使用时可供皮下肌肉或静脉注射(表 10.2)。

表 10.2 不同动物破伤风抗毒素用量 IU

动 物	预 防	治 疗
3 岁以上大动物	6 000～12 000	60 000～300 000
3 岁以下大动物	3 000～6 000	50 000～100 000
羊、猪、犬	1 200～3 000	5 000～20 000

5. 使用注意事项

①冻结过的血清不能使用；②治疗时，采取静脉注射为好，如皮下或肌肉注射剂量大，可分点注射；③用注射器吸取血清时，不要把瓶底沉淀摇起；④为避免动物发生过敏反应，可先行少量注射，观察 20～30 min，如无反应，再大量注射。发生严重过敏反应时，可皮下或静脉注射 0.1%肾上腺素，大家畜 4～8 mL，猪和羊 2～4 mL。

二、免疫血清

免疫血清（也称特异抗病血清）是选用适当的动物，经过多次反复免疫注射某种病原微生物，使其产生对该病原微生物的高度免疫力，及免疫注射动物血清内含有大量对所注射微生物的特异性抗体。采取这种免疫动物的血液，提取血清，即为免疫血清。

抗病血清和抗毒素均具有很高的特异性，可作为相对应传染病的被动免疫，可提供相应疫病短期（1～2 周）的被动免疫，是紧急预防和早期治疗该传染病的有效制剂。但在使用时存在要求剂量大、保护期短、价格昂贵等缺点，而且需在隔离条件下进行，以防止病原扩散。通常对紧急预防的动物，在被动免疫期过后仍需进行常规的免疫接种，以对后期提供更好的免疫保护。

另外，免疫血清还能抑制引起移植器官死亡的淋巴细胞的活动。特异性抗血清，还可以用于细菌、病毒的鉴定和动物疾病诊断。

抗菌血清，是用细菌免疫动物所取得的血清，如抗炭疽血清、抗猪丹毒血清等。在 20 世纪 40 年代以前，人类曾用抗肺炎、抗百日咳、抗炭疽等抗菌血清治疗有关疾病。自从磺胺类药物和抗生素大量应用后，已极少应用于临床治疗。但对一些耐药菌株或者特殊菌种引起的感染，可用抗菌血清治疗。如抗气肿疽血清、抗炭疽血清、抗羔羊痢疾血清、抗猪-牛多杀性巴氏杆菌病血清、抗猪丹毒血清等。

抗病毒血清是用病毒免疫动物，取其血清处理精制而成，如抗猪瘟血清、抗小鹅瘟血清、抗狂犬病血清等，用于治疗或者紧急预防家畜家禽的相应病毒性感染。

动物感染病原后，使用免疫血清，就等于直接给动物输入了抗体，可以迅速杀死病原或中和毒素，促进机体快速恢复，起到良好的治疗作用。临床上，使用免疫血清应注意如下几个问题：①尽早使用：免疫血清可以杀死病原或中和毒素，但这种作用仅仅局限于未与组织细胞结合的病原和外毒素，对于已经造成组织损伤的病原和毒素，根本就不能起作用。因此，使用免疫血清治疗传染病，越早越好。②途径合理：免疫血清的使用，大多采用注射的途径，但在注射方法上，可以皮下注射，也可以静脉注射。一般多采用皮下注射法，因为静脉注射吸收虽然最快，但容易引起过敏反应，主要在紧急预防时使用。③用量足够：应用免疫血清治疗传染病，注射后立即生效，效果好、快，但因为是血清制品，半衰期短：同种动物的血清，半衰期为 3 周，异种动物的血清，半衰期只有 2 周，免疫血清的有效维持时间一般只有 2～3 周。因此，必须多次注射、足量注射，才能取得理想的效果。

(一)免疫血清的制备基本原则

某种物质进入体内后能否引起被免疫的动物产生抗体生成反应,一方面取决于抗原分子表面有无特异性的抗原决定簇(Antigenic determinant)或称表位(Epitope);另一方面取决于被免疫动物的机体的免疫状态。当具备上述两个条件时,如果抗原剂量合适,免疫接种的途径恰当,被免疫的动物就将遵循抗体生成的一般规律——初次反应和再次反应,产生抗体并获得免疫血清。制备免疫血清除需要纯化抗原外,还需要选择合适的动物及恰当的注射途径,优质的高效价免疫血清还与注射抗原的剂量、接种的次数等有着密切的关系。

免疫血清制备的基本方法是使用相关抗原按照相应的免疫程序免疫动物,然后采血分离血清、检验制备而成。具体的制备过程因各种疾病的抗原不同而略有不同,但其制备原则基本一致。

1. 动物的选择

免疫动物的选择是抗血清制备的第1步,也是比较关键的一步。可作为免疫用的动物多为哺乳类和禽类,主要有家兔、绵羊、马、牛、猪、驴、豚鼠和鸡等,试验用免疫血清多选用家兔、大鼠、小鼠、豚鼠和鸡,商业生产中多用马、驴、牛、羊等,特殊情况选用猴。选择动物时应考虑抗原与动物的种属关系、抗原性质与动物种类、免疫血清的需要量、免疫血清的要求以及动物个体等因素。

(1)抗原与动物种系:动物性抗原的免疫原性,随动物种系远近而有差别。近缘动物的蛋白质免疫原性弱,反之则强。因此选择动物时应选用亲缘关系较远的动物。

(2)免疫血清的用量:所需要的免疫血清,如是经常大量地使用,选择免疫动物时则应选择大动物;如所需的免疫血清量不大,则以选择小动物为宜。试验用免疫血清制备多选用家兔、大鼠、小鼠、豚鼠和鸡,制备一般抗体常用的动物是兔和羊(山羊、绵羊),大批量免疫血清多数是用马、牛、猪等生产的,因为一般情况下,马、牛、猪具有产量大、成本低、饲养管理方便等优点,在高免中受接种途径、接种量与接种次数的限制较少。

(3)动物个体选择:用于免疫的动物必须是适龄、健壮、无感染的动物,最好为雄性。

性别:雌性动物在性周期的不同段和怀孕、授乳时,机体对抗原的敏感性有较大改变,因此制备免疫血清一般挑选取雄性动物。

年龄:年幼动物免疫系统未完全成熟,而老龄动物免疫力则低下,因此一般选用成年动物进行免疫。而且最好选择年龄为3~8岁(或3~10周岁的阉牛)经检疫健壮的马、牛进行,且能经采血后继续高免循环利用。

健康状况:患病或处于饥饿、衰竭、感染等状态均可影响免疫效果,因此应选用健康壮实的动物。

(4)饲养管理:免疫过程中应特别注意营养和卫生管理。注射抗原1个月后,动物仍无良好的抗体反应,或在规定注射日程后抗体效价不高,可再注射1~2次,若仍不佳者立即弃去。

另外,因不同动物个体对同一抗原的敏感性不同,免疫时至少应选用2只以上动物。

2. 抗原制备

制造免疫血清,根据产品不同,所用抗原、制备方法亦有所不同。实践证明,选择具有反应原性和免疫原性的良好的抗原,是制备优质免疫血清的基础,而制备优良抗原的关键是选择优良的菌(毒)株,所以在制备抗原时应挑选生化特性、血清学特性、毒力、抗原和免疫特性等方面具有典型性的菌(毒)株作为抗原制备用的菌(毒)株。

免疫血清的特异性除了与抗原的分子质量大小有关外,还与抗原分子表面抗原决定簇的性质、空间位置、立体构象以及种属差异等密切相关。抗原的种类繁多,依其来源的不同可以分为天然抗原、人工抗原、合成抗原、重组抗原等。天然抗原又可分为可溶性抗原(如血清、毒素、组织浸出液、组织或细胞蛋白质等)、颗粒性抗原(如细菌、病毒、细胞等)、半抗原(本身无免疫原性,必须与载体蛋白结合后才有免疫原性,如青霉素、氯霉素、雌激素、胰岛素等)、合成性抗原(如多肽等)以及基因工程抗原等。

抗原制备方法随免疫途径、程序、毒株的特性而异。为了获得较高滴度的抗体,免疫用的抗原可与佐剂一起注入机体,以增强抗原的免疫原性。①可溶性抗原:一般加入等量弗氏佐剂后反复研成均匀的乳状液,研磨时逐滴加入抗原,研磨时间不少于 1 h,当乳状液滴至水面后仍能保持滴状、不扩散时方可用于免疫动物。②颗粒性抗原:免疫原性较强,可不加佐剂直接用于免疫。其中,制造病毒性抗血清用抗原,一般是用本动物的含毒组织(或接毒后病变鸡胚或病变细胞)作抗原,接种本动物(或适龄鸡胚或敏感细胞),使其发病(或产生病变),采取发病动物的相应含毒量较高的组织(或接毒后病变鸡胚或病变细胞)制成抗原,对相应的动物进行免疫注射;而制造细菌性血清用抗原,则是用抗原性好的强毒或弱毒菌种,接种于规定培养基内,于 35～37℃条件下(或相应的适宜培养温度)进行培养,细菌发育良好者,经纯粹检验或者灭活后经相应检验合格后单独或者与佐剂混合后制备成免疫用抗原,对相应的动物进行免疫注射。

3. 免疫接种

根据具体病原体的特点、免疫机理等的不同,相应制备免疫血清的免疫方案也不尽相同,即使是同一疫病,也有不同的免疫方案。而且用不同的免疫方案制备的抗血清,其效价亦有差异。因此,基本免疫方案的确定主要取决于抗原的性质,同时还应考虑免疫动物的个体大小、采血方法及采血量等。一般对免疫动物进行基础免疫和高度免疫。基础免疫一般是注射疫苗,然后连续多次注射强毒进行高度免疫,每次注射剂量,要随着注射次数的增加而增加。注射途径:对不可溶性抗原,采用皮内、皮下、肌肉多点注射免疫效果更好;而颗粒性抗原则常静脉或腹腔注射;如抗原宝贵,很难获得,可采用淋巴结内注射,注射少量抗原即可获得较好的免疫效果。整个免疫途径宜用单一途径为佳。

(1)抗原剂量:抗原的使用剂量与抗原种类、所用动物、免疫时间及次数、所要求的抗体特异性等多种因素有关。剂量太小不能形成刺激,太大则有可能引起免疫耐受;免疫原性强的抗原用量小,反之则大;不使用佐剂时,与使用佐剂相比,抗原剂量应加大 10～20 倍。一般情况下,抗原的用量常以动物体重计算,在使用佐剂时,一次注入的总剂量以 0.5 mg/kg 为宜。另外,免疫周期长者,可少量多次注射,免疫周期短者可大量少次注射。

(2)注射次数:单次注射抗体产生缓慢,效价低,维持时间短,但抗体特异性高;多次注射无以上缺点,但抗体特异性有所降低。一般以 3～4 次较合适。

(3)注射时间隔时间:一般间隔时间以 1～2 周为宜。间隔时间短,起不到再次免疫的作用;太长,则免疫过程延长,从而影响血清的特异性。

免疫剂量、次数、间隔时间在各种抗血清制造中差异极大,应按照规程根据制造免疫血清的品种和动物健康状况加以调整。如抗猪丹毒血清全程要注射抗原 20 次,历时 60～100 d;抗猪瘟血清要注射 6 次以上,全程约 50 d,且以获得高抗体效价为佳。

同时，为了获得效价高而有质量的免疫血清，动物饲养条件必须保持良好。

4. 血清抗体的检测

测定免疫血清效价是及时掌握采血时机的重要步骤。通常是在免疫程序接近结束时或者是免疫过程中为了确定下一步的免疫方案，需要对免疫动物的血清抗体效价进行检测，一般情况下，在高度加强免疫后 7～10 d 即可采少量血，分离出血清之后测定抗体效价。对于免疫原性质不太确定的小分子和多肽片段等半抗原，一般还应在初免后 15～20 d 采血测定抗体效价，以确定抗原的免疫原性和动物的反应性。如果效价已达规定的要求，即可视作免疫成功，开始采血。若经试血，血清效价不合格，则可继续增加注射抗原次数或剂量，如再试血仍不合格，应将动物淘汰。

血清抗体效价的测定方法有很多，在现行《中国兽药典》中规定了各种血清抗体的检测方法。目前，根据抗体效价的不同，其检测方法也很多，有血凝试验和血凝抑制试验、间接 ELISA 试验、斑点 ELISA 试验、琼脂扩散试验等。常用的有环状沉淀反应(包括抗原稀释法和抗体稀释法)和双向琼脂扩散试验。然而，现在各实验室更多的是根据实际用途采用实际使用的方法，如 ELISA、蛋白免疫印迹、免疫组化、流式细胞术等直接测定。

(1)环状沉淀试验：是较为经典的方法，方便快捷，但目前已较少采用。将一定浓度的抗原 200 μL 加入到环状沉淀管中，然后在抗原液面上加入稀释的免疫血清，如在 30 min 内，抗原与血清的交界面能出现“＋＋”的沉淀环，即为阳性反应。如测定抗体效价达 1∶5 000 以上时为合格。

(2)免疫双扩散法：是免疫血清制备中最常用的试血方法。用琼脂扩散试验测定血清效价时，如果在抗原孔与抗体孔之间出现沉淀线者，即为阳性。最高稀释倍数血清孔出现沉淀线，即为该血清的抗体效价。琼脂扩散试验的效价通常比环状沉淀反应稍低。

其具体方法是，在琼脂板中间孔加入 10 μL 抗原(1 mg/mL)，周围孔依顺时针方向，分别加入用生理盐水或 PBS 按 1∶2、1∶4、1∶8、1∶16、1∶32 和 1∶64 的比例稀释的动物免疫血清。经 37℃保温 24 h 后观察结果，效价在 1∶16 以上即可决定采血。

(3)酶免疫测定法(Enzyme immunoassay，EIA 法)：也是免疫血清制备中最常用的试血方法，常用的具体方法有间接 ELISA 法、竞争 ELISA 法、捕获法和夹心法等。

5. 采血

免疫后，经试血，抗体滴度达到要求后可采血。通常在末次免疫后 7～10 d 采血样检测抗体效价，抗体滴度达到要求后，再按体重采血(10 mL/kg)。不论免疫动物是大动物或小动物，采血方法均分一次放血法和多次放血法 2 种。

一次放血：绵羊或其他大动物可用颈动脉放血，家兔、豚鼠和鸡则可通过心脏直接采血。

多次少量放血法：大动物可通过静脉采血，家兔、豚鼠和鸡等小动物可通过心脏采血。第 1 次采血后 35 d 可进行第 2 次采血，经 3～5 d 后进行第 2 个免疫程序。

动物采血一般应在上午空腹时进行，为减少血清中的脂肪含量，采血前可考虑禁食一夜或者提前禁食 1 d。但不限制饮水。如拟保留该免疫动物，可直接由心脏取血，或由颈静脉穿刺取血。取血后可由静脉缓缓注入等量 5%葡萄糖溶液以补足失血量。取血的动物经 2～3 个月休息，可再次加强免疫后取血。如一次采血即可满足试验需要，可考虑用颈动脉放血的方法。

6. 血清分离

血清提取常采用自然凝固加压法和枸橼酸盐血浆分离血清法。在操作过程中，应该注意的是，血清的分离应在无菌条件下进行，采血用的器械、容器等用前要进行灭菌，以无菌操作采血。待收集于血清瓶或三角瓶内的血液凝固之后，用无菌滴管在无菌环境(例如超净工作台)中把血块与瓶壁剥离后，放入 37℃，1～2 h 后取出放入 4℃过夜，此时除使用原器具外，也可将初步收集血清后的血块转入灭菌后的量筒中，加入铅块等加压，以使血清充分析出(不能冰冻，否则产生溶血)，并应尽量防止溶血。有时也可采用离心法收集血清/血浆。分离的血清在使用前必须经过鉴定，合格后再分装、保存备用。

7. 免疫血清的检验

按照《中华人民共和国兽用生物制品质量标准》(以下简称《质量标准》)和《中华人民共和国兽药典(2005 版三部)》(以下简称《兽药典》)的要求，每一种生物制品都需要进行检验。免疫血清的半成品检验主要是无菌检验，成品检验内容主要包括物理性状、无菌检验、安全检验、效力检验、支原体检验和外源病毒检验以及苯酚或汞类防腐剂残留量测定等。物理性状检验、无菌检验、支原体检验、外源病毒检验均按《生物制品规程》和《质量标准》或《兽药典》中成品检验的有关规定进行。其中，外源病毒检验时检查的病毒有：①禽类：鸡传染性支气管炎病毒、鸡新城疫病毒、禽腺病毒、A 型禽流感病毒、鸡传染性喉气管炎病毒、禽呼肠孤病毒、鸡传染性法氏囊病病毒、禽网状内皮组织增生症病毒、鸡马立克氏病病毒、禽淋巴白血病病毒、禽脑脊髓炎病毒、鸡痘病毒；②家畜：牛病毒性腹泻/黏膜病病毒、伪狂犬病病毒、猪细小病毒、猪瘟病毒、蓝舌病病毒、马传染性贫血病毒、狂犬病病毒。安全检验通常用体重 18～22 g 的健康小白鼠 5 只，各皮下注射血清 0.5 mL；用体重 250～450 g 的健康豚鼠 2 只，各皮下注射血清 5～10 mL；有的需要用体重 1.5～2.0 kg 的健康家兔 2 只(如抗猪瘟血清)，各皮下注射血清 5 mL，观察 10 d，均应全部健康。

效力检验则按不同病原的抗血清规定方法和剂量进行。苯酚或汞类防腐剂残留量测定应符合《兽药典》兽用生物制品通则的规定。

8. 免疫血清的保存

①经鉴定合格的免疫血清，以 1∶100 的比例加入 1%的硫柳汞或 5%的叠氮钠，使其终浓度分别为 0.01%或 0.03%。②试验用血清可用无菌吸管将抗血清分装小管，每管装1 mL 左右；生产用血清可根据具体情况不同抗血清的质量标准进行无菌分装，规格有 2 mL/瓶、100 mL/瓶、250 mL/瓶、小管，每管装 1 mL 左右。③一般在 2～8℃保存，有效期多为 2～3 年。④如有条件可将血清冷冻干燥保存于 4℃以下，保存时间更久。

9. 抗血清的一般使用注意事项

①冻结过的血清不能使用；②治疗时，采取静脉注射为好，如皮下或肌肉注射剂量大，可分点注射；③用注射器吸取血清时，不要把瓶底沉淀摇起；④为避免动物发生过敏反应，可先行少量注射，观察 20～30 min，如无反应，再大量注射。发生严重过敏反应时，可皮下或静脉注射 0.1%肾上腺素，大家畜 4～8 mL，猪和羊 2～4 mL。

(二)免疫血清的制造工艺实例

免疫血清既可以利用病原微生物抗原免疫同种或异种动物后采血并提取血清制备，也可以提取耐过病的自然感染动物血清制造。通常是给动物适当反复多次注射特定的病原微生物或其代谢产物等物质，如抗原、免疫原，促使动物不断产生免疫应答反应（体液免疫与细胞免疫），从而使血清中含有大量相应的特异性抗体。然后采（放）血、分离血清制成。

下面分别以抗羔羊痢疾血清和抗猪瘟血清为例分别对细菌和病毒的免疫血清的生产工艺做一介绍。

1. 抗羔羊痢疾血清制造工艺

抗羔羊痢疾血清的制造生产程序，大致包括以下步骤：

（1）免疫用动物：选择体重 40 kg 以上，2～3 岁健康绵羊。隔离期间按要求进行必要的检疫，如边界病病毒、布鲁氏菌、皮肤病原真菌、体外寄生虫等微生物。

（2）免疫原的制备：①第一免疫原：为 B 型产气荚膜梭菌的灭活脱毒菌液。将 2～3 株产气荚膜梭菌分别接种肉肝胃酶消化汤，34～35℃培养 16～20 h，按总量的 0.5%～0.8%加入甲醛溶液脱毒而成。②第二免疫原：为 B 型产气荚膜梭菌的毒素。将 2～3 个菌株分别接种肉肝胃酶消化汤中，34～35℃培养 16～20 h，将各菌株培养物等量混合，离心过滤后取无菌滤液。③第三免疫原：为 B 型产气荚膜梭菌的活菌液。将 2～3 个菌株分别接种肉肝胃酶消化汤中，34～35℃培养 16～20 h，将各菌株培养物等量混合，经纯粹检验合格后分装，2～8℃保存备用。

（3）免疫程序：①基础免疫：用第一免疫原递增剂量进行 2 次免疫。②高免第一阶段：用第二免疫原递增剂量进行 3 次免疫。③高免第二阶段：用第三免疫原递增剂量进行 7～10 次免疫。具体免疫方法和进程参照表 10.3 进行。

表 10.3　免疫程序

免疫次数	免疫原种类	间隔天数（d）	剂量（mL）	注射方法	备　注
1	第一免疫原	7	7～8	肌肉	
2	第一免疫原	7	15	肌肉	
3	第二免疫原	7	2	肌肉	
4	第二免疫原	7	5	肌肉	
5	第二免疫原	7	10	肌肉	
6	第三免疫原	7	1	肌肉	
7	第三免疫原	10	4	肌肉	
8	第三免疫原	10	8	肌肉	
9	第三免疫原	10	15	肌肉	
10	第三免疫原	10	30	肌肉	
11	第三免疫原	10	40	肌肉	注射后 8～10 d，第 1 次采血测试效价
12	第三免疫原	10	40	肌肉	注射后 8～10 d，第 2 次采血测试效价
13	第三免疫原	10	40	肌肉	中和效价达到 1 000 MLD 时即可放血。低于此标准时，可追加免疫 1～2 次
14	第三免疫原	10	40	肌肉	
15	第三免疫原	10	40	肌肉	

说明：注射免疫原剂量及间隔天数，可根据毒力强弱及免疫羊的反应情况，酌情增减。

(4)试采血：注射第11次(或第12次)免疫原后8～10 d，抽3～5只羊采血，分离血清，混合，测定效价。如血清0.1 mL能中和效价达到1 000 MLD以上时，再经1次免疫注射后9～11 d可放血(或采血)。如果中和效价达不到标准时，可追加免疫注射1～2次，再采血测定效价。

(5)放(采)血：经试血，效价达到标准时，于最后一次注射免疫原后7～11 d放血(或采血)，绵羊采血前应停饲12～18 h，但照常给予饮水。

经无菌手术自绵羊颈静脉采血或者颈动脉放血，将血液收集于灭菌的采血筒中(灭菌前筒内加适量生理盐水)。

(6)血清提取：采集的血液通常采用自然凝结加压法或离心法分离提取血清，并按总量的0.004%～0.01%加入硫柳汞或按0.5%加入苯酚，充分摇匀，每个血清瓶应贴有标签，注明名称、采血日期、血清量及羊号等内容，置于室内阴暗处。每瓶血清按规程和标准要求进行无菌检验，应无菌生长。如有菌生长，就及时用赛氏滤器滤过，重新做无菌检验。

2. 抗猪瘟血清制造工艺

抗猪瘟血清系用猪瘟活疫苗基础免疫猪后，再用猪瘟强毒强化免疫，采血，分离血清，加适当防腐剂制成。用于预防和治疗猪瘟。制造用的毒种为猪瘟病毒石门系强毒。

(1)制造用动物：制造免疫原、血清时，应选择健康、体重40～80 kg的易感猪，使用前隔离饲养7 d以上，每天进行临床及体温检查，并进行必要的检疫，如猪瘟病毒、猪细小病毒、弓形体、伪狂犬病病毒、口蹄疫病毒、体外寄生虫等的检测检疫。

(2)免疫原制备：①接种及观察：每头猪皮下注射血毒1 mL，注射后，每天上、下午各检测体温一次，并作临床观察。注射血毒后24～72 h内，体温上升，温差达1.5℃以上，稽留至少48 h，并有典型的猪瘟临床症状(精神委靡、食欲废绝、结膜炎、粪便先干后稀等)。②血毒制备：在血毒注射后的6～8 d，由颈动脉采血致死，并作详细病理剖检，必要时做脏器的细菌学检验，若发现有合并症或病原菌时，应废弃。对采集血液进行相应的无菌检验合格、家兔和鸽的安全检验合格后，按总量的0.01%加入硫柳汞(如在14 d内使用可不加)置于2～8℃，保存期为45 d。

(3)免疫：

基础免疫：制造抗猪瘟血清，选用体重60k g以上营养良好的健康猪。先经肌肉注射猪瘟活疫苗，进行基础免疫。注苗10～20 d后，用猪血毒进行强化免疫。

强化免疫：①肌肉注射血毒100 mL；②10 d后，第2次注射血毒200 mL；③10 d后，第3次注射血毒300 mL；④9～11 d后，按每千克体重10～11 mL采血；⑤3～5 d后，按每千克体重8～10 mL采血；⑥将上述2次采血所得的血清，分组混合后，分别测定效力，如能达到合格标准，可与高免完成后采得的血清混合分装。⑦在第2次采血后2～3 d，再注射血毒300 mL。⑧以后按④、⑤、⑦项所规定的间隔，重复进行采血及注射免疫原一次，强化免疫即完成。在强化免疫完成后，仍按⑧项重复进行采血与注射免疫原，注射免疫原量如下：体重60～80 kg，注射免疫原100 mL；体重80～100 kg，注射免疫原150 mL；体重100 kg以上，注射免疫原200 mL。

(4)血清制备：采得的血液用自然凝结加压法或制凝法分离血清。分离的血清按血清量的0.25%或0.5%加入苯酚或0.01%加入硫柳汞，加入时应充分摇匀。静置于2～8℃ 1～2个月。分装时每50～300 L血清作为一批，混合均匀，定量分装。

3. 利用猪瘟耐过猪制造抗猪瘟血清

对制造猪瘟血毒及效力检验耐过的猪，即注射血毒后无反应或曾有反应而完全恢复健康也可以用来生产制造抗猪瘟血清。根据猪体重，对其静脉或肌肉注射血毒，每千克不得少于 5 mL 进行，强化免疫。免疫期内每天检查体温 2 次，在注射血毒后应不超过 3 d，体温即恢复正常，全部免疫期限为 10～14 d。免疫期满后动脉放血致死(允许先采血一次后，再放血致死，间隔 2～3 d)。血清的制备和保存、使用与高免猪血清相同。

(三)免疫血清制品质量标准及使用方法

1. 抗羔羊痢疾血清

菌种 抗羔羊痢疾血清的生产和检验用菌种为 B 型产气荚膜梭菌的 C58-1，C58-2 菌株。

质量标准 本制品应为淡黄色或浅褐色的澄明液体，久置后瓶底有微量白色沉淀。效价测定时，用体重 16～20 g 小鼠做中和试验，0.1 mL 血清应能中和 B 型毒素至少 1 000 MLD。如果血清不能中和 B 型毒素 1 000 MLD，而仅能中和 500 MLD，可以折算中和效价，加大使用剂量。如果中和量低于 500 MLD，则该批血清应废弃。

其他检验按规定进行，应符合规定。

用法与用量 本品用于预防及早期治疗产气荚膜梭菌引起的羔羊痢疾。

在羔羊痢疾流行地区，给 1～5 日龄羔羊皮下或肌肉注射血清 1 mL，即可获得良好的免疫力。对已患羔羊痢疾的病羔，静脉或肌肉注射血清 3～5 mL，必要时于 4～5 h 后再重复注射一次。

2. 抗猪瘟血清

抗猪瘟血清系用猪瘟活疫苗基础免疫猪后，再用猪瘟强毒强化免疫，采血，分离血清，加适当防腐剂制成。

毒种 制造猪瘟血清用的毒种为猪瘟病毒石门系强毒。在使用时按《规程》中毒种标准进行相应对猪的毒力、家兔、鸽子的毒力、猪的最小致死量等进行检验，达到相应标准要求。同时毒种还要纯净，应无细菌、霉菌、支原体及外源病毒污染。

质量标准 本品为略带棕红色的澄明液体，久置后有少量灰白色沉淀。效力检验时，用体重 25～40 kg、同来源无猪瘟中和抗体的猪 7 头，分为 2 组：第 1 组 4 头，每千克体重注射血清 0.5 mL；同时注射猪瘟血毒 1.0 mL。第 2 组 3 头，仅注射血毒 1.0 mL，作为对照。对照猪应于注射血毒后 24～72 h 内体温上升，随之呈现出典型猪瘟症状，并于 16 d 内至少有 2 头死于急性猪瘟。而第 1 组的 4 头猪，观察 10～16 d，至少健活 3 头为合格。

其他检验按规定进行，应符合规定。

用法与用量 用于预防及治疗猪瘟。①预防剂量：体重 20 kg 以下的猪，皮下或肌肉注射 15～20 mL；体重 20 kg 以上的猪，每千克注射 1 mL。②治疗剂量：量加倍，必要时可以重复注射 1 次。

使用注意事项 同抗血清一般使用注意事项。

3. 抗气肿疽血清

菌种 气肿疽梭状芽孢杆菌 C54-1 和 C54-2 菌株。

制造工艺 将相应菌株接种于适宜培养基培养，收获培养物，用甲醛溶液灭活后，制成免疫原，接种健康牛或马，采血，分离血清，加适当防腐剂制成。

质量标准 本制品为淡黄色或淡棕色的澄明液体，久置后有少量白色沉淀。在安全性上，对体重 350～450 g 豚鼠 2 只，各皮下注射血清 10.0 mL(可分两侧注射)；用体重 18～22 g 小鼠 5 只，各皮下注射血清 0.5 mL，观察 10 d，均应全部健活。在效力方面，应达到下列检验方法中的任一种。①用体重 350～450 g 豚鼠 6 只，4 只各皮下注射血清 0.5 mL，另 2 只作对照。注射后 20～24 h，每只豚鼠各肌肉注射气肿梭菌菌液至少 0.25 mL(≥1 MLD)观察 10 d。对照豚鼠应在 72 h 内全部死亡，注射血清应至少保护 3 只。②用体重 18～22 g 小鼠 13 只，10 只各肌肉或静脉注射血清 0.5 mL，血清须先加温至 37℃，经一定时间再肌肉注射含有氯化钙的强毒菌液 0.7 mL(内含强毒菌液 0.3 mL、0.5%氯化钙溶液 0.15 mL、生理盐水 0.25 mL)，另 3 只作对照。如果通过静脉注射血清，则经 1～2 h 后注射菌液；如果通过肌肉注射血清，则经 20～24 h 后，以对侧注射菌液。同时，用等量菌液注射对照小鼠 3 只。对照小鼠应在 24～36 h 内全部死亡。注射血清小鼠，观察 10 d 后，应至少保护 8 只。

贮藏与有效期 2～8℃保存，有效期为 42 个月。

用法与用量 用于预防和治疗牛气肿疽。①预防：预防量皮下注射 15～20 mL，经 14～20 d 再皮下注射 5 mL。气肿疽灭活疫苗 5 mL。②治疗：静脉、腹腔或肌肉注射血清 150～200 mL，病重者可以相同剂量进行第 2 次注射。

使用注意事项 ①治疗时采用静脉注射疗效较好。静脉注射时，可先将血清放在 35℃左右的温水中加温后再用。冻结过的血清不能使用。注射血清，尤其是静脉注射时，要缓慢进行。②个别牲畜注射血清后，有时可能发生过敏反应。吸取血清时，不要把瓶中沉淀摇起。为了避免发生过敏反应，最好先注射少量血清，观察 20～30 min，未见反应，再大量注射。遇到这种情况，可皮下或静脉注射 1∶1 000 的肾上腺素：大牲畜注射 4～8 mL；羊、猪为 2～4 mL，同时并用冷水泼浇头部及全身。③皮下或肌肉大量注射血清时，可分数处注射。

4. 抗炭疽血清

菌种 炭疽杆菌 C40-202 株和 C40-205 株，其中 C40-202 菌种的培养液应占总免疫原液量的 2/3 以上。

制造工艺 本品系用炭疽弱毒芽孢疫苗及免疫原经多次免疫接种马，采血，用制凝法或自然凝结加压法或者离心法分离血清，按血清总量的 0.5%加入苯酚或者按 0.01%加入硫柳汞，经无菌检验合格后，置 2～8℃冷库沉淀 45 d，然后去其沉淀物后检验分装制成。

质量标准 制备合格的抗炭疽血清应微带乳光的橙黄色的澄明液体，久置后允许有少量沉淀。在安全性上，用体重 350～450 g 豚鼠 2 只，各皮下注射血清 10.0 mL；用体重 18～22 g 小鼠 5 只，各皮下注射血清 0.5 mL，观察 10 d，均应全部健活。在效力上，用体重 200～300 g 豚鼠 12 只，分为 3 组，每组 4 只。第 1 组，各皮下注射血清 0.5 mL；第 2 组，各皮下注射血清 1.0 mL；第 3 组，不注射血清，作为对照。注射后 24 h，3 组豚鼠各于对侧皮下注射炭疽Ⅱ号芽孢疫苗 0.2 mL，观察 14 d。对照豚鼠全部死于炭疽时，2 组免疫豚鼠共应至少保护 6 只；对照豚鼠死亡 3 只时，免疫豚鼠应全部保护。

贮藏与有效期 2～8℃保存，有效期为 36 个月。

用法与用量 用于预防和治疗各种动物的炭疽。可皮下注射，用于治疗时作静脉注射，并可增量或重复注射，其用量见表 10.4。

表 10.4　抗炭疽血清注射用量

畜别	预防剂量(mL)	治疗剂量(mL)
马、牛	30～40	100～250
猪、羊	16～20	50～120

5. 抗猪丹毒血清

菌种　本制品制造用菌种为用 1 型和 2 型猪丹毒杆菌。

制造工艺　用 1 型和 2 型猪丹毒杆菌制成的免疫原多次免疫牛或马后，采血，分离血清，加适宜防腐剂制成。

质量标准　制备合格的抗猪丹毒血清应是橙黄色或带棕红色的澄明液体，久置后有少量白色沉淀。安全检验：用体重 18～22 g 小鼠 5 只，各皮下注射血清 0.5 mL；用体重 350～450 g 健康豚鼠 2 只，各皮下注射血清 10.0 mL(可分两处注射)。观察 10 d，均应全部健活。效力检验时，用体重 18～22 g 小鼠 12 只，分为 2 组，每组 6 只，第 1 组各皮下注射血清 0.03 mL；第 2 组各皮下注射血清 0.02 mL(注射时，各组血清可用生理盐水稀释，使注射量均为 0.5 mL)。1 h 后，连同对照小鼠 6 只，其中 3 只对照小鼠注射 100 MLD 的猪丹毒杆菌 1 型和 2 型(各 1 株)强毒菌的混合菌液，另 3 只对照小鼠各皮下注射 1 MLD 的上述混合菌液。观察 10 d，攻击 100 MLD 的对照小鼠应全部死亡，攻击 1 MLD 的对照小鼠应至少死亡 2 只，注射 0.03 mL 血清小鼠应全部保护，注射 0.02 mL 血清小鼠应至少保护 1 只。

贮藏与有效期　2～8℃保存，有效期为 42 个月。

用法与用量　用于治疗或紧急预防猪丹毒。于耳根后部或后腿内侧皮下注射，也可静脉注射。预防量：仔猪 3～5 mL，体重 50 kg 以下的猪 5～10 mL，50 kg 以上的 10～20 mL。治疗量：仔猪 5～10 mL，50 kg 以下的猪 30～50 mL，50 kg 以上的 50～75 mL。

6. 抗小鹅瘟血清

制造工艺　本品系用小鹅瘟灭活疫苗，接种健康奶牛或黄牛，采血、分离血清，加适当防腐剂制成。用于雏鹅小鹅瘟的预防和治疗。

质量标准　制备合格的抗小鹅瘟血清为橙黄色至茶色澄明液体，久置后有少量白色沉淀。安全检验时，用 1～3 日龄易感雏鹅 10 只，每只腿部肌肉注射血清 2.0 mL，观察 10 d，应全部健活。效力检验，以下两种方法，任选其一。①抗体效价测定：按照琼扩试验方法进行，抗血清琼扩效价应≥1∶10。②预防保护：用 1～3 日龄易感雏鹅 20 只，随机分为试验组和对照组，每组 10 只，试验组每只腿部肌肉注射抗血清 0.5 mL，对照组每只腿部肌肉注射生理盐水 0.5 mL。24 h 后，分别肌肉注射小鹅瘟 GB 株强毒，每只 1ELD，连续观察 10 d。对照组至少死亡 7 只；试验组至少保护 8 只，并无相应的临床症状及剖检无病理变化。

贮藏与有效期　2～8℃保存，有效期为 12 个月；20～25℃保存，有效期为 2 个月。

用法与用量　用于雏鹅小鹅瘟的预防和治疗。皮下注射。预防：每羽 0.5 mL；治疗：每羽 1～1.5 mL。

使用注意事项　①使用前应仔细检查包装，如发现破损、标签残缺等，则禁止使用。②启封后应在 8 h 内用完。③如发现本品有沉淀或混浊，禁用。

7. 抗猪牛巴氏杆菌病血清

菌种 制造用菌种为B群多杀性巴氏杆菌C44-1株和C47-2强毒株。

制造工艺 将免疫原性良好的B群多杀性巴氏杆菌制成免疫用活菌液和免疫用死菌液抗原及免疫用氢氧化铝疫苗，按免疫程序经高度免疫动物如阉牛或马后，采血、采用自然凝结法或制凝法分离血清，按血清总量的0.25%～0.5%徐徐加入苯酚或者按总量的0.01%加入硫柳汞，经无菌检验合格后，置2～8℃静置30 d以上，使用澄清。经检验合格后若干瓶血清过滤于同一容器中，分装制成。

质量标准 制备合格的抗猪、牛巴氏杆菌病血清为橙黄色或略带棕红色澄明液体，久置后瓶底有少量白色沉淀。安全检验时，用体重18～22 g小鼠5只，各皮下注射血清0.5 mL；用体重350～450 g健康豚鼠2只，各皮下注射血清10 mL(可分2处注射)，观察10 d，均应全部健活。效力检验时以下方法任选其一。①用体重1.5～2 kg家兔4只，按每千克体重皮下注射血清2 mL，24 h后，连同条件相同的对照家兔2只，各皮下注射100 MLD的C44-1(或C47-2)强毒菌液，观察10 d，对照组全部死亡，免疫兔至少保护3只为合格。②用体重18～22 g小白鼠18只，分为3组，每组6只，第1组每只皮下注射血清0.1 mL；第2组每只0.05 mL，第3组每只0.03 mL(注射时，各组血清可用生理盐水稀释，使注射量均为0.5 mL)。24 h后，连同条件相同的对照小白鼠3只，各皮下注射200倍稀释的C44-1(或C47-2)马丁肉汤24 h培养强毒菌液0.2 mL，观察10 d，对照鼠应于72 h内全部死亡，注射血清0.1 mL剂量组的小白鼠全部保护，注射0.03 mL及0.05 mL剂量组的小白鼠总保护至少8只为合格。

贮藏与有效期 2～8℃保存，有效期为36个月。

用法与用量 用于预防和治疗猪、牛多杀性巴氏杆菌病。可皮下、肌肉或静脉注射。用量见表10.5。

表10.5 抗猪牛巴氏杆菌病血清注射用量

畜别	用法	预防剂量(mL)	治疗剂量(mL)
2月龄内的小猪	皮下注射	10～20	20～40
2～5月龄的猪	皮下注射	20～30	40～60
5～10月龄的猪	皮下注射	30～40	60～80
犊牛	皮下注射	10～20	20～40
成年牛	皮下注射	30～50	60～100

使用注意事项 本血清为牛或马源，注射猪可能发生过敏反应，应注意观察。其他使用注意事项同抗血清一般使用注意事项。

8. 抗口蹄疫O型血清

毒种 免疫用毒种为O型口蹄疫病毒弱毒株。

制造工艺 本免疫血清系用O型口蹄疫病毒弱毒株高度免疫牛或马后，采取血液，分离血清，经加工处理制成。制造合格的抗血清为淡红色或浅黄色透明液体，瓶底有少量灰白色沉淀。

用法与用量 用于治疗或紧急预防猪、牛、羊O型口蹄疫。供皮下注射。预防量：仔猪和羔羊每头为1～5 mL，犊牛每头为3～10 mL，成年猪、牛、羊每千克体重为0.3～0.5 mL。治疗量：按预防剂量加倍。

9. 猪用抗伪狂犬病血清

制造工艺 本品系用猪经伪狂犬病活疫苗基础免疫后，再经伪狂犬病病毒高度免疫，采血、分离血清，加适当防腐剂制成，为黄褐色清亮液体，久置瓶底微有沉淀。

用法与用量 用于治疗或紧急预防猪的伪狂犬病，本品可皮下或肌肉注射。预防量每次 10～25 mL，治疗量加倍。必要时可间隔 4～6 d，重复注射一次。

三、卵黄抗体

卵黄抗体的研究始于 19 世纪末至 20 世纪初。1893 年，Klemperer 发现了卵黄中富含抗体。1934 年，Jukes 的试验证明，母鸡血清中的抗体可以转移到卵黄中，从而为雏鸡提供被动免疫保护。Willianms 等 1962 年发现卵黄免疫球蛋白（Egg yolk immunoglobulin，IgY）主要存在于禽类的卵黄中。Patterson 等（1962）试验证实，相对于别的血浆蛋白，IgG 被选择性地转运到卵泡中。目前认为 IgG 或 IgE 抗体是由 IgY 抗体进化而来的。1969 年，Leslie 和 Clem 将这种抗体命名为 IgY。Roth 等（1981）和 Locken 等（1983）提出并证实 IgY 转运到卵泡的过程是受体依赖性的，认为卵巢的 IgY 受体使得血液中所有的 IgY 亚群被选择性转运到卵泡中，因此，存在于禽卵黄中的免疫球蛋白主要是 IgY，IgM、IgA 和 IgD 含量极少。目前认为 IgG 或 IgE 抗体是由 IgY 抗体进化而来的（Warr 等，1995）。

（一）卵黄抗体的形成与特点

禽类的免疫系统包括细胞免疫和体液免疫，分别受胸腺和法氏囊的控制。当机体受到外来抗原刺激后，法氏囊内的 B 细胞分化成为浆细胞，分泌特异性抗体进入血液循环，当血液流经卵巢时，特异性抗体（主要是 IgG）在卵细胞中逐渐蓄积，形成卵黄抗体；当卵细胞分泌进入输卵管时，流经输卵管的血液中含有的特异性抗体（主要是 IgA 和 IgM）进入卵清中，形成卵清抗体。IgG 移行进入卵细胞是受体作用的结果，因而 IgG 可在卵细胞中大量蓄积，浓度高于血液中的 IgG。与卵黄抗体相比，卵细胞在输卵管中移行的时间较短，因而卵清抗体含量极微。卵黄抗体在禽胚孵化过程中逐渐进入禽胚血液，为刚出壳雏鸡提供被动免疫保护，在雏鸡疾病预防中具有重要作用，但同时也会干扰鸡疫苗的免疫效果。

蛋黄中的 IgG 在结构和功能上相当于哺乳动物 IgG，但在结构上与哺乳动物 IgG 又有所不同，如在相对分子质量、等电点、细胞膜上 Fc 受体的键结构上存在着相异点而被特定称为 IgY（Immunoglobulin of egg yolk）。鸡卵黄免疫球蛋白 G 抗体是一种 7S 免疫球蛋白分子质量 160 000～180 000，含糖 2.5%。具有抗感染、抗菌、抗病毒作用。与哺乳动物 IgG 略有不同。相对于哺乳动物 IgG，IgY 相对分子质量约为 180 ku，也是由 2 条轻链和 2 条重链组成，含 2 个亚单位，即 67～70 ku 的重链和 22～30 ku 的轻链，但 IgY 重链没有铰链区，除可变区外，有 4 个恒定区。Warr 等（1995）利用序列比较表明，鸡 IgY 重链可变区 Cv3、Cv4 相当于哺乳动物 IgG 重链可变区 Cy2、Cy3，而鸡 IgY 重链可变区 Cv2 在哺乳动物 IgG 重链中被铰链区取代。

因此，卵黄抗体是在特异性抗原刺激下由禽类 B 淋巴细胞产生并转移到卵黄中的免疫球蛋白，是由鸡血液中的 IgG 转移至卵黄中对子代产生具有保护性作用的多克隆抗体。

在兽医领域，人们长期以来从高免动物（如兔、鸡、牛、猪、羊、小鼠、大鼠、豚鼠等）的血清、初乳或单克隆抗体分离 IgG。近十几年来，国内外学者就卵黄抗体的研究和开发做了许多工作，认为免疫鸡的蛋是提供特异性 IgG 抗体最方便、最廉价的来源。有报道认为，一只母鸡在 1 个月中生产制备的卵黄抗体相当于 500 mL 血清抗体。试验表明，每毫升卵黄含有 3～25 mg IgG，即每只蛋可提供 40～500 mg IgG。当然，免疫后卵黄抗体水平高低还要取决于抗原的种类、浓度、免疫的途径和加强免疫的时间程序等间等多种因素。

（二）卵黄抗体作用机理

卵黄抗体预防和治疗疾病的过程是免疫反应的过程，其作用机理主要是 IgY 与病原的特定黏附因子发生特异性结合，从而导致病原丧失致病性。IgY 能够黏附在某些特定病原菌的细胞壁上，改变病原菌细胞的完整性，从而直接抑制病原的生长；IgY 也能黏附在特定病原菌的菌毛上，使之不能黏附于肠道黏膜上皮细胞，抑制病原菌的定殖。口服卵黄抗体时，部分卵黄抗体在肠道消化酶的作用下，能够降解为可结合的片段，这些片段含有抗体的可变小肽（Fab）部分，小肽很易被肠道吸收，进入血液循环，并能与特定的病原菌黏附因子结合，使病原不能黏附于易感细胞而失去致病性。这些小肽还能与宿主血液中的球蛋白末端相结合，使其免遭机体破坏。IgY 在肠道降解后形成的 IgY 稳定区（Fe）则存留在肠道内发挥作用。

（三）卵黄抗体在兽医临床上的应用

卵黄抗体已用于动物疾病的预防和治疗，应用效果表明，卵黄抗体具有安全、高效、无毒、无残留等优点。这是由于鸟类与哺乳类动物种系发生学的差距，鸟类更适于生产抗哺乳动物抗原的特异性抗体；IgY 具有较好的稳定性，耐酸、耐碱、耐热。目前，国内外均已有商品化的卵黄抗体产品上市供应。

1. 在动物疾病诊断方面的应用

卵黄抗体和哺乳动物免疫球蛋白有许多不同之处，如它不与金色葡萄球菌 A 蛋白结合，不与哺乳动物 Fc 受体结合，对哺乳动物补体无固定作用等，这使得卵黄抗体在检测诊断上具有更强的特异性和灵敏度，据报道 IgY 已在琼脂扩散试验、乳胶凝聚试验、荧光免疫试验、ELISA 等免疫学试验中应用于检测细菌、病毒、寄生虫、酶、激素、受体、红细胞等抗原。郑厚旌等用卵黄琼扩试验检验卵黄中的 IBD 抗体水平，结果表明用卵黄琼扩试验替代血清琼扩试验检测 IBD 抗体水平是可行的，并且具有经济、省力、省时的特点。Lee 等（2002）的 ELISA 试验表明鸡抗沙门氏菌或抗鼠沙门氏菌 IgY 具有很高的特异活性。Aiemeida 等（2003）用大肠杆菌菌毛结构重复蛋白 A 亚单位（Structural repeating Protein A subunit，BfpA）免疫鸡制备抗 BfpA 的 IgY，发现该 IgY 可以特异性地鉴定致病性大肠杆菌，Loo 等（2002）基于抗猪重组白细胞介素 6（rpIL-6）的 IgY 建立了定量检测猪 IL-6 的 ELISA 方法，该法灵敏快速，检测灵敏度达到 10ng/mL；王成祖（2007）等制备鸡抗日本血吸虫的特异性高免 IgY 试验表明 IgY 检测具有较高的敏感性，在日本血吸虫病的免疫诊断方面有广阔的应用前景。此外，卵黄抗体有望取代传统的多克隆抗体的生产，获取大量更有效的抗体，同时也可减少对动物的副反应，提高动物的福利。

2. IgY 在动物疾病防制方面的应用

目前,卵黄抗体已被广泛应用于许多疾病的预防和治疗。

一是病毒性疾病特别是家禽的一些病毒性疾病如鸡传染性法氏囊病、鸡新城疫、鸭病毒性肝炎、小鹅瘟等的紧急预防和治疗,其中的产品有早期传统的抗鸡传染性法氏囊炎卵黄抗体、鸡新城疫卵黄抗体、鸡抗鸭病毒性肝炎卵黄抗体、鸡抗小鹅瘟卵黄抗体、番鸭细小病毒卵黄抗体、抗鸡减蛋综合征卵黄抗体以及后来提纯精制后的小鹅瘟精制蛋黄抗体、鸭病毒性肝炎精制蛋黄抗体、鸡传染性法氏囊病精制蛋黄抗体等在养禽生产上被应用。其中小鹅瘟精制蛋黄抗体、鸭病毒性肝炎精制蛋黄抗体、鸡传染性法氏囊病精制蛋黄抗体已经获得新兽药证书,并作为商品化产品上市供应。

如当鸡群发生新城疫或传染性法氏囊病时,可立即皮下注射卵黄抗体 1～2 mL,肉鸡可口服卵黄抗体 2 mL/只,能阻止病毒进入细胞,形成再感染,中和病毒数量,经 2 h 就可发现鸡群精神好转,食欲增加,粪便恢复正常。目前,卵黄抗体也是治疗鸡传染性法氏囊病和鸭病毒性肝炎的一种特效药物。

此外,已经进行或者正在进行研究的鸡卵黄抗体还有抗鸡禽流感、鸡新城疫、鸡脑脊髓炎、鸡病毒性关节炎、鸡传染性喉气管炎、鸽瘟、猪传染性胃肠炎病毒、猪伪狂犬病、犬细小病毒、猪瘟高免卵黄抗体、猪圆环病毒 2 型、牛病毒性腹泻病毒、对虾白斑综合征病毒卵黄抗体、兔瘟等的单价高免卵黄抗体/液以及抗鸡新城疫-传染性法氏囊炎二联、鸡新城疫-禽流感(多价)二联、法氏囊-鸡新城疫二联、犬瘟热病毒-细胞相关病毒、抗 CP 型-NCP 型牛病毒性腹泻病毒(多价)、抗禽流感-新城疫-法氏囊三联等高免卵黄抗体/液等,在试验中均表现出对相关疾病有一定的治疗和预防效果。

Van Nguyen 等(2006)将提纯的犬细小病毒 IgY-CPV2 抗体制成粉剂,经口服 2 mg IgY 粉制剂的 2 月龄幼犬无任何 CPV2 感染的症状,体重也明显比对照组重,而口服正常卵黄的对照组则有 CPV2 感染的典型症状,由此可知,口服 IgY CPV2 抗体可为幼犬提供有效的被动免疫保护。索江华等(2010)通过自制猪圆环病毒 2 型(PCV-2)灭活苗制备 PCV-2 高免卵黄抗体效价达到 1∶64,人工感染治疗试验治愈率达 100%,临床试验治愈率为 96%。

二是细菌性疾病的防制,研究结果表明,鸡的卵黄抗体对诸多细菌及其毒素能够产生特异性的中和抑制和杀灭作用。目前,卵黄抗体也已被广泛用于动物多种细菌性疾病,如猪大肠杆菌病、幽门螺杆菌和链球菌病等疾病的防制。其作用机理主要是 IgY 与病原的特定黏附因子发生特异性结合,从而导致病原丧失致病性。IgY 能够黏附在某些特定病原菌的细胞壁上,改变病原菌细胞的完整性,从而直接抑制病原的生长;IgY 也能黏附在特定病原菌的菌毛上,使之不能黏附于肠道黏膜上皮细胞,抑制病原菌的定殖。口服卵黄抗体时,部分卵黄抗体在肠道消化酶的作用下,能够降解为可结合的片段,这些片段含有抗体的可变小肽(Fab)部分,小肽很易被肠道吸收,进入血液循环,并能与特定的病原菌黏附因子结合,使病原不能黏附于易感细胞而失去致病性。这些小肽还能与宿主血液中的球蛋白末端相结合,使其免遭机体破坏。IgY 在肠道降解后形成的 IgY 稳定区(Fe)则存留在肠道内发挥作用。

在抗菌卵黄抗体的研究中,当前研究较多的是鸡抗猪产肠毒素大肠杆菌卵黄抗体。大肠杆菌是动物肠道中最常见寄生菌,尤其是在当前规模化养猪生产中,产肠毒素大肠杆菌(ETEC)是导致规模化猪场仔猪腹泻的最主要的致病性大肠杆菌,其致病与其特异性菌毛黏附有关。国内多采用大肠杆菌菌苗免疫母鸡，国外则采用大肠杆菌黏附素进行免疫。有研究者认为，抗黏附素卵黄抗体在特异性、效果等方面可能优于抗菌体卵黄抗体。近年来，国内应用抗黏附素抗原特异性卵黄抗体预防和治疗仔猪腹泻也已经取得了较大进展。有研究结果表明，抗猪大肠埃希氏菌卵黄抗体，给初生仔猪投服卵黄抗体后，7 日龄的仔猪腹泻率由 47.7％下降至 9.4％和 18.6％，8～12 日龄仔猪腹泻率也比对照组下降了 9.5％和 12.1％，表明卵黄抗体能有效地防制猪大肠埃希氏菌 K88、K99、987P 和 F41 引起的腹泻。

在细菌病的应用方面，除了用于治疗外，还更多地将应用重点放在了预防上。卵黄抗体的使用，在免疫学理论中可成为被动免疫。当免疫缺陷、疫苗缺乏及免疫失败时，可利用卵黄抗体注射、口服替代主动免疫接种，发挥抗病作用。同时，因为其有较好的耐高温性能，并能够抵抗幼龄动物肠道中胰蛋白酶和胰凝乳蛋白酶的消化，如将其制成卵黄抗体粉，在幼畜饲料或添加剂中加入一定量的针对某些特定疾病的 IgY，以使其获得有效的被动免疫，从而预防相应疾病的发生。Yokoyama 等(1997)研究发现，产肠毒素型大肠杆菌的 IgY 可预防断奶仔猪和犊牛因产肠毒素型大肠杆菌引起的腹泻，从而对幼畜起到被动免疫的作用。李学伍等将卵黄抗体制成干粉，其效价不变，试验表明胃液对抗体干粉效价影响不大，该多价卵黄抗体粉对发病仔猪的治愈率最高可达 97.7％，比药物的治愈率高 21.2％。有研究者将抗仔猪大肠杆菌病或者联合使用猪流行性腹泻和猪传染性胃肠炎病毒一起免疫蛋鸡，制备多价多联卵黄抗体粉用于仔猪的细菌性和病毒性腹泻的预防和治疗，均表现出明显的预防和治疗效果(Kweon 等，2000；郑立勇等，2009)。刘海生等(2009)选用从猪场分离的大肠埃希菌制备抗体粉，预防试验结果表明，2g/头以上剂量能有效预防仔猪大肠埃希菌病；治疗试验表明，其对人工感染病例治愈率为 90％(对照应用庆大霉素的治愈率为 50％)。

除鸡抗猪产肠霉素大肠杆菌卵黄抗体外，还有许多的研究者针对其他动物和病原菌进行的卵黄抗体的研究，如猪链球菌高免卵黄液、抗幽门螺杆菌重组 VacA 卵黄抗体、抗鸡念珠菌卵黄抗体等。靖宁等(2008)通过对病猪注射猪链球菌高免卵黄液可明显遏制病情恶化，高免卵黄液注射后 3 d，试验猪抗体水平明显提高，连续观察 15 d，未见不适症状或死亡，预防保护率达 100％。李晓华等(2006)试制了抗鸡念珠菌卵黄抗体液，效价为 $5\log_2$ 以上的高免卵黄表现出明显的抑菌活性，完全抑制了念珠菌的生长和繁殖。用其分别喂服 20 日龄肉鸡和 100 日龄孔雀，试验组鸡群嗉囊和咽喉念珠菌检出率较对照组显著降低($P<0.05$)；平均日采食量和日增重较对照组分别提高了 80％和 400％，死亡率则下降了 7％；对孔雀的治疗效果与常规药物 $CuSO_4$ 相当。除应用在鸡、猪等家禽、家畜外，还可应用在水产养殖上，如鸡抗迟缓爱德华氏菌卵黄抗体、抗嗜水气单胞菌卵黄抗体、对虾鳗弧菌卵黄抗体等。Nikoo 等(2004)研究证实抗鳗弧菌 IgY 可以通过腹腔注射、口服和在饲料中添加等方式来提高虹鳟鱼的抗病力。王斌等(2006)利用分离鉴定的迟缓爱德华氏菌(*Edwardsiella tarda*)制成全菌油乳性灭活疫苗免疫蛋鸡制备卵黄抗体给大菱鲆进行试验，结果表明，口服特异性卵黄抗体对大菱鲆的免疫保护率分别为 83.3％和 100％。曹军等(2009)利用分离、鉴定的致病性嗜水气单胞菌(NT-1)制备卵黄抗体，小鼠试验表明，微量凝集试验测得的特异性抗体效价达 1∶16 以上，ELISA 效价达 1∶12 800 以上；高效价、特异性的卵黄抗体可维持 90 d，特异性卵黄抗体 ELISA 效价达 1∶640 时对感染 NT-1 的 ICR 小鼠的保护率达到了 100％。

此外，王成祖等(2007)、杨婷婷等(2001)、齐静姣等(2010)、王圆圆等(2009)分别研究制备了鸡抗日本血吸虫 SEA 鸡卵黄抗体、抗弓形虫特异性鸡卵黄抗体、抗旋毛虫鸡卵黄抗体和抗钩虫特异性卵黄抗体，为日本血吸虫病、弓形虫病、旋毛虫等寄生虫病的防制的研究探索新的方法和途径。

3. 动物饲料添加剂

卵黄抗体具有营养和防制疾病双重功效，可替代饲料中的抗生素添加剂，发挥卵黄抗体促进生长和防制疾病的作用，且不产生药物残留，是一种安全的绿色新型抗菌、促生长饲料添加剂，并正在引起人们的关注。在添加剂中，应用较多的是预防肠道疾病的添加剂，该添加剂以动物肠道中的主要有害微生物为抗原，生产卵黄抗体粉，添加于饲料中，可有效抑制肠道有害微生物的生长，减少疾病发生，调节肠道微生物平衡，促进动物生长。有报道表明，断奶仔猪口服抗大肠杆菌菌毛卵黄抗体添加剂，可有效提高断奶仔猪的生长性能，促进断奶仔猪的增重和饲料转化率等。

目前，随着生活水平的提高，人们对食品的需求正从追求数量向讲求质量安全转变，对包括药物残留在内的食品安全越来越重视，而抗生素大量长期使用所造成的耐药性等毒副作用也愈加明显，抗生素替代品的研究日益受到重视。与抗生素及化学药物比较，卵黄抗体具有明显的优势，是预防和治疗疾病的理想药物，因此，卵黄抗体具有广阔的开发应用前景。

(四)卵黄抗体的制备工艺要点

1. 试验动物的选择

一般来说，用于生产卵黄抗体的鸡最好选用近交系的蛋鸡。根据生产 IgY 的不同目的选择合适的鸡群，如用于治疗目的的 IgY 的生产应选用 SPF 鸡，而用于预防目的的 IgY 的生产可以选用商用蛋鸡。使用 SPF 鸡的优点是可产生高滴度抗体，而使用商品蛋鸡既价格低廉，又可在产蛋前用来制备抗体而不影响产蛋，因此可以减少制备卵黄抗体的成本。

2. 免疫程序

抗原注射途径可选用皮下、皮内、肌肉、静脉、腹股沟、法氏囊注射或通过滴鼻、点眼、口服等，也可将多种免疫方法综合使用。通常使用油乳类佐剂如白油佐剂、弗氏不完全佐剂(FIA)等可以产生明显的抗体反应。在抗原剂量选择上，应将不同浓度的抗原和佐剂结合后进行测试。通常免疫的鸡至少 7 周龄，最好分两个部位注射，剂量为 0.5～1 mL。至少要免疫两次，免疫间隔为 4～6 周，最后一次免疫后第 14 天测卵黄抗体滴度，如果抗体滴度过低，则应考虑再次免疫。

3. IgY 的分离、提取与纯化

卵黄的主要成分是蛋白质和脂肪，其比例约为 1∶2。大部分蛋白质是脂蛋白，存在于卵黄颗粒中，不溶于水；而 IgY 是一种 γ-球蛋白，溶于水。由于粗制品中残留大量蛋白质、磷脂等物质，有时易引起过敏反应等副作用，因此，现在的生物制品需要对其进行分离提纯精制，分离的目的主要是如何去除卵黄中高含量的脂肪及脂蛋白，以获得水溶性组分(Water soluble fraction，WSF) 是 IgY 提纯的关键，同时去除沙门氏菌、大肠杆菌等病原的蛋原性感染的风险等潜在不利因素。

IgY 分离、纯化的原则是简便、高效、经济。将 IgY 从水溶液中分离出来，主要通过超滤法或沉淀法来完成。目前常用的粗提分离方法主要有：聚乙二醇(PEG)沉淀法、辛酸沉淀法(CA法)、水稀释法(WD法)、硫酸葡聚糖法(DS法)、海藻酸钠法(SD法)、超临界气体提取法(SFE法)、去污剂分离法、反复冻融法等。沉淀法所用的沉淀剂可以是无机物、有机物或有机溶剂，也可以采用多种方法联合沉淀，或二者相结合来完成。

为了满足不同使用目的，需对提取得到的卵黄抗体进一步纯化，除去其中的杂蛋白、盐、沉淀剂及其他杂质，获得高纯度的IgY，可以对前边获得的IgY粗提物进行进一步的纯化。目前常用纯化方法有超滤法、凝胶层析、离子交换层析云浮和亲和层析法等方法。不同的纯化方法依据的原理不同，其纯化效果和效率也有所差异，通常为了获得纯度较高的IgY，并结合使用目的，将不同的方法进行组合使用，以适应规模化生产或者试验研究的需要。

目前使用的提取、纯化方法各有优缺点：沉淀法简单、经济，但其提取的物质纯度低；亲和层析能得到高纯度的特异性卵黄抗体，但因产率低、费用高而不能得到大规模应用，仅适用于科研；WD法和SFE法与超滤法结合，具有工艺简便、生产成本较低、产品纯度和回收率高等优点，比较适合大规模工业化生产。总的来说，在实际生产过程中，应优化组合各种分离纯化方法，最大限度地做到经济、简便而且产率高。

目前临床应用的蛋黄抗体有两种：一种是普通的粗制高免蛋黄抗体，即将高免后达一定抗体效价的蛋消毒后分离卵黄、卵清，将卵黄用一定量的福尔马林生理盐水稀释、搅匀、过滤后，再加入适当抗生素即可；另一种是将经蛋黄抗体提纯、精制后获得的高免蛋黄抗体。精制蛋黄抗体必须解决两个问题：一是彻底的灭活技术；二是蛋黄抗体的提取、纯化技术。

现以鸡传染性法氏囊病精制蛋黄抗体为例，简要阐明高免精制卵黄抗体的制备工艺。

(五)卵黄抗体的制造工艺实例

以鸡传染性法氏囊病精制蛋黄抗体的制造工艺为例，对卵黄抗体的制造工艺进行介绍。

1. 抗原的制备

将检验合格的鸡传染性法氏囊病强毒囊组织种毒，通过滴鼻、点眼的接种途径接种4～8周龄的SPF鸡，采集48～96 h死亡和发病鸡的具有典型IBD病理变化的法氏囊和脾脏，剪碎后按1∶100(W/V)加入灭菌生理盐水匀浆，冻融3～5次，加入等体积三氯甲烷充分振摇后离心取上清液加入甲醛溶液，使其终浓度为0.3%，密闭后充分振摇混匀，置37℃灭活48 h后加白油佐剂进行乳化，制成油乳剂灭活苗。

2. 鸡群免疫

选择健康的鸡群，隔离饲养观察1周后无特殊反应者，方可免疫。

基础免疫：用IBDV弱毒疫苗按常规接种基础免疫，如B87滴鼻、饮水，10日龄首免，23～25日龄二免。

强化免疫：于1～8周龄接种灭活油苗，每鸡胸部皮下注射1.5 mL，38周龄时灭活油苗二免。

3. 效价检测与高免蛋的收集

强化免疫二免7 d后，每隔3 d抽样测定免疫蛋黄中IBDV抗体效价：IBD抗体效价

(AGID)≥1∶32 以上，即可收集高免蛋，如效价不高，可隔 7～10 d 进行第三次加强免疫。

4. 精制卵黄抗体的制备

(1)高免蛋的处理：收集的高免蛋用 0.1%新洁尔灭溶液浸泡 15 min(蛋壳污染严重的就取出单独清洗消毒)，随后浸入 90～95℃水浴中消毒 5 s，快速取出后晾干备用。

(2)分离卵黄：无菌操作，打破蛋壳，除去蛋清、胚盘和系带，分离收集蛋黄。

(3)灭活Ⅰ：将收集的蛋黄充分搅拌，加等体积灭菌蒸馏水搅拌后，60～65℃加热灭活 8～15 min。

(4)萃取：可采用酸化水稀释法，用盐酸调 pH 的蒸馏水按适当比例稀释灭活Ⅰ的蛋黄液，高速离心收集上清液。

(5)灭活Ⅱ：将萃取收集上清液加入适量辛酸，静置后过滤澄清。

(6)超滤浓缩：根据生产需要用适当的超滤膜过滤浓缩。

(7)灭活Ⅲ：将超滤浓缩液按终浓度的 0.05%加入甲醛溶液，充分搅拌，密封 30～60 min。

(8)超滤除病毒：用适当截留分子质量超滤膜过滤去除病毒。

(9)组批与分装：在滤除病毒的收集液中加入适当的稳定剂和防腐剂至要求浓度，用 0.22 μm 微孔滤膜过滤除菌。并将菌液按要求进行半成品检验。半成品 IBD 抗体效价(AGID)≥1∶32 以上为合格。各项检验合格后无菌混合组批、分装。混合时应多加入 20%的抗体。

5. 成品检验

按鸡传染性法氏囊病精制蛋黄抗体质量标准对成品进行相应检验，包括：

(1)无菌检验：取 0.5 mL 高免卵黄抗体，分别接种于普通琼脂斜面和厌氧肉肝汤培养基，37℃培养 24～48 h，应无细菌生长。

(2)安全检验：取 30 日龄健康鸡 10 只，每只鸡肌注卵黄抗体 2 mL，观察 5～7 d，应无任何不良反应。

(3)中和试验：取 30 日龄健康鸡 20 只，随机分成 2 组。试验组每只鸡皮下或肌肉注射野毒和卵黄抗体(1∶10)混合液 1 mL，观察饲养 10～15 d，应全部存活，对照组每只鸡皮下或肌肉注射野毒 1 mL，观察 10～15 d，应部分或全部死亡，剖检后出现典型病变。

(4)卵黄抗体效价测定：用琼脂扩散反应测定，抗体效价应在 1∶64 以上。其他支原体检验、禽白血病病毒检验、外源病毒检验及甲醛和辛酸含量测定等，按现行《中国兽药典》及《质量标准》进行，应符合规定。

(六)卵黄抗体制品质量标准及使用方法

1. 鸡传染性法氏囊病精制蛋黄抗体

毒种 制造用毒种为鸡传染性法氏囊病强病毒 SNJ93 株。

质量标准 用鸡传染性法氏囊病强病毒灭活油乳剂抗原高免健康产蛋鸡，从高免蛋黄中萃取并采取灭活病毒、细菌技术精制而成的透明水针剂，为略带棕色或淡黄色透明液体。久置瓶底有少许白色沉淀。pH 6.8～7.2。安全检验时，用 18～22 g 健康小鼠 5 只，各皮下注射本品 0.5 mL；2 周龄 SPF 鸡 5 只，各皮下注射本品 10 mL；观察 10 d，小鼠和小鸡均应全部健活。

效力检验包括：①琼扩抗体效价测定：琼扩抗体效价应≥1∶32。②用鸡效检：4～8周龄SPF鸡30只，随机分为3组，每组10只。第1组为健康对照组不注射任何药品，单独隔离饲养。第2、3组每只鸡点眼接种IBVD SNJ93株囊毒100 LD_{50} 0.1 mL，于攻毒后24 h给第2组皮下注射本品2 mL，第3组皮下注射生理盐水2 mL。观察每组鸡发病、死亡情况至第10天。结果判定：第1组为健康对照组，试验期间全部鸡应健康无病。第3组为攻毒对照组，应于攻毒后24～48 h发病，48 h后开始死亡，72 h全部发病，7 d内应死亡8只以上。第2组为早期感染治疗组，注射本品12 h，即攻毒36 h发病3～5只，再经8～12 h后恢复正常，至观察结束时应存活9只以上。判为合格。

其他支原体检验、禽白血病病毒检验、外源病毒检验及甲醛和辛酸含量测定等，按现行《中国兽药典》及《质量标准》进行，应符合规定。

贮藏与有效期 —20℃冷冻保存和2～8℃保存，有效期为18个月。

用法与用量 本品系用鸡传染性法氏囊病强病毒灭活油乳剂抗原高免健康产蛋鸡，从高免蛋黄中萃取并采取灭活病毒细菌技术精制而成，主要成分是鸡传染性法氏囊病蛋黄抗体。用于鸡传染性法氏囊病早、中期感染的治疗和紧急预防。在使用时，皮下、肌肉或腹腔注射均可。治疗用量：35日龄以下2 mL；35日龄以上3 mL。紧急预防用量：25日龄以下1 mL，25～35日龄1.5 mL，35～45日龄2 mL，45日龄以上2.4～4 mL。必要时可以重复注射2～3次。

使用注意事项 ①本品一次注射的被动免疫保护期为5～7 d。②本品口服无效。③本品可连续应用2～3次。④本品含有除IBD以外的多种病原的抗体。用后5 d内不可接种IBD、ND、IB等活疫苗。⑤本品可与卡那霉素、庆大霉素混合一次性注射。⑥本品久置后瓶底有微量絮状沉淀，对疗效无影响。

2. 小鹅瘟精制蛋黄抗体

制造工艺 用小鹅瘟弱毒SYG61-24株接种易感鹅胚培养，收获死亡鹅胚绒毛尿囊液、绒尿膜混合成匀浆制成灭活抗原，接种产蛋鸡，从蛋黄中提取抗体并采取灭活病毒、细菌技术精制而成。用于治疗和紧急预防小鹅瘟。

质量标准 制品为略带棕色或淡黄色的透明液体，放置48 h后瓶底有少许微细白色沉淀。pH为6.4～7.2。安全检验时，用1日龄健康易感雏鹅5只，各皮下注射2 mL；用18～22 g清洁级小鼠5只，各皮下注射0.5 mL。观察10日，雏鹅和小鼠均应全部健活。

效力检验包括：①琼扩抗体效价测定：琼扩抗体效价应≥1∶8。②用雏鹅效检：取4～7日龄雏鹅30只，随机分为3组，每组10只。第1组各皮下注射蛋黄抗体0.5 mL，第2组各皮下注射生理盐水0.5 mL。24 h后，用小鹅瘟强毒SYG61株病毒液皮下注射第1组和第2组鹅，每只1 mL(约含100 LD_{50})。第3组为空白对照组，不注射任何物品。观察10 d。第1接种蛋黄抗体组，雏鹅应至少8只保护。第2攻毒对照组，雏鹅应至少8只死亡。第3空白对照组，应全部健活。

无菌检验、支原体检验、禽白血病病毒检验、外源病毒检验及甲醛和辛酸含量测定等，按现行《中国兽药典》及《质量标准》进行，应符合规定。

贮藏与有效期 2～8℃保存，有效期为18个月。

用法与用量 本制品的主要成分是小鹅瘟抗体，琼扩抗体效价≥1∶8。用于小鹅瘟的治疗和紧急预防。在使用时，皮下或肌肉注射均可。紧急预防用量：1日龄雏鹅，每只0.5 mL；2～5日龄雏鹅，每只0.5～0.8 mL。治疗用量：感染发病的雏鹅，每只1.0～

1.5 mL。

使用注意事项 本品应用后对小鹅瘟弱毒疫苗接种有干扰作用，7 d 内不宜接种小鹅瘟弱毒疫苗。其他同鸡传染性法氏囊病精制蛋黄抗体。

3. 鸭病毒性肝炎精制蛋黄抗体

制造工艺 用鸭病毒性肝炎弱毒 AV2111-30 株接种鸡胚，收获死亡鸡胚绒毛尿囊液、胚体及绒尿膜混合成匀浆制成灭活抗原，接种产蛋鸡，从蛋黄中提取抗体并采取灭活病毒、细菌技术精制而成。

质量标准 制品性状为略带棕色或淡黄色的透明液体，放置 48 h 后瓶底有少许微细白色沉淀。pH 为 6.4～7.2。安全检验时，用 1 日龄健康易感雏鸭 5 只，各皮下注射 2 mL；用 18～22 g 清洁级小鼠 5 只，各皮下注射 0.5 mL。观察 10 d，雏鹅和小鼠均应全部健活。

效力检验包括：①中和试验：按现行《中国兽药典》进行，中和抗体效价应≥1∶256。②用雏鸭效检：取 4～7 日龄雏鸭 30 只，随机分为 3 组，每组 10 只。第 1 组各皮下注射蛋黄抗体 0.5 mL，第 2 组各皮下注射生理盐水 0.5 mL。24 h 后，用鸭病毒性肝炎强毒 AV2111 株病毒液皮下注射第 1 组和第 2 组鸭，每只 1 mL(约含 100 LD_{50})。第 3 组为空白对照组，不注射任何物品。观察 10 d。第 1 接种蛋黄抗体组，雏鸭应至少 8 只保护。第 2 攻毒对照组，雏鸭应至少 8 只死亡。第 3 空白对照组，应全部健活。

无菌检验、支原体检验、禽白血病病毒检验、外源病毒检验及甲醛和辛酸含量测定等，按现行《中国兽药典》及《质量标准》进行，应符合规定。

贮藏与有效期 2～8℃保存，有效期为 18 个月。

用法与用量 本制品的主要成分为含鸭病毒性肝炎抗体，中和抗体效价≥1∶256。用于治疗和紧急预防鸭病毒性肝炎。使用时皮下或肌肉注射均可。紧急预防用量：1 日龄雏鸭，每只 0.5 mL；2～5 日龄雏鸭，每只 0.5～0.8 mL。治疗用量：感染发病的雏鸭，每只 1.0～1.5 mL。

使用注意事项 本品应用后对鸭病毒性肝炎弱毒疫苗接种有干扰作用，7 d 内不宜接种鸭病毒性肝炎弱毒疫苗。其他同鸡传染性法氏囊病精制蛋黄抗体。

（马凤龙　济南军区疾病预防控制中心）

第三节　动物常用细胞因子

一、干扰素

干扰素 (Interferon, IFN)是细胞因子中的一个家族，以干扰病毒复制而得名，是最早发现的细胞因子。根据产生细胞不同可分为 α 干扰素、β 干扰素和 γ 干扰素 3 类。脊椎动物受多种因素(如微生物)诱导产生的一组抗病毒蛋白质。可影响细胞的运动和免疫过程，也可干扰多种病毒的复制。

干扰素的分型：干扰素有Ⅰ型和Ⅱ型，以及干扰素样细胞因子，Ⅰ型干扰素有 7 种：IFN-α、IFN-β、IFN-ϵ、IFN-κ、IFN-ω、IFN-δ 和 IFN-τ，人类没有 IFN-δ 和 IFN-τ；Ⅱ型仅有 IFN-γ。

(一)干扰素的分类

根据干扰素蛋白质的氨基酸结构、抗原性和细胞来源，可将其分为：IFN-α、IFN-β、IFN-γ。IFN-ω属于IFN-α家族，其结构和大小与其他IFN-α稍有差异，但抗原性有较大的不同。IFN-α和IFN-β分别由白细胞和成纤维细胞产生，在酸性环境中稳定，并且结合相同的受体。而IFN-γ主要由T淋巴细胞分泌，对酸不稳定，结合的受体与前两者不同，IFN-γ的免疫刺激活性在三者中最强。IFN-β和IFN-γ只由单个基因编码，IFN-β和IFN-γ只有1个亚型，而IFN-α由至少23个不同基因，群聚在第9对染色体上，编码产生多种功能蛋白，有20余个亚型。

(二)研究历程

1957年，英国病毒生物学家Alick和瑞士研究人员Jean，在利用鸡胚绒毛尿囊膜研究流感干扰现象时了解到，病毒感染的细胞能产生一种因子，后者作用于其他细胞，干扰病毒的复制，故将其命名为干扰素。

1966—1971年，Friedman发现了干扰素的抗病毒机制，引起了人们对干扰素抗病毒作用的关注，而后，干扰素的免疫调控及抗病毒作用、抗增殖作用以及抗肿瘤作用逐渐被人们认识。1976年Greenberg等首先报道用人白细胞干扰素治疗4例慢性活动性乙肝，治疗后有2例HBeAg消失。但是由于人白细胞干扰素原材料来源有限，价格昂贵，未能大量应用于临床。

20世纪80年代初，瑞士科学家和美国科学家几乎同时成功研究出第一代基因工程IFN-α。

1981年初，Pestka等合成并纯化了IFN-α-2a，并得到FDA批准进入临床试验。

20世纪80年代中期，第一个基因工程IFN-α-2a研制成功并上市后，才被较为广泛地应用于临床。

20世纪80年代中期，第二代基因工程IFN-α-2b问世，其分子结构与人IFN几乎一致，于1986年被FDA批准用于治疗慢性乙型肝炎。与此同时，中国侯云德等学者也在研究基因工程IFN的制备。

21世纪初，聚乙二醇干扰素进入治疗病毒性肝炎的临床试验。

2005年，聚乙二醇干扰素α-2a通过美国FDA批准，正式用于乙肝治疗。

(三)理化性质

干扰素的相对分子质量小，对热稳定，4℃可保存很长时间，－20℃可长期保存其活性，56℃则被破坏，pH 2～10范围内干扰素不被破坏。3种类型干扰素的分子质量为15 000～22 000 ku，α及β干扰素在pH 2稳定，γ干扰素在pH 2不稳定。干扰素是一类蛋白质，通过分子生物学研究已经阐明是由数个不同基因编码的不同的多肽组成，基因结构大约为1 000核苷酸，结构基因编码是146～166个氨基酸序列，其余的序列为非编码序列。

(四)作用机理

干扰素对细胞表面的干扰素受体有高度亲和力，它与受体的相互作用可激发细胞合成新的 mRNA，产生多种效应蛋白，发挥抗病毒、抗肿瘤及免疫调节等作用。干扰素不具有特异性，即由一种病毒所诱发产生的干扰素，能抗御多种病毒甚至其他胞内寄生的病原生物的能力。动物试验证明，干扰素能抑制多种致癌性 DNA 病毒和 RNA 病毒，从而抑制病毒诱发的肿瘤生长。

干扰素并不直接杀伤或抑制病毒，而主要是通过细胞表面受体作用使细胞产生抗病毒蛋白，从而抑制病毒的复制；同时还可增强自然杀伤细胞（NK 细胞）、巨噬细胞和 T 淋巴细胞的活力，从而起到免疫调节作用，并增强抗病毒能力。它们在同种细胞上具有广谱的抗病毒、影响细胞生长，以及分化、调节免疫功能等多种生物活性。而 IFN-γ 主要由 T 淋巴细胞分泌，对酸不稳定，结合的受体与前两者不同，在正常条件下，人类细胞含有的干扰素基因处于非活化状态。干扰素不直接作用于病毒，而是通过靶细胞发挥作用，干扰素先与细胞膜的受体作用，诱导细胞产生 2,5-寡核苷酸聚合酶，并在双链 RNA 及 ATP 作用下使此酶活化，进一步促进细胞合成 2,5-寡核苷酸，此物质可活化 mRNA 的内切酶，从而降解了病毒的特异 mRNA，抑制了病毒的合成。同时干扰素又可诱导细胞产生蛋白激酶，此酶在双链 RNA 与 ATP 的作用下被活化，灭活蛋白转译起始因子（eIF-2）从而抑制了病毒蛋白的生物合成。口服干扰素吸收后，经门静脉到达肝脏，然后进入肝细胞，在细胞内转换成活性三磷酸盐，5′-三磷酸化合物低浓度时，能竞争性地抑制 DHBV 编码的 DNA 聚合酶，结合到新合成的 HBV DNA 中，这种结合使 DNA 链的延长终止，从而抑制病毒 DNA 的复制。

1. 抗病毒作用

Ⅰ型干扰素具有广谱的抗病毒活性，对多种病毒如 DNA 病毒和 RNA 病毒均有抑制作用，但这种效应不是直接的，而是通过对宿主细胞的作用引起的。①对干扰素敏感的细胞表面存在干扰素受体，核内有“抗病毒蛋白”基因，受干扰素作用后该基因活化，产生的抗病毒蛋白可阻止病毒 mRNA 翻译，并促进病毒 mRNA 降解。②干扰素能提高细胞表面 MHCⅠ类分子的表达水平，受到病毒感染的细胞表面 MHCⅠ类分子的增加有助于向 Tc 细胞递呈抗原，引起靶细胞的溶解。③干扰素可增强 NK 细胞对病毒感染的杀伤能力。

2. 抗肿瘤作用

Ⅰ型干扰素能抑制细胞的 DNA 合成，减慢细胞的有丝分裂速度，这种抑制作用有明显的选择性，对肿瘤细胞的作用比对正常细胞的作用强 500～1 000 倍。另外，Ⅱ型干扰素也可通过增强机体免疫机制、加强免疫监督功能来实现其抗肿瘤效应。

3. 免疫调节作用

干扰素的免疫调节作用表现在对宿主免疫细胞活性的影响，如对巨噬细胞、T 细胞、B 细胞和 NK 细胞等均有一定作用。

（1）对巨噬细胞的作用：IFN-γ 可使巨噬细胞表面 MHCⅡ类分子的表达增加，增强其抗原递呈能力；此外还能增强巨噬细胞表面表达 Fc 受体，促进巨噬细胞吞噬免疫复合物、抗体包被的病原体和肿瘤细胞。

（2）对淋巴细胞的作用：干扰素对淋巴细胞的作用较为复杂，可受剂量和时间等因素的影响而产生不同的效应。在抗原致敏之前使用大剂量干扰素或将干扰素与抗原同时投入会产生明显的免疫抑制作用，而低剂量干扰素或在抗原致敏之后加入干扰素则能产生免疫增强的效果。在适宜的条件下，IFN-γ 对 B 细胞和 $CD8^+$ T 细胞的分化有促进作用，但不能促进其增殖。IFN-γ能增强 TH1 细胞的活性，增强细胞免疫功能；但对 TH2 细胞的增殖有抑制作用，因此抑制体液免疫功能。IFN-γ不仅抑制 TH2 细胞产生 IL-4，而且抑制 IL-4 对 B 细胞的作用，特别是抑制 B 细胞生成 IgE。

(3)对其他细胞的作用：IFN-γ对其他细胞也有广泛影响：①刺激中性粒细胞，增强其吞噬能力；②活化 NK 细胞，增强其细胞毒作用；③使某些正常不表达 MHCⅡ类分子的细胞(如血管内皮细胞、某些上皮细胞和结缔组织细胞)表达 MHCⅡ类分子，发挥抗原递呈作用；④使静脉内皮细胞对中性粒细胞的黏附能力更强，且可分化为高内皮静脉，吸引循环的淋巴细胞。

(五)药物动力学

成人注射$(2\sim5)\times10^6$ U 干扰素后，3 h 血清中干扰素活性开始测出，6 h 达高位，48 h 基本消失。

(六)干扰素诱导剂

除病毒以外，细菌、真菌、原虫、立克次氏体、植物血凝素以及某些人工合成的核苷酸多聚物(如聚肌胞)等都能刺激机体产生干扰素。凡能刺激机体产生干扰素的物质统称为干扰素诱生剂。干扰素的主要成分是糖蛋白，其活性及抗原性皆取决于分子中的蛋白质，而与其糖基无关。脊椎动物细胞是产生干扰素的主要细胞，但无脊椎动物(甲壳类及昆虫)及植物细胞(如丁香等)亦发现有干扰素类似物。临床应用的干扰素诱生剂，如聚肌胞，毒性较大，而且价格昂贵，此外，人血清中存在破坏聚肌胞的核糖核酸酶，故难以在临床推广应用。

(七)干扰素适应症

干扰素几乎能抵抗所有病毒引起的感染，因此它是一种抗病毒的特效药。除病毒以外，细菌、真菌、原虫、立克次氏体、植物血凝素以及某些人工合成的核苷酸多聚物(如聚肌胞)等都能刺激机体产生干扰素。干扰素对细胞表面的干扰素受体有高度亲和力，它与受体的相互作用可激发细胞合成新的 mRNA，产生多种效应蛋白，发挥抗病毒、抗肿瘤及免疫调节等作用。干扰素不具有特异性，即由一种病毒所诱发产生的干扰素，能抗御多种病毒甚至其他的胞内寄生的病原微生物的能力。动物试验证明，干扰素能抑制多种致癌性 DNA 病毒和 RNA 病毒，从而抑制病毒诱发的肿瘤生长。干扰素制剂可用以治疗某些病毒性感染，以及治疗多种肿瘤。初期用于病毒性疾病，继而扩大到恶性肿瘤的治疗。

(八)毒副反应

但目前所用的干扰素，不论是纯化的天然干扰素，还是以 DNA 重组技术产生的干扰素，均有许多毒性，临床使用时常可造成白细胞减少、贫血、头痛、发热、肝功能异常、中枢神经系统中毒等。

(九)干扰素在畜牧兽医领域的应用

在动物临床中，干扰素应用广泛(猪源自然干扰素已批准上市，重组抗生素尚未正式批准生产),其制剂可用于预防与治疗多种动物疾病,尤其是对流感、新城疫等病毒感染具有较好的防制效果。此外,干扰素可以采用药物控释技术制作成胶囊或者纳米粒子,与适宜载体结合,作为保健型饲料药物添加剂使用。

王克仁等(2003)运用猪白细胞干扰素对猪流行性感冒、流行性腹泻、传染性胃肠炎等病毒进行治疗,取得良好效果。共诊治流行性感冒 388 例,治愈 361 例,治愈率为 93.04%,有效 19 例,总有效率为 97.94%;温和型猪瘟 48 例,治愈 37 例,治愈率为 77.08%,有效 3 例,总有效率为 83.33%;传染性胃肠炎 234 例,治愈 199 例,治愈率为 85.40%,有效 13 例,总有效率为 90.59%;流行性腹泻 106 例,治愈 92 例,治愈率为 86.79%,有效 7 例,总有效率 93.40%。汪恭富等(2006)成功应用基因重组人工干扰素对犬冠状病毒病、犬细小病毒病、犬传染性肝炎和犬瘟热等病进行治疗,通过跟踪调查,并与以往不用干扰素的治疗进行比较,证明了干扰素在犬病毒性疾病治疗中有良好的效果。

许英民等(2007)运用干扰素对肉鸡肾型传染性支气管炎进行诊治后发现在使用干扰素 24~36 h 后有明显的效果,如配合中药、肾肿消等药物后,效果更明显。病情较重者,可适当提高干扰素用量。用药第 2 天,鸡群精神好转,体温下降,呼吸道症状减轻,拉稀症状减少,采食量有所增加。第 3 天食欲上升,死亡减少,5~7 d 精神恢复正常,呼吸道症状大幅度减少,粪便基本恢复正常,一般 7~10 d 基本康复。叶秀华等(2004)对鸡 IFN-γ 抗球虫作用进行了初步研究。在 7 日龄对试验雏鸡口服接种 4×10^4 个成熟的柔嫩艾美耳球虫卵囊时,结果表明,鸡 IFN-γ 可以增加试验雏鸡的相对增重率,同时还发现鸡 IFN-γ 可以减少 OPG 值和肠道病变记分,各鸡 IFN-γ 处理组中以肌肉注射 5 000 U 鸡 IFN-γ 组的相对增重率最高,为 93.0%。

目前,中国获得新兽药证书的动物用干扰素制剂只有用猪白细胞生产的猪用自然干扰素,重组干扰素仍处于研发阶段。

二、白细胞介素

白细胞介素(Interleukin, IL),简称白介素,是指在白细胞或免疫细胞间相互作用的淋巴因子,一组由多种类型细胞所分泌的、结构和功能各异的可溶性蛋白。最初是由白细胞产生又在白细胞间发挥作用,由此得名,现仍一直沿用。它和血细胞生长因子同属细胞因子。两者相互协调,相互作用,共同完成造血和免疫调节功能。白细胞介素在传递信息,激活与调节免疫细胞,介导 T、B 细胞活化、增殖与分化及在炎症反应中起重要作用。现在是指一类分子结构和生物学功能已基本明确,具有重要调节作用而统一命名的细胞因子,它和血细胞生长因子同属细胞因子。

白细胞介素是非常重要的细胞因子家族,现在得到承认的成员已达 15 个,它们在免疫细胞的成熟、活化、增殖和免疫调节等一系列过程中均发挥重要作用;此外,它们还参与机体的多种生理及病理反应。一般具有多来源、多功能和多作用途径的特点。其立体结构有 β 三叶草型、4-螺旋束型和 β 三明治型等。信号转导方式有胞外因子-受体复合体相互作用和胞内信号传递途径等。

研究历史:在对免疫应答的研究过程中,在丝裂原刺激的细胞培养上清中发现了许多具有生物活性的分子,研究者各以自己测得的活性进行命名,十几年报道了近百种因子。后来借助分子生物学技术进行比较研究发现,以往许多以生物活性命名的因子实际上是具有多效性的同一物质。为了避免命名的混乱,1979 年第二届国际淋巴因子专题会议将免疫应答过程中白细胞间相互作用的细胞因子统一命名为白细胞介素(Interleukin,IL),在名称后加阿拉伯数字编号以示区别,例如 IL-1、IL-2……,新确定的因子依次命名。只有已克隆化基因、明确产物的性质和活性才能得到国际会议的认可。来源于淋巴细胞的称为淋巴细胞活素,来源于巨噬细胞的总称为 Monokine,其中各个因子的生物活性各有不同(例如巨噬细胞活化,促进 T 细胞繁殖等),因子自身的物理化学性质多不清楚。1979 年这方面的研究团体提出了在淋巴细胞活素及巨噬细胞因子(Monokine)中,已作为一种分子提纯并弄清了性质的称为白细胞间(杀菌)素。最初测定的为 IL-1 和 IL-2。IL-1 属于 Monokine,以前曾以淋巴细胞活化因子(Lymphocyte activating factor)、细胞促进蛋白质(Mitogenic protein)以及 B 细胞活化因子(B cell-activating factor)等 7 种名称称之。而 IL-2 属于淋巴细胞活素,以前曾以胸腺细胞刺激因子(Thymocyte stimulating factor)、T 细胞生长因子(T cell growth factor)等 6 种名称称之。

主要分类:目前发现了 29 个白细胞介素(后为 35 个),分别命名为 IL-1～IL-29,功能复杂,形成网络,功能复杂重叠。

(一)白细胞介素 1(IL-1)

1. IL-1 的一般性质

(1)IL-1 的产生细胞:IL-1 主要由巨噬细胞产生,此外几乎所有的有核细胞,如 B 细胞、NK 细胞、体外培养的 T 细胞、角质细胞、树突状细胞、星形细胞、成纤维细胞、中性粒细胞、内皮细胞以及平滑肌细胞均可产生 IL-1。正常情况下只有皮肤、汗液和尿液中含有一定量的 IL-1,绝大多数细胞在受到外来抗原或丝裂原刺激后才能合成和分泌 IL-1。

(2)IL-1 分子特性:IL-1 有两种不同的分子形式,一种称 IL-1α,由 159 个氨基酸组成;另一种称为 IL-1β,含 153 个氨基酸,两者由不同的基因分别编码。虽然其氨基酸顺序仅有 26%的同源性,然而 IL-1α 和 IL-1β 以同样的亲和力结合于相同的细胞表面受体,发挥相同的生物学作用。

(3)IL-1 受体(IL-1R):IL-1R 几乎存在于所有有核细胞表面,每个细胞的 IL-1R 数目不等,少则几十个(如 T 细胞),多则数千个(如成纤维细胞)。IL-1R 主要有两种类型:一种为 IL-1R1,其分子伸入胞浆内的肽链部分较长,起着传递活化信号的作用;另一种为 IL-1R2,胞内部分的肽段较短,不能有效地传递信号,而是将胞外部分的肽链释放到细胞外液中,以游离形式与 IL-1 结合,发挥反馈抑制作用。GM-CSF、G-CSF 及 IL-1 自身均可提高细胞 IL-1R 的表达水平,而 TGF 及皮质类固醇能降低 IL-1R 的表达。

2. IL-1 的生物学活性

(1)局部作用:局部低浓度的 IL-1 主要发挥免疫调节作用。①与抗原协同作用,可使 $CD4^+$ T 细胞活化,IL-2R 表达;②促进 B 细胞生长和分化,可使脾细胞的溶血空斑数(PFC)增加 100 倍,这说明 IL-1 也促进抗体的形成;③促进单核-巨噬细胞等 APC 的抗原递呈能力;④与 IL-2 或干扰素协同可以增强 NK 细胞活性;⑤吸引中性粒细胞,引起炎症介质释放;⑥可刺激多种不同的间质细胞释放蛋白分解酶并产生一些效应;例如类风湿关节炎的滑膜病变(胶原破坏、骨质重吸收等)就是由于关节囊内 Mφ 受刺激后活化并分泌 IL-1,使局部组织间质细胞分泌大量的前列腺素和胶原酶,分解坏滑膜所致;⑦IL-1 对软骨细胞、成纤维细胞和骨代谢也均有一定影响。

(2)全身性作用:动物试验证明,IL-1 的大量分泌或注射可以通过血循环引起全身反应。①作用于下丘脑可引起发热,具有较强的致热作用。这种作用与细菌内毒素明显不同:IL-1 致热曲线为单向、潜伏期 200 min 左右,而内毒素致热曲线为双向,潜伏期至少为 1 h;IL-1 对热敏感、易破坏,而内毒素耐热;给家兔反复注射内毒素可出现耐受,但对 IL-1 不会耐受。②刺激下丘脑释放促肾上腺皮质素释放激素,使垂体释放促肾上腺素,促进肾上腺素释放糖皮质激素,对 IL-1 有反馈调节作用。③作用于肝细胞使其摄取氨基酸的能力增强,进而合成和分泌大量急性期蛋白,如 α_2 球蛋白、纤维蛋白原、C-反应蛋白等。④使骨髓细胞库的中性粒细胞释放到血液,并使之活化;增强其杀伤病原微生物的能力和游走能力。⑤与 CSF 协同可促进骨髓造血祖细胞增殖能力,使之形成巨大的集落;还可诱导骨髓基质细胞产生多种 CSF 并表达相应受体,从而促使造血细胞定向分化。

(3)毒副作用:大量产生内分泌效应;诱导肝脏急性期蛋白合成;引起发热和恶病质。

(二)白细胞介素 2(IL-2)

1. IL-2 的一般性质

(1)IL-2 的产生:细胞 IL-2 主要由 T 细胞(特别是 $CD4^+$ T 细胞)有受抗原或丝裂原刺激后合成;B 细胞、NK 细胞及单核-巨噬细胞亦能产生 IL-2。

(2)IL-2 分子:IL-2 分子质量为 15 kd,是含有 113 个氨基酸残基的糖蛋白,在人类由第 4 号染色体上的一个基因编码。IL-2 具有一定的种属特异性,人类细胞只对灵长类来源的 IL-2 起反应,而几乎所有种属动物的细胞均对人的 IL-2 敏感。

(3)IL-2 受体(IL-2r):IL-2 的靶细胞包括 T 细胞、NK 细胞、B 细胞及单核-巨噬细胞等。这些细胞表面均可表达 IL-2r。IL-2r 包含 3 条多肽链:一条为 α 链,分子质量55 ku;一条为 β 链,分子质量 75 ku;另一条为 γ 链,分子质量 64 ku。α 链的胞内区较短,不能向细胞内传递信号,而 β 链和 γ 链的胞内区较长,具有传递信号的能力。3 种肽链单独与 IL-2 结合亲和力较低,只有同时表达才能产生高度亲和力。

2. IL-2 的生物活性

(1)IL-2 对 T 细胞的作用:IL-2 是 T 细胞生长因子,能使 T 细胞在试管内长期存活,刺激 T 细胞进入细胞分裂周期。IL-2 能增强 T 细胞的杀伤活性,在体外它与 IL-4、IL-5 和 IL-6 一起共同诱导细胞毒性 T 细胞(Tc)的产生,并使其活性大大增强,延长其生长期;在体内 IL-2 也能增强抗原诱导的 Tc 活性,甚至可以辅助抗原和半抗原直接在裸鼠体内诱导产生 Tc;由 IL-2 诱导产生的 Tc 输入体内后可产生明显抗肿瘤作用,但 Tc 在体内不易存活,如同时再输入少量 IL-2,则可明显延长 Tc 在体内的存活时间,并增强其抗肿瘤效果。IL-2 并可诱导 T 细胞分泌 IFN-γ、TNF、CSF 等细胞因子。

(2)IL-2 对 NK 细胞的作用:IL-2 可促进 NK 细胞的增殖,维持 NK 细胞长期生长。肿瘤病人经 IL-2 治疗后,血中 NK 细胞数量明显增加。IL-2 在体内、外都能增强 NK 细胞活性。在体外,IL-2 于短时间内就可使 NK 细胞活性增强。肿瘤病人经 IL-2 治疗后 NK 细胞活性明显增强,且有累积效应,即随着 IL-2 剂量的增加和疗程的延长,NK 细胞活性亦因之不断增强,IL-2 并能矫正 NK 细胞活性低下状态,使之恢复正常或超过正常。白血病病人外周血单核细胞(PBMC,其中 10%是 NK 细胞),经 IL-2 培养后具明显的细胞毒作用,以此输回给病人治疗白血病。IL-2 还能促进 NK 细胞分泌 IFN-γ,增加其表达 IL-2R+亚基等。

(3)IL-2 对 LAK、TIL 细胞的作用:IL-2 可促进 LAK，TIL 细胞的体外存活、扩增及活化 LAM(Lymphokine activated killer cells,淋巴因子激活的杀伤细胞)。LAK 是淋巴细胞与 IL-2 接触后产生的一种具有高效抗肿瘤效应的杀伤细胞,只有在 IL-2 的存在下 LAK 才能产生,亦只有在 IL-2 存在下,LAK 才能发挥其效果。试验证明,淋巴细胞经 IL-2 培育后所得 LAK 细胞的活力,比不加 IL-2 培育的强 100～1 000 倍,而且 LAK 只识别肿瘤抗原,对宿主正常细胞没有影响。LAK 与 IL-2 合用,对原发性及转移性肿瘤,均有明显抗肿瘤作用。

(4)IL-2 对 B 细胞的作用:IL-2 可促进 B 细胞表达 IL-2R,促使 B 胞增殖和产生免疫球蛋白,并刺激巨噬细胞,提高其吞噬能力。近年发现,重组 IL-2 可刺激某些中枢神经细胞的生长和成熟,并作用于吗啡肽受体,产生镇痛作用。有关白细胞介素-2(IL-2)的调节免疫作用。

3. IL-2 的应用研究

由于 IL-2 能诱导和增强细胞毒活性,目前应用 IL-2 治疗某些疾病、特别是对肿瘤治疗的研究得到了广泛开展,单独使用 IL-2 或与 LAK 细胞等联合使用治疗肿瘤取得了一定的疗效;还可望用于病毒感染、免疫缺陷病及自身免疫病的治疗。

4. IL-2 在畜牧兽医领域的应用

IL-2 常用于提高疫苗的免疫效果。如牛泽等(2010)利用重组鸡白细胞介素-2 与禽流感灭活疫苗联合免疫 14 日龄 SPF 鸡,免疫后每周测定一次血清抗体效价、脾脏 T 淋巴细胞亚群,最后计算攻毒保护率。试验结果表明:重组 IL-2 蛋白具有增强禽流感疫苗免疫效果的作用,提高了血清中的抗体水平、增加了脾脏 T 淋巴细胞 $CD4^+$、$CD8^+$ 亚群数量,提高了禽流感灭活疫苗的免疫保护率。赵星灿(赵星灿,2008)利用重组白细胞介素-2 用于猪圆环病毒病治疗的结果表明,使用 IL-2 配合抗生素可以有效治疗猪圆环病毒病,缩短疗程 2～3 d,治愈率明显高于黄芪多糖等药物,停药后不复发。

(三)白细胞介素 3(IL-3)

IL-3 又称为多能集落刺激因子(Multi-csf),主要由活化的 $CD4^+$ T 细胞产生。其主要作用为促进骨髓中多能造血干细胞的定向分化与增殖,产生各种类型的血细胞。此外,IL-3 还可调节多种成熟细胞的生长、分化及相关的基因表达,如 c-myc、IL-2rα 基因等。IL-3 分子质量约为 15 ku,其化学本质为糖蛋白。人类的 IL-3 基因位于第 5 号染色体长臂区,1987 年人 IL-3 克隆成功,并产生重组 IL-3。由于 IL-3 对早期阶段造血细胞的作用较广,可望用于放疗或化疗后患者的骨髓重建。

(四)白细胞介素 4(IL-4)

IL-4 由抗原或丝裂原刺激的 $CD4^+$ T 细胞产生,活化的肥大细胞亦可产生 IL-4。人和小鼠的 IL-4c DNA 均已克隆成功,并获得了相应的重组产品。人 IL-4 基因与 IL-3、IL-5 一样,位于第 5 号染色体上。成熟 IL-4 是分子质量为 18～19 ku 的糖蛋白。

主要功能有:①促进 B 细胞增殖、分化。促使抗原或丝裂原活化的 B 细胞分裂增殖,但其作用远弱于 IL-2;然而 IL-4 能促使静止的 B 细胞表达 MHC Ⅱ类分子,增强 B 细胞的抗原递呈能力,因此曾称为 B 细胞刺激因子。IL-4 是 Ig 重链基因类转换的主要调节因子,能促使 B 细胞表达和分泌 IgE。此外,IL-4 还能诱导 B 细胞表达低亲和力 Fc 受体。②协同 IL-3 刺激肥大细胞增殖等：IL-4 与 IL-3 协同可维持和促进肥大细胞的增殖，在某些过敏反应性疾病发生中具有一定的意义。③和 IL-2 一样，IL-4 也是 $CD4^+$ T 细胞的自分泌性生长因子；此外，IL-4 还能促进 Tc 细胞的活性；④IL-4 不能刺激巨噬细胞增殖，但可增强巨噬细胞的功能；巨噬细胞受刺激后Ⅱ类抗原和 Fcγ 受体的表达量均明显增加；同时巨噬细胞递呈抗原的能力及对肿瘤细胞的细胞毒素作用也显著增强。⑤可与 CSF 协同作用，促进骨髓造血前体细胞的增殖，诱导髓样细胞定向分化；诱导内皮细胞表达血管细胞黏附分子-1，对淋巴细胞的迁移具有一定意义。

（五）白细胞介素 5(IL-5)

与 IL-4 一样，IL-5 也由抗原活化的 $CD4^+$ T 细胞产生；肥大细胞也能产生 IL-5。天然 IL-5 的分子质量为 40～50 ku，是由二硫键连接的二聚体糖蛋白，但是单体 IL-5 也有 IL-5 活性。

IL-5 曾称为 T 细胞替代因子（T cell replacing factor，TRF），后来发现人类的 IL-5 对 B 细胞没有明显的刺激作用；其主要功能是刺激嗜酸性粒细胞增殖、分化及活化。IL-5 不仅使嗜酸性粒细胞的数量增加，而且能增强其功能。在蠕虫感染和过敏性疾病时出现的嗜酸性粒细胞增多主要是由 IL-5 引起的。人类 IL-5 还能促进嗜碱性粒细胞释放组胺和白三烯等炎症介质，从而提高嗜碱性粒细胞的活性。

（六）白细胞介素 6(IL-6)

IL-6 可由多种细胞合成，包括活化的 T 细胞和 B 细胞、单核-巨噬细胞、内皮细胞、上皮细胞以及成纤维细胞等。人类 IL-6 基因位于第 7 号染色体上；IL-6 分子质量在 21～30 ku，其差异是由于肽链的糖基化和磷酸程度不同所致。IL-6 由 2 条糖蛋白链组成；一条为 α 链，分子质量 80 ku；另一条为 β 链，分子质量 130 ku。α 链缺少胞内区，只能以低亲和性与 IL-6 结合，所形成的复合物迅即与高亲和性的 β 链结合，通过 β 链向细胞内传递信息。

主要功能：IL-6 作用的靶细胞很多，包括巨噬细胞、肝细胞、静止的 T 细胞、活化的 B 细胞和浆细胞等；其生物效应也十分复杂，曾称为 B 细胞刺激因子 2(BSF-2)、26 ku 蛋白、B 细胞分化因子(BCDF)、肝细胞刺激因子(HSF)等。①促进 T 细胞表面 IL-2r 的表达，增强 IL-1 和 INF 对 Th 细胞的致有丝分裂作用。②作为肝细胞刺激因子，在感染或外伤引起的急性炎症反应中诱导急性期反应蛋白的合成，其中以淀粉状蛋白 a 和 c-反应蛋白增加尤为明显。③促进 B 细胞增殖、分化并产生抗体；多发性骨髓瘤的恶变 B 细胞既能产生 IL-6，又能对 IL-6 发生应答，提示 IL-6 可能作为这些细胞的自分泌性生长因子。④IL-6 还能有效地促进 INF 和 IL-1 诱导的恶病质；促进糖皮质激素合成；刺激破骨细胞活性和角质细胞生长；还能促进骨髓造血的功能。IL-6 不能刺激相应细胞分泌其他细胞因子，在生理浓度下对免疫细胞的自分泌作用亦比较弱，提示其主要免疫学功能是加强其他细胞因子的效果。

闫若潜等利用重组鸡白细胞介素 6 研究对不同种类疫苗的免疫增强作用。结果表明，重组鸡白细胞介素 6 对 IBDV 油乳剂灭活疫苗首免和二免都具有显著的免疫增强作用，二免的免疫增强效果优于首免。

(七)白细胞介素7(IL-7)

IL-7是由骨髓基质细胞分泌的糖蛋白，分子质量为25 ku；人类IL-7基因位于第8号染色体。现多采用基因工程手段，从转染含IL-7cDNA表达性质粒的哺乳类细胞培养上清中获取IL-7。

IL-7的靶细胞主要为淋巴细胞，对来自人或小鼠骨髓的B祖细胞、胸腺细胞及外周成熟的T细胞等均有促生长活性。①与干细胞生长因子(CSF)协同能够刺激B前体发生有丝分裂。②促进双阴性胸腺细胞的成熟，提供胚胎胸腺细胞发育过程中TCL基因重组的始动信号。③诱导胸腺细胞或外周血淋巴细胞产生LAK细胞活性，其效应细胞主要为$CD8^+$ T细胞亚群；但IL-7诱导的LAK细胞不具有NK活性。④IL-7能刺激髓样前体细胞和巨核细胞产生集落形成单位和血小板，使机体从环磷酰胺的免疫抑制作用中恢复过来；在较高浓度时，IL-7还能增强巨噬细胞的细胞毒活性，诱导单核细胞分泌细胞因子。

(八)白细胞介素8(IL-8)

IL-8主要由单核-巨噬细胞产生；其他如成纤维细胞、上皮细胞、内皮细胞、肝细胞等亦可在适宜的刺激条件下产生IL-8。IL-8的分子质量约8 ku，主要活性形式为72个氨基酸。IL-8的氨基酸顺序与许多炎症因子有较高的同源性，属于同一个家族；现初步证实IL-8家族(亦称pf4家族)至少有12个成员。IL-8可以分成α和β亚群，α亚群的基因位于第4号染色体上，β亚群的基因位于第17号染色体上。IL-8的受体也有两型：一种只能与IL-8结合，而另一种还能结合其他的趋化因子；中性粒细胞和嗜碱性粒细胞表面均表达丰富的IL-8受体。

IL-8的主要生物学活性是吸引和激活中性粒细胞，曾被命名为中性粒细胞激活肽(NAF)、粒细胞趋化肽(GCP)、中性粒细胞激活因子(NAF)等。中性粒细胞与IL-8接触后发生形态变化，定向游走到反应部位并释放一系列活性产物；这些作用可导致机体局部的炎症反应，达到杀菌和细胞损伤的目的。此外IL-8对嗜酸性粒细胞、嗜碱性粒细胞和淋巴细胞也有一定作用。

(九)白细胞介素9(IL-9)

IL-9主要是由Th细胞产生，成熟分子含126个氨基酸，包括10个半胱氨酸；由于糖基化不同，分子质量为30～40 ku；经过*n*-聚糖酶处理后，分子质量降到15 ku。2-巯基乙醇可使IL-9失活，表明分子间二硫键在维持分子生物学活性方面十分重要。

IL-9可在无IL-2和IL-4的情况下维持Th细胞长期生长；IL-9还可促进某些骨髓样白血病细胞系(如Mote)的生长，提示其可能还参与造血过程的调控。IL-9与其他白细胞介素的关系尚不清楚，但与IL-2明显不同的是不能诱导CTL和LAK等细胞毒活性，但能维持非抗原依赖性Th细胞的长期生长。此外，IL-9还促进肥大细胞的生长及活性。

(十)白细胞介素10(IL-10)

IL-10的分子质量为35～40 ku，通常为二聚体；主要由Th2细胞产生，也可由单核细胞、角质细胞及活化的 B 细胞产生。

IL-10 能够抑制活化的 T 细胞产生细胞因子，因此曾称为细胞因子合成抑制因子(CSIF)，特别是抑制 Th1 细胞产生 IL-2、IFN-γ 等细胞因子，从而抑制细胞免疫应答。IL-10 可降低单核-巨噬细胞表面 MHC Ⅱ类分子的表达水平，损害了 APC 的抗原递呈能力，实际上这可能是其抑制细胞介导免疫的原因。此外，IL-10 还能抑制 NK 细胞活性，干扰 NK 细胞和巨噬细胞产生细胞因子；但可刺激 B 细胞分化增殖，促进抗体生成。

主要功能：抑制前炎症细胞因子产生；抑制 MHC Ⅱ类分子和 B-7 分子的表达；抑制 T 细胞合成 IL-2、IFN-γ 等细胞因子；可促进 B 细胞分化增殖。

(十一)白细胞介素 11(IL-11)

IL-11 由骨髓基质细胞产生，分子质量约为 23 ku，是造血微环境中一个多功能的调节因子。

IL-11 可刺激浆细胞增殖及 T 细胞依赖的 B 细胞发育；促进巨核细胞的形成及成熟，提高外周血小板数目；与 IL-3 和 IL-4 协同作用刺激休止期造血干细胞的增殖；影响红细胞的生成及分化；调节肝细胞血浆蛋白基因的表达，诱导急性期蛋白生成。

(十二)白细胞介素 12(IL-12)

IL-12 主要由 B 细胞和巨噬细胞产生；其分子是一种异型二聚体，40 ku(p40)和 35 ku(p35)的 2 个亚基通过二硫键相连接。

IL-12 主要作用于 T 细胞和 NK 细胞，曾被命名为细胞毒性淋巴细胞成熟因子(CLMF)和 NK 细胞刺激因子(NKSF)。IL-12 可刺激活化型 T 细胞增殖，促进 Th0 细胞向 Th1 细胞分化；诱导 CTL 和 NK 细胞的细胞毒活性并促进其分泌 IFN-γ、TNF-α、GMCSF 等细胞因子；促进 NK 细胞和 IL-2rα、TNF 受体及 CD56 分子的表达，增强对肿瘤细胞的 ADCC 效应。

由于 IL-12 在抗肿瘤免疫及抗感染免疫中的重要作用，人们对其临床应用寄予厚望；特别是 IL-12 可协同 IL-2 促进 CTL 和 LAK 细胞的产生表明，IL-12 与 IL-2 联用可望构成一种更有效的肿瘤免疫治疗方法。

主要功能：激活和增强 NK 细胞杀伤活性及 IFN-γ 产生；促进 Th0 向 Th1 细胞分化，分泌 IL-2、IFN-γ；增强 $CD8^+$ CTL 细胞杀伤活性；可协同 IL-2 诱生 LAK 细胞；抑制 Th0 细胞向 Th2 细胞分化和 IgE 合成。

(十三)白细胞介素 13(IL-13)

IL-13 由 Th2 细胞产生，分子质量约 10 ku；人类基因位于第 5 号染色体上，与 IL-4 基因紧密连接。IL-13 分子的氨基酸顺序与 IL-4 有 20%～25%的同源性，在功能上也与 IL-4 有许多相似之处。

IL-13 可诱导单核细胞分化，增强其 MHCⅡ类分子的表达；抑制 LPS 诱导的单核因子分泌，控制炎症反应；诱导 B 细胞增殖及合成 IgE 类抗体，增强 B 细胞表面 MHC Ⅱ类分子、CD23 及 CD72 的表达；协同 IL-2 刺激 NK 细胞产生 IFN，从而促进单核-巨噬细胞活化和 Th1 型细胞免疫反应。最近还发现，IL-13 还具有抑制 HIV-1 在巨噬细胞内复制，诱导中性粒细胞中 IL-1ra 基因表达和蛋白质合成等多种功能。

(十四)白细胞介素 14(IL-14)

IL-14 由 T 细胞分泌,其成熟形式含 468 个氨基酸残基,可刺激活化的 B 细胞增殖,抑制丝裂原诱导的 B 细胞分泌免疫球蛋白。

(十五)白细胞介素 15(IL-15)

IL-15 是新近发现的一种因子,可由活化的单核-巨噬细胞、表皮细胞和成纤维细胞等多种细胞产生。IL-15 的分子结构与 IL-2 有许多相似之处,因此可以利用 IL-2 受体的 β 链和 γ 链与靶细胞结合,发挥类似 IL-2 的生物学活性。

IL-15 可诱导 B 细胞增殖和分化,是唯一能部分取代 IL-2 诱导初期抗体产生的细胞因子;IL-15 能够刺激 T 细胞和 NK 细胞增殖,诱导 LAK 细胞活性,还能与 IL-12 协同刺激 NK 细胞产生 IFN-γ。

主要功能:①维持 T 细胞株 CTLL-2 的生长,诱导细胞毒性 T 细胞活性,诱导预致敏 T 细胞的活化、分化,促进肠黏膜淋巴细胞特别是 TCR-$\gamma\delta$ 细胞的分化生长,而且与 IL-2 协同在较低浓度即能导致 T 细胞的迅速增殖。②对正常 B 细胞,在用十四酰佛波乙酸酯(PMA)和抗 IgM 抗体预活化后,IL-15 可诱导其增殖反应,但对静息 B 细胞无此效应。当将 IL-15 与 CD40L 联合应用时,可使 B 细胞分泌 IgG;对于恶变的 B 细胞,IL-15 不需活化便可诱导其增殖。③可以诱导 NK 细胞的分化成熟,增强其杀伤活性,也可显著增进 NK 细胞表达 IFN-γ 和 TNF-α;从小鼠骨髓中分离的多向祖细胞用 CSF/IL-1/IL-6/flt3L 培养后加 IL-15 可以分化成 NK1. 1^+ 表型,不加 IL-15 则分化成 NK1. 1^- 表型。④高浓度的 IL-15(10～1 000 ng/mL)能增加 LPS 活化的单核巨噬细胞产生促炎症因子,如 IL-1、IL-6 和 TNF-α,低浓度的 IL-15(<1. 0 ng/mL)能选择性地抑制促炎症因子的产生,对抗炎性因子无影响。⑤抑制淋巴细胞发生凋亡,且可抑制 IL-2 介导的活化诱导的细胞死亡(Activation-inducedcell death, AICD)。

(十六)白细胞介素 18(IL-18)

白细胞介素 18(Interleukin-18, IL-18)是于 1995 年 Hyogo 医学院细胞学系 Okamura 等从加热灭活的痤疮棒状杆菌(*P. acnes*)致敏后,再注射脂多糖(LPS)的裸鼠发生中毒性休克,从经过处理的肝细胞中分离并克隆出来一种新的细胞因子,由于这种细胞因子可显著刺激 Th1 细胞产生 IFN-γ,因此最初被命名为 IFN-γ 诱生因子(IFN-γ inducing factor, IGIF)。后来 Ushiod 等于 1996 年以小鼠 IGIF 为探针从正常人肝脏 cDNA 文库中克隆到人类 IGIF 基因,与小鼠 IGIF 基因具有 65%的序列同源性,并在大肠杆菌中得以表达,但氨基酸序列分析表明,IGIF 的氨基酸序列与已知数据库中的任何蛋白均不相同,并且它不仅能诱导 IFN-γ 产生,还具有其他多种生物学功能,故重新被命名为 IL-18。白细胞介素 18(IL-18)主要由单核巨噬细胞系统的细胞分泌,具有多种生物学功能。鸡 IL-18 除了能够明显诱导 Th1、NK、NKT 细胞产生 IFN-γ 外,还可诱导诸如 IL-2、GM-CSF 及 TNF-α 等其他多种细胞因子的产生。另外,鸡 IL-18 可增强 NK 细胞和 CTL 细胞的活性,上调细胞毒作用,促进 T 细胞增殖,在诱导 Th1 细胞的分化成熟过程和 Th1 细胞为主的细胞免疫反应中具有促进和调节作用。IL-18 在抗微生物感染、抗肿瘤免疫中具有应用潜力。

IL-18作为天然的免疫调节剂，目前已被公认为是一种可以替代传统疗法的新型治疗剂。鸡IL-18(ChIL-18)基因是近几年才被发现的，它具有与哺乳动物相似的生物学功能，因而在比较免疫学研究和禽病治疗中具有重要意义。

1. 鸡IL-18的分子结构特性

鸡IL-18 cDNA全长597 bp，编码198个氨基酸的前体多肽，分子质量约为23 ku，包含由29个氨基酸组成的特殊的引导序列，缺乏传统的信号序列，其成熟肽为169个氨基酸，是在29天冬氨酸位点由Caspase-1酶切割所致。鸡IL-18与人和其他哺乳动物的IL-18序列相比有约30%的同源性，同样缺乏N-糖基化位点和疏水信号肽。Kaiser研究发现，火鸡和鸡的IL-18基因序列高度保守，有96.1%的核苷酸同源性和97.4%的氨基酸同源性。火鸡IL-18 mRNA的3′UTR含有2个非恒定的基序和1个标准的多聚腺苷酰位点，而鸡IL-18 mRNA的3′UTR含有1个非恒定的基序和缺失1个标准的多聚腺苷酰位点。

IL-18虽在结构上与IL-1β相似，但在功能上更接近于IL-12。其前体在IL- 1β转换酶(ICE或Caspase-1)的作用下，去除前导序列成为成熟的IL- 18而发挥生物学作用。

2. 鸡IL-18的生物学功能

诱导IFN-γ以及多种细胞因子的产生：诱导T细胞NK细胞产生IFN-γ是IL-18最重要的生物学功能之一。鸡IL-18除了能明显诱导Th1、NK细胞产生IFN-γ外，还可诱导IL-2、GM-CSF及TNF-α等多种细胞因子的产生。Schneider等(2000)首次获得鸡IL-18 cDNA，并证明，重组鸡IL-18具有刺激鸡脾细胞产生ChIFN-γ的生物学活性。

免疫增强剂和抗感染作用：ChIL-18可作为一种免疫佐剂，通过ChIFN-γ发挥其抗感染、促生长等作用，对鸡产生更强大的保护性效应。

鸡IL-18除可以作为免疫增强剂外，还具有抗感染作用。

免疫系统的保护作用：随着分子生物学的发展，疫苗学进入了一个崭新的分子免疫时代，其中一个突出表现是各种细胞因子的表达及其应用。细胞因子已被初步证实能作为疫苗的高效免疫增强剂，使用得当时能够大幅度提高疫苗的免疫保护率和机体的免疫水平。

对感染性疾病的治疗作用：IL-18通过诱导IFN-γ的产生，对结核分支杆菌和牛分支杆菌疫苗BCG感染引起的慢性肉芽肿、沙眼衣原体引起的上皮细胞感染、新型隐球菌等引起的肺部感染、小肠结肠炎耶尔森菌和沙门菌引起的胃肠道感染等都有治疗和保护作用。

诱导IFN-γ产生和促进细胞因子分泌：鸡IL-18除了能明显诱导Th1、NK、NKT细胞产生IFN-γ外，还可诱导IL-2、GM-CSF及TNF-α等多种细胞因子的产生。

免疫增强剂和抗感染免疫作用：ChIFN-γ不仅是一种有效的免疫佐剂，而且还具有免疫增强和治疗作用，现已证明ChIFN-γ还是一种有效的生长促进剂。目前已证实鸡IL-18具有促进ChIFN-γ产生的生物学功能，因此考虑鸡IL-18也可作为一种免疫佐剂，并通过ChIFN-γ发挥其抗感染、促生长等作用。

3. IL-18的临床应用

鸡IL-18是一种炎性细胞因子，参与对微生物感染诱导产生细胞和体液免疫反应的初次免疫应答。Degen等研究了大肠杆菌表达并组氨酸尾纯化的重组鸡IL-18(rHis-ChIL-18)，作为3周龄SPF鸡免疫诱导剂，与其他传统的免疫激活佐剂进行对比。与铝胶、甘油酯和几丁质佐剂相比，rHis-ChIL-18能显著增强产气荚膜梭菌α毒素和NDV抗原的体液免疫反应；与铝胶、甘油酯和几丁质佐剂相比，油苗与rHis-ChIL-18共同诱导产生的抗体滴度较低。因此，当以适当的形式接种时，鸡 IL-18 是一种新型、安全的免疫增强剂。

Swaggerty 等(2006)发现沙门氏菌肠炎易感鸡与非易感鸡的异嗜性白细胞相比，非易感鸡经激活剂处理后，其 IL-18 mRNA 的表达水平显著提高。Rcbel 等研究了吸收不良综合征(MAS)易感性上有差异的肉鸡品种和吸收不良综合征诱导后肠道的细胞因子表达水平，发现吸收不良综合征诱导后，易感鸡的肠道中产生的 IL-18 和 IFN-γ 水平比非易感鸡品系中的要高。

韩宗玺等(2005)通过经口服途径给肉仔鸡饲喂重组鸡 ChIL-18 蛋白，观察其在正常饲养条件下和人工感染鸡传染性支气管炎病毒(IBV)时对肉仔鸡的影响。结果显示，饲喂重组 ChIL-18 融合蛋白能够增加肉仔鸡体重并可增强肉仔鸡对 IBV 感染的抵抗能力。

温纳相等(2005)对鸡 IL-18 进行原核和真核表达，发现重组鸡 IL-18 能显著提高鸡 T 细胞的转化率，随后将鸡 IL-18 重组表达质粒 DNA 与 NDV 灭活疫苗同时肌肉注射免疫鸡，结果显示，鸡 IL-18 能显著提高鸡体的细胞免疫水平。程相朝等(2005)构建了鸡 IL-18 真核表达载体，与鸡新城疫疫苗和传染性法氏囊病(IBD)灭活疫苗联合应用，对疫苗免疫增强作用做一研究，结果发现 IL-18 不仅能够显著增强疫苗所诱导的细胞免疫和体液免疫反应，而且还可以明显提高疫苗的保护率。

Mingxiao 等(2006)用构建的重组鸡痘病毒 rFPV-H5HA-IL18、rFPV-H5HA-H7HA-IL-18 和 rFPV-H5HA，经翼蹼免疫 1 日龄 SPF 鸡和 7 日龄来航商品蛋鸡，同时以 H5 亚型 AIV 全病毒灭活疫苗作为对照，研究结果表明，3 株重组鸡痘病毒株均能诱导鸡体产生血凝抑制抗体(HI)；共表达鸡 IL-18 的 rFPV-H5HA-IL-18 和 rFPV-H5HA-H7HA-IL-18 诱导商品蛋鸡的细胞免疫水平明显高于非共表达鸡 IL-18 的 rFPV-H5HA。重组鸡痘疫苗免疫 SPF 和商品蛋鸡后第 21 天进行攻毒试验，rFPV-H5HA-IL-18 和 rFPV-H5HA- H7HA-IL-18 免疫攻毒保护率达 10/10，rFPV-H5HA 免疫攻毒保护率达 9/10，与常规疫苗相当。Ding 等将纯化的堆型艾美耳球虫重组蛋白 3-1E 接种鸡胚以预防球虫，该重组蛋白单独或与编码白介素细胞 1、2、6、8、15、17、18 或 IFN-γ 基因的质粒混合接种鸡胚。与非接种鸡相比，当单独使用时，接种重组蛋白 3-1E 100～500 μg 可引发鸡粪中球虫虫卵明显减少。为了确定保护性的肠道免疫效果，免疫鸡孵化 14 d 后用活性堆积艾美耳球虫攻毒，免疫效果用粪便中的虫卵脱落数量和增加的体重来衡量。与非免疫且感染对照鸡相比，免疫 3-1E 蛋白的鸡粪便中虫卵数稍减少，体重略增加；同时免疫接种 3-1E 和 IL-2、IL-15、IL-17 和 IL-18 或 IFN-γ 基因的试验组中粪便虫卵数明显减少，体重明显增加。这表明鸡胚接种 IL-18 基因可能增强免疫效果。

Swaggerty 等(2006)发现与沙门氏菌肠炎易感鸡的异嗜性白细胞相比，沙门氏菌肠炎非易感鸡只经激活剂处理后，其 IL-18mRNA 的表达水平显著提高。Rebel 等(2005)研究了吸收不良综合征(MAS)易感性上有差异的肉鸡品种和吸收不良综合征诱导后肠道的细胞因子表达水平。以日龄相当的正常肉鸡作为对照，肉鸡肠道中产生的细胞因子和 IFN-γ 在疾病诱导后的不同时间内用 RT-PCR 方法测定。对吸收不良综合征感染有抵抗力的鸡肠道中的 IL-18 和 IFN-γ 水平较高，而 IL-8 差异不大。吸收不良综合征诱导后，易感鸡的肠道中产生的 IL-18 和 IFN-γ 水平比非易感鸡品系中的要高。鸡 IL-18 是一种新发现的具有多种生物学活性的细胞因子，具有促进 ChIFN-γ 产生的生物学活性。现已证实 ChIFN-γ 具有增强机体二次免疫应答、提高机体抵抗力和促进生长等作用，是一种有效的免疫佐剂和治疗型制剂。因而 IL-18 可以通过 ChIFN-γ 对鸡产生更强大的保护性效应。随着人们对鸡 IL-18 研究的逐步深入，将会有更多的生物学特性被发现和开发，鸡 IL-18 会有更广阔的应用前景。

三、转移因子

转移因子(Transfer factor, TF)：TF 通过从冻融致敏的 T 细胞获得的一种可透析的因子。能加强动物的免疫力，可以将延迟过敏反应能力从一个个体(包括人和动物)转移到另一个体。转移因子又称传输因子，国际翻译上习惯译为传输因子，由具有细胞性免疫功能的淋巴细胞产生。它们运送致敏淋巴细胞的抗原特异细胞性免疫(迟发性过敏反应)到未暴露或原生的淋巴细胞。

转移因子携带有致敏淋巴细胞的特异性免疫信息，能够将特异性免疫信息递呈给受体淋巴细胞，使受体无活性的淋巴细胞转变为特异性致敏淋巴细胞，从而激发受体细胞介导的免疫反应。转移因子具有广泛的免疫学调节活性，一方面可诱导免疫细胞活化，增强机体非特异性免疫能力，另一方面能够将特异性免疫能力传递到其他动物，激发动物产生特异性免疫。

转移因子是小分子物质，不会被胃蛋白酶、胰蛋白酶分解，也不会被胃酸破坏，可以口服。无毒副作用，无过敏反应，无抗原性。使用剂量小，起效快，药效持续时间长。

(一)分类

一般分为两类：特异性 TF 从某种疾病康复者或者治愈者中提取的转移因子；非特异性 TF 从健康人的淋巴细胞中提取，如移动抑制因子。

(二)研究历史

1949 年，Lawrenc 报道，将来自结核菌素试验阳性的淋巴细胞转移给试验阴性的受体，能使结核菌素试验阴性的受体转变成为阳性。随后 Lawrence 进一步研究，并于 1955 年再次报道，白细胞可透析物(Dialyzable leukocyte extracts，DLEs)具有同样的功能，并把引起这种效应的物质称为 TF。

Libuid 等(1972)发现，TF 的作用不受种属的限制，即猪的 TF 能将其免疫活性转移给牛、羊、犬、鸡和人。此特性对于 TF 临床应用具有重要意义，由于人源白细胞是有限的，而猪和牛的白细胞和脾的来源丰富，TF 产品的成本会大大降低，尤其在养殖上用于防制动物疾病，可以得到推广应用。

Lawrence 等研究认为，TF 具有 3 种活性，即免疫增强活性、免疫抑制活性和特异性免疫力传递作用。Burger 等在研究人 TF 的生物学活性时发现，能特异性传递活性的成分存在于紫外吸收峰的第 3 峰，峰一对丝裂原的刺激起抑制作用，峰三对植物血凝素 A (Phytohaemagglutinin A，PHA)和美洲商陆有丝分裂原(Poke weed mitogen，PWM)的反应以及对抗原依赖性淋巴细胞转化起增强作用，峰四对淋巴细胞转化起抑制作用。整个数据显示，其制备的 TF 中既含有引起特异性免疫反应的组分，也含有能引起非特异性免疫反应的组分。

2000 年，Kirkpatrick 报道，在其制备的 7 份特异性 TF 中，经溴化氰消化分析，存在保守序列 LLYAQDL/VEDN，该序列小分子肽能够与靶细胞表面受体结合，阻碍特异性 TF 的免疫传递。

目前,中国兽医转移因子已正式批准上市。

(三)TF 的理化性质

早期认为 TF 是由小分子多肽、DNA 和双链 RNA 组成,但用 DNA 酶、RNA 酶和胰蛋白酶进行消化,其活性不丧失。陈艳菊等对抗乙肝转移因子进行研究,活性组分含有 15 种氨基酸和腺苷酸,多肽与腺苷酸的分子比例为 1∶1。TF 不耐热,56℃经 30 min 可灭活,37℃时保持稳定 6 h,在－20℃以下可保存较长时间,其活性不消失。现在研究结果一致认为 TF 主要是由小分子肽组成,但由于来源不同以及纯化方法的差异,得到的 TF 分子质量大小没有一致的结果。

(四)TF 的生物学活性

TF 具有广泛的免疫调节活性,一方面具有非特异性,可诱导免疫细胞活化,增强机体非特异性免疫能力。另一方面又具有特异性,一种病原刺激机体产生的特异性 TF,用这种特异性 TF 处理其他同种或异种动物,能够将这种特异性免疫力传递给该动物,激发特异性免疫,其反应的强度与动物机体二次接触同类病原所产生的免疫反应相当。

TF 的非特异性免疫学活性:非特异性活性的存在不依赖抗原的刺激。非特异性活性与特异性活性存在于 TF 同一层析组分中。TF 的非特异性活性表现在以下方面:①增强或抑制淋巴细胞转化,体内试验表明 TF 对淋巴细胞转化增强或抑制作用的强度具有处理条件依赖性,在体外 TF 对刀豆素 A(Concanavalin A,ConA)的刺激呈抑制作用,对 PWM 刺激呈增强作用,而对 PHA 刺激无明显作用,在粗制 TF 中既存在增强免疫反应的物质,又存在抑制免疫反应的物质;②对中性粒细胞和脾细胞具有很强的趋化增殖活性,对巨噬细胞具有弱的趋化活性;③增加单核细胞 cGMP 浓度;④增强 K 细胞、NK 细胞和细胞毒性 T 淋巴细胞(Cytotoxic T lymphocyte,CTL)的杀伤活性;⑤趋化粒细胞;⑥诱导靶细胞分泌大量干扰素-γ 和白细胞介素-2 等细胞因子;⑦下调 IgE 和外周血酸性粒细胞的水平。

TF 的特异性免疫学活性:特异性 TF 具有转移特异性细胞免疫的能力,诱导未经过免疫的淋巴细胞,使其能与相应抗原发生反应。此活性的存在依赖于 TF 供体的免疫状态以及 TF 的不同组分,活性的检测需要有特异性抗原的刺激,活性的表达非常迅速并可用受体 TF 连续传递。TF 的特异性活性表现在以下方面:①能够转移特异性皮肤迟发型超敏反应;②在体内外均可激活淋巴细胞,可将特异性免疫信息传递给淋巴细胞,使其处于致敏状态。

TF 的特异性免疫活性是特异性防制某些疾病的重要作用机制。经特异性抗原或者病原免疫后制备的 TF,通过与受体淋巴细胞表面的受体相互作用,使之成为具有特异免疫活性淋巴细胞,这种具有特异活性的淋巴细胞若与相应抗原相遇,即可产生强烈的细胞免疫反应。这种反应包括致敏淋巴细胞发挥细胞毒作用,直接对靶细胞进行攻击;致敏淋巴细胞进一步分裂增殖,形成更多的致敏淋巴细胞;合成释放多种淋巴因子,如趋化因子、肿瘤坏死因子、干扰素和白细胞介素等,对多种靶细胞起作用。同时还释放特异性 TF,使更多的非致敏淋巴细胞直接转化为致敏淋巴细胞,扩大细胞免疫反应。但特异性 TF 在临床上的治疗效果众说纷纭,其原因在于 TF 的成分及其作用的复杂性,传统制备 TF 过程中,纯化效果不够理想,造成最终的 TF 成分不具有单一性,而是分别具有不同功能的各种小分子多肽的混合物。

(五)转移因子的临床应用

自从发现TF以后，研究人员对TF的临床应用作了广泛的研究和探索。TF在人医临床上对肿瘤和病毒性传染病，如疱疹、麻疹、艾滋病以及细菌、真菌感染病、免疫缺陷病和特异性皮炎等均有一定的疗效。在兽医临床上，TF在多种动物上已有许多应用的报道，如对牛、猪、鸡和犬均具有明显的效果。

Wilson等(2008)报道，用鸡作动物模型研究牛乳中的特异性TF对新城疫和传染性法氏囊病的细胞免疫效果，结果表明牛乳中TF能够引起鸡的特异性细胞免疫，这种免疫作用产生迅速，持续时间达35 d。从鸡脾脏中提取的特异性TF，不管是对SPF鸡还是对商品已免疫鸡，同样可以激发特异性细胞免疫。哺乳动物初乳中均含有大量的TF，牛的初乳是常规制备TF的主要来源。目前，国内外人医临床上使用的多是从牛初乳中或猪的脾脏中提取的TF。徐燕萍等(2006)报道其制备鸡卵黄乙肝病毒特异性转移因子能明显抑制小鼠白细胞黏附，并能诱导小鼠跖趾部皮肤的迟发型超敏反应，与猪脾淋巴细胞制取的乙肝特异性转移因子检测结果接近。证明鸡卵黄乙肝病毒特异性转移因子与猪脾淋巴细胞制取的乙肝特异性转移因子主要理化性质和作用相类似，均具有乙肝抗原特异性细胞免疫活性。Kirkpatrick等(1996)报道，TF通过口服与注射途径给药，在调节机体免疫功能方面具有同等效果。TF口服和注射用药后效果均显著。TF的这一特性极大地方便了其在临床上的应用，尤其是在大规模集约化养殖业中，选择口服给药将更为方便，造成的应激反应也大大减小。

王建文等(1995)用鸡柔嫩艾美耳球虫的孢子化卵囊对70日龄罗曼鸡进行滴鼻免疫。20 d后取脾，用透析法制备特异性TF，经口服证明对鸡生长发育具有明显促进作用。马凤龙等(1999)将鸡脾TF与鸡新城疫、传染性法氏囊病和减蛋综合征疫苗同时应用后，以淋巴细胞转化试验监测细胞免疫应答，血凝抑制试验监测体液免疫应答。结果表明，试验组的细胞应答能力和血清抗体与对照组相比明显较高。说明TF与疫苗同时应用具有协同作用，可显著提高机体的细胞免疫和体液免疫功能，增强疫苗的免疫效果。

郭定宗等(1999)用猪传染性胃肠炎弱毒疫苗分2次接种猪，取其脾脏制备特异性猪传染性胃肠炎TF，试验结果表明，猪传染性胃肠炎TF能非特异性地增强小鼠吞噬细胞的吞噬功能。孔庆波等对猪TF对犬淋巴细胞转化增殖的影响进行研究，结果表明，当犬淋巴细胞浓度为5×10^6个/mL，植物血凝素(Phytohem aglutinnin-P，PHA-P)为12.5 μg/mL，犊牛血清为10%时，淋巴细胞增殖效果最佳。在最佳培养条件下，猪TF浓度在0.195～25 mg/mL时，对淋巴细胞转化增殖均有明显促进作用，猪TF单独或与PHA-P共同作用时对淋巴细胞增殖的最佳刺激浓度均为1.56 mg/mL，且猪TF单独作用于淋巴细胞的效果优于与PHA-P的协同作用。试验结果证实，异源TF对犬淋巴细胞增殖有良好的刺激效果。潘天彪等用猪TF对猪瘟疫苗进行联合免疫，试验结果显示，猪用TF和猪瘟疫苗联合使用，能显著提高猪瘟的抗体水平。猪用TF和猪瘟疫苗混合后免疫与分部位同时使用对提高猪瘟抗体水平差异不显著，与对照组比较差异极显著。使用TF对仔猪增重有促进作用。

郭宝福等(1993)用猪脾TF治疗159例奶牛隐性乳房炎，经统计学处理，用药后与用药前比较，差异极显著($P<0.01$)，治疗组的有效率为91.2%，表明应用TF治疗奶牛隐性乳房炎具有明显的治疗效果。以MTT法对猪、牛、羊等动物的外周血淋巴细胞及鸡、鸭脾脏淋巴细胞进行转化试验研究，结果表明，rTF具有诱导淋巴细胞转化和增强淋巴细胞增殖的生物学活性。对已有基础免疫的青年鸡进行临床攻毒试验，分为攻毒前使用rTF、攻毒时同时使用rTF和攻毒发病后使用rTF-3组进行研究，发现以攻毒前使用效果最佳，对比各组临床症状表现，剖检病理变化，试验组均显著优于对照组。从而表明rTF具有免疫增强作用和治疗作用。

鸡脾转移因子口服液已获得中国农业部颁发的三类新药证书。

（常维山　山东农业大学）

第四节　动物常用血液生物制品

畜禽血液一般是指屠宰畜禽时所能收集到的血液，一般指猪、牛、羊、鸡、鹅血。谈到开发利用，则要针对具有一定规模的屠宰场在特定的条件下收集到具有一定量的符合卫生要求的血液为基础。畜禽血液含量因动物种类而异，牛血约为活体重的8%，猪血约为活体重的5%。屠宰动物后所能收集到的血液占总量的60%～70%，其余的滞留于肝、肾、皮肤和体内。通常屠宰一头猪，可收集2.5～3.0 kg血液，以生猪毛重90 kg，瘦肉率55%计，收集到的血量相当于瘦肉产量的6%。

随着世界人口的不断膨胀、人类生存质量标准的提高，营养素，尤其是蛋白质的缺乏日益严重，人类必须对地球所能提供的有限资源加以充分利用，畜禽血液是人类解决这一缺乏问题的有效途径之一。近10年来，随着现代分析技术和分离加工技术的发展，曾经制约畜禽血液利用的不利因素逐渐打破，除了前边叙述的动物抗毒素、治疗用抗血清、诊断用免疫血清、干扰素等根据特殊需要而进行免疫制备的生物制品外，国内外对畜禽血液综合利用的研究成为热点，特别是畜禽血液制品应用上的开发，包括针对人类食用而开发的保健营养食品和食品添加剂以及医药工业上以及仔畜代乳品、饲料添加剂等方面的应用，如应用较多的细胞培养用牛血清、动物血液免疫球蛋白、血浆蛋白粉、微生态血粉饲料、动物血液免疫球蛋白等，还有处于开发研究阶段的一些血液生物制品，如血红蛋白肽（简称血肽素）、提取超氧化物歧化酶和凝血酶原、原卟啉钠、血红色素、鹅血转铁蛋白、动物血液蛋白胨等。

一、动物血液免疫球蛋白

免疫球蛋白(Immunoglobulin，Ig)是一类具有抗体活性或化学结构与抗体相似的球蛋白，它普遍存在于哺乳动物和人类的血液、组织液及外分泌液中，在动物体的营养代谢和生理调节方面具有重要的作用，是动物体内免疫系统最为关键的组成物质之一。在动物的免疫和生理调节过程中Ig起着重要作用，它是动物体内的免疫系统最为关键的物质之一。大量的研究结果表明，Ig对许多病原微生物和毒素有抑制作用（廖明等，1996）。其生物学功能主要表现为与相应抗原特异性结合、激活补体、结合细胞产生多种生物学表达、通过胎盘传递免疫力等。根据电泳迁移率和免疫功能的不同，人们将免疫球蛋白可分为5类，即IgG、IgA、IgM、IgD和IgE，其中IgG是含量最多的，也是最重要的一类免疫球蛋白。作为一种新型的免疫强化剂，免疫球蛋白特别是IgG正逐步被广泛应用于仔畜代乳品和饲料添加剂中。

(一)免疫球蛋白的性质

免疫球蛋白具有所有蛋白质的通性，它的活性受到热、酸、碱等的影响。因此，在分离制备时，应保障其在分离制备条件下的稳定性。其粗品的免疫活力一般在低于57℃时，几乎没有变化，但从57℃开始降低，将近80℃时基本失活；过酸或过碱都会造成免疫球蛋白变性失活。杨严峻等(1996)研究发现，免疫球蛋白的耐热性与其纯度有关，纯度越高，其耐热性就越差。因此在分离制备Ig时不仅要考虑温度对Ig活力的影响，纯度也是要重点考虑的因素，而且对纯度的要求也越来越高。

(二)免疫球蛋白的制备

免疫球蛋白主要来源于动物血液、初乳和蛋黄。无论是初乳中的，还是蛋黄中的，都是免疫细胞分泌产生的，由血液中转移过去的。因此，动物血液中抗体较牛初乳、免疫乳和鸡蛋黄来说，含量高、来源丰富且价格便宜，是一种很好的制备免疫球蛋白的原材料。

以动物血液为原料制备的免疫球蛋白产品在国外已实现了工业化生产，如美国Proliant公司利用盐析法从牛血浆中制得的免疫球蛋白浓缩物，总蛋白质含量为89%，免疫球蛋白含量为51%～58%。中国也具有丰富的动物血液资源，目前，一些大中型肉类加工企业引进国外现代化的屠宰加工线，采用真空采血，同步检验，保证了血液制品的安全性，为动物血液中免疫球蛋白的开发及产业化提供了保证。

根据蛋白质的分子大小、电荷多少、溶解度以及免疫学特征等，从血液中提取免疫球蛋白归纳起来主要有盐析法(如多聚磷酸钠絮凝法、硫酸铵盐析法)、有机溶剂沉淀法(如冷乙醇分离法)、有机聚合物沉淀法、变性沉淀法、柱色谱分离法(包括离子交换法、凝胶过滤法、亲和色谱法)及超滤法等，其中比较适合工业化生产的方法为硫酸铵盐析法和冷乙醇分离法。

1. 有机溶剂沉淀法

有机溶剂沉淀法广泛用于生产蛋白质制剂，常用的试剂是丙酮和乙醇等，其中以乙醇最为常用。冷乙醇分离法提取免疫球蛋白最早是由Cohn等(1992)提出的，用于制备γ球蛋白(IgG)。目前，国际上常用冷乙醇法有两种，一种是美国等主要使用的Cohn-Oncley法，另一种是西欧等国主要使用Kistler和Nitschmann法。冷乙醇分离法是中国生物制品规程推荐用的方法，不仅分离物质多，可同时分离多种血浆成分，分辨率高，提纯效果好，而且有抑菌、清除和灭活病毒的作用，但需要在低温条件下操作。

工艺流程：血清→用水稀释4倍→ 25℃下调节pH至7.7 →置冰盐水中冷却至有小冰生成→慢慢加入50%的乙醇，并搅拌使乙醇最终浓度为20%→5～7℃离心分离→取沉淀加水溶解→免疫球蛋白的粗提液。

2. 盐析法

用于盐析法的中性盐有硫酸铵、硫酸钠、硫酸镁、氯化钠等，其中以硫酸铵最为常用。因为硫酸铵在水中的溶解度很大，有利于达到高离子强度，且受温度影响小，一般不会引起蛋白质变性，所以常用来盐析免疫球蛋白(McCormack等，1993)。盐析法是利用不同的蛋白对盐浓度敏感程度的差异性进行的。王三虎等(1998)采用硫酸铵盐析法从猪血中提取免疫球蛋白，其提取工艺为：新鲜猪血→猪血浆→20%饱和硫酸铵沉淀→上清液→50%饱和硫酸铵→免疫球蛋白粗品。后来，在其基础上进行优化，以获得更高纯度的免疫球蛋白制品，基本工艺路线为：新鲜血液→抗凝/非抗凝→离心→血浆/血清→等体积 PBS/生理盐水稀释→20%饱和度硫酸铵沉降纤维蛋白原→离心→上清液 →50%饱和度硫酸铵沉降球蛋白→离心→收集沉淀→复溶→超滤脱盐→浓缩→组方灌装或者冷冻干燥→免疫球蛋白成品。

该工艺操作简单，成本较低，是一种经典的免疫球蛋白提取方法。利用此工艺制备的免疫球蛋白纯度高，安全无毒，既能保证免疫球蛋白的生物活性不受破坏，又能满足大量生产的需要。

盐析法提取免疫球蛋白(IgG)具体操作为：

(1)收获血浆：抗凝后收集的猪血液应该立刻离心，如因其他条件不允许，则必须保证猪血在不超过 10℃的环境下放置不超过 48 h。血浆保存过程中，不能有反复冻融的情况出现。

(2)稀释血清：向血清/血浆中加入生理盐水，做 1∶1 稀释，主要目的，以防蛋白质溶液浓度过稠，引起其他蛋白质共沉，或局部蛋白质变性。

(3)用 20%饱和度硫酸铵沉淀纤维蛋白：将按 1∶3 的比例将饱和硫酸铵匀速加入血清中，并边加边搅拌使硫酸铵饱和度为 20%。全部饱和硫酸铵与血浆充分混合后，常温中静置 30 min 后，4 000 r/min，4℃离心去沉淀保留上清液。

(4)用 50%饱和度硫酸铵沉降免疫球蛋白：离心获得的上清液按 2∶1 的比例直接向上清液添加饱和硫酸铵 1 334 mL，边加边搅拌，使硫酸铵饱和度为 50%。全部饱和硫酸铵与上清液充分混合后，搅拌的目的是为了防止局部硫酸铵浓度过高。搅拌后，室温放置 0.5～1 h，或置 4℃冰箱过夜，次日取出，在 4～6℃条件下以 4 000 r/min 离心 30 min，离心后弃上清(内含白蛋白等)，沉淀物中即含 γ 和 β 球蛋白。此步骤后离心，收集沉淀，复溶并超滤脱盐、浓缩、冷冻干燥即为含有多种免疫球蛋白的成品。

(5)用 33%饱和度硫酸铵提取血清中的 γ 球蛋白(IgG)：用生理盐水或 PBS 将沉淀物搅拌溶解，其溶成原血清体积(1 体积)，向其中添加饱和硫酸铵 1/2 体积。使硫酸铵饱和度为 33%，边加边搅拌，冰箱中静置 0.5～1 h，同上法离心，弃上清(α、β 球蛋白)，按上述步骤再重复 2 次，即 33%饱和度硫酸铵反复提取 3 次，即可获得较纯的 IgG(即 γ 球蛋白)。一般来说，蛋白质溶液中的饱和硫酸铵浓度达到 33%时，IgG 即被沉淀出来。但从不同动物的血清中分离 IgG 的最适饱和硫酸铵浓度和沉淀次数不完全相同。从各种动物血清中制备 IgG 所需的硫酸铵浓度和次数见表 10.6。

表 10.6　不同动物血清中制备 IgG 所需的硫酸铵浓度和次数

血清来源	硫酸铵饱和度(%)和沉淀系数	血清来源	硫酸铵饱和度(%)和沉淀次数
家兔	35×3	猪	35×3
绵羊	35×3	鸡	35×3
马	30×3	豚鼠	35×1,40×2
山羊	30×1,45×1	小白鼠	35×1,40×2
牛	35×3	大白鼠	35×3

(6)脱盐:免疫球蛋白经硫酸铵提取后,其蛋白液中含有大量硫酸铵,必须除去,常用的方法有透析法和葡聚糖凝胶过滤法两种。①透析除盐或者超滤除盐法:半透膜具有使小分子或离子透过而蛋白质分子不能通过的特性。透析时开始先用蒸馏水透析过夜,水量至少是蛋白液的50倍,然后移至PBS或生理盐水中,置4℃透析2～3 d,每天换液2次以上,用氯化钡溶液检查SO_4^{2+},用奈氏(Nessler's)试剂检查NH^+。②SepadexG25过柱除盐法:SepnadexGl0、15、25或50系细孔凝胶,可排阻所有蛋白质,而盐类可自由进入,用此法可方便地将蛋白质和盐分成两个组分,常用G25或G50除盐。

(7)病毒的灭活:血液制品的常用消毒方法包括有机溶剂/去污剂混合物(S/D)、甲醛灭活法、低pH孵放法、热力消毒法、乙型丙内酯法、光化学消毒法、超滤消毒法等方法。①甲醛灭活法:将抽滤后的溶解液添加优质甲醛(终浓度0.02%),搅拌均匀后,密封,以防止甲醛挥发。将烧杯置于37℃恒温水浴中24 h,进行病毒灭活。灭活的过程中,每隔4 h进行一次晃动,保证甲醛能够与液体充分接触,最大限度发挥甲醛灭活病毒的效果。②膜过滤法:膜过滤技术只有在滤膜的孔径比病毒有效直径小时才能有效除去病毒。该方法不能单独使用,应与其他方法联合使用。

(8)无菌过滤:组方、调整pH后,使用0.22 μm的滤膜过滤除菌。除菌后的产品应保存在高压或其他方式无菌处理过的容器内,最好为玻璃容器内。4℃保存,封口膜密封保存容器出口,即为半成品。

(9)组方灌装或者冷冻干燥:根据产品成品的特点选择液体剂型或者冻干剂型。

(10)成品检验:由于国内尚没有明确的质量检验标准,可参考《中国兽药典》2005版中血清制品或人用免疫球蛋白的质量标准要求的检测要点进行,包括:外观检验、pH、蛋白质含量、甲醛、硫柳汞等防腐剂、灭活剂含量测定、无菌检验、外源病毒检验等。

(三)免疫球蛋白在畜禽生产中的应用

1. 免疫球蛋白在防制仔畜疾病方面的应用

幼龄动物消化系统尚未发育完全,口服的抗体能够很容易地通过肠壁,通过特异性抗体预处理后能够预防腹泻。由于Ig有较好的稳定性,可作为口服剂或饲料添加剂用于肠道细菌感染、腹泻以及其他一些疾病的预防和治疗。目前,国内在饲料中添加免疫球蛋白或者注射用于治疗动物细菌和病毒感染的方法已得到广泛的应用,特别是对于仔猪、犊牛以及其他的新生畜禽腹泻,具有预防和治疗效果。

针对初生仔猪吸收外源性免疫球蛋白的机理和影响因素研究指出。从猪血液中提纯的IgG能够有效地被新生仔猪吸收,且饲喂的IgG浓度与其吸收的IgG浓度正相关,因此增加外源性IgG的摄入量对于增强新生仔猪的抗病力,使其安全度过危险的断奶时期是很有必要的。

Erhard等(1996)研究特异性Ig对断奶仔猪腹泻的预防效果。含抗大肠杆菌K88、K99、987P和抗HRV的特异性Ig以饲料形式添加,在仔猪断奶后(28～56日龄)饲喂,发现添加Ig后显著降低腹泻率和死亡率,减轻腹泻程度,减少了抗生素的使用量。Killer等(1994)研究了Ig对腹泻仔猪的治疗作用,用含抗大肠杆菌和抗轮状病毒的特异性Ig,在腹泻开始后连续3 d口服饲喂(每天每头仔猪3 g),发现仔猪腹泻时间明显缩短。Brog等(1999)研究了水溶性球蛋白对断奶仔猪生长性能的影响,结果表明仔猪断奶后7～14 d试验组仔猪的平均日增重、平均日粮采食和料肉比均较对照组有显著提高。Verdoliva 等(2000)也分别证明用抗肠毒素性大肠杆菌(ETEC)的 Ig 饲喂新生仔猪和新生犊牛,均可防止 ETEC 引起的腹泻,起到被动免疫作用。Steidinger 等(2002)利用 APC 提供的水溶性球蛋白饲喂早期断奶仔猪,结果表明水溶性球蛋白对早期断奶仔猪具有很好地促生长作用。刘艳芬等(2000)用猪血清 IgG、痢菌净、氯霉素和恩诺沙星进行防制仔猪腹泻试验,治愈率分别为 88.7%、62.5%、52.9%和 64.8%,有效率分别为 91.4%、72.5%、54.7%和 76.2%,结果表明,IgG 组效果显著高于其他抗生素治疗组。黄培强(2002)进行的免疫球蛋白防制仔猪白痢试验表明,防制组 350 头均未见明显局部和全身反应,发病 29 头,发病率为 8.3%;对照组 88 头发病 54 头,发病率为 61.4%。试验组的发病率较对照组降低 53.1%,表明免疫球蛋白对预防仔猪白痢有较好效果。

犊牛在出生后最初两周最易发生腹泻,主要的病原菌是轮状病毒、冠状病毒、K99 大肠杆菌和隐孢子等(于洪勋等,2004)。Erhard 等(1988)给初生犊牛(0~14 日龄)补充抗大肠杆菌 K99 和 HRV 的 Ig,从腹泻率、腹泻程度以及腹泻的时间来看,使用 Ig 的效果显著($P<0.05$),特别是添 Ig 组的日增重显著高于对照组。饶家辉等(2010)制备获得精制抗猫瘟免疫球蛋白(IgG)的细胞中和试验和动物治疗试验结果表明,中和效价在 128 倍以上,对 5 只人工感染 FPV 猫进行治疗,治愈率达 100%,证实该制品对猫泛白细胞减少症有很好的治疗效果。

用法与用量:如用于猪病毒病的紧急预防和发病后的治疗,包括对病毒性腹泻、猪瘟、细小病毒病等病毒病,可表现出特定的预防和治疗效果。同时可提高抗应激能力、部分增强仔猪体质,提高仔猪成活率。①新生仔猪预防、保健:刚出生 1~2 d 仔猪口服 2 mL,初乳缺乏时 4 mL/头;弱仔猪视情况加量使用;可有效预防疫病的侵害,促进生长,提高仔猪成活率。②断奶仔猪预防、保健:10 d 左右注射 2 mL,断奶前注射 2 mL,可确保仔猪安全度过断奶期,增重明显。停用免疫球蛋白 5 d 后,开始注射疫苗。③治疗猪腹泻:肌肉注射,每 10 kg 体重注射 2 mL,1 次/d,连用 3 d。重症加倍。

2. 免疫球蛋白在禽业生产和水产中的应用

杨丽娥等(1995)研究结果表明,免疫球蛋白可使禽类对相应病原体引起的胃肠道感染性炎症有被动免疫保护作用。包括肌注血清 IgG 后雏鸡的法氏囊形态结构进行电镜观察发现,试验组鸡法氏囊淋巴细胞的增殖与分化较快,还能促进胸腺小体的发生、发育,延长胸腺存在期,使胸腺处理抗原能力提高;肉用仔鸡在各生长阶段的平均体重和日增重均高于对照组,其碱性磷酸酶的活性也高于对照组。徐奇友等(2003)将 Ig 用于预防和治疗禽类的胃肠道感染性炎症和腹泻取得满意结果。Ig 用于禽类疫病防制方面的研究报道较多,且已有产品应用于生产中,如用于紧急预防和治疗传染性法氏囊病(IBD)、新城疫(ND)等疫病的 Ig,效果很好(那红等,1997)。

另外,Otake 等(1991)研究发现,通过给日本鳗鱼口服特异性免疫球蛋白,可降低死亡率,清除肠道病原菌,从而减少对肝和肾的侵害。郭本恒等(1993)给感染前或感染后的鳕鱼口服免疫球蛋白,可显著降低死亡率和肠道感染率;虹鳟鱼若在感染前 4 h 腹腔内注射免疫球蛋白,则可获得相同的被动免疫作用。

二、血浆蛋白粉

血浆蛋白粉是动物血液(一般是猪血或牛血)分离出红血球后的血浆经喷雾干燥后而制成的粉状产品。其中含粗蛋白 78%,消化率高达 90%以上,含赖氨酸 7%,其他各种氨基酸的含量丰富且较平衡。它对早期断奶仔猪有防止腹泻和促生长的作用，因此被广泛地用于断奶仔猪的饲料中。以不同的动物血液为原料制作，血浆蛋白粉分为猪血浆蛋白粉、牛血浆蛋白粉、母猪血浆蛋白粉以及低灰分猪血浆蛋白粉。从干燥技术来说，血浆蛋白粉又可分为以下 4 种：喷雾干燥猪血浆蛋白粉(SDPP)、喷雾干燥牛血浆蛋白粉(SD-BP)、喷雾干燥母猪血浆蛋白粉(SDSPP)、喷雾干燥低灰分猪血浆蛋白粉(LAPP)。

(一)血浆蛋白粉的生产工艺

国外对血浆蛋白粉的工艺研究始于 20 世纪 80 年代，至今已非常成熟，典型的如美国 APC 公司和德国的 CLINB 公司等的产品均先后进入国内市场，从而使血浆蛋白粉逐渐被国内饲料行业所认知，但是加工技术的相关信息一直保密，直到 20 世纪 90 年代后期，其大致的工艺才为国内相关人员所了解。它主要包括以下 3 种技术：

1. 离心分离技术

实践证明，屠宰后部分破裂红血球中的血红蛋白(Hb)所含的 Fe^{2+} 很快被氧化成三价铁，使血浆颜色变深，从而影响产品色泽，同时血红蛋白释放入血浆，会改变血浆蛋白构成，目前只能通过改进屠宰方式或尽快离心分离降低溶血程度，随着螺旋、碟片分离机的不断完善改进，产品的质量也不断得到改善。这说明血浆蛋白粉产品中的蛋白成分、含量与产品外观色泽与离心条件的关系非常紧密。

2. 超微过滤技术

借助膜过滤分离技术浓缩提纯蛋白，同时除去杂质组分。20 世纪 60 年代制膜技术取得突破后，膜分离技术得到飞速发展，超滤(Ultrafiltration)、微滤(Microfiltration)和反渗透(Reverse osmosis)的概念应运而生。三者是以膜孔径大小不同来划分的，依次为微孔过滤、超滤和反渗透。

在超滤过程中随着超滤时间的延长、压力增加，被处理的血浆难度大，过滤时容易起泡、起浆，降低流动性。因此，目前普遍采用切向流过滤模式，尽量降低浓差极化的程度。切向流过滤是使被处理溶液平行与滤膜表面流动，与过滤方向垂直，溶液在压力的作用下过滤，这样可以冲走部分堆积于膜面上的微粒，保持滤速，中空纤维内压式超滤仪就是基于这一原理设计的。

3. 喷雾干燥技术

喷雾干燥技术是利用雾化器将料液分散为细小的雾滴，在高温的热介质下迅速汽化水分，生成干粉产品。根据雾化器的不同分为离心喷雾、压力喷雾式和气流喷雾式。相对于其他干燥方法，喷雾技术增大了物料表面积，瞬间蒸发快，且支持的温度范围广。

喷雾干燥血浆蛋白粉生产基本工艺：采用无菌法从卫生检疫合格的屠宰场收集动物血液，加入抗凝剂(如柠檬酸钠)并进行冷却，经离心机将红血球与血浆进行分离。分离出的血浆有的先经过逆向渗透除去部分灰分，有的直接在 32℃ 预热 25 min，再将液态血浆高压喷洒到干燥塔上，在 200℃ 下进行喷雾干燥，最后在 93℃ 下蒸发 1～2 min 冷却至室温后就可生产出棕褐色细粉状的喷雾干燥血浆蛋白粉。

(二)血浆蛋白粉的应用

在养猪生产中，仔猪断奶阶段是最关键的时期，在这段时期应该给仔猪提供符合其营养需要和生理特性的日粮，特别应该严格要求其中蛋白质的来源。而血浆蛋白粉是仔猪理想的优质蛋白质来源，富含22%～30%的免疫球蛋白IgG等，可有效地阻止有害菌群在消化道中定植以减少仔猪腹泻，提高其抗病力；它含有70%以上的蛋白质，氨基酸比较平衡，并且有良好的适口性，可显著提高仔猪日增重及饲料报酬。许多研究证实，血浆蛋白粉营养全面、消化率高、适口性好、富含免疫物质，有易于提供给仔猪全面的营养，并且添加血浆蛋白粉有利于提高仔猪消化系统功能、增强麦芽糖酶和乳糖酶的活性，可以促进营养物质的消化吸收，对断奶仔猪有特殊的营养作用(Grinstead 等，2000)。因此，血浆蛋白粉添加在仔猪料中应用是比较常见的一种提高饲料转化率、减少仔猪腹泻、增进机体健康的使用方式，这可能与其有提高断奶仔猪酶系统的功能，可增加胃蛋白酶和膜蛋白酶活性，从而提高仔猪免疫机能，有效防制早期仔猪断奶综合征有关。

1. **提高采食量和日增重，提高饲料转化率**

秦玲丽等(2002)的研究结果表明，试验中饲喂添加血浆蛋白粉的仔猪比空白组的体重高13.7%，而且与饲喂没有添加血浆蛋白粉的对照组猪相比，断奶后的生长速度、饲料采食量和饲料转化效率均得到提高。仔猪断奶后，特别是断奶后1周内，添加血浆蛋白粉的试验组比对照组增重更为明显。可能与仔猪断奶后，在饲料中添加血浆蛋白粉能减缓乳猪应激，促进生长有关。

刘喜良等(2003)用喷干血浆蛋白粉日粮分阶段饲喂断奶仔猪，试验结果表明：第1阶段断奶仔猪平均日增重为187 g/d，比对照组高68.47%；第2阶段试验组平均日增重为397.3 g/d，经检验，全试验过程平均日增重试验组与对照组间差异极显著($P<0.01$)；试验期间平均日采食量，试验组明显高于对照组，试验组与对照组的平均日采食量有极显著性差异($P<0.01$)，而饲料转化率只在第1阶段降低，第2阶段反而升高，全程无显著性差异($P>0.05$)，但累积使肉成本平均降低13%。

另外，Derodas 等(1995)在24日龄仔猪日粮中添加血浆蛋白粉，提高了仔猪断奶后2周内的日采食量和日增重，且血浆蛋白粉对仔猪的促生长效果第1周比第2周明显。管武太等(1996)试验证明添加血浆蛋白粉可以提高仔猪采食量和日增重。Steidinger 等(1999)在饲料中添加干燥血粉提高了仔猪断奶后2周的生产性能。Ermer 等(1994)在断奶仔猪日粮中添加了血浆蛋白粉，发现仔猪的采食量显著增加。李德发(1996)研究结果表明在仔猪饲料中添加血浆蛋白粉能明显提高仔猪的采食量和平均日增重($P<0.05$)。Gatnau 等(1990)研究发现血浆蛋白粉可以提高仔猪饲料转化率。刘汉林等(1998)得到了同样的试验结果。陈冬星等(2000)研究结果表明饲料转化率也明显提高。但有的学者认为血浆蛋白粉对提高饲料转化率没有影响(Richert 等，1994；管武太等，1996)。因此，血浆蛋白粉对饲料转化率的影响还需进一步研究。

2. **减少仔猪腹泻，增进机体健康**

血浆蛋白粉在饲料中添加可以降低仔猪断奶后的腹泻率，提高仔猪健康状况，且仔猪的饲养条件越差，效果越明显。许多研究证明血浆蛋白粉可以减少断奶仔猪腹泻的发生率(Gatnau，1990；Zimmerman，1990)。易永宏(2000)研究了血浆蛋白粉对3周龄断奶仔猪的饲养效果，发现仔猪的腹泻率明显降低($P<0.01$)，这与血浆蛋白粉中免疫球蛋白的功能有关，仔猪采食后可以吸收，因而提高了对疾病的抵抗力。陈冬星等(2000)研究结果表明添加血浆蛋白粉组的粪便细菌总数在4周龄明显少于对照组。目前大多数的学者认为血浆蛋白粉能减少断奶仔猪腹泻的发生。

3. 使用添加量

不同的仔猪生长阶段，血浆蛋白粉的添加量不同。Gatnau等(1990)认为，饲料中血浆蛋白粉的添加量在0～8%时，仔猪的生产性能与添加量之间呈二次相关，最大值在6%的添加量。张丽英等(1999)对35日龄断奶仔猪做的试验表明，添加6%血浆蛋白粉时，饲料转化率明显高于对照组。易永宏等(2000)认为3周龄断奶仔猪日粮中血浆蛋白粉的适宜添加量为5%，此时，可以明显提高仔猪采食量、饲料转化率，减少仔猪腹泻。从作用效果和经济效益考虑，一般在仔猪断奶后1～2周添加5%～6%为宜，3～4周添加3%左右为宜。但是最佳的添加量是很难下定论的，因为受很多因素的影响，如断奶日龄、断奶体重及环境因素等，应用时可根据实际条件确定。

(三)血浆蛋白粉的应用前景

血浆蛋白粉含有优良的蛋白质，适口性好，粗蛋白质含量可高达78%左右，氨基酸全面，尤其以赖氨酸为突出，还含有天然免疫球蛋白，能有效防止断奶幼畜的肠道感染，降低免疫刺激。对于防止断奶后仔猪的生长停滞和下痢，是有效的蛋白源。目前很多的学者针对血浆蛋白粉的作用机理、应用效果作了大量的研究。初步的研究结果表明，血浆蛋白粉在断奶仔猪饲料中的应用是可行的。但是，对于血浆蛋白粉的了解还不够彻底，还需要大量的研究来证明它的营养性、抗病和保健性。

三、微生态血粉饲料

最初，人们将收集的血液直接利用滚筒干燥法制得血粉，该方法对原料血要求不高，较好地保留了血粉中的蛋白质和氨基酸，又减少了污染。干燥血粉通常呈黑褐色粉末状，一般含水5%～8%，粗蛋白80%，粗脂肪1.4%，灰分4.4%，赖氨酸5.37%，蛋氨酸1.05%，苏氨酸3.87%，精氨酸4.49%。血粉最大的特点就是氨基酸含量高，但是氨基酸组成不平衡，异亮氨酸含量尤其缺乏。血粉还含有可帮助消化的多种酶类和维生素A、维生素B_2、维生素B_6、维生素C等，但与其他动物性蛋白质饲料相比，维生素B_{12}和核黄素的含量较低。而且血粉饲料在实际应用中还存在以下问题：①血液在干燥时，使其细胞变硬，畜禽难以消化和吸收；②干燥得到的血粉在短时间内即会腐败，即干燥血粉不宜长期保存，其主要原因是血粉易吸潮、结块、生蛆、发霉、腐败(陈喜斌等，2003)。

随着现代生物技术和现代分离技术的迅猛发展，曾经制约着血液利用的不利因素渐渐打破，海内外对血液利用的研究重新形成热点。我国是世界上最大的畜禽血生产国，近年来，国家十分重视血液的综合利用，把血液的综合利用作为重点课题进行攻关，相继出现了许多重大科研成果，开发研究出一些血液产品。

微生态血粉生物技术作为21世纪高新技术的核心，已成为世界各国科学技术的热点和重点。利用生物技术原理，将动物血液降解为小分子蛋白、胨、肽类及氨基酸的混合物，形成具有营养和保健双重生理功能的微生态血粉，是大规模、高效益利用我国丰富的动物血液资源的一条新途径。微生态血粉是一种比较理想的动物性蛋白饲料，加工过程中接种的蜡样芽孢杆菌、枯草杆菌、嗜酸性乳杆菌、粪链球菌、酵母菌等是一类对动物体有益而无害的益生菌，能有效地维持动物胃肠道微生态平衡，同时，这部分微生物还有分解淀粉和蛋白质的能力，并能合成菌体蛋白，产生一些消化酶和维生素，因此，微生态血粉不仅提高了原有血粉的营养价值，而且利用动物血液的营养作用扩增了益生菌，对维持动物肠道菌群平衡、降低饲料消耗、提高饲料的转化力和利用率及提高动物增重等都有理想的效果。

畜禽血液微生物降解，由于投入低，能耗省，蛋白质、肽和氨基酸含量高，而被公认为血液综合利用的一个方向。

(一)发酵菌种的选择

微生态血粉发酵，有两种菌种发酵方式，即单一菌种发酵和多菌种发酵。

1. 单一菌种发酵

利用某一种具有降解蛋白质能力的菌种如植物乳杆菌、枯草芽孢杆菌、米曲霉等，以分离纯化复壮后，通过制曲接种发酵。B. Kherrati 等在屠宰场回收的废弃物和副产品中添加 15%的糖蜜，接种植物乳杆菌，在 22～24℃发酵 10～15 d，结果表明，产品中大肠杆菌数量少，无沙门氏菌，经化学分析可知，pH 值持续降低，挥发性总氮(TVN)含量低，而非蛋白氮(NPN)含量增加。Jenkon 等从枯草芽孢杆菌分离出一株 Y-108 枯草芽孢杆菌，在适宜培养条件下其蛋白酶活性可达 20.2 U/mL。

2. 多菌种发酵

多菌种混合发酵在食品工业上应用历史悠久，借用其基本工艺及菌种，把多种产蛋白酶能力较强的菌株如真菌类的米曲霉、酵母菌，细菌类的地衣芽孢杆菌等接种在适宜的培养基成分上，选择最适的发酵条件，利用米曲霉作为主发酵菌株，配以酵母和枯草芽孢杆菌作为辅助菌株进行血粉发酵，以提高其综合产酶能力和血粉蛋白的生物学利用率。

(二)发酵工艺

1. 一次性发酵法

一次性发酵根据发酵容器不同可分为帘式发酵、筐式发酵、装箱式发酵和池式通风发酵等。帘式发酵是将物料堆于竹帘下，用鼓风散热的一种发酵方式；筐式发酵是将发酵物料盛于竹筐中进行发酵。对两种发酵方式的发酵效果和生产能力进行比较，帘式发酵劳动强度小，生产效率高，而且料温容易控制。装箱发酵就是把原料装入箱中进行发酵，该方法设备简单，但供氧不足，发酵速度慢，产量低。采用池式通风发酵方式时，每池可装料 700～1 000 kg，蒸汽热源，机械通风控温灵活，供氧充足，发酵周期短，产品质量好，效率高。徐子伟等建立了发酵血粉生产线，其发酵综合生产线工艺流程如下：

鲜血＋半湿血粉＋植物孔性载体＋蛋白质平衡剂＋种曲→混合机混合→帘式控温发酵→管束式蒸汽烘干→粉碎→包装

2. 二次发酵法

为了提高发酵血粉的消化率，又有研究者提出采用二次发酵工艺，即先将原料与曲菌按一定比例混合，发酵 30 h 后，以此成品作为载体，再加入鲜血及曲菌，进行第二次发酵 30 h ，经两次发酵后的血粉，整个氨基酸平均消化率比一次性发酵血粉提高 10.29%，其生产工艺流程如下：

菌种培养→原料配混→加血→接米曲霉(TN-10)→搅拌→第一次发酵→晒干→加血→接黑曲霉(UN -11)→搅拌→第二次发酵→散粉→晒干→质检→包装

(三)发酵方式

微生物培养有多种形式,一般可分为固态发酵、液态发酵和固定化菌株连续发酵。

1. 固态发酵法

早在20世纪70年代,日本研究成功猪血固态发酵法,其产品粗蛋白含量为22%~23%,并含有丰富的氨基酸、维生素和微量元素,现已广泛用于畜禽养殖业。

固态发酵具有如下优点:培养基简单且来源广泛;投资少,能耗低,技术简单;产物得率较高;发酵过程不需要严格的无菌操作。但固态发酵法也存在一些不足之处,即劳动强度大,难以实现操作的机械化和自动化;易染杂菌;生产控制较困难,难以实现控制自动化;发酵缓慢。

2. 液态发酵法

液态发酵法一般可分为表面发酵法、淋浇法、液态深层发酵法。液态发酵法的优点有:生产周期短,产量高;占地面积少,便于操作和控制;生产条件稳定,有利于机械化和自动化生产;菌体污染少。液态发酵不足之处主要就是产品风味差,工厂设备投资大,发酵产品易混浊。

3. 固定化菌株连续发酵法

固定化菌株是在固定化酶技术上进一步随之发展起来的,它与传统发酵方法相比具有更多的优点:产地转化率快,大大缩短发酵食品的生产周期;省却了下游工程常规生产所必经的菌体与产品的分离,提高了生产效率;发酵过程较易控制,有利于连续化、自动化生产。

(四)血粉饲料的应用

1. 喷雾干燥血粉饲料在饲料工业上的应用

Steidingen等(2000)报道,由于血粉产品的组分变化较大,在生长猪日粮中添加不同来源的动物血浆制品,对猪的生产性能的影响差异较大。Chesney等(1995)报道,动物蛋白制品中的微生物尤其是沙门氏菌的含量比植物蛋白要高得多,这可能是影响血粉在畜禽饲养中的效果的主要因素之一。而且,在血粉干燥过程中,液态血液在被干燥之前短暂贮存时间里,微生物将会大量繁殖,导致血粉的pH下降,散发出不愉快的味道,这些都有可能导致血粉的营养价值降低。Derouchey等(2003)报道,血粉干燥前的贮存时间会影响血液的pH以及血液中氨气的浓度,但是血粉营养价值的评定,不能只以pH为唯一的指标,因为饲养试验结果表明,在仔猪日粮中添加5%的经照射处理后的喷雾干燥血粉能够提高仔猪的日增重和提高饲料的转化率,但是随着pH的降低,氨气浓度以及不愉快气味增强,而且不同pH的血粉间的饲喂效果差异不显著。

2. 微生态血粉饲料在饲料工业上的应用

发酵血粉经菌种优选和工艺改进,比直接干燥血粉或蒸煮血粉可消化氨基酸增加,适口性提高,且发酵过程中可产生多种B族维生素。这种工艺不仅能够提高蛋白消化利用率而且能够促进益生菌在动物肠道内的生长和繁殖,这对于改善幼龄动物的健康状况有着重要的意义。

蒋长苗等(1999)采用芽孢杆菌、枯草杆菌等多株益生菌种发酵黄牛血液制成的微生态血粉,粗蛋白含量可达35.6%,含益生菌细胞5×10^8个/g,并做了探索性的动物试验。

试验结果表明，在基础日粮中添加5%血粉能够提高肉鸡增重5.5%和猪增重6.1%，而且临床试验证明，微生态血粉对鸡白痢和仔猪白痢的有效率分别达94.5%和89.6%。推测其原因可能是微生态血粉含有较高浓度的菌体蛋白和游离的氨基酸，提高了蛋白质的生物学价值，而且益生菌所产生的大量蛋白酶、淀粉酶、维生素、有机酸也能够提高动物的饲料转化率。

付祖姣等(2003)利用高产蛋白酶的米曲霉作为主出发菌株，辅以酵母菌和细菌发酵经喷雾干燥的猪血粉，不仅可以将血粉和辅料中大量的大分子蛋白质降解成小分子蛋白质、多肽和游离氨基酸，还可降解羽毛粉等原料中的淀粉和纤维素等物质，而且发酵菌株所产生的植酸酶发酵培养基中的钙磷的消化吸收率。其他一些研究也表明，发酵血粉部分替代鱼粉，能够取得与鱼粉相同的效果(冯东勋，1996；惠禹，1999；考桂兰等，2002)。

发酵血粉虽然有着广阔的前景，但是由于对其研究起步较晚，目前仍处于发酵菌株的筛选以及发酵工艺参数确定的研究阶段，尚未形成产业化生产的规模。

因此，利用液态深层发酵技术，采用多菌株发酵血粉，根据各菌株产酶时期以及产酶量的不同确定其接种顺序以及菌种配比，确定最佳培养基配方和发酵参数，最终生产出一种能够比传统的固态发酵方法更大程度地降解大分子蛋白质的发酵血粉产品，从而提高血粉蛋白的生物学利用率，另外，采用先进的手段提取出血粉发酵液中丰富的活性肽、血红素、免疫球蛋白等物质，开发出一种新型富含功能性物质的微生态血粉饲料添加剂具有很重要的理论研究价值和实践意义。

四、牛血清

牛血清是组织细胞培养中最常用的天然培养基之一。是从出生14 h内未进食的新生牛采血分离血清，经除菌过滤后制成。主要供细胞培养之用。血清中含有许多能维持细胞生长增殖不可缺少的成分，包括大分子的蛋白质、多肽、激素和生长因子、贴壁和扩散因子及各种氨基酸、葡萄糖、酮酸等小分子质量的营养因子成分。试验证明血清对细胞附着和保护有明显作用，且能中和有毒物质的毒性，使细胞不受伤害。

鉴于目前无血清培养基诸多问题未解决，如细胞培养使用范围窄(主要使用在CHO细胞和杂交瘤细胞两大类)，细胞在无血清培养基中更容易受到机械因素与化学因素的影响以及培养基难以保存等，皆不如传统的添加小牛血清培养基。而动物细胞或器官、组织培养、诊断试剂及多种疫苗的制备、实验室用的培养基中添加必需的一定浓度(2%～20%)的新生小牛血清或胎牛血清，用于病毒、重组蛋白、杂交瘤生产单抗等细胞的培养生产。因此，在常规的兽用疫苗生产中，牛血清仍发挥着主力军的作用。

(一)牛血清的分类

根据牛出生时间和血清采制分离方法分为：①胎牛血清：8月龄胎牛心脏穿刺取血制备；②新生牛血清：出生12～24 h新生牛静脉采血制备；③高级新生牛血清：采血后静置自然析出的血清；④标准新生牛血清：经离心分离的血清；⑤普通新生牛血清：融血或微融血的血清；⑥小牛血清：出生3月龄小牛动脉采血分离血清制备。

(二)简易的小牛血清制备方法

①将小牛侧卧在手术台上，肩部垫高，使头后仰，充分暴露颈前部。用绳子固定四肢

关节部位，用清水打湿颈部皮肤，剪去颈部毛，用碘酒、酒精消毒皮肤。②戴好手套，铺好孔巾，用巾钳固定。沿气管中线旁 1 cm 切开皮肤，切口 5～7c m 长，小心分离组织，游离出颈动脉，用弯头止血钳将颈动脉挑起，迅速用一把止血钳夹住近心端，再用另一把止血钳夹住远心端，两端相距 4 cm 左右。将 75%酒精棉球拧干后，消毒此处动脉，于血管远心端 2/3 处用眼科剪剪一"V"形切口(注意：勿将动脉剪断)，从切口向近心端插入取血管，用医用线扎住插管头，或用手夹紧均可，打开近心端止血钳，让血自然缓慢流入灭菌采血瓶内，取血完毕，扎住血管，待其死亡后再拔管。用此方法采血一般一头小牛能放血 1 000 mL 左右。③将采血瓶室温(约 25℃为宜) 斜放置 4 h 左右，待血液充分冷却后，再放入 4℃冰箱过夜，让血清充分析出。④次日在无菌净化间及超净工作台内，小心吸取上清液，移入 10 mL 具塞离心管，以 2 500 r/min 离心 20 min，收集血清。⑤血清用 0.22 μm 和 0.1 μm 滤膜过滤除菌。血清作无菌培养，确认无菌后，低温冰箱保存。⑥成品分装：根据需要分装成不同规格。

(三)注意事项

①采血瓶内预先应放入 30 mL 左右生理盐水，充分打湿采血瓶、采血管，以便于血和瓶壁的分离。②动脉切口不宜过大，要小心操作，防止切断动脉。③放血时，不宜太快，要斜置采血瓶，让血顺着瓶壁缓慢流入瓶内，防止溶血。④为了防止污染，切开皮肤组织的器械应与切开动脉用的器械分开，以防止污染。⑤血清应按中国生物制品主要原辅材料质控标准检验后，才能使用。⑥血清使用前需放置在 56℃水浴箱中灭活 30 min，以消除补体活性。未灭活的血清应保存在－20℃冰箱。

(四)牛血清质控标准

本品系从出生 14 h 内未进食的新生牛采血分离血清，经除菌过滤后制成。主要供细胞培养之用。

1. 性状

本品为浅黄色澄清稍黏稠的液体，无溶血或异物。

2. 化学检定

微生物检查：按 2005 版《中国药典》第三部的相关规定进行，包括渗透压(240～340)，pH(7.0～8.0)，总蛋白含量(3.5%～5.0%)，血红蛋白 (≤0.02%)。

3. 微生物检查

按 2005 版《中国药典》第三部的相关规定进行，包括：细菌和真菌——直接培养法，噬菌体——噬斑法和增殖法，支原体——培养法和 DNA 染色法，牛病毒——细胞培养法。要求均为阴性。

4. 细菌内毒素

凝胶法和动态浊度法，血清中细菌内毒素含量要求应不高于 10 EU/mL。

5. 促细胞生长测定(SP2/0-Ag14 标准规定)

用 Sp2/0-Ag14 或适宜的非贴壁传代细胞进行。

(1)细胞生长曲线的测定：取待检血清按 10%浓度配制细胞培养液，按 1×10^4/mL 的细胞浓度接种细胞，每天计数活细胞，连续观察 1 周，并绘制生产曲线，细胞的最大增值浓度应不低于 1×10^6/mL。

(2) 细胞倍增时间的测定:按生长曲线计算细胞的倍增时间。取细胞峰值前一天计得的数(Y)、接种细胞数(X)及生长时间(T)计算。

倍增时间$=T/A$

$A=\log_2 Y/X$

Sp2/0-Ag14 细胞的倍增时间应不超过 20 h。

(3)克隆率的测定:按有限稀释法将细胞稀释并按 1 个细胞/孔的浓度接种于 96 孔细胞培养盘,37℃,5% CO_2条件下培养 1 周后计算克隆率。

克隆率$=(A/B)\times 100\%$

式中:A 为细胞生长阳性孔数,B 为接种细胞的总孔数。

(4)贴壁效率:以 VERO 细胞、二倍体细胞等细胞进行,10%血清——50 或 100 个细胞/孔。

贴壁效率(%)=(每孔克隆平均数/每孔存活的培养细胞平均数)×100%

相对贴壁效率=被测血清贴壁效率/参考血清贴壁效率

6. 保存与效期

牛血清应保存于－20～－15℃。自检定合格之日起有效期为 5 年。

(马凤龙　济南军区疾病预防控制中心)

第五节　动物微生态制剂

益生菌是指对人和动植物机体有益的菌,主要来源于动物肠道正常生理性菌和非肠道菌。由益生菌生产的产品叫益生菌制品,包括活菌体、死菌体、菌体成分及代谢产物。益生菌对健康的有益作用是俄国科学家 Metchnikoff 首先提出的,他认为肠道乳酸菌能够通过防止腐败菌的生长而起到延长寿命的作用(康白,1985)。前联邦德国 Voekor 博士(1977)首先提出微生态学的概念,他在德国赫尔本建立了微生态研究所,从事双歧杆菌、乳杆菌、大肠杆菌等活菌进行生态疗法的研究与应用。益生菌制品真正被重视并应用于养殖业是从 20 世纪六七十年代人类发现了抗生素的种种弊端之后才开始的。1929 年英国的 Fleming 发现抗生素以来,已经给人类生产和生活带来了巨大变化。20 世纪中叶开始抗生素、喹诺酮、喹乙醇等在全世界被广泛用作饲料添加剂。随之各种弊端也日益暴露出来,造成动物正常菌群失调,产生耐药菌株,大量药物残留,污染环境,对人类健康造成严重威胁。这样一方面要求禁止滥用抗菌药物作为饲料添加剂,西欧、日本、美国等国家已经相继颁布一系列法律,从立法上限制抗生素使用。另一方面要求大力研制抗生素替代品。在 20 世纪六七十年代人类发现抗生素的种种弊端后,微生态制剂作为理想的替代品,在畜牧业上逐渐受到重视。应用微生物制剂投入少收益大,无抗药性和药物残留,是 21 世纪畜牧养殖业的发展方向之一。现在人们认识到微生态学将遗传工程学一起成为 21 世纪生命科学的重要分支。

微生态学认为动物的一切疾病都与微生态失调(Microdysbiosis)有关,引起动物普通病和传染病的各种理化和生物因素同时也会引起微生态失调。如对仔猪下痢的微生态学研究显示,患猪大肠杆菌和肠球菌显著增加,而双歧杆菌和乳酸杆菌等显著减少,就得出下痢是由微生态失调引起的结论。这样把微生态理论应用于动物疾病研究，对疾病控制具有重要意义。

微生态制剂（Microbial ecologicalagent，Microecologics）又称为微生态调节剂（Microecological modulator）、益生素（Probiotic）等，是一类根据微生态学原理制成的含有大量对动植物正常有益的活菌制剂及其产物，可调节动植物微生态平衡，提高健康水平。目前微生态制剂主要是具有一定生理作用的活菌制剂，是正常动物菌群的生理性细菌，经过严格选育和驯化，由生物工程和微生态工程制备，能通过动物体胃酸、胆液、胰液、肠液等屏障而存活，最后在消化道定植并繁殖，对动物机体产生某种生理生态作用。益生菌制品能改善机体微生物和酶的平衡，并刺激特异性或非特异性免疫机制，达到防制某些疾病、促进发育、增强体质、提高产量、提高饲料的利用率等目的。到目前为止，益生菌已被广泛地用于养禽业、养猪业、养牛业和水产养殖业。

一、微生态制剂的分类

（一）按构成划分

微生态制剂按其构成分为益生菌（Probiotic）、益生元（Prebiotic）和合生素（Synbiotic）3 种。

1. 益生菌

益生菌又译作益生素、促生素、生菌素、生菌剂、活菌剂、菌生素、益菌素等。Lilley 等（1965）最先使用 Probiotic 这一词汇来描述一种微生物分泌刺激另一种微生物生长的物质。Parker（1974）则认为 Probiotic 是维持肠道内微生物平衡的微生物或物质，可能含有抗生素成分。到 Sosaard（1990）才把 Probiotic 定义为益生菌的现代意义，即一种或多种活微生物及其发酵产物，能在动物肠道内通过自身生长繁殖抑制有害细菌的生长，增强非特异性免疫功能，达到防制疾病、促进生长和提高饲料报酬的目的。益生菌种类很多，如乳酸杆菌、蜡样芽孢杆菌、地衣芽孢杆菌、双歧杆菌、肠球菌、大肠杆菌、枯草杆菌、丁酸梭菌、酵母菌等。

2. 益生元

益生元指选择性促进宿主肠道原有的一种或几种有益细菌（益生菌）生长繁殖的物质，通过有益菌的繁殖增多，抑制有害菌的生长，达到调整肠道菌群，促进机体健康的目的。包括双歧因子（Bifidus factor）、有机酸及其盐类和某些中草药。其中双歧因子是发现最早的益生元物质，包括多种寡聚糖或称低聚糖，如乳果糖（Lactulose）、蔗糖低聚糖（Oligosucrose）、棉子低聚糖（Oligofaffinose）、异麦芽低聚糖（Oligomaltose）、玉米低聚糖（Cornoligossach-arides）、大豆低聚糖（Soybean Oligosaccharides）等。双歧因子不能为动物消化吸收，只能为双歧杆菌、乳杆菌等肠道益生菌利用和分解，促进有益细菌生长，抑制有害细菌繁殖，调整肠道正常菌群。

3. 合生素

合生素指益生菌和益生元同时并存的制剂，被摄入宿主体内后益生菌在益生元作用下繁殖增多，抗病保健作用加强。中国上市的合生素产品增加，如多元养生素等。合成素结构合理，效果更加优越，成为微生态制剂开发的主要方向。如在双歧杆菌活菌制剂中加入双歧因子，效果会提高 10～100 倍。

(二)按益生菌制品菌种的种类划分

目前养殖业生产中应用的益生菌制品多数是由以上单一或多种菌株加工而成的,主要有乳酸菌制剂、芽孢杆菌制剂、双歧杆菌制剂、光合细菌制剂和酵母复合制剂等。

1. 乳酸菌制剂

人和动物的肠道中存在着大量的乳酸菌。现在已知的乳酸菌有10多个属,100多个种,它们是多种动物消化道中主要的共生菌,在微需氧或厌氧条件下生长,有较强的耐酸性,在pH 3.0~4.5酸性条件下仍能生存,但乳酸菌的缺点是耐热性差,65~75℃条件下即可死亡,饲料颗粒化过程中瞬间高温即可将其灭活杀死。

乳酸菌在动物肠道中将单糖(特别是将乳糖)转化为乳酸,通过降低肠道中的pH,防止外来菌在肠道中的定植,抑制大肠杆菌、沙门氏菌等病原菌的生长,也可以通过调节pH激活胃蛋白酶,促进胃肠蠕动,帮助食物的消化吸收,减轻胀气和促进肝脏功能。此外,乳酸菌产生一种细菌素,能有效地抑制枯草芽孢杆菌、葡萄球菌的生长。乳酸菌制剂种类多,应用最早、最广泛。目前,主要应用的有嗜酸乳杆菌、双歧乳杆菌和肠球菌。

2. 芽孢杆菌制剂

芽孢杆菌与其他益生菌制品不同,可以在不利的条件下形成芽孢,将自己保护起来,且复活率高。芽孢杆菌耐酸、耐盐、耐高温(100℃)及耐挤压,在饲料的加工制粒,以及通过动物胃肠道的过程中具有较高的稳定性,并且具有很强的蛋白酶、脂肪酶、淀粉酶的活性,能降解植物性碳水化合物和植物性饲料中某些复杂的化合物,产生具有拮抗肠道致病菌的多肽类物质。

芽孢杆菌在肠道中主要通过生物夺氧维持肠道生态平衡,在肠道中短时间定植后,消耗大量的氧气,维持肠道厌氧环境,增强肠道对厌氧菌的定植抗力。此外,芽孢杆菌可以将淀粉转化为单糖,然后再由肠道中的乳酸菌将单糖转化为乳酸,降低肠道中的pH,从而达到抑制病原菌的作用。

目前,在饲料中主要应用的有地衣芽孢杆菌、枯草芽孢杆菌、蜡样芽孢杆菌。它们在应用中多以休眠状态的活菌制剂或与乳酸菌混合使用。

3. 双歧杆菌制剂

目前已知的双歧杆菌属中有30多个种,其中应用最多的是:双叉双歧杆菌、长双歧杆菌、短双歧杆菌、婴儿双歧杆菌和假双歧杆菌。和乳酸菌相比,双歧杆菌对营养成分要求高而复杂,培养基中要含有生长素或酵母膏才能生长,并且对厌氧条件要求严格,在pH低的条件下存活的时间短。这些缺点限制了双歧杆菌制剂的应用。

4. 光合细菌制剂

光合细菌广泛分布于湖泊、海洋和土壤中,具有独特的光合作用,在自然界物质循环中起着重要的作用。光合细菌能直接利用水中的有机物、氨态氮和硫化氢,通过反硝化作用去除水中的亚硝酸铵,并且还能分解池塘里的残饵和粪便,并加以利用,避免残饵和粪便沉积池底而发酵产生的有害气体,此外,光合细菌在水中繁殖时释放酵素,酵素能够抑制病原菌的生长。

5. 酵母复合制剂

现在已知的酵母菌有490多种,体内富含蛋白质和多种B族维生素,能在多糖偏酸环境中生长,但不耐热,60~70℃ 1 h即可死亡。酵母与真菌、细菌等其他微生物互生、共生培养，其产物经处理后可以作为饲料的调节剂、粗饲料的发酵剂、治疗剂以及营养剂，能有效促进畜禽对饲料的消化、吸收；治疗消化道系统疾病和泌尿系统感染，可部分取代抗生素的应用。

二、动物微生态制剂的作用机理

动物微生态制剂发挥作用的确切机理尚未完全知晓，对其作用机理研究的难度较大，这也是限制微生态制剂广泛使用的主要原因。一般认为，动物微生态制剂进入畜禽肠道内，与其中极其复杂的微生态环境中的正常菌群会合，出现栖生、互生、偏生、竞争或吞噬等复杂关系。

1. 优势种群作用

在胃肠道正常微生物群落与动物和环境之间所构成的微生态系统中，微生物群落中的优势种群对整个微生物群落起着决定性的作用。一旦失去了优势种群，可以导致胃肠道微生态系统平衡失调，原有的优势种群发生变更，动物出现生产性能下降或疾病症状（谭支良，2003）。除应激外，过度卫生、服用抗生素等也对胃肠道微生态产生不良影响。

2. 定植抗力与生态占位

动物胃肠道的原籍种群能抑制其他外来微生物在肠道中定植或增殖，这就是定植抗力(Colonization resistance)，也叫竞争排斥(Competitive exclusion)。这种定植抗力的产生是因为体内微生物与致病菌竞争肠道上皮的吸附位点而产生的。如果这些吸附位点被较多有益微生物所占据，病原微生物就会被排斥(Barrow，1980)。

3. 产生抑菌物质

乳杆菌能产生细菌素、类细菌素颉颃物质和其他具有抑菌作用的代谢物(如过氧化氢和某些有机酸等)。

细菌素是细菌代谢过程中合成并分泌到环境中的一类对亲缘关系较近的种有抑制作用的蛋白类抑菌物质。尽管乳酸菌可以产生细菌素，但由于细菌素在体内只能抑制亲缘关系较近的其他乳酸菌和分生孢子菌，故对抗病原菌的作用非常有限。它们是一种复杂的颉颃物，其分子量、生化特性、敏感范围及其作用方式均有较大差异。乳酸菌产生的一些低分子量的初级代谢物（如过氧化氢、乳酸、乙酸及其他芳香类化合物）和一些次级代谢物对有害微生物（如沙门氏菌、大肠杆菌、梭状芽孢杆菌等）有很强的抑制作用。有机酸的作用被证实是由于能降低肠道的 pH，从而抑制病原菌(Gibson，1994)。Gibson 的研究发现，双歧杆菌能产生一种未知的个谱抗菌物质，具有抑制沙门氏菌、霍乱弧菌等病原菌的活性。赵瑞香等(2001)对从婴儿肠道中分离出来的两株嗜酸乳杆菌的抑菌特性的研究结果表明，该菌株对致病性大肠埃希氏菌、金黄色葡萄球菌以及炭疽杆菌有明显的抑菌作用。

4. 微生物夺氧作用

在动物胃肠道微生态系统内，正常环境下厌氧菌占的约 99%，需氧菌仅占 1%，当饲用微生物添加剂中某种菌种以孢子状态进入动物胃肠道，该菌种迅速繁殖，可消耗胃肠道内的氧气，使胃肠道内氧分子浓度下降，氧化还原电势下降，促进厌氧菌的生长，使厌氧菌保持在较高的数量水平，从而维护胃肠道内微生物群落之间的生态平衡，提高定植抗力，达到防制疾病的目的(闫凤兰等，1996)。这是将需氧菌和兼性厌氧芽孢杆菌用作饲用微生物的原因之一。

5. 膜菌群屏障作用

在动物饲料中添加有益微生物可以竞争性抑制病原体附集到胃肠道壁上，起到屏蔽作用，阻止致病菌的定植与入侵，保护动物体免受感染（张雅萍等，2004）。

6. 增强机体免疫功能

微生态制剂中的有益菌可刺激动物免疫系统的及早建立，调动和提高动物机体的一般非特异免疫功能，因而提高了整体的抗病能力。试验证实了双歧杆菌细胞壁中的完整肽聚糖可使合成小鼠腹腔巨噬细胞 IL-1、IL-6 等细胞因子的 mRNA 表达增多，从而在调节机体免疫反应中起作用（Sekine 等，1995；王立生等，1996）。

7. 生物拮抗作用

动物微生态制剂中的有益微生物在体内对病原微生物有生物拮抗作用。这些有益微生物可竞争性抑制病原微生物附集到胃肠道壁上及黏附到肠黏膜上皮细胞上，起到屏蔽作用，阻止致病菌的定植与入侵，同病原微生物争夺有限的营养物质和生态位点，并将其驱除定植地点，从而不利于病原微生物的生长繁殖，保护动物体免受感染（刘燕等，2002）。

8. 酶学效果和营养作用

益生菌在动物体内能产生各种消化酶，提高饲料转化率。如芽孢杆菌有很强的蛋白酶、脂肪酶、淀粉酶活性，还能降解植物性饲料中较复杂的碳水化合物（徐丽萍等，2003）。乳酸菌能合成多种维生素供动物吸收，并产生有机酸加强肠的蠕动，促进常量及微量元素如钙、铁、锌的吸收。双歧杆菌等可使仔猪肠道内的蔗糖酶、乳糖酶、三肽酶的活性提高（刘燕等，2002）。某些酵母菌有富集微量元素的作用，使之由无机态形式变成动物易消化吸收的有机态形式。通过电镜扫描证实，益生菌能够维持动物小肠绒毛的结构并加强其功能，从而促进营养物质的吸收利用。据报道，用芽孢杆菌和乳杆菌等产酸型益生菌饲喂动物后，动物小肠黏膜皱裂增多，绒毛加长，黏膜陷窝加深，小肠吸收面积增大，从而促进增重和饲料的利用率（蔡一鸣等，2002）。

三、益生菌制品在养殖业中的应用

微生态根据其应用对象分植物微生态制剂、人和动物微生态制剂等几大类。其中植物微生态制剂只占少部分，如增产菌（中国农业大学）、Cytozyme（美国）等。动物微生态制剂具有天然无毒副作用、安全可靠、多功能、无残留不污染环境等优点，已得到广泛应用。动物微生态制剂可以用常住菌或过路菌研制。常住菌是生理性细菌，对机体抗病抵抗力具有举足轻重的作用，是微生态制剂的菌种的主要来源。常住菌的特点是占位密度高，免疫性低，是专性厌氧的原籍细菌。而过路菌占位密度低，具有免疫原性，是兼性厌氧为主的外籍菌和环境菌。如日本利用 EM 技术生产的新型复合微生态制剂由芽孢杆菌、乳酸菌、光合细菌、放线菌等 5 科 10 属 80 种有益微生物构成。美国食品药物管理局和美国饲料管理协会 1989 年公布了 43 种“通常认为是安全性的”微生物清单，其中中国农业部规定可用于生产微生态制剂的细菌有 6 种，即乳酸杆菌、乳酸链球菌、粪链球菌、芽孢杆菌、双歧杆菌和酵母菌。

微生态制剂用于饲料的有嗜氧性菌群、厌氧性菌群、乳酸菌和酵母菌，欧美各国和日本已广泛用于配合饲料，形成了微生态制剂产业。这类微生态制剂不是人和动物的致病菌，能与大肠杆菌、沙门氏菌、链球菌、梭状芽孢杆菌等肠道菌共存而不影响自己的活性。

细菌本身来源动物自身的肠道内，在低 pH 及胆汁内能存活，并可植入肠黏膜，细菌在体内发酵过程能产酸。制剂中的细菌经加工后存活率高，混入饲料后室温下稳定性好。目前在美国准许饲喂的微生态制剂菌种 40 多个，年使用量 8 000 t 以上，如 Protoxin(水剂、粉剂)。日本年销售量在 1 000 t 以上，产值上亿美元的单位几十家，主要是双歧杆菌类产品，如意拉库脱等。其他如 Provita Lac Teal SBLC、Suiferm Special、Toyacerin 和 Prosuis Paste 等。在中国，微生态制剂的研究和应用起步较晚，但相对起点高，发展快，目前年销售量也达到 1 000 t，产品如促菌生、促康生、DM432 菌粉、增菌素等。医学上应用的有丽珠肠乐、回春生、金双歧、整肠生、降脂生、抑菌生、培菲康和乳康生等，其中最后 2 种属多菌联合制品。

(一)在养禽业中的应用

蛋鸡饲料中添加微生态制剂，都能明显增加效益，可提高日增重、蛋鸡的产蛋率和养鸡的饲料转化率，尤其是育雏和育成期间的死亡率明显降低，总死亡率比对照组平均降低 40%以上，用微生态制剂的鸡舍内，有害气体氨气、硫化氢等的含量大幅度减轻，基本消除了粪便的恶臭，对改善鸡舍的环境条件有极为明显的效果，使舍内苍蝇少，鸡群发育整齐，精神饱满。在饲喂过程中，用药大幅减少，鸡体健壮，免疫功能增强，对常见病、多发病，如由大肠杆菌和沙门氏杆菌引起的肠炎和白痢有奇特的防制效果。对养鸡场尤其是环境差的中、小养鸡场(户)有非常重要的意义。如李海英等试验表明，在蛋鸡日粮中添加 5 g/kg 剂量加酶益生素可以显著提高产蛋鸡的产蛋率、平均蛋重。降低料蛋比。降低粪中氨气和硫化氢的释放量，日粮中添加加酶益生素可以提高蛋鸡的生产性能；另有资料表明，用嗜酸乳活菌制剂防制雏鸡白痢，试验组发病率明显低于对照组 27.5%，使 30 日龄雏鸡日增重提高 12.26%。

早期饲喂乳酸杆菌的雏鸡，其死亡率明显降低。张鹤平等在肉仔鸡日粮中分别添加 1%、0.5%、0.1%的益生菌制剂与空白组进行试验，结果表明，添加 0.1%的组效果较好，料肉比比对照组分别降低了将近 10%，且免疫能力、抗体水平都得到提高。徐丽萍等(2003)研究结果表明，鸡人工感染鸡白痢沙门氏菌后，饲喂复合菌组同未饲喂复合菌组相比，死亡率降低了 20%，大肠杆菌明显减少，双歧杆菌和乳酸杆菌明显增加，可见复合菌可提高机体抵抗力。

(二)在养猪业中的应用

在育肥猪日粮中添加益生菌，与添加抗生素的效果一样，可提高饲料转化率；在仔猪和母猪饲料中添加微生态制剂，可明显降低肠道疾病的发病率，同时能提高仔猪成活率和生长率。如试验表明，复合酸化剂对断奶仔猪具有显著的促生长作用，可以显著提高仔猪的日增重、改善饲料转化率并降低仔猪的腹泻率；同时，复合酸化剂添加到断奶仔猪饲料中可以显著降低仔猪胃肠道食糜的 pH，显著提高胃蛋白酶、胰蛋白酶的活性，促进营养物质的消化；据朱万宝等试验证明，将动物微生态制剂(复合益生菌制剂)加入断奶仔猪饲料中。与对照组相比，用复合益生菌制剂的试验组可节省饲料、提高增重和减少药物开支，明显提高养猪效益；合生素产品在猪各生长时期的饲养试验表明，可使日增重提高，生长速度加快，肉料比下降，大幅度提高增重率(8%～11.6%)，从而降低饲养成本，提高经济效益。长期使用可明显减轻猪舍内由于粪便引起的恶臭，夏天苍蝇数量大大减少，在粪便堆放期间添加剂中的有益菌群依然能够存活并发挥除臭功能，从而使养殖场的环境卫生大大改善。蔡一鸣等(2002)用自己分离鉴定的益生菌制成复合型饲料添加剂，对60～180日龄的生长猪进行饲养育肥实验，结果表明，在基础日粮中添加0.2%猪饲用微生物添加剂的试验组比对照组增重率提高了16.5%，起到了明显的促生长作用。张广民等(2002)在研究中表明，芽孢杆菌在一定范围内，一定程度上可以代替抗生素的使用。

(三)在水产养殖中的应用

益生菌的使用可以改善水体的生态环境，抑制病原微生物，维持动物肠道正常菌群的数量，提高养殖动物的防病抗病能力。齐欣的研究结果表明益生菌能够提高对虾机体的免疫力，促进生长，控制病原微生物，改善水体质量(齐欣等，2006)。马同锁在鲤鱼的养殖中使用益生菌复合制剂，结果表明，益生菌复合制剂的使用使 COD_{cr} 值稳定在270 mg/L左右，污染物质的去除率70%以上，NH_4-N，NO_2-N等指标呈下降趋势，保持了良好的水质状态(马同锁等，2005)。

(四)在养牛业中的应用

用于奶牛养殖：真菌和酵母菌能帮助乳牛消化纤维、提高产奶量。如美国用米曲霉培养物和酿酒酵母培养物进行奶牛喂养试验，在150 d的泌乳期内，可分别提高日产奶量3.1 kg和3.2 kg。给犊牛投饲乳酸菌能减少肠道大肠杆菌数，并且，犊牛的腹泻发病率明显降低，犊牛的增重加快。奶牛饲喂益生菌，可使产奶量提高，乳蛋白含量提高。

益生菌制品在养殖业中的应用再一次证实：益生菌有防病治病、增强机体免疫力、提高生产性能、改善肉质、去除粪便中的臭味、改善水质以及替代抗生素的使用等优点。

四、影响益生菌制品使用效果的因素

益生菌制品大多为活菌制剂，影响其应用效果的因素很多，其存活率、动物的状态以及饲用方式等均能影响益生菌制品的应用效果。

(一)益生菌的存活率

1. 外界因素的影响

大多数活菌制剂都是采用低温干燥工艺，所以活菌制剂要在低温状态下保存，当贮存温度超过30℃时会影响活菌制剂的活性；环境的pH也会影响活菌制剂的活性，除乳酸菌在pH 4～4.5的环境中能存活外，其他微生物最适pH是中性。

2. 饲料加工的影响

在制粒和膨化过程中，高温、高压、蒸汽都会影响益生菌制品的活性。

3. 水分的影响

一般来说，微生物在干的状态下，存活状态较好；在增加水分的情况下，随着时间的延长，益生菌制品的存活率将会下降。不同细菌对水的耐受力不同，孢子型细菌对水的耐受力最强，其次是肠球菌、粪链球菌，乳杆菌再次之。

4. 保存时间的影响

随着时间的推移，活菌数量不断下降，下降速度因微生物种类不同而有差异。芽孢杆菌最稳定，粪肠球菌次之，乳杆菌再次之，双歧杆菌稳定性最差。

(二)动物的影响

1. 不同的动物适用于不同类型的微生态制剂

乳酸菌、芽孢杆菌、酵母菌等益生菌适用于单胃动物，而真菌、酵母菌等适用于反刍动物。

2. 动物的生理状态

动物处于外界环境变化等应激状态时，使用益生菌制品，效果最佳；而动物肠道微生物区系状况良好时，使用益生菌制品，作用不明显。

3. 动物的年龄

刚出生动物使用益生菌制品，效果好，能起到使益生菌尽早占位并定植的目的。

(三)饲用方式的影响

1. 饲用方式与剂量

在同一剂量的情况下，饮水效果较好。

2. 与抗生素的配伍

益生菌对抗生素的敏感性不同，与抗生素的配伍使用不同。乳酸菌对盐酸林可霉素、庆大霉素敏感，不能与之配伍使用，而对丁胺卡那霉素不敏感，可以配伍使用；芽孢杆菌对庆大霉素敏感，两者不能配伍使用(马艳等，2002)。

五、益生菌的注意事项

益生菌制品中的乳球菌和明串珠菌中的部分菌株产生生物胺，是影响益生菌制品安全的一个因素(刘小杰等，2002)。Keyser 等证明乳球菌、明串珠菌和有些乳杆菌产生酪胺、组胺和色胺，导致食用者食物中毒。益生菌的耐药性以及可能存在的耐药性传递则是影响益生菌制品安全的另一个因素。大多数乳酸菌天然表现出广谱的抗生素耐药性，但大多数情况下耐药性不发生传递，但肠球菌属的耐药性则是可传递的。肠球菌体内的耐药因子种类多，数量多并且转移率高，既是将耐药性基因转移到其他菌株的提供者，又是其他菌株耐药性基因的接受者。肠球菌在微生物间耐药性的传递中起了重要作用(Jong 等，2006)。由于益生菌制品存在不安全因素，以及为了确保益生菌制品的应用效果，在使用益生菌制品时就需要注意以下问题：

1. 安全性

注意选用适宜的菌种，必须从健康动物的肠道中分离；动物消化道内的微生物具有多样性和特异性，因此不同动物种类对菌种的要求也各不相同。同一菌株用于不同的动物，产生的效果往往差异很大。使用时一定要了解菌种的性能和作用，不同的产品有不同的功效，如选择使用不当，不但达不到应有的效果，有的还会破坏原有的菌群，甚至会引发疾病，所以要选用与自己养殖品种适宜的制剂。在筛选菌种时一定要进行系统的安全性、毒理学试验，确定无毒副作用并经权威机构鉴定后方可用于生产，避免可能存在的隐患。特别是有些菌株在长期使用后可能因理化及微生物毒素或菌种本身的原因引起突变，产生负面影响，因此应定期对生产菌进行安全性检测，并且必须经过一定时间证明其无致病性。

2. 活性

活菌制剂质量不稳定,容易失活。活菌制剂必须含有一定量活菌,才能发挥其作用。动物微生态制剂必须含有规定数量的活菌数才能取得应有的使用效果。目前,中国正式批准生产的制剂中,对含菌数量及畜禽用量均有明显规定,如芽孢杆菌含量 10^8。因此,在生产中应保证有一定的活菌数,同时应保证生产菌株在一定的传代范围。在使用中应注意保存条件和时间,尽早使用。使用时必须按产品中的说明要求应用。

3. 注意发挥抗生素的协同作用

在给动物使用微生态制剂时,注意先用抗生素清理肠道,为益生菌的定植和繁殖清除障碍,然后再服用微生态制剂,这样才能事半功倍。

4. 应用时间要早

根据先入为主的理论,通过先入菌占据位点,减少或阻碍病原菌的定居。在动物的初生期,正常菌群还处于连续变化的阶段,这一期间要比在生长后期更易影响菌群。因此,在动物出生后尽早添加微生态制剂是可取的。动物微生态制剂虽然能够长期使用,而且连续使用能产生与使用抗生素近似的防制效果,对于生产无药物残留的产品是个好办法,但是长期使用会增加养殖成本。因此,就目前千家万户小规模饲养的情况而言,将这种制剂作为一种生态调节剂,在饲养过程中适当时间内使用,如病后的康复期,各种应激因素前后等,纠正菌群失调,治疗消化不良等,效果会更好、更实际。

5. 注意制剂的保存期

由于是活菌制剂,在应用中注意其保存期限。随着保存时间的延长,活菌数量也逐渐下降,其下降速度因菌种和保存条件不同而异,因而应注意保存方法及保存期限,过期容易失效益生菌的使用应该谨慎,不能不加区别地将益生菌应用于饲料、兽药和动物生长促进剂中。

六、微生态制剂的发展方向

在益生素的菌种筛选上,寻找出更多更具有直接促生长作用的优良微生物。并努力应用微生物工程技术,定向改造有益菌株,使其具有抗酸、抗热等能力。开发新型正常菌群的促生长物质,探讨其特性及促生长机理。寻求防止微生物失活的技术措施。如稳定化技术与微胶囊技术。关于益生素作用机制的研究,目前主要停留在使用效果上,对其作用机理了解甚少,今后应注意从动物营养物质代谢与微生物代谢关系方面进行研究。明确使用益生素的作用方式,广泛使用重组技术。

微生态制剂发展趋势主要涉及如下几方面:

1. 复合菌制剂

从国外开发和使用效果来看,复合菌制剂较单一菌株的作用效果要更好。复合菌制剂一般都具有协同作用,因此呈现出由单一菌株微生态制剂向复合微生态制剂发展的趋势。

2. 高稳定性制剂

微生态制剂生产菌株的稳定性一直是一大难题,以休眠体形式代替活菌形式投入到饲料中饲喂动物是值得探讨的问题。再利用基因工程技术,使休眠态的微生态制剂在动物体内特定位置激活,以发挥其预期效力。利用遗传工程技术,改善其耐热、耐酸等抗外界不良环境特性,采用各种生物技术开发出更多的品种,是值得深入研究的问题(张广民等,2002)。

3. 专一制剂

根据不同种类和同种不同日龄的动物群体开发专用制剂,可最大限度地发挥微生态制剂的应用效果。需要加强不同动物群体肠道菌群的功能、演替规律、影响因素等的研究,筛选研制适合专用的益生菌菌株及其制剂。

七、动物微生态制剂发展趋势及应用前景

由于动物微生态理论的局限性和微生物结构的复杂性,目前对动物微生态制剂的作用机理了解还不十分清楚,大多数研究仍停留在使用效果上,在产品的开发应用中还存在许多有待研究解决的问题。20 世纪六七十年代人类发现了抗生素的种种弊端。长期使用抗生素,会产生耐药性菌株,破坏机体内正常菌群的生态平衡,降低动物机体的免疫能力;滥用抗生素还破坏生态平衡、危害人类健康。而益生菌制品可部分取代抗生素,克服长期使用抗生素引起的菌群失调和二重感染,并能避免长期使用抗生素产生的不良后果,但是由于益生菌的作用机理还不清楚,益生菌在使用过程中还有很大的局限性,益生菌制品要想完全取代抗生素,还需要一个漫长的过程。在今后的很长一段时间里,将会出现益生菌制品和抗生素的配合使用。

(一)动物微生态制剂发展趋势

1. 加强微生态学基础研究

为筛选更为确切、作用机理清楚的益生菌提供理论依据。

2. 益生菌的配伍组合的研究

益生菌与益生协同剂(如寡聚糖、酶制剂、中草药、氨基酸等)协同作用效应和机理的研究。

3. 微生态基因工程菌的研究

益生菌制品不同于常规疫苗(灭活疫苗或弱毒疫苗),灭活疫苗虽然能诱导机体产生针对特定病原体的体液免疫和细胞免疫,但无法阻止病原体经黏膜途径对机体的侵袭。而弱毒疫苗虽然能诱导机体产生特异性的黏膜免疫,但是弱毒疫苗有其自身的局限性(弱毒疫苗有毒力返强的不安全因素);其次疫苗在研制过程中加入的佐剂、防腐剂等对动物机体有刺激作用;再次,疫苗在注射过程中,会引起动物的应激性。因此,疫苗在使用过程中有一定的弊端,而益生菌制品可以弥补常规疫苗的不足。首先,益生菌可起到有病治病,无病防病的作用,并且安全、无污染;其次,现在已有人利用基因工程手段获得基因工程菌,如把致病菌的保护性抗原克隆到益生菌中,借助益生菌对酸的抵抗力,使益生菌通过胃后有更高的存活率,从而进入肠道发挥免疫功能,诱导黏膜免疫,这样得到的口服疫苗,不需要注射,免疫方便、安全,并且具有免疫佐剂作用;同其他活载体(减毒大肠杆菌、沙门氏菌、病毒)相比,益生菌作载体无毒副作用(Jong 等,2002)。动物微生态制剂是通过调节动物自身微生态平衡而起作用,其作用方式独特,效果显著,具有抗生素不具有的许多优点,有利于养殖业的良性发展与自然环境的保护。在人们追求健康生活的今天,面对化学药品带来的严重副作用,绿色无污染、无毒副作用、无残留、功效显著的微生态制剂的应用前景必将更加广阔。

(二)应用前景

动物微生态学应与动物营养学和预防医学密切结合，利用生物技术手段开发出高生产性能的益生素菌种，来提高微生态制剂展望的饲喂效果，推动行业发展，是今后的发展趋势(杨景云，1997)。益生菌通过多种方式弥补了抗生素和疫苗的不足，并且随着基因工程的发展，利用基因工程手段获得基因工程菌也变为可能。目前，人们正在建立益生菌的基因工程体系，主要表现在：对抗寄生虫基因的克隆，用以防制寄生虫疾病；对致病菌抗原基因的克隆，用以防制传染病；对饲料酶基因的克隆，用以促进消化，增加营养。随着对益生菌的遗传背景、作用机制了解的逐步深入和乳酸杆菌表达系统的逐步完善，益生菌的应用范围将会越来越广泛，效果也会越来越好。有学者指出“抗生素之后的时代，将是微生态制剂的时代”，21 世纪是生命科学的世纪，微生态制剂必将为畜牧业的发展做出更大的贡献。

(温建新　青岛农业大学动物科技学院)

第六节　其他制品

动物用生物制品，除了前面所述的已经纳入《中华人民共和国兽用生物制品规程》、《中华人民共和国兽用生物制品质量标准》、《中华人民共和国兽药典》、《兽用生物制品质量标准汇编》的标准生物制品外，还有一些“国标”、“非国标”的兽用生物制品在市场上流通或者处于研发、申报阶段，如组织提取的孕马血清促性腺激素，细胞制备或者基因工程表达的干扰素、白介素、抗菌肽等，同时，随着现代科学技术的发展和应用需要，将有更多的兽用生物制品形式出现。

一、胸腺肽

胸腺肽(Thymic peptide)是由胸腺的组织上皮细胞分泌的一类多肽激素，可促进 T 细胞的成熟，同时参与神经内分泌系统和免疫系统的交互作用，激活细胞免疫。它是一种多组分混合的激素类物质，一般由 100 多个氨基酸组成。自从小牛胸腺中首次发现胸腺素后，进一步从其中分离得到胸腺素组分 5(Thymosin fraction 5，TF5)和胸腺素 α_1(Thymosin α_1，Tα_1)(Goldstein，1997；Low，1983)。其中的关键成分是胸腺肽 α_1，由 28 个氨基酸组成。这些具有多种有免疫促进活性的肽类因子，能够增加或调节机体的细胞免疫功能。由于具有生物活性的另一主要组分胸腺素 F5 是含有 10～15 个组分的一类多肽物质，根据这一特点，通过人工合成的胸腺肽已广泛地应用于各种免疫性疾病以及感染性疾病的临床治疗，取得了明显的疗效；但由于价格昂贵，其在兽医上的应用受到了限制。因此，一些研究者在研究其作用机理及治疗效果的同时，也在不断探索基因工程胸腺肽在临床应用方面的新途径，通过基因工程方法将胸腺肽 α_1 克隆到相应的原核或者真核表达载体进而转入大肠杆菌或者酵母菌等进行表达、提取，并展示出与从胸腺组织提取物相似的生物学活性，为新型胸腺肽的工业化生产提供基础。

在应用研究方面，靳亚平等(2002)试验证明，胸腺肽对鸡新城疫病毒和传染性喉气管炎病毒强毒混合感染的小鸡有一定的预防与治疗作用。余斌等(1997)在鸡的试验表明,在雏肉鸡日粮中添加一定量的胸腺肽可调节鸡只内分泌活动,提高机体免疫功能,促进鸡只生长发育。史秀山(2004)对胸腺肽影响狂犬病疫苗免疫效果影响的研究结果表明,胸腺肽作为人用纯化 Vero-细胞狂犬病疫苗的佐剂可减少免疫次数。王国卿等(2006)在犊牛的研究发现,利用胸腺素预防犊牛腹泻时,发病犊牛的症状大多数为轻度和中度,配合食物疗法即可痊愈,疗程缩短,见效快,治愈率高。陈芳等(2005)、冯军等(2006)研究了不同剂量的 $T\alpha_1$ 对黄鸡免疫器官指数和组织学结构的影响,结果均表明,低剂量 $T\alpha_1$ 可显著提高鸡免疫器官指数,使胸腺小体数和淋巴细胞数增加,皮质增宽,脾脏胸腺依赖区和法氏囊依赖区细胞数量增加;高剂量 $T\alpha_1$ 则引起法氏囊髓质细胞变性和坏死。

市场上流通的胸腺肽,多是沿用改良的 Goldstein 等在 1966 年建立的从小牛胸腺或者猪胸腺中提取第五组分(F5)并命名为胸腺素(Thymosin)的方法提取、并经冻干后制成品的一种生物制剂。

目前常用的胸腺肽主要有:

(一)胸腺素 α_1

胸腺素 α_1(Thymosinα_1,$T\alpha_1$)系 Goldstein 等(1997)最早从牛胸腺素组分 5(TF5)中分离出来的一种酸性多肽,由 28 个氨基酸残基组成,分子质量为 3.108 ku,主要是由在胸腺上皮细胞核内进行 DNA 复制和转录的胸腺素原 α 经酶解而产生(Chang 等,2005),广泛存在于从哺乳动物到昆虫、真菌、原生生物的组织细胞中,其蛋白质结构均相同,是高度保守的活性肽,现已能人工合成。

(二)胸腺生成素

胸腺生成素(Thymopoietin,TP)是从人胸腺组织中分离出的一种 49 个氨基酸残基的多肽,分子质量为 4.818 ku。Goldstein 等发现 TP 的 32~36 位氨基酸为其重要的功能活性部分,有着与 TP 相同的生理功能,称之为胸腺五肽(TP5)。TP5 具有双向调节免疫系统的功能(张春莉等,2003),能使过强或受到抑制的免疫反应趋向于正常,同时对胸腺、机体免疫功能低下、自身免疫疾病具有很好的调节作用(Wang 等,2006)。

(三)胸腺体液因子

胸腺体液因子(Thymic humoral factor,THF)是从组织中得到的一种粗制品,由 31 个氨基酸残基组成,分子质量约为 3.0 ku。THF 可使骨髓细胞向 T 细胞分化成熟,并可激活 T 细胞内的 cAMP。

(四)血清胸腺因子

血清胸腺因子(Seral thymic factor,FTS)是从血清中分离纯化得到的九肽,分子质量为 847 ku,具有高度保守性,且是唯一存在于哺乳动物和禽类的胸腺激素,作用于 T 细胞分化成熟的各个阶段,几乎对所有的 T 细胞功能具有影响。胸腺是其唯一分泌器官,天然或人工合成的 FTS 几乎没有生物活性,只有与一些金属,尤其是与锌结合为 FTS-Zn 后才能发挥其生物学活性(王淑彩等,2002)。

制备工艺 ①材料处理:健康小牛或者猪胸腺经去除脂肪和组织膜,切碎后加入适量生理盐水,用胶体磨研磨,制成匀浆。

②胸腺肽溶液制备。国内生产厂家多用3种方法,A法:匀浆于低温冷冻1周,通过水浴解冻,离心沉淀,取上清液置水浴加热80℃,迅速放入冰浴中振摇冷却;冷却后的液体离心沉淀,取上清液进行澄清过滤;澄清后的液体用滞留相对分子质量10 000的超滤膜进行超滤,收集超滤液即得胸腺肽溶液。B法:匀浆用盐酸调pH(3.5±0.2),于低温冷冻1周以上,通过萃取法或者离心提取上清液,用氢氧化钠调pH(6.8±0.2),再置水浴加热80℃,15 min,迅速放入冰浴中振摇冷却;冷却后的液体离心沉淀,取上清液进行澄清过滤;澄清后的液体用滞留相对分子质量10 000的超滤膜进行超滤,即得胸腺肽溶液。C法:匀浆加入适量木瓜蛋白酶水解,调pH 7.0,在37℃水浴中保温数小时。再用盐酸调pH 3.5,将水解液置水浴加热,使酶失活及蛋白质变性,迅速放入冰浴中振摇冷却;冷却后的液体用氢氧化钠调pH 6.8,离心沉淀,取上清液进行澄清过滤;澄清后的液体用滞留相对分子质量10 000的超滤膜进行超滤,收集超滤液即得胸腺肽溶液。

在以上三法中:A法系物理提取法,活性虽高但单位产量低,目前,小牛胸腺价格昂贵,成本过高,不适合工业化大生产;C法为化学提取法,收率虽高,但活性低,且试验加入蛋白酶的价格与少投入的胸腺所需成本等同,在用药上提高了产品成本,此外,在37℃水浴中保温数小时易造成制品染菌及滋生细菌内毒素,也不适合工业化大生产;B法系物理提取与化学提纯法并用,活性虽略低于A法,但比A法单位产量高,比C法成本低,且提取全过程对制品质量不会造成破坏,是一种适合规模生产的优化方法,应用较多。

杨玲媛等(2008)以Goldstein等提取方法为参考,从猪胸腺提取胸腺素α_1的工艺进行改进:选取猪胸腺为原料,组织匀浆、3次冻融和80℃热变性纯化后,上清采用Sephadex G-50柱填料凝胶过滤,然后进行阴离子交换树脂DEAE-C32离子交换层析和丙酮分级沉淀纯化胸腺素α_1,通过真空冷冻干燥,最后得到胸腺素α_1,纯度为95%以上,得率为3.84×10^{-5}。虽然目前的得率还很低,但纯度及活性高,毒副作用小。

③将上述胸腺肽溶液按20 mg/瓶(5 mg/L)出品规格加适宜右旋糖酐,冻干后即可成无菌冻干粉针剂。

质量标准 胸腺肽溶液系自健康猪或小牛胸腺中提取的分子质量小于10 000 ku的多肽水溶液,为无色或者微黄色液体,冻干品为白色淡黄色疏松体,易溶于水。每毫升中多肽含量不得少于5 mg,pH为6.0~7.5。按照高效液相色谱法测定制品中高分子物质,其中分子质量大于10 000 ku的组分不得超过5.0%。

按面积归一化法计算,制品中的胸腺肽α_1在高分子质量物质项下记录的色谱图中,对应的保留时间的峰的含量不得低于1.0%。

按照T细胞活性测定法——脱E受体法测定制品活性时,供试品管的玫瑰花结百分率与对照管的E玫瑰花结百分率之差应不得低于10.0%。同时本制品应不含防腐剂,无菌、无外源病毒、无热源、无副作用和过敏反应。本品应在10℃以下存放,有效期18个月;若保存温度高于10℃,则有效期应适当缩短。

用法与用量 胸腺肽具有促进淋巴细胞成熟,调节和增强机体免疫功能的作用,有一定的抗病毒、抗肿瘤作用,对多种病毒性疾病及恶性肿瘤的辅助治疗有良好效果,对原发和继发性免疫缺陷症也有良好疗效。谢家麒等的研究证明,单独使用胸腺肽对鸡新城疫(ND)和传染性支气管炎(IB)的治愈率达到70%以上;靳亚平等试验证明,胸腺肽对鸡新城疫病毒(NDV)和传染性喉气管炎病毒(ILTV) 强毒混合感染的小鸡有一定的预防和治疗作用。

各种畜禽均可应用。用时以 20～30℃的生理盐水溶解,肌肉注射或静脉滴注,每天或隔天一次,每次用量为每千克体重 0.05～0.5 mg,3 个月为一个疗程,必要时可用 2 个疗程 。

使用注意事项 本品溶解后应及时使用。如发现变色,溶化或安瓿破裂时不能使用。

二、孕马血清促性腺激素

孕马血清促性腺激素(Pregnant mare serum gonadotropin,PMSG)是在怀孕母马血清中发现的一种激素。并已知在妊娠马属动物(驴、斑马等)都有产生,所以有人称为马属动物绒毛膜促性腺激素(eCG)。PMSG 具有类似 FSH 和 LH 的双重活性,但以 FSH 的作用为主,因此有着明显的促卵泡发育的作用,同时有一定的促排卵和黄体形成的功能;对雄性动物具有促使精细管发育和性细胞分化的功能。

PMSG 分子是由 α 和 β 亚单位组成,而 β 亚单位是表现其活性的主要部分。其分子质量为 53 000 ku。由于分子不够稳定,高温、酸、碱条件都易引起失效,同时对它的分离提纯工作也较其他糖蛋白激素困难,但是目前通过研究其肽链的编码 DNA,已经推出其 α、β 两亚基的氨基酸顺序。

制造工艺 ①孕马血清的制备:选怀孕 50～120 d 的健康母马,最好是轻型马,由颈静脉采血于灭菌、干燥的筒状容器内,于室温中使血液凝固,析出血清(为了得到更多的血清,可在凝固的血液上加上较重的物体)。最后吸出血清,加入 0.5%石炭酸,保存于冷暗处,有效期可达 1 年左右。②孕马血清促性腺激素的提纯:选怀孕 50～90 d 的母马,按上法用无菌手续采血,使自然凝固,分离血清,并加入 0.5%石炭酸防腐,保存于 4℃冰箱中备用。提纯时,以偏磷酸沉淀蛋白,以苯甲酸吸附孕马促性腺激素,并以酒精加以沉淀,重溶后冻干后即得。

用法与用量 孕马血清促性腺激素制品为一种糖蛋白激素,具有促卵泡素及促黄体素的双重功能,促进卵泡发育和睾丸中精子的生成,增强黄体细胞和睾丸间质细胞的分泌活动,对于调节和改善机体性功能和治疗非器质性性功能障碍有一定的效果,是一种经济、实用的促性腺激素。在使用时有着明显的促卵泡发育的作用,同时有一定的促排卵和黄体形成的功能;对雄性动物具有促使精细管发育和性细胞分化的功能。

本品一般有 500 U/支、1 000 U/支及 3 000 U/支 3 种规格。每支用 1 mL 生理盐水溶解,肌肉注射。每次用量为 10～40 U/kg 体重。

应该提出的是,在实践中进行诱发发情或超数排卵处理时,发现动物个体对 PMSG 的反应性差异很大,有的个体甚至没有反应。其原因比较复杂,是否与个体生理状态不同,或不同个体产生不同程度的免疫性反应所致,尚有待进一步研究、探讨。

三、绒毛膜促性腺激素

人和灵长类动物胎盘绒毛膜组织也分泌一种促性腺激素,在人,称人绒毛膜促性腺激素(Human chorionic gonadotropin,hCG)。hCG 的发现较早,化学结构及生理作用研究也比较深入,并已广泛应用于动物繁殖和兽医临床。

hCG 是由孕妇胎盘绒毛组织郎氏细胞产生；约在受孕第 8 天即开始分泌，妊娠 8～9 周时升至最高，然后至 21～22 周时降至最低。目前应用的 hCG 商品制剂由孕妇尿液或流产刮宫液中提取加以赋形剂，经冻干后制成，为白色粉末，溶于水，不溶于乙醇、乙醚和丙酮。于 0～4℃保存有效期 18～24 个月。保存温度较高时有效期应适当缩短。

hCG 也是一种糖蛋白激素，分子质量为 36 700 ku，其分子是由 α 与 β 两个亚单位组成。β 亚单位是 hCG 的活性部分，具有特异性，但必须和 α 亚单位结合组成整体，方能发挥其活性。

用途 目前，绒毛膜促性腺激素主要用途：本品为激素类药，有促性腺机能的作用。用于性功能障碍、习惯性流产、黄体功能不全、无排卵性不孕症、隐睾症及侏儒症等。①在生产上，主要用于促进母畜卵泡成熟和排卵。②可用于增强超数排卵效果，通常在使用 FSH 或 PMSG 促使母畜发情后，配种前注射 hCG，可使超排效果提高。③同期发情处理时，结合应用 hCG 可使排卵时间趋于一致。不仅使排卵较多，而且可在应用 hCG 之后 12～24 h 定时人工授精。④治疗排卵延迟或卵泡囊肿及慕雄狂有一定疗效。⑤对性腺发育不良或阳痿的公畜，有一定的促进睾丸发育和生精机能作用，使阳痿有所改善。

用法与用量 ①hCG 的常用剂量：马、驴 1 000～2 000 U，牛 500～1 500 U，猪 500～1 000 U，羊 100～500 U，兔 25～30 U。②后备母猪。预防：6～7 月龄时肌肉注射绒毛膜促性腺激素 1 000 U，第 1 次发情时不要配种，一般在第 3 个发情期配种。治疗：超过 8 月龄母猪还未发情，应肌肉注射绒毛膜促性腺激素 2 000 U，一般注射后 2～4 d 即可发情配种。③经产母猪。预防：断奶当天肌肉注射绒毛膜促性腺激素 1 000 U，能使母猪正常发情。治疗：断奶后超过 15 d 母猪还未发情，应肌肉注射绒毛膜促性腺激素 1 000 U，氯前列烯醇 0.1 mg，一般注射后 2～4 d 即可发情配种。

母猪配种前 1 h 肌肉注射促排卵素 3 号 20 mg，每胎可提高产子数 0.6～1.2 头。

使用注意事项 由于 hCG 是属于大分子蛋白质激素，具有一定的抗原性，多次频繁使用后，尤其是静脉注射，会引起抗体形成，同时有可能会产生免疫性的过敏反应。虽然对这一问题的报道很不一致，但有的单位在实践中，曾发生母牛应用 hCG 后，出现虚脱、痉挛、血压下降、体温不定、荨麻疹、呕吐及腹泻等症状。个别母马出现出汗、不安、少量多次排尿现象。由此而引起的过敏反应，虽然有个体间的差异或药物贮存与提纯质量方面的原因，但在使用时要注意重视。

四、抗菌肽

抗菌肽(Anti-bacterial peptides)是指氨基酸数目小于 100 的一类小肽，多由 20～60 个氨基酸残基组成，分子质量在 2 000～7 000，常带正电荷，多数具有强碱性、热稳定性，并具广谱抗菌性，是动物在病毒、细菌及其他诱导条件下，免疫防御系统产生的一类对抗外源性病源体致病作用的防御性肽类活性物质。大量的研究结果表明，抗菌肽不仅具有广谱的抗菌作用，而且还有高效的抗真菌、抗病毒、抗原虫和抗肿瘤活性。到目前为止已有 500 多种抗菌肽被分离鉴定，这些抗菌肽大致分为四大类：Cecropin(杀菌肽)类、富含 Pro 残基的 Magainin(蛙皮素)、富含 Gly 残基的 Melittin(蜂毒素)和富含 Cys 残基的 Defensin(防御素)。

随着现代科学技术的发展和新抗菌肽的不断发现，抗菌肽构效关系的深入研究，以天然抗菌肽为模板设计合成的人造抗菌肽克服了天然抗菌肽提取的种种缺点和不足，不仅可以直接通过计算机辅助设计得到比天然抗菌肽更精短的肽序列，避免分离纯化等复杂步骤，同时经过设计改造还可以增强天然抗菌肽的抗菌活性、稳定性、降低或消除溶血性等副作用。目前，已进入临床应用的基因工程药物多数是采用原核表达系统生产的，但由于抗菌肽对细菌的杀伤作用，不能用原核表达系统直接表达具有生物活性的抗菌肽，而如果采用融合蛋白的形式表达，将给表达产物的后处理带来很大麻烦。因此，国内外的研究者多采用真核表达系统进行抗菌肽基因工程研究。

(一)抗菌肽的特点

1. 抗菌肽的理化特点

抗菌肽的理化性质主要有以下几点：①分子质量小，氨基酸组成少于 100 个。②热稳定性高，100℃加热 10～15 mim，仍能保持一定的活力。③水溶性好。④等电点(pI)一般大于 7，具有较强的阳离子特征。

2. 抗菌肽的生物功能特点

抗菌肽的生物功能特点主要有：①广谱高效的抗菌活性。抗菌肽对革兰氏阳性菌、革兰氏阴性菌、真菌及原虫均有高效广谱的杀伤作用，并且它的抗菌浓度小，一般在微摩尔水平。②抗病毒活性。抗菌肽对疱疹病毒、流感病毒、艾滋病病毒等有囊膜病毒有明显的杀伤力。③不易产生耐药性。相对传统的抗生素而言，细菌对抗菌肽更难产生耐药性。④抗肿瘤活性。使肿瘤细胞不能贴壁和正常生长。⑤无残留、无毒副作用。

(二)抗菌肽的制备

天然抗菌肽是生物体经诱导产生的具有抗菌活性的一类小分子多肽，来源广泛，包括昆虫抗菌肽、哺乳动物抗菌肽、两栖动物抗菌肽、植物抗菌肽、细菌抗菌肽以及鱼类、软体动物、甲壳类动物来源的抗菌肽(Robert，2001)。最初的抗菌肽主要是从各种生物体体内提取的。1975 年，瑞典科学家 Boman 等用大肠杆菌诱导西比古天蚕蛹产生抗菌肽的活性多肽物质。随后，又在多种生物体内陆续发现了多种抗菌肽：在欧洲铃蟾体内分离到了抗菌肽 Bombinin，在非洲爪蟾体内分离到了抗菌肽 Magainin，随后在爪蟾的胃肠黏膜中发现了抗菌肽(Csordas 等，1970；Zaslo 等，1987；Kreil，1994)。从猪小肠中也成功地提取到了抗菌肽类物质(马卫明等，2004)。哺乳动物抗菌肽研究起步较杀菌肽(Cecropin)、蛙皮素(Magainin)、蜂毒肽(Melittin)和防御素(Defensin)晚，但是发展速度较快，目前已经至少从 8 种哺乳动物包括牛、羊、猪、鼠、犬、兔、恒河猴和人体中分离纯化或克隆得到数百种哺乳动物上皮细胞抗菌肽及其他抗菌肽。其中，已经从猪、恒河猴和牛体内分别发现了至少 13 种不同的抗菌肽，绵羊抗菌肽包括 3 类共 11 种。根据抗菌肽前体的基因结构、氨基酸序列特征，可将猪源抗菌肽分为 4 类：富含保守的胱氨酸防御素(Defensins)超家族、Cathelicidins 家族、Cecropins 家族和 NK-lysin。防御素超家族和 Cathelicidin 家族是目前为止在哺乳动物中发现的两个最大群体的抗菌肽家族(Zhang 等，2000)。

哺乳动物的皮肤和黏膜直接与外界接触，是病原体入侵的门户，为了抵御病原体的入侵，当机体受病原微生物刺激后在上皮细胞(气管、舌和小肠等黏膜)产生抗菌肽(Hase，2006；司利钢，2005)。在从猪体内已经获得至少 14 种抗菌肽，其中中性粒细胞中存在 10 种，上皮细胞中存在 3 种，即猪 β-防御素 1(porcine beta-defensins 1，PBD-1)、猪天蚕素1(cecropin P1)和PR-39(proline-argininerich with a size of 39 residues)。其中PBD-1从猪舌上皮细胞克隆得到,Cecropin P1和PR-39从蛋白水平分离纯化得到,PR-39既存在于猪粒细胞,又存在于猪小肠上皮细胞(Oswald,2006)。胡建和等(2010)从牛血液中分离提取到一种对大肠杆菌、金黄色葡萄球菌和白色念珠菌均具有明显的杀灭或抑制作用的F2抗菌肽。

1. 猪小肠上皮细胞抗菌肽的制备

下面以猪小肠上皮细胞抗菌肽制备工艺为例来介绍天然抗菌肽提取及抽提方法。

(1)猪小肠上皮细胞抗菌肽粗提物制备:取新鲜猪小肠去脂、浆膜和内容物,称重,冷冻剪碎,组织捣碎机捣碎3次,每次2 min,再用超声波细胞粉碎机破碎10次,每次3 s。匀浆后隔水煮沸15 min,按1∶1(*V*/*V*)加入5%乙酸,4℃搅拌过夜,次日将混合物于4℃,8 000 r/min离心30 min,取上清,4℃保存。将沉淀物用等体积5%乙酸混合,再次于4℃搅拌浸提过夜,重复上述离心过程,取上清,合并两次上清液,调整pH,再次离心,弃沉淀,上清液冷冻干燥即为抗菌肽类物质粗提品。或者用950 mL/L的乙醇室温浸提猪小肠上皮细胞24 h,过滤除去沉淀,冷冻干燥得到粗提物。

(2)纯化:采用3步层析技术对冷冻干燥粗提物进行纯化。第一步离子交换层析,将冷冻干燥粗提产物溶解在0.1 mol/L甲酸铵(pH 6.4)中,进行CM-Sepharose阳离子交换色谱,用上述缓冲液平衡,先用0.1 mol/L甲酸铵(pH 6.4)洗脱,再继续用0.1～0.85 mol/L的乙酸铵(pH 5.2)梯度洗脱,280 nm波长测定吸光度,收集,冷冻干燥。将冷冻干燥产物溶解在水中,做抑菌活性检测。第二步用Sepharose进行纯化,平衡0.3 mol/L乙酸铵(pH 5.2),先用此平衡液洗脱230 mL至基线出现,再用0.3～0.5 mol/L的乙酸铵梯度洗脱。检测波长同上,收集,冷冻干燥产物溶解在1 mL/LTFA中进行第三步纯化,上样于反相FPLC,平衡1 mL/L TFA水溶液,洗脱1 mL/L TFA/乙腈,0～48 mL/L的乙腈梯度洗脱,收集进行抗菌活性检测,重复进行3次FPLC纯化。即可分离得到含31个氨基酸,分子质量为3.326 ku的Cecropin P1。

Agerberth等(1991)从猪小肠上皮细胞分离得到PR-39。方法是粗提猪小肠上皮细胞抗菌蛋白,将粗提物分别进行Medium和Fine Sephadex G-25凝胶过滤,离子交换CM-cellulose,经过3步纯化后,得到氨基酸数目为39个,分子质量4.719 ku的PR-39。

此外,马卫明等(2004)采用两步凝胶过滤层析,Sephadex G-100和G-25纯化得到具有抑制大肠埃希菌、金黄色葡萄球菌、绿脓杆菌的猪小肠抗菌肽类似物。

随着现代科学技术的发展和新抗菌肽的不断发现,抗菌肽构效关系的深入研究,以天然抗菌肽为模板设计合成的人造抗菌肽克服了天然抗菌肽提取的种种缺点和不足,不仅可以直接通过计算机辅助设计得到比天然抗菌肽更精短的肽序列,避免分离纯化等复杂步骤,同时经过设计改造还可以增强天然抗菌肽的抗菌活性、稳定性、降低或消除溶血性等副作用。目前,已进入临床应用的基因工程药物多数是采用原核表达系统生产的,但由于抗菌肽对细菌的杀伤作用,不能用原核表达系统直接表达具有生物活性的抗菌肽,而如果采用融合蛋白的形式表达,将给表达产物的后处理带来很大麻烦。因此,国内外的研究者多采用真核表达系统进行抗菌肽基因工程研究。

2. 抗菌肽的发酵工艺

细菌抗菌肽又称细菌素(Bacteriocin),包括阳离子肽和中性肽,革兰氏阳性菌和革兰氏阴性菌均可分泌。细菌中已发现的抗菌肽有杆菌肽(Bacitracin)、短杆菌肽S(Gramicidin S)、多粘菌素 E(Polymyxin E)和乳链菌肽(Nisin)4 种类型。自 20 世纪 90 年代以来,对抗菌肽的研究、开发和利用一直是国际生物医学界关注的热点之一。国内外学者已从动物和人体的不同组织中分离出了上千种抗菌肽。目前,APD 数据库中就收录的细菌素有 119 种,其中乳酸链球菌肽 Nisin 是由乳球菌产生的含 3～4 个氨基酸残基的短肽,它是一种耐酸性物质,即使在胃这样低 pH 环境中稳定性也很高,能抑制革兰氏阳性菌如梭状芽孢杆菌和李氏杆菌。

下面以杆菌肽的发酵工艺为例来介绍以发酵法生产抗菌肽的生产方法。

杆菌肽的发酵工艺:杆菌肽发酵生产使用地衣芽孢杆菌,在以淀粉、黄豆饼粉为主要碳、氮源的液体培养基中,在 30℃进行通气培养,经发酵生物合成杆菌肽。杆菌肽发酵液经草酸酸化,通过板框过滤除去菌体、碱性蛋白、钙镁离子、培养基残渣等杂质,再用碱中和得到符合离子交换工艺要求的杆菌肽原液。原液经树脂提取、萃取提纯、喷雾干燥最终得杆菌肽成品。可用于革兰氏阳性菌和阴性菌感染,并具有一定的促进生长作用。

(三)抗菌肽的应用

动物抗菌肽有着与传统抗生素完全不同的产生机制、杀菌机制及作用方式,病原菌不易对抗菌肽产生耐药性。此外,动物抗菌肽在一般情况下只作用于原核细胞和发生病变的真核细胞,而对正常的真核细胞无影响。因此,它们可以作为传统抗生素的替代品,是一种具有巨大发展潜力的新型抗菌药。

目前,抗菌肽的研究还主要是饲料添加剂方面的研究应用较多,效果也十分显著。抗菌肽作为抗生素的替代品,适量添加不仅具有良好的抗菌效果,而且有利于提高畜禽的生产性能和畜禽产品品质。温刘发等、马卫明等(2005)报道将蚕抗菌肽等添加于断奶仔猪饲料中,可减轻断奶仔猪的腹泻;蚕抗菌肽酵母制剂可促进小鸡生长,减少排泄物氮含量,对粤黄鸡具有促生长、保健和治疗疫病的功能。从柞蚕蛹中分离抗菌肽能促进肉鸡生产性能,对提高免疫力,预防肉鸡的疾病有较好效果。陈晓生等(2005)在鸭日粮中添加蚕抗菌肽 AD-酵母液体制剂,结果发现抗菌肽可起到抗菌促生长的作用。美国的 R&D 报道,抗菌肽可作为饲料防霉剂。汪以真等(2004)试验表明:饲粮添加表达重组猪乳铁蛋白基因(rPLF)的蚕蛹后,可显著增加仔猪十二指肠和空肠绒毛高度、明显降低隐窝深度;显著减少了肠道中大肠杆菌和沙门菌的生长($P<0.05$);增加了乳酸菌的数量($P<0.05$),但都与添加抗生素组的差异不显著;极显著增加了双歧杆菌数量($P<0.01$)。由此可见,抗菌肽对肠道内微生物菌群的调节作用与抗生素相似,但抗菌肽能促进有益菌的生长,从而有利于调节体内微生态,起到促进动物生长的作用。马卫明等(2006)探讨了从猪小肠分离纯化的抗菌肽对雏鸡促生长发育的机理,结果表明:在 7、14、21、28、35、42 日龄,每只雏鸡分别肌肉注射猪小肠抗菌肽 0.1 mL(100 μg/mL),极显著提高了平均日增重和降低了料重比($P<0.01$),对平均日耗料量影响不显著;在 49 日龄时,显著提高了十二指肠和空肠黏膜长度及其绒毛高度与隐窝深度比值(V/C)($P<0.05$),对十二指肠和空肠黏膜宽度影响不显著。由此可知,猪小肠抗菌肽可改善鸡十二指肠和空肠的结构,增强小肠对营养物质的消化吸收功能,提高雏鸡生长速度和饲料转化率,从而促进鸡的生长发育。另外,马卫明等(2005)研究还表明抗菌肽添加于断奶猪仔饲料中,可减轻猪仔的腹泻。

但是,抗菌肽要成为药物,目前还需要解决一些问题。首先是来源问题。由于昆虫抗菌肽的天然资源有限，化学合成和基因工程便成为获取抗菌肽的主要手段。化学合成肽类，成本较高。而通过基因工程，在微生物中直接表达抗菌肽基因，可能造成宿主微生物自杀而不能获得表达产物。以融合蛋白的形式表达抗菌肽基因，虽然可以克服这一缺点，但仍有表达产物少的问题。尽管来自青蛙皮肤的抗菌肽 Maganin 类作为基因工程药物已进入临床Ⅱ、Ⅲ期试验，但人们认为，只有每克价格低于 10 美元，抗菌肽才可能商品化。在动物产品方面，虽然现在有研究单位已经取了转基因生物安全证书，但是作为产品进行临床和新兽药申报，尚需时日。因此，如何提高抗菌肽的生产效率，降低成本，是应用抗菌肽必须解决的问题。其次，与传统抗生素相比，昆虫抗菌肽的抗菌活性还不够理想。改造已有抗菌肽和设计新抗菌肽分子是创造高活力抗菌肽的有效途径。这就需要进一步研究抗菌肽结构与活性的关系和作用机理，为抗菌肽分子的改造和设计提供足够的理论依据。

（马凤龙　济南军区疾病预防控制中心）

第十一章　动物生物制品实用案例

一、如何正确使用疫苗对猪群进行免疫预防

农村广大养猪专业户由于缺少兽医技术指导，在给猪群进行免疫预防时，如何选购疫苗，如何保管与使用疫苗，发生疫苗免疫接种反应时应采取哪些措施等，都不十分了解。盲目乱用疫苗，免疫程序不科学、不合理，操作技术不规范，造成疫苗免疫预防达不到预期的效果，甚至出现免疫失败，严重影响了养猪业的健康发展。

(一)当前猪常用疫苗的种类

兽用疫苗是指由病原微生物或其组分、代谢产物经过特殊处理所制成的，用于人工主动免疫，预防疫病的生物制品。兽用生物制品的动物疫苗种类很多，但当前猪常用的疫苗有以下几种。

1. 弱毒活疫苗(Live attenuated vaccines)

弱毒活疫苗是指通过人工致弱或筛选的自然弱毒株，但仍保持良好的抗原性和遗传特性的毒株，用以制备的疫苗，如猪瘟兔化弱毒疫苗及猪繁殖与呼吸综合征弱毒疫苗等。弱毒活疫苗的特点是：疫苗能在动物体内繁殖，接种少量的免疫剂量即可产生坚强的免疫力，接种次数少，不需要使用佐剂，免疫产生快，免疫期长。其缺点是：稳定性较差，有的毒力可能发生突变、返祖，储存与运输不方便。

2. 灭活疫苗(Killed/inactivated vaccines)

灭活疫苗是将病原微生物经理化方法灭活后，仍然保持免疫原性，接种动物后能使其产生自动免疫，这类疫苗称为灭活疫苗，如O型猪口蹄疫灭活疫苗和猪气喘病灭活疫苗等。本疫苗的特点是：疫苗性质稳定，使用安全，易于保存与运输，便于制备多价苗或多联苗。其缺点是：疫苗接种后不能在动物体内繁殖，因此，使用时接种剂量较大，接种次数较多，免疫期较短，不产生局部免疫力，并需要加入适当的佐剂以增强免疫效果。本疫苗包括组织灭活疫苗和培养物灭活疫苗；加入佐剂后又称氢氧化铝胶灭活疫苗和油佐剂灭活疫苗等。

3. 类毒素疫苗(Toxoid vaccines)

类毒素疫苗是将细菌产生的外毒素经甲醛脱毒后，使其失去致病性而保留免疫原性所制成的生物制品，如破伤风类毒素和肉毒类毒素等。用于接种动物后可诱导机体产生抗毒素，获得主动免疫，还可用于免疫动物以制备抗毒素血清。

4. 基因缺失疫苗(Gene deleted vaccines)

基因缺失疫苗是用基因工程技术将强毒株毒力相关基因切除后构建的活疫苗，如伪狂犬病毒 TK、gE、gG 缺失疫苗等。本疫苗的特点是：安全性好，不易返祖；免疫原性好，产生免疫力坚实；免疫期长，尤其是适于局部接种，诱导产生黏膜免疫力。

5. **亚单位疫苗(Subunit vaccines)**

亚单位疫苗是从细菌或病毒粗抗原中分离提取某一种或几种具有免疫原性的生物学活性物质,除去“杂质”后而制成的疫苗,如巴氏杆菌的荚膜抗原疫苗和大肠杆菌的菌毛疫苗等。本疫苗的特点是:疫苗不含有微生物的遗传物质,因而无不良反应,使用安全,免疫效果较好。其缺点是:生产工艺复杂,生产成本较高,不利于广泛应用。

6. **多价血清疫苗**

多价血清疫苗是指将同一种细菌或病毒的不同血清型混合而制成的疫苗,如猪链球菌病多价血清灭活疫苗、副猪嗜血杆菌多价血清灭活疫苗和猪传染性胸膜肺炎多价血清灭活疫苗等。其特点是:对多血清型的微生物所致疫病的动物可获得完全的保护力,而且适于不同地区使用。

7. **联合疫苗**

联合疫苗是指由两种以上的细菌或病毒联合制成的疫苗,如猪丹毒、猪巴氏杆菌二联灭活疫苗和猪瘟、猪丹毒、猪巴氏杆菌三联活疫苗等。其特点是:接种动物后能产生相应疾病的免疫保护,减少接种次数,使用方便,一针可防多病。但当前在猪病的免疫预防上还是使用单苗免疫效果好,多联苗免疫效果不确切,尽可能少用。

除此之外,还有基因工程重组活载体疫苗、核酸疫苗、合成肽疫苗(猪 O 型口蹄疫合成肽疫苗)、抗独特型疫苗及转基因植物疫苗等,这些疫苗发展前景宽广,有待于进一步开发,才能用于猪病的防制实践。

(二)选购猪用疫苗的基本原则

(1)要根据当地和本猪场疫病流行情况,拟订出所需疫苗的种类(疫苗毒株的血清型一定要与当地病原流行株相对应),根据种猪数量、每年产仔猪数、育肥猪出栏数和后备种猪补充数量,计划出各类疫苗的需要量。不可盲目购买,避免购入过多造成浪费,用不完造成过期。

(2)要从当地动物疾病防控中心购买兽医 GMP 企业(生物制品厂)生产的疫苗,进口疫苗可到中外合资或独资公司或指定代理商购买。这样不仅能买到高质量的产品,而且在使用中出现问题时易于查找原因,争取厂家的技术支持。

(3)选择有国家主管部门批准生产文号或进口批准文号的疫苗,并认真检查疫苗的内外包装是否规范精致,疫苗标识要清楚,说明书要通俗易懂,进口疫苗应有中英文两种说明书,否则不可购买。

(4)严格检查疫苗生产厂家、生产日期、有效期,疫苗瓶有无裂纹,封口是否严密,瓶内有无异物、凝块、冻结、沉淀或出现混浊等,发现其中任何一项不合格的都不要购买。

(5)详细了解拟购疫苗的性能、特点、使用方法及保存运输要求,以及生产厂家售后技术服务体系等。进货时要索要产品合格证、成品检验报告单,检验单上应有厂家质检部门的印章,以留备用。

(6)严禁从私人或不法经销商手中购买疫苗,防止购入假冒伪劣产品,以免影响猪群的免疫预防,造成不必要的经济损失。同时要注意厂家利用一个批准生产文号,套号生产多种疫苗的产品。

(三)正确使用疫苗给猪进行免疫预防

1. 疫苗的运输与保存

(1)疫苗的运输:运送疫苗要严格执行冷链系统,防止高温和日光曝晒。夏季运送疫苗应采取保温设备,防止反复冻融;冬季运送灭活疫苗则要防止冻结。

(2)疫苗的保存:①冷冻真空干燥疫苗:病毒性冻干疫苗应在−15℃以下保存,一般保存期为2年。细菌性冻干疫苗在−15℃保存时,一般保存期为2年;于2~8℃下保存,保存期为9个月。②油佐剂灭活疫苗:应在2~8℃下保存,严禁冻结。③铝胶佐剂疫苗:大多数猪用细菌性灭活疫苗为铝胶佐剂疫苗,应在2~8℃下保存,不宜冻结。④蜂胶佐剂灭活疫苗:应在2~8℃下保存,不宜冻结,使用前要充分摇匀。⑤耐热保护剂活疫苗:可在常温下保存,不需冷藏。

2. 制订科学合理的免疫程序

目前没有适用于各地区和所有养猪场的固定的免疫程序,应根据当地的实际情况制定。制定猪场的免疫程序时,要考虑当地和猪场疫病流行情况和规律,猪的种类、年龄和健康状况,猪场的生产实际与饲养管理水平,母源抗体的干扰以及疫苗的种类、性质、免疫途径等各种因素。免疫程序也不是固定不变的,应根据实际应用的效果随时进行合理的调整。血清学抗体监测和疫苗免疫效果的评价是重要的参考依据。

3. 掌握正确的疫苗接种方法

使用疫苗时要注意免疫接种的方法,如疫苗的接种方法不当,有时会造成严重的后果。当前猪用疫苗无论是活疫苗,还是灭活疫苗,最常用的疫苗接种方法是肌肉或皮下注射法,如猪瘟兔化弱毒疫苗和猪繁殖与呼吸综合征灭活疫苗等皮下或肌肉注射接种。其次是滴鼻免疫接种,如猪伪狂犬病疫苗和猪传染性萎缩性鼻炎灭活疫苗等可用于滴鼻接种。再就是口服免疫接种,如仔猪副伤寒活疫苗和多杀性巴氏杆菌活疫苗等可经口服免疫接种疫苗。有的疫苗也有经穴位注射接种的,如猪传染性胃肠炎和流行性腹泻疫苗采用猪后海穴接种,效果较好。

4. 选择优质的疫苗稀释液

不同的疫苗,同一种接种方法,其使用的稀释液也不尽相同。病毒性活疫苗注射免疫时,应用灭菌的生理盐水或蒸馏水稀释;细菌性活疫苗必须使用铝胶生理盐水稀释;饮水免疫可用冷开水或井水稀释。某些特殊的疫苗,需使用厂家配用的专用稀释液。使用的稀释液要尽可能减少热原反应,质量不能出现问题,否则会造成免疫接种失败。

5. 不要随意联合使用疫苗

从当前情况来看,灭活疫苗联合使用出现相互影响的现象比较少,有的还有促进免疫的作用。弱毒疫苗联合使用可出现相互促进或相互抑制和互不干扰等,故在没有科学的试验数据和研究结论时,不要随意将两种不同的疫苗联合免疫接种。动物机体对抗原的刺激反应性是有限度的,同时接种疫苗的种类和数量过多时,不仅妨碍动物机体针对主要疫病高水平免疫力的产生,而且还有可能出现不良反应而降低机体的抗病能力。因此,给猪群进行免疫预防时,尽可能使用单独的疫苗,少用联合疫苗与多联苗。

6. 强化无菌操作

注射接种疫苗时,要做到一头猪一个针头,消毒后使用;注射部位先用碘酊消毒,后用酒精棉擦干再注入疫苗,防止通过注射而发生交叉感染。免疫注射使用的针头长度要求是：哺乳仔猪为 9×10（规格×毫米），断奶仔猪为 12×10，育肥猪（含后备种猪）为 16×38，生产种猪为 16×（45 或 38）。

（四）使用疫苗免疫注意事项

（1）疫苗接种前，要认真阅读瓶签及使用说明书，严格按照规定稀释疫苗和使用疫苗，不得任意变更；仔细检查疫苗的外包装与瓶内容物，变质、发霉及过期的疫苗不能使用。

（2）注射病毒性疫苗的前后各 4 d 内不准使用抗病毒药物和干扰素等，两种病毒性活疫苗一般不要同时接种，应间隔 7～10 d，以免产生相互干扰。病毒性活疫苗和灭活疫苗可同时使用，分别肌注。注射活菌疫苗前后 7 d 不要使用抗生素，两种细菌性活疫苗可同时使用，分别肌注。抗生素对细菌性灭活疫苗一般没有影响，可以同时使用，分别肌注。

（3）正在潜伏期的猪接种弱毒活疫苗后，可能会激发疫情，甚至引起猪发病死亡。妊娠母猪尽可能不要接种弱毒活疫苗，特别是病毒性活疫苗，避免经胎盘传播，造成仔猪带毒。发高热、老弱、病残猪不接种疫苗。

（4）疫苗稀释后其效价会不断下降，在气温 15℃以下 4 h 失效，15～25℃ 2 h 失效，25℃以上 1 h 内失效。因此，稀释后的疫苗要在规定的时间内用完，不能过夜，否则废弃。

（5）抗体水平的高低与疫苗注射剂量有正相关性，但是免疫接种时一定要按规定的免疫剂量注射，不要人为地随意增大剂量，超大剂量的接种会导致免疫麻痹，使免疫细胞不产生免疫应答。同时免疫接种的次数也不宜过多，一定要科学合理，接种次数越多，对猪的应激越大，有时当抗体水平高时再接种疫苗会发生中和反应，反而导致猪体免疫力下降。

（6）注射完疫苗后，一切器械与用具都要严格消毒，疫苗瓶集中消毒废弃，以免散毒污染猪场与环境，造成可能存在的隐患。

（7）接种疫苗后，要认真观察猪群的动态，发现问题及时处理。疫苗免疫接种反应有：①一般反应：猪精神不振、减食、体温稍高、卧地嗜睡等。一般不需治疗，1～2 d 后可自行恢复。②急性反应：注射疫苗后 20 min 发生急性过敏反应，猪表现呼吸加快、喘气、眼结膜潮红、发抖、皮肤红紫或苍白、口吐白沫、后肢不稳、倒地抽搐等。可立即肌注 0.1%盐酸肾上腺 1 mL/头或肌注地塞米松 10 mg（妊娠猪不用），盐酸氯丙嗪 1～3 mg/kg 体重，必要时还可肌注安钠咖强心。③最急性反应：与急性反应相似，只是发生快、反应更严重一些。治疗时除使用急性反应的抢救方法外，还应及时静脉注射 5%葡萄糖溶液 500 mL、维生素 C 1g、维生素 B_6 0.5 g。使用疫苗接种时，可配合使用猪用转移因子或白细胞介素-4，仔猪每头每次 0.25 mL，育成猪每头 0.5 mL，成年猪每头 1 mL，用生理盐水、灭菌注射用水或疫苗稀释液稀释后，可与弱毒活疫苗混合肌注，与灭活疫苗则应分开肌注。可有效提高疫苗的免疫效果，产生抗体快、抗体均匀度好、抗体在体内持续时间长；减少因免疫抑制引发的免疫麻痹与免疫耐受，并具有抗应激的功能；诱导机体产生细胞因子，增强机体的抗病力。

给猪群进行疫苗接种，一定要做到选择优质的疫苗，制定合理的免疫程序，采用正确的接种途径，注意操作技术，建立抗体监测制度，加强科学的饲养管理，健全生物安全体系等，才能真正确保猪群的健康生长，提高经济效益。

（万遂如　中国畜牧兽医学会家畜传染病学分会）

二、免疫增强剂在猪病防控中的应用

当前，中国猪群中发生与流行的疫病中免疫抑制性疾病普遍存在，危害最大。因此，在防控猪的疫病时重点是控制好免疫抑制性疾病的发生。如何做好猪免疫抑制性疾病的防控，除了搞好科学的饲养管理、落实各项生物安全措施、饲喂优质的配合饲料之外，重点应从提高特异性免疫力和增强非特异性免疫力两方面着手，构建全方位的免疫屏障，才能有效地防止免疫抑制性疾病的发生与流行。现就目前国内外常用的免疫增强剂在猪病防控中的应用作一介绍，供同仁参考。

(一)免疫增强剂的定义与分类

1. 定义

能非特异性改变或增强机体对抗原的特异性免疫应答和发挥辅助作用的一类物质，均称为免疫增强剂，也称免疫调节剂。现代研究证实具有免疫增强作用的物质超过100多种。

2. 分类

根据免疫增强剂的作用特点可将其分为两大类：一类是非特异性增强机体免疫功能，主要用于治疗动物免疫力低下的疾病，具有免疫增强作用的物质；另一类是免疫佐剂，能辅助抗原，增强疫苗对动物机体的免疫力，即一种物质先于抗原或与抗原混合或与抗原同时注入动物体内，能非特异性地改变或增强机体对抗原的特异性免疫应答的一类物质。

(二)目前兽医临床上常用的免疫增强剂

1. 生化制剂类免疫增强剂

(1)干扰素(IFN)：由干扰素诱发剂作用于有关生物细胞后，所产生的一类高活性、多功能的糖蛋白，由于它具有干扰病毒感染和复制的能力故称为干扰素。干扰素分为α-干扰素、β-干扰素、γ-干扰素。白细胞干扰素(Le)相当于α-干扰素，成纤维细胞干扰素(F)相当于β-干扰素，由病毒作用于致敏的T细胞和NK细胞产生的干扰素，称为γ-干扰素。α-干扰素与β-干扰素二者合称为Ⅰ型干扰素，γ-干扰素相当于免疫干扰素即Ⅱ型干扰素。干扰素通过抑制病毒DNA与RNA的合成复制防止病毒增殖与扩散，具有广谱的抗病毒作用；干扰素的免疫调节作用主要表现在对T细胞和B细胞的功能有明显的增强作用，使形成抗体的细胞大量增加；抗肿瘤作用表现在抑制肿瘤病毒的增殖，阻止其扩散，改变肿瘤细胞表面的性能，诱发新的抗原，从而易被免疫监视细胞识别，并加以排斥。通过免疫调节作用，激活巨噬细胞，增强NK和ADCC效应，提高NK细胞杀伤靶细胞的作用，增强机体的抗肿瘤的能力。

(2)转移因子(TF)：转移因子为淋巴因子的一种，它是将预先用特异抗原致敏的T淋巴细胞反复冻融，经过透析或超滤后获得的一种低分子多核苷酸与低分子多肽的复合物，即转移因子。含有12个氨基酸，2～4个RNA，相对分子质量700～5 000，无抗原性，但有种属特异性。其活性不会被核酸酶和胰蛋白酶破坏，于56℃经30 min可遭破坏，－20℃可保存5年。转移因子具有很强的转移特异性细胞免疫的作用，能转移病毒、细菌、真菌、组织相容性抗原等的细胞免疫。受体接受转移因子后，2～24 h产生效应，可持续数月至1年。具有增强免疫功能，提高免疫力与抗病力，减少免疫抑制、免疫麻痹、免疫不全，降低应激等作用。

(3)白细胞介素(IL)：白细胞介素是由活化的单核-巨噬细胞及淋巴细胞等所产生的一类细胞因子。它作用于淋巴细胞、巨噬细胞与其他细胞，负责信号传递，联络白细胞群的相互作用。在细胞的活化、增殖和分化中起调节作用。白细胞介素与相应细胞的结合，这种连续的细胞因子与细胞间相互作用，可以扩大和调节免疫应答。与疫苗配合应用，可显著提高免疫效果，提高机体的抗应激能力。白细胞介素的家族包括IL-1至IL-23。

(4)免疫核糖核酸(IRNA)：免疫核糖核酸是淋巴细胞和巨噬细胞受特异性抗原刺激后产生的免疫信息遗传物质。它能将供体对某些抗原的特异性免疫信息传递给受体的T细胞和B细胞，使之产生特异性致敏淋巴细胞和抗体，从而提高受体的免疫功能。IRNA本身无免疫原性，无种属特异性，不引发过敏反应或毒性反应。一方面它具有传递免疫信息的功能，另一方面IRNA与抗原结合后，变成了超级抗原，可大大地提高免疫功能。

(5)胸腺肽：胸腺是免疫系统的中枢器官，分泌一系列具有免疫活性的多肽类物质，总称为胸腺激素。其中包括胸腺肽(胸腺素，TM)、血清胸腺因子(STF)、胸腺生成素(TP)及胸腺体液因子(THF)等。具有调控T淋巴细胞分化及增殖，调节机体免疫的功能，呈现非特异性免疫增强的作用。

2. 植物性免疫增强剂

具有免疫作用的中草药称为“免疫型中草药”，是祖国的国宝。现代医学研究发现，黄芪多糖、人参多糖、灵芝多糖、香菇多糖、红花多糖、竹黄多糖、茯苓多糖、猪苓多糖、当归、党参、芦荟、白术、仙灵、何首乌、五味子、蜂胶、金银花、穿心莲、板蓝根、柴胡、连翘、夏枯草、射干、野菊花、牛蒡子、百部、虎杖、贯众、石苇、香薷、诃子、佩令、大叶桉、一见喜、侧柏叶、紫荆皮、芫花、紫花地丁、大青叶、黄连、黄柏、黄芩、枸杞、刺五加、大蒜素等中药均具有增强免疫功能，调节免疫应答，促进组织再生，抗病毒、抗细菌、抗肿瘤、抗应激等功能。

3. 化学性免疫增强剂

左旋咪唑(LMS)：可加强T淋巴细胞对蛋白质的合成，促进其分化增殖，转变成致敏淋巴细胞，产生IL-2、MAF及MIF等淋巴因子；能增强NK细胞的活性；提高吞噬细胞的活力，促进其杀菌作用。

以上列举的免疫增强剂是当前兽医临床上常用而且效果明显的，供大家参考。其他还有不少免疫增强剂也开始在临床上使用，并已引起广泛关注。比如化学免疫增强剂，还有不溶性铝盐类佐剂、油乳剂佐剂、双链多聚核苷酸、维生素A、维生素E、免疫刺激复合物(ISCOM)、生物降解聚合微球、脂质体、硒等；细菌性免疫增强剂有短小棒状杆菌(CP)、卡介苗(BCG)、脂多糖(LPS)、乳酸菌、酵母细胞壁等。这些免疫增强剂很有发展前景，在此不一一介绍，广大兽医科技工作者在临床实践中注意总结这方面的经验，供大家学习与使用。

(三)免疫增强剂的作用机理

1. 对动物机体的作用

(1)引起细胞浸润：出现巨噬细胞、淋巴细胞及浆细胞聚集、作用加强；增强细胞免疫和体液免疫，调动机体发挥更大的免疫力。

(2)改变免疫细胞的功能：能促进巨噬细胞数量增多，膜表面积增大，产生大量的辅助因子和前列腺素等调节因子。T 细胞和 B 细胞数目明显增加，膜表面成分发生改变，产生大量的辅助因子；B 淋巴细胞分化为浆细胞，分泌大量的抗体，增强体液免疫；T 淋巴细胞转化生成大量的致敏淋巴细胞，产生淋巴因子，增强细胞免疫。

2. 对抗原的作用

(1)增强抗原的表面积，提高抗原性。能使抗原表面积明显增大，抗原的作用得以加强，大大地提高了产生抗体的滴度。

(2)延长抗原在机体内贮存时间。抗原与免疫增强剂混合后，形成凝胶状，明显延长抗原在机体内的贮存时间，减缓抗原的降解速度，使其缓慢释放，长期刺激机体，持续而有效地提高血液中的抗体滴度。

(3)增强免疫细胞间的接触。在机体内发生免疫应答过程中，能有效加强巨噬细胞与 T 细胞、T 细胞与 B 细胞、T 细胞与 T 细胞之间的协同作用。

(四)免疫增强剂在猪病防控中的应用

由于免疫增强剂无抗原性，不存在药物残留与耐药性，对动物无毒副作用，又具有增强免疫力、抗病毒、抗细菌与抗应激的作用。故当前在临床上防控猪病中，相互配合使用各种免疫增强剂，结合中药制剂与优质高效的抗菌药物，进行综合防制已收到良好的临床效果，并获得肯定。

1. 保健预防

(1)仔猪出生后，1 日龄与 4 日龄每头分别肌注免疫核糖核酸 0.25 mL，同时口服嗜酸乳杆菌口服液，1 日龄每头 1 mL，2 日龄每头 2 mL，可有效提高仔猪免疫力，预防仔猪在哺乳期的细菌性或病毒性腹泻。

(2)仔猪断奶前 2 d，每头肌注转移因子或白细胞介素-4，每次每头 1 mL，可有效预防仔猪断奶时可能发生的断奶应激、饲料应激、营养应激、温度应激及环境应激，避免仔猪因腹泻和各种疾病而死亡。

(3)每吨饲料中加干扰肽(干扰素)800 g、转移肽(转移因子)400 g、溶菌酶 300 g、黄芪多糖粉 1 000 g 混合，或加氟康王(10%氟苯尼考，微囊包被干扰素、转移因子)400 g、抗菌肽 180 g、板蓝根粉 1 000 g、黄芪多糖粉 1 000 g 混合，连续饲喂 7 d；或饮水加电解质多维(200 g 兑水 500 kg)、葡萄糖粉(200 g 兑水 500 kg)、干扰肽 800 g(1 000 g 兑水 1.5 t)、黄芪多糖粉(500 g 兑水 1 t)、溶菌酶(400 g 兑水 1 t)混合，连续饮水 7 d。用于保育仔猪的保健，可有效地提高免疫力和抗病力，预防保育仔猪多种免疫抑制性疫病的发生。

(4)每吨饲料中加福乐(10%氟苯尼考、干扰素、转移因子)600 g、溶菌酶 400 g、黄芪多糖粉 1 500 g，板蓝根粉 1 500 g 混合，或清开灵粉 1 500 g、抗菌肽 200 g、排疫肽(口服高免球蛋白)400 g 混合，连续饲喂 7 d；或于每吨水中加双黄连粉(金银花、黄芩、连翘等)500 g、口服排疫肽(100 g 兑水 300 L)、西尔康(多西环素、干扰素)100 g 兑水 200 L 混合，连续饮水 7 d。用于育肥猪与后备母猪的保健，可有效地预防育肥猪和后备母猪在育肥阶段发生的各种免疫抑制性疫病。

(5)每吨饲料中加鱼腥草粉 3 kg、干扰肽 1 000 g、转移肽 1 000 g、溶菌酶 800 g 混合，或加 5%爱乐新 800 g、抗菌肽 220 g、口服排疫肽 400 g、黄芪多糖粉 2 000 g、板蓝根粉 2 000 g 混合，连续饲喂 7 d。用于生产种猪的保健，可有效地预防病毒混合感染与细菌继发感染以及各种免疫抑制性疫病的发生。

2. 临床治疗

方案1:黄芪多糖注射液(或人参多糖注射液或板蓝根注射液或柴胡注射液等)0.2 mL/kg体重,加干扰素(1 mL/40 kg体重,重症加量),加转移因子(1 mL/40 kg体重,重症加量),混合肌注,每日1次,连用3～4 d;同时肌注头孢噻呋钠(或头孢拉定)1 mg/kg体重,每日1次,连用3～4 d。

方案2:灵芝多糖注射液(或香菇多糖注射液或当归多糖注射液或红花多糖注射液)0.1 mL/kg体重,加免疫核糖核酸(1 mL/25 kg体重,重症加量),加猪用白细胞介素-4(1 mL/30 kg体重,重症加量),混合肌注,每日1次,连用3～4 d;同时肌注施美芬(第4代头孢菌素,也可用林可霉素或长效多西环素注射液)注射液2 mL/kg体重,每日1次,连用3～4 d。

方案3:清开灵注射液(牛黄、水牛角、黄芪、金银花、栀子、黄连、石膏、连翘、甘草、益母草等)仔猪10 mL,育成猪20 mL,成年猪30 mL,加干扰素加转移因子,混合肌注,每日1次,连用3～4 d,同时肌注30%氟苯尼考注射液(或长效多西环素注射液),每日1次,连用3～4 d。

使用上述3个方案治疗病猪时,由于病猪不食,一定要饮水,可饮用电解多维加葡萄糖粉加口服排疫肽加抗菌肽(或加溶菌酶)混合,连续饮水7 d。

上述方案可用于治疗猪的各种免疫抑制性疫病,仔猪、保育猪、育肥猪、后备母猪、生产种猪都可使用。

3. 免疫接种

给猪进行疫苗免疫接种时,可同时配合使用免疫增强剂,如转移因子、白细胞介素-4或胸腺肽等。用生理盐水、灭菌注射用水或疫苗稀释液将其稀释,仔猪每头每次0.25 mL,育成猪每头0.5 mL,成年猪每头1 mL,可与弱毒活疫苗混合肌注,与灭活疫苗(如油剂苗等)则分开肌注(不能与免疫增强剂混合使用),进行疫苗免疫接种。能有效提高疫苗的免疫效果,使抗体产生快,抗体水平高,抗体均匀度好,抗体持续时间长;能减少因免疫抑制诱发的免疫麻痹与免疫耐受的发生;能诱导机体产生细胞因子,增强机体的抗病力,降低疫苗注射引发的应激反应等。

(万遂如　中国畜牧兽医学会家畜传染病学分会)

三、高致病性猪繁殖与呼吸综合征活疫苗(JXA1-R株)的研制及产业化

(一)高致病性猪繁殖与呼吸综合征的危害及流行情况

猪繁殖与呼吸综合征(Porcine reproduce and respiratory syndrome, PRRS)又称猪蓝耳病,是由猪繁殖与呼吸综合征病毒引起的猪呼吸道与繁殖障碍的高度传染性疾病。临床上以厌食、发热、怀孕母猪发生流产和死胎、木乃伊胎、仔猪发生呼吸道症状为主要特征。高致病性猪蓝耳病是由猪繁殖与呼吸综合征病毒变异株引起的一种急性高度致死性疫病。仔猪发病率可达100%,死亡率达50%以上,母猪流产率达30%以上,育肥猪也可发病、死亡。中国于1995年底首先暴发流行PRRS,郭宝清等(1996)从发病猪群分离到病毒,并确认为猪繁殖与呼吸综合征病毒,1999—2002年该病曾在江西、安徽、江苏等

省市的部分地区暴发流行，经过几年零星的发病后，2006 年 6 月再次暴发，蔓延波及全国 26 个省市，损失极为惨重。这种传播速度快、发病和死亡率高、猪体温升高、治疗效果差的疫病被称为"猪无名高热病"或"猪无名高热综合征"，引起了国务院和农业部的高度重视。田克恭等(2007)确诊该病主要由变异的猪繁殖与呼吸综合征病毒(PRRSV)感染引起，并分离出病毒，命名为 PRRSV NVDC-JXA1。随后，姜平(2007)、童光志(2008)也分离出高致病性猪繁殖与呼吸综合征病毒变异株，这些病毒变异株的特征为 Nsp2 上存在 30 个不连续氨基酸的缺失。中国农业部已将猪繁殖与呼吸综合征列为二类疾病。中国使用高致病性猪繁殖与呼吸综合征活疫苗(JXA1-R 株)对中国猪繁殖与呼吸综合征的控制起到了很好的作用。

(二)疫苗研究开发的背景和过程

目前，世界上商品化的 PRRS 疫苗有灭活疫苗和弱毒活疫苗两类。灭活疫苗的优点是安全性好，但灭活疫苗存在免疫剂量大、免疫次数多、免疫力产生期较长的缺点，因而不适合仔猪免疫。据报道，灭活疫苗免疫后攻毒不能保护仔猪对 PRRS 病毒的感染。仔猪和架子猪带毒是猪场 PRRSV 持续存在的主要原因，因此，通过灭活疫苗难以控制和根除 PRRSV 在猪场的存在和流行。目前，西班牙、荷兰、美国和中国已研制出 PRRS 弱毒活疫苗并商品化。可供各阶段猪群使用，但美国蓝耳病弱毒疫苗主要供 3～18 周龄的仔猪接种使用。目前，正在实验室研制的 PRRS 新型疫苗种类很多，主要有基因疫苗、活载体疫苗和亚单位疫苗，虽然他们正处于研究阶段，但所取得的进展是令人鼓舞的，为 PRRS 疫苗的研制注入了活力，带来了希望。

2008 年，高致病性猪繁殖与呼吸综合征活疫苗(JXA1-R 株)研制并中试生产后在广东省多个养猪场应用 1 年多，证实该疫苗是安全的，得到了满意的免疫效果。2009 年，经产业化生产，并在广东、安徽、湖南、湖北、江西、江苏 6 省临床使用，2010 年高致病性猪繁殖与呼吸综合征活疫苗(JXA1-R 株)被农业部批准在全国范围内招标采购，对养猪户实行政府补贴，由此该疫苗已经正式投入生产使用。

经过两年多的研究，已完善了疫苗质量标准和检验与制造规程，确保供应的疫苗安全、有效。高致病性猪繁殖与呼吸综合征活疫苗(JXA1-R 株) 产生免疫力快，免疫副反应少，独立使用或与灭活疫苗配合使用，都可以取得良好的预防控制效果。

(三)疫苗研制中进行的主要试验与取得的主要数据和经验

本疫苗在研制过程中，根据《兽药管理条例》、《兽药注册办法》、《兽用生物制品注册分类及注册资料要求》(农业部 442 号公告)等法律、法规的相关规定，对疫苗生产过程的各个环节进行了系列研究。现将开展的主要试验介绍如下。

1. 生产毒种代次范围的确定和种子批的建立

利用具有抗原针对性广泛的高致病性猪繁殖与呼吸综合征病毒江西分离株(NVDC PRRSV-JXA1 株)为毒种，用细胞传代方法致弱该强毒株，通过不同代次病毒的基因序列测序、氨基酸变异情况比较、蚀斑纯化、接种仔猪的致病性试验确定了疫苗生产毒种的代次范围，建立种子批，经病毒含量、毒力测定、安全性、免疫原性试验、支原体检验、外源病毒检验等均符合要求。

2. 毒力返强试验

作了多次试验，持续开展了高致病性猪繁殖与呼吸综合征(JXA1-R 株) 6 次同居感染试验和 6 次猪体肺组织继代试验。①同居感染至第 6 代，所有试验猪精神状态及食欲良好。第 6 代观察至 21 d 剖检后未见异常，表明该毒株毒力无明显返强现象。②猪体肺组织继代试验至第 6 代，经临床观察、体温测量、大体剖检、猪繁殖与呼吸综合征抗原抗体检测，试验猪观察至 21 d 剖检后均未见异常，说明高致病性猪繁殖与呼吸综合征(JXA1-R 株)通过猪体继代无明显返强现象。

3. 疫苗的安全性研究

对多批实验室产品进行了安全性试验，包括对不同品种靶动物的一次单剂量接种的安全性试验、对靶动物一次超剂量接种的安全性试验，另外，对临床阳性猪群也做了超剂量接种安全性试验。结果显示，试验猪耳根后部肌肉注射 10 头份高致病性猪繁殖与呼吸综合征活疫苗(JXA1-R 株)，接种 21 d 动物精神状态及食欲良好，体温正常，注射部位及全身未见不良反应，可见该疫苗是安全的。

对种母猪(配种前、怀孕 80～90 d 及临产前 15 d)也进行了大量的超剂量接种安全性试验，均未见母猪因注射疫苗引起的流产、死胎、木乃伊胎现象。而且我们还进行了垂直感染试验，均未见因疫苗免疫引起的死胎、流产、木乃伊胎现象；新生仔猪血液、肺脏、扁桃体进行 PRRSV 抗原检测均为阴性结果，证明疫苗毒不能通过胎盘传递给仔猪；生后 14 d 仔猪采血检测蓝耳抗体均为阳性，蓝耳抗原均为阴性，说明仔猪通过哺乳获得了母源抗体。

4. 疫苗的免疫效力研究

对多批实验室产品进行了免疫效力试验，包括最小免疫剂量的测定、抗体消长规律的测定、对临床蓝耳阳性猪群的免疫效力研究、最佳免疫程序的测定等。结果显示，高致病性猪繁殖与呼吸综合征活疫苗(JXA1-R 株)的最小免疫量为 $10^{4.0}$ $TCID_{50}$/头份，考虑生产中疫苗运输、保存、注射、动物健康状态等因素对疫苗免疫效力的影响，建议仔猪于断奶前后以 $10^{5.0}$ $TCID_{50}$/头份的剂量经耳根后部肌肉注射途径进行免疫比较保险，免疫后 7 d 开始产生抗体，21 d 免疫力建立完全，通过免疫 5 个月攻毒保护试验结果表明免疫组均 5/5 保护，对照组 5/5 发病，并死亡 2 头。说明高致病性猪繁殖与呼吸综合征活疫苗(JXA1-R 株)免疫持续期至少长达 4 个月。

另外，还进行了母源抗体对高致病性猪繁殖与呼吸综合征活疫苗(JXA1-R 株)免疫的影响研究，结果表明：在仔猪体内存在较高母源抗体的情况下，不会对接种产生明显干扰。

因猪繁殖与呼吸综合征容易引起机体免疫抑制，进行了高致病性猪繁殖与呼吸综合征活疫苗(JXA1-R 株)对猪瘟疫苗免疫抑制干扰的研究。结果表明：先注射高致病性猪繁殖与呼吸综合征活疫苗(JXA1-R 株)，或同时注射高致病性猪繁殖与呼吸综合征活疫苗(JXA1-R 株)和猪瘟疫苗均不会影响猪瘟免疫抗体的产生；先注射猪瘟疫苗后再注射高致病性猪繁殖与呼吸综合征活疫苗(JXA1-R 株)，会使猪瘟免疫抗体的产生时间推后 1～2 周。无论接种猪瘟疫苗与否，均不会对高致病性猪繁殖与呼吸综合征活疫苗(JXA1-R 株)免疫产生影响。

5. 疫苗的保存期研究

将多批实验室产品在－15℃条件下保存不同时间，分别测定其病毒含量及免疫效力，结果显示，疫苗在－15℃保存 18 个月，免疫猪攻毒保护仍可达到规程要求，可见高致病性猪繁殖与呼吸综合征活疫苗(JXA1-R 株)在－15℃条件下可保存 18 个月。

6. 疫苗的中间试制研究

在实验室试制取得成功的基础上，按照初步制定的“高致病性猪繁殖与呼吸综合征活疫苗(JXA1-R 株)制造及检验试行规程(草案)”，中间试制研究制备出 5 批中试产品，累计 208 620 头份。从中试结果来看，按“规程”制备的 5 批中试产品，物理性状稳定，具有良好的安全性和免疫原性，各项检验指标均符合规程要求，表明本疫苗生产工艺稳定，免疫效果确实，可进行工厂化生产和推广应用。

7. 疫苗临床应用效果研究

应用冻干的 5 批产品，在广东进行区域试验，分别对 14、60 和 80 d 商品肉猪进行免疫。抽样检查结果表明，免疫猪(包括哺乳仔猪、断奶仔猪、育肥猪、怀孕母猪)均无不良反应。试验结束后收集的数据表明，与非免疫对照猪相比，免疫猪的呼吸道疾病的发病率明显降低，能有效抵抗猪繁殖与呼吸综合征病毒的侵袭，并可维持 4 个月以上，减少了医疗费用，提高了饲料报酬，育肥猪可提前出栏，使生产成绩得到保证。

综上所述，高致病性猪繁殖与呼吸综合征活疫苗(JXA1-R 株)具有免疫效果好、免疫力坚强、免疫期长、能有效减轻疾病严重程度、降低排毒和异源毒株感染几率等优点，而且高致病性猪繁殖与呼吸综合征活疫苗(JXA1-R 株)还可以用来对母猪免疫接种而使幼仔猪获得被动免疫。

(四)疫苗制造的一般和特殊工艺

本疫苗的制造大体按照常规冻干疫苗的生产工艺进行，目前还是处于转瓶培养细胞生产疫苗的阶段，一般工艺流程图和工艺生产流程图分别见图 11.1 和图 11.2。

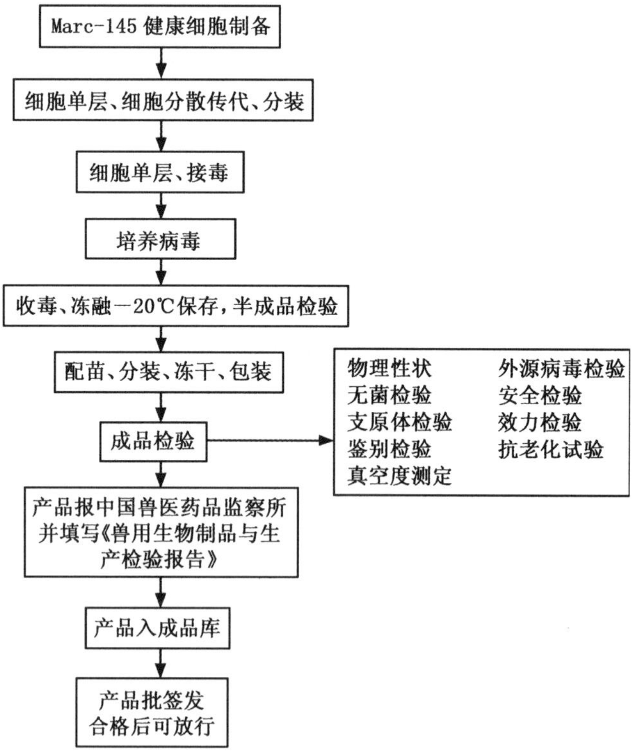

图 11.1 高致病性猪繁殖与呼吸综合征活疫苗(JXA1-R 株)一般工艺流程图

高致病性猪繁殖与呼吸综合征活疫苗(JXA1-R株)是利用致弱的猪繁殖与呼吸综合征病毒接种生物反应器培养的高密度的Marc-145细胞，将细胞培养物经浓缩、纯化等工艺获得较纯的病毒液，加入一定保护剂制成冻干苗，用于预防高致病性猪蓝耳病，正是采用了生物反应器高密度培养细胞以及产品下游浓缩、纯化等工艺确保该疫苗高效、安全，大大地提高了产品质量，降低了产品的副作用。

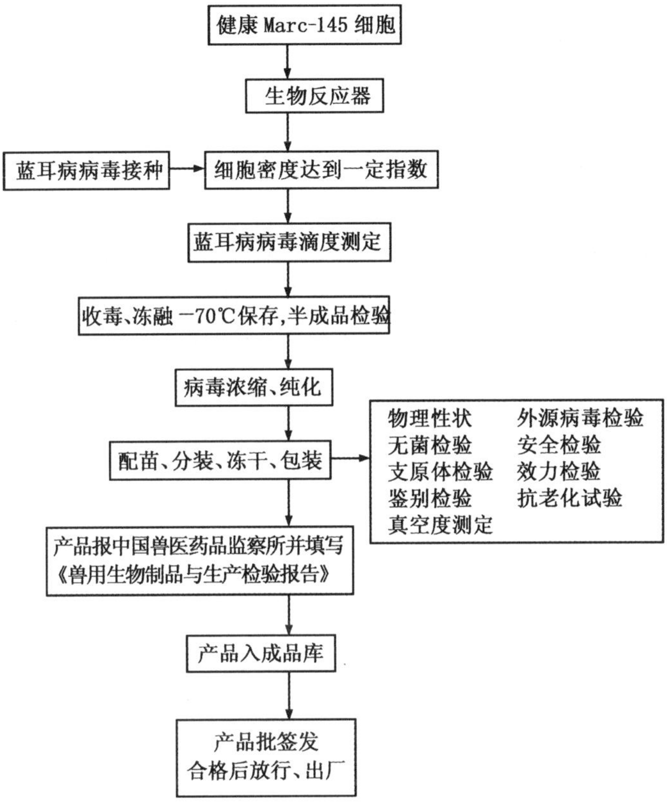

图 11.2　高致病性猪繁殖与呼吸综合征活疫苗(JXA1-R株)工艺生产流程图

此工艺有以下特点：①采用生物反应器高密度培养细胞的方法，细胞浓度达到$(1\sim3)\times10^6$个/mL；②通过高致病性猪蓝耳病病毒浓缩和纯化技术，非病毒杂蛋白去除率大于80%，病毒浓缩5倍以上；③调整DMEM合成培养基的配制及保存方法，利用浓缩配制方法，减少生产操作工序、细胞污染和过滤除菌系统损耗，降低人力、物力及生产成本；④调整EDTA-胰酶分散配方及消化方法，保证消化时间的一致性，降低细胞的流失，减少操作工序，提高工作效率；⑤调整细胞接种PRRSV的时间，掌握细胞增殖旺盛期，增强病毒繁殖力，提高病毒含量；⑥观察与掌握PRRSV在感染细胞病变的规律，在维持液中添加Hepes，稳定pH，病变规律均一整齐，收获时间得以平衡，适用于规模化生产；⑦建立批产品质量控制关键点中间检测程序，实施动态跟踪管理，有效控制产品质量。

(五)疫苗质检方法

本疫苗参照《中国兽药典》中对活疫苗检验的相关规定，并参考了农业部颁布的高致病性猪繁殖与呼吸综合征活疫苗(JXA1-R株)制造及检验规程，结合本疫苗的特点，通过有关的试验验证，制定出高致病性猪繁殖与呼吸综合征活疫苗(JXA1-R 株)质量标准。具体内容如下：

高致病性猪繁殖与呼吸综合征活疫苗(JXA1-R 株)

本品系用致弱的猪繁殖与呼吸综合征病毒 JXA1-R 株接种 Marc-145 培养，收获细胞培养物，按一定比例与病毒保护剂冻干制成。用于预防猪繁殖与呼吸综合征。

【性状】为淡黄色海绵状疏松团块，易与瓶壁脱离，加稀释液后迅速溶解。

【无菌检验】按现行《中国兽药典》附录进行，应无菌生长。

【支原体检验】按现行《中国兽药典》附录进行，应无支原体生长。

【鉴别检验】将病毒液用无血清培养基稀释成 10^3 $TCID_{50}$/mL，取 0.1 mL 与等量 PRRSV 特异性阳性血清混合，37℃作用 1 h 后，接种 Marc-145 细胞培养板，观察 5 d。应不产生细胞病变(CPE)。

【外源病毒检验】按现行《中国兽药典》附录进行，应符合规定。

【安全检验】用 3～4 周龄 PRRSV 抗原抗体阴性仔猪 5 头，耳根后部肌肉注射疫苗 10 头份，观察 21d，应全部健活，且不出现由疫苗引起的任何局部和全身不良反应。

【效力检验】标准为每头份病毒含量应≥$10^{5.0}$ $TCID_{50}$。方法：将疫苗用无血清培养基稀释为 1 头份/0.1 mL，然后再做 10 倍系列稀释，取 10^{-3}、10^{-4}、10^{-5} 3 个稀释度，分别接种于 96 孔细胞板，每个稀释度接种 6 孔，每孔 0.1 mL，在 37℃、5% CO_2 下培养观察 3～5 d，根据 Reed-Muench 法计算 $TCID_{50}$。

【剩余水分测定】按现行《中国兽药典》附录进行，应符合规定。

【真空度测定】按现行《中国兽药典》附录进行，应符合规定。

【规格】①10 头份/瓶；②20 头份/瓶；③50 头份/瓶。

【贮藏与有效期】－15℃保存，有效期为 18 个月。

(六)疫苗的保存和使用方法及使用效果

1. 疫苗的保存和使用方法

经试验证明，高致病性猪繁殖与呼吸综合征活疫苗(JXA1-R 株)在－15℃保存，有效期可达 18 个月。

本疫苗用于预防猪繁殖与呼吸综合征，免疫期至少 4 个月，使用方法如下：耳根后部肌肉注射，按瓶签注明头份，用疫苗稀释液或生理盐水稀释，仔猪断奶前后首免，1 头份/头，4 个月后加强免疫 1 次；母猪配种前免疫 1 次，1 头份/头。

在疫苗使用过程中还应注意以下几点：①注意外界环境温度。尽量不要在高温天气接种。如果在炎热季节可选在早晨或傍晚进行，避开中午高温时段。②强化无菌操作。接种疫苗的全过程皆要树立无菌操作概念，接种前、后所有容器、器械、用具必须进行消毒，以防交叉污染。注射疫苗的部位先用 5%碘酊消毒，再用 70%酒精脱碘消毒，并防止消毒剂渗入针头或针管内，以免影响免疫效果。给猪注射用过的针头，不能吸液，以免污染疫苗。实际使用在瓶塞上固定一个消毒的针头专供吸取药液，吸液后不拔出，用酒精棉包裹，以便再次吸取。忽略无菌操作概念，注射部位、针头或橡皮塞子一旦污染，都会使细菌进入疫苗内。遭污染的疫苗或针头接种动物，则可能出现局部脓肿，甚至全身性败血症而死亡，从而给养殖户带来不必要的损失。③现配现用。应在尽量短的时间内用完。使用冻干疫苗前，注意检查疫苗瓶的真空度，对疫苗瓶破裂、瓶塞脱落、瓶内有异物的不能使用。冻干苗稀释后应放在冷暗处，在 2 h 内用完，免疫用具、器材及稀释后的剩余疫苗应作消毒处理，不得随意丢弃，以免污染场地及畜禽舍。同批疫苗一般可保存 1～2 瓶，免疫后如有不良反应和异常情况，便于向疫苗供应单位反映并检查原因。④严格注射操作。注射部位要准确，选用的针头口径大小、长度应合适。使用过大口径针头或注射过快(飞针)，疫苗液容易倒流，造成苗量不足，免疫效果不确实。吸药时注意排除注射器中空气，右手握注射器，针头朝上，左手用镊子夹取挤干的酒精棉球裹住针体头，使空气(允许少量药液)通过针头经酒精棉球向外排出。⑤认真做好登记。登记内容包括疫苗名称、类型、规格、生产厂家、批号和有效期，接种途径、剂量和接种日期及接种员姓名，免疫动物的种类、数量、日龄、状态等。对未注射的动物也要详细登记未注射疫苗的原因，以便以后按时补针；防止遗漏，避免因少数动物发病而影响全群。⑥免疫前后动物体况的检查。要对动物群体的品种及健康状况进行认真检查，在确认健康状况良好、无疾病感染时方可进行疫苗免疫。凡是患病、体温升高、食欲不振、饲养管理不良、阉割后伤口尚未愈合、体质衰弱、处于疫病潜伏期、产仔不久的个体不宜接种疫苗，要待机体恢复正常后再接种疫苗。对不健康的动物要进行隔离观察，怀孕后期的家畜应慎用或不用反应较强的疫苗。注射疫苗后加强对动物的饲养管理，改善饲养环境条件，使动物注射疫苗后产生坚强的免疫力。使用活疫苗前后(一般前 1 d 或后 5 d)最好在饲料或饮水中添加黄芪多糖、左旋咪唑、亚硒酸钠，或使用维生素 C、维生素 E 等药物以增强免疫力。接种弱毒苗后，病情紧急的话可在接种后4 h 给予少量抗菌药、消炎药及肠道抑菌药，但至少在 12 h 内不能用抗病毒药。

2. 高致病性猪繁殖与呼吸综合征活疫苗的使用效果

2009 年，六省市使用高致病性猪繁殖与呼吸综合征活疫苗后表明：①安全性好，副反应低。猪群经 1 头份和 10 头份免疫后均没有出现应激反应和过敏反应，个别有反应的猪群也是一过性的，1～3 d 后恢复正常。猪群的精神、食欲、体温及生长发育状况均正常。②免疫应答好。免疫后 28 d 六省的抗体阳性率均在 75%以上(77.2%～97.5%)，且抗体水平较高。从免疫后 14、21、28、40、60、90、120 d 的抗体水平来看，随着免疫后时间的增加，抗体水平呈逐步上升的趋势。③可监测疫苗毒并能与其他 PRRSV 进行鉴别。免疫后 21、28、40、60、90、120 d 检测疫苗毒，呈逐步下降趋势，28 d 检出率为 41%，40 d 检出率为 12.5%，60 d 检出率为零。由于该疫苗毒带有特殊的标记，可应用荧光定量 PCR 检测方法与其他 PRRSV 鉴别诊断，易于对该疫苗进行跟踪评价。④临床使用效果好。六省总体评价：该疫苗在各试验猪场免疫后，猪群健康状况良好。特别是在周边发生高致病性猪蓝耳病(HP-PRRS)疫情时，经该疫苗免疫猪群未见发病。

基于活疫苗的临床使用效果良好，因此受到当地猪场和养殖户的普遍欢迎，为大范围推广使用奠定了基础。由此可见，高致病性猪繁殖与呼吸综合征活疫苗(JXA1-R 株)安全、有效。2010 年春防期间在各自省份全面普免。

本疫苗自 2009 年 4 月 30 日获得农业部颁布的生产批准文号后，再进行产业化生产，并在广东、江西、湖南、湖北、安徽、江苏六省市推广应用，免疫效果得到使用单位的认可，按常规免疫程序作基础免疫的仔猪接种后 21～28 d 产生坚强免疫力，免疫保护持续期达 4～5 个月。随着中国生猪业规模化、集约化程度的加大，预计未来几年生猪出栏量还将继续增加，该产品的市场容量将继续加大；且随着国家对养殖业政策的倾斜及人民生活水平的提高，猪肉的需求量越来越大，中国肉类消费还存在着成倍增长的空间，对疫苗需求量也随之加大，由此可见，本疫苗市场前景广阔。

（裴仉福　罗满林　陈瑞爱　广东大华农动物保健品股份有限公司）

四、C株猪瘟疫苗的研制、产业化及应用

（一）猪瘟简介

猪瘟（Classical swine fever，CSF）是由猪瘟病毒（Classical swine fever virus，CSFV）引起的一种严重危害养猪业的高度接触性传染病。现在猪瘟几乎存在于全世界所有地区，在东南亚、北美和南美一些地区呈地方性流行；也有不少国家已成功净化了CSFV，但一些无CSF地区再次引入CSFV的危险仍然很高。中国1925年就开始研制免疫血清防制CSF，可能更早时候就有CSF的流行。近年来，因为CSF疫苗的广泛使用，中国CSF大规模流行已得到有效控制，但各种原因所致的CSF免疫失败屡见不鲜，CSF防控的形势并不乐观。

自20世纪70年代以来，全世界流行的CSF临床上以非典型CSF为主，典型CSF不再多见。这可能是因为CSF疫苗的大量使用改变了CSFV的生态环境，进而使得其临床表现发生了变化。典型CSF临床上以高热稽留和由小血管壁变性引发的体内外器官广泛出血、梗死和坏死等病变为特征。非典型性CSF临床表现则更为温和，以仔猪低热、腹泻和种猪隐性带毒为主。前者导致很高的发病率和死亡率，造成巨大经济损失，而后者除了造成繁殖障碍外，更重要的是导致CSFV在猪场长期存在，难以根除。

（二）猪瘟病毒与猪瘟疫苗

1. 猪瘟病毒

CSFV属黄病毒科瘟病毒属，为一种带囊膜的单股正链RNA病毒。在病毒结构和抗原性上，猪瘟病毒与同属的牛病毒性腹泻-黏膜病病毒（Bovine viral diarrhea-mucosal disease virus，BVDV）和羊边界病病毒（Border disease virus，BDV）有极高的相似性，在血清学上有交叉反应。完整的CSFV粒子呈球形，直径为40～60 nm，核衣壳二十面体对称，囊膜表面有许多6～8 nm的糖蛋白纤突。病毒分子质量约为4×10^6 u，在蔗糖中的浮力密度为1.12～1.17 g/mL，沉降系数为140～180 S。CSFV的基因组大小约12.3 kb，包含有一个大的开放阅读框（Open read frame，ORF），编码一个大约3 900个氨基酸的多聚蛋白NH_2-(N^{pro}-C-E^{rns}-E1-E2-p7-NS2-NS3-NS4A-NS4B-NS5A-NS5B)-COOH。该多聚蛋白在翻译过程中和（或）翻译后，在病毒编码的蛋白酶和宿主细胞酶的作用下，分解成为4个结构蛋白和8个非结构蛋白，其中E2糖蛋白经常用于基因分类。国内诸多研究者通过对野毒株和疫苗毒株E2基因序列的对比研究来分析CSFV的遗传变异，结果显示，在目前的养殖环境及免疫压力下，CSFV有背离疫苗毒株的变异趋势，而国内CSF生产厂家使用的中国兔化弱毒株（C株）保持相当高的稳定性，核苷酸序列和氨基酸序列同源性为98.1%～100%。

2. 猪瘟疫苗株

CSF疫苗发展可分为以下几个不同的阶段。

第一阶段：高免血清、血毒阶段。1908年匈牙利Hutyra Koves制成猪瘟高免血清，之后人们一直用高免血清-血毒同时肌注来免疫猪群。这种方法的缺点在于高免血清昂

贵且产量有限，不能满足大生产的使用；此外，血毒还存在散毒的危险。

第二阶段：灭活疫苗阶段。为了克服血毒疫苗产量有限、易散毒的缺陷，人们转而研究开发 CSF 灭活疫苗，其中福尔马林和结晶紫灭活疫苗曾被广泛使用。灭活疫苗虽然安全，但保存期短，免疫效力也有待改进。

第三阶段：传统 CSF 弱毒苗阶段。20 世纪 40 年代，CSF 疫苗研究出现一种新的热潮，即将 CSFV 经兔体传代致弱从而获得弱毒疫苗株，如中国 C 株、日本 GPE 株、法国 Thiverval 株等，其中中国 C 株是公认的最成功的疫苗毒株。中国 C 株是由中国兽医监察所周泰冲等将猪瘟石门系强毒在兔体连续传几百代后培育成功的一株猪瘟兔化弱毒疫苗，安全性高，免疫原性优良。该毒株因其由中国创制，被称为 C(CHINA)株。20 世纪 60 年代 C 株被引入东欧和亚洲友邦，被称为 K 株或 LC 株。

第四阶段：CSF 标记疫苗研究阶段。C 株疫苗是一种几近“完美”的疫苗，但它产生的抗体不能与野毒抗体简单区分，为了弥补 C 株疫苗的这一缺陷，CSF 标记疫苗成为新的研究热点。猪瘟标记疫苗的研究策略有 2 种，一种是引入负向标记，即相对 C 株而言，新疫苗中不含有 C 株的 1 个和数个基因。另一种是引入正向标记，即在新疫苗中增加了 1 个或数个特殊的抗原。通过检测这些缺失的或新增抗原的抗体就能简单地区分疫苗抗体和野毒抗体。

标记疫苗还属于研究阶段，目前开发的一些标记疫苗的免疫效果较 C 株疫苗尚有较大差距，C 株疫苗依然是目前品质最好、应用最广泛的疫苗。

3. C 株疫苗种类

C 株疫苗依其生产工艺不同，可以分为组织苗和细胞苗两个大类。在中国，组织苗包括乳兔苗、脾淋苗和牛体反应苗；细胞苗又可以分为原代细胞苗和传代细胞苗，前者包括猪肾细胞苗、绵羊肾细胞苗和犊牛睾丸细胞苗，后者如 ST 细胞苗。

提升 CSF 疫苗产能，满足大生产的需求，是研发 C 株疫苗不同生产工艺的主要动力。中国于 1957 年开始推广使用 C 株弱毒苗，最早为家兔脾淋苗，每只家兔所制疫苗可供 300 头猪免疫。1964 年乳兔苗研制成功，每只乳兔所制疫苗可供 1 500 头猪使用。接着又研制成功牛体反应苗，产能得到进一步提升。1975 年将猪瘟兔化弱毒接种原代肾细胞进行工厂化制苗。1980 年中国研制成功绵羊肾细胞苗。1982 年研制成功奶山羊肾细胞苗。1985 年生产出犊牛睾丸细胞苗，为 CSF 疫苗生产开辟了一条新的道路。2008 年 ST 细胞苗的推出，进一步提升了产能，并一定程度上解决了犊牛睾丸细胞苗的 BVDV 污染问题。

国外的情况也大体相似。最初多用乳兔生产 C 株疫苗，后来因为产量限制，又将 C 株适应于各种细胞培养物，如法国将 C 株适应绵羊肾细胞得到 CL 株，荷兰将 C 株适应猪肾细胞系 SK6 制备了“Cedipest”疫苗，意大利将 C 株适应于小型猪肾细胞系 MPK 获得成功。

目前，《中华人民共和国兽用生物制品规程》(2000 年版)收录的 CSF 疫苗有猪瘟活疫苗 I 和猪瘟活疫苗 II，前者是兔源 CSF 疫苗，包括 CSF 脾淋苗和乳兔苗；后者为细胞源 CSF 疫苗。这几种疫苗在长期生产实践中被证明确实有效。

4. 猪瘟细胞苗生产工艺简介

按猪瘟活疫苗制造及检验规程(II)进行。主要流程可概括如下：细胞制备→接毒→收获→半成品检验→配苗与分装→冻干→成品检验。在成品检验中，涉及的主要内容在以下质量标准中将重点叙述。

5. **猪瘟细胞苗质量标准**

本品系用猪瘟兔化弱毒株接种易感细胞培养，收获细胞培养物，加适宜稳定剂，经冷冻真空干燥制成。用于预防猪瘟。

【性状】为乳白色海绵状疏松团块，易与瓶壁脱离，加稀释液后迅速溶解。

【无菌检验】按现行《中国兽药典》附录进行检验，应无菌生长。

【支原体检验】按现行《中国兽药典》附录进行检验，应无支原体生长。

【鉴别检验】将疫苗用灭菌生理盐水稀释成为每毫升含有100个兔的最小感染量的病毒悬液，与等量的抗猪瘟病毒特异性血清充分混合，置10～15℃中和1 h，其间振摇2～3次。同时设立阳性对照组(病毒对照)和阴性对照组(生理盐水)。中和结束后，分别接种家兔2只，每兔耳静脉注射1 mL，测温方法及体温反应标准同效力检验项。除阳性对照组应出现热反应外，其余2组在接种后120 h内不引起热反应。

【外源病毒检验】按现行《中国兽药典》附录进行检验，应无外源病毒污染。

【安全检验】选用符合国家试验动物标准的饲养场或定点猪场供应，并经中和试验方法检测无猪瘟抗体的健康易感断奶猪(注苗前观察5～7 d，每天上下午各测体温1次。挑选体温、精神、食欲正常者使用)。每批冻干疫苗样品或同批各亚批样品等量混合，按瓶签注明的头份用灭菌生理盐水稀释成每毫升含2头份疫苗，肌肉注射猪4头，每头5 mL(含10个使用剂量)。注苗后，每天上、下午各观察并测体温1次，观察21 d。体温、精神、食欲与注苗前相比没有明显变化；或体温升高超过0.5℃，但不超过1℃，稽留不超过2 d(4个温次)；或减食不超过1 d，疫苗可判为合格。如有1头猪体温超过常温1℃以上，但不超过1.5℃，稽留不超过2个温次，疫苗也可判为合格。如有1头猪的反应超过上述标准；或出现可疑的其他体温反应和其他异常现象时，可用4头猪重检1次。重检的猪仍出现同样反应，疫苗应判为不合格。也可在猪高温期采血回归猪2头，每头肌肉注射可疑猪原血5 mL，测温观察16 d。如均无反应，疫苗可判合格。如第1次检验结果已经确证疫苗不安全，则不应进行重检。

【效力检验】下列方法任择其一。

(1)用家兔效检：按瓶签注明头份用无菌生理盐水将每头份疫苗稀释7 500倍，耳静脉注射体重为1.5～3 kg家兔2只，每只1 mL。家兔接种后，上、下午各测体温1次，48 h后，每隔6 h测体温1次，根据体温反应和攻毒结果进行综合判定。

①家兔接种疫苗后，体温反应标准如下：

定型热反应(++)：潜伏期48～96 h，体温上升呈明显曲线，至少有3个温次超过常温1℃以上，并稽留18～36 h。如稽留42 h以上，必须攻毒，攻毒后无反应可判为定型热。

轻热反应(+)：潜伏期48～96 h，体温上升呈明显曲线，至少有2个温次超过常温0.5℃以上，并稽留12～36 h。

可疑反应(±)：潜伏期48～96 h，体温曲线起伏不定，稽留不到12 h；或潜伏期在24 h以上，不足48 h及超过96～120 h出现热反应。

体温反应呈二次高峰，有一次高峰符合定型热反应(++)或轻热反应(+)标准者，均须攻毒。攻毒后无反应时，该兔热反应可判为定型热或轻热反应。

无反应(−)：体温正常。

注苗后，当 2 只家兔均呈定型热反应(＋＋)，或 1 只兔呈定型热反应(＋＋)，另 1 只兔呈轻热反应(＋)时，疫苗判为合格。注苗后，当 1 只家兔呈定型热反应(＋＋)或轻热反应(＋)，另 1 只兔呈可疑反应(±)；或 2 只兔均呈轻热反应(＋)时，可在注苗后 7～10 d 攻毒(接种新鲜脾淋毒或冻干毒)。攻毒时，加对照兔 2 只，攻毒剂量为 50～100 倍乳剂。每兔耳静脉注射 1 mL。

②攻毒后的体温反应标准如下：

热反应(＋)：潜伏期 24～72 h，体温上升呈明显曲线，超过常温 1℃以上，稽留 12～36 h。

可疑反应(±)：潜伏期不到 24 h 或 72 h 以上，体温曲线起伏不定，稽留不到 12 h 或超过 36 h 而不下降。

无反应(－)：体温正常。

攻毒后，当 2 只对照兔均呈定型热反应(＋＋)，或 1 只兔呈定型热反应(＋＋)，另 1 只兔呈轻热反应(＋)，而 2 只注苗兔均无反应(－)，疫苗判合格。注苗后，如有 1 只兔呈定型热(＋＋)或轻热反应(＋)，另 1 只兔呈可疑反应(±)或无热反应(－)，可对可疑反应兔或无反应兔采用剖杀或采心血分离病毒的方法，判明是否隐性感染；或注苗后，2 只兔均呈轻热反应，亦可对其中 1 只兔分离病毒。方法是：接种疫苗后 96～120 h 之间，将兔剖杀，采取脾脏，用生理盐水制成 50 倍稀释乳剂(脾乳剂应无菌)，或采取心血(全血)，接种 2 只家兔，每只兔耳静脉注射 1 mL。凡有 1 只兔潜伏期 24～72 h 出现定型热反应(＋＋)，疫苗可判为合格。

注苗后，出现其他反应情况无法判定时，可重检。用家兔做效检，不应超过 3 次。

(2)用猪效检：按瓶签注明头份用灭菌生理盐水将每头份稀释 3 000 倍，肌肉注射无猪瘟中和抗体的健康易感猪 2 头，每头 1 mL。10～14 d 后，连同对照猪 3 头，注射猪瘟石门系血毒 1 mL(10^5 最小致死量)，观察 16 d。对照猪全部发病，且至少死亡 2 头，免疫猪全部健活或稍有体温反应，但无猪瘟临床症状为合格。如对照猪死亡不到 2 头，可重检，重检后应符合规定。

【剩余水分测定】按现行《中国兽药典》附录进行测定，应符合兽用生物制品通则的规定。

【真空度测定】按现行《中国兽药典》附录进行测定，应符合规定。

【规格】①20 头份/瓶；②40 头份/瓶；③50 头份/瓶；④60 头份/瓶。

【贮藏与有效期】在－15℃以下保存，有效期为 18 个月。

6. C 株疫苗的应用

(1)C 株疫苗的安全性：C 株疫苗被证明是一种非常安全的疫苗，有关其安全性的部分试验证据如下：

C 株疫苗接种猪后，仅有轻微的体温反应和病毒血症，不引起发病和死亡。

C 株疫苗接种怀孕 1～3 个月母猪不引起死胎和流产。

C 株疫苗免疫 10～14 日龄吮乳仔猪，不影响其发育。

C 株疫苗免疫未吃初乳新生猪接种后无不良反应。

用皮质类固醇或抗胸腺血清使猪处于免疫抑制状态，接种 C 株疫苗也不引起发病死亡，但在同样条件下，使用其他国家兔化弱毒可引起 5%～70%的死亡率。

用 C 株疫苗通过猪体反复传代，均未发现 C 株毒力返强。

用C株疫苗接种怀孕母猪不发生垂直传播。也有报道说C株病毒有时可以通过胎盘传递给胎儿,但不会导致免疫耐受,不引起任何发育异常,对怀孕母猪、胎儿和仔猪均无致病作用。

感染猪瘟强毒2 d后可以从扁桃体检测到病毒增殖,直至死亡。但用C株疫苗接种猪后,疫苗病毒的复制仅局限于淋巴样组织,能在扁桃体复制2～3周(不超过3周),偶尔也能在其他组织(如肾脏)中检测到病毒抗原。免疫后7 d在脾脏和血液尚存在微量病毒,17 d以后,血液、脾脏和骨髓中均检不出病毒。

C株疫苗接种猪一般不通过分泌物和排泄物向外界排毒,也不向同圈猪散毒,偶尔通过接种猪传播给接触猪,但未见疫苗病毒在猪群中持久存在的报道。

C株疫苗口服接种也非常安全有效。用C株疫苗经口服接种家猪和野猪,接种后第2～12天从家猪鼻腔分泌物和粪便中均分离不到病毒,仅在接种后第8天在家猪部分器官(扁桃体、下颌淋巴结、脾脏)中可检测到病毒,接种后第9天仅在野猪扁桃体中检测到了病毒。这表明猪接种后不大可能排毒和散毒。

(2)C株疫苗的免疫保护力:C株疫苗的免疫保护力将近100%,有关其免疫效力的部分试验证据如下:

注射C株疫苗后72 h即可产生坚强免疫力。C株疫苗断奶仔猪免疫保护率可达100%,免疫期可达1.5年。C株疫苗对猪的最小免疫剂量为:兔脾毒10^{-5},淋巴结毒10^{-5}～10^{-4},血毒10^{-3}～10^{-2}。C株疫苗接种1周后攻毒,接种猪也不向哨兵猪传播病毒,表明C株疫苗不仅能诱导完全的临床保护(不发病),而且能产生完全的“病毒学”保护(不出现病毒血症,不排毒)。用低于最佳免疫剂量的C株疫苗接种后攻毒,数周内可在扁桃体检测到强毒抗原,这些猪是否散毒有待证实。当疫苗的病毒含量增大到正常水平,这种“带毒”现象不再发生。表明带毒猪产生是由于接种剂量不当所致,而非疫苗本身的问题。

用C株疫苗接种后2～4 d,即能对强毒攻击产生一定保护,1周后能提供完全保护,免疫保护至少可持续6～18月,乃至数年或终生。接种C株疫苗的同时用不同毒力和剂量的强毒株进行攻击,结果有不同比例的猪存活下来,存活猪均产生抗体,并且基本上不排毒,表明在猪瘟感染地区通过口服免疫接种C株疫苗不存在造成猪瘟持续感染的危险。

用强毒攻击后1～4 d再用C株疫苗进行接种,结果猪全部死亡,表明感染后再进行疫苗接种似乎并不能改变感染结局,这说明试图用大剂量猪瘟疫苗“治疗”猪瘟的做法是不可取的。

用不同时间、不同地点、不同基因亚群和不同毒力的野毒株进行单独、混合、一次、多次或交叉攻毒,结果接种猪均能得到完全保护。最近有研究结果表明,C株疫苗对可能导致慢性猪瘟的中等毒力CSFV也能产生很好的免疫保护。对于引起繁殖障碍的低毒力株,C株疫苗也能产生高水平的抗体应答。

近年来,研制了基于E2基因的合成肽疫苗、亚单位疫苗、病毒活载体疫苗和DNA疫苗均能提供对强毒的免疫保护,但这些疫苗的免疫效力均不如C株疫苗,特别是在阻止强毒排毒和散毒方面。

(3)猪瘟疫苗免疫程序:免疫程序和猪瘟抗体水平密切相关,最佳免疫时间是在猪瘟抗体水平处于能保护猪免受野毒攻击的临界值,这样能最大程度地减少抗体对疫苗弱毒的影响。一般认为猪瘟中和抗体在1∶32或者间接血凝价在1∶16以上时,C株疫苗能够抵抗野毒攻击。此外，群体免疫水平也是很重要的一个因素。如果超过50%猪的抗体水平低于临界值，猪群就处于比较危险的状态。

在生产实践中，母猪怀孕期间一般不免疫猪瘟疫苗。这就要求母猪怀孕前中和抗体水平至少应该在1∶64以上，如此才能保证母猪分娩后母源中和抗体水平仍然维持在1∶32以上。一般种猪每年免疫2～3次即可。

对于仔猪免疫，关键是要克服母源抗体的影响。超免是克服母源抗体的影响的有效手段，在CSF威胁较大地区采用。如果不采用超免，首免时间一般在20～30日龄之间，此时母源抗体水平下降到临界值附近。首免后30 d左右即可进行二免。

7. C株疫苗的不足之处

C株疫苗安全性高，免疫原性好，是世界公认的最佳CSF疫苗，但它仍然存在一些不足之处。

首先，C株疫苗产生的抗体不能与野毒抗体通过简单血清学检测进行区分，这增加了CSF(特别是非典型CSF)确诊的难度；更重要的是加大了CSF根除的难度。因此，通过现代科技手段对C株疫苗进行改造，在保持甚至优化免疫效果的同时，使其能够通过简单的血清学检测区分疫苗抗体和野毒抗体，这是当今CSF疫苗研究的热点。

其次，妊娠母猪感染猪瘟野毒后，病毒会通过胎盘传播给胎儿，产出持续感染、免疫耐受、外观健康但不断排毒的仔猪，从疫病控制的角度看，这是非常不利的。一种良好的疫苗应当能控制这种先天感染，虽然C株疫苗在现地能完全阻止强毒的复制，但目前没有关于C株防止先天感染能力的报道，而且实践中带毒猪是猪瘟免疫失败的主要原因。

最后，C株疫苗的生产工艺尚需进一步的改进。生产工艺改进的重点有三个方面：①产毒量。传统的生产工艺产毒量不高，中国以前规定的每头份疫苗CSFV含量仅为150 RID，远低于国际上规定的400 RID。不过近年来随着工艺水平的提高，产毒量有了大幅提升。农业部913公告也将每头份CSF疫苗的病毒含量较以前提高了10倍。②BVDV污染。虽然ST细胞苗一定程度上解决了这个问题(不使用犊牛睾丸细胞，杜绝了这个环节上引入BVDV的可能)，但是细胞培养用的牛血清仍然存在引入BVDV的风险，需要发展无血清培养等新型细胞培养技术。③疫苗纯净度。CSF疫苗中含有大量生产过程产生的"杂质"，容易导致免疫副反应，需要进行疫苗纯化工艺的相关研究。

(邵定勇　罗满林　陈瑞爱　广东大华农动物保健品股份有限公司)

五、鸡新城疫病毒(La Sota株)、禽流感病毒(H9亚型，SS/94株)二联灭活疫苗的研制及产业化

(一)新城疫、禽流感的危害及流行情况

新城疫(Newcastle disease，ND)又称亚洲鸡瘟，是由副黏病毒科新城疫病毒所引起的一种急性、热性、高度接触性传染病，常呈败血症经过，主要特征为呼吸困难、下痢、神经机能紊乱、黏膜和浆膜出血。该病发病急、致死率高，对养禽业的发展构成严重的威胁，被世界动物卫生组织定为A类烈性传染病。新城疫广泛存在于亚洲、非洲、美洲的许多国家。亚洲尤其是东南亚，该病时有暴发，使养禽业蒙受巨大的经济损失。自改革开放以来，中国养鸡业迅速发展，对新城疫的防制水平也有了很大的提高，绝大部分鸡群均进行了新城疫的免疫接种，所以在很大程度上控制了该病的大规模流行，典型病例比较

少见，多数发病群呈非典型症状。然而，近 2 年该病的发生又有了抬头之势，尤以 30～80 日龄的鸡群多发，发病率有的高达 100%，死亡率高达 80%以上，在集团或企业内形成流行是其主要的流行特点，故该病至今仍是困扰中国养鸡业健康发展的重大疫病。

禽流感(Avian influenza，AI)是由正黏病毒科 A 型流感病毒引起的一种从轻度的上呼吸道症状、产蛋量下降到急性致死性的传染病。根据表面抗原血凝素(HA)和神经氨酸酶(NA)的抗原性不同，可将 AIV 分成若干亚型，目前，已发现了 16 种 HA 和 9 种 NA 亚型，其中感染禽类并致病的通常是 H5、H7 和 H9 亚型。根据 AIV 对易感鸡致病性的差异，可将 AIV 分为高致病性 AIV (HPAIV)和低致病性 AIV(LPAIV)。高致病性禽流感对养禽业具有毁灭性的打击，故被世界动物卫生组织规定为必须上报疾病；而低致病性禽流感病毒虽然对感染禽的致病率低，但可引起产蛋量的减少，并可造成免疫抑制，因而在普遍存在复合感染的情况下，对养禽业造成的经济损失也相当可观。因此，AI 一直是威胁世界养禽业的主要疾病之一，世界各国都十分重视对 AIV 的研究工作。

H9N2 亚型禽流感病毒为低致病性禽流感病毒，最早于 1966 年从北美的火鸡体内分离得到，之后在世界范围内呈广泛流行的态势，1994 年开始在中国大陆的家禽中出现，最近几年在经济性家禽中普遍暴发。H9N2 亚型虽然为 LPAIV，但可造成蛋鸡的产蛋量严重下降，肉鸡和青年鸡的复合型呼吸道疾病和死淘率升高，往往造成严重的经济损失。1999 年出现的 H9 亚型 AIV 感染人的事件，更是给人类的健康带来了巨大威胁。H9 亚型禽流感病毒在经济上和公共卫生上的重要地位，越来越引起人们的广泛关注。

由此可见，新城疫和禽流感这两种疫病是养鸡业必须预防和控制的重大疾病。

(二)疫苗研究开发的背景和过程

国内外经验表明，免疫接种在传染病的各种控制措施中仍是公认的最有效、最可靠，也是最经济的方法，同样也是控制鸡新城疫和禽流感的有效方法。但目前市场上多采用 ND 或 H9 单苗进行免疫接种。若要防 ND 或 H9 就需要对鸡进行 2 次注射，而免疫注射是一个强烈的应激过程，对鸡的生长和养殖效益有不同程度的负面影响，因此，养殖户都迫切需求能“一针防两病”疫苗的供应。而 2007 年以前，国外没有鸡新城疫、禽流感(H9 亚型)二联灭活疫苗，国内仅有 2 家公司有该类产品，但因生产量有限无法满足全国 130 亿只家禽饲养防疫的需要。

为了满足养殖大生产的需要，利用现有的免疫原性良好的鸡新城疫病毒(La Sota 株)和 1994 年分离到的 H9 亚型禽流感病毒 A/Chicken/Guangdong/ss/94(H9N2)株(简称 SS/94 株)为疫苗毒株，经过毒种研究、生产工艺研究、产品质量研究、中间试制研究、临床试验研究等一系列的试验研究，研制出鸡新城疫病毒(La Sota 株)、禽流感病毒(H9 亚型，SS/94 株)二联灭活疫苗，经农业部审批获得新兽药证书后在 GMP 灭活苗生产车间进行产业化生产，这对降低鸡的免疫应激程度，降低饲养成本、增加养殖效益有着重要的意义。

(三)疫苗研制中进行的主要试验与取得的主要数据和经验

本疫苗在研制过程中，根据《兽药管理条例》、《兽药注册办法》、《兽用生物制品注册分类及注册资料要求》(农业部 442 号公告)等法律、法规的相关规定，对疫苗生产过程的各个环节进行了系列研究，其中包括“鸡新城疫 La Sota 株生物学特性观察”、“鸡新城疫病毒 La Sota 株毒种种子批的建立和全面鉴定报告”、“禽流感 SS/94 株的分离、鉴定及生物学特性观察”、“禽流感 SS/94 株毒种种子批的建立和全面鉴定报告”、“H9 亚型禽流感病毒液制备工艺研究”、“鸡新城疫病毒(La Sota 株)、禽流感病毒(H9 亚型,SS/94 株)二联灭活疫苗乳化工艺研究”、“鸡新城疫病毒(La Sota 株)、禽流感病毒(H9 亚型,SS/94 株)二联灭活疫苗浓缩工艺研究”、“鸡新城疫病毒(La Sota 株)、禽流感病毒(H9 亚型,SS/94 株)二联灭活疫苗抗原配比工艺研究”、“鸡新城疫病毒(La Sota 株)、禽流感病毒(H9 亚型,SS/94 株)二联灭活疫苗实验室制备研究”、“鸡新城疫病毒(La Sota 株)、禽流感病毒(H9 亚型,SS/94 株)二联灭活疫苗安全性研究”、“鸡新城疫病毒(La Sota 株)、禽流感病毒(H9 亚型,SS/94 株)二联灭活疫苗免疫效力研究”、“鸡新城疫病毒(La Sota 株)、禽流感病毒(H9 亚型,SS/94 株)二联灭活疫苗最小免疫量和免疫产生时间测定试验”、“鸡新城疫病毒(La Sota 株)、禽流感病毒(H9 亚型,SS/94 株)二联灭活疫苗免疫持续期和保存期测定试验”、“鸡新城疫病毒(La Sota 株)、禽流感病毒(H9 亚型,SS/94 株)二联灭活疫苗中间试制研究”、“鸡新城疫病毒(La Sota 株)、禽流感病毒(H9 亚型,SS/94 株)二联灭活疫苗临床试验研究”等试验,旨在优化、完善鸡新城疫病毒(La Sota 株)、禽流感病毒(H9 亚型,SS/94 株)二联灭活疫苗的生产规程和生产工艺。

通过上述试验研究,鸡新城疫病毒(La Sota 株)、禽流感病毒(H9 亚型,SS/94 株)二联灭活疫苗达到了如下的技术指标:①疫苗外观为乳白色、油包水型的乳剂;3 000 r/min 离心 15 min,或在 25～28℃下保存 30 d,不破乳;按《中国兽药典》所示方法进行测定,黏度在 3 s 以内;无菌检验合格,同时甲醛含量符合《中国兽药典》的要求。②疫苗安全性好。1～2 月龄 SPF 鸡经肌肉或颈部皮下注射疫苗 2 mL 或 7～14 日龄 SPF 鸡经皮下注射疫苗 1 mL,观察 14 d,不出现因疫苗注射而引起的局部或全身不良反应。③疫苗抗体产生快,攻毒保护率高。1～5 周龄鸡,0.3 mL/只,免后 14 d,ND 和 H9 的 HI 平均抗体均≥$5\log_2$,攻毒保护率达 90%;免后 21 d,ND 和 H9 的 HI 平均抗体均≥$7\log_2$,攻毒保护率达 100%。④抗体有效保护持续时间长。免疫 10 日龄鸡 0.3 mL/只,ND 的免疫保护持续期可达 5 个月,H9 的免疫保护持续期可达 6 个月;免疫 35 日龄鸡 0.5 mL/只,对 ND 和 H9 的免疫保护持续期均可达 6 个月。⑤疫苗在 2～8℃条件下保存,有效期为 12 个月。

(四)疫苗制造的一般和特殊工艺

本疫苗的制造大体按照常规胚毒灭活疫苗的生产工艺进行,流程如下:生产用毒种的制备(繁殖、鉴定、保存、继代)→制苗用鸡胚尿囊液的制备(种蛋选择、孵化、鸡胚接种、鸡胚尿囊液收获、灭活和浓缩)→半成品检验(无菌、病毒含量、灭活检验)→配苗、乳化、分装→成品检验(甲醛含量测定,物理性状、无菌检验及安全性与免疫效力检验等)。

在此基础上,要重点把握好几个关键环节,如毒种的筛选和种子批的建立、疫苗原液制备工艺(包括接毒用鸡胚日龄的选择、毒种接种剂量和培养条件的确定、抗原灭活技术、毒种及胚液保存条件的确定等)、抗原浓缩工艺、佐剂的筛选、产品配方和乳化工艺等。各关键环节简述如下:

1. 毒种的筛选和种子批的建立

鸡新城疫病毒 La Sota 株购自中国兽医药品监察所,为确定毒种可用代次和建立种子批,保证疫苗质量的稳定性,将购回的病毒冻干毒复壮,进行筛选,以新购毒种作为第 1

代(简称 F1,以下类推)接种 10 日龄的 SPF 鸡胚,70～120 h 收获尿囊液,经无菌检验和病毒含量检测后传代至第 12 代,测定各代次的 HA 价和 EID_{50},并选取具代表性的代次测定其安全性、免疫原性、特异性和纯净性等,结果显示,鸡胚病痕明显,HA 效价均≥$10\log_2$、EID_{50}均≥10^{-8}/0.1 mL,菌检阴性;选取 F2、F6、F10、F12 代毒种进行安全性、免疫原性、特异性、纯净性检验,均符合毒种标准的要求。因此,确定其基础种子代次在 10 代以内。

对分离保存的 H9 亚型禽流感病毒 SS/94 株原毒种传代至 50 代,在 F2 至 F20 代内其 EID_{50}可维持在($10^{-8.4}$～$10^{-8.8}$)/0.2 mL 之间,而 F35 代 EID_{50}则下降为 $10^{-8.2}$/0.2 mL,到 F50 代 EID_{50}进一步下降到 $10^{-8.0}$/0.2 mL,可见毒种传代次数不宜太高,在 20 代内较稳定。通过毒种 HA 价、EID_{50}以及安全性、免疫原性、特异性和纯净性试验综合分析,SS/94 株从 F1 代至 F10 代,其 HA 效价均≥$9\log_2$,EID_{50}也较稳定且均在 $10^{-7.0}$/0.2 mL 以上,病毒毒力、免疫原性和纯净度等特性也较稳定,符合生产毒种要求。为便于生产,建议基础毒种在 8 代以内,生产毒种在 10 代以内,且生产毒种继代应不超过 3 代。

2. 疫苗原液制备工艺研究

鸡新城疫病毒 La Sota 株病毒液的制备工艺按照《中国兽用生物制品规程》(2000 年版)83 页《鸡新城疫灭活疫苗制造及检验规程》中 2.1～2.4 项进行。

H9 亚型禽流感病毒 SS/94 株病毒液的制备工艺,经过反复的试验验证,证实接毒用鸡胚的最佳接种胚龄为 9～11 日龄,毒种最佳接种剂量为 10^{-2}～10^{-4}倍稀释,最佳培养条件为 37℃培养 24～72 h,胚液的最佳灭活条件为 0.2%甲醛溶液、37℃灭活 30 h,保存条件为基础毒种在－20℃以下可保存 12 个月,－70℃以下可保存 24 个月,生产毒种在－20℃下应不超过 6 个月,制苗用胚液灭活前在 2～8℃保存应不超过 2 个月,灭活后在 2～8℃保存应不超过 1 个月。

3. 抗原浓缩工艺的研究

为了保证二联灭活苗中各抗原的量,提高单位体积抗原的含量,我们引进成套的美国 Millipore 膜分离浓缩设备,使抗原超强浓缩。试验结果表明,因不同胚液黏度不同,浓缩 1 倍所需时间也不同,运用美国 Millipore 膜分离浓缩系统,对 ND、H9 病毒液浓缩1 倍所需要的时间在 2～3 h 之间,且随着浓缩倍数增加及原胚液黏稠度增加其浓缩时间加长;从 ND、H9 病毒液浓缩前后 HA 变化结果来看,HA 变化随浓缩倍数变化而改变,浓缩 1 倍,体积缩小到原来的 1/2 左右,HA 价能提高 $1\log_2$,而流出的废弃液 HA 价几乎为 0,表明利用浓缩系统可以达到提高病毒价的目的。通过不同浓缩倍数的胚液制备成疫苗后进行效力检验,结果表明,ND 抗原、H9 抗原分别浓缩至 HA 价≥$10\log_2$,制备成疫苗后即能达到和单苗一样的免疫效果。

4. 佐剂的筛选试验

将国内外购自不同厂家的白油佐剂(进口的有德国白油、法国埃索白油、美国白油,国产的有杭炼特种白油、杭州普通白油)共 5 种,分别与鸡新城疫、H9 亚型禽流感抗原以同样方法制成二联灭活苗后,按常规方法分别以 1 mL/只的剂量免疫 10 日龄 SPF 鸡和 0.3 mL/只的剂量免疫 28 日龄 SPF 鸡,以进行安全性和免疫效力检测。结果,进口法国埃索白油效果最好,疫苗黏度小,容易吸收,免疫后 14 d,ND 和 H9 的 HI 平均抗体分别达 $5.8\log_2$ 和 $6.3\log_2$,攻毒保护率达 90%;免疫后 21 d,ND 和 H9 的 HI 平均抗体分别达 7.5$\log_2$ 和 8.3$\log_2$，攻毒保护率达 100%，比其他佐剂制成的疫苗诱导的抗体效价要高出 0.5～2 个滴度，保护率高出 10%～15%。

5. **产品配方与乳化工艺的研究**

应用法国埃索白油、德国乳化技术，通过疫苗各组分比例的改变，包括吐温与司本的不同配比试验、油相与水相的不同配比试验、ND 与 H9 含量的不同配比试验、不同的乳化条件试验（即温度、转速、时间与疫苗稳定性的关系研究），筛选出最佳的疫苗配方及乳化条件，克服了传统灭活疫苗注射后注射部位肌肉变绿问题，且疫苗黏度小，稳定性高，注射方便，副反应小，疫苗吸收迅速，不影响生产性能。

通过上述关键技术的研究，本疫苗与国内现有同类产品相比，具有以下特点：①成功将鸡新城疫病毒与 H9 亚型禽流感病毒联合，制出新型疫苗，不仅达到单苗的免疫效果，而且能够“一针防两病”，属国内领先技术。②研究出新型配方，解决了油乳剂灭活疫苗致注射部位变绿的行业难题，同时降低了疫苗黏度，在 1 mL 吸管内自由落下 0.4 mL 的时间由普通疫苗的 8 s 以内下降到 3 s 以内，使注射更轻松。③采用浓缩技术，抗原含量是普通疫苗的 2～3 倍，使免疫后产生抗体时间更快，接种后 14 d 即可产生保护力；免疫保护率比普通疫苗要高出 10%～15%，解决了普通疫苗免疫效果不确实的问题。④采用进口佐剂和先进的乳化工艺，使得抗体保护持续时间比普通苗长 1 个月。⑤采用新加坡先进的乳化机及德国技术制造的乳化装置，获得各项理化指标、菌检、安检和效检均达到《规程》要求。

（五）疫苗质检方法

本疫苗参照《中国兽药典》中对灭活疫苗检验的相关规定，并参考了农业部颁布的有关鸡新城疫灭活疫苗、禽流感（H9 亚型）灭活疫苗制造及检验规程的相关内容，结合本疫苗的特点，通过有关的试验验证，制定出鸡新城疫病毒（La Sota 株）、禽流感病毒（H9 亚型，SS/94 株）二联灭活疫苗质量标准。具体内容如下：

鸡新城疫病毒（La Sota 株）、禽流感病毒（H9 亚型，SS/94 株）二联灭活疫苗

本品系用鸡新城疫病毒 La Sota 株、A 型禽流感病毒 A/Chicken/Guangdong/SS/94（H9N2）株（简称 SS/94 株）分别接种易感鸡胚，收获感染鸡胚液，经甲醛溶液灭活、超滤浓缩后，按一定比例与油佐剂混合乳化制成。用于预防鸡新城疫、H9 亚型禽流感。

【性状】外观为乳白色乳剂。

剂型：为油包水型。取一清洁吸管，吸取少量疫苗滴于冷水中，除第 1 滴外，均应不扩散。

稳定性：吸取疫苗 10 mL 加入离心管中，以 3 000 r/min 离心 15 min，管底析出水相应不大于 0.5 mL。

黏度：用 1 mL 吸管（下口内径为 1.2 mm、上口内径为 2.7 mm）吸取 25℃左右的疫苗 1.0 mL，令其垂直自然流出，记录流出 0.4 mL 所需时间，应在 8 s 以内。

【无菌检验】按现行《中国兽药典》附录进行，应无菌生长。

【安全检验】取 7～14 日龄 SPF 鸡 10 只，各肌肉或颈部皮下注射疫苗 1.0 mL，观察 14 d，应全部健活，且不出现因注射疫苗而引起的任何局部和全身不良反应。

【效力检验】

（1）鸡新城疫部分：采用血清学方法进行检验，结果不符合规定时，可采用免疫攻毒法进行检验。

血清学方法：用30～60日龄SPF鸡15只，10只各皮下或肌肉注射疫苗20 μL，另5只作对照。接种后21～28 d，每只鸡各采血，分离血清，进行HI抗体效价测定。免疫组HI抗体效价的几何平均值应≥$4\log_2$，未免疫对照组HI抗体效价的几何平均值应≤$2\log_2$。

免疫攻毒法：用30～60日龄SPF鸡15只，10只各皮下或肌肉注射疫苗20 μL，另5只作对照。接种后21～28 d，每只鸡各肌肉注射鸡新城疫病毒北京株强毒$10^{5.0}ELD_{50}$，观察14 d。对照组应全部死亡，免疫组应保护至少7只。

(2)禽流感(H9亚型)部分：下列方法任择其一。

取28～42日龄SPF鸡15只，10只各颈部皮下或肌肉注射疫苗0.3 mL，另5只作对照。接种后21 d，每只鸡分别采血，分离血清，用禽流感病毒H9亚型抗原测定HI抗体。免疫组HI抗体效价的几何平均值应≥$6\log_2$，对照组HI抗体效价的几何平均值应≤$2\log_2$。

取28～42日龄SPF鸡15只，10只各颈部皮下或肌肉注射疫苗0.3 mL，另5只作对照。接种后21 d，各静脉注射H9亚型禽流感SS/94株病毒液0.2 mL(含2×10^6 EID_{50})。攻毒后第5天，采集每只鸡喉头和泄殖腔拭子，分别经尿囊腔接种9～10日龄SPF鸡胚5枚，每胚0.2 mL，孵育观察72 h，测定所有鸡胚液HA效价。每个拭子样品接种的5枚鸡胚中只要有1枚鸡胚的鸡胚液的HA效价≥1∶16(微量法)，即可判为病毒分离阳性。对病毒分离阴性的样品，应盲传1代后再进行判定。免疫组应至少有9只鸡病毒分离阴性，对照鸡应至少有4只鸡病毒分离阳性。

【甲醛、汞类防腐剂残留量测定】分别按现行《中国兽药典》附录进行测定，应符合兽用生物制品通则的规定。

【规格】①100 mL/瓶；②250 mL/瓶；③500 mL/瓶。

【贮藏与有效期】2～8℃保存，有效期为12个月。

(六)疫苗的保存、使用方法及使用效果

经试验证明，疫苗在2～8℃条件下保存，有效期可达12个月。

本疫苗用于预防鸡新城疫和由H9亚型禽流感病毒引起的禽流感，免疫期至少5个月，使用方法如下：颈部皮下或肌肉注射，1～5周龄鸡，0.3 mL/只；5周龄以上鸡，0.5 mL/只；母鸡在开产前2～3周接种，0.5 mL/只。

在疫苗使用过程中还应注意以下几点：①本品严禁冻结，在运输过程中应避免日光直射。②使用前应先放置室温，摇匀后使用。③若出现破损、异物或破乳分层，切勿使用。④仅用于健康家禽预防接种。⑤疫苗开启后限当日用完，残留的疫苗要报废。⑥接种器具必须灭菌。⑦屠宰前28 d内禁用。⑧当鸡群新城疫或H9亚型禽流感的HI抗体少于$6.0\log_2$时，应根据生产需要合理安排免疫。

目前，本疫苗已在全国范围内推广应用，截止到2009年底，共生产出疫苗19.2亿羽份。跟踪调查表明，10日龄免疫，18日龄免疫鸡群的ND抗体达到$5.6\log_2$以上、H9抗体达到$6.3\log_2$以上，免后鸡群无任何不良反应。4周龄二免，到100日龄，ND抗体仍可维持在$8.0\log_2$以上、H9抗体维持在$9.4\log_2$以上。产品安全可靠，禽群注射了二联苗后无不良反应，解剖注射部位无绿色物质，并能产生高水平的ND抗体和H9抗体，能抵

抗鸡新城疫和H9亚型禽流感的攻击。对饲养期较长的鸡群，进行二、三次免疫，可获得更高水平且持续时间更长的ND、H9抗体，能有效预防鸡新城疫和H9亚型禽流感的感染，使生产得到保证。

（林绮萍　罗满林　陈瑞爱 广东大华农动物保健品股份有限公司）

六、鸡新城疫、传染性支气管炎、减蛋综合征三联灭活疫苗（La Sota株＋M41株＋K-11株）的研制及产业化

（一）新城疫、传染性支气管炎、减蛋综合征的危害及流行情况

新城疫（Newcastle disease，ND）的危害见本章五（一）。

鸡传染性支气管炎（Infectious bronchitis，IB）简称传支，是由冠状病毒科鸡传染性支气管炎病毒所引起的一种急性、高度接触性传染病，主要侵害鸡的呼吸系统、泌尿生殖系统和消化系统等。IBV可导致不同日龄的鸡发生不同程度的危害。雏鸡感染后常由于呼吸道或肾脏病变而引起死亡；产蛋鸡感染后产蛋量和鸡蛋品质下降，甚至死亡；肉鸡生产能力下降。同时，使饲料报酬降低，死淘率增加，给世界范围内的养鸡业造成了很大的经济损失。目前，世界上从临床病例中分离的IBV已有100多个毒株，分属29种以上血清型，不同血清型毒株之间交叉保护力弱，这给IB的防制带来很大挑战。通过S1基因系列分析，可将IBV毒株分为5个不同类型，分别为荷兰型、美国型、欧洲型、Mass型和澳大利亚型。H120、H52、M41为Mass型，T株、Gray株、Hotle株为肾型传支病毒株，与呼吸型传支M41、H52的区别很大。中国于1972年由邝荣禄首次在广东省发现肾型IB，1988年分离出肾型IBV。20世纪90年代以来，肾型IB在国内相继暴发，且流行十分广泛。1996年以来，不少地区又报道了一种主要引起腺胃病变的腺胃型IB。近年来，中国传支的流行株为Mass、T、Hotle、Gray株，以及大量的变异毒株。由于IB血清型多、交叉保护力弱且抗原易变异，故在实际生产中，免疫失败的现象时有发生，本病成为了禽病防制中难于控制的“顽症”。

减蛋综合征（Egg drop syndrome，EDS）是由腺病毒科Ⅲ群腺病毒即减蛋综合征病毒所引起的一种以产蛋量骤然下降、蛋壳异常、蛋体畸形、蛋质低劣为主要特征的传染病。迄今除欧洲、美洲及大洋洲之外，在亚洲的日本、伊拉克、印度、韩国、新加坡等国以及中国台湾省也有本病的流行。中国于1992年证实有该病的存在，随后许多地区均分离出该病毒。由于本病可使产蛋率下降20%～40%，蛋的破损达20%～40%，故本病已被列为世界养鸡业四大传染病之一。

由此可见，新城疫、鸡传染性支气管炎和减蛋综合征这3种疫病是养鸡业尤其是种鸡业必须预防和控制的重大疾病。

（二）疫苗研究开发的背景和过程

为了抵御各种病原微生物对家禽的侵害，在规模化家禽养殖中，必需反复多次给家禽注射免疫各种疫苗，才能保证养殖成功。但反复多次给家禽注射疫苗，不仅会花费大量的人力，而且会干扰家禽的正常生活，使其长期处于应激状态，甚至致残、致死家禽，造成直接或间接经济损失，因此，使用多联长效疫苗，减少注射免疫次数是广大家禽养殖工作者的心愿，也成为我们动物疫苗研究生产者的努力方向。几年前，国内仅有针对ND、

IB、EDS这3种疫病的单苗和二联苗，预防这三种疫病往往需要免疫至少2～3针，不仅给饲养员带来了大量的劳动量，还增加了鸡群的应激反应，随着现代养鸡数量的不断加大，集约化和规模化程度的不断提高，传统单价疫苗已无法满足免疫需要，迫切需要能"一针防多病"的疫苗，各大养鸡集团不得不花高价从国外购买进口的新支减三联灭活苗。为了拥有自主知识产权的产品，改变进口产品独霸市场的局面，近年来，国内多家科研院校及生物制品厂家均纷纷开始进行新支减三联灭活疫苗的研究。

为了满足养殖大生产的需要，研制的"鸡新城疫、传染性支气管炎、减蛋综合征三联灭活疫苗(La Sota株＋M41株＋K-11株)"，达到了"一针防三病"的目的，有效降低了鸡的免疫应激程度，对降低饲养成本、增加养殖效益有着重要的意义。本疫苗利用鸡新城疫毒种La Sota株、传染性支气管炎毒种M41株、减蛋综合征毒种K-11株为疫苗毒株，分别感染鸡胚/鸭胚，收获感染胚液，经甲醛溶液灭活、超滤浓缩后，按一定比例与油佐剂混合乳化制成。在研制过程中，经过了毒种研究、生产工艺研究、产品质量研究、中间试制研究、临床试验研究等一系列的试验研究，均获得了满意的效果。后经农业部审批获得了新兽药证书，并进行产业化生产。

(三)疫苗研制中进行的主要试验与取得的主要数据和经验

本疫苗在研制过程中，根据《兽药管理条例》、《兽药注册办法》、《兽用生物制品注册分类及注册资料要求》(农业部442号公告)等法律、法规的相关规定，对疫苗生产过程的各个环节进行了系列研究。现将开展的主要试验介绍如下：

1. 毒种的筛选和种子批的建立

制造本品用毒种为鸡新城疫病毒La Sota株、鸡传染性支气管炎病毒M41株、鸡减蛋综合征病毒K-11株，其中La Sota株、M41株由中国兽医药品监察所鉴定、保管和供应，K-11株由广东大华农公司鉴定、保存和供应。经SPF鸡胚或易感鸭胚复壮、增殖与传代，建立种子批，经病毒含量、血凝特性、毒力测定，安全性、免疫原性、特异性、纯粹检验等试验均符合要求。

2. ND、IB、EDS灭活病毒液的制备

通过试验确定病毒最佳接种量、最佳培养时间、胚蛋最佳接种日龄、灭活剂(甲醛溶液)最佳灭活浓度及灭活时间、病毒液最佳保存温度及保存时间等参数，制备出合格的ND、IB、EDS灭活病毒液。

3. 疫苗生产工艺及实验室制备研究

在常规灭活疫苗制备的基础上，通过以下关键技术的研究，制备出安全、有效、稳定的疫苗。①鸡传染性支气管炎免疫效果评价方法的建立。②抗原浓缩技术及浓缩倍数的确定。③疫苗配方筛选研究，包括吐温与司本最佳比例的确定，油水相最佳比例的确定、鸡新城疫、传染性支气管炎、减蛋综合征3种抗原最佳配方比例的确定。④乳化工艺研究，包括乳化温度、乳化转速及乳化时间的确定。

4. 疫苗的安全性研究

对多批实验室产品进行安全性试验，包括对不同品种靶动物不同接种途径的一次单剂量接种的安全性试验、对靶动物单剂量重复接种的安全性试验、对靶动物一次超剂量接种的安全性试验。结果显示，试验动物免疫鸡新城疫、传染性支气管炎、减蛋综合征三联灭活疫苗(La Sota株＋M41株＋K-11株)后均表现出精神状态及食欲良好，未见不良

反应，疫苗注射部位未见红肿、化脓等症状，可见该疫苗是安全的。

5. 疫苗的免疫效力研究

对多批实验室产品进行免疫效力试验，包括最佳免疫剂量的测定、抗体消长规律的测定、最佳免疫程序的测定等。结果显示，鸡新城疫、传染性支气管炎、减蛋综合征三联灭活疫苗（La Sota 株＋M41 株＋K-11 株）的最小免疫量为 0.3 mL/只，考虑生产中疫苗的运输、保存、注射、动物健康状态等因素对疫苗免疫效力的影响，建议后备母鸡于开产前 1 个月左右以 0.5 mL/只的剂量经颈部皮下或肌肉注射途径进行免疫比较保险，免后 7 d 开始产生抗体，21 d 免疫力建立完全，免疫持续期至少长达 4 个月。

6. 疫苗的保存期研究

将多批实验室产品在 2～8℃条件下保存 12 个月，测定其稳定性及免疫效力。结果显示，疫苗在 2～8℃保存 12 个月，均不分层、不破乳，免疫鸡对鸡新城疫部分、传染性支气管炎部分、减蛋综合征部分的免疫效力仍可达到规程要求，可见疫苗在 2～8℃条件下至少可保存 12 个月。

7. 疫苗的中间试制研究

在实验室试制取得成功的基础上，按照初步制定的“鸡新城疫、传染性支气管炎、减蛋综合征三联灭活疫苗（La Sota 株＋M41 株＋K-11 株）制造及检验试行规程（草案）”，我们在新兴灭活苗厂进行了该疫苗的中间试制研究，共制备出 5 批中试产品，每批 1×10^5 mL 左右。从中试结果来看，按“规程”制备的 5 批中试产品，物理性状稳定，具有良好的安全性和免疫原性，各项检验指标均符合规程要求，表明本疫苗生产工艺稳定，免疫效果确实，可进行工厂化生产和推广应用。

8. 疫苗临床应用效果研究

本疫苗在广东温氏食品集团有限公司稔村分公司、勒竹分公司、车岗分公司、联营公司推广使用，免疫鸡为 18 周龄左右的后备母鸡（开产前 1 个月左右），品种包括三黄鸡、麻鸡、海兰褐、广西土鸡。抽样检查结果表明：鸡群注射该疫苗后精神状态及食欲均良好，未见任何不良反应，疫苗注射部位未见红肿、化脓、注射部位变绿等症状，产蛋率也未见下降；在抗体检测方面，疫苗免疫后抽样鸡群的鸡新城疫、传染性支气管炎、减蛋综合征 HI 抗体均迅速上升，免疫后 21 d 鸡新城疫和减蛋综合征的 HI 抗体水平均 1∶294 以上，免疫后 28 d 传染性支气管炎 HI 抗体水平也能达 1∶239 以上；至免疫后 120 d，鸡新城疫抗体仍能达 1∶64 以上，传染性支气管炎抗体仍能达 1∶84 以上，减蛋综合征抗体仍能达 1∶128 以上；而且在整个免疫过程中，免疫鸡的新城疫、传染性支气管炎、减蛋综合征这 3 种疫病的发病率明显低于非免疫对照鸡，能有效抵抗鸡新城疫病毒、鸡传染性支气管炎病毒及减蛋综合征病毒的侵袭，并可维持 4 个月以上。该疫苗的免疫效果得到温氏集团多个养鸡分公司的认可，使生产成绩得到保证。

（四）疫苗制造的一般和特殊工艺

本疫苗的制造大体按照常规胚毒灭活疫苗的生产工艺进行，流程如下：生产用毒种的制备（繁殖、鉴定、保存、继代）→制苗用鸡/鸭胚尿囊液的制备（种蛋选择、孵化、鸡/鸭胚接种、鸡/鸭胚尿囊液收获、灭活和浓缩）→半成品检验（无菌、病毒含量、灭活检验）→配苗、乳化、分装→成品检验（甲醛含量测定，物理性状、无菌检验及安全性与免疫效力检验等）。

在此基础上，要重点把握好几个关键环节，如IB效力评价方法的建立、抗原浓缩工艺、抗原纯化工艺、抗原复配工艺、疫苗乳化工艺等。各关键环节简述如下：

1. 鸡传染性支气管炎免疫效果评价方法的建立

效力检验是对产品质量检验最重要的部分，由于IBV血清型众多，型间的抗原性也不同，因而给选择合适的血清学方法及分析试验结果增加了复杂性和难度，到目前为止，国内仍无IB效力检验的统一标准。根据《欧洲药典》(2002年第4版)，用传染性支气管炎灭活苗免疫后，测定其IB HI抗体滴度，免疫鸡IB HI抗体平均滴度在$6\log_2$以上，判为疫苗合格；根据农业部编写的《进口兽药质量标准》中IB灭活苗的效力检验方法，即先用IB活疫苗作基础免疫，免疫后3～4周采血，再用IB灭活苗加强免疫，加强免疫后3～4周采血，与IB灭活苗免疫前的血样一起用IB-HI抗原对其HI效价进行测定，从而比较IB灭活苗免疫前后其HI抗体效价的变化情况，若加强免疫后的HI抗体滴度比免疫前高出3倍以上，判为疫苗合格。根据上述两种评价方法，我们做了大量的试验验证，发现IB效价检验标准采用后者，疫苗的质量更保证，因此，本疫苗的IB效价检验标准与国际接轨，采取《进口兽药质量标准》，要求使用本疫苗加强免疫后所诱导的IB HI抗体滴度是免疫前的4倍以上，这一标准解决了中国鸡传染性支气管炎油乳剂单苗及联苗研究中存在免疫水平不易量化、试验结果重现性差、标准不易判断等问题。

2. 抗原浓缩工艺的研究

为了保证联苗中各抗原的量，提高单位体积抗原的含量，我们引进成套的美国Millipore膜分离浓缩设备，使抗原超强浓缩。试验结果表明，因不同胚液黏度不同，浓缩1倍所需时间也不同，运用美国Millipore膜分离浓缩系统，对ND、IB、EDS病毒液浓缩1倍所需要的时间分别在2～3 h、2～3 h和3～4 h，且随着浓缩倍数增加及原胚液黏稠度增加其浓缩时间加长，从ND、EDS病毒液浓缩前后HA变化结果来看，HA变化随浓缩倍数变化而改变，浓缩1倍，体积缩小到原来的1/2左右，HA价能提高$1\ \log_2$，而流出的废弃液HA价几乎为0，表明利用浓缩系统可以达到提高病毒价的目的。通过不同浓缩倍数的胚液制备成疫苗后进行效力检验，结果表明，3种胚液均至少浓缩3倍，制备成疫苗后才能达到和单苗一样的免疫效果。

3. 抗原纯化工艺的研究

采用离心、纱布初滤、滤芯逐级过滤等方法，将鸡胚尿囊液中的颗粒物、杂蛋白等杂质去除，同时，通过浓缩系统胚液中的大量小分子杂质可随流出的废弃液去掉，从而达到纯化抗原、降低疫苗副反应的目的。

4. 抗原复配工艺的研究

我们通过大量的靶动物机体试验，筛选出最佳的抗原配比值，试验结果表明，本公司研制开发的鸡新城疫、传染性支气管炎、减蛋综合征三联灭活疫苗(La Sota株+M41株+K-11株)，免疫后产生的ND、IB和EDS抗体水平均达到规程的要求，各单一病毒在联苗中均有和单苗一样的免疫效果。

5. 疫苗乳化工艺的研究

应用法国埃索白油、德国乳化技术，通过疫苗各组分比例的改变，包括吐温与司本的不同配比试验、油相与水相的不同配比试验、不同的乳化条件试验(即温度、转速、时间与疫苗稳定性的关系研究)，克服了传统灭活疫苗注射后注射部位肌肉变绿问题，且疫苗黏度小，稳定性高，注射方便，副反应小，疫苗吸收迅速，不影响生产性能。

通过上述关键技术的研究，本疫苗与国内现有同类产品相比，具有以下特点：①本疫苗攻克了三联苗的研制技术，将鸡新城疫病毒、鸡传染性支气管炎病毒和鸡减蛋综合征病毒联成一体，是一种能“一针防三病”的新型疫苗。②本疫苗精选免疫原性好的减蛋综合征 K-11 株为疫苗株，减蛋综合征免疫效果与进口疫苗相当，优于国内同类疫苗。③本疫苗鸡传染性支气管炎效价检验执行国际标准，即先用 IB 活疫苗作基础免疫，免疫后 3～4 周再用 IB 灭活苗加强免疫，然后用国际通用的进口 IB-HI 抗原对灭活苗免疫前后的血清样品进行检测，要求加强免疫后 3～4 周血清样品的 HI 抗体效价是免疫前的 4 倍以上，这使疫苗品质更可靠。④本疫苗技术含量高，采用美国 Millipore 膜分离浓缩技术、法国埃索白油作佐剂、德国乳化工艺，3 种抗原超强浓缩，鸡新城疫、传染性支气管炎、减蛋综合征抗原配比合理，一针防新城疫、传染性支气管炎、减蛋综合征 3 种疫病，抗体产生快、效价高、均匀度好，且疫苗吸收快、免疫应激小，解决了行业技术难题，即油乳剂疫苗引起注射部位变绿的副反应，黏度小于普通苗，方便注射，能大大节约养鸡生产中疫苗免疫的劳动量，减少鸡群的应激，适应了大型养殖集团、养鸡公司及广大客户的需求，深受用户欢迎。

(五)疫苗质检方法

本疫苗参照《中国兽药典》中对灭活疫苗检验的相关规定，并参考了农业部颁布的有关鸡新城疫灭活疫苗、传染性支气管炎灭活疫苗、减蛋综合征灭活疫苗制造及检验规程的相关内容，结合本疫苗的特点，通过有关的试验验证，制定出鸡新城疫、传染性支气管炎、减蛋综合征三联灭活疫苗(La Sota 株＋M41 株＋K-11 株)质量标准。具体内容如下：

鸡新城疫、传染性支气管炎、减蛋综合征三联灭活疫苗(La Sota 株＋M41 株＋K-11 株)

本品系用鸡新城疫病毒 La Sota 株和鸡传染性支气管炎病毒 M41 株分别接种易感鸡胚培养，鸡减蛋综合征病毒 K-11 株接种易感鸭胚培养，分别收获感染胚液，经甲醛溶液灭活、超滤浓缩后，按一定比例与油佐剂混合乳化制成。用于预防鸡新城疫、传染性支气管炎和减蛋综合征。

【性状】外观为乳白色乳剂。

剂型：油包水型。取一清洁吸管，吸取少量疫苗滴于冷水中，除第 1 滴外，均应不扩散。

稳定性：吸取疫苗 10 mL 加入离心管中，以 3 000 r/min 离心 15 min，管底析出水相应≤0.5 mL。

黏度：用 1 mL 吸管(下口内径为 1.2 mm、上口内径为 2.7 mm)吸取 25℃左右的疫苗 1.0 mL，令其垂直自然流出，记录流出 0.4 mL 所需时间，应在 8 s 以内。

【无菌检验】按现行《中国兽药典》附录进行，应无菌生长。

【安全检验】用 21～42 日龄 SPF 鸡 10 只，各肌肉或颈部皮下注射疫苗 1.0 mL，观察 14 d，应全部健活，且不出现因注射疫苗而引起的任何局部和全身不良反应。

【效力检验】

(1)鸡新城疫部分：采用血清学方法进行检验，结果不符合规定时，可采用免疫攻毒法进行检验。

血清学方法：用 30～60 日龄 SPF 鸡 15 只，10 只各皮下或肌肉注射疫苗 20 μL，另 5

只作对照。接种后21～28 d,每只鸡各采血,分离血清,进行HI抗体效价测定。免疫组HI抗体效价的几何平均值应不低于1∶16,未免疫对照组HI抗体效价的几何平均值应不高于1∶4。

免疫攻毒法:用30～60日龄SPF鸡15只,10只各皮下或肌肉注射疫苗20 μL,另5只作对照。接种后21～28 d,每只鸡各肌肉注射鸡新城疫病毒北京株强毒$10^5 ELD_{50}$,观察14 d。对照组应全部死亡,免疫组应至少保护7只。

(2)鸡传染性支气管炎部分:取21～28日龄SPF鸡10只,点眼接种鸡传染性支气管炎活疫苗(H120)1羽份,21 d后,分别采血,各加强免疫接种(肌肉注射)灭活疫苗0.5 mL,28 d后,分别采血。将2次血清分别做HI试验。二免血清的HI抗体效价几何平均滴度应比首免血清HI抗体效价几何平均滴度高4倍以上。

(3)鸡减蛋综合征部分:用21～42日龄SPF鸡15只,其中10只各肌肉或皮下注射疫苗0.5 mL,另5只不接种作为对照。接种后21～35 d,采血,分离血清,用减蛋综合征抗原测定HI抗体效价。免疫鸡HI抗体效价的几何平均滴度应不低于1∶128,对照鸡HI抗体效价的几何平均滴度应不高于1∶4。

【甲醛、汞类防腐剂残留量测定】分别按现行《中国兽药典》附录进行测定,应符合兽用生物制品通则的规定。

【规格】①100 mL/瓶;②250 mL/瓶;③500 mL/瓶。

【贮藏与有效期】2～8℃保存,有效期为12个月。

(六)疫苗的保存、使用方法及使用效果

经试验证明,疫苗在2～8℃条件下保存,有效期可达12个月。

本疫苗用于预防鸡新城疫、传染性支气管炎和减蛋综合征,免疫期至少4个月,使用方法如下:颈部皮下或胸部肌肉注射,开产前1个月左右的产蛋鸡,每只0.5 mL。

在疫苗使用过程中还应注意以下几点:①本品严禁冻结,在运输过程中应避免日光直射。②使用前应先放置室温,摇匀后使用。③若出现破损、异物或破乳分层,切勿使用。④体质瘦弱、患有其他疾病的鸡,禁止使用。⑤疫苗开启后限当天用完,残留的疫苗要报废。⑥接种时,应作局部消毒处理,且接种器具必须灭菌。⑦接种本疫苗的种鸡的子代鸡具有较高的抗体水平,因此,应对子代鸡的有关免疫程序进行适当调整。建议免疫期内的种鸡的子代鸡于10～14日龄时初次进行鸡新城疫、鸡传染性支气管炎活疫苗接种。

本疫苗自2009年7月获得农业部颁布的新兽药证书及生产批准文号后,进行了产业化中试生产,并在广东省进行推广应用,免疫效果得到试用单位的认可,按常规免疫程序作基础免疫的产蛋鸡于开产前1个月左右免疫该疫苗,0.5 mL/只,免后21 d,ND、EDS HI平均抗体均达1∶256以上,IB HI平均抗体滴度比免疫当天高出4倍以上,有效保护持续期达5～6个月。

(林绮萍　罗满林　陈瑞爱　广东大华农动物保健品股份有限公司)

七、新型动物分子免疫增强剂研究进展

养殖业(畜牧业和水产业)是农业的重要组成部分,它为人类提供肉、奶、蛋、皮毛等高档食品及重要轻纺原料,是中国农业现代化和农村经济发展、社会稳定的重要根基之

一，欧美先进国家养殖业均十分发达，都在农业中占50%以上的比重。动物传染性疾病（包括病毒病、细菌病和寄生虫病）是养殖业最危险的大敌，并威胁人类的生命健康安全，目前仍是限制养殖业发展最重要的因素之一，中国每年由动物传染病所造成的直接经济损失已高达数百亿元。高效防制传染性疾病和保证动物安全生长是中国养殖业提高经济效益和可持续发展的核心所在，也是当前规模化、集约化养殖中迫切需要解决的重大科技难题。

(一)动物传染性疾病防制的研究技术现状

1. 药物治疗

采用化学药物和抗生菌素治疗疾病，其基本原理是用这些药物来控制病原在动物体内的繁殖和危害。由于长期使用药物的“选择压力”，导致病原抗性品系的出现，使药物效果降低乃至失效，而且大量使用药物不仅成本高、费时费力，也造成体内蓄积，畜产品质量降低，人食用后也损害健康。

2. 疫苗免疫

疫苗免疫的基本原理是利用病原物的有效抗原分子研制成疫苗，保护性抗原蛋白进入动物体后，刺激动物免疫系统产生免疫反应，分泌特异抗体和细胞因子，形成各种免疫活性细胞，对相应的病原起抑制和杀灭作用而达到防病的目的。

自1796年Jenner等开始制作使用牛痘疫苗接种预防天花病毒以来，疫苗始终是人类及生物医学研究和关注的焦点。免疫接种仍是人类历史上抵御和控制传染病的最重要、最经济和最成功的措施，也是目前预防和治疗一些肿瘤的主要方法。疫苗在人和家畜疾病防制方面的巨大作用是其他手段所不能比的。目前已经研制70多种疫苗，但只有大约25种疫苗获得了使用许可证，其中只有10多种疫苗获得大规模接种应用，有效控制了一些难以治愈的大规模流行性传染病，成功消除了包括人类的天花、中国的牛瘟、牛肺疫等多种危害严重的疾病。对于许多严重威胁人类和动物健康的传染病，如艾滋病、猪的圆环病毒病等仍然缺乏有效的疫苗。现有的疫苗根据技术特点可分为如下3代。

(1)第1代疫苗：为病原（细菌、病毒和寄生虫）组织疫苗，包括灭活苗、弱毒苗及病原的蛋白质抗原疫苗等。第1代疫苗的具有抗原性强、免疫保护力较强、生产和应用成本低等优点，但其缺点主要是病原材料较难获取。灭活苗有免疫保护期短、免疫应答水平不高和保护率低等缺点；弱毒苗存在着病原复壮散毒危险、生产过程复杂、易污染其他病原等问题。

(2)第2代疫苗：应用生物工程技术生产的病原蛋白抗原疫苗，如基因工程亚单位疫苗、合成肽苗及抗独特型疫苗、基因工程病毒和细菌活载体苗、缺失致病基因或活性结构的基因缺失苗等。第2代疫苗使用最多、技术成熟的表达系统是微生物，如酵母和杆状病毒、痘苗病毒等，有的使用动物（如家蚕），近些年来也有的使用植物作为疫苗抗原的表达系统。总的说来，第2代疫苗虽有安全可靠、材料获取容易、能够规模化生产应用等优点，但其表达的抗原蛋白分离纯化很难，生产成本较高；而且所表达分泌的抗原结构与天然抗原有一定的差异，其细胞免疫应答反应较弱，免疫保护率较低；运输保存条件要求较高。实际上，目前仅有少数基因工程疫苗成功地应用于动物疾病的防制。

(3)第3代疫苗：为20世纪90年代出现的DNA疫苗，又称核酸疫苗或基因疫苗，即将含有抗原编码序列及必要表达调控元件的质粒 DNA 导入动物组织细胞，编码序列在动物体细胞所表达的抗原诱导动物免疫系统产生免疫反应，使动物获得免疫(Tang，1992)。它的显著特点在于：①直接以保护性抗原基因或 DNA 作为免疫制剂，而不是像第 1 代和第 2 代疫苗用保护性抗原蛋白作制剂。②以接种动物体细胞为表达系统，不借用外源表达系统生产蛋白。DNA 疫苗安全稳定，无病原扩散或毒力增强的危险，免疫剂量小(几百纳克至几百微克)，所产生的抗原蛋白结构和构象与天然抗原蛋白相似或一致，能够激发较强的细胞免疫和体液免疫反应，免疫反应低下的个体可对 DNA 疫苗产生较高水平的免疫反应。③DNA 疫苗生产成本低，可加工干燥，常温保存和运输，使用简便。

目前国际上正对许多人和动物的传染性疾病的 DNA 疫苗开展深入研究，有的已进入临床或田间试验，相信不久的将来可在人类和动物的疾病控制中获得成功的应用。

长期大量的免疫实践表明，现有疫苗普遍存在保存期短、保存条件要求高(需冷藏或冷冻)，稳定性差；病毒疫苗的病毒滴度不高，多联、多价苗生产水平低等问题。使用疫苗免疫接种防制疾病，无论是目前最广泛应用的传统第 1 代组织细胞疫苗，或是第 2 代基因工程疫苗，甚至包括近些年来出现的第 3 代 DNA 疫苗，均存在以下主要问题：①疫苗的高度特异性造成疫苗使用的局限性，一种疫苗只能防制一种疾病，如猪瘟疫苗只预防猪瘟，伪狂犬病毒疫苗预防伪狂犬病，猪丹毒疫苗只能预防猪丹毒等。②由于病原的遗传漂移或突变，使原有的疫苗在动物体内产生的抗体失去特异的对应性，于是原有疫苗的防病力大大减弱或完全失效。③动物免疫机能被应激、化学药物或环境污染物等抑制时，疫苗免疫将失效或失败。这些是当前使用疫苗免疫防制动物传染性疾病中广泛存在、难以克服的重大难题。这种矛盾在现代社会日趋突出，也导致现代畜牧业在饲料中广泛添加化学药物或抗生素来控制防不胜防的各种传染性疾病，结果不仅降低了畜牧业的经济效益，更严重的是畜牧业产品中抗生素残留超标，损害人类的食品安全；同时引起各种细菌耐药性日益严重、扩散加速，形成各种超级耐药菌，对人类和动物的身体健康均构成极大的威胁，目前亟须采取新的措施加以解决。

3. 免疫增强剂

免疫增强剂是能提高机体特异和非特异的免疫防御能力，增强机体识别、杀灭和清除病原及异己物质的抵抗力的一类生物活性物质；并且它在机体免疫功能低下或处于抑制状态时，可重建免疫功能，提升免疫水平，从而保证机体健康。

现代疫苗研制和应用所遇到的一个关键问题是其免疫原性弱，必需使用佐剂辅助其刺激机体产生强而持久的免疫应答，使机体获得对病原体的长期和坚强的免疫保护力。

免疫增强剂防制疾病具有如下特点：①广谱性。能较全面地增强动物对各种病原的抵抗力，而不像疫苗那样，一种制剂只能针对某一种特定的病原。而且，高等级动物的免疫基因调节剂对低等级的动物也有较强的免疫调节作用。②有效性。既能同有关疫苗配合使用，提高这种疫苗的保护效果，也可单独使用，提高动物整体全方位的免疫机能，起到“扶正祛邪”的作用，在病原刚侵入机体门户时，即可迅速动员和组织免疫细胞及时将其杀灭和清除，从而保障机体健康。③稳定性。免疫增强剂不会因病原的遗传漂移、突变或病原抗药性增强而失去增强免疫机能的效果，可持续稳定地发挥增强机体免疫力、抗御病原感染的效应。

猪、牛和羊等家畜饲养周期较长，经常面临着十几种甚至更多传染性疾病的威胁。

如仅靠常规疫苗免疫防制，就使得动物一生需要接种十多次或更多的疫苗，这将耗费大量的人力和物力。而且许多条件性致病微生物造成的呼吸道、消化道、生殖道和乳腺感染，多由生产管理中的动物应激反应引发，常规的特异预防无从着手，药物治疗则常因病原的耐药性日益增强和普遍而收效甚微或无效。

现代免疫学进一步研究发现：许多病原（病毒、细菌、寄生虫等）感染动物后，其自身分泌或诱导机体产生多种免疫抑制物质，使机体的重要免疫调节因子生成减少。这些均造成宿主免疫功能低下，疫苗免疫失败或失效，动物易并发或继发其他感染，引起重大损失。中国畜牧业每年由此造成的经济损失已高达上百亿元。

鉴于传统的药物治疗和常规疫苗接种难以保障现代畜牧业的经济高效的健康发展，动物免疫抑制和疫苗免疫应答及保护水平下降已严重制约对传染性疾病的防制。因此，研制和应用新型高效动物免疫增强剂对防制动物的传染性疾病具有十分迫切的现实意义，这在集约化程度高的养猪业中表现得尤为突出。

（二）传统免疫增强剂的特点和缺限

现代免疫增强剂的大量研究和应用表明：第 1 代为外源性的免疫增强剂包括微生物源、化学药物分子和植物源（包括 BCG、棒状杆菌、左旋咪唑、蜂胶、真菌多糖类分子、中草药活性分子等），其免疫增强作用效果较弱，持效期不长，作用范围窄，且常引起较明显的组织损伤和发热等副反应，获取不易，应用局限性较大。

第 2 代免疫增强剂如白细胞介素、干扰素、促红细胞生成素、转移因子和细胞集落刺激因子等“细胞因子”类蛋白（肽）物质，能提高机体特异性和非特异性免疫防御机能，增强机体识别、杀灭和清除病原和异己物质的能力。这类第 2 代免疫增强剂普遍免疫调节效应很强，所需浓度极低（10^{-9}～10^{-12} mol/L），能定向特异调控免疫应答，达到预期的效果，而且几乎没有毒副作用。这种安全高效的免疫增强剂在防制人类疾病中已获得广泛应用，受到高度重视，如白细胞介素系列因子（IL-1～18）、γ-干扰素、促红胞生成素（EPO）、细胞集落刺激因子（G-CSF、M-CSF、GM-CSF 等），以及转移因子、胸腺肽、免疫核糖核酸等。这类物质已被研制成免疫增强剂，用于防制人类各种传染性疾病和癌症，在欧美等国已形成年产值达 200 多亿美元的高科技产业。

在动物疫苗方面，Rothel（1998）报道注射 IL-1 可使羊对重组抗原的免疫抗体滴度升高 15～20 倍，IL-1、TNFα 加入疫苗后，所诱导的抗体水平增加 20～25 倍，免疫增强效果极其显著。Waine 等（1995）等探索的结果均表明：细胞因子能显著增强抗体对各种抗原或病原（包括细菌、病毒和寄生虫）的细胞和体液免疫应答，明显提高免疫保护率，有很好的应用潜力（Conry 等，1996）。

γ-干扰素很早就被发现能够加强免疫反应，LPS 存在的情况下 γ-干扰素刺激人体单核细胞产生 IL-12 p70；由于它能够诱生 IL-15，据此推断它可以增强体内 $CD8^+$ T 细胞的活性；同时它还能够阻止 $CD4^+$、$CD25^+$ 的产生（Richard 等，2006）。Pan 等（2009）以热激蛋白作为佐剂，利用含有两种埃博拉病毒膜蛋白 CTL 抗原表位的 DNA 融合基因的腺病毒作为一种疫苗来预防鼻咽癌。结果证明此种疫苗能有效治疗癌症并且能诱导 CTL 蛋白的体外活性。Kenneth 等（2009）将 IFN-a 与痘病毒重组，对小鼠结肠直肠胰腺癌模型中人癌胚抗原（CEA）能够产生明显的抗肿瘤效应，提高机体的免疫能力。

但是现在使用的蛋白质（肽）类物质免疫增强剂为基因工程、细胞工程或发酵工程的表达产物，其生产工艺复杂，纯化难，成本高，体内降解快、持效期短，防制疾病时需要多次重复注射；并且反复应用时可能出现过敏反应或产生抗体而使其效果降低。这些缺点严重限制了重组细胞因子在防制动物疾病上的应用。

因此，现代畜牧业和社会期待研制经济、简便和效应持久的第3代免疫增强剂，更好地防制动物的各种传染病。近来细胞因子基因和免疫刺激序列（Immunostimulatory sequences）或CpG寡聚核苷酸免疫增强剂的出现为解决这个难题展现了曙光。

（三）细胞因子免疫增强剂

依据作用机制，传统的免疫佐剂广义上可分为两类：疫苗投递系统及免疫刺激佐剂。以前应用的完全福氏佐剂、不完全福氏佐剂、细菌性内毒素、多聚阴离子以及矿物性吸附剂多为投递系统佐剂，它们均产生局部和全身性毒性（Forsthuber，1996），形成不能接受的肉芽肿，有效期短，有效性低，故已逐渐被人们所摒弃。铝佐剂被认为安全有效，但其只能引起体液免疫，存在着不能诱导细胞免疫以及结合抗原的能力批间差异较大的缺点（Schirmbeck，1994）。应用安全有效的佐剂和载体进行疫苗投递已成为疫苗学研究的重要方向。近年来随着分子免疫学及相关学科的飞跃发展，免疫佐剂的研究也取得了一些进展，已有大量的研究成果进入了临床试验应用阶段。

1. 细胞因子的免疫增强效应

细胞因子是体内免疫细胞或非免疫细胞产生的一组具有广泛生物学活性的异质性肽类调节因子，在体内能激活和调节免疫活性细胞，对免疫应答的产生和调节具有重要作用，目前已明确的细胞因子包括白细胞介素（Interleukin，IL ）、单核因子、干扰素、生长因子等，具有免疫佐剂效应的细胞因子则多属于淋巴因子、单核因子和干扰素等。其中对IL-2、IL-12、IFN-γ、IL-6、IL-4等的研究较为活跃。

（1）白细胞介素2（IL-2）：IL-2是细胞因子网络中关键性的细胞因子，主要由辅助T细胞、NK细胞和LAK细胞分泌；IL-2跟IL-2R结合后才发挥作用，它与活化T细胞表面的IL-2R α链、β链和γ链结合。首先β链和γ链结合成中等亲和力受体，再与低亲和力的α链受体结合，成为高亲和力受体。IL-2与三聚体结合后，发生信号传导，引起NK细胞与单核细胞的增殖反应及活化CTL。其中的信号传导机制尚不清楚，可能与一种酪氨酸激酶的激活相关。另外，IL-2R α链易从细胞上脱落成可溶性IL-2R α，可与细胞表面IL-2受体竞争IL-2，对IL-2的生物学活性发挥起抑制作用。

IL-2的主要生物学活性包括：①刺激T细胞生长。IL-2最重要的作用是诱导T淋巴细胞增殖（从G0期进入S期）和分化。IL-2对T细胞的作用还包括增强CTL（Cytotoxic T lymphocyte，细胞毒T淋巴细胞）的细胞毒活性，增加细胞内pH，促进细胞移动，增强细胞间的接触和诱导细胞分泌细胞因子（IFN-γ、IL-4、TNF和CSF等）。②诱导细胞毒作用。a. 接受了抗原预刺激信号的$CD8^+$ T细胞可以受IL-2的作用活化CTL，发挥细胞毒作用；在一定条件下，$CD4^+$ T细胞也可受IL-2的诱导而具有杀伤作用。b. NK细胞是唯一正常情况下表达IL-2R的淋巴细胞，因此始终对IL-2保持反应性。然而静止NK细胞上只表达IL-2R的β链和γ链，对IL-2的亲和力低，只能对高浓度的IL-2发生反应。一旦NK细胞活化，就表达IL-2R的α链，成为高亲和力的受体；大剂量IL-2诱导的LAK活性主要来源于NK细胞。c. 使T细胞和NK细胞产生IFN-γ、TNF-β和TGF-β等因子，促进非特异性细胞毒性；还可诱导产生某些B细胞生长因子以及造血因子等，从而发挥相应的生物学作用。③对B细胞的作用。IL-2对B细胞的生长及分化均有一定的促进作用。较高浓度的IL-2可诱导B细胞生长繁殖，促使抗体分泌，并诱使B细胞由分泌IgM向着分泌IgG2转换。IL-2除了支持B细胞生长外，还能促进免疫球蛋白(IgM和IgG)的分泌，诱导J链合成从而加速IgM的装配和分泌。④对巨噬细胞的作用：高剂量的IL-2能激活单核巨噬细胞增殖和分化，并增强单核巨噬细胞杀伤肿瘤细胞的作用。单核-巨噬细胞受到IL-2的持续作用后，其抗原递呈能力、杀菌力、细胞毒性均明显增强，分泌某些细胞因子(IFN-γ、IL-6等)的能力也得到加强。

总之，IL-2能激活并促进T细胞、NK细胞、B细胞的分化成熟，诱导淋巴因子激活的杀伤细胞(LAK)活性，还能刺激、促进它们产生许多细胞因子如干扰素、肿瘤坏死因子等的合成与释放以及抗体生成，显著增强机体免疫功能。

(2)IL-2重组蛋白免疫增强剂：IL-2是应用较广泛的细胞因子，现已用于预防和治疗一些常规方法难以治疗的疾病，如肿瘤、病毒感染等免疫抑制或免疫机能低下的疾病，如恶性黑色素瘤，肾细胞癌，神经胶质瘤，膀胱、卵巢肿瘤，视神经细胞癌，肺、头颈部、乳腺肿瘤，淋巴瘤，结肠癌及内皮癌等。肌注rIL-2能增强癌症患者的免疫功能，对肿瘤有较强的治疗作用。在rIL-2的临床癌症患者中，大部分患者的免疫功能经rIL-2治疗而增强，rIL-2的这种免疫功能对防止癌症患者在手术、放化疗后的复发、转移而延长病人生命有一定的作用。rIL-2与LAK合用治疗癌症，两者疗效均达50%，采用局部动脉灌注rIL-2及异体LAK，治疗肝癌、肺癌、胃癌、结肠癌、卵巢癌、肾癌共268人，灌注682例次，总有效率36.5%(肝癌38%)，症状改善率68.3%(肝癌70%以上)。

rIL-2对感染性疾病有较好的治疗作用。rIL-2对麻风病的治疗有很好的疗效，每天注射2次，每次10 mg，经8 d的疗效，可相当于WHO使用MDT 1年的疗效；有人发现，rIL-2对结核杆菌(TB)有很强的抑制作用，对小鼠接种TB 5 d或15 d后，每天肌肉注射0.5万～1.0万IU的rIL-2共10 d，然后观察脾脏中TB细菌数目，结果rIL-2对TB的抑制作用能达到99% (Flexner等，1987)；近年来性病有蔓延趋势，尖锐湿疣过去在性病中居第4位，现在上海的统计上升到第2位，它是由乳头状瘤病毒感染所致，可用激光治疗，但复发率高达30%～60%，用rIL-2合剂肌肉注射与激光治疗相结合，可完全防止复发，疗效几乎100%。对AIDS病患者，使用低剂量rIL-2(10万IU/d)，治疗1个月，也获得一定的效果。rIL-2对严重结合免疫缺陷症(SCID)也有一定疗效(McElrach等，1990)。

以上rIL-2的治疗作用，均由rIL-2的增强免疫功能所致，也证明用小剂量rIL-2能增强免疫功能，可产生良好的疗效。在预防免疫学方面因其能提高疫苗接种的免疫应答水平而展现出广阔的应用前景。

重组人IL-2能提高伤寒杆菌活苗和荚膜多糖亚单位苗的免疫效果；rIL-2能显著增强人体免疫功能，只要每天注射10～100 mg的rIL-2，4周后，NK细胞的高亲和受体即可从10%升至60%～80%，能大大增强其免疫功能(Akuffo等，1990)，说明rIL-2是良好的免疫治疗因子，对维持人体正常健康以及防病治病有重要的作用。

重组牛IL-2与牛疱疹病毒Ⅰ型活苗一起使用，血清中中和抗体滴度比单独使用疫苗组提高6倍；用牛疱疹病毒糖蛋白亚单位苗免疫牛，并注射IL-2，可显著提高特异性抗体滴度、特异性细胞毒反应和特异性淋巴细胞增殖反应；重组牛IL-1、IL-2能促进牛病毒性腹泻死苗的免疫效果；IL-2分别与狂犬病疫苗或疟疾疫苗联合使用，对相应抗原的攻击有保护作用。

此外，IL-2 有明显的镇痛作用。试验结果表明，IL-2 的镇痛作用非常明显（Li 等，1993），用电生理方法也得到证实（Zhao 等，1994），故 IL-2 的镇痛现象已明确无误，在临床应用 IL-2 时，它一般能使病人疼痛症状减轻，生活指标提高，可能与 IL-2 的镇痛作用有关。

总之，白细胞介素-2（Interleukin 2，IL-2）具有广泛的生物学活性，对免疫系统的免疫应答具有十分重要的调节效应，已在抗肿瘤与病毒病方面显示较好的疗效。在动物医学上因其能提高疫苗的免疫效果，尤其是在基因工程亚单位苗的免疫应答方面而备受重视，显示出广阔的应用前景。但直接注射 IL-2 时，因其在体内的存留时间较短，大剂量重复给药不仅费用高，而且常伴有较重的毒副作用，因而寻找高效安全、效应持久和经济、价廉的新型实用制剂，一直是研究 IL-2 等细胞因子提高机体免疫应答的热点应用研究领域。

（3）IL-2 基因免疫增强剂：鉴于 IL-2 具有广泛的免疫上调效应，可作用于多种细胞，包括 T、B 淋巴细胞，巨噬细胞和 NK 细胞等，有的研究将 IL-2 基因构建入重组表达载体，在体内转染表达，以提高机体的免疫水平和抗感染力。

Chow 等（1997）分别构建了表达 HBV 中蛋白（S2-S）、IL-2、S2-S 与 IL-2 融合蛋白的质粒接种小鼠，发现小鼠肌肉注射 1 μg 的 PS2-S/PIL-2 或 PS2-S-IL-2 得到的抗体滴度和 $CD4^+$ T 细胞增殖均相当于单独注射 100 μg 的 PS2-S，而且大幅度增强了 IFN-γ 和 IL-2 的分泌。同时还发现 IL-2 质粒有助于打破免疫耐受。含有 IL-2 基因的质粒明显地可以增强 HIV-1 和 SIV DNA 疫苗的免疫应答，同时还进行了各种细胞因子基因（IL-2、IL-4、IL-10 和 GM-CSF）的分别或交叉刺激，发现免疫应答加强，同时引发 Th1 和 Th2 型免疫反应。

Ramshaw 等、Flexner 等先后报道将小鼠或人 IL-2 cDNA 与含禽流感血凝素（HA）基因的痘病毒重组，获得表达 IL-2 的重组病毒。将这种重组病毒与不含 IL-2 基因的痘病毒同时接种裸鼠，结果显示，IL-2 的插入并不影响 HA 的表达水平及免疫原性，但可以提高裸鼠的抗病力。Hazama 等（1993）将 IL-2 基因与牛单纯性疱疹病毒糖蛋白 D 基因融合，真核细胞内表达融合蛋白，免疫小鼠后攻毒。结果该融合蛋白可以完全保护小鼠免疫病毒攻击，而以氢氧化铝为佐剂但不含 IL-2 的重组糖蛋白只产生部分保护，IL-2 在体内的半衰期也因此延长约 4 倍。这些结果表明此种方式是研制新一代基因工程苗的另一途径。

IL-2 基因对猕猴（Rhesus Macaques）的免疫应答有增强作用，将 IL-2 基因转入肿瘤细胞，IL-2 基因肿瘤局部的持续表达可以有效地改变肿瘤细胞的免疫环境，增强肿瘤细胞特异性抗原递呈，活化 CTL，产生 CTL 反应，从而产生抗肿瘤免疫。IL-2 可以改变 T 细胞的异常信号传导。于晓等用人的 IL-2 基因质转导小鼠 B16 细胞，发现小鼠黑色素细胞瘤的成瘤率减少 40%，表现出较好的肿瘤细胞体内抑制生长，同时肿瘤免疫原性增强。钟辉用含人 IL-2 的 pCMV-IL-2、pCMV-IL-2-AWTE、pRSV-AWTE 分组免疫小鼠，发现 pCMV-IL-2 和 pRSV-AWTE 同时免疫小鼠比用融合基因 pCMV-IL-2-AWTE 可能提高 CTL 活性 2 倍，认为这可能是由于融合基因影响 IL-2 或 AWTE 的表达。

用逆转录病毒载体插入 IL-2 基因，再转化肝癌细胞株 HAC，从而使之能持续分泌 IL-2。将此 IL-2 基因转化了的 HAC 去接种大鼠腹腔或皮下，结果使动物生存期延长，癌体积缩小，这些试验结果说明 IL-2 的基因治疗在动物模型试验中取得了明显的效果。

2. 白细胞介素 3(IL-3)和粒单细胞集落刺激因子(GM-CSF)

(1)IL-3 和 GM-CSF 的免疫生理活性：IL-3 是多能集落刺激因子，可刺激多能造血干细胞和各种髓样祖细胞的分化和增殖，表现为对嗜中性粒细胞、巨噬细胞、淋巴细胞、嗜酸性粒细胞和肥大细胞等的分化和成熟皆有一定的促进作用。最近研究结果表明，IL-3 尚可激活单核巨噬细胞，诱导 TCL 细胞的产生，使 LAK 和 TCL 活性比例显著升高，外周血和脾细胞 $CD4^+/CD8^+$ 比值升高，腹腔巨噬细胞数量大大增加，巨噬细胞杀伤活性，分泌 IL-1、IL-6 和 TNF 的能力以及 La 抗原的表达得到加强。

GM-CSF (Granulocyte and monocyte colony stimulating factor)可刺激嗜中性粒细胞、巨噬细胞、嗜酸性粒细胞祖细胞的集落形成；促进红样和巨核细胞组细胞的分化；与肿瘤坏死因子(Tumor necrosis factor，TNF)和 IL-4 协同可增强单核细胞向树突状细胞的分化；在免疫应答反应中，GM-CSF 主要通过调节抗原递呈细胞的数量和功能来增强免疫应答强度。

(2)IL-3 和 GM-CSF 免疫增强剂：IL-3 基因在提高 DNA 疫苗的免疫应答中有较多的报道。如马正海(1999)将 HCVE2 基因与小白鼠 IL-3 基因真核双表达质粒 pIRST IL-3 免疫小白鼠，显示 IL-3 对于基因疫苗的免疫应答有显著提高。Geissler 等(1997)把表达 IL-3 的质与 HCV 核心抗原 DNA 疫苗共注射后，小鼠的抗体阳转率为 80%，而单独注射该疫苗则阳转率仅为 40%，同时还检测到特异性 $CD4^+$ T 细胞增殖和 CTL 活性均增强。Cho 等(1999)发现 GM-CSF 与抗原共质粒表达效果更好。将 IL-3 表达型质粒注射小鼠，用 HIV-1 免疫小鼠，3 d 后即可引发 Th1 和 Th2 型反应，$CD8^+$ 和 $CD11^+$ 细胞增加，显示出对郎罕氏细胞的刺激，提高 MHC 反应水平(Kusakabe，2000)。Xiang 等也发现当疫苗为编码狂犬病病毒糖蛋白的 DNA 时，GM-CSF 能增强特异的体液免疫和细胞免疫应答，而且这种增强效应有赖于表达 GM-CSF 质粒的同时注射。Svanholm (1999)的试验也表明，IL-3 表达型载体对 HIV-1 的免疫应答有增强作用。用 GM-CSF 表达型载体和流感病毒表面抗原 HA 共同免疫 C57BL16 小鼠，将保护率提高到 70% (Operscahal，1999)。与 Xiang 的报告相反，Barouch 等则报道 IL-3 对 DNA 疫苗的佐剂效应只有发生在 GM-CSF 的表达质粒的迟后注射。Kim(2000)等的试验发现，IL-3 的表达质粒与 HIV Gog/pol 或 Env 蛋白表达质粒共注射后，抗体水平较未加前的大幅度增高，但 CTL 效应却无明显区别。

3. 白细胞介素 4(IL-4)

(1)IL-4 的免疫生理活性：作为调节动物体液免疫的细胞因子，可激活静止的 B 细胞进入增殖阶段，并诱导分化和产生高水平 IgG1 和 IgE；对 T 细胞也有较广泛的激活效应，能促进 CD4 和 CD3 T 细胞的生长，促使活化的 T 细胞继续生长；刺激胸腺细胞增生成熟；具有很强的巨噬细胞激活活性，增强其 MHC II 类分子表达、抗原递呈和吞噬能力；能刺激骨髓造血干细胞的增生，增强机体的造血机能。

(2)重组 IL-4 免疫增强剂：IL-4 作为免疫机能的重要调节因子，其表达型质粒作为免疫佐剂的研究也取得了一些进展。将 IL-4 插入到 RSV-LTR 表达载体，以 DNA 免疫的形式与钥孔蓝蛋白(KLH)注射小鼠，结果注射 IL-4 表达载体的小鼠应答明显高于对照组，且 IL-4 有选择性地刺激 IgG1 的作用(Raz，1993)。IL-4 与 HIV-1 DNA 共同免疫小鼠，使得 DCS(郎罕氏细胞)具有强的 Th2 型免疫应答反应(Kusakabe，2000)。将 IL-4

基因与抗 AID 的编码猿猴免疫缺陷病毒(SIV)Gag 蛋白的基因共注射时能促进更强的 Th2 型反应(Kim,1999)。同时,IL-4 表达性质粒增强了 Th2 型反应,提高了体液免疫应答水平(Kim,2000)。Lee(1999)用 IL-4 表达型质粒 DNA 疫苗共同免疫小鼠,测得其抗体反应水平明显提高。吴丹(1999)将猪 IL-4 与猪囊尾蚴保护性抗原 cC1 进行融合,以融合蛋白形式在体内表达,可以增加抗原的免疫原性,通过 IL-4 的作用还可以促进抗原递呈和抗体应答,增强机体的保护性免疫效应。

在针对免疫缺陷的糖尿病、关节炎等疾病的基因治疗中,IL-4 作为分子免疫佐剂显示了一定的作用。在糖尿病患者体内,IL-4 分泌异常(Halminen,2001),对小鼠共注射编码 IL-4 基因和 IL-10 基因的质粒能抑制糖尿病的恶化,降低小鼠体内葡萄糖的浓度(Ko,2001)。Chang 等(1999)比较了 IL-4 和 γ 干扰素受体基因在糖尿病治疗中的作用,结果表明共注射编码 IL-4/IgG1 的质粒比共注射编码 γ-IFN 受体/IgG 的质粒更有效,而且具有剂量低、无免疫原性等优点。Wolfe(2002)还将 IL-4 表达型质粒通过口服途径给药于患糖尿病的动物,能增加免疫治疗的安全性。将编码鼠 IL-4 基因的腺病毒注射小鼠脚踝,可减缓关节炎症状,有望成为基因治疗关节炎的新手段(Wood,2001)。

此外,Lee 等(2001)将 IL-4 基因与胰岛素启动子连接,采用脂质多聚物包裹质粒后免疫小鼠,与对照相比,对糖尿病的疗效更明显。应用可降解的阳离子多聚物(多聚 γ-氨基-*L*-羟基乙酸)包裹含 IL-4 的质粒注射患糖尿病小鼠,5 d 后就在小鼠的肝中检测到了 IL-4mRNA,有效阻止病情的恶化。

Park 等(2001)构建了 IL-4 基因和编码呼吸道合胞病毒(RSV)F 蛋白的融合载体免疫小鼠,与对照组相比,IL-4 基因增强了特异性抗 RSV-F 的抗体表达。IL-4 基因在肿瘤治疗方面也显示了广阔的前景。Kimura 等(1998)尝试利用细胞因子的基因(如 IL-2、IL-4)来治疗胰腺癌,在以小鼠为动物模型阶段取得了一些结果。将 IL-4 基因克隆到逆转录病毒载体上转染 C6 神经胶质瘤细胞,降低了肿瘤原性,肿瘤细胞的生长被有效地抑制(Xing,1999)。Broberg 等(2001)将 Th2 型细胞因子 IL-4 与单纯性疱疹病毒载体重组后注射患脑脊髓炎小鼠,消除了脑脊髓炎症状,防止脊髓受到巨噬细胞渗透,预防了脱髓鞘。

目前细胞因子作为免疫佐剂增强 DNA 疫苗免疫效果的试验大多以小鼠为动物模型,缺乏在大动物体内的试验数据。Kim 等(2000)分别将编码人免疫缺陷病毒 EnV、Rev 和猴免疫缺陷病毒 Gag 及 Pol 蛋白的基因与 IL-4 基因共注射恒河猴,试验结果表明 IL-4 能明显增强恒河猴特异性抗原的免疫应答。Poliani 等(2001)把 IL-4 基因插入单纯疱疹病毒载体中,治疗恒河猴急性脑脊髓炎取得了一些效果。

4. 猪白细胞介素 6(IL-6)

(1)IL-6 的免疫学活性:IL-6 是迄今发现的功能最为广泛的细胞因子之一,它可以促进多种细胞的增殖和分化。IL-6 基因含有 5 个外显子和 4 个内含子,编码 212 个氨基酸,其信号肽由 21～23 个氨基酸组成。IL-6 的相对分子质量为 20 700(Richards,1991)。IL-6 可由各种淋巴细胞和非淋巴细胞(成纤维细胞、单核细胞、内皮细胞)受各种刺激应答所产生。

IL-6 是免疫调节网络系统的关键成分之一,它具有多种细胞调节活性,IL-6 是 B 细胞刺激因子。活化的 T 细胞产生 B 细胞分化因子,这种因子在金黄色葡萄球菌 Cowan1 刺激下可使未成熟的正常 B 细胞或受 EB 病毒转化的 B 细胞系高速率分泌免疫球蛋白。

自然或重组的 IL-6 可诱导 B 细胞分泌 IgM 和 IgG。IL-6 的作用方式是:它同其他的 B 细胞因子或 IL-6 预先刺激 B 细胞,使其最终成为 Ig 高速率分泌的细胞,但不刺激其增殖,IL-6 也是成熟 T 细胞产生 IL-2 的第二信号。抗原结合 MHC、或丝裂原或抗体与 T 细胞抗原受体结合可作为 T 细胞活化的第一信号,这些信号都能刺激纯化抗原依赖 T 细胞对外源性 IL-2 应答,但不产生 IL-2。白细胞介素-6 则能够作为第二信号刺激纯化的 T 细胞产生 IL-2。IL-6 并不作为 T 细胞邻近因子(Proximal factor)发挥作用,而是通过刺激已被提供了第一信号的 T 细胞起间接作用(Robin,1999)。

许多活化的细胞高效表达 IL-6,与许多靶细胞产生复杂的相互作用效应。在局部感染处,成纤维细胞、内皮细胞、单核巨噬细胞分泌 IL-6 以抗病毒,促进局部激活的 T 细胞增殖生长,诱导 T 细胞分化成熟为细胞毒性 T 细胞;增加活化 B 细胞抗体形成与分泌 IgG、IgA 和 IgM;当 IL-6 释放进入血液循环后,能使静止的造血干细胞进入激活状态,促进血细胞的分裂增殖;促进肝脏急性期蛋白的合成,诱导或促进其他免疫细胞产生细胞因子;诱导体温升高,唤醒机体对抗感染的一系列防御性的生理应答。

(2)重组 IL-6 免疫增强剂:Lee 等(1999)曾报道鼠 IL-6 表达质粒共注射对流感病毒核蛋白(NP)DNA 疫苗激发免疫反应的影响,发现 IL-6 表达质粒的共注射可明显增强体液反应和特异性 CTL 反应,使免疫小鼠获得完全抗流感病毒攻击的免疫保护。IL-6 基因质粒转入小鼠可以抑制小鼠肿瘤成瘤率并延长荷瘤小鼠的寿命(Cao,1999),Diane 等(1998)也发现 IL-6 基因接种能显著增强小鼠对病毒感染的抵抗力。我们曾检测了猪白细胞介素-6 基因表达质粒接种小鼠和猪及其对猪囊虫 DNA 疫苗及常规灭活及减毒疫苗免疫应答的影响,结果发现:猪 IL-6 基因可在动物体内表达,呈现免疫上调效应,不仅显著提高 IgG、IgM、IgA 免疫球蛋白含量,也明显增加 IL-2 水平、淋巴细胞和单核细胞等免疫细胞数量;使动物对疫苗的特异性体液和细胞免疫水平显著升高(高荣等,2003,2004)。说明 IL-6 在动物免疫增强佐剂中有良好的潜在应用前景。

5. 白细胞介素 12(IL-12)

(1)IL-12 的免疫学活性:IL-12 在体内主要由单核巨噬细胞、B 细胞和树突状细胞等激活后产生参与细胞免疫应答,与 IL-2 有协同和相似之处。主要免疫生理功能包括:刺激活化 T 细胞的增殖,促进 NK、LAK 和 CTL 的杀伤活性和黏附分子表达;促进活化的 T 细胞、NK 细胞分泌 IFN-γ,与 IL-2 有协同作用;活化和促进 Th1 细胞的分化;抑制 IgE 产生;协同 IL-3、IL-11 等造血因子刺激造血干细胞增殖,形成髓样、前 B、肥大、红样细胞等集落的形成。

(2)重组 IL-12 免疫增强剂:Kim 等(1997)报告,把小鼠分为 2 组,1 组注射 50 μg 表达 HIVGag/pol 蛋白的质粒 DNA(pGag/pol),另一组在前者基础上同时加注射 50 μg 表达 IL-12 的质粒(pIL-12),测定 T 细胞增殖分数,结果前组仅为 9.2,而后组为 17.1,测定 CTL 活性,在效应细胞:靶细胞(E:T)为 50:1 时,前组的靶细胞 Cr 释放率仅为 3%,后组则高达 57%。当把 Gag/pol 基因换为 HIV 的 Env 基因或 Vif 基因或 Nef 基因时,IL-12 同样对 CTL 效应具明显增强作用,但对体液免疫应答则起抑制作用,表现为抗体滴度下降和 B 细胞减少。同样,Tsuji 等(1997)也发现 IL-12 的表达质粒能加强 HIV Env DNA 疫苗诱生的 DTH 和 CTL 效应,同时使内源性的 IFN-γ 大幅度上升,但对体液免疫则无任何显著影响。另外有报道说 IL-12 能够协助无任何免疫原性的流感病毒突变型核心蛋白 DNA 疫苗诱生强有力的 CTL 活性(Iwasaki,1997)。

6. 白细胞介素 15(IL-15)

IL-15 是 Th1 型细胞因子,由成纤维细胞、上皮细胞、单核细胞和肌细胞产生。IL-15 具有 IL-2 的活性和受体组成,能增强 NK 细胞的细胞毒活性,刺激 NK 细胞产生细胞因子,在宿主抗病毒感染和恶性转化的早期防御方面起重要作用(Rodella,2001)。低剂量的 IL-15(25～100)×10^3 U/L)可以完全替代 IL-2,维持 NK 细胞的杀伤活性并促进 NK 细胞增殖(梁淑娟,2003)。Xin 等将 IL-15 表达质粒与 HIV-1 DNA 疫苗共同鼻内接种免疫小鼠,发现其能诱导 DTH 和 CTL 效应,并诱导 IFN-γ 的分泌,同时 IL-4 的分泌减少。房文亮等(2005)构建了柯萨奇病毒(CVB3)VP1 的 DNA 疫苗,与 IL-15 表达质粒共注射小鼠,结果显示共免疫使抗体滴度显著升高,小鼠的生存时间也明显延长。显示 IL-15 基因对 CVB3 VP1 DNA 疫苗诱导的免疫应答和免疫保护有一定的增强作用。

7. 白细胞介素 18(IL-18)

IL-18 能诱导 T 淋巴细胞产生 IFN-γ;增强 Fas 配体的表达,诱导细胞凋亡;促进 TNF-α、IL-1β、IL-8 等细胞因子的分泌;协助诱导 Th1 细胞克隆的发育,增强 NK 细胞活性和 CTL 活性。江文正等(2004)构建了 HIV-1 核心蛋白 gag 和外膜蛋白 gp120 的融合表达质粒 pVAXGE 和编码 IL-18 的真核表达质粒 pVAXIL-18,将两者共同肌肉注射免疫 BALB/c 系小鼠,结果显示联合免疫组小鼠脾特异性 CTL 杀伤活性和血清抗体水平均显著高于单独免疫组,IL-18 发挥了明显的免疫佐剂作用。另在针对 HIV gag、tat 和 nef 蛋白的多价 DNA 疫苗(Billaut,2001)、HSV22 gD 蛋白的 DNA 疫苗(Sin,1999)、人前列腺特异抗原 DNA 疫苗(Kim,2001)的研究中,IL-18 的共免疫都能显著增强的 Th1 型细胞免疫应答。

8. γ 干扰素(IFN-γ)

(1)IFN-γ 的免疫学活性:IFN-γ 也是免疫调节网络系统的关键成分,活化的 T 细胞、NK 细胞、单核巨噬细胞等高效生产分泌 IFN-γ,与众多靶细胞产生复杂的相互作用效应,为 Th1 型免疫调节的核心细胞因子成员。IFN-γ 具有抗病毒感染、抗肿瘤和极强的免疫调节活性,可诱导巨噬细胞、T 细胞和 B 细胞等 MHC Ⅱ类分子表达,提高它们的抗原递呈能力;显著促进活化巨噬细胞的杀菌吞噬和杀伤肿瘤细胞的能力,是最主要的巨噬细胞激活因子之一;IFN-γ 还能促进 T 细胞增殖生长,诱导 T 细胞分化成熟为细胞毒性 T 细胞;增加活化 B 细胞抗体形成与分泌 IgG2;IFN-γ 还能激活 NK 细胞及中性粒细胞,促进血管内皮细胞活化和 $CD4^+$ T 细胞黏附及渗出参与免疫应答,动员激发机体对抗感染的一系列防御性的生理应答(Balkwill,2001)。

(2)重组 IFN-γ 免疫增强剂:和 IL-12 一样,IFN-γ 主要通过参与 Th 细胞向 Th1 型分化来调节免疫应答。为研究 IFN-γ 对 DNA 疫苗的影响,Lin 等构建了一系列重组质粒:pOVA/IFN-γ,卵清蛋白和 IFN-γ 在同一质粒的同一启动子之下表达;pOVA,只表达 OVA 蛋白;pIFN-γ,只表达 IFN-γ。把上述三种质粒分别或共同肌注免疫小鼠检测其 IgG2a/IgG1 和 OVA 特异的 IFN-γ 分泌,结果与单独注射 pOVA 组相比,注射 pOVA/pIFN-γ 组有大幅度提高,表明 IFN-γ 能增强 Th1 型免疫应答,且这种增强作用依赖于它与抗原蛋白的共质粒表达。Xiang 等报道,把分别表达 IFN-γ 和狂犬病病毒糖蛋白的两种质粒共同注射小鼠后,IFN-γ 对体液和细胞免疫应答呈抑制作用或无任何影响,抑制或不影响与 IFN-γ 的启动子有关。

(四)趋化细胞因子免疫增强效应

1. 趋化因子作为DNA疫苗基因佐剂

趋化因子(Chemokine)是一类对不同靶细胞具有趋化效应(Chemoattractive activity)的小分子。目前在人类中已发现了34种趋化因子(此外在病毒中还发现了多种趋化因子类似物)。这些趋化因子在氨基酸序列上都存在约20%的同源性。根据其分子N端Cys的数目及间隔,可分为CC、CXC、C、CX3C 4个亚家族(X代表除Cys以外的其他氨基酸),并且据此建立了趋化因子的系统命名法(Zlot,2000)。获得性免疫反应需APCs和抗原特异性淋巴细胞定位于淋巴器官的特定区域中,这一过程是在趋化因子的介导下完成的。另外,趋化因子还可以诱导细胞因子的极化和调节免疫反应的强弱。由于它的这些特性,外源性趋化因子可以作为佐剂来加强机体对DNA疫苗的免疫反应。近来的一些相关研究也证实了这一点,其中对HSV-1和HSV-2模型的研究最为广泛。

(1)MIP-1α:MIP-1α(巨噬细胞炎症蛋白-1α)是一种重要的炎症细胞趋化因子,它能调节单核细胞、B淋巴细胞和T淋巴细胞的功能,激活$CD4^+$ T淋巴细胞,促进IFN-γ的分泌。Lu等(1999)分别以鼻内滴注和肌肉注射途径将MIP-1α表达质粒与H IV-1 env DNA疫苗共免疫小鼠,并与单独接种DNA疫苗组相比较。结果观察到黏膜IgG、血清IgG和IgA水平升高,IgG-α/IgG1的比例升高,同时观察到CTL应答活性和DTH水平升高,显示MIP-1α诱导了Th1型应答。Si等(2000)将MIP-1α表达质粒与HSV-2 gD DNA疫苗肌肉注射共免疫小鼠,只观察到了gD特异性IgG抗体水平的稍微升高。Eo等(2000)以MIP-1α表达质粒与HSV DNA疫苗通过鼻腔接种共免疫小鼠,观察到显著的Th1型应答,并能提高小鼠对致死性HSV-1攻击的保护效率。这些研究显示,基因佐剂的给药途径可能会影响MIP-1α的免疫调节效果。

(2)MIP-2:对MIP-2的免疫刺激活性,Eo等(2000)做了相关的研究,当用MIP-2表达质粒和表达HSV糖蛋白gB的DNA疫苗通过鼻腔滴注共免疫小鼠时,观察到血清中gB特异性抗体水平升高,IgG-α/IgG1比率升高,脾细胞的增生和Th1型细胞因子的增加,同时提高了小鼠对致死性HSV-1感染的抵抗力。进一步研究显示,由于MIP-2激活了NK细胞和T细胞的增殖,使IFN-γ的表达得以提升。研究者们认为MIP-2诱生的IFN-γ分泌量的升高是黏膜途径免疫中HSV1得以快速清除的关键。

(3)RAN TES:RAN TES(Regulated on activation, normal T-cell expressed and secreted)主要由$CD8^+$ T淋巴细胞、上皮细胞和成纤维细胞表达,在抗病毒感染中有重要作用(Appay,2000)。Si等在HSV-2的小鼠模型中评估了RANTES对DNA疫苗效果的影响。RANTES与HSV-2 gD DNA疫苗共注射小鼠促进了$CD4^+$ Th细胞的增生,降低了HSV-2感染后小鼠的死亡率。进一步研究揭示了RANTES抗HSV-2感染的机制,HSV-2感染小鼠在RANTES与HSV-2 DNA疫苗的共注射下能够存活,然而当给小鼠注射抗CD4抗体时,存活率又显著降低。这表明RANTES通过促进$CD4^+$ Th细胞的增生来抵抗HSV-2的感染。

(4)TCA3:TCA3(Thymus derived chemotactic agent 3)是β趋化细胞因子家族中的一员,由Th2效应细胞分泌,对单核细胞、巨噬细胞、嗜中性和嗜酸性粒细胞都具有趋化活性,TCA3还具有抗肿瘤活性(Laning,1994)。上述研究结果表明,TCA3可能通过募集APCs至疫苗免疫部位来发挥其佐剂效应。Tsuji等(1997)将TCA3的表达和

HIV-1 的 gp160 糖蛋白或 Rev 蛋白的表达质粒共同肌注小鼠后，发现 TCA3 能使特异性 CTL 效应较单独注射 DNA 疫苗要高 2 倍，DTH 也明显加强，IgG2a 略有上升，说明 TCA3 可以加强抗原诱生的 Th1 型免疫应答。组织学分析显示，跟单独注射 DNA 疫苗相比 TCA3 的免疫注射部位存在大量的浸润性单核细胞。上述研究结果表明，TCA3 可能通过募集 APCs 至疫苗免疫部位来发挥其佐剂效应。

鉴于 TCA3 在体内还能够抑制 HIV 的复制，Tsuji 等认为 TCA3 的表达质粒可能不仅可用于 HIV 的预防，还可以用于对 AIDS 的治疗。另外，趋化因子 MIP-1α 表达质粒也能增强 DNA 疫苗的 Th1 型免疫应答。

综合以上几种趋化因子作为基因佐剂的研究效果，可以看出：①从内源性趋化因子一般的免疫调节功能尚不能准确推测其药理过程或佐剂效果，因此，选择趋化因子在 DNA 疫苗中的应用在现阶段仍需要根据经验进行。②根据给药途径的不同，趋化因子表达质粒对免疫应答的影响也不同，有时甚至完全相反。③由于具有募集 APCs 至感染部位的功能，趋化因子佐剂可能通过增强天然免疫和获得性免疫应答之间的连接而起作用。

2. 细胞因子佐剂效应的机理

近年来，随着细胞因子应用研究的进展，发现许多细胞因子可明显地增强机体对抗原的免疫防御力，主要表现在以下 3 个方面：①增强机体对各种抗原或病原的免疫应答反应水平。②增强疫苗的保护效应。③增强机体的抗感染能力。对细胞因子免疫佐剂效应作用机理的研究是当前免疫学研究的一个热点。概括而言，有以下几方面。

(1)对细胞黏附分子的诱生和表达增强作用：γ 干扰素最显著的生物学活性之一是增强抗原递呈细胞(APC)膜表面 MHC Ⅱ 类分子表达，因而激发更有效的抗原递呈过程。γ 干扰素的佐剂效应与此有关。Playfair 发现 γ 干扰素的注射部位必须与抗原注射部位相同，方能在疟原虫疫苗接种小鼠产生较强佐剂效应。Heath 等人设计的过继免疫试验包括 3 组：1 组鼠预先同时注射抗原和 γ 干扰素；2 组鼠预先单独注射抗原，后注射 γ 干扰素；3 组鼠分别注射抗原和干扰素。将上述各组试验鼠的腹腔渗出细胞分别回输同系小鼠后观察受鼠对抗原的攻击反应，结果表明，只有第 1 组的细胞可提供明显的免疫活化效应。

(2)对 T 细胞亚群的选择性作用：辅助性 T 细胞(Th)包括 Th1 和 Th2 亚群，两者功能不同，在免疫应答时可呈现为协同和颉颃两种状态。针对某种抗原的免疫反应如以细胞介导免疫反应(如迟发超敏反应，DTH)为主，则体液免疫反应(抗体产生)受到抑制，反之细胞免疫受抑。这与细胞因子的优势分泌现象相关，即 Th1 细胞主要产生 IL-2、γ 干扰素、肿瘤坏死因子 β，Th2 细胞主要分泌 IL-4、IL-5、IL-6、IL-9 和 IL-10；Th1 细胞主要促进细胞介导免疫，Th2 细胞则以促进抗体产生为主，而 IL-10 对 Th1 细胞因子的产生有明显的抑制作用，对 Th1 功能有一定的抑制效应。因此，细胞因子的佐剂效应也因其对 Th 亚群的作用或其产生来源而有不同。

试验发现，表达 IL-1 受体的 T 细胞主要是 Th2 细胞，Th2 细胞可接受 IL-1 刺激而增殖。因此，IL-1 的佐剂效应主要表现为对抗体产生的促进作用。免疫抑制动物接种疫苗时，若同时注射 IL-1，其特异性抗体滴度增高，疫苗的保护效应增强。反之，IL-2 有 Th1 细胞产生，其佐剂效应以促进细胞免疫反应为主，对抗体的产生无明显促进作用(对乙肝疫苗的反应可能是一个例外)，Heath 等认为可能与 Th1 细胞受 IL-2 活化后同时产生大量的γ干扰素有关，有试验发现，γ干扰素可能抑制Th1细胞的增殖。他们的试验发现，疫苗接种前2 d注射γ干扰素，抑制特异性抗体的产生，并改变IgG亚类的比例，而接种后使用则可逆转对抗体的抑制作用。他们认为，抑制效应可能作用于免疫反应早期即抗原递呈阶段。

(3)对细胞因子网络的免疫调节效应：细胞因子的生物学活性非常广泛，如IL-2对天然杀伤细胞活性的刺激作用、肿瘤坏死因子对巨噬细胞杀菌、杀肿瘤活性的促进作用，IL-1、IL-2、γ干扰素对神经-内分泌-免疫网络的活化和上调作用、对局部组织细胞抗感染分子生成、分泌的激活等产生更复杂的免疫调节作用，都与其免疫增强效应有关。这些方面的研究比较复杂，目前报道资料甚少，有待于今后进行更多的探索。有理由相信：随着对这方面理解的深入，将能更好地指导新型细胞因子免疫增强制剂在预防和治疗感染性疾病、肿瘤和其他免疫机能紊乱性疾病方面的研制和应用。

3. 强化细胞因子佐剂效应的新途径

研究结果表明，大多数细胞因子的体内半衰期较短，加之细胞因子活性易受内环境如pH、各种水解酶及血浆蛋白的影响，因此许多研究者致力于探索延长细胞因子作用时间，增加稳定性的办法，并取得初步结果。

(1)细胞因子基因直接作为免疫佐剂：类似于DNA疫苗以质粒作为抗原载体，以重组质粒表达的细胞因子也能克服细胞因子肽类在体内活性期短的弱点。DNA疫苗免疫试验的结果亦提示：利用现代基因工程技术，将免疫调节效应很强的细胞因子基因克隆入高效真核表达载体，构建重组真核质粒，将其有效转染导入机体细胞，使之持久稳定表达出所需的细胞因子，增强其浓度，从而能够特异高效而持久地增强机体免疫防御能力，强化疫苗免疫应答，提高免疫保护水平，达到经济防制目前难以控制的病毒、细菌性传染病和寄生虫病的目的；并且预防条件性病原造成难以控制的复杂感染和疾病。

近年来，人们对于用细胞因子表达性质粒直接转染动物方面进行了研究，取得了许多结果。其优点是这些因子可以在动物体内表达，达到免疫刺激增强作用，并且有容易生产、易纯化、易保存、作用持久、理化性质稳定等特点。所以，构建高效重组细胞因子表达质粒作为新型高效免疫增强剂或分子调节剂具有很好的前景。

疫苗中加入细胞因子基因，不仅能增强免疫反应，还可特异定向调节免疫反应的幅度和类型，如需使T细胞反应增强，而无需体液免疫反应甚至体液免疫反应是有害的，此时可选用IL-2基因与DNA免疫原共注射；如要制备针对胞外菌的DNA疫苗，可用IL-4、IL-5、IL-10基因共注射；如$CD4^+$ Th、抗体在免疫保护上均起重要作用，GMCSF、IL-2基因可共注射；若Th、抗体、CTL均需加强，TNF-α基因共注射可达此目的。

质粒载体中插入细胞因子基因，可增加外源基因表达产物诱导的免疫反应。将Hbs Ag和IL-2基因共表达或共注射，使抗体产生和Th细胞反应增加；将编码IL-6质粒与编码马流感病毒血凝素的质粒共同注射小鼠，可使小鼠获得完全保护，病毒攻击后3 d，小鼠肺中检测不到病毒，而仅注射血凝素的小鼠只获得部分保护，2组肺中病毒滴度具有非常明显的差异($P<0.0001$)；将HIV gag/pol质粒和HIV env蛋白与多种细胞因子基因共同注射小鼠，可不同程度提高免疫反应的强度，但不同的细胞因子基因出现不同的结果，如前所述。

当前作为调节蛋白的细胞因子和针对特异性抗原的DNA疫苗均已进入临床试验，将来的研究方向是将细胞因子基因和疫苗结合应用以调节疫苗诱导的免疫效果。细胞因子间相互协同或颉颃构成调节免疫反应的网络，以使机体得以抵抗外源异物的入侵，且随着外源因素的变化改变网络内部各细胞因子质和量达到保护机体的目的。

(2)细胞因子与抗原联合使用：用细胞因子与疫苗或抗原同时注射机体，可使对该疫苗或抗原低应答者和无应答者产生有效免疫应答。人体试验研究结果表明，给血液透析者和老年人等免疫应答功能低下者接种乙肝(HB)疫苗的同时注射适量细胞因子，如IFN-γ、IL-2、IL-1β、IFN-β或EPO等，能促进抗HBs滴度达1∶10以上，不注射细胞因子者抗HBs滴度在1∶10以下，大部分不产生抗HBs。随访调查表明，抗HBs滴度大于1∶10组人群，其HBV感染率远低于不产生抗HBs或滴度小于1∶10组人群。因此认为，给HBV感染高危人群，尤其是免疫应答功能低下者和HB疫苗接种失败者，接种HB疫苗的同时辅以适当的细胞因子，能帮助其获得对HBV感染的保护性免疫。

动物试验研究结果表明，细胞因子的佐剂效应对胸腺依赖性抗原和非依赖性抗原都是有效的，一般细胞因子能促进多种不同抗原诱导免疫应答。如IL-2除了促进机体对HB疫苗产生强的免疫应答，克服无应答和低应答外，还能促进机体对狂犬病毒和单纯疱疹病毒糖蛋白等抗原产生中和抗体和保护性免疫，能使动物抵抗病毒攻击。IL-2能加强机体对细菌鞭毛抗原、疟原虫抗原和红细胞抗原等多种抗原的免疫应答，且细胞因子佐剂效应比细菌佐剂更强、更安全。但是大剂量使用细胞因子时常伴有一些副作用，如发热、炎症等。克服这些缺点的办法之一就是使用具有免疫调节和佐剂效应的细胞因子亚肽。研究结果表明，IL-1β分子168～171位9个氨基酸具有完整IL-1β分子的免疫调节、佐剂及抗肿瘤效应。这种IL-1β 9肽不引起炎症和发热，但使用的剂量却比完整分子大得多，这是亚肽分子的不足之处。如果使用亚肽与抗原的融合分子将可能克服这一不足。

(3)细胞因子与抗原的融合分子共表达：用化学修饰法将IFN-γ生物素化，然后与亲和素结合，注射小鼠后可促进对亲和素的体液和细胞免疫应答。试验结果表明，IFN-γ亲和素融合分子诱发DTH程度和特异性抗体水平均高于IFN-γ加亲和素或BSA-亲和素融合分子，说明IFN-γ亲和素融合分子的佐剂效应是由IFN-γ介导，且比游离的IFN-γ效应更强。该结果提示细胞因子与病原体抗原连接，可能构建有效的融合分子疫苗，但是化学偶联法构建蛋白融合分子比较麻烦，且成本高。

Hazama等用基因重组技术将HSV糖蛋白t-gp基因与人IL-2c DNA基因重组，用真核表达载体，在骨髓瘤细胞中表达t-gp-IL-2融合分子，经免疫小鼠表明，该融合分子诱导特异中和抗体、免疫活性细胞和抵抗病毒攻击的效果比t-gp加IL-2、t-gp-BSA融合分子强得多。在诱导抗体产生方面，IL-2融合分子的佐剂效应甚至比Freund完全佐剂更有效。试验证实，融合分子中IL-2和t-gp的血浆半衰期均延长，这可能是产生佐剂效应的理由之一，IL-2的靶向作用及激活NK细胞效应均与其发挥佐剂效应有关。

上述用重组技术构建细胞因子与特异抗原融合分子的方法，为肿瘤疫苗的研究开辟了新途径。Tao等将小鼠B细胞瘤独特型抗体(id)V区与人IgG1 C区重组，然后在IgG1 CH3外显子下游分别连接鼠(Mo)GM-CSF和人(Hu)GM-CSF-cDNA，在真核细胞中表达id/GM-CSF融合分子，用该融合蛋白免疫小鼠的试验结果表明，id/Mo-GM-CSF能诱导产生高水平抗id抗体，能保护动物抵抗致死剂量肿瘤细胞的攻击，但id/Hu-GM-CSF没有这种效果，id/KLH融合分子的上述效应低于id/Mo-GM-CSF。上述结果说明GM-CSF的佐剂效应是特异的，且有种属特异性。上述结果还说明GM-CSF的佐剂效应不是简单的载体效应。肿瘤特异性抗原与GM-CSF融合分子可能是有前景的肿瘤疫苗。

Rao等合成了包含HbsAg12～32位20个AA和IL-1β163～171位9个AA融合分子,中间以两个甘氨酸相连,并用该融合分子免疫小鼠,试验结果表明,该融合分子的免疫原性比完整分子Hbs Ag更强,说明融合分子中的IL-1β 9肽具有佐剂效应,但化学合成的抗原分子太小,所含抗原表位少,因此不能构建理想疫苗,且成本较高。Beckers等用基因重组技术将IL-1β 9肽插入到人铁蛋白H链的D和E螺旋之间的短环上和沙门氏菌鞭毛抗原的高变区,用从大肠杆菌制备的这种融合分子免疫小鼠,结果显示融合分子诱导脾脏PFC、血清IgG水平和T细胞增殖效应均超过抗原如IL-1β、抗原加IL-1β 163～171位9个AA肽、抗原与非IL-1β 9个AA肽融合分子等对照组,说明融合分子中的IL-1β 9肽仍发挥佐剂效应,且比游离的IL-1β及9肽效应更强。这可能是由于融合分子中的IL-1β 9肽将抗原靶向免疫活性细胞的缘故。细胞因子亚肽或基因与抗原融合分子还有2个优点:一是克服了细胞因子完整分子某些副作用;二是注射剂量小。用游离的IL-1β 9肽作佐剂时,每只小鼠注射量为mg级,而用IL-1β 9肽与抗原融合分子免疫小鼠只需1 μg左右。

(4)细胞因子的融合、结构改造提高免疫调节活性:目前限于细胞因子基因在大动物体内的表达活性较低,免疫增强效果不够理想,实际应用中需用大剂量的基因质粒,阻碍免疫增强剂的应用和推广。如何提高基因表达产物的活性及其表达效率是广泛使用免疫增强剂的关键所在。传统的提高真核基因表达效率的方法对增加细胞因子活性的作用有限,不能满足实际生产对免疫增强剂高效廉价和效应持久的要求。近来在国际上开始利用易错PCR(Error-prone PCR)、连续易错PCR(Sequential error-prone PCR)、随机定位诱变(Random-site-directed mutagenesis)和DNA重排(DNA shuffling)等基因工程技术来突变细胞因子的氨基酸序列及空间结构,显著提高基因表达的细胞因子的生物活性。其中尤以DNA重排技术的出现为解决这一难题提供了崭新的途径,它是20世纪90年代中期发展起来的一种新技术,是指DNA分子的体外重组,在分子水平上进行有性重组(Sexual recombination),通过改变单个基因或基因家族原有的核苷酸序列,创造新基因,并赋予表达产物新功能,即在实验室试管中模拟达尔文生物进化过程,让目标蛋白质分子在事先设计好的道路上快速"进化",从而产生具备优良特性的新蛋白质分子。如在酶的稳定性大大提高的同时又能对新底物产生催化作用或者可以在极端条件下进行催化反应。该技术是一种分子水平上的定向进化(Directed evolution),也被称为分子育种(Molecular breeding),主要通过有性PCR(Sexual PCR)、交错延伸程序(Stagger extension process)完成。David等(1999)用DNA重排技术改造人INF-α基因的结构,筛选获得的新基因表达产物抗病毒活性显著提高,较原始基因产物的活性增幅最高达105万倍。我们以DNA重排技术改造猪白细胞介素2基因的序列,也获得了活性明显提高的新IL-2基因(Xie等,2007)。

近十多年来蛋白质结构研究发现:自然界中的许多大的多功能域蛋白由不同的蛋白分子经插入或融合而形成。据此可推论利用基因工程技术构建的人工融合蛋白,可以同时具备原构成蛋白的不同功能;同时,由于"邻近效应"等因素,融合蛋白将有产生新的功能和生物学活性,不同细胞因子所构建的融合蛋白不仅具有原因子各自的功能,而且表现出较原分子更强的生物学活性,这已为许多研究所证实。人类有的融合细胞因子(如GM-CSF融合IL-3等)已经开始进入三期临床试验阶段。作者融合猪的白细胞介素4和

6基因的体外和体内表达首次发现融合因子的免疫学活性明显强于等量组合的IL-4和IL-6试验组(Zhang等,2007),这些表明融合细胞因子值得今后开展深入探索,可望研制高效安全的新型细胞因子,调节免疫应答,增强动物对传染病的免疫抵抗力。

(5)细胞因子与其他免疫佐剂分子的协同和包装:由于外源细胞因子分子进入体内后易被组织蛋白吸附、被体液各种酶降解和从肾脏排泄,难以持久地发挥其免疫调节作用。因此,如何减少细胞因子被分解和提高在体内的活性持续期,对细胞因子的应用具有重大的意义。目前人类生物医学开展的探索较多,而在兽医学研究甚少,主要集中在脂质体和其他各种分子如阳离子多聚物(乙交酯丙交酯共聚物、聚γ-氨基-L-羟基乙酸等)缓释材料微粒投递系统上。

①脂质体包装投递系统的研究进展:脂质体是近年来研究较多的提高基因体内转染和表达效率的有效工具,作为较安全的非病毒载体,它极有希望广泛用于生物医药研究和转基因临床治疗;而且还有良好的免疫佐剂效应,开始在免疫学及疫苗免疫上获得越来越多的关注。

早在20世纪60年代初,英国Banham等人发现:当磷脂分散在水中时能形成多层囊泡,且每层均为脂质双分子层,各层之间被水隔开,类似生物膜双分子层的小囊,称为脂质体(Liposome)。脂质体用作药物载体的目的是保护被包入的药物或大分子在血流中免受破坏。经脂质体包封后,药物在动物体内的代谢动力学及组织分布均发生明显改变,主要作用是促进细胞摄取,从而提高药物的药理效应。脂质体经静脉注射后,主要分布于富含网状内皮系统的肝、脾,因而妨碍药物进入其他组织,使药物仅对网状内皮系统起作用。这种现象可能是由于脂质体微囊容易被肝脾中的网状内皮细胞吞噬所致。

脂质体虽早期主要应用于转染体外培养细胞。1974年Allison等首次报道脂质体对白喉类毒素具有明显的免疫佐剂效应,从而揭开了脂质体作为免疫增强剂研究的序幕。目前对脂质体佐剂应用对象的研究已逐渐从动物转向人,脂质体被认为是最有希望用于人类疫苗投递系统的新型佐剂之一(Sheikh,2000;Owais,2001)。

脂质体的组成:目前用作疫苗佐剂的脂质体含有磷脂、胆固醇和类脂A,可利用其亲水空间包裹亲水成分,也可在其非极性双分子层中结合疏水分子。类脂A是革兰阴性菌脂多糖的内毒素部分,它可显著增强机体对脂质体所包裹抗原的免疫应答(Zauner,2001)。而且作为脂质体中免疫调节佐剂的类脂A或胞壁酰三肽磷脂酰乙醇胺(MTP-PE)的脂质体不仅能提高机体的抗体产量,而且能改变抗体亚类,而最主要的还在于它是T细胞免疫的强刺激物。要使脂质体疫苗达到最大免疫原性,需要考虑许多因素,如脂质体大小、脂类组成以及所带电荷等(Migunov,2001)。由于脂质体中的磷脂酰胆碱等是细胞膜的正常成分,可以生物降解,所以它本身无毒性。

脂质体作为佐剂及细胞因子包装分子的研究:包裹抗原的脂质体可显著增强抗原的免疫原性,其诱导的免疫应答类型依赖于其化学和结构特性(Wiesmuller,2001)。脂质体包裹的病毒糖蛋白可诱生体液免疫,其抗体水平几倍于单纯抗原的免疫效果(Lian,2001)。若同时包裹类脂A或MTP-PE或MDP还可进一步增强佐剂作用(Nakano,2001)。Kunisawa等(2001)用脂质体包裹小鼠黑素瘤K1735细胞免疫小鼠,可诱导小鼠产生对移植的肿瘤细胞的排斥反应。他们还证实,抗原与脂质体混合后免疫小鼠,可诱导体液免疫应答和细胞免疫应答,脂质体的佐剂活性等同于或优于弗氏完全佐剂(CFA),而且无CFA的毒副作用(Alam,2001)。

脂质体为免疫途径的研究开辟了新的途径。脂质体疫苗用于人体除肌肉注射外，目前还发展了口服疫苗。Childers 等(2000)将变异链球菌中葡糖基转移酶(GTP)脂质体制成肠溶型胶囊，给 7 名健康成人口服，结果 5 人的腮腺分泌物中抗 GTF 的 IgA1 和 IgA2 水平增加，第 35 天时达峰值，表明口服免疫脱水的脂质体-蛋白疫苗可有效地诱导机体产生分泌型 IgA 抗体。Aramakl(1994)等用 BSA 脂质体鼻内免疫 Balb/c 小鼠，2～4 周后加强，结果表明，抗原特异性血清 IgG 和唾液 IgA 水平显著升高。口服脂质体抗原与口服单纯的抗原疫苗相比，产生的黏膜应答要高(Dima，2000；Fooks，2001)。此外鼻内及呼吸道免疫也可刺激机体产生黏膜应答(Dima，2001)。

同样脂质体作为 DNA 疫苗包装分子的研究也取得了进展(Wong，2001；Perrie，2001)。新出现的阳离子型脂质体以其高效介导基因转移和表达的显著特点也开始应用于基因的体内细胞转染研究。阳离子脂质体包裹质粒 DNA 可激发比仅用 DNA 免疫更强的 CTL 和体液免疫反应(Ishii 等，1997)。肌肉注射阳离子型脂质体包裹的编码 HBs Ag 的质粒 DNA，激发机体产生的 IgG1 抗体滴度比只用质粒 DNA 免疫产生的高 100 倍(Gregoriadis 等，1997)。这可能与 DNA-脂质体复合物提高了注射部位或淋巴结中的 APC 摄取和表达 DNA(Gregoriadis 等，1997；Singh 等，2000)。APC 摄取脂质体可能是通过内吞作用实现(Friend 等，1996)。

使用脂质体也能提高 DNA 疫苗的黏膜免疫效果，如鼻、肺等部位的免疫。气溶胶式的阳离子型脂质体基因导入设备可以提高小鼠肺中基因的表达(Felgner 等，1995)。此外，脂质体在抗 HIV 及肿瘤治疗等方面所得到的结果也展示了广阔的应用前景(Wierzbicki，2002；Raulin，2002；Ahmad，2001；Rughetti，2000)。

近来对稳定脂质体的研究也在进行，如掺入多聚赖氨酸、金属核酸脂质体(Kovalenko 等，1997)和聚胺(Longly 等，1995；Thierry 等，1997)等，以期在提高 DNA 疫苗效率同时克服脂质体不够稳定的缺点。另外，在脂质体复合物中掺入少量的含聚乙二醇的脂类，可使质粒 DNA 免受剪切，从而在长时间内保持稳定，有助于维持 DNA 在体内和体外的生物学活性(Eastman 等，1997；Hong 等，1997)。

我们开展阳离子脂质体包裹猪白细胞介素 6 基因对猪囊虫 DNA 疫苗及常规疫苗免疫应答调节作用的探索，结果发现：阳离子脂质体显著提高猪 IL-6 基因转移表达的免疫增强作用，增强小鼠对囊虫 DNA 疫苗的免疫反应；脂质体免疫组仅用对照组 1/5 剂量的 DNA 分子接种小鼠，就获得较强的免疫应答反应(武梅，高荣等，2002，2004)，说明阳离子脂质体分子包装猪白细胞介素 6 基因可提高对动物对 DNA 疫苗和常规蛋白疫苗的细胞和体液免疫应答水平，其可能的机理在于脂质体能较好地保护细胞因子基因不被细胞内外酶的水解破坏，并将分子集中运输到免疫细胞较丰富的器官组织(肝、脾和淋巴结等)，有效进入免疫细胞，发挥基因转录表达及抗原递呈的免疫刺激效应。这也提示脂质体在动物免疫增强佐剂中有很好的前景。

脂质体用作佐剂的作用机理：a. 仓库效应，即肌肉注射脂质体产生抗原分子缓慢释放效应。动物试验表明，脂质体肌肉注射小鼠 7 d 后，肝、脾内未发现脂质体，而脂质体在注射局部却大量存在，在局部淋巴结中也可发现(Phillips，2000)；保护包装分子不被细胞内外酶的水解破坏。b. 脂质体被巨噬细胞摄入而强化抗原递呈效应(Owais，2000)。另外它将包装分子转移到树突细胞可强化诱导 CTL 应答(Ito，2000)。c. 脂质体的类脂 A 以及胞壁肽二肽(MDP)衍生物增强了抗原递呈效应(Muderhwa，1999)。此外，它还直接

作用于病毒感染细胞，或释放细胞因子介导并放大其他类型细胞的保护性应答（Whitmore，1999）

②聚合物高分子微粒包装的研究：1979年Preis（1979）用乙烯醋酸乙烯共聚物包埋牛血清白蛋白制成片状制剂，植入动物皮下获得了与弗氏完全佐剂（FCA）作疫苗佐剂相当的免疫效果，且没有发生免疫耐受现象，从此开始了用聚合物材料作为疫苗投递载体的研究。1984年Allen（1984）等证实用聚乳酸微粒作为抗原载体材料的可能性。近十多年来，相继采用聚乳酸（PLA）及乙交酯丙交酯共聚物（PLG）作为基质材料，这些材料制备的抗原载体微粒，分子直径一般都在微米及纳米之间，也称为纳米微粒（Burger，2002）。PLA及PLGA生物相容性好，降解产物被人体消化吸收，是美国食品与药品管理局批准用于人体的可生物降解材料。但由于PLA及PLG疏水性较强，与亲水性抗原亲和性差，且在降解过程中微粒内部呈现局部酸性环境，对抗原的稳定性不利。为改善抗原与载体的亲和性，将聚醚引入聚乳酸中合成嵌段共聚物，如聚乙二醇、聚丙交酯嵌段共聚物（PELA）（Deng，1990），可调节聚合物降解速度，提高抗原包裹效率，增加抗原在微粒贮存和降解过程中的稳定性以及降低微粒制剂的抗原突释量（Li，1997，1999；Deng，1999）。

纳米微粒包裹的抗原种类：目前用聚乳酸及其共聚物（PLG、PLA、PLGA、PELA）作为疫苗微粒基质聚合物研究的抗原包括细菌、病毒抗原和DNA疫苗及其他抗原，如葡萄球菌肠毒素、钩端螺旋体菌苗、百日咳杆菌丝状凝血素（FHA）、白喉类毒素（DT）、流感病毒、人免疫缺陷病毒（HIV）、猴免疫缺陷病毒（SIV）、避孕疫苗、肿瘤疫苗、霍乱弧菌B亚单位（CTB）、伤寒菌苗、乙肝病毒表面抗原（HBsAg）等（Alvarez-Roman，2001；Chen，1998）。

纳米微粒作为疫苗投递系统的研究：不同病原体感染途径不同，因此免疫途径也不同。纳米微粒作为疫苗投递系统，其接种方式有注射、口服和通过鼻腔黏膜等（Briones，2001；Vajdy，2001）。

口服是免疫接种最简便易行的途径，纳米微粒包裹抗原能避免抗原被胃酸、蛋白酶破坏，并能被小肠上皮细胞中的M细胞吸收转运到淋巴滤泡（Peyer's结）（Clark，2001），将抗原有效地投递给诱导IgA的淋巴组织，形成黏膜免疫应答。因此对口服缓释疫苗微粒的研究很有实用价值。口服疫苗微粒可以诱导较强的黏膜免疫。口服疫苗微粒的免疫效果与微粒在体内的分布密切相关。一般粒径小于5 μm的微粒诱导循环抗体产生（IgG、IgM等），而粒径大于5 μm的微粒则主要诱导局部黏膜抗体，表现为sIgA较高（Nakaoka，1995）。Rebelatto等（2001）研究发现疫苗微粒无论大小都有助于机体免疫应答，小微粒能靶向局域淋巴结诱导系统免疫应答，而较大的微粒可引起强的黏膜免疫应答。体外试验结果表明PLG微粒包装花粉过敏抗原，微粒粒径越小，抗原释放效率越高（Batanero，2002）。

PLG等多聚物微粒包裹核酸抗原试验表明阳离子纳米微粒能减缓DNA释放速度；能明显增强小鼠血清中抗体滴度，与铝盐协同作用能在低剂量水平下诱导CTL反应（Lambert，2001；Singh，2000）。Benoit等（2001）用多聚赖氨酸微粒包裹编码绿色荧光蛋白的质粒，有效避免了溶酶体对质粒的降解。将编码人免疫缺陷病毒（HIV）Gag/Env抗原的质粒DNA吸附于阳离子PLG微粒上，分别免疫豚鼠及恒河猴，结果显示，免疫吸附Gag DNA微粒的豚鼠较对照组增强了近100倍$CD8^+$ T细胞的反应，抗体滴度也增强了1 000倍。而且PLG微粒吸附有效克服了明显的超敏性反应，提示PLG作为包装分子有显著的潜在优势。

用纳米微粒包装DNA疫苗可经口服投递以增强黏膜免疫。Chen等(1998)首先采用PLG微颗粒包裹轮状病毒中编码衣壳的VP6基因口服接种小鼠，发现可以在粪便中检测到明显的抗轮状病毒特异性抗体IgA，轮状病毒感染试验发现小鼠粪便中病毒抗原数量减少，结果显示诱导出具有保护作用的高水平IgA。Singh等(2001)将编码HIVGag蛋白的DNA吸附于阳离子PLG微粒的表面，通过直肠及阴道黏膜免疫能诱导局部和系统的Gag特异性抗体反应，结合注射接种，可有效延长Gag蛋白在局部和系统的淋巴组之中的表达，增强局域和系统免疫力。我们曾制备PLG纳米颗粒包装猪白细胞介素6，与猪囊尾蚴抗原基因或常规猪三联苗共接种小鼠，发现与对照未包装组相比较，包装组质粒的用量较对照组减少5倍，但其小鼠的免疫球蛋白含量、特异抗体水平、白细胞介素2和细胞免疫活性均显著升高($P<0.05$或0.01)。表明PLG分子包装可明显提高猪细胞因子基因的免疫增强效应。

选择有效的包装分子将细胞因子基因分子运输到表达细胞，以诱导强的体液免疫和细胞免疫，这在应用细胞因子提高疫苗防制传染性疾病和肿瘤的免疫应答方面至关重要(Van der,2001)。脂质体和聚合高分子可保护细胞因子免受体内体液酶的破坏和组织吸附，发挥缓释储存效应，定向集中分布在免疫相关器官和组织，增强免疫应答等，有巨大的潜在应用优势，因此，可望作为新型免疫包装分子系统应用于动物的免疫接种。

综上所述，细胞因子与抗原分子融合、用适宜的分子包装，不仅可强化其免疫佐剂效应，比游离的细胞因子具有更多的优点。其中的细胞因子半衰期延长，用量可大幅度减少，还能靶向调节免疫器官组织的免疫活性细胞，减少在体内大剂量应用时可能产生的副作用。这些探索将为细胞因子免疫增强剂的应用奠定可靠的基础。

③天然来源的佐剂：

免疫刺激复合物：ISCOMs是以皂苷QuilA为基础加入胆固醇等形成的一种免疫刺激复合物。QuilA是从南美皂树树皮中筛选到具有佐剂活性的成分，能刺激机体全面免疫应答。1995年Soltysik进一步纯化QuilA，分离得到QS21。ISCOMs呈笼状结构，形成类似膜表面抗原构造，使可溶性抗原变为颗粒性抗原，加强抗原的黏附性和机体的吞噬作用。ISCOMs能诱导产生多种特异性抗体，引起多种动物产生高滴度特异性的抗体应答，而且能诱导产生细胞因子，从而引起有效的细胞毒性T淋巴细胞应答。大量研究结果表明，QuilA是目前唯一能使外源性抗原既能刺激机体Th1免疫应答又能诱导CTL应答的佐剂。

多糖、糖苷及复方中药：中药多糖特别是补益类中药多糖一般都有增强机体免疫功能的作用，而对正常细胞没有毒副作用，是良好的生物反应调节剂，很有希望开发成为新型疫苗佐剂。从中草药植物中提取糖苷，与细胞因子及类脂混合，在一定条件下形成一种性能稳定的复合制剂，免疫增强作用明显。此外，一些复方中药也可作为佐剂，如紫术散、当归补血汤等，对免疫激活和提高免疫都有很大的作用。总之，中药佐剂安全、有效、可靠、稳定，是一个很有发展前景的佐剂，但因其产地不同、采收时间差异，有效成分的含量不如西药那样容易确定。

4. 细胞因子作免疫佐剂的展望

在免疫学研究中，基因重组和多肽疫苗克服了减毒活疫苗或死疫苗的潜在危险，使得一些不能制备减毒或死疫苗的病原体(HIV、HCV、HBV 等)引起的疾病有望得到预防。基因疫苗的出现使疫苗的研究进入了一个新的发展阶段。随着疫苗的研究不断深入,免疫佐剂的研究也逐步发展。近年来,对免疫佐剂研究的主要趋势是开发广谱高效、活性持久、安全无毒和经济简便的新型佐剂。细胞因子来源于动物自身,安全可靠,它们在体内能激活和调节多种免疫活性细胞,能显著增强动物对疫苗的体液和细胞免疫应答。随着细胞因子与抗原融合分子的导向性,强化了抗原递呈与信息传导;应用分子包装可延长细胞因子在体内的半衰期,增强其生物效调节应,降低应用剂量;尤其是细胞因子佐剂能克服遗传限制性的抗原无应答现象,为提高疫苗免疫保护效果提供了新途径。因此,以细胞因子作为免疫增强剂,可能是解决目前众多疫苗特别是解决肿瘤的免疫治疗、慢病毒感染、病毒慢性感染、潜伏感染免疫治疗和寄生虫疫苗等的有效途径之一。

(五)免疫刺激核苷酸序列(CpG -ODN)

1. CpG-ODN 特征

1984 年,Tokunaga 等研究证实结核分枝杆菌的 DNA 除了是一种遗传物质外,还具有抗肿瘤特性。随后,他们发现这种免疫刺激特性是由具有自身互补回文结构的六核苷酸所引起的。至 1995 年,Krieg 等(1995)将具有免疫刺激作用的人工合成的寡聚脱氧核苷酸(CpG-ODN)或细菌 DNA 所含的 CpG-ODN 定义为 CpG 免疫刺激序列(Immunostimulatory sequence,ISS),这些 DNA 中具有非甲基化的胞嘧啶-鸟嘌呤二核苷酸 CpG 结构单元(Motif)。

(1)CpG 的发现历程:早在 20 世纪 70 年代,即有细菌 DNA 能够刺激动物免疫反应的报道(Lamoureux 等,1976)。随后研究发现,poly(I)-poly(C)可以诱导 IFN 的分泌,并且在啮齿类动物中有抗肿瘤活性。进一步研究证实,细菌 DNA 都有这种抗肿瘤活性,而脊椎动物和植物的 DNA 组分是无活性的(Tokunaga,1984;Yamamoto 等,1988)。来自大肠杆菌的 DNA 能够在体外刺激淋巴细胞产生剂量依赖性增殖反应,但哺乳动物 DNA 没有这种活性(Messina 等,1991,1993);此后发现来自 3 种不同细菌的 DNA 均能诱导增殖反应,而且将 T 细胞从淋巴细胞中去除,并不影响刺激增殖的能力,这说明细菌 DNA 能直接刺激 B 细胞增殖。Tokunaga 等对牛减毒分支杆菌提取物结核菌素(*Mycobacterium bovis* BCG)的研究发现,BCG 中的 DNA 成分是细菌具有抗肿瘤活性的主要因素(Yamamoto 等,1992)。通过进一步的分析,包括不同细菌基因的克隆和寡核苷酸的合成,选择具有激活特性的 BCG 基因片段,最后确定出 4～5 碱基的寡核苷酸具有 I 和 II 型 IFN 的诱生和 NK 细胞裂解活性(Yamamoto 等,1992)。这些具免疫激活作用的特定序列反义寡核苷酸(ODN)都有回文结构,并且含有 CpG 二核苷酸(Kuramoto 等,1992)。

在反义寡核苷酸(ODN)研究过程中,发现对照寡核苷酸能明显引起 B 细胞增殖,促进免疫球蛋白分泌的一些 ODN 形成回文结构(Yamamoto 等,1992),但多数则没有这种回文结构。除了 CpG 之外,任何单碱基的改变都不会引起刺激效果的太大变化。考虑到 CpG-ODN 可能的生物学功能,并且注意到由于脊椎动物中 CpG 抑制的现象(这是由于在脊椎动物基因组中含有大量的 CpG-N,且它能在体内迅速削弱 CpG-DNA 的刺激活性,所以导致体外抑制细胞因子的产生),另外在脊椎动物中碱基的甲基化作用使得未甲基化 CpG 基序在细菌中出现的频率更高(Bird,1986,1987)。这些都表明,未甲基化 CpG 可能激发了宿主先天的免疫保护机制以抵御细菌 DNA。基于上述推测,在 CpG 甲基化酶的作用下，对细菌 DNA 进行甲基化，则失去了促有丝分裂的特性，进一步证实了 B 细胞的激活必须有未甲基化 CpG 基序的存在(Kreig 等，1995)。

(2)CpG 对淋巴细胞的激活：研究证实，细菌 DNA 和合成的含有未甲基化 CpG-ODN 在体内和体外试验中，可以诱导鼠 B 淋巴细胞增殖，并且刺激免疫球蛋白的分泌(Yi 等，1996)。在 CpG-ODN 静脉注射后 1～2 h 内，B 细胞 IL-6 和 IL-12 的分泌增加，并且 IgM 的分泌也明显增加(Klinman 等，1996；Kreig 等，1995)。CpG-ODN 是 T 细胞非依赖的 B 细胞促有丝分裂原，可以促使 95％的 B 细胞进入激活、分裂和增殖状态，CpG-ODN 可和特异性的抗原刺激协同促进 B 细胞的活化。

在组织培养中，初始 B 细胞将同时发生凋亡，若培养基中补充一定的刺激因子后，可拯救 B 细胞的凋亡。WE HI231 是研究 B 细胞凋亡的模型，在一些诱导凋亡的试剂作用下发生凋亡或生长抑制，CpG-ODN 可较强地抑制 WE HI231B 淋巴细胞的凋亡和生长抑制(Macfarlane 等，1997)。

细菌 DNA 可以诱导鼠淋巴细胞 IFN 的分泌和 NK 细胞的免疫活性(Tokunaga 等，1984；Yamamoto 等，1992)。合成的 CpG-ODN 可在体外激活人和鼠的 NK 细胞裂解活性，在鼠体内激活 NK 细胞裂解活性(Kreig 等，1995；Sato 等，1996)。这种激活作用并不需要 B 细胞或 T 细胞的参与，因为 CpG-ODN 可在体内或体外激活 SCID 鼠的 NK 活性，说明 ODN 通过辅助细胞刺激细胞因子的释放，间接地作用于 NK 细胞，这种 NK 细胞活性可被抗-IFN、抗-TNF、抗-IL-12 联合作用而抑制 (Klinman 等，1996)，并且 IFN 的产生依赖于 IL-12、TNF 的诱导分泌(Halpern 等，1996)。CpG-ODN 还可以诱导 T 细胞和单核细胞产生细胞因子。

(3)CpG 的结构特征：CpG ISS 主要存在于细菌、病毒及无脊椎动物的基因组中，而脊椎动物基因组中较少，在脊椎动物中，CpG 含量只有细菌的 1/4，且大部分是甲基化的(Klinman，1996)，存在 CpG 抑制现象。这是由于在脊椎动物基因组中含有大量的 CpG-N，且它能在体内迅速削弱 CpG-DNA 的刺激活性，所以导致体外抑制细胞因子的生且大部分是甲基化的(Klinman，1996)。

CpG ISS 大多含有特定的回文结构(Kreig 等，1995)；现在经研究证实，B 细胞激活需要特定的序列的 CpG 二核苷酸 CpG 基序：5′-PuPu-CpG-PyPy-3′(简称 CpG-ODN)，即 CpG 二核苷酸且 CpG 两侧序列为 5′端 2 个嘌呤(优选的序列 GA)，3′端 2 个嘧啶(优选的序列 TT)，而不一定为六碱基回文结构(Yu，2002)。现在大量研究结果表明，如果 CpG 基序缺失或胞嘧啶发生甲基化，则其活性丧失(刘艳环，2006)。含有 CpG 的六碱基序列是唯一的必需元素，具以下序列特征：5′-AGCGCT-3′，5′-AACGTT-3′，5′-GACGTC-3′，可诱导 IFN 的分泌以及增强 NK 细胞的裂解活性(Sato 等，1996)。

所谓的 CpG 结构单元(或叫做 CpG 模体)就是 CpG 基序及两侧的旁侧序列，不同的结构单元决定着不同物种和细胞的免疫刺激作用，但是并不是每一种都具有免疫刺激活性。此外，CpG-DNA 的 ISS 数量、回文结构等都对其活性有显著的影响。Kandiamalla 等(2003)研究发现 CpG 基序的 5′端的“发卡”或二聚体结构会阻碍受体的识别和结合，从而使信号传导通路受阻。施海晶等(2001)在 CpG-DNA 免疫佐剂增强肝炎灭活疫苗的免疫效果的研究中发现，CpG 免疫刺激 DNA 中的 ISS 数量与免疫刺激效果之间具有密切的关系，且含有 2 个 ISS 的 CpG DNA 可作为有效的佐剂来增强免疫效果。

细菌 DNA 中这些未甲基化的 ISS 或者人工合成的含 ISS 的寡核苷酸(ISS-oligideoxynucleotides,ISS-ODN)在无需T细胞存在的情况下,可直接激活B细胞,刺激B细胞分泌免疫球蛋白及IL-6(Aramaki,2002)。其产生的抗体呈非抗原特异性,细菌DNA诱导小鼠B细胞产生的抗体不仅能同细菌DNA发生抗原抗体反应,与其他DNA亦能发生交叉反应(Santeliz,2002)。除B细胞外,ISS亦可直接激活单核细胞、巨噬细胞及树突状细胞,活化$CD8^+$ T细胞并促进其分化,诱导多种Thl型细胞因子如IFN、TNE、IL-1及IL-12等的分泌,这些因子进一步激活NK细胞并分泌IFN-γ(Jorgensen,2001),从而产生溶细胞活性(Decker,2002;Pontarollo,2002)。

虽然细菌DNA及人工合成的ISS-ODN大多数均有免疫刺激作用,但在某些细胞如巨噬细胞中,细菌DNA作用强于人工合成的ISS-ODN(Oumouna,2002)。Stacey(1996)认为,这可能是由于寡核苷酸比细菌DNA更容易降解,或者由于细菌DNA中的ISS不同免疫刺激序列的结合有更强的免疫刺激作用,或者用大分子DNA更有效。

2. CpG-ODN对免疫细胞的激活效应

CpG可以直接诱导95%以上的B细胞进入细胞周期循环,不需要辅佐细胞的作用。B细胞受到CpG-ODN与经BCR传递信号的协同活化后增殖,分泌免疫球蛋白IgM,产生IL-6、IL-10等细胞因子,以及细胞表面CD80、CD86、MHCⅠ类、MHCⅡ类和共刺激因子B7-1及B7-2的表达增加。另外,CpG-DNA还可以引起免疫球蛋白类型的转换(从IgE到IgG),这可能是由于它与抗原受体之间的协同作用所导致细菌抗原特异性B细胞的优势激活,并在Th1辅助T细胞和APC的协助下分泌IgG(刘勇,2008)。即CpG-ODN可激活细胞内的NF-κB通路,防止线粒体膜破裂,从而阻止B细胞凋亡。此外,CpG-DNA能使B细胞表面的MHC Ⅱ类分子和共刺激因子B7-1及B7-2的表达增加。CpG-ODN不仅能直接活化B细胞,也能通过应激酶途径直接活化单核细胞、巨噬细胞和树突细胞,分泌INFα/β、IL-6、IL-12、GM-CSF、TNF和各种趋化因子。CpG-ODN不能直接活化NK细胞,但能通过其他类型的外周血单个核细胞或细胞因子IL-12、IFN-α介导NK细胞活化。将纯化的NK细胞与CpG-ODN在体外共同培养,无INF-γ产生。但单核细胞受CpG-ODN活化而产生的细胞因子可刺激NK细胞分泌INF-γ,提高其溶菌活性。因此,NK细胞也受到CpG-ODN的间接影响。CpG-DNA也能加速树突细胞的成熟过程(Chace,1997;Jakob,1998;Hartmann,2000)。

3. CpG-ODN免疫激活效应的分子机理

现已明确CpG-DNA与B淋巴细胞、巨噬细胞和树突细胞等效应细胞表面的Toll样受体结合而起免疫增强作用。由于T细胞表面不存在TLR9,所以CpG-ODN不能直接活化T细胞增殖,即单独用CpG-ODN未见T淋巴细胞增殖,而在抗原递呈细胞(APC)存在时可使$CD4/CD8^+$淋巴细胞上调表达CD69。CpG-ODN可刺激AK产生INF-α,再由此诱导细胞表达CD69、CD25等。CpG-ODN可与TCR共刺激细胞产生IL-2,表达IL-2受体。IL-2再激活NK细胞分泌IFN-γ,并在Th1细胞的协同作用下激活细胞毒T淋巴细胞表现为强烈的细胞免疫反应(冯颖,2005),IL-2又促使T细胞进一步增殖分化成细胞毒性T细胞。已有试验表明:虽然CpG基序不能直接活化T细胞,但能在细胞因子作用下增强细胞毒性反应(Modlin,2000;Zhang,2009)。CpG-ODN同样是在单核细胞及NK细胞受到活化而分泌的细胞因子诱导下,启动了细胞因子分泌,产生CTL应答。

CpG-ODN共价结合于固相支持物上就失去刺激活性,说明细胞摄取对于CpG的刺激活性是必需的(Kreig 等,1995)。CpG-ODN 进入体内后,免疫细胞将其摄入包涵体,酸化降解为小分子的 ODN。绝大多数的胞内 ODN 被捕获进入包涵体,逃逸的 DNA 立即进入胞核。在体内,未修饰的 DNA 将被清除,其半衰期为 4～5 min。研究发现,DNA 有从血液循环到脾聚集的趋势,静脉注射 DNA 20 min 后,与其他器官相比,脾内的 DNA 浓度最高(Sands 等,1989)。

CpG-DNA 的序列具有特异性,当把 CG 的位置颠倒过来或把 C 甲基化后,就不再具有免疫刺激活性。Britigan 等(2001)试验显示,CpG-ODN 与 B 细胞表面的结合能力与其激活 B 细胞的能力有关,并且加入过量不含 ISS 的寡核苷酸可抑制 CpG-ODN 介导的细胞激活。因此,ISS 可通过细胞膜表面序列非特异性的受体结合而进入细胞。但也有试验显示,用脂质体包裹的 CpG-ODN 刺激小鼠脾细胞产生 IFN 及激活 NK 细胞活性的能力远远强于裸 CpG-ODN,提示 CpG-ODN 不是通过受体而是直接穿过细胞膜进入细胞内(Li,2001)。

这种明确的构效关系暗示 CpG 基元存在特异性受体。细菌脂多糖(LPS)和CpG-DNA 都能分别活化先天免疫细胞,激活经典的信号转导通路。LPS 和辅助性 T 细胞上表达的 CD40 配基分别经髓系分化标记分子 88(MyD88)和肿瘤坏死因子受体相关因子 6(TBAF6)通路活化抗原递呈细胞,所以推测 CpG-DNA 激活 Toll/IL-l 受体信号通路;灭活 MyD88 或 WF6 均可阻断 CpG-DNA 的信号转导(Hacker 等,2000)。这些结果暗示 Toll 类受体(TLRs)可能是 CpG-DNA 的受体。TLR-9 缺陷小鼠的巨噬细胞和树突细胞对 CpG-DNA 无反应。但当这些细胞的反应元件与 TLR-9 结合后,可以恢复对细菌 DNA 和 CpG-DNA 的反应(Bauer 等,2001)。总之,这些资料说明 TLR-9 介导细胞对 CpG-DNA 的反应是刺激性 CpG-DNA 作用所必需的,可能是相应的细胞内受体,TLR-9 的细胞外区含有 DNA 结合基元。

目前对 CpG-DNA 作用机理初步研究结果表明:

(1)CpG-DNA 促进与免疫相关的细胞黏附分子表达及活性提高。CpG 与免疫胞内或膜上的受体结合,被摄入细胞内后,上调如 MHCⅡ类分子、Ly-6C 及 B7.2 免疫共刺激分子表达,诱导 B 细胞成熟,分泌 IgG2 抗体,可以提高机体抵抗疾病的能力。并且 MHCⅡ类分子及 Ly-6C 的表达远较 ISS 诱导产生的细胞因子存在的时间长。MHCⅡ类分子及 B7.2 是涉及辅助 T 细胞及辅助 T 细胞与 B 细胞相互作用的关键分子,是一个淋巴细胞活化的标志,Ly 6C 亦可上调 B 细胞的活性,是 IFNs 存在标志,另外,ISS 的免疫刺激作用依赖于共注射的抗原,如果 ISS 与抗原于不同的位点注射,则 ISS 的作用大大减弱,因此,ISS 可能增强局部抗原递呈的效率,并诱发辅助 T 细胞的活性化(Yu,2001;Souza,2001)。Moldoveanu 等(1998)以 CpG 为佐剂,灭活流感病毒为抗原滴鼻免疫小鼠,测得血清 IgG 和鼻腔、生殖道 IgA 的滴度比无佐剂组显著增高,第一次证明 CpG 具有黏膜佐剂作用。

(2)激活转录因子,通过一系列信号传导,启动细胞免疫基因的表达。CpG-DNA 至少利用两种主要的信号通路:①NF-κB(κ 基因结合核因子)活化通路,CpG 可被 B 细胞、单核细胞及巨噬细胞等摄入,进入内吞小体,在内吞小体酸化成熟的过程中,酸性逐渐增强,CpG-DNA 被酸化,使细胞产生活性氧分子(ROS),促进有丝分裂原效应增强;ROS 作为第二信号激活转录因子 κB(NF-κB),通过 NF-κB 诱导一些新基因的转录如一些细胞因子的基因转录(Decker,2001;Spiegelberg,2002)。NF-κB 和活化蛋白 1(AP-1)的转录表达又引发下游级联反应，最终引起细胞因子的分泌和细胞的分化（陈颖，2006；崔烨，2005）。诱导启动这些信号传导通路的下游反应。Stacey 等首先发现了带 CpG 基元的质粒和 ODN 诱导巨噬细胞中 NF-κB 和 NF-κB 依赖的基因表达，给予巨噬细胞质粒后，可以增强 NF-κB 介导的 DNA 结合活性。NF-κB 可以活化人免疫缺陷病毒长末端重复(MN-LTB)荧光 6 报告基因，质粒 DNA 可以诱导 NF-M8 产生，然后激活了这个启动子的转录活性。②应激反应激酶通路，免疫细胞摄入 CpG-DNA 后，在包涵体里的酸化成熟过程中，在溶酶体中与 TLR9 发生特异性结合，然后 TLR9 信号通过衔接蛋白-髓系分化标记分子 88(Myeloid differentiation marker 88)传递，随即启动 IRAK/TRAF6 信号级联反应，引起 IL-1 受体相关激酶磷酸化，并最终使得细胞核中游离 NF-κB 增多，从而激活机体免疫细胞（陈颖，2006；肖文，2007）。这两条途径都可以直接激活 NF-κB 和 AP-1 转录活性，诱导特定基因表达。

CpG-ODN 启动的诱导信号传导过程为：上游的 Jun 蛋白氨基端激酶 1(Jun terminal kinase kinase1，JNKK1)磷酸化，激活的 JNKKl 又可将 JNKs 和 p38 激酶磷酸化而激活，进而将 AP-1 的组成物 c-Jun、活化转录因子-2(ATF-2)和丝裂原活化蛋白激酶活化的蛋白(MAPKAP)激酶磷酸化，如此级联活化，导致激活 AP-1，AP-1 转位到核内上调一些细胞因子和原癌基因的表达，造成细胞增殖和表达免疫调节活性分子。在应用上面，最近发现 CpG-DNA 与抗肿瘤疫苗、药物，放疗、化疗方法联用也可以达到抗肿瘤的效果（韩刚，2008；岑彦艳，2008；方军，2009）。

总的来说，CpG-ODN 诱导的免疫应答主要是 Th1 类型，分泌 Th1 类的细胞因子如 IFN-γ、IL-12、IL-2 等，产生 IgG2a 类抗体，几乎不分泌 Th2 类的细胞因子。这样有助于加强 CTL 反应，因而对于控制感染性疾病具有重要意义，特别是胞内细菌和病毒的感染。CpG-ODN 激活机体不依赖淋巴细胞的初级免疫应答，增强对病原体的非特异免疫力，可促进机体建立控制感染和消除病原体的获得性免疫应答。

4. CpG-ODN 在常规疫苗中的应用

多项动物试验结果表明，CpG-ODN 可作为一种新型佐剂用于增强对蛋白质抗原的 Th1 型免疫反应（Lipford，997；Sparwasser，1998）。以 CpG 为佐剂与蛋白质抗原同时皮下免疫小鼠可诱导强的多肽特异性 CTL 反应，同时也增强特异性的抗体反应，介导 IgG2a 占主导地位的 Th1 反应，并且 CpG 作为佐剂在 T 细胞增殖反应、IFN-γ 的合成及 IgG2a 抗体的产生这 3 个不同指标上超过了作为金标准的 CFA 的活性（Sum，1998）。

将富含 ISS 空白质粒 DNA(pUC19)或 ISS-ODN 与 β-Ga1 一同注射小鼠，结果小鼠产生抗 β-Ga1 抗体水平比单用 β-Ga1 时高出数倍，例如含 3 个重复刺激单位的 ISS-ODN 能提高抗 β-Ga1 抗体(IgG2a)9 倍，pUC19 能提高 12.5 倍。同时，它们还能增强 IL-4、IFN、IL-12 及 IL-18 等细胞因子的产生（Van Uden，2001）。在增强 IgG 产生的同时，ISS 还能抑制 IgE 的产生，而 lgE 通常与蛋白质疫苗引起的过敏反应有关。所以虽然 CpG-ODN主要是增强 Th1 细胞的免疫应答，但是大量的试验也证明，使用 CpG-DNA 能够有效地把 Th2 细胞免疫应答转化为 Th1 细胞抗炎症免疫应答，以及调节 Th1 细胞的超敏反应，因此 CpG-DNA 可以作为保证 Th1-Th2 细胞平衡因素的关键。这一点在治疗哮喘、气管炎等过敏性疾病中已有证实（商艳，2004；李岩，2005）。

Davis(1998)研究小组发现，在增强重组乙肝表面抗原的免疫作用方面，ISS 明显强于传统佐剂铝剂，同时 ISS 与铝剂还有协同作用，联用 ISS 与铝剂诱导小鼠产生的抗体滴度比单用铝剂时高出 35 倍，不含 ISS 的寡核苷核未见明显增强作用。进一步研究发现，铝剂主要诱导 Th2 型体液免疫应答，产生的抗体大多为 IgG1，无 CTL 产生，而 ISS 诱发强烈 Th1 型免疫应答，以 IgG2 及 CTL 为主，即使同铝剂一同使用，还是以 Th1 型应答为主(Weeratna R D,2001)。

ISS 对减毒活疫苗亦有免疫增强作用。Moldoveanu 等(1998)用经福尔马林灭活的流感病毒与 ISS-ODN 混合免疫小鼠，结果小鼠产生病毒特异性抗体，其滴度比未加 ISS 时高出 7 倍，第二次免疫后，抗体滴度进一步增加。

ISS 也可通过黏膜吸收，作为黏膜免疫时的佐剂。亚单位疫苗通过黏膜免疫时，通常需要一些特殊佐剂如霍乱毒素(CT)，然而 CT 对人体有害。McCluskie (2002)等联用乙肝表面抗原与 ISS-ODN，通过鼻内滴注免疫小鼠，结果诱导小鼠产生免疫应答，而单用乙肝表面抗原时，不能诱导免疫应答，并且不仅在诱导黏膜免疫应答如分泌 lgA，而且在诱导系统免疫应答方面，ISS 的作用均强于 CT。

最近，研究者在灵长类动物试验中，利用 CpG 作为佐剂免疫疟疾多肽疫苗，刺激产生出较高滴度的特异性抗体，表明 CpG 在灵长类动物体内可提高多肽免疫原的免疫原性(Jones,1999)，为 CpG 最终应用到人体迈进了一大步。

CpG 激活免疫系统的能力显然可用于增强抗肿瘤的免疫反应(Auf,2001)。在淋巴瘤动物模型中，CpG-ODN 可增强单克隆抗体的抗肿瘤作用，单剂量的 CpG 与多剂量 IL-2 效果相同，其作用主要是增强 ADCC 的效力(Wooldridge,1997)。

CpG 同样可作为肿瘤蛋白质抗原的免疫佐剂，增强特异性的体液和细胞免疫。在 B 细胞淋巴瘤模型中，以抗独特型抗体作为肿瘤抗原，CpG 为佐剂诱导的特异抗体反应与 CFA 类似，IgG2a 水平则更高，对肿瘤攻击的保护与 CFA 作佐剂时相似(Weiner,1997; Warren,2000)。

ISS 对其他多种蛋白质疫苗也有明显的免疫增强作用(Ronaghy,2002;Manning,2001;Deml,2001)，同时，ISS 还可克服动物对疫苗的免疫反应低下状态(Thalhamer,2001)。

5. CpG-ODN 在基因疫苗中的应用

近来，DNA 疫苗给疫苗研制开辟了新的天地，接种质粒 DNA 可引起对所编码抗原的强而持久的细胞和体液免疫反应。令人惊异的是，对细菌 DNA 进行甲基化可降低免疫原性，同时 CpG-ODN 与 DNA 疫苗 ·同用于接种注射，可增强免疫反应(Klinma,1997;Mckenzie,2001;宋淑霞,2008;徐向明,2008)。

Sato 等(1996)研究发现，编码 β-半乳糖苷酶(β-Ga1)的表达载体，若含氨苄抗性基因(ampR)(如 Pacs-Z 或 PCB-Z)，β-Ga1 的表达较弱，但真皮内注射(ID)则可诱导小鼠产生较强的抗 β-Ga1 抗体应答和 Th1 型细胞因子分泌及杀伤性 T 细胞的活性(CTL)等应答；若含卡那霉素抗性基因(KanR)(如 pACB-Z)，β-Ga1 的表达较强，但注射 ID 于小鼠后诱导上述免疫应答的作用则较弱。将含 AmpR 基因的质粒(如 pACB 或 Puc19)与 pACB-Z 共同注射，免疫应答可明显增强，且其效应呈剂量相关性。进一步研究发现，AmpR 基因含两个 5′-AACGTT-3′，而 kanR 基因则无类似的免疫刺激序列 ISS(Immunostimulatory sequence)，提示 ISS 对于基因疫苗有重要意义。将 5′-AACGTT-3′插入 pACB-Z KanR 基因的侧翼构建的载体具有很强的免疫原性，进一步证明 ISS 是基因疫苗所必需。Lee 等(1998)把 95 μg 的质粒载体 pCIN(含 ISS)和 5 μg 表达流感病毒凝集素(HA)的质粒

pCIN-HA 共注射小鼠后，得到的 CTL 效应和 T 细胞增殖与单注射 100 μg 的 HA 相当。Porter 等（1998)用 pUC19 质粒与登革热 2 型 DNA 疫苗一起接种小鼠发现：只需亚理想剂量(3.1 μg)就可以产生与单用登革热 DNA 疫苗 200 μg 接种相当的抗体反应。Klinman等（1999）给编码疟原虫孢子体的 DNA 疫苗 1020/PyCSP 添加 3 个 5′-AACGTT-3′顺序得到质粒 2534/PyCSP，以 2 μg 剂量接种小鼠产生的 IgG 效价比同样剂量 1020/PyCSP 接种高 10 倍。李光金等(2001)将化学合成的 CpG DNA 插入编码 O 型口蹄疫病毒抗原表位融合蛋白的表达质粒中，CpG DNA 增强了口蹄疫病毒 DNA 疫苗诱发豚鼠产生的免疫应答。

另外，以 CpG 二核苷酸特异的甲基化酶处理两种基因疫苗后，发现甲基化程度越高，基因疫苗的免疫原性越弱，而其启动子区域的活性并不受影响(Uhlmann，2001)；将含 CpG 基序的 ODN 或 DNA 与甲基化或未甲基化的基因疫苗共同注射可促进其免疫(Leitner，2001)。ISS 或 CpG 基序的免疫佐剂效应，可能与其诱导产生细胞因子等的活性相关(Sato，2001)。

总之，CpG-ODN 作为新型分子免疫佐剂，安全经济，对多种疫苗均有良好的免疫增强作用。具有传统的铝剂无法比拟的优点，它能诱发很强的 Th1 型应答，能与减毒活疫苗或多价疫苗一起使用增强这些疫苗的免疫原性，为人们展示了在感染性疾病的防制及其他疾病治疗中乐观的应用前景。目前，有关 ISS 基础理论特别是其作用机理研究及临床应用研究正在深入进行之中。

（高荣　王红宁　万小平　杨肖　四川大学生命科学学院，
动物疫病防控与食品安全四川省重点实验室）

附　　录

一、现代兽医学研究的新思维：生物—社会—心理兽医学

长期以来都是以自然科学的观点和思维方式采用依赖药物防制动物疾病的模式研究兽医学，形成了传统的生物兽医学。虽然对动物生产的发展产生了重要作用，但必须承认畜禽的发病率和死亡率依然很高，尤其畜禽的传染病。而且，动物生产效益较低，经济损失严重。同时兽医公共卫生问题造成对人类健康的危害以及引发的某些社会问题都显而易见，甚至愈加凸显。这不得不考虑传统的生物兽医学理念在指导动物生产、疾病防控以及公共卫生方面可能都存在着某些偏见。笔者从长期的兽医工作中领悟到依靠单纯的生物兽医学技术模式并不能高效地解决动物生产中尤其现代集约化生产中存在的问题。同时清晰地看到诸多社会因素可影响兽医学的研究和发展，从而直接或间接导致对动物和人类健康生存的危害。因此，需要将社会学观点渗透到生物兽医学这一自然科学研究中，形成新的生物—社会兽医学。而且基于现代动物福利学理念，也需要研究动物心理学，用新的生物—社会—心理兽医学理念研究现代兽医学，促进生物兽医学向更深、更高层次发展，最终实现动物和人类健康、和谐共存。

现将对生物—社会—心理兽医学的肤浅领悟和研究报告如下。

(一)生物兽医学存在有某些局限性

1. 以单纯的技术模式防控动物疾病

经典的生物兽医学基本特征是依赖药物防制这一单纯的技术模式控制疾病的发生和发展，且往往只注意对个体疾病的诊疗，很少考虑个体危害群体的后果。值得思考的是，目前中国动物疾病种类依然繁多，发病率和死亡率居高不下，仅传染病就有 202 种，其中细菌性疾病 111 种，病毒性疾病 80 种，真菌性疾病 11 种，严重危害的寄生虫病 20 种，代谢病 61 种，内、外、产科疾病 223 种。新的疾病还不断发生。近年全球先后出现禽病 17 种、猪病 7 种、牛羊病 8 种、马病 2 种、经济动物病 5 种，而且这些疾病多数已在中国出现。这不得不考虑我们在疾病防控中还缺乏某些正确理念。实践证明，不少疾病尤其某些传染性疾病依赖药物防控的技术模式甚至是徒劳的。奇怪的是不少人还仍然坚持依赖药物防控的思维方式。殊不知在这一传统的技术模式防控中可能已经损失和浪费了数以亿计的巨额资金而成效不佳，但遗憾的是仍在不思所以地固守这一观念。

2. 忽视社会学因素在疾病防控中的作用

尽管在防疫灭病中曾经涉足到某些社会学内涵，但由于在基本认识上缺乏社会兽医学理念，往往把防控疾病的全社会责任简单地归属到兽医的技术职能范围内。这显然是一个误区。事实上，只有在各级政府的领导和支持下，全民积极参与开展防疫灭病工作，认真执行防控措施尤其是防疫灭病的行政管理措施才能控制和消灭所界定的疾病，至少

说传染病和寄生虫病是如此。未能实现长期消灭猪瘟是一个值得深思的例证。中国拥有优秀的猪瘟疫苗，这在生物兽医学技术层面上已经具备了可靠的灭病条件，但在第三个五年计划内采取以疫苗“预防为主”的方针消灭猪瘟的计划落空了。甚至本病迄今仍在各地有明显的发病和死亡率，在死亡的猪中有 1/3 仍是猪瘟(邱昌庆，2002)。这在很大程度上与在消灭本病的行政管理中存在失误有直接关系。主要是法制型管理不到位。还有，因为经济基础较薄弱，政府难以推行扑杀补偿政策，无法从源头上遏制猪瘟的广泛传播。另外，兽医教育也存在一些问题，导致了基层兽医和饲养管理人员技术水平低下，因此很难科学、有效地执行正确的防控技术路线。总之，诸多社会因素都会构成对动物健康、安全的威胁，然而至今似乎对其缺乏充分认识。

(二)更新生物兽医学研究内涵，重视社会兽医学研究

在兽医学研究中引入社会学观点有助于生物兽医学研究的进步和畜牧业健康发展以及人类的健康。实践证明，诸多社会因素可影响到兽医学的进步，而兽医学的进步与否也会影响到社会的诸多领域，这些都是生物—社会—心理兽医学值得研究的课题。

1. 社会兽医学方面

①重新评估兽医学对人类健康的作用和贡献。②兽医学研究应重视人类的动物源疾病。③兽医学研究的公共卫生意义。④兽医学、医学合作研究的趋势。⑤兽医学在动物食品安全中的作用。

2. 社会兽医学方面

①重大动物疫病和突发兽医公共卫生事件对社会造成的影响。②政府行为在动物疫病防控中的职能和作用。③法制型动物生产在中国动物安全生产中的地位和作用。④兽医法规实施中的政府行为。⑤如何实现重大动物疫病的灭病规划。⑥外来动物疫病入侵对中国动物安全生产的影响以及如何防控外来动物疫病的入侵。⑦推进乡镇兽医体制改革，大力发展兽医事业。⑧搞好兽医教育工作，提高中国整体兽医水平。大力推进兽医科研工作，进一步提高生物兽医学研究水平。⑨兽医工作与环境保护。

3. 心理兽医学方面

①重视动物福利，从源头解决动物保健问题。②创建良性生态环境，降低环境应激，满足动物行为需要，增强机体抗病能力。③树立良好兽医道德，珍惜、关爱动物生命。④以畜主为本，强化和搞好兽医工作。

(三)更新生物兽医学研究理念

1. 兽医学研究需要考虑为人类健康服务

“兽医学的最终目的不是治疗患病的动物，而是为了人类的营养和健康服务”这一观点与 Calvin 博士提出的“兽医学是一种医学”的观点以及 Marguerite 博士强调的“兽医在维护和提高人类健康水平方面所占据的不可缺的重要地位”有相似之处。兽医学研究实践也表明上述观点是毋庸置疑的。不管从经典的 150 多种人畜共患病，还是从当今新发生的人畜共患病来看都表明兽医学在公共卫生领域与人类健康存着密切关系。李长友(2010)指出，在近 30 年感染人类的新发病中，有 75%来自动物源性病原体，并呼吁全社会都来重视动物疫病，有效防控动物疫病，就是有效保护人类健康。美国学者早在 1972 年就在《兽医的新眼界》与《兽医科学和比较医学进展》两篇医学报告中指出“利用家畜疾

病模式研究人类疾病会对生物医学科学做出贡献，会为研究人类的特殊疾病和基本的生物学机制做出贡献”，并且在1969年有人就列举了250个家畜疾病模式用以研究人类的疾病。

显然现代兽医学研究应转变观念，融入必要的医学内涵，以人类的健康为宗旨，更新兽医学研究内容。

2. 动物食品安全是现代兽医学研究的新亮点

过去人们只注意到动物食品的高营养作用，忽视了其中可能存在的对人类健康的某些有害作用。由于畜产品食物源疾病以及兽药残留物通过食物链构成对人类健康的危害已日趋严重，当今食品安全问题已引起全球高度关注，食品安全理念也被兽医学研究所重视。据WHO报告，全球每年有150万人死于来自动物食品致病因子所引起的腹泻。最经典的动物源沙门氏菌病迄今仍有很高的感染率，美国每年因沙门氏菌导致1.34百万人发病，死亡500余人；2004年欧盟成员国有192 703人患病。显然，食品安全不仅与人类健康息息相关，甚至可影响到政治、经济领域的稳定。2007年韩美牛肉贸易因涉及牛肉卫生标准和质量等安全问题曾导致韩国一度发生动乱。所以，食品安全是今后兽医学研究的重点领域，也是兽医学为人类健康服务必须树立的新理念。

3. 从预防兽医学研究角度树立新的动物保健理念

长期以来对预防兽医学的理解多拘泥于采用药物主要是生物药品对传染病的预防保健。实际上预防兽医学是一个综合性概念，不仅从生物兽医学技术角度去考虑，还要从社会兽医学角度研究新的预防兽医学理念，值得研究和倡导的有以下几方面。

(1)生物安全理念：生物安全理念源于20世纪80年代美国和墨西哥的禽业生产中。其基本内涵主要包括使用合格的人员以及执行周密的卫生方案。它是一种综合性保健理念，认为诸多动物疾病的发生多数系人为地将病原带入饲养场地和污染场地以及不能执行正确的饲养管理指南导致畜禽应激所引起。Amir博士(1996)曾精辟地指出，90%的疾病暴发都是由于人员的疏忽造成的；Mojtaba博士也指出，动物疾病的发生90%以上是由人为因素引起的；而我们则常常归咎于生物兽医学的技术性错误所造成。因此，在预防兽医学研究中必须从固有的理念(依赖药物)解脱出来，树立新的生物安全保健理念。

(2)动物福利理念：动物福利作为一种学说已经由开始的争议转而进入指导现代畜牧业生产和动物保健领域，并成为动物科学和兽医学研究中必须树立的新理念。回顾20世纪70年代以来崛起的集约化养殖方式，不难发现动物在人为的限制性封闭环境中生存会遭受无法充分表达天性行为的痛苦。而且种种环境应激因素可直接或间接导致动物发生行为异常和多种病态，造成生产力下降。尤其在畜主经济匮乏的社会因素影响下以及忽视为动物提供基本福利条件的共同作用下，必然会造成生存环境恶化，引发种种健康问题。笔者在实践中观察到在缺乏基本的福利设施和高密度饲养的肉鸡舍中，夏季在气温升高无法通风降温的情况下，舍温可升至39℃以上。此时肉鸡表现呼吸加快，张口呼吸，停止采食，体温可升高到43℃左右，并易诱发慢性呼吸道疾病和大肠杆菌病等条件性、环境性疾病，发病率、死亡率都显著升高。因此，把因缺乏必需福利设施造成的对健康的威胁归咎于人为并不过之。显然动物福利理念也需要由动物保健的学术范畴向人类道德的哲学领域渗透，也就是说在动物生产中也必须为动物健康生存提供基本的福利设施。

(3)法制型动物生产和法制型兽医工作理念：在20世纪80年代以前，中国在动物生产和兽医工作中没有立法。因此，业界在生产和动物疫病防控中的某些违规行为因缺乏法规的约束而长期存在。例如畜禽粪便污染环境问题迄今仍很突出，从而引发某些严重的公共卫生问题。

20世纪80年代以来，畜牧、兽医行业的两个主体法规(《畜牧法》、《动物防疫法》)立法以及相关配套法规相继建立和实施，无疑对中国的畜牧业和动物疫病防控都会产生积极的推动作用。但是，迄今仍有众多业内人法制观念淡薄，不能认真执法和遵法的现象普遍存在。尤其在畜牧业污染环境和畜禽疫病的消灭、防控以及兽药生产方面依然存在着明显的甚至是严重的违法、违规行为。显然，今后如何实施法制型动物生产以及开展法制型兽医工作并牢固地建立法制理念是现代兽医学值得研究的新课题。

(4)生物入侵理念：在国际或地区间畜禽贸易中常见到将某些动物疾病随动物的移地传入到没有这类疾病的国家或地区，从而造成疾病的传播，导致巨大的经济损失。据美国康乃尔大学公布，美国因外来生物入侵造成的经济损失每年达1 226亿美元。中国在引进国外动物过程中也存在严重的生物入侵现象，如新传入的猪繁殖与呼吸综合征、猪圆环病毒病、猪细小病毒病等造成了严重的经济损失。生物入侵造成的潜在危害更甚，因为可能在很长时期内都不能了解采取何种应对措施有效地控制这些疾病。因此，生物入侵是现代兽医学研究中值得重视的保健理念。

(5)计划灭病理念：不少国家如美、英、日、丹麦、加拿大、俄罗斯等迄今已经消灭了8～15种危害严重的动物疫病，而中国仅消灭了2种(牛瘟、牛肺疫)，这与缺乏正确的、必需的灭病计划和缺乏科学的中长期重大疫病灭病措施不无关系。中国在防控动物疾病中虽然提出了“预防为主”的方针，但它不等同于灭病计划。必须认识到推行国家灭病计划是行政管理中消灭特定疫病时建立的一种灭病理念和必须执行的灭病措施，是一项完整的系统工程，也是一种社会管理学行为或者称之社会兽医学行为，并非单纯的生物兽医学技术能够解决的。正确的灭病理念应内涵4个要素，即政治因素中的行政管理、经济因素中的经济支持、技术因素中的技术保障、人为因素中的全民参与，在4种因素并存的情况下进行运作才能有望实现所拟定的灭病计划。

(6)养重于防理念：生产实践表明，科学的饲养管理是保障动物健壮的关键，也是行之有效的重要保健措施，尤其在集约化生产中显得更重要。现代畜牧业生产中对饲养管理应赋予新的内涵，不仅从原有的环境卫生学、动物生态学观点去指导饲养管理，还要提高到伦理学角度从动物福利理念出发，实行人性化精心饲养管理。尽力为动物提供良性生态环境，建立健康畜群。良好的饲养管理所起到的保健作用以及对疾病的康复作用并不亚于药物的预防和治疗作用，尤其是对于那些条件性、环境性疾病。中国古代的兽医工作者对饲养管理的重要性不仅有充分认识，且经验丰富，《元亨疗马集》中有如是论述：“凡喂者，冬暖屋、夏凉棚、面南栓、勿北系”；喂养时要做到“筛簸豆谷，若有沙石、灰尘、蛛丝、毛发，务宁清净”；在饮水时要“忌饮浊水、恶水、污水”。通过上述精心饲养管理，达到“饲喂畜养之道”，保持了动物健康状态，即“尿清粪润、鼻气温知、脉呼三五、唇舌鲜红、皮毛光彩、体健神精”，如是则为“无疴之状”，其原因乃“饮喂得其则也”。最终通过精心饲养管理实现了“马骡不致夭横而终天寿矣”。显然良好的饲养管理与动物的健康有密切关系。

(四)更新兽医学技术服务路线

长期以来兽医的服务理念被锁定在门诊治疗的技术服务路线中，属典型的诊疗型兽医。这种技术服务方式已不能适应现代集约化生产的需要，“坐门等客”的服务不能满足畜主的需求。一个合格的兽医应该以技术顾问的身份和服务方式为畜主提供多种技术指导，实施各种预防兽医学措施，达到畜群的保健。在推行福利型饲养管理中，实现养防并举的饲养管理模式和顾问型技术服务模式。

(五)心理兽医学是一个需要拓展的研究领域

对心理兽医学这一提法是否认同有待探讨，但在生产中动物的心理变化反映到动物行为上是肯定的，而且多种行为异常都可以认为是某种疾病的病态，甚至是证病性体征。诸多外因、内因均可导致动物心理变化而引发行为异常。如断奶时母仔分离、动物异地运输、陌生动物混养时可引发不安、惊恐、绝食、攻击、啃咬等；饲养环境恶劣时可造成挤压(场地潮湿、室温较低)；饲料营养不全时导致的啄癖(啄羽、啄肛、啄冠)、异嗜癖等。另外，在饲养管理中粗暴地对待动物也会造成动物惊惧不安、敌意、减食。总之，诸多应激因素破坏了动物安静的生活环境都会导致动物的心理障碍(高级神经活动反射障碍)，造成行为异常并最终引发病态。所以，动物的行为异常可视为动物心理变化的“指示剂”和疾病的先兆指征，也可作为认定饲养管理错误的旁征。因此，研究心理兽医学可以兽医伦理学(Veterinary ethics)为前提，为研究家畜行为学(Animal behavior)、动物福利学(Animal welfare)、家畜病理生理学、家畜生态学和预防兽学等学科奠定理论和实践基础，具有重要的生产意义和学术意义。另外，如何树立良好的医疗作风以及如何为畜主全方位服务并提供精湛的防控技术等兽医道德方面的问题都是心理兽医学研究的范畴，这对动物安全生产是有裨益的。

生物—社会—心理兽医学研究对保障动物安全和人类健康具有重要作用。在兽医学研究中开拓、创新研究新的兽医学理念是兽医科学和社会科学发展的需要。

(王书恩　任一鸣　河南省舞钢市畜牧局；董会民　河南省扶沟县畜牧局)

二、犬传染性肝炎

传染性犬肝炎(Infectious canine hepa, ICH)是由犬腺病毒1型(Canine adenovirus virus type1,CAV-1)引起的一种急性败血性传染病。主要发生于犬，也可见于其他犬科动物。在犬主要表现肝炎和眼睛疾患，在狐狸则表现为脑炎。犬腺病毒2型(CAV-2)主要引起犬的呼吸道疾病和幼犬肠炎。

1.病原

CAV在分类上属腺病毒科哺乳动物腺病毒属。CAV包括CAV-1和CAV-2两型。两型具有共同的补体结合抗原，但其生化特性和核酸同源性不同。应用血凝抑制试验和中和试验可以将其加以区别。

CAV对乙醚、氯仿有抵抗力。在pH 3～9条件下可存活，最适pH 6.0～8.5。在4℃可存活270 d，室温下存活70～91 d，37℃存活29 d。56℃ 30 min仍具有感染性。病犬肝、血清和尿液中的病毒，20℃可存活3 d。碘酚和氢氧化钠可用于消毒。

2.流行病学

CAV主要感染犬和狐狸，山狗、狼、浣熊、黑熊等也有感染的报告。犬不分年龄、性别、品种均可发病，但1岁以内的幼犬多发。幼犬死亡率高，可达25%～40%，成年犬很少出现临床症状。

ICH的传染来源主要是病犬和康复犬。康复犬尿中排毒可达180～270 d，是造成其他犬感染的重要疫源。传播途径主要是通过直接接触病犬（唾液、呼吸道分泌物、尿、粪）和接触污染的用具而传播，也可发生胎内感染造成新生幼犬死亡。

3.临床症状

ICH自然感染潜伏期6～9 d，最急性病例，在呕吐、腹痛和腹泻等症状出现后数小时内死亡。急性型病例，患犬怕冷，体温升高（39.4～41.1℃），精神抑郁，食欲废绝，渴欲增加，呕吐、腹泻、粪中带血。亚急性病例症状较轻微，咽炎和喉炎可致扁桃体肿大；颈淋巴结发炎可致头颈部水肿。特征性症状是角膜水肿，即“蓝眼”病。角膜水肿的病犬表现眼睑痉挛、羞明和浆液性眼分泌物。角膜混浊通常由边缘向中心扩展。眼疼痛反射通常在角膜完全浑浊后逐渐减弱，但若发展为青光眼或角膜穿孔则重新加剧。慢性病例多发于老疫区或疫病流行后期，多不死亡，可以自愈。

4.实验室检验

在疾病早期，蛋白尿和胆红素尿反映了肾和肝的损伤。当肝实质广泛损伤时，丙氨酸转氨酶（ALT）、天冬氨酸转氨酶（AST）、碱性磷酸酶（ALP）、乳酸脱氢酶（LDH）等血清酶活性增高。发病早期白细胞减少，包括淋巴细胞减少和嗜中性白细胞减少，随后无并发症的康复犬可发生嗜中性白细胞减少和淋巴细胞增多。在病毒感染期间可见弥漫性血管内凝血，血小板数量明显减少，凝血酶原时间（PT）、凝血酶时间（TT）和激活凝血激酶时间（APTT）延长。

5.病理变化

CAV感染主要表现全身性败血症变化。在实质器官、浆膜、黏膜上可见大小、数量不等的出血斑点。浅表淋巴结和颈部皮下组织水肿、出血，腹腔内充满浅红色液体。肝肿大，呈斑驳状，表面有纤维素附着。胆囊壁水肿增厚，灰白色，半透明，胆囊浆膜被覆纤维素性渗出物，胆囊的变化具有诊断意义。脾肿大、充血。肾出血，皮质区坏死。肺实变。肠系膜淋巴结肿大，充血。中脑和脑干后部可见出血，常呈两侧对称性。

6.诊断

病毒分离与鉴定：可采取病犬血液、扁桃体或肝、脾等材料处理后接种犬肾原代细胞或传代细胞，随后可用血凝试验或免疫荧光试验检测细胞培养物中的病毒抗原。现在，在临床诊断上，胶体金试剂盒的普及使用大大缩短了初检时间，并有效提高了初检的准确率。

7.治疗

在病初发热期，可用高免血清进行治疗以抑制病毒扩散，也可用犬血球蛋白静脉滴注，以提高机体抵抗力。对症治疗主要是补液、保肝，可用苦黄注射液20～40 mL加入到5%葡萄糖中静脉滴注；降低转氨酶可口服甘利欣2～4粒，每日2次；保肝可静脉给予氨基酸。严重病例，可用抗生素或磺胺类药物防止细菌继发感染。

一过性角膜炎，可用阿托品眼药消除疼痛性睫状肌痉挛；严重角膜炎时，可用眼封闭疗法；角膜浑浊的病犬，可用普鲁卡因青霉素滴眼液点眼。

8.预防

加强饲养管理和环境卫生消毒,防止病毒传入。坚持自繁自养,如需从外地购入动物,必须隔离检疫,合格后方可混群。一旦发病,需立即控制疫情发展。应特别注意,康复期病犬仍可向外排毒,不能与健康犬合群。

免疫接种,能有效预防犬传染性肝炎。现临床常用国产五联弱毒疫苗或进口六联弱毒疫苗进行预防接种,一般均在幼犬 60 日龄进行首免,80 日龄进行二免,以后每年加强免疫一次。

(文翼平　四川农业大学动物医学院)

参考文献

[1] Barbara E S. 猪病学[M]. 9 版. 赵德明等主译. 北京：中国农业出版社，2008.

[2] OIE：陆生动物诊断试验与疫苗手册(哺乳动物、禽鸟与蜜蜂)[M]. 5 版，2004.

[3] 于可响，沙明利，林树乾，等. 鸭病毒性肝炎多价卵黄抗体的研制[J]. 山东农业科学，2008(1)：104-105.

[4] 于立权，崔玉东，朴范泽. 猪瘟疫苗研究进展[J]. 动物医学进展，2002，23(2)：10-13.

[5] 于洪勋. 聚乙二醇提取鸡新城疫康复鸡蛋黄抗体及在畜禽生产中的应用[J]. 养禽与禽病防制，2004，6：21.

[6] 于涟，宋坤华，张耀洲，等. 家蚕表达传染性法氏囊病病毒 VP2 蛋白的免疫原性初步研究[J]. 浙江大学学报，2000，26(1)：9-16.

[7] 马卫明，佘锐萍，胡艳欣，等. 猪小肠抗菌肽对雏鸡的促生长作用及其机理初探[J]. 中国农业科学，2006，39(8)：1723-1728.

[8] 马卫明，余锐萍，彭芳珍，等. 猪小肠抗菌肽的提取及部分生物学活性研究[J]. 科学技术与工程，2004，(3)：202-205.

[9] 马凤龙，傅兴伦，贾世玉，等. 转移因子的制备及其对鸡免疫应答影响的研究[J]. 山东畜牧兽医，1999，5：5-6.

[10] 马文军，于康震. 禽流感疫苗[J]. 中国预防兽医学报，1999，21(5)：380-400.

[11] 卫龙兴，王福泉. 动物疫苗中灭活剂与佐剂的种类及其作用[J]. 现代农业科技，2009，19：321-323.

[12] 马坤，周斌，曹瑞兵，等. 猪乙型脑炎疫苗的研究进展[C]. 中国畜牧兽医学会传染病分会第三届猪病防控学术研讨会会议论文集，2008，579-582.

[13] 马超锋，刘宏斌，郑汝平，等. 大肠杆菌疫苗研究进展[J]. 河南畜牧兽医，2009，30(12)：13-14.

[14] 王三虎，谢岩黎，张录华. 猪血清中免疫球蛋白提取工艺[J]. 郑州粮食学院学报，1998，19(3)：75-78.

[15] 王凤山，李凤才，杨霞. 高效液相色谱分离胸腺免疫抑制提取物高活性组分及分离组分的性质[J]. 中国生化药物杂志，1998，19(2)：66-68.

[16] 王玉燕，朱瑞良. 抗 CDV、CAV 卵黄抗体的制备[J]. 中国预防兽医学报，2003，25(03)：215-218.

[17] 王世若，王兴龙，韩文瑜. 现代动物免疫学[M]. 长春：吉林科学技术出版，1996.

[18] 王印，王新，郭万柱. 猪细小病毒 VP2 基因核酸疫苗的构建及免疫原性[J]. 中国兽医学报，2009，29(5)：533-536.

[19] 王永坤，钱钟，秦淑美，等. 雏番鸭细小病毒和小鹅瘟病毒特性比较及二联活苗的应用[J]. 中国禽业导刊，2004，21(9)：18-20.

[20] 王成祖，莫红梅，程喻力，等. 抗日本血吸虫 SEA 鸡卵黄抗体的制备与鉴定[J]. 中国寄生虫学与寄生虫病杂志，2007，25(3)：193-197.

[21] 王华，赵云玲，王君玮. 猪链球菌病流行病学及其疫苗研究现状[J]. 动物医学进展，2006，27(9)：27-31.

[22] 王延华. 抗体理论与技术[M]. 2 版. 北京：科学出版社，2009.

[23] 王关林，方宏筠. 植物基因工程[M]. 北京：科学出版社，2002.

[24] 王红宁，张联盟，等. 鸡肾病变型传染性支气管炎的诊治[J]. 中国兽医杂志，1994(3)：15-19.

[25] 王声会，黄毓茂，焦茂兴. 猪 α-干扰素重组腺病毒的构建与鉴定[J]. 广东农业科学，2007，9：91-93.

[26] 王克仁. 猪白细胞干扰素临床应用探讨[J]. 甘肃畜牧兽医，2003，4：24-25.

[27] 王秀荣，邓国华，于康震，等. 在 DNA 芯片平台上探测 AIV 不同亚型 cDNA[J]. 中国农业科学，2005，38(2)：394-398.

[28] 王佃亮，韩梅胜. 动物细胞培养用生物反应器及相关技术[J]. 中国生物工程杂志，2003，23(11)：24-27.

[29] 王君玮，王志亮，张喜悦，等. 猪附红细胞体病研究进展[J]. 中国动物检疫，2003，20(7)：44-46.

[30] 王启辉. LPS-p 对乙型肝炎表面抗原诱导小鼠抗体产生的影响[D]. 广西医科大学，2004.

[31] 王昕，李然栋，张艳平. 抗强毒新城疫、禽流感(H5、H9)多价二联高免卵黄抗体的研制和应用[J]. 中国动物检疫，2004，21(05)：28-30.

[32] 王明俊，等. 兽用生物制品学[M]. 北京：中国农业出版社，1997.

[33] 王国卿，Devrishov D A，崔明. 胸腺素预防和治疗犊牛腹泻的研究[J]. 黑龙江畜牧兽医，2006，4：54-55.

[34] 王炜，张永光，潘丽，等. 口蹄疫病毒 P12A23C 免疫原基因在百脉根中的遗传转化与表达[J]. 中国人兽共患病学报，2007，23(3)：236-239.

[35] 王治方，郭成留，丁爱萍，等. 抗兔瘟精制卵黄抗体的研制[J]. 中国养兔杂志，2007，(04)：21-23.

[36] 王建文，贾世斋，马凤龙，等. 鸡脾特异性转移因子对雏鸡免疫功能的影响[J]. 莱阳农学院学报，1995，12(2)：148-151.

[37] 王建东，郭建宏，杨春生，等. 基因芯片技术及口蹄疫病毒基因芯片研究进展[J]. 动物医学进展，2007，28(增)：37-40.

[38] 王建英，杨桂文，田雪文，等. 免疫佐剂及其作用机制[J]. 山东师范大学学报(自然科学版)，2006，21(1)：127-129.

[39] 王珅. 动物微生物[M]. 北京：中国农业大学出版社，2007.

[40] 王贺民，秦素琴，魏涛. 鸡新城疫疫苗研究进展[J]. 中国家禽，2006，28(18)：48-51.

[41] 丰艳平. 不同水平血浆蛋白粉对断奶仔猪生产性能和免疫功能的影响[J]. 饲料工业，2009，30(3)：16-18.

[42] 王健. LPSp 辅佐 HBsAg 诱导机体产生特异性抗体的机制研究[D]. 广西医科大学,2005.

[43] 王淑彩,许梓荣. 免疫促进剂胸腺肽的研究进展[J]. 畜牧与兽医,2002,34(10):39-41.

[44] 王雯慧,常惠芸,黄力军. 口蹄疫的最新流行态势及分子流行病学研究进展[C]. 中国畜牧兽医学会口蹄疫学分会第九次全国口蹄疫学术研讨会论文集,2003,748-753.

[45] 王斌,刘永波,刘双凤,等. 鸡抗迟缓爱德华氏菌卵黄抗体的应用研究[J]. 大连水产学院学报,2006,21(3):203-206.

[46] 王温田,田振宇,徐守振. 猪瘟病毒和猪细小病毒检测基因芯片的构建[J]. 中国动物检疫,2009,26(10):34-37.

[47] 王新. 猪 2 型圆环病毒、猪细小病毒核酸疫苗及猪 2 型圆环-猪细小 2 伪狂犬病毒三价基因工程疫苗研究[D]. 雅安:四川农业大学,2007,12.

[48] 中华人民共和国农业部. 中华人民共和国兽用生物制品质量标准(2001 年)[M]. 北京:中国农业科技出版社,2001.

[49] 中华人民共和国农业部. 兽用生物制品质量标准汇编(2004—2006)[S]. 北京:2006.

[50] 中华人民共和国农业部. 兽用生物制品质量标准汇编(2006—2008)[S]. 上册. 北京:2009.

[51] 中国兽药典委员会. 中华人民共和国兽药典(2005 年版)[M]. 第三部. 北京:中国农业出版社,2006.

[52] 牛泽,任晓峰,曾岩,等. 重组鸡白细胞介素-2 对禽流感灭活疫苗免疫增强作用的研究[J]. 中国家禽,2010,32(3):20-23.

[53] 文心田,罗满林,等. 现代兽医兽药大全(动物常见传染病防制分册)[M]. 北京:中国农业大学出版社,2009,166-167.

[54] 方时杰. 介绍结晶紫猪瘟疫苗[J]. 中国农业科学, 1952,10(4):11-12.

[55] 孔庆波,曹浪峰. 猪 TF 联合抗生素等药物治疗犬细小病毒病的临床效果观察[J]. 现代畜牧兽医现代畜牧兽医,2007,2:46-49.

[56] 孔猛,白昀,邵国青. 弓形虫疫苗的研究进展[J]. 黑龙江畜牧兽医,2010,2:25-27.

[57] 孔繁瑶. 家畜寄生虫学[M]. 北京:中国农业大学出版社,1997.

[58] 古少鹏,郑明学,柴桂珍,等. ^{60}Co γ 射线对高免卵黄液中 AE 病毒的灭活[J]. 中国兽医学报,2003,23(6):541-542.

[59] 石火英,张小荣,孙学辉,等. 反向遗传操作技术产生全禽源致弱的 H5N1 亚型禽流感病毒的免疫保护性试验[J]. 中国家禽,2005,27(17):11-13.

[60] 艾玉萍,谭诗文,冉懋韬,等. 贵州省奶牛传染性鼻气管炎的血清学调查[J]. 上海畜牧兽医通讯,2004,5:19.

[61] 世界动物卫生组织. OIE 陆生动物诊断试验和疫苗手册[M]. 5 版. 农业部兽医局/中国动物卫生与流行病学中心译. 2004.

[62] 卡尔尼克. 禽病学[M]. 高福,苏敬良主译. 北京:中国农业出版社,1999.

[63] 史达,宋岩,李一经. 乳酸乳球菌作为黏膜免疫活载体疫苗传递抗原的研究进展[J]. 微生物学报,2006,46(4):680-683.

[64] 叶向阳,潘雪珠,张婉华,等. 猪细小病毒(PPV)弱毒株选育及其某些生物学特性[J]. 上海农业学报,1992,8(增刊):65-69.

[65] 申丽洁,朱声华,罗仲金,等. 旋毛虫成虫可溶性抗原和排泄分泌抗原对小鼠免疫保护作用的比较研究[J]. 中国人兽共患病杂志,1999,15(5):6-8.

[66] 史秀山. 胸腺肽增强狂犬病疫苗免疫效果的研究[J]. 中国热带医学,2004,4(5):703-704.

[67] 叶秀华,蔡建平,吴志光,等. 重组 ChIFN-γ 增强鸡球虫细胞免疫作用的研究[J]. 中国预防兽医学报,2005,27(5):397-401.

[68] 叶秀华,蔡建平,吴志光,等. 重组鸡 γ-干扰素对柔嫩艾美耳球虫卵囊免疫鸡肠道免疫相关细胞数量的影响[J]. 中国兽医科学,2008,38(8):715-720.

[69] 叶秀华,蔡建平,吴志光,等. 重组鸡 γ-干扰素的抗球虫作用[J]. 中国兽医杂志,2004,40(7):3-5.

[70] 田宏,刘湘涛,等. 猪瘟病毒及其致病机制研究进展[J]. 动物医学进展,2007,28(增):27-30.

[71] 田庚元. 中药免疫调节剂的研究和开发[J]. 中国新药杂志,1999,8(11):721-724.

[72] 史喜菊,夏春,汪明. 水牛 α-干扰素基因的克隆与表达及其抗病毒活性[J]. 农业生物技术学报,2004,3:55-60

[73] 龙辉,陈惠琼. 真空冷冻干燥技术及其在中药制剂生产中的应用. 中国中医药,2009,11(7):49-51.

[74] 叶溥增. 英国牛肺丝虫照射致弱虫苗的研制及应用[J]. 中国兽医科技,1987,12:47-49.

[75] 卢耀增. 实验动物学[M]. 北京:北京医科大学、中国协和医科大学联合出版社,1995.

[76] 白文彬,严隽端,张自刚,等. 牛流行热病毒亚单位疫苗的研究Ⅱ. 亚单位疫苗对牛的免疫期和保存期试验[J]. 中国畜禽传染病,1993(2):7-8.

[77] 白文彬,张自刚,田枫岚,等. 牛流行热 YHL 株弱毒冻干苗和灭活苗对牛的安全性和免疫效力试验[J]. 中国预防兽医学报,1984,1:10-14.

[78] 白春杰,杨琳,夏天瑶,等. 胸腺肽溶液不同生产方法的比较[J]. 中国生化药物杂志,2006,27(3):175-176.

[79] 付祖姣,陈宇. 复合菌株发酵猪血粉的条件研究[J]. 微生物学通报,2003,30(5):28-32.

[80] 冯东勋. 发酵血粉饲料的配方和工艺研究[J]. 养猪,1996,(4):5-6.

[81] 冯军,王丙云,计慧琴,等. 胸腺素 α_1 对粤黄鸡免疫功能的调节及机理研究[J]. 中国家禽,2006,28(16):12-18.

[82] 宁宜宝,王明俊. 我国兽用生物制品技术的发展历程与展望[J]. 中国兽药杂志,2002,36(8):1-4.

[83] 宁宜宝,等. 兽用疫苗学[M]. 北京:中国农业出版社,2008.

[84] 冯涛,马秀丽,刁有祥.抗病毒病高新技术疫苗研究进展[J].辽宁畜牧兽医,2001,1:30-33.

[85] 冯景奇,柳钟勋. T细胞免疫佐剂的研究进展[J].药学分册,1999,26(4):203-207.

[86] 司艳红,方明刚,王汉中.猪细小病毒VP2基因的表达和类病毒颗粒的构建[J].中国病毒学,2006,21(2):148-152.

[87] 边传周,袁道强,陈现锋.鸡脑脊髓炎高免卵黄抗体的制备及治疗试验[J].中国兽医杂志,2001,37(6):19.

[88] 邢钊,张健,范琳.兽医生物制品实用技术[M].北京:中国农业大学出版社,2000.

[89] 邢钊.动物微生物及免疫技术[M].郑州:河南科学技术出版社,2006.

[90] 考桂兰,禹旺盛,齐旺梅.用微生物发酵血粉代替进口鱼粉饲喂蛋鸡效果试验[J].内蒙古畜牧科学,2002(3):5-6.

[91] 朱香萍,张再生,刘宗柱.对虾鳗弧菌卵黄抗体(IgY)的制备及其对人工感染的保护研究[J].海洋科学,2008,32(2):25-28.

[92] 朱敖兰,杨洁.生物制品冻干保护剂及其保护机理的研究进展[J].喀什师范学院学报,2007,28(6):46-50.

[93] 朱鸿飞,姜国华.鸡马立克氏病疫苗研究进展[J].中国动物保健品暨兽医技术展览会,2005,54-63.

[94] 任平.兽用生物制品技术[M].北京:中国农业出版社,2007.

[95] 任学毅,金勇丰,朱成钢,等.霍乱毒素B亚单位的研究进展[J].中国药学杂志,2003,38(12):897-900.

[96] 刘万钧,张道永,马思奇,等.猪白细胞干扰素在乳猪空肠结扎肠段中干扰猪流行性腹泻病毒试验[J].中国畜禽传染病,1998,20(6):372-373.

[97] 刘长军.马立克氏病活疫苗814株及三价活疫苗[J].畜牧兽医科技信息,2004(1):51.

[98] 刘文华,李宇琴,罗飞,等.新型鸭肝炎病毒疫苗候选株的筛选[J].中国动物检疫,2010,27(1):41-43.

[99] 刘文强,贾玉萍,赵宏坤.16S RNA在细菌分类鉴定研究中的应用[J].动物医学进展,2006,27(11):15-18.

[100] 刘玉斌,王兴龙,苟仕金.动物生物制品手册.吉林:吉林科学技术出版社,1993.

[101] 刘业兵,王栋,张万林.鸡马立克氏病火鸡疱疹病毒(耐热保护剂)活疫苗的中试生产及区域试验[J].中国兽药杂志,2002,36(11):48-49.

[102] 刘进辉,何湘蓉,刘湘新,等.抗猪瘟高免卵黄抗体的研制[J].中国兽医杂志,2008,44(09):31-32.

[103] 刘述先,曹建平.寄生虫病疫苗研究的现状及展望[J].中国寄生虫学与寄生虫病杂志,2005,23(5):362-373.

[104] 刘俊华,曹生福,许进香,等.钴^{60}Co γ射线对伊氏锥虫致弱剂量试验[J].兽医大学学报,1984,4(2):134-137.

[105] 刘晓滨,林秀英,白文彬,等.牛流行热亚单位疫苗的研究Ⅴ.牛流行热病毒及亚单位疫苗抗原成分、活性的初步分析[J].中国畜禽传染病,1993(4):56-58.

[106] 刘海生,杨增岐,张淑霞,等.抗仔猪大肠埃希菌病高免卵黄抗体粉的研制[J].动物医学进展,2009,30(9):15-19.

[107] 庄娟,曹祥荣.O型口蹄疫病毒 VPlT 细胞与B细胞表位基因双拷贝串联表达产物的免疫应答[J].中国预防兽医学报.2005,27(6):494-503.

[108] 刘喜良,王智萍.喷干血浆蛋白粉日粮饲喂早期断奶仔猪的试验[J].湖南畜牧兽医,2003,(4):6-8.

[109] 闫若潜,吴志明,张志凌,等.猪 α-干扰素/白细胞介素-2 基因的融合表达及活性研究[J].畜牧兽医学报,2009,40(2):248-255.

[110] 齐静,杜以军,朱小玲,等.鸡 γ-干扰素的可溶性表达及纯化产物的抗病毒活性[J].微生物学报,2009,49(1):85-91.

[111] 汤赛冬,成建忠,袁明龙,等.猪瘟疫苗研究进展[J].现代农业科技,2009,4:215-216.

[112] 许无恨,刘慧玉,薛刚等.猫干扰素 ω_3 与胸腺肽 α_1 融合蛋白表达及活性检测[J].中国兽医学报,2009,29(8):1036-1340.

[113] 农业部兽用生物制品规程委员会.中华人民共和国兽用生物制品规程[M].北京:化学工业出版社,2000.

[114] 许汴利,崔兆麟,高广汉,等.旋毛虫病的免疫预防研究[J].中国寄生虫病防制杂志,1997,10(3):187-191.

[115] 许英民.干扰素在治疗肉鸡肾型传染性支气管炎上的应用[J].家禽科学,2007,3:29-30.

[116] 许金鹏,李朝品.利用动物血液制备原卟啉钠的研究进展[J].动物医学进展,2009,30(10):78-81.

[117] 孙红祥,潘杭君.免疫佐剂作用机理的研究进展[J].中国兽药杂志,2005,39(10):22-27.

[118] 孙晓军,李玉峰,吴静,等.重组鸡 α-干扰素对鸡新城疫感染的治疗及疫苗免疫的影响[J].家禽科学,2008.5:12-14.

[119] 孙萌.口蹄疫病毒 VP1 抗原基因在模式植物叶绿体中的重组和表达[D].杭州:浙江大学,2003.

[120] 孙敬方.动物试验方法学[M].北京:人民卫生出版社,2001.

[121] 严隽端,宋晓华,黄金禄,等.牛流行热病毒法国佐剂灭活疫苗的研制[J].中国预防兽医学报,2000,22(4):267-270.

[122] 严隽端,张自刚,林秀英,等.牛流行热病毒亚单位疫苗与G蛋白疫苗对牛免疫效力比较试验[J].中国畜禽传染病,1993(5):12-16.

[123] 李凤奎,王纯耀.实验动物与动物试验方法学[M].郑州:郑州大学出版社,2007.

[124] 李文超.猪痢疾的诊断与综合防制.畜牧与饲料科学.2009,30(7-8):143-147.

[125] 李正丰,王永录,贾宁.口蹄疫病毒抗原保护剂的研究[J].安徽农业科学,2009,37(14):6445-6447.

[126] 李正丰,王永录.保护剂及其在口蹄疫疫苗中的研究进展[J].生物技术通报,2009,3:6-10.

[127] 李玉冰.实验动物学[M].北京:中国环境科学出版社,2006.

[128] 李玉峰,吴静,王春玲,等.重组鸡 α-干扰素对鸡外周血 T 淋巴细胞亚类的影响[J].山东农业科学,2006,4:67-69.

[129] 杨汉春.动物免疫学[M].2 版.北京:中国农业大学出版社,2003,20-22,33,75-85.

[130] 李成文,陈咏梅,孙万邦.霍乱毒素黏膜免疫佐剂的研究进展[J].国外医学预防诊断治疗用生物制品分册,2004,27(2):70-74.

[131] 李光谱,刘景晔,王鹏富.甲型肝炎减毒活疫苗冻干保护剂的研究[J].中国生物制品学杂志,2002,15(6):361-362.

[132] 杜进鑫,王永录.口蹄疫疫苗研究新进展[J].生物技术通讯,2009,3:1-5.

[133] 杨志军,林众.含 T 细胞表位和 B 细胞表位的抗 O 型 FMDV 基因工程疫苗诱导豚鼠产生免疫反应[J].复旦学报,2000,39(5):564-568.

[134] 杨芳,刘利兵,刘芳娥.常用教学菌种保存方法[J].第四军医大学学报,2004,9,17-19.

[135] 杨严俊,王荣民,Anne M C C.猪血免疫球蛋白的分离及功能性研究.无锡轻工大学学报,1996,15(2):109-114.

[136] 杨丽娥,张占芳,陈克强,等.γ-球蛋白制剂对肉用雏鸡法氏囊发育影响的超微结构研究[J].畜牧兽医学报,1995,26(6):551-557.

[137] 李连瑞.刘彬.规模化猪场猪传染性萎缩性鼻炎的防制研究[J].黑龙江畜牧兽医,2002(6):28-29.

[138] 杨连楷,郭予强,凌育巢,等.鸽痘疫苗的研究[J].畜牧兽医学报,2003,24(3):254-25.

[139] 李忠明.当代新疫苗[M].北京:高等教育出版社, 2001.

[140] 杜念兴.兽医免疫学[M].2 版.北京:中国农业出版社,2005.

[141] 杨治田,刘文英.抗鸡新城疫卵黄抗体对鸡新城疫的治疗效果试验[J].郑州牧业工程高等专科学校学报,1989(Z1):49-50.

[142] 李泽君.鸡传染性喉气管炎油乳剂灭活苗的研究[D].呼和浩特:内蒙古农业大学,2001.

[143] 李建鑫,吴忆春.鸭病毒性肝炎高免卵黄抗体的研制[J].黑龙江农业科学,2006(3):81-83.

[144] 李建鑫.猪瘟高免卵黄抗体的研制试验[J].中国猪业,2009(7):39-40.

[145] 杨玲媛,谢青梅,毕英佐.从猪胸腺提取胸腺素 α_1 的工艺[J].清华大学学报(自然科学版),2008,48(6):1062-1064.

[146] 李厚达.实验动物学[M].北京:中国农业科学出版社,2003.

[147] 杨亮宇,项勋,自文顺,等.猪链球菌病及其疫苗研究进展[J].猪群保健,2006(1):64-65.

[148] 杨素,花群义,徐自忠,等.口蹄疫等 5 种动物病毒基因芯片检测技术的研究[J].微生物学报,2004,44(8):479-482.

[149] 杨桂有,蔡克周,程榆茗. 动物血液免疫球蛋白的制备及其在畜禽生产中的应用[J]. 饲料广角,2010,7:32-33.

[150] 李笑平,张凯,苏曼玲. 菌种保存方法及其优缺点的比较[J]. 卫生职业教育试验与实习,2009,27,20.

[151] 李爱萍,陈丹,曹晶,等. 鸡新城疫卵黄抗体的制备及对鹅疑似副黏病毒病治疗效果的研究[J]. 辽宁农业职业技术学院学报,2008,10(1):1-3.

[152] 李晨光,庄红,吕学举,等. 动物血液血红素铁提取方法研究[J]. 食品工业科技,2008,29(1):308-310.

[153] 杨淑静,马清钧. 霍乱毒素[J]. 生物技术通讯,2000,11(4):292-295.

[154] 杨维平. 宠物人兽共患寄生虫病及其疫苗研究进展[J]. 中华医药杂志,2006,6(11):1176-1179.

[155] 李琦. 核糖体展示单链抗体库技术及应用的研究进展[J]. 微生物学免疫学进展, 2008,36(3):62-65.

[156] 杨婷婷,李世清,潘浩,等. 抗弓形虫特异性鸡卵黄抗体的制备与鉴定[J]. 中国人兽共患病杂志,2001,17(05):30-33.

[157] 李鹏,金升藻,彭本英. 鸽瘟高免卵黄抗体的制备及应用[J]. 中国畜牧兽医,2007,34(5):105-106.

[158] 肖驰,周淑兰,涂志,等. 鸡抗猪大肠埃希氏菌卵黄抗体的研制与应用[J]. 中国兽医科技,1998,28(4):21-23.

[159] 肖驰,周淑兰,等. 猪细小病毒四川毒株的免疫原性研究[J]. 中国兽医科技,2000(3):20-24.

[160] 肖琛闻,胡松华. 免疫刺激复合物的佐剂作用及其在兽用疫苗上的应用[J]. 黄牛杂志,2004,30(1):47-50.

[161] 吴乃虎. 基因工程原理[M]. 2 版. 北京:科学出版社,2001.

[162] 吴丹. 猪 α-干扰素基因的克隆、表达及其抗猪瘟病毒活性的研究[D]. 北京:中国农业大学,2003.

[163] 吴石金,任军. 畜禽基因工程疫苗研究现状及其应用前景[J]. 畜禽业,1999(9):13-14.

[164] 吴艳涛,刘秀梵. 新城疫基因工程疫苗研究[J]. 中国兽药杂志,2001,35(4):56-59.

[165] 吴清民. 兽医传染病学[M]. 北京:中国农业大学出版社,2002.

[166] 吴端生,张健. 现代实验动物学技术[M]. 北京:化学工业出版社,2007.

[167] 何冉娅,罗玉均,张桂红,等. 一株新型鸭肝炎病毒的分离与初步鉴定[J]. 养禽与禽病防制,2008(11):14-16.

[168] 邱昌庆,郭惠琛,程淑敏,等. 安徽、江苏、广西部分地区水牛病毒性腹泻/黏膜病血清学监测[J]. 中国预防兽医学报,2000,22(6):453-454.

[169] 何诚. 实验动物学[M]. 北京:中国农业大学出版社,2006.

[170] 何昭阳. 动物免疫学实验技术[M]. 长春:吉林科学技术出版社,2002.

[171] 余斌,傅伟龙. 饲粮添加胸腺肽对肉鸡增重、免疫及内分泌的影响[J]. 华南农业大学学报,1997,1(增刊):6-11.

[172] 邹勇,许宝华,钱永清,等.猪流行性腹泻、猪传染性胃肠炎和猪轮状病毒三联苗免疫试验[J].江西农业大学学报,2005,27(1):107-109.

[173] 汪世华.抗体技术[M].北京:军事医学出版社,2009.

[174] 汪宏才,杨峻,杨涛.猪瘟活疫苗耐热保护剂研究[J].湖北农业科学,2009,48(11):2795-2797.

[175] 汪恭富,朱燕,王存刚.应用干扰素治疗犬病毒性疾病[J].畜牧与兽医,2006,38(3):44-45.

[176] 沈杰,郑韧坚.家畜锥虫和锥虫病[M].北京:中国农业出版社,1993.

[177] 沈琴芳.多杀性巴氏杆菌跨膜输出蛋白基因选择克隆载体的构建和应用[D].杭州:浙江大学,2006.

[178] 沈福晓,程安春,汪铭书,等.不同剂量鸭瘟病毒 gC 基因疫苗在雏鸭体内的表达时相和分布规律[J].畜牧兽医学报,2010,41(6):726-734.

[179] 宋延华,刘福安.鸡传染性支气管炎病毒 S1 基因在昆虫细胞中的高效表达[J].中国兽医学报,1999,19(5):421-424.

[180] 张一折,姜春来,王忠诚.重组 MvA 病毒载体疫苗的冻干保护剂研究[J].中国生物制品学杂志,2006,19(2):174-176.

[181] 张一折,滕洪刚,吕帅.重组 HⅣ-1 腺病毒载体活疫苗的冻干保护剂研究[J].中国生物制品学杂志,2007,20(2):104-106.

[182] 张云浦,冯丽秋,刘玉才.兽用冻干疫苗耐热保护剂的研究Ⅱ.鸡传染性法氏囊病弱毒(B87)冻干活疫苗耐热保护剂的试验[J].中国兽药杂志,2001,35(2):7-10.

[183] 张云浦,冯丽秋,李景鹏.兽用冻干疫苗耐热保护剂的研究Ⅲ.耐热保护剂鸡痘冻干疫苗的试验[J].中国兽药杂志,2001,35(5):34-35.

[184] 张玉华,凌沛学,籍保平,等.糖类在生物活性物质冷冻干燥中的保护作用及其作用机制[J].中国生化药物杂志,2006,27(6):247-249.

[185] 张伟.鸡 α-干扰素对肉鸡免疫功能的影响及药代动力学的研究[D].山东:青岛农业大学,2007.

[186] 张华生.胸腺素制备工艺改进[J].中国药学杂志,1989,24(5):305-306.

[187] 张延龄.疫苗学[M].北京:科学出版社,2006.

[188] 张旭东.小牛胸腺肽生产工艺的改进[J].中国生化药物杂志,1996,17(6):264-265.

[189] 陆军,严维耀,郑兆鑫.基因疫苗——防制疫病的新武器[J].生命的化学,2000,20(1):17-19.

[190] 张丽英,李德发,王若军,等.不同比例血浆蛋白粉对断奶仔猪生产性能的影响[J].饲料工业,1999,20(07):24-25.

[191] 张步彩,李祥瑞,刘玉华.鸡-γ 干扰素抗球虫作用研究进展[J].寄生虫与医学昆虫学报,2008,15(1):61-63.

[192] 张岐蜀,姜国华,胡小元,等.棘球蚴病免疫诊断技术研究进展[J].中国兽药杂志,2007,41(6):26-28.

[193] 张卓光.新一代乙型脑炎研究进展[J].中国计划免疫,2004,10(4):245-247.

[194] 张和平,岳喜庆,冯巧萍.饱和硫酸铵法提取血清中 IgG 最佳条件的研究[J].

中国乳品工业,2006,34(1):4-8.

[195] 陆承平.兽医微生物学[M].3 版.北京:中国农业出版社,2001.

[196] 张绍杰,倪健强,孟松树,等.传染性喉气管炎病毒王岗株糖蛋白 gB 基因在重组杆状病毒中的表达[J].中国预防兽医学报,2001,23(5):321-324.

[197] 张绍杰,童光志,王柳,等.传染性喉气管炎病毒(ILTV)糖蛋白 gB 在重组鸡痘病毒中的表达[J].中国预防兽医学报,2000,22 (3):205-208.

[198] 张玲华,郭勇,田兴山,等.畜禽疫苗佐剂研究进展[J].生物技术通讯,2005,16(2):231-233.

[199] 张春莉,刘照惠,王妍,等.胸腺五肽固相合成及免疫增强作用的研究[J].中国生物制品学杂志,2003,16(2):87.

[200] 张显升,刘在新,赵启,等.口蹄疫病毒基因组 RNA 结构与功能研究进展[J].病毒学报,2001,17(4):375-380.

[201] 张俊红.鸡新城疫疫苗的产生、应用及发展[J].中国家禽,2000,22(2):41-42.

[202] 张洪勇,金宁一.合成肽疫苗的分子设计[J].生物技术通讯,2003,14(2):145-147.

[203] 张振兴,姜平.实用兽医生物制品技术[M].北京:中国农业科技出版社,1996.

[204] 张桂枝,靳双星.抗新城疫、禽流感(H5、H9)多价二联卵黄抗体的研制及应用[J].广东农业科学,2009(9):157-158.

[205] 张悦,戚晓红,冯振卿.免疫佐剂的研究进展[J].中国血吸虫病防制杂志,2004,16(3):236-238.

[206] 张颖,刘长军,秦运安.鸡马立克病疫苗研究进展[J].动物医学进展,2006,27(5):39-42.

[207] 陈主初,吴端生.实验动物学[M].长沙:湖南科学技术出版社,2001.

[208] 陈光明.蛋白质药品冷冻干燥技术研究进展[J].制冷空调与电力机械,2003,24(2):1-7.

[209] 陈芳,计慧琴,卢玉葵,等.胸腺素 α_1 对墟岗黄鸡免疫器官组织学结构的影响[J].中国畜牧杂志,2005,41(7):16-18.

[210] 陈来同.生化工艺学[M].北京:科学出版社,2004.

[211] 陈来同.生物化学产品制备技术[M].北京:科学技术文献出版社,2004.

[212] 陈果亮,杜元钊,管清江.常规动物用活疫苗冻干保护剂的改良初探[J].中国动物检疫,2007,24(10):28-29.

[213] 陈果亮.新城疫(ND-C30)活疫苗耐热保护剂的筛选[D].扬州:扬州大学,2007.

[214] 陈晓生,张辉华,田允波,等.抗菌肽作饲料添加剂对肉鸭生长性能的影响[J].黑龙江畜牧兽医,2005(3):64-65.

[215] 陈溥言.兽医传染病学[M].5 版.北京:中国农业出版社,2006.

[216] 陈麟凤,刘景汉.常用细胞冻干保护剂的特性、作用机制及应用进展.中国输血杂志,2006,19(6):500-502.

[217] 邵义祥.医学实验动物学教程[M].南京:东南大学出版社,2003.

[218] 武梅,石林,刘世贵,等.纳米颗粒包裹 CpG 序列对猪副伤寒疫苗接种小鼠免疫应答的影响[J].生物医学工程学杂志,2005(5):975-979.

[219] 范文明,张菊英,罗含禄.鸭病毒性肝炎鸭胚灭活疫苗的研究[J].畜牧兽医学报,1993,24(4):354-358.

[220] 范书才,李虹,史大庆,等.鸭瘟灭活疫苗效力试验和安全试验[J].中国预防兽医学报,2009,31(7):553-557.

[221] 范书才.兽用基因工程生物制品的安全问题[J].中国兽药杂志,2000,34(6):39-42.

[222] 范红结,陆承平,唐家琪.马链球菌曾疫亚种类 M 基因和猪链球菌 2 型 mrp 基因片段的融合表达及仔猪免疫试验[J].南京农业大学学报,2003,26(4):78-81.

[223] 苗明三.实验动物与动物试验技术[M].北京:中国医药科技出版社,2000.

[224] 范京惠,左玉柱,王玉玲,等.猪瘟病毒 T 细胞表位与猪细小病毒 VP2 融合基因在重组杆状病毒中的表达[J].中国兽医科学,2007,37(8):661-665.

[225] 林秀英,黄金禄,陈惠珍,等.牛流行热病毒亚单位疫苗的研究[J].中国畜禽传染病,1993(3):8-10.

[226] 林爱芬,陆绍红,陈彩华,等.LIT 对小鼠抗弓形虫感染的保护作用[J].中国寄生虫学与寄生虫病杂志,1999,17(6):387-389.

[227] 易永宏,樊哲炎.3 周龄断奶仔猪日粮中应用血浆蛋白粉的饲养效果[J].饲料工业,2000,21(11):14-15.

[228] 罗满林,邵定勇,裴仉福,等.动物疫苗的科学免疫[J].中国兽药杂志,2009,43(7):57-60.

[229] 罗满林,顾为望.实验动物学[M].北京:中国农业出版社,2002.

[230] 罗镇藩,房宜康.耐热冻干保护剂在兽用冻干活疫苗中的初步研究.广东畜牧兽医科技,2002,27(3):37-38.

[231] 罗薇,张金灵,刘内生,等.Ⅰ型鸭肝炎病毒鸡胚致弱毒 MY 株的培育及试验研究[J].2010,31(1):9-14.

[232] 金博,WANG R Y H,程留芳,等.免疫佐剂对不同剂量丙肝核酸疫苗效果的影响[J].世界华人消化杂志,2005,13(12):1429-1433.

[233] 周东坡.生物制品学[M].北京:化学工业出版社,2007.

[234] 周红蕾,李春玲,王贵平.脂质体作为疫苗免疫佐剂的应用研究进展[J].动物医学进展,2006,27(2):34-38.

[235] 周泰冲.从新西兰进口奶牛中分离传染性牛鼻气管炎病毒[J].兽医科技杂志,1981(1):6-9.

[236] 周鹏.转基因植物生物反应器[M].北京:中国农业出版社,2009.

[237] 庞昕,柴家前,姜仁辉.蜂胶的免疫增强作用机理研究进展[J].青海畜牧兽医杂志,2001,31(2):37-39.

[238] 庞昕,柴家前.蜂胶佐剂的免疫作用机理[C].全国兽医微生物学学术年会论文集,1999.

[239] 郑立勇,毕可东,丁超,等.鸡抗猪大肠杆菌卵黄抗体的变化规律研究[J].黑龙江畜牧兽医,2008(10):59-60.

[240] 郑金生,马云仙,孙莉华,等.用山羊痘活疫苗治疗猪痘的方法[J].中国猪业,2007,9:46-47.

[241] 郑敏.山羊痘病毒基因缺失毒株及DNA疫苗的构建、鉴定和试验免疫[D].吉林:吉林大学,2008.

[242] 郑献进,张大丙,曲丰发,等.Ⅳ型鸭肝炎病毒鸡胚化弱毒疫苗的研制[J].中国兽医杂志,2007,43(12):6-8.

[243] 房红莹,罗满林.牛结核病疫苗的最新研究进展[J].广东畜牧兽医科技,2007,32(2):24-26.

[244] 孟松树,张绍杰,童光志.鸡传染性喉气管炎病毒DNA疫苗免疫效果观察[J].中国预防兽医学报,2000,22(3):179-181.

[245] 封启明,杨冰清,李昌林,等.中国牛传染性鼻气管炎血清抗体普查报告[J].动物检疫,1982(1):36-39.

[246] 赵本进,潘晓简,陈晓清,等.二乙烯亚胺灭活猪细小病毒的试验报告[J].上海畜牧兽医通讯,2004,6:19.

[247] 赵利平,魏学峰,陈九连,等.山羊痘灭活疫苗免疫保护试验[J].中国兽药杂志,2005,08:21-22.

[248] 赵宝华,石振华,张莉.霍乱毒素B亚单位免疫佐剂的研究进展[J].商丘师范学院学报,2001,17(6):88-92.

[249] 赵星灿.重组白细胞介素2用于猪圆环病毒病的治疗试验[J].畜牧与兽医,2008,40(7):110-111.

[250] 赵德明,张仲秋,沈建忠.猪病学[M].9版.北京:中国农业大学出版社,2008.

[251] 郝光荣.实验动物学[M].上海:第二军医大学出版社,2002.

[252] 郝新国.布氏杆菌病疫苗的研究进展[J].郑州牧业工程高等专科学校学报,2009,4(29):16-17.

[253] 胡建和,王青,杭柏林.1株天然抗菌肽的纯化及活性检测[J].贵州农业科学,2010,38(7):101-102.

[254] 胡建和,陈永耀,王自良,等.新型猪瘟疫苗的研究和应用前景[J].中国兽医科技,2003,33(3):36-39.

[255] 胡钧,卫广森.试论21世纪中国动物生物制品的研究发展趋向[J].中国兽药杂志,2000,35(3):51-54.

[256] 胡晓艳,王春维,赵胜军,等.饱和硫酸铵法提取IgG工艺的优化[J].中国粮油学报,2009,24(1):118-120.

[257] 胡晓艳,王春维.免疫球蛋白的制备方法及在畜禽生产中的应用[J].饲料与畜牧,2008(2):11-13.

[258] 战利宾.猪细小病毒疫苗研究概况[J].养猪,2009(5):59.

[259] 段正赢,徐涤平,王红琳,等.猪链球菌病单价与多价火活苗的免疫效果[J].安徽农业科学,2007,35(31):31-35.

[260] 侯俊玲,郑亚东,景志忠.DNA疫苗免疫佐剂的研究进展[J].中国兽医科技,2005,35(2):153-156.

[261] 侯振中,孙庆申.兽医疫苗学:过去、现在以及未来[J].黑龙江畜牧兽医,2002,6:50-51.

[262] 律祥君,崔金良,田伯耘,等.猪附红细胞体病的免疫学研究[J].河南畜牧兽

医，2001，22(6)：7-8.

[263] 饶家辉，王玉平，雷连成. 马抗猫细小病毒特异性免疫球蛋白的研制[J]. 中国畜牧兽医，2010，37(1)：34-39.

[264] 施新猷. 现代医学实验动物学[M]. 北京：人民军医出版社，2000.

[265] 姜平，陈溥言，蔡宝祥，等. 传染性法氏囊病病毒主要结构蛋白基因表达产物免疫学实验[J]. 南京农业大学学报，1998(21)：100-103.

[266] 姜平. 兽医生物制品学[M]. 2 版. 北京：中国农业出版社，2003.

[267] 姜晓萍，孙明艳，解晶，等. 免疫固定电泳在多发性骨髓瘤中的应用价值[J]. 中华伤残医学，2009，17(2)：43-44.

[268] 姜崴，张春丽，王雪丰. 冻干干扰素保护剂(稳定剂)的筛选[J]. 微生物学免疫学进展，2002，30(4)：40-43.

[269] 洪义国，孙谧，张云波. 16S RNA 在海洋微生物系统分子分类鉴定及分子检测中的应用[J]. 海洋水产研究，2002，23(1)：57-63.

[270] 宣长和. 猪病学[M]. 2 版. 北京：中国农业科学技术出版社，2005.

[271] 秦立廷，王喜军，赵莉，等. 鸡 γ-干扰素在重组杆状病毒中的表达及抗病毒活性的测定[J]. 中国预防兽医学报，2009，29(3)：212-216.

[272] 秦卓明. 鸡传染性支气管炎研究进展(下)[J]. 山东家禽，2001，5：26-29.

[273] 秦玲丽，潘卫华. 血浆蛋白粉在乳猪阶段中的饲喂效果试验[J]. 上海畜牧兽医通讯，2002，3：20-21.

[274] 袁章，郭万柱，余光勇，等. 猪伪狂犬病病毒载体的研究进展[J] . 安徽农业科学，2007，35(6)：1673-1674.

[275] 耿辉. 控制家畜蠕虫感染的照射疫苗[J]. 国外医学寄生虫病分册，2000，27(1)：22-25.

[276] 索江华，吴玉臣，唐光武，等. 猪圆环病毒 2 型高免卵黄抗体的研制与应用[J]. 中国畜牧兽医，2010，37(6)：185-187.

[277] 贾华强. 猪传染性胃肠炎灭活细胞疫苗[J]. 畜牧兽医科技信息，2007(12)：128.

[278] 贾丽丽，张微，岳广智. 冻干乙脑减毒活痰苗保护期的筛选[J]. 中国生物制品学杂志，2000，13(3)：176-177.

[279] 贾校剑. 猪萎缩性鼻炎的研究进展[J]. 黑龙江八一农垦大学学报，2007，19(4)：76-81.

[280] 钱建飞. 动物基因工程疫苗研究进展[J]. 中国预防兽医学报，2000，22：189-192.

[281] 徐凤宇，何昭阳. 免疫佐剂的作用机制及其应用[J]. 中国兽医科学，2007，37(5)：449-455.

[282] 徐苗. 免疫佐剂作用机理研究进展[J]. 国外医学：预防、诊断、治疗用生物制品分册，2003，26(2)：63-66.

[283] 徐明谦，沈树仪，朱兵，等. 免疫技术诊断包虫病的评价[J]. 中华医学杂志，1989，69(2)：100-103.

[284] 徐忠贤，阮士祥，吴桂兰. 应用^{60}Coγ 射线辐照新城疫病毒和伪狂犬病病毒的消毒试验[J]. 中国预防兽医学报，1983，3：14-16.

[285] 徐顺清,刘衡川.免疫学检验[M].北京:人民卫生出版社,2006.

[286] 徐智,彭宣芙,王立新.几种胆囊黏膜化学灭活剂的灭活效果评价[J].中国普外基础与临床杂志,2004,11(2):136-138.

[287] 殷震,刘景华.动物病毒学[M].2版.北京:科学出版社,1997.

[288] 徐燕萍,湛学军,杨淑华,等.鸡卵黄乙肝病毒特异性转移因子的制备及鉴定[J].中国生物制品学杂志,2006,19(1):60-63.

[289] 郭定宗,唐为龙,程大池,等.猪传染性胃肠炎转移因子的制备及其特性研究[J].湖北农学院学报,1999,19(3):230-232.

[290] 郭宝清,陈章水,刘文兴,等.从疑似PRRS流产胎儿分离PRRSV的研究[J].中国预防兽医学报,1996,2(2):1-5.

[291] 郭宝福,郭鑫,高爽,等.应用转移因子治疗68例奶牛隐性乳房炎的疗效观察[J].黑龙江畜牧兽医,1989,7:20:21.

[292] 唐雨德,顾志香,刘玉,等.猪囊虫病基因工程疫苗的研制及应用.中国兽医学报,2001,21(1):49-53.

[293] 涂涛,桂珍,杨树森.旋毛虫成虫、新生幼虫和肌幼虫抗原的保护性免疫研究[J].中国人兽共患病杂志,2001,17(2):66-69.

[294] 黄亚东,郑青,等.IBV广东分离株GDo5 S1基因的克隆、鉴定及其表达[J].中国病毒学,2002,17(3):266-269.

[295] 黄青云.畜牧微生物学[M].北京:中国农业出版社,2003.

[296] 黄涛,严华.黏膜免疫佐剂研究进展[J].微生物学免疫学进展,2007,35(4):55-60.

[297] 黄雪飞.猪附红细胞体病的流行及防制对策的探讨[J].安徽农业科学,2007,35(31):9905-9907

[298] 梅春升,周世霞,马立保.新城疫疫苗及其应用研究进展[J].国外畜牧学——猪与禽,2006(6):50-53.

[299] 曹军,常燕,徐晓梅,等.抗嗜水气单胞菌卵黄抗体的制备及保护效果[J].湖北农业科学,2009,48(06):1443-1446.

[300] 曹军平,倪心,朱爱萍.猪传染性胃肠炎组织灭活苗的研制和应用[J].湖北农业科学,2000,(4):63-64.

[301] 曹轶梅,卢增军,刘在新,等.用大肠杆菌表达FMDV NSP 3ABC鉴别感染与注苗动物ELISA方法的建立[J].畜牧兽医学报,2005,36(4):381-386.

[302] 曹胜利,秦致辉,蔡孟深,等.血吸虫多抗原肽疫苗的合成及生物活性[J].药学学报,1999,34(5):368-371.

[303] 盛圆贤.猪传染性萎缩性鼻炎的研究进展[J].中国预防兽医学报,2009,31(4):329-332.

[304] 常巧呈,霍晓伟,李太元,等.口蹄疫病毒多价DNA疫苗的构建及其免疫原性[J].中国生物制品学杂志,2008,21(10):876-879.

[305] 崔水保,王红东,于亮明,等.蛋白胨对仔猪副伤寒疫苗培养菌数和冻干后活菌率的影响[J].中国兽药杂志,2003,37(2):44-45.

[306] 崔治中.动物基因工程疫苗安全性及免疫效力的评估[J].中国兽医杂志,

1997,31(1):53-57.

[307] 崔治中.兽医免疫学[M].北京:中国农业出版社,2005.

[308] 崔保安,魏战勇,王学斌,等. IL-2与猪细小病毒VP2基因双表达载体的构建及免疫原性的研究[J].生物工程学报,2006,22(3):425-430.

[309] 崔桂清,李火举.卵黄抗体在防制仔猪腹泻上的应用[J].中国兽医杂志,2010,46(3):61-63.

[310] 崔晶,王中全,李雍龙.旋毛虫病疫苗[J].国外医学寄生虫病分册,2004,31(5):216-222.

[311] 康凯,姚文生.仔猪副伤寒活疫苗两种菌落的免疫效力比较试验[J].中国兽药杂志,2000,34(3):33-34.

[312] 阎霞.三效热原灭活剂的再利用及其应用效果分析[J].中华医院感染学杂志,2006,16(2):215-216.

[313] 梁月丽,陶海静,王富晓,等.鸡脑脊髓炎高免卵黄抗体的制备及治疗试验[J].河南畜牧兽医,2003,24:7.

[314] 彭淑英.猪传染性胃肠炎病毒S基因乳腺特异性真核表达载体构建的研究[D].杨凌:西北农林科技大学,2004.

[315] 葛兆宏.动物微生物[M].北京:中国农业出版社,2001.

[316] 葛丽,李震,于瑞嵩,等.猪α-干扰素基因在毕赤酵母中的分泌表达[J].中国兽医学报,2005,25(3):289-292.

[317] 蒋长苗,周晓琳.微生态血粉研制与应用[J].中国微生态学杂志,1999,11(8):233-235.

[318] 蒋玉文,朱平,郑明.霍乱毒素B亚单位免疫佐剂的研究进展[J].中国兽药杂志,2002,36(1):22-26.

[319] 韩国全,郭万柱,孙志勇,等.猪霍乱沙门菌SC500运载TGEVS与猪IL-15融合基因疫苗的稳定性及免疫安全性[J].中国兽医科学,2008,38(10):871-877.

[320] 韩宗玺,刘胜旺,孔宪刚,等.饲喂重组鸡白细胞介素18蛋白增加肉仔鸡体重的初步研究[J].中国生物工程杂志,2005,25(3):60-64.

[321] 韩雪清,刘湘涛.基因工程疫苗的研究进展[J].中国兽医科技,2003,33(5):19-23.

[322] 韩雪清,林祥梅,刘建,等.禽流感病毒分型基因芯片的研制[J].微生物学报,2008,48(9):1241-1249.

[323] 惠禹.发酵血粉与牛羊肉粉饲喂蛋雏鸡试验[J].中国畜牧杂志,1999,35(6):29-30.

[324] 程由铨,胡奇林,李怡英,等.番鸭细小病毒弱毒株的选育及其生物学特性[J].中国兽医学报,1996,16(2):118-121.

[325] 程安春,汪铭书,崔恒敏,等.鸭瘟鸭病毒性肝炎二联弱毒疫苗的研究[J].四川农业大学学报,1996,14(1):118-134.

[326] 程志萍,程安春,汪铭书,等.鸭IFN-α真核表达质粒基因枪免疫对鸭瘟弱毒疫苗免疫鸭细胞免疫调节作用初探[J].畜牧兽医学报,2007,38(10):1066-1071.

[327] 程相朝,赵德明,吴庭才,等.鸡IL-18真核表达载体的构建及其对新城疫疫苗

免疫增强作用的研究[J]. 畜牧兽医学报,2005,36(5),476-481.

[328] 傅牧. 兽医生物制品制造工艺理论与实践[M]. 北京:中国农业科学技术出版社,2007.

[329] 温纳相,黄青云,陈荣光,等. 鸡 IL-18 基因重组真核表达载体的构建及其表达产物的生物学活性[J]. 中国兽医科技,2005,35(7):547-550.

[330] 谢庆阁,翟中和. 畜禽重大疫病免疫防制研究进展[M]. 北京:中国农业科技出版社,1996.

[331] 谢连颂. 猪痢疾的诊断与防制[J]. 农技服务,2009,26(7):81-82.

[332] 靳亚平,杨前富,武浩. 牛胸腺肽的提取及活性检测[J]. 动物医学进展,2002,23(5):66-69.

[333] 甄宇红,刁云鹏,舒晓宏,等. 抗奶牛乳腺炎多价卵黄抗体的制备及含量测定[J]. 中国畜牧兽医,2009,36(3),134-136.

[334] 雷娜,陈书明. 鸡 IFN-γ 基因克隆表达及其抗球虫研究进展[J]. 中国畜牧兽医,2009,36(7):178-180.

[335] 靖宁,张政,舒小伟,等. 猪链球菌高免卵黄液的研制试验[J]. 浙江畜牧兽医,2008(10):4-5.

[336] 雍丽. 鸡新城疫疫苗应用的研究进展[J]. 甘肃畜牧兽医,2010,40(1):38-40.

[337] 窦如海. 实验动物与动物试验技术[M]. 济南:山东科学技术出版社,2006.

[338] 蔡宝祥. 家畜传染病学[M]. 4 版. 北京:中国农业大学出版社,2001.

[339] 蔡梅红,曹瑞兵,王传友. 重组酵母鸡 α-干扰素的研制及其抗病毒活性测定[J]. 中国免疫学杂志,2007,23(9):31-33.

[340] 蔡梅红,曹瑞兵,周斌,等. 鸡 γ-干扰素成熟蛋白基因的表达及其产物抗病毒活性测定[J]. 中国病毒学,2004,19(1):32-35.

[341] 裴建武,郭玉璞,周顺伍. 传染性法氏囊炎基因工程疫苗研究进展[J]. 中国兽药杂志,1997,31(3):52-53.

[342] 管孝鞠,吴玉章. Thl 极化佐剂的研究进展[J]. 华西药学杂志,2001,16(2):118-120.

[343] 廖明,丘鹤英. 家禽免疫学基础知识[J]. 中国兽医杂志,1996,22(2):55-56.

[344] 廖翔,黄留玉,苏国富. 霍乱毒素佐剂的研究进展[J]. 生物技术通讯,2003,14(1):60-63.

[345] 翟向和,李清艳,邢晓虎,等. 猪附红细胞体病的研究进展[J]. 当代畜禽养殖业,2003,1:29-31.

[346] 樊绮诗,吕建新. 分子生物学检验技术[M]. 2 版. 北京:人民卫生出版社,2007.

[347] 樊新,徐修礼,尤涛,等. 伯泰血培养瓶对细菌培养生长能力和敏感性分析[J]. 中国试验诊断学,2009,9:35-36.

[348] 潘天彪,廖晓光,李湘涛. 猪用转移因子与猪瘟疫苗联合免疫的试验报告[J]. 养殖与饲料,2006,5:37-40.

[349] 潘杭君,孙红祥. 三萜皂甙的免疫调节作用[J]. 中兽医学杂志,2003,1:42-45.

[350] 潘雪珠,粟寿初,张婉华,等. 猪细小病毒灭活疫苗的安全性和免疫力[J]. 上海

农业学报,1988,4(1):1-10 .

[351] 穆海菠,王洪新. 抗鸡新城疫卵黄抗体 IgY 的研制[J]. 中国家禽,2003,25(14):12-13.

[352] 魏泓. 医学实验动物学[M]. 成都:四川科学技术出版社,1998.

[353] 魏晓露,刘婧,高菁霞,等. 二乙烯亚胺灭活流感病毒的效果观察[J]. 中国生物制品学杂志,2008,21(5):395-397.

[354] 瞿礼嘉. 现代生物技术导论[M]. 北京:高等教育出版社,1998.

[355] Agerberth B,Lee J Y,Bergman T,et al. Amino acid sequence of PR-39. Isolation from pig intestine of a new member of the family of proline-arginine-rich antibacterial peptides [J]. Eur J Biochem, 1991, 202(3): 849-854.

[356] Aikawa K, Matsumoto K, Uda H, et al. Prolonged release of drug from O/W emulsion and residence in rat nasal cavity[J]. Pharm Dev Technol, 1998, 3(4):461-469.

[357] Albina E. Epidemiology of porcine reproductive and respiratory syndrome (PRRS): an overview[J]. Vet Microbiol, 1997, 55:309-316.

[358] Alessio F, Bernadette B, David W, et al. Vibrio cholerae produces a second enterotoxin, which affects intestinal tight junctions[J]. Pro Nati Acad Sci USA, 1991, 88:5242.

[359] Almeida C M,Quintana-Flones V M,Medina E,et al. Egg yolk anti-BfpA antibodies as a tool for recognizing and identiying cntoropathogenic escherichia coli[J]. Scand J Immunol, 2003, 57(6): 573-582.

[360] Alvarez-Thull L, Kirkpatrick C H. Profiles of cytokine production in recipients of transfer factors. Biotherapy, 1996, 9(1-3):55-59.

[361] Amalfitano A, Hauser M A, Hu H, et al. Production and characterization of improved adenovirus vectors with the E1, E2b, and E3 genes deleted[J]. Journal of Virology, 1998, 72: 926-933.

[362] Amanda M, Walmsley, Charles J, Arntzeny. Plant cell factories and mucosal vaccines[J]. Current Opinion in Biotechnology, 2003, 14: 145-150.

[363] Aucouturier J,Dupuis L,Ganne V. Adjuvants designed for veterinary and human vaccine[J]. Vaccine, 2001, 19: 2666-2672.

[364] Azad A A, Mckem N M, Maereadie I G, et al. Physiochemical and immunological characterization of recombinant host-protective antigen of infectious bursal disease virus[J]. Vaccine, 1991(9): 715-722.

[365] Bertone P, Stoic V, Royce T E ,et al. Global identification of human t ranscribed sequences with genome Tiling arrays[J]. Science, 2004, 306(24):2242.

[366] Biemelt S, Sonnewald U, Galmbacher P, et al. Production of human papilloma virus type 16 virus-like particles in transgenic plant[J]. J Viorlogy, 2003, 77: 9211-9220.

[367] Binns M M, Boursnell M E C, Cavanagh D. Israel Journal of veterinary medicine[J]. 1986, 42(2): 124-127.

[368] Bird P I, Pak S C, Worrall D M , et al. Production of recombinant serpins in Escherichia coli[J]. Methods, 2004, 32 (2): 169-176.

[369] Bording A, Nymark K, Smidt E. Field trials with anew genetically engineered vaccine for protection against progressive atrophic rhinitis in pigs[J]. Acta Vet Scand, 1994, 35(2): 155-163.

[370] Borst P, Rudenkko G. Atigenic Variation in trypanosimes[J]. Arch Med Res, 1996, 27(3): 379-388.

[371] Brewer J M, Tetley L, Richmond J, et al. Lipod vesicle size determines the Thl or Th2 response to entrapped antigen[J]. J Immunol, 1998, 161:4000.

[372] Cambier J C,Pleiman C M,Clark M R. Signal transduction by the B cell antigen receptor and its coreceptors[J]. A Rev Immun, 1994, 12: 457-486.

[373] Cano J P, Dee S A, Murtaugh M P, et al. Effect of vaccination with a modified-live porcine reproductive and respiratory syndrome virus vaccine on dynamics of homologous viral infection in pigs[J]. American Journal of Veterinary Research, 2007, 68 (5): 565-571.

[374] Cantello J L, Parcells M S, Anderson A S, et al. Marek's disease virus latency-associated transcripts belong to a family of spliced RNAS that are antisense to the ICP4 homolog gene[J]. Journal of Virology, 1997, 71: 1353-1361.

[375] Capron A, Dessaint J P,Capron M. Immunity to schistosomes: Progress toward vaccine[J]. Science, 1987, 238(4830): 1065-1072.

[376] Carn V M, Timms C P, Chand P, et al. Protection of goats against capripox using a subunit vaccine. Vet Rec, 1994, 135(18): 434-436.

[377] Carrillo C, Wigdorovitz A, Oliveros J C, et al. Protective immune response to foot-and-mouth disease virus with VP1 expressed in transgenic plants[J]. Virol, 1998, 72(2):1688-1690.

[378] Carrillo C, Wigdorovitz A, Trono K, et al. Induction of a virus specific antibody response to foot and mouth disease virus using the structural protein VPl expressed in transgenic potatoes plants[J]. Virol Immunol, 2001, 14: 49-57.

[379] Chang Y, Li M, Yang H, et al. Roles of thymosinsin cancers and other organ systems[J]. World J Surg, 2005, 29(3): 264-270.

[380] Charter, et al. Bringing context back into epidemiology: variables and fallacies in multilevel analysis[J]. Am J Pub Hlth, 1998, 88(2): 216-222.

[381] Chartier C, Mallereaum P. Vaccinal efficacy of *toxoplasma gondii* S48 strain tested in an experimental trial in goats[J]. Annalesde Medicine Veterinaire, 2001 (3): 145.

[382] Chen S C, Jones D H, Fynan E F,et al. Protective immunity induced by oral immunization with a rotavirus DNA vaccine encapsulated in microparticles[J]. J Virol, 1998,72(7):5757-5761.

[383] Cheung A K. Investigation of pseudorabies virus DNA and RNA in trigeminal ganglia and tonsil tissues of latently infected swine[J]. Vet Res, 1995, 56: 45.

[384] Chinsangaram J, Moraes M P, Koster M, et al. A novel viral disease control strategy: adenovirus expressing interferon alpha rapidly protects swine from foot-and-mouth disease[J]. J Virol, 2003, 77: 1621-1625.

[385] Chow Y H, Huang W L, Cli W K, et al. Improvement of hepatitis B virus DNA vaccines by plasmids coexpressing hepatitis B surface antigen and interleukin-2 [J]. J Virol, 1997, 1(1):169-178.

[386] Cohn, Warr G W, Middleton D L, et al. Structural relationship between the two IgY of the duck, Anas platyrhynchos; molecular genetic evidence[J]. J Immunol, 1992, 15(149):2627-2633.

[387] Confer A W. Immunogens of Pasteurella [J]. Vet Microbiol, 1993, 37: 353-368.

[388] Csordas A, Michl H. Isolation and structure of a haemolyric polypeptide from the defensive secretion of European Bombma species[J]. Monatshefie Chemistry, 1970(101): 182-189.

[389] Curtisis R I, Cardineau C A. Oral immunization by transgenic plant[P]. World patent Application: Wo/02484, 1990.

[390] Daddario-DICaprio K M, Geisbert T W S U. Postexposure protection against Marburg Haemorrhagic feverwith recombinant vesiculars tomatitis virus vectors in non-human primates:an efficacy assessment[J]. Lancet, 2006, 367:1399-1404.

[391] Dalton D P, Mulcahy G. Parasitevaccine-areality[J]. Veterinary Parasitology, 2001, 98:149-167.

[392] Daniell H, Seung-Bum Lee, Panchal T, et al. Expression of the native cholera toxin B subunit gene and assembly as functional oligomers in transgenic tobacco chloroplasts[J]. J Mol Biol, 2001, 311: 1001-1009.

[393] Darwish R A, Sanad M M, Youssef S M. Immunization against *Trichinella spiralis* using antigens from different life-cycle stages experimental study in mice[J]. J Egypt Soc Parasitol, 1996, 26(1):19-26.

[394] Denac H, Moser C, Tratschin J D, et al. An indirect ELISA for the detection of antibodies against porcine reproductive and respiratory syndrome virus using recombinant nucleocapsid protein as antige ligen[J]. J Virol Methods, 1997, 65:169-181.

[395] Derouchey M D, Tokach J L, Nelssen R D, et al. Effects of blood meal pH and irradiation on nursery pig performance[J]. JAnim Sci, 2003, 81:1013-1022.

[396] Done J T. Porcine atrophic rhinitis: snout radiography as an aid to diagnosis and detection of the disease[J]. Vet Rec, 1976, 98: 23-28.

[397] Done S H, Paton D J, White M E C. Porcine reproductive and respiratory syndrome (PRRSRS): a review, with emphasis on pathological, virological and diagnostic aspects[J]. Br Vet J, 1996, 152: 153-174.

[398] Du Y, Jiang P, Li Y, et al. Immune responses of two recombinant adenoviruses expressing VP1 antigens of FMDV fused with porcine granulocyte macrophage colony-stimulating factor[J]. Vaccine, 2007, 25(49):8209-8219.

[399] Dus Santos M J, Carrillo C, Ardila F, et al. Development of transgenic alfalfa plants containing the foot and mouth disease virus structural polyprotein gene P1 and its utilization as an experimental immunogen [J]. Vaccine, 2005, 23 (15): 1838-1843.

[400] Duxbury R E. *Trypanosoma congolense*: immunization if mice, dogs and cattle with gamma-irradiated parasite[J]. Vet Bull, 1973, 43(7): 367.

[401] Erhard M H, Bergmann J, Renner M, et al. Prophylactic effect of specific egg yolk antibodies in diarrhea caused by Escherichia coli K88 (F4) in weaned piglets [J]. Zentralbl Veterinarmed A, 1996, 43(4): 217-223.

[402] Fernandes J F, Castellani O, Okumura M. Histopathology of the heart and muscles in mice immunized against Trypanosoma cruzi[J]. Rev Inst Med Trop Sao Paulo, 1966, 8: 151-156.

[403] Flanegan J B, Baltimure D. Poliovirus-specific primer-dependent RNA polymerase able to copy poly(A)[J]. Proc Nalt Acad Sci USA, 1977, 4: 3677-3680.

[404] Gamble H R. Comparison of immune effects in mice immunized with *Trichinella spiralis* adult and larval antigens[J]. J Parasitol, 1985, 71(5): 680-682.

[405] Geerligs H, Quanz S, Suurland B, et al. Efficacy and safety of cell associated vaccines against Marek's disease virus grown in a continuous cell line from chickens[J]. Vaccine, 2008, 26(44): 5595-5600.

[406] Goldstein A L, Low T L, McAdoo M, et al. Thymosin alphal: isolation and sequence analysis of animmunologically active thymic polypeptide[J]. Proc Natl Acad Sci USA, 1977, 74(2): 725-729.

[407] Gomez N, CarriUo C, Alinaa J, et al. Expression of immunogenic glyeoprotein S Polypoptides from transmissible gastroenteritis coronavinIs in Transgenie Plants [J]. Virology, 1998, 249(2): 352-358.

[408] Gomez N, Wigdorovitz A, Castanon S, et al. Oral immunogenicity of the plant-derived spike protein from swine: transmissible gastroenteritis corona virus [J]. Arch Virol, 2000, 145: 1725-1732.

[409] Grinstead G S, Dritz S S, Tokach M D, et al. Effect of a whey protein and spray-dried animal plasma on growth performance of weanling pigs[J]. J Anim Sci, 2000, 78: 647-657.

[410] Gupta R K. Alumimum compounds as vaccine adjuvants[J]. Adv Drug Deliv Rev, 1998, 32(3): 155-172.

[411] Hase K, Ohno H. Epithelial cells as sentinels in mucosal immune barrier [J]. Nihon Rinsho Meneki Gakkai Kaishi, 2006, 29(1): 16-26.

[412] Hassl A, Aspock H. Purification of egg yolk immunoglobulinsA two-step-procedure using hydrophobic interaction chromatography and gel filtration[J]. J Immunol Methods, 1988, 110: 225-228.

[413] Hilleman M R. Vaccine in historic evolution and perspective: a narrative of vaccine discoveries[J]. Vaccine, 2000, 18: 1436-1447.

[414] Hinman A R. Global progress in infectious disease control[J]. Vaccine, 1998, 16: 1116-1121.

[415] Hoare C A. The trypanosomes of mammals[M]. Oxford UnitedKingdom: Blackwell Scientific Publications, 1972, 555-610.

[416] Hofman J A, Reichart J M. Drosophila immunity[J]. Cell Biology, 1997 (7): 309-316.

[417] Holtkamp D. Cost Associated with finishing variability[R]. Spanish: Proc Ann Swine Dis Conf Swine Pract, 1999.

[418] Hong Q, Qian P, Li X M, et al. A recombinant p seudorabies virus co-expressing capsid proteins precursor P1-2A of FMDV and VP2 protein of porcine parvovirus: a trivalent vaccine candidate[J]. Biotechnol Lett, 2007, 29 (11): 1677-1683.

[419] Inaba Y, Kurogi H, Sato K, et al. Formalin-inactivated, aluminum phosphate gel-adsorbed vaccine of bovine ephemeral fever virus[J]. Archives of Virology, 1973, 42(1): 42-53.

[420] James D M, Fregene A O, Salomon K. The effect of irradiation on infectivity and immunogenicity of Trypanosoma brucei[J]. J Parasitol, 1973, 59: 489-492.

[421] Jens P N, Niels T F, Vibeke S, et al. Vaccination against progressive atrophic rhinitis with a recombinant Pasteurella multocida toxin derivative [J]. Can J Vet Res, 1991, 55: 128-138.

[422] Kang M L, Sang G K, Hu L J, et al. Chitosan microspheres containing bordetella Bronchiseptica antigens as novel vaccine against atrophic rhinitis in pigs[J]. Microbiol Biotechnol, 2008,18(6): 1179-1185.

[423] Kapusta J A, Modelska M, Figlerowica T, et al. A plant-derived edible vaccine against hepatitis B virus. FASTB J,1999,13:1796-1799.

[424] Killer, Middleton D L. One gene encodes the heavy chains for three different forms of IgY in the duck [J]. J Immunol, 1994, 15(153): 5549-5555.

[425] Kim H S, Kwang J, Yoon I J, et al. Enhanced replication of porcine reproductive and respiratory syndrome (PRRS) virus in a homogeneous subpopulation of MA-104 cell line[J]. Arch Virol, 1993, 133: 477-483.

[426] Kim J J, Ayyavoo V, Bagarazzi M L, et al. In vivo engineering of a cellular immune response by coadministration of IL-12 expression vetor with a DNA immunogen [J]. J Immunol, 1997, 158:816-826.

[427] Kim M C, Kwon Y K, Joh S J, et al. Recent Korean isolates of duck hepatitis virus reveal the presence of a new gene and serotype when compared to duck hepatitis virus type 1 type strains [J]. Arch Virol,2007, 152: 2059-2072.

[428] Klemperer F. Ueber natürliche Immunit¾t und ihre Verwerthung für die Immunisirung-stherapie. Archiv für Experimentelle Pathologie und Pharmakologie, 1893, 31:356-82.

[429] Krbenge F R, Dlnllon A S, Russel R G. Biochemistry and immunology of infections bursal disease virus[J]. J Gen Virus, 1988, 69: 1757-1775.

[430] Kreil G. Antimicrobial peptides from amphibian skin: an overview[J]. Ciba Found Symposia, 1994(186): 77-90.

[431] Kritas S K, Nauwynck H J, Pensaert M B, et al. Effect of the concentration of maternal antibodies on the neural invasion of Aujeszky's disease virus in neonatal pigs[J]. Vet Microbiol, 1997, 55: 29-36.

[432] Kweon C, Kwon B, Woo S, et al. Immunoprophylactic effect of chicken egg yolk immunoglobulin (IgY) against porcine epidemic diarrhea in piglets[J]. J Vet Med Sci, 2000, 62 (9): 961-964.

[433] Ladinb F, Ihara S, Hampl H, et al. Pathway of assembly of herpesvirus capsids: ananalysis using DNA temperature-sensitive mutants of pseudorabies virus[J]. Virology, 1982, 116: 544-561 .

[434] Laura A, Ascension L Diaz de C, Pablo S, et al. Vaccination with an adenoviral vector encoding hepatitis Cvirus (HCV) NS protein protects against infection with HCV-recombinant vaccinia virus[J]. Vaccine, 2002, 21:202-210.

[435] Lee E N, Sunwoo H H, Enninen K M. *In vitro* study of chicken egg yolk antibody (IgY) against Salmonella enteritidis and Salmonella typhimurium[J]. Poultry Science, 2002, 81: 632-641.

[436] Lerner R A, Green N, Alexander H, et al. Chemically synthesized peptides peptides predicted from the nucleotide sequence of the hepatitis B virus genome eilcit antibodies reactive with the native envelope protein of Dane particles[J]. Proc NAtl Acad Sci USA, 1981, 78: 3403-3407.

[437] Levy A M, Heller E D, Leitner G, et al. Effect of native chicken interferon on MDV replication[J]. Acta Virology, 1999, 43: 121-127.

[438] Liao C M, Huang C, Hsuan S L, et al. Immunogenicityand efficacy of three recombinant subunit *Pasteurella multocida* toxin vaccines against progressive atrophicrhinitis in pigs[J]. Vaccine, 2006, 24(1): 27-35.

[439] Liao Y H, Brown M B, Quader A, et al. Protective mechanism of stabilizing excipients against dehydration in the freez-drying of proteins[J]. Pharm Res, 2002, 19 (12): 1854-1861.

[440] Lilie H, Schwarz E, Rudolph R. Advances in refolding of proteins produceel in *E. coli*[J] . Curr Opin Biotechnol, 1998, 9(5):497-501.

[441] Lim Y S, Kang B, Kim E J, et al. Potentiation of antigen-specific,TH1 immune responses by multiple DNA vaccination with an ovalbumin/interferon-γ hybrid construct[J]. Immunol, 1998, 94: 135-141.

[442] Loo E N, Sunwoo H M, Enninon K M. *In vitro* study of chicken egg yolk antibody (IgY) against Salmonella enteritidis and salmonella typhimurium[J]. Poultry Science, 2002, 81: 632-641.

[443] Low T L,McClure J E,Naylor P H,et al. Isolation of thymosin alpha 1 from thymosin fraction 5 of different species by high-performance liquid chromatography[J]. J Chromatogr, 1983, 266: 533-544

[444] Lowings P, Laude H, Charley B. Discrimination between Transmissible Gastroenteritis and Isolaties[J]. Archives of Virol, 1997, 142(8): 1703-1722.

[445] Luckins A G. *Trypanosoma evansi* in Asia[J]. Parasitol Today, 1988, 4: 137-141.

[446] Lun Z R, Fang Y, Wang C J, et al. Trypanosomiasis of domesticanimals in China[J]. Parasitol Today, 1993, 9: 41-45.

[447] Maereadie I G, Azad A A. Internal intiation and frameshifing in in-fectious bursal disease virus sequence expression in *E. coli*[J]. Virology, 1991, 184: 773-776.

[448] Maereadie I G, Vanghen P R, Chapman A J, et al. Passive protection against infectious bursal disease virus by viral VP2 expressed in yeast [J]. Vaccine, 1990, 8: 549-552.

[449] Marcus P I, Heide L, Van D, et al. Interferon action on avian viruses. I. Oral administration of chicken interferon-α ameliorates Newcastle disease[J]. Journal of Interferon & Cytokine Research, 1999, 19(8): 881-888.

[450] Marti H P, Murrell K D, Gamble H R. Trichinella spiralis:immunization of pigs with newborn larval antigens[J]. Exp Parasitol, 1987, 63(1):68-73.

[451] Mary J W. The role of dendritic cells in the immune response to Salmonella [J]. Immunology Letters, 2003, 85: 99-102.

[452] Mason H S, Haq T A, Clements J D. Edible vaccine protects mice against Escherichia coli heat-labile enterotoxin(LT): potatoes expressing a synthetic LT-B gene [J]. Vaccine, 1998, 16(13): 1336-1343.

[453] Mason H S, Lam D M K, Arntzen C J. Expression of hepatitis B surface antigen in transgenix plants[J]. Proc Natl Acad Sci USA, 1992, 89: 11745-11749.

[454] Mattem M, Winter G, Kohnert U, et al. Formulation of proteins in vacuum-dried glasses: Process and storage stability in sugar-free amino acid systems[J]. Pharm Dev Technol, 1999, 4(2): 199-208.

[455] Maudlin I, Holmes P H, Miles M A. The Trypanosomiases[M]. Oxfordshire: CABI Publishing, 2004,206.

[456] Mauro P M, Jarasvech C, Mario C S B, et al. Immediate protection of swine from foot-and-mouth disease: a combination of adenoviruses expressing interferon alpha and a foot-and-mouth disease virus subunit vaccine[J]. Vaccine, 2003, 22: 268-279.

[457] McChesney D G. FDA's role in feed safety[J]. FDA Veterinarian,1996,11 (2):2-5.

[458] McCormack W T, Hurley E A, Thompson C B. Germ line maintenance of the pseudogene donor pool for somatic immunoglobulin gene conversion in chickens[J]. Mol Cell Biol, 1993, 13(2): 821-830.

[459] McKenna T S, Lubroth J, Rieder E, et al. Receptor binding site-deleted foot-and-mouth disease (FMD) virus protects cattle from FMD[J]. J Virol, 1995, 69: 5787-5790.

[460] McManus D P. Taenia in the gastrointestinal tract[J]. New England Journal

of Medicine, 2008, 358: 311.

[461] Mengeling W L, Lager K M, Volz D M, et al. Effect of various vaccination procedures on shedding, latency, and reactivation of attenuated and virulent pseudorabies virus in swine[J]. Vet Res, 1992, 53: 2164-2173.

[462] Mettenleiter T C. Aglycoprotein gX-β-galactosidase fusiongene as insertional marker for rapid identification of pseudorabies vius mutants[J]. Virol, 1990, 30: 55-66.

[463] Mettenleiter T C. Immunobiology of pseudorabies (Aujeszky's Disease)[J]. Vet Immunol Immunopathol, 1996, 54: 221-229.

[464] Mettenleiter T. Aujeszky's disease (pseudorabies) virus: The virus and molecular pathogenesis[J]. Vet Res, 2000, 31: 99-115.

[465] Modelska A, Dietzschol B, Sleysh N, et al. Immunization against rabies with plant derived antigen[J]. Proc Natl Acadc Sci USA, 1998, 95(5): 2481-2485.

[466] Müller T, Batza H J, Schluter H, et al. Eradication of Aujeszky's disease in Germany[J]. Vet Med B Infect Dis Vet Public Health, 2003, 50:207-213.

[467] Nakamura T, Ihara T, Nunoya T, et al. Role of pseudorabies glycoprotein II in protection from lethal infection[J]. Vet Microbiol, 1993, 36: 83-90.

[468] Niels, Taekken, Foged. *Pasteurella multicoda* toxin the characterization of the toxin and its significance in the diagnostic and prevention of PAR in pigs[J]. A PMIS, 1992, 100(25): 51-56.

[469] Nikoo A, Aminirisseheib A H, Yousfa A N, et al. Passive immunization of rainbow trout (Oncorhynchus mykiss) with chicken egg yolk immunoglobu-lins (IgY) [J]. Aquaculre, 2004, 231: 23-36.

[470] Opriessnig T, Pallarés F J, Nilubol D, et al. Genomic homology of ORF 5 gene sequence between modified live vaccine virus and porcine reproductive and respiratory syndrome virus challenge isolates is not predictive of vaccine efficacy[J]. J Swine Health Prod, 2005, 13(5):246-253.

[471] Oswald I P. Role of intestinal epithelial cells in the innate immune defence of the pig intestine[J]. Vet Res, 2006, 37(3): 359-368.

[472] Otake W T, Tjoelker L W, Thompson C B. Avian B-cell development; generation of an immunoglobulin repertoire by gene conversion[J]. Ann Rev Immunol, 1991, 9: 219-241.

[473] Pan L, Zhang Y G, Wang Y L, et al. Foliar extracts from transgenic tomato plants expressing the structural polyprotein, P1-2A, and protease, 3C, from foot-and-mouth disease virus elicit a protective response in guinea pigs[J]. Veterinary Immunology and Immunopathology, 2008(121):83-90.

[474] Pan Q, He K, Huang K. Development of recombinant porcine parvovirus2like particles as an antigen carrier formed by the hybrid VP2p rotein carrying immunoreactive ep itope of porcine circovirus type 2[J]. Vaccine, 2008, 26(17): 2119-2126.

[475] Paoletti E. Applications of pox virus vectors to vaccination: an update. Proc

Natl Acad Sci USA, 1996, 93(21): 11349-11353.

[476] Patist A, Zoerb H. Preservation mechanisms of trehalose in food and biosystems[J]. Colloids and Surfaces B:Biointerfaces, 2005, 40(2): 107-113.

[477] Pedersen K B, Nielsen J P, Foged N T, et al. Atrophic rhinitis in pigs: proposal for a revised definition[J]. Vet Rec, 1988, 122(8): 190-191.

[478] Pei J, Sekellick M J, Marcus P I, et al. Chicken interferon type I inhibits infectious bronchitis virus replication and associated respiratory illness[J]. Journal of Interferon & Cytokine Research, 2001, 21(12): 1071-1077.

[479] Pensaert M, Gielkens A L J, Lomniczib, et al. Round table on control of Aujeszky's disease and vaccine development based on molecular biology[J]. Vet Microbiol, 1992, 33: 53-67.

[480] Perrin A, Albina E, Breard E, et al. Recombinant capripox viruses expressing proteins of bluetongue virus: Evaluation of immune responses and protection in small ruminants[J]. Vaccine, 2007, 25(37-38): 6774-6783.

[481] Plachy J, Weining K C, Kremmer E, et al. Protective effectsof type I and type II interferons toward Rous sarcoma virus-induced tumors in chickens[J]. Virology, 1999, 256(1): 85-91.

[482] Qiaohua W, Mauro P M, Marvin J G. Recombinat adenovirus co-expressing capsid protein of two serotypes of foot-and-mouth disease virus (FMDV) in vitro characterization and induction of neutralizing antibody against FMDV in swine[J]. Virus Research, 2003, 93:211-219.

[483] Quint W, Gielkens A, Van Oirschot J, et al. Construction and characterization of deletion mutants of pseudorabies virus: A new generation of 'live' vaccines[J]. Gen Virol, 1987, 68:523-534.

[484] Rea T J, Timmins J G, Longw, et al. Mapping and sequence of the gene for the pseudorabies virus glycoprotein which accumlates in the medium of infected cells [J]. J Virol, 1985, 54(1):21-29.

[485] Richter L J, Thanavala Y, Arntzen C J, et al. Production of hepatitis B surface antigen in transgenic plants for oral immunization[J]. Nat Biotechnol, 2000, 18: 1167-1171.

[486] Robert E W, Hancock. Cationic peptide:effectors in innate immunity and novel antimicrobials[J]. Lancet Infectious Disease, 2001(1):156-164.

[487] Roic B, Cajavec S, Tonc J, et al. Prevalence of antibodies to Porcine Parvovirus in wild boars (Sus scrofa) in Croatia[J]. Journal of Wildlife Diseases, 2005, 41 (4):796-799.

[488] Romero C H, Barrett T, Evans S A, et al. Single capripox virus recombinant vaccine for the protection of cattle against rinderpest and lumpy skin disease[J]. Vaccine, 1993, 11(7):737-742.

[489] Rossow K D. Porcine reproductive and respiratory syndrome[J]. Vet Pathol, 1998, 35:1-20.

[490] Salt J S, Thevasagayam S J, Wiseman A, et al. Efficacy of a quadrivalent vaccine against respiratory diseases caused by BHV-1, PI(3)V, BVDV and BRSV in experimentally infected calves[J]. Vet J, 2007, 2: 616-626.

[491] Sandhu T S, Calnek B W, Zeman L. Pathologic and serologic characterization of a variant of duck hepatitis type Ⅰ virus[J]. Avian Dis, 1992, 36: 932-936.

[492] Sekellick M J, Carra S A, Bowman A,et al. Transient resistance of influenza virus to interferon action attributed to random multiple packaging and activity of NS genes [J]. Journal of Interferon & Cytokine Research, 2000, 20(11): 963-970.

[493] Sirard J C, Niedergang F, Kraehenbuhl J P. Live attenuated Salmonella: a paradigm of mucosal vaccines[J]. Immunol Rev, 1999, 171: 5-26.

[494] Sirinarumitr T, Siddell S, Grahare F, et al. Porcine transmissible gastroenteritis virus induced apoptosis in swine testes cell cultures[J]. Archives of Virology, 1998, 143(12): 2471-2485.

[495] Snijder E J, Meulenberg J J M. The molecular biology of arteriviruses[J]. J Gen Virol, 1998, 79: 961-979.

[496] Soisson L M, Masterson C P, Tom T D, et al. Induction of protective immunity in mice using a 62kDa recombinant fragment of a *Schistosoma mansoni* surface antigen[J]. J Immunol, 1992, 149(11): 3612-3620.

[497] Sojikul P, Buehner N, Mason H S. A plant signal peptide-hepatitis B surface antigen fusion protein with enhanced stability and immunogenicity expressed in plant cells[J]. PNAS, 2003, 100:2209-2214.

[498] Steidingen M U,Goodband R D,Tokach M D,et al. Effects of spray-dried animal plasma source on weanling pig performances[J]. J Anim Sci, 2000,78 (2): 172.

[499] Stephenson J. Genetically modified viruses vaccines by design[J]. Curt Pharm Biotechnol, 2001, 2(1): 47-76.

[500] Steward M, Vipoond B, Miller N S, et al. RNA editing in Newcastle disease virus[J]. J Gen Virol, 1993, 74:39-47.

[501] Sutter G, Staib C. Vacinia vectors as candidate vaccines:the development of modified vaccinia virus Ankara forantigen delivery[J]. Curt Drug Targets Infect Disord, 2003, 3(3): 263-271.

[502] Thiel H J, Stark R, Weiland E, et al. Hog cholera virus:molecular composition of virions from a pesti virus. J Virol, 1991, 65: 4705-4712.

[503] Tsuda T, Onodera T, Sugimura T, et al. Induction of protective immunity and neutralizing antibodies to pseudorabies virus by immunization of anti-idiotypic antibodies[J]. Arch Virol, 1992, 124: 291-300.

[504] Tsuji T, Hamajima K, Fukushima J, et al. Enhancement of cell-mediated immunity against HIV-1induced by coinoculation of plasmid-encoded HIV-l antigen with plasmid expressing IL-12[J]. J Immunol, 1997, 158: 4008-4013.

[505] Tu C C,Li Z,Li H W,et al. Phylogenetic comparison of classical swine fever virus in China[J]. Virus Res, 2001, 211(12): 293-301.

[506] Tuboly T, Yu W, Bailey A, et al. Immunogenieity of porcine transmissible gastroenteritis virus spike protein expressed in plants [J]. Vaccine, 2000, 18: 2023-2028.

[507] Uren M F, Walker P J, Zakrzewski H, et al. Effective vaccination of cattle using the virion G protein of bovine ephemeral fever virus as an antigen[J]. Vaccine, 1994, 12,(9): 845-852.

[508] Urguhart G M, Armour J, Duncanet J L, et al. Veterinary Protozoology, veterinary Parasitology [M]. First published. Printed and Bound in Great Britain, 1987, 203-211.

[509] Vaakharia V N, Snyder D B, He J, et al. Infectious bursaldisease virus structural proteins expressed in a baculovirus recombinant confer protection in chickens [J]. J Gen Virol, 1993, 74: 1021-1206.

[510] Van oirschot J T, Gielkens A L J, Moomannr J M, et al . Marker vaccines, virus protein-specific antibody assays and the control of Aujeszky's disease[J]. Veterinary Microbiology, 1990, 23: 85-101 .

[511] Van Rijn P A, Bossers A, Wensvoort G, et al. Classical swine fever virus (CSFV)envelope glycoprotein E2 containing one structural antigenic unit protects pigs from lethal CSFV challenge[J]. Gen Virol, 1996, 77(11): 2737-2745.

[512] Van Nguyen S, Umeda K, Yokoyama H, et al. Passive protcction of dogs against clinical discascdue to Canine parvovirus-2 by specific antlbody from chicken egg yolk[J]. Can J Vet Res, 2006, 70(1): 62-64.

[513] Vercruysse J, Knox D P, Theo P M, et al. VeterinaryParasitic Vaccines: Pitfalls and future directions[J]. Trends in Parasitology, 2004, 20(10): 489-492.

[514] Verdoliva A, Basile G, Fassina G. Affinity purification of immunoglobulins from chicken egg yolk using a new synthetic ligand[J]. J Chromatogr B Biomed Sci Appl, 2000, 749(2):233-242.

[515] Verdoliva A. Affinity purification of immunoglobulins from checken egg yolk using a new synthetic ligand[J]. J chromatography B,2000,749:233-242.

[516] Vrublevskaia V V, Musienko V S, Skarga I, et al. Immunological characteristics of Aujeszky's disease virus glycoprotein[J]. Vopr Virusol, 2007, 52(3): 33-37.

[517] Wang J, Lu W L, Liang G W, et al. Pharmacokinetics, toxicity of nasal cilia and immunomodulating effects in Sprague-Dawley rats following intranasal delivery of thymopentin with or without absorption enhances[J]. Peptides, 2006, 27(4): 826.

[518] Wang L C, Pan C H, Liu L C, et al. Simultaneous detection and differentiation of Newcastle disease and avian influenza viruses using oligonucleotide microarrays [J]. Vet Microbiol, 2007, 125 (2):134-148.

[519] Warr G W, Magor K E, Higgins D A. IgY: clues to the origins ofmordern antibodies[J]. Immunol Today, 1995, 16(8): 392-398.

[520] Wendy M, Josefa M A, Isabel S, et al. An antibody derivative expressed from viral vectors passively immunizes pigs against transmissible gastroenteritis virus

infection when supplied orally in crude plant extracts[J]. Plant Biotechnology Journal, 2006, 4: 623-631.

[521] Wesley R D, Mengeling W L, Lager K M, et al. Differentiation of a porcine reproductive and respiratory syndrome virus vaccine strain from North American field strains by restnctiltion fragment length polymorphism analysis of ORF 5[J]. J Vet Diagn Invest, 1998, 10: 140-144.

[522] Willianms J. Serum proteins and the livetins of hens2egg yolk[J]. Biochem, 1962, 83 (1): 346-355.

[523] Witter. The changing landscape of Marek's disease[J]. Avian Pathology, 1998, 27: S46-S53.

[524] Wittmann G, Jakubik J. Colostral immunity in piglets from sows vaccinated with inactivated Aujeszky's disease virus vaccine[J]. Arch Virol, 1979, 60: 33-42.

[525] Wittmann G. Aujeszky's disease: Factors important for epizootiology and control[J]. Rev Sci Tech OIE, 1985, 4: 5-20.

[526] Xia C, Liu J, Wu Z G, et al. The interferon-α genes from three chicken lines and its effects on H9N2 influenza viruses [J]. Animal Biotechnology, 2004, 15(1): 77-88.

[527] Xiang Z, He Z, Wang Y, et al. The effect of interferon-gamma on genetic immunization[J]. Vaccine, 1997, 15: 896.

[528] Yan X H, Xu Z R. Production of human single-chain variable flagment (ScFv) antibody specific for digoxin by ribosome display [J]. Indian J Biochem Biophys, 2005, 42(6): 350-357.

[529] Yokoyama H, Hashi T. Effect of oral egg antibody in experiment F18+E. coli infection in weaned pigs [J]. J Vet Med Sci, 1997, 59(10): 917-921.

[530] York J J, Sonza S, Fahey K J, et al. Immuogenic glycoproteins of ILTV [J]. Virology, 1987, 161(2): 340-347.

[531] York J J, Fahey K J. Vaccination with affinity-purified glycoproteins protects chickens against infectious laryngotracheitis herpesvirus[J]. Avain Pathol, 1991, 20: 693-704.

[532] Zaslof M, Magalnins. A class of antimicrobial peptides from xcnopus skin: isolation, characterization of two active forms, and partial cDNA sequence of precursor [J]. Proceeding National Academic Science, USA, 1987(84): 5449-5453.

[533] Zhang G L, Ross C R, Blecha F. Porcine antimicrobial peptides new prospects for ancient molecules of host defense[J]. Vet Res, 2000(31): 277-296.

[534] Zhang J W, Wei Z, Sun Z, et al. Classical strain based modified-live PRRSV vaccine provided cross-protection against highly pathogenic PRRSV variant associated with porcine high fever disease in China[C]. Proceedings of International PRRS Symposium, Chicago, 2008, 45.

中国畜牧兽医学会家畜传染病学分会第七届理事会理事通讯录(试行版)

(由于部分理事在本书编委会多次联系后仍未提供完备的通讯录材料，加之准备时间仓促，本通讯录中还有许多不尽如人意的地方，请各位理事和读者谅解！

——本书编委会)

理事长

<table>
<tr><td>姓　　名</td><td>金宁一</td><td>性　　别</td><td>男</td><td rowspan="5"></td></tr>
<tr><td>出生年月</td><td>1956 年 3 月</td><td>籍　　贯</td><td>吉林龙井</td></tr>
<tr><td>最高学历</td><td>研究生</td><td>最高学位</td><td>博士</td></tr>
<tr><td>工作单位</td><td>军事医学科学院</td><td>主要职务</td><td>主任/理事长</td></tr>
<tr><td>E-mail</td><td>ningyik@126.com</td><td>座　　机</td><td>0431-86985929</td></tr>
<tr><td>研究方向</td><td colspan="4">分子病毒学、分子免疫学、人兽共患病学</td></tr>
<tr><td>个人简历</td><td colspan="4">教育背景和工作经历：
现任军事医学科学院军事兽医研究所研究员，全军基因工程重点实验室主任、吉林省人兽共患病防控科技创新中心主任，博士，博士生导师，专业技术 3 级；1985 年任研究实习员；1987 年任助理研究员；1992 年任副研究员；1994 年任研究员；1996 年被评为博士生导师；1990—1993 年日本京都大学病毒研究所共同研究(日本文部省聘为“在留资格教授”)；1993—1996 年，韩国汉城大学遗传工学研究所客座研究员；兼任吉林大学等 7 个重点大学兼职教授；兼任国务院学位委员会第五届学科评议组成员，全军第 6、7、8 届医学科学委员会委员，中国畜牧兽医学会动物传染病学分会理事长等 20 多个社会兼职；是中国兽医学报等 10 多家核心期刊的副主编或编委。
研究成果：
长期从事重大、烈性动物病毒病与人兽共患病毒病研究工作，为分子病毒学、传染病学、分子免疫学、分子生物学和人兽共患病学学科带头人。1996 年获国家自然科学基金杰出青年，1998 年起享受政府特殊津贴。近年来，共主持国家自然科学基金(重大/面上)，科技部“973”、“863”、科技攻关(重大)、科技支撑，农业部重点、公益性行业项目，教育部重点以及军队、地方等各类课题 60 多项；发表高水平论文 470 多篇(第一作者或通讯作者)；申请国家科技发明专利 30 项，授权 6 项；获省部级以上科技成果 13 项，其中省(部)及军队科技进步一等奖 3 项，二等奖 6 项，三等奖 4 项；主编参编专著 11 部；向军内外输送博士、硕士研究生计 160 多名。
1998 年被评为全军优秀教员、科技银星；2001 年获“长春市突出贡献专家”荣誉称号；2004 年获“长春市拥政爱民模范”、“总后优秀共产党员”荣誉称号；2005 年被评为“第三届全国优秀科技工作者”、获长春市“十大科技英才”称号；2006 年被评为“感动中国畜牧兽医科技创新领军人物”；2007 年获“解放军杰出专业技术人才奖”、“总后优秀党务工作者”；2009 年获“新中国 60 年畜牧兽医科技贡献奖(杰出人物)”荣誉称号；先后荣立三等功两次；多次被总后评为“模范党支部书记”。</td></tr>
</table>

秘书长

<table>
<tr><td>姓　　名</td><td>万遂如</td><td>性　　别</td><td>男</td><td rowspan="5"></td></tr>
<tr><td>出生年月</td><td>1938 年 2 月</td><td>籍　　贯</td><td>江西南昌</td></tr>
<tr><td>最高学历</td><td>本科</td><td>最高学位</td><td>学士</td></tr>
<tr><td>工作单位</td><td>原解放军兽医大学</td><td>主要职务</td><td>秘书长</td></tr>
<tr><td>移动电话</td><td>13843108703</td><td>座　　机</td><td>0431-85630136</td></tr>
<tr><td>研究方向</td><td colspan="4">动物传染病学</td></tr>
<tr><td>个人简历</td><td colspan="4">教育背景和工作经历：
1964 年 7 月，毕业于江西农学院兽医本科专业，同年 8 月入伍到解放军兽医大学任教；
1983—1992 年，任兽医大学传染病学教研室副主任、主任、党支部书记。曾两次被学校评为优秀教员；
1989 年，被评为解放军总后勤部优秀教员，5 次被学校党委评为模范党支部书记，4 次被评为优秀共产党员，荣立三等功两次，荣获国防教育二十年奖章 1 枚。现任中国畜牧兽医学会家畜传染病学分会常务理事兼秘书长、吉林省养猪学分会常务理事、《今日养猪业》杂志编委、《奶牛》杂志编委；
1998 年 10 月退休；
1999—2005 年，被吉林华正农牧业开发公司聘为总兽医师，为大型养猪场和客户做现场技术指导、培训及学术讲座等。
研究成果：
参与动物传染病学教学、科研及临床医疗工作 35 年，曾获得解放军科学技术进步奖三等奖 4 项，(《大别山区猪无名高热病因及防制的研究》、《独角莲药理机制、剂型及治疗破伤风的实验研究》、《犬细小病毒的分离鉴定及免疫的研究》、《鸡产蛋下降综合征病毒的分离鉴定及免疫的研究》)，四等奖三项，主编、副主编及参编教材和参考书 18 部；先后发表有关猪传染病防制方面的论文 100 多篇。</td></tr>
</table>

副理事长

<table>
<tr><td>姓　　名</td><td>文心田</td><td>性　　别</td><td>男</td><td rowspan="6" colspan="2"></td></tr>
<tr><td>出生年月</td><td>1948 年 2 月</td><td>籍　　贯</td><td>汉</td></tr>
<tr><td>最高学历</td><td>研究生</td><td>最高学位</td><td>硕士</td></tr>
<tr><td>工作单位</td><td>四川农业大学</td><td>主要职务</td><td>教授兼四川省人大农委副主任</td></tr>
<tr><td>移动电话</td><td>13308161211</td><td>座　　机</td><td>0835-2883211</td></tr>
<tr><td>E-mail</td><td colspan="3">Xintian3211@126.com</td></tr>
<tr><td>通信地址</td><td colspan="3">四川省雅安市新康路 46 号四川农业大学</td><td>邮　　编</td><td>625014</td></tr>
</table>

<table>
<tr><td>个人简历</td><td>教育背景：
1978 年 2 月—1982 年 1 月，四川农学院，兽医专业本科；
1982 年 2 月—1984 年 12 月，四川农学院，预防兽医学硕士研究生；
1985 年 1 月—2008 年 12 月，四川农业大学。
工作经历：
助教(1985 年)-讲师(1987 年)-副教授(1992 年)-教授(1994 年)、博导；
副系主任(1991 年)-副校长(1992 年)-校长(1998 年)-兼党委书记(2002 年)-当选中共十七大代表(2007 年)、四川省科协副主席(2007 年)-当选四川省人大代表和省人大常委兼农委副主任(2008 年)；
其间：1987 年 10 月—1990 年 3 月，联邦德国留学(汉诺威兽医学院)；
2009 年 1 月至今，四川农业大学，教授(博导)。
研究成果：
长期从事高校教学和科研工作，编撰《中国人兽共患病学》等专著和科普书籍 8 部，1996 获中国畜牧兽医学会重大贡献荣誉奖、评为“2006 感动中国畜牧兽医科技创新领军人物”、“建国 60 周年中国畜牧兽医科技贡献奖(杰出人物)”，主持获国家级教学成果一等奖 2 项，二等奖 1 项，评为“四川省有突出贡献的优秀专家”、“四川省首届教学名师”；四川省学术和技术带头人、全国留学回国人员先进个人、获国家“留学回国人员成就奖”，享受国务院政府特殊津贴。</td></tr>
</table>

<table>
<tr><td>姓　　名</td><td>陈溥言</td><td>性　　别</td><td>男</td><td colspan="2" rowspan="6"></td></tr>
<tr><td>出生年月</td><td>1942 年 11 月</td><td>籍　　贯</td><td>吉林</td></tr>
<tr><td>最高学历</td><td>大学</td><td>最高学位</td><td>硕士</td></tr>
<tr><td>工作单位</td><td>南京农业大学</td><td>主要职务</td><td>教授</td></tr>
<tr><td>座　　机</td><td>025-84396028</td><td>传　　真</td><td>025-84396335</td></tr>
<tr><td>E-mail</td><td colspan="3">Puyanchen@yahoo.com.cn</td></tr>
<tr><td>通信地址</td><td colspan="3">江苏省南京市卫岗南京农业大学动物医学院</td><td>邮　　编</td><td>210095</td></tr>
<tr><td>个人简历</td><td colspan="5">中共党员，教授，博导；中国畜牧兽医学会家畜传染病分会副理事长，农业部第六届专家委员会委员，中国畜牧兽医学会家畜传染病分会教学专业委员会主任委员，有突出贡献的中青年专家称号农业部(1990 年)，享受国务院政府津贴(1993 年)，国家级有突出贡献的中青年专家称号人事部(1993 年)，江苏省优秀研究生导师(2000 年)。
教育背景：
1962 年 9 月—1967 年 9 月，南京农学院牧医系兽医专业(五年)毕业；
1978 年 12 月—1981 年 12 月，南京农学院牧医系动物传染病学硕士专业；
1984 年 9 月—1986 年 1 月，美国农业部东兰辛禽病与肿瘤研究所；
1993 年 5 月—1993 年 11 月，加拿大奎尔夫大学生物学院微生物系；
1999 年 5 月—1999 年 9 月，美国乔治亚医学院遗传与基因调控实验室；
2004 年 3 月—2004 年 4 月，美国佰明翰阿拉巴马大学细胞生物学系访问教授。</td></tr>
</table>

个人简历	**研究成果：** 主编：兽医传染病学(2006)，农业出版社，现代生物技术与畜禽疾病防制(2006)，化学工业出版社；参编：病毒学、动物流行病学原理、禽病学(副主编)等；杂志编委：病毒学杂志、南京农业大学学报、畜牧兽医学报等；教学上主讲《动物基因工程原理》、《动物传染病专题》和《家畜传染病文献选读》等课程；多年来，培养博士研究生、硕士研究生 90 多名。共承担国家攻关、863 计划、攀登计划、国家自然科学基金重大项目和面上项目、省部委重点攻关项目 10 多项，目前在研的 4 项课题进展顺利，多数项目已有阶段性的成果。在国内重要学术期刊上发表学术论文 150 多篇；已获专利 2 项；已受理专利 6 项。

姓　　名	黄培堂	性　　别	男	
出生年月	1945 年 1 月	籍　　贯	河南民权	
最高学历	本科	最高学位	学士	
工作单位	军事医学科学院 生物工程研究所	主要职务	重点实验室主任	
E-mail	h-pt@hotmail.com	座　　机	010-66948880	
通信地址	北京市丰台区东大街 20 号八所三室		邮　　编	100071
研究方向	1. 病原与宿主相互作用；2. 真核基因表达调控			
个人简历	**教育背景：** 1964 年 9 月—1969 年 7 月，中国科学技术大学近代化学系，学士； **工作经历：** 1970 年 8 月，国防科委十三研究院，研究实习员； 1981 年 6 月，军事医学科学院基础医学研究所，助理研究员； 1984 年 6 月，美国纽约大学医学中心，访问学者； 1987 年 12 月，军事医学科学院生物工程研究所，副研究员； 1989 年 2 月，军事医学科学院生物工程研究所，研究员； 1990 年 3 月，军事医学科学院生物工程研究所基因工程室，主任； 1993 年 3 月，军事医学科学院生物工程研究所蛋白质工程室，主任； 1994 年 4 月，军事医学科学院生物工程研究所，副所长； 1994 年 10 月，军事医学科学院生物工程研究所，所长； 2001 年 1 月，军事医学科学院，副院长； 2003 年 12 月，军事医学科学院生物工程研究所，研究员。 **研究成果：** 长期从事军事医学研究，承担国家 973、国家反恐专项、国家 863、国家科技攻关、军队型号工程和军队科技攻关等课题；作为国家 973 重大基础研究首席科学家、国家反化生恐怖 709 专项首席专家及国家重大传染病专项总体组成员及生物安全责任专家组长，承担了相应的防生、反恐课题多项，取得丰硕科研成果：获国家科技进步一等奖 1 项(署名 3)，国家科技进步二等奖 2 项(署名 4 和主要贡献者)，军队科技进步一等奖三项(署名 1、2、4)，军队重大成果 2 项(署名 1、4)，军队科技进步二等奖 6 项(三项署名第 1)，军队科技进步三等奖 8 项；获一、二类新药证书各一个，发明专利四项；在国内外发表科研论文 180 余篇，主编、主译专著 12 部；近几年作为主要负责人为国家和军队撰写了防生和反恐的四项机密以上级的专项报告及发展规划，获得批准；培养硕士、博士生 30 余名。获得国家优秀中青年专家、优秀回国人员称号，SARS 期间获国务院通报表彰；获得政府特贴和总政第一批一类岗位津贴，获总后伯乐奖等，立三等功一次。				

<table>
<tr><td>姓　　名</td><td>孔宪刚</td><td>性　　别</td><td>男</td><td rowspan="5"></td></tr>
<tr><td>出生年月</td><td>1955 年 3 月</td><td>籍　　贯</td><td>山东</td></tr>
<tr><td>最高学历</td><td>研究生</td><td>最高学位</td><td>博士</td></tr>
<tr><td>工作单位</td><td>中国农业科学院哈尔滨兽医研究所</td><td>主要职务</td><td>所长</td></tr>
<tr><td>E-mail</td><td colspan="3">xgkong@hvri.ac.cn</td></tr>
<tr><td>通信地址</td><td colspan="3">黑龙江省哈尔滨市南岗区马端街 427 号</td><td>邮　编　150001</td></tr>
<tr><td>研究方向</td><td colspan="4">兽医传染病病原生物学和分子免疫学</td></tr>
<tr><td>个人简历</td><td colspan="4">教育背景和工作经历：
1976 年 9 月—1979 年 7 月，东北农业大学，兽医专业获学士学位；
1979 年 10 月—1991 年 6 月，中国农科院哈尔滨兽医研究所，兽医生物技术国家重点实验室，先后任研习员、助理研究员；参加国家重点攻关课题《马传贫免疫中细胞免疫作用的研究》、《分泌马传贫病毒及羊型布氏菌单克隆抗体杂交瘤细胞株建立》和“七五”国家攻关课题《马传贫病马与其弱毒疫苗免疫马血清抗体鉴别法》；
1991 年 6 月—1991 年 12 月，以中国专家身份派往古巴指导工作，从事中古合作研究项目《马传贫病防制研究》；
1992 年 3 月—1994 年 12 月，兽医生物技术国家重点实验室，副研究员、副主任；承担国家“八五”攻关项目《鸡新城疫、传支、喉气管炎诊断试剂盒研制》；
1994 年 9 月—1997 年 9 月，日本东京大学，从事日本科技厅课题《Akabane 病毒遗传变异的研究》、《马传贫基因重组诊断抗原的研制和应用》，获得分子免疫学博士学位；
2000 年 4 月—2001 年 1 月，兽医生物技术国家重点实验室，副主任兼科研处处长；主持项目包括：农业部生物技术重点项目《畜禽 T 细胞表面标志的研究》、国家自然科学基金《马传贫免疫马 CD4、CD8 细胞变化规律的研究》、国家教委留学回国人员资助项目《马传染性贫血病毒新型诊断抗原的研究》、人事部留学回国人员项目《猪繁殖与呼吸综合征病毒免疫特性的研究》、国家自然科学基金重大项目《鸡新城疫分子流调和生态学研究》、上海市科技兴农计划项目《鸡新城疫病毒融合蛋白禽痘病毒活载体疫苗的研制》、国家高技术研究发展计划(863 计划)《猪鸡免疫调控重要细胞因子的科技产业化关键技术的研究》。
2001 年 1 月—2002 年 5 月，哈尔滨兽医研究所，副所长；
2002 年 5 月至今，中国农科院哈尔滨兽医研究所，所长；
2003—2005 年，主持国家高技术研究发展计划(863 计划)“SARS 溯源研究”、科技部专项“SARS 冠状病毒动物宿主研究”、农业部 SARS 专项“动物冠状病毒疫源调查”、黑龙江省科技攻关项目“应用鸡卵黄抗体防制人非典型肺炎的应用研究”、黑龙江省科技攻关项目“动物冠状病毒与 SARS 病毒的起源及其衍化关系的研究”；
2003—2005 年，主持黑龙江省科技攻关项目“牛附红细胞体病特异性诊断方法的建立”；
2006 年至今，主持院攻关计划“禽类副粘病毒与冠状病毒的检测与防制研究”课题；承担国家科技支撑计划“禽流感等重大动物疫病综合防控技术研究(重大动物疫病病原遗传变异及分子进化规律研究)”中“新城疫病毒遗传变异及分子进化规律研究”子课题；承担国家科技支撑计划“新城疫等禽用新型疫苗的研制与开发”中“新城疫新型疫苗的研制与开发”子课题；
研究成果：
获国家科技进步三等奖 1 项，农业部科技进步一、二和三等奖各 1 项，中国农业科学院科技进步一等奖 4 项、黑龙江省自然科学一等奖 1 项。另外还获中国农业科学院科技进步一等奖 4 项、通过农业部鉴定成果 4 项。
1. 2007 年 7 月，《SARS 冠状病毒动物宿主域及病毒分子免疫学特性的研究》，黑龙江省自然科学一等奖(第一完成人)；</td></tr>
</table>

个人简历	2.1995 年,《马传贫病马与其弱毒疫苗免疫马血清抗体鉴别法》;国家科技进步三等奖(国家科学技术委员会); 3.1990 年,《马传贫病马与其弱毒疫苗免疫马血清抗体鉴别法》;农业部科技进步二等奖(第二主要完成者); 4.1985 年,《分泌马传贫病毒及羊型布氏菌单克隆抗体杂交瘤细胞株建立》;农业部(农牧渔业部)科技进步三等奖(主要完成者); 5.1984 年,《马传贫免疫中细胞免疫作用的研究》;获得农业部科技进步一等奖(项目参加者)。

姓　　名	童光志	性　　别	男	
出生年月	1962 年 10 月	籍　　贯	湖北蕲春	
最高学历	研究生	最高学位	博士	
工作单位	中国农科院上海兽医研究所	主要职务	所长	
研究方向	猪病毒性传染病(PRRSV,SIV,PCV)			
个人简历	**教育背景:** 1982 年,毕业于华中农业大学畜牧兽医学院兽医专业,获农学学士学位; 1985 年,毕业于中国农业科学院研究生院,获农学硕士学位; 1990 年,毕业于中国人民解放军兽医大学,获农学博士学位。 **工作经历:** 1982—1986 年,在中国农业科学院哈尔滨兽医研究所从事马传染性贫血病病毒的分子生物学研究; 1986—1988 年,在美国华盛顿州立大学从事牛 I 型和 IV 型疱疹病毒的分子克隆,物理图谱及重复序列研究; 1989—1993 年,在哈尔滨兽医研究所兽医生物技术国家重点实验室从事牛疱疹病毒及马传染性贫血病毒等的分子生物学研究; 1993—1996 年,在美国华盛顿州立大学美国农业部动物疾病研究中心作为访问教授从事牛恶性卡他热病毒(牛 III 型疱疹病毒)变异的分子基础研究; 1996—2007 年,在哈尔滨兽医研究所兽医生物技术国家重点实验室从事马传贫强弱毒比较及弱毒减毒机理(副所长,国家重点实验室主任);动物病毒基因工程疫苗及猪病毒性繁殖障碍相关疾病的研究; 2007 年 10 月,调中国农业科学院上海兽医研究所任所长。 **研究成果:** 在国际上率先研制成功的鸡痘和传染性喉气管炎病毒二价基因工程疫苗已获得新兽药证书,并已在全国大面积推广应用;另有一系列针对猪蓝耳病、猪流感、鸡传染性支气管炎、伪狂犬病等基因工程载体疫苗已获得基因安全证书,进入临床试验;研制成功了一系列针对猪病毒性繁殖障碍疾病的重组抗原-ELISA 诊断或鉴别诊断方法;研制成功高致病性猪蓝耳病弱毒标记疫苗,已批准生产;研究成果获国家科技进步二等奖 2 项,省部级科技进步一等奖 3 项、自然科学一等奖 1 项、科技进步二等奖 1 项、三等奖 3 项,哈尔滨市科技进步二等奖 3 项,中国农业科学院科技进步二等奖 1 项;获得国家专利 4 项;动物基因工程疫苗新兽药证书 2 项,动物基因工程疫苗安全证书 6 项;在国内外专业期刊上发表学术论文 370 多篇(其中国际杂志 73 篇),主编和参编著作 10 部;培养博士后、博士和硕士研究生共 130 多人。				

姓　　名	崔治中	性　　别	男	
出生年月	1944 年 5 月	籍　　贯	江苏江阴	
最高学历	研究生	最高学位	博士	
工作单位	山东农业大学	主要职务	教授	
研究方向	兽医微生物学及分子病毒学，畜禽传染病学。重点在鸡的肿瘤性和免疫抑制性病毒的分子生物学、流行病学、鉴别诊断方法和试剂盒研发及疫苗研发。			
个人简历	**教育背景：** 1961 年 9 月—1966 年 9 月，原江苏农学院（现扬州大学）牧医系兽医专业五年制本科； 1978 年 12 月—1980 年 10 月，江苏农学院兽医微生物专业硕士研究生； 1986 年 1 月—1988 年 7 月，美国密西根州立大学畜牧系家禽病毒学博士研究生，获博士学位。 **工作经历：** 1968 年月 3—1981 年 10 月，河北省馆陶县兽医站兽医； 1981 年 10 月—1983 年 9 月，江苏农学院牧医系兽医微生物教研组讲师； 1983 年 9 月—1984 年 9 月，美国北达科他州立大学畜牧系访问学者； 1984 年 10 月—1986 年 1 月，美国农业部禽病和肿瘤学研究所访问学者； 1988 年 8 月—1990 年 1 月，美国 Case Western Reserve 大学医学院微生物和分子生物学系及美国农业部禽病和肿瘤学研究所博士后研究员； 1990 年 1 月—1999 年 9 月，扬州大学讲师，1992 年晋升为教授，1996 年批准为博士生导师； 1999 年 9 月至今，山东农业大学动物科技学院教授，博士生导师。			

姓　　名	高宏伟	性　　别	男	
出生年月	1960 年 1 月	籍　　贯	内蒙古	
最高学历	硕士	最高学位	硕士	
工作单位	军事兽医研究所	主要职务	所长	
通信地址	吉林省长春市净月开发区柳营西路 666 号		邮　　编	130122
研究方向	(1)生物毒素与应用；(2)朊病毒病诊断及发病机理			
个人简历	**教育背景和工作经历：** 1983 年 7 月，毕业于解放军兽医大学兽医专业；1989 年，于解放军兽医大学获硕士学位。现任军事医学科学院军事兽医研究所所长、教授、博士生导师。并担任中国畜牧兽医学会理事，中国畜牧兽医学会兽医公共卫生分会副理事长，中国畜牧兽医学会家畜传染病分会常务理事，中华预防医学会生物安全与防护装备分会委员，全军科学技术委			

个人简历	员会兽医卫生学专业委员会主任委员，全军军用兽医卫生标准化技术分委员会副主任等十多项学术任职。 **研究成果：** 长期从事重要人畜共患病的研究工作，专业知识厚实，学科领域信息统筹能力较强，在生物毒素与应用研究、朊病毒研究、重要人畜共患病的快速检测等研究方面成绩突出。先后承担国家科技部、总后卫生部、国家自然科学基金、"973"等国家、军队及省部级研究课题8项。先后获军队(省部)级科技进步二等奖3项、三等奖3项，荣立个人二等功1次。培养博士和硕士研究生近30名.发表研究论文60余篇，出版专著1本，参编著作3部。

姓　　名	田克恭	性　　别	男	
出生年月	1964年4月	籍　　贯	山西万荣	
最高学历	研究生	最高学位	博士研究生	
工作单位	中国动物疫病预防控制中心	主要职务	兽医诊断室主任	
研究方向	动物疫病诊断与防制技术研究			
个人简历	**教育背景和工作经历：** 研究员； 1980—1988年，就读于北京农业大学兽医学院，研究生期间师从郭玉璞教授，获传染病与预防兽医学硕士学位； 1988—2000年，供职于军事医学科学院实验动物中心； 2000年8月，调入农业部全国畜牧兽医总站； 2006年4月至今，任中国动物疫病预防控制中心兽医诊断室(农业部兽医诊断中心)常务副主任、主任。 **研究成果：** 早期在军事医学科学院主要从事实验动物疫病研究，研制成功治疗用犬细小病毒、犬瘟热病毒单克隆抗体，在亚洲首次分离鉴定了猴B病毒并建立了系列诊断方法；2000年之后，在农业部全国畜牧兽医总站和中国动物疫病预防控制中心工作期间，主要从事动物疫病诊断与防制技术研究，先后研究建立了口蹄疫、禽流感等多种动物疫病的诊断方法，发现了H5N1禽流感病毒山西变异株和亚洲Ⅰ型口蹄疫病毒江苏流行毒株；2006年我国猪群暴发"高热病"疫情，田克恭博士证实其原发病因为变异的猪蓝耳病病毒，即高致病性猪蓝耳病。在此基础上研制了鉴别诊断方法、灭活疫苗和弱毒疫苗，使高致病性猪蓝耳病疫情得到了有效控制；主编《实验动物病毒性疾病》、《猪流感》、《非洲猪瘟》，参加编(译)著作25部，发表学术论文、文献综述100余篇，获部级科技进步奖4项，申请国内外发明专利6项，获国家新兽药注册证书7项，主持或参与制定国家和行业标准22项。				

姓　　名	崔保安	性　　别	男	
出生年月	1948 年 12 月	籍　　贯	河南郑州	
最高学历	大学	最高学位	学士	
工作单位	河南农业大学	主要职务	副校长	
E-mail	baoancui@henau.edu.cn	移动电话	13503825816	
通信地址	河南郑州市文化路 95 号河南农业大学		邮　　编	450002
研究方向	动物疫病分子病原学与免疫学			
个人简历	**教育背景和工作经历：** 中国共产党党员。1982 年元月毕业于河南农学院畜牧兽医系，现任河南农业大学正校级调研员、教授、博士生导师。1982 年毕业后留校任教，1986—1989 年先后受农业部和联合国国际开发署委派到美国堪萨斯州立大学和智利进行学习和合作研究。现任河南省第一层次重点学科预防兽医学科学术带头人、河南农业大学兽医学博士后科研流动站负责人，河南省动物性食品安全重点开放实验室主任。1993 年被评为河南省优秀中青年骨干教师，1995 年被评为河南省优秀教育工作者，1999 年被评为全国优秀农业科技工作者。2001 年被评为河南省优秀专家、同年被评为享受国务院特殊津贴专家。 **研究成果：** 长期以来一直从事动物疫病病原学和分子免疫学教学和科研工作，主要承担兽医、卫检等专业本科生《微生物与免疫学》和预防兽医学科硕士、博士研究生《分子生物学及分子克隆技术》、《兽医生物制品学》、《动物疫病分子病原学》、《基因与蛋白质组学》、《专业外语》等课程教学任务。主持的“加强创业素质教育 培养农村创业人才”和“创建校内‘三结合’基地的研究与实践”分别于 2001 年和 2005 年获国家级教学成果二等奖。主持的“农科类院校双创型人才模式的研究和实践”获 2009 年河南省教学成果特等奖。近年来，先后主持和承担国家“科技攻关”、“重大专项”、科技支撑计划项目和自然科学基金，河南省创新人才基金、重大科技攻关项目等 16 项。获省部级以上科技成果奖 14 项，其中科技成果一等奖 2 项；二等奖 6 项；三等奖 6 项，从 1990 至今发表科研论文 256 篇，其中 Sci. 收录文章 8 篇，国家级核心期刊 180 多篇。主编国家“十五”统编规划教材《动物微生物学》、《兽医免疫学》等 2 部，其它学术著作 9 部，已申报国家专利 8 个，获专利证书 3 个，公布 2 个。在 Genbank 注册新基因序列 260 个。 作为第一课程主讲的《动物微生物学》2007 年 10 月被国家教育部授予国家级精品课程。作为带头人组建的《动物微生物学与免疫学》教学团队 2007 年 9 月被河南省教育厅评为河南省优秀教学团队，作为带头人的《动物源性食品病原体检测监控技术研究》2009 年被评为河南省型创新科技团队。			

姓　　名	焦新安	性　　别	男	
出生年月	1964 年 9 月	籍　　贯	江苏江都	
最高学历	研究生	最高学位	博士	
工作单位	扬州大学	主要职务	副校长/教授	
座　　机	051487971803			
通信地址	江苏省扬州市大学南路 88 号		邮　　编	225009

研究方向	预防兽医学、人兽共患病与食品安全、免疫学
个人简历	**教育背景：** 1981 年 9 月—1985 年 7 月，江苏农学院，兽医，本科； 1985 年 9 月—1988 年 7 月，江苏农学院，传染病学与预防兽医学，硕士研究生； 1997 年 2 月—1999 年 12 月，扬州大学，预防兽医学，博士研究生。 **工作经历：** 1988 年 7 月—1991 年 10 月，江苏农学院，助教； 1991 年 11 月—1994 年 10 月，扬州大学，助研； 1994 年 11 月—1998 年 7 月，扬州大学，副教授； 1998 年 3 月—1999 年 3 月，法国巴斯德研究所，高级访问学者； 1998 年 8 月至今，扬州大学，教授； 1998 年 8 月—2004 年 11 月，扬州大学生物科学与技术学院，院长； 2000 年 5 月至今，扬州大学，博士生导师； 2000 年 8 月—2001 年 12 月，美国国立卫生研究院，博士后； 2004 年 11 月至今，扬州大学，副校长。 **研究成果：** 主要从事预防兽医学、人兽共患病与食品安全、免疫学等方面科研与教学工作；先后主持承担国家 863、973、国家基金、国家科技支撑、国际合作及部省级各类课题 50 余项，针对食源性人兽共患病原菌、牛结核病等开展防控新技术及其免疫学基础研究。先后在沙门菌病、李斯特菌病和新型疫苗等方面有 11 项成果获部省级科技奖，获得授权国家发明专利 7 项，在国内外学术刊物上发表论文 260 余篇，主编或参编著作(教材)10 余部；是国家杰出青年科学基金和全国百篇优秀博士学位论文获得者，江苏省有突出贡献中青年专家，享受国务院政府特殊津贴，国家“百千万人才”培养对象。先后培养博、硕士研究生 100 余名；现兼任全国动物防疫专家委员会兽医公共卫生专家组组长、国家食品安全风险评估专家委员会委员。

姓名	杨汉春	性别	男	
出生年月	1964 年 1 月	籍贯	四川崇州	
最高学历	研究生	最高学位	博士	
工作单位	中国农业大学	主要职务	教授/副院长	
E-mail	yanghanchun1@cau. edu. cn			
通信地址	北京海淀区圆明园西路二号		邮编	100193
研究方向	动物分子病毒学与免疫学			
个人简历	**教育背景：** 1979 年 9 月—1983 年 7 月，四川农业大学兽医系本科； 1983 年 9 月—1986 年 7 月，南京农业大学兽医学院兽医微生物学与免疫学专业硕士研究生； 1989 年 9 月—1992 年 7 月，北京农业大学动物医学院预防兽医学博士研究生。			

个人简历	**工作经历：** 1986 年 7 月—1988 年 7 月，北京农业大学动物医学院，助教； 1988 年 7 月—1992 年 1 月，北京农业大学动物医学院，讲师； 1992 年 1 月—1997 年 12 月，中国农业大学动物医学院，副教授； 1997 年 12 月至今，中国农业大学动物医学院，教授； 1994 年 8—11 月，以色列希伯来大学兽医学院，从事禽网状内皮组织增殖病及其他肿瘤病的合作研究； 2000 年 7 月—2001 年 4 月，美国马里兰大学访问教授从事细菌抗药性的分子机制研究。 **研究成果：** 1999 年获农业部有突出贡献的中青年专家，2000 年获教育部霍英东青年基金，2003 年入选教育部跨世纪优秀人才培养计划，2005 年获农民日报和中国畜牧报评选的“2004 年度全国畜牧富民十大功勋人物”，2008 年获得国家杰出青年基金。以畜禽传染病防制技术、动物分子病毒学与免疫学为主要研究方向，重点从事动物病毒的分子致病与免疫机制、分子流行病学、诊断与防制研究。先后主持国家自然科学基金 2 项、国家自然科学基金重点项目 1 项、国家“973”计划课题 2 项、“863”计划课题 1 项、国家“十一五”支撑计划课题 1 项。在 Journal of Virology、Journal of General Virology、Virology、Virus Research 等刊物发表 SCI 学术论文 30 余篇，在国内核心刊物发表主要学术论文近 200 篇。

姓　　名	廖明	性　　别	男	
出生年月	1968 年 11 月	籍　　贯	北京	
最高学历	研究生	最高学位	博士	
工作单位	华南农业大学	主要职务	副校长	
E-mail	mliao@scau. edu. cn			
研究方向	预防兽医学			
个人简历	**教育背景和工作经历：** 1987 年 9 月—1992 年 7 月，华南农业大学兽医系兽医专业，本科，获学士学位； 1992 年 9 月—1994 年 6 月，华南农业大学兽医系禽病学专业，硕士，免试推荐直博； 1994 年 9 月—1997 年 6 月，华南农业大学动物医学系禽病学专业，博士，获博士学位； 1997 年 9 月—2002 年 12 月，华南农业大学动物医学系，讲师/副教授； 2001 年 10 月—2006 年 12 月，华南农业大学，兽医学院副院长； 2002 年 12 月至今，华南农业大学，教授； 2003 年 10 月—2004 年 10 月，美国 Mount Sinai School of Medicine 微生物学系访问学者； 2006 年 1 月至今，农业部动物疫病防控重点开放实验室主任（原农业部养禽与禽病防制重点开放实验室）； 2007 年 1 月—2008 年 11 月，华南农业大学兽医学院院长； 2008 年 1 月至今，广东省“珠江学者”特聘教授； 2008 年 11 月至今，华南农业大学副校长；				

个人简历	2010年1月至今，新世纪百千万人才工程国家级人选。 **研究成果：** 已获国家科技进步一等奖1项，广东省科技进步特等奖1项、一等奖1项、二等奖3项、三等奖1项，农业部科技进步三等奖2项，全国农牧渔业丰收奖二等奖1项，广东省农业推广一等奖1项，广东省高等教育厅科三等奖1项；全国专业学术会议优秀论文奖3次，广东省专业学术会议优秀论文奖1次，新兽药证书2项，国际发明专利1项；2004年获得第九届中国农学会青年科技奖；2006年获得中国畜牧兽医学会颁发的“感动中国畜牧兽医科技创新青年才俊奖”；获得共青团广东省委员会颁发的第十一届“广东青年五四奖章”和中国教育工会广东省委员会颁发的“广东省师德先进个人”称号。

姓　　名	江国托	性　　别	男		
出生年月	1966年12月	籍　　贯	江西		
最高学历	研究生	最高学位	博士		
工作单位	大连三仪	主要职务	董事长		
通信地址	大连市甘井子区营旭路9号			邮　　编	116035
研究方向	分子生物学及动物免疫学				
个人简历	**教育背景和工作经历：** 1986年9月—1990年7月，扬州大学农学院动物食品卫生检验专业获学士学位； 1990年7月—1993年9月，扬州大学农学院传染病与预防兽医学专业获硕士学位，主攻方向为“家禽传染性呼吸道疾病病原的分离、鉴定及其抗原与抗体监测体系的建立”； 1993年9月—1995年7月，中国农业科学院研究生院传染病与预防兽医学专业两年破格获博士学位，主攻方向为“犬瘟热病毒的超快速检测、结构多肽分析、免疫原F基因的克隆、表达、系列分析及其DNA疫苗的研究”； 1996年6月—1997年5月，法国巴斯德研究所留学； 1995年7月—1998年12月，中国农业科学院哈尔滨兽医研究所、兽医生物技术国家重点实验室博士、硕士研究生导师。主持中国兽医科学领域第一个国家攀登计划研究项目“中国鸡传染性支气管炎病毒的遗传与变异的分子基础研究”； 1998年12月，组建大连三仪企业集团，现任企业董事长； **研究成果：** 1. 曾主持国家攀登计划研究项目一项；完成省级应用研究项目二项；参与国家“八五计划”攻关研究项目一项；参与国家“863”研究项目一项；主持国家高新技术产业化重大生物专项一项；主持国家科技成果重点推广计划项目一项；主持国家重点新产品计划项目一项；主持省市区科技项目数项； 2. 在国际学术刊物上发表学术论文5篇；在国家一级专业刊物上发表学术论文9篇；在国家级专业刊物上发表学术论文22篇；国内外专家特约专稿14篇；在省级及其他专业刊物上发表学术论文数十篇；					

个人简历	3.曾获省、部级科技进步一等奖三项；获省级农业科技进步二等奖一项；获中国农业科学院科技进步一等奖一项；获中国农业科学院科技进步二等奖一项；获国际性专业学术奖两项；获大连市科技进步奖六项；获省、部级科技成果鉴定奖七项；世界有突出贡献青年免疫学家提名；获新世纪优秀人才荣誉奖；十二次获国内外优秀论文奖等多个奖项。现任大连市人大代表；辽宁省青联委员；大连市青联常委；并获得为中国中小企业年度新锐人物；辽宁省2002年十大年度社会与经济人物；辽宁“百千万人才工程”百层次人才；辽宁省十大杰出青年兽医工作者；辽宁省高层次科技专家库专家；中国畜牧兽医学会常务理事；中国动物保健品学会常务理事；中国畜牧兽医学会传染病学分会副理事长；中国畜牧兽医学会禽病学分会副秘书长；感动中国畜牧兽医领军企业法人代表中国第一届畜牧兽医科学名称审定委员会委员中国免疫学会理事；中国生物工程学会理事；全国高校科技开发联合会常务理事等荣誉称号。

<table>
<tr><td>姓　名</td><td>王金宝</td><td>性　别</td><td>男</td><td rowspan="4"></td></tr>
<tr><td>出生年月</td><td>1962年7月</td><td>籍　贯</td><td>山东昌邑</td></tr>
<tr><td>最高学历</td><td>研究生</td><td>最高学位</td><td>博士</td></tr>
<tr><td>工作单位</td><td>山东省农业科学院</td><td>主要职务</td><td>院长</td></tr>
<tr><td>研究方向</td><td colspan="4">主要从事动物病毒学与免疫学(包括免疫增强剂)等方面的研究</td></tr>
<tr><td>个人简历</td><td colspan="4">教育背景和工作经历：
1981年8月—1985年7月，莱阳农学院，兽医；
1985年7月—1988年8月，莱阳农学院，助教；
1988年9月—1994年1月，北京农业大学，攻读兽医专业硕士及博士学位，副教授；
1994年2月—1995年9月，莱阳农学院，系副主任，教授；
1995年10月—1998年7月，莱阳农学院，系主任，教授；
1998年8月—2004年4月，莱阳农学院，副院长，教授；
2004年5月至今，山东省农业科学院，院长，教授。
研究成果：
主持完成的“猪蓝耳病病原分子遗传变异与诊断和系统防制技术”于2008年获山东省科技进步一等奖(首位)；主持完成的“新型微生物免疫增强剂的研制与应用”，“CpG-DNA分子免疫佐剂的研究与应用”，“山东省规模化猪场疫病控制系统工程研究”，“中药及其多糖对鸡免疫调节作用及免疫增强剂制备的研究”分别于2007年，2004年，2001年，1999年获山东省科技进步二等奖(首位)；完成的“抗病毒新药—瘟毒杀的研制及应用”获山东省科技进步三等奖；“中药及其多糖对鸡免疫调节作用机理的研究”于2001年获山东省高校理论成果奖一等奖；在《Vet Record》、《Archives of Virology》、《Virus genes》、《Journal of Agricultural Science and Technology》、《病毒学报》、《中国农业科学》等国内外期刊上研究论文70余篇，申请国家发明专利8项，参编书2部；先后被评为山东省有突出贡献的中青年专家、“新世纪百千万人才国家级人选”，农业部科技委员，享受国务院政府特殊津贴。</td></tr>
</table>

<table>
<tr><td>姓　　名</td><td>金梅林</td><td>性　　别</td><td>女</td><td colspan="2" rowspan="5"></td></tr>
<tr><td>出生年月</td><td>1954 年 3 月</td><td>籍　　贯</td><td>山东章丘</td></tr>
<tr><td>最高学历</td><td>博士研究生</td><td>最高学位</td><td>博士</td></tr>
<tr><td>工作单位</td><td>华中农业大学</td><td>主要职务</td><td>预防兽医学系主任</td></tr>
<tr><td>E-mail</td><td>jinmeilin@mail. hzau. edu. cn</td><td>座　　机</td><td>027-87286905</td></tr>
<tr><td>通信地址</td><td colspan="3">武汉市洪山区狮子山街 1 号华中农业大学动物医学院</td><td>邮　　编</td><td>430070</td></tr>
<tr><td>研究方向</td><td colspan="5">动物疫病流行病学、病原基因组学与蛋白质组学、分子致病机理、新型疫苗与分子诊断试剂</td></tr>
<tr><td>个
人
简
历</td><td colspan="5">现任华中农业大学二级教授，博士生导师，预防兽医学系主任，农业微生物国家重点实验室动物病原分室主任；湖北省新世纪高层次人才支持计划获得者，国务院政府特殊津贴获得者；主要研究领域为动物重大传染病及人畜共患传染病病原基因组学与蛋白质组学、分子致病机理、新型疫苗与分子诊断试剂等；兼任中国畜牧兽医学会传染病学分会常务理事；湖北省生物工程学会常务理事；湖北省免疫学会常务理事；第一届动物防疫专家委员会；是 BMC Microbiology 等多家期刊的评委。
教育背景和工作经历：
1980 年 7 月，从北京大学生物系兽医生物学毕业后一直在华中农业大学从事家畜传染病学及人兽共患传染病学的教学、科研、产业开发及科技服务工作；
1998—2000 年，以高访学者身份赴香港中文大学医学院合作研究。
研究背景：
先后主持 863、973、国家科技攻关、国家自然科学基金、国家支撑计划、公益性行业专项及部省级项目等 20 余项科研课题。获国家科技进步二等奖 1 项(第 2 完成人)，湖北省科技进步一等奖 2 项(分别为第 1 完成人及第 2 完成人)，农业部科技进步二等奖 1 项(第 5 完成人)，湖北省科技进步三等奖 2 项(分别为第 2 完成人及第 3 完成人)；鉴定成果 4 项，获国家发明专利 11 项，制定了国家标准和行业标准 3 项，获得新兽药注册证书 9 项，研发畜禽新型疫苗和诊断试剂 30 余种；在教学上主讲本科生课程家畜传染病学、禽病学、细胞生物学，主讲研究生课程禽病学研究进展、猪病学进展等；先后在《Journal of Infectious Diseases》、《Emerging Infectious Diseases》、《Journal of Proteomics Research》、《Molecular Immunology》、《Cell Research》、《Vet Microbiol》、《Journal of Clinical Microbiology》、《Journal of Bacteriology》、《Vaccine》等国际国内权威期刊发表科研论 116 余篇；其中 SCI 收录文章 67 篇，作为通讯作者和第一作者发表 SCI 收录论文 36 篇；参编专著 3 部，培养博士、硕士研究生 60 余人；
2004 年获湖北省政府授予的防制高致病性禽流感先进个人等荣誉称号；2005 年禽流感系列快速检测试剂盒被科技部评为科技创新重大成果；2007 年评为华中农业大学先进女教职工；2008 年获华中农业大学先进个人；2009 年获华中农业大学首届师德先进个人。</td></tr>
</table>

<table>
<tr><td>姓　　名</td><td>卫广森</td><td>性　　别</td><td>男</td><td colspan="2" rowspan="5"></td></tr>
<tr><td>出生年月</td><td>1956 年 3 月</td><td>籍　　贯</td><td>辽宁省西丰县</td></tr>
<tr><td>最高学历</td><td>博士研究生</td><td>最高学位</td><td>博士</td></tr>
<tr><td>工作单位</td><td>必威安康生物
科技有限公司</td><td>主要职务</td><td>总经理</td></tr>
<tr><td>E-mail</td><td>weiguangsen@126. com</td><td></td><td></td></tr>
<tr><td>通信地址</td><td colspan="3">北京市经济技术开发区康定街 6 号</td><td>邮　　编</td><td>100176</td></tr>
</table>

<table>
<tr><td>研究方向</td><td>畜牧兽医、预防兽医、动物生物制品</td></tr>
<tr><td>个人简历</td><td>教育背景：
1977 年 3—1980 年 1 月，黑龙江八一农垦大学畜牧兽医专业；
1991 年 9—1994 年 7 月，中国人民解放军农牧大学传染病与兽医预防学专业硕士学位；
2002 年 3—2004 年 11 月，南京农业大学兽医专业博士。
工作经历：
1980—1994 年，黑龙江八一农垦大学牧医系，助教、讲师；
1992—1994 年，黑龙江八一农垦大学牧医系，硕士、副教授；
1994—1996 年，辽宁省益康生物制品厂，副厂长、副研究员；
1996—1998 年，辽宁省益康生物制品厂，厂长、副研究员、党委书记；
1998—2001 年，辽宁省益康生物制品厂，厂长、研究员、党委书记；
2001—2004 年，辽宁省动物防疫站，站长、研究员、党总支书记；
2005 年至今，中国农业科学院兰州兽医研究所 所长特别助理、研究员；中农威特生物科技股份有限公司 总经理、博士生导师。
研究成果：
1. 雏鸡致病性大肠杆菌血清型和防制的研究，1987 年获得黑龙江省国营农场总局科技二等奖(871403)，第四署名；
2. 应用间接 ELISA 方法对鸡结核血清抗体诊断方法的研究，1993 年获黑龙江省科技三等奖(93-95-3)，第一署名；
3. 荧光抗体对水貂链球菌病的诊断方法研究，国内领先水平，第一主持人；
4. 鸡马立克火鸡疱疹病毒(HVT)疫苗试制和工艺改革研究，1995 年获辽宁省政府科学技术进步二等奖(95 农-2-02-6)，主要完成人；
5. 辽宁省鸡产蛋下降综合征(EDS-76)综合防制技术推广，1998 年获辽宁省政府科学技术进步二等奖(98 推-2-05-02)，第二主持人；
6. SPF 鸡规模化饲养设施研选的研究，2000 年获辽宁省政府科学技术进步三等奖，第二主持人；
7.“仔猪大肠杆菌 K88-ST1-LTB 三价基因工程疫苗研究”，获辽宁省政府科学技术进步三等奖(2006 年)，第一主持人；
8. 鸡传染性支气管炎活疫苗(W93 株)研究，获辽宁省政府科学技术进步奖三等奖(2001.12)，第一主持人。
主持和承担的国家、省部级科研项目：
1. 主持国家“863”计划项目“犊牛、羔羊腹泻 CPB-ST 双价基因工程苗中试研究”，(1999—2000 年)；
2. 主持辽宁省重大科研课题“仔猪大肠杆菌 ST1-LTB 双价基因工程疫苗研究”，(1997 年)；
3. 主持辽宁省重大科研课题“仔猪大肠杆菌 K88-ST1-LTB 三价基因工程疫苗研究”，(1999 年)；
4. 主持辽宁省重大科研课题“鸡传染性支气管炎弱毒疫苗 W93 株的研究”，(1996—2001 年)；
5. 主持辽宁省“鸡产蛋下降综合征(EDS-76)”综合防制技术研究，(1998 年)。
发明专利：
1.“鸡传染性支气管炎 H120、H52 肾型传支 W93 冻干疫苗耐热冻干保护剂及制备工艺”发明专利，2005.10.19，第一发明人；
2.“猪瘟兔化弱毒犊牛睾丸细胞苗耐热冻干保护剂及制备工艺”发明专利，2005.07.20，第一发明人；</td></tr>
</table>

个人简历	3.“鸡传染性支气管炎 H120 或 H52 与鸡新城疫二联冻干疫苗耐热冻干保护剂及制备工艺”发明专利 2005.12.28,第一发明人; 4.“鸡马立克氏病火鸡疱疹病毒冻干苗耐热冻干保护剂及制备工艺”发明专利,2005 年 10 月 12 日,第一发明人; 5.“鸡马立克氏病疫苗免疫增强剂及制备工艺”发明专利,2003 年 11 月 19 日,第一发明人; 6.“鸡传染性喉气管炎冻干疫苗耐热冻干保护剂及制备工艺”发明专利,2005.10.12,第一发明人。 主编:《新编鸡病诊断与防制》、《百项养鸡新技术》、《养猪十大疾病防制》、《兽医全攻略.羊病》;发表科研论文 110 余篇。

<table>
<tr><td>姓名</td><td>罗廷荣</td><td>性别</td><td>男</td><td rowspan="4"></td></tr>
<tr><td>出生年月</td><td>1962 年 11 月</td><td>籍贯</td><td>广西北流</td></tr>
<tr><td>最高学历</td><td>博士后</td><td>最高学位</td><td>博士</td></tr>
<tr><td>工作单位</td><td>广西大学</td><td>主要职务</td><td>动物科技学院院长</td></tr>
<tr><td>研究方向</td><td colspan="4">动物传染病防制与分子病毒学</td></tr>
<tr><td>个人简历</td><td colspan="4">教育背景和工作经历:
1979 年 9 月—1983 年 7 月,广西农学院本科兽医专业;
1983 年 8 月—1985 年 8 月,广西玉林地区畜牧研究所兽医技术员;
1985 年 9 月—1988 年 7 月,广西农学院预防兽医学硕士研究生;
1987 年 7 月—1988 年 11 月,广西农学院畜牧兽医系助教;
1988 年 12 月—1992 年 9 月,广西农学院畜牧兽医系讲师;
1992 年 10 月—1994 年 3 月,日本岐阜大学访问学者;
1994 年 4 月—1998 年 3 月,日本岐阜大学兽医学博士课程,获得博士学位回国;
1998 年 4 月—2000 年 11 月,广西大学动物科学技术学院副教授;
1999 年 10 月—2010 年 4 月,广西大学动物科学技术学院院长;
2000 年 12 月,广西大学动物科学技术学院晋升教授;
2001 年 5 月—2002 年 7 月,美国芝加哥大学医学院分子病毒学博士后;
2002 年 8 月,留美回国,广西大学动物科学技术学院院长;
2003 年 5 月,广西大学动物科学技术学院晋升博士生导师;
2004 年 2 月—2004 年 3 月,英国 Macaulay 研究所合作研究;
2004 年 4 月—2004 年 7 月,国家教育行政学院学习;
2009 年 9 月至今,兼任广西大学研究生处处长。
研究成果:
1.科研奖励:对狂犬病和猪瘟等重大动物传染病进行了较深入的研究,阐明了其流行病学规律。目前主持国家及省部级重大课题共 8 项,其中国家重大基础研究“973 计划”项目子课题 1 项、国家高技术研究发展计划“863 计划”课题 1 项、国家自然科学基金 1 项。在 PNAS、JCV、Virus Res 等国际英文期刊(SCI)发表论文 11 篇,国内发表 70 余篇。</td></tr>
</table>

<table>
<tr><td>个人简历</td><td>(1)2004 年,猪瘟快速诊断技术的应用研究,广西科技进步二等奖(广西区政府),排名第一,主持人;(2)2007 年,广西猪瘟病毒糖蛋白 E2 的分子生物学研究,广西科技进步三等奖(广西区政府),排名第一,主持人;(3)2004 年,“鸡传染性鼻炎的防制研究”获广西大学科研成果二等奖,排名第二;
2. 荣誉称号:(1)2002. 10. 广西“新世纪十百千人才工程”第二层次人选;(2)2004. 05. 广西壮族自治区优秀共产党员;(3)2007. 12. 广西壮族自治区优秀专家;(4)2010. 05. 广西壮族自治区劳模/先进工作者。</td></tr>
</table>

<table>
<tr><td>姓名</td><td>丁壮</td><td>性别</td><td>男</td><td colspan="2" rowspan="5"></td></tr>
<tr><td>出生年月</td><td>1960 年 8 月</td><td>籍贯</td><td>吉林长春</td></tr>
<tr><td>最高学历</td><td>博士研究生</td><td>最高学位</td><td>农学博士</td></tr>
<tr><td>工作单位</td><td>吉林大学</td><td>主要职务</td><td>兽医系主任</td></tr>
<tr><td>E-mail</td><td>Ding_zhuang@yahoo.com.cn</td><td>座机</td><td>0431-87836171</td></tr>
<tr><td>通信地址</td><td colspan="3">吉林省长春市西安大路 5333 号畜牧兽医学院</td><td>邮编</td><td>130062</td></tr>
<tr><td>研究方向</td><td colspan="5">1. 动物传染病的诊断方法和疫苗研制;2. 人兽共患传染病发病分子机制及快速诊断;3. 动物重要病原的分子结构与功能;4. 动物流行病学及疫病防控体系的建立</td></tr>
<tr><td>个人简历</td><td colspan="5">教育背景:
1979—1983 年,解放军兽医大学兽医本科毕业,农学学士;
1985—1988 年,解放军兽医大学预防兽医学硕士研究生毕业,农学硕士;
1997—2001 年,解放军军需大学预防兽医学博士研究生毕业,农学博士。
工作经历:
1983 年,毕业留校任教,一直在解放军兽医大学/农牧大学/军需大学从事家畜传染病学及人兽共患传染病学的教学和科研工作,历任家畜传染病学教研室主任、预防兽医学系主任等职;
2003 年,以高访学者身份赴日本北里大学从事鸵鸟禽流感研究;
2004 年,转入吉林大学,现任畜牧兽医学院动物医学系主任,博士生导师。
研究成果:
近十年来系统研究了动物副粘病毒(鸡、鸭、鹅、猪等)遗传变异规律及特异免疫方案、诊断方法的确定;不同动物新城疫的流行病学关系、跨种传播的分子机制;血清Ⅰ型副粘病毒反向遗传操作技术、RNAi 以及蛋白组学研究平台的建立。应用蛋白组学等技术系统研究了高致病性猪蓝耳病病毒毒力与受体之间的相关性以及反向遗传操作体系建立;高致病性禽流感的动物模型建立、不同地区分离株全基因序列遗传变异分析等研究。主持国家自然科学基金重大项目和“863”项目分题、国家自然科学基金项目、省部级攻关项目等。获得省部级科学进步奖 11 项,其中一等奖 1 项,二等奖 3 项,三等奖 7 项;获得全国百篇优秀博士论文提名奖。发表学术论文 130 余篇,培养硕士/博士研究生 60 多名。主编《动物疫病学》、《动物疫病流行病学》等著作 14 部。</td></tr>
</table>

副秘书长

姓　　名	李昌	性　　别	男	
出生年月	1978 年 12 月	籍　　贯	甘肃靖远	
最高学历	研究生	最高学位	博士	
工作单位	军事医学科学院	主要职务	副主任/副秘书长	
移动电话	13894889606	座　　机	0431-86985923	
E-mail	lichang78@163.com			
研究方向	动物病毒学、基因工程疫苗			
个人简历	**教育背景和工作经历：** 2000 年，毕业于解放军军需大学并获学士学位； 2003 年，获得解放军军需大学硕士学位； 2008 年，获得吉林大学博士学位； 现任军事医学科学院十一所病毒学研究室副主任；兼任中国畜牧兽医学会高级会员、中国畜牧兽医学会家畜传染病学分会常务副秘书长、第七届中日病毒学会委员会委员、长春市驻长企业(长春长生生物科技股份有限公司)科技特派员等学术兼职； 2000 年以来，一直从事新型基因工程疫苗和生物高技术基因药物的研究工作，先后进行过重组活载体疫苗、植物口服疫苗、多表位疫苗、基因工程抗体、抗病毒药物、免疫导向制剂、治疗性疫苗等的设计和构建工作。 **研究成果：** 近年来，先后主持或参与国家科技部 863 计划、国家自然科学基金、重大传染病专项以及军内和省市课题研究 13 项；自 2000 年来累计发表论文 63 篇，SCI 收录 12 篇，其中第一作者 10 篇，SCI 收录 1 篇；参与申报国家科技发明专利 21 项，2 项授权；参与编写著作 8 部，其中副主编 3 部；获吉林省科技进步一等奖 2 项(1 项署名第三、1 项参与)，军队科技进步二等奖 1 项(署名第四)；吉林省科技成果 9 项；2005 年荣立个人三等功一次；2008 年荣立集体二等功(抗震救灾)及先进集体荣誉称号(抗震救灾)一次。			

姓　　名	钱爱东	性　　别	男		
出生年月	1960 年 1 月	籍　　贯	吉林东丰		
最高学历	博士研究生	最高学位	博士		
工作单位	吉林农业大学	主要职务	学院院长		
E-mail	Qianaidong0115@163.com	座　　机	0431-84533426		
通信地址	吉林省长春市新城大街 2888 号吉林农业大学动物学院			邮　　编	130118
研究方向	动物疫病病原学及动物免疫学				

个人简历	**教育背景和工作经历：** 1977 年，考入吉林农业大学兽医本科学习； 1982 年，毕业后顺利地考入吉林农业大学兽医微生物学及免疫学专业攻读硕士研究生； 1985 年，毕业获得硕士学位并留校任教； 1993 年，考入解放军农牧大预防兽医学专业攻读博士学位研究生，师从于中国工程院士殷震教授； 1997 年博士毕业并破格晋升为教授，现为吉林省新世纪学科建设工程"首席教授"、吉林省有突出贡献的中青年专家。 **研究成果：** 本人承担的"动物微生物学"课程 2004 年被评为国家级精品课程，主持并完成科研项目近三十项，其中"禽流感防控关键技术研究""病毒性母猪系列障碍的核酸探针和多联 PCR 诊断研究"、"动物狂犬病口服诱饵疫苗的实验免疫研究"和"牛副结核 ELISA 诊断研究"4 项成果获省(部)级技进步二等奖，"牛副结核 ELISA 诊断研究"成果还被列入国家动物检疫规程；另获省部级科技进步三、四等奖各 2 项；还主持完成 3 项国家自然基金项目和 1 项省科技重大项目"禽流感新型疫苗和诊断试剂盒研究"、2 项省科技厅重点课题；现主持国家支撑计划项目的分题、国家自然基金项目、国家博士点基金项目等 4 项课题；共发表学术论文 150 余篇；主编出版著作和教材 10 余部；现指导毕业和在读硕士研究生 80 余人，博士研究生 16 名。国家、吉林省和长春市的动物疫病防制专家组成员。

其它理事(按姓氏拼音顺序)

姓　　名	曹晋蓉	性　　别	女	
出生年月	1956 年 8 月	籍　　贯	安徽	
最高学历	本科	最高学位	学士	
工作单位	安徽省动物疫病预防与控制中心	主要职务	主任助理	
研究方向	动物疫病预防与控制			
个人简历	**教育背景：** 1978 年 2 月—1982 年 1 月，在安徽农学院牧医系(今安徽农业大学)畜牧兽医专业读书； 1982 年 1 月—1991 年 11 月，分配至安徽农学院皖北分院(今安徽科技学院)牧医系任教，从事兽医微生物学及免疫学、家畜传染病学、经济动物疾病学教学工作； 1991 年 12 月—2008 年 2 月，在安徽省兽医工作站工作，先后任科长、副站长，主要从事兽医实验室检验、实验室生物安全管理、动物疫病防控及应急处置、血吸虫病防制等工作； 2008 年 2 月至今，任安徽省动物疫病预防与控制中心主任助理。			

个人简历	**工作领域:** 动物疫病防控、兽医实验室技术、重大动物疫病应急处置、动物疫病流行病学调查等;熟悉动物疫病预防与控制、实验室技术及管理、重大动物疫病应急处置、相关法律法规及技术规范、标准等。 **研究成果:** 参与了省内多起重大动物疫情的现场应急处置、技术指导、后期监测评估等工作;参与省内高致病性禽流感、高致病性猪蓝耳病、动物血吸虫病、布病和结核病、疯牛病评估及定点流行病学调查等工作;是安徽省消灭马传染性贫血(2007 年通过验收)、牛肺疫(1995 年通过验收)、马鼻疽(1999 年通过验收)工作的主要组织者和参与者;是《安徽省牲畜口蹄疫防制应急预案》、《安徽省高致病性禽流感应急预案》、《安徽省突发重大动物疫情应急预案》、《安徽省无规定动物疫病区建设项目实施方案》、《安徽省"十一五"应急体系建设规划》(该"规划"列入省政府八大重点建设项目之一)及安徽省多项动物防疫管理办法的执笔起草者;参与了农业部组织的部分技术规范、管理办法的起草工作;是全国动物防疫专家委员会成员、动物卫生风险评估专家委员会成员、国家动物流行病学中心特聘研究员,安徽省血吸虫病专家咨询委员会委员、重大动物疫病防控专家组成员、突发公共卫生事件专家指导咨询委员会成员、甲型流感科技组成员、人畜共患传染病协调小组成员等。

姓　　名	曹三杰	性　　别	男	
出生年月	1971 年 3 月	籍　　贯	山西乡宁	
最高学历	研究生	最高学位	博士	
工作单位	四川农业大学	主要职务	动物医学院副院长	
E-mail	Csanjie@sicau. edu. cn			
研究方向	动物畜禽传染病			
个人简历	**教育背景和工作经历:** 1991 年 9 月—1995 年 7 月,在山西农业大学动物医学专业本科学习; 1995 年 9 月—1998 年 7 月,在四川农业大学攻读预防兽医学硕士; 1998 年 7 月至今,在四川农业大学动物科技学院(现动物医学院)工作; 1999 年 12 月,晋升为讲师; 2001 年 9 月—2004 年 7 月,在四川农业大学在职攻读预防兽医学博士; 2004 年 11 月,晋升为副教授; 2010 年 1 月,晋升为教授; 2009 年 11 月,被遴选为四川省学术与技术带头人后备人选; 先后于 2005 年 5 月,任动物科技学院生物医学工程系副系主任; 2006 年 5 月,任学校动物科技学院副院长; 2007 年 7 月起至今,任四川农业大学动物医学院副院长。 **研究成果:** 主持和主研有"猪流行性乙型脑炎防控技术研究与示范""猪禽重要疫病病原检测及鉴定基因芯片技术研究"、"猪胸膜肺炎放线杆菌基因工程多价亚单位疫苗研究"和"减毒				

个人简历	沙门氏菌传递TGEV S基因核酸疫苗研究”等省部级科研项目10余项；在动物疫病的基因芯片诊断检测技术和病原分子生物学研究方面取得重要进展，近年来在《Vaccine》、《Canadian Journal of Veterinary Research》、《畜牧兽医学报》和《中国兽医学报》等重要国内外刊物上发表学术论文50余篇(其中SCI收录3篇)，副主编或参编(译)有《动物防疫检疫手册》、《猪病学》(第9版)等教材和专著6部。

姓　　名	曾林	性　　别	男		
出生年月	1965年12月	籍　　贯	河北		
最高学历	博士研究生	最高学位	农学博士		
工作单位	军事医学科学院	主要职务	中心主任		
E-mail	Zenglin1965@126.com				
通信地址	北京市丰台区东大街20号实验动物中心			邮　　编	100071
研究方向	1. 实验动物学；2. 动物生物安全实验				
个人简历	**教育背景：** 1983—1988年，解放军兽医大学兽医本科毕业，农学学士； 2001—2002年，解放军兽医大学动物学硕士研究生班结业； 2003—2006年，吉林大学基础兽医学博士研究生毕业，农学博士。 先后担任济南军区总医院实验动物中心主任、军事医学科学院实验动物中心副主任；现任军事医学科学院实验动物中心主任、全军实验动物管理办公室常务副主任、国家实验灵长类种质资源中心常务副主任；兼全军实验动物专业委员会主任委员、中国实验动物学会副理事长。 **研究成果：** 提出和制定了我军实验动物学科领域的发展方向和科研规划，参与编制了我国实验动物资源建设发展战略，主持编制了我国非人灵长类资源建设策略；现主持国家自然基金重点项目1项、面上项目1项；主持国家科技部国家科技基础平台建设项目1项；主持国家科技部“艾滋病和病毒性肝炎重大传染病防制专项”1项；主持全军医学科学技术课题1项；编写专著4部，在国内外发表学术论文40余篇，获军队科技进步奖5项。				

姓　　名	陈钟鸣	性　　别	男	
出生年月	1954年2月	籍　　贯	河南	
最高学历	研究生	最高学位	硕士	
工作单位	南京金陵科技学院	主要职务	二级学院院长	

研究方向	动物病毒性疾病
个人简历	**教育背景:** 1978—1981 年河南职业技术师范学院兽医专业毕业; 1988—1991 年解放军农牧大学基础兽医硕士专业农学硕士学位。 **研究成果:** 先后主持开展了 6 项省科技公关项目、省自然科学基金项目、国家重点实验室开放基金项目。获得省农林厅、省教育厅、南京市科技局多项科研项目;获得省科技进步奖、星火奖 7 项,其中,二等奖 3 项,三等奖 4 项;获得省教育厅科技成果二等奖 2 项;获得市社会科学优秀成果一等奖 1 项。在《中国兽医学报》、《中国预防兽医学报》等核心期刊上发表论文 59 篇,多篇论文在全国性学术会议上获奖。共编著出版专著、教材 11 部,主编的《养鸡与鸡病防制》,集二十余年的研究和实践经验,写进了大量当今畜牧兽医科技发展的新技术、新成果,受到专家和广大养禽业者的好评,参编的畜牧兽医界大型专业工具书——《现代英汉畜牧兽医大辞典》,为我国广大畜牧兽医工作者及农业高等院校师生学习国外先进技术与知识提供了便利。被江苏省人民政府授予"江苏省有突出贡献的中青年专家"称号。目前兼任中国家畜传染病学分会理事、全国小动物医学分会理事、全国兽医影像学分会理事、江苏省畜牧兽医学会常务理事、副理事长、兼扬州大学硕士生导师。

姓名	程安春	性别	男	
出生年月	1965 年 5 月	籍贯	贵州长顺	
最高学历	研究生	最高学位	博士	
工作单位	四川农业大学	主要职务		
E-mail	chenganchun@vip.163.com	座机	0835-2882918	
通信地址	吉林省长春市西安大路 5333 号畜牧兽医学院		邮编	625014
研究方向	1. 动物传染病学;2. 动物分子微生态学			
个人简历	布依族,教授,博士生导师,四川省学术和技术带头人,"动物疫病与人类健康四川省重点实验室"主任,国务院政府特殊津贴获得者,为国务院学位委员会第六届(现)学科评议组成员。 **教育背景和工作经历:** 1985 年,本科毕业到贵州省基层兽医站工作; 1990 年,硕士毕业后在四川农业大学任教; 1999 年,于中国农业大学获博士学位; 1999—2000 年,美国 IOWA 州立大学访问学者。 **研究成果:** 为《病毒学报》、《中国兽医杂志》、《中国动物传染病学报》等刊物编委;先后主持国家自然科学基金、国家和省部级项目 30 余项;主持研制《鸭传染性浆膜炎疫苗》获国家一类新兽药证书,主持项目《畜禽疫病防控体系无公害系列药品开发及产业化示范》2007 年获四川省科技进步一等奖、主持项目《规模化养鸭主要传染病防制关键技术研究》2005 年获四川省科技进步二等奖、主持项目《鸭病毒性肝炎的研究》1996 年获四川省科技进步二等奖;1997 年入选四川省"杰出青年科技学科带头人";1999 年入选国家"百千万人才工程"一、二层次;2004 入选教育部"新世纪优秀人才支持计划";2008 年入选国家现代水禽产业技术体系疫病控制岗位科学家;2008 年带领的团队入选教育部"长江学者和创新团队发展计划"创新团队;主编等教材(专著)5 部;先后发表论文 200 余篇,其中 SCI/EI 收录 70 余篇。				

<table>
<tr><td>姓　　名</td><td>成进</td><td>性　　别</td><td>女</td><td colspan="2" rowspan="5"></td></tr>
<tr><td>出生年月</td><td>1956 年 2 月</td><td>籍　　贯</td><td>陕西</td></tr>
<tr><td>最高学历</td><td>本科</td><td>最高学位</td><td>农学学士</td></tr>
<tr><td>工作单位</td><td>新疆农业大学</td><td>主要职务</td><td>传染病研究室主任</td></tr>
<tr><td>E-mail</td><td>Jchxj2005@yahoo.com.cn</td><td>座　　机</td><td>0991-4830244</td></tr>
<tr><td>通信地址</td><td colspan="3">新疆乌鲁木齐市克拉玛依东街 151 号
新疆畜牧科学院兽医研究所</td><td>邮　　编</td><td>830000</td></tr>
<tr><td>研究方向</td><td colspan="5">1.动物传染病的诊断方法和疫苗研制；2.动物流行病学及疫病防控技术研究</td></tr>
<tr><td>个人简历</td><td colspan="5">见下</td></tr>
</table>

个人简历

教育背景：

1977—1982 年，新疆农业大学兽医专业本科毕业，农学学士。

工作经历：

1982—1984 年，在新疆乌鲁木齐市动物医院从事临床诊断与实验室检验工作；

1984 至今，在新疆畜牧科学院兽医研究所从事传染病的诊断防制与疫苗研究工作；

2002 年晋升为研究员；任新疆自治区人民政府重大疫病防控指挥部专家组组长、新疆畜牧科学院学术委员、兽医研究所传染病研究室主任、新疆农业大学硕士研究生导师；

2001—2007 年，任新疆天康公司生物制药部研发部经理等；

2007 年，被新疆喀什地区行署聘为专家顾问；

2009 年，被农业部聘为第一届全国第五疫病专家委员会委员。

研究成果：

1.主要进行了仔猪黄痢疫苗的研制，对导致仔猪腹泻的肠毒性大肠杆菌的 4 种菌毛型即 K88、K99、K987、F41 进行了菌毛特性研究、菌毛提取与纯化、特异性抗血清制备、4 种菌毛免疫原性研究及亚单位疫苗研制，研制的疫苗在新疆、四川、浙江等省区推广应用，获得良好的免疫效果。

2.对新疆鸡沙门氏菌病的流行病学、鸡伤寒白痢沙门氏菌外膜蛋白免疫原性、保护性抗原定位、细菌培养基筛选与优化等方面进行了研究。

3.对新疆多起高致病性禽流感（HPAI）疫情进行了流行病学研究，证实新疆 HPAI 的流行特点，查明了新疆 HPAI 流行的主要原因及潜在隐患，进行了 HPAIV 新疆流行株的分子流行病学特征及遗传进化分析和 HPAI 疫苗免疫程序的研究。

4.主持农业部公益性行业科研专项分题和省部级攻关项目等。获得省部级科学技术进步奖 3 项，其中二等奖 2 项，三等奖 1 项；乌鲁木齐市科学技术进步奖一等奖 1 项；培养硕士研究生 10 名。发表专业论文 40 余篇，多篇论文获自治区人民政府自然科学优秀论文奖。1994 年，获得自治区人民政府优秀科技工作者称号；2003 年获得乌鲁木齐市优秀科技工作者称号；2006 年享受国务院政府特殊津贴；2006 年和 2007 年连续两年获新疆畜牧业重大抗灾先进个人称号；2007 年获新疆自治区优秀共产党员称号；2008 年获得新疆自治区“五一巾帼奖章”和“五一建设开发新疆奖”。

姓名	程世鹏	性别	男	
出生年月	1962 年 4 月	籍贯	辽宁北票	
最高学历	研究生	最高学位	博士	
工作单位	中国农业科学院特产研究所	主要职务	副所长	
研究方向	特种经济动物传染病防控技术和生物制品研制			
个人简历	**教育背景：** 1980 年 9 月—1984 年 7 月，在沈阳农业大学兽医专业学习； 2003 年，在解放军军需大学获得兽医专业硕士学位； 2008 年，在中国农业大学兽医专业博士学位。 **工作经历：** 1984 年 8 月—1990 年 11 月，在中国农业科学院特产所疫病室任研究实习员； 1990 年 12 月—1995 年 12 月，在中国农业科学院特产所科研处任助研/副处长； 1996 年 1 月—2001 年 2 月，在中国农业科学院特产所科研处任副研/处长； 2001 年 3 月—2003 年 11 月，在中国农业科学院特产所科研处任研究员/处长/所长助理； 2003 年 12 月至今，在中国农业科学院特产所任研究员/副所长。 **研究成果：** 1984 年毕业以来一直从事特种经济动物传染病防控研究。主持和参加国家、省部级等科技项目 28 项；取得科技成果 24 项；获奖科技成果 15 项；其中主持完成的“毛皮动物(貂、狐、貉)生物制品产业化开发”2009 年获吉林省科技进步一等奖；主持完成的“狐貉犬瘟热、细小病毒性肠炎和脑炎综合防制技术”1999 年获吉林省科技进步二等奖。主持研制出多种特种动物高效疫苗；已获直接经济效益 2 亿元；减少毛皮动物养殖场的经济损失 15 亿元。主持申报的“水貂犬瘟热活疫苗制造与检验规程”；2005 年获国家新兽药注册证书；为我国毛皮动物饲养业发展提供了技术保障。主编科技著作 7 部；合著 5 部；发表学术论文 85 篇。2002 年享受国务院政府特殊津贴；2002 年荣获中国农学会第八届青年科学奖；2004 年被评为农业部有突出贡献的中青年专家；2005 年被评为全国优秀农业科技工作者；2006 年被评为中国农业科学院二级岗位杰出人才。目前兼任中国农学会特产学会秘书长；中国畜牧兽医学会家畜传染病学分会常务理事；吉林市科协副主席。				

姓名	崔玉东	性别	男	
出生年月	1962 年 3 月	籍贯	吉林榆树	
最高学历	博士研究生	最高学位	博士	
工作单位	黑龙江八一农垦大学	主要职务	院长	
研究方向	动物传染病诊断及免疫防制			

<table>
<tr><td>个人简历</td><td>教育背景和工作经历：
1979 年 9 月—1983 年 7 月，黑龙江八一农垦大学动科院兽医专业，学生；
1983 年 7 月—1986 年 9 月，黑龙江八一农垦大学动科院，教师；
1986 年 9 月—1989 年 7 月，东北农业大学预防兽医学专业，研究生；
1989 年 9 月—1994 年 8 月，黑龙江八一农垦大学动科院，教师；
1994 年 8 月—1995 年 8 月，中科院上海生化所乙肝病毒室，访问学者；
1996 年 1 月—1998 年 4 月，黑龙江八一农垦大学基因工程中心，主任；
1998 年 4 月—1998 年 8 月，上海肿瘤所癌基因国家重点实验室，访问学者；
1998 年 9 月—1998 年 10 月，解放军军需大学预防兽医学，博士研究生；
1998 年 11 月—1999 年 8 月，日本北海道大学兽医学部，合作研究员；
1999 年 9 月—2001 年 4 月，解放军军需大学预防兽医学，博士研究生；
（2000 年 9 月—2001 年 4 月，上海肿瘤所癌基因国家重点实验室　实验研究）；
2001 年 4 月—2002 年 7 月，黑龙江八一农垦大学基因工程中心，主任；
2002 年 8 月至今，黑龙江八一农垦大学生命科技学院，院长。
研究成果：
主持和承担的国家级课题（子课题）5 项，省重大项目 3 项，省科技攻关课题 3 项，厅局级课题 5 项，日本五峰生命科学基金会课题 1 项；已在国内外重要学术期刊上发表了 120 余篇科研论文，其中 SCI 索引论文 4 篇；主编和参编的著作和教学参考书 9 部。获黑龙江省科技进步二等奖 2 项，黑龙江省科技进步三等奖 1 项；2003 年获得黑龙江省政府特殊津贴；2004 年获“全国模范教师”荣誉称号。</td></tr>
</table>

<table>
<tr><td>姓　　名</td><td>丁铲</td><td>性　　别</td><td>男</td><td rowspan="4"></td></tr>
<tr><td>出生年月</td><td>1962 年 11 月</td><td>籍　　贯</td><td>江苏</td></tr>
<tr><td>最高学历</td><td>研究生</td><td>最高学位</td><td>博士</td></tr>
<tr><td>工作单位</td><td>中国农科院上海兽医研究所</td><td>主要职务</td><td>副所长</td></tr>
<tr><td>研究方向</td><td colspan="4">家禽病毒病的致病机理、病毒的进化和传播、免疫预防</td></tr>
<tr><td>个人简历</td><td colspan="4">教育背景和工作经历：
先后就读于扬州大学、南京农业大学、日本山口大学，获微生物学/生物化学博士学位，现任中国农科院上海兽医研究所副所长、研究员、博士生导师，中国农科院二级杰出人才，中国农业科学院水禽疫病科研创新团队首席科学家。中国畜牧兽医学会理事、中国畜牧兽医学会兽医公共卫生学分会理事长、免疫学分会委员、家畜传染病分会常务理事、禽病学分会理事、世界支原体学组织（IOM）理事、亚洲支原体学组织（AOM）长于理事、国家兽药 GMP 工作委员会委员、中国兽药药典委员会委员。省部级有突出贡献的中青年专家。
研究成果：
长期从事动物病毒病和细菌病的防制研究，曾先后主持和参加了国家、部省级研究课题 20 余项，在国外专业刊物和国内一级学报等刊物发表研究论 100 余篇，其中被 SCI 收录的文章 12 篇，出版专著 4 部，先后获部省级各种科研成果奖励 7 项。</td></tr>
</table>

<table>
<tr><td>姓　　名</td><td>范泉水</td><td>性　　别</td><td>男</td><td rowspan="5"></td></tr>
<tr><td>出生年月</td><td>1964 年 8 月</td><td>籍　　贯</td><td>山西</td></tr>
<tr><td>最高学历</td><td>博士研究生</td><td>最高学位</td><td>博士</td></tr>
<tr><td>工作单位</td><td>成都军区疾控中心</td><td>主要职务</td><td>主任</td></tr>
<tr><td>E-mail</td><td>Fqs168@126.com</td><td></td><td></td></tr>
<tr><td>通信地址</td><td colspan="3">昆明市大观路 168 号</td><td>邮　编　650118</td></tr>
<tr><td>研究方向</td><td colspan="4">病毒及生物毒</td></tr>
<tr><td>个人简历</td><td colspan="4">教育背景和工作经历：
1981 年 9 月，解放军兽医大学兽医专业学员；
1987 年 10 月，解放军军事兽医研究所硕士研究生(病毒专业)；
1989 年 7 月，成后军马防制检验所研究实习员；
1992 年 12 月，成后军事医学研究所六室助理研究员；
1997 年 9 月，解放军军需大学博士研究生(分子病毒学专业)；
1997 年 12 月，成后军事医学研究所六室副研究员(技术 9 级)；
1998 年 3 月，成后军事医学研究所六室副研究员(文职 5 级)；
1998 年 10 月，成联军事医学研究所六室副研究员；
2001 年 4 月，成联军事医学研究所办公室主任(副研究员、专业技术中校)；
2001 年 12 月，成联军事医学研究所办公室主任(副研究员、技术 8 级)；
2002 年 3 月，成联军事医学研究所办公室主任(副研究员、专业技术上校)；
2002 年 12 月，成联军事医学研究所研究员(技术 7 级)；
2004 年 6 月，成都军区疾病预防控制中心副主任、主任医师；
2004 年 12 月，成都军区疾病预防控制中心副主任、主任医师(技术 6 级)；
2006 年 3 月，成都军区疾病预防控制中心副主任、主任医师；
2006 年 12 月，成都军区疾病预防控制中心副主任、主任医师(技术 4 级)；
2007 年 8 月，成都军区疾病预防控制中心主任、主任医师(技术 4 级)。
研究成果：
全军学习成才先进个人和优秀共产党员、感动中国畜牧兽医科技创新青年才俊，获 2009 年振兴中国畜牧兽医杰出人物奖，军区卫生系统杰出人才，2007 年被云南省评为云南省学科带头人。全军“瞄准战场搞科研，立足本职谋打赢”的先进典型。从事军事预防医学科研工作和管理工作以来共获国家、军队、省级以上科技进步奖 35 项，近 3 年获军队地方科技进步奖 9 项，3 等奖 7 项，2 等奖 6 项。范泉水现为中国微生物学会常务理事、云南省微生物学会理事长、免疫学会副理事长、全军防生物战学术委员会副主任，现正承担项目 15 项，共获各类资助基金 800 万元。许多科研成果提升了部队战斗力。作为学科带头人在军区疾控中心组建了我区首个对全区开放的分子生物学实验室，和博士后工作站，现正指导 11 名博士后和 12 名硕士研究生科研工作，3 年来发表文章 120 篇，出版著作 3 部，带出了一个具有很强科研能力和实验水平的军事预防医学科研团队。</td></tr>
</table>

<table>
<tr><td>姓　名</td><td>冯书章</td><td>性　别</td><td>男</td><td rowspan="5"></td></tr>
<tr><td>出生年月</td><td>1954年12月</td><td>籍　贯</td><td>河北故城</td></tr>
<tr><td>最高学历</td><td>博士研究生</td><td>最高学位</td><td>博士</td></tr>
<tr><td>工作单位</td><td>军事兽医研究所</td><td>主要职务</td><td>教授</td></tr>
<tr><td>E-mail</td><td colspan="3">shuzhangf@yahoo.com</td></tr>
<tr><td>通信地址</td><td colspan="3">吉林省长春市净月开发区柳营西路666号</td><td>邮　编　130122</td></tr>
<tr><td>研究方向</td><td colspan="4">预防兽医学;分子细菌学;基因工程技术</td></tr>
<tr><td>个人简历</td><td colspan="4">教育背景和工作经历:
1976年9月,河北农业大学兽医专业学习;
1979年10月,解放军兽医大学预防兽医学硕士生;
1982年7月,军事兽医研究所助研;
1996年10月,军事兽医研究所教授;
1999年9月,美国马里兰大学医学院博士后;
2001年4月,军事兽医研究所教授。
研究成果:
一直从事预防兽医学研究,专业特长是分子病原细菌学和基因工程技术。科研项目获国家和省部级三等以上成果14项,其中国家科技进步一等奖1项,省部级科技进步一等奖1项和二等奖4项。培养博士和硕士研究生25人。1996年荣立三等功,2001年享受政府特殊津贴,2002年被评为总后科技银星。发表论文140篇,其中SCI论文6篇,国际会议论文4篇;申请国家发明专利3项;主编和参编《人兽共患病学》、《现代分子病原细菌学》等专著5部。兼任中国畜牧兽医学会传染病学分会常务理事、中国微生物学会兽医微生物专业委员会委员、全军卫生装备委员会兽医卫生装备分会委员、吉林省微生物学会理事、吉林省畜牧兽医学会理事等;兼任吉林大学、扬州大学和吉林农业大学客座教授以及农业部动物疫病应急专家等。</td></tr>
</table>

<table>
<tr><td>姓　名</td><td>高林</td><td>性　别</td><td>男</td><td rowspan="5"></td></tr>
<tr><td>出生年月</td><td>1966年8月</td><td>籍　贯</td><td>黑龙江省巴彦</td></tr>
<tr><td>最高学历</td><td>研究生</td><td>最高学位</td><td>硕士</td></tr>
<tr><td>工作单位</td><td>沈阳科丰牧业科技有限公司</td><td>主要职务</td><td>董事长兼总裁</td></tr>
<tr><td>E-mail</td><td colspan="3">gaolin@sykf.cn</td></tr>
<tr><td>通信地址</td><td colspan="3">沈阳市东陵区马官桥金家街39号</td><td>邮　编　110161</td></tr>
<tr><td>研究方向</td><td colspan="4">动物传染病、微生态制剂、动物保健品</td></tr>
<tr><td>个人简历</td><td colspan="4">工作经历及研究成果:
1984—1989年,沈阳农业大学,畜牧兽医学院,兽医专业;
1989—1996年,辽宁省马三家机构化养猪工厂,兽医技术员、兽医室主任、厂长;
从事猪瘟、仔猪黄白痢、病毒性腹泻、传染性胸膜肺炎防制研究;发表文章18篇;获得省部级科技进步一等奖(第二主持人)。
1996—2000年,农业部爱地集团鞍山天意畜牧实业有限公司,总经理;</td></tr>
</table>

个人简历	从事猪病防制研究；发表论文12篇；作为沈阳农业大学教学科研基地。 2000年至今，沈阳科丰牧业科技有限公司董事长兼总裁； 从事动物保健品研究和生产，动物传染病研究，动物微生态研究；发表论文19篇；发明专利22项；省科技进步二等奖一项(第一主持人)、省部级推广一等奖一项(第一主持人)；省级成果鉴定三项(均为国际领导水平)；列入国家星火计划、辽宁省和沈阳市各类计划的科研项目9项。 自1996年起，坚持参加中国动物传染病学分会学术年会。

姓　名	高英杰	性　别	男		
出生年月	1962年2月	籍　贯	山西万荣		
最高学历	研究生	最高学位	硕士		
工作单位	吉林大学	主要职务	教授		
E-mail	yjgao@jlu.edu.cn	座　机	043187836121		
通信地址	长春市西安大路5333号			邮　编	130062
研究方向	动物疾病快速诊断技术研究				
个人简历	**教育背景：** 山西农业大学兽医专业本科毕业，兽医大学硕士研究生毕业。 **工作经历：** 先后担任兽医大学助教、讲师、参谋，农牧大学副教授、教授、参谋，军需大学教授、研究生处处长。 **研究成果：** 先后获省部级科技成果2项，其中梅花鹿“晃腰病”的研究获吉林省科技进步二等奖，绵羊实验性瘤胃酸中毒获军队科技进步四等奖，获教学成果3项，其中总后勤部学位与研究生教育二十年获全军后勤学术成果二等奖，创新型博士群体培养模式的探索与实践获全军教学成果二等奖，立足“三高”，建设植物分子生物学学科获全军教学成果三等奖。总后勤部学位与研究生教育二十年获全军优质教材一等奖。近5年主持和参加科研课题6项，教改课题6项。参编教材专著6部，主要有动物生理学前沿(副主编)，肠道出血性大肠杆菌O157(副主编)，总后勤部学位与研究生教育二十年(副主编)，动物遗传代谢病(副主编)。已发表论文20余篇。				

姓　名	高原	性　别	男	
出生年月	1955年9月	籍　贯	辽宁彰武	
最高学历	大学本科	最高学位	农学学士	
工作单位	内蒙古民族大学 动物科学技术学院	主要职务	院长	
E-mail	nmmdgaoyuan@163.com	座　机	0475-8314840	

通信地址	内蒙古自治区通辽市科尔沁区西拉木伦大街866号	邮　编	028000
研究方向	1.动物传染病的诊断方法和疫苗研制；2.人兽共患传染病发病分子机制及快速诊断；3.动物重要病原的分子结构与功能；4.动物流行病学及疫病防控体系的建立		
个人简历	**教育背景和工作经历：** 1978—1982年，哲里木畜牧学院兽医专业本科毕业，农学学士； 1982年，毕业留校任教，一直在哲里木畜牧学院兽医系从事教学和科研工作，历任兽医系副主任、动物医学系主任等职； 2000年，并入内蒙古民族大学，任动物科学技术学院院长，硕士生导师。 **研究成果：** 内蒙古自治区预防兽医学重点培育学科带头人，中国畜牧兽医学会动物传染病学分会常务理事。长期从事动物传染病、禽病学、牛病学和家畜内科学教学、临床、科研工作。先后主持内蒙古自然科学基金等十几项科研课题，在《中国兽医科技》、《中国家禽》等学术期刊上发表论文20多篇，编著有《家禽普通病学》、《家禽临床病理学》等著作。经常深入农村牧区和养殖、饲料企业进行科技咨询服务，受到欢迎，被自治区党委、政府授予“深入生产第一线做出突出贡献的科技人员”称号。		

姓　　名	葛宝伟	性　　别	男	
出生年月	1963年6月	籍　　贯	辽宁大连	
最高学历	博士研究生	最高学位	博士	
工作单位	辽宁省动物疫病预防控制中心	主要职务	中心副主任	
座　　机	024-88087106			
通信地址	辽宁省沈阳市沈北新区辉山开发区人和街95号		邮　编	110164
研究方向	动物防疫检疫			
个人简历	**工作经历：** 1987年7月—1991年3月，辽宁省兽医卫生站； 1991年3月—1992年3月，参加辽宁省畜牧局驻阜新科技工作队； 1992年3月—1998年5月，辽宁省兽医卫生站，科长； 1998年5月—1998年8月，辽宁省畜牧兽医科学研究所，副所长； 1998年8月—2000年8月，中共辽宁省委组织部下派任铁岭市面粉厂，副厂长； 2000年9月—2000年11月，中共辽宁省委党校培四班学员； 2000年12月—2001年3月，辽宁省畜牧局兽医处； 2001年4月—2006年4月，辽宁省动物防疫站，副站长； 2006年5月—2007年6月，沈阳市动物卫生站，站长； 2007年6月—2009年2月，沈阳市动物卫生监督所，所长； 2009年2月至今，辽宁省动物疫病预防控制中心，副主任。 **获奖情况：** 1.2004年9月，被辽宁省防制重大动物疫病指挥部授予全省防制高致病性禽流感先进个人称号；			

个人简历	2.获辽宁省动物防疫站2004年度先进工作者； 3.被辽宁省动物卫生监督管理局评为2005年度畜牧倍增计划实施工作先进个人； 4.被辽宁省动物卫生监督管理局评为2005年度省直单位优秀领导干部； 5.2006年4月，被辽宁省卫生厅、辽宁省经济委员会、辽宁省水利厅、辽宁省动物卫生监督管理局授予辽宁省地方病防制工作先进个人； 6.2007年，荣获沈阳市科协、市委组织部、市经委、市人事局等7部门联合授予的第二届沈阳市百佳科技创新能手称号； 7.2007年，被辽宁省动物防疫监督所评为辽宁省动物防疫监督工作先进个人； 8.2008年，被农业部授予农业部“助奥行动”先进个人。 **著作及论文：** 1.《大牲畜病诊疗新技术》，辽宁科学技术出版社(1998年1月)，主编； 2.《肉牛饲养技术大全》，辽宁科学技术出版社(1998年6月)，编著者； 3.《新编畜禽用药手册》，辽宁科学技术出版社(2000年1月)，主编； 4.《养猪技术大全》，辽宁科学技术出版社(2000年1月)，主编； 5.《澳大利亚鸡新城疫防制策略》编译本(2003年1月)，副主编； 6.《加拿大动物卫生法》编译本(2005年5月)，编译者； 7.发表论文15余篇。 **研究成果：** 1.参加的《马(骡)急性致死性肠炎病原与诊疗的研究》课题获辽宁省人民政府颁发的1989年科学技术进步二等奖，第十完成人； 2.参加的《抗小鹅瘟血清和卵黄抗体研制及推广试验》课题获1993年辽宁省政府科学技术进步三等奖，第三完成人； 3.参加的《豁鹅配套系选育—豁鹅杂交组合试验研究》课题获1999年辽宁省畜牧局一等奖，第八完成人； 4.参加的《良种肉牛及配套饲养技术》课题获1999年全国农牧渔业丰收奖二等奖，第二十五完成人； 5.参加的《多用禽病快速免疫监测盒》课题获2005年辽宁省科学技术奖励委员会二等奖，第二完成人； 6.参加的《鸡新城疫免疫监测技术推广项目》获2005年全国农牧渔业丰收奖二等奖，第五完成人； 7.独立撰写的《建立监测预警体系提高动物疫病防控能力》论文，获2005年度辽宁省自然科学学术成果奖三等奖； 8.主持完成的《辽宁省高致病性禽流感疫情预警预报关键技术研究》获辽宁省2007年科学技术二等奖； 9.2002—2004年主持编写8项辽宁省地方标准已于2004年6月1日实施：肉羊屠宰检疫技术规范(DB21 1333—2004)；商品肉鸡屠宰检疫技术规范(DB21 1334—2004)；商品肉鸡产地检疫技术规范(DB21 1335—2004)；肉羊饲养场防疫技术规范(DB21 1336—2004)；奶牛饲养场防疫技术规范(DB21 1337—2004)；商品肉鸡饲养场防疫技术规范(DB21 1338—2004)；牛生乳产地检疫技术规范(DB21 1339—2004)；肉羊产地检疫技术规范(DB21 1340—2004)。

<table>
<tr><td>姓名</td><td>顾万军</td><td>性别</td><td>男</td><td colspan="2" rowspan="5"></td></tr>
<tr><td>出生年月</td><td>1957年8月</td><td>籍贯</td><td>吉林乾安</td></tr>
<tr><td>最高学历</td><td>博士研究生</td><td>最高学位</td><td>博士</td></tr>
<tr><td>工作单位</td><td>佛山科技学院</td><td>主要职务</td><td>学院党委书记</td></tr>
<tr><td>E-mail</td><td>guwanjun@163.com</td><td>座机</td><td>0757-85505765</td></tr>
<tr><td>通信地址</td><td colspan="3">广东省佛山市南海大沥仙溪湖佛山科技学院生命科学学院</td><td>邮编</td><td>528231</td></tr>
<tr><td>个人简历</td><td colspan="5">博士，教授，硕士研究生导师。现任佛山科学技术学院生命科学学院党委书记；广东省高校重点实验室预防兽医重点实验室主任；预防兽医学科省级重点扶持学科、校重点学科带头人。全国畜牧兽医学会理事，畜牧兽医学会家畜传染病学分会常务理事，家畜传染病学教学委员会委员，广东省畜牧兽医学会副理事长。
教育背景和工作经历：
1978年3月—1982年1月，就读吉林农业大学动物科学系兽医本科，获学士学位；
1982年1月—1985年1月，师从著名兽医微生物学家韩有库教授，就读吉林农业大学兽医微生物学与免疫学硕士研究生，获硕士学位；
1985年1月—1999年6月，在吉林农业大学动物科学系任教；1988年5月被评为讲师；1992年破格晋升为副教授；1992年7月考入中国人民解放军农牧大学，师从著名兽医动物病毒学家殷震院士，就读预防兽医学博士研究生，1995年7月毕业，获博士学位；1996年1月破格晋升为教授。
1996年3月，任吉林农业大学动物科学系常务副主任；1999年3月—6月任吉林农业大学研究生部常务副处长；1999年6月至今，在佛山科学技术学院农牧学院担任教授。2001年7月—2008年历任农牧学院、生命科学学院院长。
研究成果：
主要从事动物传染病学、动物医学微生物及免疫学、病原分子生物学等方面的研究工作。担动物医学专业的兽医微生物学、兽医免疫学、家畜传染病学的教学任务，多次获学校优秀教学质量奖。与华南农业大学联合指导8名硕士学位研究生，与华南农业大学、湖南农业大学联合指导4名学位研究生。2004年荣获南粤优秀教师称号；佛山市三育人先进个人；参加获得省级教学成果二等奖一项。主持省高教“151”工程预防兽医资源库项目建设。主持国家自然科学基金项目、教育部资助项目、佛山市科技局重点项目、省自然科学基金项目各一项。2000年以来，参加获省级科技进步奖一等奖一项；三等奖一项；获市级科技进步奖一等奖一项；获市级科技进步奖二等奖2项；获市级科技进步奖三等奖一项。解放军总后勤部科技进步奖二等奖一项；2002年获国务院政府特殊津贴。</td></tr>
</table>

<table>
<tr><td>姓名</td><td>关平原</td><td>性别</td><td>男</td><td rowspan="5"></td></tr>
<tr><td>出生年月</td><td>1961年11月</td><td>籍贯</td><td>内蒙古科右前旗</td></tr>
<tr><td>最高学历</td><td>博士研究生</td><td>最高学位</td><td>博士</td></tr>
<tr><td>工作单位</td><td>内蒙古农业大学兽医学院</td><td>主要职务</td><td>教授</td></tr>
<tr><td>E-mail</td><td>gpynm@yahoo.com.cn</td><td>座机</td><td>0471-4305528</td></tr>
</table>

通信地址	内蒙古自治区呼和浩特市赛罕区昭乌达路306号	邮　编	010018
研究方向	动物传染病的诊断与防制		
个人简历	**教育背景：** 1979—1984年，内蒙古农牧学院兽医系兽医专业读大学本科，获学士学位； 1984—1987年，内蒙古农牧学院动物医学系传染病与预防兽医学专业读硕士研究生，获硕士学位； 2002—2006年，内蒙古农业大学动物科学与医学学院传染病与免疫病理学专业读博士研究生，获博士学位。 **工作经历：** 1987年，硕士毕业留校任助教；1990年任讲师；1995年任副教授；2000年任教授。主要从事家畜传染病学的教学和科研工作。主讲本科生课程“家畜传染病学”、“家畜传染病学与检疫学”“兽医流行病学”，研究生课程“家畜传染病学实验室技术”、“生物信息学及其应用”等课程，培养硕士研究生49名。 **研究成果：** 曾从事口蹄疫、牛病毒性腹泻-黏膜病病毒、牛传染性鼻气管炎、鸡产蛋下降综合征病毒、鸡病毒性关节炎等病毒的分离鉴定、灭活疫苗研究、病毒基因序列的测定分析、相关疾病的分子流行病学研究等研究工作。研究成果获内蒙古自治区科技进步一等奖2项，二等奖3项。并获内蒙古自治区青年科技奖和“内蒙古自治区优秀青年标兵”称号。在各级学术刊物及各级学术会议上发表科技论文80余篇，研究测定的禽呼肠孤病毒我国分离株的18个基因序列、牛传染性鼻气管炎病毒内蒙古分离株的4个基因序列已经被美国国立生物信息中心-NCBI的Genbank收录。		

姓　名	郭爱珍	性　别	女	
出生年月	1965年10月	籍　贯	湖南沅江	
最高学历	研究生	最高学位	博士	
工作单位	华中农业大学	主要职务	教授	
E-mail	aizhen@hzau.edu.cn	座　机	027-87286861	
研究方向	兽医传染病领域，方向：流行病学、诊断技术、疫苗及综合防控技术，病原与宿主相互作用			
个人简历	现任中国肉牛产业技术体系疾病控制功能研究室主任与岗位科学家，全国动物防疫专家委员会结核布病组副组长，流行病学分委员会委员，中国林牧渔业经济学会肉牛经济专业委员会常务理事，中国畜牧兽医学会家畜传染病学分会理事，全国专业标准化技术委员会委员。武汉市奶业协会理事，湖北省与武汉市重大动物疫病防控专家组成员。中国微生物学会会员，美国微生物学会（American Society of Microbiology，ASM）会员，黄岗市奶业产业技术指导组专家。Veterinary Microbiology、Vaccine、Virus Genes、微生物学报、生物工程学报等国内外杂志的审稿人。所属科研团队为教育部创新团队。			

个人简历	**教育背景和工作经历：** 1985年、1988年、1998年毕业于湖南农业大学和南京农业大学，先后获学士、硕士和博士学位； 1988—1995年，南京奶业集团南京乳牛科学研究所任兽医师与科研培训办公室主任； 1993年，荷兰国际农业中心培训奶业管理； 1998—1999年，南京农业大学动物医学院任讲师； 1999—2003年，南京农业大学动物医学院任副教授，硕士导师； 2003—2004年，作为人才被引进至华中农业大学动物医学院工作，为农业微生物学国家重点实验室固定人员，晋升为教授，聘为博士生导师； 2004—2005年，在宾夕法尼亚大学(University of Pennsylvania)，兽医学院微生物学实验室做访问学者； 2005年至今，华中农业大学工作； 2008年加入国家肉牛产业技术体系，任疾病控制室主任与岗位科学家，从事牛传染病及人兽共患传染病的科研、教学与技术推广与咨询服务工作。 **研究成果：** 近年来，共主持国家现代农业(肉牛)产业技术体系专项、公益性行业科研专项(3项)、自然科学基金(2项)，科技部“973”计划(2个)、“863”、科技部重大专项(2项)、科技支撑(2项)、教育部重点以及地方等各类课题20多项；在中外期刊发表论文(著)123篇(部)，其中SCI收录23篇，国际会议论文8篇；撰写书籍11本，其中“动物保护概论”获教育部“全国普通高等学校优秀教材一等奖；获省部级以上科技成果8项，获专利2项，申请专利4项；通过武汉市成果鉴定1项，转基因生物产品通过省中间实验和环境释放安全评价2项，并取得新兽药临床试验批件1项；向国内外输送博士、硕士研究生计20多名。

<table>
<tr><td>姓　　名</td><td>郭学军</td><td>性　　别</td><td>男</td><td colspan="2" rowspan="6"></td></tr>
<tr><td>出生年月</td><td>1968年5月</td><td>籍　　贯</td><td>湖南涟源</td></tr>
<tr><td>最高学历</td><td>研究生</td><td>最高学位</td><td>博士</td></tr>
<tr><td>工作单位</td><td>军事医学科学院</td><td>主要职务</td><td>主任</td></tr>
<tr><td>移动电话</td><td>13756473037</td><td>座　　机</td><td>0431-86985931</td></tr>
<tr><td>E-mail</td><td>Guoxuejun2010@sohu.com</td><td>传　　真</td><td>0431-86985931</td></tr>
<tr><td>通信地址</td><td colspan="3">吉林省长春市柳鹰西路666号军事兽医研究所细菌室</td><td>邮　　编</td><td></td></tr>
<tr><td>研究方向</td><td colspan="5">分子细菌学、分子免疫学、人兽共患病学</td></tr>
</table>

个人简历	现任军事医学科学院军事兽医研究所副研究员，细菌学研究室实验室主任、博士，硕士生导师，专业技术7级。1990年任研究实习员，1997年任助理研究员，2000年获博士学位，2002年任副研究员。 长期从事重大、烈性动物细菌病与人兽共患细菌病研究工作，先后承担主持国家自然基金“大肠杆菌LT的黏膜免疫佐剂活性研究”、军队医药卫生项目“炭疽芽孢杆菌外壁主要结构蛋白免疫学特性研究”、吉林省科技发展计划项目“出血性大肠杆菌O157快检试纸条的研制”、军用标准“炭疽防治规范”的制定和院立课题各一项；参加军队医药卫生青年项目、国家科技支撑项目、“九七三”项目和军队重大专项课题各一项，先后参加三项军事课题的研究工作。参编著作二部，公开发行的主讲讲座一次，在发表论文30余篇。协助培养博士，硕士研究生20余名。荣立个人三等功一次，集体二等功一次，带领本课室获得集体三等功一次。

姓　　名	何洪彬	性　　别	男	
出生年月	1967年2月	籍　　贯	黑龙江	
最高学历	博士	最高学位	博士	
工作单位	山东省农业科学院奶牛研究中心	主要职务	科研部主任	
研究方向	传染病防制及转基因抗病育种			
个人简历	**教育背景：** 1987年9月—1991年7月，东北农业大学生物工程系攻读微生物生物工程理学士学位； 1991年9月—1994年7月，东北农业大学生物工程系攻读兽医微生物学与免疫学硕士学位； 1997年9月—2000年7月，中国人民解放军军需大学军事兽医研究所(现军事医学科学院军事兽医研究所)，攻读预防兽医学博士学位。 **工作经历：** 1994年7月—2002年9月，东北农业大学助教、讲师； 2000年9月—2002年9月，中国医学科学院/中国协和医科大学免疫学系，博士后、副研究员； 2002年10月—2005年4月，Department of Cell Biology, Neurobiology, and Anatomy, Medical College of Wisconsin, Milwaukee, USA, post-doc; 2005年5月—2008年1月，Department of Radiation Oncology, University of Michigan, Ann Arbor, USA, Senior post-doc, Staff Scientist; 2008年2月至今，山东省农业科学院，泰山学者海外特聘专家、院“杰出人才”、院学术委员会委员、奶牛疾病防制和遗传育种岗位特聘专家、研究员、研究生导师。 **研究成果：** 正式发表学术论文60余篇，其中SCI论文10篇，参编学术著作、译著各1部，申请专利3项；获得国家科学技术进步二等奖及军队科学技术进步三等奖各1项。 1. 在导师夏咸柱院士的领导和指导下，参与研制了犬五联弱毒疫苗，打破了犬用疫苗完全依靠国外进口的格局，获得了国家科技进步二等奖及农业部颁发的犬用疫苗新兽药证书。				

个人简历	2. 发现了 γδT 细胞识别抗原及其杀伤靶细胞的机制，为淋巴细胞抗病的过继免疫治疗奠定了基础，该研究居国际前沿水平，总结并发表 SCI 论文 3 篇，申请专利 2 项。 3. 过表达的肝细胞生长因子通过调控生长因子受体的信号传导通路，可拯救因 MITF 基因变异而不能正常发育的黑色素细胞，治愈了色素合成障碍的模型小鼠，为人类的 Waardenburg 症患者的基因治疗研究提供了新的线索和思路，总结并发表 SCI 论文 1 篇。 4. 发现了 SAG 及 RPS27L 基因为肿瘤相关或细胞凋亡相关的新基因，其中，RPS27L 基因的生物学功能是国内外首次发现，为肿瘤药物研发提供了新的靶点，总结并发表 SCI 论文 5 篇。 5. 利用转基因小鼠模型，系统研究口蹄疫病毒自然感染的受体基因；利用基因打靶和体细胞克隆技术，正在进行抗口蹄疫病毒转基因奶牛的培育研究。 6. 建立了检测奶牛乳腺炎、犊牛病毒性腹泻的快速诊断方法；建立了口蹄疫、结核及布鲁氏菌病等奶牛重大传染病综合防控技术体系示范基地，正在探索并形成规模化奶牛场的疫病控制技术标准体系。 7. 针对病毒基因的 RNAi 可阻断牛轮状病毒在体外培养细胞中的增殖，并可保护乳鼠免受强毒的攻击，正在探索携带 RNAi 的有效且安全的载体，为开发抗牛轮状病毒的新型 RNAi 制剂奠定基础。 8. 克隆、表达了奶牛乳腺防御素基因，其抑菌效果明显，正在进行抗病转基因的功能验证研究，发表 SCI 论文 1 篇。

<table>
<tr><td>姓名</td><td>何孔旺</td><td>性别</td><td>男</td><td rowspan="6" colspan="2"></td></tr>
<tr><td>出生年月</td><td>1963 年 7 月</td><td>籍贯</td><td>安徽安庆</td></tr>
<tr><td>最高学历</td><td>研究生</td><td>最高学位</td><td>硕士</td></tr>
<tr><td>工作单位</td><td>江苏省农业科学院兽医所</td><td>主要职务</td><td>所长</td></tr>
<tr><td>座机</td><td>025-84390748</td><td>传真</td><td>025-84390330</td></tr>
<tr><td>E-mail</td><td colspan="3">kwh2003@263. net</td></tr>
<tr><td>通信地址</td><td colspan="3">南京市玄武区孝陵卫钟灵街 50 号</td><td>邮编</td><td>210014</td></tr>
<tr><td>研究方向</td><td colspan="5">1. 动物传染病的诊断方法和疫苗研制；2. 人兽共患传染病发病分子机制及快速诊断；3. 动物重要病原的分子结构与功能；4. 动物流行病学及疫病防控体系的建立</td></tr>
<tr><td>个人简历</td><td colspan="5">教育背景：
1980—1984 年，安徽农学院兽医专业本科生，获农学学士；
1984—1987 年，南京农业大学（江苏省农业科学院）预防兽医学研究生，获农学硕士。
工作经历：
1987 年毕业后，一直在江苏省农业科学院（牧）兽医所从事动物传染病学及人兽共患传染病学的防控技术研究，历任猪病研究室主任、兽医所副所长等职，现任兽医所所长、研究员；1998—1999 年，曾赴美国贝勒医学院进修学习。</td></tr>
</table>

个人简历	**研究成果：** 近年来在猪链球菌病、病毒性腹泻症、猪传染性胸膜肺炎以及猪圆环病毒病等的病原学、流行病学、快速诊断与免疫技术等方面开展了较多的工作。主持或参与主持国家“九七三”前期预研、国家支撑计划、国家自然科学基金、国家行业专项、农业部农业科技跨越计划以及省级重点项目。获得国家及省部级科学进步奖十余项，其中“猪链球菌病研究及防控技术”获2007年度国家级科技进步二等奖，“猪流行性腹泻、猪传染性胃肠炎和轮状病毒的诊断及三联苗研制”获2004年度上海市科技进步二等奖、“猪气喘病活疫苗(168株)的研制与控制技术研究”获2008年度江苏省省科技进步二等奖、“江苏省畜禽疫病诊断与监测体系的标准化技术示范与推广”获2008年度江苏省农业技术推广二等奖；申报国家发明专利6项，已获授权专利2项；发表学术论文120余篇，培养研究生35名。

姓　　名	何后军	性　　别	男		
出生年月	1964年9月	籍　　贯	江西兴国		
最高学历	硕士研究生	最高学位	硕士		
工作单位	江西农业大学教务处	主要职务	教授/处长		
移动电话	13807919632	座　　机	0791-3828050		
E-mail	hehoujun@163.com	传　　真	0791-3828050		
通信地址	江西省南昌市经济技术开发区江西农业大学教务处			邮　　编	330045
研究方向	动物传染病及病原学研究，兽医公共卫生研究				
个人简历	**教育背景：** 1981年9月—1985年7月，江西农业大学牧医系兽医本科专业毕业； 1985年9月—1988年7月，江西农大兽医微生物及免疫学硕士研究生毕业。 **工作经历：** 1988年7月—1991年1月，江西农业大学，助教； 1991年1月—1995年4月，江西农业大学，讲师； 1995年4月—2001年9月，江西农业大学动物科技学院，副教授、副院长； 2001年9月至今，江西农业大学动物科技学院，教授、副院长、院长、书记； 2009年3—9月，澳大利亚新南威尔士大学(UNSW)国家公派访问学者； 2009年8月至今，任江西农业大学教务处，处长。 **研究成果：** 先后主持或参加“小鹅瘟疫苗研制”、“免疫增效剂的免疫增强效应及其在畜禽疫病防制中的应用研究”、“中国荷斯坦奶牛乳房炎预防与治疗的研究”、“鸡法氏囊组织培养液中免疫活性因子生物学功能的研究”、“家禽法氏囊免疫活性肽生物学功能的研究”、“推广兽医新技术开发研究”等各类各级课题10余项。 在猪圆环病毒感染、鸭疫里氏杆菌感染和猪群戊型肝炎病毒感染等领域有较深入研究。现主持省科技厅重大招标项目《猪圆环病毒感染防制技术研究》、省科技厅项目《戊型肝炎病毒在我省猪群中感染状况的研究》、省农业厅项目《猪群感染戊型肝炎病毒的研究》和省教育厅项目《PRRSV与PCV-2二联疫苗的研制及初步应用》。 曾获“全国兽医专业学位优秀硕士论文指导教师”和“江西优秀青年学者”，学校“十佳优秀青年”、“我心目中的好老师”和“优秀硕士研究生指导教师”等光荣称号。“江西省高校中青年骨干教师”和“江西省高校中青年学科带头人”。				

姓　　名	侯继波	性　　别	男
出生年月	1960 年 5 月	籍　　贯	山东德州
最高学历	研究生	最高学位	博士
工作单位	国家兽用生物制品工程技术研究中心	主要职务	常务副主任
研究方向	动物疫病防控技术的研究及兽用生物制品研究开发		
个人简历	**教育背景和工作经历：** 1982 年，毕业于山东农业大学兽医专业； 1983 年，考入南京农业大学攻读动物传染病学硕士学位； 1986 年，获硕士学位； 1999 年，获博士学位； 2000 年，晋升研究员； 2001 年度，获江苏省公费资助； 2004 年，以高访身份赴美加拿大留学半年。 1998 年—2005 年 10 月，任江苏省农科院牧（医）所所长； 2005 年 11 月—2007 年 5 月，任江苏省农科院科研处处长。现任国家兽用生物制品工程技术研究中心常务副主任、江苏省农科院兽医所党支部书记，兼任中国家畜传染病学分会常务理事、江苏省畜牧兽医学会副理事长、江苏省生物企业协会副理事长等； 2000 年被评为省有突出贡献中、青年专家。 **研究成果：** 主要从事兽用生物制品方面的研究。主持和参与多项国家及部省级重大项目；曾作为主要完成人先后获江苏省农牧科技成果一等奖、江苏省科学技术进步二等奖等；获国家发明专利 2 项、国家二类新兽药证书 1 项。共发表论文 40 余篇，编写专著 2 本。 代表性论文：《猪轮状病毒弱毒苗免疫研究》、《三种消毒剂在低温条件下对口蹄疫病毒灭活试验》、《鸡传染性鼻炎》、《自制微生态制剂在肉鸡中的应用》、《猪急性败血型链球菌病的诊断及病原鉴定》等 。 获得的奖项：江苏省农牧科技成果一等奖（1990）；江苏省科技进步三等奖“猪轮状病毒弱毒株的培育”（ 1991）；江苏省科技进步三等奖“猪流行性腹泻与传染性胃肠炎快速诊断与免疫技术研究”（ 2001）；江苏省农科院科技进步二等奖“猪五号病防疫关键技术研究与应用”（ 2001）；江苏省科学技术进步奖二等奖“猪气喘病活疫苗（168 株）的研制与控制技术研究”（ 2008）。 申报及获得的国家发明专利：“猪肺炎支原体克隆致弱株”，专利号 ZL99114276.4；“鸡毒支原体克隆致弱株”，专利号 ZL99114277.2；“一种病毒或细菌的浓缩方法”，申请号 200810020791.9；“一种禽流感基因工程多肽抗原”，申请号 200810122692.1。		

姓　　名	侯喜林	性　　别	男
出生年月	1965 年 5 月	籍　　贯	黑龙江兰西
最高学历	研究生	最高学位	博士
工作单位	黑龙江八一农垦大学	主要职务	教研室主任
移动电话	13836961297	座　　机	0459-6819666
E-mail	xly_hou@yahoo.com.cn		

通信地址	黑龙江省大庆市黑龙江八一农垦大学动科院	邮　编	163319
研究方向	动物传染病诊断与防制		
个人简历	**教育背景：** 1984 年 9 月—1988 年 7 月，黑龙江八一农垦大学牧医系兽医专业读本科； 1989 年 3 月—1989 年 7 月，解放军军事兽医研究所进修学习病毒分子生物学技术； 1993 年 9 月—1996 年 7 月，中国农业大学动物医学院攻读传染病与预防兽医学硕士学位； 1998 年 7 月—1998 年 8 月，中国科学院发育研究所进修学习分子生物学技术； 2001 年 3 月—2006 年 2 月，韩国国立忠南大学校兽医科大学攻读预防兽医学博士学位。 **工作经历：** 1988 年 7 月—1993 年 8 月，黑龙江八一农垦大学牧医系任助教； 1993 年 9 月—1998 年 8 月，黑龙江八一农垦大学牧医系任讲师； 1998 年 9 月—2003 年 8 月，黑龙江八一农垦大学动物科技学院任副教授； 2003 年 9 月至今，黑龙江八一农垦大学动物科技学院任教授。 **研究成果：** 1. 鸡梅氏弧菌感染的研究，黑龙江省科技进步三等奖； 2. 研究建立猪的防疫灭病技术体系，黑龙江省科技进步三等奖； 3. 育成牛肠毒血症 K99、F41 兼性 E. coli 分离鉴定及免疫的研究，黑龙江省科技进步二等奖； 4. 规模化养猪场重大疫病诊断与防制研究，河南省科技进步二等奖； 5. 禽流感病毒在家禽及野生鸟类中的流行病学调查，大庆市科技进步三等奖； 6. 猪繁殖障碍性疾病分子生物学方法诊断和检测，黑龙江省科技进步二等奖。		

姓　　名	胡桂学	性　　别	男	
出生年月	1963 年 5 月	籍　　贯	辽宁抚顺	
最高学历	博士研究生	最高学位	博士	
工作单位	吉林农业大学	主要职务	研究生学院副院长	
E-mail	Huguixue901103@163.com			
研究方向	动物病毒学			
个人简历	**教育背景和工作经历：** 1990 年 7 月—1994 年 9 月，在吉林农业大学动物科技学院工作，任讲师； 1994 年 9 月—1997 年 7 月，在原解放军农牧大学读书，获博士学位； 1997 年 7 月—1997 年 12 月，在吉林农大动物科技学院工作，任讲师； 1998 年 1 月—2002 年 12 月，在吉林农大动物科技学院工作，任副教授； 2003 年 1 月—2006 年 10 月，在吉林农大动物科技学院教工作，任教授； 2006 年 10 月至今，在吉林农大研究生学院，任副院长。 **研究成果：** 1. 科研奖励情况：(1)禽流感防控关键技术研究，2007 年 9 月，吉林省科技进步二等奖(第 2 名)；(2)鸭病毒性肝炎病原特性及综合防制技术研究，2009 年 12 月 29 日，吉林省科技进步三等奖(第 2 名)。				

<table>
<tr><td>个人简历</td><td>2. 代表论文发表情况：(1)2005 年 6 月在《畜牧兽医学报》发表“大熊猫犬冠状病毒部分纤突蛋白基因的扩增与序列分析”(第 1 名)；(2)2005 年 4 月在《中国预防兽医学报》发表“大熊猫肝脏分离病毒部分特性的研究”(第 1 名)；(3)2006 年 1 月在《中国预防兽医学报》发表“大熊猫犬冠状病毒部分 S 基因的克隆与全 S 基因序列分析”(第 2 名，通讯作者)；(4)2007 年 4 月在《中国兽医学报》发表“猪圆环病毒 2 型吉林地方株 ORF2 基因的克隆、测序及其在原核细胞中的表达”(第 4 名，通讯作者)；(5)2007 年 8 月在《中国预防兽医学报》发表“小鹅瘟病毒胶体金层析检测卡的研究”(第 5 名，通讯作者)；(6)2008年 8 月在《中国兽医学报》发表“鹅副黏病毒胶体金检测卡的研究”(第 4 名，通讯作者)；(7)2008 年 8 月在《中国兽医学报》发表“猪圆环病毒 2 型 ORF2 基因原核表达蛋白间接 ELISA 检测方法建立及初步应用”(第 4 名，通讯作者)；(8)2008 年 12 月在《畜牧兽医学报》发表“表达猪流行性腹泻病毒 COE 基因的重组乳酸菌的构建与鉴定”(第 4 名，通讯作者)。
3. 主要科研成果：2008 年 12 月完成国家自然科学基金项目“乳酸杆菌微生态制剂表达仔猪冠状病毒性腹泻病毒保护性抗原基因研究”；2008 年 12 月完成吉林省科技厅项目“鹅重要传染病高效防制技术与诊断、预防产品的开发研究”。</td></tr>
</table>

<table>
<tr><td>姓　　名</td><td>胡绍良</td><td>性　　别</td><td>男</td><td colspan="2" rowspan="5"></td></tr>
<tr><td>出生年月</td><td>1965 年 1 月</td><td>籍　　贯</td><td>河南洛阳</td></tr>
<tr><td>最高学历</td><td>硕士研究生</td><td>最高学位</td><td>医学硕士</td></tr>
<tr><td>工作单位</td><td>深圳市康百得生物科技有限公司</td><td>主要职务</td><td>技术总监</td></tr>
<tr><td>E-mail</td><td>biocbd@gmail.com</td><td>座　　机</td><td>0755-26650513</td></tr>
<tr><td>通信地址</td><td colspan="3">广东省深圳市南山区南油天安工业区 3 栋 4B</td><td>邮　　编</td><td>518054</td></tr>
<tr><td>研究方向</td><td colspan="5">1. 动物传染病快速免疫检测方法的研究与应用；2. 人兽共患传染病相关基因重组蛋白的构建</td></tr>
<tr><td>个人简历</td><td colspan="5">教育背景：
1982—1985 年，河南科技大学医学院临床医学专业；
1988—1991 年，四川大学硕士研究生毕业，医学硕士。
工作经历：
毕业后在深圳市康百得生物科技有限公司从事人畜病原生物检测技术开发和应用。现任技术总监；中国动物学会寄生虫学专业分会理事、中国兽医学会家畜传染病分会理事。
研究成果：
主持建立了快速检测技术平台，包括酶免疫检测技术，纳米粒子层析检测技术工艺平台，成功开发了一批快速实用、敏感、准确的免疫检测试剂盒，涉及医学、动物医学、食品安全检测等多个领域，包括猪瘟、蓝耳病、伪狂犬、细小病毒、新城疫等常见动物传染病的金标和 ELISA 检测试剂盒。同时建立了分子生物学技术开发平台，成功构建表达了多个动物疫病相关基因重组蛋白。曾承担了国家科技部创新基金项目，发表了多篇学术论文，并获得省级科技奖励，申请了 3 项国家发明专利。
专业特长：
在常见动物传染病检测技术方面具有较为深入的研究和丰富的经验，可以为单位和个人提供专业高效的技术支持和服务。</td></tr>
</table>

姓　　名	胡小华	性　　别	女	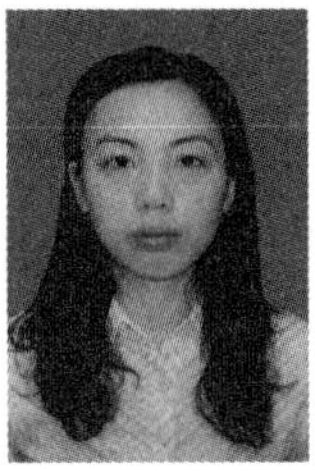
出生年月	1980 年 7 月	籍　　贯	四川金堂	
最高学历	研究生	最高学位	硕士	
工作单位	《现代兽医兽药大全》编委会	主要职务	编委会委员	
移动电话	13552425002	E-mail	caav009@qq.com	
个人简历	**教育背景:** 2000 年 9 月—2004 年 7 月,四川农业大学,农学学士; 2007 年 9 月—2010 年 6 月,中国农业科学院,农学硕士。 **工作经历:** 2004 年 7 月—2005 年 4 月,《中国动物保健》杂志社; 2005 年 5 月—2010 年 7 月,中国农业科学院北京畜牧兽医研究所《中国畜牧兽医》编辑部; 2009 年 4 月至今,《现代兽医兽药大全》编委会。			

姓　　名	胡永浩	性　　别	男		
出生年月	1962 年 7 月	籍　　贯	甘肃古浪		
最高学历	博士研究生	最高学位	博士		
工作单位	甘肃农业大学动物医学院	主要职务	教授、副院长		
移动电话	13893256766	座　　机	0931-7631229		
E-mail	yhh0817@126.com	传　　真	0931-7631220		
通信地址	兰州市安宁区营门村 1 号甘肃农业大学动物医学院			邮　　编	730070
研究方向	动物传染病学,兽医生物制品学,动物疫病防控				
个人简历	**教育背景和工作经历:** 1985 年,毕业于甘肃农业大学兽医本科专业,获学士学位; 1988 年,毕业于甘肃农业大学传染病学与预防兽医学专业,获硕士学位; 2006 年,毕业于甘肃农业大学兽医病理学专业,获博士学位。历任甘肃农业大学助教、讲师、副教授、教授、硕士生导师、博士生导师; 1988 年 9 月—1989 年 1 月,于农业部动物检疫所进修"动物基因工程"操作技术; 1990 年 4—5 月,于沈阳农业大学研修"兽医流行病学"; 2006 年 9 月—2007 年 8 月,作为"西部之光"访问学者在国家猪瘟参考实验室研修。 **研究成果:** 从事专业工作以来,一直致力于科学研究和生产服务等专业技术工作,作为项目负责人或主要完成人先后完成国家自然基金项目"应用 λgt11 载体系统克隆与表达禽源巴氏杆菌的抗原蛋白基因"等研究课题 6 项,主持完成的国家自然基金项目"我国鸡新城疫强毒株 F 糖蛋白基因体外合成及其免疫原性研究"获 2001 年甘肃省科技进步三等奖,主持完成的"核酸分子杂交试验在畜禽传染病诊断中的应用研究"获 1996 年甘肃省畜牧科技进步三等奖。作为主持人编制完成的国家标准"牛出血性败血病诊断技术"				

个人简历	于2008年通过国家动物防疫标准化委员会专家组的审定，作为主要完成人编制完成的国家农业行业标准“无公害食品 鹅饲养兽医防疫准则”已由中华人民共和国农业部于2004年发布实施，作为主要完成人申报的“一种利用腺病毒载体表达狂犬病病毒双基因制备狂犬病活载体疫苗的方法”2007年获得国家发明专利证书。累计发表本专业领域研究论文60余篇，副主编、参编《牛病诊疗原色图谱》、《动物疫病学》、《羊病防制手册》、《兽医病理学原色图谱》等专业著作12部，副主编、参编《动物防疫与检疫》、《兽医生物制品学》、《实验动物学》等全国统编教材4部。

姓　　名	花群义	性　　别	男	
出生年月	1965年9月	籍　　贯	云南	
最高学历	研究生	最高学位	博士	
工作单位	深圳出入境检验检疫局	主要职务	研究员	
研究方向	重要人畜共患病和动物疫病快速检测技术的研究和应用			
个人简历	**教育背景和工作经历：** 1987年7月，毕业于西南民族大学兽医本科； 1992年7月，毕业于山西农业大学预防兽医学硕士研究生； 2004年6月，毕业于中国人民解放军军需大学预防兽医学博士研究生； 现为深圳市高层次专业人才国家级领军人才，“十五”国家科技攻关计划课题负责人，国家政府特殊津贴获得者，国家十一五“863计划”课题组组长，省部级学术技术带头人，国家质检总局优秀中青年专家，省、部级科学技术奖一等奖获得者，深圳市博士后科研工作站导师。 **研究成果：** 从事检验检疫科研和技术工作23年；2003年被评为全国质检系统先进科技工作者；2004年被评为国家认监委标准化工作先进个人；作为导师培养硕士研究生15名；获得省部级科学技术进步一等奖、二等奖、三等奖等共10项；发表论文40多篇；主编和参编专著3部书；主持制定了国家标准5项；行业标准10项；获得国家发明专利8项；主要从事重要人畜共患病和动物疫病快速检测技术的研究和应用。			

姓　　名	黄瑜	性　　别	男	
出生年月	1965年8月	籍　　贯	江西宁都	
最高学历	研究生	最高学位	博士	
工作单位	福建省农科院畜牧兽医研究所	主要职务	副所长	

研究方向	家禽传染病
个人简历	现为三级研究员，国家新世纪百千万人才、享受国务院政府特殊津贴专家、福建省新世纪百千万人才、福建省新长征突击手、福建省农科院首批青年学科带头人与拔尖人才、福建省兽医动物生物安全三级实验室主任，中国畜牧兽医学会禽病学分会理事和家畜传染病学分会常务理事、福建省畜牧兽医学会常务理事、福建省防控高致病性禽流感科技组专家，福建农林大学和江西农业大学客座教授、硕士生导师。 **教育背景：** 1985—1990 年，就读于江西农业大学五年制兽医专业； 1990—1993 年，就读于原北京农业大学畜牧兽医系，获动物传染病与预防兽医学硕士学位； 1999—2002 年，就读于中国农业大学动物医学院，获预防兽医学博士学位。 **研究成果：** 自 1993 年参加工作以来，一直从事水禽疫病研究，先后主持国家自然基金项目 3 项、国家“973”重大基础研究专项子课题 1 项、福建省自然科学基金项目 3 项、福建省科技项目 4 项；共发表研究论文 123 篇，近十年来发表论著 75 篇，其中 SCI 收录 4 篇、国家级学报论文 21 篇；主编鸭病相关著作 2 部，参编或参译的著作 6 部；先后荣获省科技进步二等奖 2 项，于 2001 年前瞻性提出的关于“紧急开展禽流感研究”的建议荣获福建省第四届科技工作者优秀建议奖。

姓　　名	霍晓伟	性　　别	男		
出生年月	1963 年 10 月	籍　　贯	内蒙古通辽		
最高学历	博士研究生	最高学位	农学博士		
工作单位	内蒙古民族大学动物科学技术学院	主要职务			
移动电话	13947538796	座　　机	0475-8314845		
E-mail	xiaowei_huo@yahoo. com. cn				
通信地址	吉林省长春市西安大路 5333 号畜牧兽医学院			邮　　编	028042
研究方向	1. 动物传染病的诊断方法和疫苗研制；2. 动物重要病原的分子结构与功能研究；3. 疫病防控体系的建立				
个人简历	**教育背景：** 1981—1985 年，哲里木畜牧学院兽医本科毕业，农学学士； 2000—2003 年，解放军军需大学预防兽医学硕士研究生毕业，兽医学硕士； 2004—2008 年，吉林大学大学预防兽医学博士研究生毕业，农学博士。 **工作经历：** 1985 年 8 月—1988 年 12 月，内蒙古哲盟外贸甘旗卡冷冻加工厂卫检科主管兽医； 1988 年 12 月—1996 年 11 月，内蒙古哲盟粮油食品进出口公司肉类食品科主管兽医； 1996 年 11 月至今，内蒙古民族大学动物科技学院(原哲里木畜牧学院兽医系和畜牧系)任教；				

个人简历	2005年4月—2006年3月，日本酪农学园大学兽医科，客座研究员。 **研究成果：** 1.1985年7月—1988年12月，于内蒙古哲盟外贸甘旗卡冷冻加工厂（内蒙古科尔沁牛业股份有限公司肉类加工厂前身）卫检科，从事兽医卫生检疫检验工作，检验屠宰肉牛7万多头，1987年主持“高档牛肉生产”研究一项并验收； 2.1989年1月—1996年11月，哲盟粮油食品进出口公司肉类食品科从事肉食品检疫检验工作，检验出口牛肉3万多吨，出口香港活牛2万多头。培训各生产厂的卫检员和主管兽医100多人次； 3.1996年11月至今，在内蒙古民族大学动物科学技术学院从教；为本科生及研究生讲授《家畜传染病学》、《兽医微生物及免疫学》、《动物性食品卫生学》、《兽医生物制品学》。本科生700多人次，研究生20人次；承担了内蒙古通辽市畜牧业系统的畜牧兽医专业技术干部继续教育培训工作共培训1 000多人次； 4.读研期间，主要从事重大疫病如口蹄疫、禽流感、高致病性蓝耳病的流行病学及防控研究；参加过国家“863”计划重点项目“口蹄疫病原分子、背景、诊断及疫苗构建研究”，主要构建了口蹄疫的核酸疫苗和病毒载体疫苗进行实验室免疫研究，现已报吉林省科技进步1等奖；1998年所研究的“猪繁殖与呼吸综合征（即蓝耳病）”曾获得通辽市科技进步2等奖；2005年“H5N1禽流感病理学研究”曾获得通辽市科技进步2等奖；2009年10月当选为“动物传染病学会”第七届理事会理事； 5.1998年创办了动物医院，长期从事肉牛疫疾病防制工作，深受养殖户欢迎； 6.2005年4月—2006年3月，在日本酪农学园大学动物医院从事牛病临床诊疗和防制研究，还向日本学者传授中兽医学； 7.发表论文20多篇，主编《禽病学》一部。

姓　名	姜北宁	性　别	男	
出生年月	1956年7月	籍　贯	湖南宁乡	
最高学历	大学	最高学位	学士	
工作单位	北京市农林科学院 畜牧兽医研究所	主要职务	研究室主任	
座　机	010-51503454	传　真	010-51503498	
E-mail	Jhm512@sina.com			
通信地址	北京市海淀区曙光花园中路9号		邮　编	100097
研究方向	禽病学、兽医生物制品学			
个人简历	**研究成果：** 现为北京市农林科学院畜牧兽医研究所研究员及动物免疫与预防研究室主任、中国兽药典委员会委员，农业部兽药审评委员会委员，中国畜牧兽医学会家畜传染病学分会常务理事，兽医生物制品学分会常务理事，中国微生物学会生物制品专业委员会委员。主持及参加了科技部、973、市科委等多项家禽疫苗及相关工艺的研究课题；研制成功鸡新城疫灭活疫苗、鸡新城疫与传染性法氏囊病二联灭活疫苗、鸡新城疫-传染性支气管炎-减蛋综合征-传染性脑脊髓炎四联灭活疫苗、鸡新城疫—禽流感（H9亚型）二联灭活疫苗、鸡新城疫-传染性支气管炎-减蛋综合征三联灭活疫苗、鸡新城疫-传染性支气管			

个人简历	炎-禽流感(H9亚型)三联灭活疫苗及鸡新城疫-传染性支气管炎-减蛋综合征-禽流感(H9亚型)四联灭活疫苗等7种禽用新疫苗,其质量达到国内领先或国际先进水平,其中前5种疫苗已获农业部新兽药注册证书,并在我国兽医生物制品厂进行产业化生产,在全国各省市的鸡场应用,有效控制了疫病的流行,为我国养禽业作出了突出的贡献。 在科研工作的同时,深入生产实际,进行禽病的诊治工作,为广大养殖生产者排忧解难,为鸡场挽回了经济损失;本人先后给大专院校的研究生、大学生、各层次畜牧兽医专业人员及养鸡专业户讲授禽病研究及防制技术、兽医生物制品学等,听课人数达2千人次以上;另外,本人作为农业部第三届、第四届及第五届兽药审评委员会委员,参加了对国内外兽用生物制品申报注册材料的审评工作,在工作中认真负责,坚持原则,圆满完成了任务。曾获北京市星火科技二等奖一项(排名第三),获北京市科学技术进步二等奖一项(排名第二),获北京市科学技术一等奖一项(排名第一);1993年获北京市优秀青年知识分子荣誉称号,2006年荣获国务院政府特殊津贴,2010年荣获北京市突出贡献专家殊荣;1993—1994年曾赴日本留学一年,学习有关禽病方面的知识;发表论文50余篇。

姓　名	姜力	性　别	男		
出生年月	1955年4月	籍　贯	吉林长春		
最高学历	研究生	最高学位	博士		
工作单位	吉林省畜牧兽医科学研究院	主要职务	主任		
座　机	0431—87970521				
通信地址	长春市西安大路4510号			邮　编	130062
研究方向	家畜传染病学				
个人简历	**教育背景和工作经历:** 1974年毕业于解放军兽医大学;1989年在解放军兽医大学获硕士学位;2000年军需大学获博士学位;主要从事家畜传染病的研究工作;20世纪70～80年代主要研究大牲畜细菌性疾病,主要从事马鼻疽的诊断、治疗、免疫等研究工作;90年代主要从事禽病的研究,主要对禽霍乱和鸡大肠杆菌病进行研究;后来从事分子细菌学的研究,主要研究幽门螺杆菌保护性抗原的分子克隆、表达、纯化等工作。 最近几年主要从事猪病的研究工作,主要研究猪大肠杆菌病、猪链球菌病、猪蓝耳病、猪圆环病毒病、回肠炎等。				

姓　名	姜平	性　别	男	
出生年月	1964年2月	籍　贯	江苏如东	
最高学历	博士研究生	最高学位	农学博士	
工作单位	南京农业大学	主要职务	预防兽医学系主任	
E-mail	jiangp@njau. edu. cn	座　机	025-84395504	

通信地址	江苏省南京市卫岗南京农业大学动物医学院	邮　编	210095
研究方向	动物传染病防制与动物病毒分子生物学		
个人简历	**教育背景：** 1981年9月—1986年6月，南京农业大学兽医学专业本科，获学士学位； 1986年9月—1989年6月，南京农业大学动物医学院传染病与预防兽医学专业研究生，获硕士学位； 1994年9月—1998年1月，南京农业大学动物医学院传染病与预防兽医学专业研究生，获博士学位。 **工作经历：** 1989年，硕士研究生毕业留校任教，在南京农业大学先后从事动物源性食品卫生学、家畜传染病学和兽医生物制品学的教学和科研工作，历任家畜传染病学教研室主任、预防兽医学系主任等职； 1996年10—11月，奥地利国际原子能机构分子生物学实验室进修； 1998年1—7月，加拿大Guelph大学兽医学院进修合作研究； 2000年2月—2001年11月，美国Rush医学中心从事博士后研究。现任南京农业大学动物医学院预防兽医学系主任，教授，博士生导师，农业部动物疫病诊断与免疫重点开放实验室主任，国家生猪产业体系猪病防控岗位专家，国家农业转基因生物安全委员会专家委员，农业部动物疫病防控专家委员会高致病性蓝耳病组副组长；中国畜牧兽医学会兽医生物制品学分会副理事长、动物传染病学分会常务理事，中国科学院武汉病毒研究所兼职研究员。教育部新世纪优秀人才；江苏省"333工程"新世纪科学技术带头人(第二层次)；江苏省高校"青蓝工程"中青年学术带头人。 **研究成果：** 主持国家自然科学基金、国家农业转基因重点项目、国家支撑计划子项目和部省级科研项目等26项，主要从事猪繁殖与呼吸综合征病毒、猪圆环病毒和鸡传染性支气管炎病毒等畜禽重要疫病病原分子流行病学、致病机理、诊断和免疫研究，已在国内外重要期刊发表研究论文200多篇，其中SCI论文30篇；获得国家科技发明专利2项；主编《兽医生物制品学》、《兽医全攻略-猪病》、《现代疫苗设计原理》等专著6部；获部省级科技进步奖6项，培养毕业博士研究生14名(含留学生1名)，硕士研究生80多名；2009年指导的一篇博士研究生论文获全国优秀博士论文提名。		

姓　　名	江庆国	性　　别	男	
出生年月	1966年4月	籍　　贯	江苏	
最高学历	本科	最高学位	学士	
工作单位	三仪集团	主要职务	副董事长	
通信地址	大连市甘井子区营旭路9号	邮　编	116036	
个人简历	**教育背景和工作经历：** 1993年，江苏农学院畜牧兽医系兽医专业毕业； 1993—1999年，北京农场管理局西郊农场从事畜牧兽医等工作，先后担任家禽研究所技术员、种鸡场书记、兽医站书记副站长、农场企划部部长等职务； 1999年，加盟大连三仪集团现任集团副董事长兼销售公司副总经理。			

姓　名	金扩世	性　别	男	
出生年月	1956 年 7 月	籍　贯	四川宣汉	
最高学历	研究生	最高学位	博士	
工作单位	军事医学科学院	主要职务		
E-mail	kuoshijin@yahoo.com.cn	座　机	0431-86985927	
通信地址	吉林省长春市净月开发区柳营西路		邮　编	130122
研究方向	1.病毒学及人兽共患病分子生物学研究；2.动物传染病流行病学及防制研究； 3.生物制品及疫苗研制；4.动物疫病的诊断和防制			
个人简历	**教育背景：** 1982—1984 年，解放军兽医大学兽医专业毕业； 1993—1997 年，解放军农牧大学预防兽医学专业毕业，农学硕士； 2000—2002 年，南京农业大学预防兽医学专业毕业，农学博士。 **工作经历：** 1984 年毕业后一直在解放军兽医大学/农牧大学/军需大学/军事医学科学院从事动物传染病学及人兽共患病学的科研工作；现任军事医学科学院军事兽医研究所研究员，硕士生导师，兼任吉林大学畜牧兽医学院硕士生导师。 **研究成果：** 主持和参加了多项省部级和国家重大科研课题。先后进行了水貂巴氏杆菌、犬瘟热病毒、貂肠炎病毒、鸡新城疫病毒、法氏囊病毒、传染性支气管炎病毒、禽流感病毒、猪瘟病毒、猪副粘病毒、猪戊肝病毒、猪细小病毒、猪繁殖与呼吸综合征病毒、圆环病毒、口蹄疫病毒等的分离鉴定及防控研究；进行了水貂巴氏杆菌疫苗、犬瘟热疫苗、貂肠炎疫苗、鸡新城疫疫苗、口蹄疫基因工程疫、禽流感基因工程疫、鸡新城疫法氏囊鸡痘基因工程三价疫苗、猪繁殖与呼吸综合征和圆环病毒病二联疫苗等生物制品的研制。发表和参与发表科研论文 70 多篇，获得省部级及军队科技进步一等奖三项，二等奖七项，三等奖五项；申请和参与申请专利 10 多项，参与编写了《人兽共患病》、《动物病毒学》、《畜禽防疫》、《养禽防控高致病性禽流感》等著作 9 部；培养和协助培养了多名硕士和博士研究生。			

姓　名	李春玲	性　别	女	
出生年月	1965 年 2 月	籍　贯	河南	
最高学历	研究生	最高学位	博士	
工作单位	广东省农业科学院 兽医研究所	主要职务	副主任	
E-mail	lclclare@163.com	座　机	020-85291377	
通信地址	广州市天河区五山白石山岗		邮　编	510640
研究方向	家畜传染病			

个人简历	**教育背景：** 1981 年 9 月—1985 年 7 月，就读于河南农业大学兽医专业； 1985 年 9 月—1988 年 7 月，攻读兽医微生物与免疫学硕士学位； 2003—2007 年，在南京农业大学攻读博士学位，研究方向为预防兽医学。 **工作经历：** 1988 年 7 月，硕士毕业后在河南省动物疫病预防控制中心工作，先后从事禽病诊断、猪病诊断、动物疫情监测等； 2003 年 4 月，调至广东省农业科学院兽医研究所，现任猪病研究室副主任，研究员，负责猪细菌病的科研开发全面工作。 **研究成果：** 多年来，一直从事动物疫病的防控技术研究与推广应用工作，熟练预防兽医专业的基础理论和专业知识，熟悉兽医学科国内外的研究现状及发展趋势，了解相关学科国内外的研究动态；近年来，围绕猪重大传染病综合防控技术研究方向，重点开展猪链球菌病、副猪嗜血杆菌病、猪传染性胸膜肺炎等疫病的诊断与综合防控技术研究及兽用中草药免疫增强剂研究与开发工作，先后主持承担或参与完成了省(部)级各类科研项目近 20 项，取得科研成果奖励 7 项，申请发明专利 2 项，在国家级学报或核心期刊上发表学术论文近 60 篇，协助指导硕士研究生 16 名，兼任广东省微生物学会第八届理事会理事和广东省动物防疫技术协会专家组成员。

姓　　名	李国平	性　　别	男	
出生年月	1945 年 8 月	籍　　贯	福建	
最高学历	本科	最高学位		
工作单位	福建农林大学	主要职务	教授，福建省畜牧兽医学会秘书长	
移动电话	13600882462	座　　机	0591-83769179	
E-mail	fafulgp@163.com	传　　真	0591-83758852 0591-83769179	
通信地址	福州金山福建农林大学动物科学学院		邮　　编	350002
研究方向	动物微生物学、免疫学及传染病			
个人简历	**教育背景和工作经历：** 1964—1969 年，福建农学院兽医专业学习； 1969—1974 年，在农场从事畜牧兽医工作； 1974—2008 年，福建农林大学，从事教学、科研、兽医临床工作； 2008 年 9 月，退休。 **研究成果：** 主持和参加防制仔猪腹泻联合剂的研制等多项科研项目，发表论文 30 多篇。			

<table>
<tr><td>姓　　名</td><td>李尚波</td><td>性　　别</td><td>男</td><td rowspan="4"></td></tr>
<tr><td>出生年月</td><td>1962 年 9 月</td><td>籍　　贯</td><td>辽阳</td></tr>
<tr><td>最高学历</td><td>研究生</td><td>最高学位</td><td>硕士</td></tr>
<tr><td>工作单位</td><td>辽宁益康生物制品
有限公司</td><td>主要职务</td><td>董事长兼总经理</td></tr>
<tr><td>通信地址</td><td colspan="3">辽阳市太子河区南驻路 12 号</td><td>邮　编　111000</td></tr>
<tr><td>研究方向</td><td colspan="4">兽用生物制品</td></tr>
<tr><td>个人简历</td><td colspan="4">教育背景和工作经历:
解放军军需大学预防兽医学硕士;1984 年 7 月分配到辽宁省益康生物制品厂(原辽宁省兽医生物药品厂),历任技术员、销售员、销售副科长、科长、副厂长、现任董事长兼总经理。
研究成果:
专利:抗体复合制剂合成装置;一种鸡传染性法氏囊弱毒活疫苗免疫保护剂及其制备方法。
著作:阻断 ELISA 与中和试验检测猪瘟疫苗免疫猪血清抗体的比较;长白猪 γ-干扰素基因的原核表达与分析;兔出血症病毒(RHDV)全基因组克隆与分子流行病学分析;中药多糖对鸡新城疫 IV 系疫苗抗原活力的影响;家禽主要疫病免疫技术漫谈;猪病的免疫防制(连载 4);猪细小病毒 YK 株 NS1 基因的克隆与序列分析;用地高辛标记核酸探针检测猪细小病毒的研究;禽致病性大肠杆菌菌毛研究进展;仔猪水肿病(三价)灭活疫苗的研究 I 菌种的微生物学特性、毒力和免疫原性鉴定试验。</td></tr>
</table>

<table>
<tr><td>姓　　名</td><td>李文刚</td><td>性　　别</td><td>男</td><td rowspan="5"></td></tr>
<tr><td>出生年月</td><td>1964 年 6 月</td><td>籍　　贯</td><td>河南南阳</td></tr>
<tr><td>最高学历</td><td>研究生</td><td>最高学位</td><td>博士</td></tr>
<tr><td>工作单位</td><td>郑州牧专动物医学系</td><td>主要职务</td><td>系主任</td></tr>
<tr><td>E-mail</td><td>Wengang-li@126. com</td><td>座　　机</td><td>0371-65765025</td></tr>
<tr><td>通信地址</td><td colspan="3">河南省郑州市金水区北林路 16 号</td><td>邮　编　450011</td></tr>
<tr><td>个人简历</td><td colspan="4">教育背景和工作经历:
1986 年 7 月,毕业于河南农业大学牧医系兽医专业并获学士学位(农学),同年 7 月到郑州牧专工作;
1994 年 7 月,毕业于北京农业大学兽医学院,获传染病与预防兽医学硕士学位(农学);
1997 年 7 月,毕业于中国农业大学动物医学院,获传染病与预防兽医学博士学位(农学);
1998—2000 年,在日本农林水产省农业生物资源研究所做博士后(STA fellow)工作,现在郑州牧专从事科研、教学工作,曾任动物医药系副主任、科研处副处长,现任动物医学主任,教授;现任中国畜牧兽医学会禽病学分会理事、家畜传染病学分会理事、动物微生态学分会常务理事,河南省畜牧兽医学会常务理事、副秘书长,世界禽病学会会员;
2000 年,河南省教育厅创新人才工程培养对象;
2002 年,河南省学术技术带头人(省级 555 人才);
2003 年,河南省杰出青年科学基金获得者;
2006,年河南省杰出人才创新基金获得者,河南农业大学预防兽医学硕士研究生导师;
出版专著 17 部、教材 7 部,国内外发表论文 50 多篇。</td></tr>
</table>

<table>
<tr><td>姓　　名</td><td>李秀云</td><td>性　　别</td><td>女</td><td rowspan="6"></td></tr>
<tr><td>出生年月</td><td>1963年11月</td><td>籍　　贯</td><td>吉林农安</td></tr>
<tr><td>最高学历</td><td>本科</td><td>最高学位</td><td>硕士</td></tr>
<tr><td>工作单位</td><td>长春市畜禽质量安全中心</td><td>主要职务</td><td>主任</td></tr>
<tr><td>移动电话</td><td>13604333708</td><td>座　　机</td><td>0431-87981559</td></tr>
<tr><td>E-mail</td><td>Lixiuyun1125@21cn.com</td><td>传　　真</td><td>0431-87981559</td></tr>
<tr><td>通信地址</td><td colspan="3">吉林省长春市绿园区南官舍15栋前</td><td>邮　　编　130062</td></tr>
<tr><td>研究方向</td><td colspan="4">预防兽医学和临床兽医学</td></tr>
<tr><td>个人简历</td><td colspan="4">教育背景和工作经历：
1982年9月—1986年7月，吉林农业大学，动物科学系兽医专业，大本；
1999年9月—2002年6月，吉林农业大学动物科学系兽医专业，硕士；
1986年7月—1996年8月，长春市畜牧兽医工作总站检验科，化验员；
1996年8月—1998年9月，长春市畜禽防疫工作总站检验科，科长；
1998年9月—2001年2月，长春市畜禽防疫工作总站，副站长；
2001年2月—2008年6月，长春市动物疫病预防控制中心，主任；
2008年7月—2010年9月，长春市畜禽产品质量安全中心，主任；
2006年4月—2010年9月，长春市华维动物疾病防制院，院长。
研究成果：
2003年以来，主持完成省政府牧业技术推广项目五项，获一等奖的两项，获二等奖的两项；主持完成省科技厅攻关项目一项；主持完成长春市科技局攻关项目一项，软课题项目一项，都已经通过验收鉴定；
2004年以来，共写出专业论文12篇，都发表在了省级以上和国家级的重点刊物上。</td></tr>
</table>

<table>
<tr><td>姓　　名</td><td>李玉和</td><td>性　　别</td><td>男</td><td rowspan="6"></td></tr>
<tr><td>出生年月</td><td>1964年4月</td><td>籍　　贯</td><td>内蒙古</td></tr>
<tr><td>最高学历</td><td>研究生</td><td>最高学位</td><td>博士</td></tr>
<tr><td>工作单位</td><td>金宇集团.扬州优邦</td><td>主要职务</td><td>总经理</td></tr>
<tr><td>座　　机</td><td>0514-87634087</td><td>传　　真</td><td>0514-87634098</td></tr>
<tr><td>E-mail</td><td colspan="3">Liyuhe@jinyubaoling.com.cn</td></tr>
<tr><td>研究方向</td><td colspan="4">动物疫苗</td></tr>
<tr><td>个人简历</td><td colspan="4">教育背景：
1983年9月—1988年7月，内蒙古农业大学读书/兽医专业本科；
2001年5月—2004年12月，内蒙古农业大学硕士毕业；
2006年5月—2009年12月，中国农大读博士。
工作经历：
1988年7月—1995年8月，内蒙古生物药品厂职工/技术员；</td></tr>
</table>

<table>
<tr><td>个人简历</td><td>1995 年 9 月—2001 年 9 月，内蒙古生物药品厂监察室主任；
2001 年 10 月—2002 年 12 月，内蒙古生物药品厂厂长助理；
2003 年 1 月—2005 年 10 月，内蒙古生物药品厂质保总监；
2006 年 1 月—2009 年 2 月，扬州优邦生物制药有限公司技术总监；
2009 年 3 月至今，扬州优邦生物制药有限公司总经理。
研究成果：
1. 自主研发的“牛口蹄疫 O 型灭活疫苗(JMS 株)”取得了新兽药证书，“牛口蹄疫 O 型-AsiaⅠ型二价灭活疫苗”获得呼和浩特市科技进步一等奖；
2. 率先在国内兽用生物制品生产过程采用鲎试剂内毒素检测技术对疫苗生产过程进行全面监控；制定了小牛血清内毒素检测标准，并在所有病毒液、灭活液及成品的检验中应用，此标准已作为农业部口蹄疫苗生产过程控制指标的依据；
3. 自行研制开发出 ELISA 检测试剂盒，针对性地对免疫动物进行大规模抗体检测和对生产过程中抗原浓缩倍数评估；
4. 开发成功了口蹄疫病毒 146S 抗原定量检测方法；
5. 参加了农业部主持的口蹄疫苗检验替代方法的研究课题；
6. 与复旦大学合作的猪口蹄疫 O 型基因工程疫苗通过了复核实验，目前已进入了中时阶段，获得了国家发改委的经济支助；
7. 完成了“气肿疽干粉灭活疫苗”和“牛巴氏杆菌病干粉灭活疫苗”的研制工作。并先后分别在《中国兽药杂志》和《传染病学论文集》上发表了文章；
8. 研究建立了“以间接血凝试验检测抗 C 型肉毒梭菌毒素单克隆抗体技术”，撰写的论文获得内蒙古自治区自然科学协会“优秀论文三等奖”；
9. 完成禽用系列灭活疫苗的中试，即“鸡新城疫、传染性支气管炎、产蛋下降综合征三联灭活疫苗”；“鸡新城疫、传染性支气管炎、传染性囊病三联灭活疫苗”；“鸡新城疫、传染性支气管炎、产蛋下降综合征、传染性囊病四联灭活疫苗”；“鸡新城疫标准诊断抗原和标准阳性血清”等四个产品的中试；获得了国家科技部资金资助；
10. 建立了质量保证体系，为企业赢得了知名品牌，先后获得农业部“优胜奖”、中国农业博览会“优胜奖”，第三届中国农业博览会上被评为“中国名牌产品”，2003 年被“中国动保协会”评为全国动保行业 50 强。</td></tr>
</table>

<table>
<tr><td>姓　　名</td><td>李跃增</td><td>性　　别</td><td>男</td><td rowspan="4"></td></tr>
<tr><td>出生年月</td><td>1959 年 6 月</td><td>籍　　贯</td><td>山西</td></tr>
<tr><td>最高学历</td><td>本科</td><td>最高学位</td><td>学士</td></tr>
<tr><td>工作单位</td><td>甘肃省动物疫病
预防控制中心</td><td>主要职务</td><td>副主任</td></tr>
<tr><td>研究方向</td><td colspan="4">动物疫病防控</td></tr>
<tr><td>个人简历</td><td colspan="4">教育背景和工作经历：
1978 年 9 月—1982 年 7 月，在山西农业大学兽医专业学习；
1982 年 7 月—1985 年 7 月，在山西省畜牧兽医研究所从事动物疫病研究工作；
1985 年 7 月至今，在甘肃省动物疫病预防控制中心(原甘肃省兽医总站)从事动物疫病防制工作，先后任寄生虫病防制科副科长、科长、业务办公室主任、副站长、中心副主任等职。</td></tr>
</table>

<table>
<tr><td>个人简历</td><td>研究成果：
参加工作以来，一直从事动物疫病防制、重大动物疫病科技攻关、兽医新药新技术推广、兽医技术宣传培训和兽医科技管理等工作，先后在《中国兽医科技》等国家级刊物和全国性学术会议发表论文 40 余篇；主持和参加完成了多项兽医科研项目；其中作为第二主持人完成的“甘肃省马类家畜驽巴贝斯虫病病原研究与综合防制”项目 2000 年获省科技进步二等奖；作为第二主持人完成的“甘肃省细毛羊、绒山羊集中产区羊主要寄生虫病程序化防制技术推广”项目 1995 年获省科技进步三等奖；作为第五名完成的“甘肃省动物保护工程设计与实施对策研究”项目，2001 年获省科技进步三等奖；作为第二主持人完成的“甘肃省重点养羊伊维菌素的推广应用”项目，2009 年获甘肃省农牧渔业丰收奖三等奖；作为第一主持人完成的“甘肃省畜禽养殖小区动物疫病监控技术研究应用”2010 年获甘肃省农牧渔业丰收奖一等奖。</td></tr>
</table>

<table>
<tr><td>姓　名</td><td>李作生</td><td>性　别</td><td>男</td><td colspan="2" rowspan="6"></td></tr>
<tr><td>出生年月</td><td>1962 年 7 月</td><td>籍　贯</td><td>山东邹县</td></tr>
<tr><td>最高学历</td><td>研究生</td><td>最高学位</td><td>博士</td></tr>
<tr><td>工作单位</td><td>成都军区疾病
预防控制中心</td><td>主要职务</td><td>研究室主任</td></tr>
<tr><td>座　机</td><td>08714775708</td><td>传　真</td><td>08715305585</td></tr>
<tr><td>E-mail</td><td colspan="3">jxdxlzs@yahoo.com.cn</td></tr>
<tr><td>通信地址</td><td colspan="3">云南昆明市大观路 168 号</td><td>邮　编</td><td>650118</td></tr>
<tr><td>研究方向</td><td colspan="5">分子病毒学和免疫学</td></tr>
<tr><td>个人简历</td><td colspan="5">教育背景和工作经历：
1980 年 9 月—1984 年 7 月，解放军兽医大学，兽医专业，本科，获学士学位；
1984 年 8 月—1994 年 3 月，成都军区 35107 部队兽医所长；
1994 年 3 月—1996 年 8 月，成都军区 35108 部队防疫所兽医师兼检验师；
1996 年 9 月—1999 年 7 月，解放军农牧大学，预防兽医学专业，获硕士学位；
2000 年 9 月—2003 年 7 月，解放军军需大学，预防兽医学专业，获博士学位；
2003 年 7 月至今，成都军区疾病预防控制中心第六研究室主任。
研究成果：
博士，硕士生导师，博士后联系导师，成都军区疾病预防控制中心第六研究室主任。长期从事重大传染病病原体流行病学、分子病毒学与基因工程、诊断监测及综合防控技术研究，开展基因结构与功能相关性研究。病原体和靶向药物的单克隆抗体研制。主要参加和主持了十多项国家高技术研究发展(863)计划、“973”，国家自然科学基金重大项目、“九五”国家重点科技攻关计划课题，云南省科技公关项目的禽流感病原诊断及快速检验技术研究，成都军区医药卫生计划“十五”，军队“十一五”重点项目等十多项国家、军队及云南省重点课题的研究。培养和参加指导了 20 多名硕士研究生，发表学术论文 100 多篇，获得国家和军队科技进步奖 5 项和发明专利 4 项。</td></tr>
</table>

<table>
<tr><td>姓　　名</td><td>刘欢</td><td>性　　别</td><td>男</td><td rowspan="6"></td></tr>
<tr><td>出生年月</td><td>1980 年 12 月</td><td>籍　　贯</td><td>四川巴中</td></tr>
<tr><td>最高学历</td><td>本科</td><td>最高学位</td><td>学士</td></tr>
<tr><td>工作单位</td><td>《动保一线》杂志</td><td>主要职务</td><td>常务副主编</td></tr>
<tr><td>移动电话</td><td>13811790817</td><td>座　　机</td><td>010-64402676</td></tr>
<tr><td>E-mail</td><td>8961119@qq.com</td><td>传　　真</td><td></td></tr>
<tr><td>个人简介</td><td colspan="4">特长：访谈、评论素材采集及文章写作，活动策划与组织，视频访谈，杂志、报纸、网站、图书的内容策划与组织制作。
一、访谈、评论写作。曾为以下企业做过现场访谈，并成文：勃林格殷格翰、辉瑞、梅里亚、英特威等世界知名企业；中牧、新五丰、天兆、广三保、普莱柯、三仪、瑞普等国内领军企业。此外，与各大农业院校、科研机构的专家建有稿源联系，与数以百计的畜牧投入品生产企业、经销商、兽医、养殖场的各层次员工做过现场深入交流，对畜牧兽医行业有一定的认识，并在此基础上写作有《以药养医 万恶之源》等评论文章。
二、视频访谈。为丹育种猪、峪口禽业、京鹏环宇、铁骑力士、福建思嘉等企业的高管、员工及用户做过视频采访，并指导素材的后期加工制作。
三、活动策划与组织。参与过中国畜牧兽医学会 70 周年庆典暨 2006 年学术年会、感动中国畜牧兽医科技创新峰会、2010 第二届中国生猪产业峰会等活动的策划与组织工作。
四、杂志、报纸、网站、图书的内容策划与组织制作。曾为《新兽医》杂志、《环球之星报》、中国养殖网视频专栏、《科技创新感动中国》图书、《现代兽医兽药大全》丛书做过内容策划与组织制作。现在《动保一线》杂志负责内容建设工作。个人撰写、策划和组织出版的各类文章、书刊报等共计 236 万字。</td></tr>
</table>

<table>
<tr><td>姓　　名</td><td>刘长明</td><td>性　　别</td><td>男</td><td rowspan="5"></td></tr>
<tr><td>出生年月</td><td>1961 年 12 月</td><td>籍　　贯</td><td>吉林乾安</td></tr>
<tr><td>最高学历</td><td>博士</td><td>最高学位</td><td>博士</td></tr>
<tr><td>工作单位</td><td>中国农业科学院
哈尔滨兽医研究所</td><td>主要职务</td><td>课题主持人/
党支部书记</td></tr>
<tr><td>E-mail</td><td colspan="3">lcm@hvri.ac.cn</td></tr>
<tr><td>研究方向</td><td colspan="4">猪病毒性传染病预防控制技术</td></tr>
<tr><td>个人简历</td><td colspan="4">教育背景：
1983 年毕业于吉林农业大学；1991 年毕业于中国农业科学院研究生院获硕士学位；1992 年联邦德国动物病毒研究中心研修；2001 年毕业于日本东京大学获博士学位；2003 年于日本生物科学研究所作博士后。
研究成果：
主要从事过猪传染性胃肠炎病毒弱毒疫苗研制，猪流行性腹泻灭活疫苗及病毒抗原成分分析，布鲁氏杆菌病单克隆抗体的研制及应用，兔病毒性出血热单克隆抗体的研究及</td></tr>
</table>

个人简历	在诊断与结构蛋白分析中的应用，犬瘟热—细小病毒—腺病毒三联弱毒疫苗的研制，猪传染性胃肠炎病毒重组核衣壳蛋白 ELISA 诊断抗原及 DNA 免疫的研究，猪圆环病毒 2 型分子标记毒株的构建，猪圆环病毒灭活疫苗的研制，猪圆环病毒 2 型 Cap 重组蛋白 ELISA 的建立与试剂盒研制，猪繁殖与呼吸综合征病毒变异株细胞适应毒株的培育等。主持国家“948”、国家科技支撑计划课题 2 项。获得农业部科技进步二等奖 1 项；国家科学技术三等奖 1 项；中国农业科学院科技进步一等奖 1 项、二等奖 1 项；通过省部级成果鉴定 2 项。申报日本国家发明专利 1 项，国家发明专利 2 项。参编著作 4 部；发表论文 48 篇，其中 SCI 收录 7 篇，获学会优秀论文奖 10 篇。

姓　名	刘棋	性　别	男	
出生年月	1957 年 12 月	籍　贯	广西浦北	
最高学历	研究生	最高学位	博士	
工作单位	广西水产畜牧兽医局	主要职务	总兽医师	
E-mail	Lqzz888@sina.com	座　机	0771-3122592	
研究方向	动物传染病和分子病毒学研究			
个人简历	**教育背景和工作经历：** 研究员，中共党员，博士研究生。2004 年毕业于南京农业大学兽医专业，获兽医博士学位。1982 年 7 月—1998 年 11 月在广西兽医研究所工作，先后任细菌室副主任、主任、副所长、所长职务；其中 1991 年 12 月—1992 年 12 月，在英国农业部中心兽医实验室国际布病参考实验室从事布鲁氏杆菌病防制研究工作；1999 年 12 月起任广西壮族自治区兽医防疫检疫站站长、党支部副书记；2004 年起任广西大学兼职教授，博士生导师；2007 年 1 月起任广西动物疫病预防控制中心主任，党支部副书记，2009 年任广西总兽医师。 **研究成果：** 多年来，在动物流行病学调查、疫病防控、动物疫病发生风险评估等方面取得了一定的研究成果，撰写论文 50 余篇，发表 SCI 文章 4 篇，国家级或核心期刊收录 29 篇，优秀论文 5 篇，著作 2 本，获省部级科技进步二等奖 3 项、三等奖 4 项；1998 年获“1997—1998 年广西科技兴牧先进工作者”称号；1999 年获“全区先进科技工作者”称号；2004 年获国务院政府特殊津贴，2006 年获“广西优秀专家”和“广西留学归国先进个人”称号。			

姓　名	刘兴友	性　别	男	
出生年月	1963 年 10 月	籍　贯	重庆	
最高学历	研究生	最高学位	博士	
工作单位	河南科技学院	主要职务	教授、副院长	

研究方向	动物病毒病防控
个人简历	**教育背景：** 1982 年 9 月—1987 年 7 月，四川农业大学兽医学专业攻读本科(学制 5 年)，获学士学位； 1987 年 9 月—1990 年 7 月，中国人民解放军兽医大学兽医公共卫生学读硕士，获硕士学位； 1997 年 9 月—2000 年 7 月，中国农业大学预防兽医学专业读博士，获博士学位。 **工作经历：** 1990 年 7 月—2003 年 10 月，郑州牧专工作，先后任讲师、副教授、教授，系主任、校长助理等； 2003 年 10 月至今，河南科技学院工作，任教授、副院长，兼任“动物病毒病与药物残留防控”河南省重点学科开放实验室主任、“动物疫病防控和残留物分析”河南省高校工程技术研究中心主任。 **研究成果：** 长期以来主要从事动物传染病学、食品卫生检验学、食品微生物检验学等的教学科研工作。主要开展动物病毒病的防控研究，对禽传染性支气管炎和免疫抑制病有较为系统的研究，先后主持国家自然科学基金 3 项，承担国家“863”、“973”、重点科技攻关等项目的研究工作 4 项，主持河南省杰出人才创新基金、河南省杰出青年科学基金、河南省高校创新人才工程、河南省高校杰出科研人才支持计划等省级重点研究项目 6 项；取得研究成果 8 项，获得省级一、二等科技进步奖 5 项，发表学术论文 60 余篇，编写出版《家禽免疫学》、《猪病防制手册》、《食品卫生检验学》、《食品微生物检验学》等学术著作和教材 16 部，其中主编 6 部；为河南省学术和技术带头人，所领导的预防兽医学学科为省重点学科，带领的“动物病毒病防控”研究团队为河南省科技创新型团队、河南省高校科技创新团队，带领的预防兽医学教学团队为河南省优秀教学团队。

<table>
<tr><td>姓　　名</td><td>刘智勇</td><td>性　　别</td><td>男</td><td rowspan="5"></td></tr>
<tr><td>出生年月</td><td>1973 年 8 月</td><td>籍　　贯</td><td>河南郑州</td></tr>
<tr><td>最高学历</td><td>研究生</td><td>最高学位</td><td>预防兽医硕士</td></tr>
<tr><td>工作单位</td><td>郑州联美利华生物科技有限公司</td><td>主要职务</td><td>营销总监</td></tr>
<tr><td>E-mail</td><td>lzyong06201@126.com</td><td>座　　机</td><td>0371-65398170</td></tr>
<tr><td>个人简历</td><td colspan="4">教育背景：
1993 年 7 月—1997 年 7 月，河南农业大学畜牧兽医工程学院卫检专业(本科)；
2005 年 5 月—2008 年 5 月，河南农业大学畜牧兽医工程学院预防兽医专业(硕士)。
工作经历：
1997 年 7 月—2001 年 10 月，河南富象畜牧饲料科技有限公司大区经理；
2001 年 12 月—2003 年 3 月，北京生泰尔生物科技有限公司大区经理；
2003 年 4 月—2006 年 6 月，内蒙古生物药品厂大客户经理；
2006 年 7 月至今，郑州联美利华生物科技有限公司营销总监。</td></tr>
</table>

<table>
<tr><td>姓　　名</td><td>娄高明</td><td>性　　别</td><td>男</td><td rowspan="5"></td></tr>
<tr><td>出生年月</td><td>1965 年 6 月</td><td>籍　　贯</td><td>江西临川</td></tr>
<tr><td>最高学历</td><td>博士研究生</td><td>最高学位</td><td>博士</td></tr>
<tr><td>工作单位</td><td>韶关学院英东动物疫病研究所</td><td>主要职务</td><td>所长</td></tr>
<tr><td>E-mail</td><td>lougm01@tom.com</td><td>移动电话</td><td>13922110946</td></tr>
<tr><td>通信地址</td><td colspan="3">广东省韶关市大塘路九公里处</td><td>邮　　编　512005</td></tr>
<tr><td>研究方向</td><td colspan="4">兽医传染病学</td></tr>
<tr><td>个人简历</td><td colspan="4">教育背景、工作经历和研究成果：
1982 年 9 月—1986 年 6 月，就读于江西农业大学牧医系兽医专业，毕业获学士学位；
1986 年 7 月—1988 年 8 月，工作于江西省抚州地区畜牧良种场；
1988 年 9 月—1991 年 7 月，就读于中国人民解放军兽医大学预防兽医学专业，毕业获硕士学位；
1991 年 9 月—1994 年 6 月，就读于中国人民解放军农牧大学预防兽医学专业，毕业获博士学位；
1994 年 7 月—1998 年 11 月，于中国人民解放军农牧大学从事兽医传染病学、分子病毒学等教学与科研工作，主持国家“九五”科技攻关项目与国家自然科学基金项目；
1998 年 12 月—2003 年 5 月，调入广东省兽医生物技术重点实验室，从事生物技术、动物传染病综合防控技术等科研及科技开发管理工作，任省重点实验室副主任、主任；
2002 年 12 月，破格晋升研究员；
2003 年 6 月，调入韶关学院，从事兽医传染病学、细胞工程等教学与科研工作；
2005 年 12 月，转评教授职称；
2009 年 1 月，任韶关学院英东动物疫病研究所所长，主要从事动物疫病相关的教学科研工作。
获国家科技进步奖二等奖 1 项（排名第二）、省（部）级科技进步奖一等奖 1 项、省（部）级科技进步奖二等奖 3 项（排名第一或第二）。</td></tr>
</table>

<table>
<tr><td>姓　　名</td><td>鲁承</td><td>性　　别</td><td>男</td><td rowspan="4"></td></tr>
<tr><td>出生年月</td><td>1961 年 1 月</td><td>籍　　贯</td><td>吉林通化</td></tr>
<tr><td>最高学历</td><td>博士</td><td>最高学位</td><td>博士</td></tr>
<tr><td>工作单位</td><td>延边大学农学院动物医学系</td><td>主要职务</td><td>教授</td></tr>
<tr><td>研究方向</td><td colspan="4">动物传染病分子生物学及免疫学研究</td></tr>
</table>

个人简历	**教育背景：** 1979 年 8 月—1983 年 7 月，延边农学院兽医系，兽医学，农学学士； 1987 年 8 月—1988 年 7 月，解放军兽医大学，兽医学，农学硕士； 1992 年 9 月—1993 年 7 月，中国农业大学，甘孟侯教授指导的国内访问学者； 1998 年 8 月—2001 年 1 月，韩国江原大学畜产兽医学科，兽医学博士。 **工作经历：** 1983 年 8 月—1998 年 7 月，延边农学院兽医系，教员； 2001 年 3 月至今，延边大学农学院动物医学系，系主任。 **研究成果：** 2004 年完成吉林省科技厅发展计划项目“牛瑟氏泰勒虫病缓释治疗剂的研制及预防药物”(吉科合字第 20020225)； 2004 年完成国家教委留学回国资助项目“猪传然性萎缩性鼻炎的研究”(教外司[2001] 498 号)； 2006 年主持完成吉林省牧业管理局项目“牛瑟氏泰勒虫 33kDa、32kDa 基因克隆及分子生物学诊断的研究”； 2007 年 3 月完成与韩国国立兽医科学检疫院合作项目“牛新孢子虫疫苗的开发研究”。

<table>
<tr><td>姓　　名</td><td>罗满林</td><td>性　　别</td><td>男</td><td rowspan="5"></td></tr>
<tr><td>出生年月</td><td>1957 年 1 月</td><td>籍　　贯</td><td>湖北黄冈</td></tr>
<tr><td>最高学历</td><td>博士研究生</td><td>最高学位</td><td>博士</td></tr>
<tr><td>工作单位</td><td>华南农业大学
兽医学院</td><td>主要职务</td><td>教授，博导，大华农
公司兼职技术专家</td></tr>
<tr><td>移动电话</td><td>13672427836</td><td>E-mail</td><td>Hnsyluoml@163. com</td></tr>
<tr><td>研究方向</td><td colspan="4">家畜传染病，动物生物制品</td></tr>
<tr><td>个人简历</td><td colspan="4">教育背景和工作经历：
1978 年 3 月—1982 年 1 月，在华中农业大学畜牧兽医系兽医专业学习，本科，获学士学位；
1982 年 3 月—1984 年 12 月，在华中农业大学畜牧兽医系传染病与预防兽医学专业学习，硕士研究生，获硕士学位；
1984—1995 年，在华中农业大学畜牧兽医系家畜传染病教研室任教员，讲师；
1992 年 3 月—1995 年 7 月，在南京农业大学在职攻读兽医传染病与预防兽医学专业学习，博士研究生，获博士学位；
1995—1997 年，在武汉大学生物学博士后工作站从事研究工作；
1997 年至今，在华南农业大学兽医学院家畜传染病教研室任教，曾任教研室主任，预防兽医学系副主任，主任；
2003—2004 年，受学校委派到温氏食品集团有限公司猪病室工作一年；
2005—2006 年，以高级访问学者身份到美国 Ohio 州立大学进行为期一年的研究；
2008 年，受学校委派到广东大华农动物保健品股份有限公司兼职工作；</td></tr>
</table>

个人简历	1997 年至今，中国畜牧兽医学会家畜传染病分会理事，常务理事； 1999 年至今，农业部兽药评审委员会第三届委员，第四届，第五届专家库成员； 1999 年至今，中国畜牧兽医学会家畜传染病分会全国教学专业委员会委员； 2006 年至今，国家自然科学基金委员会生命科学部微生物组通讯评审专家； 2007 年至今，教育部科研项目、成果、学位论文网上评审专家； 2007 年至今，广东省程启招标代理有限公司(省政府采购项目)评标专家库成员； 2008 年至今，广东省实验动物学会理事； 2009 年至今，广东省突发重大动物疫情应急管理委员会专家组成员，广东省动物主要疫病流行病学调查专家组成员； 2009 年至今，中国畜牧兽医学会兽医公共卫生学分会理事； 2009 年至今，农业部第一届动物防疫专家委员会专家； 2009 年至今，农业部执业兽医考试命题专家。 **研究成果：** 1. 承担国家自然科学基金项目，构建成功伪狂犬-口蹄疫 VP1 重组病毒，伪狂犬病毒 PK/gG/GFP 重组转移载体的构建和表达，获 2003 年中国农学会优秀论文奖； 2. 伪狂犬病毒 gE 基因表达及 ELISA 鉴别诊断技术研究获国家质检总局 2005 年“科技兴检奖”二等奖； 3. 承担科技部攻关项目，对华南地区猪口蹄疫病毒多个毒株的遗传变异进行了系统分析，调查研究了华南地区猪口蹄疫病毒感染的血清学消长规律，为防控华南地区口蹄疫提供了科学依据；口蹄疫病毒 3ABC 基因的原核表达，口蹄疫病毒 DNA 疫苗与常规灭活苗的比较试验研究，分别获中国畜牧兽医学会家畜传染病分会 2003、2004 年度优秀论文奖； 4. 承担广东省科技攻关等项目，对广东奶牛结核病进行了系统研究，建立了牛结核套式 PCR、荧光定量 PCR、ELISA 等诊断方法，对牛结核杆菌的多个抗原进行了重组表达、构建了重组腺病毒、DNA 疫苗。其中除对多个猪场、牛场进行服务外，牛结核荧光定量 PCR 的研究获中国畜牧兽医学会家畜传染病分会 2006 年度优秀论文奖； 5. 近年来正开展对猪传染性胸膜肺炎和副猪嗜血杆菌的研究，包括建立分离培养、PCR 鉴别诊断方法、广东地区副猪嗜血杆菌的分型调查，发表论文多篇。其中副猪嗜血杆菌广东株的分离、PCR 鉴定与药敏试验；鉴别胸膜肺炎放线杆菌与副猪嗜血杆菌的 PCR 方法的建立分别获中国农业机学会机械化养猪协会 2007 年优秀论文奖和优秀论文二等奖； 6. 主编教材和著作三本：实验动物学，小动物传染学，现代兽医兽药大全-动物传染病的防制分册。主副编教材一本：动物防疫与检疫，参编教材和著作五本分别是：家畜传染病学(第四版)，兽医传染病学(第五版)，动物疫病学(第二版)，兽医生物制品(第二版)，兽医生物制品实验指导；在各类刊物发表论文 120 余篇；曾获农业部科技进步二等奖、三等奖各一次，湖北省科技进步三等奖一次。

姓　名	马凤龙	性　别	男	
出生年月	1971 年 4 月	籍　贯	山东安丘	
最高学历	博士研究生	最高学位	博士	
工作单位	济南军区疾病预防控制中心	主要职务	副研究员	
移动电话	13869155202	E-mail	Dragon1971@126.com	
通信地址	山东省济南市文化东路 36 号		邮　编	250014
研究方向	传染病与预防兽医学，疫苗、基因工程与生物制药研究			
个人简历	**教育背景：** 1990 年 9 月—1994 年 7 月，莱阳农学院动医系兽医专业学习； 1994 年 9 月—1997 年 7 月，中国人民解放军农牧大学预防兽医学专业硕士学位研究生； 2000 年 9 月—2003 年 7 月，解放军军需大学军事兽医系预防兽医学专业博士学位研究生； 2005 年 10 月—2007 年 12 月，中国科学院海洋研究所博士后流动站、青岛高新技术产业开发区博士后科研工作站海洋生物学博士后。 **工作经历：** 1997 年 7 月—2000 年 12 月，济南军区军事医学研究所兽医卫生研究室实习研究员； 2000 年 12 月—2005 年 4 月，济南军区军事医学研究所兽医卫生研究室助理研究员； 2005 年 4 月—2008 年 12 月，济南军区疾病预防控制中心兽医卫生研究室助理研究员； 2008 年 12 月—1010 年 6 月，济南军区疾病预防控制中心兽医卫生研究室副研究员； 2010 年 6 月至今，济南军区疾病预防控制中心疾病监控科副研究员。 **研究成果：** 1. 鸡、猪 α-干扰素及 γ-干扰素基因的克隆与在大肠杆菌中的高效表达及复性研究、牛乳素 Lfcin B 基因的合成及其在酵母菌中的表达研究、鸡转移因子的生产开发应用研究及新兽药的申报、海水鱼类弧菌病疫苗的研究、病毒性疫苗规模化生产关键技术研究、猪繁殖与呼吸综合征病毒和伪狂犬病病毒分离鉴定及二联核酸疫苗研究等疫苗、基因工程与生物制药工作研究； 参与完成的《人兽共患病对部队战斗力的影响及防制对策研究》获全军总后科技进步三等奖，《鸡溃疡性肠炎的病原、诊断及实验免疫研究》获全军总后科技进步二等奖，《大鼠甲亢模型的建立与应用研究》获济南军区军队科技进步三等奖。				

姓　名	马海利	性　别	男	
出生年月	1964 年 2 月	籍　贯	山西绛县	
最高学历	研究生	最高学位	博士	
工作单位	山西农业大学	主要职务	教授	
研究方向	动物传染病防控与兽医流行病学			

<table>
<tr><td>个人简历</td><td>教育背景：
1981 年 9 月—1985 年 7 月，山西农业大学兽医专业本科；
1985 年 9 月—1988 年 8 月，山西农业大学预防兽医学硕士研究生；
2005 年 9 月—2008 年 6 月，吉林大学预防兽医学博士研究生。
工作经历：
1988 年 7 月至今，山西农业大学动物科技学院，教师。
研究成果：
1. 主持《猪附红细胞体致病机理研究》(山西省青年基金项目)和《猪传染病多媒体诊断技术》(山西省教委项目)2 项；参加“十一五”国家科技支撑计划、山西省攻关、山西省基金等多项研究；
2. 在中国兽医学报、中国预防兽医学报、核农学报、中国兽医科技、中国兽药杂志、养猪杂志、中国家禽等刊物发表学术论文 40 余篇；
3. 参编《兽医传染病学》(21 世纪课程教材)、《兽医学》(全国高等农林专科统编教材)、《动物微生物学》(全国高等农业院校教材)等 5 部教材；参编《动物病原微生物学》、《门诊兽医手册》、《兽医药实验室检验技术》、《高效益养鸡法》、《图说鸡病防制新技术》、《兔病诊断与防制手册》、《畜禽传染病免疫手册》、《新编人兽共患病学》、《肉牛养殖综合配套技术》等 10 部著作。</td></tr>
</table>

<table>
<tr><td>姓　名</td><td>马鸣潇</td><td>性　别</td><td>男</td><td colspan="2" rowspan="5"></td></tr>
<tr><td>出生年月</td><td>1973 年 8 月</td><td>籍　贯</td><td>内蒙古赤峰</td></tr>
<tr><td>最高学历</td><td>研究生</td><td>最高学位</td><td>博士</td></tr>
<tr><td>工作单位</td><td>辽宁医学院</td><td>主要职务</td><td>实验动物中心主任</td></tr>
<tr><td>E-mail</td><td>Nnxx8@yahoo.com.cn</td><td>座　机</td><td>0416-4673585</td></tr>
<tr><td>通信地址</td><td colspan="3">辽宁省锦州市松坡路 3 段 40 号，辽宁医学院实验动物中心</td><td>邮　编</td><td>121001</td></tr>
<tr><td>研究方向</td><td colspan="5">分子病毒学</td></tr>
<tr><td>个人简历</td><td colspan="5">博士，副教授，辽宁医学院实验动物中心主任，中国畜牧兽医学会家畜传染病学分会理事，辽宁省实验的动物学会常务理事兼副秘书长，辽宁省畜牧兽医学会人兽共患病学分会副理事长，中国医药学会辽宁分会理事，2009 年被评为辽宁省“百千万人才工程”“千人”层次。
教育背景和工作经历：
1998 年 7 月，毕业于内蒙古民族大学，先后在通辽市乡镇企业局和通辽市三元种猪场工作；
2001 年 9 月考入中国人民解放军军需大学攻读硕士学位；
2004 年，硕士毕业后到辽宁医学院工作，同年考入吉林大学攻读博士学位；
2007 年毕业后回辽宁医学院工作，任预防兽医学教研室主任。
研究成果：
主要从事分子病毒学、免疫学和动物传染病学研究，主持国家自然基金 1 项，主持辽宁省科技厅课题 1 项，主持宁省教育厅课题 3 项，另参与国家级课题 4 项，省部级课题 5 项。已申请专利 2 项，获得辽宁省教育厅科技成果奖 3 项，辽宁省教育厅教学成果奖一等奖 1 项(排名第 3)。发表学术论文 53 篇，其中 7 篇被 SCI 收录，5 篇被 EI 收录。</td></tr>
</table>

<table>
<tr><td>姓　　名</td><td>南锡</td><td>性　　别</td><td>男</td><td rowspan="5"></td></tr>
<tr><td>出生年月</td><td>1952 年 5 月</td><td>籍　　贯</td><td>朝鲜</td></tr>
<tr><td>最高学历</td><td>学士</td><td>最高学位</td><td>学士</td></tr>
<tr><td>工作单位</td><td>青岛易邦生物工程
有限公司</td><td>主要职务</td><td>总兽医师</td></tr>
<tr><td>E-mail</td><td colspan="3">NX520510@163.com</td></tr>
<tr><td>通信地址</td><td colspan="3">青岛市南京路 369 号</td><td>邮　编　266032</td></tr>
<tr><td>研究方向</td><td colspan="4">生物制品;GMP</td></tr>
<tr><td>个人简历</td><td colspan="4">教育背景和工作经历:
毕业于东北农业大学兽医专业;之后,于哈尔滨兽医研究所工作;2000 年,转入农业部动物检疫所,随工作调整又转入青岛易邦生物工程。</td></tr>
</table>

<table>
<tr><td>姓　　名</td><td>禚宝山</td><td>性　　别</td><td>男</td><td rowspan="4"></td></tr>
<tr><td>出生年月</td><td>1963 年 11 月</td><td>籍　　贯</td><td>山东</td></tr>
<tr><td>最高学历</td><td>研究生</td><td>最高学位</td><td>博士</td></tr>
<tr><td>工作单位</td><td>齐鲁动物保健品
有限公司</td><td>主要职务</td><td>总经理</td></tr>
<tr><td>研究方向</td><td colspan="4">动物疫病的预防与治疗</td></tr>
<tr><td>个人简历</td><td colspan="4">教育背景和工作经历:
1985 年,毕业于山东农业大学兽医专业,获学士学位;
1988 年,毕业于中国农科院微生物专业,获硕士学位;后获南京农业大学预防兽医学博士学位;
1988—1993 年,齐鲁制药厂技术员、生产技术科副科长;
1993—2002 年,齐鲁动物保健品厂副厂长;
2002 年起任齐鲁动物保健品有限公司总经理;目前还兼任中国动物保健品协会副理事长,中国畜牧兽医学会常务理事,中国兽医协会理事,山东省畜牧协会副会长,山东省畜牧兽医学会副理事长,山东科技信息理事会常务理事,山东省实验动物学会常务理事等职;
2006 年 12 月被评为全国优秀民营科技企业家;
2009 年 10 月被评为“新中国 60 年畜牧兽医科技贡献奖(杰出人物)”;
2010 年 1 月被评为“济南市技术创新先进个人”。是《兽药信息》编委委员,《中国动物保健》的特邀编委。</td></tr>
</table>

<table>
<tr><td>姓　　名</td><td>秦爱建</td><td>性　　别</td><td>男</td><td colspan="2" rowspan="5"></td></tr>
<tr><td>出生年月</td><td>1961 年 7 月</td><td>籍　　贯</td><td>江苏</td></tr>
<tr><td>最高学历</td><td>博士研究生</td><td>最高学位</td><td>博士</td></tr>
<tr><td>工作单位</td><td>扬州大学兽医学院</td><td>主要职务</td><td>院长</td></tr>
<tr><td>E-mail</td><td colspan="3">aijian@yzu. edu. cn</td></tr>
<tr><td>通信地址</td><td colspan="3">江苏扬州市文汇东路 12 号</td><td>邮　编</td><td>225009</td></tr>
<tr><td>研究方向</td><td colspan="5">动物病原生物学特性及免疫与致病机理</td></tr>
<tr><td>个人简历</td><td colspan="5">教育背景和工作经历：
1982 年，毕业于江苏农学院兽医本科专业；
1987 年，获预防兽医学硕士；
1995 年，在澳大利亚 RMIT 大学病毒实验室做访问学者；
1998—1999 年，在美国农业部禽病与肿瘤研究所从事《新出现的 ALV-J 控制》的研究，相关研究成果获全美兽医年会 BEST POSTER PAPER 奖；
1999 年，获博士学位；现任扬州大学兽医学院院长，国务院学位委员会第六届学科评议组兽医学组成员，教育部兽医专业学位教育指导委员会委员、教育部创新团队带头人、扬州大学预防兽医学国家级重点学科学术带头人；
2004 年，入选国家级“新世纪百千万人才”培养；
2007 年，入选江苏省“333 高层次人才培养工程”首批中青年科技领军人才；
2004 年，享受国务院政府特殊津贴；兼任农业部第四、五届兽药评审专家、兽药药典评审委员会委员、全国动物防疫专家委员会禽病专家组副组长、中国畜牧兽医学会动物传染病学分会常务理事、江苏省畜牧兽医学会副理事长；获得美国农业部荣誉证书；
2009 年被评为全国优秀教师。
研究成果：
先后主持承担国家 863、国家基金、国家攻关及部省级各类课题 30 余项，取得 10 余项研究成果，8 项获部省级科技进步奖，《禽白血病病毒 J 亚群囊膜蛋白 env 基因的生物学和生物化学特性研究》获全国百篇优秀博士论文，4 项成果获国家发明专利授权。主编，副主编教材各 1 部，先后在国内外核心期刊上发表论文 100 余篇；培养博、硕士研究生 80 余名。</td></tr>
</table>

<table>
<tr><td>姓　　名</td><td>屈勇刚</td><td>性　　别</td><td>男</td><td rowspan="5"></td></tr>
<tr><td>出生年月</td><td>1971 年 7 月</td><td>籍　　贯</td><td>陕西渭南</td></tr>
<tr><td>最高学历</td><td>博士研究生</td><td>最高学位</td><td>博士</td></tr>
<tr><td>工作单位</td><td>石河子大学动物
科技学院</td><td>主要职务</td><td></td></tr>
<tr><td>E-mail</td><td colspan="3">quyonggang@gmail. com</td></tr>
</table>

通信地址	新疆石河子大学动物科技学院	邮　编	832003
研究方向	动物传染病防控及基因工程疫苗研究		
个人简历	石河子大学副教授,一直从事动物传染病学教学、科研和临床诊断工作。 **教育背景:** 1998 年 7 月,于西北农林科技大学动物医学专业毕业并获学士学位; 2003 年 7 月,于石河子大学预防兽医学专业毕业并获硕士学位; 2008 年,于吉林大学预防兽医学专业毕业并获博士学位。 **研究成果:** 作为技术骨干,参加过国家科技部科研院所社会公益研究专项资金重点项目《中国汉坦病毒分子流行病学研究》(2001DIA40037, 2002DIB40095);国家重点基础研究发展计划(973 计划)——《戊型肝炎病毒分子背景与致病机制研究》;国家自然科学基金资助项目——《戊型肝炎物种间传播与致病机理研究》;曾参与生产建设兵团科题《兵团重大动物疫病检测与预报体系建设》、《规模化高效养羊疫病控制与兽医保健技术研究》两项;主持石河子大学自然科学研究与技术创新(重点)项目一项。在国内外发表研究论文 30 余篇。		

姓　名	冉多良	性　别	男	
出生年月	1957 年 10 月	籍　贯	新疆沙湾县	
最高学历	研究生	最高学位	农学硕士	
工作单位	新疆农业大学 动物医学学院	主要职务	副院长/教授	
E-mail	xjrdl7@163.com	座　机	0991-8763012	
通信地址	新疆乌鲁木齐市南昌路 42 号		邮　编	830052
研究方向	1. 动物传染病的诊断方法和新型疫苗研发;2. 动物重要病原的分子生物学与功能研究			
个人简历	**教育背景:** 1978—1982 年,新疆八一农学院畜牧系兽医专业毕业,农学学士; 1991—1944 年,新疆八一农学院预防兽医学硕士研究生毕业,农学硕士。 **工作经历:** 1982 年,毕业留校任教,在新疆农业大学动物医学学院从事家畜传染病学及兽医流行病学的教学、科研和社会服务工作,历任家畜传染病学教研室主任、预防兽医学系主任等职; 2000 年起,任新疆农业大学动物医学学院副院长、副书记,硕士生导师; 2003 年 10 月—2004 年 10 月,以高访学者身份赴加拿大安大略省圭尔夫大学兽医学院病毒研究室从事病毒分子生物学及致病机理的研究。 **研究成果:** 近十年来主要从事牛、羊、猪、鸡、等病毒与细菌的遗传变异规律研究、诊断方法的构建及新型疫苗的开发研究;主持国家科技部、农业部和省部级攻关项目等 5 项;发表学术论文 50 余篇,培养硕士究生 30 多名。				

<table>
<tr><td>姓　　名</td><td>单虎</td><td>性　　别</td><td>男</td><td rowspan="4"></td></tr>
<tr><td>出生年月</td><td>1967 年 8 月</td><td>籍　　贯</td><td>山东乳山</td></tr>
<tr><td>最高学历</td><td>博士研究生</td><td>最高学位</td><td>博士</td></tr>
<tr><td>工作单位</td><td>青岛农业大学</td><td>主要职务</td><td>动物科技学院院长</td></tr>
<tr><td>研究方向</td><td colspan="4">动物传染病防制</td></tr>
<tr><td>个人简历</td><td colspan="4">教授、硕士生导师，现任青岛农业大学动物科技学院院长。第六届中国家畜传染病学分会教学委员会委员，中国畜牧兽医学会家畜传染病学分会第六届理事会理事，中国畜牧兽医学会感染微生态学分会理事，山东免疫学第四届兽医免疫学专业委员会副主任委员，山东省食品安全专家，韩国宠物协会理事，青岛生物工程学会理事，山东省畜牧兽医学会特种经济动物专业委员会副主任，山东省畜牧兽医学会兽医免疫学专业委员会副主任，第一届全国动物防疫专家委员会委员，青岛市农业科技服务传播平台专家委员会委员，青岛菜篮子工程建设领导小组、青岛“奥运食品工程”专家委员会委员，黄岛出入境检验检疫局高级技术顾问，青岛市蛋鸡业协会技术顾问。
教育背景和工作经历：
1986 年 9 月—1990 年 7 月，就读于莱阳农学院兽医学专业，获学士学位；
1992 年 9 月—1995 年 8 月，就读于南京农业大学动物生物化学专业，获硕士学位；
1995 年 9 月—1998 年 7 月，就读于南京农业大学预防兽医学专业，获博士学位；
1990 年 8 月—1992 年 8 月，在莱阳农学院牧医系任教；
2000 年 9 月—2000 年 9 月，任莱阳农学院研究生处副处长；
2002 年 9 月—2002 年 9 月，任莱阳农学院科技处处长；
2005 年 9 月至今，任青岛农业大学动物科技学院院长；
自 1998 年至今，担任青岛农业大学硕士生导师；
2000 年被聘任为南京农业大学农业部动物疫病诊断与免疫重点开放实验室博士生导师。
研究成果：
山东省中青年学科带头人，山东省重点学科“预防兽医学科”带头人，山东省重点实验室“预防兽医实验室”带头人。2006 年获得青岛市畜牧科技先进个人，2005 年被评为莱阳农学院科研先进个人，2009 年荣获“第六届山东省优秀科技工作者”称号，并受到二等功奖励，多次被学校评为优秀教师、科技创新先进个人、科技管理先进个人，曾获得“六合奖教金”、“优秀教学质量奖”。主持或参加国家级、省部级及市级科研项目 20 余项，科研项目资金 1400 余万元。其中“山东省规模化猪场疫病控制及环境监测技术”获全国农牧渔业丰收奖二等奖；“动物重要疫病快速诊断及综合防制技术推广项目”获全国农牧渔业丰收奖三等奖；“蚯蚓高效转化农业废弃物的技术研究及系列产品开发”获中华农业科技奖二等奖；“猪附红细胞体生物学特性和诊断技术研究”获山东高等学校优秀科研成果奖一等奖、山东省科技进步奖三等奖、青岛市科技进步二等奖；“山东省规模化养猪场疫病控制系统工程研究”获山东省科技进步二等奖；“小麦品质性状抗体探针文库的构建”获山东省科学技术奖二等奖；“低胆固醇蛋肉高效预混添加剂的研究”获山东省科学技术奖三等奖；“初乳代谢信息向新生仔猪传递机制的研究”获山东省教育委员会科学技术理论成果三等奖；“复合蚯蚓营养液的研制及应用实验的研究”获山东省科学技术进步奖三等奖。鉴定验收课题 6 项，分别达到国际、国内先进水平。编写教材与专著 7 部，共发表学术研究论文 130 篇，其中多篇论文在学术交流会获奖，如：“分子筛凝胶浓缩新城疫病毒的研究”在中国畜牧兽医学会家畜传染病学会分会第七次学术研讨会被专家评审组评为优秀论文。目前从事的研究方向为动物传染病防制，主要进行动物传染病的快速诊断、病原微生物的分离与鉴定、新型疫苗及新型佐剂的研究。</td></tr>
</table>

姓　　名	邵华斌	性　　别	男	
出生年月	1961 年 10 月	籍　　贯	湖北武汉	
最高学历	本科	最高学位	学士	
工作单位	湖北省农科院	主要职务	副院长	
E-mail	Shb1961@yahoo.com.cn	座　　机	027-87380193	
通信地址	湖北省武汉市洪山区南湖瑶苑 1 号		邮　　编	430065
研究方向	1.动物主要疫病流行病学与综合防控技术研究;2.动物传染病的诊断方法和疫苗研制;3.动物重要病原的致病机理及抗病育种研究;4.家禽细菌耐药性及药物残留研究			
个人简历	**教育背景和工作经历:** 华中农业大学兽医专业毕业,学士。现为湖北省农业科学院副院长、研究员,中青年学科带头人,湖北省有突出贡献的中青年专家。毕业后一直从事动物生物制品及重大疫病的防制技术研究和技术管理工作。历任过省农科院畜牧兽医研究所兽医研究室副主任、主任,畜牧兽医研究所副所长、所长;社会兼职有省农学会常务理事、省畜牧兽医学会副理事长、省动物疫苗工程技术研究中心副主任、省动物胚胎工程及分子育种重点实验室副主任、省重大动物疫病防制专家组成员、全国动物防疫专家委员会委员、国家科技进步奖评审委员、国家肉鸡产业技术体系疾病防控岗位科学家。 **研究成果:** 1994 年,任副研究员以来,先后主持 10 项科研课题的研究工作,5 项成果获得省部级奖励,其中二等奖 3 项、三等奖 2 项;发表论文 60 余篇;目前主持承担有科技部农业成果转化基金、国家肉鸡产业技术体系疾病防控科学家岗位、湖北省科技研究与开发、农业部支撑计划、湖北省重大攻关项目、湖北省科技攻关等 10 多项省部级课题。			

姓　　名	沈国顺	性　　别	男	
出生年月	1964 年 9 月	籍　　贯	辽宁岫岩	
最高学历	研究生	最高学位	博士	
工作单位	沈阳农业大学	主要职务	教授	
研究方向	动物免疫学			
个人简历	**教育背景和工作经历:** 1990 年 7 月,毕业于沈阳农业大学兽医专业; 1993 年,毕业于吉林农业大学预防兽医学专业,获硕士学位; 2007 年,毕业于吉林大学预防兽医学专业,获博士学位; 2004 年 6 月入选辽宁省百千万人才工程百人层次。现任沈阳农业大学畜牧兽医学院教授,硕士生导师。 **研究成果:** 多年来一直从事预防兽医学专业的教学和科研工作。主持与参加辽宁省、吉林省科技厅课题多项。在国家核心期刊上发表论文 40 余篇,被 SCI 收录论文 4 篇,主编著作 5 部。其中作为主要完成人参与的课题获辽宁省政府科技进步一等奖 1 项、吉林省政府科技进步二等奖 1 项。			

<table>
<tr><td>姓　　名</td><td>沈志强</td><td>性　　别</td><td>男</td><td rowspan="5"></td></tr>
<tr><td>出生年月</td><td>1963 年 12 月</td><td>籍　　贯</td><td>山东荣成</td></tr>
<tr><td>最高学历</td><td>研究生</td><td>最高学位</td><td>博士</td></tr>
<tr><td>工作单位</td><td>山东省滨州畜牧兽医研究院</td><td>主要职务</td><td>院长、书记</td></tr>
<tr><td>E-mail</td><td>bzshenzq@163.com</td><td>座　　机</td><td>0543-3405033</td></tr>
<tr><td>通信地址</td><td colspan="3">山东省滨州市黄河二路 169 号</td><td>邮　编　256600</td></tr>
<tr><td>研究方向</td><td colspan="4">预防兽医学、兽医生物技术与生物制品、动物营养与保健品等</td></tr>
<tr><td>个人简历</td><td colspan="4">教育背景和工作经历：
1982 年 9 月—1986 年 7 月，山东农业大学兽医专业，本科，学士学位；
1986 年 7 月—1992 年 8 月，山东省滨州地区畜牧兽医研究所，团支书，研实员；
1992 年 8 月—1995 年 10 月，山东省滨州畜牧兽医研究所副主任，助理研究员；
1995 年 10 月—1998 年 3 月，山东省滨州畜牧兽医研究所开发办主任，研究员；
1995 年 10 月至今，山东省滨州畜禽蜂胶疫苗研究开发推广中心主任。
1998 年 3 月—2005 年 12 月，山东省滨州畜牧兽医研究所所长，研究员；
2001 年 9 月—2004 年 6 月，中国农业大学动物医学学院，兽医硕士学位；
2005 年 12 月至今，山东省滨州畜牧兽医研究院院长，书记，研究员；
2006 年 9 月—2009 年 6 月，中国农业大学动物医学学院，兽医博士学位。
研究成果：
从事预防兽医学研究与开发 20 余年来，主持国家、省、部级科研课题近 20 项，在国内外重要学术刊物上发表论文 180 余篇，培养毕业博士、硕士研究生 30 多名；获国家、省、市科技成果奖 10 余项，其中获国家发明三等奖 1 项(首位)、省科技进步二等奖 3 项(均首位)、省科技星火奖 1 项、市科技进步奖 8 项。中国发明专利 1 项、中国实用新型专利 2 项。研究开发了 50 多种绿色环保型畜禽用蜂胶疫苗产品、30 多种新型兽药产品，制定与参与制定 60 多种国家标准、国家专业标准、省级标准和企业标准，这在兽医生物制品学与预防兽医学领域是一项新的重大突破。研究成果被及时增补到多种大学统编教材；用短短五年的时间白手起家创建了一个投资 1 亿多元的绿都工业园，创造了科技成果转化为生产力的奇迹；其产业化成果被科技部列为国家重点科技成果推广计划，现已推广到全国 30 个省、市、区，取得了显著的社会经济效益，为我国生物医药产业与现代畜牧业的发展及新农村建设做出了突出贡献。</td></tr>
</table>

<table>
<tr><td>姓　　名</td><td>师东方</td><td>性　　别</td><td>男</td><td rowspan="5"></td></tr>
<tr><td>出生年月</td><td>1963 年 8 月</td><td>籍　　贯</td><td>黑龙江肇源</td></tr>
<tr><td>最高学历</td><td>博士研究生</td><td>最高学位</td><td>博士</td></tr>
<tr><td>工作单位</td><td>东北农业大学</td><td>主要职务</td><td>预防实验中心主任</td></tr>
<tr><td>E-mail</td><td>dfshi@yahoo.com.cn</td><td>座　　机</td><td>0451-55190096</td></tr>
</table>

研究方向	动物传染病诊断与防制
个人简历	**教育背景和工作经历:** 现任东北农业大学动物医学学院教授,预防兽医学系副主任,预防兽医学实验中心主任,博士,博士生导师; 1987 年,毕业于东北农学院兽医系,留校任教; 1988 年,任助教授; 1993 年,任讲师; 1998 年,任副教授; 2004 年,任教授; 2004 年 3 月—6 月在美国 Ohio State University 访问工作; 2008 年,任博士生导师; 现兼任中国畜牧兽医学会动物传染病学分会理事,黑龙江省实验动物学会常务理事,中国预防兽医学报审稿专家。 **研究成果:** 主要从事兽医专业本科生和研究生兽医传染病学、人兽共患病学、动物传染病综合防制技术、动物传染病实验技术等课程的教学工作以及动物传染病诊断与防制方面的科研工作。近年来,主持和参加国家自然科学基金,科技部科技支撑,黑龙江省科技计划攻关等 10 余项;发表论文近 30 余篇;申请国家科技发明专利 3 项,授权 1 项;获黑龙江省科技进步二等奖 1 项;主编参编专著 3 部;培养硕士研究生 17 名。

姓名	宋念华	性别	女	
出生年月	1961 年 10 月	籍贯	浙江	
最高学历	大学	最高学位	农学学士	
工作单位	湖北省动物疫病预防控制中心	主要职务	副主任	
研究方向	从事动物传染病的诊断方法和监测;兽医实验室管理等			
个人简历	**教育背景:** 1979 年 9 月—1983 年 7 月,华中农业大学兽医专业学习。 **工作经历:** 1983 年 7 月,参加工作,现任湖北省动物疫病预防控制中心副主任、全国动物传染病分会理事、全国禽病分会理事; 2003 年起,兼华中农业大学动物医学学院硕士生导师;参加工作 20 多年来,跑遍全省 17 个市州 60 多个县市,深入基层了解广大农民和养殖户的愿望,尽职责所能和畜牧兽医专业知识帮助他们解决困难;在全省重大疫情的诊断监测工作中,亲自下到猪圈鸡舍解决实际问题,指导处理禽流感、猪蓝耳病、口蹄疫等疫情; 2007 年,被省直机关、省妇联评为第二届省直机关"十佳女公仆";2008 年 3 月,被省妇联、省委组织部授予"十大女杰"、"省三八红旗手",同年 12 月被省委组织部、省人事厅、省科协授予"第四届湖北省优秀科技工作者"; 2009 年 4 月,被省政府授予"湖北省劳动模范"称号; 2009 年 10 月,被全国妇联授予"全国三八红旗手"荣誉称号。			

姓　　名	宋英今	性　　别	女	
出生年月	1972 年 6 月	籍　　贯	吉林省长白县	
最高学历	博士	最高学位	博士	
工作单位	天津大学	主要职务		
E-mail	songyingjin@yahoo.com.cn	移动电话	13516146812	
研究方向	生物技术			
个人简历	**教育背景：** 1992 年 9 月—1996 年 6 月，延边大学农学院，兽医专业，学士； 1996 年 9 月—1999 年 6 月，延边大学农学院，预防兽医学专业，硕士； 2002 年 9 月—2005 年 6 月，吉林大学，预防兽医学专业，博士。 **工作经历：** 1999 年 9 月—2002 年 7 月，吉林省延边州畜牧兽医工作总站，防制科科长； 2005 年 8 月至今，天津大学农业与生物工程学院，生物技术系。			

姓　　名	宋长绪	性　　别	男		
出生年月	1965 年 5 月	籍　　贯	河南南阳		
最高学历	研究生	最高学位	博士		
工作单位	广东省农科院兽医所	主要职务	室主任		
座　　机	020-85291976	传　　真	020-85291976		
E-mail	cxsong2004@163.com				
通信地址	广州市天河五山白石岗 1 号兽医所			邮　　编	510640
研究方向	猪病学，动物病毒学				
个人简历	**教育背景和工作经历：** 2002 年 4 月至今，广东省农业科学院兽医所，猪病研究室主任，研究员，农科院猪病学科带头人； 2009 年 1 月至今，广东省生猪产业科技创新体系猪病防控功能实验室主任，岗位专家； 1999 年 5 月—2002 年 3 月，美国 LOUISVILLE 大学医学院博士后；主要从事 PKC 的信号传导研究工作； 1993 年 9 月—1996 年 6 月，华南农业大学博士研究生； 1990 年 9 月—1996 年 6 月，西北农业大学硕士研究生； 1985 年 7 月—1990 年 8 月，南阳农业学校教师； 1982 年.9 月—1985 年 6 月，南阳农业学校兽医系学习。 主要从事圆环病毒病、猪蓝耳病、猪葡萄球菌病的研究工作；对临床猪病有较深的研究和造诣。				

姓　　名	苏双	性　　别	男	
出生年月	1961 年 4 月	籍　　贯	吉林公主岭	
最高学历	大学本科	最高学位		
工作单位	吉林省畜牧兽医科学研究院	主要职务	猪病室主任	
座　　机	0431-86814575	传　　真	0431-87973082	
E-mail	jlssyss@yahoo. com. cn			
通信地址	长春市西安大路 4510 号		邮　　编	130062
研究方向	猪病诊断与防制技术研究			
个人简历	**教育背景和工作经历：** 1984 年 8 月至今，在原吉林省兽医科学研究所工作； 1985—1990 年，在吉林农业大学兽医专业学习，一直从事兽医科研工作，现为研究员。 **研究成果：** 1992—1997 年，作为第一执行人参加完成了吉林省科技厅下达的“规模化猪场主要疾病防制配套技术研究”项目，1998 年获吉林省科技进步四等奖； 1994—1998 年，作为技术骨干，参加完成了“ND-IBD 二联高免卵黄液防制鸡新城疫-传染性发氏囊病”的推广工作，1999 年该项成果获吉林省政府科技推广一等奖； 1998—2002 年，主持完成了吉林省科技厅计划项目“母猪繁殖障碍病综合防制技术研究”，2004 年获吉林省科技进步三等奖； 2001—2004 年，主持完成了吉林省科技厅计划项目“猪传染性胸膜肺炎防制技术研究”，2006 年获吉林省科技进步三等奖； 2002—2005 年，参加完成了吉林省牧业局下达的“猪致病性大肠杆菌病原分离鉴定及免疫原筛选研究”项目，获吉林省科技成果证书。				

姓　　名	孙考取	性　　别	男	
出生年月	1963 年 9 月	籍　　贯	吉林德惠	
最高学历	研究生	最高学位	硕士	
工作单位	吉林省畜牧业管理局	主要职务	处长	
个人简历	**教育背景和工作经历：** 1986 年，毕业于延边农学院兽医专业(今延边大学)； 1995 年，于北京农业大学兽医学院研究生毕业(今中国农业大学)； 1986—2000 年，在吉林省畜牧兽医总站工作，先后任副科长、科长、副站长；				

<table>
<tr><td>个人简历</td><td>2001 年至今，在吉林省畜牧业管理局先后任兽医药政处副处长、总兽医师、防疫监督处处长；吉林省防制动物重大疫病指挥部办公室副主任；吉林省无规定动物疫病区建设技术专家组组长。
研究成果：
长期从事动物疫病防制管理、科学研究、技术推广等工作；曾获农业部丰收计划二等奖 1 项，农业部科技进步三等奖 1 项，吉林省科技进步三等奖 1 项，吉林省人民政府牧业技术推广成果一等奖 2 项、二等奖 1 项、三等奖 1 项，吉林省牧业科技进步一等奖 1 项、三等奖 1 项，吉林省人民政府科教兴农竞赛一等奖 2 项、二等奖 1 项，农业部动物防疫工作先进个人、畜禽疫病普查工作先进个人等荣誉和奖励；编著专业著作 4 部，发表论文 30 余篇。</td></tr>
</table>

<table>
<tr><td>姓　　名</td><td>孙彦伟</td><td>性　　别</td><td>男</td><td rowspan="4"></td></tr>
<tr><td>出生年月</td><td>1963 年 8 月</td><td>籍　　贯</td><td>广东潮安</td></tr>
<tr><td>最高学历</td><td>硕士研究生</td><td>最高学位</td><td>硕士</td></tr>
<tr><td>工作单位</td><td>广东省动物防疫监督总所</td><td>主要职务</td><td>副所长</td></tr>
<tr><td>研究方向</td><td colspan="4">动物疫病防控与动物防疫监督</td></tr>
<tr><td>个人简历</td><td colspan="4">教育背景：
1981—1989 年在华南农业大学读大学本科、硕士研究生（兽医专业），分别获学士和硕士学位。
工作经历：
现在广东省动物防疫监督总所（广东省动物疫病预防控制中心）工作，任副所长（副主任），兼任广东省畜牧兽医学会秘书长、《广东畜牧兽医科技》杂志副主编；主要从事动物防疫监督执法和动物疫病预防控制工作。现受聘为高级兽医师，同时为国家病原微生物实验室生物安全专家委员会委员、农业部动物防疫专家委员会委员、农业部流行病学专家委员会委员和广东省禽流感现场诊断专家。
研究成果：
从事动物防疫工作以来，参加近 10 项科研活动，发表论文 10 多篇，编写 1997—1999 年《广东防灾减灾志》动物防疫内容，参与编写专业防疫手册 4 本；获广东省科技进步奖一等奖 2 项、二等奖 1 项，广东省农业技术推广一等奖 1 项、二等奖 1 项，广东省高等教育厅科技进步三等奖 1 项，获广东省委、省政府“广东省防制高致病性禽流感工作先进工作者”称号。</td></tr>
</table>

姓　　名	唐利	性　　别	男	
出生年月	1980 年 1 月	籍　　贯	江苏宿迁	
最高学历	硕士研究生	最高学位	农学硕士	
工作单位	上海海利生物药品有限公司	主要职务	全国兽医服务经理	
E-mail	Ltang_27@yahoo.com.cn	座　　机	021-60890812	
通信地址	上海市奉贤区现代农业园区金海路 6720 号		邮　　编	201403
研究方向	1.猪病血清学诊断;2.猪病免疫防控;3.猪场流行病学及疫病防控体系的建立			
个人简历	**教育背景:** 1998—2002 年,南京农业大学兽医本科毕业,农学学士; 2002—2005 年,南京农业大学预防兽医学硕士研究生毕业,农学硕士。 **工作经历:** 2005 年,上海新农饲料有限公司工作,负责公司实验室检测与兽医临床服务,长期从事猪场临床疾病诊断与控制,任兽医服务主任; 2007 年,加入上海海利生物药品有限公司,任海利家畜产品经理,负责公司产品包装,设计,宣传与策划,实验室管理与猪场兽医服务,长期从事猪场免疫防疫工作; 2009 年 6 月,任海利全国家畜产品兽医服务经理。 **研究成果:** 在上海新农饲料有限公司参与新产品研发,参与公司高档乳猪教槽料研发并获得上海市科技进步奖;在上海海利生物药品有限公司主要负责猪场常见疫病免疫防控方案的制定,猪场 PRRS 感染规律调查与免疫方案制定,仔猪和种猪蓝耳病控制方案的制定与实施,PRRS 活疫苗免疫后血清学变化与猪场 PRRS 控制;猪细小病毒病免疫防控,猪圆环病毒 2 型相关疾病的调查与免疫防控思路以及控制经济学,负责猪场综合防疫体系建立与实施以及效果跟踪。			

姓　　名	唐雨德	性　　别	男	
出生年月	1965 年 8 月	籍　　贯	江西金溪	
最高学历	研究生	最高学位	博士	
工作单位	南京军区疾病预防控制中心	主要职务	副所长	
移动电话	13605190890	座　　机	025-80867029	
E-mail	Tangyude65@163.com			
通信地址	南京市中山东路 293 号		邮　　编	210002
研究方向	人兽共患病学、食品安全、微生态			

个人简历	**教育背景和工作经历：** 现任南京军区疾病预防控制中心研究员，南京军区卫生监督所副所长，博士，硕士生导师，专业技术6级； 1991年，任研究实习员； 1994年，任助理研究员； 1999年，任副研究员； 2007年，任研究员； 1984—1988年，江西农业大学畜牧兽医系兽医本科专业学习，获农学学士学位； 1988—1991年，解放军兽医大学兽医公共卫生系学习，获农学硕士学位； 2001—2002年，南京农业大学动物医学院预防兽医系学习，获农学博士学位； 兼国家农业部动物防疫专家、中国畜牧兽医学会动物传染病学分会理事、家畜寄生虫病学分会理事、全军医学科学委员会兽医专业委员会理事，南京军区医学科学委员会兽医专业委员会主任委员等；是东南国防医药、解放军理工大学学报、动物医学进展等期刊的编委。 **研究成果：** 长期从事兽医微生物与免疫学、食品安全以及动物微生态学研究工作，首次对我国新发现的鸡病毒性关节炎进行了系统研究，主持研制成功我国第一个鸡病毒性关节炎弱毒疫苗，在全国较大范围内进行了推广应用；参与囊虫病循环抗原检测试剂盒的研制，获国家卫生部新药证书和试生产批号；在囊虫病免疫预防方面的研究处于国内外领先水平，研制的猪囊虫病基因工程疫苗安全性好，免疫效力高，免疫保护率大于90%；在钩端螺旋体与乙型肝炎病毒的基因诊断、分子流行病学、生态学等方面进行了积极探索，取得较好进展；对常见食源性病原菌（沙门氏菌、副溶血性弧菌、O157）在食品中的污染状况、污染的控制方法等方面进行了研究；已发表研究论文60多篇，与他人合作论著3部，获军队科技进步二等奖3项（第1名2项，第7名1项），三等奖4项（第1、2、3、4名各一）；近年来，共主持或参与国家自然科学基金、江苏省、军队等各类课题12项；1997年与2003年先后被南京军区授予“优秀中青年科技人才”称号，荣立三等功1次；多次被本单位评为“优秀共产党员”或嘉奖。

姓　　名	王承宇	性　　别	男	
出生年月	1970年2月	籍　　贯	山东乐陵	
最高学历	研究生	最高学位	博士	
工作单位	军事医学科学院	主要职务	主任	
E-mail	jxdxwangcy@yahoo.com.cn	座　　机	0431-86985976	
通信地址	吉林省长春市净月经济开发区柳莺西路666号		邮　　编	130122
研究方向	特种动物病毒病防制及人兽共患病毒病防制			

个人简历	**教育背景和工作经历：** 现任军事医学科学院军事兽医研究所副研究员，动物疫病诊断中心主任； 1992年，毕业于解放军兽医大学兽医公共卫生专业，获农学学士学位； 1998年，毕业于解放军农牧大学预防兽医学专业，获硕士学位； 2007年，毕业于吉林大学预防兽医学专业，获博士专业。 **研究成果：** 从事本专业研究工作以来，主要在高致病性禽流感防制技术、经济动物与野生动物疫病防制技术方面开展研究，先后作为主要完成人承担了国家攻关项目“北方疫区哺乳动物禽流感流行病学调查与研究”、国家科技支撑计划“防制畜禽病毒病中兽药的研制与开发”、“安全环保型中兽药的研制及应用”、军队重点课题“高致病性禽流感紧急预防与治疗制剂研究”、“军犬重要疫病联合重组活疫苗的研发”及吉林省科技发展计划项目“吉林省禽流感流行病学调查与防制技术研究”等多课题研究，发表论文20余篇，申报专利10项，获得发明专利2项，起草申报的“犬狂犬病抗原金标检测试纸”及“蜘蛛香胶囊”已进入临床试验，具有一定的新药研发工作经验。

姓名	王红宁	性别	女	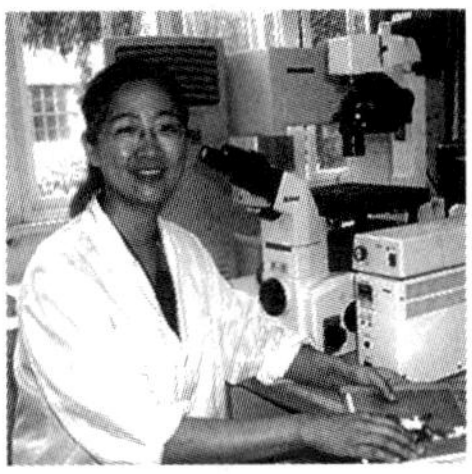
出生年月	1963年8月	籍贯	四川西昌	
最高学历	研究生	最高学位	博士	
工作单位	四川大学生命科学学院	主要职务	动物疫病防控与食品安全四川省重点实验室主任	
座机	028-85471599	传真	028-85471599	
E-mail	whongning@163.com			
通信地址	四川成都望江路29号四川大学生命科学学院		邮编	610064
研究方向	动物疫病防控、微生物分子生物学、食品安全			
个人简历	**教育背景和工作经历：** 1978—1882年，四川农业大学兽医学专业学习，获学士学位； 1982—1985年，四川农业大学预防兽医学专业学习，获硕士学位； 1998—2001年，在四川大学遗传学专业现代遗传与生物工程方向学习，获博士学位； 1985—2007年，在四川农业大学工作，其间多次到美国、英国、澳大利亚等访问学习和合作研究； 1996年，破格晋升教授； 2001年，任四川省学术技术带头人； 2005年，起任四川大学“985”西南资源环境与灾害防制科技创新平台学术带头人； 2008年，作为引进人才正式调入四川大学工作； 2008年，当选中国农业部蛋鸡产业体系疾病控制岗位科学家； 1992年，获教育部霍英东教育基金会全国高等院校优秀青年教师奖； 1999年，四川省优秀青年教师标兵； 2001年，获国务院政府特殊津贴；			

个人简历	2001 年，四川省首届优秀科技工作者； 2003 年，四川省十大杰出青年； 2002—2007 年，中国共产党十六大代表； 2006 年，获中国畜牧兽医学会“感动中国畜牧兽医科技创新青年才俊”奖。 2001—2005 年，任中国农业部饲料评审委员会委员； 2003 年起，任四川省畜牧兽医学会副理事长； 2003—2008 年，任四川省科技青年联合会副主席； 2005 年至现在，任四川省畜牧兽医学会动物预防医学分会理事长； 2005 年至现在，任中国畜牧兽医学会禽病学分会副理事长； 2005 年至现在，任中国畜牧兽医学会动物传染病学分会常务理事； 2007 年至现在，任“十一五”国家高技术研究发展计划现代农业技术领域重大项目总体专家组成员； 2007 年至现在，四川省科学技术协会第七届委员； 2009 年至现在，担任中国农业部兽药评审委员会委员。 **研究成果：** 在四川大学遗传学专业（动物疫病防控与基因工程疫苗、分子遗传学及基因工程、现代遗传与生物工程研究方向）、微生物学专业（动物病原微生物分子生物学、微生物资源与利用研究方向）招收博士研究生；主要从事动物疾病基因工程疫苗、动物疾病防控、食品安全与分子生物学等相关研究；先后主持国家“十五”“十一五”863 项目 3 项、国家“十五”“十一五”科技攻关、支撑计划课题 3 项，子课题 4 项、主持国家重大疫病专项 2 项，部、省级科研项目 6 项；主持的“禽传染性支气管炎（新变型）综合防制”获得 2000 年四川省科技进步一等奖；主研的“瘦肉型猪规模化养殖及产业化示范”获得 2001 年四川省科技进步一等奖；主持的“猪、鸡病原菌耐药性检测及安全高效新兽药研发”获得 2004 年四川省科技进步一等奖；主研的“荣经长毛兔选育及配套技术研究应用”获得 2006 年四川省科技进步一等奖；已获省、部级科技进步一等奖四项（主持两项，主研两项）；二等奖两项（完成者）；三等奖两项（主持一项，主研一项）；以第一发明人申请国家发明专利 22 项，已授权 5 项。主编专著 3 部，副主编专著 4 部，参编专著 6 部，协编全国高校教材 3 部；以第一作者及通讯作者在国内外正式刊物上共发表研究论文 149 篇，SCI 收录 31 篇。

姓　名	王家鑫	性　别	男		
出生年月	1960 年 10 月	籍　贯	河北省无极县		
最高学历	博士研究生	最高学位	博士		
工作单位	河北农业大学	主要职务	教授		
通信地址	河北省保定市乐凯南大街 2596 号			邮　编	071000
研究方向	抗感染免疫，疫苗学				

个人简历	**教育背景和工作经历：** 1978 年 10 月—1983 年 7 月，在河北农业大学畜牧兽医系兽医学专业学习，获学士学位； 1983 年 7 月，被分配到张家口农业专科学校任教； 2001—2002 年，在瑞典皇家医学院留学； 2004 年，调入河北农业大学； 2008 年，毕业于河北医科大学免疫学专业，获医学博士学位，主要从事免疫学教学与研究工作。 **研究成果：** 发现奶牛乳腺内只有黏膜型肥大细胞以及肥大细胞数量随着动物年龄增长而逐渐增多的现象；发现巨噬细胞表达 IgE 受体的现象；发现负载灭活口蹄疫病毒的树突状细胞对 $CD8^{+}$ T 细胞的旁位活化作用；发现树突状细胞以巨噬细胞依赖方式启动机体对布鲁菌免疫应答的现象。

姓　　名	王进香	性　　别	女	
出生年月	1964 年 11 月	籍　　贯	宁夏隆德	
最高学历	本科	最高学位		
工作单位	宁夏动物疾病预防控制中心	主要职务	实验室副主任	
通信地址	宁夏银川市开发区新昌西路 165 号		邮　　编	750002
研究方向	动物疫病的监测诊断			
个人简历	**教育背景和工作经历：** 1998 年 10 月—2002 年 10 月，在宁夏农学院兽医自考本科班学习； 1983 年 7 月—1997 年 6 月，在宁夏西吉县畜牧兽医站工作； 1997 年 7 月至今，在宁夏动物疾病预防控制中心(原宁夏动物防疫站)工作。 **研究成果：** 多年来，共主持和参加完成了 9 项科研课题： 1. 1997—2000 年，参与主持完成了“宁夏牛猝死症病因及综合防制的研究”项目； 1999 年度自治区科技进步 3 等奖； 2. 1997—2000 年，参与主持完成了宁夏教委科研项目“左旋咪唑对畜禽免疫效果增强作用的研究”，发表论文 4 篇； 3. 1998—2002 年，参与主持完成了“规模养猪疫病防制技术”的研究项目； 2002 年，进行了成果登记； 4. 2001—2002 年，参与完成了“鸡 J-亚型白血病的诊断研究与扑灭”项目，该项目于 2002 年 12 月 16 日获自治区科技进步二等奖； 5. 2004—2006 年，参加完成了“宁夏猪附红细胞体病的诊断和综合防制研究”； 6. 2007—2008 年，参加完成了“宁夏猪口蹄疫、猪瘟免疫效果的试验研究”；				

个人简历	7.2007—2008 年,参加完成了“宁夏羊无口蹄疫生物安全小区建设的试验研究”; 8.2006—2008 年,参加完成了“奶牛乳房炎防制与生产性能提高技术的引进与建设”课题; 9.2007—2009 年,参加完成了《生猪屠宰现场快速检疫检验技术的研究与应用》课题。 10.主编兽医专著 4 本:《动物疫病实验室检验技术》、《动物疫病诊断监测技术》、《动物寄生虫与寄生虫病》、《宁夏动物寄生虫病志》;参编兽医专著 6 本:《兽用生物制品》、《禽流感防控》、《西吉县传统动物医药志》、《中国畜牧业地名通考》、《慧合医学》、《中兽医医药学方法论》。 11.在《中国寄生虫病杂志》、《中国兽医科学》等国内刊物发表《宁夏猪附红细胞体病诊治》、《野猪高致病性蓝耳病与多杀性巴氏杆菌混合感染的诊断报告》、《宁夏猪附红细胞体病的流行病学调查及治疗试验》等论文 50 余篇,其中获中国畜牧兽医学会优秀奖 7 篇。 12.1996 年,被固原地委宣传部、妇联授予“十大杰出女性”称号; 2002 年,获自治区科技进步二等奖; 2003 年,被农业部评为“全国农业科技年先进个人”; 2005—2006 年,被宁夏重大动物疫病指挥部评为动物防疫先进个人; 2008 年 3 月,被全国妇联授予“全国三八红旗手称号”; 2008 年,被自治区组织部评为“2006 年—2008 年度自治区专家服务团先进个人”。

<table>
<tr><td>姓　名</td><td>王兰平</td><td>性　别</td><td>女</td><td rowspan="4"></td></tr>
<tr><td>出生年月</td><td>1959 年 8 月</td><td>籍　贯</td><td>湖南</td></tr>
<tr><td>最高学历</td><td>本科</td><td>最高学位</td><td>学士</td></tr>
<tr><td>工作单位</td><td>湖南省动物疫病
预防控制中心</td><td>主要职务</td><td>总支书记</td></tr>
<tr><td>研究方向</td><td colspan="4">动物疫病防制、动物血吸虫病防制</td></tr>
<tr><td>个人简历</td><td colspan="4">教育背景和工作经历:
1977 年 3 月—1982 年 1 月,湖南农业大学兽医专业本科毕业;
1982 年 1 月—1989 年 12 月,怀化市家畜疫病防检站,从事动物疫病防制、诊断;
1990 年 1 月至今,湖南省动物疫病预防控制中心,(原湖南省兽医总站);
参加工作几十年来,曾多主持和参加多个科研课题并获奖;有关课题尚在进行中。在国家、省级和学会专业杂志发表论文数十篇;湖南省血吸虫病专家咨询委员会副主任委员、全国家畜传染病学会理事、中国兽医协会理事。</td></tr>
</table>

<table>
<tr><td>姓　　名</td><td>王琴</td><td>性　　别</td><td>女</td><td colspan="2" rowspan="5"></td></tr>
<tr><td>出生年月</td><td>1962 年 5 月</td><td>籍　　贯</td><td>四川南充</td></tr>
<tr><td>最高学历</td><td>本科</td><td>最高学位</td><td>博士</td></tr>
<tr><td>工作单位</td><td>中国兽医药品监察所</td><td>主要职务</td><td></td></tr>
<tr><td>E-mail</td><td>wangqin@ivdc.gov.cn/
wangqin551@sohu.com</td><td>座　　机</td><td>010-62103680</td></tr>
<tr><td>通信地址</td><td colspan="3">北京中关村南大街 8 号</td><td>邮　　编</td><td>100081</td></tr>
<tr><td>研究方向</td><td colspan="5">1. 动物流行病学及疫病防控体系的建立;2. 动物传染病的诊断方法;3. 动物免疫机制的研究</td></tr>
<tr><td>个人简历</td><td colspan="5">教育背景和工作经历:
现任中国兽医药品监察所研究员,博士,硕士生导师;
1983 年,毕业于四川畜牧兽医学院兽医系获学士学位,在西昌市畜牧局工作;
1987 年,调入四川畜牧兽医学院任教,历任助教、讲师和副教授;
1992—1995 年,在四川农业大学攻读预防兽医学硕士学位,从事伪狂犬病病毒基因缺失株的构建,获硕士学位;
1997 年,调入中国兽医药品监察所至今,一直从事猪瘟病毒和猪伪狂犬病原学、分子流行病学、诊断技术及综合防控技术方面的研究;
2002—2006 年,在中国农业大学攻读兽医学博士学位,2006 年 6 月获兽医学博士学位;
2002 年,晋升为研究员;
2003 年,被评选为农业部具有突出贡献的中青年专家;
2006 年,获得国务院特殊津贴;
2007 年,被评选为 2006/2007 年度振兴中国畜牧贡献奖十大杰出人物;
2007 年,入选新世纪百千万人才工程国家级人选;
2009 年,入选新中国 60 年畜牧兽医科技贡献奖(杰出人物)荣誉称号;
担任中国畜牧兽医学会传染病分会常务理事、中国微生物学会兽医专业委员会委员兼副秘书长、北京畜牧兽医学会常务理事、国家自然科学基金委员会及国家计量认证/认可评审员等社会荣誉职务。
研究成果:
近年来参与国家自然科学基金、“九五”攻关和全军医药卫生科研基金等 3 项有关伪狂犬病病毒基因缺失构建研究,参与研制了我国第一个动物病毒基因工程疫苗,获 2005 年度国家科技进步二等奖(排名 6)和 2001 年四川省科技进步二等奖(排名 7)。参与“九五”攻关、攀登计划、重大自然科学基金和“973”等 4 项有关猪瘟的研究,首次在全国范围内开展了大规模猪瘟病原生态学与分子流行病学研究,对我国猪瘟防制具有重要的指导意义,获 2004 年吉林省科技进步二等奖(排名 6)和 2007 年《我国猪瘟长期持续存在的根源和综合防制技术研究及应用》获得中华农业科技奖(排名 3)。
主持国家自然科学基金《猪瘟强弱毒特异抗原的分子鉴定》、“十五”攻关《猪瘟诊断技术研究》、科技部《猪瘟监测技术平台》、农业部重大疫病检测《我国猪瘟病毒分子流行病学调查与综合防制方案的制定》、“十一五”国家科技支撑计划《猪瘟、猪伪狂犬病综合防空集成与示范》、《猪瘟鉴别诊断技术研究》、《猪瘟病毒的分子流行病学与变异分析》、《猪瘟防控关键技术引进课题“948”》和北京市自然科学基金《猪瘟病毒流行株与疫苗株免疫基因表位差异的研究》等 9 项课题,取得以下成绩:①作为国家猪瘟参考实验室的核</td></tr>
</table>

个人简历	心专家，负责撰写了《猪瘟防制技术规范》（已发布）和《猪瘟应急处置技术规范》（报批稿），为我国猪瘟控制提供了技术保障；②建立了第一个CSFinfo数据库，使我们成为继德国之后第二个有这种数据库的国家；该数据库对提高对猪瘟及猪瘟病毒的研究分析质量、降低决策风险，最终为政府提供科学的疫情预测预报系统，为消灭猪瘟提供决策支持；③研制了系列猪瘟病毒荧光定量RT-PCR技术；抗体阻断ELISA和间接ELISA技术；完善并应用了欧盟猪瘟病毒RT-PCR方法。这些方法与欧盟猪瘟参考试验室的同类方法符合性达到95%，为猪瘟净化和控制提供有力的技术手段。获国家专利证书(CN101058830，CN200810223406.0，CN22010242080.0)和2007年大北农科技进步促进奖（排名1）；形成了国家标准《猪瘟病毒荧光RT-PCR检测方法（报批稿）》；④组装、集成猪瘟和猪伪狂犬病疫苗、诊断试剂、消毒药物等防控技术，采用免疫、监测与净化措施，制定综合防制技术规范，使群体抗体水平达80%～85%，发病率降低80%，建立示范基地10-12个，构建了猪瘟和猪伪狂犬病的净化模式。 在国内外学术期刊上发表学术论文近90篇，参编和副主编10本有关猪病和动物微生物学方面的著作。

<table>
<tr><td>姓　　名</td><td>王全凯</td><td>性　　别</td><td>男</td><td rowspan="6"></td></tr>
<tr><td>出生年月</td><td>1958年2月</td><td>籍　　贯</td><td>辽宁</td></tr>
<tr><td>最高学历</td><td></td><td>最高学位</td><td>博士</td></tr>
<tr><td>工作单位</td><td>吉林农业大学</td><td>主要职务</td><td>教授、博士生导师</td></tr>
<tr><td>移动电话</td><td>13944125038</td><td>座　　机</td><td>0431-84533272</td></tr>
<tr><td>E-mail</td><td>quankaiw@yahoo.com.cn</td><td>传　　真</td><td>0431-84510971</td></tr>
<tr><td>通信地址</td><td colspan="3">吉林农业大学国际交流学院</td><td>邮　　编　130118</td></tr>
<tr><td>研究方向</td><td colspan="4">经济动物传染病</td></tr>
<tr><td>个人简历</td><td colspan="4">教育背景和工作经历：
现任吉林农业大学国际交流学院副院长，吉林农业大学野生动植物保护与利用学科带头人，高等学校林科学科野生动植物保护与游憩学科专业教学指导委员会成员、吉林省动物学会副理事长、中国农村专业技术协会鹿业养殖专业委员会（筹）副主任兼秘书长、全国家畜传染病学会理事。1982年本科毕业于吉林农业大学特产系经济动物专业。1988年硕士毕业于吉林农业大学动物科学系。1999年博士毕业于解放军农牧大学。1994—1995年在新西兰梅西大学兽医学院鹿疾病防制合作科研、1997年在日本家畜卫生试验场(National Institute of Animal Health)病毒室研修。
研究成果：
三十年来主要从事预防兽医学的经济动物保护、利用及动物传染病学的教学和科研工作，承担本科生和研究生四门课程的教学工作。主持参加了吉林省科委“鹿结核病防制的研究”、农业部948“优质肉用鹿胚胎移植与技术引进”、省科委“鹿后躯麻痹病”、国家科技部“鹿的GAP饲养标准”等10余项目，其中，“鹿结核病防制的研究”获省科技进步一等奖、“鹿后躯麻痹病”和“幼鹿腹泻病毒研究”获省科技进步三等奖。主编出版《经</td></tr>
</table>

个人简历	济动物疾病学》、《科学养貂》、《特种经济动物饲养与疾病防制》、《茸鹿人工授精幼鹿培育新技术》等10部学术专著；主持优质肉用鹿胚胎及胚胎移植技术引进农业部"948"项目，2004年通过农业部验收；在我国首次成功地引进了新西兰优质赤鹿，扩大了我国鹿业的种源资源。成功策划并邀请了来自新西兰、加拿大、澳大利亚、俄罗斯、英国、越南、韩国、日本、哈萨克斯坦、智利、阿根廷、美国、中国台湾、香港及内地15个国家和地区有关鹿的养殖、加工、产品开发、基础研究、市场营销等方面的60多位相关专家、企业家参加在长春召开的第五届世界鹿业大会。目前主持"梅花鹿主要传染病防控关键技术研究"等项目。在国内外学术刊物上发表学术论文60余篇。共指导毕业和在读硕士研究生20余人，博士研究生6名。

姓　名	王兴龙	性　别	男		
出生年月	1959年2月	籍　贯	内蒙古		
最高学历	博士	最高学位	博士		
工作单位	军事兽医研究所	主要职务	教授		
移动电话	13944800622	座　机	0431-86985951		
E-mail	Wangxl-2006@163.com	传　真	0431-87998779		
通信地址	吉林省长春市净月开发区柳营西路666号			邮　编	130122
研究方向	兽医微生物学与免疫学				
个人简历	**教育背景和工作经历：** 1978年9月，解放军军需大学(原兽医大学)学习，本科； 1982年7月，解放军军需大学微生物与免疫学教研室任教，助教； 1985年9月，解放军军需大学攻读微生物与免疫学硕士学位； 1988年8月，解放军军需大学微生物与免疫学教研室任教，讲师、副教授； 1996年9月，解放军军需大学攻读动物病毒学博士学位； 2000年9月，解放军军需大学军事预防兽医学教研室任教，教授； 2004年9月，军事医学科学院军事兽医研究所动物性食品安全研究室，研究员。 **研究成果：** 2005年以来，主持国家、军队和省部级课题8项； 2001—2005年，主持军队重大专项任务1项，为该项目的首席专家； 2004—2007年，主持军事医学科学院学科培育项目"反向遗传操作技术平台的建立及在动物分子标记疫苗研究中的应用"； 2005—2007年，主持吉林省科技厅科技发展项目"动物分子标记疫苗的研究(20050549)"； 2006年，主持军队重大专项任务2项； 2006年，主持军队医药卫生项目"基因芯片检测病原细菌耐药性的研究(06MB321)"； 2007年，主持国军标"化学、生物战剂污染区动物的卫生处理"的编制工作； 2009年，主持国家自然科学基金项目"羊布鲁氏菌蛋白质组学及免疫蛋白的筛选鉴定"，参加国家"973"、国家重大转基因项目等项目3项； 获军队科技进步二等奖2项、三等奖5项，吉林省科技进步二等奖1项；发表论文108篇；培养博士研究生12名、硕士研究生27名；主编学术专著3部、副主编4部。					

<table>
<tr><td>姓　名</td><td>王雪敏</td><td>性　别</td><td>女</td><td colspan="2" rowspan="5"></td></tr>
<tr><td>出生年月</td><td>1963 年 6 月</td><td>籍　贯</td><td>河北元氏</td></tr>
<tr><td>最高学历</td><td>研究生</td><td>最高学位</td><td>博士</td></tr>
<tr><td>工作单位</td><td>河北工程大学</td><td>主要职务</td><td>副院长</td></tr>
<tr><td>E-mail</td><td>xmwanghd@163.com</td><td>座　机</td><td>0310-3123712</td></tr>
<tr><td>通信地址</td><td colspan="3">河北省邯郸市中华南大街 62 号河北工程大学农学院</td><td>邮　编</td><td>056021</td></tr>
<tr><td>研究方向</td><td colspan="5">动物传染病病原分子生物学、检测与防制</td></tr>
<tr><td>个人简历</td><td colspan="5">教育背景和工作经历：
现任河北工程大学农学院副院长，教授(三级)，硕士研究生导师，动物医学专业带头人；
1984 年，河北农业大学兽医专业本科毕业；
1994 年，南京农业大学动物传染病与预防兽医学专业硕士研究生毕业；
2002 年，晋升教授职务。中国畜牧兽医学会动物传染病学分会理事、河北省畜牧兽医学会常务理事等社会兼职；
2005 年，获南京农业大学预防兽医学博士学位。
研究成果：
长期从事动物传染病病原分子生物学、检测与防制等研究工作，近年来，主持和参加国家自然科学基金、河北省自然科学基金等各类课题 10 多项；发表论文 50 多篇；获省级科技进步奖 8 项，主编参编著作 9 部，其中主编“十一五”国家级规划教材 1 部；2006 年被评为“河北省高校中青年骨干教师”，2009 年获“河北省‘巾帼建功’活动先进工作者”荣誉称号，被评为河北工程大学教学名师；2005 年被评为“邯郸市优秀专业技术拔尖人才”、“邯郸市十大优秀青年”，2008 年获河北工程大学科研突出贡献奖。</td></tr>
</table>

<table>
<tr><td>姓　名</td><td>王一成</td><td>性　别</td><td>男</td><td rowspan="5"></td></tr>
<tr><td>出生年月</td><td>1957 年 12 月</td><td>籍　贯</td><td>浙江温岭</td></tr>
<tr><td>最高学历</td><td>大学</td><td>最高学位</td><td>学士</td></tr>
<tr><td>工作单位</td><td>浙江省农业科学院</td><td>主要职务</td><td>研究室主任</td></tr>
<tr><td>E-mail</td><td>95711@sina.com</td><td>座　机</td><td>0571-86404121</td></tr>
<tr><td>研究方向</td><td colspan="4">猪病防制和动物分子病毒学</td></tr>
<tr><td>个人简历</td><td colspan="4">教育背景和工作经历：
1982 年，毕业于浙江农业大学兽医专业，同年分配至浙江农业科学院从事家畜传染病研究工作，现任兽医研究室主任，研究员；
1988 年 3 月—1989 年 7 月，以访问学者身份赴澳大利亚墨尔本大学兽医学院进修家畜传染病和寄生虫病；
1997 年 7 月—1999 年 7 月，以交换学者身份赴美国阿肯色州立医学院微生物和免疫学系从事冠状病毒 RNA 转录机理研究。</td></tr>
</table>

个人简历	**研究成果：** 历年来，主持完成浙江省重大攻关项目子专题，浙江省重点科研计划项目、浙江省自然学科基金等科研项目共8项，参加完成部、省级科研项目共16项；作为主要完成人获各类科技成果8项；其中《中国饲养背景下的SEW养猪技术系统研究与示范》获浙江省科技进步一等奖；《规模猪场主要疫病控制净化技术研究与示范》和《家畜血吸虫、肝片吸虫和锥虫病联合诊断新技术的研究及应用》获浙江省科技进步二等奖；《规模养猪场母猪主要病毒性繁殖障碍病控制与净化技术研究》和《断奶仔猪多系统衰竭综合征(PMWS)防制技术研究》获浙江省科技进步三等奖；《农业血防综合治理新技术研究》获部科技进步一等奖；《以防制口蹄疫为主的养猪综合配套技术》获部丰收二等奖。在国内外专业刊物上发表论文共48篇。

姓　　名	王志亮	性　　别	男
出生年月	1966年11月	籍　　贯	山东莱阳
最高学历	研究生	最高学位	博士
工作单位	中国动物卫生与流行病学中心国家外来病研究中心	主要职务	首席科学家、主任
E-mail	Zlwang111@yahoo.com.cn	座　　机	0532-87839188
研究方向	传染病与预防兽医学		
个人简历	**教育背景和工作经历：** 1985—1995年，分别在山东莱阳农学院、江苏农学院、南京农业大学完成兽医本科至博士学历，研究方向为传染病与预防兽医学； 1995年，分配至农业部动物检疫所从事新城疫等禽病研究； 1997—1999年，世界动物卫生组织(OIE)南非协作中心从事博士后研究工作；现任中国动物卫生与流行病学中心首席科学家、研究员，兼任国家外来动物疫病研究中心主任，病毒学报、中国兽医杂志、中国兽医科学等编委。 **研究成果：** 十五年来，先后主持领导国家“十五”、“十一五”重大科技攻关、科技支撑和公益性行业科研专项等科研项目8个。主要开展疯牛病、新城疫、尼帕病、西尼罗河热、小反刍兽疫、非洲猪瘟等重要疫病的诊断与防控技术研究。率领团队在国内最早建立疯牛病等8种外来病的诊断方法，最早发现并分离小反刍兽疫病毒，在国际上最早证实自然状态下野生动物小反刍兽疫感染；组织制定动物外来病国家和行业诊断技术标准6个，防制技术规范9个，发表SCI论文32篇，中文核心期刊126篇，主编专著5部，获国家新兽药证书5个，省部级科技进步奖4项；获农业部有突出贡献中青年专家、青岛市劳动模范、山东省劳动模范、山东富民兴鲁劳动奖章等各1次。		

姓　　名	韦平	性　　别	男
出生年月	1962 年 12 月	籍　　贯	广西
最高学历	博士生	最高学位	博士
工作单位	广西大学	主要职务	所长
E-mail	pingwei8@126.com		
研究方向	禽病防制与病原分子生物学		
个人简历	广西大学动物科技学院教授，博士生导师。分别担任动物医学专业首席教授、养禽与禽病研究所所长、《广西畜牧兽医》杂志执行副主编，兼任世界禽病学会（WVPA）会员及中国分会理事兼副秘书长、中国动物传染病学分会理事、广西养禽与禽病学分会理事长等。主要从事家禽与鸟类疾病及其病原分子生物学的研究，主要专长于家禽肿瘤病毒、免疫抑制病毒、动物食品源性病原菌的研究。先后获得省部级科技进步二等 2 项、三等奖 5 项等成果奖励。荣获“广西有突出贡献科技人员”、“广西青年科技奖”、入选广西“十百千人才工程”（第二层次）和广西“新世纪学科带头人”等荣誉称号。		

姓　　名	卫秀余	性　　别	男	
出生年月	1962 年 3 月	籍　　贯	上海奉贤	
最高学历	大学	最高学位	硕士	
工作单位	上海奉贤区动物疫病预防控制中心	主要职务	研究员	
E-mail	Weixiuyu1@163.com	座　　机	021-67104906	
通信地址	上海奉贤区南桥镇环城东路 800 号		邮　　编	201400
研究方向	猪病实验室诊断和综合防制技术			
个人简历	**教育背景：** 1979 年 1 月—1983 年 2 月，上海农学院兽医专业学习； 2002 年 2 月—2005 年 12 月，南京农业大学预防兽医专业学习。 **工作经历：** 1983 年 2 月，上海奉贤区动物疫病预防控制中心（前身为奉贤县畜牧兽医站）工作至今。 **研究成果：** 从 1999 年起先后主持或参加了省（市）级科研项目 4 项、县（区）级科研项目 6 项，其中 1 项获得了国家科技进步一等奖、1 项获得了上海市科技进步三等奖、3 项获得了县（区）科技成果一等奖；在猪繁殖与呼吸综合征、猪伪狂犬病、猪圆环病毒相关疾病、猪回肠炎、猪痢疾、猪疥螨和猪病毒性腹泻等疫病的诊断和防制方面积累了较丰富的实践经验； 先后在专业杂志上发表论文 50 多篇，其中 2 篇在国际学术研讨会上发表、15 篇分别获			

个人简历	得中国畜牧兽医学会家畜传染病分会等学术团体的优秀论文奖。还与人合著“猪病毒病”一书，参加编译了第16届—19届国际猪兽医大会论文集、第12届国际禽病会议论文集、第4届国际新出现和再出现猪病会议论文集和“猪的多点生产”等，为国内同行及时了解国外兽医动态出了一份力； 先后获得了“奉贤县优秀科技工作者”、“上海市农业科技创新人”、“科技结对先进个人”、“十佳科技人才”和“奉贤区拔尖人才”等荣誉称号。

姓　　名	魏建忠	性　　别	男		
出生年月	1956年12月	籍　　贯	湖北应城		
最高学历	本科	最高学位	学士		
工作单位	安徽农业大学	主要职务	副院长		
E-mail	wjz@ahau.edu.cn				
通信地址	合肥市长江西路130号安徽农业大学动物科技学院			邮　编	230036
研究方向	动物传染病防制				
个人简历	**教育背景和工作经历：** 1978年2月—1982年元月，在安徽农学院畜牧兽医系学习畜牧兽医专业； 1982年元月—1987年11月，在安徽农学院畜牧兽医系任助教，从事家畜传染病学的教学； 1988年3年—1988年7月，在中国人民解放军军事兽医研究所进修学习； 1987年12月—1995年11月，任安徽农业大学畜牧水产学院讲师； 1995年12月—2006年7月，任安徽农业大学动物科技学院副教授； 1999—2001年，主持安徽省重大科技攻关项目“高效工厂化养鸡配套技术研究”； 1997年7月至今，任安徽农业大学动物科技学院副院长； 2006年8月至今，任安徽农业大学动物科技学院教授。 **研究成果：** 2006—2008年，主持安徽省科技攻关项目“猪高热病病因诊断及防制关键技术研究”； 2008—2010年，主持国家支撑计划“养猪业避灾关键技术研究与集成示范”。 先后参与国家自然基金和安徽省科技攻关项目5项；获安徽省星火二等奖1项，安徽省科学技术三等奖1项，教育部科技进步二等奖1项。					

姓　　名	吴斌	性　　别	男	
出生年月	1964年6月	籍　　贯	湖北鄂州	
最高学历	研究生	最高学位	农学硕士	
工作单位	华中农业大学	主要职务	教授	
E-mail	wub@mail.hzau.edu.cn	座　　机	027-87286974	

通信地址	湖北省武汉市洪山区狮子山街华中农业大学动物医学院	邮　编	430070
研究方向	1.动物传染病的诊断方法和疫苗研制;2.猪细菌性传染病发病分子机制及快速诊断;3.猪病重要病原的分子结构与功能;4.规模化猪场疫病防控与净化		
个人简历	**教育背景:** 1980—1985年,华中农业大学兽医本科毕业,农学学士; 1993—1996年,华中农业大学预防兽医学硕士毕业,农学硕士。 **工作经历:** 1985年7月—1993年9月,湖北省鄂州市农业局任助理兽医师、兽医师,兽医卫生监督员、负责鄂州市兽医防疫和检疫技术工作; 1996年,研究生毕业留校任教,从事家畜传染病学及人兽共患传染病学的教学和科研工作; 1999年,任副教授; 2005年,任教授;中国畜牧兽医学会家畜传染病学分会第六、七届理事会常务理事,第一届全国动物防疫专家委员会委员。湖北省重大动物疫情风险评估专家委员会委员。 **研究成果:** 近十年来系统研究了以猪伪狂犬病、猪乙脑、猪萎缩性鼻炎、猪大肠杆菌病、猪链球菌病等猪传染病的发病机制、病原的结构与功能、临床诊断方法、疫苗研制及综合防控措施等。先后主持国家自然科学基金项目、国家"十五"科技攻关项目和国家"十一"科技支撑计划项目子课题、省部级攻关项目等。获得国家科技进步二等奖1项、省部级科学进步奖5项,其中一等奖2项,二等奖1项,三等奖2项;发表学术论文60余篇,申报专利及新兽药注册证书等6项,已培养研究生30多名,目前在读研究生17人。		

姓　　名	吴健敏	性　　别	女	
出生年月	1963年9月	籍　　贯	福建福州	
最高学历	博士研究生	最高学位	博士	
工作单位	广西兽医研究所	主要职务	副所长	
E-mail	Wu-jm20@163.com	座　　机	0771-3120373	
通信地址	广西南宁市友爱北路51号		邮　编	530001
研究方向	动物传染病与分子免疫学			
个人简历	**教育背景:** 1985年,毕业于广西农学院畜牧兽医系获农学学士; 1988年,于广西农业大学攻读预防兽医学,获农学硕士学位。 **工作经历:** 1988年7月—1989年2月,于广西南化集团微生物研究所工作任实习研究员; 1989年后,一直在广西兽医研究所从事分子病毒学及动物传染病的研究工作; 1995年,获副研究员; 1999年9月—2002年6月,于解放军军需大学攻读博士学位(方向为分子病毒学)获农学博士学位;			

个人简历	2002年12月—2005年2月,军事医学科学院基础医学博士后流动站工作,从事免疫学及人畜共患病的研究工作,受到了严格的专业培训,获全国博士后管理站颁发的博士后工作证书。出站后返回广西兽医研究所工作; 2004年12月获研究员职称; 目前任研究所副所长兼畜禽疫病诊治中心主任,广西大学特聘教授,博士研究生导师,广西十百千人才工程二层次人选,农业部第五届兽药评审专家。中国畜牧兽医学会家畜传染病学分会、兽医公共卫生学分会常务理事,广西畜牧兽医学会畜禽传染病学分会副理事长。 **研究成果:** 目前主持或参加国家科技部成果转化项目、农业部跨越项目、农业部行业公益性项目及省级科研项目10余项,获广西科技进步二、三等奖各1项。已在国内外发表研究论文60余篇,其中SCI论文6篇,国内核心期刊41篇。获国家二类新药证书1项,制订国家农业行业标准1个,广西地方标准3个;国家自然科学基金项目"鸡传染性法氏囊病快速诊断方法的研究及IBD-ELISA快速诊断盒的研制",获1994年广西农业厅科技进步三等奖,1997年获广西区人民政府科技进步三等奖,2002年该试剂盒被农业部批准为兽用新生物制品并颁发了《新兽药证书》,2003年6月又被国家质检总局列为"传染性法氏囊病诊断技术"国家标准(GB/T19167—2003);"鸡传染性法氏囊病的防制研究",获2000年广西农业厅科技改进三等奖。"猪瘟病毒广西流行株分子病原学及防制的研究"获2007年广西科技进步二等奖。

姓　　名	吴志明	性　　别	男	
出生年月	1964年4月	籍　　贯	河南太康	
最高学历	研究生	最高学位	博士	
工作单位	河南省动物疫病预防控制中心	主要职务	主任	
E-mail	Wuzhiming6@sina.com	座　　机	0371-65778926	
通信地址	河南省郑州市金水区经三路91号		邮　　编	450008
研究方向	重大动物疫病防控技术			
个人简历	**教育背景:** 1986年7月,毕业于河南农业大学兽医专业; 1997年7月,毕业于中国政法大学研究生院法学专业; 2007年12月,获中国农业大学兽医博士学位。 **工作经历:** 1986年,毕业分配到河南省畜牧局工作,先后任省畜牧局团委书记、党办主任; 1992年4月,任河南省康达畜产品公司总经理兼党支部书记; 1997年5月,任河南省畜牧局兽医防制站副站长、站长兼党支部书记; 2006年4月至今,任河南省动物疫病预防控制中心主任,研究员,河南省高致病性禽流感现场诊断首席专家,省管优秀专家,研究生导师。			

<table>
<tr><td>个人简历</td><td>研究成果：
自参加工作以来，共发表 SCI 论文 3 篇，中文学术论文 60 余篇，编著专业书籍 16 部。在国际、国内学术会议上发表学术论文 20 余篇并多次做大会学术报告，1 篇论文获 2008 年中国畜牧兽医学会奖，1 篇论文获河南省第十届自然科学优秀学术论文一等奖，5 篇论文获得国家级学术研讨会优秀论文。制定国家标准和国家农业行业标准各 1 项，获国家发明专利 2 项；获全国农牧渔业丰收奖等国家奖 3 项、河南省科技成果一等奖 1 项、河南省科技进步二等奖 6 项、河南省科技进步三等奖 1 项；完成并鉴定科技成果 10 项；研发动物疫病防控新技术 18 项。</td></tr>
</table>

<table>
<tr><td>姓　名</td><td>谢芝勋</td><td>性　别</td><td>男</td><td colspan="2" rowspan="5"></td></tr>
<tr><td>出生年月</td><td>1963 年 1 月</td><td>籍　贯</td><td>广西博白</td></tr>
<tr><td>最高学历</td><td>本科</td><td>最高学位</td><td>学士</td></tr>
<tr><td>工作单位</td><td>广西兽医研究所</td><td>主要职务</td><td>副所长</td></tr>
<tr><td>E-mail</td><td>xiezhixun@126.com</td><td>座　机</td><td>0771-3105702</td></tr>
<tr><td>通信地址</td><td colspan="3">广西南宁市友爱北路 51 号</td><td>邮　编</td><td>530001</td></tr>
<tr><td>研究方向</td><td colspan="5">分子病毒学、分子免疫学、动物传染病防控技术</td></tr>
<tr><td>个人简历</td><td colspan="5">工作经历：
现任广西兽医研究所副所长、研究员，广西大学兼职教授、硕士研究生导师，长期从事动物传染病研究工作；
1983 年，任研究实习员；
1990 年，任助理研究员；
1995 年，任副研究员；
2000 年，任研究员；
1988 年 1 月—1989 年 7 月，美国农业部东南禽病研究所访问学者；
1996 年 3 月—1997 年 4 月，美国康涅狄格州大学禽病研究中心高级访问学者。
研究成果：
1. 近年来，共主持国家科技部、农业部、国家留学基金、中美合作、中越合作和地方等各类课题 30 多项；发表高水平论文 210 多篇(第一作者或通讯作者)，其中国外 SCI 期刊发表论文 17 篇；获授权国家科技发明专利获授权 1 项；获省部级以上科技成果 8 项，其中国家科技进步三等奖 1 项，省(部)科技进步一等奖 1 项，二等奖 5 项，省部级科技重奖 1 项。
2. 1992 年获“广西优秀留学回国人员”，1994 获“全国优秀留学回国人员”，1995 年被授予“广西壮族自治区先进工作者”称号，1995 年获“广西十大杰出青年候选人提名奖”，1996 年被评为“广西壮族自治区优秀专家”，1998 年被授予“广西壮族自治区荣誉勋章和荣誉证书”，1998 年获“广西引进国外智力先进工作者”，1999 年被评为“国务院津贴专家”，1999 年被评为“广西十百千人才工程”人选，2001 年获“中国农学会第七届青年科技奖”，2006 年获“广西农村科技先进工作者”，2006 年获“广西留学回国人员先进个人”，2006 年被评为“新世纪百千万人才工程国家级人选”等荣誉称号。</td></tr>
</table>

姓　　名	许兰菊	性　　别	女	
出生年月	1957年10月	籍　　贯	河南兰考	
最高学历	本科	最高学位	学士	
工作单位	河南农业大学	主要职务	理事/副理事长	
移动电话		座　　机	0371-63558180	
E-mail	xulanju11@126.com	传　　真		
通信地址	河南省郑州市文化路95号河南农大牧医工程学院		邮　　编	450002
研究方向	病原微生物分子生物学、分子免疫学			
个人简历	现任河南农业大学牧医工程学院教授，中国畜牧兽医学会家畜传染病学分会理事，河南省免疫学会副理事长，兼任河南省动物免疫学分会主任，硕士生导师。1982年任助教、1987年任讲师、1995年任副教授、2005年任教授和硕士生导师。1984年至1985年曾在(长春)中国人民解放军兽医大学微生物和免疫室进修学习。任河南省科技进步成果奖评审委员会委员，河南省“挑战杯”大学生课外学术作品竞赛评审委员会专家。 长期从事动物微生物和免疫学教学与科研工作。在教学方面，多年来为本科生和研究生主讲兽医微生物学、畜牧微生物学、动物免疫学、分子免疫学和现代免疫学技术等课程，培养研究生30多名。任国家级十一五规划教材《兽医微生物学》副主编、国家级十五规划教材《兽医免疫学》和《兽医免疫学实验指导》参编。先后多次获教学优秀奖，尤其是培养大学生科技创新方面，指导的学生团队多次获国家级“挑战杯”大学生课外学术作品竞赛大奖，其中1人(蒋大伟同学)2009年荣获了“第五届中国青少年科技创新奖”，并受到中央领导亲切接见。 在科研方面，一直从事畜禽重要病原微生物学研究工作，尤其在病原细菌学、细菌分子生物学、分子免疫学等方面进行了深入研究。主持和参加国家级和省部级重大科研项目10多项，获省部级以上科技进步成果奖6项，一等奖1项，二等奖3项，三等奖2项；申请国家科技发明专利2项，授权和审理各1项。发表高水平科研论文78篇(第一作者或通讯作者)，主编和参编著作10部。 2003年获第一届郑州市“十大科技女杰”、2005年以来4次获“河南省大学生挑战杯竞赛优秀指导老师”，2009年获“河南省教育系统优秀教师”、2010年获“河南省三八红旗手”等荣誉称号。			

姓　　名	颜景辰	性　　别	男	
出生年月	1972年12月	籍　　贯	湖北	
最高学历	博士研究生	最高学位	农学博士	
工作单位	中国农业出版社	主要职务	养殖业出版中心副主任	
E-mail	Yjc98@sohu.com	座　　机	010-59194926	

通信地址	北京市朝阳区麦子店街18号楼	邮　编	100125
个人简历	**教育背景：** 1990—1995年，华中农业大学兽医本科毕业，农学学士； 2004—2007年，华中农业大学博士研究生毕业，农学博士。 **工作经历：** 自1995年大学毕业以来，就一直在中国农业出版社从事编辑工作，策划和编辑出版了一大批农业科技畅销书和精品图书，努力把畜牧兽医科技文化传播融入到社会效益与经济效益中，为促进农民增收、农业增效产生了积极的作用。 **成果：** 编辑的图书不仅得到了广大读者的认同和赞扬，也在行业内获得多种奖励，如《中国饲料学》、《中国饲用植物》获得全国优秀科技图书奖二等奖，《简明禽病防制技术手册》获中华农业科技奖科普奖，《地震灾后动物疫病防控知识宣传挂图》等获第二届中华优秀出版物奖“抗震救灾特别奖”，《鸡病防制技术问答》、《养猪高参》被评为全国优秀畅销书，《兽医临床类证鉴别丛书（第二版）》等4种被评为全国服务“三农”优秀图书，《动物细胞病理学》获高等教育国家级教学成果二等奖和新疆高等学校教学成果一等奖，《动物疫病学》等5本重点学术专著被评为国家科学技术学术著作出版基金优先资助项目，《兽医产科学》等15种图书获得中国出版社优秀图书奖。		

姓　　名	闫若潜	性　　别	男	
出生年月	1971年10月	籍　　贯	河南南阳	
最高学历	研究生	最高学位	博士	
工作单位	河南省动物疫病预防控制中心	主要职务	技术研究室主任/理事	
E-mail	yrq1688@126.com	座　　机	0371-65778930	
通信地址	郑州市经三路91号河南省动物疫病预防控制中心		邮　编	450008
研究方向	动物疫病防控技术、动物分子免疫学			
个人简历	**教育背景和工作经历：** 现任河南省动物疫病预防控制中心动物疫病防控技术研究室主任，博士、研究员、研究生导师； 2007年，任高级兽医师； 2010年，任研究员； 2009年，被评为河南科技大学研究生导师； 1989年9月—1994年6月，西北农林科技大学动物医学院学习，获毕业证书及农学学士学位； 1994年9月—1997年7月，河南农业大学动物医学院攻读预防兽医学硕士学位，获毕业证书及农学硕士学位； 1997年10月—2002年7月，分别在郑州市市场发展局、河南农业大学禽病研究所等单位从事管理和实验室动物疫病诊断和检测工作；			

<table>
<tr><td>个人简历</td><td>2002 年 9 月—2005 年 6 月，中国农业大学动物医学院攻读预防兽医学博士学位，获毕业证书及农学博士学位；
2005 年 7 月至今，河南省动物疫病预防控制中心从事兽医实验室管理及动物疫病诊断、监测和检测工作，任动物疫病防控技术研究室主任。
研究成果：
长期进行动物疫病防控技术研究及推广工作，申报并参与研究了多项国家、省部级具有重要学术意义和开创性的研究课题，并取得了多项国际水平的科研成果。该同志主持、参与研究“十一五”国家科技支撑计划重大项目子课题 2 项；主持、参与河南省科技攻关、河南省基础与前沿研究项目共 7 项、河南省政府决策研究招标课题 1 项。制定国家标准 2 项。获得国家发明专利 2 项。取得国际、国内领先的科技成果 8 项；其中作为项目第 1 主持人获得全国农牧渔业丰收奖一等奖 1 项，分别作为项目第 2、4 名完成人获得河南省科技进步二等奖 2 项；在国际权威 SCI 收录杂志发表 SCI 论文 6 篇，在《自然科学进展》、《中国农业科学》等国内中文期刊发表专业学术论文 60 余篇；获得国家级优秀学术论文奖 7 篇；主编、副主编近 300 万字的专业书籍 5 部；培养硕士研究生 10 名。
2006 年荣获河南省委省直工委“河南省直机关十佳自主创新共产党员”；“河南省畜牧局 2006 年、2009 年度优秀共产党员、文明个人”；2008 年荣获河南省“2008 年度省直青年岗位能手”、河南省团委“青年文明号”号长。</td></tr>
</table>

<table>
<tr><td>姓　　名</td><td>杨瑞馥</td><td>性　　别</td><td>男</td><td colspan="2" rowspan="5"></td></tr>
<tr><td>出生年月</td><td>1963 年 8 月</td><td>籍　　贯</td><td>河北</td></tr>
<tr><td>最高学历</td><td>博士研究生</td><td>最高学位</td><td>理学博士</td></tr>
<tr><td>工作单位</td><td>军事医学科学院</td><td>主要职务</td><td>研究员</td></tr>
<tr><td>E-mail</td><td>Yrf110@yahoo.com.cn</td><td>座　　机</td><td>010-66948595</td></tr>
<tr><td>通信地址</td><td colspan="3">北京丰台东大街 20 号五所一室</td><td>邮　编</td><td>100071</td></tr>
<tr><td>研究方向</td><td colspan="5">1. 人兽共患病病原的进化与致病机制；2. 人兽共患传染病快速诊断；3. 病原溯源研究</td></tr>
<tr><td>个人简历</td><td colspan="5">工作经历：
毕业于河北医科大学，在军事医学科学院获得微生物学硕士和博士学位；
1996 年，曾经到日本 GIFU 大学微生物学系做短期访问学者进行合作研究细菌分类学；
1998 年，曾经作为国际生物武器核查员参加联合国特别委员会(UNSCOM)对伊拉克的生物武器核查工作。
研究成果：
主要研究工作围绕细菌基因组学、微生物法医学基础数据库和微生物检验鉴定新技术(生物芯片和生物传感器等)；近 5 年来获得的基金包括国家 973、863、国家自然科学基金重点项目、国家杰出青年基金和面上项目、国家传染病重大专项、科技部攻关项目和支撑计划、军队专项和指令项目等。近 5 年来，发表学术 SCI 论文 80 余篇，主编专著 6 部；国家自然科学基金杰出青年基金获得者，973 项目首席科学家。</td></tr>
</table>

姓　名	杨小燕	性　别	女	
出生年月	1961 年 9 月	籍　贯	福建龙岩	
最高学历	本科	最高学位	学士	
工作单位	龙岩学院	主要职务	生命科学学院院长	
E-mail	Lyyxy1988@126.com	座　机	0597-2797255	
通信地址	福建省龙岩市新罗区东肖北路 1 号 龙岩学院生命科学学院		邮　编	364000
研究方向	预防兽医学，长期从事兽医临床和实验室诊断技术的研究，对畜禽疫病综合防制技术方面的研究取得较好的成果。			
个人简历	**教育背景：** 1983 年，毕业于福建农林大学牧医系（本科），兽医专业； 1989—1990 年，北京师范大学助教进修班学习； 1994—1995 年，中国农业大学动物医学院访问学者进修。 **工作经历：** 1983 年，龙岩市红方中学任教，1986 年到龙岩学院任教至今；现任龙岩学院生命科学学院（二级学院）院长，全国动物防疫专家委员会委员，预防兽医学省级重点学科带头人，福建省《预防兽医学教学团队》负责人，预防兽医学与生物技术福建省高等学校重点实验室（龙岩学院）主任，生物学省级实验教学示范中心的主任，福建省人畜寄生与病毒性疫病防控工程技术研究中心主任，入选福建省“百千万人才工程”，市管拔尖人才。龙岩市新罗区人大常委；历任龙岩师专生物系副主任、主任，龙岩市一届人大常委。 **研究成果：** 主持和参与研究的课题二十多项，其中科技部 1 项，省发改委创新平台 2 项、农业五新项目 1 项，福建省区域重大科技 1 项，省科技厅创新平台 1 项，福建省科技重点项目 2 项，福建省高校服务海西项目一项。六项科研成果通过专家鉴定（评审），主持完成的省科技厅重点项目《集约化白羽肉鸡场重大疫病的预防与控制技术的研究（2004N056）》成果，获 2008 年度福建省科学技术奖二等奖（排名第一）；2 项成果分别获 2006 年度和 2008 年度龙岩市科技进步奖二等奖，发表论文五十多篇，获奖论文四篇，出版著作三部，其中专著一部，担任副主编二部。			

姓　名	尹革芬	性　别	女	
出生年月	1971 年 6 月	籍　贯	云南广南	
最高学历	研究生	最高学位	博士	
工作单位	云南农业大学	主要职务	系主任	
E-mail	yingefen@ynau. edu. cn	座　机	0871-5225670	
研究方向	分子病毒学			
个人简历	**教育背景：** 1993 年，毕业于云南农业大学兽医学专业，获农学学士学位； 1998—2001 年，在云南农业大学预防兽医学专业读硕士研究生，获农学硕士学位；			

个人简历	2001—2004年，在解放军军需大学军事兽医研究所预防兽医学专业读博士研究生，获农学博士学位。 **工作经历：** 1993年至今，云南农业大学任教，主要从事重大动物病毒病相关研究工作及教学工作。 **研究成果：** 近年来，共主持国家自然科学基金(重大/面上)，主持云南省面上基金项目“猪繁殖与呼吸综合征云南地方流行毒株分子流行病学研究”，主持国家863项目：四种重要动物虫媒病新型快速检测技术及试剂盒研制(2006AA10Z445)子课题“外来动物疫病检测技术”，主持国家自然基金课题“Mx1蛋白抗猪繁殖与呼吸综合征病毒感染的分子机制”；参加云南省科技攻关项目“禽流感病原快速监测技术及综合防控模式的研究与示范”(2006～2008)。在国内外公开出版的学术刊物发表论文20余篇。

姓　名	余广海	性　别	男	
出生年月	1934年9月	籍　贯	四川隆昌	
最高学历	大学本科	最高学位	博士	
工作单位	西南大学	主要职务	副院长/教授	
移动电话	13982094699	传　真	028-84504403	
E-mail	yanygh@163.com			
通信地址	成都锦江区静居寺路22号绿野天城2-9-1#		邮　编	610066
研究方向	动物传染病及微生物学、兽医临床医学			
个人简历	**教育背景：** 1956年，四川大学兽医专业本科毕业； **工作经历：** 1956—1988年，四川农业大学助教、讲师、副教授； 1988—1990年，平昌县人民政府副县长； 1990—1996年，西南大学荣昌校区(原四川畜牧兽医学院)副院长、教授。 **研究成果：** 有科研成果11项，其中一等奖2项，二等奖1项，三等奖若干项。均属省部级成果奖；1990年被评为全国支农扶贫优秀教师，获农林教三部委奖励；1992年获得国务院特殊津贴。四川省先进科技副县长；2001年获世界吉尼斯纪录(世界最快阉猪速度)，多次获得科普专家特别奖；2005年被评为中华十大风云人物；填补兽医科技领域多项空白，首次确诊温和型猪瘟，首次报道西藏牛羊皮黄肉黄病，绵羊紫外线鳞状上皮癌，首次报道牛羊昆明山海棠中毒，猪青霉素过敏、猪瘟突发弱毒疫苗过敏反应、四川犬瘟热、阿坝州绵羊腐蹄病病因、川西北草原牦牛传染性胸膜肺炎、首次研制成功兔瘟巴氏杆菌二联苗等；1996年退休14年以来，大搞科教兴农，走遍全国20多个省市，进行科普讲座3000余场，行程50多万公里，相当于绕地球12圈。				

姓　名	余兴龙	性　别	男	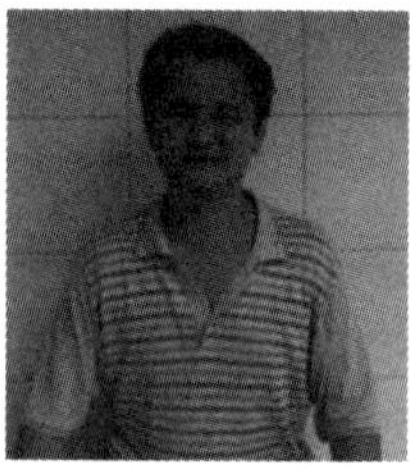
出生年月	1965 年 1 月	籍　贯	湖南平江	
最高学历	研究生	最高学位	博士	
工作单位	湖南农业大学	主要职务	教授	
E-mail	xlyu999@yahoo. com. cn	座　机	0731-84673623	
通信地址	湖南长沙湖南农业大学动物医学院		邮　编	410128
研究方向	动物疫病的实验室诊断、规模猪场疫病的控制与净化、动物病原生物学与免疫学			
个人简历	**教育背景：** 1982 年 9 月—1987 年 7 月，湖南农业大学兽医专业，本科，获学士学位； 1987 年 9 月—1990 年 7 月，解放军兽医大学畜禽传染病与预防兽医学专业，获硕士学位； 1995 年 9 月—1998 年 7 月，解放军农牧大学预防兽医学专业，研究方向为分子病毒学，获博士学位。 **工作经历：** 1990 年 8 月—1995 年 8 月，广州军区军事医学研究所，实习研究员，助理研究员，主要从事我国南海战略要地自然疫源病的调查；1998 年 8 月—2000 年 7 月，中国农业科学院哈尔滨兽医研究所国家兽医生物技术重点实验室博士后流动工作站，博士后；2000 年 8 月—2004 年 12 月，解放军农牧大学解放军军需大学，助理研究员，副研究员； 2004 年 3 月至今，湖南农业大学动物医学院，副研究员、教授。 **研究成果：** 先后参与或主持军队和国家级的科研课题 17 项。主持国家自然科学基金课题 3 项、“863” 课题、省教育厅重点课题和省科技厅重点课题各 1 项；参加国家自然科学基金重大项目和 973 课题各 1 项、“863”项目和国家攻关课题各 2 项发表重要科研论文 70 余篇，Sci 收录论文 7 篇，Ei 收录论文 2 篇；获发明专利 2 个；先后获得省科技进步二等奖 2 项，军队科技进步二等奖 1 项、三等奖 3 项、四等奖 2 项。				

姓　名	余旭平	性　别	男	
出生年月	1966 年 7 月	籍　贯	浙江杭州	
最高学历	博士研究生	最高学位	博士	
工作单位	浙江大学动物科学学院	主要职务	预防兽医研究所副所长	
E-mail	xpyu@zju. edu. cn	座　机	0571-86971096	
通信地址	浙江杭州凯旋路 268 号浙江大学动物科学学院		邮　编	310029
研究方向	动物传染病学 动物病原(细菌)分子生物学 猪病学			

个人简历	**教育背景:** 1982 年 9 月—1987 年 7 月,浙江农业大学 畜牧兽医系,兽医专业,学士; 1987 年 9 月—1990 年 7 月,北京农业大学 生物科学学院,动物生化,硕士; 1998 年 9 月—2003 年 6 月,浙江大学 生物技术研究所,生物技术,博士; **工作经历:** 1990 年 9 月至今,浙江大学动物科学学院,教师; 2007 年 5 月—2008 年 4 月,中国科学院微生物研究所,客座; 2008 年 6 月—2008 年 10 月,美国明尼苏达大学,兽医学院,进修; 2010 年 2 月—2010 年 5 月,德国哥廷根大学,医学院,进修。

姓　　名	恽时锋	性　　别	男		
出生年月	1965 年 8 月	籍　　贯	江苏常州		
最高学历	研究生	最高学位	博士		
工作单位	中国人民解放军 南京军区总医院	主要职务	主任		
E-mail	1310240629@qq. com				
通信地址	江苏省南京市中山东路 305 号			邮　　编	210002
研究方向	实验动物,动物传染病,人类疾病动物模型,福利伦理				
个人简历	**教育背景:** 1993—1996 年,南京农业大学预防兽医学硕士研究生; 1993—1997 年,南京农业大学预防兽医学博士研究生。 **工作经历:** 1986 以来,就职于中国人民解放军南京军区总医院比较医学科(南京军区医学动物实验中心,江苏省实验大小鼠供应基地,全国科普教育基地)致力于实验动物研究,获各类科技成果 6 项,科研项目 12 项,获江苏省实验动物工作先进个人,江苏省青年科技奖,中国人文医学荣誉奖,全国科普工作先进个人等称号。				

姓　　名	詹丽娥	性　　别	女	
出生年月	1959 年 8 月	籍　　贯	山西太原	
最高学历	本科	最高学位		
工作单位	山西省农科院畜牧 兽医科学研究所	主要职务	主任	
E-mail	Zhan7093767@126. com	座　　机	0351-7561767	

通信地址	山西省太原市小店区平阳南路150号	邮　编	030032
研究方向	1.动物传染病的诊断和防制及疫苗研制;2.动物及人兽共患传染病流行病学调查;3.分子生物学研究		
个人简历	**工作经历:** 1983年,毕业后分配到山西省畜牧兽医研究所,一直从事家畜传染病学及人兽共患传染病的科研工作。现任山西省农科院畜牧所预防兽医学研究室主任; 社会兼职:中国畜牧兽医学会家畜传染病学分会理事,山西省传染病学分会副秘书长,山西省微生物学会常务理事; 2007年,荣获第四届“山西省优秀科技工作者”称号; 2007年,特聘为山西农科110专家咨询委员会委员; 2007年,被评为山西省委联系的高级专家; 2008年,获得山西省“科技奉献奖”先进个人一等奖; 2009年,被聘为山西省“12316”三农服务热线服务团专家。 **研究成果:** 参加工作以来,针对危害严重的动物传染病及人兽共患传染病,运用现代高新技术,分离、鉴定病原体,研究基因结构及与功能的关系,建立特异、敏感、快速诊断技术,研制新型疫苗,研究预防、控制和消灭疫病的措施。主要开展了新城疫、禽流感、法氏囊、猪链球菌、猪瘟等重要疫病的研究,进行了病毒的分离、鉴定,血清流行病学、分子流行病学分析以及发病的分子机制研究,并研制基因工程疫苗;先后承担和主持省级课题8项,其中获山西省科技进步奖6项,即1990年《鸡传染性法氏囊病毒单克隆抗体的研究及应用》获山西省科技进步一等奖(第三);1996年《鸡传染性法氏囊病免疫学的研究及应用》获山西省科技进步三等奖(第四);1999年《鸡新城疫—法氏囊病二联疫苗的研究及其应用》获山西省科技进步二等奖(第一);2007年《禽流感流行规律及综合防制技术研究与应用》获山西省科技进步二等奖(第一);2006年《畜禽主要传染病免疫检测诊断及综合防制技术》获山西省农村科技术承包集团一等奖(第一);2009年《畜禽防疫消毒实用技术》获山西省农村科技术承包集团二等奖(第一)。主编《畜禽传染病手册》、《养鸡防疫消毒实用技术》2部;发表研究论文35篇。将多年来的研究科研成果进行了转化,开发出20个鸡、猪用疫苗新产品,其中鸡IBD弱毒疫苗93年获省首届农业博览会新产品开发奖,研制的疫苗新产品已在全省以及省外推应用10亿多头份。		

姓　名	张春杰	性　别	女	
出生年月	1964年11月	籍　贯	河南南召	
最高学历	研究生	最高学位	博士	
工作单位	河南科技大学	主要职务		
E-mail	cjzhang@sina.com	座　机	0379-64282905	
研究方向	动物疫病防控和分子免疫学			
个人简历	**教育背景:** 1986年,兽医专业毕业于河南农业大学畜牧兽医系; 1991年,预防兽医学硕士研究生毕业于中国人民解放军长春兽医大学; 2004年,于中国农业大学获得兽医博士学位。			

个人简历	**研究成果：** 长期于河南科技大学从事“动物传染病学”、“兽医生物制品学”、“人畜共患病”等方面的教学工作和相关研究；主要研究方向为动物传染病的防制、动物分子病原学及细胞因子方面的研究；曾主持完成了“减蛋综合征病毒分子生物学特性与基因免疫研究”、“新城疫病毒河南地方流行株分子生物学特性及综合防控”、“河南省传染性法氏囊病分子流行病学调查及其综合防制体系的建立”、“畜禽球虫物种多样性和生物学防制新技术研究”、“禽 IL-2 靶向融合蛋白的表达及生物学特性研究”、“新型佐剂应用于 IBD 防制的研究”、“禽 IL-18 cDNA 高效表达体系的构建及生物学特性研究”等课题的研究，共获得省部级科技进步二等奖和星火科技二等奖 4 项、省部级科技三等奖 5 项、地厅级奖 4 项，完成省、厅级鉴定成果 2 项，发表学术论文 70 余篇；主持、参与编写出版了《家禽疫病防控》、《动物传染病学》、《动物基因工程》、《禽病防制技术大全》、《猪病诊治彩色图谱》等学术专著 7 部；现兼任中国畜牧兽医学会家畜传染病学分会理事，河南省家畜传染病学分会理事，河南省免疫学分会常务理事；曾获“河南省中青年骨干教师”、“河南省学术技术带头人”、“洛阳市优秀专家”等荣誉称号。

姓名	张立昌	性别	男	
出生年月	1970 年 3 月	籍贯	陕西	
最高学历	博士	最高学位	博士	
工作单位	洛阳普莱柯生物工程有限公司	主要职务	总监	
移动电话	13926043010	座机	0379-63630218	
E-mail	hoggyzhang@hotmail.com	传真	0379-65610071	
通信地址	河南洛阳洛龙新区政和路 5 号 8 楼 807		邮编	471000
研究方向	猪病预防控制			
个人简历	**教育背景：** 1993 年，毕业于新疆石河子农学院(现名为石河子大学)兽医专业，获学士学位； 1993—1996 年，就读于中国农业大学动物医学院预防兽医学专业，获硕士学位。 **工作经历：** 1996 年，新疆石河子大学动物科技学院任教，讲授家畜传染病学； 1997 年 8 月，被评为讲师； 1997 年 12 月，任北京伟嘉饲料集团技术服务经理； 1998 年 5 月，加盟美国富道动物保健品有限公司广州代表处任技术经理，负责中国区猪产品的市场拓展和技术服务工作； 2001 年 6 月至今，在美国辉瑞动物保健品有限公司工作，先后任华南区技术与销售经理、重点客户经理和全国技术服务经理。 **研究成果：** 学习和工作期间，先后参与国家和省部级等多项课题的现场生产试验和实验室检测工			

个人简历	作。从事养猪和猪兽医技术服务工作中，先后帮助十多家著名猪场建立诊断检测实验室，并主持培训相关的技术员/检测员。在全国各地的许多有关养猪方面的行业协会上作技术讲座300多场次，推广先进的养猪生产技术多项，如规模化猪场的批次性生产、猪伪狂犬病的区域性净化和全群全程保健等。多次率中国养猪生产者参加世界猪病会议(IPVS)和亚洲猪病会议(APVS)；曾先后前往澳大利亚、美国、法国、日本、韩国、泰国、马来西亚、菲律宾和中国台湾等国家与地区的猪农及技术人员作猪兽医技术交流；2005年为泰国客户讲授中国的猪病和免疫控制；2007年和2008年，为马来西亚养猪者讲授猪病控制新技术；目前已在各类公开的报刊杂志发表文章40余篇。编写和编译与养猪技术有关的文献60期/篇，其中3篇被中国机械化养猪学会评为优秀论文。

姓　　名	张立新	性　　别	女	
出生年月	1966年4月	籍　　贯	辽宁	
最高学历		最高学位	硕士	
工作单位	北京康牧兽医药械中心	主要职务	副总	
个人简历	**教育背景：** 1983—1987年，北京农业大学，动物医学院，中兽医专业，学士学位； 1998—2003年，中国农业大学，动物医学院，微生物免疫学，硕士学位。 **工作经历：** 1988—1995年，辽宁省畜牧兽医研究所，中兽医研究室工作； 1996年至今，北京康牧兽医药械中心工作； 主要从事禽病疫病防控方面的研究及疫苗推广。			

姓　　名	张小飞	性　　别	男		
出生年月	1962年8月	籍　　贯	皖安庆市		
最高学历	研究生	最高学位	硕士		
工作单位	南京天邦生物科技有限公司	主要职务	副总经理		
移动电话	13770997337	座　　机	025-52723730		
E-mail	xiaofei0804@sina.com	传　　真	025-52723939		
通信地址	江苏南京江宁经济开发区清水亭东路999号			邮　　编	211102
研究方向	动物疫病防制研究与兽用生物制品研发				

个人简历	**教育背景：** 1980—1984 年，安徽农业大学兽医专业毕业，获农学学士学位； 1994—1997 年，华中农业大学兽医微生物与免疫学研究生毕业，获农学硕士学位； **工作经历：** 1984—2005 年，一直在安徽农科院畜牧兽医研究所从事兽医科研工作；专业上历任实研、助研、副研、研究员，行政上任兽医研究室主任、研究所副所长； 2000 年，作为高访学者，赴澳大利亚莫道克大学（Murdoch University）从事猪圆环病毒分子致病机理研究； 2003 年 2 月，赴英国培训动物卫生技术； 2005 年 3 月，赴美国密西根州立大学进修动物疫情预警预报技术； 2005 年 10 月，调入江苏农科院，现任南京天邦生物科技有限公司副总经理、支部书记、生物技术研究所所长。 **研究成果：** 先后从事兔病毒性出血症（兔瘟）、鸡传染性法氏囊病、鸭病毒性肝炎、猪口蹄疫、禽流感、猪圆环病毒病等畜禽传染病的免疫防制研究工作；主持过农业部“九五”重点研究专题、安徽省自然科学基金项目、科技部农业科技成果转化项目、以多项安徽省科技厅、财政厅、省农委多项研究项目；现主持国家行业专项（子项目）、江苏省三项工程、重大科技成果转化资金项目等项目；在国家和省级刊物发表学术论文 60 余篇，主编参编著作 5 部，获省（部）级成果贰等奖和叁等奖各 2 项；培养硕士研究生 12 名。

姓　　名	张秀美	性　　别	女	
出生年月	1956 年 10 月	籍　　贯	江苏丰县	
最高学历	本科	最高学位	硕士	
工作单位	山东省农业科学院 畜牧兽医研究所	主要职务	所长/研究员	
E-mail	zxm820410@163.com	座　　机	0531-88606845	
研究方向	家禽疫病诊断与防制			
个人简历	**教育背景：** 1978 年 3 月—1982 年 1 月，山东农业大学，兽医专业，学士学位； 1999 年 9 月—2002 年 12 月，南京农业大学，预防兽医学，硕士学位； 1990 年 9 月—1991 年 10 月，美国俄勒冈州立大学，访问学者。 **工作经历：** 1982 年 1 月—2001 年 3 月，山东省农业科学院家禽研究所； 2001 年 3 月至今，山东省农业科学院畜牧兽医研究所。 **研究成果：** 主要从事家禽疫病诊断与防制技术研究，主持和参与完成多项国家、省部级研究课题。“无特定病原（SPF）鸡群建立与维持的研究”，获国家科技进步三等奖；“传染性喉气管			

个人简历	炎分子生物学诊断与防制技术的研究”,“H9 亚型禽流感病毒遗传进化与 Lasota-H9 重组病毒活载体构建”获省科技进步二等奖;“山东省鸡重大疫病检测诊断及防制研究”,“SPF-ND 油乳剂灭活苗的研究与应用”,“ND-IB-EDS 三联油乳剂灭活苗的研究”,“禽脑脊髓炎诊断与防制技术研究”等获省科技进步三等奖;在国内外学术刊物上发表论文 60 多篇,主编和参加编写禽病专著 11 部;兼任山东省政府畜牧兽医专家顾问团成员;中国畜牧兽医学会禽病学分会、家畜传染病学分会理事;山东省畜牧兽医学会常务理事。1994 年被批准享受国务院政府特殊津贴,2002 年当选为中共十六大党代表。

<table>
<tr><td>姓　　名</td><td>张彦明</td><td>性　　别</td><td>男</td><td colspan="2" rowspan="6"></td></tr>
<tr><td>出生年月</td><td>1956 年 7 月</td><td>籍　　贯</td><td>陕西南郑县</td></tr>
<tr><td>最高学历</td><td>研究生</td><td>最高学位</td><td>博士</td></tr>
<tr><td>工作单位</td><td>西北农林科技大学
动物医学院</td><td>主要职务</td><td>常务副院长/常务理事</td></tr>
<tr><td>座　　机</td><td>029-87092040</td><td>传　　真</td><td>029-87091032</td></tr>
<tr><td>E-mail</td><td colspan="3">ylzhangym@sohu.com;zhangym@nwsuaf.edu.cn</td></tr>
<tr><td>通信地址</td><td colspan="3">陕西省杨凌示范区西北农林科技大学动物医学院</td><td>邮　　编</td><td>712100</td></tr>
<tr><td>研究方向</td><td colspan="5">分子病原学与免疫学,畜禽基因工程疫苗,病毒致病机理与抗病育种,动物性食品安全</td></tr>
<tr><td>个人简历</td><td colspan="5">教育背景和工作经历:
1982 年 7 月,在西北农学院兽医系兽医专业本科毕业,获农学学士学位;同年考上本系临床兽医学硕士研究生;
1985 年 7 月毕业,获农学硕士学位;
1998 年 7 月,在本校临床兽医学博士生毕业,获农学博士学位;1985 年至今留校任教;
1988 年,晋升讲师;
1994 年,晋升副教授;
1998 年,晋升教授;
1996 年,遴选为硕士研究生导师;
1999 年,遴选为博士研究生导师;
1997 年至今,先后担任西北农业大学动物医学系党总支副书记(主持工作),动物医学系主任,动物科学与动物医学学院党总支书记、副院长,西北农林科技大学动物科技学院党委副书记、副院长,动物医学院常务副院长、动物医学院院长职务;
兼任中国畜牧兽医学会兽医食品卫生学分会副理事长,家畜传染病学分会常务理事,兽医公共卫生学分会常务理事,中国兽医协会第一届理事会理事,农业部第一届全国动物防疫专家委员会委员及动物流行病学分委员会委员,《动物医学进展》杂志主编。
研究成果:
荣获原西北农业大学十佳教师、西北农林科技大学教学名师称号,为陕西省精品课程《动物性食品卫生学》主持人;已培养毕业博士 30 名,硕士 65 名,兽医硕士 8 名;主编</td></tr>
</table>

<table>
<tr><td>个人简历</td><td>《动物性食品卫生学》(第三版,第四版)、《兽医公共卫生学》(第一版,第二版)、《人兽共患病》、《动物性食品卫生检验技术》、《畜禽疾病防制技术》等 18 部教材和著作。
先后主持国家自然科学基金项目 4 项,863、国家公益性行业(农业)、转基因抗病育种项目子课题 3 项,陕西省重大和科技攻关项目 6 项,其他项目 5 项;发表研究论文 200 余篇,其中 SCI 收录 10 篇。获省部级科技进步二等奖 1 项(第 2 名),获国家发明专利 2 项;在猪瘟病毒致病机理和抗病育种研究方面获得重要进展;研究成功了猪瘟基因工程细胞苗、猪瘟鸡痘病毒活载体疫苗和腺病毒活载体疫苗;在国内外首次建立了非肿瘤性的永生化猪血管内皮细胞系、猪肠黏膜上皮细胞系和猪气管上皮细胞系;建立了多种畜禽传染病的分子生物学诊断方法。</td></tr>
</table>

<table>
<tr><td>姓　　名</td><td>赵亚荣</td><td>性　　别</td><td>男</td><td rowspan="6"></td></tr>
<tr><td>出生年月</td><td>1958 年 1 月</td><td>籍　　贯</td><td>山西芮城</td></tr>
<tr><td>最高学历</td><td>博士</td><td>最高学位</td><td>博士</td></tr>
<tr><td>工作单位</td><td>北京大北农科技集团</td><td>主要职务</td><td>副总裁</td></tr>
<tr><td>移动电话</td><td>13601003230</td><td>座　　机</td><td>010-51403441</td></tr>
<tr><td>E-mail</td><td>Yarongzhao_888@yahoo. com. cn</td><td>传　　真</td><td>010-51503447</td></tr>
<tr><td>通信地址</td><td colspan="3">北京市海淀区曙光中路 9 号
北京畜牧兽医研究所东院东楼一、二层</td><td>邮　编　100097</td></tr>
<tr><td>研究方向</td><td colspan="4">动物疫苗产品</td></tr>
<tr><td>个人简历</td><td colspan="4">教育背景:
1982—1983 年,中国农业大学动物医学院进修兽医实用技术;
1983—1984 年,山西大学外语系进修英语一年;
1978 年 1 月—1982 年 1 月,山西农业大学兽医系攻读学士学位;
1988 年 7 月—1993 年 7 月,中国农业大学兽医学院攻读硕士、博士学位。
工作经历:
1982—1988 年,在山西省农科院畜牧兽医研究所从事猪蛔虫免疫,鸡外寄生虫病防制,双甲脒防制猪、兔疥螨,鸡、猪外寄生虫病调查和防制等工作;
1988—1993 年,主要从事畜禽隐孢子虫病研究工作,成果达到国际先进水平;于 1993 年获农业部科技进步一等奖;1991—1994 年主持有三个省市参加的华北地区隐孢子虫单克隆抗体研究课题,首次在世界上建立了两株鸡贝氏隐孢子虫单克隆抗体细胞株(2C7. 2H11);
1993 年—1998 年,任 Bayer 公司动物保健部技术经理;1997 年 9 月,组织农业部兽药注册管理代表团赴德国及韩国考查兽药生产及管理;
1998 年—1999 年,Roche 动物保健注册及技术经理,负责产品的注册、登记及技术培训;</td></tr>
</table>

<table>
<tr><td>个人简历</td><td>1999 年—2000 年，美国富道动物保健中国注册及技术经理；
2000 年—2001 年，北京绿曼动物保健品公司董事长兼总经理；
2002 年 11 月，组织农业部兽药管理代表团访问美国农业部、FDA 和先灵葆雅总部生产及科研部门；
2001—2002 年，美国先灵葆雅(中国)有限公司注册及技术经理；
2003 年至今，北京大北农集团副总裁、技术总监。
研究成果：
合著《蛋鸡饲养与疾病防制》、《默克兽医手册》、《中国农牧单位名录大全》、《规模化猪场生产管理手册》、《规模化养殖场动物疫病实验室诊断与检测技术手册》；发表科研论文 60 多篇；1990 年、1992 年分别获得中国农业大学优秀硕士研究生和优秀博士研究生奖；两篇论文获国家级优秀奖；1993 年获首届中国农业大学校长奖学金一等奖；“水溶性复合过硫酸氢钾粉消毒剂”2003 年通过湖南省科技厅成果鉴定、2006 年获得国家发明专利证书号“第 244879 号”。</td></tr>
</table>

<table>
<tr><td>姓　　名</td><td>郑敏</td><td>性　　别</td><td>男</td><td rowspan="4"></td></tr>
<tr><td>出生年月</td><td>1975 年 9 月</td><td>籍　　贯</td><td>广西桂林</td></tr>
<tr><td>最高学历</td><td>研究生</td><td>最高学位</td><td>农学博士</td></tr>
<tr><td>工作单位</td><td>广西动物疫病预防控制中心</td><td>主要职务</td><td>禽病科科长</td></tr>
<tr><td>研究方向</td><td colspan="4">禽流感、山羊痘、口蹄疫等重大动物疫病防控及其相关技术</td></tr>
<tr><td>个人简历</td><td colspan="4">工作经历：
1997 年 7 月南京农业大学兽医本科毕业以来，在广西壮族自治区动物疫病预防控制中心工作；2000 年起师从我国著名的动物病毒学和免疫学专家金宁一研究员，一直从事口蹄疫、禽流感、山羊痘、狂犬病等重大动物疫病的免疫和病毒分子生物学研究。
研究成果：
先后参加了国家 863 计划、广西壮族自治区科技攻关项目、军队“九五”科技攻关课题、农业部公益性项目、国家科技重大专项子课题，主持广西科技基金项目 1 项。其中《广西高致病性禽流感预警预报体系的建立和应用研究》项目获 2006 年度广西科技进步 2 等奖，《新城疫病毒生物学特性、分子流行病学调查及其基因重组疫苗实验研究》项目获 2004 年度军队科技进步 2 等奖，《广西牲畜 W 病分子流行病学及防制研究》项目获 2002 年度广西科技进步 2 等奖，《广西山羊痘综合防制技术研究》项目获 2007 年度广西科技进步 3 等奖；《无公害生猪生产技术》项目获 2006 年度广西科技进步 3 等奖；在《Virology》、《Journal of Virological Methods》、《Molecular and Cellular Probes》、《Antiviral Research》、《Vaccine》、《科学通报》、《高技术通讯》和《病毒学报》等刊物和学术研讨会论文集上发表论文 20 余篇，署名论文 60 多篇，其中 SCI 收录 13 篇，EI 收录 3 篇，并获专利授权 1 项。</td></tr>
</table>

<table>
<tr><td>姓　　名</td><td>郑世军</td><td>性　　别</td><td>男</td><td rowspan="4"></td></tr>
<tr><td>出生年月</td><td>1964 年 8 月</td><td>籍　　贯</td><td>山东日照</td></tr>
<tr><td>最高学历</td><td>博士研究生</td><td>最高学位</td><td>博士</td></tr>
<tr><td>工作单位</td><td>中国农业大学</td><td>主要职务</td><td>副院长</td></tr>
<tr><td>研究方向</td><td colspan="4">感染与免疫</td></tr>
<tr><td>个人简历</td><td colspan="4">

教育背景：

1982 年 9 月—1987 年 7 月，中国农业大学兽医学院本科生；

1987 年 9 月—1990 年 7 月，中国农业大学动物医学院传染病与预防兽医学硕士研究生；

1996 年 8 月—2000 年 12 月，美国麻省大学免疫学博士研究生；

2000 年 12 月—2005 年 6 月，美国宾夕法尼亚大学医学院分子免疫学博士后。

工作经历：

1990 年 7 月—1993 年 1 月，中国农业大学动物医学院传染病与预防兽医学助教；

1993 年 1 月—1996 年 8 月，中国农业大学动物医学院预防兽医系免疫学讲师；

1996 年 8 月—2000 年 12 月，美国麻省大学兽医科学系研究助理；

2000 年 12 月—2005 年 6 月，美国宾夕法尼亚大学医学院博士后；

2005 年 7 月至今，中国农业大学特聘教授，动物医学院预防兽医系免疫学教授。

主要学术兼职：

中国农学会理事会理事；中国畜牧兽医学会禽病学分会理事兼副秘书长；中国畜牧兽医学会动物传染病学分会常务理事；农业生物技术国家重点实验室研究员；中国兽医杂志副主编和中国禽病杂志编委；全国动物疫病防控专家委员会委员。

担任 *J. of Immunology*，*Immunobiology*，*J. of genetics and genomics*，*The Veterinary Journal* 等 SCI 期刊论文审稿专家；担任中国农业科学、生物工程学报、微生物学报期刊论文审稿专家。

研究成果：

1. 揭示肿瘤坏死因子细胞凋亡配体(TRAIL)在抗感染免疫和急性炎症反应中诱导细胞凋亡，对先天性免疫具有抑制作用，对急性肝炎和肝损伤的治疗有重要参考价值；

2. 探明 TRAIL 对自身免疫炎症反应具有抑制作用，对该分子用于临床治疗有重要指导意义；

3. 明确了 TRAIL 对胸腺细胞成熟的影响，推动了 T 细胞成熟理论的发展，为深入认识 TRAIL 在体内的功能做出了贡献；

4. 探明先天性免疫应答和自身免疫炎症反应受 P53、NF-kB 和 PDCD4 等因子的调控，深入揭示了这些分子在体内的功能和在临床治疗中的价值；

5. 研制出用于改变动物季节性繁殖的褪黑素疫苗并阐明该疫苗作用的分子机制，同时发现淋巴细胞具有褪黑素受体；

6. 发现高致病性松鼠葡萄球菌(S. sciuri)是引起我国仔猪致死性渗出性皮炎的新病原，携带脱皮毒素 C 以及四种耐药基因，提出该菌具有重要的公共卫生意义，这些成果促进了免疫学理论的发展，对临床实践有重要指导意义；以第一或共同第一作者或通讯作者的文章发表于 Nature Immunology、Journal of Clinical Investigation、Journal of Immunology、Diabetes、PLoS ONE 等重要国际刊物，特约撰写的研究综述发表于美国 Immunological Research 期刊。2007 年获国家杰出青年基金，2009 年获新世纪百千万人才工程国家级人选。

</td></tr>
</table>

姓名	朱连德	性别	男	
出生年月	1964 年 11 月	籍贯	山东潍坊	
最高学历	研究生	最高学位	博士	
工作单位	上海勃林格殷格翰药业有限公司	主要职务	资深全国技术经理	
座机	010-59221000-5230	传真	010-84868949	
E-mail	Liande. zhu@boehringer-ingelheim. com			
通信地址	北京市朝阳区新源南路 6 号京城大厦 1602		邮编	100004
研究方向	猪流行病学与猪用疫苗在养猪生产中的应用			

个人简历

教育背景：

1982 年 9 月—1986 年 7 月，山东农业大学/农学学士；

1986 年 9 月—1989 年 7 月，山东农业大学/研究生学历；北京农业大学/农学硕士；

1994 年 9 月—1997 年 6 月，中国农业大学/博士。

工作经历：

1889 年 7 月—1993 年 9 月，山东农业大学/助教、讲师，从事教学、科研和兽医临床工作；

1997 年 7 月—1998 年 8 月，山东农业大学/副教授；

1998 年 9 月—2001 年 8 月，上海诺华动物保健有限公司/全国技术服务经理，从事全国猪场饲养管理及疾病防制方面的技术服务工作；

2001 年 9 月—2004 年 9 月，Talbot Pig farms. Ltd，Ontario，Canada/生产经理，负责猪场生产和疫病防控工作；

2005 年 7 月至今，上海勃林格殷格翰药业有限公司，动物保健/全国技术经理/资深全国技术经理，带领技术团队为我国养猪生产者提供饲养管理、疫病防控等多方面技术服务。

研究成果：

拥有国家发明三等奖一项，农业部科技进步奖和山东省科委、农业厅科技进步奖四项，主、参编著作三部，发表科技文章 40 余篇—涉及猪蓝耳病/‘高热病’/猪呼吸道疾病综合征(15 篇)、猪伪狂犬病(4 篇)、回肠炎(3 篇)、气喘病(3 篇)、圆环病毒病(4 篇)的流行病学调查及防控；猪的免疫与营养(1 篇)；反刍兽营养外科模型建立，乙、丙酸对胰岛素水平/葡萄糖周转速度影响等(3 篇)；牛黄形成机理及人工培植(7 篇)、胆汁分泌、引流、胆红素提取(3 篇)；鸡骨软骨病形成、鸡慢性呼吸道病控制，泰妙菌素在鸡、猪上的应用等。

姓　　名	周继勇	性　　别	男	
出生年月	1963 年 9 月	籍　　贯	四川	
最高学历	博士研究生	最高学位	理学博士	
工作单位	浙江大学动物科学学院	主要职务	重点实验室主任	
座　　机	0571-86971698	传　　真	0571-86971821	
E-mail	jyzhou@zju. edu. cn			
通信地址	浙江省杭州市凯旋路 268 号		邮　　编	310029
研究方向	畜禽病毒性传染病控制理论与技术			
个人简历	**教育背景：** 1984 年 7 月，在四川畜牧兽医学院获学士学位； 1989 年 7 月，在中国人民解放军兽医大学获硕士学位； 1999 年 12 月，浙江大学生物医学工程专业理学博士学位。 **工作经历：** 1994 年 12 月，起任四川畜牧兽医学院助教、讲师、副教授； 1996 年 2 月—1998 年 8 月，任浙江农业大学副教授； 1998 年 9 月—2000 年 12 月，任浙江大学副教授； 2000 年 12 月至今，任浙江大学教授、博士生导师； 2003 年，获浙江省有突出贡献的中青年专家称号； 2004 年，享受国务院政府特殊津贴专家； 2004 年，入选浙江省新世纪“151”人才工程第一层次； 2006 年，获国家杰出青年科学基金； 2009 年 12 月，受聘教育部长江学者特聘教授。现任浙江大学农业部动物疫病病原学重点开放实验室主任，浙江大学转基因生物新品种培育研究中心副主任，动物预防医学研究所副所长。			

姓　　名	周绪斌	性　　别	男	
出生年月	1972 年 10 月	籍　　贯	安徽太湖	
最高学历	博士研究生	最高学位	农学博士	
工作单位	海博莱生物大药厂 北京代表处	主要职务	全国兽医技术总监	
E-mail	Zhouxubin2000@163. com	座　　机	010-51905831	

通信地址	北京市海淀区知春路113号银网中心B座713室	邮　编	100850
研究方向	1.规模化猪场兽医技术服务;2.规模化猪场的猪场管理、疾病诊断、实验室监测技术咨询;3.动物疫苗的合理应用与评价		
个人简历	**教育背景:** 1990—1994年,解放军兽医大学兽医公共卫生本科毕业,农学学士; 1994—1997年,解放军农牧大学预防兽医学硕士研究生毕业,农学硕士; 1997—2001年,解放军军需大学预防兽医学博士研究生毕业,农学博士。 **工作经历:** 2001—2005年,在北京军事医学科学院放射医学研究所工作,从事生物化学与分子生物学研究; 2005—2006年,任北京大北农集团动物医学研究中心主任,技术服务经理,主要从事规模化猪场的疾病诊断和实验室监测以及动物疫苗的研发工作; 2007年至今,任西班牙海博莱生物大药厂全国技术服务总监,负责大规模猪场猪病的兽医咨询工作。		

姓　　名	祝俊杰	性　　别	男	
出生年月	1954年11月	籍　　贯	河北	
最高学历	本科	最高学位	学士	
工作单位	北京市畜牧兽医总站	主要职务	总兽医师	
座　　机	010-84929001	传　　真	010-84929019	
通信地址	北京市朝阳区安外大街北苑路甲15号		邮　编	100107
个人简历	**教育背景:** 1978年3月—1982年11月,中国农业大学,兽医专业。 **工作经历:** 1982年11月—1993年11月,市畜牧兽医总站,科员、科长; 1993年12月—2000年8月,市动物检疫站,站长; 2000年9月—2005年10月,市畜牧兽医总站,站长; 2005年10月—2010年8月,市畜牧兽医总站,书记,总兽医师。 **研究成果:** 从事畜禽疫病防制技术的研究与推广,重大动物疫病认定与处置,动物及其产品检疫、监督,动物防疫体系建设与管理。发表学术论文46篇,编写、翻译著作8部,获局级以上科技奖14项,市、部级行政机关表彰6次。			

姓　　名	邹勇	性　　别	男	
出生年月	1975 年 2 月	籍　　贯	江西宜春	
最高学历	研究生	最高学位	硕士	
工作单位	上海市农业科学院	主要职务	主任	
E-mail	zoushcn@yahoo.com.cn	座　　机	021-62205528	
研究方向	动物传染病及疫苗研发			
个人简历	**教育背景：** 1992 年 9 月—1996 年 7 月，江西农业大学，兽医，学士； 1996 年 9 月—1999 年 6 月，江西农业大学，预防兽医学，硕士。 **工作经历：** 1999 年 7 月至今，上海市农业科学院畜牧兽医研究所； 2005 年，转入畜牧所与上海佳牧生物制品有限公司合并成立的兽用生物制品研发中心工作，担任研发中心主任； 2009 年 4 月—2010 年 3 月，荷兰 Utrecht 大学，访问学者。 **研究成果：** 主持完成上海市级项目 4 项，参与科技部成果转化项目 1 项；获上海市科技进步二等奖和三等奖各 1 项，发表核心期刊论文二十余篇。			

本书编写组稿得到如下企业支持

<table>
<tr><td>企业名称</td><td>勃林格殷格翰国际贸易(上海)有限公司北京分公司</td><td rowspan="2">技术咨询电话</td><td rowspan="2">010-59221000
84864098
(传真)</td><td rowspan="2">Boehringer Ingelheim
勃林格殷格翰</td></tr>
<tr><td>科普网址</td><td>http://www.boehringer-ingelheim.com.cn/</td></tr>
<tr><td>相关简介</td><td colspan="4">勃林格殷格翰集团名列全球前20位领先医药公司之一。公司总部位于德国殷格翰,在全球50个国家拥有142家子公司,员工近41 500名。自1885年创立以来,这个家族拥有的公司始终致力于研究、开发、制造及营销各种对人类和动物具有极高治疗价值的创新药品。
2009年,勃林格殷格翰公司的净销售额达127亿欧元。公司将其最大业务——处方药业务销售额的21%投入于研发。
1994年3月勃林格殷格翰在中国设立办事处,1995年5月勃林格殷格翰国际贸易(上海)有限公司在外高桥注册成立。1995年12月成立上海勃林格殷格翰药业有限公司,投资额达2900万美元,标志着公司扎根中国的决心。2002年公司位于上海张江高科技园区的工厂正式落成。张江工厂引进了世界先进的制药设备,设计和管理标准可以和任何其他国家的勃林格殷格翰工厂媲美,工厂严格按照国际GMP标准生产。
勃林格殷格翰在中国的主要业务包括处方药、消费者自主保健药品、动物保健及国际采购,公司业务范围遍及全国各主要省市和地区。公司不断地将新的药品和疾病治疗方案带给中国的患者,勃林格殷格翰的优秀产品在市场上获得了广泛的美誉和认可的同时,也造福了千万患者,公司产品主要覆盖的疾病领域包括呼吸、心血管、中枢神经等领域。目前公司在上海、北京、广州、成都等地设立了办事机构,拥有员工2 000多人。</td></tr>
</table>

<table>
<tr><td>企业名称</td><td>广东大华农动物保健品股份有限公司</td><td rowspan="2">技术咨询电话</td><td rowspan="2">0766-2986988
2986968
（传真）</td><td rowspan="2"></td></tr>
<tr><td>科普网址</td><td>http://www.gddhn.com</td></tr>
<tr><td>相关简介</td><td colspan="4">广东大华农动物保健品股份有限公司（以下称“公司”）前身广东大华农动物保健品有限公司于2004年8月在广东省新兴县成立。公司是一家集兽药研发、生产和销售为一体的高新技术企业，主要产品包括兽用生物制品、兽用药物制剂以及饲料添加剂等，是国家农业部指定的高致病性禽流感疫苗定点生产企业，高致病性猪蓝耳病灭活疫苗、活疫苗定点生产企业。

公司下辖肇庆大华农生物药品有限公司和新兴大华农禽蛋有限公司两个法人独资企业；拥有8个按农业部GMP要求组建的生产车间，以及年产150万枚SPF种蛋的实验动物中心；拥有200多个国家产品批准文号，142个种类的兽药产品，25个疫苗产品。产品已覆盖全国大多数省市，同时远销埃及、印尼、越南等中东及东南亚地区。

公司通过了ISO9001和ISO14001以及职业健康安全管理体系认证，建立了较为完善的、多层级的自主创新平台，组建有广东省兽用生物制品技术研究与应用企业重点实验室、广东省动物保健品工程技术研究开发中心；与中山大学合建了生物安全三级实验室，具有从事高致病性动物病原微生物研究资格；与中国兽医药品监察所、华南农业大学、中国动物疫病预防控制中心等高校和科研机构建立了长期产学研合作关系。

公司拥有一支专业的研发队伍，形成了一套较完善的自主创新体制和激励制度。公司现有从事高新技术产品研究开发的科技人员约100人。近年来公司获得新兽药证书7项，广东省重点新产品3个，专有技术17项等一批拥有自主知识产权的产品和技术。公司先后承担有国家火炬计划、国家星火计划、国家863计划、广东省产学研项目等省级以上科研项目。

公司以“做动物保健专家，为人类健康服务”为宗旨，在公司全体员工的不断努力下，行业地位不断提升，被评为“中国兽药生产企业50强之兽用生物制品类10强、兽药制剂类30强”，连续3年被评为“广东省制造业、服务业100强”，连续5年被评为“守合同重信用企业”。</td></tr>
</table>

企业名称	山东绿都生物科技有限公司	技术咨询电话	0543-3383346 3386422 （传真）	Shen Shi 沈氏®
科普网址	http://www.lvdu.net/			

相关简介

山东绿都生物科技有限公司成立于 2005 年，坐落于孙子故里山东省滨州市，位于滨州经济开发区绿都生物工程高科技园内，占地面积 66 600 多平方米，是投资 2.6 亿元以上按照国际兽药 GMP 标准兴建的新型兽用生物制品高科技企业。

在各级政府部门、国内外客户、社会各界关心支持下，全体员工团结拼搏，公司迅速成长为世界最大的畜禽用蜂胶疫苗研发生产基地、国家政府采购猪瘟疫苗定点生产基地、国家发改委绿色农用生物制品产业化项目示范基地、中国兔用疫苗品牌与市场占有率第一、中国鸭用疫苗品牌与市场占有率第一、中国兽药产业十大著名品牌、中国科技创新型中小企业 100 强……公司的科学跨越发展，引起了国内外各方面的密切关注，国内外有关机构指出，“绿都生物是一个具有自主创新研发能力，并能够研制生产出兼具创新性和高性价比产品的公司”；“绿都生物是一个全球最有投资发展前景的生物技术公司之一”。

公司新建了包括组织毒、胚毒、细胞毒、细菌毒四条灭活疫苗生产线和组织毒、胚毒、细胞毒、细菌毒四条弱毒疫苗生产线及诊断液、精制卵黄抗体二条生产线，生产工艺先进合理，涵盖了蜂胶、氢氧化铝胶、白油三大佐剂系列产品。是世界上最大的绿色环保型畜禽用蜂胶疫苗研究开发生产基地。公司还建有 5 000 多平米的动物实验室。公司拥有自动高密度发酵系统、细胞生物反应器、自动收获接种机、汉显智能箱体孵化机、微电脑液体灌装机、大型冻干机等 200 余台件先进生产设备和精密电子天平、冷冻高速离心机、PCR 仪、凝胶成像系统、荧光显微镜、倒置显微镜等 100 余台精密监测仪器。设计生产能力为年产各种生物制品 100 多亿头份。2006 年 8 月 20 日一次性高分通过农业部兽药 GMP 验收。

公司技术力量雄厚，拥有一批研究员、教授、高级工程师和博士、硕士为主体的科研开发队伍和一批有知识、有技术、有朝气、有创新意识的年轻的工程技术人员。公司积极推行兽药 GMP，建立了完备的科研、开发、生产、销售和质量控制体系。雄厚的研发技术力量将为养殖生产提供源源不断的适应生产市场需求的创新产品。

公司始终秉承“绿色环保，济世惠民”的崇高使命，始终致力于发展具有自主创新知识产权的民族动物疫苗产业，为社会奉献品质卓越和独具创新价值的沈氏品牌产品，引领动物保健，关爱人类健康。公司大力实施诚信战略、人才战略、创新战略和质量战略，产品质量均高于国标或部颁标准。公司拥有中国工程院院士、博导、博士和养殖生产第一线的资深科技人员组成的专家顾问团，以山东滨州畜牧兽医研究院为依托，并与多家高校和科研机构建立了长期的合作交流关系，联合建立虚拟开放式研发中心，以灵活的科研机制，开放的科研平台，发展高科技，实现产业化。